H. SCHADE

DIE PHYSIKALISCHE CHEMIE

IN DER INNEREN MEDIZIN

DIE PHYSIKALISCHE CHEMIE IN DER INNEREN MEDIZIN

Die Anwendung und die Bedeutung physikochemischer Forschung in der Pathologie und Therapie

für Studierende und Ärzte

Von

PROF. DR. H. SCHADE

VORSTEHER DER PHYSIKO-CHEMISCHEN ABTEILUNG
DER MEDIZINISCHEN UNIVERSITÄTS-KLINIK IN KIEL

DRITTE VERMEHRTE UND VERBESSERTE AUFLAGE

MIT 120 FIGUREN UND ZAHLREICHEN TABELLEN

DRESDEN UND LEIPZIG
VERLAG VON THEODOR STEINKOPFF
1923

SOFTCOVER REPRINT OF THE HARDCOVER 3RD EDITION 1923

ISBN 978-3-642-49416-1 ISBN 978-3-642-49695-0 (eBook)
DOI10.1007/978-3-642-49695-0

*) Durch die Nachdruckgesetzgebung in den Vereinigten Staaten von Nordamerika vorgeschriebene Formel

Buchdruckerei Richard Hahn (H. Otto) in Leipzig

Vorwort.

Etwa 20 Jahre eigener medizinisch-physikochemischer Arbeit sind es, die mir die Unterlagen zur Entstehung dieses Buches brachten. Die Fruchtbarkeit der physikochemischen Forschung für die Medizin hat sich mit der zunehmenden Zahl der Ergebnisse stets klarer und eindringlicher gezeigt. Heute steht fest, daß ein großer Teil aller Zukunft der Medizin auf physikochemischen Gebieten gelegen ist. Die Früchte für die Praxis werden nur zu ernten sein, wenn der Arzt die Möglichkeit findet, sich ähnlich wie mit der Physik und der Chemie, so auch mit dem physikochemischen Wissen vertraut zu machen.

Der von mir bei der Erstauflage dieses Buches unternommene Versuch, die physikalische Chemie in möglichster Allgemeinheit in die innere Medizin einzuführen und dadurch dem gesamten ärztlichen Denken über die Einheit der Zelle hinaus in den Ionen und Kolloiden neue Einheiten zur Grundlage zu geben, hat eine überaus günstige Aufnahme erfahren. In nicht ganz 18 Monaten war neben der ersten bereits eine zweite (unveränderte) Auflage des Buches vergriffen. Die Herausgabe der jetzt vorliegenden dritten Auflage hat sich verzögert, weil es mir notwendig erschien, den in der Zwischenzeit erstandenen Zuwachs an neuem Wissen dem Buch einheitlich einzufügen. Nicht wenige Kapitel konnten ergänzt, einzelne Abschnitte, so besonders diejenigen der Entzündung, auch bereits recht wesentlich erweitert und vertieft werden. Den zahlreichen Autoren, die mich auch jetzt wieder durch Zusendung ihrer Arbeiten unterstützten, sage ich mit der Bitte um weitere Förderung meinen besten Dank. Mein Bestreben war eine Berücksichtigung aller einschlägigen Literatur, soweit sich dies mit dem Zwange, den Charakter des Buches nicht durch eine zu große Vermehrung des Umfangs zu gefährden, vereinigen ließ.

Eines sei noch mit besonderem Nachdruck hier herausgestellt: Wenn meine — heute bereits von vielen Autoren getragene — Überzeugung die richtige ist, daß wir mit der physikochemischen Forschung an der Schwelle einer neuen, einer molekularpathologischen Aera der gesamten Medizin stehen, so ist dringendst eine wirksame staatliche Unterstützung dieser Forschungsrichtung geboten. Die Privatmittel Einzelner sind völlig unzureichend, um den Ausbau der neu sich erschließenden Forschung nach Gebühr zu sichern. Die deutsche Wissenschaft war es, die den Weg zu diesem Neulande der Medizin bahnte. Nur dann wird die deutsche klinische Medizin ihre jetzige Führerstellung behaupten können, wenn man ihr die Möglichkeit zu einer entsprechenden Ausgestaltung der Laboratorien schafft, so daß im direkten Konnex mit der Klinik Mittel und Plätze zum Forschen und zur praktischen Ausbildung von Mitarbeitern in ausreichender Zahl verfüglich sind.

Kiel, Ostern 1923.

Heinrich Schade.

Inhaltsverzeichnis.

Teil I.

Einführung in die physikalische Chemie.

Es ist ein wichtiges Kennzeichen der ärztlichen Literatur unserer Zeit, daß sich von Jahr zu Jahr die Arbeiten stark mehren, die mit physikochemischer Methodik die Probleme der Medizin in Angriff nehmen. Weil die physikochemische Grundlage den Ärzten fehlte, haben die älteren Arbeiten dieser Art meist das Schicksal erfahren, daß sie nur bei einem kleinen Kreise der Leser einer sachgemäßen Würdigung begegneten, während die Mehrzahl der Ärzte in teils gleichgültiger, teils skeptischer bis schroff ablehnender Haltung verblieb. Erst in neuester Zeit ist der Umschwung vollzogen. Wenn es anfangs dem Fernerstehenden scheinen mochte, als sei mit der physikalischen Chemie lediglich ein neues Spezialgebiet der Medizin gegeben, ist es heute als feststehend anzuerkennen, daß gerade für die Grundfragen der Medizin und damit in weiterer Folge für eine unabsehbare Summe wichtiger Probleme aus der Theorie und Praxis durch die physikalische Chemie eine völlige Neugestaltung am Werke ist. Zahlreiche Ergebnisse von größter allgemeiner Bedeutung liegen bereits vor. Die medizinische Forschung steht dank der physikalischen Chemie im Beginn einer neuen, ungemein aussichtsreichen Entwicklung, sie befindet sich in einer jener für den Forscher glücklichsten Perioden, in denen es gilt, den großen Schatz einer neuentstandenen fundamentalen Wissenschaft dem eigenen Gebiet in übertragender, stets zugleich neuschöpferischer Arbeit einzufügen.

Solcher Stand der Dinge macht für jeden, der selber forschend oder auch nur kritisch aufnehmend an diesem Entwicklungsgange teilzuhaben wünscht, eine möglichst gesicherte Kenntnis der allgemeinen Grundlagen der physikalischen Chemie notwendig. Da aus der physikochemischen Literatur die Erwerbung solcher Kenntnisse nicht leicht ist, sei hier für die wichtigsten der zu behandelnden Gebiete eine orientierende Einführung vorausgeschickt in dem Wunsche, auch dem noch völlig Fernstehenden die Art und Bedeutung der physikochemischen Ergebnisse näherzubringen und ihm einen ersten Wegweiser für die weitere Arbeit zu übermitteln.

A. Allgemeine physikalische Chemie.

Kapitel 1.

Von den echten Lösungen.

Die physikalische Chemie hat uns die Kenntnis von drei scharf unterscheidbaren Arten der Lösungen gegeben:

1. Lösungen, bei denen die Zerteilung der gelösten Substanz gerade voll bis zur Molekülgrenze vor sich gegangen ist: molekulardisperse Lösungen.

2. Lösungen, bei denen die Zerteilung über die Molekülgrenze hinaus bis zu den Bruchstücken der Moleküle vorgeschritten ist: ionendisperse Lösungen.

3. Lösungen, bei denen die Zerteilung der gelösten Substanz eine so grobe bleibt, daß die Einzelteilchen mit Hilfe optischer und anderer Methoden als physikalisch vom Lösungsmittel abgegrenzt nachweisbar sind: kolloide Lösungen.

Die kolloiden Lösungen werden im Gegensatz zu den erst aufgeführten beiden Arten, welche man als echte Lösungen zusammenfaßt, auch als Pseudolösungen bezeichnet. Über die letzteren wird erst im Abschnitt „Von den Kolloiden" näheres berichtet werden.

Am einfachsten liegen die Verhältnisse bei der **molekulardispersen Lösung.** Zu solcher Lösung sind alle echt löslichen Substanzen befähigt, soweit sie nicht — wie die Säuren, Basen und Salze — Ionen bilden. Die Zuckerarten, die Alkohole, der Harnstoff geben oft genannte Beispiele reiner molekulardisperser Lösungen. Van't Hoff konnte den Nachweis erbringen, daß das Verhalten solcher Substanzen in wäßriger Lösung auf das weitgehendste den Gesetzen entspricht, welchen diese Substanzen unterworfen wären, wenn sie sich als Gas in einem gleich großen Raume eingeschlossen befänden, wie er ihnen in der Lösung zur Verfügung steht.

Die Löslichkeit einer Substanz in Wasser oder sonst einem Lösungsmittel steht in Parallele zur Flüchtigkeit einer Substanz im leeren Raum: Genau wie eine flüchtige Substanz in den begrenzten leeren Raum hinein Gas aussendet, bis der wachsende Gasdruck des Raumes der Vergasungstension das Gleichgewicht hält, so gibt auch die lösliche Substanz so lange Anteile an das Lösungsmittel ab, bis der zunehmende Lösungsdruck der Lösungstension das Gleichgewicht hält.

Der Lösungsdruck, welcher auch als „osmotischer Druck" bezeichnet wird, erscheint somit in voller Parallele zum Gasdruck. Während man den Gasdruck bekanntlich ohne weiteres an den Grenzwänden des Gasraumes feststellen und messen kann, ist der Lösungsdruck in dem Raume der Flüssigkeit nur beim Vorhandensein besonderer Bedingungen für uns wahrnehmbar.

Die molekular-kinetische Theorie gibt für diese Verhältnisse in anschaulichster Weise Rechenschaft. Genau wie bei den Gasen hat man sich bei den Lösungen die Teilchen der gelösten Substanz in intensiver Molekularbewegung zu denken. Der zentrifugale Druck, der innerhalb einer Flüssigkeit durch das molekulardisperse Auflösen einer Substanz entsteht, ist gleich dem Gasdruck, welcher entsteht, wenn dieselbe Stoffmenge als Gas denselben Raum bei der gleichen Temperatur ausfüllen würde. Die Schwierigkeit der Wahrnehmung dieses Druckes in der Flüssigkeit resultiert daraus, daß dieser Druck, anstatt in einem leeren Raum, in dem Raum einer Flüssigkeit auftritt, wo bereits durch die gegenseitige Anziehung der Flüssigkeitsmoleküle ein starker entgegengesetzt gerichteter Druck, der sogenannte „Binnendruck", vorhanden ist. Die Größenverhältnisse sind ungefähr die folgenden: Der Lösungsdruck oder „osmotische Druck" beträgt für die Konzentrationen der Körpersäfte einige wenige Atmosphären (ca. 9 Atmosphären, s. unten) und steigt im Höchstfalle der im Wasser überhaupt möglichen Konzentrationen bis zu Werten von ca. 200 Atmosphären. Der Binnendruck der Flüssigkeit aber ist ungleich größer; er rechnet statt jener Beträge zumeist nach Tausenden von Atmosphären (beim Wasser werden ca. 12000 Atmosphären gefunden). Diese Zahlen erklären, weshalb der osmotische Druck, wie er z. B. in den Körperflüssigkeiten durch das Vorhandensein der gelösten Substanzen besteht, nicht wie der Gasdruck im Sinne einer allgemeinen Volumenvergrößerung zur Geltung kommt. Die Differenz zwischen den Druckwerten des reinen Wassers (ca. 12000 Atmosphären) und einer Lösung z. B. von der Art tierischer Flüssigkeiten (12000—9=11991 Atm.) ist zu gering, um sich ohne weiteres an der Grenzfläche der Lösung bemerkbar zu machen. Die Wahrnehmung und Messung des osmotischen Druckes hat vielmehr besondere Bedingungen zur Voraussetzung. Gleichwohl sind die Vorgänge, welche auf den Wirkungen des osmotischen Druckes beruhen, für die gesamten Lebenserscheinungen von der größten Bedeutung und es ist nützlich, sich die Verhältnisse von möglichst allgemeinen Gesichtspunkten aus klar zu machen.

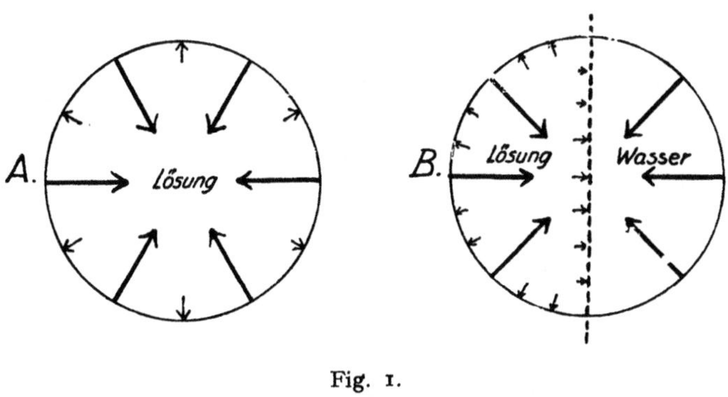

Fig. 1.

Fig. 1 A stelle einen frei gedachten, beliebig großen Tropfen einer wässerigen Lösung. dar. Der Binnendruck als Folgeerscheinung der gegenseitigen Anziehung der Flüssigkeitsmoleküle hält die Moleküle des Lösungsmittels in einer konstanten Entfernung und damit die Gesamtflüssigkeit bei einem bestimmten Volumen zusammen, er wirkt demnach im Sinne der großen Pfeile jeder Ausdehnung der Flüssigkeit entgegen. Der osmotische Druck ist analog dem Gasdruck entgegengesetzt gerichtet, er sei durch die kleinen Pfeile zur Darstellung gebracht; zu einer nach außen kenntlichen Wirkung ist er bei dem gewaltigen Überwiegen der Binnendruckkräfte nicht befähigt. In den sogenannten „semipermeablen Membranen", wie sie im tierischen Körper sich zahlreich und in mannigfachster Ausbildung vorfinden, sind nun, physikalisch betrachtet, Siebe gegeben, welche das Wasser frei durchtreten lassen, dabei aber den gelösten Teilen den Durchtritt sperren. Mit einem solchen Siebe sei durch äußere Arbeit von der einen Seite her die Gesamtheit der gelösten Teile auf die Hälfte des ihr ursprünglich verfüglichen Lösungsraumes zusammengedrängt. Der Endzustand solcher Arbeitsleistung ist in der Fig. 1 B wiedergegeben. Die entstandene Konzentrationsdifferenz zu beiden Seiten der Membran sucht einen Ausgleich. Dem gelösten Stoff ist in der Membran eine unpassierbare Scheide gezogen; nur das Lösungsmittel, das Wasser, hat den Durchtritt frei. Während sonst überall an der Oberfläche der osmotische Druck in seinem Bestreben der Ausdehnung dem Binnendruck begegnet, ist die Fläche der semipermeablen Membran von dem Binnendruck frei: der osmotische Druck hat hier die Möglichkeit, Wasser nach der Seite der Lösung herüberzuziehen, ohne daß in der Gesamtflüssigkeit durch eine Vergrößerung der Distanz der Einzelmoleküle das Maß der Raumausfüllung geändert wird. Ungehindert vom Binnendruck tritt an der Membran durch das Ausdehnungsbestreben der gelösten Teile das Wasser nach der Seite der Lösung hinüber, bis die Lösungsdifferenz beider Seiten ausgeglichen, d. h. in diesem Falle bis das Wasser restlos in die Lösung hinübergewandert ist. Dieser freiwillig eintretende osmotische Ausgleich erscheint somit seinem Wesen nach als eine einfache Umkehr der für die Lösung oben durch die Membranvorschiebung erzwungenen Konzentrationsdifferenzierung. Die semipermeable Membran hat dabei lediglich eine passive Rolle, sie schafft eine der physikalischen Bedingungen, bei denen sich durch mechanische Energie Konzentrationsdifferenzen in der Lösung erzeugen lassen, und bei denen solche, falls sie bestehen, freiwillig durch Wasserwanderung zum Ausgleich gelangen. Diese Vorgänge treten nicht nur beim Angrenzen von einem reinen Lösungsmittel an eine Lösung auf, sondern in gleicher Weise immer auch dann, wenn zwei Lösungen verschiedener Konzentration durch eine semipermeable Membran einander berühren. Regelmäßig geht eine Wasserwanderung nach der Seite der höheren Konzentration vor sich, bis der osmotische Unterschied der Lösungen zum Ausgleich gekommen ist. Dabei gibt das Maß der Wasserverschiebung zugleich das Maß der zum Ausgleich gekommenen Differenz des osmotischen Druckes. Läßt man die Wasserverschiebung entgegen der Schwerkraft vor sich gehen, so wird das Maß der osmotischen Druckdifferenz in der erreichten Steighöhe des Wassers gefunden (Messung des osmotischen Druckes durch die Steighöhenmethode nach Pfeffer; s. Teil III).

Neben den Methoden, welche auf der Bestimmung der osmotisch bedingten Wasserverschiebung beruhen, stehen für die Praxis noch andere Wege der Messung zur Verfügung. Bekanntlich wird während des Vorganges des Gefrierens einer wässerigen Lösung die restierende Flüssigkeit zunehmend konzentrierter, da das entstehende Eis keine gelösten Stoffe enthält. Das Gleiche gilt für das Sieden; auch hier bleibt, wofern nicht etwa die gelösten Stoffe selber flüchtig sind, durch den Weggang von reinem Wasser in Dampfform eine konzentriertere Lösung zurück. Bei beiden Vorgängen ist ein scharfer Unterschied im Verhalten von Lösungen und reinen flüssigen Stoffen gegeben. Die Lösungen erfahren unter dem Einfluß des Siedens und Gefrierens eine ständige Änderung der Konzentration und damit parallel laufend zugleich eine ständige Verschiebung ihrer Siede- und Gefriertemperatur; die reinen flüssigen Stoffe aber haben eine absolute Konstanz ihres Siede- und Gefrierpunktes, sie bleiben beim Sieden wie beim Gefrieren bis zum letzten Flüssigkeitstropfen genau von derselben Art, wie sie am Anfang waren. Im Vergleich zu den reinen flüssigen Stoffen ist demnach für die Lösungen der Übergang zum gasförmigen resp. festen Zustand dadurch kompliziert, daß nicht nur Flüssigkeit in einen anderen Aggregatzustand übergeführt wird, sondern daß daneben zugleich durch die Schaffung der Konzentrationsdifferenz zwischen Dampf resp. Eis und restierender Lösung Arbeit entgegen dem osmotischen Druck geleistet wird. Je stärker die Lösungskonzentration und damit der osmotische Druck ist, um so mehr Arbeit muß zur Einengung der Lösung beim Sieden und Gefrieren zu leisten sein; eine jede Lösung aber muß sich schwerer einengen lassen als das in ihr vorhandene Lösungsmittel in seinem reinen Zustand. Ein Maß des osmotischen Druckes ist daher in jedem Wert gegeben, der die Größe der Mehrleistung anzeigt, die erforderlich ist, um statt des reinen Lösungsmittels die Lösung zum Sieden oder Gefrieren zu bringen. Da die verwendete Energie bei beiden Verfahren die Wärme ist, so läßt sich ein Maßstab für jene Größe in einfachster Weise durch die Bestimmung der zur betreffenden Wirkung erforderlichen Temperaturgrade erhalten. Während reines Wasser bei 0^0 gefriert und bei 100^0 siedet, hat eine jede wässerige Lösung einen Gefrierpunkt unterhalb 0^0 und siedet erst oberhalb 100^0. Diese Abweichungen von den Punkten 0^0 und 100^0 zeigen um so größere Beträge, je konzentrierter die Lösungen sind, aber bei verschiedenen Lösungen immer die gleichen Werte, wenn die Lösungen die gleiche Zahl von gelösten Molekülen resp. Ionen enthalten. Dabei ergeben nicht nur die Maße der jeweiligen Gefrierpunktserniedrigung und Siedepunktserhöhung untereinander proportionale Größen, sondern die Proportionalität gilt auch gegenüber den Messungen des osmotischen Druckes, wie sie bei der Pfefferschen Versuchsanordnung der Membraneinschaltung erhalten wurden. Gerade diese völlige Übereinstimmung der Resultate bei drei verschiedenen, voneinander unabhängigen Messungsmethoden ist es, die den Gesetzen des osmotischen Druckes einen so hohen Grad von Sicherheit verleiht. Für die Praxis aber resultiert aus dem gleichen Umstand die angenehme Folge, daß für die Messung des osmotischen Druckes einer Lösung jederzeit diese drei Wege zur freien Auswahl stehen. Für die Forschungen in der Medizin hat sich namentlich die Messung der Gefrierpunktserniedrigung und für manche besonderen Fragen das Prinzip der Membraneinschaltung bewährt. Durch ein Beispiel seien die Maße dieser beiden Methoden zueinander in Beziehung gesetzt:

	Osmotischer Druck	
	bei Membraneinschaltung aus der Steighöhe der Lösung bei 0° gemessen (in Atmosphären)	bei Gefriermethode als Gefrierpunktserniedrigung gemessen (in Graden)
1% Rohrzuckerlösung . . .	0,650 Atm.	— 0,054°
Beliebige molekulardisperse Normallösung[1])	22,43 Atm.	— 1,85°

Da das Anwachsen der Werte beider Messungsarten bei steigender Konzentration der Lösungen proportional erfolgt, so entspricht in ganzen Zahlen ausgedrückt 1° Gefrierpunktserniedrigung ziemlich angenähert einem osmotischen Druck von 12 Atmosphären, bezogen auf eine Lösungstemperatur von 0°, also jedem tausendstel Grad Gefrierpunktserniedrigung ein Druck von 0,012 Atm. (=. ca. 9,1 mm Hg).

Die ausgezeichnete Übereinstimmung, in welcher sich die experimentellen Resultate dieser Methoden zu der auf diesem Gebiet führend gewesenen van't Hoffschen Theorie vom osmotischen Druck befinden, hatte schon längst die Zweckmäßigkeit der molekular-kinetischen Auffassung der Lösung auch ihren anfänglichen Gegnern gegenüber aufs glänzendste erwiesen. Durch die neueste Entwicklung der physikalischen Chemie und der angrenzenden Gebiete der Physik ist aber der Wert dieser van't Hoffschen Vorstellungen aus dem Rahmen einer Arbeitshypothese heraus auf den Boden der Wirklichkeit gestellt worden. Die Isolierung und Zählung der Gasmoleküle, welche in den Arbeiten von J. J. Thomsen in bewunderns wertester Technik mit vollstem Erfolge durchgeführt ist, und die Übereinstimmung der sogenannten Brownschen Bewegung mit den Forderungen der kinetischen Theorie der Lösungen, wie sie durch eine Reihe von Forschern, zuletzt am vollständigsten durch J. Perrin, erwiesen wurde, haben den experimentellen Nachweis der Existenz von räumlich diskreten Molekülen erbracht, welche in den Gasen und in den Lösungen durch eine von der molekular-kinetischen Theorie vorausgesagte Bewegung ausgezeichnet sind. Diese neueren Ergebnisse, die zugleich über die quantitativen Verhältnisse der bewegten Moleküle nach gewissen Richtungen hin Aussagen erlauben, sind derart interessant und wichtig, daß auch hier einige orientierende Daten erwünscht sein dürften.

Die Größe der Moleküle läßt sich bereits mit ziemlicher Sicherheit in Annäherung bestimmen. So sind die Moleküldurchmesser z. B. beim Wasser gleich 0,00009 μ, beim Chloroform gleich 0,0008 μ und bei der Stärke gleich 0,005 μ gefunden. Dieser Molekülgröße entspricht die Grenze der physikalischen Teilbarkeit, wie sie sich experimentell bei der Erzeugung dünnster

[1]) Das heißt eine Lösung, die in 1 l Wasser 1 Mol. (= 1 × die Menge des Molekulargewichtes in Grammen) gelöst enthält, z. B. für NaCl = 23 (Na) + 35,5 (Cl) = 58,5 g im Liter.

Ölschichten auf Wasser (= 0,00056 μ) oder auch an dünnsten elektrolytisch erzeugten Metallschichten hat kontrollieren lassen: unterhalb einer immer wiederkehrenden ganz bestimmten Schichtdicke (Moleküldurchmesser) lassen sich keine Gebilde erzeugen.

In einem Mol einer Substanz, d. h. in jener Menge, welche der Grammzahl des Molekulargewichts dieser Substanz entspricht[1]), sind ungefähr 10^{24} Einzelmoleküle anzunehmen. Es ist dies ein Annäherungswert, zu dem in guter Übereinstimmung die sämtlichen, ihrem Wesen nach durchaus verschiedenen Berechnungsmethoden führen. Den wahrscheinlich richtigsten Wert gibt die aus der Brownschen Bewegung abgeleitete Berechnung von Perrin in der Zahl $0{,}71 \times 10^{24}$

Wird die dem Molekulargewicht[2]) entsprechende Grammenge einer Substanz im graduierten Literkolben mit Wasser bis zur Marke 1000 aufgefüllt, so erhält man die „Normallösung" ($^1/_1$n-Lösung) der betreffenden Substanz. Diese ist mit allen $^1/_1$n-Lösungen anderer Stoffe, von denen viele zu Titrationszwecken in fertigem Zustande käuflich gehalten werden, äquimolekular. Auf solche $^1/_1$n-Lösungen werden zweckmäßigerweise auch die Gehaltsangaben der verdünnteren Lösungen bezogen: $^1/_2$ normal, $^1/_{10}$ normal usw. Diese Bezeichnungsart ist deshalb nützlich, weil sie die verschiedenen Lösungen bei Berücksichtigung der Wertigkeit zueinander in eine klar übersehbare Beziehung setzt. Gleichwertige Säuren und Alkalien neutralisieren sich bei gleicher Zahl der Moleküle; eine zweiwertige Säure braucht die doppelte Menge eines einwertigen Alkalis zum gleichen Erfolg. Für alle Lösungen, die auf den Wert einer Normallösung bezogen sind, ist daher die gegenseitige Beziehung sofort ersichtlich. Es werden z. B. 100 cm³ einer $^1/_2$ n-Lösung irgendeiner einbasigen Säure von einer $^1/_{10}$ n-NaOH-Lösung gerade das Fünffache zur Neutralisation verbrauchen; denn $100 \times {}^1/_2 = x \times {}^1/_{10}$, folglich $x = 100 \times {}^1/_2 \times 10 = 500$.

Von der molekulardispersen Lösung ist durch scharfe Unterschiede das Gebiet der **Ionendispersen Lösung** abgegrenzt. Hierher gehört die große Gruppe aller Substanzen, die wir als Säuren, Basen und Salze bezeichnen; sie alle haben die Eigenschaft, bei der Auflösung im Wasser Ionen zu bilden.

Die abweichende Art des Lösungszustandes ergibt sich vor allem daraus, daß diese Lösungen nicht den soeben beschriebenen osmotischen Gesetzen gehorchen, daß sie vielmehr einen Betrag des osmotischen Druckes aufweisen, der gegenüber der Berechnung auf molekulardispersem Ansatz stets um ein Erhebliches zu hoch ist. Zugleich ist den Substanzen dieser Gruppe ausnahmslos eine weitere, ihnen nur allein zukommende Fähigkeit eigentümlich. Ihre Lösungen sind für den elektrischen Strom leitfähig. Arrhenius hat die gemeinsame Ursache dieser Besonderheiten gefunden und in seiner Theorie von der elektrolytischen Dissoziation den Schlüssel zum Verständnis gegeben. Schon längst war bekannt, daß in den wässerigen Lösungen der Salze beim Durchleiten eines Stromes der Elektrizitätstransport nicht anders als durch Spaltstücke der Salzmoleküle bewirkt sein kann,

---

[1]) Vgl. Anm. S. 6.

[2]) Die zur Berechnung des Molekulargewichtes nötigen Daten siehe im Teil III unter Kryoskopie.

indem die Metallspaltstücke des Salzes als Träger der positiven Elektrizität und die säurehaltigen Teile desselben als Träger der negativen Elektrizität in gegenläufiger Richtung die Lösung durchwandern. Die Arrheniussche Theorie hat zur Grundlage, daß diese Spaltung nicht erst beim Hineinschicken eines elektrischen Stromes vor sich geht, vielmehr schon durch den Vorgang der Auflösung selber zustande kommt. Diese Annahme ist in der Zwischenzeit aufs glänzendste experimentell bewiesen.

Molekulardisperse Lösungen besitzen keine Leitfähigkeit. Nur solche Substanzen, welche sich im Wasser bei der Auflösung über die Grenze ihrer Moleküleinheit hinaus bis zu Ionen spalten, machen das Wasser leitfähig. Diese Substanzen heißen Elektrolyte und der Vorgang der Molekülaufspaltung wird als elektrolytische Dissoziation oder kürzer als Ionisation bezeichnet.

Der Betrag der Leitfähigkeit einer Lösung gibt das Maß der Ionisation.

Dissoziationsfähig sind nur Elektrolyte, d. h. Säuren, Basen und Salze; nur sie bilden „ionendisperse" Lösungen.

Jedem Elektrolyten ist im Wasser ein spezifischer Dissoziationsgrad, d. i. ein spezifisches Maß der Ionenbildung eigen, welches unter gleichen Bedingungen konstant ist.

Im Wasser ist, verglichen mit anderen Lösungsmitteln, die Ionenbildung ganz besonders stark ausgeprägt. Das dissoziierende Vermögen des Wassers ist unter den bekannten Lösungsmitteln bei weitem das größte.

Im allgemeinen sind die anorganischen Säuren und Basen durch erheblich größere Dissoziation ausgezeichnet als die organischen.

Sehr wichtig ist der Einfluß der Konzentration. Je verdünnter die Lösung, um so vollständiger die Ionenbildung.

In stark verdünnten Lösungen, wie sie etwa den Körperflüssigkeiten entsprechen, sind die meisten Elektrolyte wie NaCl, KCl usw. praktisch bereits fast völlig als dissoziiert zu betrachten.

Die Ionen verhalten sich in der Lösung physikalisch und chemisch wie selbständige Stoffe (Wilh. Ostwald). In Fällen z. B., wo das Molekül eine von den Ionen verschiedene Farbe hat, ist allemal der Unterschied von Molekül und Ion direkt in der Lösung sichtbar. Wasserfreies Kupferchlorid ($CuCl_2$) als Molekül ist gelb; die Ionen des Kupfers aber sind blau, wie die Farbe aller verdünnten Kupferlösungen zeigt. Gibt man zum gelben Kupferchlorid Wasser hinzu, so geht schon in der konzentrierten Lösung die gelbe Farbe in Gelbgrün über, indem sich einige erste blaue $CuCl_2$-Ionen dem Gelb untermischen. Verdünnt man weiter, so nimmt die Ionisation schnell zu, bis aus der Mischfarbe des Gelbgrünen in der verdünnten Lösung das reine Blau der $CuCl_2$-Ionen entstanden ist. Wenn eine Substanz in der Lösung völlig zu Ionen zerteilt ist, setzt sich ihr physikalisches und chemisches Verhalten lediglich additiv aus den Eigenschaften der Ionen zusammen. Wenn man die Eigenschaften der Ionen kennt, kann man daher für alle verdünnten Lösungen der Elektrolyte additiv die physikalischen Eigentümlichkeiten, wie z. B. Farbe, Spektralbeschaffenheit usw. und ebenso sämtliche chemische Affinitäten voraussagen. Die Elektrolyte wirken demnach in verdünnten Lösungen nicht als Moleküle. Ihre Wirkungsart ist eine ganz andere, sie ist die Summenwirkung der vorhandenen Ionen. Die Ionenlehre ist somit zu einer neuen Grundlage der gesamten Chemie der verdünnten Lösungen geworden und kann insbesondere vom Arzt, da fast alle Reaktionen des menschlichen Körpers in solchen verdünnten Elektrolytlösungen vor sich gehen, für wissenschaftliche Arbeiten chemischer Art nicht entbehrt werden.

Welche Unterschiede der Reaktionsfähigkeit zwischen einem Molekül und dessen Ionen bestehen können, sei an dem Beispiel einer Säure belegt: die Salzsäure gehört im Wasser zu den stark dissoziierenden Säuren, eine verdünnte wässerige Lösung dieser Säure ist praktisch völlig ionendispers. Wenn aber wasserfreie Salzsäure in gleichfalls wasserfreiem Chloroform gelöst wird, so erhält man eine Lösung, die den elektrischen Strom nicht leitet, in der also nur Moleküle, keine Ionen gebildet sind. Der Unterschied der beiden Lösungsarten tritt auch in dem chemischen Verhalten beim Zusammenbringen mit einem Karbonat aufs deutlichste zutage. Während die wässerige Salzsäurelösung das Karbonat sofort stürmisch zersetzt, ist bei der im Chloroform gelösten wasserfreien Salzsäure überhaupt keine zersetzende Wirkung auf das Karbonat bemerkbar. Eine Spur Wasser als Zusatz genügt, um in der chloroformigen Lösung eine Dissoziation der Salzsäuremoleküle mit Bildung von H-Ionen hervorzurufen; sobald diese H-Ionen gebildet sind, geht auch seitens der chloroformigen Salzsäure die Zersetzung des Karbonats äußerst lebhaft vor sich. Wenn die Salzsäure keine H-Ionen bildet, hat sie, wie das obige Beispiel lehrt, auch keinen Säurecharakter. Die H-Ionen sind es, die eine Substanz zur Säure machen, und die OH-Ionen sind in gleichem Sinne die Träger der Basizität der Substanzen. Je mehr H-Ionen, um so stärker die Säure; je mehr OH-Ionen, um so alkalischer die Lösung. Das Maß der H-Ionen ist daher zugleich das Maß der Stärke der Säuren; ebenso ist die Menge der OH-Ionen das alleinige Maß der Laugenwirkung.

Die beigegebene Tabelle möge am Beispiel einiger Säuren zeigen, wie sehr die Befähigung zur elektrolytischen Dissoziation (bei den Säuren zur H-Ionenbildung) von Substanz zu Substanz zu variieren vermag. Die H-Ionenbildung der Salzsäure ist als Einheit (= 1,000) gesetzt.

Salzsäure	1,000
Salpetersäure	1,000
Trichloressigsäure	0,754
Dichloressigsäure	0,271
Monochloressigsäure	0,048
Ameisensäure	0,015
Essigsäure	0,004

In dieser Tabelle gibt eine willkürlich herausgegriffene Substanz, die Salzsäure, als die am stärksten H-Ionen bildende Säure den Grundwert 1,000. Meistens aber ist es üblich, die Konzentrationen der H-Ionen auf den Einheitswert einer „Normallösung" (s. oben) zu beziehen. Eine H-Ionen-Normallösung ist eine solche, bei der 1,008 g H (d. h. das Molekulargewicht des Wasserstoffs in Grammen) in Form von Ionen in einem Liter Wasser vorhanden sind. Wäre die Salzsäure voll zu H-Ionen dissoziiert, so würde eine $^1/_1$ normale Salzsäurelösung gerade auch eine 1,0 normale H-Ionenkonzentration aufweisen. Wegen unvollständiger Dissoziation bleibt aber der Betrag hinter diesem Werte erheblich zurück. Die Messung ergibt nur 0,78 normale H-Ionenkonzentration. Erst bei stärkerer Verdünnung wird die Dissoziation größer. Die 0,1 normale Salzsäure ist bereits zu 91%, die 0,001 normale Salzsäure zu 98% dissoziiert. Die physikochemische Schreibweise, bei der zur Bezeichnung der H-Ionenkonzentration kurz $[H^\cdot]$ gesetzt wird, würde lauten[1]):

1,0 normale HCl . . . . . . $[H^\cdot] = 0{,}78 \cdot 10^0$
0,1 „ HCl . . . . . . $[H^\cdot] = 0{,}91 \cdot 10^{-1}$
0,001 „ HCl . . . . . . $[H^\cdot] = 0{,}98 \cdot 10^{-3}$

Mit dem Vorgang der Ionisation ist unzertrennbar eine elektrische Aufladung der Ionen verbunden. Die H-Ionen der Säuren und die Metallionen, welche sich aus den Salzen und Alkalien abspalten, sind positiv geladen, sie heißen Kationen. Die OH-Ionen der Alkalien und die Säurespaltstücke der Salze und Säuren sind negativ geladen, sie heißen Anionen[2]). Man veranschaulicht diese Vorgänge in einer Schreibart wie folgt:

$NaCl = Na^\cdot + Cl'$ $NaNO_3 = Na^\cdot + NO_3'$
$NaOH = Na^\cdot + OH'$ $HNO^3 = H^\cdot + NO_3'$
$HCl = H^\cdot + Cl'$

Der hochgesetzte Punkt kennzeichnet das positive Kation, der schräge Strich das negative Anion.

Bei den mehrwertigen Elektrolyten sind die Verhältnisse ähnlich, jedoch kommt die Gesetzmäßigkeit der „Stufendissoziation" hinzu. Ein zweiwertiger Elektrolyt, wie z. B. die Schwefelsäure, erfährt nicht eine einfache Trennung in die Ionen $SO_4' + 2\,H^\cdot$, sondern die Spaltung geht stufenweise, d. h. in zwei aufeinanderfolgenden Vorgängen vor sich[3]):

1. $SO_4H_2 = SO_4H' + H^\cdot$
2. $SO_4H' = SO_4'' + H^\cdot$

Dabei bleiben dauernd Anteile aller Stufen in der Lösung, so daß sich in wässeriger Schwefelsäure folgende verschiedene Bestandteile nebeneinander befinden:

---

1) Die Zehnerpotenzen hinter den nachfolgenden Dezimalwerten werden angewandt, um bequemer vergleichbare Werte zu erhalten. — Es bedeutet z. B. $10^0 = 1$ und $0.91 \cdot 10^{-1} = 0{,}091$, ferner $0{,}98 \cdot 10^{-3} = 0{,}00098$.

2) Da diese Bezeichnungsart in der physikalischen Chemie der Lösungen heute die allgemeinste Verwendung findet, ist es nützlich, sich diese Begriffe gegenwärtig zu halten, wobei unter Beachtung der fettgedruckten Buchstaben die Einprägung mnemotechnisch erleichtert wird:

Anion—Säure**n**—**n**egativ
Ka**t**ion—Me**t**alle—posi**t**iv.

3) Die Bezeichnung SO_4'' zeigt an, daß entsprechend der chemischen Zweiwertigkeit des SO_4-Ions auch die elektrische Aufladung den zweifachen Betrag besitzt.

SO_4H_2 (nicht dissoziierter Anteil: volle Moleküle)
SO_4H' (Zwischenstufe)
SO_4'' (Endstufe)
$H^{\cdot}$ (charakteristisches Ion der Säuren).

Analog vollzieht sich die Stufendissoziation einer dreiwertigen Säure, wie z. B. der Phosphorsäure; sie ergibt sich aus dem folgenden Schema, das in abgekürzter Bezeichnungsart (Radikal = R anstatt der chemischen Formel des Säureanions) die drei Einzelvorgänge zeigt:

1. $RH_3 = RH_2' + H^{\cdot}$
2. $RH_2' = RH'' + H^{\cdot}$
3. $RH'' = R''' + H^{\cdot}$

Auch alle Basen und Salze, die mehrwertige Ionen enthalten, fügen sich der gleichen Regel, so daß man z. B. für das tertiäre Natriumphosphat ohne Schwierigkeit die Arten seiner Ionen findet:

1. $PO_4Na_3 = PO_4Na_2' + Na^{\cdot}$
2. $PO_4Na_2' = PO_4Na'' + Na^{\cdot}$
3. $PO_4Na'' = PO_4''' + Na^{\cdot}$

Die Verhältnisse der Ionisierung gelöster Stoffe werden noch dadurch in einer wichtigen Weise beeinflußt, daß schon das Wasser in einem sehr geringen, aber doch praktisch merkbar werdenden Betrage in Ionen zerfallen ist: $H_2O = OH' + H^{\cdot}$. Diese Ionen des Wassers können nun mit anderen Ionen von gelösten Stoffen chemische Verbindungen, die nicht dissoziationsfähig sind, eingehen. Dies geschieht, wenn man solche Salze im Wasser löst, deren Säuren oder Basen eine äußerst geringe Dissoziation besitzen. Ein Beispiel, die Lösung des Natriumsalzes der praktisch nicht dissoziierbaren Karbolsäure, möge die Verhältnisse veranschaulichen:

$$H_2O = OH' + \boxed{H^{\cdot}}$$
$$\text{karbolsaures Natrium} = \boxed{\text{Karbolion}} + Na^{\cdot}$$

Es werden zunächst die bezeichneten vier Ionenarten vorhanden sein. Nun aber tritt zwischen zweien dieser Ionen, dem Karbolion und dem H-Ion, durch chemische Reaktion Molekülbildung ein: die genannten Ionen verschwinden als Ionen aus der Lösung, indem sie nichtdissoziierte Karbolsäuremoleküle bilden. Hierdurch werden der Lösung freie H-Ionen entzogen; die freien Hydroxylionen bleiben an Menge überwiegend zurück und verleihen der ursprünglich neutralen Lösung einen basischen Charakter. Ein durchaus ähnlicher Vorgang muß eintreten, wenn es sich um ein Salz handelt, bei dem die Molekülbildung statt aus Säure- und H-Ion aus Metall- und OH-Ion vor sich geht: es werden dann durch die Bildung des nicht-dissoziationsfähigen Metallhydroxyds dem Wasser OH-Ionen weggefangen und es resultiert infolge des eintretenden H-Ionen-Überschusses nun eine Lösung von saurem Charakter. Diese chemische Komplizierung des Lösungsvorganges durch die Ionen des Wassers heißt Hydrolyse. Solche Hydrolyse wird ganz allgemein immer dort zur Geltung kommen, wo mit den Ionen des Wassers andere Ionen zusammentreffen, die bei der gegebenen Konzentration noch in merkbarem Betrage undissoziierte Moleküle bilden. Dies ist praktisch sehr häufig der Fall.

Gewisse Eigentümlichkeiten sind für die Ionen spezifisch. Da die Ionen erst aus dem zu lösenden Stoff unter der Einwirkung des Wassers entstehen, so ist ihre Existenz an die Lösung gebunden. Verläßt der Stoff die Lösung, so verläßt er auch gleichzeitig den Ionenzustand. Hieraus folgt, daß die Ionen einer Lösung beim Verdunsten oder Verdampfen als solche nicht flüchtig sein können, und ebenso, daß sie beim Überschichten der Lösung mit einer anderen Flüssigkeit nur dann als Ionen in diese übertreten können, wenn auch die zweite Lösung für die betreffende Substanz ein Ionisierungsvermögen besitzt. Außerdem kann ein Anion oder ein Kation niemals allein ohne ein elektrisch entgegengesetzt geladenes Ion in einer Lösung entstehen oder verschwinden; geschähe dieses, so würde ein Überschuß an freier Elektrizität in der Lösung auftreten, es würde sich eine ursprünglich elektrisch neutrale Lösung freiwillig elektrisch aufladen, was dem Grundgesetz der Elektrizität widerspricht.

Ein Ion kann zwar in der chemischen Schreibart mit dem Atom die Formel gemeinsam haben (Beispiel: Na als Ion und als Atom). Es besitzt aber dank der elektrischen Ladung einen ganz anderen Energiegehalt und hat auch physikalisch und chemisch durchaus abweichende Eigenschaften.

Unter allen bekannten Zustandsformen ist die Ionenform durch die weitaus größte chemische Reaktionsfähigkeit ausgezeichnet. Alle Reaktionen zwischen Ionen verlaufen so gut wie momentan. Fast die ganze anorganische Chemie handelt von Ionenreaktionen. Die Substanzen der organischen Chemie sind durchweg weniger stark dissoziationsfähig; doch spielen auch in der organischen Chemie die Ionenreaktionen neben den in ihrem Ablauf erheblich langsameren molekularen Reaktionen noch eine wichtige Rolle.

Die Erkennung der Ionen als selbständige Teile in der Lösung hat eine erhebliche Klärung des Löslichkeitsbegriffs mit sich gebracht. Ein jedes Ion hat, unabhängig von der Art des Elektrolyten, aus dem es durch Dissoziation entstanden ist, seine eigene „spezifische" Löslichkeit. Die Löslichkeit eines Elektrolyten ist somit abhängig von dem Zusammenwirken der Löslichkeit der aus den Elektrolyten hervorgehenden Einzelionen. Es gilt hier das wichtige Gesetz des Ionenproduktes der Löslichkeit, welches besagt, daß allemal im Sättigungspunkt das Produkt der Ionenkonzentrationen konstant ist. Die Grenze der Wasserlöslichkeit eines Elektrolyten bei einer bestimmten Temperatur ist demnach durch ein feststehendes Produkt gekennzeichnet, durch das Produkt aus der Konzentration des Anions mal der Konzentration des Kations. So ist z. B. die „Löslichkeitskonstante" des Kochsalzes: $k = [Na^{\cdot}] \times [Cl']$, wobei wiederum wie oben (bei der Kennzeichnung der H-Ionenkonzentration) die eckigen Klammern zur abgekürzten Darstellung des Konzentrationsbegriffes dienen. Die Haupterscheinungen der gegenseitigen Löslichkeitsbeeinflussung der Elektrolyte sind auf Grund dieses Gesetzes leicht verständlich. Es muß die Löslichkeit eines Elektrolyten durch jeden Zusatz eines anderen Elektrolyten mit gemeinsamem Ion erniedrigt werden. Denn beim Hinzutreten gleichnamiger Ionen würde, falls alles in der Lösung bliebe, das Löslichkeitsprodukt ansteigen; da dieses nicht möglich ist, kommt es zur Ausfällung.

Das Umgekehrte ist der Fall, wenn der hinzukommende Elektrolyt kein gemeinsames Ion mit der Lösung hat. Die Ionen des zugesetzten Elektrolyten werden sich sodann zu einem Teil mit den in der Lösung befindlichen Ionen zu neuartigen Molekülen vereinigen, somit der vorher gesättigten Lösung eine Anzahl von Ionen entziehen: eine scheinbare Erhöhung der Ionenlöslichkeit ist die Folge, in Wirklichkeit beruht sie auf der Entstehung neuartiger, gleichfalls löslicher Moleküle.

Die Tatsache, daß aus gleichen Mengen einer Substanz bei ionendisperser Lösung mehr Einzelteilchen entstehen als bei molekulardisperser Lösung, kommt aufs deutlichste in dem osmotischen Messungsergebnis zum Ausdruck. In allen Lösungen, welche den elektrischen Strom leiten, demnach Ionen enthalten, ist der osmotische Druck höher als in molekulardispersen Lösungen gleicher Molekülzahl. In stark verdünnten Lösungen wird entsprechend der praktisch vollständigen Dissoziation fast völlige Verdopplung des osmotischen Wertes gefunden. Die Übereinstimmung zwischen Theorie und Experiment ist quantitativ exakt bewiesen. Genau derselbe Betrag, der in ionendispersen Lösungen beim osmotischen Druck gegenüber der molekularen Berechnung zuviel gefunden wird, findet sich mit Regelmäßigkeit wieder, wenn die Ionisation im Maß der Leitfähigkeit bestimmt wird. In wunderbar vollkommener Ergänzung greifen somit die osmotische Theorie und die Ionentheorie der Lösungen ineinander; erst ihre Verschmelzung und gegenseitige Kontrolle schafft jenes sichere Fundament, auf dem die moderne Lehre der verdünnten wässerigen Lösungen basiert.

Diese Ergebnisse der Molekül- und Ionenforschung haben für die Lehre der echten Lösungen die größte Bedeutung; sie gestatten, statt wie früher in hypothetischer Weise, so jetzt auf experimentell gesicherter Grundlage eine einheitliche, außerordentlich klare Auffassung der Verhältnisse.

Die Molekül- resp. Ionenbewegung des Gelösten ist die Ursache des osmotischen Druckes (= Lösungsdruck) in der Lösung.

Flüssigkeiten im reinen Zustand besitzen keinen osmotischen Druck. Nur die molekular- und ionendispersen Lösungen (kolloide Lösungen siehe im nächsten Abschnitt) sind durch sein Vorhandensein charakterisiert.

Die Molekularbewegung des Gelösten kommt je nach den näheren Bedingungen in verschiedener Form zur Geltung.

Die molekular-kinetische Bewegung des Gelösten innerhalb des frei verfügbaren Raumes einer Flüssigkeit ist das, was wir als Diffusion kennen.

Findet die Diffusion durch eine im Flüssigkeitsraum befindliche Membran statt, welche für verschiedene der gelösten Stoffe verschiedengradig durchlässig ist, so nennt man diese modifizierte Diffusion Dialyse.

Hemmt man die Diffusion durch eine Membran, welche zwar für Wasser durchgängig ist, aber die im Wasser gelösten Bestandteile nicht hindurchtreten läßt, so sind die besonderen Verhältnisse gegeben, unter denen die molekular-kinetische Energie des Gelösten als Osmose in die Erscheinung tritt.

Bei der Bedeutung, welche die Erscheinungen der Osmose für den Arzt beanspruchen dürfen, sei eine kurze Übersicht über die praktisch wichtigsten osmotischen Gesetzmäßigkeiten der verdünnten Lösungen[1]) (genau analog den bekannten Gasgesetzen) eingefügt. Einige Angaben betreffs der Nomenklatur sind vorauszuschicken.

Lösungen, welche untereinander gleichen osmotischen Druck haben, heißen isosmotisch oder isotonisch; Lösungen von verschiedenem osmotischen Druck werden anisosmotisch oder anisotonisch genannt. Zur Bezeichnung der entsprechenden Zustände dienen die Worte: Isotonie und Anisotonie. Will man zum Ausdruck bringen, daß eine bestimmte Lösung im Vergleich zu einer anderen einen größeren osmotischen Druck hat, so nennt man sie hypertonisch, im entgegengesetzten Fall hypotonisch.

Die wichtigsten osmotischen Gesetze für die echten Lösungen seien im folgenden zusammengefaßt:

1. Der osmotische Druck ist nur von der Zahl, nicht von der Art der gelösten Teile (Moleküle + Ionen) abhängig.

2. Der osmotische Druck steigt mit zunehmender Konzentration des Gelösten.

3. Wenn rein molekulardisperse Lösungen isotonisch sind, enthalten sie die gleiche Zahl gelöster Moleküle.

4. Wenn ionendisperslösliche Stoffe in Lösung gehen, erhöhen sie den osmotischen Druck stärker als ihrer Molekülzahl entspricht. Moleküle, welche in verdünnten Lösungen vollständig je zwei Ionen bilden, wie z. B. NaCl und viele andere Salze von einwertigen Säuren, bedingen für solche Lösungen einen doppelt so hohen osmotischen Druck, als ihrer Molekülzahl entspricht.

5. Alle Lösungen, welche untereinander isotonisch sind, enthalten eine gleiche Zahl von in der Lösung befindlichen Teilen (Moleküle + Ionen).

6. In rein molekulardispersen Lösungen nimmt der osmotische Druck für alle Stoffe proportional dem Temperaturanstieg in gleichem Verhältnis zu. Für ionendisperse Lösungen tritt als weitere Variable beim Temperaturanstieg die für die Einzelstoffe spezifische Veränderung der Ionisierung hinzu.

7. In Lösungen, welche gleichzeitig mehrere Stoffe gelöst enthalten, sind neben dem osmotischen Gesamtdruck auch die osmotischen Partialdrucke von Wichtigkeit. Trotz gleichen osmotischen Gesamtdrucks zweier Lösungen können sehr wohl die Partialdrucke, d. h. die osmotischen Druckwerte der in der Lösung enthaltenen Einzelarten von Molekülen resp. Ionen verschieden sein. Bei semipermeablen Membranen solcher Beschaffenheit, daß sie nur dem Wasser, aber keiner der gelösten Substanzen den Durchtritt gestatten, übt diese Teilchenverschiedenheit keine Wirkung aus. Wenn aber Membranen zur Anwendung kommen, die außer dem Wasser auch einem Teil des Gelösten den Durchtritt gestatten, so machen sich die Partialdrucke der zur Membranpassage befähigten Teile dadurch bemerkbar, daß

[1]) Es sei bemerkt, daß diese Gesetze nicht für hochkonzentrierte Lösungen Gültigkeit haben, denn dort treten komplizierende Einflüsse anscheinend mannigfacher Art störend und abändernd dazwischen.

sie neben der durch den osmotischen Gesamtdruck bedingten Wasserverschiebung ihrerseits noch artverwandte Teilwirkungen ausüben. Unter solchen Umständen erscheint der osmotische Ausgleich namentlich im zeitlichen Ablauf oft sehr kompliziert. Eine endgültige Ruhelage, ein echtes „osmotisches Gleichgewicht" ist für diese Verhältnisse erst dann erreicht, wenn außer den beiderseitigen osmotischen Gesamtdrucken auch die beiderseitigen Konzentrationen der zur Passage befähigten Molekül- resp. Ionenarten zum Ausgleich gekommen sind. Membranen solcher komplizierten Art finden sich in der Natur sehr häufig. Auch die Membranen der Zellen des menschlichen Körpers sind fast ausnahmslos „partiell durchlässig"; zudem aber sind sie oft auch noch örtlich und nicht selten sogar zeitlich bezüglich ihrer Durchlässigkeit variabel, so daß für die medizinischen Fragen neben dem osmotischen Gesamtdruck auch den osmotischen Partialdrucken eine hohe Bedeutung zukommt.

Es ist ein praktisch sehr wichtiges Ergebnis, daß für eine jede Lösung in einfacher Weise eine Bestimmung der Lösungsart und zugleich auch quantitativ eine Messung der molekulardispersen und der ionendispersen Anteile möglich ist.

Die Bestimmung des osmotischen Druckes gibt das Maß der Gesamtteile in einer Lösung (Moleküle + Ionen).

Die Bestimmung der elektrischen Leitfähigkeit gibt das Maß der ionisiert vorhandenen Anteile der Lösung (Ionen).

Die Differenzberechnung liefert das Maß der molekulardispersen Bestandteile (Moleküle).

Kapitel 2.

Von den Kolloiden.

In den echten Lösungen ist mit keinem der uns heute zur Verfügung stehenden Mittel eine räumliche Abgrenzung zwischen Lösungsmittel und Gelöstem feststellbar, die echte Lösung ist homogen. Für die kolloide Lösung aber ist es charakteristisch, daß eine nachweisbare Grenzfläche zwischen dem Lösungsmittel und dem Gelösten bestehen bleibt. Die kolloiden Lösungen sind demnach im Gegensatz zur homogenen Lösung „heterogen", sie bilden, wie man sagt, ein „zweiphasiges System". Der Unterschied liegt in dem Grade der Zerteilung des Gelösten, in der „Dispersität"; bei der kolloiden Lösung bleibt das Gelöste immerhin noch so grobkörnig oder großtropfig, daß es als „disperse Phase" von der Lösungsflüssigkeit, dem „Dispersionsmittel", zu unterscheiden ist.

Wie ersichtlich, dient der Begriff Kolloid hier lediglich zur Kennzeichnung einer bestimmten Zustandsform des Gelösten. Diese Art der Verwendung des Wortes, die heute in Fachkreisen allgemein üblich ist, verdient eine ausdrückliche Hervorhebung, weil leicht durch abweichenden Wortgebrauch erhebliche Irrtümer entstehen. Es gibt nicht, wie Graham, der Schöpfer des Kolloidbegriffes, geglaubt hat und wie auch heute noch vielfach irrtümlich angenommen wird, bestimmte kolloide Stoffe, denen die Kolloideigenschaft ein Monopol wäre. Der Kolloidzustand ist weit verbreitet in der Natur vorhanden und dabei nicht an bestimmte Substanzen gebunden. So finden sich außer in Flüssigkeiten auch kolloide Zerteilungen im Gasraum, wie z. B. Tabaksrauch und Nebel, und solche in festen Substanzen, wie z. B. färbende Einlagerungen in Steinsalz und Edelsteinen. Ebenso kann die disperse Phase durch alle drei Aggregatzustände variieren: Sie kann fest, flüssig und gasförmig sein, so daß neben kolloiden Suspensionen und kolloiden Emulsionen auch kolloide Schäume existieren.

Ein wichtiges Charakteristikum des Kolloidzustandes liegt in der Größenbestimmung der Einzelteilchen der dispersen Phase. Die „Kolloidität" hat ihre Grenze gegenüber den gewöhnlichen Suspensionen und Emulsionen etwa dort, wo die Sichtbarmachung der Einzelteilchen für das Mikroskop mit seinen stärksten Systemen aufhört. Dieser Wert entspricht einem Teilchendurchmesser von ungefähr 0,1 μ. Die andere Grenze des kolloiden Gebiets liegt ,soweit man ultramikroskopisch hat messen können, bei etwa $^1/_{100}$ dieses Wertes, bei 1 $\mu\mu$[1]), mithin bei einem Werte, der nur wenig mehr als ein Zehnfaches von den auf anderen Wegen bekannt gewordenen Moleküldurchmessern entfernt bleibt. Diese Teilchendurchmesser sind bei den Suspensionskolloiden (d. h. den Teilchen einer kolloiden Suspension) in verhältnismäßig einfacher Weise zu berechnen, da das Ultramikroskop in den meisten Fällen eine direkte Zählung der aus einer bestimmten Gewichtsmenge Substanz entstandenen Teilchen gestattet. Mit dem gewöhnlichen Mikroskop sichtbare Teilchen heißen Mikronen, die nur ultramikroskopisch erkennbaren Teilchen der kolloiden Lösungen nennt man Submikronen oder Ultramikronen, und als Amikronen werden schließlich alle noch kleineren, auch ultramikroskopisch nicht mehr sichtbaren, in ihrer Existenz aber dennoch mit anderen Methoden nachgewiesenen Teilchen bezeichnet, wobei dieser letzteren Gruppe außer den Molekülen und Ionen auch noch manche äußerst feinverteilte („hochdisperse") Kolloide zugehören. Weder gegen die „grobdispersen" Systeme(wie die gewöhnlichen Suspensionen und Emulsionen) noch gegenüber der molekulardispersen Lösung ist somit die Abgrenzung der Kolloide eine scharfe; aber dennoch ist die breite Zone der kolloiden Dispersität in der Lösung durch so wichtige und mannigfache Besonderheiten ausgezeichnet, daß das Kolloidgebiet im wissenschaftlichen Sinne heute mehr denn je gemäß dem alten Grahamschen Ausspruch „eine Welt für sich" bedeutet.

Die Fig. 2 und 3 mögen in Anlehnung an Wo. Ostwald die hier angegebenen Größen veranschaulichen. Fig. 2 zeigt in der Scheibe eines roten Blutkörperchen im Vergleich zu einigen Mikroorganismen und zu bekannten Suspensionen und Emulsionen den Grenzwert des Mikroskopisch-Sichtbaren, das kleinste „Mikron" einer Goldsuspension.

---

1) $\mu\mu = {}^1/_{1000}\mu$; $\mu = {}^1/_{1000}$ mm.

In Fortsetzung hierzu bringt die Fig. 3 (S. 18) im Rahmen des kleinsten, mikroskopisch noch eben erkennbaren Einzelteilchens (siehe Goldteilchen von 0,1 μ in der Fig. 2) bei weiterer Vergrößerung ein Maß der kolloiden „Ultramikronen" sowie ergänzend ein Maß einiger „Amikronen".

Eine kolloide Lösung, wie etwa eine Eiweißlösung oder eine wässerige Gerbsäure- oder Kieselsäurelösung, ist durchsichtig und klar wie eine wahre Lösung. Sie ist mit dem unbewaffneten Auge und ebenfalls mit Hilfe des Mikroskops nicht von einer molekulardispersen Lösung zu unterscheiden.

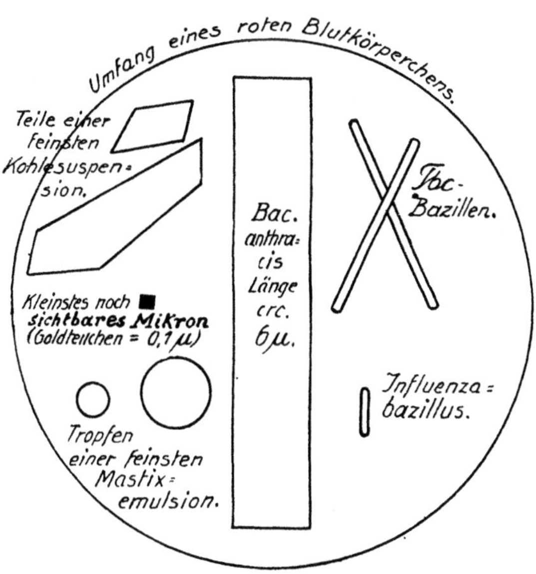

Fig. 2.
Größenverhältnisse der Mikronen im Rahmen der Scheibe eines Blutkörperchens.

Und doch zeigt die physiko-chemische Prüfung sofort, daß den kolloiden Lösungen eigentlich alle jene Eigenschaften fehlen, die wir oben als die Kennzeichen der molekular- resp. ionendispersen Lösung kennen gelernt haben. Vor allem läßt die Auflösung von Eiweiß, Gerbsäure oder sonst einer sich kolloid lösenden Substanz nur einen äußerst geringen Lösungsdruck in der Lösung entstehen. Eine kolloide Lösung schließt sich in dieser Beziehung noch nahe an die groben Suspensionen und Emulsionen an, die nichts von einem Lösungsdruck besitzen. Mit diesem Fehlen, resp. sehr starkem Zurücktreten des Lösungsdruckes steht die mangelnde Befähigung der kolloid gelösten Substanzen zur Diffusion, zur Dialyse und zu osmotischen Wirkungen in engster genetischer Beziehung. Die treibende Energie, die molekular-kinetische Bewegung der in echter Lösung befindlichen Moleküle oder Ionen, fehlt eben der kolloiden Lösung. Nur in

Andeutung, gewissermaßen rudimentär, ist sie in Form der allbekannten, neuerdings aus theoretischen Gründen eingehend studierten Brownschen Bewegung bei den kolloiden Systemen vorhanden. Diese Bewegung zeigt sich um so schwächer, je gröber dispers die kolloide Zerteilung, d. h. je größer das Einzelteilchen des Kolloids ist. Je mehr aber umgekehrt eine Annäherung der kolloiden Korngröße an die Größenordnung der Moleküle besteht, desto mehr kommt auch bei Kolloiden der Lösungsdruck mit seinen Folgen, der Diffusionsfähigkeit, der Dialysierfähigkeit und den osmotischen

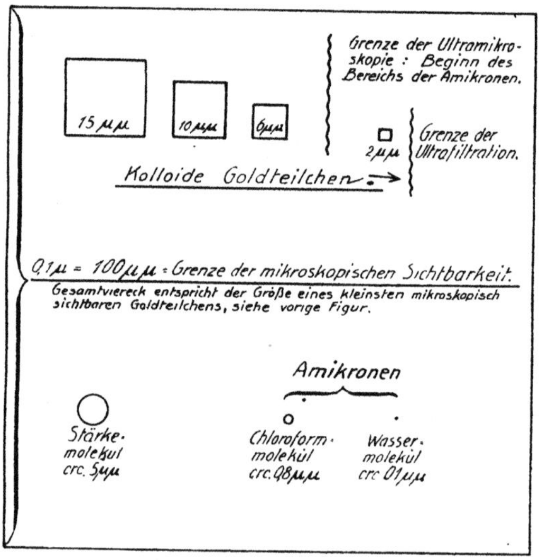

Fig. 3.
Größenverhältnisse der Ultramikronen im Rahmen des kleinsten mikroskopisch sichtbaren Mikrons der Figur 2.

Wirkungen zur Ausprägung. Dies geht in Einzelfällen, z. B. bei manchen Seifenlösungen, so weit, daß sogar eine gewisse Gruppe von kolloiden Lösungen existiert, die als semikolloide Lösungen eine deutlich vermittelnde Stellung zum Gebiet der wahren Lösungen einnehmen. Wo aber bei den typischen Kolloiden der Lösungsdruck wenigstens im praktischen Sinne so gut wie völlig fehlt, müssen die sämtlichen Methoden zur Messung eines Lösungsdruckes zu negativem Resultat führen: Die kolloiden Suspensionen zeigen nur äußerst geringe osmotische Steighöhen und üben demnach auch keine osmotischen Wirkungen auf die Zellen des Körpers aus; suspensionskolloide Lösungen weisen ebenfalls so gut wie keine Gefrierpunktserniedrigung oder Siedepunktserhöhung gegenüber dem reinen Lösungsmittel auf. Da Kolloide an sich nicht ionisiert sind, so muß den kolloiden Lösungen schließlich auch das Kennzeichen der Ionisation, die Leitfähigkeit für den elektrischen Strom, fehlen. Es ist verständlich, daß man die kolloiden Lösungen als „Pseudolösungen" bezeichnet hat.

Das Kolloid im Zustande seiner Lösung nennt man ein Sol. Nach geschehener Ausfällung aus der Lösung wird es Gel genannt.

Gallerten sind Sole, bei denen die Kolloidteilchen so weit einander genähert sind, daß eine gewisse Fixation ihrer Lage durch Adhäsionswirkungen zustande kommt. Die Gallerten sind somit nur eine besondere Art der kolloiden Lösungen. Der Vorgang vermehrter Wasserbindung infolge Dispersitätserhöhung oder stärkerer Hydratbildung kommt in der Gallerte als Quellung[1]) zur Erscheinung; die Vorgänge in umgekehrter Richtung beobachten wir als Entquellung.

Was ein kolloides System von allen anderen Zustandsarten am durchgreifendsten unterscheidet, ist das einzigartige Zurgeltungkommen der Oberflächenenergien. Schon die Oberflächen fester und flüssiger Körper von gewöhnlichen Dimensionen bieten in Andeutung eine gewisse Zahl eigentümlicher Erscheinungen dar. Am bekanntesten sind die Verdichtungserscheinungen der Gase an festen Oberflächen und die Konzentrations- und Reaktionsänderungen in der Oberfläche von „häutchenbildenden" Flüssigkeiten. Auch die Summe aller elektrischen Erscheinungen hat fast ausschließlich ihren Sitz in Oberflächen. In kolloiden Systemen sind diese und ähnliche Wirkungen ins Große gesteigert. Wohl das wesentlichste Charakteristikum des kolloiden Zustandes ist die früher kaum beachtete Erscheinungswelt der Oberflächenenergien geworden. Um eine Oberfläche zu vergrößern, bedarf es Arbeit. Die vergrößerte Oberfläche enthält die bei dieser Arbeit zugeführte Energie, sei sie nun elektrischer, thermischer, mechanischer oder sonstiger Art, in gespeichertem Zustande und kann sie bei geeigneten Bedingungen unter Rückgang der Oberflächenentwicklung wieder für andere Betätigung freigeben. Auf rein mechanischem Wege durch sogenanntes Schlagen einer Eiweißlösung läßt sich z. B. die Grenzfläche Lösung/Luft enorm vergrößern, es entsteht aus der Eigallerte der energiereichere Zustand des Eierschaums. Ähnlich wird bei der Herstellung des Phosphorlebertrans durch das lang anhaltende Verreiben des Phosphors in dem Öl die Grenzfläche Phosphor/Lebertran ständig vermehrt, bis schließlich auch hier unter Stapelung der mechanischen Energie die bis zur Kolloidgröße reichende Zerteilung des Phosphors im Lebertran erreicht ist.

Bei Substanzen in gewöhnlicher Form tritt die Oberfläche gegenüber der Masse nicht derart hervor, daß die Oberflächenwirkungen neben den bislang fast allein untersuchten Massenwirkungen aufgefallen sind oder gar ein weitgehendes Interesse erregten. Im kolloiden Zustande aber ist das Verhältnis von Oberfläche zur Masse ganz eminent geändert. Die Oberflächengröße eines Kolloids in der Lösung läßt sich bei bekannter Kolloidmenge aus der ultramikroskopisch festzustellenden Zahl der Teilchen leicht überschlagsweise berechnen. Eine schematische Aufstellung nach Wo. Ostwald möge auch hier diese höchst wichtigen Verhältnisse veranschaulichen. Nimmt man der Einfachheit wegen an, daß der zu zerteilende Körper

[1]) Näheres siehe besonders J. R. Katz, Die Gesetze der Quellung. Dresden (1901).

Würfelgestalt hat und diese auch in den entstehenden Teilchen beibehält, so erfolgt das Wachstum der Oberfläche unter folgenden Progressionen:

		Anzahl der Würfel	Gesamt-Oberfläche
Einheitlicher Würfel mit der Seitenlänge	1 cm .	1	6 cm²
Aufgeteilt zu Würfeln von der Seitenlänge	1 mm .	10^3	60 cm²
Aufgeteilt zu Würfeln von der Seitenlänge	1 μ .	10^{12}	6 m²
Aufgeteilt zu Würfeln von der Seitenlänge	10 μμ .	10^{18}	600 m²
Aufgeteilt zu Würfeln von der Seitenlänge	1 μμ .	10^{21}	6000 m²

Ist das spezifische Gewicht des gedachten Würfels = 1, so kommt, statt wie anfänglich beim ungeteilten Würfel eine Oberfläche von 6 cm^2, bei der letztgenannten Aufteilung die geradezu enorme Oberfläche von 6000 m^2 auf 1 g Substanz. Eine Oberflächenwirkung, die proportional zur Oberfläche wächst, erfährt daher bei der genannten maximalen Zerteilung, welche angenähert einem hochkolloiden Zustand entspricht, eine Verstärkung um das Millionenfache. Da sich die Teilchengröße der Kolloide durchweg um einen Durchmesser von 10 μμ bewegt, so wird selbst innerhalb eines Reagenzglases die kolloide Lösung häufig Oberflächenentfaltungen des Kolloids bis zu Hunderten von Quadratmetern aufweisen. Diese Zahlen machen verständlich, daß auch Oberflächenwirkungen, die an ungeteilten Massen nicht auffallend sind, in kolloiden Systemen gegenüber den sonst bekannten Wirkungen der Masse stark in den Vordergrund treten.

Eine der wichtigsten Arten der Oberflächenenergien ist die Oberflächenspannung, welche schon an Flüssigkeitstropfen gewöhnlicher Größe in dem Bestreben, die Oberfläche auf ein Minimum zu verkleinern und damit der Masse Kugelgestalt zu geben, zum Ausdruck kommt. Diese Oberflächenspannung hat ihre Ursache in dem Binnendruck, sie ist die auf die Oberfläche projizierte Wirkung der im Masseninnern erfolgenden gegenseitigen Molekülanziehung. Ein Kolloid mit der enormen Entfaltung seiner Oberfläche muß eine starke Vermehrung dieser Oberflächenspannungen zeigen und daher im hohen Maße das Bestreben haben, soweit möglich eine Verringerung seiner Oberfläche und seiner Oberflächenspannung herbeizuführen. Eine der Folgen ist die Tendenz zur Vereinigung der kolloiden Teilchen, sei es für festere Partikelchen in Form von Zusammenflockung oder für flüssige Tröpfchen in Form des Konfluierens zu größeren Tropfen. Die Oberflächenspannung wird somit im kolloiden System zur Hauptursache der Instabilität des Kolloidzustandes: Die Oberflächenspannung ist es, die aus den kolloiden Lösungen in letzter Linie ein zweigeschichtetes System zu machen strebt, genau nach der Art, wie eine solche Zweischichtung z. B. in einer durch Schütteln erzeugten Emulsion von Äther und Wasser zustande kommt. Es gehört daher zum Wesen der Kolloide, daß sie in der Richtung einer Oberflächenverkleinerung beständig Veränderungen in der Lösung erfahren: Das Kolloid von heute ist nicht gleich dem Kolloid von morgen, es „altert". Die Geschwindigkeit dieses Alterns ist sehr variabel, sie läßt sich im Sinne einer oft gewünschten Stabilisierung des Kolloids durch alle solche Momente beeinflussen, welche einer Vereinigung der Teilchen unter dem Zwange der Oberflächenspannung entgegenwirken. Als derartige Stabilisatoren oder Schutzstoffe sind besonders Substanzen von Wert, welche wie z. B. Glyzerin, Zucker und andere durch Erhöhung der inneren Reibung der Lösung oder auch, wie vermutlich Seifen oder Eiweißstoffe, durch direkte Umhüllung der Kolloidteilchen das Zusammentreten derselben erschweren.

Ebenfalls als Antagonisten der Oberflächenspannung sind zwei weitere wichtige Besonderheiten der kolloiden Lösungen wirksam: die Vorgänge der Adsorption und die elektrostatischen Ladungen der Kolloide.

Die Adsorptionserscheinungen an den Kolloiden lassen sich weitgehend auf Grund der Gibbschen Überlegungen in der von H. Freundlich gezeigten Anwendung verstehen. Es entspricht einem allgemeinen Gesetz, daß rein mechanisch durch die Oberflächenspannung eine geänderte Konzentration in der äußersten Grenzschicht der Lösungen zustande kommt: Solche Stoffe, welche geeignet sind, die Oberflächenspannung einer Grenzschicht durch ihr Hineinwandern zu erniedrigen, müssen entsprechend den allgemeinen Energiegesetzen das Bestreben haben, sich in der Grenzschicht der Lösung gegenüber deren Innenraume anzureichern. Substanzen solcher Art, die schon in außerordentlich geringen Mengen die Oberflächenspannung des Wassers verringern, sind Stoffe wie z. B. Fette, Fettsäuren, Seifen, gallensaure Salze, aber auch manche Eiweißkörper, wie Albumosen usw. Sie zeigen sämtlich in der Grenzschicht ihrer Lösungen die auffälligsten Anreicherungen, wie die Neigung zur Bildung von Oberflächenhäutchen und vor allem der Umstand beweist, daß diese Substanzen nach Schütteln der Lösung durch Abrahmen des Schaumes weitgehend aus der Lösung zu entfernen sind. Diese Fähigkeit der Konzentrationsanreicherung in einer äußersten, kaum meßbar dicken Schicht der Oberfläche ist, wenn auch zumeist in geringerem Grade, außer den genannten noch vielen Substanzen in wässeriger Lösung eigentümlich. Sie alle werden daher, wenn sie sich in der Lösung zusammen mit einem Kolloid befinden, eine ganz eigenartige Stoffverschiebung erfahren. Denn eine Flüssigkeit, die ein Kolloid enthält, hat als Grenzfläche nicht nur die periphere Schicht ihrer Masse; sie erfährt vielmehr durch das Hinzukommen des Kolloids eine Neuschaffung von Oberfläche inmitten ihres Innern in jedesmal demjenigen Betrage, wie die Oberfläche des Kolloids groß ist. Alle diese Grenzflächen werden proportional ihrer Größe und jede nach dem Maß ihrer Oberflächenspannung aus der Lösung heraus gelöste Substanz anreichern, so daß durch das Kolloid eine höchst komplizierte Konzentrationsdifferenzierung in dem ursprünglich gleichartigen Raume einer Lösung entsteht. Diese adsorptive Anreicherung an der Kolloidoberfläche kommt aufs deutlichste zur Beobachtung, wenn man durch ein geeignetes mechanisches Verfahren die Kolloidteilchen von der Lösung trennt: es gibt Fälle, wo sodann fast die ganze Masse des Gelösten am Kolloid gefunden wird und in der Lösung selbst nur mehr Spuren vorhanden sind. Die Adsorption ist von Substanz zu Substanz in ihrer Größe spezifisch verschieden, in ihrer Art aber stets denselben Gesetzen unterworfen. Sie erfolgt nicht proportional der vorhandenen Konzentration des zu adsorbierenden Stoffes, sondern sie ist bezeichnenderweise bei den kleinsten

Lösungskonzentrationen relativ am größten und sinkt mit zunehmender Konzentration in der Lösung schnell herab. Aus verdünnten Lösungen wird demnach sehr stark adsorbiert, aus konzentrierteren Lösungen in absoluter Menge zwar mehr, aber relativ zur Menge des Stoffes in der Lösung weit weniger. Diese mechanische Adsorption geht sehr schnell vor sich, ist in einer halben Stunde fast stets vollendet. Im Endergebnis stellt sie einen Gleichgewichtszustand dar, sie ist daher bei nachträglicher Konzentrationsverringerung im Lösungsraum weitgehend reversibel. Die Gesetzmäßigkeiten der Adsorption sind bereits eingehend erforscht, sie sind von derart besonderem Charakter, daß es zumeist leicht gelingt, aus einem planvoll angelegten Beobachtungsmaterial die Zugehörigkeit der Erscheinungen zu den Adsorptionen zu erkennen[1]). Mit Rücksicht auf die vielfachen theoretischen Schwierigkeiten dieses Gebietes bleibe indes nicht unerwähnt, daß die mechanische Wirkung der Oberflächenspannung nur eine der Ursachen der Adsorption darstellt und daß daneben auch eine elektrische und vermutlich auch chemische Adsorption möglich ist.

Die elektrische Ladung der Kolloidteilchen ist für viele Vorgänge des Kolloidgebietes geradezu bestimmend. Für das Verständnis der elektrischen Kolloiderscheinungen ist es nützlich, daran zu erinnern, daß schon grobkörnige Suspensionen durch den Kontakt mit dem Wasser eine elektrische Aufladung erfahren, deren Vorhandensein und Vorzeichen sich deutlich beim Durchleiten eines Stromes in dem „kataphoretischen" Wandern nach bestimmter Richtung zu erkennen gibt. Da auch für die elektrische Ladung die Oberfläche der Teilchen die Kapazitätsgröße ist, so müssen die elektrischen Erscheinungen beim Übergang von der grobdispersen Zerteilung zur kolloiden ebenfalls eine sehr erhebliche Steigerung erfahren. Die elektrische Ladung ist es, die bei vielen Kolloiden, namentlich aber bei den Suspensionskolloiden, im eigentlichen Sinne die Stabilisierung der Kolloidform entgegen der Oberflächenspannung bedingt: Gleichgeladene Körper, also auch die gleichgeladenen Kolloidteilchen einer Lösung stoßen sich gegenseitig ab, so daß ihre Ausflockung unter Zusammenballen oder Konfluenz verhindert wird (elektrostabile Kolloide). Je nach der chemischen Individualität gibt es positiv oder negativ geladene Kolloide. Bei Wasser als Dispersionsmittel bilden positiveKolloide alle Metallhydroxyde, die basischen Farbstoffe, wie Methylenblau, Methylviolett u. a., negative Kolloide dagegen alle Metalle, auch Schwefel, viele Farbstoffe, wie Indigo, Eosin, Fuchsin usw. Treffen positive und negative Kolloide in einer Lösung zusammen, so bewirkt die elektrische Anziehung eine Zusammenballung der beiderartigen Kolloide: Entgegengesetzt geladene Kolloide fällen sich gegenseitig aus. Diese Ausfällung kann eine restlose sein, nament lich dann, wenn es sich um Suspensionskolloide (= Suspensionen von festen Teilchen kolloider Größe) handelt und dabei die Kolloide in der Lösung sich in solcher Menge begegnen, daß die Beträge ihrer positiven und negativen Elektrizität einander gleich sind. Jeder Änderung des Dispersionsmittels geht zumeist auch eine Änderung der Ladungsgröße der Kolloide parallel.

[1]) Näheres vergl. Teil III, Methode des Adsorptionsnachweises.

Nicht wenige Kolloide erlauben sogar durch beeinflussende Zusätze zur Lösung eine elektrische Umladung ihrer Teilchen. So nehmen z. B. auch manche Eiweißstoffe, die in saurer Lösung positiv geladen sind, beim allmählichen Übergang der Lösung zur Alkaleszenz eine negative Ladung an. Bei dieser Änderung wird auf der Zwischenstrecke allemal ein Punkt durchlaufen, bei dem sich am Kolloid die negative und positive Ladung gerade ausgleicht; dieser „isoelektrische Punkt" hat eine besondere Bedeutung. Bei ihm liegt wegen des Fehlens der elektrischen Ladung das Minimum der Stabilität des Kolloids und damit zugleich für beeinflussende Faktoren das Optimum der Ausfällung. Nicht alle Kolloide folgen indes so weitgehend den elektrischen Gesetzen; besonders bei den Emulsionskolloiden (= Emulsionen von Flüssigkeitströpfchen kolloider Größe) treten die elektrischen Erscheinungen oft mehr an Bedeutung hinter den andersartigen Vorgängen zurück.

Mit dieser Abhängigkeit der elektrischen Kolloidladung vom umspülenden Milieu ist bereits ein erstes Beispiel der Empfindlichkeit der kolloiden Systeme gegenüber äußeren Einflüssen berührt. Es ist wichtig, bei allen diesen Beeinflussungen zwischen reversiblen, beim Aufhören der Beeinflussung wieder ausgleichbaren und irreversiblen, d. h. bleibenden Änderungen des Kolloids zu unterscheiden. Irreversibel sind zumeist die elektrisch bedingten Zustandsänderungen der Suspensionskolloide; die Emulsionskolloide besitzen dagegen eine oft sehr erhebliche Befähigung zum Eingehen reversibler Veränderungen. Dieser Unterschied im Verhalten steht mit der verschiedenen Verwandtschaft der beiden Kolloidarten zum Wasser im näheren Zusammenhang. Je inniger die Beziehung zum Wasser, um so größer ist im allgemeinen die Stabilität des Kolloids und um so größer auch die Reversibilität der erlittenen Veränderung. Die Suspensionskolloide sind hydrophob (wasserfürchtend), sie nehmen kein Wasser in ihre Masse auf, sie bleiben vielmehr als Partikelchen festen Aggregatzustandes mit scharfer Grenze gegen das Wasser abgesetzt. Die Emulsionskolloide, zu denen im allgemeinen auch die Eiweißstoffe des menschlichen Körpers gehören, aber sind zumeist hydrophil, sie stehen in einer viel innigeren Beziehung zum Lösungsmittel, sie nehmen in ihre eigene Masse hinein das Wasser auf, so daß in ihren kolloiden Lösungen statt fester Körper entweder kleinste Flüssigkeitskugeln oder gequollene, oft gallertartig weiche Partikelchen die disperse Phase bilden.

Unter den zahlreichen Einflüssen, welche bei den Emulsionskolloiden Änderungen des Kolloidzustandes herbeiführen, sind die folgenden am wichtigsten:

Mechanische Einflüsse, wie Rühren, Reiben oder Schütteln, können in manchen Fällen die Kolloidität erhöhen (Phosphor in Lebertran, s. oben), sie verringern aber auch häufig den Dispersitätsgrad des Kolloids; wenn sie in starkem Maße einwirken, können z. B. Eiweißlösungen zur Ausfällung durch Koagulation kommen.

Thermische Einflüsse wirken ebenfalls in verschiedenem Sinn auf Kolloide ein. Gelatine, Agar usw. werden beim Kochen disperser gelöst, bei den Eiweißlösungen aber zeigt sich Koagulation. Fast wichtiger noch als diese allbekannten, grobwahrnehmbaren thermischen Änderungen der Dispersität sind die weit geringeren und daher oft nicht beachteten Kolloiddifferenzierungen, welche, physiko-chemisch deutlich nachweisbar, schon als Folge kleinster Temperaturverschiebungen eintreten. Die Änderungen des Dispersitätsgrades geschehen nicht sprungartig, sie bilden sich immer in stetiger Weise aus, so daß z. B. beim Erwärmen des Serums von 37^0 auf 40^0 von den Kolloiden schon ein Teil jener Veränderungen durchlaufen wird, die im Endeffekt zur sichtbaren Koagulation führen. Alle Differenzen der Oberflächenentfaltung bei thermischer Beeinflussung verdienen vollste Beachtung. Eine optimale Lösung von Eiweiß, z. B. von Globulin zeigt bei 37^0 ganz vorwiegend Amikronen, die Oberflächenentfaltung von 1 g Eiweißsubstanz ist demnach in solcher Lösung auf mindestens Hunderte von Quadratmetern zu schätzen. Nehmen wir demgegenüber bei ca. 57^0 einen Punkt, wo das Eiweiß eben beginnt, feinkörnig auszufallen, wo man die Oberfläche des Eiweißes etwa der Oberfläche fein verteilter Kohle vergleichen könnte, so würde dies für eine Temperaturdifferenz von 20^0 bereits eine Verringerung der Gesamtoberfläche von weit mehr als $^9/_{10}$ jenes Anfangsbetrages bedeuten. Schon dieser grobe Überschlag zeigt, daß einem jeden Einzelgrad Temperaturdifferenz eine durchaus zu beachtende Bedeutung für die Oberflächengröße des Kolloids zukommt.

Auch die Einflüsse der strahlenden Energie, wie Licht, elektrische Strahlung, Röntgenstrahlung und Radiumstrahlung, sind bereits untersucht, sie sind meist im Sinne einer Verringerung des Dispersitätsgrades wirksam gefunden.

Auf dem Übergang der elektrischen zur chemischen Einwirkung steht das sehr wichtige Gebiet der Beeinflussung der Kolloide durch Salze, Säuren und Basen. Nicht die Salze, Säuren oder Basen als solche sind es, die den Zustand eines Kolloids in der Lösung beherrschen, vielmehr tritt auch bei diesen Einflüssen die Selbständigkeit der Einzelionen aufs schärfste zutage. Die kolloidchemischen Wirkungen der Elektrolyte in verdünnten Lösungen sind ganz vorwiegend „additiv": die Wirkungsgröße und Wirkungsrichtung eines Elektrolyten ergibt sich in jedem Einzelfalle fast rein aus der Summe der Wirkungen der Ionen.

Unter allen Ionen haben den größten Einfluß auf Kolloide die H- und OH-Ionen. Im allgemeinen ist die Wirkung der OH-Ionen mehr im Sinne einer Förderung der Kolloiddispersität gelegen, während die H-Ionen häufig auch ausfällende Wirkungen besitzen. Doch ist das individuelle Verhalten zumal der im Körper vereinigten Kolloide so mannigfaltig, daß die Beschreibung der jeweiligen Beeinflussung nur von Fall zu Fall geschehen kann. Was das eine Kolloid des Körpers zum Quellen, d. h. zu einer unter Oberflächenvergrößerung vor sich gehenden Wasseraufnahme bringt, bewirkt bei einem anderen, oft gerade benachbart gelegenen Kolloid den umgekehrten Vorgang, eine Entquellung. Immer ist das Optimum oder sonst ein bestimmter Zustand der kolloiden Dispergierung an einen ganz bestimmten Reaktionspunkt der Lösung gebunden. Die Empfindlichkeit dieser Einstellung ist geradezu enorm. Schon die wenigen H-Ionen, die das Wasser beim Stehen an der Luft durch Kohlensäureaufnahme erhält, reichen aus, um sich im Quellungsgrad der Gelatine mit merklichem Betrage kenntlich zu machen.

Für die Wirkung der übrigen Ionen ist zunächst die „Wertigkeitsregel" wichtig, bei der in erster Linie der Grad der elektrischen Ladung der Ionen bestimmend erscheint. Bei den gleichsinnig geladenen Ionen, also bei allen Anionen, resp. allen Kationen steigt die Kolloidbeeinflussung sehr schnell mit der Wertigkeit, d. h. mit dem Betrag der elektrischen Ladungen. Bei dem Einfluß auf Suspensionskolloide, wo diese Regel am ausgeprägtesten zur Geltung kommt, erfolgt der Anstieg der Wirksamkeit der 1-, 2- und 3wertigen Ionen angenähert im Zahlenverhältnis wie 1:20:350.

Aber auch in den Gruppen der elektrisch gleichwertigen Ionen bestehen noch recht erhebliche Unterschiede. Die wichtigsten der hier in Betracht kommenden Ionen sind die der Neutralsalze. Sie lassen sich nach dem Grade ihrer kolloidchemischen Wirkung zu der Skala der „Hofmeisterschen Reihen" ordnen.

Anionen: SO_4'', HPO_4'', $C_2H_3O_2'$, Cl', NO_3', Br', J', SCN'.
Sulfat-, Phosphat-, Azetat-, Chlorid-, Nitrat-, Bromid-, Jodid-, Rhodan-Ion.

Kationen: $Li^{\cdot}$, $Na^{\cdot}$, $K^{\cdot}$, $NH_4^{\cdot}$.
Lithium-, Natrium-, Kalium-, Ammonium-Ion.

Auf der linken Seite (SO_4'' resp. $Li^{\cdot}$) stehen diejenigen Ionen, welche den Dispersitätsgrad der Kolloide am meisten verringern resp. am wenigsten erhöhen; diese Ionen wirken im bevorzugten Maße ausfällend, bei Gallerten schrumpfend. Die Skala steigt nach rechts, wo sich die Ionen der entgegengesetzten Wirkungsrichtung finden. SCN'- und $NH_4^{\cdot}$-Ionen sind diejenigen, welche die Dispersität der kolloiden Systeme am meisten befördern, sie wirken auflösend und für Gallerten quellend. Diese Ionenreihen gelten auch für die Kolloide des Körpers, doch ist zu bemerken, daß die Hofmeisterschen Reihen in dieser Anordnung nur bei einer alkalischen Reaktion der Lösung Gültigkeit haben. Bei saurer Reaktion der Lösung tritt die merkwürdige Erscheinung einer totalen Umkehrung jener Reihen ein, so daß in sauren Lösungen die oben charakterisierte Skala lautet:

Anionen: SCN, J, Br, NO_3, Cl, $C_2H_3O_2$, HPO_4, SO_4.
Kationen: NH_4, K, Na, Li.

In der Zone der angenähert neutralen Reaktion findet ein allmählicher Übergang von der einen Stellung der Hofmeisterschen Reihe zur anderen statt, so daß hier äußerst komplizierte „Übergangsreihen" resultieren. Auch ist es wichtig, daß in den sauren Lösungen, wo die Kolloide meist positiv aufgeladen sind, die Wirkung der (negativen) Anionen vorherrschend ist, daß in den alkalischen Lösungen dagegen die negative Ladung der Kolloide ein stärkeres Zurgeltungkommen der (positiven) Kationen mit sich bringt.

Was die kolloiden Einzelteilchen beeinflußt, muß auch weiter wirkend die kolloide Lösung in ihrem Verhalten als Ganzes verändern. Eine jede der genannten Kolloidbeeinflussungen wird daher auch im Gesamtcharakter der Lösung zum Ausdruck kommen. Ein genaues und äußerst empfindliches Maß der Veränderungen gibt die innere Reibung der kolloiden Lösung, die „Viskosität". Handelt es sich um kolloide Lösungen von der Art festerer

Gallerten, so ist es statt der Viskosität das elastische Verhalten, dem wir ein feinteiliges Maß des Innenzustandes der Lösung entnehmen können. Ebenso wie die Innenmasse hat auch die Oberfläche der kolloiden Lösung ihre Besonderheiten. Die Oberflächenspannung der kolloiden Lösung ist oft infolge der starken Einwanderung der Kolloide mit spannungherabsetzender Wirkung ganz extrem klein. Die Widerstände, die solche Lösungen dem Einfließen in enge Räume, z. B. in Kapillaren bieten, ist daher äußerst gering; diese Flüssigkeiten „benetzen gut" und folgen willig etwaigen Kräften, welche den Aufstieg in die Kapillaren verlangen. Für strömende Flüssigkeiten sind Viskosität und Oberflächenspannung wichtige Eigenschaften; je enger und stärker verzweigt das Stromgebiet ist, um so mehr wird dabei die Oberflächenspannung an Bedeutung gegenüber der Viskosität gewinnen. Ein flüssiger Öltropfen, dessen innere Reibung gering sein kann, vermag im strömenden Blut allein durch seine Oberflächenspannung, die ihn hindert, bei einer Gabelung der Gefäße geteilt in diese einzutreten, das Leben eines ganzen Organismus zu vernichten, wie die Pathologie an der bekannten Erscheinung der Fettembolie lehrt. Ein bequem zugängliches, ungefähres Maß der Oberflächenspannung einer Flüssigkeit gibt die Schaumfähigkeit derselben. Je leichter eine Flüssigkeit schäumt und je länger ein Schaum beständig ist, um so geringer kann die Oberflächenspannung der Flüssigkeit eingeschätzt werden. Es ist bekannt, wie sehr schon minimale Spuren von Eiweiß oder Seife die Schaumfähigkeit von Lösungen erhöhen.

Ein weiteres sehr wichtiges abnormes Verhalten zeigen die kolloiden Systeme bezüglich der Löslichkeit dritter Substanzen. Das abweichende Verhalten der kolloiden Lösungen resultiert aus verschiedenen Gründen. Zunächst verringert das Kolloid, falls es hydrophil ist, durch die Aufnahme von Wasser in seine Substanz das Volumen der frei verfüglichen Flüssigkeit und wirkt so im Sinne einer Löslichkeitsbeschränkung. In entgegengesetzter Richtung liegt der Einfluß der Adsorption, bei welcher der Lösungsraum der Flüssigkeit durch die Substanzanreicherung an der Kolloidoberfläche entlastet wird. Aus diesem Antagonismus erklärt sich der scheinbare Widerspruch, daß Stoffe, sofern sie gut adsorbiert werden, in kolloiden Lösungen erhöht löslich sind, und daß andererseits Stoffe, die keine ins Gewicht fallende Adsorption zeigen, in kolloiden Medien eine Verringerung der Löslichkeit erfahren. Noch ein dritter Einfluß der kolloiden Medien auf die Löslichkeit ist nicht zu vernachlässigen. Er bringt im eigentlichen nur eine Veränderung des zeitlichen Faktors der Ausfällung, ist aber doch praktisch von größter Bedeutung. Die Kolloide haben eine Schutzwirkung bei der Ausfällung selbst stark übersättigter Lösungen, welche sich auf sehr lange Zeiten, Wochen und länger erstrecken kann, so daß es gelingt, unter geeigneten Bedingungen in kolloide Systeme ganz abnorm große Mengen dritter Substanzen als scheinbar stabil gelöst hineinzubringen.

Auch die übrigen Charakteristika der wahren Lösungen bleiben beim Hinzutreten der Kolloide nicht ungeändert. In flüssigen kolloiden Systemen und selbst in halbfesten Gallerten ist allerdings auffallenderweise die wichtigste Lösungseigenschaft der Moleküle und Ionen, die Diffusion, nur kaum merklich verringert; die stärkeren Diffusionsverlangsamungen und sonstigen

Geschwindigkeitsmodifizierungen sind auf die Gele und die aus ihnen aufgebauten Strukturgebilde beschränkt. Auch diese Modifizierungen sind ebenso wie die kolloidbedingten Löslichkeitsanomalien wieder ihrerseits in der Art der Ausbildung allen genannten Kolloidbeeinflussungsvorgängen unterworfen. Jeder Einfluß, der am Kolloid zur Geltung kommt, muß weiterwirkend auch auf die vom Kolloid ausgeübten Wirkungen von Einfluß sein, so daß in derartigen Mischlösungen von Kolloiden und molekular- und ionendispersen Substanzen ein äußerst mannigfaches Ineinandergreifen von Ursachen und Wirkungen gegeben ist.

Einige der chemischen Besonderheiten der kolloiden Systeme werden im nächsten Abschnitt ihre Besprechung finden.

Nur noch auf eins der zahlreichen, hier erstandenen neuen Gebiete sei kurz verwiesen: Es betrifft die Formart der aus der Lösung sich abscheidenden Gebilde. In der Lehre von den wahren Lösungen kennt man lediglich Abscheidungen von kristallinischer oder amorphkörniger Form. Die Kolloidchemie hat aber gezeigt, daß die Art der Abscheidung der molekulardispers gelösten Stoffe bei gleichzeitiger Abwesenheit von Kolloiden starken und charakteristischen Modifizierungen unterliegt, daß z. B. die kombinierte Ausfällung von Kristalloiden und Kolloiden Gebilde ergibt, welche den Körperkonkrementen und vielleicht sogar auch in einigen Beziehungen den Knochen zu entsprechen imstande sind. Ebenso interessant versprechen die Forschungen über die Besonderheiten bei der Umbildung der reinen kolloiden Lösungen zu Gelen zu werden. Je nach der Art der Bedingungen ist hier die mikroskopische Struktur eine andere: Bald entstehen homogene Gallerten, bald tropfenförmige, bald netzförmige Strukturen, bald faserig gewachsene Gebilde und bald auch häutige, spezifisch durchlässige Membranen, kurz, es scheint hier ein Weg sich zu öffnen, der die Hoffnung gewährt, zu einer im eigentlichen Sinne experimentellen Morphogenese der Zell- und Gewebssubstanzstrukturen gelangen zu können.

Keine der Zustandsformen ist so wandelbar, so sehr Beeinflussungen zugänglich und zugleich so sehr zu umkehrbaren, in ihrem Enderfolg wieder ausgleichbaren Prozessen geeignet wie der kolloide Zustand. Es darf daher nicht als Zufall gelten, daß sich das Leben in allen seinen Erscheinungsformen vom niedrigsten einzelligen Wesen bis herauf zum Menschen stets an ein kolloides Substrat gebunden zeigt. Kein Leben ohne Wasser, aber ebenso auch: Kein Leben ohne die Besonderheiten der kolloiden Struktur.

Als zwei große und selbständige Gebiete der physikalischen Chemie sind im Vorstehenden die wahren Lösungen und die kolloiden Lösungen charakterisiert worden. Wir haben ihre Trennungslinien möglichst scharf betont. Gleichwohl aber sind auch diese beiden Gebiete noch durch ein übergeordnetes, gemeinsames Gesetz miteinander innig verbunden. Die neueste Forschung hat bei tieferem Eindringen in jene ultramikroskopische Welt gefunden, daß auch hier die zuerst vermuteten Grenzen künstliche waren und daß die früher in absolutem Sinne durchgeführte Unterscheidung von echt löslichen und kolloid löslichen Substanzen nicht zu Recht besteht. Die Kolloidform ist nicht mehr eine spezifische Eigenart bestimmter

Stoffe, sie ist vielmehr lediglich eine intermediäre Zustandsform, die das Übergangstadium charakterisiert, welches zwischen der molekulardispersen Lösung und der kristallinischen Ausscheidung liegt. Wir haben somit in der Reihe: ionendispers—molekulardispers—kolloiddispers—kristallinisch-fest ganz allgemein eine Stufenleiter für das Lösungsverhalten der Substanzen vor uns. Die Unterschiede der verschiedenen Stoffe bezüglich des Kolloidzustandes sind im wesentlichen nur gradueller Art. Eine jede Substanz muß auf dem Wege von der wahren Lösung zur Ausfällung ein kolloides Zwischenstadium durchlaufen; aber die Neigung, im Kolloidzustand zu verharren, ist sehr verschieden. Von manchen Substanzen, z. B. den Eiweißstoffen, wird die intermediäre Kolloidform derart bevorzugt, daß wir diese Substanzen praktisch fast nur in solcher Form der Lösung kennen; bei anderen Stoffen ist dagegen die Kolloidform von so flüchtigem Bestand, daß sogar besondere Bedingungen dazu gehören, um nur den Nachweis ihrer Existenz zu liefern. Alle Kolloide sind ihrem Wesen nach intermediär vergänglicher Art, somit auch das kolloide Substrat, an welches im Organismus die Erscheinungen des Lebens gebunden sind. Auch die „Biokolloide" müssen sich während der Dauer ihres Bestehens in der Richtung einer langsamen Annäherung an die kristallinische Erstarrung weiterbilden, sie müssen, wenn auch oft nur langsam, so doch beständig „altern" und tragen so schon bei ihrem Entstehen die zwingende physikalisch-chemische Ursache für die Notwendigkeit des Todes in sich.

Eine kurze, nur Art und Ziel andeutende Zusammenstellung einiger technischer Methoden dieses Gebiets sei angefügt:

Über das Vorhandensein von kolloiden Teilen in einer Lösung unterrichtet bei seitlicher Beleuchtung das Tyndallphänomen, indem die Gesamtmasse der Kolloide als lichtreflektierender „Tyndallkegel" dem unbewaffneten Auge erkennbar wird.

Das Ultramikroskop, welches eine Methode der mikroskopischen Vergrößerung dieses Tyndallkegels bedeutet, ermöglicht die Zählung der in der Lösung befindlichen Kolloidpartikelchen sowie auch sonst die Erkennung wichtiger Eigenschaften dieser Einzelteilchen.

Durch die Dialysiermethoden (mit Einschaltung einer lediglich für Wasser und echtgelöste Anteile durchlässigen Membran) wird der kolloide Anteil einer Lösung isoliert erhalten.

Die Trennung verschiedener Kolloide voneinander aus gemeinschaftlicher Lösung ist durch die folgenden Methoden zu bewirken:

a) durch die Verfahren der graduell abgestuften (= „fraktionierten") Kolloidausfällung, sei es durch mechanische, thermische oder chemische Einwirkungen;
b) durch elektrische Verfahren, bei denen der durchgeleitete Strom die elektrisch positiven von den elektrisch negativen Kolloiden durch „Überführung" zur entsprechenden Elektrode voneinander scheidet;
c) durch die Ultrafiltration, bei welcher die Kolloide durch „Ultrafilter" gepreßt werden, die auf bestimmte „Porengröße" geeicht sind, so daß der Porengröße entsprechend jeweils die zu großen Kolloidteilchen zurückgehalten werden, während die kleineren hindurchgehen.

Immer wenn Kolloide in der Lösung enthalten sind, beeinflussen sie je nach Art und Menge in sehr durchgreifender gesetzmäßiger Weise die physikalischen Eigenschaften der Gesamtlösung, ganz besonders die Oberflächenspannung und die innere Reibung. Für beide Änderungen stehen exakte Methoden der quantitativen Messung zur Verfügung, für die Oberflächenspannung namentlich die Stalagmometrie (Tropfenzählmethode), für die innere Reibung die Viskosimetrie.

Bei den hochkonzentrierten kolloiden Lösungen, den Gallerten, treten anstelle der Viskosimetrie als analoge Methoden die Elastometrie und die Härtemessung: wiederum gibt die physikalische Besonderheit des Zusammenhalts der kolloiden Einzelteilchen ein feinteiliges Maß der jeweiligen kolloiden Zustandsform solcher Lösung.

Für die Gallerten gibt ferner das Quellungsverhalten, namentlich in der Art seiner Beeinflussung durch die verschiedenen Ionen eine wichtige Reihe gut gekennzeichneter Untersuchungsmethoden.

Weitere Maße für die Kolloide einer Lösung werden durch die Bestimmung des Stabilitätsgrades, d. h. durch die Festlegung des zur Kolloidausfällung erforderlichen mechanischen, thermischen oder chemischen Eingriffs erhalten, sowie in indirekter Art auch dadurch, daß statt der eigenen Kolloidstabilität die von diesem Kolloid auf ein unbeständiges Sol ausgeübte „Schutzwirkung" gemessen wird.

Die Adsorptionserscheinungen lassen sich quantitativ verfolgen vermittelst chemischer Analyse durch Vergleich der Ergebnisse am Kolloid selber und an der von ihm abgetrennten Masse der Lösungsflüssigkeit. Aber auch ohne diese Trennung sind Methoden zur Messung verfügbar.

Kapitel 3.

Vom Ablauf chemischer Reaktionen.

Ein ähnlich erfolgreiches Vordringen wie auf den beiden vorstehenden Gebieten hat die physikalische Chemie auch auf dem Gebiete der chemischen Kinetik zu verzeichnen. Lange Jahre hat der Chemiker sich dem Ablauf einer chemischen Reaktion gegenüber so gut wie ganz in der Rolle des Fatalisten befunden: Will eine erwartete Reaktion ablaufen, so ist es gut; will sie nicht, so läßt sich nichts ändern. Und doch ist es augenscheinlich, daß der Organismus eine ganz andere Stellung zum chemischen Geschehen einnimmt; fast souverän schaltet er über den Ablauf seiner chemischen Reaktionen, er bringt schwierige Reaktionen zuwege, kann spontan ablaufende unterdrücken, er kann in Gang befindliche Reaktionen zu gegebener Zeit arretieren und kann die Geschwindigkeit der chemischen Prozesse nach dem jeweiligen Maß des Gebrauches regulieren. Ist die Fähigkeit dieser Reaktionsbeherrschung das Geheimnis des Vitalen, oder handelt es sich hier in letzter Linie nur um die Ausnutzung einer Regulierbarkeit, die an sich schon den chemischen Reaktionen eigen ist? Die physiko-chemische Reaktionskinetik ist in der Lage, gestützt auf sichere und auch bereits gut ausgebaute Fundamente, eine bejahende Antwort in letzterem, der Forschung günstigerem Sinne zu geben.

Es war die erste Aufgabe der Reaktionskinetik, die Verlaufsart chemischer Prozesse gesetzmäßig zu erkennen. Grundlegend war die Feststellung, daß die chemische Reaktion, trotz der geradezu enormen Variationsfähigkeit hinsichtlich der Art der reagierenden Stoffe, in dem zeitlichen Verhalten ihres Ablaufes von einfachen, allgemein geltenden Gesetzen beherrscht wird. Das *Gesetz der chemischen Massenwirkung* besagt, daß die Reaktionsgeschwindigkeit, mag sie auch noch so sehr von Reaktion zu Reaktion variieren, bei jeder einzelnen Reaktion zu jeder Zeit der jeweiligen Konzentration der reagierenden Masse proportional ist. Einer jeden Konzentrationserhöhung entspricht ein stärkerer Umsatz, jeder Abnahme der Konzentration ein Abflauen des chemischen Prozesses. Nehmen wir eine Reaktion, wie die Zersetzung des Wasserstoffsuperoxyds zu Wasser und Sauerstoff, so ergibt sich aus obigem Gesetz, daß zu Anfang die Reaktionsgeschwindigkeit am größten ist, daß sie sodann mit fortschreitender Zersetzung proportional der Konzentrationsabnahme des Wasserstoffsuperoxyds ständig geringer wird, um sich schließlich gegen Ende der Reaktion langsam dem Nullwert zu nähern. Es ist ersichtlich, daß ein solcher Ablauf der chemischen Reaktion bei graphischer Darstellung eine Kurve liefert, die in ihrem Verlauf bis zum Nullpunkt durch eine in stetiger Progression erfolgende Krümmungsabnahme charakterisiert ist.

Bei vielen chemischen Reaktionen ist aber die Konzentration der Reaktionsausgangsstoffe nicht allein für die jeweilige Geschwindigkeit des Reaktionsablaufes bestimmend. Die Anhäufung der bei der Reaktion entstehenden Endprodukte kann ebenfalls eine starke Beeinflussung auf die Reaktion ausüben. Es gilt dies besonders für Reaktionen, die gleich manchen Vorgängen physikalischer Art wohlausgeprägte Gleichgewichtszustände aufweisen. Je mehr man sich in die genaue quantitative Analyse der Einzelstoffe während der Zwischenetappen des Reaktionsablaufes vertiefte, um so mehr konnte man sich von der überraschenden Tatsache überzeugen, daß die *Mehrzahl aller chemischen Reaktionen reversibel*, d. h. in ihrem Verlauf umkehrbar ist. Wenn ein chemischer Vorgang $A \rightleftarrows B$ lautet, so wird hiernach in der durchaus überwiegenden Zahl aller Fälle auch die Reaktion $B \rightleftarrows A$ möglich sein. Diese Gegenreaktion bedingt, daß der ursprüngliche Vorgang nicht bis zu Ende verlaufen kann, denn mit dem Fortschreiten des Vorganges $A \rightleftarrows B$ bildet sich in der Lösung mehr und mehr Masse B. Diese aber muß ihrerseits einen Vorgang im Sinne der Gegenreaktion $B \rightleftarrows A$ einleiten. Während nun die ursprüngliche Reaktion dem Massenwirkungsgesetz entsprechend ständig an Geschwindigkeit verliert, wird die Gegenreaktion nach demselben Gesetz in gleichem Maße mehr und mehr anwachsen, bis schließlich bei einem bestimmten Punkte der Umsatz in beiden Richtungen gleich groß ist. Hiermit aber ist ein stationärer Zustand erreicht, das *chemische Gleichgewicht* der reversiblen Reaktion ist eingetreten. Ein solcher reversibler Vorgang muß gegenüber der irreversiblen Reaktion eine abweichende Kurve zeigen: Der Nullpunkt wird nie erreicht. Die Kurve stellt sich vorher zur Horizontalen, und zwar bei einer

Höhe, an der genau auch die Gegenreaktion hätte zum Stillstand kommen müssen, wenn man sie bei den gegebenen Konzentrationen als Ausgangsreaktion hätte vor sich gehen lassen.

Für die Erleichterung solcher Reaktionsmessungen ist es wichtig, die Zahl der an der Reaktion beteiligten Stoffe möglichst klein zu wählen. Nur bei monomolekularen und bimolekularen Reaktionen, d. h. solchen, in denen eine einfache chemische Umsetzung an einem Stoff resp. zwischen zwei Stoffen vor sich geht, werden die obigen übersichtlichen Verhältnisse erhalten.

Für solche Kurven aber gibt die Mathematik die Möglichkeit einer exakten Formulierung. Mit Hilfe relativ einfacher Berechnung ist der ganze Verlauf der Reaktionskurve gegeben, falls für zwei ihrer Punkte durch Beobachtung an der Reaktion die Werte festgelegt wurden. Vor allem aber ist es wichtig, daß aus solcher mathematischen Formulierung für einen jeden chemischen Vorgang eine Geschwindigkeitskonstante bestimmbar ist, d. h. ein Wert, bei welchem die spezifische Geschwindigkeit des chemischen Vorganges in Form einer reinen Zahl zum Ausdruck kommt. Denn nur die Existenz dieser Geschwindigkeitskonstante hat es ermöglicht, in exakter Weise Antwort zu finden auf eine Frage, welche die physikalische Chemie sich zuerst in präziser Fassung gestellt hat und deren Beantwortung zu einem der großen Hauptkapitel dieses Gebietes geworden ist: Wodurch und in welchem Umfange läßt sich der Ablauf der chemischen Vorgänge beeinflussen?

Fraglos liegen die Verhältnisse der Reaktionsbeeinflussung am übersichtlichsten, wenn die modifizierenden Energien von außen dem chemischen Systeme zugeführt werden. Hier galt die Aufgabe, etwaigen Änderungen der chemischen Reaktionen bei der Einwirkung der Wärme, des Lichtes, der elektrischen und verwandten Strahlungen und ebenso der verschiedensten Anwendungsformen der mechanischen Energie nachzuspüren. Nachdem für die Schnelligkeit des Ablaufes eines chemischen Vorganges als sicheres Zahlenmaß die Geschwindigkeitskonstante zur Verfügung stand, war der Weg geebnet, um in vergleichenden Messungen auf stattgehabte Beschleunigungen bzw. Verlangsamungen prüfen zu können.

Als Resultat solcher Arbeit ergab sich, daß die Zuführung einer jeden beliebigen Energieart von außen chemische Vorgänge zu beeinflussen vermag, vor allem aber, daß diese Beeinflussung sowohl nach dem Umfange ihrer Verbreitung als auch nach dem Grad ihrer Ausbildung weit über das früher vermutete Maß hinausging. Die Anstellung solcher Versuche und die Sammlung des in ihnen gewonnenen Materials bedeutete indes nur die erste Vorarbeit der physikalischen Chemie; ihr Ziel ist die Erkenntnis der allgemeinen Gesetze dieses energetischen Wechselspiels. Als Beispiel diene die Erforschung des Wärmeeinflusses auf die chemischen Vorgänge. Die Tatsache der Reaktionsbeschleunigung durch Wärme war seit alters her bekannt: schon die Alchymisten bedienten sich bewußt des Feuers zur Beschleunigung ihrer Reaktionen. Aber erst van't Hoff gelang es, auf Grund quantitativer Messungen durch Vergleichung der Geschwindigkeitskonstante der Einzelreaktionen festzustellen, daß der Einfluß der Wärme in seiner quantitativen Bemessung einem einfachen, mathematisch formulierbaren Gesetze gehorcht, und daß das Maß dieses Einflusses im allgemeinen bei sämtlichen chemischen Reaktionen in weiter Annäherung ein gleiches ist. Es gilt die Reaktionsgeschwindigkeit-Temperaturregel (RGT-Regel), welche besagt, daß die Geschwindigkeit der Reaktionen bei jeder Temperaturerhöhung von 10° sich um einen Faktor zwischen 2 und 3,5 steigert, d. h. für je 10° um das Doppelte bis 3,5-fache zunimmt. Diese Größe des Temperatureinflusses ist derart konstant und spezifisch für chemisches Geschehen, daß die RGT-Regel sogar eine Umkehrung erlaubt. Man kann in Fällen, wo bei einem Vorgang klarzustellen ist, ob er chemischen oder anderen Prozessen seinen Ursprung verdankt, durch das Auffinden einer Temperaturabhängigkeit im Betrage des Faktors 2—3,5 ein entscheidendes Moment zugunsten der Annahme chemischen Zustandekommens des Prozesses gewinnen. Es ist wichtig, zu erwähnen, daß ebenfalls bei chemischen Vorgängen im Innern des Pflanzen- und Tierkörpers, wie die beistehende Tabelle zeigt, ein Temperaturabhängigkeitskoeffizient von gleicher Höhe gefunden ist:

Art des chemischen Vorganges	Temperaturintervall, in dem die Messungen angestellt wurden	Temperaturabhängigkeitskoeffizient.
1. Respiration der Pflanzen	0—40°	3—2
2. Assimilation des Kohlenoxyds	0—40°	2,4—1,8
3. Entwicklung von Froscheiern	0—24°	3—2
4. Entwicklung von Seeigeleiern	14—25°	2,1
5. Geschwindigkeit des Herzschlages der kalifornischen Schildkröte	5—32°	3,5—1,9
6. Toxin- und Antitoxinwirkungen	13—25°	2
7. Präzipitin- und Hämolysinwirkungen	10—30°	2

Neben den von außen kommenden Energiebeeinflussungen der chemischen Prozesse ist aber in den Besonderheiten des Innenzustandes der reagierenden Lösungen eine außerordentliche Fülle wichtigster reaktionsbeeinflussender Momente gegeben.

Zunächst ist die Lösungsform der reagierenden Stoffe von allereinschneidendster Bedeutung für die Geschwindigkeit der chemischen Prozesse. Alle Ionenreaktionen vollziehen sich fast momentan; zwischen molekulardispers gelösten Substanzen gehen die Reaktionen schon erheblich langsamer vor sich, sie sind meist schon bequem meßbar zu verfolgen; am trägsten, oft überhaupt kaum merklich, reagieren schließlich die kolloid gelösten Stoffe, die namentlich bei grober suspensoider Dispersität oft schon eine starke Anlehnung an das chemisch indifferente Verhalten der festen Stoffe erkennen lassen.

Für das chemische Geschehen in kolloiden Systemen spielt die Diskontinuität des Innenraumes eine ganz besondere Rolle. Sie schafft

Möglichkeiten, durch Anreicherung an der Kolloidoberfläche auch in verdünnten Lösungen große Konzentrationen zur chemischen Wirkung zu bringen und kann so, namentlich gerade bei den verdünntesten Lösungen, zu sehr eklatanten Beschleunigungen führen. Eine Beschleunigung muß ebenfalls dann resultieren, wenn bei reversiblen Reaktionen die entstehenden Produkte bevorzugt von der Adsorption betroffen und dadurch in erheblicher Menge aus dem Reaktionsbereich des Lösungsinnern entfernt werden. Denn die Entfernung der entstehenden Produkte bedeutet für reversible Reaktionen eine Ausschaltung der hemmenden Gegenreaktionen und ist daher ein sehr wirksames Allgemeinmittel der Beschleunigung. In solchem Verfahren ist offenbar der tierische Organismus Meister. Er fängt die entstehenden Produkte ab durch Deponierung im unlöslichen Zustand; er führt Produkte fort durch Diffusion, Dialyse und Strombewegung, oder er macht auch Produkte unschädlich durch weitere chemische Umsetzung vermittelst Einziehung in den Kreis anderweitiger Reaktionen. Die Macht dieses Einflusses sei mit dem folgenden Experiment illustriert: Eine kochende Lösung der Oxalsäure ist chemisch beständig, sie zeigt bei 100^0 praktisch noch keine nennenswerte Geschwindigkeit ihrer Zersetzung zu Ameisensäure und Kohlensäure; wird aber ein ständiger absaugender Luftstrom durch die kochende Lösung geleitet, der die Produkte Ameisensäure und Kohlensäure sofort mit dem Beginn ihrer Bildung aus dem Reaktionsbereich fortschafft, so tritt bei 100^0 glatt und restlos ein totaler Zerfall der Oxalsäure in der bezeichneten Richtung ein.

Mit diesen Reaktionsbeeinflussungen haben wir uns dem Gebiet der Katalyse bereits sehr genähert. Katalysator heißt man einen Stoff, der, ohne in den Endprodukten einer chemischen Reaktion zu erscheinen, die Geschwindigkeit der Reaktion verändert, d. h. entweder verlangsamt oder, wie es fast überwiegend der Fall ist, beschleunigt. Der Vorgang selber ist die Katalyse. Wenn es anfangs schien, als seien Katalysen nur spärlich unter den Reaktionen zu finden, ist heute die weiteste Verbreitung der katalytischen Erscheinungen eine gesicherte Erkenntnis. Denn überall dort, wo die Messungen und die Auswahl der auf katalytische Wirkung hin untersuchten Zusätze mit der erforderlichen Umsicht vorgenommen wurden, sind auch katalytische Reaktionsbeschleunigungen konstatiert worden, so daß der empirische Schluß berechtigt ist, daß alle freiwillig verlaufenden chemischen Prozesse auf diese Weise beeinflußbar sind. Oft aber wird der Katalysator geradezu zum Zauberstab. Mit vielem Eifer und vieler Mühe hatte man lange vergeblich nach einer Oxydationsreaktion des Naphthalins zu Indigo gesucht. Da zerbrach einem Experimentator während des Arbeitens die Glashülle seines Quecksilberthermometers, und am nächsten Tage hatte das ausgeflossene Quecksilber katalytisch die Oxydationssynthese des Indigos bewirkt. Eine Spur Pflanzenasche erhöht die Oxydationsgeschwindigkeit des Zuckers derart, daß er, angezündet, ähnlich wie Siegellack brennbar wird. Durch bestimmte Katalysatoren, Alkali, Säure und zu dritt Rhodium, geht in wässeriger Lösung katalytisch der Abbau des Zuckers über Milchsäure bis zur Stufe Alkohol-Kohlensäure vor sich. Die Katalysatoren verhalten sich in vieler Hinsicht wie Fermente. Sie bringen die gleichen Reaktionen zuwege, sowohl Oxydationen wie Reduktionen, sowohl Spaltprozesse wie Synthesen. Auch die Katalysatoren wirken schon bei allerkleinsten Konzentrationen, bis herab zu 1:1000000 und weniger. Ebenso wie für ein Ferment ist auch für den Katalysator das Mißverhältnis seiner Menge zur Größe des erzielten chemischen Umsatzes charakteristisch. Die kolloiden Metalle, Bredigs „anorganische Fermente", haben im höchsten Maße „Modelleigenschaften" für die wahren Fermente. Die auf breiter Basis durchgeführte Erforschung der Parallelen hat mit zwingender Notwendigkeit ergeben, daß die Fermentprozesse ihrer Art nach zur Katalyse gehören, indem die Fermente die höchste, vollkommenste Gruppe der organischen Katalysatoren darstellen.

In der Katalyse ist der wichtigste und mächtigste Regulator des chemischen Geschehens gegeben. Mit Hilfe der Katalysatorenregulierung hat man die chemischen Reaktionen gleichsam am Zügel; man kann sie zu stark beschleunigtem Tempo bringen, man kann ihnen langsamen Verlauf aufnötigen oder auch sie völlig arretieren. Dabei ist die Modifizierungsmöglichkeit aber nicht auf einfache Zugabe oder Wegnahme der Katalysatoren beschränkt. Auch inmitten der Lösung ist vielmehr der Katalysator leicht in dem Maße seiner Wirksamkeit durch dritte Stoffe zu beeinflussen. Der Katalysator hat seinerseits wieder seine Aktivatoren oder Exzitatoren und ebenso seine Hemmungsstoffe. Er steht auch in dieser Beziehung in innigster Verwandtschaft zu den Fermenten und den sonstigen Regulatoren des Körperchemismus, insbesondere den Hormonen und Komplementen.

Die prinzipielle Bedeutung des Gebiets der Katalyse tritt besonders hervor, wenn man die Untersuchung des chemischen Geschehens auf eine möglichst allgemeine Grundlage stellt. Ebenso wie bei anderen Vorgängen sind auch beim Ablauf der chemischen Prozesse hemmende Wirkungen zu beobachten, die sich unter dem allgemeinen Begriff der Widerstände einordnen lassen. Um dies zu veranschaulichen, sei die chemische Energie mit der potentiellen Energie der Schwere verglichen, die in einer Masse vorhanden ist, wenn sie sich im Höchstpunkt einer schrägen Ebene befindet. Nur die ideale Betrachtung läßt die Masse mit derjenigen Geschwindigkeit entlang der schiefen Ebene herabgleiten, die ihr nach Gewichts- und Winkelberechnung zukommt; die Wirklichkeit aber zeigt uns die Gleitgeschwindigkeit im höchsten Maße modifiziert durch die Art und Größe der vorhandenen Reibung. Genau so bei der chemischen Reaktion. Auch für die Geschwindigkeit ihres Ablaufes ist die Größe der treibenden chemischen Energie keineswegs allein bestimmend. Ebenso wie bei der Massenbewegung auf der Keilebene ist nicht selten auch bei dem chemischen Prozeß, selbst wenn er höchste Werte potentieller Energie gestapelt enthält, durch kleine Besonderheiten eine starke Hemmung, eventuell sogar volle Arretierung möglich. Die allgemeinste Beschreibung der Reaktionsgeschwindigkeit (g) geschieht durch die Formel:

$$g = \frac{\text{Treibende chemische Energie}}{\text{Widerstand}}.$$

Die Erforschung dieses sehr wichtigen Gebiets der Widerstände liegt zur Hauptsache in dem Felde der Katalyse.

Sicherlich tragen einige Widerstandsarten der chemischen Prozesse vorwiegend räumlichen Charakter. Je mehr dritte Substanz, z. B. Lösungsmittel, zwischen die reagierenden Stoffe gelagert ist, um so schwieriger werden die Stoffe zusammenkommen können, um sich chemisch miteinander umzusetzen. Namentlich an Reaktionen, bei denen die chemische Umsetzung als solche ein Minimum an Zeit benötigt, wird es deutlich, daß die Diffusionsvorgänge auf die Geschwindigkeit des Reaktionsablaufes Einfluß haben. In heterogenen Systemen ist der Fall nicht selten, daß der chemische Prozeß so gut wie allein durch die Diffusion sein zeitliches Maß erhält.

Ferner sind die chemischen Reaktionen auf das allereinschneidendste von dem Maß der räumlichen Zerteilung der reagierenden Substanzen abhängig. Feste Stoffe mit ihren minimalen Oberflächen reagieren kaum merklich miteinander. Die Reaktionsfähigkeit im Kolloidgebiet nimmt mit der Dispersität der Lösungen zu. Wie schon oben erwähnt, reagieren dagegen die Moleküle der molekulardispersen Lösungen ungleich schneller als die Kolloide, und die Ionen übertreffen mit ihrer fast momentanen Reaktionsfähigkeit wiederum bei weitem die Moleküle. Da die Lösungsform einer Substanz weitgehend von der Art des gewählten Lösungsmittels abhängt, da z. B. ein und derselbe Stoff von dem einen Lösungsmittel kolloid, von einem anderen aber ionendispers gelöst wird, so kann die Reaktionsgeschwindigkeit sehr von Lösungsmittel zu Lösungsmittel variieren. Es ist dies das Gebiet der „Mediumkatalyse“, bei der Differenzen in den Reaktionsgeschwindigkeiten bis etwa zum Tausendfachen beobachtet sind.

Die Besonderheiten, welche in kolloiden Systemen an den Oberflächen durch die Adsorptionserscheinungen auftreten, sind schon oben gestreift worden. In ihrer Gesamtheit bilden sie ein zweites großes Sondergebiet der Katalyse, welches als Adsorptionskatalyse bereits einer näheren Erforschung zugänglich gemacht werden konnte.

Noch eine weitere sehr wichtige Gruppe hat sich aus dem Gesamtgebiet als gesondert herausstellen lassen. Für sie ist die Ursache der Reaktionsbeschleunigung auf rein chemischem Gebiet gefunden. Der Katalysator wirkt dadurch befördernd, daß er das Zustandekommen einer Zwischenreaktion, bei der er mit chemischer Anlagerung beteiligt ist, erleichtert, etwa wie folgt: Die Substanz K möge als Katalysator bei der Oxydierung der Substanz A dienen; entspricht der Vorgang einer „Zwischenreaktionskatalyse“ oder wie man einfacher sagt, einer „Übertragungskatalyse“, so bildet sich zunächst eine unbeständige Verbindung K_2O, KO, KO_2 oder eine sonstige labile Oxydationsstufe des Katalysators, diese zerfällt sodann eben wegen ihrer Unbeständigkeit sofort wieder in die ursprüngliche Form K, wobei der durch diesen Zerfall freigewordene „aktivierte“ Sauerstoff die Substanz A zu AO oxydiert. Eine diesem Schema entsprechende Erklärung ist für einige wenige Reaktionen reaktionskinetisch bewiesen, sie darf indes für einen erheblich größeren Teil von Reaktionen als wahrscheinlich gelten. Es ist aber besonders zu betonen, daß es zur Einreihung einer Katalyse in dies Gebiet keineswegs ausreicht, das Statthaben einer Zwischenreaktion mit dem Katalysator qualitativ erwiesen zu haben, sondern es muß für jeden Einzelfall der Nachweis gefordert werden, daß die Summe der Geschwindigkeiten der beiden Teilreaktionen geringer ist als die Geschwindigkeit des Gesamtvorganges ohne Katalyse.

Diese letztere Art der Katalyse steht mit den „Induktionswirkungen" bei „gekoppelten Reaktionen", die nicht mehr zur Katalyse gehören, in nahem Zusammenhang. Auch diese Art der Reaktionserleichterung ist für die Stoffwechselfragen des Organismus sehr wichtig. Es sind nicht wenige Fälle bekannt, wo eine Reaktion, die allein nicht ablaufen kann, dadurch zum sofortigen glatten Ablauf gebracht wird, daß man ihr anstatt eines Katalysators eine zweite Reaktion beigesellschaftet. Besonders gilt dies für Oxydations- und Reduktionsprozesse. Nehmen wir z. B. eine Substanz A, die für sich allein in der Lösung den Sauerstoff nicht aufzunehmen vermag, und geben die mit dem Luftsauerstoff sich spontan oxydierende zweite Substanz B hinzu, so wird im Falle der Induktionswirkung eine „Sauerstoffaktivierung" bemerkbar, die ausreicht, um etwa nach der folgenden Gesamtformel $A + B + O_2 = A + BO_2 = AO + BO$ auch die erste, allein nicht eintretende Oxydationsreaktion der Substanz A zu bewirken. Der Unterschied zur Katalyse ist der, daß statt der stets wieder unverändert aus der Reaktion hervorgehenden Katalysatorsubstanz hier ein reagierendes Stoffpaar $(B + O_2)$ benutzt wird, mithin chemische Energie, die sich während ihrer Wirkung verbraucht. Im Organismus, wo stets große Summen von Einzelreaktionen im buntesten Nebeneinander verlaufen, ist sicher reichlich Gelegenheit zu solchen Reaktionskoppelungen gegeben.

Außer durch das bunte Nebeneinander sind die Reaktionen des Körpers dadurch ausgezeichnet, daß sie zumeist großen Reaktionssystemen angehören, bei denen in oft komplizierter Verzweigung der Reaktionsketten eine jede Teilreaktion an eine andere anschließt und wieder noch von einer anderen gefolgt wird. Handelt es sich dabei, wie wohl zumeist, um Ketten reversibler Reaktionen, so macht sich eine jede Störung eines mittleren Kettengliedes nicht nur für die folgenden Glieder, sondern auch aufwärts für die vorgelagerten Reaktionen bemerkbar. Jede Reaktionshemmung einer Zwischenstufe wirkt in ähnlichem Maße, wie sie nach unten hin die Strombreite der chemischen Produkte herabsetzt, nach oben hin über viele Stufen anstauend für die entstehenden Produkte. Das Umgekehrte muß für jede Reaktionsbeschleunigung einer Zwischenstufe gelten. Auch die Kettenreaktionen sind sonach durch innigste Wechselbeziehungen, die offensichtlich unschwer zu regulatorischen Zwecken ausnutzbar sind, miteinander verknüpft.

Noch erstaunlicher aber als das vielartige, hier nur in einigen einfachsten Beziehungen angedeutete Ineinandergreifen der chemischen Wirkungen ist die Fähigkeit des Körpers, bei der Unsumme seiner Reaktionen die nötige räumliche und energetische Trennung zu wahren. Es ist kein Zweifel, daß gerade für diese Fragen wieder die Kolloide mit der ihnen eigenen diskontinuierlichen Art der Raumerfüllung von größter Bedeutung sind. Aber selbst zu einer ersten Orientierung fehlt noch so gut wie alles. Und doch ist vielleicht auch hier ein Hoffen berechtigt, da gerade jetzt als neuester Zweig der physiko-chemischen Forschung sich eine Mikrochemie des Raums, eine „Kapillarchemie", zu entwickeln begonnen hat.

Groß ist die Zahl der Besonderheiten, durch welche die Chemie der bewegten Flüssigkeiten im mikroheterogenen Raum des menschlichen Körpers sich vor dem einfachen Reaktionsablauf in der Retorte oder dem Reagenzglas des Chemikers auszeichnet. Manche der Unterschiede sind heute schon physikochemisch erkennbar und als Folgen allgemeiner Gesetzmäßigkeiten verständlich, so daß sich auch auf diesen Gebieten dem Arzt neue Wege zu vertiefter Forschung eröffnen.

Die Technik der medizinisch wichtigsten physikochemischen Untersuchungsmethoden wird ihre Beschreibung im Teil III dieses Buches finden. Die vorstehenden Ausführungen mögen auch dort als allgemeine Grundlage dienen.

B. Die physikalische Chemie als allgemeine Grundlage der Lebenserscheinungen.

Kapitel 1.

Von den Zustandsformen der Körperstoffe und ihrer physiologischen Bedeutung.

Die in größter Menge vorkommende Substanz des menschlichen Körpers ist das Wasser. Eine jede Zelle ist von Wasser umspült und in ihrem Innern von Wasser durchtränkt. Die Menge des Wassers beträgt für die Mehrzahl aller Gewebe in einer auffallenden Übereinstimmung etwa $^2/_3$ bis $^3/_4$ der Gesamtmasse. Wo das Wasser zu fehlen beginnt, zeigt sich stets sehr schnell die Grenze für die Betätigung des Lebens. Mangel an Wasser führt ungleich früher zum Tode als das Aussetzen der Zufuhr irgend anderer Substanzen des Stoffwechsels. Physikochemisch ist das Wasser der Lösungsvermittler aller Substanz, die wir als Träger des Lebens kennen. Die spezifischen Gesetze der wässerigen Lösungen sind daher für den menschlichen Körper von der allgemeinsten Bedeutung. Eine große Zahl Substanzen findet man im Organismus in molekulardisperser Lösung. Salze, Säuren und Alkalien kommen bei den nur geringen physiologischen Konzentrationen im Körper fast lediglich als zu Ionen dissoziiert in Betracht. Kolloid gelöst sind vor allem sämtliche Eiweißstoffe und Lipoide, teils als flüssige Sole wie im Blut und in den Gewebssäften, teils als mehr oder minder feste Gallerten wie im Zellprotoplasma und in den Interzellularsubstanzen.

Ihre Hauptcharakteristika erhält die Körpersubstanz von den Eiweißstoffen. Die **physikalische Chemie der Eiweiße**[1]) stellt heute bereits ein weites und wichtiges Teilgebiet der Physiologie dar. Die physikochemischen Ergebnisse sind hier besonders an die Namen Fr. Hofmeister und W. Pauli geknüpft. Während noch bis vor kurzem die Eigenart der Protoplasmasubstanz mit ihrem undefinierbaren „festweichen Aggregatzustand" sich jeder näheren Erforschung entzog, ist jetzt in der Kolloidchemie ein Schlüssel gegeben, um das Tor zu manchen Geheimnissen des Zelleibes zu öffnen. Der Forschung sind sichere Bahnen geschaffen, auf denen ein nicht geringer Teil des bisher Rätselhaften mit schnellen Schritten einer experimentellen Klärung entgegengeht. Auch für die angewandten Disziplinen der Medizin birgt die physikalische Chemie der Eiweiße wichtigste neue Grundlagen in sich. Besonders gerade dem internen Mediziner gilt hier der Satz: et tua res agitur. Fraglos ist die Schwierigkeit des Sich-Hineinfindens in die hier zu behandelnden Erscheinungen nicht gering. Zunächst seien kurz die wichtigsten physikochemischen Ergebnisse am Eiweiß zusammengestellt. Auf der so geschaffenen Grundlage wird sodann über ihre Auswertung für die allgemeine Physiologie zu berichten sein.

Eine erste Schwierigkeit war die Gewinnung von völlig reinem und salzfreiem Eiweiß, bei dem die ursprünglichen Eigenschaften noch in unverändertem Zustand erhalten sind. Eine Reinigung wird am besten auf dem Wege der Dialyse erreicht, indem man z. B. zur Darstellung von Albumin und Globulin tierisches oder menschliches Serum unter aseptischen Bedingungen im Pergamentschlauch einer bis sechswöchigen Dialyse gegen fließendes destilliertes Wasser unterwirft. Man erhält so über einem scharf abgesetzten massigen Globulinniederschlag eine völlig wasserklare Flüssigkeit, die bei nur mehr minimalem Fremdkörpergehalt eine etwa 2% Albuminlösung darstellt. Eine letzte Reinigung wird durch sogenanntes „Leitfähigkeitswasser" bewirkt. Das so gewonnene reine Albumin ist noch durchaus im „nativen" oder wie man gleichbedeutend sagt, „genuinen" Zustand, seine ursprünglichen physikalisch-chemischen Eigenschaften sind voll erhalten. Solche Albuminlösungen zeigen nahezu die Leitfähigkeit des destillierten Wassers; Reste von Serumsalzen sind also nicht mehr merklich vorhanden. Das Diffusionsvermögen und ebenso der osmotische Druck der gereinigten Eiweiße ist sehr gering und steht hundertfach und mehr hinter dem der Elektrolyte zurück. Bei seitlicher Beleuchtung zeigt die völlig klare Lösung unter dem Ultramikroskop sehr deutlich einen diffusen Tyndallkegel und meistens lassen sich auch ziemlich zahlreiche Ultramikronen als Einzelteilchen der Eiweißlösung erkennen. Die Ultrafiltration weist ebenfalls die kolloiddisperse Beschaffenheit nach, sie gibt bei Verwendung von Filtern abgestufter Porendichte sogar ein vergleich-

[1]) Zur Einführung ist besonders gut geeignet W. Pauli, Die kolloiden Zustandsänderungen der Eiweißkörper in E. Abderhalden, Fortschritte der naturwissenschaftlichen Forschung, Bd. IV, S. 223—272. (1912.) Zu weiterem Studium sei empfohlen: W. Pauli, Kolloidchemie der Eiweißkörper, Th. Steinkopff, Dresden (1920) und H. Handovsky, Leitfaden der Kolloidchemie, Th. Steinkopff, Dresden (1922.)

bares Größenmaß dieser Teile. Die Viskosität solcher Lösungen ist hoch. Es ist ein wesentliches Merkmal der nativen Eiweiße, daß die kolloiden Einzelteilchen der Lösung die Fähigkeit besitzen, sich zu „hydratisieren“, d. h. nach Art der Quellung mit dem Lösungsmittel Wasser in nähere Beziehung zu treten: jedes Einzelteilchen des Eiweißes stellt unter Beibehaltung seiner physikalischen Abgrenzung gegenüber der Lösung ein gequollenes Körperchen dar. Diese Eigenschaft wird als Lyophilie bezeichnet; die Eiweiße selbst sind „lyophile Kolloide“. Infolge dieser Wasserbindung stehen die nativen Eiweiße in ihrem physikochemischen Verhalten den Emulsionskolloiden sehr nahe. Am ausgeprägtesten ist die Lyophilie bei den Eiweißleimen vorhanden, schon etwas geringer beim Albumin und nimmt weiter ab über das Globulin bis schließlich zum Kasein, welches nur mehr ein schwach lyophiles Kolloid bildet. Die Lyophilie ist es, die den Eiweißen ähnlich den eigentlichen Emulsionskolloiden ein hohes Maß der Kolloidstabilität ihrer Lösungen verleiht.

Der kolloide Charakter, insbesondere die ultramikroskopische Sichtbarkeit der Einzelteilchen steht bei den Eiweißen in einer nahen Beziehung zu ihrer Molekülgröße. Auf Seite 18 dieses Buches wurde die Größe eines Stärkemoleküls auf 5 $\mu\mu$ Durchmesser angegeben und als im Größenbereich des Ultramikroskopisch-Meßbaren gelegen bezeichnet[1]). Für viele der Eiweißmoleküle ist gemäß ihrer chemischen Konstitutionsformel eine ähnliche Größe anzunehmen. Das zahlenmäßig bestbekannte Beispiel gibt das Hämoglobin (= Globin + Hämochromogen). Die Masse des Hämoglobins enthält nach der chemischen Analyse ca. 0,4—0,5% Eisen. Wird nun unter der Mindestannahme, daß in jedem Molekül Hämoglobin nur ein Atom Eisen enthalten ist, in der bekannten Art aus der Elementaranalyse das Molekulargewicht berechnet, so ergibt sich etwa die Zahl 16700. Zu annähernd dem gleichen Rechnungswert führt die Voraussetzung, daß das Kohlenoxydhämoglobin ebenfalls im Molekül nur einmal die Gruppe CO gebunden enthält. Eine sehr bemerkenswerte Übereinstimmung mit diesem chemisch errechneten Wert wurde auf physikochemischem Wege erreicht. Hüfner und Gansser[2]) erhielten trotz der sehr erheblichen Versuchsschwierigkeiten bei zahlreichen Messungen an möglichst reinen Lösungen von Pferde- und Rinderhämoglobin Ergebnisse des osmotischen Druckes, nach denen sich das Molekulargewicht für Rinderhämoglobin zu 16321, für Pferdehämoglobin zu 15115 beziffert. Solchen Molekulargewichten entsprechen mit Sicherheit derartige Molekülgrößen, daß man gezwungen ist, bei manchen Eiweißlösungen die ultramikroskopisch eben sichtbaren kleinsten Teilchen entweder direkt als Einzeleiweißmoleküle oder höchstens als niedrige Multipla solcher anzusprechen. Beim Eiweiß ist sonach eine besondere Art des fließenden Übergangs zwischen der molekulardispersen und der kolloiden Zustands-

[1]) Die Größenordnung allein bedingt keineswegs die ultramikroskopische Meßbarkeit. Auch Kolloide, deren Durchmesser erheblich über 6 $\mu\mu$ betragen, bleiben noch unsichtbar, wenn ihnen in der eigenen Masse, resp. an deren Grenzfläche die optische Differenzierung gegen das Lösungsmittel fehlt.

[2]) Arch. f. Physiologie 1907. 209.

form in der Lösung gegeben[1]): selbst wenn Eiweiße bis zur Molekülgrenze gelöst sind, werden sie der Größe ihrer Einzelteilchen nach ins Gebiet des Kolloiden gehören. Gerade die Berücksichtigung dieser Grenzstellung der Eiweiße ist für die physikochemische Erforschung derselben sehr befruchtend geworden.

Nach der chemischen Konstitution ist bekanntlich das Eiweißmolekül charakterisiert durch den Aufbau aus peptidartig gebundenen Aminosäuren. Auch als Gesamtmolekül besitzt es die Eigentümlichkeit dieser Aminosäuren, gleichzeitig als Säure wie als Alkali zu reagieren, indem es sowohl Alkalien als auch Säuren salzartig bindet. Die chemische Formel der Aminosäuren macht diese Doppeleigenschaft leicht verständlich, wie das einfachste Beispiel dieser Säurereihe, das Glykokoll (= Aminoessigsäure) mit seiner Formel $NH_2 \cdot CH_2 \cdot COOH$ zeigen möge. Dank der NH_2-Gruppe ist das Glykokoll eine Base, gleichzeitig aber vermöge seiner COOH-Gruppe eine Säure: mit Salzsäure bildet es ein Chlorhydrat und mit Natronlauge ein Natriumsalz. Um seine basische Natur hervortreten zu lassen, muß man es in die Lösung einer Säure bringen; um die saure Natur zu entfalten, in eine alkalische Lösung. Aber auch in neutraler Lösung macht sich die Aminosäure als schwacher Elektrolyt geltend, sie zeigt dabei eine wenn auch nur sehr geringe saure Reaktion infolge Überwiegens der sauren Eigenschaft der COOH-Gruppe über die basische Aminogruppe. Diese Befähigung zur zweifachen Art der Ionenbildung kommt beim Glykokoll in einer durch Hydratation erweiterten Formel z. B. Glykokoll $= OH \cdot NH_3 \cdot CH_2 \cdot COO \cdot H$ klar zum Ausdruck. Nach Bredig pflegt man Stoffe, welche sowohl H- als auch OH-Ionen abzudissoziieren vermögen, als amphotere Elektrolyte zu bezeichnen. Analog den Aminosäuren sind auch die Eiweiße amphotere Elektrolyte. Zur Kennzeichnung dieser Doppelbefähigung des Eiweißes zur Ionenbildung pflegt man zu schreiben: OH·Albumen·H. Wird Eiweiß in eine saure Lösung gebracht, so dissoziiert es vorwiegend entsprechend der Gleichung:

$$[OH \cdot \text{Albumen} \cdot H] = [\text{Albumen} \cdot H]^+ + OH^-;$$

in alkalischer Lösung aber nach der Gleichung:

$$[OH \cdot \text{Albumen} \cdot H] = [OH \cdot \text{Albumen}]^- + H^+.$$

Es resultieren sonach als verschiedene Zustandsarten des Eiweißes:

OH·Albumen·H (in neutraler Lösung),
OH·Albumen (in alkalischer Lösung),
H·Albumen (in saurer Lösung).

Eiweiß in neutraler Lösung zeigt beim Durchleiten eines konstanten Stromes durch die Lösung keine, resp. eine nach beiden Seiten gleichmäßige Wanderung, es ist elektrisch neutral. Die einsinnig ionisierten Eiweiße besitzen dagegen wie alle Ionen eine elektrische Ladung und geben sie beim

[1]) Lösungsübergänge verwandter Art mit zunehmender Molekülgröße sind auch sonst physikochemisch bekannt: siehe z. B. Berichte d. deutsch. chem. Gesellschaft 29, 1328 (Krafft), Kolloidzeitschr. 7, 208. 1910 (Donnan und Potts); vgl. auch ebendort 3, 78. 1908. (Höber und Chassin), Biochem. Zeitschr. 20, 56. 1909. (Höber).

Durchleiten eines Stromes infolge der eintretenden Wanderung zum entsprechenden Pol leicht zu erkennen.

Dieses Wanderungsverhalten läßt die verschiedenen Arten des Eiweißes in der Lösung scharf unterscheiden. Wenn Eiweiß in reinem Wasser gelöst wird, so zeigt sich nur äußerst geringe, zudem doppelsinnige Dissoziation, die Lösung enthält ganz überwiegend neutrale Eiweißteilchen. Steigender Säurezusatz läßt schnell zunehmend elektrisch positive Eiweißionen, Alkalizusatz dagegen elektrisch negative Eiweißionen entstehen. In den hier zugrunde liegenden Eiweißveränderungen ist eine sehr wichtige Ursache der H-, resp. OH-Ionenbeeinflussung der Eiweiße gegeben. Denn mit der elektrischen Differenzierung, die dem oben angegebenen chemischen Unterschied entspricht, sind auch sonst einschneidendste Änderungen im physikalischen Verhalten verbunden. Diese Änderungen sind in ihren Hauptrichtungen allen Eiweißstoffen gemeinsam; nur dem Grad nach sind sie für die einzelnen Eiweißarten unterschieden. So gilt recht allgemein, daß die Fällbarkeit durch Hitze und Alkohol den elektrisch neutralen Eiweißteilchen zukommt, daß die Viskosität der Lösungen vom neutralen zum ionischen Eiweiß sehr stark anwächst, daß in gleicher Art die Wasserbindung der Eiweißteilchen bis zum Vielfachen ansteigt, daß ebenfalls im gleichen Sinne die Oberflächenspannung und die optische Brechung, der osmotische Druck und die elektrische Leitfähigkeit sich ändert und manches mehr. Einige der wichtigsten Unterschiede zwischen dem elektrisch neutralen und dem ionischen Eiweiß seien in der folgenden Tabelle zusammengestellt:

	Neutrales Eiweiß	Ionisches Eiweiß
1. Elektrische Ladung	fehlend	stark vorhanden + und —[1])
2. Kolloidcharakter	den Suspensionskolloiden genähert	ausgeprägter Emulsionscharakter
3. Hydratation	relativ gering	sehr stark
4. Kolloide Löslichkeit	relativ gering bis fehlend	maximal
5. a) Koagulierbarkeit durch Hitze	erheblich	gering
b) Ausfällbarkeit durch Alkohol	vollkommen	fehlend
6. Viskosität	gering	sehr hoch
7. Oberflächenspannung der Einzelteilchen	groß	gering
8. Optische Brechung	geringer	stärker
9. Leitfähigkeit	sehr gering bis fehlend	relativ größer
10. Osmotischer Druck	sehr gering	relativ größer
11. Neigung zu irreversiblen Veränderungen	erheblich	geringer, doch bei + und — verschieden[1])

[1]) Näheres siehe Tabelle S. 44.

Die Tatsache, daß sich die Eiweiße in saurer Lösung elektropositiv, in alkalischer Lösung elektronegativ aufladen, erlaubt die Schlußfolgerung, daß beim allmählichen Übergang der einen Reaktionsart zur anderen regelmäßig ein Zwischenzustand durchlaufen wird, in welchem die Eiweiße gerade neutral sind. Eine klare Kenntnis der Gesetzmäßigkeiten dieser Grenzzone ist namentlich durch die Arbeiten von L. Michaelis[1]) geschaffen. Bei keiner Eiweißart sind nach der Auflösung in reinem Wasser die Säuren- und Basenaffinitäten von genau der gleichen Größe, vielmehr sind fast stets die Säuregruppen ein wenig überlegen, so daß für die Eiweiße in wässeriger Lösung durchweg ein schwach saurer Charakter resultiert. Dementsprechend sind die Eiweiße bei ihrer Auflösung in reinem Wasser streng genommen auch nicht elektrisch neutral, vielmehr zu einem sehr kleinen Bruchteile zu positiven H-Ionen und negativen Eiweißkomplexen = Eiweißanionen dissoziiert. Fügt man nun solchen Eiweißlösungen Spuren einer stärkeren Säure hinzu, so wird das Eiweiß wie jede andere schwache Säure in der Ionenabspaltung zurückgedrängt, dadurch der Bestand an elektronegativem Eiweiß unter entsprechender Vermehrung der Neutralteilchen verringert. Bei weiterem Zusatz von Säure wird aber bald ein zweiter Einfluß der Säurewirkung überwiegend: die Säure reagiert auch mit den Aminogruppen des amphoteren Eiweißes und bewirkt dabei durch den Entzug von OH-Ionen die Neuentstehung von nun elektropositivem Eiweiß. Durch die Säurewirkung auf Eiweiß wird somit zunächst das vorhandene elektronegative Eiweiß durch Dissoziationszurückdrängung verringert, gleichzeitig und darüber hinaus aber wird durch eine zweite Wirkungsart elektropositives Eiweiß gebildet, so daß bei langsam ansteigendem Säurezusatz das anfangs elektronegative Eiweiß über den Zustand des neutralen Verhaltens in die Form von elektropositiven Eiweißionen übergeführt wird. Der Neutralpunkt ist erreicht, wenn die zunehmende elektropositive Ladung gerade der abnehmenden elektronegativen Ladung des Eiweißes das Gleichgewicht hält. Dieser Punkt wird nach L. Michaelis[1]) als isoelektrischer Punkt bezeichnet. Er liegt für jede Eiweißart spezifisch. Sein Eintritt erfordert bei den verschiedenen Eiweißen eine um so höhere H-Ionenkonzentration, je stärker im Eiweißmolekül der Säurecharakter und je schwächer der Basencharakter ausgebildet ist. Die Lage des isoelektrischen Punktes ist somit für das Verhältnis der Säurestärke zur Basenstärke im Eiweiß kennzeichnend.

Da die Eiweißarten bei der Auflösung in reinem Wasser zumeist ein Überwiegen ihrer sauren Eigenschaften zeigen, so ist für sie der isoelektrische Punkt vom Neutralpunkt des Wassers unterschieden, entsprechend nach der Seite des Sauren hin verschoben. In der gegenüberstehenden Tabelle sind für einige wichtige Eiweißstoffe (in reinem, d. h. möglichst salzfreiem Zustand) die isoelektrischen Punkte angegeben und zum Vergleich die physiologisch im Blut und in den Sekreten vorkommenden Reaktionsbreiten mit ihren Grenzwerten beigefügt. Der isoelektrische Punkt ist deshalb von besonderer Bedeutung, weil bei ihm die einschneidendsten Zustandsänderungen des

[1]) Eine ausgezeichnete Zusammenstellung hat L. Michaelis gegeben in C. Oppenheimer, Handbuch der Biochemie, Ergänzungsband S. 10—62. (1913.) Vgl. auch L. Michaelis, Die Wasserstoffkonzentration. (J. Springer. 1914.)

Breite der physiologisch vorkommenden Reaktionen	$[H^{\cdot}]$ (= Mass der H-Ionenkonzentration.)	Isoelektrische Punkte.
	$2 \cdot 10^{-1}$	Nukleinsäure $2 \cdot 10^{-1}$
	$1 \cdot 10^{-1}$	
	$8 \cdot 10^{-2}$	
	$6 \cdot 10^{-2}$	
	$4 \cdot 10^{-2}$	
Magensaft	$2 \cdot 10^{-2}$	
	$1 \cdot 10^{-2}$	
	$8 \cdot 10^{-3}$	
	$6 \cdot 10^{-3}$	
	$4 \cdot 10^{-3}$	Pepsin $5 \cdot 10^{-3}$
	$2 \cdot 10^{-3}$	
	$1 \cdot 10^{-3}$	
	$8 \cdot 10^{-4}$	
	$6 \cdot 10^{-4}$	
	$4 \cdot 10^{-4}$	Trypsin $3 \cdot 10^{-4}$
	$2 \cdot 10^{-4}$	
	$1 \cdot 10^{-4}$	
	$8 \cdot 10^{-5}$	
	$6 \cdot 10^{-5}$	
	$4 \cdot 10^{-5}$	Serumalbumin $2 \cdot 10^{-5}$
Harn	$2 \cdot 10^{-5}$	Casein $2{,}5 \cdot 10^{-5}$
Harn: pathologisch	$1 \cdot 10^{-5}$	Gelatine $2{,}5 \cdot 10^{-5}$
Harn: pathologisch	$8 \cdot 10^{-6}$	
Harn: pathologisch	$6 \cdot 10^{-6}$	
	$4 \cdot 10^{-6}$	Serumglobulin $4 \cdot 10^{-6}$
Harn: normal	$2 \cdot 10^{-6}$	
Harn: normal	$1 \cdot 10^{-6}$	
Harn: normal	$8 \cdot 10^{-7}$	
Harn: normal	$6 \cdot 10^{-7}$	
	$4 \cdot 10^{-7}$	sauer ↑
	$2 \cdot 10^{-7}$	Oxyhaemoglobin $1{,}8 \cdot 10^{-7}$
	$1 \cdot 10^{-7}$	
Pathologisch-extreme Blutwerte	$8 \cdot 10^{-8}$	← Neutralpunkt
Pathologisch-extreme Blutwerte	$6 \cdot 10^{-8}$	
Pathologisch-extreme Blutwerte; Blut normal	$4 \cdot 10^{-8}$	
Pathologisch-extreme Blutwerte; Blut normal	$2 \cdot 10^{-8}$	alkalisch ↓
Pathologisch-extreme Blutwerte	$1 \cdot 10^{-8}$	
Darmsaft	$8 \cdot 10^{-9}$	
Darmsaft	$6 \cdot 10^{-9}$	
Darmsaft	$4 \cdot 10^{-9}$	
	$2 \cdot 10^{-9}$	
	$1 \cdot 10^{-9}$	
	$8 \cdot 10^{-10}$	
	$6 \cdot 10^{-10}$	
	$4 \cdot 10^{-10}$	
	$2 \cdot 10^{-1}$	
	$1 \cdot 10^{-10}$	

Eiweißes auf eine engste Zone zusammengerückt sind. Bei jedem Durchschreiten dieses Punktes erfahren die Eiweiße einen fast schroffen Übergang von der einen ionischen Form über die neutrale Beschaffenheit der Teilchen zu der entgegengesetzt geladenen ionischen Zustandsform unter gleichzeitiger Änderung sämtlicher sonst dazu gehörenden physikochemischen Eigenschaften. Im isoelektrischen Punkt zeigen alle Eiweißlösungen das Minimum der Ionisierung und damit die Höchstzahl an Neutralteilchen; die polare Wanderung der Teilchen beim Durchleiten eines elektrischen Stromes ist verschwunden, der Emulsionscharakter der kolloiden Eiweißlösung hat weitgehend einer Annäherung an den Suspensionscharakter Platz gemacht; die Lösung ist maximal instabil geworden, sie ist thermisch, elektrisch und chemisch maximal leicht ausfällbar, die innere Reibung zeigt ein Minimum. Beiderseits des isoelektrischen Punktes aber, sowohl nach der sauren als auch nach der alkalischen Seite hin tritt mit der Bildung der Eiweißionen in schneller Zunahme ein Umschwung aller dieser Eigenschaften ein. Diese Abhängigkeit vom isoelektrischen Punkt ist derart ausgeprägt vorhanden, daß selbst schon auf eine erhebliche Strecke hin jede Annäherung an diesen Punkt sich in einer Abnahme der ionischen Zustandsbesonderheiten der Eiweißlösungen deutlich bemerkbar macht.

Zugleich aber ist der isoelektrische Punkt als die Grenzscheide des Vorkommens der beiden verschiedenen Arten des ionischen Eiweißes wichtig. Denn die Verschiedenheit der elektrischen Ladung bringt auch im sonstigen Verhalten der Eiweißionen wesentliche Unterschiede mit sich. Die hervortretendsten Sondereigenschaften der elektropositiven und der elektronegativen Eiweißionen sind auf der folgenden Tabelle verzeichnet:

	Ionisches Eiweiß der sauren Lösungen	Ionisches Eiweiß der alkalischen Lösungen
1. Elektrische Aufladung	+, daher zur Kathode wandernd	—, daher zur Anode wandernd
2. Chemische Beständigkeit bei mäßigen Abweichungen vom physiologischen Neutralpunkt	relativ groß	relativ gering (ständig fortschreitende Veränderung[1]))
3. Reversibilität der Fällung bei sehr starker Abweichung vom Neutralpunkt	Hohe Säurekonzentration gibt irreversible Fällung	Hohe Alkalikonzentration gibt relativ reversible Fällung
4. Verhalten gegenüber Neutralsalzen[1])	Größte Abhängigkeit von den Salzanionen	Größte Abhängigkeit von den Salzkationen

Auch die Reaktionsfähigkeit des Eiweißes in rein chemischer Beziehung wird durch die hier besprochenen Änderungen deutlich modifiziert, wie

[1]) Vgl. hierzu S. 45ff.

J. Loeb in einem besonders instruktivem Beispiel in der Gelatine hat zeigen können[1]):

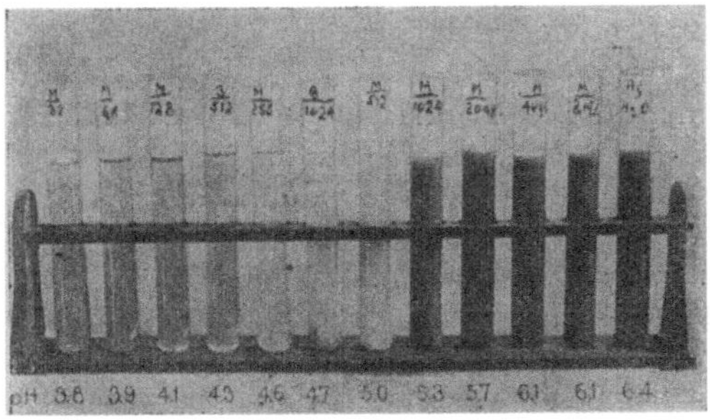

Fig. 4.

Die Abbildung gibt das Verhalten der Gelatine gegenüber Silbernitrat bei verschiedener H-Ionenkonzentration wieder: die stark dunklen Reagenzgläser lassen die gute Reduktionswirkung der Gelatine im Gebiet der alkalischen Reaktion erkennen; in den Gläsern der entgegengesetzten Seite sieht man die schwächere Reduktionswirkung seitens der Gelatine im Sauren; dazwischen liegt die Zone der Isoelektrizität der Gelatine, sie ist, wie das helle Aussehen der Gläser erkennen läßt, durch ein völliges Ausbleiben der Reaktion charakterisiert.

Für die Lage des isoelektrischen Punktes der Eiweiße sind aber nicht nur die H- und OH-Ionen maßgebend. Auch die übrigen Ionen der Lösung sind dabei mitwirkend; ihre Anwesenheit hat eine mehr oder minder ausgesprochene Verschiebung des isoelektrischen Punktes zur Folge. Insbesondere verschieben mehrwertige Anionen deutlich nach der Seite des Sauren, mehrwertige Kationen nach der des Alkalischen.

Mit diesen Eigentümlichkeiten ist die Mannigfaltigkeit der physikochemischen Zustandsformen der Eiweiße noch nicht entfernt erschöpfend gekennzeichnet. Bei der großen physiologischen Bedeutung der Salze ist es erforderlich, sich ebenfalls auf dem Gebiet der „Neutralsalzwirkungen" mit den wichtigsten Allgemeinerscheinungen der Eiweißbeeinflussung vertraut zu machen. Die Ausführungen nehmen am besten ihren Ausgang vom Globulin, von dem seit langem bekannt ist, daß es sich nur in salzhaltigem, nicht aber in reinem Wasser löst. Da alle molekulardispersen, d. h. ionenfreien Stoffe für die Löslichmachung des Globulins unwirksam sind und da andererseits die Salze diese Befähigung gerade in ihren verdünntesten Lösungen, wo sie vollständig zu Ionen gespalten sind, am deutlichsten zeigen, so war es von vornherein naheliegend, bei diesem Vorgang als Ursache Ionenwirkungen zu vermuten. Diese von J. Loeb, W. Pauli, R. Höber und anderen schon frühzeitig gemachte Annahme hat sich in umfangreichen Untersuchungen bestätigen und auf wichtige Gesetze bringen lassen.

Immer wenn Salzionen mit Eiweißen in neutraler Lösung zusammentreffen, kommt es zur Entstehung von Salzionen-Eiweißverbindungen,

[1]) J. Loeb, Journ. of gen. physiolog. 1, 24 (1918).

bei denen ebenfalls wiederum die amphotere Natur der Eiweiße zur Geltung gelangt, indem sie eine gleichzeitige Bindung positiver und negativer Salzionen ermöglicht. Auch diese Salzeiweißverbindungen sind durch scharfe physikochemische Besonderheiten gegenüber ihrem Ausgangsmaterial, den reinen Eiweißen ausgezeichnet. Recht allgemein übertreffen die „Salzeiweiße" das reine genuine Eiweiß durch eine erheblich größere Kolloidlöslichkeit. Das Globulin, welches bei Unlöslichkeit in reinem Wasser als Salz-Globulin in der Lösung beständig ist, kann als Beispiel dieser allgemeinen Gesetzmäßigkeit dienen. Mit der größeren Löslichkeit hängt eine weitere Eigenschaft der Salzeiweiße, die größere Reversibilität bei Zustandsänderungen eng zusammen. Diese stärkere Befähigung zu reversiblen Änderungen kommt gegenüber sehr verschiedenartigen Einflüssen zum Vorschein. Sie gilt bis zu recht hohen Grenzen hinauf für die thermischen Kolloidänderungen, ähnlich auch für die Fällung durch Alkohol. Am stärksten aber wird der „kolloidschützende" Einfluß der Salzionen bei der Wirkung der hochkonzentrierten Alkalisalz- und Magnesiumsalzlösungen bemerkbar, indem hier sogar dann, wenn es infolge hoher Salzkonzentrationen zur Eiweißausfällung kommt, die „genuine" Beschaffenheit des Eiweißes noch erhalten bleibt[1]).

Die zeitlich quantitative Untersuchung der Säure-, Basen- und Salzbindungen der Eiweiße hat den Nachweis erbracht, daß diese Vorgänge sich weitgehend den Gesetzen der mechanischen Adsorption einfügen, so daß man den Ioneneiweißverbindungen wenigstens im Anfang ihres Entstehens auch mit der Auffassung als Adsorptionsverbindungen gerecht wird. Noch ziemlich langdauernd sind diese Verbindungen gut reversibel: durch einfaches Verdünnen der Lösung oder durch Beseitigung der Ionen vermittelst Dialyse gelangt man zum unveränderten Ausgangsmaterial zurück.

Daß aber außerdem — wahrscheinlich sekundär — auch die elektrochemische Affinität des Eiweißes zu den Salzionen zur Geltung kommt, machen besonders die Beobachtungen bei der langsam durchgeführten Dialyse wahrscheinlich. Der elektrochemischen Affinität entspricht es, wenn vom Eiweiß gemäß seinem überwiegenden Säurecharakter die Metallionen der Salze fester gehalten werden als deren Anionen[2]).

[1]) Bei einzelnen Eiweißstoffen, wie den Glutinen geht sogar trotz der Ausfällung durch die Salze die Beibehaltung des ursprünglich in der Lösung vorhandenen Emulsionscharakters soweit, daß (z. B. bei Aussalzung durch Ammoniumsulfat bei 37°) in Analogie zu den eigentlichen Emulsionen ein Zusammenfließen des sich abscheidenden Eiweißes zu einer einheitlich flüssigen Masse mit scharfer Grenzfläche zur darüberstehenden Salzlösung erfolgt. (Vgl. W. Pauli und Rona, Hofmeisters Beiträge 2, 1 (1902).

[2]) So ist von W. Pauli beobachtet, daß z. B. beim Kochsalzeiweiß die Na-Ionen fester gebunden sind als die Cl-Ionen. Bei einer mittleren Zeit des Dialysierens von Kochsalzeiweiß tritt deutlich ein Stadium auf, in welchem das Eiweiß sich nicht mehr wie ein NaCl-Eiweiß verhält, sondern sich als ein Eiweiß zu erkennen gibt, welches in sämtlichen Eigenschaften mit einem Na-Ionen-Eiweiß, wie es sonst durch NaOH aus neutralem Eiweiß entsteht, identisch ist: die Fällbarkeit z. B. durch Hitze oder Alkohol ist nicht mehr vorhanden. Setzt man die Dialyse über dieses Stadium hinaus fort, so werden langsam auch die Na-Ionen abgegeben, und schließlich liegt reines genuines und neutrales Eiweiß vor, welches nunmehr wiederum die ihm charakteri-

Während bei den Säuren und Alkalien ganz vorwiegend der Stärkegrad, d. h. die Zahl der H- resp. OH-Ionen den Einfluß auf die Eiweiße bestimmt, ist die Salzwirkung auf die Eiweiße wie auch sonst auf die Kolloide keineswegs derart einseitig an eine Einzelart von Ionen gebunden. Die Mannigfaltigkeit der Salzwirkungen ist demnach ungleich größer. In das bunte Gebiet dieser Erscheinungen hat Fr. Hofmeister eine erste Ordnung gebracht, indem er nachwies, daß für eine große Zahl von Beobachtungen der Einfluß der Salze sich additiv aus den Wirkungen ihrer Ionen zusammensetzt und daß die Ionen dabei sich nach der Art ihrer Wirkung zu jenen charakteristischen Reihen anordnen lassen, die bereits oben (S. 25) als Hofmeistersche Reihen genannt sind. Gegenüber der Mannigfaltigkeit der physiologischen Beobachtungen schien aber die so gewonnene Klärung bald wieder zu versagen. Durch Auffinden weiterer ergänzender Gesetzmäßigkeiten hat sodann R. Höber[1]) für die Physiologie eine bleibende Ordnung geschaffen. Die Wirkung der Salze auf die Eiweiße läßt sich heute ganz allgemein unter die folgenden Regeln zusammenfassen:

Befinden sich die Eiweiße in saurer Lösung, so bestimmen stark vorwiegend die Anionen der Salze die kolloidchemische Wirkung.

Die Ionenreihe für Eiweiße in saurer Lösung lautet:

$$SCN < J < Br < NO_3 < Cl < CH_3COO < HPO_4 < SO_4 < \text{Tartrat} < \text{Zitrat}.$$

Diese Anionen der Salze sind nach steigendem Fällungsvermögen geordnet, derart, daß die stark fällenden Ionen (Tartrat, Zitrat) das rechte Ende der Skala bilden. Die Ionen der linken Seite haben das „geringste Fällungsvermögen"; diese Bezeichnungsart soll indes keineswegs besagen, daß die Wirkung aller Ionen nur allein im Sinne der Fällung gelegen ist. Im Gegenteil, gerade für zahlreiche physiologische Objekte hat sich der Wirkungsunterschied in dieser Reihe der Ionen so groß erwiesen, daß die Abnahme des Fällungsvermögens bei den linksstehenden Ionen mehr oder minder früh in eine lösungsbegünstigende Wirkung überführt. Bei solchem Verhalten besagt dann die Ionenskala, daß diese Begünstigung der Kolloidlöslichkeit um so größer ist, je weiter das betreffende Ion vom rechten Ende der Reihe (Zitrat) entfernt steht. Für die Kationen der Salze lautet die entsprechende Reihe, in gleicher Art geordnet:

$$Cs < Rb < K \quad Na < Li;$$

doch tritt der Kationeneinfluß auf das Eiweiß in saurer Löung gegenüber der Wirkung der Anionen sehr erheblich zurück.

Beim Eiweiß in alkalischer Lösung stehen dagegen die Salzkationen im Vordergrund der Wirkung. Dabei ist eine Umkehrung der Reihen gegenüber dem sauren Milieu vorhanden. Es lautet demnach, wie oben nach steigendem Fällungsvermögen geordnet, die Ionenreihe für Eiweiße in alkalischer Lösung:

$$Li < Na < K < Rb < Cs < Mg < Ca.$$

---

stische Ausflockung durch Alkohol und Hitze zeigt. Vgl. W. Pauli in E. Abderhalden, Fortschritte der naturwissenschaftlichen Forschung, Bd. IV, 223 (1912).

[1]) Näheres siehe R. Höber, Physikalische Chemie der Zelle und der Gewebe, l. c.

Von diesen Kationen ist das zweiwertige Ca-Ion mit erheblichem Anstieg am stärksten fällend, während sich das Mg-Ion mit geringerer Steigerung noch den einwertigen Alkalimetallen mehr nähert. Ebenfalls in Umkehrung und an Bedeutung wieder zurücktretend gehört hierzu die Reihe der Anionen:

Zitrat $<$ Tartrat $<$ SO_4 $<$ HPO_4 $<$ CH_3COO $<$ Cl $<$ NO_3 $<$ Br $<$ J $<$ SCN,

indem bei alkalischer Lösung das Zitration am wenigsten, das SCN-Ion am meisten im Sinne der Eiweißfällung wirkt.

In der Gegend des Neutralpunktes liegt die Umkehrung dieser Reihen. Sie vollzieht sich nicht bei bestimmter Reaktion mit einem Male gleichzeitig für alle Ionenarten. Daher kommt es, daß bei vergleichenden Untersuchungen von Eiweißlösungen, die in verschiedener Nähe zum Neutralpunkt eingestellt sind, recht mannigfache Ionenreihen zur Beobachtung gelangen. Sie werden ihrem Wesen nach als „Übergangsreihen“ charakterisiert. Wenn auch diese „Übergangsreihen“ nicht selten bei physiologischen Untersuchungen gefunden werden, so steht doch andererseits fest, daß für zahlreiche Beispiele die ganz schwach alkalische Reaktion des Serums genügt, um die Hofmeisterschen Reihen in reiner Form zur Beobachtung kommen zu lassen.

Es verdient eine besondere Hervorhebung, daß die hier behandelten Gesetzmäßigkeiten der Neutralsalzwirkungen in ihrer Gültigkeit nicht auf die Eiweiße beschränkt sind. Organische und anorganische Kolloide, soweit sie Emulsionscharakter zeigen, sind ihnen in durchaus gleicher Weise unterworfen. Sogar das reine Wasser, bei dem durch die Untersuchung von Schade das Heraufreichen der Polymerisierungsvorgänge bis zur Kolloidgröße wahrscheinlich gemacht ist, läßt unter dem Einfluß der Neutralsalze eine analog gehende Änderung seiner Eigenschaften (Dichte, Ausdehnung, Kompressibilität, Viskosität, Lichtbrechung usw.) erkennen[1]). J. Loeb hat kürzlich der Auffassung dieser Erscheinungen eine neue Wendung gegeben[2]). Auch die „Neutralsalze“ reagieren im Wasser nicht streng neutral; ein jedes von ihnen bringt vielmehr für die Lösung eine bestimmte, vom Neutralpunkt abweichende Reaktion mit sich. Diese Unterschiede der H-OH-Ioneneinstellung sind es, auf denen im wesentlichen die kolloidchemische Verschiedenartigkeit der Neutralsalzwirkungen beruht. Läßt man die Neutralsalze bei genau gleicher H-OH-Ionenkonzentration auf Kolloide wirken, so ist die Skala der Hofmeisterschen Reihe verschwunden: es werden so gut wie ausschließlich nur noch Unterschiede entsprechend der Wertigkeit der Ionen gefunden. Trotz der hiermit gegebenen Zurückführung der Unterschiede der Neutralsalzwirkungen auf eine Verschiedenheit der H-OH-Ioneneinstellung wird die Hofmeistersche Skala im praktischen Sinne nach wie vor ihre Bedeutung behalten.

---

[1]) H. Schade, (Kolloidzeitschr. **7**, 26 (1910); vgl. hierzu Wolfg. Ostwald, Grundriß der Kolloidchemie (2. Aufl.), S. 134 (1911) und R. Höber, Physikalische Chemie der Zelle und der Gewebe l. c., S. 311 und 323.

[2]) J. Loeb, Journ. of gen. physiol. **3**, 85 und 247 (1920) und **3**, 391 (1921); ferner ebendort 3, 667, 691, 827 und 4, 73 (1921) (Ableitung der Gesetzmäßigkeiten aus dem Donnanschen Gleichgewicht).

Die Gesamtheit dieser Abhängigkeitsbeziehungen von den Säuren, den Basen und den Salzen hat nicht nur für die Eiweißlösungen flüssiger Art, sondern ebenfalls für die mehr oder minder festen Eiweißgallerten ihre Gültigkeit. Auch die Gallerte ist ein kolloides System. Im Gegensatz zur flüssigen Lösung sind bei ihr die einzelnen Kolloidteilchen einander derart genähert, daß physikalische Kräfte mit dem Erfolg des einheitlichen Zusammenhaltens der kolloiden Masse wirksam werden. Manche Gallerten nehmen unbegrenzt Wasser auf und gehen dabei ohne merkliche Grenze in flüssige Sole über. Andere Gallerten haben bei gegebenen Bedingungen nur eine begrenzte Quellfähigkeit, sie bleiben stets als Gesamtmasse einheitlich von der Lösung getrennt. Die einfachste Messung des Quellungsverhaltens geschieht durch die Wägung. Auf diesem Wege läßt sich die Gesamtheit der Ionenwirkungen, die oben als für Eiweißsole charakteristisch beschrieben sind, auch an Gallerten in durchaus scharfer Weise zur Erkennung bringen. Die Gallerte im Stück spiegelt durch die Schwankungen ihres Wassergehalts gewissermaßen im Makrokosmos wieder, was in ihren ultramikroskopischen Kolloidteilchen an Hydratationsveränderungen vor sich geht. Auch das Analogon zur inneren Reibung ist an der Gallerte im Stück gut meßbar. Die Feststellung der physikalischen Härte gibt die Größe des Widerstands, welchen die einzelnen Kolloidteilchen in der Gallerte ihrer Verschiebung entgegenstellen und die Messung der Elastizität gibt zugleich ein Maß des Bestrebens, mit dem diese Einzelteilchen die ihnen aufgezwungene Lageveränderung wieder auszugleichen suchen. Diese physikalischen Methoden liefern trotz ihrer relativen Einfachheit ein überraschend feinteiliges Maß der zugrundeliegenden Kolloidänderungen und lassen bei exakter Handhabung schon die kleinsten Differenzen aller obigen Säure-, Alkali- und Salzbeeinflussungen erkennen. Die prinzipielle Übereinstimmung der Beeinflussung von Gallerten und Solen sei an einem Beispiel illustriert (siehe Fig. 5 und 6 der Seiten 50 und 51):

Mit Absicht sind zwei anscheinend durchaus verschiedenartige Vorgangsarten zum Vergleich gewählt: bei der Gelatinelösung der osmotische Druck der Eiweißionen und bei der Gelatingallerte die Gewichtsvermehrung durch die Wasseraufnahme bei der Quellung. Beide Vorgangsarten sind beim Durchschreiten des isoelektrischen Punktes messend erfolgt. Wie die Figuren 5 und 6 zeigen, resultiert eine volle Gleichartigkeit der Kurven. Die Erklärung liegt darin, daß sowohl für den osmotischen Druck des Eiweißsols als auch für die Quellung der Eiweißgallerte die jeweils vorhandene Zahl der ionischen Eiweißteilchen (= „Eiweißionen") bestimmend ist. Für beide Vorgangsarten muß daher das Minimum im isoelektrischen Punkt der Gelatine liegen und ferner müssen sich von dort aus für Säure wie für Alkali bei steigender Konzentration des Zusatzes auf beiden Kurven die gleichen, jeweils charakteristischen Anstiege zeigen. In ähnlicher Schärfe der Ausprägung tritt auch sonst in den Untersuchungsergebnissen die gleiche Art der Ionenabhängigkeit für die Gallerten und die Sole zutage.

Neben den Eiweißen haben durch die Forschungen der letzten Jahre die **Lipoide**[1]) eine außerordentliche Bedeutung gewonnen[2]). Auch an ihnen hat bereits die physikalische Chemie die Fruchtbarkeit ihrer Methoden bewiesen[3]). Die Mannigfaltigkeit der Ionenbeeinflussung ihres kolloiden Lösungszustandes ist ebenfalls eine große. Die Lezithine werden vom Wasser als hydrophile Kolloide gelöst und stehen in ihrem Emulsions-

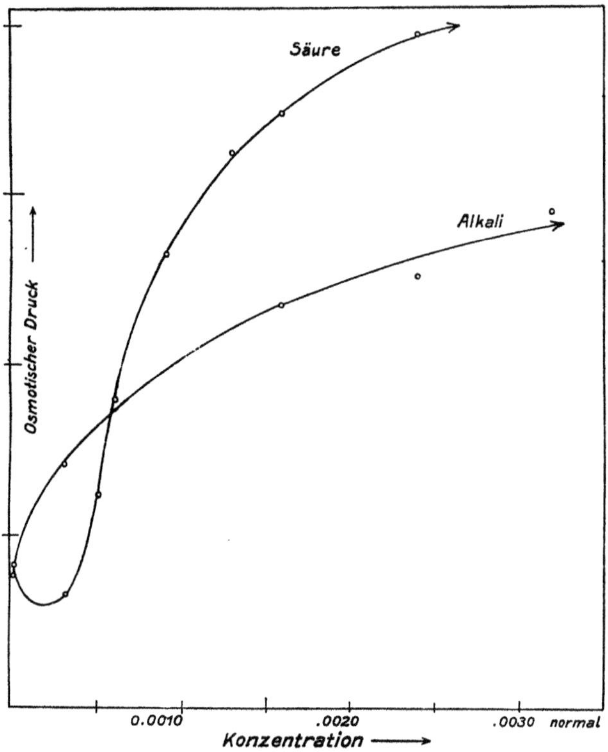

Fig. 5.

Flüssiges **Gelatinesol**: Beeinflussung seines osmotischen Druckes durch Säure-Alkali.

charakter den Eiweißen ziemlich nahe. Substanzen von der Art des Cholesterins aber bilden im Wasser Kolloide mit Suspensionscharakter, sie sind als solche in ihren Lösungen ungleich instabiler und in ihrem Fällungsverhalten weniger von der Hofmeisterschen Reihe als von dem Maß der elektrischen Ladung der Ionen abhängig. Dabei haben sich die allgemein

[1]) Als Lipoide werden nach I. Bang alle Zellbestandteile zusammengefaßt, die durch Äther und ähnliche Lösungsmittel (Alkohol, Chloroform, Benzol usw.) extrahiert werden können. (Ergebnisse der Physiologie **6**, 131 (1907).)

[2]) Vgl. z. B. I. Bang, Chemie und Biochemie der Lipoide. Wiesbaden (1911).

[3]) Vgl. namentlich Porges und Neubauer, Biochem. Zeitschr. **7**, 152—177 (1908); ferner Kolloidzeitschr. **2**, 343 (1908) und **5**, 193 (1909) und Handovsky und Wagner, Biochem. Zeitschr. **31**, 32 (1911).

für Suspensionskolloide charakteristischen Gesetzmäßigkeiten auch hier als gültig erwiesen. Bei den positiv geladenen Suspensionskolloiden wirken bevorzugt die Anionen, bei den negativ geladenen Suspensionskolloiden wie z. B. dem Cholesterin hauptsächlich die Kationen der Elektrolyte im Sinne der Ausflockung (Hardysche Regel); des weiteren nimmt die Fällungskraft der wirksamen Ionen sehr stark mit der Wertigkeit, d. h. mit der Zahl der elektrischen Ladungen des Einzelions zu, indem die Wirksamkeit der ein-, zwei- und dreiwertigen Ionen etwa im Zahlenverhältnis von 1:20:350 anwächst (Schulzesche Regel). Für die Beurteilung des Kolloidverhaltens im menschlichen Körper aber ist es wichtig hervorzuheben, daß selbst Stoffe vom typischen Suspensionscharakter wie das Cholesterin in den Körpersäften ausgeprägte Emulsionseigenschaften gewinnen können, wenn sie in der Lösung mit anderen Stoffen wie Fetten zusammen sind, welche das Cholesterin als gelösten Bestandteil in ihrer Masse aufzunehmen vermögen[1].

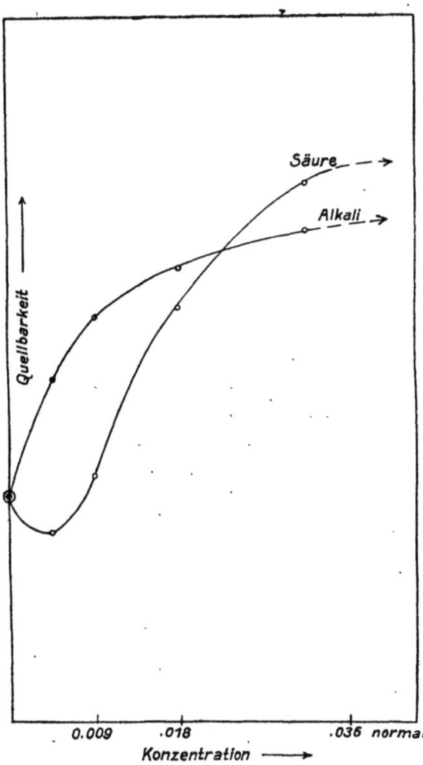

Fig. 6.

Feste Gelatinegallerte: Beeinflussung der Quellung durch Säure-Alkali.

Schon die hier gegebene kurze Zusammenstellung läßt die bewundernswerte Modifizierbarkeit der Eiweiß- und Lipoidkolloide und zugleich die außerordentliche Mannigfaltigkeit der Einzelerscheinungen dieses Gebiets erkennen. Die Mehrzahl aller Änderungen ist reversibel; ein kleiner, oft winzig kleiner Bruchteil der stattgehabten Wirkung bleibt aber daneben nicht selten als irreversible Änderung fortbestehen. Dabei ist das physikochemische Geschehen nicht in gleichem Maße sprunghaft wie die Mehrzahl der Vorgänge der reinen Chemie. Die kleinstmögliche Änderung der Chemie ist abgesehen von den intramolekularen Umlagerungen stets sofort die volle Bindung oder volle Loslösung eines Atoms. Übergänge, wie die mehr lockeren, sich in der Festigkeit stetig ändernden Anlagerungen durch die Adsorption, sind der chemischen Affinität ihrer Art nach fremd. Im Vergleich zu den chemischen gehen daher die hier besprochenen physikochemischen Vorgänge weit mehr fließend, durch ständige Übergänge vermittelt ineinander

[1]) Vgl. Schade, Zeitschr. f. experim. Pathologie u. Therapie **8**, Heft 3 (1910).

über, so daß eine ungleich größere Zahl der unterschiedlichen Zustandsformen resultiert, wobei sogar, wie oben am Salzioneneiweiß gezeigt wurde, in der Adsorption eine Art Vorstufenbildung zur chemischen resp. elektrochemischen Bindung gegeben sein kann.

Diese physikochemische Eigenart der Eiweiße und Lipoide ist von einer fundamentalen **Bedeutung für die Gesamtheit allen physiologischen Geschehens.** Diese Bedeutung läßt sich am besten mit W. Pauli im Anschluß an die Ausführungen von E. Hering veranschaulichen, in denen das „Gedächtnis" als eine der wesentlichsten Allgemeinfunktionen des tierischen Lebens herausgestellt wird. Ein jeder Vorgang hinterläßt nach Hering in der lebenden Substanz eine materielle Veränderung, er ist prinzipiell irreversibel. Diese Irreversibilität ist jedoch, sofern die Breite des Physiologischen nicht überschritten wird, weit entfernt, dem abgelaufenen Geschehen quantitativ zu entsprechen. In der Regel wird die irreversible Veränderung sehr geringfügig sein, häufig erst durch die Summierung physiologisch nachweisbar, indem die lebende Substanz jedesmal nach Ablauf der Zustandsänderung in einen von dem ursprünglichen nur unmerklich verschiedenen Zustand zurückkehrt. Dieses Nebeneinander von weitgehender Reversibilität mit minimaler Irreversibilität hat ganz allgemein die größte Bedeutung für den physiologischen Verlauf der Lebensprozesse. Während die Irreversibilität die Grundlage allen „Gedächtnisses" und damit allen Lernens im weitesten Sinne des Wortes ist, hat die Reversibilität die größte Wichtigkeit für die Wiederherstellung der Normallage der Zellprozesse, für die Aufhebung von Sinneseindrücken, für die Beseitigung aller nicht der Norm entsprechenden Abweichungen und damit für die Erhaltung des Lebens überhaupt. Beispiele für solches Nebeneinander von Reversibilität und Irreversibilität sind in großer Zahl in den Zustandsänderungen der Eiweiß- und Lipoidkolloide gegeben. So zeigt, um einen möglichst einfachen und besonders durchsichtigen Fall anzuführen, eine einmalig durch gelindes Erwärmen zur Lösung gebrachte Gelatinegallerte beim nachträglichen Erstarren keine erkennbare Änderung des Erstarrungspunktes; gleichwohl aber ist in winzigstem Betrage eine irreversible Veränderung verblieben, wie die Tatsache beweist, daß bei öfterer Wiederholung des Vorgangs der Erstarrungspunkt merklich und stetig herabrückt. Im ganzen Organismus kennt die Physiologie keine funktionelle Änderung, die nicht direkt oder indirekt mit Zustandsänderungen an den Zellproteinen verbunden wäre. Schon seit langem war die Verwandtschaft des Aggregatzustandes der lebenden Substanz mit dem der Gallerte bekannt. Aber erst die physikalische Chemie hat das Verständnis für die innere Ursache dieses Zusammenhangs erschlossen, vor allem, indem sie nachwies, daß das Postulat einer maximalen Reversibilität und daneben zugleich einer minimalen Irreversibilität des Geschehens bei den kolloiden Eiweißstoffen verwirklicht ist. Der Kolloidzustand der Eiweiße wird somit zum Träger von gut erforschbaren Eigenschaften, die tief in das bisherige Dunkel des Zellebens hineinreichen.

Diese Erkenntnis hat ein zweites physiologisch bedeutsames Ergebnis unmittelbar im Gefolge. Die Abhängigkeit des Kolloidzustandes der Eiweiße von den Ionen gilt auch für die Gewebe des menschlichen Körpers. Die Ionen des Blutserums und der Gewebsäfte haben als physiologisch wichtigste Aufgabe, den Kolloidzustand des Zellen- und Gewebseiweißes in seiner optimalen Art zu erhalten. Gegen die wirksamsten Ionen, die H- und OH-Ionen, welche nachweislich bereits bei kleinen Schwankungen ihrer Konzentrationen durch das Übermaß der Kolloidveränderungen das Leben der Zellen in Frage stellen, hat sich der Organismus weitgehend dadurch geschützt, daß er die Reaktion seiner zirkulierenden Flüssigkeitsmasse mit geradezu wunderbarer Konstanz bei einem und demselben Punkt eingestellt hält. Diese Einstellung ist fast unmittelbar am Neutralpunkt gelegen, ganz minimal nach der alkalischen Seite zu verschoben. Die vorkommenden Schwankungen sind äußerst gering. Die physiologische Schwankungsbreite ist in der Tabelle S. 43 im elektrochemischen Maß der H-Ionenkonzentration eingezeichnet. Jede erzwungene Überschreitung der physiologischen Grenzwerte hat schwerste Störungen im Zelleben und sehr bald den Tod des ganzen Individuums zur Folge. Morphologisch scheint die Abhängigkeit der Blutplättchen am größten zu sein: man beobachtet bereits völligen Zerfall durch die wenigen OH-Ionen, die sich vom Glas aus beimengen, wenn die Blutplättchen in einer Kochsalzlösung zwischen Objektträger und Deckglas zur Untersuchung kommen, während dieser Zerfall nach Ersatz des Glases durch Quarz ausbleibt. Wie durch genaue Messung festgestellt ist, tritt dieser Zerfall immer dann ein, wenn der OH-Ionenwert vom Neutralpunkt bei $C_{OH} = 10^{-7}$ auf 10^{-6} bis 10^{-5} steigt[1]). Aber auch für andere Gewebsteile, resp. Organe ist die Abhängigkeit von den H- und OH-Ionen sehr groß. So hat man für die rhythmischen Bewegungen des isolierten Kaninchendarms experimentell ein Optimum bei einer H-Ionenkonzentration $[H]^{\cdot} = 0{,}5 \cdot 10^{-7}$ gefunden, also fast genau bei der Reaktion des Blutes; diese Befähigung erlischt nach leichtestem Ansäuren bei $[H]^{\cdot} = 0{,}25 \cdot 10^{-5}$ und nach leichtestem Alkalischmachen bei $[H]^{\cdot} = 0{,}5 \cdot 10^{-8}$; schon auf der Strecke vom Neutralpunkt zu diesen Grenzwerten macht sich früh ein Schlechterwerden der Darmbewegungen kenntlich[2]).

Je mehr nun durch die exakte Neutralerhaltung des Blut- und Gewebserums die Einflüsse der H- und OH-Ionen von den Zellen ferngehalten werden, um so größere Wichtigkeit gewinnen die an sich schwächer wirksamen Ionen der Neutralsalze für die physikochemische Einstellung der Zellkolloide. Der Nachweis, daß auch für lebende Zellen die oben erörterten physikochemischen Salzeinflüsse von einschneidender Bedeutung sind, ist unter anderem auf den folgenden zwei Wegen erbracht. Zunächst ließ sich zeigen, daß die Giftwirkungen, welche die Metallionen der Schwermetallsalze auf die lebenden Zellen ausüben, zeitlich-quantitativ dem physikochemischen Adsorptionsgesetz gehorchen[3]). Auch für das Kochsalz

---

[1]) Deetjen, Zeitschr. f. physiol. Chemie **63**, 1 (1909). — Zur allgemeinen Bewertung der Angaben über die H- resp. OH-Ionenkonzentrationen vgl. dieses Buch S. 156ff.

[2]) Rona u. Neukirch, Pflügers Archiv **148**, 273 (1912).

[3]) Vgl. H. Morawitz, Kolloidchem. Beihefte **1**, 301 (1910).

konnte bei seiner Giftwirkung auf einen Süßwasserkrebs von Wolfg. Ostwald die Zugehörigkeit der Erscheinungen zur Adsorption bewiesen werden[1]). Noch eindeutiger für die kolloidchemische Wirkungsart der Salze sprechen aber die zahlreichen Ergebnisse vergleichender Untersuchungen der Salzwirkungen, bei denen an lebenden Objekten in geradezu überraschender Übereinstimmung die Gültigkeit der Hofmeisterschen Reihen wiederkehrt. Um die Mannigfaltigkeit der dieser Gesetzmäßigkeit unterworfenen Zellarten zu zeigen, seien hier einige der Beispiele mit den bei ihnen erhaltenen Ionenreihen kurz angeführt[2]):

Das Hämolysiervermögen der Ionen für rote Blutkörperchen steigt bei gleichen Bedingungen des osmotischen Druckes in der Anionenreihe:

$$SO_4 < Cl < Br < NO_3 < SCN < J$$ (Höber).

Bei den weißen Blutkörperchen ergab die Beeinflussung der Phagozytose die Reihe:

$$Cl < Br < J$$ (Hamburger und de Haan[3])).

Die schädigende Wirkung auf die Flimmerbewegung, an den Flimmerepithelien verschiedener Tierarten untersucht, zeigt die Skala:

$$CH_3COO < SO_4 < \text{Tartrat} < HPO_4 < Cl < NO_3 < Br < J$$ (Lillie).

Für die verkürzende, tonussteigernde Wirkung der Ionen auf die glatten Muskeln der Bronchien vom Rind ergab sich die Reihe:

$$Cl, Br, NO_3 < J < SCN$$ (Trendelenburg).

Die Erregbarkeit quergestreifter Muskeln wird nach folgender Reihe ungünstig beeinflußt:

$$\text{Zitrat} < \text{Tartrat} < SO_4 < CH_3COO < Cl < Br < NO_3 < J < SCN$$ (C. Schwarz).

Die Erregbarkeit peripherer Nerven zeigt eine steigende Abnahme nach der Ionenreihe:

$$SO_4 < Cl < Br < J$$ (Grützner, Brodsky).

Auch die künstliche Anregung der Eizellen zur Parthogenese nach J. Loeb läßt solche Unterschiede erkennen. Bei den Chloriden wird erst nach langer Zeit ein geringer Effekt merklich; am stärksten und zugleich nach kürzester Zeit tritt die Entwicklungserregung bei den Jodiden hervor. Die ganze beobachtete Reihe lautet:

$$Cl < Br < NO_3 < SCN < J$$ (Lillie).

Schon diese wenigen Angaben genügen, um zu zeigen, wie weitgehend die physiologischen Wirkungen der Neutralsalzionen von kolloidchemischen Gesetzmäßigkeiten beherrscht sind. Die Übereinstimmung der Gesetze liefert dabei den Beweis, daß die Ionen der Salze auch bei den lebenden Zellen am Kolloid der Zellmasse, seien es nun Eiweiße oder Lipoide, ihren Angriff nehmen.

---

[1]) Wolfg. Ostwald, Pflügers Archiv **120**, 19 (1907); vgl. dazu Kolloidzeitschr. **6**, 297 (1910) und Pflügers Archiv **143**, 303 (1911).

[2]) Literatur s. R. Höber, Physikalische Chemie der Zelle und der Gewebe, l. c.

[3]) Biochem. Zeitschr. **24**, 304 (1910); ferner W. Radsma, Arch. néerland. de physiol. de l'homme et des animaux **4**, 197 (1920).

Von großer Wichtigkeit ist die Erforschung der speziellen Wirkungsart der Einzelionen, welche physiologisch im Serum enthalten sind. In erster Linie kommen hier die Na-, K- und Ca-Ionen in Betracht. Es steht als allgemeines Ergebnis fest, daß die Na-Ionen bei alleiniger Einwirkung auf die Plasmahaut der Zellen im Sinne einer Auflockerung der Kolloide wirksam sind. An Einzelobjekten, z. B. Flimmerepithelien verschiedener Tiere, geht diese kolloidchemische Wirkung so weit, daß sich die Konsistenz der Zilien merklich vermindert, so daß sie sich zum Teil sogar völlig verflüssigen (Lillie[1]). Von den K-Ionen ist über die Art der Kolloidbeeinflussung intra vitam noch wenig Sicheres bekannt. Ungleich besser aber ist man wiederum über die Ca-Ionen unterrichtet. Sie wirken ausgesprochen im Sinne einer Kolloidverfestigung, welche wiederum namentlich die Plasmahaut der Zellen betrifft, wie sich an zahlreichen physiologischen Beispielen sowohl funktionell als auch morphologisch beobachten ließ. Die Kalziumsalze des umspülenden Milieus machen die Zellmembranen derber und weniger durchlässig, oft derart, daß ein abnormer Schutz der Zellen gegen sonst hineindiffundierende Gifte entsteht, z. B. an Muskeln gegen Guanidin (Fühner[2]), am Froschherzen gegen Muskarin (Ishizaka und Loewi[3])) und an Seeigeleiern gegen Alkalisalze (Lillie[4]) usw. Umgekehrt wirkt die Entziehung des Kalziumions aus der umspülenden Lösung: der physiologische Zellverband lockert sich, gelegentlich sogar bis zu solchem Grade, daß ein völliges Auseinanderfallen von normal miteinander verkitteten Geweben und Einzelzellen zu beobachten ist (C. Herbst[5]).

Die ganz außerordentliche Empfindlichkeit der Kolloideinstellung der Plasmahaut zeigt sich besonders deutlich dadurch, daß keine Lösung eines Einzelsalzes geeignet ist, die Bedingung für das Zelleben herzustellen. Eine jede Lösung eines Einzelsalzes ist für die Zellen im kolloidchemischen Sinne „giftig". Auch die Kochsalzlösung in einer dem Serum isotonischen Konzentration macht keine Ausnahme: Flimmerepithelien gehen in ihr unter Verflüssigung der Zilien zugrunde und Muskelzellen geraten nach kurzer Zeit in Zuckungen und verlieren bald jede Funktion. Für die kolloidchemische „Giftwirkung" der Neutralsalzionen kommen hauptsächlich zwei Arten der Schädigung in Betracht: Vergiftung durch abnorme Auflockerung, resp. Verflüssigung der Zellaußenschicht und andererseits Vergiftung durch Koagulation. Um die Kochsalzlösung weniger „giftig" zu machen, ist der Zusatz eines weiteren Ions mit antagonistischer Wirkung im Sinne einer leichten Kolloidverfestigung erforderlich. Daß hierbei nicht spezifisch-chemische Wirkungen die Ursache sind, sondern daß es sich um einen allgemein-kolloidchemischen Effekt handelt, geht daraus hervor, daß ausnahmslos alle mehrwertigen Ionen wie Mg, Ba, Ca, Sr, Mn, Cd, Pb, Zn, Al, Cr und Fe, welche Eiweiß im Sinne der Kolloidverfestigung beeinflussen, bei kleinem Zusatz die Lebensfähigkeit der Zellen in der Kochsalzlösung

[1]) Zitiert nach R. Höber, l. c. S. 532.
[2]) Arch. f. exp. Pathol. **58**, 1 (1907).
[3]) Zentralbl. f. Physik **19**, 593 (1905).
[4]) Americ. Journ. of physiol. **27**, 289 (1911).
[5]) Arch. f. Entwicklungsmechanik **9**, 424 (1900) und **17**, 440 (1904).

sehr deutlich verlängern, sogar dann, wenn sie selber ihrer chemischen Wirkung nach giftig sind. Sowohl theoretisch als auch für die experimentelle Behandlung ist diese kolloide Zustandsbeeinflussung durchaus von den chemischen Stoffwechselaufgaben zu unterscheiden. Lösungen, welche bestimmte Salze in solchem Mengenverhältnis gemischt enthalten, daß alle Kolloidschädigungen fehlen, die an sich jedem einzelnen der Salze beim Alleinsein in der Lösung zukämen, hat J. Loeb als physiologisch äquilibrierte Salzlösungen bezeichnet[1]).

Das Serum des Blutes und der Gewebe stellt solche optimal äquilibrierte Salzlösung dar. Ihre wichtigsten drei Komponenten sind die drei Salze NaCl, KCl und $CaCl_2$. Dabei ist das physiologisch vorhandene Mengenverhältnis dieser drei Salze ein solches, daß

auf 100 Moleküle NaCl etwa 2 KCl und 2 $CaCl_2$

kommen. Unter allen bekannt gewordenen Variationen dreier Salze ist gerade die Mischung in diesem Zahlenverhältnis bei weitem die günstigste. Sie findet sich nicht allein in der Säftemasse des Menschen. Bei allen Wirbeltieren und weiter in der ganzen Tierreihe bis herab zu den Einzelligen ist sie in gleicher Weise vorhanden. Ebenfalls die Pflanzenzellen werden von demselben Mischungsverhältnis dieser Ionen beherrscht. Eine ganz fundamentale Bedingung des Lebens ist hier erkannt. Immer und überall ist für die Betätigung des Lebens ein Optimum gegeben, wenn dieses Molekülverhältnis dieser drei Salze von etwa 100:2:2 gewahrt ist; die absolute Konzentration tritt sogar demgegenüber biologisch innerhalb ziemlich weiter Grenzen an Bedeutung zurück. Dieses Mischungsverhältnis von NaCl, KCl und $CaCl_2$ ist nun gerade genau dasjenige des Meerwassers. Es gilt daher der ganz eigenartige Satz, daß alle Organismen, auch die Organe des Menschen und der Wirbeltiere während des Lebens stets von einer Art Meerwasser umspült sind. Diese auffallende Übereinstimmung ist sicher kein Zufall. Wohl mit Recht sieht die entwicklungsgeschichtliche Betrachtung in dieser Konstanz der Zusammensetzung ein allen Lebewesen gemeinsam gebliebenes Erbe aus jener vergangenen Zeit, in der das Leben einstmals im Wasser der Meere entstand. Die Konstanz der Beibehaltung dieser Salzmischung wirft ein schärfstes Licht auf die ganz überragende Bedeutung, welche gerade diesem Mischungsverhältnis der Ionen für die Kolloiderhaltung der Zelloberflächenschicht als einer Fundamentalbedingung des Lebens zukommt.

Wie geradezu überraschend weit die Abhängigkeit der lebenden Zellen von dem Ionengehalt des umspülenden Milieus gehen kann, lehren die Versuche, welche die Beeinflussung der Entwicklung betreffen. Am ältesten und bereits am bekanntesten sind die Ergebnisse J. Loebs[2]) über die künstliche Entwicklungserregung unbefruchteter Seeigeleier. Minimale Zufügung von Säuren oder Alkalien, geringe Konzentrationsänderungen oder Zusätze

[1]) Zur weiteren Orientierung sei besonders J. Loeb, Über physiologische Ionenwirkungen usw. in Oppenheimer, Handb. der Biochemie II, I, S. 104—141 (1910), sowie R. Höber, Physikalische Chemie der Zelle und der Gewebe, l.c. (1914) empfohlen.

[2]) J. Loeb, Die chemische Entwicklungserregung des tierischen Eies. Berlin (1909).

von Salzen geben die Entscheidung, ob ein Ei parthogenetisch zur Entwicklung gelangt oder nicht. Aber nicht nur die erste Anregung zur Entwicklung, auch der Gang der Entwicklung selber ist aufs weitgehendste durch physikochemische Einwirkungen der obigen Art zu beeinflussen. So konnte, um nur einige der auffälligsten Ergebnisse anzuführen, J. Loeb[1]) durch einfache Erhöhung des NaCl-Gehalts oder durch Zusatz von $MgCl_2$ zum Meerwasser während der Anfangsstadien der Eientwicklung statt der normalen Tiere Riesenlarven oder auch Zwillingsbildungen erzielen, je nachdem durch die besonderen Kolloidwirkungen der Ionen an den ersten Spaltungszellen des Eies ein abnormes Zusammenschmelzen (= später Riesenlarven) oder ein abnormes Auseinanderfallen (= später Zwillingsbildungen[2])) bewirkt wurde. Auch Bockardt[3]) erhielt durch $MgCl_2$-Zusatz zum Meerwasser bei Fischembryonen Kolloidstörungen, welche in ihrem späteren Auswirken die Entwicklung von nur einem mittleren „Zyklopenauge" herbeiführten. C. Herbst[4]) und andere haben ähnliche einschneidende Veränderungen erzielt.

Ein nicht minder wichtiges Kapitel als die Beeinflussung der Zellen durch die Salze der Außenlösungen ist die Frage nach der Wirkung der im Zellinneren enthaltenen Salze, der „Binnensalze". Sie sind für verschiedene Zellarten der chemischen Analyse gemäß[5]) recht verschieden anzunehmen, jedenfalls nicht mit den Salzen des umspülenden Milieus identisch zu setzen. Gerade in den letzten Jahren sind auch in dieser Frage anschließend an eine Arbeit von Port[6]) durch R. Höber und Nast[7]) einige erste sichere Ergebnisse erzielt. Auch die Binnensalze haben kolloidchemische Funktionen. Wie die Salze der Außenlösung in erster Linie die Plasmahaut der Zellen kolloidchemisch beeinflussen, so ist es eine der Aufgaben der Binnensalze, den Quellungszustand der Innenkolloide der Zellen bei einem bestimmten Grad eingestellt zu erhalten. Wo der Gehalt an Salzen für eine bestimmte Zellart, z. B. für die roten Blutkörperchen je nach der Tierspezies verschieden ist, konnte sogar ein wichtiger Grund der artspezifischen Verschiedenheit des Zellprotoplasmas in eben dieser Verschiedenheit der Zellbinnensalze erkannt werden (R. Höber, l. c.).

---

[1]) Archiv f. d. ges. Physiologie **4**, 423 (1901) und Arch. f. Entwicklungsmechanik **27**, 120 (1909).

[2]) Diese Zwillingsbildungen sind oft in sternartiger Durchkreuzung der Länge nach miteinander verwachsen. — Durchaus analoge Bildungen an Bandwürmern sind nicht ganz selten im menschlichen Darm gefunden (A. Heller u. a.). Der Verfasser vermutet, daß auch beim Zustandekommen dieser Parasitenmißbildungen im menschlichen Darm abnorme Verhältnisse der Salzzusammensetzung der Ingesta (therapeutische Magnesiumsalzkuren ($MgSO_4$ oder ähnl.)) beteiligt sind.

[3]) Zitiert nach Ergebnissen der Physiologie **10**, 360—361 (1910).

[4]) Arch. f. Entwicklungsmechanik **5**, 650 (1897); **7**, 486 (1898); **11**, 617 (1901); **17**, 306 (1904).

[5]) Es sei jedoch betont, daß die Daten der chemischen Analyse über die in den Zellen gelöst vorhandenen Binnensalze keinen Anhalt gewähren.

[6]) Deutsches Arch. f. klin. Medizin **9**, 259 (1910).

[7]) Biochem. Zeitschr. **60**, 131 (1914); vgl. auch R. Höber, Physikalische Chemie der Zelle und der Gewebe, l. c., S. 490—493.

Ein kurzer Überblick über die Bedeutung der physikochemischen Zustandsart für die Vorgänge des menschlichen Körpers ist hier gegeben. Bei einer jeden Substanz wird die Formart in der Lösung durch die Beziehung zum Wasser bestimmt. Für die wunderbare Mannigfaltigkeit der physiologischen Zustandsunterschiede liegt die Hauptursache in dem Zusammenwirken der Kolloide und der Ionen. Auch im menschlichen Körper sind die Ionen unter allen Substanzarten zur stärksten aktiven Wirkung befähigt. Die Kolloide nehmen dank ihrer ganz außerordentlichen Befähigung zu Modifizierungen diese Einflüsse in einer Weise auf, daß physikalisch-chemische Gebilde entstehen, deren Eignung als Träger der Lebenserscheinungen in mancher Weise einem Verständnis zugänglich ist. Im Vergleich zu den Kolloiden uud Ionen tritt die Bedeutung der Substanzen von molekularer Zerteilung für die hier betrachteten Ziele mehr zurück.

Kapitel 2.

Von den dynamischen Bedingungen der physiologischen Vorgänge im menschlichen Körper.

Der Stoffwechsel geht im menschlichen Körper ganz vorwiegend im Sinne des Abbaues chemischer Energie vor sich. Hochmolekulare Substanz vegetabiler oder animaler Herkunft wird eingeführt; der Organismus baut sie unter Ausnutzung des Energiegehalts zu niedrigmolekularer Substanz ab und bringt sie als solche zur Ausscheidung. Durch diese chemischen Abbauprozesse wird zugleich eine physikochemische Änderung bedingt, die für die Gesamtheit der Lebensvorgänge von größter Wichtigkeit ist. Indem fortgesetzt große Moleküle in zahlreiche Einzelbruchstücke aufgespalten werden, muß die Zahl der in Lösung befindlichen Moleküle ständig eine Tendenz zum Ansteigen erfahren. Dabei kommt außer der Vermehrung der Molekülzahl noch eine Vermehrung der Lösungsteile durch Ionenbildung in Betracht, indem aus den nicht oder wenig ionisierten Substanzen der Nahrung, seien es nun Eiweiße, Kohlehydrate und Fette, beim Stoffwechsel in nicht geringer Menge ionenbildende End- und Zwischenprodukte, z. B. Säuren wie Milchsäure und Kohlensäure oder Alkalien wie Ammoniak usw. entstehen. Als eine notwendige Parallelerscheinung zur chemischen Seite des Stoffwechsels resultiert daher die Tendenz zu einer ständigen physikalischen Alteration der Lösungsbeschaffenheit der Körpersäfte: Mit der Zahl der gelösten Einzelteile wächst der osmotische Druck und mit der Zahl und der Art namentlich der neuentstehenden Ionen variiert die Beeinflussung der Kolloide. Da jede Schwankung in der Lösungsbeschaffenheit der Körpersäfte die gleichmäßige Funktion der Zellen, bei stärkeren Graden sogar die Erhaltung des Zellebens gefährdet, sind in allen höheren Organismen regulatorische Einrichtungen vorhanden, welche in Ergänzung der Stoffwechselchemie einen wichtigen Bestandteil der allgemeinen Physiologie bilden. G. v. Wendt[1]) hat in glücklicher Form die prinzipielle Gleichwertigkeit beider Gebiete dadurch zum Ausdruck gebracht, daß er unter scharfer Betonung des Unterschiedes neben die Lehre vom „Verwendungstoffwechsel" eine Lehre vom „Regelungstoffwechsel" stellt.

Zunächst möge uns der **Verwendungsstoffwechsel** beschäftigen, d. h. jener Teil der Stoffwechselvorgänge, welcher sich auf den Chemismus der Umsetzungen sowie auf die Umwandlung von chemischer Energie in andere Energiearten bezieht. Lange Zeit schien es, als sei auf diesen Gebieten der tierische Körper zu Wirkungen befähigt, die ihrer Art nach ganz isoliert daständen, zu denen es im reinen Experiment keine wesensähnlichen Analoga gäbe. Im chemischen Versuch bedurfte es der Anwendung stärkster Reagenzien, großer Hitze oder sonstwie völlig körperfremder Maßnahmen, um meist selbst dann nur erst mühsam und teilweise ein chemisches Resultat zu erzielen, wie es die Zelle spielend, offenbar ohne jedes derartig eingreifende Mittel, in größter Promptheit der Reaktion entstehen läßt. Dazu kam die wunderbare Fähigkeit der chemischen Selbstregulierung, mit welcher der menschliche Körper das Ingangtreten oder Nichtingangtreten von Reaktionen geradezu souverän beherrscht, mit welcher er den Ort des Ablaufs im einzelnen bestimmt, mit welcher er die Geschwindigkeit der Reaktion dem jeweiligen Bedürfnis entsprechend variiert, mit welcher er den Gesamtbetrag der chemischen Umsetzungen, ebenso aber auch jede Teilstrecke einer zu durchlaufenden chemischen Änderung den Erfordernissen seiner Zelle anpaßt. Es war eine notwendige Folge, daß man sich beschied, in den Ergebnissen der analytischen und präparativen Chemie nur molekulartheoretisch wichtige Parallelbeobachtungen zur Körperchemie zu erblicken, unter ausdrücklicher Ablehnung des Bestrebens, in der Verlaufsart dieser Vorgänge Analogien zum Weg des chemischen Geschehens in der Zelle zu erblicken. Eine neue Ära der Forschung, die das Recht hat, ihre Ziele erheblich weiter zu stecken, hat erst kürzlich begonnen. Von beiden Seiten der trennenden Kluft ist viel Arbeit geleistet worden, bis es gelang, die gegenseitige Verbindung zu finden. Eine gut wegsame Brücke führt heute aus dem Gebiet des Körperstoffwechsels zur **physikochemischen Reaktionskinetik** hin- und herüber.

Nachdem die chemischen Vorgänge des Zellstoffwechsels in einer kaum mehr übersehbaren Zahl von Einzelbeispielen vom Zelleben losgelöst und als Fermentwirkungen[2]) festgelegt sind, hat die Anschauung allgemeine Anerkennung gefunden, daß die ganze Reichhaltigkeit der chemischen Zellreaktionen im wesentlichen auf eine komplizierte Kombinationswirkung dieser Zellfermente zurückzuführen ist.

Als Beispiel sei nach R. Höber[3]) die Leber genannt, von der schon 1901 Fr. Hofmeister die folgende Zusammenstellung der isoliert erhaltenen Fermente geben konnte: eine Protease, eine Nuklease, eine Desamidase, ein Labferment, ein Fibrinferment, eine Lipase, eine Amylase, eine Maltase sowie verschiedene oxydierende

[1]) Oppenheimer, Handbuch der Biochemie IV, I, 566 (1911).
[2]) C. Oppenheimer, Die Fermente u. ihre Wirkungen (4. Aufl.). Leipzig (1913).
[3]) Höber, Physikal. Chemie der Zelle und der Gewebe, l. c., S. 731.

Fermente. Die neueren Untersuchungen haben als weitere Ergänzung hinzugefügt: eine Arginase, eine Purinamidase, eine Xanthinoxydase, eine Urikase, eine Kreatase, eine Glykosidase und ein glykolytisches Ferment. Daß es sich bei diesen Leberfermenten um Zellbestandteile im eigentlichen Sinne, nicht etwa um Fermente, die zur Abscheidung in den Darmkanal bestimmt oder aus dem Darmkanal durch Resorption in die Leber hineingelangt sind, handelt, beweist die Tatsache, daß die chemischen Wirkungen, welche durch diese Fermente herbeigeführt werden können, weit über dasjenige hinausgehen, was an Fermentleistungen in den Verdauungssäften vorkommt. So macht z. B. der Abbau des Eiweißes mit den Leberfermenten nicht wie im Darm bei den Aminosäuren Halt, vielmehr wird noch weit darüber hinaus der Stickstoff der Aminosäure gelockert und in Amidstickstoff verwandelt; auch macht der Leberpreßsaft aus künstlich zugesetzten Amiden Ammoniak frei und spaltet von dem im Eiweißabbau entstehenden Arginin durch seine Arginase den Harnstoff ab. Die Nukleine werden nicht nur hydrolysiert, es werden Aminopurine frei und diese durch die Purinamidase desamidiert; Hypoxanthin und Xanthin werden durch die Xanthinoxydase in Harnsäure verwandelt und letztere wieder durch eine Urikase weitergespalten. Auch die fermentative Spaltung der Kohlehydrate bleibt nicht wie im Darm bei den Monosacchariden stehen, sondern findet durch eine weitere Serie von Fermenten ihre Fortsetzung im Prozeß der Glykolyse.

Ein gleiches wie für die abbauenden Prozesse gilt für viele der synthetischen Vorgänge. Sie lassen sich ebenfalls losgelöst von der Zelle durch Fermente reproduzieren[3]). Auch für die Synthesen darf es als eine gesicherte Erfahrung gelten, daß der Stoffwechsel der Zelle in seinen Einzelleistungen nicht an das sogenannte „Leben" der Zelle gebunden ist, sondern durch die Wirkung der vom „Leben" abtrennbaren Fermente zustandekommt.

Während so auf der einen Seite die Loslösung der wichtigsten chemischen Zellreaktionen aus dem Bereich des eigentlichen Zellebens gelang, kam die physikalische Chemie mit der Schaffung der Reaktionskinetik und der Ostwaldschen Lehre von der Katalyse den Fortschritten vom anorganischen Gebiet aus unterstützend entgegen. Die Gesetzmäßigkeiten des allgemeinen Ablaufs chemischer Reaktionen wurden gefunden. Man lernte, daß ganz generell unabhängig von aller spezifischen Eigenart der gewählten Reaktion das chemische Geschehen genau wie ein physikalischer Prozeß durch bestimmte Gesetze mathematischer Art beherrscht wird. Es ist nützlich, sich die Verhältnisse an einer einfachen bildlichen Darstellung (Fig. 7) zu veranschaulichen.

Die chemische Energie erscheint hier in voller Parallele mit den anderen Energien. Genau wie bei diesen ist die jeweils eintretende Stärke der Reaktion proportional einem Quotienten $\frac{\text{Potential}}{\text{Widerstand}}$. Die in den reagierenden Stoffen aufgespeicherte chemische Energie gibt das „Potential"; das zweite für den Ablauf der Reaktion gleich wichtige Maß läßt sich allgemein unter der Bezeichnung „Widerstand" fassen. Worin dieser Widerstand besteht, der die chemische Energie beim Zustandebringen der von ihr angestrebten Veränderung hemmt, ist zwar noch keineswegs ausreichend bekannt. Sicher ist, daß er zu einem Teil mit der Formart der reagierenden Masse zusammenhängt: bei den Ionen scheint ein solcher Widerstand praktisch zu fehlen, sie reagieren momentan; bei Molekülen aber kommt er schon erheblich und

[1]) Einzelheiten s. R. Höber, l. c. 689.

bei Kolloiden am stärksten zur Geltung. Auch ohne daß man die nähere Art dieses Widerstands im Einzelnen kennt, besitzt die Tatsache des Vorhandenseins eines solchen Wertes größte allgemeine Bedeutung. Denn sie ermöglicht das Verständnis dafür, daß ähnlich wie bei der mechanischen und elektrischen Energie so ebenfalls bei der chemischen Energie die ,,Stromstärke'', d. h. die Größe der jeweils in der Zeiteinheit erfolgenden Umsetzung ohne Zuführung oder Wegnahme von Energie in weitem Maße beeinflußbar ist. Ebenso wie bei den anderen Energiearten scheidet auch bei der chemischen Energie der Zeitfaktor für die rein energetische Gesamtbetrachtung aus. Ob ein chemischer Vorgang schnell oder langsam abgelaufen ist, bleibt im Endresultat auf die Gesamtsumme der umgesetzten Energie ohne Einfluß. Es bedeutet daher keinen Widerspruch zu den Energiegesetzen, daß durch kleinste Änderungen im reagierenden System größte

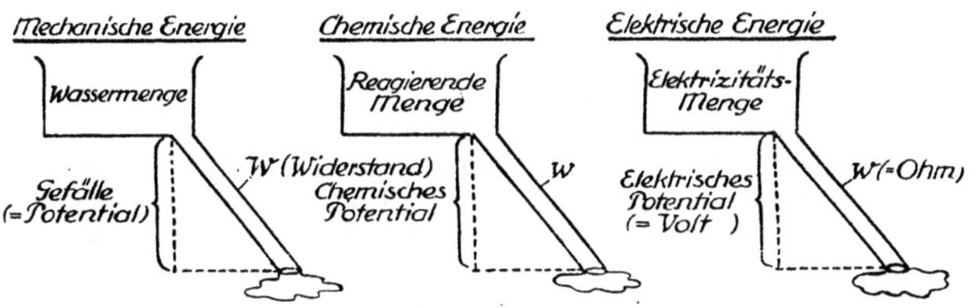

Fig. 7.

Ausgelaufene Menge; in der Zeiteinheit = Maß der Stromstärke

Menge der Reaktionsprodukte; in der Zeiteinheit = Maß der Reaktionsstärke

Menge der ausgeströmten Elektrizität; in der Zeiteinheit = Maß der Stromstärke (= Ampère)

zeitliche Verschiebungen möglich sind. Durch ,,Hemmungen'' kann die chemische Energie bis zu erstaunlicher Höhe aufgespeichert werden und durch ,,Schmiermittel'' im bildlichen Sinne läßt sich umgekehrt eine chemische Reaktion von nur geringer Energie zu schnellstem Ablauf bringen.

Auch chemisch völlig indifferent erscheinende Stoffe können in der überraschendsten Weise, ohne beim Reaktionsablauf verändert zu werden oder ohne in die Endprodukte der chemischen Reaktion einzugehen, ,,durch ihre bloße Gegenwart'' bei der Reaktion deren Geschwindigkeit sowohl erhöhen als herabsetzen. Ostwald hat die in dieser Art wirksam befundenen Substanzen als Katalysatoren bezeichnet. Der Vorgang solcher zeitlichen Reaktionsveränderung selber heißt Katalyse[1]). Während es anfangs schien, als sei die Möglichkeit zu katalytischer Beeinflussung nur bei vereinzelten Reaktionen gegeben, hat die weitere Forschung bald gezeigt, daß alle Arten chemischer Vorgänge, so besonders die Oxydations- und Reduktionsprozesse, ähnlich aber auch die Spaltungsvorgänge und die Synthesen der Katalyse zugängig sind. Schon jetzt ist die Zahl der kata-

[1]) Über die dem Mediziner wichtigsten Ergebnisse sowie Literatur orientiert H. Schade, Die Bedeutung der Katalyse für die Medizin, l. c.

lytischen Beobachtungen ganz außerordentlich groß, selbst für den Fachmann in der Gesamtheit kaum mehr übersehbar[1]). Ostwald urteilt, daß bei allen Reaktionen, bei denen die Untersuchungen auf katalytische Wirkungen mit der erforderlichen Umsicht vorgenommen wurden, auch katalytische Reaktionsbeschleunigungen gefunden sind. Die Katalyse ist eben eine ganz allgemeine Erscheinung, die für alle freiwilligen, d. h. ohne äußere Energiezufuhr ablaufenden chemischen Prozesse Gültigkeit hat.

Eins der hervorstechendsten Merkmale der Katalyse ist das Mißverhältnis zwischen der Menge des Katalysators und der Größe seiner Wirkung. Schon die geringsten Zusätze einer katalytischen Substanz pflegen Reaktionsbeschleunigungen der ausgesprochensten Art hervorzurufen. Sehr oft genügen Konzentrationen des Katalysators von 1:10000 oder 1:100000, um die Reaktionen um ein Vielfaches des ursprünglichen Betrages zu beschleunigen. In extremen Fällen aber ist die erforderliche Menge noch weit geringer. Als Beispiel sei an die Bredigschen Beobachtungen der Selbstzersetzung des Wasserstoffsuperoxyds mit Platin als Katalysator erinnert: eine Verdünnung des kolloiden Platins von 1 Mol (= 194 g Platin) zu 70000000 Litern konnte noch eine Reaktionsbeschleunigung in merkbarem Betrage erzeugen. Noch empfindlicher gar ist die Oxydationsreaktion der schwefligen Säure (Luther und Titoff). „Um die Empfindlichkeit dieser Reaktion für Kupfer zu demonstrieren, wurde folgender Versuch gemacht: Während das Wasser in die Versuchsflasche eingefüllt wurde, floß es an einem kleinen vollkommen blanken, dünnen Kupferstreifen vorbei. Die Berührung dauerte ungefähr $^3/_4$ Minute. Dies genügte bereits, um die (nachher in diesem Wasser verlaufende) Reaktion um 80% zu beschleunigen."

Gemäß den allgemeinen Energiegesetzen kann der Katalysator nur solche Prozesse beschleunigen, die auch ohne seine Anwesenheit vor sich gehen. Eine scheinbare Ausnahme dieser Regel war von hohem physiologischen Interesse. Es handelte sich um die Tatsache, daß häufig unter dem Einfluß von Katalysatoren Reaktionen zur Beobachtung kamen, die bislang nicht hatten konstatiert werden können, die daher bei erster Betrachtung den Eindruck einer durch den Katalysator neu zuwege gebrachten Umsetzung machten. Die eingehende Untersuchung solcher Fälle hat aber stets gelehrt, daß alle diese Reaktionen auch ohne den Katalysator bereits mit minimaler Geschwindigkeit im Ablauf sind. In nicht wenigen Fällen wurde dabei auch die katalytische Erzielung von Vorgängen beobachtet, die biologisch bis dahin nur als spezifische Folgewirkungen von Fermenten bekannt waren. Indem die Zahl solcher Beispiele sich mehrte, entstand für die Katalyse ein erstes wichtiges Gebiet der Berührung mit der Fermentlehre. Heute weiß man, daß alle Fermentvorgänge genau wie die Katalysen freiwillig verlaufende chemische Reaktionen sind. Das Ferment ist auch bei ihnen lediglich der Beschleuniger einer schon an sich vorhandenen Reaktion; die Geschwindigkeit des Ablaufs ohne Beeinflussung ist nur derart gering, daß praktisch kein Reaktionsergebnis zur Erscheinung kommt. Gelingt es,

[1]) Vgl. besonders G. Woker, Die Katalyse. Stuttgart (1910). (Einzelband aus Margosches Sammlung: Die chemische Analyse.)

diese Reaktionen durch einen Katalysator zu beschleunigen, so zeigt sich katalytisch-chemisch zumeist derselbe Effekt, wie er sonst als Fermentwirkung bekannt ist. In diesem Sinne kann bei nicht wenigen Reaktionen ein Katalysator vikariierend für ein Ferment eintreten.

Die feste Brücke zwischen Katalysator und Ferment wurde durch die Bredigsche Arbeit der „anorganischen Fermente" geschlagen. Es haben beim weiteren Verfolgen des hier gegebenen Weges die Fermente als eine Sonderart der organischen Katalysatoren ihren gesicherten Platz in der Lehre von der Katalyse gefunden. Sie bilden dank der Vollkommenheit ihrer Anpassung an die organischen Verhältnisse, dank der fein ausgeprägten Spezifität ihrer Wirkung und ihrer bewundernswert exakten und vielseitigen Regulierbarkeit die höchste, vollendetste Gruppe unter den Katalysatoren. Ein Unterschied prinzipieller Art ist jedoch nicht aufrecht zu erhalten. Selbst die Eiweißnatur gibt keine Möglichkeit der Abgrenzung, da Fermente bekannt wurden, die keine Eiweißreaktion geben. Alle Besonderheiten der Wirkung sind Fermenten und Katalysatoren gemeinsam oder gehen mit fließender Grenze von den einen zu den anderen über.

Für das Ferment wie für den Katalysator ist das Mißverhältnis zwischen der zugegebenen Menge und der Größe der erzielten Wirkung charakteristisch; anscheinend vermag sogar die Katalyse, wie oben am Beispiel des Kupfers und des kolloiden Platins gezeigt wurde, die bisher bekannten Fermentwirkungen in diesem Punkt zu übertreffen. Ferner kann sowohl der Katalysator wie das Ferment gegenüber dritten Stoffen äußerste Empfindlichkeit zeigen: Aktivierungen, resp. Hemmungen der Wirkung durch kleinste Zusätze sind beiden gemeinsam. Auch für die Spezifität der Fermentwirkungen finden sich in der Katalyse zahlreiche Analogien. Allerdings gibt es gewisse Gruppen von Katalysatoren, wie z. B. die Eisensalze oder die kolloiden Edelmetalle, welche die Fähigkeit besitzen, eine ziemlich große Zahl von chemischen Prozessen zu beschleunigen. Bei den meisten Katalysatoren aber ist es unter bestimmten Bedingungen nur eine bestimmte Reaktion, bei welcher der katalytische Einfluß auftritt. In nicht wenigen Fällen geht die spezifische Auslese der Reaktionen durch den Katalysator so weit, daß auch für die Katalyse der bekannte Vergleich vom Schlüssel zum Schloß voll zutreffend ist. Selbst zwischen den links- und rechtsdrehenden Substanzen gleicher chemischer Konstitution vermag der Katalysator zu unterscheiden, wie Bredig und Fajans[1]) als erste am Beispiel der Nikotinkatalyse der d- und l-Kampferkarboxylsäure nachweisen konnten. Trotz weitgehender spezifischer Auslesung des Einzelfalles sind aber alle Arten chemischer Reaktionen mit erheblicher Häufigkeit katalysierbar gefunden. Die synthetischen Prozesse, soweit sie freiwillig verlaufen, machen keine Ausnahme[2]). Eine große Zahl weiterer Besonderheiten, die man als für die Fermente charakteristisch anzusehen gewohnt

[1]) Berichte der deutsch. chem. Gesellsch. **41**, 752 (1908); ferner Fajans, Zeitschr. f. physikalische Chemie **73**, 25 (1910).

[2]) Es sei besonders erwähnt, daß Bredig und Fiske (Biochem. Zeitschr. **46**, 7 (1912) kürzlich auch die rein katalytische Synthese von optisch aktiver Substanz rea isiert haben.

war, hat in der kolloiden Natur des Katalysators ihre Ursache gefunden. Wie gleichfalls Bredig nachwies, treten genau diese Eigentümlichkeiten bei den Katalysatoren auf, wofern man sie in kolloidem Zustand verwendet. Mit Recht hat daher Bredig seine Metallsole, welche außer der katalytischen Wirkung auch die Charakteristika des kolloiden Zustands mit den Fermenten teilen, zur Kennzeichnung der Gemeinsamkeit all dieser Besonderheiten als „anorganische Fermente" bezeichnet. Will man heute noch die Unterscheidung von Fermenten und Katalysatoren beibehalten, so kann es nur in dem Sinne geschehen, daß man die vom Organismus produzierten Reaktionsbeschleuniger als Fermente weiterführt und ihnen die übrigen, meist einfacheren Substanzen artgleicher Wirkung als Katalysatoren nebenordnet.

Die Verwertung der Reaktionsbeschleuniger im tierischen Organismus ist verschieden, je nachdem es sich um reversible oder irreversible Reaktionen handelt. Vom energetischen Standpunkt sind die irreversiblen Vorgänge meist solche, bei deren Ablauf große Beträge nach außen verfügbarer Energie frei werden. Der Organismus benutzt die energetische Überlegenheit dieser Reaktionen, indem er ganz bevorzugt aus ihnen die für seine Arbeitsleistungen nötige Energie entnimmt. Größtenteils sind es Oxydationsprozesse. Die chemische Art der im Körper zu oxydierenden Stoffe bringt es mit sich, daß die Oxydationsreaktion ohne Beeinflussung zumeist trotz hohen chemischen Potentials einen nur äußerst langsamen Ablauf, praktisch geradezu Stillstand zeigt. Zur Beschleunigung des Vorgangs mobilisiert der Körper bei Bedarf bald hier, bald dort, bald für diese, bald für jene Substanz, bald in kleinerem, bald in größerem Umfang seine Oxydationskatalysatoren, und zwar, so weit wir wissen, in Form fermentativer Oxydasen, um die Verbrennung katalytisch ins Werk zu setzen und die aus derselben resultierende Energie verfüglich zu machen. Dabei tritt noch eine weitere Art rationeller Verwertung der Hauptbrennstoffe, der Kohlehydrate und der Fette zutage. Die dem Chemiker von den nicht katalysierten Reaktionen her bekannten zahlreichen Zwischenstufen der Oxydation werden möglichst gemieden; der Körper hat speziell den oxydativen Abbau der Kohlehydrate und Fette im Gegensatz zu den sonstigen Reaktionen ganz überwiegend so eingestellt, daß die Prozesse möglichst ohne auf Zwischenstufen stehen zu bleiben, glatt bis zu den maximal indifferenten, zur Exkretion geeigneten Endprodukten H_2O und CO_2 durchgeführt werden. Oxydierte Zwischenstufen sind derart spärlich im Körper vorhanden, daß es bisher noch nicht einmal hat gelingen können, die Wege, welche die Körperoxydation hier nimmt, im Einzelnen aufzuklären. Die katalytische Regulierbarkeit der Oxydationen ist somit vielseitig vom Körper verwertet: sie ermöglicht ihm, mit relativ schwer oxydablen Substanzen zu arbeiten und schützt ihn dadurch vor der Gefahr eines nutzlos glimmenden sowie überschüssig stark werdenden Brandes, sie läßt sowohl örtlich wie zeitlich das jeweils erforderliche Maß der Verbrennungen sicher und schnell eintreten, sie führt die Einzelverbrennung glatt und total durch und hält auf diese Weise den Körper von störenden Zwischenprodukten frei, sie verschafft ihm aber zugleich aus einem Minimum an Material ein sofort verfügbares Maximum freier Energie.

Es ist eine interessante Tatsache, daß es möglich ist, wie mit einem Schlage praktisch die Gesamtheit der oxydierenden Fermente zu lähmen. Diese Wirkung besitzt sowohl im chemischen Experiment als auch im menschlichen Körper das Zyanion. Die Zyankalivergiftung führt zum Tod durch „innere" Erstickung, obwohl das Blut und die Gewebe dabei mit Sauerstoff gut beladen sind[1]). Wenn die oxydierenden Fermente der Zellen durch die Vergiftung ausgeschaltet resp. in ihrer Wirkung geschwächt sind, ist die Geschwindigkeit der Oxydationen im Körper zu gering, um das Leben zu erhalten. Die Promptheit der tödlichen Wirkung des Zyankalis wird somit zu einem eklatanten Beleg für die Wichtigkeit der oxydationsbeschleunigenden Fermente. Ihr Ausfall hat in wenigen Minuten den Tod zur Folge.

Diese Giftwirkung des Zyankalis gilt ganz allgemein im Tierreich. Um so bemerkenswerter erscheint das abweichende Verhalten von unbefruchteten Eiern, indem diese durch kleine Mengen von Zyankali sogar eine deutliche Verlängerung ihrer Lebensdauer erfahren. Doch auch diese scheinbare Ausnahme hat nur zur Bestätigung des Obigen geführt. Denn die Ursache der scheinbaren Umkehrung der Wirkung liegt darin, daß bei noch unbefruchteten Eiern die Oxydationsvorgänge normal die Lebensdauer verkürzen, daß sonach durch die spezifische Fermentvergiftung des Zyankalis in diesem Fall eine schädliche Vorgangsart der Zelle zum Stillstand gebracht wird. (J. Loeb[2]).)

Die reversiblen Reaktionen sind als Lieferanten von chemischer Energie durchweg von geringerer Bedeutung. Dafür werden von ihnen auf anderen Gebieten, so namentlich auch bei der Vermittlung des Stoffaustausches von Zelle zu Zelle, von Organ zu Organ, wichtigste Aufgaben geleistet. Das physikochemisch bestbekannteste Beispiel bietet der Kohlehydratstoffwechsel mit der reversiblen Umwandlungsreaktion des Glykogens zu den einfachen Zuckerarten (Hexosen). Nur wenn ein bestimmtes Mengenverhältnis von Glykogen und Hexosen in der Lösung vorhanden ist, besteht „chemisches Gleichgewicht"[3]). Sind weniger Hexosen vorhanden, als dem Gleichgewicht entspricht, so beginnt eine Reaktion in dem Sinne der Spaltung: Glykogen zu Zucker; bei umgekehrtem Mengenverhältnis setzt freiwillig eine Reaktion im Sinne der Synthese von Zucker zu Glykogen ein. Beide Reaktionsarten verlaufen in der einfachen wässerigen Lösung nur sehr langsam, sie werden durch Fermente wie übrigens auch durch anorganische Katalysatoren in ihrer Geschwindigkeit erheblich gesteigert. Dieses Verhalten der Kohlehydrate ist für den Stoffausgleich bei gesteigertem Verbrauch im menschlichen Körper, z. B. infolge Muskelarbeit von größter Bedeutung. Mit der zunehmenden Glykolyse des Zuckers im Muskel sinkt die Zuckerkonzentration im venösen Blut, es kommt im Gesamtblut eine Zuckerabnahme zustande, die sich auch in

[1]) J. Geppert, Das Wesen der Blausäurevergiftung (Berlin 1889). Siehe auch Zeitschr. f. klin. Medizin 15.

[2]) J. Loeb, Untersuchungen über künstliche Parthogenese. (Leipzig 1906.)

[3]) Über „falsche Gleichgewichte" siehe G. Bredig in Ergebnissen der Physiologie Bd. I (1902).

den zuckerbildenden Organen, vor allem der Leber bemerkbar machen wird. Hiermit aber ist im reaktionskinetischen Sinne zugleich die Vorbedingung einer automatischen Regulierung des vermehrten Nachschubes von Zucker zum Blut erfüllt. Wenn man zunächst rein theoretisch das Massenwirkungsgesetz (s. S. 30) auch für die Verhältnisse in den Zellen als gültig annimmt, so wird man folgern, daß eine verringerte Zuckermenge im Blut nicht wie bisher dem Glykogen in der Leber das chemische Gleichgewicht halten kann; es wird vielmehr der reaktionskinetische Antrieb zum Einsetzen einer Glykogenspaltung zu Zucker gegeben sein. Bei solcher Betrachtung wird die einfache Verringerung der Konzentration zum treibenden Moment für einen Vorgang, dessen Ingangsetzung man bislang als eine spezifische, dem jeweiligen Bedürfnis sich anpassende Zelleistung ansah. Ein Problem allgemeinster Bedeutung liegt hier vor. Es fragt sich, ob reaktionskinetische Einflüsse von außen her den fermentativen Zellchemismus in physikochemischer Art zu verändern vermögen. Am klarsten ist die prinzipielle Entscheidung dieses Problems in einem Versuch von Pfeffer und Hansteen[1]) gegeben. Das Experiment ist derart schön und eindeutig, daß es hier angeführt sei, obwohl es der Pflanzenphysiologie angehört:

Gegenstand der Prüfung ist die fermentative Spaltung des pflanzlichen Glykogens, d. h. der Stärke. Diese Substanz ist für die keimende Pflanze im Endosperm des Samens gespeichert und wird, ähnlich wie das Glykogen in der Leber, bei Bedarf fermentativ zu Zucker gespalten, um den wachsenden Keimteilen zugeführt zu werden. Die Abhängigkeit dieses Fermentprozesses von der jeweiligen Zuckerkonzentration der umgebenden Säftemasse ist in der folgenden Art aufs schlagendste demonstrierbar. Man trennt das Organ der Stärkespeicherung, das Endosperm, durch einen Schnitt von der wachsenden Pflanze ab und setzt es mit der frischen Schnittfläche auf ein kleines poröses Gipssäulchen. Wenn man nun den Fuß dieses Gipssäulchens in eine Schale mit reichlichem Wasser stellt, so erhält der bereits fertig gebildete Zucker des Endosperms die Gelegenheit, schnell in das Wasser fortzudiffundieren; die Zuckerkonzentration im Endosperm wird auf diese Weise stets niedrig gehalten; der fermentative Abbau der Stärke zu Zucker bleibt ständig im Fluß. Nimmt man aber statt des reichlichen Wassers in der Schale nur eine ganz winzige Menge, so ist keine Gelegenheit zu dauernder Fortführung des Zuckers vorhanden, die Menge des Zuckers im Säulchen wird steigen und in kurzer Zeit ist eine solche Konzentration des Zuckers vorhanden, daß im Endosperm als Ausdruck des chemischen Gleichgewichtes ein Stillstand der fermentativen Stärkespaltung zur Beobachtung kommt.

Ähnliche Beobachtungen, wenn auch nicht mit gleicher Sinnfälligkeit des Beweises, liegen auch für den Tierkörper vor. Für den Menschen scheint dem obigen Beispiel die Beobachtung am nächsten zu stehen, daß die Konzentrationsverringerung des Blutes an Zucker, wie sie durch Aderlässe hervorgebracht wird, eine gesteigerte Neubildung von Zucker aus dem Glykogen der Leber zur Folge hat[2]). Darüber hinaus aber gestattet die Doppelläufigkeit der reversiblen Reaktionen auch in der entgegengesetzten Richtung ein Zurgeltungkommen des Konzentrationseinflusses. Ebenso wie der Abbau ist auch der Aufbau des Glykogens von der Konzentration der reagierenden Stoffe abhängig. Steigt die Konzentration des Zuckers

---

[1]) Ber. üb. die Verhandl. d. Gesellsch. d. Wissenschaften in Leipzig **45**, 421 (1893).

[2]) Pflügers Arch. **57**, 553 (1894). (Schenk.)

über den Stand des chemischen Gleichgewichts hinaus, so wird dieselbe chemische Energie, die oben die Spaltung bewirkte, nunmehr im Sinne der Synthese wirksam. Für die Verhältnisse der Leber scheint das Gleichgewicht bei ungefähr 1‰ Traubenzucker zu liegen. Wird infolge reichlicher Resorption seitens des Darms die Traubenzuckerkonzentration auf 2—4—5‰ erhöht oder sei es, daß künstlich durch die überlebende Leber Lösungen von derartiger Zuckerkonzentration hindurchgeschickt werden[1]), so tritt die Glykosensynthese in die Erscheinung. Da das Produkt dieser Synthese, das Glykogen, sich als Kolloid in der Zelle niederschlägt, so führt bei dieser Richtung des Prozesses die chemische Energie im physiologischen Sinne zu einer Speicherung bei vermehrter Zufuhr. Bei der einen wie der anderen Richtung des Reaktionsablaufs wird die Arbeit von den rein chemischen Kräften geleistet. Die Konzentration bestimmt die Richtung der reversiblen Vorgänge; die Fermente haben nur einen zeitlichen Einfluß, sie steigern die Geschwindigkeit des jeweils „freiwilligen" Prozesses. Gleichwohl beherrschen die Zellen auf zweierlei klar erkenntliche Weise sehr weitgehend den Vorgang: vermittelst des Maßes ihrer Fermentaktivierung können sie die jeweilige Reaktionsgeschwindigkeit ihren Zwecken anpassen; darüber hinaus aber vermögen sie dank der auswählenden und sogar funktionell sich ändernden Durchlässigkeit ihrer Zellmembran auch auf die örtliche Konzentration der Stoffe Einfluß zu gewinnen. Immerhin aber bleibt doch in manchen Hauptzügen des Ganzen die physikochemische Zwangsläufigkeit erkennbar. In dieser Beschränkung haben die Gesetze der reversiblen Reaktionen ihre Gültigkeit für den menschlichen Körper, nicht allein beim Stoffwechsel der Kohlehydrate, sondern in gleicher Art sicherlich ebenfalls beim Umsatz der Fette und Eiweiße. Den Umfang des Vorkommens reversibler Reaktionen ermißt man, wenn man berücksichtigt, daß nach den Ergebnissen der Physikochemie bei weitem die Mehrzahl aller Reaktionen des Stoffwechselgebiets reversiblen Charakter zeigt.

Zum Zustandekommen und zur Aufrechterhaltung der komplizierten chemischen Vorgänge des Körpers ist eine möglichste Raumdifferenzierung des Körperinnern unbedingtes Erfordernis. Im mikroskopischen Bilde der Einzelzelle ist bereits eine große Fülle struktureller und funktioneller Raumdifferenzierungen bekannt. Neben den Kernen mit saurer Affinität zeigt das Protoplasma vorwiegend Verwandtschaft zu basischen Stoffen und enthält seinerseits wieder Granula der verschiedensten Art. Reduktionsorte und Oxydationsorte der Zelle werden unterschieden, ja eine allgemeine „intrazelluläre" Topographie der Fermentleistungen ist im Beginn der Entwicklung. Trotzdem aber hat die Lehre der Diskontinuität der Raumausfüllung in der Zelle durch die Erschließung der Kolloidchemie noch eine völlig ungeahnt weite Vorschiebung ihrer Grenzen erfahren. Jedes kleinste Kolloidteilchen der Lösung oder der Zellgallerte ist eine in sich geschlossene physikalische Einheit, es hat seine eigene Grenzfläche gegen die Umgebung, hat seine eigenen Gesetze der Löslichkeit für dritte Substanzen und hat zudem dank der Adsorption die Befähigung zu besonderer Konzentrations-

[1]) K. Grube, Journ. of. physiol. **29**, 276 (1903).

differenzierung an seiner Oberfläche. Schon geringe Veränderungen des intrazellulären Kolloidverhaltens, sei es z. B. durch mäßige Erwärmung oder durch geringe Verschiebung der H- resp. OH-Ionenkonzentration, können zum Erlöschen allen fermentativen Zellgeschehens führen. Im auffallenden Gegensatz hierzu steht die ungleich geringere Schädigung des Chemismus, die man nach Zerstörung der mikroskopischen Strukturelemente der Zellen beobachtet. Stärkste Zellzerreibung oder auch Auspressung des Zellsaftes unter totalem Verlust aller mikroskopischen Struktur bringt zwar die fermentativen chemischen Zellreaktionen aus ihrem geregelten Zusammenhang, sie schwächt die meisten, läßt gelegentlich einzelne auch im Übermaß zur Geltung kommen[1]); sie führt aber keineswegs wie die Schädigung des Kolloids zum Stillstand des Ganzen und kann für bestimmte Vorgangsarten sogar auf längere Zeit ohne merklichen Einfluß bleiben, wie kürzlich O. Warburg und Meyerhof[2]) am Beispiel der Zellatmung von Seeigeleiern gezeigt haben. Nichts kann deutlicher die überragende Bedeutung des Kolloidzustandes illustrieren: bei der stärksten mechanischen Zellzertrümmerung bleibt der Kolloidzustand des Protoplasmas und gleichzeitig der Zellchemismus weitgehend fortbestehen; sobald aber, z. B. durch mäßige Erwärmung die Kolloiddispergierung in der Zelle gestört wird, kommt der Zellchemismus, ohne daß im Zellbau mikroskopisch eine Veränderung sichtbar zu sein braucht, zum sofortigen Stillstand.

Ein besonderes Gebiet des „Verwendungsstoffwechsels" (s. oben) bildet der **Energiewechsel.** Die chemische Energie der zugeführten Nahrung ist praktisch die fast alleinige Quelle aller im Körper auftretenden Energiearten. Die wichtigsten derselben sind die Wärme, die mechanische Energie, die osmotische Energie und die elektrische Energie. Wie die Umbildung der Energien im Körper geschieht, ist nur wenig bekannt. Am besten ist man, namentlich durch die Technik, über den folgenden Weg der Energiewandlung orientiert: die Umwandlung der chemischen Energie in mechanische Energie unter Vermittlung der Wärme als Zwischenenergieform. Die Dampfmaschine gibt hier das Modell. Ein irreversibler chemischer Vorgang (die Verbrennung von Kohle, Benzin usw.) liefert Wärme, die Wärme leistet mechanische Arbeit, indem der entstehende Dampf durch seine Ausdehnung die Maschine treibt und dabei selber abkühlt. Unter dem Einfluß der seit lange herrschenden Anschauung, daß der Energiewechsel im menschlichen Körper sich ebenfalls unter Vermittlung der Wärme vollzöge, hat man das Maß der Wärme, welches sich aus dem chemischen Abbau der Nahrungsstoffe gewinnen läßt, zugleich als ein Maß aller anderen Energien angesehen, die der Körper aus dem Abbau der Nahrung zu gewinnen vermag. Als Maßeinheit der Wärme dient bekanntlich die Kalorie, d. h. diejenige Wärmemenge, welche 1 kg Wasser von 0^0 auf 1^0 C zu erwärmen imstande ist. Wenn man lediglich diejenigen Strecken des chemischen Abbaus berücksichtigt, welche die Nährstoffe im menschlichen Stoffwechsel durchlaufen, erhält man die bekannten Werte des „physiologischen Nutzeffektes":

[1]) Z. B. den Glykogenabbau in der zertrümmerten Leberzelle, vgl. Grode und Lesser, Zeitschr. f. Biologie **60**, 371 (1913).

[2]) Pflügers Arch. **148**, 295 (1912).

für 1 g Eiweiß 4,1 Kalorien
für 1 g Kohlehydrat 4,1 „
für 1 g Fett 9,3 „

Es sind sonach etwa 9 g Eiweiß, 9 g Kohlehydrat und 4 g Fett im Kaloriengehalt für den Körper gleichwertig, d. h. isodynam. Das bekannte Rubnersche Gesetz der Isodynamie besagt, daß die genannten drei Stoffarten sich für die energetischen Fragen des Körpers in diesem Verhältnis von 9:9:4 untereinander vertreten. Zu erheblichem Grade scheint die Erfahrung die Gültigkeit dieses Gesetzes zu bestätigen. Nicht aber ist es berechtigt, wie bislang meistens geschieht, die gesamte Ernährungslehre auf die Basis eines solchen kalorisch-energetischen Gesetzes zu stellen. Denn die neuere Entwicklung der Forschung hat gezeigt, daß es nicht haltbar ist, den menschlichen Körper von dem Gesichtspunkt einer Wärmemaschine aus zu betrachten. Es ist zum mindesten in hohem Maße unwahrscheinlich geworden, daß die Energiegewinnung im Körper bei der Muskel-, Drüsen- und Nervenarbeit überhaupt auf dem Umwege über die Wärme erfolgt (vgl. z. B. S. 418). Für die sonstigen Arten der Umbildung von chemischer Energie zu anderen Energien aber kann keineswegs der Kalorienwert ohne weiteres als ein richtiges Maß gelten. Außerdem ist noch sehr hervorzuheben, daß die kalorisch-energetische Auffassung des Nährwertes lediglich einen Teil des Stoffwechselproblems in Rücksicht zieht; der ganze Regelungsstoffwechsel und auch große Teile des intermediären Verwendungsstoffwechsels sind dabei völlig außer Betrachtung geblieben. Die Untersuchungen dieser schwierigen Fragen stehen auch heute noch in den Anfängen[1]). Klinisch aber ist es schon nach der rein negativen Seite hin ein wichtiges Ergebnis, daß die Berechnung des sogenannten „Nährwerts" nach Kalorien im günstigsten Fall nur einen Teil der Erscheinungen faßt, daß daher die Menge der Kalorien kein Maß des allgemeinen Wertes der Nahrung für den Körper darstellt.

Die Untersuchungen über die Energieumwandlungen in den Einzelorganen haben eine vertiefte Kenntnis der Organfunktionen und der ihnen zugrundeliegenden Einzelvorgänge zur Voraussetzung. Eine sehr rege Arbeit physikochemischer Art hat hier in den letzten Jahren eingesetzt und bereits manche wichtigen Fortschritte gezeitigt. Beim Muskel gewinnt die von Engelmann[2]) begründete Quellungstheorie namentlich nach den Untersuchungen von W. Pauli[3]) wie von v. Fürth und Lenk[4]) u. a. zunehmend an Boden. Für die Tätigkeit der Drüsen ist — abgesehen von der Bildung spezifischer Sekretprodukte — die osmotische Arbeit als ein generelles und hervorstechendes Merkmal festgelegt[5]). Ebenfalls für die elektrischen Vorgänge im Nerven hat die physikalische Chemie sehr erweiterte

[1]) Vgl. namentlich R. Höber, Physikalische Chemie der Zelle uud der Gewebe, l. c. S. 741—769, insbesondere S. 753, Anmerkung.

[2]) Sitzungsber. d. preuß. Akad. der Wissenschaften **39**, 694 (1906).

[3]) Zusammenfassende Darstellungen: W. Pauli, Kolloidchemie der Muskelkontraktion. Dresden (1912). v. Fürth, Probleme d. physiol. und patholog. Chemie I, 130 (1912). Höber, Zeitschr. f. Elektrochemie **19**, 738 (1913).

[4]) Biochem. Zeitschr. **33**, 341 (1911).

[5]) Vgl. R. Höber, Physikalische Chemie der Zelle und Gewebe, l. c. S. 643ff.

Grundlagen geschaffen[1]). Namentlich im Anschluß an die Theorie der elektrischen Erregung von Nernst und an die Membrantheorie von Haber wurde experimentelle Klarheit darüber gewonnen, daß beim Fehlen von elektrischen Leitern erster Klasse die Grenzflächen der Kolloide als Sitz von bioelektromotorischen Kräften dienen können. Solche Grenzfläche bietet innerhalb der Zellen jede Oberfläche des Kolloids gegen die Lösung; sie wird durch physikalische Kräfte zum Sitz von Konzentrationsdifferenzen der Ionen und damit zum Träger von elektrischer Ladung. Die Gesamtgröße der kolloiden Oberfläche wird zum Kapazitätsfaktor der elektrischen Ladung: je größer die Kolloidoberfläche, um so mehr kann die Einheit eines Volumens an elektrischer Energie fassen. Keine energetische Zellfunktion ist bekannt, die nicht in einer Änderung des bioelektrischen Verhaltens ihren Ausdruck findet. Von einer neuen Seite her stehen wir wiederum beim Problem der kolloiden Zustandsform des Protoplasmas. Bei der allgemeinen Wichtigkeit der bioelektrischen Erscheinungen verlohnt es, sich die Werte der Oberflächenentfaltung an und in den Zellen vergleichend zu veranschaulichen. Ein bekanntes Beispiel der histologischen Zelloberflächenentfaltung ist die respiratorische Oberfläche der Lunge, sie erreicht infolge des alveolären Baues pro 1 ccm Lunge etwa 300 qcm[2]). Die Blutkörperchenoberfläche pro 1 ccm Blut beträgt schon $\frac{1}{2}$ qm[3]). Da im Blut etwa 40% des Raumes von den Blutkörperchen eingenommen wird, so berechnet sich für ein festes Gewebe, welches aus dicht zusammenliegenden Zellen von Blutkörperchengröße besteht, pro Kubikzentimeter etwa eine Zelloberfläche von $1\frac{1}{4}$ qm. So erheblich auch bereits diese Oberflächenentfaltungen sind, so stehen sie doch weit hinter der kolloidbedingten Oberflächenentfaltung des Zellinneren zurück. Auch über diese Werte läßt sich in grober Schätzung eine gewisse Anschauung gewinnen. Nehmen wir den Gehalt der Einzelzelle an Eiweißen und Lipoiden zu $\frac{1}{3}$ der Zellmasse an, so bedeutet dies für ein Gewebstück von 1 ccm Größe $\frac{1}{3}$ ccm trockene Biokolloide; diesem $\frac{1}{3}$ ccm aber kommt in der Lösung bei einer mittleren kolloiden Teilchengröße von 10 $\mu\mu$ Durchmesser ohne Berechnung der Quellung schon der immense Oberflächenwert von 200 qm[4]) zu. Die an sich schon große Oberfläche der Zellumgrenzungen wird demnach von der kolloiden Oberflächenentfaltung des Zellinnern hundertfach und mehr übertroffen. Anscheinend kleine Änderungen des Lösungszustandes werden dabei für die Oberflächenentfaltung des Zellkolloids von der einschneidendsten Bedeutung. Wenn z. B. die Protoplasmamasse aus dem Zustand einer Teilchengröße von 10 $\mu\mu$ zu einer solchen von 100 $\mu\mu = 0{,}1\ \mu$ übergeht, d. h. wenn sich das normal homogene Protoplasma etwa bis zur Entstehung von feinsten, mikroskopisch punktförmig eben kenntlich werdenden Ausfällungen umbildet, so stellt solche Änderung bereits einen Rückgang der kolloiden Oberfläche von 200 qm auf nur mehr 20 qm dar. Das Fassungs-

[1]) Näheres s. R. Höber, l. c. S. 549—606.

[2]) Vgl. Landois-Rosemann, Lehrb. d. Physiologie 1913 (13. Aufl.), S. 169. Lungenvolumen ist zu vier Litern gerechnet.

[3]) Ebenda, S. 32 (nach Welcker).

[4]) Vgl. oben S. 20.

vermögen für die Oberflächenenergien, speziell die Kapazität für die elektrische Ladung wäre demnach in solcher Zelle bereits um $^9/_{10}$ des normalen Gesamtbetrages gesunken. Auch diese Betrachtung läßt die Wichtigkeit gerade der feinstkolloiden Zustandsform des Protoplasmas erkennen und gibt erneut einen Grund, daß der Organismus bestrebt sein muß, den Kolloidzustand seiner Zellen weitmöglichst konstant im Optimum der Dispersität zu erhalten.

Hiermit aber sei der Übergang zur zweiten Art der Stoffwechselvorgänge, zum **Regelungsstoffwechsel** gegeben. Diese Regelung hat zum Ziel, die Gesamtheit der interzellulären Körpersäfte so einzustellen, daß sie für die Innenfunktion der Zellen eine möglichste Freiheit von den Außenbedingungen gewährleisten. Nach drei Richtungen ist beim Menschen mit erstaunlicher Präzision eine Konstanz der Einstellung erreicht: ein konstantes Verhältnis der wichtigsten Ionen in allen Gewebssäften, ein konstanter osmotischer Druck im zirkulierenden Blut und eine konstante Temperatur des Körperinneren.

Entwicklungsgeschichtlich am ältesten ist die konstante Wahrung der optimalen wechselseitigen Ionenverhältnisse, wie wir sie oben (S. 56) als physiologisch äquilibrierte Ionenmischung kennen lernten. Die Konstanterhaltung erstreckt sich ganz vorwiegend auf die Ionen H, OH, Na, K und Ca. Mit einem kurzen Wort ist diese Konstanz in Anlehnung an die Benennung der anderen Konstanzen (Isotonie, Isothermie) vom Verfasser[1]) als Isoionie bezeichnet.

Dabei nimmt die **H-OH-Isoionie** in vieler Beziehung eine Sonderstellung ein. Obwohl die im Organismus ablaufenden Lebensvorgänge unablässig sowohl Säuren als auch Basen entstehen lassen und zu Transportzwecken ins Serum abgeben, verfügt das Serum des gesunden Menschen immer über eine fast absolute Konstanz seiner H- und OH-Ionen. Die Menge beider Ionenarten ist stets einander fast gleich, d. h. die Reaktion der Körpersäfte ist dicht am Neutralpunkt gelegen, nur ganz wenig, nicht stärker als es auch beim Meerwasser der Fall ist, nach der Seite des Alkalischen verschoben. Selbst bei Versuchen, durch Injektion von Säuren intra vitam eine Störung dieser Neutraleinstellung herbeizuführen, sind die aufgefundenen Abweichungen ganz minimal, sie machen z. B. nur einen Bruchteil desjenigen Betrages aus, um den sich das frisch destillierte Wasser beim einfachen Stehen an der Luft durch Kohlensäureaufnahme vom Neutralpunkt entfernt. Die Wege, auf denen die H-OH-Isoionie des Serums im Körper erreicht wird, sind bereits erfolgreich durchforscht. Eine erste, sehr weitgehende Regulierung kommt im Serum selber zustande: es sind die serösen Flüssigkeiten, vor allem das Blut mit „Puffermischungen" ausgestattet, welche bis zu sehr weiten Grenzen allen Schwankungen der Wasserstoffionenkonzentration vorbeugen. Das Prinzip solcher „Pufferung"[2]) tritt am einfachsten bei den Salzlösungen zutage. Um eine Säue-

[1]) H. Schade, Medizinische Klinik 1914, Nr. 2.

[2]) Näheres s. L. J. Henderson in Ergebnissen der Physiologie **8**, 298 (1909); vgl. auch Henderson u. K. Spiro, Biochem. Zeitschr. **15**, 110 (1909) und Henderson, Biochem. Zeitschr. **24**, 40 (1910).

rung, d. h. eine Vermehrung der H-Ionen hintenanzuhalten, geben die Salze schwacher Säuren ein wirksames Mittel. Während Salzsäure, zu neutralem Wasser zugegeben, dieses sofort stark sauer macht, fällt die Säuerung ganz erheblich geringer aus, wenn der gleiche Säurezusatz zu einer Lösung geschieht, welche das Salz einer schwachen Säure, z. B. Natriumazetat enthält. Die Salzsäure bringt zwar die gleiche Zahl von H-Ionen wie oben in die Lösung hinein; diese H-Ionen sind aber zusammen mit den Azetationen nur in beschränktem Maße beständig; aus den H- und Azetationen bilden sich sofort nichtdissozierte und demnach auch nicht mehr saure Essigsäuremoleküle, und zwar jedesmal bis zu einem solchen Betrage, daß der Rest der freien H-Ionen nur noch dem Dissoziationsgrad der schwachen Säure (hier der Essigsäure) entspricht. Diese Bindung der H-Ionen führt somit im Endergebnis zu einem Zustand, den die ältere Ausdrucksweise der Chemie dahin angab, daß die starke Säure aus einem Salz die schwächere Säure freimacht und dabei selbst in Salzbindung übergeht. Wird die Salzsäure zu einer Natriumazetatlösung zugegeben, so ist zahlenmäßig schon eine Verringerung der freien H-Ionen auf den 125. Teil die Folge, da eben die Essigsäure eine 125fach geringere Dissoziationsfähigkeit zu H-Ionen besitzt als die Salzsäure. Bei den Salzen der Phosphorsäure sind die Verhältnisse ähnlich. In seinen Karbonaten aber verfügt der Körper über noch erheblich wirksamere Puffersubstanzen, weil die Dissoziation der Kohlensäure um ein Vielfaches hinter derjenigen der Essigsäure zurückbleibt. Artähnlich ist die Pufferwirkung der Eiweißkörper. Ihr Säurecharakter ist selbst im Vergleich zur Kohlensäure nur verschwindend gering, gleichwohl aber fangen die Eiweiße prompt die H-Ionen der Säuren ab, indem sie diese mit ihren Aminogruppen binden und dabei selbst in — nur ganz schwach saures — ionisches Eiweiß übergehen. Hierbei ist für die Aufgabe der H-OH-Isoionie das amphotere Verhalten der Eiweiße eine sehr nutzbringende Eigenschaft. Der Pufferschutz gilt nach beiden Seiten, sowohl für die H-, als auch für die OH-Ionen. In wichtiger Ergänzung dieser im Serum selbst gelegenen Ausgleichsvorrichtungen verfügt der Körper über die ständige Mitwirkung zahlreicher Ausscheidungsorgane. Für die Kohlensäure besorgen überwiegend die Lungen die regelmäßige Ausscheidung und für die übrigen Säuren und Basen, soweit sie nicht weiter im Stoffwechsel verwertbar sind, tritt in erster Linie die Niere als exkretorisches Organ ein. Da die Klinik an diesen Problemen stark interessiert ist, sei für die weiteren Ausführungen auf die Kapitel 3 und 7 des II. Teils verwiesen. Der Regulierungsmechanismus als Ganzes arbeitet mit solcher Exaktheit, daß selbst bei extremen Verhältnissen nie die Puffersubstanzen des Serums bis zur Grenze ihrer Erschöpfung beschlagnahmt gefunden werden, geschweige denn, daß jemals beträchtliche Abweichungen vom Normalstand der H-OH-Isoionie im Blut zustande kämen.

In ähnlicher Weise ist der Organismus an die Innehaltung der **Na-K-Ca-Isoionie** im molekularen Verhältnis von 100:2:2 gebunden. Wenn auch über die Exaktheit der ständigen Innehaltung dieser Äquilibrierung zahlenmäßig erheblich weniger bekannt ist als bei den H- und OH-Ionen, so zeigen doch die Ergebnisse beim Versuch der Entziehung dieser Stoffe aus der Nahrung, daß die Innehaltung der Äquilibrierung keine geringe ist. Die Einzelheiten seien auch hier dem klinischen Teil (S. 166ff) vorbehalten.

Alle Zellen des Körpers sind, wenigstens im funktionellen Sinne, von Membranen umschlossen, welche für Wasser durchgängig sind, dabei aber den Lösungsbestandteilen des Serums, namentlich den Ionen der Salze nur teilweise den Durchtritt gestatten. Sämtliche Zellen des Körpers stehen somit unter der Wirkung des osmotischen Druckes der umspülenden Flüssigkeit. Jede Steigerung des osmotischen Außendrucks, d. h. jede Konzentrationserhöhung des Serums an osmotisch wirksamen Stoffen läßt die Zelle unter Wasseraustritt schrumpfen, jede Verringerung der Gesamtkonzentration im Serum bringt umgekehrt die Zellen unter Wasseraufnahme zur Schwellung. Schon bei winzigen Unterschieden der osmotischen Serumkonzentration wird eine Differenz der Zellgröße meßbar. Vor allem aber erfährt die Zellfunktion bei solch aufgezwungener Volumenänderung der Zellen eine erhebliche Einbuße: so sinkt z. B. die Phagozytose der Leukozyten bei Verdünnung des Serums mit der gleichen Menge Wassers auf den winzigen Rest von $^1/_{43}$ des ursprünglichen Betrages herab; bei 10% Abweichung von der Normalkonzentration ist immer noch die Funktion um etwa 17% verlangsamt (H. J. Hamburger[1])). Zum Schutz seiner Zellen vor solchen Störungen vollbringt der Körper in sich stets erneuernder Arbeit die erstaunliche Leistung, die molekulare Konzentration des Serums ständig auf einem ganz bestimmten Höhepunkt zu erhalten. Wir stehen hier vor der Befähigung des Körpers zur **osmotischen Isotonie** seiner Säfte, ganz besonders des zirkulierenden Blutes. Die Niere ist wiederum dasjenige Organ, welches einen Hauptteil der hierzu erforderlichen Arbeit übernimmt. Dabei sind zahlreiche andere Gewebe unterstützend im Sinne der Regulation beteiligt. Die Gesamtregulierung geschieht derart prompt, daß selbst nach intravenöser Injektion von 1 bis 2 Litern einer osmotisch abweichenden Flüssigkeit schon in wenigen Minuten die Isotonie des Serums wieder erreicht ist. Das Problem, welches wir hier im Serum des Menschen verwirklicht sehen, ist das folgende: Obwohl das Blut den gesamten Transportverkehr im Organismus zu versehen hat und dabei in regelloser Art und buntestem Wechsel bald Wasser, bald gelöste Stoffe in sich aufnehmen muß, so wird doch trotz aller konzentrationsändernden Einflüsse, selbst wenn sie in extremen Maße durch eine Infusion gesetzt werden, die Isotonie gewahrt, d. h. die Serumflüssigkeit zeigt immer wieder einen ganz bestimmten, eben den normalen Summenwert seiner Lösungsteile (Moleküle + Ionen). Die Leistung, die bei der konstanten isotonischen Einstellung des Blutes vollbracht wird, ist nach Art ihres Zustandekommens noch wenig geklärt. Das äußere Gerüst der Erscheinungen ist indes bereits gut durchforscht. Wir werden uns mit diesen Fragen namentlich im Kapitel der Nierenkrankheiten noch ausführlich zu beschäftigen haben. Der isotonische Zellschutz ist nicht allen tierischen Organismen eigen. Niederen Tieren fehlt er. Die Ausbildung der Isotonie zeigt die ersten Anfänge bei den Fischen (Tele-

[1]) H. J. Hamburger, Physikalisch-chemische Untersuchungen über Leukozyten. (Wiesbaden 1912).

ostiern und Ganoiden); von da ab nimmt sie mit aufsteigender Entwicklung der Tierarten ständig zu, bis sie beim Menschen ein sonst nicht zu findendes Maß von Vervollkommnung erreicht. Da, wo dem Serum die höchsten Aufgaben gestellt sind, wo es gilt, den menschlichen Körperzellen die Bedingungen für eine optimale und möglichst störungsfreie Funktion zu schaffen, tritt somit auch die höchste Leistung der Lösungskonstanz zutage, indem nicht allein die Art und das Mengenverhältnis der wichtigsten Einzelionen durch die Isoionie festgelegt ist, sondern indem in wichtiger Ergänzung hierzu auch die Gesamtsumme der jeweils osmotisch wirksamen Lösungsteilchen durch die Isotonie bei einem ganz bestimmten, immer konstant bleibenden Höhenwert erhalten wird.

Als dritte allgemeine Konstanz des menschlichen Körpers schließt sich die **Isothermie** an. Sie ist der jüngste Fortschritt, den die aufsteigende Entwicklung der Organismen in physikochemischer Beziehung gezeitigt hat. Die bleibende Gewährleistung einer konstanten Temperatur bedeutet die Befreiung des Zellebens aus der Abhängigkeit von den Schwankungen der Luftwärme. Während der poikilotherme Organismus jedes Absinken der Außentemperatur nach physikochemischem Gesetz mit einer starken Geschwindigkeitseinbuße seiner chemischen Reaktionen beantwortet und bei Temperaturen von 0—10^0 oft schon in seiner Lebensbetätigung chemisch so gut wie lahmgelegt ist, schafft die Isothermie für die Warmblüter die Bedingungen, daß die chemische Funktion der Zellen unabhängig von der Lufttemperatur stets in gleicher Weise bei Bedarf verfüglich bleibt. An sich ist die Warmblüterzelle genau wie andere Zellen der R.-G.-T.-Regel (vgl. S. 32) unterworfen; auch bei der Warmblüterzelle gehen die Reaktionsgeschwindigkeiten mit je 10^0 Temperaturabnahme auf etwa $\frac{1}{2}$ bis $\frac{1}{3}$ ihres Wertes zurück. Einige Beispiele solcher Abhängigkeit zeigt folgende Tabelle:

Lebensvorgang	Multiplum, um welches für je 10^0 Temperaturabnahme die Funktion sich verlangsamt.	Grenzen der Gültigkeit dieses Wertes.
Schlagfrequenz des isolierten Herzens beim Kaninchen[1])	3	18—39^0
Desgl. beim Hunde[1])	2	18—39^0
Rhythmik des Säugetierdünndarms[2])	2,5	16—40^0

Nicht nur in zu niedriger, auch in zu hoher Temperatur liegt eine Gefahr für den Chemismus der Zelle. Ein Überschreiten von 40^0 C macht sich für die Eiweiße des Körpers bereits deutlich im Sinne einer Kolloidschädigung geltend. Diese Kolloidbeeinflussung durch die Temperatur ist ebenfalls für das chemische Geschehen in der Zelle von der größten Be-

[1]) Pflügers Arch. **118**, 601 (1907), A. Kanitz.
[2]) Arch. f. Anatomie u. Physiologie 1907, 126. Ch. D. Snyder.

deutung. Beim Steigen der Temperatur über den Normalstand von 37^0 pflegen für den Chemismus der Zelle zumeist bald zwei gegensätzliche Wirkungen zu konkurrieren, der thermisch bedingte Anstieg der Reaktionsgeschwindigkeiten und daneben die Abnahme der kolloiden Dispergierung der Fermente resp. sonst der Zellkolloide. Ein „Optimum" der Temperatur liegt dort, wo die Reaktionssteigerung unter dem Zusammenwirken dieser beiden entgegengesetzten Beeinflussungen ihren Höchstwert durchschreitet.

Es ist praktisch wichtig, die Temperaturoptima der kurzdauernden und der langfristigen Beobachtungen scharf zu unterscheiden[1]. Bei einem kurzdauernden Temperaturanstieg kann sich sehr wohl die Wirkung noch als Erhöhung im chemischen Umsatz zeigen, auch dann, wenn das Daueroptimum bereits überschritten ist. Denn die schädigende Wirkung gerade der geringen Wärmeüberschreitungen macht sich am Kolloid oft erst bei längerer Einwirkung, nach zeitlicher „Summierung" geltend: es bedarf dann erst längeren Zuwartens, bis der schädigende Kolloideinfluß auf das Protoplasma oder die Fermente sich derart ausbildet, daß er gegenüber dem rein thermischen Anstieg der Reaktion zum Vorschein kommt.

Noch in weiterer Art schützt die Isothermie den Zellchemismus der höchstorganisierten Organismen. Auch der Einfluß der Temperatur auf die Lage des Gleichgewichtes chemischer Reaktionen verdient Beachtung. Reversible Reaktionen sind aus zwei gegenläufigen Teilprozessen zusammengesetzt (s. S. 30). Wenn der eine der Teilprozesse unter Wärmeverbrauch erfolgt („endothermer Vorgang"), so wird mit steigender Temperatur sein Ablauf beschleunigt; der zweite gegenläufige Teilprozeß geht in solchem Fall — wie sich zwingend aus thermodynamischen Gründen ergibt — unter Wärmeabgabe vor sich („exothermer Vorgang"), er wird mit steigender Temperatur verlangsamt. Das van't Hoffsche Gesetz vom beweglichen Gleichgewicht läßt die Folgen für die Gleichgewichtseinstellung der Reaktion klar übersehen. Es besagt, daß steigende Temperatur die Lage des chemischen Gleichgewichts zugunsten des endothermen Vorgangs, fallende Temperatur die Lage des Gleichgewichts zugunsten des exothermen Vorgangs verschiebt. Namentlich am Beispiel der Sauerstoffbindung des Hämoglobins, einer reversiblen Reaktion von der Gleichung $\text{Hb} + \text{O} \rightleftarrows \text{Oxy}$-hämoglobin ist die Gültigkeit dieses Gesetzes für die Verhältnisse des Körpers erwiesen: Untertemperatur wirkt im Sinne einer vermehrten Bindung des Sauerstoffs durch Hämoglobin, Fieber setzt dieselbe abnorm herab[2]. Auch als Schutz vor solchen Gleichgewichtsverschiebungen, welche die Hemmung resp. gelegentlich sogar Umkehrung normaler Reaktionsteilstrecken in den Zellen zur Folge haben kann, ist nach R. Höber die Isothermie der höchstdifferenzierten Organismen wichtig.

---

[1] Vgl. die Ausführungen von L. Jost, Biolog. Zentralblatt **26**, 220 (1906), denen die Untersuchungen von Miß Matthaei und von F. Blackmann zugrunde liegen.

[2] Journal of physiol. **39**, 81 (1910). Barcroft und Hill.

Diese wenigen Ausführungen mögen genügen, um als Grundlage der im Teil II zu gebenden klinischen Ausführungen einen ersten Einblick in das allgemein physikochemische Geschehen des Körpers zu vermitteln.

Besonders mit dem Ziel, dem auf physikalisch-chemischen Gebiet noch wenig Vertrauten eine schnelle Orientierung über die in diesem Buche benützten physikochemischen Fachausdrücke zu ermöglichen, sei das folgende Verzeichnis eingefügt, bei dem die beigesetzten Zahlen die Seiten angeben, auf denen für den genannten Begriff eine Erläuterung zu finden ist.

Verzeichnis der vorkommenden physikochemischen Begriffe[1]).

[1]) Wer zwecks Erleichterung des Studiums der physikochemischen Fachliteratur ein ausführlicheres Verzeichnis zum Nachschlagen wünscht, sei auf das Buch von Br. Kisch, Fachausdrücke der physikalischen Chemie, Berlin, J. Springer 1919 (78 Seiten) verwiesen.

Zu umfassenderem Studium der physikalischen Chemie und ihrer Anwendungen auf die Medizin seien besonders die folgenden Werke genannt:

Auf dem Gebiet der echten Lösungen:

Physikochemischer Art:

Wilh. Ostwald, Grundlinien der anorganischen Chemie. (Dresden, Theodor Steinkopff.)

Wilh. Ostwald, Grundriß der allgemeinen (d. i. = physikalischen) Chemie. (Dresden, Theodor Steinkopff.)

W. Nernst, Theoretische Chemie. (Stuttgart, Ferd. F. Enke.) (Besonders für Fortgeschrittene geeignet.)

E. Cohen, Vortrag für Ärzte über physikalische Chemie. 2. Aufl. (Leipzig, W. Engelmann. 1907. (Besonders zur Einführung geeignet.)

Physiologischer Art:

R. Höber, Physikalische Chemie der Zelle und der Gewebe. 4. Aufl. 808 Seiten. (Leipzig, Verlag W. Engelmann. 1914.)

H. J. Hamburger, Osmotischer Druck und Ionenlehre in den medizinischen Wissenschaften. (Wiesbaden 1902—1904. Verlag J. F. Bergmann.) 3 Bände. 1663 Seiten.

Klinischer Art:

A. v. Korányi u. P. F. Richter, Physikalische Chemie und Medizin. (Leipzig 1907. Verlag G. Thieme.) 2 Bände. 1059 Seiten.

Auf dem Gebiet der Kolloidchemie:

Physikochemischer Art:

Wolfg. Ostwald, Grundriß der Kolloidchemie. (Dresden, Verlag Th. Steinkopff. 1909.)

R. Zsigmondy, Kolloidchemie. (Leipzig, O. Spamer. 1912.)

H. Freundlich, Kapillarchemie. (Leipzig, Akademische Verlagsanstalt. 2te Aufl. 1922.) (Besonders für Fortgeschrittene geeignet.)

H. Handovsky, Leitfaden der Kolloidchemie für Biologen und Mediziner. (Dresden, Theodor Steinkopff. 1922).

Physiologischer Art:

R. Höber, s. oben.

Z. T. klinischer Art:

H. Bechhold, Die Kolloide in Biologie und Medizin. (Dresden, Verlag Th. Steinkopff. 1919.) (3. Aufl.)

Auch sei hier auf die Kolloid-Zeitschrift (Herausgeber Wolfg. Ostwald) und die „Kolloidchemischen Beihefte" verwiesen.

Auf dem Gebiet der Reaktionskinetik:

Physikochemischer Art:

Wilh. Ostwald, Über Katalyse (Verhandlungen der Ges. d. Naturforscher und Ärzte. (Hamburg 1901.) Bd. I. S. 184—202.

G. Bredig, Elemente der chemischen Kinetik mit besonderer Berücksichtigung der Katalyse und Fermentwirkung (in Asher und Spiro, Ergebnisse der Physiologie. Bd. I. 1902).

Physiologischer und biologischer Art:

R. Höber, s. oben.

C. Oppenheimer, Die Fermente und ihre Wirkungen. (Leipzig, C. F. Vogel. 1913.) 3 Bände.

Klinischer Art:

H. Schade, Bedeutung der Katalyse für die Medizin. (Leipzig, C. F. Vogel. 1907.)

Bezüglich weiterer Zusammenstellungen des physikochemischen Materials sei ferner auf die folgenden Handbücher verwiesen:

C. Neuberg, Der Harn sowie die übrigen Ausscheidungen und Körperflüssigkeiten von Mensch und Tier. (Berlin, Verlag J. Springer. 1911.) 2 Bände. S. 1362—1761.

C. Oppenheimer, Handbuch der Biochemie des Menschen und der Tiere (Jena, G. Fischer.) 5 Bände und Ergänzungsband 19*9—1913.

Teil II.

Fortschritte und Wandlungen der inneren Medizin unter dem Einfluß physikochemischer Forschung.

Die ältesten physikochemischen Arbeiten auf medizinischem Gebiete reichen wenig mehr als zwei Jahrzehnte zurück. Als in den letzten Jahren des alten Jahrhunderts das Interesse einzelner Mediziner an physikochemischer Arbeit begann, war es ganz vorwiegend die Lehre von den echten Lösungen, welche die Forscher beschäftigte. Es entstand als erste physikochemische Frucht die klinische Lehre der Isotonie mit den ihr zugehörigen Anwendungen der Gesetze des osmotischen Druckes. Mit dem Anfang des neuen Jahrhunderts setzten sodann die Versuche ein, die Reaktionskinetik, insbesondere die Katalyse in praktischer Anwendung für die Medizin zu verwerten. Ein dritter Abschnittt der Forschung, nun aber auf ungleich breiterer Basis sich aufbauend, läßt sich von da ab erkennen, wo die Kolloidchemie ihre Entwicklung beginnt und als Grundlage des ärztlichen Forschens brauchbar wird. Stets sind dabei die Versuche der medizinischen Verwertung bis unmittelbar in die Werdezeit der jeweiligen physikochemischen Wissensgebiete zurückzuverfolgen; in nicht wenigen Fragen haben sogar Ärzte und Physiologen wichtigste Beiträge zum Aufbau der allgemeinen physikalischen Chemie geliefert[1]).

Für einen kleinen Kreis von Autoren ist die physikalische Chemie zum bleibenden Spezialgebiet ihrer Forschungen geworden. Zahlreiche andere Forscher haben vereinzelt Fragen ihrer Gebiete von physikochemischen Gesichtspunkten aus behandelt. Die Literatur ist recht zerstreut. Oft sind physikochemische Ergebnisse in Arbeiten niedergelegt, deren Titel nichts von dem Vorhandensein solchen Inhalts erkennen läßt.

Sehr zahlreich sind die Probleme, die bereits eine physikochemische Inangriffnahme erfahren haben; manche derselben sind schon heute durch

---

[1]) Vgl. z. B. auch die Ausführungen in Wolfg. Ostwald, Grundriß der Kolloidchemie. (Dresden 1909.) 67 ff.

die erzielten Ergebnisse in den Brennpunkt eines allgemeinen Interesses gerückt. Darüber hinaus aber haben auch ganz neuartige Feststellungen früher überhaupt nicht gekannte Gebiete dem ärztlichen Wissen erschlossen.

Doch nicht in Einzelfragen erschöpft sich die Bedeutung der physikalischen Chemie für die Medizin. Vielmehr ist die Gesamtheit aller Zellprozesse in Gesundheit und Krankheit aufs engste an physikochemische Vorgänge gebunden. Gerade die Betonung der ganz allgemeinen Verwertbarkeit der physikalischen Chemie ist dringend geboten. Bei dem großen Reichtum an Einzeldaten, die bereits heute verstreut auf fast sämtlichen Gebieten der Medizin zu finden sind, hält der Verfasser die Zeit für reif, einen umfassenden Versuch der Einführung der physikalischen Chemie in die innere Medizin zu unternehmen und dabei für möglichst weite Gebiete der Medizin eine Nützbarmachung der physikalischen Chemie zu versuchen. Die Überzeugung ist begründet, daß die medizinische Wissenschaft auf keinem ihrer Zweige die physikalische Chemie wird entbehren können. Denn in ergänzender Weiterführung der Physik und Chemie ist die physikalische Chemie berufen, zur fundamentalen Grundlage aller Lebenserscheinungen zu werden.

Ist man bestrebt, in möglichster Kürze zu charakterisieren, was die physikalische Chemie an Prinzipiell-Neuem in die medizinische Wissenschaft hineinträgt, so ist ihr Wert vor allem in den folgenden Richtungen zu suchen:

1. Auf weiten Gebieten des allgemeinen physikalischen und chemischen Geschehens sind wichtigste neue Erscheinungen und neue Gesetze erschlossen und harren durch Übertragung auf die Körperverhältnisse ihrer medizinischen Verwertung.

2. Neuartige Untersuchungsmethoden mit neuartigen Zielen stehen in großer Zahl zur Verfügung, um nach Einpassung in die Sonderaufgaben der Medizin alte stagnierende Probleme in der Bearbeitung zu fördern und neuerstehende Fragen angreifbar zu machen.

3. Die Grenze des Experimentell-Faßbaren ist durch die Ultramikroskopie von der letzten Einheit des Mikroskopisch-Sichtbaren (0,1 μ) um etwa ein Hundertfaches, bis zum Bereich der Kolloide vorgeschoben. Noch darüber hinaus geben die physikochemischen Methoden der Lösungsforschung die Mittel an die Hand, auch die Moleküle und Ionen in ihrem wechselnden Verhalten bei den Vorgängen im Körper qualitativ und quantitativ messend zu verfolgen.

4. Die physikochemische Grundlage der Lebenserscheinungen, die Protoplasmasubstanz, ist im Begriff, nach wichtigsten Richtungen hin ihrer geheimnisvollen „vitalen" Sonderstellung enthoben zu werden, indem die Kolloidchemie die Eigenart solcher Zustandsform einer exakten Forschung erschließt.

Diese Fortschritte gelten in gleicher Weise dem pathologischen Verstehen der Krankheitsprozesse, dem diagnostischen Wissen und dem therapeutischen Können.

Kapitel 1.

Von den Anfängen einer allgemeinen physikochemischen Pathologie.

Als einer der wichtigsten allgemeinen Fortschritte hat sich die Erkenntnis der kolloiden Beschaffenheit des Zellprotoplasmas ergeben. Die alte Streitfrage nach dem Aggregatzustand der Zellmasse hat ihre Erledigung gefunden. Der Zelleib ist weder einheitlich fest noch einheitlich flüssig. Jede Zelle stellt vielmehr im physikochemischen Sinne ein gegen die Außenwelt weitgehend abgeschlossenes „mikroheterogenes System" dar, ein Gemenge gel- und sol-artiger Massen mit echt-gelöster Substanz in einem gemeinschaftlichen Medium, wobei die kolloide Sonderart dem Ganzen sowohl wie den Teilen das charakteristische Gepräge gibt. Die normale Zellfunktion bringt Abweichungen des Kolloidzustandes im Ausmaß des Physiologischen mit sich. Krankheit führt darüber hinaus zu weiteren Änderungen des kolloiden Zellverhaltens.

Wir sind gewohnt, die Art und das Maß der Zell- und Gewebsveränderungen nach dem histologischen Bilde zu beurteilen. Die Morphologie, das Erforschen der histologischen Formbesonderheiten ist auf lange Zeiten die dominierende Richtung der Pathologie gewesen. Die physikalische Chemie trägt sehr dazu bei, die **Begrenztheit der durch histologische Untersuchung erreichbaren Aufschlüsse** schärfer als bislang erkennen zu lassen. Es ist keineswegs überflüssig, hier den Satz voranzustellen, daß das Mikroskop als ein rein optisches Hilfsmittel überhaupt nur über einen sehr beschränkten Teil der Zellvorgänge unterrichten kann. Alle Vorgänge an den Ionen, den Molekülen und den Kolloiden sind ihrer Größenordnung nach dem Mikroskop völlig verschlossen, es sei denn, daß sie etwa gerade mit Veränderungen einhergehen, die ins Gebiet des Grobkorpuskulären übergreifen. Es ist daher nicht berechtigt, aus dem Fehlen eines „mikroskopischen Befundes" das Nichtvorhandensein pathologischer Prozesse erschließen zu wollen. Prinzipiell ist bei chemischen und physikochemischen Prozessen nicht notwendig eine Beziehung zum Auftreten mikroskopischer Veränderungen vorhanden. Ganz allgemein kann daher auch kein Parallelismus zwischen der Größe der mikroskopischen Veränderung und dem Umfang und der Intensität der im Einzelfall vorliegenden pathologischen Prozesse erwartet werden. Einerseits können schwere chemische und physikochemische Störungen der mikroskopischen Untersuchung mehr oder minder völlig entgehen und andererseits brauchen es keineswegs gerade die schweren Störungen zu sein, die sich im mikroskopischen Bilde als Formveränderungen des Grobkorpuskulären zu erkennen geben. Auch bedarf es sehr der Beachtung, daß die mikroskopische Untersuchung wegen der erforderlichen Vorbehandlung des Präparates nicht mehr unmittelbar ein Bild des wirklich vorhanden gewesenen Zellzustands gibt. Vielmehr sind stets den vital vorhandenen Protoplasmabesonderheiten diejenigen Kolloidveränderungen aufgelagert, welche die physikalischen und chemischen Eingriffe der „Vorbehandlung", ganz besonders die Methoden der Härtung und Färbung mit sich bringen. Es ist eine wichtige Folge des Einflusses der Kolloidchemie, daß man angefangen hat, diese Gefahr der Fehldeutung bei den histologischen Bildern erhöht zu würdigen. Einige wertvolle Anfänge der hier erforderlichen kritischen Arbeit[1]) sind bereits gemacht. Auch H. Bechhold hat in seinem Buche „Die Kolloide in Biologie und Medizin"[2]) im Kapitel der „mikroskopischen Technik" eine sehr anregende Darstellung dieser Fragen gegeben. Der Wert der histologisch-pathologischen Forschung wird durch die gesetzmäßige Erkennung der artefiziellen Sekundärwirkungen und deren richtige Würdigung nur gewinnen. Der praktische Nutzen der vorbehandelnden technischen Methoden steht dabei keineswegs im Zweifel. Schon die Tatsache, daß durch die Maßnahmen einer hochentwickelten, aber vorerst noch fast rein empirischen Technik in den Zellen je nach Funktionsstand oder Krankheit vielartige konstante Strukturdifferenzen auftreten, beweist zur Genüge, daß eben diese technischen Maßnahmen geeignet sind, die bestehenden Abweichungen der Zelle durch eine besondere Art ihres Reagierens als strukturelle Veränderung sichtbar zu machen. In solchem Sinne ist die histologische Untersuchungstechnik durch die Sichtbarmachung von ursprünglich jenseits der mikroskopischen Kenntlichkeit gelegenen Protoplasmadifferenzen praktisch bereits zu einer Art Ultramikroskopie ausgebildet gewesen, noch bevor die physikalische Chemie die eigentliche Ultramikroskopie erschloß. Jetzt aber, wo die Kolloidchemie ihre verschiedenartigen spezifisch-kolloidprüfenden Methoden zur Verfügung stellt, empfiehlt es sich, diese neuen Wege zur Kontrolle der histologischen Zellbefunde nutzbar zu machen, um so dem Gebiet der Zellforschung eine breitere, kritisch mehr gesicherte Grundlage zu geben und zugleich für die histologische Technik eine Zurückführung auf allgemeine Gesetzmäßigkeiten zu gewinnen.

Die ganz allgemeine klinische Bedeutung der **Kolloidchemie des Zellprotoplasmas** ist zuerst in den Arbeiten des Verfassers[3]) niedergelegt. Schon 1909 wird mit ausführlicher Begründung eine „Pathologie und Therapie des Kolloidzustandes" als Ziel der Forschung hingestellt. „Für die Beurteilung der neuen Fragen, welche die Kolloidchemie in die medizinische Wissenschaft hineinträgt, ist das bewährte Rüstzeug der heute bekannten klinischen und anatomischen Untersuchungsmethoden offenbar nicht ausreichend. Denn weder die klinische Beobachtung, noch die chemische Analyse, noch die mikroskopische Untersuchung eines technisch vollendet gefärbten Schnittpräparates oder eines Gefrierschnittes kann uns genügenden Aufschluß über die feinen, aber doch wichtigen Änderungen des Kolloidzustandes geben, die aus den krankhaften Schwankungen der Zusammen-

[1]) Vgl. A. Fischer, Fixierung, Färbung und Bau des Protoplasmas. (Jena 1902.); H. J. Hamburger, Osmotischer Druck und Ionenlehre, l. c. III. 395—428; H. Stoelzner, Zeitschr. f. wissenschaftl. Mikroskopie **23**, 14 (1906); W. Berg, Die Fehlergröße bei den histologischen Methoden. (Berlin 1907); R. E. Liesegang, Kolloidchem. Beihefte **3**, 1—46 (1911), ferner derselbe, Beiträge zu einer Kolloidchemie des Lebens. 2. Aufl. (Dresden 1922.)

[2]) l. c. (vgl. S. 79 dieses Buches).

[3]) H. Schade, Medizinische Klinik 1909, Nr. 29 u. 30. (Vortrag auf der 30. Versammlung der balneologischen Gesellschaft Berlin.)

setzung der Körpersäfte resultieren. Hierzu sind lediglich physikalisch-chemische Methoden geeignet, die während der Vornahme der Prüfungen die Integrität eines unveränderten Zusammenwirkens von Körperflüssigkeit und Zellkolloid gewährleisten. Der weiteren Forschung muß es als eine wichtige Aufgabe vorbehalten bleiben, in ähnlicher Weise, wie für die Zustandsprüfung des Serums bereits geschehen, so auch für die Protoplasmamasse von Zellen und ganzen Gewebseinheiten Meßmethoden des Kolloidzustandes aufzufinden und praktisch verwertbar zu gestalten. Sodann wird auch die angewandte Medizin empfangenden und gebenden Anteil nehmen können an der Erschließung des neuen und verheißungsvollen Gebiets der Kolloidchemie des Protoplasmas" (H. Schade)[1]. Über die Bedeutung der Quellung und Entquellung für die Zellpathologie hat E. Pribram wichtige Beiträge geliefert[2]. Die kolloidchemischen Arbeiten von M. H. Fischer über das Ödem[3] und über die Nephritis[4] haben sich in der Art der Versuchsbewertung für die Verhältnisse des lebenden Körpers nur sehr bedingt als haltbar erwiesen. Dies Urteil gilt vor allem für die M. H. Fischersche Hypothese der Ödementstehung durch Säurequellung des Gewebes[5]. Gleichwohl haben gerade M. H. Fischers Untersuchungen zusammen mit der ihnen entgegengebrachten Kritik sehr wesentlich dazu beigetragen, die allgemeinen Gedanken von der Bedeutung der Quellungsvorgänge für die Pathologie zur Anerkennung zu bringen und damit zugleich den Lehren der Kolloidchemie einen beschleunigten Eingang zu schaffen. Als ein Ausdruck der schnell zunehmenden Würdigung der physikalischen Chemie seitens der Pathologie ist es zu verzeichnen, daß 1914 auf der Münchener Versammlung der Deutschen pathologischen Gesellschaft als ein Hauptthema „Die Bedeutung der Zelleibstruktur für die Pathologie" aufgestellt wurde. Das Thema ist von den Referenten Benda und Ernst eingehend im physikalisch-chemischen, speziell kolloidchemischen Sinne behandelt[6]; auch in der Diskussion ist die große prinzipielle Bedeutung der Kolloidchemie allgemein zur Anerkennung gelangt.

Für den Ausbau dieses Gebiets ist es aus praktischen Gründen geboten, die stets wiederkehrenden neuen Begriffe mit kurzen eindeutigen Bezeichnungen zu belegen. Ein Protoplasma, welches sich in dem ihm physiologisch zukommenden optimalen Kolloidzustand befindet, sei „eukolloid" genannt. Die oft nicht unerheblichen Änderungen des kolloiden Zellverhaltens bei der normalen Funktion sind ergänzend als funktionelle Differenzen der Eukolloidität zu bezeichnen. Alle Abweichungen vom normalen Kolloidzustand der Zellen und der Gewebe lassen sich demgegenüber am kürzesten unter der Bezeichnung „dyskolloid" zusammenfassen. Die Eukolloidität ist hiernach ein physikochemisches Kennzeichen der normalen Zelle, die

[1]) H. Schade, Medizinische Klinik 1909, Nr. 29 u. 30.
[2]) E. Pribram, Kolloidchem. Beihefte **2**, 1 (1910).
[3]) M. H. Fischer, Das Ödem. (Dresden 1910.)
[4]) Derselbe, Die Nephritis. (Dresden 1911.)
[5]) Näheres siehe S. 399.
[6]) Siehe Verhandlungsberichte der deutschen pathologischen Gesellschaft. (München 1914.)

Dyskolloidität ein wesentliches physikochemisches Symptom der Erkrankung von Zelle und Gewebe. Des weiteren sei noch für die beiden wichtigsten Arten der Kolloidänderungen eine kurze Bezeichnung in Vorschlag gebracht: die physikalischen Veränderungen der Kolloide in der Richtung einer Verflüssigung (= Sol) werden wir soloid, die Umbildungen im Sinne einer Gallertverfestigung (= Gel) dagegen geloid nennen.

Es ist eine sehr bemerkenswerte Eigentümlichkeit, daß die feinen Änderungen des Kolloidzustandes, welche sich mikroskopisch einer Erkennung entziehen, im allgemein physikalischen Verhalten der Masse einen sehr deutlichen, der Messung leicht zugänglichen Ausdruck finden. Die Ursache liegt darin, daß die physikalischen Eigenschaften einer Masse aus der Summenwirkung des Verhaltens all ihrer Einzelteilchen resultieren. Schon in den Unterschieden der Aggregatzustände kommt dies aufs deutlichste zur Ausprägung. Es ist einzig und allein die verschiedene physikalische Zustandsform der Moleküle, welche den jeweiligen Aggregatzustand der Substanz bedingt: durch die einfache Feststellung der gasförmigen, flüssigen oder festen Beschaffenheit erhalten wir wichtigste Aufschlüsse über das Einzelverhalten der Moleküle. Ein gleiches gilt für den Kolloidzustand. Es fügt sich besonders glücklich, daß gerade hier die Variationsbreite der physikalischen Eigenschaften je nach dem Verhalten der kolloiden Einzelteilchen außergewöhnlich groß ist: sie variiert bei den kolloiden Gallerten in dem weiten Spielraum zwischen einer dünnflüssigen und völlig festen Beschaffenheit. Eine breite Gradabstufung der physikalischen Eigenschaften der kolloiden Systeme ist daher gegeben. Dank dieses Umstandes ist es verhältnismäßig leicht, durch die experimentelle Messung geeigneter physikalischer Eigenschaften etwa stattfindende Änderungen im Kolloidverhalten festzustellen und zahlenmäßig zu verfolgen. Für die dem flüssigen Zustand angenäherten kolloiden Lösungen sind solche Methoden seit langem im Gebrauch[1]). Pathologisch-anatomisch und klinisch aber ist es wichtig, auch für die dem festen Aggregatzustand sich nähernden Kolloide über ähnlich brauchbare physikalische Meßmethoden zu verfügen. Die Kolloidchemie hat auch hier die notwendige Vorarbeit geleistet, indem sie theoretisch und praktisch für die Gallerten und die mehr festen Gele die Brauchbarkeit der physikalischen Methoden nachwies (W. Pfeffer, H. Rhumbler, H. Freundlich[2]). Für die Pathologie des Kolloidzustandes erscheint es daher als eine wichtige Aufgabe, diese **physikalischen Kolloidprüfungsmethoden** in möglichster Allgemeinheit zur Anwendung zu bringen. Die erste mechanisch-physikalische Methode, die zur klinischen Bearbeitung kolloider Gewebsfragen nutzbar gemacht wurde, ist die Elastizitätsprüfung (Schade[3]), Gildemeister)[4]). Sie stellt nur den einen der möglichen Wege dar. Ganz allgemein bieten sich die folgenden physikalischen Eigenschaften zur vergleichenden Beurteilung, um Rückschlüsse auf die Kolloidität der Gewebe,

[1]) Näheres siehe Teil III.

[2]) Näheres siehe besonders H. Freundlich, Kapillarchemie. 2. Aufl. 1922.

[3]) Zeitschr. f. experim. Pathologie u. Therapie **11**, 369 (1912); vgl. dieses Buch Teil III, Elastizitätsmessung.

[4]) Zeitschr. f. Biologie **63**, 175, 183, 201 (z. T. in Gemeinschaft mit R. Springer).

resp. der bevorzugt von der Prüfung betroffenen Gewebselemente zu vermitteln:

- die Härtemessung,
- die Elastizitätsmessung,
- die Messung der Zug-, Druck- und Biegungsfestigkeit,
- die Messung des Quellungsgrades,
- die Messung der Oberflächenfeuchtigkeit, z. B. bei frischem Gewebschnitt,
- die Messung der Durchsichtigkeit, resp. Lichteinlässigkeit[1]).

Als mehr funktionelle Methoden der Kolloidprüfung schließen sich an:

- die Prüfung auf Kolloidfällbarkeit,
- die Prüfung auf Quellbarkeit resp. Entquellbarkeit,
- die Prüfung auf Durchlässigkeit für gelöste Substanzen,
- die Prüfung auf Adsorptionsvermögen resp. Färbbarkeit,
- die Prüfung auf „Kolloidschutz" beim Zusammenwirken mit instabilen Lösungsgenossen.

Wenn auch die meisten der hier genannten Methoden aus der experimentellen Kolloidchemie zu übernehmen sind, so ist doch ihre Anwendung auf die Gewebe des Körpers stets mit neuartigen erheblichen Schwierigkeiten verbunden. Relativ einfach liegen die Verhältnisse für die erstgenannte Gruppe der Messungen. Immer aber ist auch bei diesen Methoden die Kompliziertheit des Baues der Körpergewebe mit der größten Sorgfalt zu berücksichtigen. Blut- und Lymphgefäßfüllung, etwaige wechselnde Kontraktionszustände von Gewebsteilen usw. bedürfen stets der genauesten Beachtung. Vergleichende Untersuchungen mit möglichster Variation der Bedingungen sind zur Kontrolle unerläßlich. Ganz besondere Vorsicht ist bei der kolloidchemischen Untersuchung von Zellen geboten, namentlich für alle Versuche, wo Zellen mit fremdartigen Lösungen zusammengebracht werden, da sich stets osmotische Prozesse den kolloidchemischen Vorgängen zugesellen. Die Nichtbeachtung gerade dieses Moments hat schon schwere Fehlschlüsse zur Folge gehabt. Vielfach werden zunächst daher möglichst zellfreie Gewebe für rein kolloidchemische Versuche den Vorzug verdienen[2]). Bei Innehaltung der erforderlichen Kautelen aber führen die genannten Methoden oft in recht einfacher Weise zu wichtigen Ergebnissen; sie ermöglichen vielfach noch dort deutlichste Ausschläge, wo die bisherige pathologisch-anatomische Untersuchung einschließlich der histologischen Technik versagte. An zwei Beispielen sei versucht, die Tragweite dieser physikochemischen Methoden zu zeigen.

Die Mikroskopie vermag von besonderen Fällen abgesehen den Unterschied des geruhten und des durch Arbeit ermüdeten Muskels nicht zu erfassen. Die physikalische Kolloidprüfung bringt dagegen die **funktionelle Differenz der Eukolloidität des Muskels** auf mehrfache Weise deutlichst zur Erscheinung. Wie bei jeder Gallerte so muß auch beim kolloiden System des Muskels einer jeden Änderung des physikalischen Verhaltens eine Änderung von kolloiden Einzelteilchen zugrunde liegen. Die Fest-

[1]) Vergleichende Messung bei Verwendung dünner Gewebsschichten.

[2]) Aus diesem Grunde sind zur Gewinnung erster sicherer Resultate besonders Versuche am Bindegewebe, bei dem das interzelluläre Kolloid den überwiegenden Anteil der Masse darstellt, geeignet. (Vgl. S. 373 ff.)

stellung physikalischer Änderungen am Muskel schließt daher zugleich den Nachweis von kolloidchemischen Änderungen in sich. Großenteils sind es bekannte Befunde der Physiologie, die sich in dieser Art zu neuer Verwertung nutzbar erweisen. Der Quellungsgrad des arbeitenden Muskels ist gegenüber dem ruhenden vermehrt[1]; ferner ist für den arbeitenden Muskel eine gesteigerte Durchsichtigkeit[2] bekannt, im gleichen Sinne eintretend ist eine Abnahme der Härte festgestellt[3]. Der Ermüdung des Muskels pflegt des weiteren eine nicht unbeträchtliche Abnahme der Dehnbarkeit[4] zu entsprechen. Sehr wertvoll sind auch die Untersuchungen von v. Fürth und Lenk[5] über die Kolloidchemie der Totenstarre. Der Eintritt der Starre beruht auf einer Quellung der Muskelkolloide, die ihrerseits durch eine Anhäufung von Säuren bedingt ist[6]; sie läßt sich künstlich durch Einlegen des Muskels in schwache Säurelösung beschleunigt herbeiführen; auch hierbei läßt sich im Kolloidverhalten des Muskels ein Maß der voraufgegangenen Arbeit gewinnen: die Kurve des Quellungsverlaufes des Muskels ist bei Ruhe und Ermüdung charakteristisch verschieden[7]. Auf allen diesen physikochemischen, speziell kolloidmessenden Wegen sind sonach, z. T. mit außerordentlich empfindlichen Ausschlägen, die „funktionellen Differenzen der Eukolloidität" des Muskels erkennbar[8].

Als weiteres Beispiel für die Tragweite dieser Untersuchungsmethoden sind besonders die **kolloidchemischen Gewebsveränderungen unter dem Einfluß des Alterns** lehrreich. Eine stetig und langsam erfolgende Abnahme der Dispersität ist eine generelle Eigentümlichkeit aller Kolloide (s. S. 20). Sie tritt auch bei den Kolloiden des Körpers in typischer Weise zutage und ist dabei im Maß der physikalischen Eigenschaften leicht zu erkennen. Sie läßt sich an den folgenden Veränderungen vergleichend messen:

1. In einer Abnahme der Wasserbindung: Der Gesamtwassergehalt des wachsenden Fötus sinkt von etwa 95 zu 75%, beim Kinde von 75 zu 70%, beim Erwachsenen mit zunehmendem Alter von diesem Wert bis zu ca. 59%[9]. Auch für manche Einzelorgane, so besonders für die relativ wenig sich zellulärverjüngenden Stützgewebe wie die Knochen[10] ist

[1]) Zitiert nach Landois-Rosemann, Lehrbuch der Physiologie des Menschen 1913. (13. Aufl.) S. 480.

[2]) Desgl. S. 487 (Ranvier, Bernstein).

[3]) Desgl. S. 472 — Die scheinbare größere Härte des Muskels während der Kontraktion beruht lediglich auf einer vermehrten Spannung des Muskels.

[4]) Arch. f. Anatomie u. Physiologie (Physiol. Abt.) 1903, 419. (Dontas.)

[5]) Biochem. Zeitschr. **33**, 341 (1911).

[6]) Auch die nachherige Lösung der Totenstarre ist ein Kolloidphänomen; sie beruht darauf, daß die Muskelkolloide bei weiterer Säureanreicherung zur Ausfällung kommen, wodurch die Entquellung bewirkt wird.

[7]) v. Fürth u. Lenk, l. c. — Über die wichtige Unterscheidung von osmotischer und kolloider Quellung des Muskels siehe namentlich C. Schwarz, Biochem. Zeitschr. **37**, 34 (1911); R. Beutner, ebendort **39**, 280 (1912); **48** 217, (1913); ferner H. Winterstein, ebendort **75**, 48 (1916).

[8]) Mit Absicht ist hier nur das physikalische Kolloidverhalten des Muskels berücksichtigt; über die Beziehungen der Kolloidität zum Chemismus des Muskels s. S. 418 ff.

[9]) Vgl. C. Oppenheimer, Handb. der Biochemie 1913. Ergänzungsband S. 612.

[10]) Vgl. ebendort Bd. II, II, S. 118 (E. Wildt).

die gleichgerichtete Abnahme der Wasserbindung stufenweise mit der Zunahme des Alters erwiesen.

2. In einer Zunahme der Härte: Bei manchen Organen wie namentlich der Haut, dem Bindegewebe und den Knochen ist sie in recht sinnfälliger Weise vorhanden. Messungen vergleichender Art scheinen noch zu fehlen.

3. In einer Abnahme der Elastizität, d. h. der Fähigkeit des Gewebes, eine aufgezwungene Deformierung wieder zum Ausgleich zu bringen. Die Elastometrie (s. S. 377) vermag hier schon kleinste Unterschiede aufzufinden. Es scheint, als wenn der eukolloide Zellzustand jeweils mit dem Maximum der für die betreffende Zellart überhaupt möglichen Elastizität zusammenfällt, entsprechend dem Umstand, daß die Elastizität für jede Zelle eine notwendige Eigenschaft darstellt, um sie vor den nirgendwo im Körper fehlenden[1]) deformierenden Einflüssen zu schützen. Ein offen sichtbares Beispiel für die Elastizitätsabnahme beim Altern gibt die Haut. Beim Kinde ist die Haut den geforderten elastischen Beanspruchungen vollkommen gewachsen; mit zunehmenden Jahren tritt allmählich und ständig sich steigernd als Ausdruck des elastischen Versagens die Falten- und Runzelbildung zutage. Die Haut des Greises ist stets elastisch insuffizient, sie befindet sich im Dauerzustand einer Überdehnung und legt sich in mehr oder minder starker Faltenbildung zusammen. Auch mit quantitativen Messungen ist die Altersabnahme der Hautelastizität zu belegen, wie die beigefügte Kurve (Fig. 8) zeigt[2]). Ein Ähnliches gilt für die Masse des Muskels; auch hier ergibt die Elastometrie in präzisen Zahlenwerten, daß die „Eindringungselastizität" vom Kind zum Erwachsenen und von da zum Greis abnimmt[3]). Weitere charakteristische Beispiele der Elastizitätsabnahme beim Altern geben die Gefäßwände[4]) und die Gewebe der Lungen (Altersemphysem).

4. In einer Abnahme der Bruch- und Reißfestigkeit: Die Veränderung dieser Eigenschaft mit dem Alter ist namentlich für die Knochen bekannt. Man könnte meinen, daß hier vielleicht mehr die anorganischen Bestandteile als gerade das kolloide Gerüst des Knochens bestimmend wären. Doch hat Mason[5]), der in 50 Fällen vergleichend die Druckfestigkeit und den Aschegehalt menschlicher Knochen bestimmte, gefunden, daß die Variationen im Aschegehalt in keiner regelmäßigen Beziehung zum Alter stehen, während die physikalische Festigkeit deutlich mit dem Alter abnimmt. Auch hier ist sonach die vorwiegende Bedeutung des Kolloids wahrscheinlich. Sicher aber ist beim Muskel, für den sich ebenfalls in der

---

[1]) Wo sonstige mechanische Beanspruchungen oder Verschiebungen fehlen, kommt immer noch die Formänderung des Gewebes durch den pulsatorischen Blutstoß in Betracht.

[2]) Vergl. zu näherem Studium besonders R. Thoma, Beiträge zur pathol. Anatomie u. allg. Pathologie **66**, 92 u. 259. (1920).

[3]) Zeitschr. f. exper. Pathologie u. Therapie I, 180. (Die Ordinate der Figur gibt das Maß der Belastung, die Abzisse den Elastizitätsmodul in 0,001 Einheiten wieder.

[4]) Zeitschr. f. Biologie **63**, 207. (1914).

[5]) Zitiert nach C. Oppenheimer, Handbuch der Biochemie II, II. S. 189—190.

Literatur einige Festigkeitsmessungen finden ließen, das Verhalten der Kolloide für das Maß der physikalischen Eigenschaften entscheidend. Der Einfluß des Alterns tritt hier aufs deutlichste zutage: „Die Tragfähigkeit des Muskelgewebes bis zum Zerreißen verhält sich für Jugend, mittleres und höchstes Alter annähernd wie 7:3:2“[1]). Es sei hervorgehoben, daß keineswegs immer das Altern die physikalische Festigkeit kolloider Massen erniedrigt. Bei vorher sehr wasserreichen kolloiden Systemen kann vielmehr auch der kolloidchemische Vorgang des Alterns zu einer Verfestigung des Ganzen führen. Es ist möglich, daß ein derartiger Einfluß beim Festerwerden der kindlichen Hirnmasse neben anderem[2]) mitbeteiligt ist.

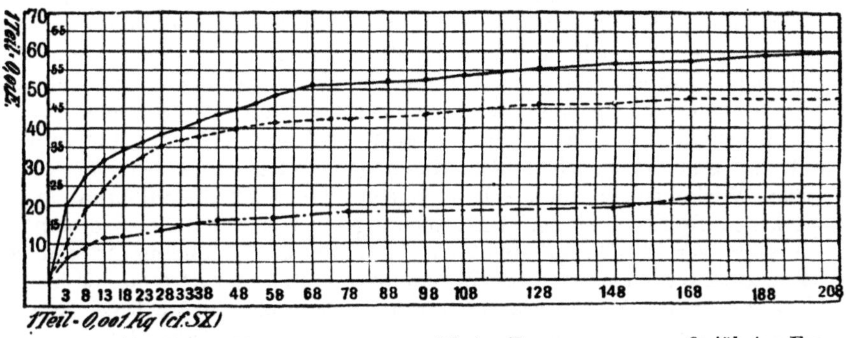

——— $1^1/_4$ jähriges Kind; ············ 33 jährige Frau; —·—·— 87 jährige Frau.

Fig. 8. (Nach Bönninger.)

Abnahme der Hautelastizität mit steigendem Alter.

5. In einer Abnahme der Durchsichtigkeit: Es genügt hier als prägnanteste Beispiele an die Alterstrübungen der brechenden Medien des Auges zu erinnern.

6. In einer Abnahme der Quellbarkeit: Für die Bewertung der in der Literatur niedergelegten Quellungsversuche an Organstücken ist die Entscheidung darüber von größter Bedeutung, ob die Wasseraufnahme durch osmotische oder durch kolloidchemische Kräfte zustande gekommen ist. Diese Entscheidung ist keineswegs einfach, sie ist von den verschiedenen Autoren in durchaus verschiedener Weise gegeben. In den älteren Untersuchungen ist zumeist nur die osmotische Art der Wasseraufnahme in Rücksicht gezogen; in einigen neueren Arbeiten (M. H. Fischer[3]), Kisch[4]) u. a.) wird dagegen die Osmose völlig geleugnet und die Gesamtwasseraufnahme als rein kolloidchemische Quellung interpretiert. Der Verfasser hält in Übereinstimmung mit R. Höber[5]) u. a. beide genannten Standpunkte für zu einseitig. Wenn zellige Gebilde dem Einfluß beliebiger Lö-

---

[1]) Landois-Rosemann, Lehrbuch der Physiologie. 1913. 13. Aufl. S. 473.

[2]) Zunahme der Fasermasse u. dergl.

[3]) M. H. Fischer, Das Ödem. (Dresden 1910); derselbe, Die Nephritis. (Dresden 1911.)

[4]) Br. Kisch, Biochem. Zeitschr. **40**, 152 (1912).

[5]) R. Höber, Physikalische Chemie der Zelle und der Gewebe, l. c.

sungen ausgesetzt werden, wird sich stets sowohl die osmotische wie die kolloidchemische Wasseranziehung geltend machen. Bei denjenigen Salzlösungen, welche kolloidchemisch mehr indifferente Ionen enthalten, wird dabei im Gesamterfolg zumeist die Osmose überwiegen; nimmt man aber Lösungen, deren Bestandteile in die Zellen einzudringen und dort an den Kolloiden stärkere Wirkungen hervorzubringen vermögen, so ist die Bedingung erheblicher kolloidchemischer Quellungen resp. Entquellungen gegeben und oftmals wird sodann die kolloidchemische Wirkung vorherrschend sein. Außer der Art der Lösungsteile ist auch deren Konzentration für das Vorherrschen der einen oder der anderen Wirkungsart von größtem Einfluß. Diese stete Kombinierung der Einflüsse macht erklärlich, daß die Entscheidung im Einzelfall nicht leicht ist[1]). Dies gilt besonders für alle jene Gewebe, die sich zu überwiegendem Anteil aus zelligen Elementen aufbauen. Besteht aber das Gewebe zur Hauptsache aus Interzellularsubstanz, der relativ wenig Zellen eingelagert sind (Bindegewebe), so ist die Annäherung an das Verhalten einer kolloiden Gallerte eine größere und die kolloidchemischen Beeinflussungen treten gegenüber den osmotischen Wirkungen in entsprechend reinerer Form im Gesamtverhalten des Stückes in die Erscheinung. Untersuchungen der letzteren Art sind namentlich vom Verfasser[2]) angestellt. Hierbei lassen die Quellungsmessungen des Bindegewebes Unterschiede im Gewebsverhalten hervortreten, die bislang auf keine andere Weise erkannt wurden. Zugleich sind auch einige erste Beobachtungen über Altersunterschiede der Quellbarkeit gemacht: die Quellbarkeit war bei jugendlichem Bindegewebe größer und nahm ab mit dem Alter[3]).

7. In der Abnahme der Diffusionsdurchlässigkeit: Nach klinischer und pathologischer Erfahrung ist die Membrandurchlässigkeit der Gewebscheiden des Körpers im Alter merklich geringer als in der Jugend sowohl für echtgelöste Substanzen, für diffundierende Kolloide als auch sogar für grobkorpuskuläre Elemente. Gerade für letztere sei als Beispiel an die Durchlässigkeit der kindlichen Darmschleimhaut für Bakterien erinnert. Daß sich auch zahlenmäßig für die Körpergewebe eine Altersabnahme der Durchlässigkeit feststellen läßt, sei mit den Messungen J. W. Nordensons belegt, in denen für die Grenzschicht des Glaskörpers beim Menschen in der Jugend bis zum 15. Jahre ein Flüssigkeitsdurchtritt von 230 ccm, bei 15 bis 55 Jahren ein solcher von 187 ccm und bei 55—86 Jahren ein Wert von 152 ccm unter gleichen Versuchsverhältnissen gefunden wurde[4]). Es wäre wichtig, auch für andere Gewebe solches Zahlenmaterial zu besitzen.

8. In Veränderungen der Färbbarkeit: Unterschiede in der Färbbarkeit von jugendlichem und altem Gewebe sind oft zu beobachten. Über eine erste Untersuchung, welche die Differenzen der Färbung zum Kolloidverhalten in gesetzmäßige Beziehung setzt, siehe S. 372 unten.

[1]) Zur Erkennung der kolloidchemischen Wirkungen ist besonders die Abhängigkeit der Erscheinungen von den Hofmeisterschen Reihen von Wert.

[2]) Vgl. näheres S. 381 ff., ferner H. Schade und H. Menschel, Über die Gesetze der Gewebsquellung und ihre Bedeutung für klinische Fragen. Zeitschr. f. klinische Medizin (z. Z. im Erscheinen) (1923).

[3]) H. Schade, Zeitschr. f. exper. Pathologie u. Therapie **14**, 1 (1912).

[4]) Skandin. Archiv f. Physiologie **37**, 216 (1919).

9. In der Abnahme des „Kolloidschutzes" gegenüber Niederschlagsbildungen: Es ist eine bekannte Erscheinung, daß im Körpergewebe die Entstehung von Niederschlägen aus den Gewebsäften mit zunehmenden Jahren häufiger wird. Die allgemeine kolloidchemische Erfahrung läßt vermuten, daß eine Abnahme des Kolloidschutzes in nicht unwesentlicher Rolle beteiligt ist. Kolloide Lösungen und Gallerten üben auf dritte Substanzen, die sich im Gebiet derselben in Übersättigung angehäuft finden, eine „Schutzwirkung" im Sinne einer abnormen Löslichhaltung aus. Diese Schutzwirkung hat unter sonst gleichen Umständen ihr Maß in der Kolloidität des schützenden Kolloids[1]: je größer die Kolloiddispersität, um so größer im allgemeinen die Schutzwirkung. Auch die Verschlechterung des Gewebskolloids beim physiologischen Altern wird sich daher für die in Übersättigung befindlichen Substanzen ihres Lösungsbereiches in einer Abnahme des Kolloidschutzes bemerkbar machen. Besonders für die im Alter so häufigen Ca-Ausfällungen scheint dieser bislang wenig beachtete Faktor Berücksichtigung zu verdienen; denn das Kalzium ist eine Substanz, die während des ganzen Lebens in den Gewebsäften in Übersättigung vorzukommen pflegt, trotzdem erst im Alter[2] — dann aber auch geradezu in fast physiologischer Art — zur Niederschlagsbildung die Gelegenheit findet. Messungen über die Abnahme des „Kolloidschutzes" mit dem Alter stehen noch aus.

Wie man leicht erkennt, bewegt sich die Gesamtheit der hier aufgeführten Kolloidänderungen in durchaus einheitlicher Richtung. Wenn wir den Gewebszustand bei mittlerem Alter als den normalen betrachten, so ist die Abweichung in der Jugend als eine soloide, im höheren Alter als eine geloide charakterisiert. Nimmt man aber den Prozeß des kolloiden Werdens und Vergehens als ein Ganzes, so wiederholt sich auch für die Kolloide des menschlichen Körpers der gleiche Ablauf, den die Entwicklung der Kolloide sonst zeigt: sie bilden sich in der Lösung als hochhydratisierte Sole, sie büßen langsam ihren Reichtum an Quellungswasser ein und gehen in geloider Weiterentwicklung allmählich in mehr feste Gebilde über.

Mit Absicht ist bei dieser Behandlung der kolloiden Alterserscheinungen den physikalischen Eigenschaften ein erheblicher Raum gewährt. Es ist geschehen, weil es sich hier um Untersuchungsarten handelt, deren prinzipielle Bedeutung bislang noch wenig erkannt ist und deren praktische Verwertbarkeit für das ganze Gebiet der kolloiden Zell- und Gewebsforschung eine große zu werden verspricht. Allen diesen Prüfungsmethoden ist gemeinsam, daß sie schon am ganzen Gewebstück ohne Zuhilfenahme der Mikroskopie ein Urteil über die Kolloidität ermöglichen. Man kann sie als „Makrokontrollen" der Kolloidität den anderen physikochemischen Untersuchungsarten, die sich des Mikroskops resp. Ultramikroskops bedienen („Mikrokontrollen") gegenüberstellen. Wie namentlich das Beispiel der Alterserscheinungen lehrt, ist die Empfindlichkeit dieser Makrokontrollen sehr

[1]) Vgl. näheres bei der „Goldzahlmethode" S. 447.

[2]) Ebenso aber auch bei pathologischen Verhältnissen, wenn eine Verschlechterung im Kolloidzustand der Gewebsbestandteile eingetreten ist; vgl. unten über Entzündung S. 109.

groß und den bisher üblichen Methoden der Pathologie nach den verschiedensten Richtungen hin überlegen. Ihre Anwendbarkeit am Lebenden[1]) macht sie für klinische Fragen besonders geeignet.

Die Kolloidveränderungen des Alterns leiten mit fast unmerklicher Grenze zur pathologischen Dyskolloidität hinüber. Mit vielversprechendem Erfolge beginnt hier die Kolloidchemie in eins der allgemeinsten Probleme der Pathologie hineinzuleuchten. Am Beispiel der **degenerativen Zellvorgänge** sei zu zeigen versucht, nach welchen Richtungen sich neue Perspektiven eröffnen. Versuche von H. J. Hamburger (1904) mögen als Ausgang der Ausführungen dienen[2]). Hamburger überließ isolierte Parenchymzellen der Einwirkung eines Serums, dem sehr geringe Mengen von Säure, z. T. nur Kohlensäure, zugefügt waren. Die Zellen zeigten unabhängig von der Osmose eine im Sedimentvolumen[3]) deutlich feststellbare Aufschwellung. Ebenso erfuhren in gleicher Art behandelte kleine Gewebsblöcke von Leber, Milz oder Niere im ganzen Stück eine merkliche Vergrößerung und nahmen „typische stumpfe Ränder" an. Auch die Farbe erinnerte in allem an das „Weiße", „Bestäubte", genau wie man es pathologisch bei der „trüben Schwellung" zu beobachten pflegt. Als Ursache ergab sich ein Absetzen von kleinsten Eiweißkörnchen in den Zellen, eine Ausfällung, die bei weiterer Zugabe von verdünnten Säuren oder Alkalien wieder in Lösung ging. Schon Hamburger betont die Wichtigkeit solchen Befundes, „weil er auf das Wesen der bis jetzt für uns noch wenig aufgeklärten trüben Schwellung Licht wirft".

Nach den heutigen, gegen 1904 bereits erheblich vertieften Anschauungen handelt es sich hier um einen Einzelfall jener Protoplasmastörungen, die sich als **dysionisch bedingte Kolloidveränderungen der Zelle** zusammenfassen lassen. Die Zahl der hierher gehörigen Beobachtungen ist leicht zu vermehren (M. H. Fischer[4]) u. a.). Wie im Kap. 3 S. 166 des Näheren ausgeführt wurde, ist selbst eine 0,9% Kochsalzlösung für die Kolloide des Zellprotoplasmas dysionisch. Wird solche Lösung in die Arterien der Nieren injiziert, so ist auch hier die Dyskolloidität des Zellprotoplasmas im Bilde einer deutlichen Trübung der Nierenepithelien zu konstatieren[5]). Nach R. Rößle[6]) ist sogar die Protoplasmaschädigung der früher klinisch üblichen Kochsalzinfusionen (0,9% NaCl ohne KCl- und $CaCl_2$-Zusatz) in „reinen Fällen" vielfach pathologisch-anatomisch diagnostizierbar, indem sich am Herzen, dem bloßen Auge erkennbar, das Bild einer gleichförmigen mäßigen Trübung einstellt, ohne daß mikroskopisch sonstige der parenchymatösen Entzündung entsprechende Veränderungen gefunden werden. Was bisher hier an Ergebnissen vorliegt, sind durchweg mehr zufällig, d. h. gelegentlich

[1]) Vgl. die Elastometrie des Bindegewebes (S. 393) und des Muskels (S. 420).

[2]) H. J. Hamburger, Osmotischer Druck und Ionenlehre. 1902—1904. Bd. III, S. 50—54.

[3]) Vgl. dazu die Untersuchungstechnik S. 473.

[4]) Über „trübe Schwellung" vgl. auch M. H. Fischer, Kolloidzeitschr. **8**, 159 (1911).

[5]) E. Albrecht, zitiert nach R. Rößle, Berliner klinische Wochenschr. 1907. Nr. 37.

[6]) Berl. klin. Wochenschr. 1907, Nr. 37.

anderer Studien erhobene Befunde[1]). Eine systematische Untersuchung der Pathologie des Zellprotoplasmas mit den Hilfsmitteln der physikalischen Chemie steht noch aus.

Um zu zeigen, bis zu welchem Ausmaß sich für eine Pathologie der Ionenwirkungen neue Wege öffnen, sei auf die oben (S. 57) mitgeteilten Untersuchungsergebnisse der Zoologen über die Entwicklungsbeeinflussung von Keimanlagen bei Tieren zurückgegriffen. Durch sehr geringfügige Änderungen im Ionengehalt der umspülenden Lösung (namentlich bezüglich des Kochsalz-, Kalk- und Magnesiumgehalts)[2]) gelingt es, weitgehendste Störungen in der Tierentwicklung zu erzeugen. Dabei haben sich bei den Mißbildungen zwei Richtungen der Entwicklungsstörung unterscheiden lassen. Wirkt die Dysionie der Lösung (namentlich Ca-Mangel oder gesteigerte NaCl-Konzentration) im Sinne einer abnormen Auflockerung der Plasmahautkolloide, so tritt in der Embryonalentwicklung ein abnormes Auseinanderfallen von Zellen ein, es resultieren für spätere Doppelbildungen einzelner Organ- oder Gliedteile resp. auch Zwillingsbildungen des Ganzen. Liegt dagegen die Wirkung der Dysionie für die Plasmahaut im Sinne einer abnormen Kolloidverfestigung, so ist die spätere Entwicklungsstörung eine entgegengesetzte: abnorme Verwachsungen, evtl. sogar volle Verschmelzungen zweier Eianlagen zu späteren „Riesenlarven" kommen zur Ausbildung[3]). Mustert man von diesen Gesichtspunkten das Material der menschlichen intrauterinen Mißbildungen durch, so erkennt man unschwer, daß auch bei ihnen gerade die beiden genannten Störungsrichtungen in den mannigfachsten Einzelformen vorhanden sind: erstens solche Störungen, die nach obigem als Folge eines zu geringen Zusammenhaltens der Keimzellen verständlich sind wie die Doppelmißbildungen (Polydaktylie usw.) und zweitens Befunde abnormer Verklebung wie Syndaktylien, Atresien und anderes mehr. Als besondere Abart der ersten Kategorie lassen sich ebenfalls die Hemmungsbildungen an ontogenetischen Spaltöffnungen

---

[1]) Besonders sei hier auf die jüngst gegebenen chemischen Analysen von G. Hoppe-Seyler (Zeitschr. f. physiolog. Chemie **116**, 67 (1921) aufmerksam gemacht, denen zufolge bei den Zuständen der trüben Schwellung in der Leber bei Infektionskrankheiten eine erhebliche quantitative Zunahme an Eiweiß (besonders des koagulablen Teils bis fast zum doppelten der Norm) gegeben ist. Solche Befunde weisen nachdrücklichst darauf hin, daß die alleinige Annahme einer Zustandsänderung des Zelleiweißes (s. o.) zum mindesten nicht für alle Fälle der „trüben Schwellung" zur Erklärung des pathologischen Zustandes erschöpfend sein kann.

[2]) C. Herbst (Arch. f. Entwicklungsmechanik **5**, 762 (1897) hat auch bei der Anwesenheit von Eisensalzen (eisenhaltige Kulturflüssigkeiten für Seeigeleier) „eine auffallende Neigung zur Doppelt- und Mehrfachbildung" der Seeigellarven beobachtet.

[3]) Für diese Auffassung der Mißbildungsgenese liegt darin eine vorzügliche Bestätigung, daß es gelingt, die gleichen Mißbildungen zu erzeugen, wenn man die Eianlagen statt durch Ionenwirkung auf thermische Weise im kolloidlockernden Sinne beeinflußt, z. B. die Schalen der Askarideneier durch Abkühlung erweicht und dadurch die Eier miteinander verschmelzen läßt. (Riesenbildungen nach Zur Straßen, Arch. f. Entwicklungsmechanik **3**, 131 (1896); **7**, 642 (1898). Sogar die chirurgische Nachahmung des Prozesses scheint möglich. So erhielt O. Anastasi durch Vereinigung künstlich angefrischter primärer Augenblasen zweier Discoglossus pictus an der Vereinigungsstelle ein den beiden Versuchstieren gemeinschaftliches Zyklopenauge. (Arch. f. Entwicklungsmechanik **37**, 222 (1913.)

(Hasenscharten, Wolfsrachen usw.) in einer einfachen Weise verstehen. Es verdient sehr die Beachtung, daß auch die auffallendste, bislang durch Ionenbeeinflussung erzielte Mißbildung, die Umgestaltung der Augen zu einem einheitlichen mittlerem „Zyklopenauge" (s. S. 57) unter den intrauterinen menschlichen Mißbildungen wiederkehrt. Zugunsten der hierdurch nahegelegten Annahme einer dysionischen Entstehung auch menschlicher Mißbildungen scheint dem Verfasser besonders der Umstand zu sprechen, daß der Ursprung der menschlichen Mißbildungen ebenfalls meist in die erste Zeit der Eientwicklung zurückgeht und daß die Formabweichungen der Mißbildungen um so weniger ausgeprägt gefunden werden, je weiter man sie in die Embryonalzeit hinein zurückverfolgt. Sehr wichtig ist ferner, daß diese Mißbildungen gerade dann in auffallender Häufung, oft auch an multiplen Stellen des Körpers vorkommen, wenn die Gewebe, welchen die Regulierung der Ionenkonzentration des Fruchtwassers obliegt, von entzündlichen oder anderen Erkrankungen befallen waren. Bei ausgesprochenen Störungen des Fruchtwasserhaushalts, wie z. B. Hydroamnion sind Mißbildungen gerade multipler Art, aber gleicher Störungsrichtung nach den in der Gynäkologie niedergelegten Beobachtungen fast die Regel. Vielleicht steht es zu der hier entwickelten Anschauung in Beziehung, daß das Fruchtwasser osmotisch hypotonisch ist, so daß „der Embyro namentlich im Anfang seiner Entwicklung von einem hypotonischem flüssigen Medium umgeben ist."[1]) Diese Theorie der **„dysionischen Genese der intrauterinen Mißbildungen"** (H. Schade) dürfte sehr zu einer experimentellen Bearbeitung einladen[2]). Nach den Erfahrungen an niederen Tieren sind es gerade die kleinen Abweichungen vom Normalstand der Isoionie, die bei längerer Einwirkung die den menschlichen Mißbildungen ähnlichen Veränderungen geben.

Bekannter als die vorgenannten Protoplasmabeeinflussungen sind die Veränderungen, welche die Zellen unter der Einwirkung osmotisch abnormer Lösungen erfahren: **Dystonische Zellschädigungen.** Jede, wenn auch nur geringe Hypertonie des umspülenden Mediums bringt eine Zellschrumpfung, jede Hypotonie eine Zellschwellung mit sich. Der Wasserdurchtritt durch die Plasmahaut findet dabei, wenn man von den Besonderheiten der zeitlichen Differenzen im Ausgleich der einzelnen Partialdrucke absieht[3]), stets in der Richtung zum Ort des höheren osmotischen Gesamtdruckes statt. Diese osmotischen Volumenveränderungen sind in ziemlicher Breite reversibel; selbst nach erheblicher Abweichung stellt sich beim Einbringen der Zellen in eine normal isotonische Lösung die Funktion wieder her, wie namentlich durch Hamburger für die Leukozyten an der Fähigkeit der Phagozytose in vergleichenden Messungen nachgewiesen wurde[4]). Über-

[1]) Näheres siehe Neuberg, Der Harn sowie die übrigen Ausscheidungen und Körperflüssigkeiten. (Berlin 1911). Bd. II. S. 1496.

[2]) Anomalien des Mineralstoffwechsels sind bekanntlich während der Gravidität besonders leicht möglich. Das starke Hervortreten der sogenannten „Gelüste" auf Kalk, Säuren usw. gerade während der Schwangerschaft ist gleichfalls für diese Frage von Bedeutung.

[3]) Vgl. S. 14.

[4]) H. J. Hamburger, Physikalisch-chemische Untersuchungen über Leukozyten. (Wiesbaden. 1912).

schreitet die Abweichung des osmotischen Druckes die sogenannte „osmotische Resistenz" der Zelle, so geht die Zelle unter „Plasmolyse" zugrunde. Bei Zellen, welche wie die roten Blutkörperchen reich an wasserlöslichem Farbstoff sind, macht sich der Vorgang schon makroskopisch durch den Austritt des Farbstoffes in die umspülende Lösung bemerkbar (Hämolyse). Bei hypotonischer Lösung sieht man mikroskopisch mit zunehmender Schwellung den Zelleib sich langsam verflüssigen und, oft unter Platzen der Zellmembran, in die Umgebung austreten. Für hypertonische Lösungen scheint dagegen mehr ein anderer Vorgang charakteristisch, ein Zerfall der geschrumpften Zelle unter „Zerstücklung" der Protoplasmamasse[1]).

Bislang wenig berücksichtigt, gleichwohl ebenfalls einer zunehmenden Beachtung wert sind die kolloiden Veränderungen der Zellen und der Gewebe, welche sich bei allgemeiner oder lokaler Abweichung der Körpertemperatur von der Norm ausbilden: **dysthermische Kolloidschädigungen.** Über die Entstehung der „trüben Schwellung" von Parenchymzellen beim Fieber scheint zurzeit noch keine Einigkeit der Auffassung erzielt zu sein; die sonstigen Einflüsse auf die Zellen sind hier schwer von den rein thermischen zu trennen. In Analogie zu den kolloidchemischen Beobachtungen am Eiweiß, speziell nach den Untersuchungen an Fermenten[2]), wo die Abnahme der fermentativen Leistung einen sehr empfindlichen Indikator für die Veränderung des Kolloidzustandes des Ferments abgibt, scheint aber für die Temperaturen von etwa 40—42^0 das Auftreten primärer dysthermischer Protoplasmaschädigungen durchaus wahrscheinlich, so daß namentlich bei längerer Dauer solcher Temperaturen mit einer nicht unerheblichen kolloiden Zellschädigung zu rechnen sein wird. Auch die Kälte verdient nach den Untersuchungen des Verfassers[3]) als kolloidschädigender Faktor ein pathologisch-klinisches Interesse. In den peripheren Bezirken des Körpers pflegt bei Abkühlungen die Isothermie nicht selten zu versagen. Die dort liegenden Gewebe erfahren sodann, wie sich elastometrisch, häufig aber auch auf anderen Wegen erkennen läßt, eine ausgeprägt geloide Veränderung ihrer Masse, die noch auf lange nachwirken und in weiterer Folge die Ursache pathologischer Störungen werden kann. Für die Lehre der Erkältungsschäden sind diese anfänglich rein kolloiden Veränderungen von großer Bedeutung. Der Verfasser hat sie als **Erkältungsgelosen** bezeichnet und besonders für die Haut, für das Unterhautbindegewebe und für den Muskel, auch für die Schleimhäute der vorderen Nase in ihrem häufigen Vorkommen sichergestellt. Bei kurzer Einwirkungsdauer ist diese geloide Veränderung zumeist voll reversibel, bei längerer oder stärkerer Einwirkung der Kälte aber stellt sich die volle Eukolloidität des Gewebes nicht wieder her, es resultiert eine bleibende geloide Störung des Zellprotoplasmas, welche häufig bei weiterem Fortschreiten der kolloiden Entmischung auch mikroskopisch als „vacuolisierende Degeneration" kenntlich wird.

---

1) Näheres siehe H. J. Hamburger, l. c. I. S. 178 usw. (Vgl. Fig. 18, S. 180.)
2) Vgl. S. 75.
3) H. Schade. Zeitschr. f. d. ges. experim. Medizin 7, 275 (1919), ferner derselbe, Münchener med. Wochenschr. 1919, 1021; 1920, 449; 1921, 95.

Dyschemische Kolloidschädigungen haben Wirkungen ähnlicher Art. Als Beispiel kann hier die Zellbeeinflussung durch die Narkotika (näheres siehe S. 439) gelten.

Während die soeben besprochenen Dysionien, Dystonien und Dysthermien von außen her die Zelle kolloidschädigend beeinflussen, entstehen bei den Erkrankungen des Körpers wahrscheinlich nicht selten auch in der Zelle selbst Anomalien, unter deren Einfluß die Protoplasmakolloide pathologisch kenntliche Veränderungen erleiden. Ein erstes, wenigstens bis zu gewissem Grade hierher gehöriges Beispiel einer vom Zellinneren her erfolgenden Protoplasmaschädigung scheint die Phosgengasvergiftung zu bieten. Das Phosgen als solches[1]) ist eine indifferente stark lipoidlösliche Substanz wie Äther oder Chloroform, es dringt bei der Einatmung wegen der hohen Lipoidlöslichkeit schnell durch die Plasmahaut in die Zellen der Lunge ein. In der Zelle aber beginnt, wie auch sonst bei der Berührung mit dem Wasser, bald eine Zersetzung des Phosgens nach der Gleichung: $COCl_2 + H_2O = CO_2 + 2\,HCl$. Inmitten jeder phosgenbeladenen Zelle ist sonach ein Herd der Säureentwicklung gegeben, bei dessen Neutralisation die sonst so wirksamen extrazellulären Schutzeinrichtungen des Körpers ausgeschaltet sind. In kurzer Zeit erliegt die Zelle dieser „inneren" Vergiftung mit der Salzsäure. Schon klinisch kann man nach der Einatmung des Phosgengases den Zerstörungsprozeß des Protoplasmas konstatieren, indem oft sehr reichlich ganz eigenartig weiße Massen im Auswurf erscheinen, die unter dem Mikroskop als Reste derb geronnener Bronchial- und Lungenepithelien zu erkennen sind. Die pathologischen Untersuchungen während des Krieges haben diese Art des Zelltodes durch intrazelluläre Säurevergiftung bestätigt.

Die Vielartigkeit der Beziehungen der physikalischen Chemie zur allgemeinen Pathologie läßt sich zurzeit am besten beim Herausarbeiten einer **Physikochemie der Entzündung** darlegen. Es werde dabei ein Gesamtbild hier wiedergegeben, wie es sich dem Verfasser bei oft wiederholter Bearbeitung[2]) allmählich zu einem Ganzen geformt hat.

Eine Entzündung pflegt da zu entstehen, wo ein belebter oder unbelebter Fremdkörper oder wo eine chemische oder physikalische Schädigung als „entzündliches Agens" einwirkt. Eine physikochemische Analyse der Minimalbedingungen, welche von diesem „Agens" erfüllt sein müssen, um eine Entzündung herbeizuführen, ist noch nicht in Angriff genommen. Kolloidveränderungen des Zellprotoplasmas werden wahrscheinlich bei den sämtlichen, voneinander so verschiedenen „entzündlichen Agentien" den ersten gemeinsamen Folgezustand der Einwirkung auf das Gewebe darstellen. Doch wie dem auch sei, wenn einmal die entzündliche Schädigung im Gewebe gesetzt ist, beginnt das klinische und mikroskopische Bild der Entzündung mit einer — anscheinend durch vasomotorische Nervenreizung vermittelten — Hyperämie des affizierten Bezirkes. Die Hyperämie pflegt

[1]) Das Phosgengas ist dichlorierte Kohlensäure von der Formel $COCl_2$.
[2]) Vgl. H. Schade, München. med. Wochenschr. 1907, Nr. 3, 18; Zeitschr. f. experim. Pathologie u. Therapie **11**, 369 (1912); Jahreskurse f. ärztliche Fortbildung 1913, III, 76; 1921, III, 22; Zeitschr. f. die ges. exp. Medizin **24**, 11 (1921).

bald die für die Entzündung charakteristischen Besonderheiten anzunehmen: in den Gefäßen füllt sich die plasmatische Randzone mehr und mehr mit Leukozyten; man sieht, daß diese „wie durch Klebrigkeit" wandständig haften bleiben und dann weiterhin, durch sogenannte „Chemotaxis" gelockt, eine Wanderung durch die Gefäßwand antreten nach dem Ort hin, von dem die entzündungserregende Wirkung ausgeht. Schon diese einleitenden Vorgänge der Entzündung stellen der physikalischen Chemie wichtige Fragen zur Beantwortung. Relativ einfach erscheint das Problem des wandständigen Haftenbleibens der Leukozyten[1]). Solches abnorme Haften der weißen Blutzellen an der Gefäßwand ist als mechanische Folge einer geringen Kolloidänderung gut verständlich: ein artgleicher Vorgang resultiert stets, wenn durch Änderungen im Flüssigkeitsmilieu die Oberflächenspannung irgendwelcher sich berührender korpuskulären Gebilde herabgesetzt wird. Die Schlußfolgerung ist berechtigt, daß ebenfalls bei der Entzündung eine analoge Kolloidbeeinflussung an den Leukozyten, vielleicht zugleich auch an den Gefäßendothelien statthat. Ganz erheblich komplizierter ist der Vorgang der sodann eintretenden chemotaktischen Wanderung der Leukozyten. Die Lösung des bereits vielfach bearbeiteten Problems der Chemotaxis hat physikochemisch die Analyse der Zusammenhänge zwischen der amöboiden Bewegung und den kolloidchemischen Oberflächenerscheinungen an der Zelle zur Voraussetzung. Nur ganz allgemein sei zur Charakterisierung der Forschungsrichtung dieses Gebietes hier angeführt, daß auch die lebenden amöboiden Zellen in gewisser Analogie z. B. zu Flüssigkeitstropfen unter Betätigung der Oberflächenkräfte dorthin wandern, von woher ihnen Substanzen entgegenströmen, welche die Grenzflächenspannung ihrer Oberflächenschicht herabsetzen. Zum eingehenden Studium der hier liegenden, sehr interessanten Fragen sei besonders auf die umfassenden Arbeiten von L. Rhumbler[2]) und anderen[3]) verwiesen. Wenn auch vorerst noch keine Klärung des Problems der Chemotaxis erreicht wurde, so ist es doch für das physikochemische Gesamtbild der Entzündung wichtig, daß selbst ein derartig vital-zellulärer Vorgang wie die entzündliche Emigration der Leukozyten in seinen Ursachen aufs engste an physikochemische Zustandsänderungen gebunden ist.

Für die Ausbildung der Entzündung ist weiterhin eine Gefäßwandveränderung im Sinne einer erhöhten Permeabilität charakteristisch, die sich in schweren Fällen sogar bis zur Durchlässigkeit für rote Blutkörperchen steigern kann. Diese abnorme Durchlässigkeit der

---

[1]) Schon normal geschieht eine Vorwärtsbewegung der Leukozyten in der von den roten Blutkörperchen freigelassenen „plasmatischen Randzone" des Blutstromes. Bereits 1868 hat Schklarewski die richtige physikalische Erklärung gegeben: Spezifisch schwerere Körper stellen sich in strömenden Flüssigkeiten (z. B. auch in Glasröhren) zentral ein, die spezifisch leichteren (wie die Leukozyten im Vergleich zu den Erythrozyten) rücken in die Randzone des Stromes, wo die Fortbewegung am langsamsten ist.

[2]) Siehe namentlich die zusammenfassende Abhandlung: Das Protoplasma als physikalisches System in den Ergebnissen der Physiologie **14**, 474—617.

[3]) Vgl. z. B. U. Friedemann u. A. Schönfeld, Biochem. Zeitsch. **80**, 312 (1917).

Gefäßwände wird zur Ursache der „Exsudation": vom Blutserum her füllt sich das Entzündungsgebiet mit einer stark eiweißhaltigen Flüssigkeit auf. Die Exsudate sind chemisch von den nichtentzündlichen Flüssigkeitsaustritten, den Transsudaten, außer durch die größere Menge der Eiweiße auch durch die Art derselben charakteristisch unterschieden. Namentlich sind bei der Entzündung die Globuline gegenüber den Albuminen stark vermehrt: bei den Transsudaten beträgt das Verhältnis etwa 1:2,5 bis 4, bei den Exsudaten dagegen 1:0,5 bis 2. Der charakteristische Unterschied läßt sich am prägnantesten dahin angeben, daß beim Transsudat bevorzugt die Albumine austreten, beim Exsudat dagegen nicht nur summarisch mehr Eiweißstoffe, sondern zudem neben den Albuminen stets auch eine im Verhältnis viel größere Menge von Globulinen. Es hat sich zeigen lassen, daß es ganz vorwiegend physikochemische Besonderheiten sind, welche diesen Unterschied in der chemischen Zusammensetzung der Flüssigkeiten hervorbringen. Nach A. Oswald[1]) ordnen sich die einzelnen Eiweißarten nach Menge und Häufigkeit ihres Austritts bei der Entzündung zu der Reihe: Albumin $>$ Globulin [Euglobulin $>$ Pseudoglobulin] $>$ Fibrinogen; der Durchtritt ist nach A. Oswald um so leichter, je weniger „viskös" die Eiweißart ist. Nach H. Bechhold[2]) entspricht diese Reihe der Abstufung im Diffusionsvermögen durch kolloide Membranen. Die Gefäßwand bei der Transsudatbildung und die Gefäßwand bei der Entzündung verhalten sich zueinander wie zwei Ultrafilter[3]) verschiedener „Porengröße". Das dichtere Filter läßt fast nur die am leichtesten diffusiblen Eiweiße, die Albumine durchtreten, das mehr gelockerte Filter der entzündlichen Gefäßwand läßt aber nicht nur überhaupt mehr Eiweiß hindurch, sondern gewährt auch neben den Albuminen den schwerer diffundierenden Eiweißarten, den Globulinen und auch dem Fibrinogen den Durchtritt. Mit dieser physikochemischen Erklärung steht die klinische Beobachtung im besten Einklang, daß in Flüssigkeitsaustritten wohl Albumin allein, nie aber Globulin oder Fibrinogen ohne Albumin gefunden wird.

Unter den einleitenden Vorgängen der Entzündung sind uns hier drei physikochemische Besonderheiten begegnet, das Klebrigwerden der Leukozyten, ihre „chemotaktische" Heranbewegung zum Herd der Entzündung und die erhöhte Durchlässigkeit der kolloiden Gefäßwand. Es muß auffallen, daß alle drei Vorgänge physikochemisch von gleicher Richtung sind. Sowohl die Verminderung der Oberflächenspannung in den beiden ersten Fällen als auch die Durchlässigkeitssteigerung der Gefäße bedeutet eine Abartung des Kolloidzustandes in soloidem Sinne. Es liegt nahe, eine gemeinsame Ursache dieser drei bei der Entzündung stets vergesellschafteten Vorgänge zu vermuten, wie sie etwa in dem Auftreten von Stoffen mit soloider (vgl. S. 85) Wirkung gegeben wäre[4]). Die einfachste Annahme wäre, daß als Folge der entzündungserregenden Schädigung Sub-

---

[1]) Zeitschr. f. experim. Pathologie u. Therapie **8**, 226 (1910).

[2]) Biochem. Zeitschr. **6**, 397 (1907) u. Zeitschr. f. phys. Chemie **60**, 257 (1907).

[3]) Vgl. Teil III.

[4]) Vergl. hierzu die Ergebnisse der Untersuchung mit der Goldsolreaktion O. Grütz, Arch. f. Dermatologie u. Syphilis **139**, 450, 451. 1922.

stanzen (etwa autolytische Fermente[1])) frei würden, unter deren Einwirkung die Eiweiße zu Stoffen stärkerer Wasserbindung umgewandelt würden. Denkt man sich derart soloid wirkende Substanzen vom Entzündungsherd aus zentrifugal diffundierend, so könnten sie sehr wohl eine einheitliche Ursache für die einleitenden Prozesse der Entzündung geben: sie könnten die Gefäßwand lockern, die Leukozytenklebrigkeit erhöhen und den Leukozyten chemotaktisch die Wegrichtung zum Entzündungsherd vermitteln. Solche Anschauung erscheint ansprechend und mag sich vielleicht als Arbeitshypothese bewähren[2]).

Auf der oben gezeichneten Grundlage, der lokalen Hyperämie, der gesteigerten Gefäßdurchlässigkeit, der vermehrten Kolloidverflüssigung und der Masseneinwanderung der Leukozyten baut sich der weitere physikochemische Ablauf der Entzündung auf. In den Vordergrund der Erscheinungen tritt die lokale Steigerung des Gewebstoffwechsels, die in der „Autolyse des Eiters" einen chemisch so hervortretenden Vorgang darstellt, daß er schon frühzeitig die Aufmerksamkeit der Untersucher auf sich gelenkt hat. Die einwandernden Leukozyten, namentlich die polynukleären, tragen reichlich Fermente, welche zu tiefgreifendem Abbau befähigen, dem Entzündungsherd zu. Mikroskopisch sichtbar schmilzt die Gewebstruktur ein. Es werden Albumosen und Aminosäuren sowie andere Abbauprodukte der Eiweiße gebildet, selbst die Ammoniakentstehung ist in beträchtlicher Menge gefunden[3]). Lipasen und glykolytische Fermente besorgen eine gesteigerte Aufspaltung[4]) von Fetten und Zuckern, und schließlich wirkt auch die Vermehrung der Oxydasen zusammen mit dem in den hyperämischen Gefäßen reichlich zuströmenden Sauerstoff günstig für die beschleunigte Verbrennung der so entstehenden Produkte.

Große Moleküle werden durch fortgesetzte Spaltung in kleine Bruchstücke zersplittert, oft dabei ursprünglich kolloide Substanzen in molekular- resp. ionendispers lösliche Stoffe umgewandelt. Solche Vermehrung der Lösungsteilchen ist osmotisch von größter Bedeutung[5]). „Die osmotische Hypertonie des Entzündungsherdes ist ein sehr wesentliches Symptom im Bilde der Entzündung" (H. Schade[6]) 1907). Um eine Vorstellung vom Einfluß des Stoffwechsels auf den osmotischen Druck zu geben, ist die folgende Betrachtung geeignet. Da für den osmotischen

[1]) Für die Proteasen ist z. B. solche Wirkung mit Eintritt einer vermehrten Quellung am Kollagen und Fibrin experimentell bewiesen. F. Edler u. W. Gies, Biochem Bulletin **1**, 540 (1912).

[2]) Sie stünde in gutem Einklang zu den bekannten Beobachtungen (s. unten), daß Kalzium durch seine kolloidverfestigende Wirkung die Intensität dieser Vorgänge herabsetzt, sowie zu der klinischen Erfahrung, daß mit höherem Alter die Neigung zur Entzündung (auch z. B. auf chemische Wirkungen hin, bei denen Immunvorgänge nicht in Betracht kommen) zurückgeht.

[3]) Zeitschr. f. klin. Medizin **35**, 389 (1898). H. Winterberg.

[4]) Einige chemische Befunde (Glykogen in den Leukozyten usw.) machen das gleichzeitige Vorkommen einer Steigerung von synthetischen Vorgängen wahrscheinlich.

[5]) Umgekehrt gibt aber auch wiederum das Maß der osmotischen Drucksteigerung bei der Entzündung einen wichtigen Rückschluß auf die Höhe des Stoffwechselanstiegs bei der Entzündung (siehe unten).

[6]) Münchener med. Wochenschr. 1907, Nr. 18.

Druck nur die Zahl der gelösten Teilchen bestimmend ist, so würde einer einmaligen Spaltung aller gelösten Bestandteile eine Verdopplung des osmotischen Druckes entsprechen. Weil aber die Spaltungen tiefer gehen und oftmals z. B. aus dem Eiweiß Aminosäuren und Ammoniak entstehen, so ist sicher mit Prozessen noch stärkerer osmotischer Drucksteigerung zu rechnen. Falls man hypothetisch zur Grundlage nimmt, daß aus dem Eiweiß im Durchschnitt Produkte von der Molekülgröße des Harnstoffs (Molekulargewicht 60) entstünden, so würde eine solche Umsetzung bei einem Molekulargewicht des Eiweißes von 15000, noch ungerechnet aller Ionenbildung, bereits das Entstehen von 250 Lösungsteilchen aus nur einem einzigen ergeben. Folgendes ist zahlenmäßig erweislich. Wenn eine akute Entzündung, wie z. B. beim Furunkel, einen umschriebenen Komplex von Zellen befällt, so versagt gegenüber der intensiven Steigerung des Stoffwechsels die lokale osmotische Regulierung und es kommt im Zentrum der Entzündung, wie sich am Eiter messen läßt, statt des normalen Gefrierwertes $\Delta = 0{,}55$—$0{,}58^0$ zu örtlichen Hypertonien, die sich in Gefrierpunktserniedrigungen von $\Delta = 0{,}6$—$0{,}8$, ja bis zu $1{,}4^0$ bewegen. Bei Umrechnung des Druckes in Atmosphären sind sonach die Zellen des Entzündungsgebietes statt einem normalen Lösungsdruck von 7,5 bis 7,9 Atmosphären einem solchen von 8 bis 11, im extremen Fall bis 19 Atmosphären ausgesetzt. Die Figur 9, welche der oben zitierten Arbeit des Verfassers entlehnt ist, mag im einzelnen diese osmotischen Verhältnisse der Entzündung veranschaulichen.

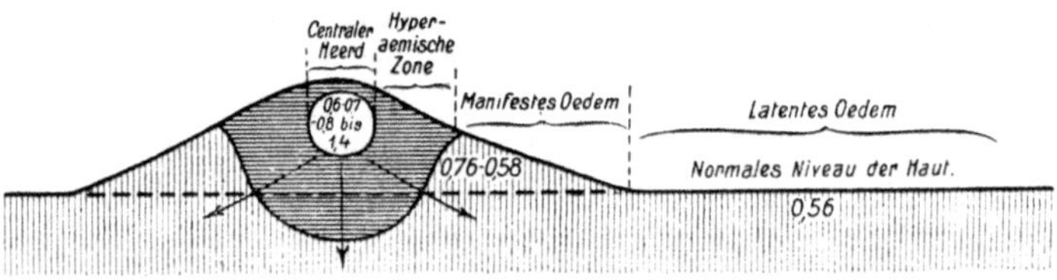

Fig. 9.
Die osmotische Hypertonie der Entzündung.

Im Zentrum, in dem sich bildenden Eiterherd des Furunkels, sehen wir den osmotischen Druck auf seiner maximalen Höhe mit den oben genannten Werten der Gefrierpunktserniedrigung. Die sich zunächst anschliessende hyperämische Zone ist schwer einer einheitlichen osmotischen Messung zugängig, da arterielles Blut, Gewebsflüssigkeit und venöses Blut hier experimentell nicht gut zu trennen sind. Für die weitere Zone des „manifesten Ödems" geben dagegen die Werte am „entzündlichen Serum" ein Maß, sie bewegen sich noch bis zu Höhen, die eine starke osmotische Überschwemmung dieses Gebietes beweisen. Als letzte Zone ist in der Peripherie eine solche der „latenten" Störung gekennzeichnet, um anzudeuten, daß selbst dort, wo der osmotische Druck bereits normal und ein Ödem nicht mehr wahrnehmbar ist, noch partielle Konzentrationsabweichungen durch die Entzündung gegeben sind. Die Elastometrie hat die Abweichung dieser peripheren Zone vom Normalzustand kolloidchemisch bestätigt[1]). Mit ihrem „osmotischen Druckgefälle" greift somit die Entzündung von ihrem Zentrum aus allseits weit in das Gewebe hinein, sicherlich erheblich über die Grenze desjenigen Bezirks hinaus, der uns mikroskopisch als verändert bekannt ist. Dabei verdient es besondere Betonung, daß die durch Messung zu erhaltenen Zahlen des osmotischen Druckes nicht etwa ein Maß für die überhaupt stattfindende Molekülvermehrung geben, sondern lediglich den trotz der Ausgleichsbestrebungen des Körpers noch lokal verbleibenden Überschuß anzeigen. Man hat sich im ganzen Gebiet der Entzündung ein ständiges zentrifugales Abströmen gelöster Substanzen und gleichzeitig ständiges zentripetales Zuströmen neuer, niedriger-konzentrierter Lösungsflüssigkeit vorzustellen. Keine Statik der Verhältnisse ist gegeben, vielmehr ein äußerst lebhaft bewegtes Flüssigkeitssystem, bei dem sich Diffusion, Dialyse und Osmose in buntem Nebeneinander, speziell auch extravaskulär im Paraplasma, beteiligen. Der Entzündungsherd ist das Zentrum eines ständig sich erneuernden Abstroms von stark hypertonischer Lösung in das Gebiet der normalen Isotonie. In einem ähnlichen Sinne, wie es für die Wasserverhältnisse an den Flußmündungen bei dem stets sich erneuernden Zusammentreffen des salzreichen Meerwassers mit dem salzärmeren Flußwasser gilt, wird daher auch bei der Entzündung von einem Statthaben „osmotischer Stürme" zu sprechen sein.

Wenn künstlich irgendwo im Gewebe durch Injektion einer konzentrierteren, sonst indifferenten Lösung ein hypertonischer Herd gesetzt wird, so findet, bevor noch merklich die resorptive Aufsaugung beginnt, ein lebhafter Zustrom von Flüssigkeit statt; der hypertonische Bezirk schwillt im rein physikalischen Bestreben des Ausgleichs der osmotischen Differenzen stark an[2]). Dieses von den osmotischen Gesetzen geforderte Zuströmen gilt in gleicher Weise für den hypertonischen Herd der Entzündung. Die entzündliche Hypertonie wird zur Ursache einer Schwellung und nimmt sonach in wesentlichem Betrage — denn noch andere Vorgänge wie die Exsudation, die Masseneinwanderung der Leukozyten und Quellungen kolloider Art (s. unten) wirken im gleichen Sinne — Anteil am Zustandekommen eines der alten klinischen Kardinalsymptome der Entzündung, des „Tumors". Dabei ist eine prinzipielle Überlegung zum Verständnis des osmotischen Verhaltens der Zellen gegenüber der hypertonischen Außenlösung nützlich. Die Hypertonie ist immer ein relativer Begriff. Sehen wir in einem hypertonischen Bezirk die Zellen osmotisch schrumpfen, so darf man folgern, daß der osmotische Druck in den Zellen geringer war als in der Außenlösung. Da man über die Pathologie des osmotischen Druckes in den Zellen noch nicht unterrichtet ist, so ist es angemessen, bei der Entzündung auch die Möglichkeit einer primären Hypertonie des Zellinnern offen zu lassen. Eine aus innerer Ursache hypertonisch gewordene Zelle aber könnte sehr wohl auch in einer hypertonischen Außenlösung noch osmotisch schwellen und zwar immer dann, wofern die Hypertonie des Zell-

[1]) H. Schade, Zeitschr. f. experimentelle Pathologie u. Therapie **11**, 369 (1912).

[2]) Vgl. namentlich die schönen Untersuchungen von Wessely, Arch. f. experim. Pathologie u. Pharmakologie **49**, 412 (1903).

innern die Hypertonie der Außenflüssigkeit übertrifft. Diese Betrachtung[1]) hat deshalb einen Wert, weil die Zellen bei der Entzündung sehr häufig trotz der Außenhypertonie im Zustand der Schwellung angetroffen werden. Man könnte vermuten, daß es sich bei den geschwollenen Zellen um aktiv an der Entzündung beteiligte Zellen handelt, die durch die starke Stoffwechselsteigerung ihres Innern die osmotische Konzentration ihres Protoplasmas noch über diejenige der Außenflüssigkeit erhoben haben[2]); sie wären gewissermaßen als kleine Zentralherde der Entzündung anzusprechen; alle schrumpfenden Zellen der Entzündung würde man demgemäß als mehr passiv betroffen betrachten. Aber das Problem liegt noch erheblich komplizierter. Kolloidchemische Quellungen greifen sicher hinein, wenn sie auch vorerst noch im einzelnen weder nach Art noch nach Umfang übersehbar sind.

Die osmotische Schwellung des Gewebes hat weitere wichtige Besonderheiten für die Entzündung im Gefolge. Zunächst ist die Blutzirkulation weitgehend von den Unterschieden der Gewebschwellung abhängig. J. Demoor[3]) hat an überlebenden Organen, namentlich an den Nieren den Einfluß untersucht, welchen die Durchspülung mit hypo- und hypertonischen Lösungen auf die Geschwindigkeit des Blutabflusses aus den Venen ausübt. Seine Resultate sind äußerst lehrreich. Ließ er hypotonische (0,6—0,7% NaCl)-Lösungen durchspülen, so wurde die Niere hart und blaß; zwischen den Fingern gedrückt läßt sie keinen Tropfen Flüssigkeit austreten; die Zellen der Niere sind deutlich angeschwollen und die Lumina sowohl der harnführenden Kanälchen als auch der Gefäße zusammengedrückt; der Ausfluß des Blutes aus den Venen ist beträchtlich verlangsamt. Bei hypertonischen Lösungen (1,1—1,2% NaCl) ergab sich ein gerade entgegengesetztes Resultat. Überträgt man diese Ergebnisse auf das Problem der Entzündung, wo ,wie oben gezeigt, ebenfalls ein osmotischer Schwellungszustand des intravaskulären Gebietes, resp. dessen Einzelzellen besteht, so ist damit eine physikochemische Ursache der für die Entzündung charakteristischen Stromverlangsamung unserm Verständnis erschlossen. Die zunehmende Schwellung der Gewebsmasse wirkt komprimierend auf das Gefäßsystem, dort mit dem größeren Erfolg, wo, wie in den Venen und Kapillaren, der Gefäßinnendruck den geringeren Widerstand leisten kann. Wie Glieder einer Kette schließen sich die Vorgänge hier aneinander: die lokale Stoffwechselsteigerung schafft die Hypertonie des Gewebes, diese bringt osmotisch die Schwellung zuwege, die Schwellung wiederum verlegt

[1]) Selbstverständlich gilt diese Betrachtung nur für die Endzustände der osmotischen Wirkung. Darauf, daß vorübergehend infolge verschiedener Wanderungsgeschwindigkeiten der einzelnen durchtretenden Lösungsteile scheinbare Abweichungen vom Gesetz der Osmose entstehen können, ist schon oben S. 15 verwiesen. Auch wird bei Obigem nicht vergessen, daß gelegentlich kolloide Besonderheiten die osmotischen Gesetze überkompensieren können.

[2]) Beobachtungen über Steigerungen des intrazellulären osmotischen Druckes liegen mehrfach vor; vgl. Korànyi u. Richter, Physikalische Chemie und Medizin 1907, Bd. I, S. 537 usw. Doch sind Messungen solcher Art im ganzen sehr unsicher.

[3]) Arch. internat. de Physiologie IV. 3, 340 (1906); zitiert nach F. Botazzi in v. Korányi und Richter l. c. I, 541—542.

dem Blutstrom den Abfluß und ruft trotz der arteriellen Hyperämie erst eine einfache Stromverlangsamung der Venen, dann Stasen und im extremen Fall, namentlich bei Einschluß der Entzündung durch starre Gewebswände, eine allgemeine Nekrose infolge der schließlich auch auf das arterielle System übergreifenden Zirkulationshemmung hervor[1]. Manche kolloidchemischen Vorgänge der Quellung (siehe unten) wirken dabei im Sinne der mechanischen Zirkulationsbehinderung unterstützend.

Je mehr die Blutbahn infolge solcher Abflußsperrung an Bedeutung verliert, um so wichtiger wird zum Ausgleich des osmotischen Druckes der paraplasmatische Raum mit seiner Einmündung in die Lymphbahnen. Schon bei der physiologischen Hypertonie der Gewebe unter dem Einfluß der Funktion ist die Lymphbildung und der Lymphabstrom erheblich gesteigert[2]; „die unter dem Turgeszenzdruck der Organe stehende Flüssigkeit entweicht mitsamt den Stoffwechselprodukten in Richtung des kleinsten Widerstands in die Lymphgefäße" und die abfließende Lymphe zeigt einen höheren osmotischen Druck als das Serum des Blutes[3]. (Vergl. Näheres S. 174).

Als eine extreme Steigerung solchen Vorgangs scheint die ganz auffallende Beteiligung des Lymphapparates an der Entzündung gut verständlich. Je höher im Entzündungsherd der Turgeszenzdruck[4], um so häufiger und stärker wird auch klinisch ceteris paribus die Miterkrankung von Lymphbahnen und Lymphdrüsen gefunden. Eine ausgiebige Inzision mit mechanischer Entspannung des Entzündungsherdes ist das beste Mittel, die Lymphdrüsen von ihrem Zustrom zu entlasten und sie vor drohender Vereiterung zu bewahren.

Wie H. Schade mit P. Neukirch und A. Halpert nach Schaffung einer Methode der H-Ionenmessung am Lebenden haben zeigen können[5], geht die Entzündung, ähnlich wie hinsichtlich der osmotischen Konstanz, so auch hinsichtlich der H-OH-Isoionie mit schweren Störungen einher. Der osmotischen Hypertonie ist eine H-Hyperionie als gleichwichtiges physikochemisches Symptom der Entzündung an die Seite getreten. Die Art ihrer Entstehung ist gut übersehbar. Aus derselben Ursache, welche die Hypertonie erzeugt, d. h. aus der starken örtlichen Steigerung des Stoffwechsels in abbauender Richtung resultiert im entzündlichen Bezirk zugleich auch eine Überschwemmung mit Substanzen sauren Charakters. Während bei der normalen Säureproduktion der Zellen die örtliche Gewebspufferung zusamt dem Abstrom nach den Gefäßen ausreicht, um die Reaktion

[1] Die osmotischen Druckkräfte (normal = 7,5—7,9; pathologisch 8—11—19 Atmosphären bei der Entzündung) sind, soweit sie bei der Entzündung mit ihren lokalen Differenzen mechanisch zur Wirkung gelangen können, dem Blutdruck in den Venen und Kapillaren und selbst in den Arterien (z. B. 126 mm Hg = $^1/_6$ Atmosphäre) weit überlegen.

[2] Vgl. z. B. R. Höber, Physik. Chemie der Zelle und Gewebe, l. c. 637—639.

[3] Hamburger, Zeitschr. f. Biologie **30**, 143 (1893).

[4] = dem aus der zellulären Einwanderung, aus der osmotischen Schwellung und aus der kolloidchemischen Quellung (s. unten) bei den gegebenen Strukturverhältnissen summarisch resultierenden mechanischen Innendruck des Gewebes.

[5] Zeitschr. f. d. ges. experim. Medizin **24**, 11 (1921); ferner Verhandl. d. deutsch. Kongresses für innere Medizin. Wiesbaden 1921. S. 383. Kurze Einführung in die genannte Methode siehe dieses Buch Teil III.

des Gewebssaftes alkalisch zu erhalten, macht sich bei der Entzündung sehr bald eine örtliche Insuffizienz dieses Ausgleichs bemerkbar. Die Größe der bei der Entzündung gefundenen H-Ionenverschiebungen ist aus der folgenden Abbildung ersichtlich[1]):

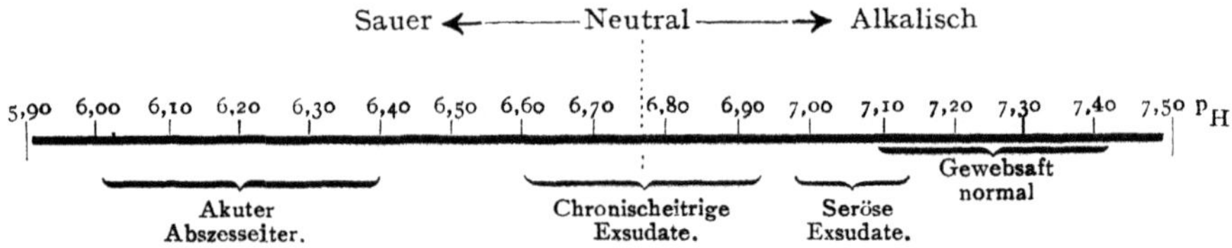

Fig. 10.

Man erkennt deutlich, wie mit steigender Intensität der Entzündung (seröse Exsudate — chronisch-eitrige Exsudate — akuter Abszeßeiter) die H-Ionenwerte zunehmend mehr sich vom Normalwert des Gewebsaftes entfernen, um bei den schwereren Graden der Entzündung sogar völlig ins Gebiet des Sauren hinüberzurücken. Das Maximum solcher Veränderung bietet der akute Abszeßeiter. Bei ihm kann sich die Konzentration der H-Ionen bis etwa zum 50fachen Wert gegenüber der Normalisoionie steigern; solcher Eiter zeigt dann auch bei der Prüfung mit Neutralrot deutlichst saure Reaktion. Bei minder hochgradiger Entzündung ist die Azidose geringer, doch ist sie stets bei den eitrigen Entzündungen eindeutig vorhanden, meist sogar bei geeigneten Kautelen (d. h. bei Verhütung eines CO_2-Verlustes) selbst mit Hilfe der einfachen Indikatorenprüfung noch feststellbar. Diese Azidose geht zurück mit Abklingen der Entzündung. Auch ist räumlich für die H-Hyperionie ein deutliches Gefälle vom Zentrum nach der Peripherie des Entzündungsgebietes vorhanden, wie es die folgende Abbildung nach den Messungen Schades und seiner Mitarbeiter zu zeigen vermag:

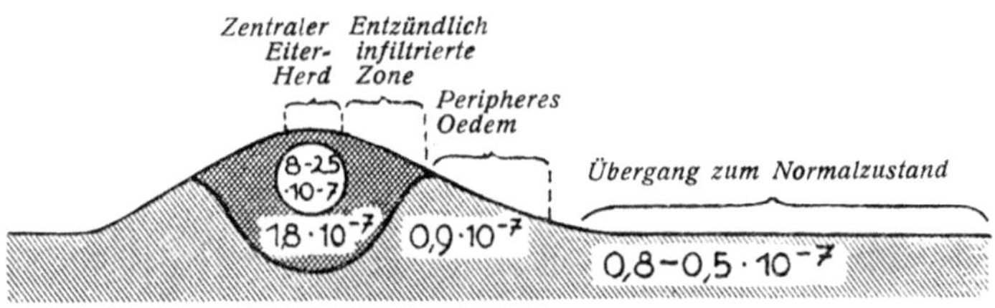

Fig. 11.
Die H-Hyperionie der Entzündung.

Die Analogie zum Verhalten der osmotischen Hypertonie liegt klar zutage. Auch bei der H-Hyperionie ist das vorstehende Bild nicht der Ausdruck eines Zustands der Ruhe; solche Abbildung kann nur die Lage eines Gleichgewichtes fixieren, wie es jeweils für eine gegebene Zeit aus dem Gegeneinanderwirken des Säurezustroms einerseits und der Säurebindung

[1]) Näheres siehe Schade, Neukirch u. Halpert (vorstehende Anmerkung.) Über die Bedeutung von pH vergleiche dieses Buch S. 159, sowie Teil III.

im Gewebe sowie der Säureabfuhr in den Blutbahnen andererseits zustande kommt.

Dabei ist sehr bezeichnend, wie der Herd der Azidose sich im jeweiligen Bindungsvermögen des Gewebsaftes für die Kohlensäure wiederspiegelt. Die entzündliche Stoffwechselsteigerung mit Vermehrung der organischen Säuren führt zunächst zu einer Gewebsaftsäuerung von der Art einer „kompensierten Azidose": in einem ersten Stadium werden lediglich die vorhandenen Pufferreserven beschlagnahmt, es kommt ähnlich wie beim Blut (vergl. S. 163) auch beim Gewebsaft zu einer einfachen Abnahme des „festgebundenen" CO_2-Anteils. Die Breite solcher kompensierten Azidose ist aber bald überschritten. Bereits bei den serösen Exsudaten (siehe oben Fig. 10) wird ein Ansteigen der H-Ionenkonzentration merklich; beim eitrigen Exsudat und mehr noch bei der Gewebseinschmelzung im Gebiet der eitrigen Entzündung selber tritt in der sauren Reaktion die nicht mehr kompensierte Azidose zutage. Hiermit aber zugleich geht dem Gewebe die Fähigkeit der chemischen (d. h. „festen") Bindung für die Kohlensäure verloren und es bleibt nur noch ein vorwiegend physikalisch absorbierter (d. h. „lockerer") CO_2-Anteil im Gewebe vorhanden. Die folgende Abbildung, welcher die chemischen Analysen von A. Ewald[1]) zu Grunde gelegt sind, möge auch dieses Verhalten illustrieren:

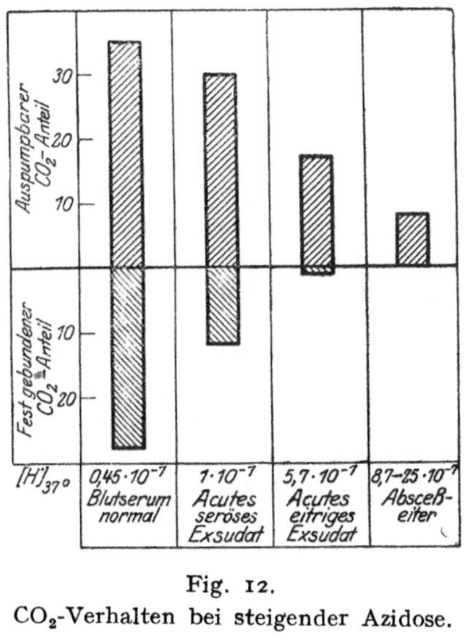

Fig. 12.
CO_2-Verhalten bei steigender Azidose.

Solche Aufstellung läßt sehr deutlich ersehen, daß mit steigender Azidose die Abnahme des CO_2-Bindungsvermögens ganz besonders am festgebundenen CO_2-Anteil in die Erscheinung tritt. Das relative Hochbleiben der locker gebundenen CO_2-Menge hat vor allem darin seinen Grund, daß die Kohlensäurespannung im Entzündungsherd stark ansteigt, im akut eitrigen Exsudat, z. B. etwa das Drei- bis Vierfache des Normalen beträgt[2]). Entzündungsherde sind sonach trotz ihres Mangels der chemischen CO_2-Bindung als unter hohem CO_2-Druck stehend zu betrachten. Erst wenn die Azidose zurückgeht, kehrt die Fähigkeit der normalen Art der CO_2-Bewältigung wieder.

Es ist mehr als wahrscheinlich, daß bei der Entzündung auch Änderungen der Na-K-Ca-Isoionie beteiligt sein werden[3]). Doch lassen

[1]) Arch. f. Anatomie, Physiologie u. wissenschaftl. Medizin, Jg. 1873, 663 und Jg. 1876, 422. Vgl. hierzu auch Schade, Neukirch und Halpert. l. c. S. 45—49.

[2]) Vgl. H. Schade, P. Neukirch u. A. Halpert l. c. (auf Grund der Versuche von A. Ewald).

[3]) Nach einer Analyse von Lassar (Virchows Arch. **69**, 530. 1877) scheint besonders eine Vermehrung des K wahrscheinlich. Doch ist nicht sicher zu entscheiden,

sich zurzeit noch keine sicheren Angaben machen. Schon heute aber steht fest, daß auch, abgesehen von der Azidose, die Milieubeschaffenheit des entzündlichen Serums (durch Anwesenheit abnormer organischer Salze speziell auch N-haltiger Stoffe usw.) sehr wesentlich vom Normalgewebsaft verschieden ist.

Aber auch die letzte für das Zelleben wichtige Körperkonstanz, die Isothermie wird von der Entzündung betroffen. Man pflegt zumeist die ,,Hitze" des Entzündungsherdes als eine einfache Folge der vermehrten Blutdurchströmung zu betrachten. Physikochemisch aber ist zweifellos, daß auch die starke Steigerung des Chemismus, wie sie sich am schärfsten im Maß der osmotischen Hypertonie ausprägt, mit einer lokal vermehrten Wärmebildung einhergeht. Die Hyperthermie, die H-Hyperionie und die osmotische Hypertonie der Entzündung haben somit sämtlich die gleiche Quelle.

Es ist wichtig, in diesem Zusammenhang auf das unterschiedliche Verhalten der heißen und kalten Abszesse zu verweisen. Eine abnorme Steigerung des abbauenden Stoffumsatzes ist sicherlich auch bei den kalten Abszessen, z. B. der Tuberkulose vorhanden. Aber sie macht sich in solch gemäßigtem Tempo geltend, daß eine Insuffizienz der lokalen Regulierung nicht entfernt im gleichen Maße wie bei den heißen Abszessen zur Ausprägung kommt. Dies gilt bezeichnenderweise nicht nur für die Wärme; derselbe Unterschied im Verhalten tritt auch bei der Regulation der Isotonie und der H-OH-Isoionie aufs deutlichste zutage. Die Abszesse der exquisit chronischen Entzündungen sind in ihrer reinen Form nicht nur nicht heiß, sie sind auch nicht hypertonisch[1]) und ebenso auch nicht oder nur äußerst wenig azidotisch[2]) und sie sind schließlich, wie unten noch näher zu erörtern sein wird, im Zusammenhang hiermit auch nicht schmerzend. Im physikochemischen Sinne ist die wesentlichste Ursache dieses unterschiedlichen klinischen Verhaltens im Zeitfaktor der Prozesse gegeben (H. Schade).

Von den alten Kardinalsymptomen der Entzündung wurde im vorstehenden der Rubor[3]), Tumor und Kalor in physikochemischer Beleuchtung gezeigt. Aber auch die beiden noch fehlenden klassischen Merkmale der Entzündung stehen in engstem Zusammenhang zu den hier besprochenen physikochemischen Änderungen. Auch für die Functio laesa bedeutet jene Störung der normalen Konstanzen die Grundlage zu vertieftem Verständnis. Schon die osmotische Hypertonie gibt einen gewichtigen Grund für schwere Störungen der Zellfunktion. Es ist nützlich, sich zunächst das Maß zu vergegenwärtigen, in dem die Zellen durch die bei der Entzündung vorkommenden osmotischen Abweichungen morphologisch verändert werden. Die Hämokritmethode nach Köppe[4]) hat sehr exakte

---

wie weit diese K-Vermehrung der Entzündungslymphe tatsächlich in der freien Flüssigkeit vorhanden war.

[1]) K. Ritter, Langenbachs Arch. 68, Heft 2; ferner Chirurgenkongreß 1902.

[2]) H. Schade, P. Neukirch und A. Halpert l. c.

[3]) d. h. die ihm zugrundeliegende Hyperämie mit ihren Besonderheiten (Leukozytenauswanderung, abnorme Gefäßwandpermeabilität, Stromverlangsamung).

[4]) siehe Teil III, S. 473.

Bestimmungen der Volumänderung der Zellen ermöglicht. Ein Beispiel für rote Blutkörperchen (nach Hamburger) sei hier eingefügt:

Osmotische Konzentration des umspülenden Mediums	Sedimentvolumen der roten Blutkörperchen
$\Delta = -0{,}56^0$ entsprechend dem normalen Serum resp. einer $0{,}9^0/_0$ NaCl-Lösung	41,0
$\Delta = -0{,}6^0 = 1^0/_0$ NaCl-Lösung	39,25
$\Delta = -0{,}9^0 = 1{,}5^0/_0$ NaCl-Lösung	33.5

Die beiden letztgenannten Konzentrationen ($\Delta = -0{,}6$ bis $-0{,}9^0$) fassen etwa die übliche Schwankungsbreite bei den Entzündungen zwischen sich; vom aufgefundenen Maximalwert $\Delta = -1{,}4^0$ bleiben sie noch weit entfernt und doch haben sie bereits Schrumpfungen der Zellen bis um fast $^1/_5$ ihres Volumens zur Folge. Auch der Zellkern nimmt an diesen Veränderungen teil[1]). Von großer Bedeutung ist die Dauer der Einwirkung. An empfindlichen Zellarten, z. B. den roten Blutkörperchen des Frosches, bewirkt schon eine Kochsalzlösung von $\Delta = -0{,}7^0$ nach drei Tagen eine ausgesprochene „Zerstücklung" des Zellinhalts[2]). Dystonische Schädigungen der Funktion sind daher bei dem osmotischen Überdruck im Entzündungsherd ohne weiteres verständlich. Besonders an den Leukozyten sind von Hamburger und Hekma wichtige vergleichende Messungen bezüglich der Funktion geliefert[3]): eine osmotische Veränderung des Serums um 10% setzte den Betrag der Phagozytose bereits um 17% herab. Aber die osmotische Dystonie der Gewebssäfte ist nur eine der Ursachen für die Zellschädigung bei der Entzündung. Die H-Hyperionie stellt sich ihr als gleichwichtige Ursache der Zellfunktionstörung an die Seite. Die Azidose der Entzündung ist so beträchtlich, daß aus ihr morphologisch eine „trübe Schwellung" der Zellen (vergl. die Untersuchungen von H. J. Hamburger[4]) und M. H. Fischer[5]) und ähnlich wahrscheinlich auch eine „fettige Degeneration" (vergl. M. H. Fischer[6])) hervorgehen kann, daß sie reaktionskinetisch zu schwersten Störungen im Ablauf der fermentativen Prozesse (vergl. Rona und Wilenko u. a.[7])) führen muß und daß sie in ihrem summarischen Effekt auf die Funktion der Zellen eine Lahmlegung bis Abtötung mit sich bringt. Wie sehr bis in die makroskopisch-klinischen Befunde hinein die Zellfunktionstörung durch die Azidose bei der Entzündung Beachtung erfordert, sei am Beispiel der Darmperistaltik als an einem Spezialfall er-

[1]) H. J. Hamburger, l. c. III. S. 7 und folgende.

[2]) Ebendort I, S. 180.

[3]) Biochem. Zeitschr. **3**, 88—108 (Hamburger und Hekma). Vgl. auch Hamburger, Physikalisch-chemische Untersuchungen über Leukozyten. Wiesbaden 1912. Verlag von J. F. Bergmann.

[4]) Hamburger, Osmotischer Druck und Ionenlehre, l. c. III, 50—54.

[5]) Kolloidzeitschr. **8**, 159 (1911).

[6]) M. H. Fischer und M. O. Hooker, Kolloidzeitschr. **18**, 242. (1916).

[7]) Biochem. Zeitschr. **62**, 1 (1914); vgl. L. Michaelis, Die Wasserstoffionenkonzentration. Berlin 1914.

erläutert. Die Peristaltik des Darms, gemessen an den rhythmischen Bewegungen des isolierten Kaninchendarms, zeigt ein Optimum der Motilität bei einer H-Ionenkonzentration $= 0{,}5 \cdot 10^{-7}$, also praktisch genau bei der Reaktion des Blutes; jede Abweichung von diesem H-OH-Ionenstand macht die Darmbewegung träger, bei $[H^{\cdot}] = 0{,}25 \cdot 10^{-5}$ erlischt die Bewegung und schon früh auf der Strecke vom Neutralpunkt bis zu dieser Grenze ist das Abflauen deutlich (Rona und Neukirch[1]). Die Azidose der Entzündung geht nach Schade, Neukirch und Halpert (l. c.) in akut eitrigen Exsudaten bis $0{,}25 \cdot 10^{-5}$, also voll bis zu jenem Wert, wo im Experiment das totale Versagen jeder Peristaltik gefunden ist. Selbst für derart ausgesprochen klinische Symptome, wie für das Sistieren der Peristaltik beim Ausbruch einer Peritonitis, wird daher die physikochemische H-Hyperionie als ursächliches Moment ihre Berücksichtigung erfordern.

Ebenfalls beim Dolor der Entzündung sind enge Beziehungen zu den physikalisch-chemischen Vorgängen gegeben. Isotonische Lösungen sind nach Schleich, Braun und anderen, wenn die Lösungsubstanzen nicht chemisch ätzend oder sonst angreifend wirken, bei der Injektion ins Gewebe schmerzlos; Abweichungen von der Isotonie nach oben oder unten rufen indes momentan einsetzend Schmerzen hervor, um so intensiver, je weiter sich der osmotische Druck der Lösung von der Druckkonstanz der Körperflüssigkeiten entfernt. Die Abweichung vom osmotischen Normaldruck ist sonach eine direkte Ursache des Schmerzes. Bei den „kalten Abszessen" (s. o.) wird in der Regel keine oder wenigstens keine erhebliche Erhöhung des osmotischen Drucks gefunden. Bezeichnenderweise pflegt ihnen auch der Schmerz zu fehlen. Neben der osmotischen Beeinflussung der Nerven kommt aber auch dem Turgeszenzdruck[2]) des Gewebes eine ausschlaggebende Rolle bei der Schmerzbildung zu. Insbesondere scheint dem Verfasser für die so häufige Nüanzierung des Entzündungsschmerzes zum „klopfenden Schmerz" die Berücksichtigung der rein mechanischen Druckverhältnisse wichtig und aufklärend. Von der Recklinghausenschen Manschette bei den Blutdruckmessungen her ist es bekannt, daß man an jeder Stelle einer pulsierenden Arterie das subjektive Gefühl des Klopfens hervorrufen kann, wenn man den Außendruck auf das Gefäß soweit steigert, daß er gerade dem auf der Gefäßwand lastenden durchschnittlichen Innendruck das Gleichgewicht hält. Die Gefäßwand ist sodann infolge des gegenseitigen Sich-Aufhebens des Innen- und Außendruckes maximal entspannt, ihre Ausschläge bei der Pulsation erreichen das Maximum und subjektiv stellt sich das Gefühl des „Klopfens" ein. Offenbar kann die entzündliche Steigerung der Gewebsturgeszenz es der Recklinghausenschen Manschette gleichtun. Bei einem bestimmten Grad der Steigerung des entzündlichen Gewebsdruckes, der sich am Finger z. B. oft erst nach Senken der Hand einstellt und dann bei Hochlagerung bald wieder verschwindet, geht die leisere kontinuierliche Schmerzempfindung in den stärkeren, sehr ausgesprochenen Klopfschmerz über. Besonders leicht tritt er auf, wo harte

[1]) Pflügers Arch. **148**, 273. (1912).

[2]) s. o. S. 103. Anmerkung 4.

Teile, wie ein Knochen oder der Nagel des Fingers das Ausweichen des geschwollenen Gewebes verhindern. Wenn die Gewebsturgeszenz genügt, um an den Arterien dem Innendruck das Gleichgewicht zu halten, muß die Zirkulation in den Kapillaren und Venen bereits stark behindert sein. Auch diese Bedingung ist bei dem entzündlichen Klopfschmerz meist klinisch nachweislich erfüllt; die Inzision läßt in solchen Fällen die venöse Stauung, oft direkt Stasen im Entzündungsherd deutlich erkennen; nach geschehener Inzision ist mit der eintretenden Entspannung auch der klopfende Charakter des Schmerzes meist sofort beseitigt.

Eine große Summe von Schädigungsarten wirkt bei der Entzündung zusammen: rein chemische, rein physikalische (z. B. mechanische Absperrung der Blutzirkulation usw.), osmotische, dysionische, spezifisch kolloidchemische und fermentativ-chemische Wirkungen sehen wir sich im bunten Durcheinander überlagern. Mannigfachste Alterationen der Kolloide in Zelle und Paraplasma sind die Folge. Ein weites Feld ist hier der physikochemischen Bearbeitung gegeben. Die Entzündung steigert die Schwellbarkeit der Zellen[1]), sie bewirkt eine Lockerung des Zellverbandes[2]), sie verändert die Zustandsform aller, der intra- und interzellulären Gewebskolloide in mannigfacher Art nach soloider oder geloider Richtung, sie verändert an Teilen und am Ganzen die Elastizität, die Härte und die Reißfestigkeit (vgl. z. B. die chirurgische Erfahrung bei der Unterbindung entzündeter Gefäße!), sie steigert und erniedrigt die Durchlässigkeit, sie gibt den Kolloiden ein verändertes Bindevermögen (z. B. für Cl[3]) sowie für Jod und Salizylsäure[4])) und eine veränderte Färbbarkeit, ebenso ein verändertes Verhalten zu Ätzmitteln[5]) und läßt im Bereich der alterierten Kolloide schließlich auch Lösungsstoffe nichtkolloider Art wie namentlich Kalksalze bevorzugt zur Ausfällung kommen. Die große Bedeutung der rein physikalischen Zustandsänderungen der Kolloide darf dabei nie die Wichtigkeit der chemischen Vorgänge an den Kolloiden zurückdrängen. Nur die stete Berücksichtigung beider läßt vor Irrtümern bewahren.

Die Ausheilung der Entzündung, vor allem die Aufräumung der Trümmerstätte von den dort entstandenen Kolloidschlacken aller Art

---

1) Hier ist an die oft geradezu enorme Schwellung zu erinnern, welche z. B. offene Panaritien im Wasserbad erfahren; ebenso an das Vorquellen der Granulationen an offenen Wunden bei noch bestehender Entzündung in der Tiefe (diagnostisch wichtig als Zeichen des Fortbestehens der Entzündung in der Tiefe!). Eine veränderte Schwell- resp. Quellbarkeit ist sogar dem tuberkulösen Gewebe eigen: um bei Gelenkresektionen wegen Tuberkulose das kranke Gewebe sich deutlicher vom gesunden abheben zu lassen, ist die Bespülung mit Wasser ein geeignetes Mittel; das tuberkulöse Gewebe wird grau, während das gesunde sich wenig verändert (Neuber-Kiel).

2) Vgl. K. Rößle, in L. Sarason, Jahreskurse f. ärztliche Fortbildung 1918, Heft 1, S. 24.

3) Vgl. Schade, Neukirch und Halpert, l. c. S. 50—51.

4) Anreicherung von Jod im tuberkulösen Gewebe (Biochem. Zeitschr. 1907, Bd. 3 (Loeb und Michaud); Anreicherung von Salizylsäure in entzündeten Gelenken (Hofmeisters Beiträge 1906. Bd. 7, 514 (Jacoby und Bondi).

5) Vgl. das besondere Hervortreten von entzündlichen Veränderungen der Mundschleimhaut beim Bepinseln mit 10% Chromsäure oder desgleichen bei der Tuberkulose mit Milchsäure.

ist vorwiegend eine Aufgabe der chemischen Autolyse; bei der Pneumonie sind diese Verhältnisse am besten erforscht[1]). Entstehende Defekte werden durch Granulationsgewebe gedeckt. Auch an diesem Gewebe ist noch wieder ein spezifischer Kolloidprozeß zu bemerken, indem die anfänglich mikroskopisch-homogene Grundmasse des neuen Gewebes mit sehr erheblicher Geschwindigkeit im Sinne des kolloiden Alterns schrumpft und dabei zu gleich, namentlich in den Richtlinien der mechanischen Beanspruchung, eine Differenzierung zu einem festeren Faserwerk erfährt. Die Kolloidchemie gibt in der „faserig gewachsenen Tonerde" einen Hinweis, daß auch solche Umformung den Kolloiden bereits ohne vitale Beeinflussung möglich ist[2]). Bemerkenswerterweise ist die kolloidchemische Schrumpfung der Narben mit der Art der Entzündung sehr wechselnd. Narben nach Verbrennung, nach Lupus, nach Ulcus ventriculi schrumpfen sehr stark und schnell; in den Narben typhöser Geschwüre ist dagegen nur geringe Neigung zur Schrumpfung vorhanden[3]). Vielleicht sind hier spezifische Stoffe als Katalysatoren der Schrumpfung im Spiele. Wenigstens gelingt es künstlich durch Thiosinamininjektionen solcher Schrumpfung katalytisch wirksam entgegenzutreten[4]).

Überblickt man das physikochemische Bild der Entzündung im Ganzen, so sind im Vergleich zur üblichen rein zellulären Betrachtung die Zusammenhänge der Einzelvorgänge ungleich klarer und inniger geworden. Alles reiht sich dabei dem großen gemeinsamen Zug, wenn man so will, dem Ziel der Entzündung ein, den Gewebschaden, welchen die Krankheit mit sich bringt, physikalisch und chemisch zur Lösung und damit zur Beseitigung zu bringen. Die Entzündung auf ihrem Höhepunkt stellt das Maximum dieser Vorgangsrichtung dar: stärkste physikalische Flüssigkeitsdurchtränkung, stärkster chemischer Abbau zu kleineren, löslicheren Teilen. Daß dabei „Nebenwirkungen" der verschiedensten, z. T. eingreifendsten Art zutage treten, ändert nicht die Hauptrichtung des Ganzen, läßt nur das Bild der Entzündung in seiner Gesamtheit um so mannigfacher erscheinen. Physikochemische Probleme sind in jeder Wandlung, in jeder Teilphase in Menge vorhanden. Schon heute dürfen wir sagen, daß das Gesamtproblem der Entzündung bisher von keiner der bekannten Forschungsrichtungen in solcher Tiefe hat erfaßt werden können wie von der physikalischen Chemie.

Ein erster Versuch, auch die Therapie der Entzündung von den gleichen Standpunkten aus zu behandeln, wird weiter unten (S. 466) gegeben.

Für jede Einwirkung auf das Gewebe und die Zellen steht die Frage nach der Art der gesetzten Änderung zur Beantwortung. So selbstverständlich auch dieser Satz erscheint, so hat doch unter dem Einfluß der Zellularpathologie seine Durchführung eine sehr hemmende Durchbrechung erfahren. Denn bei der Zelle schiebt sich verschleiernd der **Begriff des**

---

[1]) Fr. Müller, Kongreß f. innere Medizin 1902, S. 192.

[2]) Vgl. H. Wislicenus in H. Bechhold, Kolloide in Biologie u. Medizin 1919. S. 279—280.

[3]) Oestreich, Lehrb. der allgem. Pathologie 1906. S. 267.

[4]) Vgl. S. 237.

„Reizes" dazwischen: „die Reizbarkeit ist eine besondere Eigenschaft lebender Teile". Solche Satzformulierung wäre ohne sachliche Bedeutung, wenn nicht aus dem Begriff des „Reizes" als etwas Spezifisch-Vitalen gewissermaßen ein Panzer entstanden wäre, der erfahrungsgemäß jedes Bestreben fernhält, die durch den Reiz gesetzte Zelländerung als solche kennen zu lernen. Ganz besonders verliert die Forschung an Raum, wenn man daran geht, durch Prägung von Begriffen wie „funktioneller Reiz", „formitativer Reiz", „nutritiver Reiz", „entzündlicher Reiz" usw. den Bereich dieser gedanklichen Sperre noch zu erweitern. Gerade die physikochemische Erforschung der beim „Reiz" auftretenden primären Änderung verspricht hier den Fortschritt. Denn die Reizbarkeit ist keineswegs etwas Spezifisch-Vitales. Jedes dynamische System, welches potentielle Energie enthält, ist prinzipiell reizbar. Am sinnfälligsten sind es solche Systeme, bei denen der Ablauf von energetischen Vorgängen durch Hemmungen hintenangehalten wird, wie eine gespannte Feder, eine Selen-Zelle im Stromkreis eines Alarmwerkes, eine übersättigte Lösung, eine katalysierbare Reaktion usw. Ein „adäquater Reiz", d. h. ein schwacher Druck auf die Sperrung der Feder, eine minimale Belichtung des Selens, eine leichte Erschütterung oder das Eintropfen einer Spur der Katalysatorlösung bringt bei dem jeweils zugehörigen obigen System sofort die „Reaktion" hervor. Energetisch analog ist das Verhalten der lebenden Zelle, auch hier wird der mechanische, thermische, elektrische oder sonstige „Reiz" mit einer für die Zellart spezifischen, stets gleichen Vorgangsart beantwortet. Dabei steht die Aktion des „Reizes" und die Reaktion des Gewebes keineswegs in einem bestimmten quantitativ-energetischen Verhältnis; vielmehr ist es meistens der Fall, daß der Reiz wie in den obigen anorganischen Beispielen im Sinne einer physikochemischen „Auslösung", d. h. letzten Endes durch Beseitigung einer bestehenden Hemmung wirksam wird. Ein für die Physiologie und Pathologie gleich wichtiges Gebiet der physikochemischen Forschung wird frei, wenn man sich entschließt, den Reizbegriff in seiner vitalen Fassung aufzugeben und an seine Stelle namentlich nach dem Vorbilde von J. Loeb[1]) die experimentelle Erforschung der das Zelleben beeinflussenden physikochemischen Änderungen zu setzen. Dem Umstand, daß die „Reizbarkeit" eines energetischen Systems in gleicher Weise für die belebte und unbelebte Materie gilt, entspricht es weiter, daß auch das sogenannte „Arndt-Schulzsche biologische Grundgesetz", demzufolge kleine Reize eine Steigerung der Zellfunktion, große Reize aber eine Schädigung derselben bedingen, nicht auf die lebende Substanz beschränkt ist, sondern artgleich auch bei unbelebten Systemen als gültig befunden wurde (s. S. 125).

Die physikalische Chemie hat diesseits und jenseits der Zellwand ihre Aufgaben. Nicht die Zelle bedeutet dabei die letzte Einheit des Erforschbaren, vielmehr sind es die kolloiden Einzelteilchen, die Moleküle und die Ionen. Ein erheblicher Fortschritt ist hier im Gegensatz zur Virchowschen Lehre der Zellularpathologie gegeben. „Wenn es sich darum handelt, die

[1]) Hier sei namentlich zum Studium empfohlen J. Loeb, Die chemische Entwicklungserregung des tierischen Eies. Berlin 1909 (vgl. auch dort die Anm. S. 10).

Sachen zu verstehen, den Hergang zu begreifen, dann bleibt nichts anderes übrig, als auf die Elementarbestandteile zurückzugehen, und die Elementarbestandteile sind für den Chemiker die Atome, für den Physiker die Moleküle, für den Biologen die Zellen" (Virchow[1])). Die Berechtigung solcher einseitig-zellulären Auffassung der Pathologie ist überlebt. Die Einheit der Zelle wird nie ihre Bedeutung verlieren. Aber doch ein Neues ist durch die physikalische Chemie am Werden. Ihrem Wesen nach läßt sich unseres Erachtens die neuentstehende Forschung in Gegenüberstellung zur Zellularpathologie am besten kurz als **Molekularpathologie**[2]) kennzeichnen, wobei in den Begriff des Molekularen (ähnlich wie bei dem Worte Molekularphysik) der Ionen- und Kolloidzustand der Moleküle mit eingeschlossen sei.

Kapitel 2.

Aus dem Gebiet der Infektionskrankheiten.

Die Physikochemie in der **Lehre von der Desinfektion** beginnt mit den fast gleichzeitigen Arbeiten von Paul und Krönig[3]) sowie von Spiro und Scheurlen[4]). Die erstgenannten Autoren kamen zu dem wichtigen Ergebnis, daß die Desinfektionswirkung der Quecksilber-, Silber-, Gold- und Kupfersalze nicht von der absoluten Metallmenge abhängt, sondern ganz vorwiegend der Zahl ihrer freien Metallionen proportional ist. Zwei Beispiele mögen den Parallelismus illustrieren.

Hg-Wirkung auf Milzbrandkolonien:

	Keimzahl nach 20 Minuten Einwirkung	Keimzahl nach 85 Minuten Einwirkung
1 Mol $HgCl_2$ in 64 l Wasser . . .	7	0
1 Mol $HgBr_2$ in 64 l Wasser . . .	34	0
1 Mol $Hg(CN)_2$ in 16 l Wasser . .	∞	33

Die hier aufgeführten drei Lösungen enthalten die gleiche Quecksilbermenge[5]), aber der Dissoziationsgrad der Lösungen ist verschieden: die Dissoziation zu Hg-Ionen ist am stärksten beim Chlorid, nimmt ab beim Bromid und ist weitaus am schwächsten beim Cyanid. Die Desinfektionswirkung zeigt die gleiche Abnahme.

---

[1]) Virchow's Archiv **79**, 8.

[2]) Die gleiche Bezeichnung ist schon früher in Anwendung auf die Lehre der Zellgranula von O. Rosenbach in Vorschlag gebracht, damals aber — sicher aus berechtigtem Grunde — nicht zur Anerkennung gelangt.

[3]) Zeitschr. f. physikal. Chemie **21**, 414 (1896); Zeitschr. f. Hygiene u. Infektionskrankheiten **25**, 1 (1897).

[4]) Münch. med. Wochenschr. 1897, 81.

[5]) Um die schwächere Desinfektionswirkung des $Hg(CN)_2$ in noch stärkerem Maße kenntlich zu machen, ist von diesem Salz als der schwächstwirkenden Substanz sogar die vierfache Konzentration eingesetzt.

Als zweites Beispiel diene das Kupfersulfat:

Entwicklung von Penecillium glaucum in verdünnten $CuSO_4$ Lösungen bei fünfwöchiger Einwirkung[1]):

Anzahl der Gramm-Ionen Cu	Gewicht der Kulturen
0,0803	0,0166
0,0647	0,0442
0,0554	0,0505
0,0329	0,0649

Je größer die Zahl der Cu-Ionen in demselben Volumen, um so größer ist wieder die Desinfektionswirkung, um so geringer daher das Gewicht der gewachsenen Kulturen.

Jeder Einfluß, der die Zahl der freien Metallionen herabsetzt, macht die antibakterielle Wirkung geringer. Zu den Mitteln, welche gesetzmäßig die Dissoziation einer Substanz „zurückdrängen", gehört der Zusatz eines gleichnamigen Ions[2]): so bewirkt z. B. für das Sublimat ($HgCl_2$) der Zusatz von Cl-Ionen, für $CuSO_4$ der Zusatz von SO_4Ionen eine Abnahme der Metallionen in der Lösung, zugleich wird jedesmal auch die Desinfektionswirkung in demselben Verhältnis geringer:

Abnahme der desinfizierenden Kraft des Sublimats durch „Zurückdrängung" der Hg-Ionen infolge NaCl-Zusatzes:

Lösung	Zahl der gewachsenen Milzbrandkolonien
$HgCl_2$ aufgelöst in 16 l Wasser	8
$HgCl_2$ + 1 NaCl „ 16 „ „	32
$HgCl_2$ + 2 NaCl „ „ 16 „ „	124
$HgCl_2$ + 3 NaCl „ „ 16 „ „	228
$HgCl_2$ + 4 NaCl „ „ 16 „ „	382
$HgCl_2$ + 4,6 NaCl „ „ 16 „ „ (Mischungsverhältnis der offizinellen Sublimatpastillen)	410
$HgCl_2$ + 6 NaCl aufgelöst in 16 l Wasser	803
$HgCl_2$ + 10 NaCl „ „ 16 „ „	1087

Im gleichen Sinne wie diese „Zurückdrängung" wirkt die chemische „Wegfangung" der Metallionen durch Zusätze, welche mit den Metallionen „komplexe" Salze bilden, etwa nach der Gleichung: $HgCl_2 + 4\,KJ = 2\,KCl + K_2HgJ_4$, wobei in der Lösung statt freier Hg-Ionen im wesentlichen

[1]) Journal de Physiol. norm. et Pathol. 1899. S. 130 (Maillard).
[2]) Vgl. im Teil I, S. 12.

die „komplexen" HgJ_4-Ionen resultieren. Für das Sublimat steigt das Maß solcher Komplexbildung bei den Zusätzen in der Reihenfolge der Salze $KCl < KBr < KJ < KCy$. In derselben Reihenfolge setzen auch diese Zusätze die Desinfektionswirkung herab.

Abnahme der desinfizierenden Kraft durch Überführung der Hg-Ionen in Komplexsalzbildung:

Lösung	Zahl der gewachsenen Milzbrandkolonien
$HgCl_2 + 4\ KCl$	0
$HgCl_2 + 4\ KBr$	5
$HgCl_2 + 4\ KJ$	431
$HgCl_2 + 4\ KCy$	795

Ausgedehnte Untersuchungen dieser Art beweisen, daß die Desinfektionswirkung der Schwermetallsalze ganz vorwiegend an den freien Metallionen haftet. Die Ionen der Schwermetalle pflegen nun ungemein leicht in chemische oder adsorptive Reaktionen einbezogen zu werden. Als eine unerwünschte Folge hiervon ergibt sich eine sehr starke Abnahme der Desinfektionskraft der Schwermetallsalze beim Einbringen in reagierfähige Medien, z. B. bei der Einverleibung in den menschlichen Körper. Beim Zusammentreffen mit Eiweißen bleiben die genannten Schwermetalle nur zu geringstem Teil als Ionen erhalten, sie werden sofort zu Metallalbuminaten gebunden und kommen daher zu diesem weitaus überwiegenden Anteil nicht mehr als Ionen für die Desinfektionswirkung in Frage. Einige Zahlen aus älteren Versuchen mögen die Abnahme der Desinfektionswirkung illustrieren: Vom Sublimat in reiner wässeriger Lösung werden Milzbrandbazillen bei 1:500000 abgetötet, in Bouillon erst bei 1:40000; im Blutserum aber reicht bei der gleichen Zeit der Einwirkung selbst eine Konzentration von 1:2000 nicht mehr aus (Versuche von v. Behring).

Zu der Wirkung der Schwermetallsalze auf die Bakterien steht die toxische Wirkung auf die Zellen des Körpers in enger Verwandtschaft. Auch diese Wirkungsart der Schwermetallsalze ist ganz vorwiegend an die Hg-Ionen gebunden. Dreser[1]), welcher schon 1893 als erster den Zusammenhang der toxikologischen Wirkung der Schwermetallsalze mit dem Dissoziationsgrad erkannte, hat auf einen sehr interessanten Einfluß der Temperatur aufmerksam gemacht. Kaliumquecksilberthiosulfat, in dem das Quecksilber „komplex" gebunden ist, erweist sich bei Kaltblütern als ungiftig, ruft aber bei Warmblütern sehr bald eine Quecksilbervergiftung hervor. Auch dieser Unterschied hat im Ionenverhalten seine Ursache. In der Kälte ist das Kaliumquecksilberthiosulfat als Komplexsalz beständig, schon bei mäßiger Wärme aber zersetzt sich die Lösung unter Auftreten freier Quecksilberionen. Für eine solche Erklärung ist der folgende Versuch Dresers besonders beweisend: Werden Frösche, welche nach Injektion

[1]) Arch. f. experimentelle Pathologie u. Pharmakologie **32**, 456 (1893).

von Kaliumquecksilberthiosulfat in der Kälte während beliebig langer Zeit ohne Giftwirkung blieben, nachträglich in eine warme Umgebung gebracht, so gehen sie unter dem Einfluß der Erwärmung an den nunmehr auftretenden Quecksilberionen sehr rasch toxisch zugrunde. Die Therapie hat schon lange unbewußt die praktische Nutzanwendung dieser Gesetze gezogen. Um kräftige Quecksilberwirkungen im Körper zu erreichen, injiziert man das am stärksten dissoziierende Quecksilbersalz, das Sublimat. Für mildere Wirkungen sind dagegen die schwach dissoziierenden Verbindungen, z. B. Salizylate, im Gebrauch.

Bei anderen desinfizierenden Mitteln, wie z. B. beim Phenol und seinen Derivaten haftet dagegen die Desinfektionswirkung am Molekül, nicht oder ungleich geringer an den Ionen: das Phenolnatrium, welches als Salz der Karbolsäure stark zu Phenolionen dissoziiert ist, hat eine unverhältnismäßig viel geringere Desinfektionswirkung als die Karbolsäure selber, die fast nur molekulardispers gelöst ist[1]).

Von großer Wichtigkeit ist die Untersuchung der weiteren Frage: welcher Art sind die Vorgänge, vermittelst derer die Desinfektion an den Bakterien in Wirkung tritt. Für die Anreicherung am Bakterium kommen dreierlei Vorgangsarten in Betracht. Der Prozeß kann als chemische Reaktion vor sich gehen oder es kann sich rein physikalisch um eine sogenannte „Verteilung" des Desinfizienz zwischen der Außenflüssigkeit und dem Bakterienleib wie zwischen zwei verschiedenen Lösungsmitteln handeln oder schließlich, es kann durch Oberflächenwirkung eine adsorptive Anreicherung des Desinfizienz am Bakterium erfolgen. Diese drei Vorgangsarten lassen sich physikochemisch durch die Besonderheiten ihres Ablaufs voneinander unterscheiden[2]). Chemische Vorgänge gehorchen den Gesetzen der Reaktionskinetik, die physikalische Lösungsverteilung ist durch den Henryschen Verteilungssatz[3]) charakterisiert und die Adsorptionsvorgänge zeichnen sich durch die namentlich von H. Freundlich festgelegten Gesetzmäßigkeiten aus[4]). Untersuchungen, besonders von R. O. Herzog und Betzel[5]) haben gezeigt, daß alle drei Möglichkeiten in ziemlich reiner Isolierung zur Beobachtung kommen können. Für Formaldehyd ergab sich chemische Bindung; für die wässerige Phenollösung die physikalische Verteilung nach dem Henryschen Satz[6]); für Chloro-

[1]) Paul u. Krönig, l. c.; Scheuerlen u. K. Spiro, Münchener med. Wochenschrift 1897, 81; ferner H. Reichel, Biochem. Zeitschr. **22**, 149—231 (1909).

[2]) Nicht selten kann indes solche Unterscheidung auch sehr erhebliche Schwierigkeiten bereiten. Dies hat darin seinen Grund, daß bei besonderen Verhältnissen der zeitlich quantitative Ablauf der einzelnen Vorgangsarten sich in gewissen, sogar erheblichen Strecken einander nähern kann. Vgl. hierzu R. Höber, Physikalische Chemie der Zelle und der Gewebe 1914. S. 222—224.

[3]) Der „Verteilungssatz" lautet: Ein dritter Stoff verteilt sich so in zwei ihm dargebotenen Lösungsmitteln, daß die beiden Konzentrationen ein konstantes Verhältnis zeigen; dieses Verhältnis ist unabhängig von den Mengen der beiden Lösungsmittel und ebenso (innerhalb der Grenzen der Löslichkeit) auch von der Konzentration; es hängt nur ab von der Natur der drei Stoffe und von der Temperatur.

[4]) Vgl. Teil III, Quantitative Methode des Adsorptionsnachweises.

[5]) Zeitschr. f. physiolog. Chemie **67**, 309 (1910).

[6]) Biochem. Zeitschr. **22**, 149, 177, 201 (1909). (Reichel.)

form, Silbernitrat und Sublimat eine Adsorptionskurve[1]). In diesen Unterschieden liegen wichtige Gründe für die Besonderheiten des Einzelverhaltens. Adsorptionswirkungen zeichnen sich dadurch aus, daß sie in den verdünntesten Lösungen mit relativ höchstem Betrag zur Ausbildung kommen; daher sind Desinfektionsmittel, welche sich adsorptiv am Bakterium anreichern, schon bei minimaler Konzentration ungewöhnlich stark wirksam. Umgekehrt benötigen alle Stoffe, welche wie das Phenol dem Henryschen Verteilungssatz folgen, relativ hohe Konzentrationen zur Wirksamkeit. Bei dem Phenol, den Kresolen und ähnlichen Stoffen ist außerdem charakteristisch, daß die Desinfektionskraft bei Zusatz von Neutralsalzen nicht abnimmt, sondern steigt. Diese Verstärkung der Desinfektionswirkung geht dem allgemeinen Ausfällungsvermögen der Neutralsalze parallel; die Salze ordnen sich nach der fällenden Wirkung zu der bekannten Hofmeisterschen Reihe: $Na_2SO_4 > NaCl > NaBr > NaJ > NaNO_3$. Je mehr durch die ausfällende Wirkung der Salze die Löslichkeit des Phenols im Wasser herabgedrückt wird, um so mehr verschiebt sich die Löslichkeit des Phenols zugunsten der Lipoide des Bakterienleibs, um so reichlicher wird demnach das Phenol aus der wässerigen Lösung in die Bakterien hinuntergedrängt (Spiro und Bruns[2])). Phenol in öliger Lösung besitzt gar keine desinfizierende Kraft (alte Versuche von R. Koch[3]); durch seine Lösungsaffinität wird es im Öl festgehalten und gelangt praktisch nicht in ausreichender Konzentration in die Bakterien hinein.

Keineswegs ist die vorstehend in ihren „reinsten" Fällen angeführte Trennung der drei Vorgangsarten praktisch allgemein durchführbar. Zumeist geht vielmehr eine Mehrheit von Vorgängen hinter- und nebeneinander vor sich: oft ist die Adsorption nur die erste Phase des Gesamtvorgangs, ihr schließen sich dann chemische Vorgänge, dialytische Prozesse, Vorgänge nach Art des Verteilungssatzes[4]) und Kolloidänderungen des Bakterienleibs geloider und soloider Richtung an. Namentlich in den Veränderungen der letzten Art ist nach Spiro und Bruns sowie Reichel, Bechhold und anderen die Ursache des eigentlichen desinfizierenden Effektes, der Zellabtötung, gegeben. Die Adsorption als einleitender Vorgang wird besonders dann deutlich erkannt, wenn man die Versuchsbedingungen für die Beobachtung gerade dieser Vorgangsart optimal einstellt, d. h. kurzfristige Einwirkungszeiten (5 Min. bis zu $^1/_2$ Stunde) und möglichst geringe Konzentrationen des Desinfektionsmittels benutzt. Die Verschiedenartigkeit der von den einzelnen Autoren gewählten Versuchsbedingungen ist lange ein Hindernis gewesen, um zu übereinstimmenden Auffassungen zu kommen.

Nach den allgemeinen Erfahrungen der Physikochemie begünstigt die Anlagerung der Phenolgruppe sowie der Halogene die Adsorption in wässe-

[1]) H. Morawitz nach den Messungen von Krönig und Paul. Kolloidchem. Beihefte **1**, 301 (1910).
[2]) Arch. f. experim. Pathologie u. Pharmakologie **41**, 355 (1898).
[3]) Mitteilungen aus dem Kaiserl. Gesundheitsamt I. (R. Koch.)
[4]) Stets namentlich für die Lipoide des Bakterienleibs wichtig.

riger Lösung, während die Sulfogruppe sie herabsetzt (H. Freundlich[1]). H. Bechhold und P. Ehrlich haben versucht, unter Ausnutzung dieser Erfahrung das Adsorptionsvermögen und damit die Desinfektionswirkung schon bekannter Desinfektionsmittel zu steigern. Von vornherein war auffallend, daß manche unserer gebräuchlichsten Desinfektionsmittel wie Karbolsäure[2]), Kresol, Naphthol, Anilinwasser usw. Substanzen waren, welche die Phenylgruppe bereits enthielten. Tatsächlich zeigte sich bei der systematischen Durchprüfung an einer großen Zahl einschlägiger Substanzen, daß durch Häufung von Phenylgruppen und ebenfalls durch Einführung von Halogenen eine erhebliche Steigerung der desinfektorischen Wirkung zu erzielen ist und daß umgekehrt die Einführung einer Sulfogruppe die Wirkung herabsetzt.[3]) In planmäßiger Arbeit ließen sich so Substanzen finden, welche die Wirkung der bisherigen Desinfektionsmittel (außer Sublimat) weit übertrafen: das Tetrachlor-O-Biphenol (4 Chlor- und 2 Phenolgruppen!) gibt z. B. noch in Verdünnungen bis 1:640000 Entwicklungshemmung der Diphtheriebazillen. Die hohe Adsorbierbarkeit schafft dabei allgemein dank der ungleich größeren Substanzanreicherung an der Bakterienoberfläche die Bedingung stark erhöhter Wirksamkeit. Für die desinfektorische Zellabtötung aber ist die Adsorption allein nicht entscheidend. Es gibt Fälle, wo es bei einer rein mechanischen Adsorption an der Bakterienoberfläche bleibt, wo sonach trotz stärkster Adsorption die Desinfektionswirkung gering ist. Im allgemeinen pflegen sich an die Adsorption weitere Vorgänge anzuschließen: Diffusionen nach dem Zellinnern hin gemäß dem Henryschen Verteilungssatze oder statt dessen und daneben chemische Umsetzungen mit der Protoplasmasubstanz des Bakteriums. Diese weiteren Vorgänge sind sehr von der spezifischen Art des Bakteriums abhängig. Daß tatsächlich mit ein und demselben Desinfektionsmittel bei gleicher Adsorption auf Grund der Verschiedenartigkeit der sekundären Vorgänge von Bakterienart zu Bakterienart wechselnde Desinfektionswirkungen zustande kommen, hat namentlich H. Bechhold gezeigt; er hat diese Erscheinung treffend als „halbspezifische Desinfektion" bezeichnet[4]).

---

[1]) H. Freundlich, Die Adsorption in Lösungen. Habilitationsschrift Leipzig 1906.

[2]) Wenn oben angegeben ist, daß die Zellabtötung vermittelst Karbolsäure (= Phenol) nach einem Gesetz verläuft, welches einer Verteilung des Phenols zwischen Bakterienleibern und Milieu wie zwischen zwei Lösungsmitteln entspricht, so ist damit eine Adsorption als einleitender Vorgang keineswegs ausgeschlossen. Denn mit der Adsorption ist noch kein desinfektorischer Erfolg erzielt: dieser tritt erst dann ein, wenn das Desinfiziens in den Mikroorganismus eindringt; auch bei primärer Adsorption kann dieser letztere Anteil sehr wohl einer Henryschen Verteilung entsprechen.

[3]) Vgl. auch Zeitschr. f. Hygiene und Infektionskrankheiten **64**, 113—142 (1909). (H. Bechhold.)

[4]) Vgl. hierzu besonders H. Bechhold, Zeitschr. f. Hygiene u. Infektionskrankheiten **64**, 113—142, sowie Münchener med. Wochenschr. 1914, 1929 (Halbspezifische Desinfektion). — Es sei hier angefügt, daß der gleiche Autor auch in die Frage der Händedesinfektion die physikochemischen Gesichtspunkte in sehr befruchtender Weise hineingetragen hat; H. Bechhold, Zeitschr. f. Hygiene und Infektionskrankheiten **77**, 436—459 (1914).

Diese systematische Durchforschung des Desinfektionsvorganges nach physikochemischen Gesichtspunkten zum Zweck einer gesteigerten oder mehr spezifisch zu gestaltenden Desinfektionswirkung steht methodisch bereits in merklicher Verwandtschaft zu den Versuchen Ehrlichs, die im Auffinden des Salvarsans ihre Krönung gefunden haben. Zu diesen Problemen hat indes die physikalische Chemie noch keine Fühlung gewonnen.

Neben den desinfektorischen Bestrebungen, als deren Ziel Ehrlich die „sterilisatio magna" aufstellen konnte, tritt zurzeit das Interesse für die **übrigen Wege der unspezifischen Infektionsabwehr** erheblich zurück. Gleichwohl liegen hier für die physikochemische Forschung wichtige und interessante Probleme vor.

Auch die Bakterien sind Zellen und stellen als solche an die umgebende Lösung gewisse Mindestanforderungen zur Erhaltung ihres Lebens. Während die Zellen des menschlichen Körpers im allgemeinen als eine conditio sine qua non eine osmotische Isotonie, eine Isoionie und eine Isothermie erfordern, ist die Breite der Existenzbedingungen für die Bakterien durchweg um ein Vielfaches größer. Offenbar ist hierin beim gegenseitigen Kampf dieser Zellarten eine Differenz zuungunsten des menschlichen Körpers gegeben, was um so wichtiger ist, als im Kampffeld des Gewebes, d. h. im Gebiet der bakteriellen Entzündung (s. oben S. 96ff.) Abweichungen in den genannten physikochemischen Werten zur Regel gehören.

Namentlich durch die Arbeiten von Baumgarten und seinen Schülern[1]) ist bereits einmal die Frage der **osmotischen Schädigung der Bakterien** zu einer lebhaften Diskussion gelangt. Es handelte sich um einen Versuch, osmotische Wirkungen zur Erklärung der Immunvorgänge im Blut heranzuziehen. Diese Bemühungen sind, nachdem man die Unerreichbarkeit solchen Zieles einsah, mit dem Jahre 1902 aufgegeben; damit aber ist zugleich anscheinend jedes Interesse an dieser Forschungsrichtung erloschen. Und doch ist die osmotische Empfindlichkeit der Bakterien groß genug, daß sie für manche Sonderverhältnisse des Körpers Beachtung verdient. Die alten Versuche von A. Fischer[2]) lehren, daß Bakterien, z. B. Choleravibrionen bei der Übertragung aus einem Medium mit einem osmotischen Druck = 0,15% NaCl in normales Serum umschriebene kugelige Aufschwellungen erfahren[2]) und ferner, daß beim Übergang der Bakterien (namentlich Choleravibrionen, Bac. typhi, Bac. coli) aus einer 75% NaCl-Lösung in eine solche von 2% bereits innerhalb der ersten Stunde ein körniger Zerfall sichtbar wird. Die osmotischen Konzentrationen entsprechen etwa den Gefrierpunktserniedrigungen von $\Delta = 0{,}09^0$, $\Delta = 0{,}45^0$ und $\Delta = 1{,}2^0$. Zum Vergleich seien die osmotischen Schwankungen angeführt, welchen die Bakterien auf dem Wege durch den menschlichen Verdauungskanal oder in den Harnwegen bei wechselnder Harnkonzentration begegnen. Im Speichel des Mundes ist durchschnittlich $\Delta = 0{,}20^0$, im einzelnen aber schwankend von $0{,}07^0$ bis $0{,}34^0$ [3]); im Magen und Darm finden sich,

[1]) Eine ausführliche Darstellung des damaligen Materials siehe H. J. Hamburger, l. c. III, S. 325—339 und 357—363.

[2]) Zeitschr. f. Hygiene **35**, 1 (1900).

[3]) Deutsch. med. Wochenschr. 1900 Nr. 4 u. 5. (M. Cohn.)

wenn man von den sehr großen Schwankungen der in den Magen gelangenden Speisen absieht, mittlere Werte von ca. $-0{,}3^0$ bis $-0{,}6^0$; in den Fäzes aber steigen die Gefrierpunktserniedrigungen von $0{,}5^0$ bis anscheinend zu $-1{,}2^0$ wieder an[1]). Für den Harn sind etwa die Zahlen $\Delta = -0{,}1^0$ und $\Delta = -3{,}5^0$ als die beim Gesunden erreichbaren Grenzwerte zu betrachten. Antibakterielle Einflüsse osmotischer Art sind hier sonach mit Sicherheit möglich. Eine nähere Bearbeitung der sich hier aufdrängenden Einzelfragen[2]) erscheint lohnend[3]).

Im Verdauungskanal und in den Harnwegen kommen außerdem **antibakterielle Wirkungen durch starke Verschiebung im Ionengehalt** in Frage. Am bekanntesten ist die bakterizide Wirkung der Magensäure. Bei den „starken Säuren" wie der Salzsäure sind praktisch die H-Ionen als die alleinigen Träger der Desinfektionswirkung anzusehen[4]); bei den schwächeren organischen Säuren, z. B. der Milchsäure, ist aber neben dem Einfluß der H-Ionen auch eine erhebliche Desinfektionswirkung der undissoziierten Säuremoleküle vorhanden, indem diese letzteren ihrer guten Lipoidlöslichkeit zufolge leicht in die Bakterienmasse eindringen. Erst seit kurzem ist namentlich seitens der Kinderheilkunde den Wechselbeziehungen zwischen der H-OH-Ionenkonzentration des Darminhalts und den Wachstumsverhältnissen der Bakterien ein lebhaftes Interesse zugewandt. Man hat eine sehr erhebliche Abhängigkeit der Darmflora von der Reaktionsart des Darmbreies gefunden. Die Einzelheiten seien dem Abschnitt der Magendarmkrankheiten (S. 256) vorbehalten. Sehr bemerkenswert ist es ferner, daß auch in den Harnwegen die relativ geringen Verschiebungen des H-OH Ionengehalts, wie sie unter therapeutischer Beeinflussung möglich sind, zu genügen scheinen, um bestimmte Infektionen des Harns, z. B. solche mit Kolibakterien einzudämmen resp. zum Verschwinden zu bringen. (Meyer-Betz[5]), Scheltema[6]).

Bei **Abweichungen von der Isothermie** des Körpers ist zwischen der direkten Temperaturwirkung auf die Bakterien und einem durch Stoffwechselbeeinflussung indirekt erzielbaren Effekt wohl zu unterscheiden. Eine Desinfektion direkter Art durch Hitze ist im Körper nicht möglich, da durchgehends die Organzellen früher einer Schädigung verfallen als die Bakterien. Nur scheint es, als wenn vielleicht dem Gonokokkus eine die Körpergewebe übertreffende Hitzeempfindlichkeit eigen wäre; doch hat sich selbst hier die praktische Verwertbarkeit der Hitze als gering erwiesen[7]). Mit der Kälte läßt sich noch weniger erreichen. Tierversuche haben schon

[1]) Korànyi und Richter, l. c. II. S. 127.

[2]) Die Rolle der Osmose bei der antibakteriellen Wirkung des Speichels, die Rolle der Osmose bei der Einengung der Darmflora, die Möglichkeit einer therapeutischen Verwertung der osmotischen antibakteriellen Einflüsse in den Harnwegen dürften sich besonders als Arbeitsthemata empfehlen.

[3]) Vgl. F. Holzinger, Münchener med. Wochenschr. 1909, Nr. 46.

[4]) Vgl. R. Höber, Physikalische Chemie der Zelle und Gewebe l. c. 479—483.

[5]) Archiv f. klin. Medizin **105,** 531 (1912).

[6]) Zitiert nach Kongreßzentralbl. **9**, 640 (Originalarbeit in holländischer Sprache).

[7]) Vgl. O. Weiß, Die Fiebertherapie der Gonorrhoe. Münchn. med. Wochenschr. 1915, 1513.

längst gezeigt, daß stärkere Abkühlung die Gewebe im Kampf mit den Bakterien ungünstiger stellt. Kürzlich ist auch für den Menschen bewiesen, daß die Perioden der Erkältungskatarrhe gesetzmäßig von einem Anstieg der Infektionskrankheiten (Mumps, Scharlach, Masern usw.) gefolgt sind (H. Schade[1]).

Trotz Fehlens einer direkten Desinfektionswirkung vermag aber doch die Temperaturerhöhung auf indirektem Wege den menschlichen Körper im Kampf mit den Bakterien günstiger zu stellen. Dies gilt besonders für jene geringen Grade des Fiebers, bei denen eine Schädigung der Zellen noch fehlt, wohl aber der physikochemischen RGT.-Regel (vergl. S. 32) gemäß bereits eine merkliche Steigerung des Zellchemismus zustande kommt. Von künstlich übererwärmten Tieren (Walther[2]), Filehne[3]) u. a.), sowie von Tieren mit Gehirnstichhyperthermie (Loewy und Ritter[4]) werden Infektionen mit Pneumokokken, Erysipel usw. besser vertragen als von Kontrolltieren. Als Teilerscheinung des gesteigerten Zellchemismus ist hier eine vermehrte Bildung von Schutzkörpern gegen die Infektionsgifte vorhanden (Kast[5]), Krehl[6])).

Ein weiteres Problem betrifft die Frage, ob und inwieweit es möglich ist, durch andersartige Reaktionsförderungen, insbesondere durch **katalytische Einwirkungen** die Abwehrkräfte des menschlichen Organismus gegenüber den Bakterien zu steigern. Seit 1902 hat H. Schade in einer größeren Reihe von Arbeiten dieses Problem in Angriff genommen und die Katalyse mit dem Ziel der Aufklärung therapeutischer Wirkungen ins medizinische Gebiet übertragen[7]). Die von den Bakterien im Körper gebildeten Giftstoffe, die Toxine, lassen sich — außer durch spezifische Bindung mit dem Antitoxin — durch zahlreiche chemische Einwirkungen entgiften. Fast sämtlich sind die Toxine gegen Oxydation außerordentlich empfindlich. Schon unter dem Einfluß des Luftsauerstoffes und ebenso unter der Einwirkung tierischer Oxydasen[8]) geht ihre Giftwirkung schnell

[1]) H. Schade, Zeitschr. f. d. ges. experim. Medizin **7**, 275 (1919)

[2]) Zentralbl. f. Bakeriologie **1891**, 178.

[3]) Journal of physiol. **17**, 21 (1894).

[4]) Virchows Archiv 145, 49 (1896).

[5]) Verhandl. d. d. Kongr. f. i. Medizin 1896, 37.

[6]) Krehl in Lubarsch-Ostertag, Ergebnisse der allg. Pathologie, Bd. 3, 407 (1896); vgl. auch Rolly und Meltzer, Deutsch. Arch. f. klin. Med. **94**, — (1908).

[7]) Schade, Über eine neugefundene chemische Eigenschaft des Quecksilbers und ihre therapeutische Bedeutung (Vortrag im „Physiologischen Verein in Kiel" 1902). Vgl. Münch. med. Wochenschr. 1903, S. 227. — Schade, Die elektrokatalytische Kraft der Metalle. F. C. W. Vogel. Leipzig 1904. Es ist nicht uninteressant, zu erwähnen, daß diese Veröffentlichung in Buchform notwendig wurde, weil die Fachzeitschriften infolge des völligen Unbekanntseins des Begriffs der Katalyse damals die Aufnahme der aus meinem Privatlaboratorium stammenden Arbeiten ablehnten. Erst 1905 konnte durch die Vermittlung der dermatologischen Universitätsklinik zu Kiel (Prof. E. v. Düring) die Veröffentlichung in der Zeitschr. f. experiment. Pathologie und Therapie (1905, Bd. I) erfolgen. Einen Überblick dieses Gebietes gibt Medizin. Klinik 1908, Nr. 1, 3 und 12 (Schade, Von der Katalyse in ihren Beziehungen zur Medizin). Eine monographische Darstellung ist gegeben in H. Schade, Die Bedeutung der Katalyse in der Medizin. Verlag W. G. Mühlau. Kiel 1907.

[8]) Zeitschr. f. physiol. Chemie **32**, 573, (1901). (N. Sieber.)

zurück[1]). Gerade aber zur Steigerung von Oxydationen im Lösungsraum stehen in den Schwermetallen physikochemisch geeignete, sogenannte „Gruppenkatalysatoren", d. h. bei einem größeren Kreis von Reaktionen wirksame Oxydationsbeschleuniger zur Verfügung. Eine solche Substanz ist das **kolloide Silber.** Wird Kollargol, wie therapeutisch üblich, in Mengen von 0,1 bis 0,45 g pro dosi intravenös injiziert, so handelt es sich im Gesamtblut (der Körper zu 78 kg mit 6 Litern Blut gerechnet) um Konzentrationen von 1:60000 bis 1:13000. Wie die Untersuchungen des Verfassers an der Guajak-Terpentinprobe und anderen Reaktionen beweisen, macht sich im Experiment bei solcher Konzentration des Kollargols bereits ein sehr erheblicher Effekt der katalytischen Oxydationsbeschleunigung bemerkbar. Zur katalytischen Wirkung genügt die einfache Anwesenheit des Katalysators; weitere besondere Bedingungen prinzipieller Art sind nicht erforderlich. Kolloidales Silber ist chemisch weitgehend indifferent, daher im Gegensatz zu den Silberionen, welche sofort mit den Eiweißen reagieren, auch im Serum längere Zeit als solches beständig. Bei intravenöser Injektion sind demnach die allgemeinen Voraussetzungen zur katalytischen Wirkung erfüllt. Für das Maß der Katalysen des Kollargols ist die Feinheit der kolloiden Zerteilung von größter Bedeutung. Die Katalyse ist eine Funktion der Silberoberfläche, daher dem Verteilungsgrad des Silbers proportional. Je feiner die Teilchen, um so intensiver die Befähigung zur Katalyse. Die im Handel erhältlichen Silberpräparate zeigen erhebliche Unterschiede der kolloiden Löslichkeit. Nur Präparate, die frisch sind oder dauernd gegen die Luft und sonstige Schädlichkeiten abgeschlossen waren, geben eine gute Katalyse; „gealtertes" Kollargol in Bröckeln von mattem und schiefriggrauem Aussehen wurde katalytisch schlecht oder gar nicht mehr wirksam befunden. Die Farbe der entstehenden Lösung läßt den Grad der Kolloidität am besten beurteilen. Denn je nach der Teilchengröße verschiebt sich die Farbe des kolloid gelösten Silbers in der Skala: rotbraun — braun — braungrünlich — olivgrün — graugrün — grau. Schön rote bis rotbraune Lösungen haben noch in Verdünnungen von 1:60000 z. B. bei der Guajak-Terpentinprobe ausgeprägte katalytische Wirkung; graue Lösungen sind ungleich weniger wirksam und versagen oft völlig (Schade). Die Art der Herstellung, ob auf chemischem oder elektrischem Wege, ist an sich ohne Bedeutung; nicht unwesentlich aber ist im Präparat die Anwesenheit von Schutzstoffen wie z. B. 0,03% Gelatine (M. Ascoli und Izar[2])) zur Stabilisierung des Kolloids in der Trockne und in der Lösung. Eine Reihe wichtiger Untersuchungen hat bereits erste Aufschlüsse darüber gegeben, welche speziellen Reaktionen bei der Silbertherapie für eine Beschleunigung im Körper in Frage kommen. Hamburger[3]) konstatierte beim Kollargol bei 0,00000058 Grammatom Silber in 2 ccm Serum die katalytische Entgiftung des Staphylotoxins, an dessen hämolytischer Wir-

[1]) Vgl. C: Oppenheimer, Toxine u. Antitoxine. (Jena 1904.) S. 13.
[2]) Biochem. Zeitschr. **5**, 394; **6**, 192.
[3]) Arch. intern. de Physiologie **1**, 145 (1904); Arch. f. physik. Medizin u. mediz. Technik 1906, S. 97.

kung gemessen. Foà und Aggazotti[1]), welche in vitro eine Wirkung auf ihre Toxine vermißten, bestätigten die entgiftende Wirkung für den Körper, wenn sie das Kollargol unmittelbar nach den Toxinen injizierten: eine intravenöse Injektion von Kollargol schützte die Kaninchen gegen Tetanus-, Diphtherie- und Dysenterietoxindosen, welche zehnmal die sonst minimal tödliche Menge übertrafen. K. Laubenheimer[2]) sowie F. Erdstein und L. Fürth[3]) haben kürzlich die entgiftende Wirkung des Silbers auf das Tetanustoxin bestätigt. Nach Foà und Aggazotti wird ferner durch kolloidales Silber die Auflösung des geronnenen Fibrins[4]), nach Ascoli und Izar[5]) auch der Vorgang der Autolyse in der Leber beschleunigt und, was besonders bemerkenswert erscheint, im Gesamtstoffwechsel des Eiweißes eine ausgesprochene Steigerung (Anstieg der Gesamt-N-Ausfuhr, speziell auch der Harnsäureausscheidung) hervorgerufen. Dabei sind einige der Autoren geneigt, statt direkter katalytischer Einflüsse mehr an eine Aktivierung der jeweiligen Fermentwirkung durch das kolloide Silber zu denken, eine Unterscheidung, welche für die praktische Seite des Problems vorerst von mehr sekundärer Bedeutung ist. Die klinischen Ergebnisse der Silbertherapie bei den Infektionskrankheiten sind trotz zahlreicher Veröffentlichungen immer noch kontrovers. Auf der einen Seite wird über glänzende Erfolge, auf der anderen über völliges Versagen berichtet. Den Verfasser haben zahlreiche eigene Beobachtungen von der günstigen Wirkung überzeugt. Er ist geneigt, manche Fehlschläge anderer Autoren auf die Verwendung von katalytisch ungeeigneten Präparaten des Handels (s. oben) zurückzuführen, womit aber keineswegs gesagt sei, daß neben der Katalyse nicht auch andere Wirkungsarten des Silbers für die therapeutische Gesamtwirkung in Betracht kommen[6]).

Mit dem Silber ist ein erstes Beispiel der katalytisch wirksamen Metalle genannt. Auch zahlreiche **andere Metalle,** wie Kupfer, Eisen, Platin und Palladium sind zu ähnlichen Untersuchungen herangezogen worden. In vitro ist für sie alle ein erheblicher Kreis katalytischer Wirkungen und zwar für jedes Metall in einer anderen Abgrenzung der Reaktionen sichergestellt[7]). Klinische Untersuchungen über etwaige antitoxische Einflüsse liegen namentlich

---

[1]) Giornale della R. Acc. di Med. di Torino. Vol. 13, Fasc. 5—6. Zitiert nach G. Izar (Zeitschr. f. klin. Medizin **68**, Heft 5 u. 6. Vgl. hierzu die Versuche von N. Sieber, der bei gleichzeitiger Injektion von tierischen Oxydasen und Toxin die Versuchstiere gesund bleiben sah. (Zeitschr. f. physiol. Chemie **32**, 573 (1901).

[2]) Zeitschr. f. Hygiene und Infektionskrankheiten **92**, 78 (1921).

[3]) Biochem. Zeitschr. **118**, 256 (1921).

[4]) Siehe Anm. 1.

[5]) Biochem. Zeitschr. **5**, 394; **6**, 192; ebenso Berl. klin. Wochenschr. 1907 Nr. 24 (Physiopathologische Wirkung kolloider Metalle auf den Menschen). Vgl. auch die Arbeit von G. Izar, Zeitschr. f. klin. Medizin **68**, Heft 5 und 6 (Über die therapeutische Wirksamkeit einiger anorganischer Hydrosole).

[6]) Über die direkt antibakterielle Wirkung des Silbers siehe z. B. Kolle-Wassermann, Handb. d. pathologischen Mikroorganismen, Bd. 4, 206. — Bei den Präparaten mit Zusatz von Schutzstoffen wird auch eine Wirkung dieser Zusatzstoffe (Körperfremdes Eiweis) am therapeutischen Gesamteffekt beteiligt sein.

[7]) Vergl. H. Schade, Die Bedeutung der Katalyse für die Medizin l. c.

von ausländischen, besonders französischen und italienischen Autoren[1]) vor. Für das metallische Kupfer hat K. Laubenheimer[2]) eine Entgiftung des Tetanustoxins, Diphtherietoxins und anderer Toxine in vitro bewiesen; speziell beim Endotoxin der Shiga-Kruse-Bazillen ging diese Giftabschwächung durch das Kupfer so weit, daß die Kaninchen eine sonst vielfach tödliche Dosis vertrugen. Beim Eisen sah Heinz[3]) nach intravenöser Injektion von Elektroferrol eine erhebliche Zunahme der unspezifischen Abwehrstoffe im Tierversuch zustande kommen. Auch hat W. Weichardt für das kolloidale Platin und Palladium eine Entgiftung seiner Ermüdungstoxine angegeben[4]). Der katalytischen Erklärung dieser Wirkungen haben sich neuerdings mit besonderem Nachdruck auch Schittenhelm[5]), A. Feldt[6]) usw. angeschlossen. Vielleicht können sogar bei den spezifischen Toxin-Antitoxinreaktionen unter Umständen katalytische Einflüsse eine Rolle spielen, wie auf Grund einiger Beobachtungen von v. Behring, Morgenroth, Otto und H. Sachs von dem letztgenannten Autor für wahrscheinlich gehalten wird[7]). Ebenfalls die Beobachtung der als „sehr auffallend" angesehenen Entgiftung des Schlangengiftes durch Goldchlorid (Calmette[8])) dürfte vom Standpunkt der Katalyse erneutes Interesse verdienen.

Als letztes der durch katalytische Wirkungen besonders ausgezeichneten Metalle sei hier das **Quecksilber** mit seiner bekannten antiinfektiösen Wirkung bei der Lues erwähnt. Gerade von diesem Metall hat die Schadesche Lehre der katalytisch-therapeutischen Metallwirkungen ihren Ausgang genommen[9]). Eine Desinfektionswirkung im Gewebe durch Quecksilber ist nach dem übereinstimmenden Urteil aller Autoren ausgeschlossen[10]). Es sind besondere Umstände, welche gerade beim Quecksilber die Erklärung der therapeutischen Wirkung auf das Gebiet der Katalyse verweisen. Vor allem ist es die minimale Konzentration des Quecksilbers im Körper, zumeist etwa 1:1000000, oft aber noch ganz erheblich darunter, bei der man die therapeutische Wirkung beobachtet. Die einzige chemische oder physikochemische Reaktionsart, von der bei anorganischen Stoffen in solchen Verdünnungen noch wesentliche Wirkungsbeträge bekannt sind, ist bislang die Katalyse, sei es nun, daß die Substanz selbständig als Katalysator wirkt oder unterstützend als „Aktivator" einen bereits vorhandenen Katalysator, etwa ein Ferment, beeinflußt. Bei der Guajak-Terpentinreaktion

---

[1]) Vgl. die zusammenfassende Monographie von G. Stodel, Les colloides en biologie et en thérapeutique. Paris 1908.

[2]) Zeitschr. f. Hygiene und Infektionskrankheiten **92**, 78 (1921).

[3]) Deutsche med. Wochenschr. Jg. 46, 1437 (1920).

[4]) W. Weichardt, Serologische Studien auf dem Gebiet der experim. Therapie. Habilitationsschrift. Erlangen 1905.

[5]) Schittenhelm, Referat auf dem deutsch. Kongr. f. innere Medizin. Wiesbaden 1920.

[6]) Münch. med. Wochenschr. **67**, 1500 (1920).

[7]) Oppenheimer, Handbuch der Biochemie l. c. II, I, S. 295. (H. Sachs.)

[8]) Beobachtung zitiert nach ebendort I, S. 588.

[9]) Vgl. H. Schade, Die Bedeutung der Katalyse für die Medizin l. c.

[10]) Vergl. besonders Zeitschr. f. Augenheilkunde **2**, 13—32. (Krückmann.)

macht sich die Katalyse des kolloiden Quecksilbers in vitro für kurze Beobachtungszeit bis etwa 1:100000 bemerkbar. Ganz besonders auffallend ist die vom Verfasser nachgewiesene Steigerung des katalytischen Erfolges, wenn man, ähnlich wie es therapeutisch bei der Schmierkur geschieht, das metallische Quecksilber durch Verreibung in zunehmend feinere Verteilung bringt. Grob verteiltes Quecksilber, einfach in einer Guajakharz-Terpentin-Emulsion geschüttelt, läßt die katalytische Sauerstoffübertragung kaum erkennen. Wenn Quecksilber mit geringem Zusatz von Terpentin kurzdauernd auf Watte verrieben und so in eine Guajakharzemulsion hineingebracht wird, tritt schon nach einigen Stunden die Bläuung sehr deutlich hervor. Wird aber Quecksilber, welches vordem durch Schütteln in Terpentinöl eine der grauen Salbe ähnliche Verreibungsfähigkeit erhalten hat, bis zur gleichmäßigen Graufärbung energisch auf der Fingerbeere oder auf Leder verrieben und sodann noch terpentinfeucht mit Guajaktinktur betupft, so ist die Katalyse derart intensiv gesteigert, daß schon in ein bis zwei Sekunden die katalytische Bläuung eintritt, wie sich in sehr demonstrativer Weise durch einen Abklatsch von dem Finger auf Guajactincturpapier zeigen läßt[1]). Die Zahl der durch Quecksilber katalysierbaren Reaktionen der organischen Chemie ist eine recht große[2]); auch dem Mediziner ist bereits von der Kjeldahlschen Stickstoffbestimmung das Quecksilber als ein Zusatz bekannt, der die Verbrennung der organischen Substanzen beschleunigt. Außerdem scheint es eine besondere Befähigung des Quecksilbers zu sein, schon bestehende Metallkatalysen „aktivierend" zu beeinflussen. Diese Wirkung ist an allergeringste Konzentrationen des Quecksilbers gebunden; mit steigender Konzentration tritt sehr bald eine Umkehrung des Erfolges zutage. Es ist nun eine sehr bemerkenswerte Erscheinung, daß diese Eigentümlichkeit des Quecksilberverhaltens, die Steigerung bei kleinsten und die Hemmung bei größeren Konzentrationen, auch gegenüber manchen Fermentreaktionen und sogar bei der Beeinflussung lebender Einzelzellen sich wiederfindet. Einige Angaben mögen diese Verhältnisse beleuchten. Wie G. Bredig[3]) eingehend untersucht hat, wird die katalytische Wirkung des kolloiden Goldes bei der Zersetzung des Wasserstoffsuperoxyds durch allerkleinste Mengen Sublimat sehr gesteigert, durch größere aber gehemmt. Für die Beeinflussung von Fermentwirkungen seien die folgenden Beispiele nach Stassano[4]) wiedergegeben:

---

[1]) H. Schade, Die elektrokatalytische Kraft der Metalle. (C. W. Vogel, 1904), und Zeitschr. f. experimen. Pathologie u. Therapie. I (1905).

[2]) Zusammenstellung siehe H. Schade, Die Bedeutung der Katalyse für die Medizin. 1907. l. c.; ferner G. Woker, Die Katalyse. (Verlag F. Enke. Stuttgart 1910). Vgl. hierzu auch W. Falta und M. Richter-Quittner, Biochem. Zeitschr. **115**, 39 (1921).

[3]) G. Bredig, Anorganische Fermente. Habilitationsschrift. 1901.

[4]) Compt. rend. Soc. Biol. **58**, 891: Pouvoir catalytique du mercure; ebendort **58**, 893: Action activante et retardante du mercure sur les reductions chimiques et diastasiques. (Stassano.)

	Sublimatkonzentration	
	beschleunigender Art	hemmender Art
Oxydation des Guajakols durch Luftsauerstoff vermittelst der Lakkase	1 : 13000000	1 : 13000
Oxydation des Tyrosins vermittelst der Tyrosinase	1 : 1300000	—
Proteolytische Wirkung von Pankreassaft + Enterokinase	1 : 26000	1 : 2600 (eiweißfällende Wirkung äußerlich kenntlich).

Analoge Beobachtungen finden sich auch für die Quecksilberwirkung auf lebende Zellen mehrfach in der Literatur verzeichnet: bei den Hefezellen bringt das Sublimat 1:700000 eine erhebliche Vermehrung der CO_2-Produktion hervor[1]), ebenso wird die Milchsäuregärung durch Sublimat von 1:2000000 gefördert[2]). Höhere Konzentrationen wirken sehr bald schädigend. Zumeist werden Beobachtungen wie die letztgenannten als Musterbeispiele eines Arndt-Schulz'schen „biologischen Grundgesetzes" betrachtet, welches besagt, daß die Zellfunktion als spezifische Besonderheit die Eigentümlichkeit besitzt, durch kleine „Reize" gesteigert, durch größere aber geschwächt zu werden. Man sieht, die physikalische Chemie gibt die Möglichkeit einer präziseren avitalen Erklärung. Umkehrungen von Wirkungen bei Änderung der Konzentration kommen auch in der anorganischen Natur sehr häufig zur Betrachtung. Ganz allgemein sind sie immer dann zu erwarten, wenn ein reagierendes System dank seiner Kompliziertheit die Möglichkeit bietet, daß beim Einwirken einer Substanz statt nur einer einzigen Wirkungsart mehrere Wirkungsarten statthaben und zwar solche, die einander gegensätzlich sind. Im obigen Fall der Wirkungsumkehrung des Sublimats bei der Goldkatalyse ist die eine Wirkung eine chemisch bedingte Aktivierung für den Goldkatalysator resp. in den Befunden Stassanos für das Ferment; diese Aktivierung tritt schon bei kleinster Quecksilberkonzentration sehr stark merklich zutage. Die andere Wirkung des Sublimats liegt im Sinne einer Kolloidschädigung des gleichen Katalysators resp. Ferments; das Zurgeltungkommen dieser Wirkung ist an eine höhere Konzentration des Sublimats gebunden. Dieses Beispiel zeigt aufs deutlichste, daß solche Wirkungsumkehrung (bei kleinster Konzentration Reaktionsteigerung, bei höherer Konzentration Reaktionsschädigung) kein Spezifikum der Lebenssubstanz darstellt. Wohl aber ist es verständlich, daß Zellen als Gebilde von höchster Kompliziertheit diese Erscheinung besonders gehäuft darzubieten vermögen. Für die Beurteilung der therapeutischen Quecksilberwirkung ist es sehr wichtig, daß die zellreaktionsbegünstigende Wirkung sich gerade in jener Konzentrationsbreite

[1]) H. Schulz, Pharmakotherapie (in Eulenberg-Samuels Handbuch der Therapie I, 588.)

[2]) Compt. rend. **114**, 1494 (Richet) und Duclaux, Mikrobiologie IV, 366.

findet, die bei der Quecksilbertherapie im menschlichen Körper verwirklicht ist. Stoffwechseluntersuchungen am Menschen geben weiteren Anhalt. Ähnlich wie beim Silber sind auch beim Quecksilber und seinen Salzen nach intravenöser Injektion nicht toxischer Gaben Steigerungen im Eiweißstoffwechsel des Körpers quantitativ analytisch erwiesen (G. Izar[1]). Dabei wirkt das Quecksilber in ganz besonderer Bevorzugung auf die Spaltung der Nukleine; wieder haben schon kleinste Zusätze (Hyrgol 1:1000000) durchaus bemerkbare Wirkungen (Ascoli und Izar[2]). Wiederholte Versuche des Verfassers, im Verschwinden der Wassermannschen Reaktion bei Quecksilberkuren eine Beziehung zur Katalyse zu finden, sind bislang ohne Ergebnis geblieben. Die Heilwirkung des Quecksilbers ist keineswegs auf die Lues beschränkt. Wie namentlich die Erfolge des Kalomels oder der „gelben Augensalbe" beim Ulcus serpens der Kornea sowie die ebenso glänzenden Resultate des Kalomels bei den Darminfektionen lehren, macht sich eine therapeutische Wirkung auch bei durchaus anderen Infektionen geltend. Interessant ist, daß sich das Quecksilber ebenfalls als Mittel gegen die experimentelle Hühnerspirillose bewährt; aber auch bei dieser, dem Experiment gut zugängigen Erkrankung ist von einer parasitropen Wirkung nichts zu finden, die Heilung wird neuerdings ebenfalls hier auf eine Stimulierung der Abwehrkräfte des Tierkörpers bezogen (Hahn und Kostenbader[3]). Gestützt auf die Parallele zum Silber und weiterhin auch zum Eisen (s. S. 226) ist eine Mitbeteiligung der Katalyse bei der therapeutischen Quecksilberwirkung mehr als wahrscheinlich. Die Gesamtheit der Befunde spricht sehr in dem Sinne, daß es berechtigt ist, in dem katalytischen resp. fermentaktivierenden Einfluß die Erklärung für die therapeutischen Erfolge des Quecksilbers zu sehen[4]. Über den allgemeinen Stand der „Katalysenfrage" wird im Kapitel der Stoffwechselkrankheiten noch näheres zu berichten sein[5]. Einem wiederholt gemachten Einwand sei indes schon hier begegnet. Man behauptet, daß es keinen Vorteil bringe, eine unbekannte Körperwirkung durch die Heranziehung der ihrem Wesen nach ebenfalls nur zum Teil bekannten Katalyse erklären zu wollen. Solches Urteil beruht auf völliger Verkennung des Sachverhaltes. „Erklären" heißt für den Biologen, die Erscheinungen des lebenden Körpers durch die Zurückführung auf artgleiche Vorgänge der unbelebten Welt „klarer" zu machen. Wenn sich eine Erscheinung des Lebens als

---

[1]) Biochem. Zeitschr. **22**, 371—393 (G. Izar). (1909). Nach Truffi (Biochemische Zeitschr. **23**, 270. (1909) wurden auch die Proteasen der Autolyse durch Quecksilber aktiviert.

[2]) Biochem. Zeitschr. **17**, 380 (M. Ascoli u. G. Izar).

[3]) Berl. klin. Wochenschr. **50**, 2185 (1913).

[4]) Vgl. auch A. Feldt, Münch. med. Wochenschr. **67**, 1500 (1920).

[5]) Vgl. auch H. Schade, Die Bedeutung der Katalyse für die Medizin 1907, l. c. Es sei hier angeführt, daß die katalytische Wirkung in gleicher Weise dem Quecksilber in Ionenform wie dem Quecksilber in kolloider Verteilung eigentümlich ist. — Auch bleibe nicht unerwähnt, daß neuerdings für das Plasma des Luetikers ein wachstumhemmender Einfluß auf Carrelsche Lymphdrüsenzellkulturen beobachtet wurde. Pathologika **6**, 35 (1914). (Sebastiani.) (Zitiert nach Kongreßzentralblatt **10**, 110.) — Betreffs der gleichfalls katalytischen Wirkungsweise des Jodkalis vgl. zu den früheren Arbeiten des Verfassers ergänzend weiter unten S. 234.

Katalyse der Ostwaldschen Definierung nachweisen läßt, so ist damit prinzipiell ein gleicher Schritt vorwärts getan, wie wenn z. B. ein Vorgang im Organismus als eine Folgewirkung der Schwerkraft erkannt wird; denn das Wesen der Schwerkraft ist uns letzten Endes nicht weniger dunkel als das Wesen der Katalyse. Die Zurückführung eines Vorganges im Organismus auf die Katalyse bedeutet, daß für ihn „vitale" Wirkungen ausscheiden, daß er vielmehr lediglich durch jene Gesetze beherrscht wird, welche physikochemisch die Katalyse charakterisieren.

Es sei hier angefügt, daß kürzlich auch beim Salvarsan über eine der Katalyse nahestehende Einzelwirkung berichtet wurde. W. Weisbach[1]) hat gezeigt, daß die Blutkörperchen bei Gegenwart stark verdünnter Salvarsanlösung viel schneller mit Ambozeptor gesättigt werden, als ohne Salvarsanzusatz (10 Minuten gegen 50 Minuten). Dieser Autor selber hat nachdrücklich auf die Bedeutung solcher Wirkungsart für die Beurteilung der Salvarsanwirkung hingewiesen. Bei der neuerdings sehr empfohlenen Methode Linsers, welche Neosalvarsan und Sublimat, frisch gemischt, zur intravenösen Injektion bringt, handelt es sich in Addition zur Salvarsanwirkung um die Einführung von Quecksilber in kolloider Form[2]), d. h. in einer Zustandsart, bei der infolge der sehr großen Oberflächenentfaltung (s. o.) die katalytische Hg-Wirkung gut zur Geltung gelangen kann. Daß auch das dritte Heilmittel der Lues, das Jod, erhebliche katalytische Eigenschaften besitzt, ist vom Verfasser schon früh hervorgehoben[3]). Im Kapitel der Stoffwechselkrankheiten wird uns diese Wirkung noch näher beschäftigen (S. 234).

Sehr wichtige unspezifische Förderung der Infektionsabwehr vermag weiterhin der Körper bei Zuführung von **Licht- und anderen Strahlenenergien** zu erhalten. Auch dieser Forschung ist eine vermehrte Anlehnung an die physikalische Chemie, speziell an die Kolloidchemie und die Reaktionskinetik zu empfehlen. Auf dem Gebiet der physikochemischen Photokatalyse sind besonders die Untersuchungen von Tappeiner und Jodlbauer[4]), W. Straub[5]) u. a.[6]) zu nennen; nach ihnen wird im lebenden Körper durch „sensibilisierende" Stoffe die entgiftende Wirkung des Lichtes auf Toxine erheblich gesteigert.

Der physikalischen Chemie zugehörige Gebiete stellen ebenfalls die **Vorgänge der mechanischen Desinfektion** dar. Physiologisch ist vom Körper die Abwehr der Bakterien durch Bewegung, sei es durch Flimmerbewegung oder durch den Strom von Flüssigkeiten, weitgehend ausgenutzt. Wie erheblich die Schutzkraft dieser einfachen mechanischen

---

[1]) Zeitschr. f. Immunitätsforschung u. exper. Therapie **21**, 187 (1914).

[2]) Vgl. Bülow, Münch. med. Wochenschr. 1920, Nr. 15 (Vortrag), Rottmann, Deutsche med. Wochenschr. 47, 71 (1921), C. Tollens, Münch. med. Wochenschr. 1922, S. 15 und W. Kolle, Med. Klinik 1921, 1504.

[3]) Zeitschr. f. exper. Patholog. u. Therapie **1**, (1905). (H. Schade.)

[4]) Arch. f. klin. Medizin **85**, 399 (1905).

[5]) Arch. f. exper. Pathologie u. Pharmakologie 1904, Bd. 51.

[6]) Literatur siehe Jahresber. d. Leistungen d. physikal. Medizin 1908. I. 280, (Jodlbauer).

Abwehr einzuschätzen ist, ergibt sich am besten durch die klinischen Erfahrungen bei ihrem Versagen: behinderter Abfluß z. B. des Harns gibt sehr häufig, bei längerem Bestehen fast regelmäßig die Bedingung zum „Aszendieren" der Bakterien in die ihnen sonst unzugänglichen Kanalsysteme.

Bei jedem Eindringen der Bakterien in die Körpergewebe macht sich die Haut resp. die Schleimhaut als eine kolloide Membran absperrend geltend. Beim jugendlichen Individuum ist diese „Membran" wasserreicher, lockerer und, wie namentlich die Erfahrungen der Erkrankungen des Kindesalters lehren, für die Bazillen durchlässiger. Auch im Innern des Körpers finden sich in zahlreicher Verwendung feste kolloide Scheiden, etwa den Bechholdschen Ultrafiltern vergleichbar: namentlich z. B. die Faszien. Sie haben auf die Ausbreitung der sich entwickelnden Infektionen den größten Einfluß. Die Senkungsabzesse der Tuberkulose mit ihrer fast allein durch die Faszienlage beherrschten Wanderungsrichtung geben das prägnanteste Beispiel der abdichtenden Faszienwirkung; eigentlich nur die Aktinomykose vermag — anscheinend durch fermentative Auflösung — ziemlich ungehindert diese Kolloidsperre zu durchbrechen. In solchem Sinne verdient es besondere Beachtung, daß gerade die wichtigsten Organe, namentlich Gehirn, Herz und Nieren von den stärksten und dichtesten Kolloidwänden (Dura, Herzbeutel, Nierenkapsel) allseits schützend umgeben sind.

Im Innern der Körperhohlräume kommt wiederum ein anderer mechanischer Schutz in Betracht: das „Einfangen" von Bakterien vermittelst der Adsorptionskräfte bei der Gerinnung der ursprünglich gelöst enthaltenen Kolloide. Ein Versuch von Hardy[1]) sei hier zur Illustrierung herangezogen. Wenn man in einer verdünnten Eiweißlösung Karminpartikelchen suspendiert und dann eine Gerinnung herbeiführt, so bilden mit großer Regelmäßigkeit die Karminpartikelchen die Knoten des bei der Eiweißfällung entstehenden Netzwerkes; die Karminpartikelchen bleiben auch bei der nachherigen Schrumpfung des Niederschlages von diesem eingeschlossen. In durchaus gleicher Weise werden nicht selten in den spontanen Gerinnseln der Körperflüssigkeiten, auch in Blutthromben, die Infektionserreger „eingefangen" vorgefunden. Vorgänge verwandter Art, d. h. adsorptive Bakterienanreicherungen an Flüssigkeitsgrenzflächen spielen bei den Ausschüttelungsmethoden der Se- und Exkrete mit Benzin, Chloroform-Alkohol-Mischung usw. eine wichtige Rolle; sie sind deswegen praktisch von so erheblicher Bedeutung, weil es mit ihnen gelingt, die Bakterien selbst bei spärlichstem Vorkommen sicher auf das enge Feld der Grenzschicht der Flüssigkeiten zu bringen und so dem Nachweis bequem zugängig zu machen (vgl. z. B. Löfflers Modifikation der Uhlenhuthschen Antiforminmethode zum Tuberkelbazillennachweis). Ein besonderes Gebiet der medizinischen Verwendung der Oberflächenenergien ist in der Adsorptionstherapie gegeben. Bei subkutaner oder intravenöser Injektion sind bislang zwar noch keine praktischen Erfolge gewonnen[2]); wohl

[1]) Zitiert nach Hamburger, Osmotischer Druck u. Ionenlehre l. c. III, 403.
[2]) Vgl. Versuche über kolloide Kohle subkutan und intravenös. L. Sabbatini. Biochem. Zeitschr. **59**, 408—418 (1914); ferner derselbe, Arch. di fisiol. **11**,

aber hat die Adsorptionstherapie im Magen-Darmkanal, an Wundflächen und sonst äußerlich zugängigen Körperbezirken vielfache und nützliche Anwendung gefunden. Näheres siehe S. 274ff.

Wenn wir uns nunmehr dem Kerngebiet der kausalen Therapie der Infektionskrankheiten, der **spezifischen Immunlehre** zuwenden, so begegnen wir einem Arbeitsgebiet, welches in sonst kaum sich wiederfindendem Maße die Kennzeichen der individuellen Prägung durch eine überragende Persönlichkeit an sich trägt. Paul Ehrlich ist nicht nur der Schöpfer, er ist bis zu seinem Tode (1915) auch der Meister dieses Gebietes geblieben. Seine in den neunziger Jahren aufgestellte **„Seitenkettentheorie“** beherrscht in ihrem weiteren Ausbau derart die Gesamtheit aller hierhergehörigen Forschungen, daß sie fast als ein integrierender Teil des Ganzen erscheint. Sie hat sich als außerordentlich fruchtbar zur Auffindung neuer Tatsachen erwiesen und ermöglicht in verhältnismäßig einfacher Weise einen ordnenden Überblick über die fast verwirrende Summe der meisten oder doch wenigstens sehr vieler Einzelergebnisse. Ehrlich nahm in Analogie zur chemischen Konstitutionsformel z. B. der Benzolkörper auch am Protoplasma eine Trennung in „Leistungskern“ und „Seitenketten“ an. Die letzteren sind es, welche dem Protoplasma die Fähigkeit geben, mit streng spezifischer Auslese fremde Moleküle aufzunehmen und festzuhalten, sie werden deshalb als Rezeptoren bezeichnet. Ehrlich unterscheidet drei Arten derselben. Solche Seitenketten, welche Substanzen nur einfach aufnehmen, ohne sie chemisch zu verändern, kann man sich lediglich als aus einer „Haptophorengruppe“ bestehend vorstellen; sie werden Rezeptoren I. Ordnung genannt. Wird eine Substanz nicht nur an das Protoplasma gebunden, sondern wie z. B. eine Nährsubstanz gleichzeitig assimiliert, so wird neben der haptophoren Gruppe zugleich eine „zymophore Gruppe“ wirksam: Rezeptoren II. Ordnung. Die Rezeptoren III. Ordnung endlich besitzen zwei haptophore Gruppen, die eine zur Aufnahme fremder Substanzen (Nährstoff oder Bakterium), die andere zur Aufnahme eines Ferments oder eines „Komplements“, vermittelst dessen sodann die von der ersten, haptophoren Gruppe aufgenommene Substanz (Nährstoffmolekül, ganze Zelle oder Bakterium) beeinflußt werden kann; diese letztere Grupppe wird auch als „komplementophile Gruppe“ bezeichnet. Durch die beigefügten Bilder hat Ehrlich diese Verhältnisse des Protoplasmas veranschaulicht:

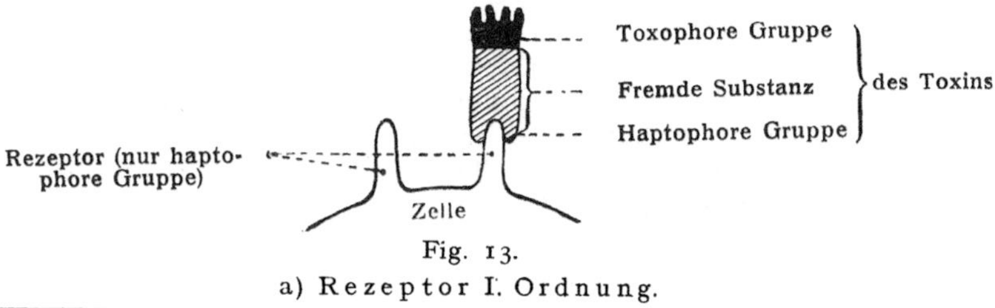

Fig. 13.

a) Rezeptor I. Ordnung.

518—524 (1913). (Adsorbierende und antidotische Wirkung des kolloiden Kohlenstoffs auf das Strychnin; referiert im Kongreßzentralbl. **9**, 507 (1914).

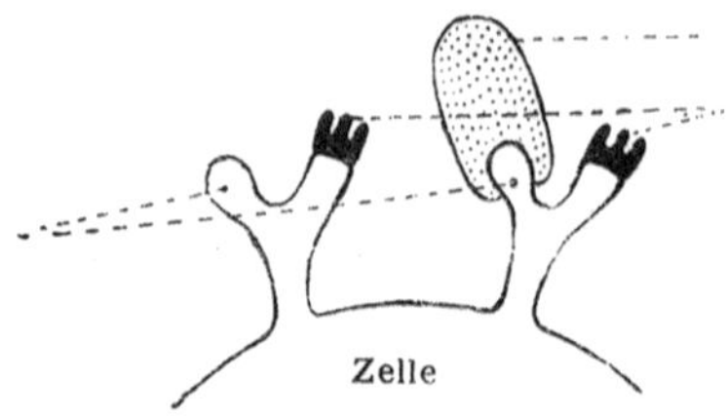

Fig. 13. b) Rezeptor II. Ordnung.

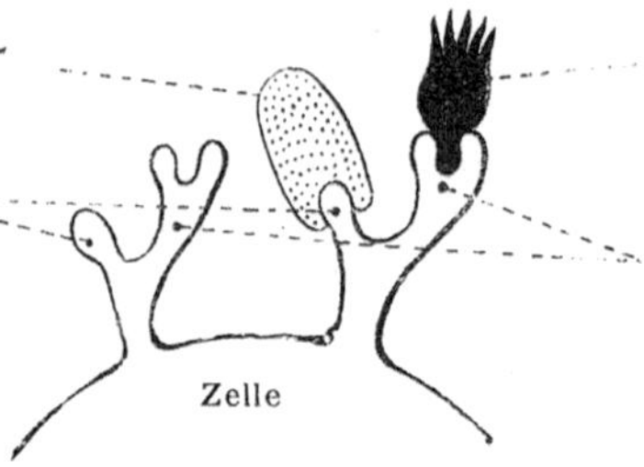

Fig. 13. c) Rezeptor III. Ordnung.

Auf der linken Seite der Zeichnungen sind die unbesetzten Rezeptoren, rechts die Rezeptoren nach entsprechender Besetzung dargestellt. Für die Immunlehre sind die Rezeptoren III. Ordnung von besonderer Bedeutung. Sie sind stets an den Zellen ausgebildet vorhanden; bei den Immunreaktionen werden sie beansprucht, dadurch wird ihre Neubildung bis zur Überproduktion ausgelöst, welche eine Abstoßung der überschüssig gebildeten Rezeptoren von der Zelle ins freie Serum zur Folge hat. Es gelangen so freie Teile mit zwei haptophoren Gruppen ins Serum, von denen die eine Gruppe ein Komplement, die andere dagegen eine Zelle oder ein Bakterium zu binden vermag. Immer aber bleibt das Bindungsvermögen streng spezifisch, nur gültig für eine bestimmte Art von Komplement und für eine bestimmte Zellart oder ein bestimtes Bakterium, welches in die haptophore Gruppe hineinpaßt „wie die Finger in den passenden Handschuh". Diese abgestoßenen Rezeptoren III. Ordnung sind es, denen wir weiter unten als „Ambozeptoren" begegnen.

Artfremde Stoffe, z. B. Eiweiße, Tierzellen, Bakterien, Toxine erzeugen bei ihrer Einspritzung ins Serum Substanzen, welche zu spezifischer Gegenwirkung befähigt sind: Präzipitine, Lysine, Agglutinine, Antitoxine; man pflegt sie als Antikörper zusammenzufassen. Solche Stoffe, welche bei ihrer Einspritzung Antikörper erzeugen, werden Antigene genannt. Fast durchgehend bestehen die Antikörper aus zwei Stoffen durchaus verschiedener Art. Der eine Anteil ist spezifisch, er entsteht erst unter der Wirkung der Antigene, er ist hitzebeständig, er entspricht einem vom Zellprotoplasma losgelösten Rezeptor III. Ordnung und wird wegen der Befähigung zur Doppelbindung „Ambozeptor" genannt. Der zweite Anteil dagegen ist unspezifisch (wird bei 55° zerstört) und heißt „Komplement".

Beide Teile allein sind unwirksam, erst ihre gleichzeitige Anwesenheit läßt die Antikörperwirkung zustande kommen, indem ein Zusammenwirken stattfindet, wie die beigefügte Fig. 14 am Beispiel einer spezifischen Hä-

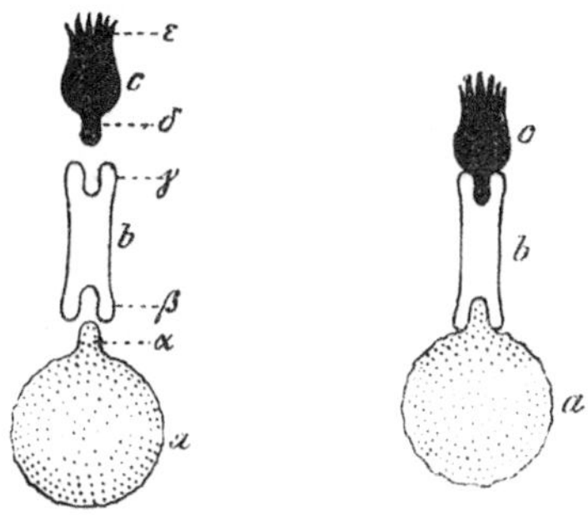

Fig. 14.

a) Blutkörperchen	α) Rezeptor des Blutkörperchens	
b) Ambozeptor	β) Zytophile Gruppe γ) Komplementophile Gruppe	des Ambozeptors
c) Komplement	δ) Haptophore Gruppe ε) Ergophore Gruppe	des Komplements

molysinwirkung zeigt. Der Antikörper, d. h. Ambozeptor + Komplement als Gesamtheit, ist ganz allgemein der spezifische Gegenstoff des zugehörigen Antigens; nach Art chemischer Körper treten beide miteinander in Beziehung. Wenn es auch noch niemals gelang, einen der natürlichen Immunstoffe des Körpers chemisch zu isolieren, so ist doch namentlich auf Grund dieser Ehrlichschen Theorie sowohl im Körper wie im Reagenzglas eine Art und eine Sicherheit des Experimentierens möglich geworden, die sich oft kaum vom Arbeiten mit chemischen Stoffen bekannter Konstitution unterscheidet. Auch hier sei ein Beispiel kurz beigefügt, die Verwertung der „Komplementbindung" zum Nachweis von Antikörpern im Patientenserum; sie hat bekanntlich bei der Lues zur Auffindung der Wassermannschen Reaktion die Veranlassung gegeben. Durch Erhitzen auf 56⁰ wird im Serum des zu Untersuchenden das vorhandene Komplement zerstört, so daß vom Immunkörper, falls solcher vorliegt, allein der Ambozeptoranteil erhalten bleibt. Handelt es sich z. B. um Typhusverdacht, so bietet man dem verdächtigen Serum Typhusbazillen (= Antigen) + Komplement zur Reaktion. (Vorgang I der Fig. 15.) War Typhusambozeptor im Serum vorhanden, so tritt eine Bindungsreaktion ein, Komplement wird verbraucht. Die Aufgabe des Typhusambozeptornachweises ist somit in die Aufgabe des Nachweises einer Komplementverringerung übergeführt. Dieselbe läßt sich recht mannigfach lösen, am bequemsten dadurch, daß man durch Zusammenbringen mit einem hämolytischen System (Blutkörperchen + hämolytischer Ambozeptor), dem nur noch das Komplement fehlt, die Prüfung anstellt. Bleibt dann (Vorgang II in der Fig. 15) die Hämolyse aus, so ist das ein sicheres Zeichen, daß im

Vorgang I die spezifische Typhusimmunreaktion stattgefunden hat: für den Krankheitsfall ist der Typhus bewiesen.

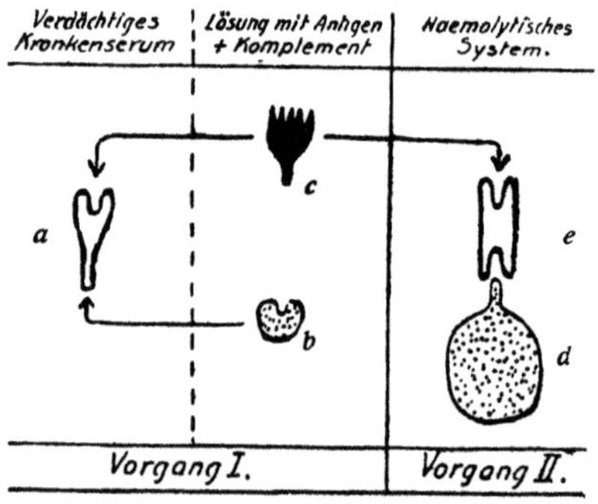

Fig. 15.

a) Typhus-Ambozeptor des Patientenserums
b) Antigen (Typhusbazillen)
c) Komplement
} System I.
d) Hämolysin-Ambozeptor
e) Blutkörperchen
} System II.

Zu einer weiteren Darstellung der Immunlehre ist hier nicht der Ort. Diese kurzen Ausführungen haben nur zum Ziel, den ungemein hohen Grad der Anschaulichkeit und Übersichtlichkeit der Ehrlichschen Theorie zu vergegenwärtigen.

Jeder bildliche Vergleich hat seine Grenzen; Bild und Gegenstand sind nicht identisch. Je weiter der Gesamtrahmen des Vergleiches gefaßt und je mehr in Einzelheiten hinein das Bild zum Vergleich benutzt wird, um so wesentlicher und um so mannigfaltiger werden die Punkte und Linien, in denen der Vergleich versagen muß. Dies gilt in besonderem Maße für eine hypothetische Veranschaulichungsmethode von dem Umfang und der Bedeutung der Ehrlichschen Seitenkettentheorie. Für die Physikochemie der Erscheinungen bietet sie keinen Raum. So glänzend wie die Theorie sich zur Veranschaulichung alles Spezifisch-Chemischen bei den Immunreaktionen eignet, so sehr läßt sie ei bder heutigen Erweiterung des Wissensstandes die Berücksichtigung des Physikochemischen vermissen. Namentlich durch die Arbeiten von Bordet, Arrhenius und Madsen, K. Landsteiner, O. Porges, H. Zangger, L. Michaelis, H. Bechhold und vielen anderen[1]) hat die physikochemische Forschung auch auf diesem Gebiet ergänzend und umwandelnd eingesetzt.

[1]) Als zusammenfassende Arbeiten seien insbesondere genannt (s. auch S. 133):
S. Arrhenius, Immunochemie. (Leipzig 1907.)
K. Landsteiner, Die Theorien der Antikörperbildung. Wiener klin. Wochenschr. **22**, Nr. 47 (1909): ferner derselbe in Oppenheimer, Handb. d. Biochemie l. c. II, **1**, nam. 428—443 und 531—537, vgl. auch 505—506.
O. Porges im Handbuch der Technik u. Methodik der Immunitätsforschung II, Lieferung 2.
H. Zangger, Vierteljahrsschrift d. Naturf.-Ges. in Zürich 1908, 408—455.

Als Arrhenius 1903 in Gemeinschaft mit Madsen den Versuch unternahm, die Immunlehre von physikochemischen Gesichtspunkten aus zu behandeln, konnte im wesentlichen nur eine **Anwendung der reaktionskinetischen Gesetze** in Frage kommen. Auf breiter Basis der Versuche wurde gezeigt, daß die Bindungsreaktionen zwischen Toxinen und Antitoxinen weitgehend der Formel sich fügten, welche den Ablauf von reversiblen chemischen Reaktionen mit der Endeinstellung im Gleichgewichtszustand beherrscht. Genau wie für chemische Reaktionen ließ sich für sehr viele Immunreaktionen bei wechselnden Konzentrationen der jeweilige Endzustand durch die Formel definieren:

Konzentration des Toxins × Konzentration des Antitoxins = Konstante × (Konzentration der Toxin-Antitoxinverbindungen)^n.

Derartige Messungen sind für eine große Reihe von Toxin-Antitoxin-Reaktionen durchgeführt. Die oft vorhandene, ganz ausgezeichnete Übereinstimmung der physikochemischen Rechnungsergebnisse mit der Beobachtung möge die nebenstehende Tabelle am Beispiel der Tetanolysin-Antilysin-Reaktion[1]) illustrieren. Eine gleich gute Übereinstimmung zwischen Berechnung und Beobachtung zeigten die Untersuchungen für Diphtherietoxin-Antitoxin u. a. mehr. Auch ergab sich eine volle Parallele

Einheiten Antilysin	Tetanolysineinheiten bleiben frei	
	beobachtet	berechnet
0	100	100
0,05	82	82
0,1	70	66
0,15	52	52
0,2	36	38
0,3	22	23
0,4	14,2	13,9
0,5	10,1	10,4
0,7	6,1	6,3
1,0	4,0	4,0
1,3	2,7	2,9
1,6	2,0	2,5
2,0	1,8	1,9

(Arrhenius u. Madsen.)

zum Verhalten der Hämolyse mit chemisch bekannten Substanzen. So wurde z. B. die Bindung zwischen dem hämolytisch wirkenden Saponin und dem diese Wirkung „entgiftenden" Cholesterin mit derselben Methodik untersucht. Trotz der Schwierigkeiten der Analyse wurde auch hier in

L. Michaelis, Physikalische Chemie der Toxin-Antitoxinbildung in Oppenheimer, Handb. der Biochemie l. c. II, **1**, 377—394; derselbe in Korányi u. Richter, Physikalische Chemie u. Medizin l. c. II, 413—453.
H. Bechhold, Die Kolloide in Biologie und Medizin l. c., 176—193.
[1]) Zeitschr. f. physik. Chemie **44**, 7 (1903). (Arrhenius u. Madsen.)

gleicher Art die Übereinstimmung zwischen Messung und Berechnung erhalten, wie die nächste Tabelle zeigt:

Neutralisation der Hämolyse-Wirkung von 0,04 g Saponin durch wechselnde Mengen einer 0,1 norm. „Cholesterinlösung"

Zugesetzte Kubikzentimeter der „Cholesterinlösung"	an Saponineinheiten, durch Hämolyse gemessen, bleiben frei	
	beobachtet	berechnet
0	100	95,2
0,01	80,4	78,5
0,014	70,1	71,5
0,02	58,1	62,9
0,025	52,4	55,6
0,03	45,9	48,3
0,04	38,7	35,4
0,05	29,9	24,9
0,06	19,0	15,7
0,07	11,1	9,8
0,08	6,3	6,1
0,1	3,1	2,8
0,12	1,5	1,4
0,14	0,6	0,8
0,16	0,4	0,5

(Madsen u. Noguchi[1]))

Im Rizin werden drei giftige Substanzen angenommen. Zwei davon, das Rizinagglutinin und das Rizinneurotoxin sind in ihren spezifischen Bindungsreaktionen bereits messend verfolgt; dabei erhielt man das interessante Resultat, daß sich für beide Stoffe die Bindungsreaktionen mit den entsprechenden Antitoxinen auch reaktionskinetisch unterscheiden lassen, daß hier sonach mit Bestimmtheit zwei stofflich verschiedene Vorgänge vorliegen. Ein besonderes Verdienst dieser reaktionskinetischen Untersuchungen durch Arrhenius und seine Mitarbeiter war es, daß sie für eine erhebliche Vereinfachung der damaligen Immunlehre die Grundlage brachten. Solange die Gleichgewichtszustände der Bindungsreaktionen zwischen Toxinen und Antitoxinen unbekannt waren, wurde aus den Wirkungsunterschieden, welche sich für die Toxine aus der mit der Konzentration ständig wechselnden Gleichgewichtseinstellung der Toxin-Antitoxinreaktionen ergaben, auf eine fast verwirrende Vielheit von Toxinen geschlossen, so z. B. für das oben erwähnte einheitliche Tetanolysin ein „Prototoxin", „Deuterotoxin", „Tritotoxin" und ein „Toxon" als Teilgifte angenommen. In manchen Fällen (siehe z. B. oben beim Rizin) besteht zwar die Annahme einer Mehrheit von Giften zu Recht. Aber die Lehre „der Toxinspektra", unter welcher Ehrlich damals diese hypothetische Vielheit der Zusammensetzung jedes einzelnen Toxins darzustellen suchte, gehört heute dank der reaktionskinetischen Untersuchungen lediglich der Geschichte an.

---

[1]) Zitiert nach Oppenheimer, Handbuch der Biochemie l. c. II, **1**, 385.

Gleichwohl hat die Reaktionskinetik der Immunvorgänge, wie sie durch Arrhenius inauguriert wurde, keine endgültige Klärung gebracht. Diese Untersuchungen entstammen einer Zeit, in welcher die Abhängigkeiten des chemischen Geschehens von den Kolloidbesonderheiten noch unbekannt waren. Wir wissen heute, daß die bei den Immunerscheinungen reagierenden Stoffe sämtlich entweder selbst kolloid oder zum mindesten derart mit Kolloiden vergesellschaftet sind, daß stets auch für sie **kolloide Gesetzmäßigkeiten** gelten. Sowohl die Antigene als auch die Antikörper lassen sich durch die Dialyse von der Lösung trennen. Das Diffusionsvermögen des Diphtherietoxins und des Tetanolysins sowie deren Antitoxine entspricht in der Größenordnung demjenigen hochdisperser Kolloide (Arrhenius[1])). Bechhold hat mit der Ultrafiltration in neuer Art diese Befunde bestätigt[2]). Auch die übrigen Kolloideigenschaften sind den Antigenen und Antikörpern in charakteristischem Ausmaß eigen, so die Lösungsbeeinflußbarkeit durch Salze[3]), durch Erhitzen, durch Schütteln[4]) und durch einfaches Altern[5]). Mit besonderer Deutlichkeit verweist das „Danysz-Phänomen“[6]) auf die kolloide Natur der Vorgangsarten. Dieses Phänomen besteht in der rein chemisch nicht erklärlichen Erscheinung, daß bei Toxin-Antitoxin-Reaktionen die Geschwindigkeit und die Art des Zusammenbringens auf den Endzustand von einschneidender Bedeutung ist: wird eine Antitoxinlösung in äquivalenter Menge einer Toxinlösung mit einem Male zugesetzt, so wird das Gemisch völlig entgiftet; erfolgt aber derselbe Zusatz in einzelnen kleinen Portionen nacheinander, so ist das Gemisch hernach giftig. H. Freundlich hat diese Erscheinung beim Ausfällen anorganischer Kolloide mit Elektrolytlösungen wiedergefunden und als eine charakteristische gesetzmäßige Allgemeinerscheinung kolloider Art festgelegt[7]). Die Kolloidnatur der Immunstoffe bringt es als notwendige Folge mit sich, daß auch die bei den Immunreaktionen auftretenden Vorgänge, die Präzipitation, die Agglutination, die Lyse, die Bakterizidie sowie die Toxin-Antitoxinbindung von ausgeprägt kolloidem Charakter sind. Bei der Präzipitation und der Agglutination handelt es sich um Kolloidänderungen geloider Richtung; beide Vorgänge stehen sich kolloidchemisch nahe. Im Weiterbau der Ansichten von Bordet[8]), Gruber[9]) und namentlich Paltauf[10]) und Kraus[11]) ist man heute geneigt, eine sehr enge Beziehung dieser beiden Vorgangsarten anzunehmen und als das wesentliche dieser Vorgänge neben einer spezifisch-chemischen Reaktion kolloidchemische Aus-

---

[1]) Arrhenius, Immunochemie, l. c., S. 17.
[2]) H. Bechhold, Die Kolloide in Biologie u. Medizin, l. c., 211.
[3]) Vgl. z. B. K. Landsteiner in C. Oppenheimer, Handbuch der Biochemie II, 1, 430 u. 536.
[4]) M. Jacoby u. A. Schütze; Zeitschr. f. Immunitätsforschung **4**, 730 (1910).
[5]) Zentralbl. f. Bakteriologie **46**, 248 (1908). (P. Th. Müller.)
[6]) Annal. de l'Institut Pasteur **16**, 311 (1902).
[7]) Zeitschr. f. physikal. Chemie **44**, 143 (1903).
[8]) Annal. Pasteur 1899. (Le mécanisme de l'agglutination.)
[9]) Wiener klin. Wochenschr. 1896, Nr. 11 u. 12.
[10]) Wiener klin. Wochenschr. 1897, 421.
[11]) Zeitschr. f. Heilkunde 1902 (Zur Theorie der Agglutination).

flockungserscheinungen anzusprechen. Ähnlich steht es in mancher Weise für die lytischen und bakteriziden Wirkungen der Antikörper. Auch hier sind die neueren Forschungen stark auf das kolloide Gebiet gedrängt. Namentlich durch die Arbeiten von K. Landsteiner[1]) ist zuerst nachgewiesen, daß sowohl die hämolytischen wie die bakteriziden Serumbestandteile enge Beziehungen zu den kolloiden Lipoidstoffen haben und daß die Angriffspunkte ihrer Wirkung an den Bakterien resp. Erythrozyten deren fettähnliche Bestandteile sind. Kyes und Sachs[2]), Noguchi[3]), Liebermann[4]), Landsteiner und Ehrlich[5]) und andere haben diese Ergebnisse erweitert: auch einfache Stoffe, wie Seifen und Fettsäuren, wirken weitgehend analog hämolytisch und bakteriolytisch. Ein Zusatz von Serum verringert diese Wirkung; noch eben hämolytisch wirkende Gemenge von Seifen und Serum werden ähnlich wie ein Komplement durch Erwärmen oder auch nur durch längeres Stehen inaktiv. Ebenfalls analog zum Verhalten der Komplemente tritt in solchen Gemengen durch Ca- und Ba-Salze, desgleichen durch Belichten nach Eosinzusatz Inaktivierung auf (Noguchi l. c.). Der gleiche Autor fand ferner, daß die Seifen, welche sich aus dem Blut oder aus den Organen extrahieren lassen, je nach Tier und Organ bestimmte Variationen ihrer hämolytischen Eigenschaften aufweisen. Diese Seifen sind ebenfalls imstande, beim Behandeln mit anderen Tierextrakten Komplementcharakter zu zeigen. Wichtigste Eigenschaften der Immunstoffe sind so in stets zunehmender Zahl auf Vorgangsarten allgemeiner physikochemischer Art zurückgeführt.

Die **Agglutination** sei herausgegriffen, um an ihr als einem Beispiele die innigen Beziehungen der Immunitätserscheinungen zur Kolloidchemie etwas näher zu verfolgen. Schon Bordet[6]) erkannte, daß die Agglutinierung der Bakterien, Erythrozyten usw. in zwei Phasen zerlegbar ist. Der erste Teil des Vorgangs besteht in dem Eintreten einer Bindung zwischen dem Agglutinin und der agglutinablen Substanz, der zweite Teil in der Ausbildung der Verklumpung. Bordet hat die Abtrennung beider Vorgänge experimentell dadurch erreicht, daß er in destilliertem Wasser Agglutinin und agglutinable Substanz aufeinander einwirken ließ. Wie sich eindeutig ergab, kam die Bindung in der üblichen Weise zustande, die gleichmäßige Suspendierung der mit Agglutinin beladenen Bakterien aber blieb noch bestehen; erst bei nachträglichem Zusatz von Salzen, z. B. einer geringen Menge von Kochsalz trat der kolloidchemische Erfolg, die Verklumpung ein. Diese „zweite Phase" der Agglutination, die eigentliche Ausfällung, sei als der physikochemisch einfachere Teil zunächst erörtert. Unbeeinflußte Bakterien verhalten sich in ihren Ausfällungserscheinungen ungefähr wie die hydrophilen Eiweiße in Salzlösungen; mit Agglutinin

[1]) l. c. oben S. 124.
[2]) Berlin. klin. Wochenschr. 1903, 21.
[3]) Zitiert nach K. Landsteiner in Oppenheimer, Handbuch der Biochemie II, 1, 505.
[4]) Arch. f. Hygiene u. Infektionskrankheiten **62**, 277 (1907).
[5]) Zentralbl. f. Bakteriologie **45**, 247 (1907).
[6]) Annal. Pasteur 1899 (Le mécanisme de l'agglutination).

beladene Bakterien aber nehmen das Verhalten von Suspensionskolloiden an, sie sind im Gegensatz zu früher schon durch sehr geringe Salzkonzentrationen ausfällbar (Porges[1])). Die Ausfällungserscheinungen der mit spezifischen Agglutininen vorbehandelten Bakterien sind in allen Einzelheiten den unspezifisch bedingten Ausfällungen bei anorganischen Suspensionen, z. B. Tonerdeaufschwemmungen ähnlich. Hypothesen, die zur Erklärung auf den besonderen Bau der Zellen, z. B. auf eine ursächliche Beteiligung der Bakteriengeißeln zurückgreifen, sind daher entbehrlich. Das Agglutinieren von Bakterien oder Erythrozyten steht ferner in guter kolloidchemischer Parallele zur Fällung der gelösten Eiweiße des Serums durch die Präzipitine. „Die Agglutination ist ebenso wie die Präzipitation in der zweiten Phase des Vorgangs einfach als Niederschlagsbildung anzusehen; nur sind in dem einen Fall die zum Niederschlag sich vereinigenden Teilchen verhältnismäßig klein, im Fall der Agglutination aber von beträchtlicher Größe" (K. Landsteiner l. c.). Auch das Zusammentreten der Geißeln an den Bakterien zu sichtbar werdenden „Geißelzöpfen" fügt sich nach K. Reichert[2]) und H. Freundlich[3]) rein kolloidchemischen Regeln, es ist ebenfalls eine typisch-kolloide Zusammenflockung und damit nur eine Teilerscheinung der kolloiden Agglutination als Ganzen. Eine wichtige Ursache der eintretenden Verklumpung ist die Abnahme der elektrischen Ladung der Teilchen. Von den roten Blutkörperchen weiß man, daß deren elektrische Ladung den Grund dafür gibt, daß sie sich im normalen Blut sowie in frisch hergestellten Aufschwemmungen durch gegenseitige Abstoßung in gleicher Entfernung voneinander, d. h. „äquidistant" halten. Wirken kleine Mengen Hämagglutinin ein, so tritt unter Schwächung der elektrischen Ladung und daher des Abstoßungsvermögens „unregelmäßige Verteilung" ein; durch stärkere Agglutininwirkung erfolgt dann Verklumpung. Ein gleiches gilt für die Bakterien. Nach H. Bechhold[4]) sowie M. Neisser und H. Friedemann[5]) ist der Unterschied im elektrischen Verhalten zwischen unbehandelten Bakterien und solchen, die mit Agglutinin beladen sind, sehr deutlich: während erstere in Suspension zur Anode wandern, haben letztere ihre Ladung durch das Agglutinin verloren, sie flocken zwischen den Elektroden aus. Die roten Blutkörperchen verschiedener Tiere lassen sich ferner nach ihrem Verhalten zu spezifisch agglutinierendem Serum in bestimmter Reihe anordnen; es ist für die physikochemische Auffassung sehr bemerkenswert, daß die gleiche Reihenfolge bereits bei der einfachen Ausfällung der Blutkörperchen durch Zinknitrat erhalten wird[6]). Die ausfällende Wirkung der Agglutinine, übrigens ebenso auch der Präzipitine, ist weiter durch das Auftreten von sogenannten „Hemmungszonen" ausgezeichnet: mit dem Ansteigen der Konzentration

---

[1]) Zentralbl. f. Bakteriologie **40**, 133 (1905).
[2]) Zentralbl. f. Bakteriologie I, 51, 14 (1909).
[3]) Chemisch Weekblad 1913, Nr. 36, S. 793—794. Die Adsorption und ihre Bedeutung für chemische und biologische Probleme.
[4]) Zeitschr. f. physik. Chemie **48**, 385—423 (1904).
[5]) Münch. med. Wochenschr. 1904, Nr. 11 u. 19.
[6]) Arch. f. Hygiene **63**, 237—286. (L. Hirschfeld.)

des Agglutininzusatzes tritt zuerst Fällung, dann „keine Fällung"; dann wieder Fällung und dann wieder „keine Fällung" auf. Auch dieses Phänomen findet bei der Ausflockung von anorganischen Suspensionen bei Gegenwart eines Schutzkolloids sein Analogon, wie die beigefügte Tabelle an einem Beispiel zeigt.

Hemmungszonen.

Bei der Agglutination von Typhusbazillen durch Immunserum		Bei der Ausflockung von Mastixsuspension durch Aluminiumsulfat	
Verdünnung des Serums	Erscheinung nach 2 Stunden	Verdünnung des Schutzkolloids	Erscheinung nach 24 Stunden
1 : 45000	Keine Agglutination	—	—
1 : 30000	Starke Flockung	0,001 ccm	Vollkommene Ausflockung
1 : 25000	Spur Flocken	0,01 ccm	Keine Ausflockung
1 : 1000	Fast vollkommene Agglutination	0,03 ccm	Fast vollkommene Ausflockung
1 : 100	Keine Agglutination	0,1 ccm	Keine Ausflockung
Nach Versuchen von Eisenberg und Volk[1]).		(Nach M. Neißer und H. Friedemann[2]) sowie H. Bechhold[3]) mit Blutegelextrakt (ähnlich auch mit Gelatine) als Schutzkolloid.	

Die zweite Phase der Agglutination ist sonach durch die Kolloidchemie weitgehend geklärt. Die genuine Eiweißhülle der Bakterien erfährt durch die spezifischen Agglutinine eine Umwandlung, so daß das Bakterieneiweiß sich verhält, als wenn es „denaturiert" (vgl. S. 38) wäre; es entsteht ein Eiweiß von Suspensionscharakter mit den für Suspensionskolloide charakteristischen Gesetzmäßigkeiten der Ausfällung. Die einfachste Art, genuines Eiweiß zu denaturieren, ist diejenige durch Erhitzen. O. Porges konnte zeigen, daß tatsächlich durch Erhitzen einer Bakteriensuspension ein Analogon zum Zustand der zweiten Phase der Agglutination entsteht[4]). Noch ein weiterer Befund des gleichen Autors verdient hier Erwähnung. Bei den Kapselbakterien wirkt eine „Schleimhülle" als Schutzkolloid, diese Bakterien sind durch Immunserum nicht agglutinierbar. Durch Behandeln mit verdünnter Salzsäure ist es möglich, diese „Schleimhülle" zu entfernen; sodann ist auch für die Kapselbakterien die Agglutinierbarkeit durch Immunserum hergestellt. Übrigens erscheint nach neueren Untersuchungen selbst die Entstehung von Bakterienkapseln als ein physikochemischer Prozeß; denn Aoki sah auch an toten Pneumokokken unter der Einwirkung von Serum sich Kapseln bilden[5]).

Wenn wir uns nunmehr der ersten Phase der Agglutination, der Bindung zwischen Agglutininen und agglutinabler Substanz zuwenden,

[1]) Zeitschr. f. Hygiene **40**, 155 (1902).
[2]) Münch. med. Wochenschr. 1904, Nr. 11 u. 19.
[3]) Zeitschr. f. physik. Chemie **48**, 385—423 (1904); vgl. ferner ebendort **60**, 469—506 (1907) und **62**, 287—307 (1908) (Teague u. Buxton) sowie Kolloidzeitschr. **6**, 78—83 (1910). (A. Lottermoser.)
[4]) Zentralbl. f. Bakteriologie **40** 133 (1905).
[5]) Arch. f. Hygiene **75**, 393.

so begegnen wir auch hier einem weitgehenden Beherrschtsein der Vorgänge durch die Gesetzmäßigkeiten der Kolloidchemie. Zwar hat Arrhenius (l. c.) wie für andere Immunreaktionen so auch für die Agglutininbindungen aus den Ergebnissen des zeitlich-quantitativen Reaktionsablaufs sich zu dem Schluß berechtigt geglaubt, daß diese Vorgänge wie chemische Reaktionen im homogenen System anzusehen seien. Aber nur ein nach einseitigen Gesichtspunkten begrenzter Ausschnitt von Beobachtungen stand ihm zur Verfügung. Formell ist nun innerhalb eines ziemlich weiten Gebietes der Vorgänge eine Übereinstimmung der Gesetzmäßigkeiten von chemischen Reaktionen und von adsorptiven Kolloidvorgängen vorhanden[1]), so daß es möglich ist, die innerhalb solchen Gebietes erhobenen Beobachtungen rein rechnerisch sowohl mit den Reaktionsgesetzen als auch mit den Adsorptionsgesetzen zu erfassen. Erst die Erweiterung des Beobachtungskreises hat den Nachweis erbracht, daß hier nicht die Reaktionskinetik des homogenen Systems, sondern vielmehr in erster Linie die kolloidchemischen Gesetzmäßigkeiten bestimmend sind. Ein Kennzeichen der Adsorption ist sehr starker Entzug der gelösten Substanz aus verdünntester Lösung und relativ geringerer Entzug aus konzentrierterer Lösung; mit anderen Worten: aus verdünnter Lösung wird sehr viel durch Adsorption herausgeschafft, aus konzentrierterer Lösung absolut zwar zumeist mehr, aber im Verhältnis ganz ungleich viel weniger. Daß ein solches Verhalten auch die Agglutininbindung beherrscht, sei an einer Tabelle nach Eisenberg und Volk (l. c.) erläutert[2]).

Adsorptionsverteilung von Typhusagglutinin bei Anwesenheit einer gleichen Typhusbazillenmenge, aber bei verschiedener Konzentration des Agglutinins.

Maß der Konzentration des Agglutinins	Menge des adsorbierten Agglutinins	Menge des frei in der Lösung bleibenden Agglutinins
2	2	0
20	20	0
40	40	0
200	180	20
400	340	60
2000	1500	500
10000	6500	3500
20000	11000	9000

Ebenfalls die Schnelligkeit des Eintritts der Bindung (nach Eisenberg und Volk wird bei den obigen Versuchen die Endeinstellung in weniger als fünf Minuten erreicht) spricht entschieden für eine Adsorption. Bezeichnend ist ferner der Einfluß von Salzen. Ebenso wie die unspezifische

---

1) Vgl. hierzu z. B. Höber, Physikal. Chemie der Zelle u. der Gewebe l. c. S. 222, 230 u. mehr.

2) Von G. Dreyer, J. Sholto u. C. Douglas sind aber auch Fälle sogenannter „anomaler Adsorption" beobachtet (zitiert nach Bechhold, Kolloide in Biologie u. Medizin l. c., S. 184).

Adsorption von Eiweißkörpern an anorganischen Kolloiden[1]) bleibt auch die Adsorption von spezifischen Agglutininen an Bakterien bei Zusatz konzentrierterer Salzlösungen aus[2]). Wohl am sichersten reiht das Danysz-Phänomen (s. o. S. 135) die Vorgänge unter die Kolloiderscheinungen ein[3]). Aber auch die mannigfachen Analogien im Verhalten von Agglutininen und Farbstoffen zu Eiweißkörpern sind hier von Wert[4]): sehr auffallend ist z. B. die weitgehend gleiche Beeinflußbarkeit durch dritte Substanzen, welche so verschiedenartigen Vorgängen wie der Färbung der Schafwolle mit basischen Farbstoffen und der Adsorption von Agglutininen seitens des Serumeiweißes gemeinsam ist. Gerade diese letzte Parallele leitet gut dahin über, daß auch bei den Agglutininen neben einer primären Bindung durch Adsorption in sekundärem Weiterwirken chemische Prozesse beteiligt sind. Ein rein mechanischer Adsorptionsprozeß ist reversibel. Gehen neben der Adsorption oder ihr zeitlich folgend noch weitere physikalische oder auch chemische Prozesse einher, so macht die Reversibilität zumeist in mehr oder minder großem Umfange einer irreversiblen Veränderung Platz. Auch bei den spezifischen Agglutininen ist die Bindung keineswegs einfach reversibel. Aber selbst beim Überwiegen der Irreversibilität gelingt es meist leicht, noch Teilvorgänge reversibler Art nachzuweisen. Werden agglutininbeladene Typhusbazillen mit unbehandelten Typhusbazillen in der Lösung gemischt, so stellt sich als Ausdruck der teilweisen Reversibilität bald eine Agglutininbeladung der sämtlichen Typhusbazillen ein: auch die anfänglich nicht beladenen Bazillen zeigen sodann Agglutination (J. Joos[5])). Ebenfalls läßt sich durch Auswaschen mit physiologischer Kochsalzlösung ein Teil, aber eben auch nur ein Teil des gebundenen Agglutinins wieder entfernen[6]). Für die Gesamtauffassung des Vorganges ist es außerordentlich wichtig, daß die Agglutination, wenn man von der spezifischen Note derselben absieht, durch anorganische Kolloide reproduzierbar ist. Kolloide Kieselsäurelösungen bringen schon bei sehr großer Verdünnung dieselben Ausfällungserscheinungen hervor wie die spezifischen Agglutinine; erwärmt man zuvor die sehr verdünnte Kieselsäurelösung, so geht, ohne daß eine Abscheidung sichtbar wird, die agglutinierende Wirkung verloren, wie wenn man ein organisches Agglutinin inaktiviert hätte (K. Landsteiner[7])). Zu ähnlichen Wirkungen, wie hier für die Kieselsäure angegeben, sind auch die Salze der seltenen Erden (Thorium, Cer, Praseodym, Lanthan) befähigt (R. Doerr[8])).

---

[1]) Zeitschr. f. Elektrochemie 1904, Nr. 51. (W. Biltz.)

[2]) Zeitschr. f. Immunforschung u. experim. Therapie **8**, 397—403 (1903). Landsteiner u. Welecki.)

[3]) Vgl. K. Landsteiner in Oppenheimer, Handbuch der Biochemie II, I, 438.

[4]) Ebendort II, I, 440.

[5]) Zeitschr. f. Hygiene **40**, 203 (1902).

[6]) Eisenberg u. Volk, l. c.

[7]) Wiener klin. Wochenschr. 1904, Nr. 3 und Münch. med. Wochenschr. 1904, Nr. 27. (K. Landsteiner u. N. Jacić.)

[8]) Kolloidzeitschr. **27**, 277 (1920).

Ähnlich wie die Agglutination lassen sich auch manche **andere Vorgangsarten der Immunreaktionen** in unspezifischer Art künstlich reproduzieren. Schon oben wurde über den Ersatz des „Komplements" durch Lipoidstoffe resp. durch Gemische von Eiweiß- und Lipoidstoffen berichtet (S. 136). Ein vollständiges künstliches „Modell eines Immunvorganges" ist zuerst von K. Landsteiner und N. Jacić (l. c.), und zwar für die Hämolyse angegeben: als „Ambozeptor" wird eine sehr verdünnte kolloide Kieselsäurelösung, als „Komplement" das gleichfalls kolloide Lezithin benutzt. Die Kieselsäure dient hier als Vermittler der Lezithinwirkung; denn Lezithin allein bleibt bei der in den Versuchen vorhandenen Konzentration ohne kenntliche Wirkung auf die roten Blutkörperchen. Die Kieselsäure, welche sowohl auf Blutkörperchen als auch auf Lezithin ausflockend resp. adsorptiv einwirkt, bringt das Lezithin an der Oberfläche der Blutkörperchen in erhöhter Konzentration zur Anreicherung, so daß das Lezithin dann mit seiner lipoidlösenden Wirkung eine Hämolyse herbeiführen kann. Die Annäherung dieses Modells an die Verhältnisse der natürlichen Hämolyse wird noch dadurch größer, daß man in diesem System das Lezithin durch aktives Serum ersetzen kann. Auch in dieser Kombinierung vermag das aktive Serum weitgehend seine typischen Komplementeigenschaften zu zeigen; selbst für Kieselsäure als Ambozeptor wird das Serum durch Erwärmen, durch Behandeln mit Hefe oder mit Bakterien, durch Papainverdauung, durch erhöhte Salzkonzentration unwirksam gemacht. Die Ersetzbarkeit von Ambozeptor und Komplement durch unspezifische Stoffe ist sonach in dem obigen „Modell", sogar für beide Substanzen gleichzeitig, bewiesen. Zur eigentlichen Immunreaktion scheint nichts zu fehlen als die Spezifität im Bindungsvermögen des künstlichen Ambozeptors.

Die spezifische Wirkung ist es, auf die Ehrlich vor allem in seiner Seitenkettentheorie den Schwerpunkt gelegt hat. Sie hat bislang in der physikalischen Chemie keine nähere Aufklärung gefunden, und es erscheint auch wenig wahrscheinlich, daß auf den bisher erkannten physikochemischen Grundlagen eine solche möglich sein wird. Der Wert der physikalischen Chemie betrifft hier die anderen Erscheinungen. Das Problem der Spezifität bedeutet nur eine der Teilfragen der Immunlehre. Im allgemeinen, wenn auch keineswegs immer, lassen sich die Vorgänge dieses Gebietes in drei Phasen scheiden:

I. Phase: Antigene und Antikörper, beides Kolloide, treten nach kolloidchemischen Gesetzen, vor allem gemäß den Adsorptionsgesetzen in Beziehung.

II. Phase: Die spezifische Reaktion, vermutlich überwiegend chemischer Art, geht vor sich.

III. Phase: Die Vorgänge der Phase I und II haben kolloide Veränderungen zur Folge, welche sich im Auftreten besonderer kolloidchemischer Vorgangsarten, wie Präzipitation, Agglutination, Lyse usw. äußern.

Die Ehrlichsche Theorie hat dabei ihren Anwendungsbereich lediglich für die Erscheinungen der II. Phase, kann aber auch hier nur eine bildliche Darstellungsart, keine Erklärung bedeuten.

In ganz besonderer Art hat die Immunlehre durch die Erforschung der **Wassermannschen Reaktion** eine Entwicklung nach physikochemischer Richtung erfahren. Die Auffindung dieser Reaktion stand voll im Zeichen der spezifischen Immunlehre Ehrlichscher Auffassung. Es waren Versuche, mit Hilfe der Komplementbindung (s. o. S. 131) im Serum der Luetiker das Vorhandensein von spezifischen Antikörpern nachzuweisen. Der Theorie gemäß brachte Wassermann Spirochaetenextrakt (als Antigen) mit luetischem Serum zusammen und prüfte durch Kontrolle am Komplement dieses Serums, ob eine spezifische Bindungsreaktion eintrat. War dies der Fall, so mußte während der Reaktion Komplement verbraucht werden, d. h. dem Serum war die Fähigkeit genommen, bei einem weiteren z. B. hämolytischen Immunsystem, welches aus Blutkörperchen und zugehörigem Hämolysin-Ambozeptor bestand, noch als Komplement wirksam zu werden. Wenn eine spezifische Antigen-Antikörper-Reaktion der Lues zustande kam, so mußte beim nachherigen Einbringen des Serums in das hämolytische System dort die Hämolyse ausbleiben. Da der erwartete Erfolg tatsächlich auftrat, so schien hier ein durchaus typisches Beispiel eines spezifischen Antikörpernachweises gegeben[1]). Sehr bald aber zeigte sich, daß diese Auffassung des Vorganges nicht haltbar ist. Denn der zur Annahme einer spezifischen Reaktion unerläßliche Spirochaetenextrakt ließ sich durch Extrakte normaler Organe[2]) und in Weiterführung dieser Befunde ebenso durch eine große Zahl chemisch gut definierter Substanzen, wie Lezithin (O. Porges und Maier[3])), glykocholsaures Natron (Levaditi und Yamanouchi[4])), ölsaures Natron (H. Sachs und Altmann[5])), Vaseline (Fleischmann[6])) usw., in der Wirkung auf das Gelingen der Reaktion ersetzen. Mit diesen Nachweisen aber war der Charakter der Wassermannschen Reaktion als einer spezifischen Immunreaktion gefallen. Der praktische Wert der Reaktion zur Erkennung der Syphilis steht aber gleichwohl heute fester denn je. Die Untersuchungen zur weiteren Klärung der Wassermannschen Reaktion haben ganz auf das Gebiet der physikalischen Chemie hinübergeführt. Aus der ursprünglich vermuteten spezifischen Antigen-Antikörperbindung ist das Problem einer bei dem Luesserum in besonderer Weise auftretenden Komplementinaktivierung geworden. Die Ursache dieses Sonderverhaltens des Luetikerserums ist noch nicht geklärt[7]). Sicher ist, daß die Wassermannsche Reaktion aufs

[1]) Deutsch. med. Wochenschr. 1906. (Wassermann, Neißer u. Bruck.)
[2]) Wiener klin. Wochenschr. 1907, 514. (Landsteiner, Müller u. Poetzl) u. a.
[3]) Berlin. klin. Wochenschr. 1907, 1655.
[4]) Compt. rend. Soc Biol. **58**, 740 (1907).
[5]) Berlin. klin. Wochenschr. 1908, Nr. 10.
[6]) Berlin. klin. Wochenschr. 1908.
[7]) Vgl. namentlich hierzu nach physikochemischer Richtung: O. Porges im Handbuch der Technik und Methodik der Immunitätsforschung II (1909). P. Schmidt, Zeitschr. f. Hygiene u. Infektionskrankheiten **69**, 513 (1911); M. Liebers, ebendort **80**, 29 (1913); K. Landsteiner (Kolloide u. Lipoide in der Immunitätslehre) in Kolle-Wassermann, Handbuch der pathogenen Mikroorganismen 1913; Hirschfeld u. Klinger, Zeitschr. f. Immunitätsforschung **21**, 40 (1914); dieselben, Biochem. Zeitschr. **70**, 398 (1915); **84**, 1; **87**, 36 (1918); H. Sachs, Kolloidzeitschr. **24**, 113 (1919).

engste an eine ganz bestimmte kolloide Zustandsart der reagierenden Substanzen gebunden ist. Läßt man bei der Herstellung der Lösungen zur Wassermannschen Reaktion den alkoholischen Leberextrakt rasch zur Kochsalzlösung zulaufen, so erhält man eine Flüssigkeit, welche das Komplement nur schwach oder gar nicht bindet; geschieht dagegen die Mischung unter langsamem Zutropfen, so erhält die Flüssigkeit die Eigenschaft, das Komplement stark zu binden. Beide Lösungen sind stofflich gleich, nur durch die Art der Herstellung und damit durch die Art ihrer Kolloidität unterschieden: schon dem Auge erscheint die unwirksame, rasch hergestellte Lösung als klar, die wirksame, durch langsame Vermischung gewonnene Lösung dagegen als trübe. (Sachs und Rondini[1]) u. a.) Ein gewisser mehr grob disperser, der Ausfällung sich bereits nähernder Zustand der Lipoide scheint durchgehends die Komplementbindung zu begünstigen. Es ist sehr interessant, daß auch Eingriffe in die Kolloidität der Serumglobuline (Behandlung mit $\frac{1}{2}$ norm. Salzsäure, Bakterien- und Inulinsuspension) dazu führen, normale aktive Menschensera eigenhemmend und Wassermann-positiv zu machen (E. Nathan[2])). Auch sonst ist bei der Wassermannschen Reaktion ein Parallelismus zu kolloiden Fällungsreaktionen zu beobachten. Jacobsthal und bestätigend auch M. Liebers[3]) haben ultramikroskopisch während der Wassermannschen Reaktion das Auftreten größerer Schollenbildung im luetischen Serum im Vergleich zum normalen gefunden. Lediglich auf der stärkeren Ausfällbarkeit des luetischen Serums fußend sind in neuester Zeit neben den Goldzahl- und Mastixmethoden u. a. (s. S. 447 ff.) zwei Methoden aufgebaut, welche geeignet sind, in ungleich einfacherer Weise als der Wassermann die für Lues charakteristische Serumabweichung zur Erkennung zu bringen. Die **Methode von Meinicke**[4]) ist die folgende: Zunächst wird das Serum durch Organextrakte in salzfreiem Medium wahllos ausgeflockt, ein Zusatz geeigneter Kochsalzlösung bringt sodann beim normalen Serum die Flocken wieder in Lösung, während die luetischen Sera diese Lösung nicht zeigen. Die Diagnose beruht somit lediglich auf der größeren Resistenz der im Syphilitikerserum entstehenden Ausflockung gegenüber der nachträglichen Lösung durch Kochsalz. Die zweite **Methode von Sachs und Georgi**[5]) wird einzeitig ausgeführt und hat dadurch den Vorteil größerer Einfachheit: Das fällende Agens, ein in geeigneter Verdünnung hergestellter, mit Cholesterin vorbehandelter Organextrakt, ist in seiner Wirkung derart abgestuft, daß es schon bei direktem Zusatz zum Luesserum eine für Syphilis charakteristische Fällung hervorruft, während nichtluetisches Serum ohne Fällung bleibt. Beide Methoden sind gut brauchbar und stehen klinisch an Zuverlässigkeit nicht hinter der Wassermannschen Reaktion zurück. Es ist sehr wahrscheinlich, daß sie wegen ihrer ungleich größeren Einfachheit berufen sein werden, in der Praxis die Wasser-

[1]) Berl. klin. Wochenschr. 1908, Nr. 44.

[2]) Zeitschr. f. Immunitätsforschung **29**, 562 (1920). Dabei bleiben die Sera auch nach dem Eingriff für die Sachs-Georgische Reaktion negativ.

[3]) Zeitschr. f. Hygiene u. Infektionskrankheiten **69**, 513 (1911).

[4]) Berl. klin. Wochenschr. 1917, Nr. 25, 50; 1918, Nr. 4.

[5]) Medizin. Klinik 1918, Nr. 33.

mannsche Reaktion in mancher Richtung zu ersetzen[1]). Trotz des weitgehenden Parallelismus im Ergebnis der Wassermann-Reaktion und des „Sachs-Georgi" liegt aber den beiden Prozessen nicht eine Gleichartigkeit der serologischen Vorgänge zugrunde (H. Sachs und Georgi[2]). Es ist viel Arbeit aufgewendet, diese Prozesse theoretisch zu klären. Chemisch bestehen die bei der Sachs-Georgi-Reaktion auftretenden Flocken zur Hauptsache aus den Lipoiden des zugesetzten Organextraktes und aus Globulinen seitens des luetischen Serums im Gewichtsverhältnis von etwa 8:1 oder (bei Berücksichtigung der Quellung) im Volumenverhältnis von etwa 8:7. Als Ursache der positiven Reaktion wird eine abnorme Dyskolloidität (= geringere Lösungsstabilität) der Globuline des Serums angesprochen[3]). Wie diese zustande kommt, ist noch unbekannt.

Die Metschnikoffsche Lehre der Phagozytose hat lange Zeit in Deutschland eine Ablehnung erfahren. Erst mit den Wright-Neufeldschen Arbeiten über die **Opsonine**[4]) ist sie in veränderter Gestalt zu allgemeinerer Anerkennung gelangt und hat speziell in der Staphylokokken- und und Gonokokkenvakzine eine sehr wertvolle Bereicherung für die Therapie gebracht. Bekanntlich versteht man unter den Opsoninen Wrights Stoffe des Serums, welche zu den Bakterien in Beziehung treten mit dem Erfolg, die Bakterien für die Leukozyten „zur Mahlzeit vorzubereiten"[5]). Auch diese Wirkungen fügen sich weitgehend den Kolloidgesetzen: sie sind am ausgeprägtesten in Lösungen größter Verdünnung (Neufeld), sie werden durch die Anwesenheit von anderen Kolloiden bei bestimmten Konzentrationen gehemmt (Neufeld, Ungermann), sie sind abhängig vom Salzgehalt des Mediums (Porges). Die Abtötung der Leukozyten oder die Lähmung ihrer Bewegung durch Abkühlen auf 0° gestattet eine Trennung des Vorgangs in zwei Phasen (Barikine und v. Levaditi und Mutermilch). Die erste Phase der Phagozytose ist die der „Anlagerung" der opsoninbeeinflußten Bakterien an die Leukozyten, sie kommt auch bei den gelähmten und toten Leukozyten zur Ausbildung. Ohne Opsoninbehandlung ist die Anlagerung geringer oder blieb in den Versuchen von v. Levaditi und Mutermilch ganz aus. Nach Oker-Blom sind elektrische Vorgänge dabei bestimmend: die Bakterien sind meist elektronegativ, die Leukozyten sollen elektropositive Ladung haben, so daß eine gegenseitige Anziehung erfolgt. Zur Unterstützung dieser Auffassung wird angeführt, daß Einwirkungen, welche die Potentialdifferenz erhöhen lassen, wie Vorbehandeln

[1]) Für eine etwaige weitere Vervollkommnung der Sachs-Georgi-Methode scheinen dem Verfasser die Untersuchungen von P. Neukirch (Zeitschr. f. Immunitätsforschung und experim. Therapie **29**, 498 (1920) besonders beachtenswert.

[2]) Arbeiten aus dem Institut f. exper. Therapie und aus dem Georg-Speyer-Hause **10**, 5 (1920).

[3]) Sehr gut wird nach Ansicht des Verfassers dem heutigen Stande unseres Wissens gerecht W. Weisbach, Wassermannsche Reaktion und Ausflockungsreaktionen nach Sachs-Georgi und Meinicke im Lichte neuerer Forschung. Habilitationsschrift Halle-Wittenberg 1921. Vgl. dazu J. Forßmann, Biochem. Zeitschr. **121**, 180 (1921).

[4]) Die Literatur dieses Gebietes siehe A. Böhme, Opsonine u. Vakzination 1913 in Ergebnissen der inneren Medizin und Kinderheilkunde, Bd. 12.

[5]) Opsono = ich bereite zur Mahlzeit vor.

mit Säuren oder Alkalien, die Phagozytose steigern. Die Opsonine selbst sind stark absorbierbar; durch Tierkohle, Karminpartikelchen, Platinruß, Diatomeenerde, koaguliertes Eiweiß usw. werden sie dem Serum entzogen (Simon, Lamar und Bipham). Die zweite Phase des Vorgangs, die eigentliche Phagozytose, kommt nur bei lebenden, bewegungsfähigen Leukozyten zustande. Auf dem erwärmten Objekttisch läßt sie sich für virulente Bakterien gut verfolgen. Phagozytose und Bakterienabtötung ist jedoch keineswegs identisch; nur für einzelne Bakterienarten scheint die Degeneration und Abtötung im Zelleib der Leukozyten erwiesen[1]). Die Opsonine lassen sich vielfach experimentell in zwei Anteile, in Ambozeptor und Komplement, zerlegen. DerAmbozeptor ist auch bei den Opsoninen der Träger der Spezifität (Hata), er ist nur wirksam bei gleichzeitiger Anwesenheit des unspezifischen Komplements (Browning). In weiterer Anlehnung an analoge Auffassungen der Ehrlichschen Immunlehre war es üblich, das Opsoninkomplement noch seinerseits in „Mittel-" und „Endstück" zu trennen. Als Grundlage hierzu diente die Beobachtung von Brand und Ferrata, daß man bei der Dialyse des komplementhaltigen Serums zwei Serumfraktionen, den Globulinniederschlag und die Albuminlösung erhielt, welche, beide einzeln wirkungslos, erst bei der Vereinigung die typische Komplementwirkung ergaben. Die hieraus abgeleitete Annahme von „Mittel-" und „Endstück" ist indes physikochemisch nicht berechtigt. Die Erklärung dieser Erscheinung liegt in dem Salzeinfluß auf die Kolloide. Das Komplement ist einheitlich, es verbleibt als Ganzes in der Albuminfraktion und hat dort nur infolge der bei der Dialyse eintretenden Salzentziehung vorübergehend seine Wirksamkeit eingebüßt (Noguchi[2])); wenn man den Salzgehalt einer wirksamen Lösung des Komplements auf andere Weise, z.B. durch Zusatz von destilliertem Wasser, verringert, so wird gleichfalls die Wirkung aufgehoben (Sachs u. Ternuchi).

Die mehr selbständige Entwicklung der Opsoninlehre hat in mancher Beziehung zur Förderung der überall sich regenden Bestrebungen, die Grundlagen der Immunlehre einer erneuten Kritik zu unterziehen, beigetragen. Ganz überwiegend liegt diese Arbeit auf physikochemischem Gebiet. Abschließende Ergebnisse sind noch nicht gefunden. Nur die Richtungen der Forschung lassen sich vorerst hier zeichnen.

Als eines der Teilprobleme erscheint die Frage der **Abgrenzung zwischen spezifischer Bindung und unspezifischer Adsorption.** Bei den Opsoninen tritt der fließende Übergang von der einen zur anderen Vorgangsart aufs deutlichste zutage. Im allgemeinen ist die Adsorption der Opsonine durch die Bakterien unspezifisch: im normalen Serum pflegt die Adsorption seitens einer bestimmten Bakterienart die opsonische Wirkung nicht nur gegenüber dieser Bakterienart, sondern gegen alle Bakterien herabzusetzen. (Muir und Martin[3]), Neufeld und Hüne[4])). Gleich-

[1]) Siehe A. Böhme, l. c.

[2]) Journ. of experim. Medizin **9**, 455 (1907).

[3]) Proc. Roy. Soc. **79**, 187 (1907). Es sei dahingestellt, ob die Ambozeptor-Komplementnatur des Opsonins eine zutreffende Erklärung der unspezifischen Adsorption abgibt. Vgl. Böhme, l. c., S. 46.

[4]) Arbeiten a. d. Kaiserl. Gesundheitsamte **25**, Heft I (1907).

wohl ist daneben eine gewisse Spezifität erkennbar, denn die Herabsetzung ist gegenüber der zur Adsorption benutzten Bakterienart wesentlich stärker als gegenüber anderen Bakterien[1]). Starke Bakterienkonzentration im Adsorptionsversuch begünstigt die unspezifische Wirkung, geringe Bakterienkonzentration läßt dagegen die spezifische Wirkung mehr hervortreten. Auch die Temperatur hat einen entscheidenden Einfluß. Wärme (Zimmertemperatur) läßt unspezifische Adsorption erfolgen, Kälte von 0^0 wiederum spezifische[1]). Verwandte Erscheinungen des Übergangs von spezifischer zu unspezifischer Wirkung sind auch bei den anderen Immunkörpern, so bei den Präzipitinen[2]), Agglutininen[3]) und Lysinen[4]), vereinzelt auch bei den Toxinen[5]) beobachtet. Am weitgehendsten hat K. Landsteiner[3]) eine physikochemische Erklärung der Vorgänge versucht. Er ist geneigt, einen Teil der bisher als spezifisch angesehenen Immunvorgänge in die physikochemische Betrachtung einzubeziehen, indem er die Besonderheiten der Einzelwirkung außer auf qualitative Unterschiede des physikochemischen Verhaltens auch auf Unterschiede der quantitativen Adsorptionsabstufung zurückführt. Ein interessantes Arbeitsgebiet ist hier betreten. So erfolgversprechend auch die physikalische Chemie hier vordringt, indem sie dem Gebiet des Spezifisch-Chemischen nicht zugehörige Erscheinungen abtrennt, so scheint doch andererseits sicher, daß die spezifische Wirksamkeit der chemischen Affinitäten neben den physikochemischen Erscheinungen als ein wesentlicher Teil des Ganzen zu Recht bestehen bleiben wird (L. Michaelis[6]), Bechhold[7]) u. a.[8])).

Eine weitere, zunehmend wichtiger werdende Sonderrichtung der Forschung ist aus den mannigfaltigen **Wechselbeziehungen zwischen Lipoiden und Antikörpern** erwachsen. Zahlreiche Lipoide besitzen, wie schon oben mit mehreren Beispielen belegt wurde, ausgeprägte hämo- und bakteriolytische Wirkung und zeigen dabei in manchen Einzelheiten erhebliche Anklänge an das Verhalten von Komplementen. In dem „künstlichen Modell" des hämolytischen Systems von K. Landsteiner sind wir oben bereits dem Lezithin in der Rolle eines Komplements begegnet. Verstärkende und schwächende Einflüsse der Lipoide sind in vitro bei fast allen Immunreaktionen zu finden. Sie sind kürzlich auch für die Opsonine und zwar sowohl im Reagenzglas als auch im menschlichen Körper nachgewiesen (Stuber[9]) und Stuber und Rütten[10]); Lezithine und Cholesterin

[1]) Proc. Roy. Soc. **79**, 187 (1907). Es sei dahingestellt, ob die Ambozeptor-Komplementnatur des Opsonins eine zutreffende Erklärung der unspezifischen Adsorption abgibt. Vergl. Böhme, l. c., S. 46.

[2]) Vgl. Oppenheimer, Handbuch der Biochemie II, I, 576—580.

[3]) Vgl. Oppenheimer, Handbuch der Biochemie II, I, 440—443.

[4]) Vgl. Oppenheimer, Handbuch der Biochemie II, I, 489.

[5]) Vgl. Oppenheimer, Handbuch der Biochemie II, I, 548.

[6]) Vgl. v. Korányi u. Richter, l. c. II, S. 452—453.

[7]) Wiener klin. Wochenschr. 1905, Nr. 25; vgl. ferner Bechhold, Kolloide in Biologie u. Medizin l. c.

[8]) Vgl. auch die neuesten Arbeiten von K. Landsteiner (z. B. Biochem. Zeitschr. **86**, 343 (1918).

[9]) Kongreß f. innere Medizin 1913. Stuber, Über Phagozytose.

[10]) Münch. med. Wochenschr. 1913, Nr. 29.

scheinen sich dabei durchgehend im antagonistischen Verhalten zu befinden. Bei den hämolytisch wirkenden Schlangengiften kann im Körper wie im Reagenzglas das Lezithin die Rolle eines Komplements übernehmen; für menschliche Blutkörperchen ließ sich dabei die hämolytische Wirkung des Kobragiftes durch geringen Lezithinzusatz um ein Hundertfaches steigern (Kyes und Sachs[1]). Auch die aus menschlichen Organen extrahierten Lipoide haben hämolytische Wirkung (Faust, Tallquist, Mohr u. a.), ebenso z. B. die Extrakte aus Bothriozephalusgliedern. Selbst für die beim Vorgang der fettigen Degeneration in den Organen auftretenden fettähnlichen Substanzen ist eine Beteiligung an den Immunvorgängen des menschlichen Körpers wahrscheinlich geworden[2]. Die zusammenfassenden Arbeiten von J. Bang[3] und von K. Landsteiner[4] können über die Mannigfaltigkeit der hier in Betracht kommenden Wechselbeziehungen orientieren. Alle Schwankungen im Lipoidgehalt des Serums und der Gewebe, wie sie unter dem verschiedenen Einfluß der Ernährung und als Folge von Krankheitsprozessen aufzutreten pflegen, werden somit für die Fragen der Immunreaktionen von Bedeutung und die wiederholt ausgesprochene Ansicht, daß die ganze Antikörperlehre mit Rücksicht auf diese Lipoidwirkungen einer allgemeinen Revision bedürfe, ist voll berechtigt.

Noch ein drittes allgemeines Problem sei hier herausgestellt: die **Beziehungen der einzelnen Immunvorgänge untereinander.** Die Kolloidchemie hat die Präzipitation und Agglutination, ebenso aber auch die hämolytischen, bakteriolytischen und bakteriziden Vorgangsarten in ihrer gegenseitigen nahen Verwandtschaft klären helfen; auch für die Opsoninwirkung läßt sich in vieler Beziehung ein Gleiches sagen. Es steht fest, daß die Komplemente bei diesen Vorgängen in zahlreichen Fällen gemeinsam sind. Forscher wie Bordet, Dörr, Römer, Liebermann u. a. sind sogar geneigt, die bisherigen Kriterien für die Verschiedenheit der einzelnen Antikörper nicht mehr als beweisend anzusehen, sondern anzunehmen, daß ein und derselbe Antikörper je nach der Beschaffenheit der Bakterien, je nach Lage der sonstigen Versuchsbedingungen bald mehr diese, bald mehr jene Art der Wirkung auszuüben vermag[5]. Bei solcher Auffassung wären nicht nur die Komplemente, sondern auch die Ambozeptoren für die verschiedenen Vorgangsarten weitgehend die gleichen und ein und dieselbe Ambozeptorsubstanz vermöchte unter der einen Bedingung präzipitierend oder agglutinierend, unter einer anderen Bedingung mehr lytisch, bakterizid oder auch opsoninisch zu wirken. Die Tragweite und die Folgen der hier einsetzenden Wandlung der Anschauungen sind vorerst nicht zu ermessen.

Die früher gezogenen **Grenzen der Immunlehre** werden heute durch die experimentellen Ergebnisse so gut wie völlig gesprengt. Es sind Anti-

[1]) Berl. klin. Wochenschr. 1913, 21. Weitere Literatur siehe Oppenheimer, Handb. der Biochemie II, I, 464—476, spez. 466.

[2]) Vgl. z. B. über Hämolysine bei der fettigen Degeneration (Biochem. Zeitschr. **55**, 188).

[3]) J. Bang, Chemie u. Biochemie der Lipoide. (Wiesbaden 1911).

[4]) K. Landsteiner, Kolloide u. Lipoide in der Immunitätslehre im Handbuch der pathogenen Mikroorganismen. (Jena 1913.)

[5]) Vgl. A. Böhme, Ergebnisse d. inn. Medizin u. Kinderheilkunde **12**, 1 (1913).

gene gefunden, die in ihrer Wirkung weder art- noch organspezifisch sind. Nur durch Beispiele ist die Charakterisierung solch auffallender Ergebnisse hier möglich: die Immunisierung von Kaninchen mit Nierenzellen vom Pferd läßt im Serum Ambozeptoren entstehen, die beim Hammel auf die roten Blutkörperchen hämolytisch wirken (Forßmann[1])); zu gleicher Zeit gewinnt das Serum toxische Eigenschaften für die intravenöse Injektion bei Hunden, Meerschweinchen und Hühnern (Doerr und Pick[2])). Noch ein zweites Beispiel sei angeführt: In der Pferdeniere und auch in anderen Geweben des Pferdes ist ein Antigen bestimmter Wirkung enthalten; ein völlig identisch wirkendes Antigen wurde auffallenderweise auch im Hammel, im Huhn, ja sogar in der Leibessubstanz der Paratyphusbazillen gefunden[2]). Ein Kommentar zu diesen Feststellungen ist vorerst nicht zu geben. Es ist klar, daß sie alle völlig aus dem Rahmen der bisherigen Immunlehre herausfallen. Um so wichtiger aber erscheint es, gerade ihnen in weiterer, auch physikochemischer Forschung nachzugehen.

Im Zusammenhang mit der nach den verschiedensten Richtungen hin sich vollziehenden **Erweiterung des Immungebietes** treten auch manche alte Probleme, die während der Vorherrschaft der Ehrlichschen Anschauungen eingeengt oder zurückgedrängt waren, wieder freier in den Kreis der Betrachtungen. Als derartig wichtige Gebiete seien insbesondere genannt: die Beziehungen der Immunkörper zu den Fermenten und Hormonen[3]), die Abhängigkeit der Immunvorgänge von den Produkten des Stoffwechsels[4]) und ähnlich auch von der Gesamtheit der anderen Faktoren, welche die Bedingungen des Zellebens physikochemisch und sonstwie beeinflussen. Zur näheren Charakterisierung muß es genügen, nur wenige Einzelfragen herauszustellen, welche gerade für die ärztliche Praxis ein großes Interesse besitzen. Liegen in der Art und in dem Maß der Ernährung Schutzwirkungen gegen die Infektionen, z. B. der Tuberkulose?[5]) Welches sind die schutzgebenden Anteile der

---

[1]) J. Forßmann, Biochem. Zeitschr. **37**, 78 (1911); J. Forßmann u. A. Hintze, ebendort **44**, 336 (1912).

[2]) Biochem. Zeitschr. **60**, 257 (1914).

[3]) Über das Ansteigen des Agglutinintiters durch Adrenalin, Thyreojodin usw. siehe Borchardt, Münch. med. Wochenschr. 1915, Nr. 45 und Therapeut. Halbmonatshefte 1921, Nr. 19.

[4]) Über die Anreicherung von Typhusagglutininen durch Einspritzung von nukleinsaurem Natrium, Deuteroalbumosen siehe Fleckseder, Wiener klin. Wochenschr. 1916, Nr. 21. Vgl. auch H. Löhr, Zeitschr. f. d. ges. experimentelle Medizin **24**, 57 (1921) (ebendort Literatur).

[5]) Vgl. z. B. Medizin. Klinik **9**, 895—899 (1913), Ad. Czerny (Die Abhängigkeit der natürlichen Immunität von der Ernährung); Zeitschr. f. Kinderheilk. **7**, 193—209 (1913), L. Langstein (Beitrag zur Kenntnis der Beziehungen zwischen Infektion und Ernährung mit besonderer Berücksichtigung der Säuglingstuberkulose); Biochem. Zeitschr. **57**, 473—491 (1913) O. Hornemann (Experimentelle Beiträge zur Frage der Beziehungen von Infektion und Ernährung); Arch. f. Hygiene **51**, (1904) P. Müller, Über den Einfluß künstlicher Stoffwechselalterationen auf die Produktion der Antikörper. Zeitschr. f. Kinderheilk. **27**, 302 (1921). H. Langer und R. Kyrklund (Herabsetzung der bakteriziden Kraft des Blutes durch akute Ernährungsstörungen beim Kind).

Nahrung[1]?) Ist die Anhäufung der Stoffwechselprodukte, namentlich des Zuckers im Gewebe des Diabetikers, die Ursache der herabgesetzten Widerstandskraft gegen Staphylokokken und Tuberkelbazillen und wie kommt im Einzelnen diese Wirkung zustande? Sind ferner die Immunvorgänge im Menschen einer Ionenbeeinflussung zugängig, so daß z. B. die Chlorkalziumdarreichung nach R. Emmerich und O. Loew[2]) „eine Erhöhung der natürlichen Resistenz gegen Infektionskrankheiten" oder die Alkalitherapie nach Vorschütz[3]) eine günstige Beeinflussung septischer Prozesse bewirken kann? Das Problem der „Protoplasmaaktivierung" (nach Weichardt) oder der „Reiztherapie" (nach Bier) steht zu allen diesen Fragen in engster Beziehung. Klinisch scheint zudem noch eine Abhängigkeit der Immunvorgänge vom Nervensystem wahrscheinlich. Eine Mitteilung von Salomonsen und Madsen[4]) aus dem Jahre 1897 gibt hier eine beachtenswerte Handhabe: es wurde beobachtet, daß Pilokarpin gleichzeitig mit der Speichelvermehrung eine bedeutende Steigerung der antitoxischen Wirkung des Blutes herbeiführt.

Das Charakteristische des heutigen Standes der Immunlehre ist eine Erschütterung alles Altherbestehenden bis tief in die Fundamente hinein, zugleich aber ein sehr reichliches Ersprießen neuer, völlig unerwarteter Befunde und fast allerorts ein Herausdrängen aus den bisher gekannten Grenzen. Solcher Zustand unseres Wissens bringt es mit sich, daß dem heute vorliegenden experimentellen Material die Reife zu einer einheitlich theoretischen Durchdringung sowie zur Aufstellung von Grenzlinien im Innern und nach außen noch fehlt. Dem entspricht es, daß auch die bisherigen Versuche, so z. B. von E. Herzfeld und R. Klinger[5]) und von H. Sahli[6]), eine physikochemische Theorie der Immunitätsphänomene zu gewinnen, nicht zu befriedigenden Ergebnissen haben führen können.

Anschließend an diese allgemeinen Ausführungen sei noch kurz jener Arbeiten Erwähnung getan, in denen versucht wird, den **Nachweis von Immunreaktionen durch das Auftreten rein physikochemischer Änderungen in der Lösung** festzulegen. Es ist eine prinzipielle Notwendigkeit, daß jeder chemische oder physikochemische Teilvorgang in der Lösung, und sei diese auch ein so kompliziertes System wie das Serum, bestimmte Veränderungen im Allgemeinverhalten zur Folge hat. So sind im einzelnen als Begleitänderungen der Antigen-Antikörperbindung im Serum nachgewiesen: Diffusionsbeschleunigungen (W. Weichardt[7])), Verschiebungen im H-OH-Ionenstand (W. Weichardt[7]) v. Angerer und Stötter[8])) und Verrin-

---

[1]) Vgl. Biochem. Zeitschr. **42**, 289—301 (1912). Bing u. Ellermann. (Ein Prophatid des Eidotters als Aktivator für Tuberkulin.)

[2]) Arch. f. Hygiene **80**, 261—271 (1913).

[3]) Deutsch. Zeitschr. f. Chirurgie **127**, 535—559 (1914).

[4]) Nordisk med. Archiv Festband 1897.

[5]) Ergebnisse d. Hygiene, Bact., Immunitätsforschung u. experim. Therapie **4**, 282 (1920).

[6]) Schweizer med. Wochenschr. **50**, 1129 (1920); **51**, 1153 (1921); vgl. als Entgegnung M. Neißer, ebendort **51**, 268 (1921).

[7]) Münch. med. Wochenschr. 1911, Nr. 31 u. Berl. klin. Wochenschr. 1911, Nr. 43.

[8]) Münch. med. Wochenschr. 1912, Nr. 38.

gerungen der Oberflächenspannung (M. Ascoli[1])). Die beiden letztgenannten Veränderungen haben bereits die Grundlage zu praktisch verwertbaren Methoden geliefert. Näheres über diese (Epiphaninreaktion, Meiostagminreaktion[2])) ist im Teil III (Technik der physikochemischen Untersuchungsmethoden) einzusehen.

Kapitel 3.

Aus dem Gebiet der Erkrankungen des Blutes.

Die alte Humoralpathologie hat einst in den Flüssigkeiten des Körpers die Ursachen der Krankheit gesucht. Als dann die Zellularpathologie an ihre Stelle trat, ward aus dem Blut ein „flüssiges Gewebe": das Hauptinteresse galt den zelligen Elementen des Blutes, die flüssige Masse hat, abgesehen von den Problemen der Immunlehre und der Gerinnung, nur wenig mehr die Aufmerksamkeit auf sich gezogen. Die physikalische Chemie ist seit etwa zwei Dezennien am Werke, erneut eine durchgreifende Wandlung herbeizuführen. Die Moleküle, die Ionen und die Kolloide sind die Einheiten der physikochemischen Forschung. Nach ihnen hat man den Lösungsraum des Serums durchmessen und ist auf eine ganz neuartige Welt von Erscheinungen gestoßen. Im Unsichtbaren werden vom Serum Aufgaben schwierigster und wichtigster Art geleistet[3]). Der menschliche Körper bringt es fertig, in seinem Serum allen störenden Einflüssen zum Trotz stets bestimmte lebenswichtige Ionen in bestimmter Menge und in bestimmtem gegenseitigen Verhältnis zu erhalten und dabei zugleich die Gesamtsumme aller Lösungsteilchen mit nicht minder wunderbarer Exaktheit auf eine fast absolute Konstanz einzustellen. Wie bereits oben in den einführenden Kapiteln der Physiologie dargestellt ist, sind die Anforderungen, welche die Kompliziertheit der menschlichen Zellfunktionen an das Serum stellt, ganz außerordentlich hohe. Vom Blut als dem umspülenden Milieu der Zellen müssen vor allem drei große, für die Lebensvorgänge unerläßliche Bedingungen verwirklicht sein: die Isoionie, die Isotonie und die Isothermie.

Mit dem Begriff der Isoionie des Serums ist die konstante Einhaltung eines bestimmten Bestandes an Ionen gekennzeichnet[3]), mit dem Begriff der Isotonie die Konstanterhaltung des osmotischen Drucks auf der dem menschlichen Serum spezifischen Höhe[4]); ein Analogon auf dem Gebiet der Wärme ist die Isothermie.

---

[1]) Münch. med. Wochenschr. 1910, Nr. 2, und 1911, Nr. 39.

[2]) Zur Theorie der Meiostagminreaktion vgl. im Gegensatz zu M. Ascoli u. G. Izar Münch. med. Wochenschr. 1910, 62, 182, 403, ferner Biochem. Zeitschr. **29**, 13 (1910)), auch A. Bertolini, Biochem. Zeitschr. **28**, 66 (1910).

[3]) Eine kurze Gesamtdarstellung ist gegeben von H. Schade, Lösungskunst im Serum. Medizin. Klinik 1914. Nr 2.

[4]) Vergl. S. 71.

Ohne Isoionie keine hinreichende Aufrechterhaltung der kolloiden Zustandsform des Protoplasmas[1]), ohne Isotonie kein Gleichbleiben von Größe, Form, Wasser- und Salzgehalt der Zellen[2]), ohne Isothermie schließlich für den Organismus keine Unabhängigkeit von der atmosphärischen Temperatur[3]).

Es ist eine außerordentliche Summe experimenteller Arbeit, auf welcher die Erkenntnis dieser Sätze sich aufbaut. Neben Physiologen und Zoologen sind auch zahlreiche Mediziner an derselben beteiligt. Wenn oftmals die Ausbeute dieser Untersuchungen für die ärztliche Praxis nur gering erschien, so hat dies nicht etwa in einem Fehlschlagen der Arbeiten seinen Grund, sondern in der Tatsache, daß die genannten Konstanzen, besonders die Isoionie und die Isotonie des Blutes, mit einer derartigen Exaktheit vom Körper gewahrt werden, daß selbst bei Krankheiten nur selten und auch dann nur in geringem Maße Abweichungen zur Ausbildung kommen. Diese weitgehende Unerschütterlichkeit der Konstanzen, welche für die Physiologie den Wert der Erscheinungen nur erhöht, ist es gewesen, die sehr dazu beitrug, beim Kliniker das Interesse an diesen Untersuchungen nach einem kurzen Hochstand bald wieder zu verringern. Und doch bedeutet die Erkennung der Konstanzen als solche nur die erste Stufe des Fortschrittes. Schon heute sind in der Weiterentwicklung dieser Fragen deutlich die Wege zu erkennen, auf denen die Probleme erneut Fühlung zur Klinik gewinnen müssen. Indem man lernte, die Ausschläge der physikochemischen Methoden durch sachgemäßere Anpassung an die medizinischen Aufgaben weiter zu verfeinern, ist es gelungen, auch dort noch pathologisch auftretende Differenzen zur Feststellung zu bringen, wo anfangs für die klinische Untersuchung eine absolute Konstanz gegeben zu sein schien. Vor allem aber hat sich die Forschung zunehmend mehr den Vorgängen zugewandt, mittels derer vom Körper die Regulierung dieser Konstanzen erreicht wird. Anstelle der einfachen Tatsache des Vorhandenseins der Konstanzen ist eine vielgliedrig ineinandergreifende Kette von Organbeziehungen getreten, deren Kenntnis — unabhängig vom Vorliegen einer Störung in der Endkonstanz — dem Kliniker wichtige Aufschlüsse vermittelt. Noch ein weiteres Moment kommt fördernd hinzu. Die Mehrzahl der osmotischen Untersuchungen, die zur Erkenntnis der Isotonie geführt haben, entstammt jener Zeit, wo die physikalische Chemie die Kolloide noch nicht in die Lehre der Lösungen einbezogen hatte. Durch das Hinzutreten der Kolloidchemie sind aber gerade für das Serum die Grundlagen der Forschung ungleich vertieft und erweitert, so daß auch in der medizinischen Lehre der Isotonie und ebenso der anderen Konstanzen überall neue Fragen entstehen, welche diese Probleme zunehmend mehr mit anderen Vorgangsarten des Körpers verknüpfen und so ihre Bedeutung für das gesamte Körpergeschehen erhöhen.

Das Serum ist unter allen Teilen des menschlichen Körpers derjenige, der zurzeit physikochemisch am vielseitigsten und genauesten untersucht

[1]) Vgl. S. 55 ff.
[2]) Vgl. S. 73.
[3]) Vgl. S. 74.

ist. Wer einen Einblick in die Art der physikochemischen Ergebnisse und in die Tiefe ihrer Forschungsziele zu gewinnen wünscht, dem sei ein eingehendes Studium gerade dieses Gebietes, weil es der Untersuchung am exaktesten zugängig ist, sehr empfohlen. Man wird die Mühe, welche das Einarbeiten erfordert, sicher gelohnt finden.

Die Ergebnisse sind zu drei Gruppen geordnet, deren erste von den Ionen, deren zweite vom osmotischen Druck und deren dritte von den Kolloiden des Serums handeln wird. In einer jeden Gruppe geben die Untersuchungsmethoden die weitere Einteilung; ihnen sind jeweils die Ergebnisse angereiht. Noch ein Punkt verdient hier vorweg der Erwähnung. Man möge nicht erwarten, in diesem Kapitel eine spezielle physikochemische Pathologie der einzelnen Blutkrankheiten zu finden. Die hierzu erforderlichen Unterlagen sind noch nicht vorhanden. Das Ziel der Darstellung liegt in anderer, darum aber nicht minder wichtiger Richtung. Es soll versucht werden, eine Orientierung über die Gesamtheit jener physikochemischen Veränderungen zu geben, die das Blut bei Krankheitsprozessen des Allgemeinkörpers erfährt.

Um den Gehalt einer Lösung an Lösungsbestandteilen zu ermitteln, dient dem Chemiker die Analyse. Zur Erkennung der Serumbestandteile kommen die analytischen Ergebnisse des Gesamtblutes (d. h. Serum + Blutkörperchen, gemeinsam bestimmt) nicht in Betracht. Zuverlässige Daten über das Serum allein liegen nur erst in geringer Zahl vor[1]). E. Abderhalden[2]) hat in genauer Analyse das Serum verschiedener Säugetiere vergleichend untersucht. Die von ihm gefundenen Grenzwerte seien in Gegenüberstellung mit den Analysen von C. Schmidt[3]) am Serum des Menschen hier wiedergegeben:

	Menschenserum		Serum verschiedener Säugetiere	
Na_2O	4,290	‰	4,251—4,42	‰
K_2O	0,387—0,401	,,	0,226—0,270	,,
Cl	3,565—3,659	,,	3,627—4,17	,,
CaO	0,155	,,	0,110—0,131	,,
MgO	0,101	,,	0,040—0,046	,,
P_2O_4 (anorg.)	—	,,	0,052—0,085	,,

Besonders auffallend ist die geringe Breite der Schwankungen, die Abderhalden erhielt, obwohl er verschiedene Tierarten untersuchte. Und ebenfalls ist die gute Annäherung bemerkenswert, in der sich die von Schmidt gefundenen Daten des Menschenserums — außer beim K_2O — zu den Abderhaldenschen Werten befinden. Gleichwohl sind sichere Standartzahlen, zumal solche, welche die Breite der physiologischen Schwankungen beim Menschen exakt umgrenzen, zurzeit nicht zu geben. Über die in der

[1]) Vgl. die ausgezeichnete kritische Monographie von Albu u. Neuberg, Physiologie u. Pathologie des Mineralstoffwechsels 1906; ferner C. Neuberg, Der Harn sowie die übrigen Ausscheidungen und Körperflüssigkeiten. (Berlin 1911.)

[2]) Zeitschr. f. physiol. Chemie **23**, 521 (1897) und **25**, 67 (1898).

[3]) C. Schmidt, Charakteristik der epidemischen Cholera. (Leipzig 1850); zitiert nach C. Oppenheimer, Handbuch der Biochemie II, II, 98.

Pathologie vorkommenden Änderungen ist man ebenfalls chemisch nur wenig genau unterrichtet. Erst bei wenigen Krankheitsvorgängen sind gewisse gesetzartige Veränderungen bekannt, so eine Verminderung der Chloride und anderer Salze im Fieber[1]), eine Verminderung, aber auch eine Vermehrung bei Nephritiden, Störungen bei Anämien (s. S. 152 Anm. 1) und einiges mehr. Aber allgemeingültige Zusammenhänge zwischen konstitutionellen Störungen und etwaigen Mineralstoffanomalien des Serums sind außer beim Kalzium (s. S. 435) bislang nicht festgelegt. Dies verdient besondere Betonung, weil durch die neueren Forschungen die Bedeutung der Mineralstoffe für den Körperhaushalt mit Recht sehr in den Vordergrund gerückt ist und nun — dies ohne zureichende wissenschaftliche Begründung — mancherorts in der ärztlichen Praxis „zur Korrektur krankhafter Salzmischungen“ bereits in breiterem Umfange „Mineralstofftherapie“ getrieben wird.

So unentbehrlich für die Fragen der Mineralstoffbilanz ein gesichertes Material an Aschenanalysen des Körpers und seiner Teile ist, so besteht doch kein Zweifel, daß aus der chemischen Analyse der Serumachse kein exakter Aufschluß über die Menge der gelöst gewesenen Salze resp. Ionen des Serum zu entnehmen ist. Die chemische Aschenanalyse mißt die Gesamtmenge aller vorhandenen Mineralsubstanz; sie läßt aber offen, wieviel davon sich in echter Lösung und wieviel in chemischer Bindung (z. B. am Eiweiß) befand. Gürber[2]), welcher als erster die Wichtigkeit dieses Unterschiedes klar erkannte, hat ergänzend zur Serumveraschung seine Dialysemethode aufgebaut, bei welcher die Salze des Serums unter Trennung von den Serumkolloiden in das Dialysierwasser übergeführt und erst dort chemisch analysiert wurden. Gürber fand dabei folgende Zahlen: NaCl 0,59%, KCl 0,04%, $NaHCO_3$ 0,3%[3]) sowie Spuren von Natriumsulfat, während Kalk, Magnesium und Phosphorsäure nicht merklich im Dialysat vorhanden waren. Aber auch die mit dieser Methode erhaltenen Resultate sind nach dem heutigen Stande nicht als ausreichend zu betrachten. Denn auch das, was aus dem Serum durch die Dialyse an Salzen herausgeholt wird, entspricht keineswegs demjenigen Salzbestand, der vorher im Serum gelöst vorhanden war. Einerseits werden mit der fortschreitenden Dialyse stets zunehmend mehr Ionen aus ihrer Adsorptionsbindung am Eiweiß frei, so daß diese Teile im Überschuß ins Dialysat gelangen, und andererseits tritt gegen Schluß der Serumdialyse das Ausfallen der Globuline mit der Wirkung des abnormen Festhaltens von Salzen störend dazwischen. Allseitig einwandfreie Resultate vermag die Dialysiermethode erst in der Form der physikochemischen „Kompensationsdialyse“ nach Michaelis und Rona[4]) zu liefern.

---

[1]) Medizin. Klinik 1907, Nr. 28 (Schwenkenbecher); ferner Zeitschr. f. klin. Medizin **40**, 284 (Erben).

[2]) Gürber, Salze des Blutes. Habilitationsschrift. (Würzburg 1904).

[3]) Die $NaHCO_3$-Menge ist naturgemäß nicht konstant, da sie weitgehend von der Menge der vorhandenen Kohlensäure resp. deren Ausgleichsreaktionen im Serum abhängt.

[4]) Näheres s. Teil III.

Über die wichtigen Fragen, inwieweit die Serumstoffe, speziell die Salze sich im Zustand der Bindung oder frei in der Lösung befinden und in welchen Anteilen sie als Moleküle oder als Ionen vorhanden sind, können allgemeinhin nur physikochemische Methoden Aufschlüsse geben. Die **Ionenforschung des Serums** hat hier in mannigfachen Punkten klinisch sehr bedeutsame Ergebnisse geliefert.

Ein Maß für die **Summe aller im Serum vorhandenen Ionen** gibt die Messung der **elektrischen Leitfähigkeit.** Nur die Ionen sind es, die eine Flüssigkeit für den elektrischen Strom leitfähig machen. Proportional mit der Zahl der Ionen steigt und sinkt daher in der Lösung die Größe der elektrischen Leitfähigkeit. Über die Methodik dieser Messungen s. u. S. 483. Für die spezifische Leitfähigkeit des menschlichen Serums gelten etwa die folgenden Normalwerte (nach Viola[1]):

$$\lambda_{25^0} = 106 - 119 \cdot 10^{-4} \text{ (bei } 25^0 \text{ C gemessen) oder}$$
$$\lambda_{18^0} = 90 - 102 \cdot 10^{-4} \text{ (bei } 18^0 \text{ C gemessen}^{2}\text{)).}$$

Durch Vergleichung der Werte mit den Ergebnissen der chemischen Analyse läßt sich feststellen, daß von der Gesamtleitfähigkeit des Serums etwa 63% auf die Ionen des Kochsalzes und die übrigen 37% auf die anderen Elektrolyte, zur Hauptsache auf die Ionen der Karbonate entfallen. Die im Serum bei Gesunden aufgefundenen Unterschiede der elektrischen Leitfähigkeit, d. h. des summarischen Ionenbestandes betragen bis zu 12,5% vom Gesamtwert. Für die meisten der physiologischen, aber auch pathologischen Abweichungen ist es charakteristisch, daß die ionendispersen Substanzen (Elektrolyte) relativ weniger beteiligt sind als die molekulargelösten Nichtelektrolyte, wie namentlich der Harnstoff[3]).

Über die physiologischen Einflüsse auf die Leitfähigkeit des Serums ist nur wenig bekannt[4]). Serum aus CO_2-reichem Blut hat fast die gleiche Leitfähigkeit wie Serum aus CO_2-armen Blut[5]), obgleich bei dem Wechsel im Kohlensäuregehalt des Blutes nicht unerhebliche Ionenverschiebungen zwischen dem Serum und den Blutkörperchen stattfinden[6]). Die verschiedenen Einflüsse seitens der Nahrung sind noch wenig in ihrer Größe präzisierbar[7]). Muskelarbeit scheint die Serumleitfähigkeit gering zu erhöhen. Die Schwangerschaft verändert die Leitfähigkeit nicht[8]). Auch die Gerinnung ist ohne merklichen Einfluß; Serum und Plasma leiten den elektrischen Strom gleich gut[9]).

Bei den Krankheitsprozessen bewegen sich die Leitfähigkeitswerte des Serums in erheblich weiteren Grenzen. Statt des normalen λ_{25^0} =

[1]) Estratto del periodici Rivista veneta di science mediche **18**, Fasc. VIII. 30. Aprile 1901.

[2]) 1° C Temperaturzuwachs bedingt eine Erhöhung der Leitfähigkeit des Serums um 2,2% (Bugarski u. Tangl).

[3]) Vgl. Hamburger, Osmotischer Druck und Ionenlehre, l. c. Bd. I, S. 499.

[4]) Vgl. F. Botazzi, Ergebnisse der Physiologie **7**, 161 (1908).

[5]) Pflügers Archiv **110**, 513 (1905) (v. Korányi u. Bence).

[6]) Vgl. nam. Hamburger, Biochem. Zeitschr. **86**, 309 (1918).

[7]) Über die hier einschlägige, fast lediglich ausländische Literatur siehe Neuberg, Der Harn usw., l. c. Bd. II, S. 1496.

[8]) Pflügers Archiv **98**, 577 (1903) (G. Farkas u. E. Scipiades).

[9]) Zeitschr. f. klin. Medizin **52**, Heft 5 (1904) (Fränckel).

106—119 fand Viola[1]) bei Kranken Werte für λ_{25^0} bis herab zu 98,29 und ansteigend bis zu 142,01. Einige Beispiele dieses Autors seien kurz zusammengestellt.

Uraemia gravis cum coma . . . . λ_{25^0} =	98,29
Pleuropneumonie	106,21
Chron. Pleuritis	110,85
Karzinom mit chron. Cirrhosis hepatis und chron. Ikterus	111,06
Nephritis mit Urämie	112,20
Chron. Nephritis mit Urämie.	125,19
,, ,, mit Oligurie	131,81
Atrophische Leberzirrhose von Laennec . . .	138,91
Chronische Pleuritis	142,01

Auch Bugarszki und Tangl[2]) haben wertvolles Einzelmaterial geliefert. Insbesondere haben diese Autoren für die Beurteilung pathologischer Werte auf die Mitberücksichtigung des Eiweißgehalts des Serums hingewiesen, da jedem Gramm Gewichtsprozent Eiweiß eine Abnahme der Serumleitfähigkeit von 2,5% entspricht[3]). Es ist bislang nicht gelungen, die Abweichungen der Leitfähigkeit des Serums zu bestimmten pathologischen Prozessen in erkennbare Beziehungen zu setzen. Gleichwohl ist sicher, daß in den Leitfähigkeitsmessungen ein Mittel gegeben ist, sehr feine, sonst nicht faßbare Veränderungen im Serum nachzuweisen. Es dürfte sich empfehlen, diese in letzter Zeit mehr zum Stillstand gekommene Forschungsrichtung erneut in Angriff zu nehmen, nachdem nunmehr die Kolloidchemie der Eiweißkörper in ein Stadium getreten ist, von dem aus eine weitere Klärung der hier gelegenen Probleme aussichtsreich erscheint. Insbesondere dürfte sich die Kolloidchemie für die Beurteilung des sogenannten ,,Grenzleitvermögens", d. h. der im Serum bei Verdünnung mit Wasser erreichbaren Maximalleitfähigkeit (s. S. 493) nützlich erweisen. Mit Wahrscheinlichkeit sind es abnorme Zustände der Serumkolloide, die hier meßbar zur Geltung kommen. Die nähere Untersuchung erscheint besonders lohnend, weil eindeutig aus dem bisherigen Beobachtungsmaterial hervorgeht, daß die Bestimmung des Grenzleitvermögens bei guter Reproduzierbarkeit der Resultate[4]) die Ausschläge der einfachen Leitfähigkeitsmessung noch erheblich an Feinheit übertrifft[5]).

Da die Blutkörperchen als solche den Strom nicht leiten, vielmehr durch ihre Masse den Querschnitt der Strombahn verkleinern, so wird die Leitfähigkeit des Gesamtblutes erheblich kleiner gefunden als die des Serums und zwar in jedem Einzelfall um so mehr, je größer die Zahl und das Volumen der Blutkörperchen ist. Wegen der hierdurch bedingten

[1]) Viola, Estratto del periodico Rivista veneta di science mediche XVIII, Fasc. 8. 30. Aprile 1901; citiert nach der ausführlichen Wiedergabe in Hamburger, Osmotischer Druck und Ionenlehre l. c. Bd. I, 474 ff.

[2]) Pflügers Archiv **72**, 531 (1898).

[3]) Vgl. im Teil III S. 493.

[4]) Vgl. hierzu Neuberg, Der Harn usw., l. c. Bd. II, S. 1469—1470.

[5]) Siehe Hamburger, Osmotischer Druck usw., l. c. Bd. I, S. 480, 484—486.

Variabilität der Resultate sind die Messungen am Blut klinisch wenig verwertbar.

Während die Leitfähigkeit die Summe aller im Serum vorhandenen Ionen angibt[1]), läßt sich durch andere Methoden ergänzend die **Konzentration der einzelnen Ionenarten** bestimmen. Unter den verschiedenen Ionen des Serums haben die H- und OH-Ionen die größte chemische und physikochemische Reaktionsfähigkeit und dementsprechend auch für die Lebensvorgänge des menschlichen Körpers die größte Bedeutung. Wie des Näheren S. 495ff. ausgführt ist, läßt sich durch die übliche chemische Titration kein Maß des H-OH-Ionenstandes erhalten. Zwei Wege stehen zur Erkennung der **H- und OH-Ionenkonzentration** zur Wahl: 1. die Indikatorenmethode in der namentlich von H. Friedenthal, L. Sörensen u. a. ausgearbeiteten Form und 2. die Methode der Gaskettenmessung. Bei der **Indikatorenmethode** handelt es sich um die Verwendung einer gewissen Reihe von Farbindikatoren, die so ausgewählt sind, daß ein jeder Indikator bei einer anderen H- resp. OH-Ionenkonzentration den Farbumschlag gibt, wobei die Indikatoren insgesamt für die in Betracht kommenden Alkali- und Säuregrade eine kontinuierliche Skala zur Prüfung darbieten. Indem man mit solchen Indikatoren — ohne Titrationszusatz von Alkali oder Säure — systematisch das Serum durchprüft, läßt sich der Grad der alkalischen, resp. sauren Reaktion, d. h. der Stand der H-OH-Ionen ermitteln. Doch haften dieser an sich gut brauchbaren Methode gerade bei der Messung des Serums zu große Unsicherheiten an, als daß sie zur Erkennung der minimalen Differenzen des Serums zu empfehlen wäre. (Näheres s. Teil III.) Von einer ganz außerordentlichen Exaktheit sind die Resultate der zweitgenannten Methode, der **Gaskettenmessung.** Sie ist von R. Höber[2]) in die Messung der Blutreaktion eingeführt. Bei dieser Methode, deren Technik ebenfalls dem Teil III dieses Buches vorbehalten ist, wird gemessen, auf ein wie hohes elektrisches Potential sich im Serum eine Wasserstoffelektrode einstellt. Dieses Potential gibt das Maß für die Konzentration der Wasserstoffionen des Serums, da das elektrische Gefälle an der Wasserstoffelektrode um so kleiner ist, je mehr elektrisch geladene Wasserstoffteilchen, d. h. eben H-Ionen, bereits in dem zu prüfenden Serum enthalten sind.

Die H- und OH-Ionen sind im Wasser wie in allen wässerigen Lösungen stets gemeinschaftlich vorhanden; sie sind in ihren Mengenverhältnissen derart zueinander geregelt, daß jedesmal durch ein einfaches Gesetz aus der bekannten Menge des einen Ions die Menge des anderen Ions zu berechnen ist[3]). Dies Gesetz lautet: Das Produkt aus der Konzentration der H-Ionen und der Konzentration der OH-Ionen ist bei bestimmter Temperatur für alle wässerigen Lösungen gleich und konstant; so gilt z. B. für 18° die Gleichung $C_H \cdot C_{OH} = 0{,}64 \cdot 10^{-14}$. Man nennt das Wasser neutral, wenn beide Ionenarten dieselbe Konzentration haben, wenn mithin sowohl für die H-Ionen als auch für die OH-Ionen die Konzentration bei $18^0 = 0{,}8 \cdot 10^{-7}$

[1]) Die spezifische Leitfähigkeit des Serums entspricht nach Oker-Blom (Pflügers Archiv **79**, 510 (1900)) etwa der Leitfähigkeit einer 0,7% NaCl-Lösung.

[2]) Arch. f. d. ges. Physiologie **81**, 522 (1900).

[3]) Vgl. Teil III, S. 497.

normal[1]) ist. Aus der Gleichung $C_H \cdot C_{OH}$ = Konstante folgt weiter, daß jeder Zunahme der einen Ionenart des Wassers eine — exakt berechenbare — Abnahme der anderen Ionenart entsprechen muß. Dank dieser ausnahmslos gültigen Wechselbeziehung der beiden Ionen ist es möglich, jeden Säure- und Alkaligrad einer Lösung beliebig durch den Zahlenwert einer der beiden Ionenarten zu charakterisieren. Da die vorhandene Methode der Gaskettenmessung die H-Ionen bestimmt, ist es zumeist üblich, alle Lösungen, seien sie nun sauer, neutral oder alkalisch, durch das Maß der in ihnen vorhandenen Ionen zu charakterisieren. Dabei ist jede Lösung, bei welcher die H-Ionenkonzentration (C_H) größer als $0{,}8 \cdot 10^{-7}$ ist, als sauer zu bezeichnen und jede Lösung mit einer kleineren H-Ionenkonzentration als alkalisch zu betrachten. Nicht selten aber wird auch die alkalische Reaktion im Maß der OH-Ionen als dem für diese Lösung dann größeren Wert angegeben. Zur Erleichterung einer einheitlichen Betrachtung der Literaturangaben seien hier in einer Fußnote[2]) die Werte beider Rechnungsarten vergleichend nebeneinandergesetzt.

Die physikalische Chemie unterscheidet nach W. Ostwald zwischen „aktuellen" und „potentiellen" Ionen. Der Unterschied tritt in jeder Lösung schwacher Elektrolyte, speziell für die H- und OH-Ionen in jeder Lösung schwacher Säuren oder Basen zutage. Die Verhältnisse seien an einem Beispiele erläutert. Eine Essigsäurelösung mittlerer Konzentration hat z. B. nur von etwa 4% ihrer Masse H-Ionen abdissoziiert, der ganze Rest befindet sich als ungespaltenes Säuremolekül in der Lösung. Bringt man beim Titrieren zu solcher Essigsäurelösung so viel Alkali, als zur Bindung dieser 4% H-Ionen erforderlich ist, so wird gleichwohl die Reaktion nicht neutral; es zeigt sich vielmehr, daß die saure Beschaffenheit der Lösung praktisch noch so gut wie gar nicht verringert ist. Die Ursache liegt darin, daß zwischen dem Essigsäuremolekül und seinen Ionen ein Gleichgewicht besteht: werden die vorhandenen H-Ionen durch Bindung mit einem Alkali der Lösung entzogen, so findet sofort eine Neubildung von H-Ionen aus dem undissoziiert verbliebenen Bestand der Essigsäure statt. Dieses Nachdissoziieren der H-Ionen hört erst auf, wenn keine undis-

---

[1]) Vgl. Teil III, S. 497.

[2]) Gemäß der Formel $C_{OH} \cdot C_{H} = 0{,}64 \cdot 10^{-14}$ bei 18⁰ ist der entsprechende Wert für C_{OH} aus der H-Ionenkonzentration bei 18⁰ leicht zu berechnen: $C_{OH} = \frac{0{,}64 \cdot 10^{-14}}{C_H}$; z. B. für $C_H = 0{,}71 \cdot 10^{-7}$ ergibt sich $\frac{0{,}64 \cdot 10^{-14}}{0{,}71 \cdot 10^{-7}} = (0{,}64 : 0{,}71) \cdot 10^{-(14-7)} = 0{,}9 \cdot 10^{-7}$ Analog erfolgt die Umrechnung der C_H-Werte aus der OH-Ionenkonzentration nach dem Ansatz: $C_H = \frac{0{,}64 \cdot 10^{-14}}{C_{OH}}$. Die folgenden Zahlen geben eine vergleichende Übersicht:

C_{OH}	C_H
$0{,}8 \cdot 10^{-7}$ =	$0{,}8 \cdot 10^{-7}$
$0{,}9 \cdot 10^{-7}$ =	$0{,}71 \cdot 10^{-7}$
$1{,}0 \cdot 10^{-7}$ =	$0{,}64 \cdot 10^{-7}$

C_{OH}	C_H	C_{OH}	C_H
$0{,}1 \cdot 10^{-6}$ =	$0{,}64 \cdot 10^{-7}$	$0{,}1 \cdot 10^{-5}$ =	$0{,}64 \cdot 10^{-8}$
$0{,}2 \cdot 10^{-6}$ =	$0{,}32 \cdot 10^{-7}$	$0{,}2 \cdot 10^{-5}$ =	$0{,}32 \cdot 10^{-8}$
$0{,}3 \cdot 10^{-6}$ =	$0{,}213 \cdot 10^{-7}$	$0{,}3 \cdot 10^{-5}$ =	$0{,}213 \cdot 10^{-8}$
$0{,}4 \cdot 10^{-6}$ =	$0{,}160 \cdot 10^{-7}$	$0{,}4 \cdot 10^{-5}$ =	$0{,}160 \cdot 10^{-8}$
$0{,}5 \cdot 10^{-6}$ =	$0{,}128 \cdot 10^{-7}$	$0{,}5 \cdot 10^{-5}$ =	$0{,}128 \cdot 10^{-8}$
$0{,}6 \cdot 10^{-6}$ =	$0{,}107 \cdot 10^{-7}$	$0{,}6 \cdot 10^{-5}$ =	$0{,}107 \cdot 10^{-8}$
$0{,}7 \cdot 10^{-6}$ =	$0{,}91 \cdot 10^{-8}$	$0{,}7 \cdot 10^{-5}$ =	$0{,}91 \cdot 10^{-9}$
$0{,}8 \cdot 10^{-6}$ =	$0{,}8 \cdot 10^{-8}$	$0{,}8 \cdot 10^{-5}$ =	$0{,}8 \cdot 10^{-9}$
$0{,}9 \cdot 10^{-6}$ =	$0{,}71 \cdot 10^{-8}$	$0{,}9 \cdot 10^{-5}$ =	$0{,}71 \cdot 10^{-9}$
$1{,}0 \cdot 10^{-6}$ =	$0{,}64 \cdot 10^{-8}$	$1{,}0 \cdot 10^{-5}$ =	$0{,}64 \cdot 10^{-9}$

Es sei erinnert, daß Bezeichnungen, wie z. B. $0{,}45 \cdot 10^{-7}$ und $4{,}5 \cdot 10^{-8}$ gleiche Werte darstellen.

soziierte Säure mehr vorhanden ist; erst dann nimmt die Lösung beim Titrieren mit Alkali eine alkalische Reaktion an und läßt die Blaufärbung des Lackmus eintreten. Beim Titrieren wird sonach nicht die Menge der augenblicklich in einer Lösung vorhandenen, nach Ostwald der „aktuellen“ Ionen gemessen, sondern die Summe der aktuellen + der sogenannten „potentiellen“ Ionen. Hierbei wird unter der letzteren Bezeichnung die Gesamtheit aller Ionen verstanden, die sich unter der Einwirkung des Titrationsvorganges aus den in der Lösung vorhandenen Molekülen zu bilden vermögen. Die elektrometrische Methode der Gaskettenmessung bezieht sich nur auf die aktuellen Ionen. Da das Serum ganz bevorzugt gerade aus schwachen Säuren und Basen zusammengesetzt ist, so hat die Unterscheidung von aktuellen und potentiellen Ionen und damit zugleich die scharfe Trennung der titrimetrischen und elektrometrischen Messungsergebnisse eine große Bedeutung.

Die Gaskettenmessung bestimmt die aktuelle Reaktion des Blutes[1]). Dabei ist durch den Gehalt des Blutes an flüchtiger Kohlensäure ein Faktor gegeben, der sehr der Beachtung bedarf. Um das Blut bei einem Kohlensäuregehalt, wie er jeweils den Verhältnissen im Körper entspricht, zur Messung zu erhalten, ist eine besondere Modifizierung der Technik erforderlich (s. Teil III). Bei exakter Innehaltung derselben aber gibt die elektrometrische Gaskettenmethode auch beim Blut ganz außerordentlich präzise Werte[2]). Die Messungen namentlich von L. Michaelis und Davidoff[3]) und von Hasselbalch[4]) haben in vorzüglicher Übereinstimmung dargetan, daß die aktuelle Reaktion des Blutes beim Gesunden nur im wahrsten Sinne minimale Schwankungen der H-Ionenkonzentration aufweist. Um sich eine Vorstellung von der Exaktheit in der Aufrechterhaltung der H-OH-Isoionie seitens des Blutserums zu machen, seien zum Vergleich die Schwankungen herangezogen, welche z. B. das destillierte Wasser lediglich beim Stehen im offenen Reagenzglas erfährt: einfach durch die Kohlensäure der Luft oder durch das aus der Glaswand sich herauslösende Alkali pflegen Schwankungen in der Neutralreaktion des Wassers aufzutreten, die bereits um ein Vielfaches größer sind, als die im gesunden Blut vorkommenden maximalen Differenzen.

Nach den genannten Autoren beträgt der physiologische Normalwert der „Wasserstoffzahl“[5]) des unter natürlichen Verhältnissen stehenden Blutes:

$$\text{bei } 18^0 \text{ gemessen } [H]_{18^0} = 0{,}29 \cdot 10^{-7}$$
$$\text{oder bei } 37^0 \text{ gemessen } [H]_{37^0} = 0{,}45 \cdot 10^{-7}$$

[1]) Diese gekürzte Bezeichnung ist von Pfaundler gegeben (Arch. f. Kinderheilkunde **41**, 174 (1905)).

[2]) Eine vorzügliche Zusammenfassung dieser Fragen — allerdings noch ohne Berücksichtigung der sehr wichtigen neuesten Arbeiten dieses Gebiets — ist gegeben von L. Michaelis, Die Wasserstoffkonzentration 1914. (J. Springer).

[3]) Biochem. Zeitschr. **46**, 131 (1912).

[4]) Biochem. Zeitschr. **49**, 451 (1913).

[5]) „Wasserstoffzahl“ ist die gekürzte Bezeichn. f. Wasserstoffionenkonzentration. (L. Michaelis). Im Maß der OH-Ionenkonzentration entsprechen die Werte: $[OH]_{18^0} = 2{,}3 \cdot 10^{-7}$ und $[OH]_{37^0} = 5{,}8 \cdot 10^{-7}$ Bei der Umrechnung der Werte von 18^0 auf eine Temperatur von 37^0 ist die Erhöhung der Dissoziation des Wassers zu beachten. Bei 18^0 hat die Dissoziation des Wassers die Konstante $K = 0{,}64 \cdot 10^{-14}$, bei 37^0 ist $K = 2{,}56 \cdot 10^{-14}$. Vgl. hierzu S. 157, Anm. 2 und im Teil III S. 497.

oder, statt in der Wasserstoffzahl, im Exponenten derselben ausgedrückt[1]):

$$p_{H_{18^0}} = 7,56 \text{ und bei } 37^0 \text{ gemessen } p_{H_{37^0}} = 7,35.$$

Die Größe der normalen Schwankungen ist mit etwa $p_{H_{18^0}} = 7,51 - 7,61$ anzugeben.

Die aktuelle Reaktion des Serums ist sonach fast genau neutral, nur ganz minimal nach der Seite des Alkalischen hin verschoben. Im reinen, völlig neutralen Wasser, wo die Konzentration der H-Ionen derjenigen der OH-Ionen gleich ist, beträgt nach Lundén[2]) $[H]_{18^0} = 0,8 \cdot 10^{-7}$ und $[H]_{37^0} = 1,6 \cdot 10^{-7}$.

Zwei völlig gesicherte Befunde, die zu früheren Anschauungen einen erheblichen Gegensatz bedeuten, liegen hier vor: Zunächst ist die Reaktion des Blutes nicht, wie es sich noch vielfach in den Lehrbüchern findet, in dem üblichen Sinne alkalisch, sondern fast genau neutral. Und zu zweit wird die Einstellung dieser Reaktion mit einer Exaktheit festgehalten, wie sie ihrem Grade nach in der vorphysikochemischen Zeit überhaupt nicht gekannt wurde.

Die Ergebnisse wurden noch überraschender, als man nach Erreichung einer einwandfreien Methodik[3]), bei der die Differenzen infolge Entweichens von Kohlensäure aus dem Blut vermieden wurden, die Wasserstoffzahlen des Blutes kranker Individuen, namentlich auch solcher mit klinischer Azidose kennen lernte. Denn es zeigte sich, daß auch hier der Körper die H-OH-Isoionie außerordentlich gut zu wahren imstande ist. Zwar werden die Schwankungen im Maß der H-Ionen etwas größer, nie aber erreichen sie Werte, die berechtigen, von einem Sauerwerden der Blutreaktion zu sprechen. Einige Daten von Michaelis und Davidoff[4]), mit zuverlässiger Methodik angestellt, seien hier mitgeteilt:

	p_H für 18—20°	
Coma diabeticum[5])	7,12	
Chron. Nephritis	7,56	entspricht dem Normalwert.
Icterus catarrhalis	7,57	
Karzinom	7,62	
Typhus	7,60	
Basedow	7,62	

[1]) Dies ist nur eine andere mathematische Ausdrucksweise: statt $0,29 \cdot 10^{-7}$ läßt sich in gleicher Bedeutung schreiben $10^{-7,56}$, wobei 10 als Grundzahl genommen und die Abweichung des Wertes hiervon allein im Exponenten zum Ausdruck gebracht ist. Ebenso ist $0,45 \cdot 10^{-7} = 10^{-7,35}$. Diese Exponenten sind es, die unter Weglassung des Minuszeichens in den gegebenen Werten p_H als Maß gesetzt werden. Vgl. hierzu Teil III unter Gaskettenmessung.

[2]) Lundén, Affinitätsmessungen an schwachen Säuren und Basen. Sammlung chemischer u. chemisch-technischer Vorträge 14 (1908).

[3]) Die Untersuchungen mit älterer Methodik der Gaskettenmessung (ohne Ausschaltung des Kohlensäurefehlers) kommen hier nicht in Betracht; ihre Ergebnisse sind nur sehr bedingt zu verwerten.

[4]) Tabelle von L. Michaelis aus C. Oppenheimer, Handbuch der Biochemie, l. c. Ergänzungsband S. 53 (1913).

[5]) Wahrscheinlich schon moribund gemessen.

	p_H für 18—20°
Diabetes ohne Azeton	7,66
Pneumonie bei Fieber von 40 . . .	7,72
Dieselbe nach der Krise	7,69
Sepsis	7,71

Wie schwer es ist, selbst mit gewaltsamen Mitteln im Blut des Körpers eine nennenswerte Vermehrung der H-Ionen oder gar ein wirkliches Sauerwerden des Blutes herbeizuführen, zeigen am besten die Versuche von Szilly[1]). Dieser Autor ließ bei Hunden und Kaninchen langsam, bis stundenlang, verdünnte Säurelösungen ins Blut einfließen. Eine eigentlich saure Blutreaktion während des Lebens wurde nicht erreicht. Auf lange Zeit wurde hartnäckigst die Neutralreaktion im Blute festgehalten; wenn aber die Möglichkeit des Ausgleichs erschöpft war, so daß die Säuerung des Blutes hätte beginnen müssen, trat stets frühzeitig der Tod verhindernd dazwischen: er erfolgte durchweg bei einer Wasserstoffzahl des Blutes von etwa $[H]^{\cdot} = 9 \cdot 10^{-7}$; als Höchstwert der Säuerung wurde in einem Falle kurz vor dem Tode $1,2 \cdot 10^{-6}$ gemessen.

Die klinische Lehre im alten Sinne der Azidosis war erschüttert. Die Anschauung, daß das Blut bei bestimmten Krankheitszuständen, so namentlich bei der Säureanhäufung des Diabetes, eine saure Reaktion aufweist, ist nicht mehr haltbar. Gleichwohl behält die **Lehre der Azidose,** in einer berichtigten Form ihre volle klinische Bedeutung. Sie ist als ein Zustand zu definieren, in dem Salze organischer Säuren in stark erhöhter Menge im Blute kreisen. Die lange strittigen Fragen sind in der folgenden Weise geklärt: Der Körper besitzt in der Kohlensäure des Blutes eine Substanz, vermittelst derer die Erhaltung der H-OH-Isoionie des Serums in weitgehendem Maße reguliert wird. Wenn andere Säuren im Überschuß ins Blut gelangt sind, wird sofort in entsprechender Menge mehr Kohlensäure aus dem Blut durch die Lungen entfernt. Diese Entfernung der Kohlensäure geht jedesmal so weit, daß gerade wieder die normale Wasserstoffzahl erreicht ist. (Hasselbalch[2])). Bei der diabetischen Azidose kann diese regulatorische Verringerung des CO^2-Gehalts im Blut sehr beträchtliche Grade erreichen (Porges, Leimdorfer und Markovici[3])). Nachdem dieser Mechanismus der Regulierung klar erkannt war, ist es möglich geworden, auch die der klinischen Azidose zugrunde liegende Blutveränderung in präziser Weise zu fassen. Drei verschiedene Methoden stehen zur Verfügung:

1. Die Gaskettenmessung des Blutes unter künstlicher Herbeiführung eines bestimmten Kohlensäuregehalt (CO_2-Spannung = 40 mm Quecksilbersäule = 5,6% CO_2) nach Hasselbalch[4]): der vom

[1]) Arch. f. d. ges. Physiologie **115**, 72 (1906) und **130**, 139 (1909).

[2]) Biochem. Zeitschr. **38**, 77 (1912) (Hasselbalch u. Chr. Lundsgaard); ebendort **46**, 403 (1912) und **49**, 451 (1913). Von dem geringen individuellen Unterschied der Einstellung (durch verschiedene Reizbarkeit des Atemzentrums usw.) wird hier abgesehen.

[3]) Zeitschr. f. klin. Medizin **73**, 389 (1911) und **77**, 446 (1913).

[4]) Siehe namentlich Biochem. Zeitschr. **49**, 451 (1913); vgl. auch Anm. 2.

Körper vermittelst der Kohlensäureregulierung vorgenommene Ausgleich der Wasserstoffzahl wird dadurch beseitigt, daß das Blut vor der Messung künstlich auf einen stets gleichen (also nicht mehr regulatorisch angepaßten) CO_2-Gehalt gebracht wird. Bei solcher Vorbehandlung des Blutes werden die verschiedenen Grade der Säurebeladung im Blut als geringe Differenzen der Wasserstoffzahl meßbar. Hasselbalch hat den so gewonnenen Wert als „reduzierte Wasserstoffzahl" bezeichnet und den Unterschied zum unveränderten Blut dadurch betont, daß er die Wasserstoffionenkonzentration des letzteren als „regulierte Wasserstoffzahl" heraushebt. Der praktische Erfolg der Modifizierung der Methode ist erheblich; es gelingt nunmehr, außerordentlich feine Unterschiede der Blutsäuerung in exaktem Maß zur Darstellung zu bringen, wie an einem Beispiel gezeigt sei. Untersucht man das Blut bei ausschließlicher Ernährung mit Pflanzenkost und andererseits mit Fleischdiät, so wird in der reduzierten Wasserstoffzahl der Unterschied sofort kenntlich (Hasselbalch, l. c.):

$$\text{bei Pflanzenkost } [H]^{\cdot} = 0{,}38 \cdot 10^{-7}$$
$$\text{bei Fleischdiät } [H]^{\cdot} = 0{,}47 \cdot 10^{-7}$$

Die regulierte Wasserstoffzahl, d. h. das unveränderte Blut ließ bei gleichzeitiger Messung keinen sicheren Unterschied erkennen (Werte $0{,}44 \cdot 10^{-7}$ und $0{,}46 \cdot 10^{-7}$). Auch bei Graviden wurden deutliche Abweichungen im Sinne einer Azidose gefunden[1]).

Von H. Schade in Gemeinschaft mit P. Neukirch und A. Halpert ist diese Methodik in eine Form gebracht, welche es ermöglicht, die H-Ionenmessung direkt am Lebenden im Gewebe mit streng örtlicher Begrenzung durchzuführen[2]). Näheres siehe Teil III, S. 528.

Man hat versucht, die Gaskettenmessung auch beim Nullgehalt des Blutes an Kohlensäure vorzunehmen (R. Höber[3]) und Ylppo[4])). Die Entfernung der CO_2 wurde durch Evakuieren angestrebt. Doch führt diese Methode, wie Hasselbalch[5]) nachwies, nicht zu richtigen Werten, da mit dem Entfernen der CO_2 sich das Hämoglobin mit seinem Charakter als Säure zunehmend mehr störend bemerkbar macht. Am Gesamtbllut ist daher solche Messung nicht brauchbar; doch auch am Serum ist sie nicht zu verwenden, da es hier schwer gelingt, zu einem sicheren Endpunkt der CO_2-Entlüftung vermittelst Evakuierens zu gelangen.

2. Die tonometrische Bestimmung der Aufnahmefähigkeit des Blutes für Kohlensäure nach P. Morawitz und Walker[6]): Der Betrag, den das Blut an Kohlensäure zu beherbergen vermag, ist um so geringer, je mehr andere Säuren bereits vom Blut aufgenommen und neutralisiert sind. Um das Blut zur Messung vorzubereiten, wird der zufällig vorhandene Grad der Kohlensäuresättigung im Blut durch eine künstliche Maximalsättigung bei bestimmter Bedingung ersetzt. Es wird

[1]) Hasselbalch und Gammeltoft, Biochem. Zeitschr. **68**, 206.
[2]) Zeitschr. f. d. gesamte experiment. Medizin **24**, 11. (1921).
[3]) Deutsche med. Wochenschr. 1917, Nr. 18 (ebendort Methodik).
[4]) Zeitschr. f. Kinderheilkunde **14**, 268 (1914), (ebendort Methodik).
[5]) Biochem. Zeitschr. **80**, 251.
[6]) Biochem. Zeitschr. **60**, 395 (1914).

das Blut bei konstantem Druck und konstanter Temperatur mit einem bekannten Kohlensäuredruck der Luft (z. B. 5% CO_2) in Sättigungsgleichgewicht gebracht und sodann die vom Blut aufgenommene Menge CO_2 analytisch bestimmt. Diese Methode bringt die Unterschiede der Blutsäuerung in sehr geeigneter Weise zur Darstellung[1]). Je stärker die Säuerung, um so geringer das Kohlensäurebindungsvermögen. Die Größe der auftretenden Unterschiede sei mit einem Beispiel belegt (Morawitz u. Walker, l. c.):

CO_2-Bindungsvermögen vom Blut der menschlichen Armvenen bei Ruhe 47,4—44,6% (Grenzwerte aus 7 Versuchen).
Desgleichen nach Muskelanstrengung des Armes . . 33,4—26,8% (Grenzwerte aus 5 Versuchen).

3. Die Methode der Azidosecharakterisierung durch Serienmessungen der CO_2-Kapazität bei variierter CO_2-Spannung nach H. Straub und Kl. Meier[2]): Die CO_2-Kapazität, die CO_2-Spannung und die H-Ionenkonzentration einer Lösung stehen zueinander in einer streng gesetzmäßigen Beziehung, welche vom Massenwirkungsgesetz beherrscht wird. Durch die Messung zweier Größen ist bei jedem einzelnen Flüssigkeitssystem auch die Lage der dritten Größe gegeben. Eine jede Änderung des Flüssigkeitssystems im Gehalt an nicht-flüchtigen Säuren, so auch die klinische Azidose des Blutes, ändert aber das Verhältnis der zusammengehörigen Werte. Durch Serienmessungen der CO_2-Kapazität bei variierter CO_2-Spannung werden sehr anschauliche Kurven gewonnen, welche nicht nur den Grad der Azidose erkennen lassen, sondern zugleich auch Aufschluß über die Stärke der in der Azidose beteiligten Säuren geben.

Es ist der große Gewinn der mit diesen verschiedenen Methoden durchgeführten Arbeiten, daß nunmehr eine sichere Grundlage für die Lehre der pathologischen Blutreaktionen geschaffen ist. Klare Begriffe sind erreicht. Die Anhäufung von organischen Säuren im Blut macht eine „Hypokapnie" (Mosso), d. h. sie setzt die CO_2-Bindung herab. Dabei braucht im Körper dank eines regulatorischen Ausgleichs in den Lungen noch auf lange keine H-Hyperionie einzutreten (Stadium der kompensierten Acidose). Erst wenn diese Regulierung versagt, beginnt die unkompensierte Acidose, bei der ein Ansteigen der Wasserstoffzahl merklich wird. Ganz ähnliche Abweichungen von der Norm sind auch nach der alkalischen Seite gefunden. Der Acidose ist eine Alkalose[3]), der Hypokapnie eine Hyperkapnie an die Seite getreten. Alkalose und Hyperkapnie sind indes keineswegs zwangsläufig miteinander verbunden; bei Störungen in der CO_2-Regulierung kann sich auch die Alkalose mit einer Hypokapnie vereinen (H. Straub und Kl. Meier l. c.). Alle genannten Änderungen sind in exakten Zahlen meßbar.

[1]) Hasselbalch u. Warburg, Biochem. Zeitschr. **86**, 410; H. Straub u. Kl. Meier, ebendort **81** (1918); Fridericia, Zeitschr. f. klin. Medizin **80**, 1 (1919); B. Kuhlmann, Deutsch. Arch. f. klin. Medizin **133**, 346 (1920).

[2]) H. Straub u. Kl. Meier, Biochem. Zeitschr. **89**, 156 (1918), **124**, 259 (1921); ferner dieselben, Deutsch. Arch. f. klin. Medizin **129**, 54 (1919); **138**, 208 (1922).

[3]) Als Höchstwert der Alkalose ist bisher $P_H = 7,755$ beobachtet (H. Straub u. Kl. Meier) Deutsch. Arch. f. klin. Medizin **138**, 220 (1922).

Die Rückwirkungen, mit denen die geänderte Beschaffenheit des Blutes zum Allgemeinkörper in Beziehung steht, können am besten zusammen mit der Besprechung der Wege des Ausgleichs der H-OH-Ionenkonzentration des Blutes ihre Erörterung finden. Überall im Stoffwechsel der Gewebe resultieren als Endprodukte im Überschuß Substanzen von saurem Charakter, organische Säuren und vor allem Kohlensäure. Diesen Zustrom von Säuren vermag das Blut aufzunehmen, ohne daß die Konstanz seiner H-Ionenkonzentration eine Störung erleidet. Ein sehr weitgehender Ausgleich kommt im Blutserum selber zustande. Schon bei Versuchen in vitro zeigt das Serum eine ganz außerordentliche Fähigkeit, sich einer Störung seiner Neutralreaktion zu widersetzen. Es bedarf der 40—50-fachen Menge an Alkali, um im Serum eine gleiche Rotfärbung des Phenolphthaleins zu erzeugen wie im Wasser, aber gar eines 327fachen Zusatzes von Salzsäure, um das Serum, gemessen am Methylorangeumschlag, ebenso stark zu säuern wie Wasser (H. Friedenthal[1])). Der hierin sich zeigende „innere Regulationsmechanismus des Blutserums" steht mit dem Problem der „Titrationsalkaleszenz" des Blutes in engstem Zusammenhang. Die zugrunde liegenden Vorgänge sind weitgehend identisch. Sowohl bei dieser „inneren Regulation", als auch beim Vorgang der Titration sind die potentiellen Ionen des Serums die eigentlich wirksamen Bestandteile. Das Serum hat nur sehr wenig aktuelle H- und OH-Ionen, aber es verfügt in seinen Beständen an Karbonaten, Phosphaten[2]) und anderen schwachen Elektrolyten[3]) sowie weiterhin an „amphoteren" Eiweißen[4]) über große Depots potentieller H- und OH-Ionen, die sofort bei jeder durch Säure- oder Alkali-Zustrom drohenden Verschiebung der Neutralreaktion als „Puffersubstanzen" in Wirksamkeit treten. Für die nähere Analyse der komplizierten, aber doch gut übersehbaren chemischen Gleichgewichtseinstellungen, welche dieser ungemein wirksamen Neutralhaltung des Serums zugrunde liegen, muß auf die soeben in den Fußnoten beigebrachte Literatur verwiesen werden. Die vorkommenden Differenzen dieses Regulierungsvermögens besitzen ein erhebliches praktisches Interesse; sie werden beim Titrationsverfahren des Serums als Unterschiede des „Säurebindungsvermögens" gemessen. Bei den Anämien, beim Diabetes mellitus, bei der Urämie, im Fieber usw. sind beträchtliche Herabsetzungen schon seit langem bekannt. Nur hat man in früheren Jahren diese Titrationsergebnisse irrtümlich gedeutet und fälscherlicherweise in ihnen den Nachweis einer sauren Reaktion des Serums gesehen. Mit der aktuellen Reaktion des Serums hat die Titration nichts zu schaffen. Die Titration lehrt uns vielmehr die je-

[1]) Arch. f. Physiologie. Verhandl. d. physiol. Gesellschaft zu Berlin, 8. Mai 1903.

[2]) Einzelheiten siehe Ergebnisse der Physiologie **8**, 254 (1909) (L. Henderson).

[3]) Henderson (siehe vorstehende Anm.) hat darauf hingewiesen, daß gerade die sehr schwachen Säuren und Basen, deren Dissoziationskonstante möglichst der H- resp. OH-Ionenkonzentration des Wassers beim Neutralpunkt angenähert ist, am besten zur Festhaltung der aktuellen Blutreaktion geeignet sind. Vgl. auch Oppenheimer, Handbuch der Biochemie, l. c. Ergänzungsband, S. 13ff. (L. Michaelis).

[4]) Siehe oben 40. Vgl. R. Höber, Physikalische Chemie d. Zelle und Gewebe. 4. Aufl. S. 141 und 189. (1914.)

weils vorhandene „Pufferbreite" eines Serums kennen, d. h. sie gibt das Maß der jeweils im Serum verfüglichen potentiellen H- resp. OH-Ionen, oder mit anderen Worten, sie mißt die Resistenz, mit welcher das Serum einer Verschiebung seiner Reaktion durch Säuren resp. Basen entgegenzutreten vermag. An einem Beispiel von Magnus-Levy sei gezeigt, wie gut die Titrationsmessung die fortschreitende Beschlagnahme der Pufferreserven bei der zum tödlichen Koma führenden diabetischen Azidose zur Darstellung bringt:

	Die Pufferbreite betrug laut Ergebnis der Titration in Kubikzentimetern NaOH-Lösung:		
	Fall I	Fall II	Fall III
Erste Messung:	361	298	324
Zweite Messung:	234	—	362
Letzte Messung:	144	124	154

Leider fehlt zurzeit noch für das Serum eine einheitliche, den neuen Anforderungen voll Rechnung tragende Methode der Titration. Zur Gewinnung einer solchen erscheint es dem Verfasser nützlich, in einem kurzen Zitat auf die sehr beachtenswerten Ausführungen von L. J. Henderson[1]) hinzuweisen:

„Es ist eine Titrationsmethode theoretisch möglich, die ein genaues Maß des physiologischen Neutralisationsvermögens des Blutes geben wird. Eine solche Methode würde darin bestehen, einen Indikator zu finden, welcher genau die während des Lebens höchstmögliche Konzentration der Wasserstoffionen angibt und gestattet, die Titration mit diesem Indikator in Gegenwart der Kohlensäure bei normaler physiologischer Spannung auszuführen. Das Resultat einer solchen Titration würde die Säuremenge angeben, welche das Blut im Körper zu bewältigen imstande ist."

Als eine zweite Instanz der inneren Regulierung des Blutes sind die Erythrozyten am Säure- und Basenausgleich beteiligt. Wenngleich die hierbei sich abspielenden Einzelvorgänge[2]) noch keineswegs geklärt sind, so „stellen jedenfalls auch die Austauschprozesse zwischen Blutzellen und Serum ein wichtiges Regulationsmittel dar, um die Kohlensäurespannungen im Körper auf einem möglichst niedrigen, möglichst unschädlichen Niveau zu halten" (A. Loewy[3])).

Diese Eigenregulierung des Blutes findet ihre wirksamste Unterstützung in einer Regulierung durch Ausscheidung seitens der Niere und Lunge. Die Nieren besorgen den Ausgleich hauptsächlich vermittelst der Phosphate: je nach dem Stande der Serumsäuerung werden die Phosphate bald nur in Form des sauer reagierenden Mononatriumphosphats (NaH_2PO_4), bald auch daneben in mehr oder minder großer Menge als

[1]) Ergebnisse der Physiologie **8**, 308 (1909).

[2]) Vgl. Hamburger, Osmotischer Druck und Ionenlehre, l. c. I. S. 291ff. Vgl. ferner derselbe, Biochem. Zeitschr. **86**, 309 (1918). Besondere Berücksichtigung scheint auch die auffallende Beobachtung zu verdienen, daß die Abgabe der CO_2 aus dem isolierten Serum viel langsamer erfolgt als aus dem Gesamtblut (v. Fürth, Probleme der physiologischen u. pathologischen Chemie 1913. II. 580).

[3]) Oppenheimer, Handbuch der Biochemie IV. I. S. 64. (1911).

alkalisch reagierendes Dinatriumphosphat (Na_2HPO_4) ausgeschieden. Die Ausscheidung der Kohlensäure als der quantitativ wichtigsten Säure des Blutes — ca. 850 g! in 24 Stunden[1]) — wird dagegen praktisch so gut wie allein von den Lungen besorgt. Damit aber entfällt der Hauptteil der Gesamtregulierung der H-OH-Isoionie des Körpers auf das Konto der Lungenfunktion. Winterstein[2]) hat als erster die Anschauung entwickelt, daß zwischen der Tätigkeit der Lunge und dem jeweiligen Stande der H-Ionenkonzentration des Blutes eine feste Beziehung bestünde, derart, daß die Wasserstoffionen des Blutes bei Erreichung einer ganz bestimmten Konzentration als Atemreiz fungieren. Namentlich Hasselbalch[3]), Münzer[4]), O. Porges[5]) haben wichtige Beiträge zur Klärung dieser Frage geliefert. Die Auslösung der Atembewegungen ist nicht, wie früher angenommen, die Folge einer besonderen speziellen Eigenschaft der Kohlensäure, sondern die Summe der H-Ionen des Blutes ist es, welche jedesmal bei Erreichung eines bestimmten Wertes die physiologische Atmungserregung abgibt und dadurch die Größe der alveolären Kohlensäureausscheidung nach dem Maß der jeweiligen aktuellen Blutreaktion regelt. Bei solchem Zusammenhang erklärt es sich gut, daß trotz beginnender Azidose die allgemeine H-Ionenkonzentration des Blutes noch auf lange praktisch normal zu bleiben vermag: die Lungen bringen auf den vermehrten H-Ionenreiz den ihrer Ausscheidungsarbeit zugängigen Anteil der Blutsäuren, d. h. die Kohlensäure, vermehrt zur Ausatmung, so daß trotz der verbleibenden Überschwemmung mit Nicht-CO_2-Säuren das Normalniveau der H-OH-Isoionie des Blutes nicht überschritten zu werden braucht.

Außerdem aber verfügt die H-OH-Isoionie des Blutes noch über regulatorische Beziehungen zum Chemismus der Stoffwechselreaktionen. Beobachtungen dieser Art sind schon seit langem bekannt[6]). Hasselbalch[7]) hat kürzlich in sehr exakten Versuchen die Bedeutung des vom Stoffwechsel gebildeten Ammoniaks als die eines physiologischen Regulators der Blutisoionie nachgewiesen.

Nicht entfernt in solcher Vervollkommnung wie für die H- und OH-Ionen stehen für die **anderen Ionenarten des Serums** physikochemische Meßmethoden zur Verfügung. Zu ihrer Mengenbestimmung wird am besten die **Methode der Kompensationsdialyse** verwandt. Man läßt das Serum durch eine Dialysiermembran an eine Auswahl verschieden konzentrierter Lösungen eines der Serumsalze, z. B. NaCl angrenzen und sucht dann unter diesen Salzlösungen diejenige auf, bei der gerade keine Änderung

[1]) Nach Bohr in Nagel, Handbuch der Physiologie 1905. I, 132.
[2]) Pflügers Archiv **138**, 167 (1911); Biochem. Zeitschr. **70**, 45 (1915).
[3]) Biochem. Zeitschr. **46**, 403 (1912); **68**, 206, 265 1915); **74**, 1, 18, 56 (1916); **78**, 112 (1917).
[4]) Biochem. Zeitschr. **71**, 255.
[5]) Biochem. Zeitschr. **77**, 241 (1916).
[6]) Nam. E. Salkowski, Virch. Arch. **53** (1871); Fr. Walter, Arch. f. exp. Pathol. u. Pharmakol. **7** (1877). Vgl. auch hierzu über fermentative Alkalibildung C. Neuberg u. L. Karczag, Biochem. Zeitschr. **36**, 75 (1911).
[7]) Biochem. Zeitschr. **74**, 18 48 (1916).

des Salz- resp. Ionengehalts in der Außenlösung eintritt. Die Ionenkonzentration dieser als osmotisch gleichwertig herausgefundenen Lösung gibt die aktuelle Konzentration der zugehörigen Ionen des Serums an[1]). Untersucht sind mit dieser Methode bislang namentlich von Rona und seinen Mitarbeitern das Ca[2]), Na und K[3]), Cl[4]), das Phosphat[5]) und die Kohlensäure[6]). Es ergab sich durch Vergleich mit den analytisch zu findenden Werten des Na, K, Cl und des Phosphats und ebenso der Kohlensäure, daß der größte Teil jeder dieser Substanzen bis auf geringe Anteile frei diffusibel im Serum vorhanden ist, während sich vom analytisch gefundenen Kalk etwa $1/3$ der Masse indiffusibel gebunden erweist. Zur Festlegung klinischer Konzentrationsschwankungen der Serumsalze hat die Methode noch keine praktische Anwendung gefunden[7]); ihre Eignung zu solcher Aufgabe ist vorhanden.

Nach anderen Richtungen sind indes für die hier genannten Ionen bereits klinisch wichtige Ergebnisse zu verzeichnen. Eine erste systematische Übertragung der kolloidchemischen „Salzwirkungen" auf klinische Fragen ist 1909 vom Verfasser gegeben[8]). Heute läßt sich an Resultaten etwa das folgende herausstellen:

Die **Na-K-Ca-Isoionie** des Serums mit dem für sie charakteristischen molekularen Mischungsverhältnis von etwa 100:2:2 hat auch klinisch eine große Bedeutung. Wird dieses Mischungsverhältnis im Serum durch Injektion abweichender Lösungen, z. B. auch Injektion von 0,9% NaCl-Lösung, die sehr zu Unrecht den Namen einer „physiologischen Kochsalzlösung" trägt, gestört, so treten infolge abnormer Beeinflussung der Zellkolloide nicht zu vernachlässigende funktionelle und morphologische Organschädigungen hervor. Schon nach den therapeutisch üblichen Kochsalzinfusionen läßt sich nicht gerade selten an der Intima der Gefäße, vor allem auch am Muskelfleisch des Herzens eine der parenchymentösen Degeneration ähnliche Trübung beobachten, die in ausgeprägten Fällen derartigen Umfang annimmt, daß pathologisch-anatomisch die stattgehabte Kochsalzinfusion (intravenös, aber auch subkutan) diagnostizierbar ist (Rößle)[9]). Außerdem sind es funktionelle Störungen, die sich nach größeren subkutanen oder intravenösen Injektionen reiner Kochsalzlösungen auch bei normalem osmotischen Druck als Folge der Ionenverschiebung im Serum bemerkbar machen. Als nunmehr einwandfrei sichergestellt ist besonders eine charakteristische Steigerung des Stoffwechsels mit Sinken des respi-

---

1) Näh. s. Teil III, S. 529.

2) Biochem. Zeitschr. **31**, 336 (1911); **41**, 370 (1913).

3) Ebendort **48**, 278 (1913); **56**, 416 (1913).

4) Ebendort **29**, 501 1910 ; **56**, 416 (1913).

5) Ebendort **49**, 370 (1913).

6) Ebendort **48**, 278 (1913).

7) Gudzent hat mit dieser Methode die Harnsäure des Serums untersucht, Zeitschr. f. physiol. Chemie **63**, 466 (1909). Vgl. hierzu S. 247.

8) Medizin. Klinik 1909, Nr. 26 u. 30. H. Schade. (Kolloidchemie und Balneologie.)

9) Berl. klin. Wochenschr. 1907, Nr. 37.

ratorischen Quotienten[1]), ferner die Salzglykosurie[2]) und das „Salzfieber“[3]) zu nennen. Es ist daher eine berechtigte Forderung, die alte sogenannte „physiologische Kochsalzlösung“ (= 0,92% NaCl) durch eine wirklich physiologische Salzlösung, welche das richtige Na-, K- und Ca-Ionenverhältnis aufweist, zu ersetzen. In einer der Praxis Rechnung tragenden Gewichtsabrundung wird das Rezept zu solcher physiologisch äquilibrierten Kochsalzlösung lauten:

NaCl	9,0 g
KCl	0,2 g
$CaCl_2$	0,2 g
Aqua dest. ad	1000,0 g

Oder man mag in noch weiterer Anlehnung an die natürliche Salzmischung des Serums die Tyrodesche Lösung benutzen, welche sich in der experimentellen Technik namentlich bei den „Durchspülungen“ überlebender Organe selbst der vorstehenden physiologisch äquilibrierten Kochsalzlösung noch überlegen zeigt; sie hat die Zusammensetzung:

NaCl	8 g	Mit Vorteil wird dieser Lösung oft noch 1 g Traubenzucker als Nährsubstanz zugegeben.
KCl	0,2 g	
$CaCl_2$	0,3 g	
$MgCl_2$	0,2 g	
NaH_2PO_4 . .	0,1 g	
$NaHCO_3$ . . .	0,05 g	
Aqua dest. ad	1000 g	

Für die ärztliche Praxis ist am bequemsten, zur Herstellung von Injektionslösungen das „Normosal“ zu benutzen, d. h. ein in sterilen Ampullen käufliches Salzgemisch, welches den physikochemischen Anforderungen entsprechend nach der Vorschrift von W. Straub[4]) hergestellt ist.

Der kolloidchemisch bedingte physiologische Antagonismus zwischen den Na- und Ca-Ionen kehrt ebenfalls in den klinischen Beobachtungen aufs deutlichste erkennbar wieder. Na-Ionen im Überschuß rufen Glykosurie hervor, die Ca-Ionen haben die Eigenschaft, das Auftreten dieser Glykosurie zu hemmen[5]). Das gleiche gilt für das Salzfieber: die Na-Ionen sind die Träger der temperatursteigernden, die Ca-Ionen die Träger der diesen Anstieg hemmenden Wirkung[6]). Auch auf anderen

---

[1]) Biochem. Zeitschr. **34**, 41—51 (F. Verzár); vgl. auch Heilner, Zeitschr. f. Biologie **50**, 476.

[2]) Arch. f. Physiologie 1871, 550 (Bock u. Hoffmann); ferner Eckhards Beiträge zur Anatomie und Physiologie **6**, 117 (1872) (Külz).

[3]) Aus der umfangreichen Literatur dieses Gebietes seien besonders genannt: Schaps (unter Finkelstein), Versammlung der Naturf. u. Ärzte, Stuttgart 1906 (Referat fehlt; L. F. Meyer. Berl. klin. Wochenschr. 1908, Nr. 50 und Deutsche med. Wochenschr. 1909, Nr. 5. E. Schloß, Biochem. Zeitschr. **18**, 14 (1909); H. Freund, Arch. f. experim. Pathologie **65**, 225 (1911) und **47**, 311 (1913); H. Freund und Grafe, ebendort **67**, 55 (1911); A. Bock, ebendort **68**, 1 (1912); Friedberger und Ito, Zeitschr. f. Immunitätsforschung **75**, 303 (1912).

[4]) Münch. med. Wochenschr. **67**, 249 (1920).

[5]) M. H. Fischer, Pflügers Archiv **106**, 80 (1905).

[6]) F. L. Meyer, E. Schloß, H. Freund, A. Bock, Friedberger u. Ito, siehe Anm. 3.

Gebieten, so betreffs der Peristaltik der Darmbewegungen[1]), der Wasserretention im Körper[2]) und der Sekretionsleistung der Nieren[3]) sind Beobachtungen ähnlich antagonistischer Art zwischen der Wirkung von Na- und Ca-Ionen niedergelegt: doch sind hier die Ergebnisse noch strittig.

Besonders wichtig sind die Untersuchungen der speziellen **Ca-Wirkung** geworden. Das Ca-Ion hat — im Gegensatz zum kolloidlösenden Einfluß der Na-Ionen — als allgemeinsten physiologischen Erfolg eine kolloidverfestigende, geloide Wirkung auf die Zellen[4]). In Übereinstimmung mit solcher Wirkungsart hemmt es die Auflösung der roten Blutkörperchen durch hämolytische Gifte wie Saponin[5]), wirkt es verzögernd auf bestimmte Toxinwirkungen[6]), setzt es die Gesamtempfindlichkeit des Körpers gegen Infektionen herab[7]), hemmt es durch „Dichtung" der Gefäßwände die Bildung von Exsudaten bei der Jod-, Thiosinamin-, Senföl- oder Diphtherietoxinvergiftung[8]), bewirkt es für manche Fälle eine sehr deutliche „Dichtung" des Nierenfilters[9]), beeinflußt es schließlich in stark herabsetzendem Sinne die Erregbarkeit gewisser Abschnitte des Nervensystems. Die Wirkung der Ca-Verarmung des Serums liegt in entgegengesetzter Richtung. So ist es bekannt, daß sich durch Zufuhr kalkentziehender Mittel, wie Oxalsäure, experimentell eine Erregbarkeitssteigerung des ganzen vegetativen Nervensystems ähnlich dem klinischen Bilde der Spasmophilie des Kindes erzeugen läßt[10]); nachträgliche Ca-Zufuhr setzt dann diese abnorme Erregbarkeit wieder herab. Aber auch bei normaler Serumbeschaffenheit vermag eine Kalziumzufuhr die Erregbarkeit des vegetativen Nervensystems sehr merklich zu verringern. Auf Grund dieser und ähnlicher Befunde ist man seit mehreren Jahren in der Praxis zu ausgedehnter therapeutischer

---

[1]) Mac Callum, Amer. Journ. of physiol. **10**, 101 (1903) und **10**, 259 (1904); Frankl, Arch. f. exper. Pathologie **57**, 386 (1907); Bancroft, Pflügers Archiv **122**, 616 (1908).

[2]) L. F. Meyer u. Cohn, Zeitschr. f. Kinderheilkunde **2**, 360 (1911) und E. Schloß, ebendort **3**, 441 (1912).

[3]) Mac Callum, Univ. of California Publications, Physiology **1**, 81 u. 115 (1904); **2**, 5 (1905); Porges u. Pribram, Arch. f. experim. Pathologie **59**, 30 (1908). Vgl. hierzu Anm. 9.

[4]) Siehe oben im Teil I, S. 55, 56.

[5]) Mac Callum, Univ. of California Publications, Physiology **2**, 93 (1905).

[6]) Ivar Bang, Chemie und Biochemie der Lipoide. 1911. S. 176, Anm.

[7]) R. Emmerich, O. Loew, Arch. f. Hygiene **80**, 261 (1913); ferner dieselben, Über die Wirkung der Kalksalze bei Gesunden und Kranken. München 1913. Verlag O. Gmelin.

[8]) Chiari u. Januschke, Wien. klin. Wochenschr. 1910, Nr. 2, ferner Arch. f. experim. Pathologie **65**, 120 (1911); vgl. auch Leo, Deutsche med. Wochenschr. 1911, Nr. 1; A. Müller u. Saxl, Therapeutische Monatshefte 1912, Nr. 11; Finsterwalder, Pflügers Arch. **153**, 546 (1913). — Januschke, Wien. klin. Wochenschrift 1913, Nr. 22 fand ähnliche Wirkungen auch für zahlreiche narkotische Mittel; doch scheint es sich nach R. Höber, Physiol. Chemie der Zelle u. d. Gewebe, l. c. S. 546, möglicherweise auch hier wie bei der Ca-Wirkung um eine Kolloidverdichtung zu handeln

[9]) Vgl. namentlich die Zusammenstellung von M. Jacoby, Therapie der Gegenwart, 1916, 161—165.

[10]) Chiari u. Fröhlich, Arch. f. experim. Pathologie u. Pharmakologie **64**, 214 (1911); **66**, 110 (1911).

Verwendung des Kalziums gekommen, so namentlich bei der Spasmophilie der Kinder (H. Curschmann, E. Meyer), bei Urtikaria (Wright), beim Asthma nervinum (Kayser), bei Heuschnupfen (Januschke und Chiari) usw. Manche Erfolge scheinen gesichert. Strenge Indikationen des Einzelfalles aber lassen sich noch nicht geben; vor allem ist die Frage, ob und in welcher Häufigkeit bei den Krankheitserscheinungen eine Ca-Verarmung des Serums ätiologisch beteiligt ist, auch heute noch offen. Die Tatsache eines therapeutischen Heilerfolges des Kalziums kann an sich noch keineswegs als Beweis eines vorherigen Ca-Mangels im Serum gelten; denn der günstige therapeutische Einfluß kann sehr wohl darauf beruhen, daß eine aus beliebiger anderweitiger Ursache vorhandene Übererregbarkeit des vegetativen Nervensystems durch eine Kalziumüberfüllung des Serums zum Normalstand der Funktion zurückgedrängt wird. Aus den oben (S. 153) entwickelten Gründen ist die Aschenanalyse des Blutes oder Serums für die Bestimmung der Ca-Ionen des Körpers nicht entscheidend. Ein Gleiches muß für die Bilanz-Untersuchungen der Ein- und Ausfuhrmengen gelten, so wertvoll sie auch nach anderen Richtungen gerade beim Kalk bereits geworden sind[1]). Obwohl einschlägige Analysen der Ca-Ionen des Serums unter klinischen Verhältnissen noch fehlen, scheint doch nach den Arbeiten von Luithlen[2]) wenigstens im Tierversuch das Vorkommen von Ionenverschiebungen zuungunsten des Ca einigermaßen wahrscheinlich. Nach genauen Stoffwechselanalysen vermögen Kaninchen bei alleiniger Grünfutterernährung unter Verarmung an Na das Ca (und K) zu speichern und umgekehrt bei Haferkornfütterung unter Zunahme von Na an Ca (und K) zu verarmen; dabei spricht es sehr für das Statthaben einer gleichsinnigen Verschiebung des Serums, daß die Ca-ärmeren Hafertiere auch die obigen Symptome des Ca-Mangels im Serum, d. h. eine gesteigerte Neigung zu entzündlichen Hautaffektionen und nach H. Freund[3]) auch eine gesteigerte Neigung zu Fieber aufwiesen.

Für die **Anionen des Serums** insbesondere für die Cl-, H_2PO_4- und HCO_3-Ionen scheint der Zwang einer Konstanz der Konzentration nicht in dem gleichen Maße zu gelten. Für die Karbonationen sei nur an die ständige Pendelbewegung der Konzentration erinnert, die das Blut während jeden Kreislaufes beim Übergang vom arteriellen zum venösen und wieder rückwärts vom venösen zum arteriellen Zustand erfährt. Aber auch für die Cl- und H_2PO_4-Ionen ist das Vorkommen recht erheblicher Schwankungen wahrscheinlich. Klinische Messungen mit der Kompensationsdialyse (s. o. S. 166) stehen noch aus. Da aber nach Rona[4]) das im Serum vorkommende Cl und Phosphat zu weitaus dem größten Teil als echt gelöst und damit auch als normal ionisiert nachgewiesen ist, so läßt sich hier vorerst wenigstens ein ungefähres Bild der vorkommenden Schwan-

[1]) Vgl. z. B. Birk u. Orgler, Monatsschr. f. Kinderheilkunde **9**, (Kalk u. Rachitis); vgl. ferner M. Jacoby, Therapie der Gegenwart 1916, 161.
[2]) Luithlen, Wien. klin. Wochenschr. 1912, Nr. 18; Arch. f. experim. Pathologie **68**, 209 (1912).
[3]) Arch. f. experim. Pathologie **65**, 225 (1911).
[4]) Siehe oben S. 166.

kungen aus den Aschenanalysen erschließen. Nach C. Albu und Neubergs kritischen Zusammenstellungen der Analysenergebnisse[1]) ist das Cl außer der CO_2 derjenige unter allen Elektrolytbestandteilen des Blutes, der pathologisch den größten Schwankungen unterworfen ist. Beim Gesunden werden Werte von 2,588—2,804 g Cl auf 1000 g Blut gefunden; im pathologischen Blut aber finden sich Mengen, die im Minimum bis zu 1,070 g herabgehen und im Maximum bis zu 3,842, also bis über das $3^1/_2$fache des kleinsten Maßes ansteigen. Bei diesen Schwankungen ist häufig eine Wechselbeziehung zum Phosphat gegeben. Wo bei Krankheiten, wie z. B. Anämien, Karzinomkachhexien oder manchen Nephritiden der Cl-Gehalt des Blutes erhöht gefunden wird, ist zumeist der Phosphatgehalt vermindert; ebenso ist umgekehrt bei der Chlorverarmung des Blutes (perniziöser Anämie, Leukämie) ein Anstieg des Phosphatgehaltes zu finden[1]). Auf den starken Wechsel im Bestand der Anionen des Blutes bei der Nephritis („Poikilopikrie") hat besonders H. Straub[2]) hingewiesen. Daß aber auch die Schwankungen dieser Ionen im Serum für den Gesamtkörper nicht ohne Bedeutung sind, zeigen die neueren Untersuchungen von Zuntz und seinen Schülern[3]) nach denen sich durch Variation der mit der Nahrung zugeführten Anionen, Cl, H_2PO_4 und HCO_3 bei Hunden der respiratorische Quotient des Stoffwechsels deutlich ändert.

Eine allgemeine Betrachtung der Verhältnisse scheint dem Verfasser hier nützlich. Als Endprodukte und Zwischenstufen des menschlichen Stoffwechsels, namentlich der Kohlehydrate und Fette, treten ganz bevorzugt Säuren auf, deren H-Ionen beim Eintritt ins Serum durch den dort ein für allemal befindlichen Bestand an potentiellen OH-Ionen durch Neutralisation beseitigt werden, deren Anionen aber nach der Neutralisierung unverändert fortbestehen. Es resultiert somit aus der Säurebildung des Stoffwechsels für das Serum — im Gegensatz zum Konstantbleiben seiner Kationen (H-Ionen) — ein steter Wechsel der Beladung mit Säureanionen, wobei die Änderung sich in gleicher Weise auf die Art und die Zahl erstreckt. Eine Möglichkeit, die Art- und Mengendifferenz der zuströmenden Säureanionen innerhalb des Serums selber zum Ausgleich zu bringen, ist nicht gegeben. Zwar greift der Stoffwechselchemismus fürsorgend ein, indem er weitmöglichst den Abbau aller Substanz in die Form nur einer Säure, eben in die der Kohlensäure leitet; immerhin verbleibt notwendig dem Serum daneben noch eine nicht geringe Zahl von Anionen der verschiedensten anorganischen und organischen Säuren zum Transport. Pathologisch, aber auch schon unter dem Einfluß einer einfachen Behinderung der Sauerstoffaufnahme, pflegt die Zahl dieser Nicht-Kohlensäure-Anionen stark zu steigen. Eine gewisse Unabhängigkeit des Körpers vom Anionenbestand des Serums erscheint daher als Bedingung des Lebens unerläßlich. Um Eiweißkolloide vom Einfluß der Anionen unabhängiger zu machen, kennt nun die Kolloid-

---

[1]) Albu u. Neuberg, Physiologie u. Pathologie des Mineralstoffwechsels, l. c. S. 20f.

[2]) Verhandl. d. deutsch. Gesellsch. f. innere Medizin. Wiesbaden 1921. S. 393.

[3]) Vgl. Veröffentlichungen der Zentralstelle für Balneologie **2**, 39 (1913).

chemie ein sehr einfaches Mittel[1]). Es genügt die Einbringung der Eiweiße in ein nur gering alkalisches Milieu. Der menschliche und tierische Körper hat für die Reaktion seines Serums die gleiche Einstellung gewählt, eine gering überwiegende OH-Ionenkonzentration, bei der nach allgemeinem kolloidchemischen Gesetz die Abhängigkeit der Eiweißkolloide von den Kationen groß, von den Säureanionen aber gering ist. Bei solcher Reaktion hat die Isoionie der Na-, K-, Ca-Ionen für die Erhaltung der Zellkolloide ihren Hochwert und doch zugleich daneben das Serum für die Aufgaben des Transports die erforderliche Freiheit der Anionen (H. Schade).

Auch auf die Ursache einer ganz eigenartigen Ausnahme von der Konzentrationskonstanz des menschlichen Serums scheint dem Verfasser die kolloidchemische Betrachtung einiges Licht zu verbreiten. Die physikochemische Untersuchung der Ioneneinflüsse auf die Eiweißsubstanzen hat für manche Wirkungen eine auffallend weitgehende **Vertretbarkeit bestimmter Ionen untereinander** ergeben. So hat man bei den Untersuchungen an Eiweißlösungen und ähnlich auch an tierphysiologischen Objekten mehr oder minder weitgehende Vertretbarkeiten gefunden in den Reihen:[2])

Ca, Sr.
Na, Li.
Cl, J, Br.

Einige weitere Beobachtungen zeigen, daß solche Vertretbarkeit von Ionen sich auch beim höheren Tier intra vitam wiederzufinden vermag. Am bekanntesten ist die Vertretbarkeit des Ca durch das Strontium, welche sich vor allem in einer bleibenden Ablagerung des Strontiums anstelle des Kalks im Knochen offenbart[3]). Klinisches Interesse aber gewinnt diese Frage dadurch, daß sie geeignet erscheint, die Besonderheiten einer wichtigen medikamentösen Wirkung dem Verständnis näher zu bringen. Es ist dies die **Chlorverdrängung durch Brom.** Durch Verabreichung großer Bromnatriumdosen gelingt es, wie sonst mit keinem anderen Salze den Chlorgehalt des Blutes ganz außerordentlich, bis sogar auf etwa $1/3$ seines Wertes herabzudrücken, indem die Bromionen in äquivalenter Menge die Chlorionen des Serums ersetzen[4]). Dabei vermag das Brom auch in funktioneller Beziehung sich in ganz auffallender Weise so zu verhalten, wie normal das Chlor. Die sonst chlorreichsten Gewebe speichern ebenfalls das Brom am stärksten und anstelle von Salzsäure tritt im Magensaft die Bromwasserstoffsäure auf[5]). Diese „Verdrängung" ist umkehrbar: im Beginn der Bromdarreichung zeigt sich im Harn eine Mehrausscheidung von Kochsalz, auf der Höhe der Brom-

[1]) Vgl. Teil I, S. 47.
[2]) Vgl. dazu R. Höber, Physikalische Chemie der Zelle und der Gewebe l. c. S. 537ff.; siehe auch Oppenheimer, Handbuch der Biochemie, l. c. II, I, S. 104 bis 141. (J. Loeb, Physiologische Ionenwirkungen).
[3]) Näh. siehe Oppenheimer, Handbuch der Biochemie, l. c. II, II, 200—201.
[4]) v. Wyss, Arch. f. experim. Pathologie und Pharmakologie **55**, 263 (1906) **59**, 186 (1908); vgl. auch Bönniger, Zeitschr. f. experim. Pathologie u. Therapie **4**, 417 (1907).
[5]) Nencki u. Schouwow-Simanowsky, Arch. f. experim. Pathologie u. Pharmakologie **34**, 313 (1894).

medikation, etwa nach 17tägiger Zufuhr von täglich 7—8 g BrNa stellt sich ein Br-Cl-Gleichgewicht ein, bei welchem der Organismus kein weiteres Brom mehr zurückhält und Einnahme und Ausgabe sich decken; durch Darreichung größerer Kochsalzgaben ist jederzeit aber die Wiederausscheidung des Broms erheblich zu beschleunigen[1]). Während der ganzen Zeit zirkuliert Bromnatrium als diffusibles Salz zu entsprechenden Anteilen frei im Blutserum. Selbst 20 Tage nach Aufhören der Medikation ist die Ausscheidung aus dem Körper noch nicht beendet[2]). In solchem Verhalten liegt ein tiefer Kontrast zu den sonstigen Beobachtungen der Serumkonstanz, namentlich zu dem hartnäckigen Festhalten der Chlorkonstanz, wie sie sonst bei der Chlorentziehung im Serum zur Ausprägung kommt[3]). Die Deutung dieser Versuche war verschieden (v. Wyss und E. Frey, l. c.). Dem Verfasser scheint hier ein deutliches Beispiel der allgemeinen Erscheinung der Vertretbarkeit zweier sich physikochemisch nahestehender Ionen gegeben[4]). Vielleicht daß analoge Wirkungen geringeren Grades auch bei anderen Ionenarten (Cl und J, Na und Li) im menschlichen Körper möglich sind.

Die Erörterung der Ionenwirkungen im spezifischen Sinne sei hiermit geschlossen.

Über die **Summe der Ionen + Moleküle** unterrichten die **osmotischen Untersuchungen.** Zur Messung von Blut resp. Serum wird im allgemeinen[5]) die **Kryoskopie,** d. i. die Bestimmung der Gefrierpunktserniedrigung (Technik s. Teil III, S. 477) benutzt. Eine jede Lösung gefriert bei einem um so tieferen Kältegrad, je größer die Gesamtsumme der in ihr gelösten Teile — Moleküle und Ionen gleichwertig gerechnet — ist. Reines Wasser hat den Gefrierpunkt bei 0^0, eine $0{,}9^0/_0$ Kochsalzlösung stellt sich beim Gefrieren schon um mehr als $0{,}5^0$ C tiefer ein. Durch die verschiedene Lage des Gefrierpunkts sind somit allgemein die Unterschiede in der Konzentration der Lösungen, die sogenannten „osmotischen Lösungskonzentrationen"[6]) feststellbar. Bei Verwendung einer feinteiligen Thermometerskala und exakter Methodik werden Resultate von großer Genauigkeit er-

---

1) Laudenheimer, Neurologisches Zentralblatt 1897, 538; Fessel, Münch. med. Wochenschr. 1899, 1270; Hondo, Berl. klin. Wochenschr. 1902, 205.

2) Nencki u. Schouwow-Simanowsky, l. c. — Auch ist es sehr bemerkenswert, daß die schließlich auftretenden tödlichen „Vergiftungserscheinungen" (Zittern, Paresen, schließlich Tod unter Lähmungen namentlich der hinteren Extremitäten) nicht Erscheinungen einer Bromwirkung, sondern solche des Chlormangels sind. (Näheres siehe R. Höber, Physikalische Chemie der Zelle u. Gewebe, l. c. S. 516—517); ebenso E. Frey, Zeitschr. f. experim. Pathologie u. Therapie 8 (1910).

3) Vgl. z. B. auch Grünwald, Arch. f. experim. Pathologie u. Pharmakologie **60**, 360 (1909). Erst durch gleichzeitige Diuretinwirkung ließ sich in diesen Versuchen der Tod durch Chlormangel herbeiführen.

4) Vgl. dazu auch die Vertretbarkeit der Chlorionen durch die Bromionen für die Fermentwirkung der pankreatischen Amylase. H. Bierry, Biochem. Zeitschr. **40**, 364 (1912).

5) Namentlich bei Vorhandensein nur sehr geringer Flüssigkeitsmengen ist statt der Kryoskopie die Hämokritmethode nach H. Köppe (s. Teil III, S. 473) zu empfehlen, falls man nicht vorzieht, mit einem Spezialkryoskop von Guye u. Bogdan (s. u. Teil III, S. 481) zu arbeiten.

6) d. h. die Konzentration aller gelösten Teile, soweit sie den osmotischen Druck beeinflussen, summarisch genommen.

halten, so daß es möglich ist, kleinste Konzentrationsunterschiede der Lösungen festzustellen, immer aber nur Unterschiede in der Summenzahl des Gelösten, nie Unterschiede, welche die einzelnen Summanden dieser Summe betreffen. Lösungen, welche gleich viele Teile gelöst enthalten, haben gleiche Gefrierpunktserniedrigung, gleichen osmotischen Druck; sie werden untereinander als isotonisch bezeichnet (vgl. hierzu Teil I, S. 14).

Aus einem umfangreichen Material physiologischer und klinischer Messungen hat sich ergeben, daß der osmotische Druck des Serums beim Menschen eine ganz außerordentliche Konstanz aufweist. Diese Erscheinung wird als Isotonie des Serums resp. des Blutes bezeichnet. Die Grenzen der normalen Gefrierpunktswerte (mit dem üblichen Δ bezeichnet) sind nach A. v. Korányi, H. Strauß und anderen:

$$\Delta = -0{,}55 \text{ bis } -0{,}58^{0}$$ [1]).

Um sich von der Größe der hier wirksamen osmotischen Druckkräfte eine Vorstellung zu machen, ist es nützlich, eine Vergleichsmessung des osmotischen Druckes in einem mechanischen Maß heranzuziehen. Ein Serum von $\Delta = 0{,}55$—$0{,}58$[2]) vermag, durch eine semipermeable Membran mit reinem Wasser in Verbindung gesetzt, in einem Steigrohr der Schwere entgegen bis zu einer Höhe anzusteigen, welche einem Druck von 7,5 bis 8,1 Atmosphären entspricht. Mit solcher Größe des osmotischen Druckes[3]) ist das Serum auch im menschlichen Körper an jeder Zelle wirksam; die Wirkung ist nur deshalb nicht merkbar, weil vom Innern der Zelle her ein gleicher Druck das Gegengewicht hält. Wird aber das Gleichgewicht zwischen der Außenflüssigkeit und dem Zellinneren gestört, indem man z. B. die Zelle aus dem Serum in reines Wasser überträgt, so wird sofort die Zelle osmotisch auseinandergetrieben, d. h. unter Wassereinwanderung zum Zerplatzen gebracht und zwar mit einer Druckkraft, welche in den vorstehend genannten 7,7—8,1 Atmosphären ihr Maß hat. Mit entsprechend verringerter Energie machen sich die kleineren Abweichungen, soweit sie einseitig einwirken, geltend. Jeder unter die Norm verminderte osmotische Außendruck seitens des Serums läßt die Zellen unter Wasseraufnahme anschwellen, jeder vermehrte Außendruck sie schrumpfen. Da die osmotischen Zellvolumänderungen selbst bei geringgradiger Ausbildung schon mit tiefgreifender Störung der Lebenserscheinungen, z. B. stark merklichen Schädigungen der Zellfunktionen (s. Teil I, S. 73) einhergehen, so ist die Serumisotonie des Blutes als Schutzeinrichtung des menschlichen Körpers zur Erhaltung der ungestörten Funktion der Zellen von der größten Bedeutung (vgl. S. 150).

---

[1]) $\Delta = -0{,}59$ hat schon als „verdächtig" zu gelten; Werte von 0,60 liegen — eine exakte Technik der Messung vorausgesetzt — schon sicher im Gebiet des Pathologischen.

[2]) Minus- und Gradzeichen sind hier wie üblich fortgelassen.

[3]) Es sei bemerkt, daß das NaCl des Serums gewöhnlich etwa 60% des osmotischen Druckes ausmacht. Dieser Wert gilt für normale Beschaffenheit des Blutes. Es ist sehr wahrscheinlich, daß bei Überschüttung des Blutes mit anderen osmotisch wirksamen Stoffen, namentlich z. B. bei der Entzündung (Schade) ein mehr oder minder großer Teil des NaCl aus dem Blut austritt, daß somit ein nicht unerheblicher Teil der osmotischen Blutregulation gerade am Kochsalz geschieht.

Die oben genannten Grenzwerte des normalen Blutes $\Delta = 0{,}55 - 0{,}58$ zeigen eine ganz außerordentlich geringe Schwankungsbreite. Immerhin bedarf diese Angabe einer gewissen Beschränkung. $\Delta = 0{,}55 - 0{,}58$ sind die Werte, welche bei der Anwendung der klinisch üblichen Methodik für das Blut resp. Serum des Gesunden gefunden werden. Es ist wohl zu beachten, daß bereits durch die Art der Technik[1]) die — allerdings nur geringen — Gefrierpunktschwankungen, welche aus dem wechselnden Kohlensäuregehalt des Blutes im Körper resultieren, ausgeschaltet sind. Die Kohlensäure des venösen Blutes (zumeist wird das Blut den Venen des Arms entnommen) bedingt beim Gesunden osmotische Druckanstiege, welche einer Gefrierpunktsverschiebung von 0,01—0,02^0, sehr selten darüber, entsprechen. Eine 10 Minuten währende Sauerstoffdurchleitung bringt das venöse Blut völlig auf den kryoskopischen Normalwert[2]). Die außerordentliche Konstanz der Messungsergebnisse möge die folgende Tabelle nach A. v. Korányi illustrieren[3]):

Δ-Werte normalen menschlichen Venenblutes.

	unverändert	nach O_2-Einwirkung		unverändert	nach O_2-Einwirkung
Patient 1.	0,58^0	0,56^0	Patient 6.	0,57^0	0,56^0
,, 2.	0,57^0	0,56^0	,, 7.	0,57^0	0,56^0
,, 3.	0,58^0	0,57^0	,, 8.	0,58^0	0,57^0
,, 4.	0,58^0	0,56^0	,, 9.	0,58^0	0,57^0
,, 5.	0,56^0	0,55^0	,, 10.	0,57^0	0,56^0

Bei der Exaktheit der Messungen ist es möglich, trotz der geringen vorhandenen Differenzen von einer Topographie der osmotischen Druckverteilung im Körper zu sprechen. Ganz allgemein weisen die Venen wegen des vermehrten CO_2-Gehalts gegenüber den Arterien die soeben besprochene Druckerhöhung auf. Außerdem aber macht sich bei manchen Organen, am meisten bei der Leber der Stoffwechsel im Sinne einer weiteren Erhöhung des osmotischen Drucks lokal in den abführenden Venen bemerkbar. So fanden G. Fano und F. Botazzi[4]) z. B. bei Hunden die Gefrierpunktserniedrigung in der Vena hepatica um etwa 0,03—0,05^0 größer als in der Pfortader, eine Steigerung, in welcher außer dem CO_2-Anstieg (etwa 0,02^0) zugleich die sonstige Konzentrationsvermehrung deutlich zum Ausdruck kommt. Auch die Lymphe besitzt gegenüber dem Blut erhöhte Werte, wie die folgenden Durchschnittszahlen nach F. Botazzi an Tieren belegen[5]):

Blutserum des Tieres	$\Delta = -0{,}595^0$	Durchschnittswert
Lymphe des Duct. thoracicus	$\Delta = -0{,}615^0$	,,
,, des zervikalen Lymphstranges	$\Delta = -0{,}612^0$	,,
,, des brachialen Lymphstranges	$\Delta = -0{,}623^0$	,,
Chyluslymphe.	$\Delta = -0{,}640^0$	,,

1) Siehe Teil III, S. 480.

2) A. v. Korányi, Zeitschr. f. klin. Medizin **33**, 1 (1897).

3) v. Korányi u. Richter, Physikalische Chemie u. Medizin 1908. II. S. 59.

4) Arch. ital. Biol. **26**, 45 (1896); zitiert nach R. Höber in Oppenheimer, Handbuch der Biochemie II, II, 3.

5) Zitiert nach Neuberg, Der Harn und die übrigen Ausscheidungen und Körperflüssigkeiten, l. c. II, S. 1497.

Postmortale Lymphe zeigt noch höhere Zahlen; ihr osmotischer Druck läßt ein deutliches Steigen in den Stunden nach dem Tode erkennen. Die höchsten Werte aber haben die Zellsäfte selber, auf welche Weise man sie auch aus den Organen gewinnen mag[1]). Ein gut kenntliches Gefälle des osmotischen Druckes ist demnach im menschlichen Körper vorhanden: In der arbeitenden Zelle wahrscheinlich — doch noch nicht sicher bewiesen — der Maximalwert, von hier aus zu den Lymphbahnen ein erstes langsames Abfallen, ein weiteres Absinken in den Venen und schließlich im arteriellen Blut das konstante Minimum des osmotischen Druckes. Die Funktion eines Organs macht dies Gefälle nachweislich steiler[2]). Dasselbe bewirkt, wie der Verfasser bewies, in extrem gesteigerter Weise die lokale Entzündung[3]). Ausgleichend wirkt immer und überall im Gewebe das Blutserum, indem es der zuströmenden Erhöhung zum Trotz ständig weitgehendst die Isotonie seiner Masse bewahrt, d. h. mit staunenswerter Exaktheit die Summe seiner Moleküle + Ionen in fast völliger Konstanz erhält.

Mit welchem Maß von Promptheit die osmotische Regulierung gegenüber Störungen jedweder Art arbeitet, läßt sich am besten bei den intravenösen Injektionen beobachten. Sehr bezeichnend sind Versuche von Hamburger, bei denen einem Pferde sieben Liter Glaubersalzlösung von solcher Konzentration intravenös appliziert wurden, daß dadurch rechnerisch der osmotische Druck des Gesamtblutes auf die doppelte Höhe seines Normalwertes hätte ansteigen sollen; bereits kurze Zeit nach der Infusion war im Blut keine Abweichung von der osmotischen Isotonie mehr erkennbar[4]). Diese Versuche sind besonders noch deshalb interessant, weil sie zeigen, daß der Körper bei solcher enormen Konzentrationsstörung des Blutes als erste, anscheinend wichtigste Aufgabe die Wiederherstellung der osmotischen Isotonie besorgt und erst später die Rückkehr des Serums zur normalen Zusammensetzung seiner chemischen Einzelbestandteile erreicht. Der allgemeinen Promptheit der Regulierung entspricht es, daß auch vom Magen und Darm her durch die Nahrung, selbst wenn sie stark hyper- oder hypotonisch gewählt ist, beim Völlig-Gesunden kaum Störungen der Isotonie im peripheren Blut des Körpers bewirkt werden[5]). Die Gültigkeit dieses Satzes wird durch die vereinzelten, gegenteiligen Befunde namentlich Köppes und Grubes praktisch nur wenig eingeschränkt[6]). Immerhin ist es ratsam, zur möglichst sicheren Vermeidung

[1]) Vgl. die Zusammenstellung in v. Korányi u. Richter, Physikalische Chemie u. Medizin, l. c. I, 529—544.

[2]) Vgl. z. B. am Muskel, M. Buglia, Biochem. Zeitschr. **6**, 158 (1907); ferner v. Korányi u. Richter, l. c. I, 529 ff.

[3]) Vgl. näheres oben S. 99.

[4]) Zeitschr. f. Balneologie **4**, 561.

[5]) Vgl. namentlich H. Strauß, Deutsche med. Wochenschr. 1902, Nr. 37 u. 38; Zeitschr. f. diät. u. physikalische Therapie **8**, 7 (1903); Steyrer, Hofmeisters Beiträge zur chem. Physiologie u. Pathologie 1902; Großmann, Deutsche med. Wochenschr. 1902. Über die Prüfungsergebnisse während des Wasserversuchs siehe S. 331.

[6]) Vgl. namentlich H. Koeppe, Physikalische Chemie in der Medizin 1900, S. 81 ff.; ferner Grube, Verhandlungen der Balneologischen Gesellschaft zu Stuttgart März 1902; auch Fr. Engelmann, ebenfalls letztgenannten Ortes. März 1902.

von Differenzen für die klinischen Messungen, falls nicht etwa besondere Zwecke beabsichtigt werden (vergl. S. 331), extreme Beeinflussungen seitens der Nahrung unmittelbar vor dem Versuch auszuschalten. Die Arbeit der osmotischen Entlastung des Serums wird zur Hauptsache von den Nieren geleistet. Für Einzelheiten sei hier auf die im Kapitel über Nierenkrankheiten sich findenden näheren Ausführungen verwiesen.

Über die pathologischen Störungen der Isotonie des Blutes lassen sich zurzeit die folgenden Ergebnisse herausstellen.

Selbst in der Pathologie sind im allgemeinen Δ-Werte des Blutes, welche über die Grenzen —0,55 und —0,58° hinausreichen, nicht häufig. Abgesehen von wenigen vereinzelt stehenden und ungeklärten Befunden läßt sich das klinische Material der Abweichungen am besten zu den folgenden Gruppen ordnen:

1. Abnorm hohe Δ-Werte
   a) bei Zirkulationsstörungen seitens des Herzens und der Lungen,
   b) bei Nierenerkrankungen, einschl. Eklampsien,
   c) seltener bei Störungen des Zentralnervensystems,
   d) bei manchen Fällen von Diabetes insipidus[1]), auch einzelnen von Diabetes mellitus[2]).
2. Abnorm niedrige Δ Werte
   a) bei der Gravidität,
   b) bei schweren Kachhexien.

Über die abnormen Werte, welche sich bei Herzkranken finden und als ein physikochemisches Symptom der gestörten Kompensation zu betrachten sind, möge die beigegebene Tabelle nach Korányi[3]) orientieren:

Insuff. valv. bicusp., Stenosis ostii ren. sin.	0,65	v. Korányi[4])
Insuff. valv. bicusp.	0,67	,,
Insuff. valv. aortae	0,59	,,
Degenerat. musc. cordis	0,61	,,
Vitum cord. congenit.	0,69	,,
Insuff. valv. bicusp., Exsudatio pleurae. .	0,68	,,
Insuff. valv. bicusp.	1,099(?)	Senator[5])
Insuff. valv. aortae	0,636	,,
Insuff. valv. aortae	0,63	Moritz[6])
Vitium cordis	0,63	,,

Unter Berücksichtigung der komplizierten Verhältnisse des Ionenaustausches an den roten Blutkörperchen sowie der dabei unausbleiblichen kolloiden Änderungen dürften indes die mit der Hämokritmethode von den genannten Verfassern erhobenen Resultate nicht mehr als ein sicheres Maß der Änderung des osmotischen Druckes im Serum zn betrachten sein. (Der Verf.)

[1]) Vgl. W. H. Veil, Biochem. Zeitschr. **91**, 317 (1918); ferner H. Gorke, Arch. f. Verdauungskrankheiten **26**, 365 (1920).

[2]) A. Lippmann, Zentralbl. f. innere Medizin **41**, 41 (1920).

[3]) v. Korányi u. Richter, Physikalische Chemie u. Medizin, l. c. II, S. 53.

[4]) Zeitschr. f. klin. Medizin **34**, 1 (1898).

[5]) Deutsche med. Wochenschr. 1901, Nr. 3.

[6]) St. Petersburger med. Wochenschr. 1900, Nr. 22—23.

Vitium cordis	0,57	Landau[1])
,, ,,	0,57	,,
,, ,,	0,58	,,
,, ,,	0,60	,,
,, ,,	0,64	,,
,, ,,	0,65	,,
,, ,,	0,71	,,
,, ,,	0,75	,,

Keineswegs ist die osmotische Druckerhöhung des Blutes ein regelmäßig vorhandenes Symptom der Insuffizienzen des Herzens, nicht einmal im Stadium der Dekompensation. Loeper[2]) fand z. B. bei 26 Messungen an Herzkranken einmal $\Delta = 0{,}54$, vierzehnmal Werte von 0,55—0,58, zweimal den „verdächtigen" Wert 0,59 und neunmal Δ-Werte von 0,60 und darüber. Auch schwere Dekompensationszustände gehen häufig ohne jede osmotische Druckerhöhung einher, wahrscheinlich weil in solchen Fällen die osmotische Überladung des Blutes durch Wasserretention zum Ausgleich gelangt.

Einige Daten über hypertonische Blutwerte bei Lungenerkrankungen seien angefügt: Beim schweren Lungenemphysem im Stadium der Zyanose fand Kovacs[3]) $\Delta = 0{,}65$ und $\Delta = 0{,}75$, bei sieben Fällen von Pneumonie v. Korànyi[4]) Δ-Werte zwischen 0,58 und 0,78.

Zur Beurteilung der abnorm hohen Δ-Werte, welche sich bei den Zirkulationsstörungen des Herzens und der Lungen finden, bringt der Vergleich mit dem Erstickungsblut wichtige Anhaltspunkte. Wie aus den Untersuchungen von Fano und Botazzi[5]) sowie von Pace[5]) hervorgeht, ist der Gefrierpunkt des Erstickungsblutes stets außerordentlich erniedrigt, der Δ-Wert mithin sehr hoch. So fanden diese Autoren bei Kaninchen und Hunden:

Vor der Asphyxie	nach der Asphyxie
$\Delta = -0{,}611$	$-0{,}630$
$\Delta = -0{,}624$	$-0{,}645$
$\Delta = -0{,}565$	$-0{,}620$
$\Delta = -0{,}565$	$-0{,}605$

NB.: Für die einzelnen Wirbeltierarten werden Δ-Werte gefunden, welche durchweg vom Δ-Wert des Menschen abweichen; daher hier als Normalwerte „vor der Asphyxie" die z. T. fremdartigen Zahlen.

Dabei läßt sich zeigen, daß die abnorme Zunahme des osmotischen Drucks nur zu einem Teile auf der Anreicherung von Kohlensäure beruht; dieser

---

[1]) Deutsches Arch. f. klin. Medizin **78**, 458 (1903).

[2]) Loeper, Mécanisme régulateur de la composition du sang. Paris 1903.

[3]) Berl. klin. Wochenschr. 1902, Nr. 16.

[4]) Zeitschr. f. klin. Medizin **33**, 1 (1897).

[5]) Italienische Autoren; zitiert nach Korányi u. Richter, l. c. II, 59. — Gerichtsärztlich interessant ist besonders ein Vergleich zum Blut bei Ertrinkungstod: Neuberg II, 1694.

Anteil ist vermittelst Durchleitens von Sauerstoff (s. o.) zu entfernen, wie durch ein Beispiel der Paceschen Messung illustriert sei:

vor der Asphyxie	nach der Asphyxie	desgl. nach Durchleiten eines Sauerstoffstromes in vitro
$\Delta = -0,565$	$-0,620$	$-0,605$.

Außer der Kohlensäure müssen also im Blutserum auch andere gelöste Stoffe in abnorm reichlicher Menge vorhanden sein. Sowohl nach der chemischen Analyse des Erstickungsblutes als auch nach den Ergebnissen der reaktionskinetischen Stoffwechselbeeinflussung (S. 223 u. 228) scheint dem Verfasser die Annahme berechtigt, daß ein nicht geringer Teil dieser neu aufgetretenen Substanzen des Serums unvollständig verbrannte organische Säuren sein werden. Wir sehen demnach hier die Säuerung des Blutes in Ergänzung der elektrometrischen H-Ionenmessung[1]) in osmotischer Beleuchtung: die H-Ionen sind zwar durch die chemische Bindung mit den OH-Ionen der Alkalireserven auch für den osmotischen Druck zum Verschwinden gebracht, aber die Salze der Säuren bleiben als Lösungsbestandteile bestehen; sie werden es sein, die hier zur Erhöhung des osmotischen Drucks führen, weil bei der mechanischen Erstickung — dies ist das Unterscheidende gegenüber den oben besprochenen Azidosen aus rein chemischer Ursache — die ausgleichende Mehrausscheidung von Kohlensäure (Hasselbalch[2])) durch die Lungen nicht zustande kommen kann. Eine ähnliche Hemmung der CO_2-Ausscheidung, nur in geringerer Ausprägung, ist dem Verfasser auch für das Zustandekommen der osmotischen Werte bei den Störungen der Zirkulation, namentlich bei den Herzfehlerkranken[3]) und gleichfalls bei der Pneumonie[4]) wahrscheinlich. Zunächst sei die vermehrte CO_2-Stauung des Blutes mit ihrem erhöhten „osmotischen Differenzbetrag" an dem Beispiel einiger Fälle von Mitralinsuffizienz nach Kovacs[5]) belegt:

	Δ ohne besondere Vorbehandlung des Blutes	Δ nach Sauerstoffdurchleitung	Osmotischer Differenzbetrag der CO_2-Stauung
Mitralinsuffizienz:	0,62	0,56	0,06
,,	0,69	0,58	0,11
,,	0,63	0,58	0,05
,,	0,64	0,58	0,05
,,	0,65	0,58	0,07
Normal:	0,58	0,56	0,01—0,02

Die pathologische Insuffizienz der Kohlensäurereinigung des Blutes tritt in diesen kryoskopischen Maßen sehr deutlich zutage. Trotzdem aber macht sie in nicht wenigen anderen Fällen nur einen Teil der abnormen

[1]) Vgl. o. S. 160ff.

[2]) Siehe oben S. 160.

[3]) Ält. Literatur s. v. Korányi u. Richter, l. c. II, S. 52 u. 53ff.; vgl. auch Hamburger, Osmotischer Druck u. Ionenlehre, l. c. I, S. 435.

[4]) Zeitschr. f. klin. Medizin **33**, 1 (1897). A. v. Korányi (7 Fälle von Pneumonie mit $\Delta = 0,58—0,78$).

[5]) Berl. klin. Wochenschr. 1902, Nr. 16.

Steigerung aus. Wie namentlich Landau[1]) hervorhebt, wird in zahlreichen Fällen das Blut der Herzkranken auch bei stärkster Sauerstoffdurchleitung osmotisch nicht völlig normal, es verbleibt ein deutlicher Rest des osmotischen Überdrucks, der sich durch Sauerstoff nicht entfernen läßt. Dieser Rest würde nach obigem z. T. einer Anhäufung von ungenügend oxydierten Produkten des Stoffwechsels im Blutserum entsprechen[2]).

Die klinisch wichtigsten Erhöhungen der Δ-Werte des Blutes finden sich bei den Nierenkrankheiten. Zum Unterschied von den bisher besprochenen Hypertoniebefunden ist bei den nephrogenen osmotischen Störungen keine abnorme Quote vermittelst Sauerstoffdurchleitung aus dem Blut fortschaffbar. Nur in jenen, allerdings nicht seltenen Fällen, wo sich eine Nieren- und Herzinsuffizienz vereint, mischt sich dem osmotischen Verhalten des Blutes jene Eigentümlichkeit der kardiogenen resp. pneumogenen Serumhypertonie bei. Auch bei den Nierenkrankheiten ist die Serumhypertonie nicht etwa ein regelmäßig vorhandenes Symptom. Selbst schwere Nephritiden können ohne jede Hypertonie verlaufen, da die osmotische Überladung des Blutes oftmals weitgehendst durch kompensatorische Wasserretention zum Ausgleich gebracht wird. Gleichwohl ist die klinische Bedeutung des osmotischen Blutverhaltens bei den Nephritiden nicht gering. Im Kapitel der Nierenkrankheiten wird ausführlich auf diese Verhältnisse einzugehen sein.

Abnorm hohe Δ-Werte des Blutes sind außerdem noch bei den Eklampsien und Apoplexien, auch bei der tuberkulösen Meningitis nicht selten gefunden[3]), ohne daß indes die Ätiologie im einzelnen geklärt ist. Betreffs der nervösen Störung n des osmotischen Drucks einschließlich derjenigen beim Diabetes insipidus vergleiche das Problem der Osmoregulierung, namentlich S. 391 u. 450ff.

Subnormale Δ-Blutwerte finden sich mit einiger Regelmäßigkeit in der Schwangerschaft[4]). Im Wochenbett treten dann wieder die normalen Werte hervor. Farkas und Scipiades[5]) erhielten als Mittelwerte für Schwangere $\Delta = 0{,}541$, für Wöchnerinnen 0,563. Außerdem sind abnorm niedrige Werte nicht selten bei schweren Kachhexien, insbesondere des Karzinoms beobachtet[6]).

Die Wichtigkeit des osmotischen Drucks für die Zellen hat frühzeitig zu **„Resistenzbestimmungen“** an roten Blutkörperchen gegenüber

[1]) Deutsch. Arch. f. klin. Medizin **78**, 458 (1903).

[2]) Zugleich ist in diesen Beobachtungen ein Beispiel für eine Durchbrechung der Hasselbalchschen Lungenregulierung gegeben. (Ausbleiben der vikariierend vermehrten CO_2-Ausscheidung.) (Der Verf.)

[3]) Vgl. namentlich Bousquet, Recherches cryoscopiques sur le serum sanguin. Paris. E. Bernard u. Co. (1899); zitiert in Tabellenform bei Hamburger, Osmotischer Druck u. Ionenlehre, l. c. I, 470. Vgl. auch S. 446.

[4]) B. Krönig u. H. Füth, Monatsschrift f. Geburtshilfe und Gynäkologie 1901, Nr. 13; ferner H. Füth, Zeitschr. f. Geburtshilfe u. Gynäkologie **51**, 249 (1904), (hier auch Versuch der Erklärung); Matthes, Zentralbl. f. Gynäkologie 1901, Nr. 30; Zangemeister u. Meißl, Münch. med. Wochenschr. 1902, 673; G. Farkas und E. Scipiades, Pflügers Arch. **98**, 577 (1903).

[5]) l. c. Anm. 4.

[6]) Siehe v. Korányi u. Richter, Physikalische Chemie u. Med., l. c. 52, Tabelle.

osmotischen Druckabweichungen Veranlassung gegeben. Schon 1867 wurde von J. Duncan[1]) bemerkt, daß die Blutkörperchen einer chlorotischen Patientin den Farbstoff in einer Salzlösung abgaben, in der ihn die Blutkörperchen normal noch behielten. Nach Einführung der osmotischen Gesetze in die Physiologie des Blutes durch Hamburger, Köppe u. a. ist sodann namentlich von italienischen und französischen Autoren[2]) ein erhebliches Material von Einzelbeobachtungen beigebracht. Die osmotische Hämolyse, d. h. die Zerstörung der roten Blutkörperchen unter Austritt des Hämoglobins durch osmotischen Unterdruck, ist eine gut reproduzierbare Erscheinung. Es bedeutet die Norm der Blutkörperchenresistenz, wenn bei Benutzung zunehmend verdünnter werdender Kochsalzlösungen bei 0,44% NaCl sich ein erster geringer Hämoglobinaustritt bemerkbar macht und bei 0,34—0,32% NaCl die Gesamtheit der roten Blutkörperchen ihren Farbstoff an die Salzlösung verloren hat. Die erstgenannte Konzentration gibt sodann das Maß der „Minimumresistenz" (v. Limbeck[3])), die zweite Konzentration dasjenige der „Maximumresistenz". Der Konzentrationsunterschied zwischen den beiden Werten 0,44—0,32 wird als normale „Resistenzbreite" bezeichnet. Junge Erythrozyten haben eine deutlich größere Resistenz als ältere. Mit besonderer, auch zu klinischer Anwendung geeigneter Methodik[4]) gelingt es neuerdings, die Menge der verschiedenartig empfindlichen Erythrozyten einzeln zu bestimmen: der Aderlaß bringt, wie diese Methode quantitativ zu verfolgen gestattet, eine vermehrte Menge junger resistenterer Blutkörperchen in die Blutbahn. Im allgemeinen sind die praktischen Ergebnisse dieser Resistenzbestimmungen (Technik s. Teil III, S. 476) noch gering[5]). Eine Ausnahme bildet nur der sogenannte „hämolytische Ikterus"[6]), bei welchem die enorme osmotische Resistenzverminderung der Erythrozyten ein überaus wichtiges, für die Diagnose entscheidendes Symptom darstellt. Es ist das spezifische Kennzeichen des zumeist familiär-erblichen „hämolytischen Ikterus", daß die Minimumresistenz der Erythrozyten ganz ungemein gering ist: bereits bei 0,6—0,7% NaCl, in einzelnen Fällen

---

[1]) Sitzungsberichte der Wiener Akademie der Wissenschaften, 11. April 1867.

[2]) Näheres s. Hamburger, Osmotischer Druck u. Ionenlehre, l. c. I, 359ff. Die neuere Literatur s. Krehl-Marchand, Handbuch der allgemeinen Pathologie.

[3]) Prager med. Wochenschr. 1890, Nr. 28 u. 29.

[4]) Snapper, Biochem. Zeitschr. **43**, 256 (1912).

[5]) Anm. während d. Korrektur: Einen Fortschritt bringt E. Reicher, Schweiz. med. Wochenschr. 1921, Nr. 21.

[6]) Außer der ganz abnormen Verringerung der Erythrozytenresistenz ist der hämolytische Ikterus als Krankheitsbild durch folgende Besonderheiten charakterisiert: meist geringer chronischer Ikterus, oft familiäres und erbliches Vorkommen, sehr chronischer, stets gutartiger Verlauf, häufig langjährige Latenz und daneben akut einsetzende, nicht selten geradezu bedrohlich erscheinende Attacken, die mit ausgesprochener Verstärkung des Ikterus, auch mit schwerer Anämie einhergehen und bei denen ebenfalls die anderen schon während der Latenz vorhandenen Symptome wie tumorartige Milzschwellung, Urobilin (nicht Bilirubin) im Harn und Bilirubin im Serum eine Verstärkung erfahren. Dauerheilungen durch Milzexstirpation scheinen möglich. Die Erkrankung ist nicht ganz selten, sie scheint aber früher in der Praxis meistens verkannt zu sein.

sogar schon bei 0,90% NaCl[1]) macht sich bei einem Teil der roten Blutkörperchen die Hämolyse bemerkbar; mit sinkender NaCl-Konzentration nimmt dann die Hämolyse schnell zu, erreicht aber erst bei etwa 0,4% NaCl ihren Vollwert, so daß die Maximumresistenz im Vergleich zur Minimumresistenz sich relativ weniger verschoben zeigt und eine Resistenzbreite von etwa 0,7—0,4 (statt 0,44—0,32) resultiert (Chauffard u. a.; in sieben Fällen in der hiesigen Klinik bestätigt gefunden, Fr. Kahn[2])). Dieser Befund gewinnt noch dadurch an diagnostischem Wert, daß sonst beim Ikterus eine nicht unerhebliche Steigerung der osmotischen Resistenz die Regel ist; Werte von 0,3—0,24% NaCl pflegen im allgemeinen die Resistenzbreite der Ikterischen zu charakterisieren (v. Limbeck[3]), Maragliano[4]), Lang[5])). Ziemlich regelmäßig ist nach Lang (l. c.) auch die Resistenzsteigerung beim Magenkarzinom, so daß ihr vielleicht eine gewisse diagnostische Bedeutung zukommen könnte. Die Befunde bei Anämien sind auffallend verschieden; bald wurde Erhöhung, bald Herabsetzung der Resistenz gefunden. Möglicherweise bahnt hier eine Arbeit von Jakuschewski[6]) eine Klärung an; er fand für manche, namentlich schwere Anämien Perioden wechselnder, bald verstärkter, bald verringerter Resistenz, wobei er es für wahrscheinlich hält, daß den Zeiten des Anstiegs der hämolytischen Faktoren im Blut zugleich ein Ansteigen der Resistenzwerte parallel geht und umgekehrt. Recht bemerkenswert ist ferner, daß zumeist ein deutlich antagonistisches Verhalten zwischen osmotischer und lipoidbedingter Hämolysierbarkeit (letztere durch Äther, Saponin usw.) zu beobachten ist. Da dieser Antagonismus außer beim pathologischen Menschenblut auch beim Vergleich der normalen Erythrozyten des Blutes verschiedener Tierspezies zutage tritt[7]), scheint hier ein Problem von allgemeinerer Bedeutung zu liegen, dessen Erforschung nach den neueren Befunden von R. Höber[8]) auch für die Pathologie des menschlichen Blutes neue Gesichtspunkte zu eröffnen verspricht. Ein besonderes Interesse namentlich für die Möglichkeit einer etwaigen therapeutischen Resistenzbeeinflussung verdient der Befund, daß sich bei der experimentellen Anämie des Kaninchen durch salzsaures Phenylhydrazin im Blut eine derartige Resistenzvermehrung gegenüber der osmotischen Hypotonie erzeugen ließ, daß die Erythrozyten auf der Höhe der Wirkung selbst beim Einbringen in reines Wasser keine volle Hämolyse mehr geben; zugleich wurde eine Resistenzvermehrung geringeren Grades auch gegen hämolytisch wirkende Stoffe wie Äther, Chloroform, Saponin und artfremdes Serum gefunden („Pachydermie der Erythrozyten" nach Morawitz[9])). Für die Gesamtauf-

[1]) Bei 0,92% NaCl bleibt sodann jede Hämolyse aus.
[2]) Verhandl. d. deutsch. Kongresses f. inn. Medizin. Wiesbaden 1913. S. 326.
[3]) Prager med. Wochenschr. 1890, Nr. 28 u. 29.
[4]) Zeitschr. f. klin. Medizin 1892, 415.
[5]) Ebendort **47**, 153.
[6]) Folia haemolytica II, 21.
[7]) Vgl. namentlich Rywosch, Pflügers Archiv **116**, 229 (1907).
[8]) R. Höber, Physikalische Chemie der Zelle und der Gewebe, l. c. S. 490—493.
[9]) Morawitz u. Pratt, Münch. med. Wochenschr. 1908, Nr. 35; ferner Biochem. Zeitschr. **18**, 302 (1909).

fassung der hämolytischen Anämien aber scheint es wichtig, auf die jüngst erschienenen Arbeiten von R. Seyderhelm[1]) zu verweisen; sie bringen den praktisch bedeutsamen Nachweis, daß hämolytische Anämien auch durch Einführung von Substanzen zu erzeugen sind, die bei direkter Einwirkung auf das Blut keine Hämolyse hervorrufen. — Zum Wesen der Hämolyse hat kürzlich H. Bechhold auf Grund ultramikroskopischer Untersuchungen wichtige Beiträge geliefert[2]). Danach wäre die Hämolyse aufzufassen als Folge einer Entmischung der drei in der Blutkörperchenhülle vereinigten Bestandteile: des Proteingerüstes, des Lezithin und des Cholesterin[3]).

Neben der Isoionie und Isotonie ist die **Isothermie** die dritte Konstanz, deren Träger das Blut ist. Die Isothermie ist entwicklungsgeschichtlich unter den dreien die jüngste; zugleich ist das Maß ihrer Beständigkeit relativ am geringsten. Die physiologische Topographie der Blutwärme für die einzelnen Gefäßbezirke ist leidlich geklärt; klinisch aber sind Häufigkeit, Größe und Dauer der lokalen Schwankungen nur erst wenig untersucht. Mit der Einführung der physikalischen Chemie gewinnt auch auf diesem Gebiet manche alte Frage erneutes Interesse und die Möglichkeit erheblichen Fortschrittes, wie der Verfasser kürzlich durch eine die Klinik der Erscheinungen ergänzende kolloidchemische Inangriffnahme der Lehre von der Erkältung[4]) gezeigt hat. An dieser Stelle sei indes die Isothermie nur herangezogen, um auf eine ganz allgemeine Betrachtung zu verweisen.

Die drei großen Konstanzen des Blutes haben vielerlei Züge gemeinsam. Alle drei betreffen physikochemische Werte, zu deren Konstanterhaltung der Körper eines komplizierten Zusammenarbeitens seiner regulatorischen Einrichtungen bedarf. Alle drei stehen mit dem Chemismus des Körpers in engster Beziehung, sie erhalten durch den Stoffwechsel stetig ihre Störungen, aber ebenso auch im Zusammenhang mit ihm ihren Ausgleich. Weitgehend gleichläufig fließen aus jeder Art Arbeitsleistung des Körpers die Störungen für die drei Konstanzen. Jede willkürliche oder unwillkürliche Betätigung eines Organs führt zum lokalen Anstieg des Stoffwechsels. Solche Stoffwechselerhöhung aber wirkt durch Überschüttung des Blutes mit Abbaustoffen störend auf die Isotonie im Sinne einer osmotischen Druckerhöhung, sie wirkt durch die gleichzeitige Beladung des Blutes mit Säuren (CO_2 usw.) auf die Isoionie mit der Tendenz einer H-OH-Ionenverschiebung und sie wirkt schließlich durch die vermehrte Wärmebildung auf die Isothermie im Sinne der Überhitzung. Alle drei Konstanzen sind somit in gleicher Zwangsläufigkeit an das Maß des Stoffwechsels gebunden. Zur Erhaltung dieser Konstanzen erscheinen daher theoretisch Einrichtungen fast unentbehrlich, die bei einer drohenden Störung

[1]) Arch. f. experim. Pathologie u. Pharmakologie **82**, 253 (1918) und Deutsches Arch. f. klin. Medizin **126**, 95 (1918).

[2]) Münch. med. Wochenschr. **68**, 127 (1921).

[3]) Diese Erklärung wird zurzeit noch von A. Dietrich bestritten (Münch. med. Wochenschr. **68**, 457 (1921); doch vgl. dagegen E. Salén, ebendort **68**, 885 (1921).

[4]) Schade, Zeitschr. f. d. ges. experim. Med. **7**, 275 (1919), fern. unt. S. 417 u. 423.

dieser Konstanzen in umgekehrter Richtung die Möglichkeit einer Regelung des Stoffwechsels durch Hemmung, resp. auch Steigerung desselben gewährleisten. Bei der Isothermie ist das Bestehen solch rückläufiger Verbindung seit langem bekannt: eine drohende schwerere Abkühlung des Körpers bringt auf reflektorischem Wege namentlich durch zwangsweise Muskelaktion eine Steigerung der chemischen Wärmebildung hervor und ähnlich setzt eine drohende Überhitzung auf irgendwelchen Nervenbahnen die Größe des Stoffumsatzes regulierend herab. Es erscheint daher dem Verfasser wichtig, die Aufmerksamkeit darauf zu lenken, daß auch für die beiden anderen Konstanzwerte des Serums bereits Beobachtungen vorliegen, welche das Bestehen von Beziehungen in der Richtung zum Stoffwechsel beweisen. Für die Isotonie ist solche Beziehung in den Befunden Heilners[1]) gegeben: subkutan injizierte hypotonische (reines Wasser) und hypertonische (3% NaCl) Lösungen haben eine ausgesprochene Beeinflussung des Stoffwechsels und zwar anscheinend isoliert der Eiweißzersetzung zur Folge, am Injektionstag starke Herabsetzung, am Nachtage wieder beträchtliches Ansteigen. Für die Isoionie mögen schon oben S. 167 zitierte Beobachtungen als Beispiel dienen: nach Verschiebung des Na-K-Ca-Gleichgewichts im Serum durch Kochsalzinfusionen ist als regelmäßige Erscheinung eine beträchtliche Glykämie und Glykosurie festgestellt, welche sich bis zum völligen Glykogenschwund in der Leber steigern läßt. Auch für die Isoionie und die Isothermie untereinander läßt sich bereits eine Beziehung finden: das oft erhebliche Sinken der Körpertemperatur bei der experimentellen Säurevergiftung[2]) und das Auftreten des „Salzfiebers" als Folge der Störung des Na-K-Ca-Ionengleichgewichtes im Serum. Schematisch lassen sich sonach die bislang bekannten Richtungen des wechselseitigen Einflusses der Regulationsgebiete wie folgt skizzieren:

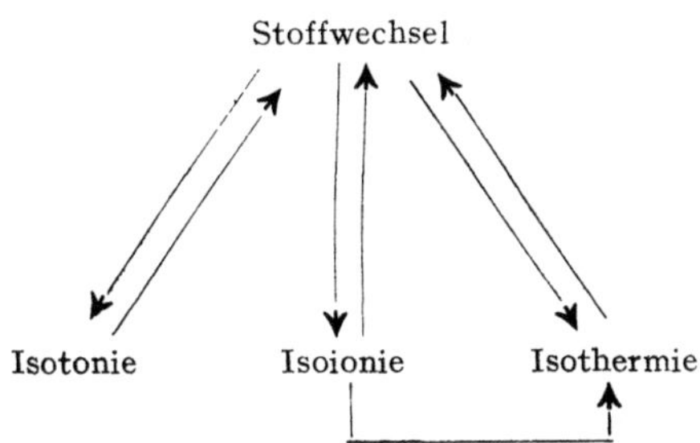

Beim Säugling, zumal in den ersten Tagen nach der Geburt sind die Konstanzen, insbesondere die Isotonie[3]) und die Isothermie[4]), vielleicht auch

[1]) Heilner, Zeitschr. f. Biologie **50**, 476.

[2]) Loewy u. Münzer, vgl. Oppenheimer, Handbuch der Biochemie IV, I, S. 239 unten u. 240 oben.

[3]) Salge, Zeitschr. f. Kinderheilk. **1**, 126 u. **2**, 347; P. Schulz ebendort **3**, 251 u. 495 (1912).

[4]) Das Verhalten von neugeborenen Säugetieren gleicht noch in mancher Weise demjenigen der Wechselwarmen (s. Landois-Rosemann, Lehrbuch der Physiologie des Menschen. [13. Aufl.] S. 453).

die H-OH-Isoionie[1]), noch nicht in dem gleichen Grad der Vervollkommnung wie später vorhanden. Zugleich ist bemerkenswerterweise hier das Hervorrufen von Störungen leichter und das Übergreifen der Störungen von einem Gebiet zum andern häufiger. Die Kinderheilkunde war es auch, die am meisten zur Förderung dieser Fragen beigetragen hat. Namentlich das „alimentäre Fieber“ und das „Salzfieber“ sind in ausgeprägter Ausbildung nur beim Kinde zu beobachten. Es ist sehr wahrscheinlich, daß das vegetative Nervensystem, speziell im Gebiet des Sympaticus, erheblichen Anteil am Zustandekommen dieser Erscheinungen und besonders auch am Ineinandergreifen der Regulierungen nimmt. Denn durch Zusammenstellen von Befunden der neueren Literatur läßt sich unschwer für zahlreiche Einzelprozesse der hier in Korrelation gestellten Vorgangsarten das Gebundensein an Fasern des sympatischen Systems belegen[2]).

Die physikochemische Lehre der echten Lösungen findet ihre Ergänzung in der Kolloidchemie. Auch eine **Kolloidchemie des Blutes** ist bereits in sehr erheblichem Umfange erstanden. Die mit dem Serum isotonische Salzlösung, welche zugleich sämtliche Bedingungen der Isoionie erfüllt, ist immer noch nicht das optimale Milieu für die menschlichen Zellen. Ein Bestand an Kolloiden ist als eine wesentliche Ergänzung erforderlich. Die Bedeutung der Serumkolloide bei der Aufgabe des Blutes, den Zellen des Körpers ein maximal günstiges Milieu zur Lebensbetätigung zu bieten, sei an einem Beispiel erläutert. Die Leukozyten sind in kolloidfreien Salzlösungen unbeweglich; erst nach Zusatz von einem Kolloid, z. B. von Gummi arabicum, stellt sich die amöboide Bewegung wieder ein und zeigt bei 8% dieses Gummis den günstigsten Stand; ähnlich, nicht ganz so gut wirksam sind von den serumfremden Kolloiden auch Gelatine, Dextrin oder Eieralbumin[3]). Analoge Unterschiede lassen sich auch an den Flüssigkeiten des Körpers selber beobachten. Im normalen Liquor cerebrospinalis, dem bekanntlich im Gegensatz zum Blutserum die Kolloide weitgehend fehlen, sind die Leukozyten bewegungslos; wird dagegen der Liquor bei pathologischen Zuständen eiweißreich, so sieht man in diesem Liquor auch die Leukozyten sich meist lebhaft bewegen. (Vergl. S. 196.) Die Phagozytose der Leukozyten ist ebenfalls von Kolloidzusätzen abhängig gefunden: in einfacher Salzlösung bleibt nach H. Bechhold die Phagozytose von Staphylokokken aus; der Zusatz selbst serumfremder Kolloide aber führt sie herbei[4]).

[1]) Vgl. die (allerdings mit älterer Methodik) angestellten Untersuchungen an frühgeborenen, lebensschwachen Säuglingen von Pfaundler, Arch. f. Kinderheilkunde **41**, 174 (1905), bei denen sich eine vom Normalmittel deutlich abweichende, mehr dem Sauren genäherte Reaktion des Serums ergab.

[2]) Als weniger bekannt sei besonders genannt die Erzeugung einer osmotischen Hypertonie des Blutes durch Adrenalin (P. Wels, Experimentelle Untersuchungen über den hemmenden Einfluß von Adrenalin auf die Nierentätigkeit. Inaug.-Diss. Kiel 1917, S. 18), das Gebundensein der NaCl-Glykosurie an die Sympatikusfasern der Leber (A. Hirsch u. E. Moro, Monatsschr. f. Kinderheilkunde **21**, 129 (1921) und die Bedeutung des Sympatikus für die Erkältungsstörungen (H. Schade, Zeitschr. f. d. ges. experim. Medizin **7**, 275 (1919). Vgl. ferner dieses Buch S. 453 (Vatersche Körperchen).

[3]) Vergl. N. Friedemann u. A. Schönfeld, Biochem. Zeitschr. **80**, 312 (1917).

[4]) H. Bechhold, Münch. med. Wochenschr. 1908, 1777.

Die Kolloide des Serums werden zur Hauptsache durch die Eiweiße repräsentiert. Im Plasma sind nach der chemischen Analyse in summa etwa 10% feste Bestandteile enthalten. Dabei machen die Eiweiße etwa 3/4 und mehr des Trockenrückstandes aus. Die Lipoide, deren Erforschung im Serum gleichfalls in den letzten Jahren sehr erhebliche Fortschritte gezeitigt hat[1]), treten ihnen gegenüber wenigstens quantitativ stark zurück.

In der **Refraktometrie** ist der Klinik ein wichtiges Hilfsmittel gegeben, um schon an einigen Tropfen Serum sehr exakte Maße des Eiweißgehalts zu gewinnen. Das Refraktometer läßt optisch die Größe des Winkels erkennen, um welchen das schräg zur Oberfläche einer Lösung einfallende Licht durch die Substanzen der Lösung aus seiner Richtung abgebeugt wird. Dieser Winkel gibt ein Maß des Brechungsvermögens aller in der Lösung enthaltenen Bestandteile. Stärkere optische Brechung ist bevorzugt eine Eigenschaft hochmolekularer Stoffe. Es fügt sich, daß unter den im Serum vorkommenden Substanzen gerade die Eiweiße zu ganz überwiegendem Anteil die refraktometrische Abweichung bedingen und daß der Brechungsbetrag der Nichteiweißstoffe nicht nur an sich schon klein, sondern zudem noch, praktisch genommen, konstant ist. So wird es möglich, aus dem refraktometrischen Ergebnis durch Vornahme eines kleinen konstanten Abzuges den Brechungswert der Serumeiweiße zu errechnen. Chemische Parallelanalysen haben die Exaktheit der refraktometrischen Eiweißbestimmungen im Serum erwiesen. Als Normalwerte des Serums bei gemischter Kost wurden von E. Reiß[2]) gefunden:

$$n_D = 1{,}34873\text{—}1{,}35168$$

entsprechend 7,42—9,13% Eiweiß[3]).

Bei Säuglingen ist der Eiweißgehalt des Blutserums deutlich geringer, er wird im Mittel zu 6%[4]) gefunden.

Lokalisierte Magen- und Darmerkrankungen geben normale Serumwerte, erst Erkrankungen der Intestinalorgane mit schwereren Allgemeinstörungen wie Tuberkulose, maligne Tumoren und Kachhexien bringen stärkere Abweichungen nach oben und unten hin zuwege[5]). Bei Herzfehlern maß Engel[6]) abnorme Erniedrigungen. Bei Nephritikern wurden (Strauß und Chajes, l. c. Engel[6])) schwankende Werte gefunden: Anstauungen von Stoffwechselprodukten („Reststickstoff" im Serum) und Verwässerungen des Blutes wirken in vielartiger Kombinierung meist unter teilweisem Ausgleich zusammen.

Der Wert der Refraktometrie zeigt sich klinisch namentlich bei der

---

[1]) Literatur usw. s. I. Bang, Chemie u. Biochemie der Lipoide. Wiesbaden 1911.

[2]) Arch. f. experim. Pathologie und Pharmakologie **51**, 35 (1903—04). Ganz naheliegende Werte haben auch H. Strauß u. D. Chajes, Zeitschr. f. klin. Medizin **52**, 536 (1909) und Engel, zitiert nach C. Neuberg, Der Harn, l. c. II, S. 1754 erhalten.

[3]) Nach A. Böhme, Habilitationsschrift, Kiel (1911). S. 27 sind die aus den Reißschen Tabellen zu entnehmenden Zahlen gegenüber den durch die chemische Eiweißanalyse gewonnenen Werten durchweg zu hoch, etwa um 10%.

[4]) E. Reiß, Jahrbuch f. Kinderheilkunde, 3. Folge 60, Heft 3.

[5]) Strauß u. Chajes, l. c.

[6]) Berl. klin. Wochenschr. 1905, 1364.

kombinierten Verwendung dieser und der übrigen physikochemischen Methoden (v. Korànyi u. Bence[1]), E. Reiß[2])). Zum Maß der Ionen und Moleküle (s. o.) gibt die Refraktometrie in glücklicher Ergänzung ein vergleichendes Maß der Eiweißkolloide. Dabei ist das Ziel der refraktometrischen Messungen nicht bei dem zahlenmäßigen Nachweis der Eiweißkonzentration stehen geblieben; man hat vielmehr aus eben diesem Maße wichtige Rückschlüsse auf die Schwankungen der Flüssigkeitsmenge in den Blutbahnen zu ziehen gewußt. Arbeitet man unter Bedingungen, wo durch die chemische Analyse und sonstige Parallelkontrollen ein Sichgleichbleiben der Eiweißmenge in der Gefäßbahn garantiert ist, so treten in den Unterschieden der prozentigen Eiweißkonzentration die Schwankungen des jeweiligen Flüssigkeitsgehalts des Serums zutage. Die Refraktometrie ist unter solchen Umständen nicht so sehr eine Methode der quantitativen Eiweißbestimmung, als vielmehr ein Mittel, um die Flüssigkeitsschwankungen im Blut zu erkennen, d. h. die jeweils ein- und austretenden Flüssigkeitsmengen quantitativ zu verfolgen. (E. Reiß[3]) u. a. [4])).

Die Ergebnisse dieser Untersuchungen haben sehr dazu beigetragen, die mancherseits schon verlassene Lehre von den Flüssigkeitsschwankungen im Blut wieder zur rechten Geltung zu bringen. Indem die physikochemischen Konstanzwerte der Isotonie und Isoionie erhalten bleiben, kann sehr wohl die Flüssigkeitsmenge des Blutes variieren, z. B. nach Trinken größerer Flüssigkeitsquanten[5]), nach Schwitzen, nach Schrothschen Kuren; in refraktometrisch merklichen Beträgen ist dies sogar schon nach leichtester Muskelarbeit[4]) der Fall. Eindickungen[6]) und Verwässerungen des Blutes im Sinne der Plethora serosa[7]) namentlich bei Herz- und Nierenerkrankungen sind durch Kombination der physikochemischen Methoden nach den Einzelrichtungen der Störung exakt verfolgbar geworden. Meist, aber keineswegs immer ist die Hydrämie der Vorläufer des Ödems. Ein Versuch, das Auftreten einer Scharlachnephritis schon vorzeitig durch die Refraktometrie aus dem Serum zu diagnostizieren, ist bislang nicht eindeutig ausgefallen[8]).

Auf die klinische Messung des osmotischen Druckes haben die Eiweiße, geschweige denn die Schwankungen ihrer Konzentration, praktisch keinen Einfluß. Es ist kaum möglich, die Eiweiße im strengen Sinne voll-

---

[1]) Arch. d. ges. Physiologie **110**, 513 (1905).

[2]) Deutsches Archiv f. klin. Medizin **96**, 419 (1909).

[3]) E. Reiß, Deutsches Archiv f. klin. Medizin **96**, 419 (1909). Eine vorzügliche Zusammenfassung der Ergebnisse dieses Gebietes bietet E. Reiß, Ergebnisse der inneren Medizin u. Kinderheilkunde **10**, 531 (1913).

[4]) Böhme, Verhandl. d. Kongresses f. innere Medizin. Wiesbaden 1910; Schultz u. Wagner, Fol. serologica **3**, Heft 9; G. Schwenker, Methodische Untersuchungen zur Refraktometrie des Blutes. Inaug.-Diss. (1911). Kiel.

[5]) Vgl. z. B. die älteren Beobachtungen von Schmaltz, Deutsches Archiv f. klin. Medizin **47**, 145 (1891).

[6]) Vgl. ganz besonders C. Schmidt, Charakteristik der epidemischen Cholera usw. Leipzig u. Mitau 1850; zwei demonstrative Tabellen siehe auch v. Korányi u. Richter, Physikalische Chemie u. Medizin, l. c. II, S. 131 u. 132.

[7]) Vgl. z. B. Örtel, Deutsches Archiv f. klin. Medizin **50**, 293 (1892).

[8]) S. Oppenheimer u. E. Reiß, Deutsches Arch. f. klin. Medizin **96**, 464 (1909).

kommen salzfrei zu machen und doch haben schon die an den immer noch nicht einwandfrei reinen Eiweißen angestellten Messungen ganz verschwindend kleine Werte (z. B. für 14,5% Albuminlösungen $\Delta = 0{,}020$[1])) ergeben. Starling[2]) fand für die Eiweißkörper des Blutserums summarisch eine Gefrierpunktserniedrigung von weniger als 0,005°.

So sehr auch im Maß der Kryoskopie des Blutes der **Quellungsdruck der Serumeiweißkörper** zurücktritt, so ist darum doch seine Bedeutung im Körper nicht gering[3]). Ganz neuerdings ist auch in dieser Frage klinisch einige erste Klärung gewonnen. Im absoluten Maß beträgt der Quellungsdruck der Eiweißkörper des Serums nach Starling (l. c.) und andern 3—4 cm Hg. Da die Eiweiße allgemeinhin nicht durch die Gefäßwand permeieren, so bleibt dieser Druck immer im Serum bestehen; er wird zu einem maßgebenden Druck dort, wo mechanische Druckdifferenzen fehlen und die Unterschiede an Ionen und Molekülen zwischen Blut und Gewebe zum Ausgleich gekommen sind. Auch für den Eiweißdruck des Serums wiederholt sich deutlich kennbar das Bestreben des Körpers zur Konstanterhaltung: wenn im venösen Blut durch die Kohlensäure der spezifische Quellungsdruck der Serumeiweiße sinkt, nehmen die Blutkörperchen dank eines antagonistischen Verhaltens der Wasserbindung Wasser, resp. Lösung in vermehrter Menge in ihren Zelleibern auf, so daß für die Serumeiweiße in der hierdurch bedingten Verkleinerung des Flüssigkeitsvolumens ein Schutz zur Erhaltung des Normaldruckes gegeben ist. Eine möglichste Konstanz des Quellungsdrucks im Serum hat für die Austauschvorgänge des Wassers von Blut zu Gewebe die größte Bedeutung. „Sie stellt allgegenwärtig im Körper ein gut fixiertes Normalniveau dar, nach dem das Bindegewebe und weiterhin dann wieder die Organzellen sich im Quellungsdruck ausgleichen und so auch ihrerseits einen Normalwert gewinnen und erhalten können. Nachdem die Lunge vorbereitend die H-Ionen reguliert hat, spannt im weiteren Kreislauf des Blutes die Niere durch Abpressung von Lösungswasser gewissermaßen stets wieder neu die Feder des Quellungsdruckes, auf welchen sich die übrigen Kolloide des Körpers je nach ihrem Über- oder Unterdruck mit Waseraufnahme oder Wasserabgabe im ständigen Ausgleich einstellen können." (H. Schade u. H. Menschel[4]).

Von den kolloiden Eigenschaften der Eiweiße ist als erste die **Viskosität** in den Kreis des medizinischen Interesses getreten. Die Zähflüssigkeit einer Lösung verdankt ihre Entstehung der in der Flüssigkeitsmasse zwischen den einzelnen Teilen auftretenden „inneren Reibung". Man gewinnt einen zahlenmäßigen Betrag dieser Größe am Blut, wenn man die Zeiten beobachtet, welche das Blut im Vergleich zum Wasser gebraucht, um bei bestimmten Verhältnissen eine bestimmte Strecke einer engen Röhre zu durchfließen (Technik s. Teil III, S. 559). Eine Reihe abweichender Methoden ist hier klinisch im Gebrauch. So nützlich eine

[1]) Zitiert nach v. Korányi u. Richter, Physikalische Chemie u. Medizin, l. c. II, S. 387.
[2]) Journal of Physiol. **19**, 312 (1896); **24**, 337 (1899).
[3]) Näheres siehe unten bei den Ausführungen über das Oedem S. 402—404.
[4]) H. Schade u. H. Menschel, Zeitschr. f. klin. Medizin (z. Zt. im Druck).

Mehrheit der Messungsmethoden im allgemeinen ist, so hat doch auf diesem Gebiet die Benutzung der verschiedenartigen Apparate, so von Hirsch u. Beck[1]), von Determann[2]), von Heß[3]), von Münzer u. Bloch[4]) und anderen erhebliche Nachteile gebracht. Die Ursache liegt darin, daß es zurzeit nicht möglich ist, die Viskosität, d. h. die innere Reibung einer Flüssigkeit, in völlig reiner Art zur Messung zu bringen. Immer treten bei den Versuchen, die inneren Teile einer Flüssigkeit aneinander zu verschieben, je nach dem angewandten Druck Verschiedenheiten und zudem auch Veränderungen der Oberfläche auf. Da das Maß der komplizierenden Faktoren bei den verschieden konstruierten Apparaten erhebliche Variationen aufweist, so ist eine mangelnde Übereinstimmung der Resultate die notwendige Folge gewesen. Eine Einigung über die klinisch zu verwendende Methode der Viskosimetrie ist daher dringend erwünscht (s. T. III, S. 565).

Als Normalwerte der Blutviskosität (bezeichnet mit ϱ und mit dem Einheitswert auf Wasser = 1 bezogen) findet man folgende Zahlen, gültig bei 38°, angegeben[5]):

von Hirsch und Beck[6]) .	4,50—5,89
von Bence[7])	4,37—6,80
von Determann[8])	4,05—5,54

Über das Serum sind die Angaben sehr spärlich. Neuerdings scheint sich aus den Messungen von Ziveri[9]) mit Vorbehalt[10]) (angestellt mit dem Viskosimeter von Heß) als

Normalwert der Serumviskosität $\varrho = 1{,}6—2{,}1$

zu ergeben.

Die Tagesschwankungen der Viskosität des Gesamtblutes beim gleichen Individuum betragen nach Blunschy[11]) im Mittel etwa 12%; die Differenzen bei verschiedenen Individuen und gelegentlich auch bei Einzelbeobachtungen am gleichen Individuum erreichen Werte bis zu 30 und 40% des Totalbetrages. Selbst bei Gesunden wird man daher, statt von einer „Isoviskosität“ nur im beschränkten Sinne von der Innehaltung einer gewissen Viskositätsbreite sowohl im Serum als auch im Gesamtblut sprechen können.

---

1) Münch. med. Wochenschr. 1900, Nr. 49, sowie Deutsches Arch. f. klin. Medizin **69**, 503 (1901).

2) Münch. med. Wochenschr. 1907, Nr. 23.

3) Münch. med. Wochenschr. 1907, Nr. 32 u. 45. Vergl. Teil III. S. 564ff.

4) Medizinische Klinik 1909, Nr. 9, 10, 11.

5) Vgl. hier wie auch sonst über Viskosität Determann, Die Viskosität des menschlichen Blutes. Wiesbaden 1910.

6) Deutsches Arch. f. klin. Medizin **69**, 503 (1901).

7) Zeitschr. f. klin. Medizin **58**, 203 (1906).

8) Ebendort **59**, 283 (1906).

9) A. Ziveri, Riv. ital. di Neuropathologie usw., 2. F. 12 (1909); zitiert nach der ausführlich wiedergegebenen Tabelle in Neuberg, Der Harn usw., l. c. II, 1671.

10) Es handelt um 59 Messungen an psychiatrischen Kranken; in körperlichem Sinne bezüglich des Blutes (vgl. auch dessen Viskositätswerte) dürften sie als normal gelten.

11) Blunschy, Inauguraldissertation. Zürich 1908.

Für die in den Viskositätsmessungen zutage tretende große Variabilität der Kolloide des Blutes und Serums besteht, wie der Verfasser nachdrücklich hervorheben möchte, eine wichtige zwangsläufige Beziehung zur Regulierung namentlich der H-OH-Isoionie. Werden dem Blute aus dem Stoffwechsel Säuren zugeführt, so sind (neben den anorganischen Salzen) vor allem die Eiweiße an der Bindung der H-Ionen beteiligt. Diese Bindungsreaktion der H-Ionen ist durch die folgende Schreibart gekennzeichnet: $[\text{H-Albumen-OH}] + \text{H}^{\cdot} = [\text{H-Albumen}]' + H_2O$. Bei jedem solchen Vorgang wird das Eiweißmolekül verändert; aus dem Neutraleiweiß entsteht ein ionisches Eiweiß (s. o. Teil I, S. 41 u. 44), dessen abweichende Kolloidität sich bei der Viskositätsmessung zeigen muß. Artähnliche Beeinflussungen des Eiweißes kommen, wenn auch z. T. nur geringen Umfangs, auch durch alle anderen Ionen zustande[1]). Eine Abhängigkeit der Blutkolloidität vom Zu- und Abstrom der Säuren und Salze[2]) ist daher verständlich. Wie namentlich Hamburger[3]) eingehend untersucht hat, geht bereits bei den Kohlensäuredifferenzen des Blutes eine Ionen- und Wasserverschiebung zwischen Blutkörpercheninhalt und Serum vor sich, als deren Folge bei jedem Kreilauf des Blutes ein Doppelwechsel, beim Venöswerden eine Quellung, beim Wiederarteriellwerden eine Entquellung der roten Blutkörperchen resultiert. Schon kleine Unterschiede des Erythrozytenvolumens aber machen sich bei der Viskositätsmessung des Blutes als erhebliche Ausschläge bemerkbar.

Über Änderungen der Viskosität des Serums bei Krankheiten ist zurzeit noch äußerst wenig bekannt[4]). Die an Kranken gefundenen Werte bewegen sich, ohne daß sich bislang Gesetzmäßigkeiten finden ließen, in den Grenzen von etwa 1,5—2,9 (Kottmann[5])). Simon und Braga[6]) haben die Viskosität der menschlichen Fistellymphe (Ductus thoracicusfistel) zu $\varrho = 1{,}18 - 1{,}33$ gemessen.

Therapeutisch wichtig ist die Erhaltung einer mittleren Serumviskosität insofern geworden, als man neuerdings gelernt hat, dieses Moment bei Infusionen zur Verlängerung des intravenösen Verbleibens der injizierten Flüssigkeit zu verwerten. Grundlegend waren die Untersuchungen von A. Pugliese[7]), nach denen ein Kolloidzusatz (Gelatine oder Gummi ara-

---

[1]) Vgl. Teil I, S. 45ff.

[2]) Vgl. hierzu auch Adam, Zeitschr. f. klin. Medizin **68**, 177 (1909).

[3]) Hamburger, Osmotischer Druck u. Ionenlehre, l. c. I; vgl. auch v. Korányi u. Bence, Archiv f. klin. Medizin **96**, 419 (1909).

[4]) Interessant und weiterer Verfolgung wert erscheinen insbesondere die Beobachtungen über die Viskositätserhöhung des Plasmas bei Nierenstörungen (Rotky, Zeitschr. f. Heilkunde 1907, Heft 2, u. Kottmann, Korrespondenzblatt für Schweizer Ärzte 1907, Nr. 4.

[5]) Korrespondenzblatt f. Schweizer Ärzte 1907, Nr. 4.

[6]) Zitiert nach der ausführlichen Wiedergabe in Neuberg, Der Harn usw., l. c. II, 1662—63.

[7]) Pugliese, Zeitschr. f. Biologie 54, 100 (1910); vgl. dazu frühere Beobachtungen von Albenese, (Arch. f. experim. Pathologie u. Pharmakologie **32**, 297 (1892), Cohnstein u. Meißner, Ergebnisse der allgem. Pathologie **3**, 563 (1896) u. K. Spiro, Arch. f. exper. Pathol. u. Pharmakologie **41**, 148 (1898); ferner besonders W. M. Baylíß, Journ. of pharmacolog. a. exp. therap. **15**, 29—74 (1920).

bicum) zur Infusionsflüssigkeit bewirkt, daß die injizierte Flüssigkeit erheblich länger in der Blutbahn verbleibt, daß bei starkem Kolloidzusatz sogar noch ein weiterer Einstrom von Flüssigkeit ins Blut erfolgt, wobei Lymphbildung und Harnsekretion sich merklich verringern. Besonders für die Fälle akuter starker Flüssigkeitsverarmung der Blutbahn, z. B. nach schweren Blutverlusten, scheint daher die Verwendung visköser Infusionen (mit Zusatz von 3,6% reinstem Gummi arabicum) ratsam (M. H. Fischer[1]), O. Cohnheim[2]) u. a.). Auch L. Brauer[3]) hat sich für die Therapie der Ruhrerkrankungen dieser Empfehlung angeschlossen.

Ungleich eingehender ist die klinische Bedeutung der Viskosität des Gesamtblutes untersucht[4]). Während die Normalwerte der Blutviskosität sich etwa zwischen den Grenzen $\varrho = 4{,}0$ und $\varrho = 5{,}5$ bewegen, sind die pathologisch vorkommenden Schwankungen außerordentlich viel größer. So konnten bei extremen Anämien Werte bis herab zu 1,71 und bei schweren Polyzythämien Werte bis herauf zu 24,48 beobachtet werden[4]). Bei den genannten Krankheiten vermag dabei die Viskosimetrie bis zu einem gewissen Grade ein klinisches Maß für den Verlauf zu geben. Wichtiger aber ist die Bedeutung der Viskosität für die funktionelle Belastung des Herzens. Es ist eine physikalische Notwendigkeit, daß bei gleichbleibendem Röhrensystem eine erheblich größere Arbeit zu leisten ist, wenn unter sonst gleichen Bedingungen das durchfließende Blut eine vermehrte innere Zähigkeit annimmt. In Anwendung auf die Körperverhältnisse lag es daher nahe, für die Fälle von gesteigerter Blutviskosität als Ausdruck einer verstärkten Herzarbeit auch eine Erhöhung des Blutdruckes, der Pulsfrequenz usw. zu vermuten. Wider Erwarten fand sich aber beim Gesunden diese Vermutung im Experiment nicht bestätigt; selbst wenn z. B. durch Injektion großer Mengen Gelatinelösung eine nachweislich sehr beträchtliche Viskositätssteigerung des Blutes beigebracht wurde, blieb der Effekt einer merkbaren Blutdruckerhöhung oder sonstigen Stromveränderung aus. Dem Körper stehen Mittel zur Verfügung, auch bei erheblicher Zähigkeitszunahme des Blutes den Kreislauf zu bewerkstelligen, ohne daß sich der Herzarbeit ein vermehrter Widerstand im Strombette der Gefäße entgegenstellt. Auch hier stehen wir wieder einer Erscheinung des ganz wunderbaren Regulierungsvermögens des Körpers gegenüber: der Organismus hat das scheinbar physikalische Paradoxon verwirklicht, mit dem gleichen Druck ohne merkliche Geschwindigkeitsdifferenz dünnflüssiges und zähflüssiges Blut durch seine Strombahnen hindurchzutreiben. Die Wege, auf denen der Organismus diesen Ausgleich herbeiführt, sind trotz erheblicher Bemühung nicht geklärt; als reflektorische Regulation hat man Änderungen der Gefäßweite und der Gefäßelastizität und auch Änderungen der zirkulierenden Blutmenge vermutet (vgl. hierzu S. 198). Für den Ge-

[1]) M. H. Fischer in zahlreichen Arbeiten; zusammengefaßt in der neuesten Monographie Fischer, Oedema u. Nephritis New York. John Wiley and sons. (1921).

[2]) Münch. med. Wochenschr. 1917, Nr. 38.

[3]) L. Brauer, Die Ruhr. Berlin 1918. S. 95.

[4]) Vgl. besonders die sehr empfehlenswerte Monographie Determann, Die Viskosität des menschlichen Blutes. Wiesbaden 1910. Ebendort weitere Literatur.

sunden sind die Viskositätsänderungen mittleren und selbst hohen Grades ohne eigentliche Gefahr. Ein schwerer Mißgriff aber wäre es, aus dem physiologischen Bestehen eines Ausgleichsvermögens auf die klinische Bedeutungslosigkeit aller Änderungen der Blutviskosität schließen zu wollen. Wenn auch beim Gesunden die Viskositätserhöhung des Blutes nicht den Endeffekt einer Blutdrucksteigerung und damit einer merklichen Herzmehrbelastung hervorbringt, so liegen doch unter pathologischen Bedingungen, wenn die Reservekräfte des Herzens und der Gefäße erschöpft sind, die Verhältnisse ganz anders (Determann u. a.). Hier kann sehr wohl, wie die Erfahrungen lehren, das Hinzutreten der Viskositätssteigerung des Blutes ein letztes, oft sogar ausschlaggebendes Moment für das Zustandekommen einer schweren Dekompensation des Herzens abgeben.

Rein praktische Interessen gebieten daher in möglichstem Umfang diejenigen Bedingungen zu erforschen, durch welche Änderungen der Blutviskosität zustande kommen. Zurzeit dürften etwa die folgenden Ursachen für die Viskositätsänderung des Blutes als einigermaßen gesichert gelten:

1. Einfluß der Nahrung: eine lang durchgeführte laktovegetabile Ernährung vermag die Viskosität des Blutes etwas zu erniedrigen[1]). Bezüglich des Einflusses von Einzelmahlzeiten bzw. von Einzelspeisen ist indes noch wenig Bestimmtes bekannt.

2. Einfluß der Muskelarbeit: sehr schwere Arbeit, namentlich mit starkem Schwitzen, kann die Viskosität erheblich steigern, beispielsweise einen Wert von $\varrho = 4{,}50$ auf $5{,}75$ bringen[2]). Für die Wirkung mäßig schwerer Arbeit sind dagegen die bisherigen Ergebnisse nicht eindeutig[3]).

3. Einfluß des Kohlensäuregehaltes des Blutes: Kohlensäureanreicherung im Blut ruft namentlich infolge Vergrößerung des Blutkörpervolumens (s. o.) eine starke Vermehrung der Blutviskosität hervor[4]). Infolge venöser Blutbeschaffenheit findet man besonders bei Herz- und Atmungsinsuffizienzen häufig hohe Viskositätswerte; doch ist auch hier in der oft eintretenden Hydrämie solcher Kranken die Möglichkeit eines Ausgleichs bezüglich der Viskosität gegeben, d. h. es können trotz starker CO_2-Stauung infolge der Hydrämie niedrige Viskositätswerte gefunden werden.

4. Einfluß der Blutkörperchenzahl: Die Zahl der Blutkörperchen ist von größtem Einfluß auf die Blutviskosität. Während bei verminderter Blutkörperchenzahl eine abnorm niedrige Viskosität, bis herab zu $\varrho = 1{,}71$ gefunden wird, bieten die Fälle von Polyzythämie die extremen Werte nach der anderen Seite, nicht selten Zahlen von $\varrho = 10$—12, im Einzelfall sogar bis zu 24,48 [5]). Schon die durch Sauerstoffverarmung der Luft expe-

[1]) Determann, l. c., S. 68ff.

[2]) Determann, Zeitschr. f. klin. Medizin **59**, 283 (1906).

[3]) Blunschy, l. c.

[4]) Als Zahlenbeispiele seien nach Determann, l. c. angeführt: ϱ der Armvene = 5,16, nach 10 Minuten Stauungsbinde bis Blaufärbung = 6,34; ein weiterer Fall desgl. vorher $\varrho = 4{,}63$, nachher 8,83; bei schwacher, kurzdauernder Stauung wurden Anstiege von nicht über 18% des Ausgangswertes gefunden.

[5]) Kottmann, l. c. Im übrigen Literatur s. Determann, Die Viskosität des menschlichen Blutes, l. c., S. 83.

rimentell herzustellende Blutkörperchenvermehrung sowie die unter dem Einfluß des Höhenklimas auftretende Polyzythämie gehen mit bemerkenswerten Viskositätsanstiegen einher[1]). Eine kleine Tabelle nach Bence möge die schnell sich steigernde Zunahme der Blutviskosität mit der abnormen Erhöhung der Blutkörperchenzahl demonstrieren[2]):

Blutkörperchenzahl	Viskosität
6,710 Millionen	6,48
7,368 „	8,10
8,364 „	17,30
9,344 „	20,90

5. Einfluß der Niereninsuffizienzen: Die Viskositätswerte des Blutes werden bald erhöht, bald aber auch abnorm niedrig gefunden; es hat den Anschein, als ob im allgemeinen durch Stoffretention bei der Nephritis eine geringe Viskositätserhöhung eintrete, welche aber häufig durch eine interkurrierende Hydrämie kompensiert oder gar überkompensiert würde[3]).

6. Einfluß der Leukozyten: Starke Anhäufung von Leukozyten im Blut läßt die Viskosität ansteigen. So wird z. B. bei Leukämien trotz sehr starken Rückgangs der Erythrozytenzahl nicht selten ein angenähert normaler Viskositätswert gefunden[4]). Hierher gehört ebenfalls die Viskositätserhöhung bei den Hyperleukozytosen der ausgedehnten entzündlichen Prozesse[5]); doch ist bei der Vielartigkeit des Vorkommens von Viskositätserhöhungen[6]) der diagnostische Wert nur gering.

Der Hauptwert der Viskositätsmessungen für die Praxis liegt auf dem Gebiet der Therapie. Bei allen schwierigen Zuständen von Dekompensation des Herzens und des Gefäßsystems einschließlich der Nierenkrankheiten ist es Pflicht des Arztes, auch die Viskositätsverhältnisse des Blutes einer Mitberücksichtigung zu unterwerfen. Denn je schwerer die Dekompensation, um so wichtiger wird die Ausschaltung etwaiger abnormer Widerstände im Gefäßsystem infolge erhöhter Viskosität. Das wirksamste Mittel zur schnellen Erniedrigung der Blutviskosität ist der Aderlaß. Der Erfolg tritt fast sofort ein und geht im allgemeinen nicht gar so schnell wieder verloren; wenn der Aderlaß ausgiebig gemacht war, ist sogar ein Anhalten der Viskositätserniedrigung bis zu 21 Tagen beobachtet (Kottmann). Überall, wo zu Zeiten einer bedrohlich werdenden Dekompensation zugleich eine erhöhte Blutviskosität konstatiert werden kann, bei Nephritikern, bei Patienten mit schweren Herzfehlern, bei Pneumonikern usw., ist daher aus Gründen einer physikalischen Zirkulationserleichterung der Ader-

[1]) Literatur bei Determann l. c., S. 82.

[2]) Zitiert nach v. Korányi u. Richter, Physik. Chemie u. Medizin II, 64.

[3]) Arch. f. klin. Medizin **69**, 503 (1901) (Hirsch u. Beck), ferner Bachmann, ebendort **94**, 409 (1908).

[4]) Determann, Die Viskosität des menschlichen Blutes, l. c. S. 9.

[5]) Oehlecker, Berl. klin. Wochenschr. 1910, Nr. 13.

[6]) z. B. nach Knochenbrüchen, nach aseptischen Laparatomien usw. siehe W. Müller, Mitteilungen aus den Grenzgebieten der Medizin und Chirurgie **21**, 143 (1910).

laß (im allgemeinen in minimo 200 ccm) streng indiziert. Herzschwäche, Zyanose und Viskositätssteigerung bilden für den Praktiker eine sehr beachtenswerte Trias, da sie häufig zum circulus vitiosus verkettet sind. Herzschwäche bringt durch Blutstromverlangsamung die Zyanose, die Kohlensäurestauung steigert die Viskosität, und die Hyperviskosität wirkt ihrerseits wiederum rückstauend auf die Fortbewegung des Blutes aus dem an sich schon bedrohten Herzen. Der Aderlaß vermag diesen Circulus zu durchbrechen, er bringt eine schnelle Erniedrigung der Blutviskosität und dadurch eine Entlastung des Herzens und kann so bei geeigneten Kranken sehr wirksam die Zeiten der höchsten Gefahr überwinden helfen. Auch die intravenöse Kochsalzinfusion (mit Zusatz von KCl und $CaCl_2$, s. o.) ist ein Mittel, welches die Blutviskosität fast sofort herabsetzt und ebenfalls aus diesem Grunde auf die Zirkulation bei geschwächtem Herzen günstig einzuwirken vermag.

Eine sorgfältige Kontrolle der Blutviskosität ist ferner besonders bei der Arteriosklerose geboten, weil hier allem Anscheine nach die dem Gesunden verfüglichen Regulationsvorkehrungen seitens des Gefäßsystems geschwächt sind und daher ein Viskositätsanstieg des Blutes mehr als sonst auf das Herz zurückwirkt. Arteriosklerotiker beantworten sehr leicht Viskositätserhöhungen mit vermehrter Herzarbeit und erhöhtem Blutdruck. Dieser Grund spielt auch mit, um alten Leuten mit geschwächtem Herzen und sklerotischen Gefäßen das Höhenklima zur Gefahr zu machen; denn im Höhenklima entsteht, analog wie im Experiment bei Sauerstoffverarmung der Atmungsluft, eine schnell einsetzende Polyzythämie mit der ihr zugehörigen Hyperviskosität, welche namentlich beim Hinzukommen von Wanderstrapazen das Herz oder die brüchigen Gefäßwände der Alten auf eine schwere Probe stellt. Wie für Polyzythämien im allgemeinen, so sei auch für solche Fälle neben den üblichen Maßnahmen besonders an die therapeutische Sauerstoffinhalation erinnert, welche die Polyzythämie zumeist im Sinne einer energischen Herabsetzung der Blutkörperchenzahl und damit zugleich im Sinne einer Viskositätsabnahme beeinflußt[1]). Auch die Jodtherapie bei der Arteriosklerose ist mit den Viskositätsproblemen in Zusammenhang gebracht: die Jodsalze sollen bei direkter kolloidchemischer Beeinflussung die Viskosität des Blutes verringern[2]), doch wurde solche Wirkung bei den klinischen Messungen zumeist nicht gefunden[3]). Wichtig ist noch, daß Bäder der verschiedenen Art (kalte, warme, CO_2-haltige Wasserbäder oder Luftbäder) bemerkenswerte Einflüsse bald in diesem, bald in jenem Sinne auf die Blutviskosität ausüben, so daß es vielleicht möglich sein wird, auf diesem Wege durch fortgesetzte kleine Beeinflussungen der Blutviskosität eine systematische Übungs-

[1]) v. Korányi u. Bence, s. v. Korányi u. Richter, Physikalische Chemie u. Medizin, l. c. II, S. 65ff.

[2]) Adam, Zeitschr. f. klin. Medizin **68**, 177 (1909); siehe aber bereits Poiseuille 1847, zitiert nach Determann, l. c., S. 71.

[3]) Bestätigend u. a. O. Müller u. Znada, Deutsche med. Wochenschr. 1904, 1751; ablehnend Determann, Deutsche med. Wochenschr. 1908, u. Adam, Zeitschr. f. klin. Medizin **68**, 177 (1909).

therapie der bei der Viskositätsänderung regulierend tätigen Organe zu erreichen[1]).

Neben der Viskosität verdient die **Oberflächenspannung** als eine von den Kolloiden weitgehend beeinflußte Eigenschaft klinisches Interesse. Wie der fallende Tropfen lehrt, hat jede Flüssigkeit das Bestreben, ihre „freie Oberfläche" auf ein Minimum zu verkleinern: die Flüssigkeit nimmt Kugelform an. Den auf die Verkleinerung der Oberfläche hinwirkenden Zug nennt man die „Oberflächenspannung". Die Kugelform als Folge der Oberflächenspannung tritt ebenfalls ein, wenn zwei gegenseitig nicht lösliche Flüssigkeiten, z. B. Wasser und Äther[2]), mechanisch miteinander vermengt werden. In solchen Emulsionen läßt sich deutlich eine Arbeitsleistung der Oberflächenenergie beobachten. So oft die Einzelkugeln der emulgierten Flüssigkeit untereinander zur Berührung gelangen, führt die mechanische Energie der Oberflächenspannung eine Veränderung der Form herbei: aus je zwei sich berührenden Kugeln wird unter Verkleinerung der Gesamtoberfläche eine einheitliche größere Kugel gebildet, wie durch die beigefügte Figur 16 dargestellt ist. Dieser Vorgang der Oberflächenverkleine-

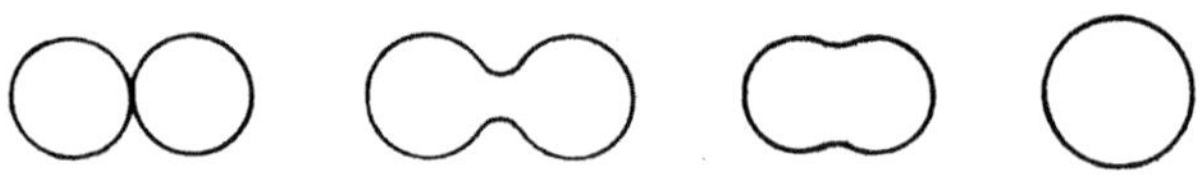

Fig. 16.
Freiwillige Oberflächenverkleinerung zufolge der Oberflächenspannung.

rung ist bestrebt, so lange weiterzugehen, bis schließlich die Grenzfläche beider Flüssigkeiten zu einer kleinstmöglichen Fläche reduziert ist, d. h. bis sich beide Flüssigkeiten in einfacher Überschichtung zueinander befinden. Wie der freiwillige Eintritt dieses Vorganges beweist, geht die hier beschriebene Formänderung unter Freiwerden von Energie vor sich. Für den umgekehrten Vorgang ist aber ein nicht unwesentlicher Aufwand von Energie erforderlich. Da die Kugeloberfläche die kleinste der möglichen Oberflächen darstellt, ist mit jeder Deformierung der Kugelform eine Vergrößerung der Oberfläche verbunden, es muß zu ihrer Herbeiführung Arbeit entgegen der Oberflächenspannung geleistet werden. Es ist ein allgemeines Gesetz, daß die Größe der Oberflächenspannung mit dem Kleinerwerden der Kugeln sehr schnell zunimmt. Diese Erscheinungen der Oberflächenspannung gelten nicht nur in einem System zweier Flüssigkeiten, nicht nur, wie man es physikochemisch bezeichnet, an der Grenzfläche flüssig/flüssig, sondern in gleicher Weise in allen beliebigen Systemen, in denen Oberflächen aneinander grenzen, insbesondere auch für die Grenzfläche flüssig/gasförmig und

[1]) Vgl. die Zusammenstellungen bei v. Korányi u. Richter, l. c. II, 97ff. sowie Determann, Die Viskosität des menschlichen Blutes, l. c., S. 83ff.

[2]) Völlige Unlöslichkeit im strengen physikochemischen Sinne ist nur selten vorhanden; bei gegenseitig begrenzt löslichen Flüssigkeiten, wie Wasser und Äther, muß die Emulsionsbildung immer dann hervortreten, wenn die beiderseitigen Lösungsaffinitäten gesättigt sind.

flüssig/fest. Von welcher enormen Bedeutung diese anscheinend abliegenden Wirkungen der Oberflächenspannung für den menschlichen Körper sein können, zeigt am einfachsten das Beispiel der Luft- oder Fettembolie. Wenn irgendwo aus den bekannten klinischen Gründen Fett oder Luft in die Blutflüssigkeit eintritt, nehmen die eingedrungenen Massen zufolge der Oberflächenspannung Kugelform an. Gelangen nun solche Kugeln beim Kreislauf in die kleinen Gefäße, so wird (vgl. Fig. 17) zunächst die Kugel-

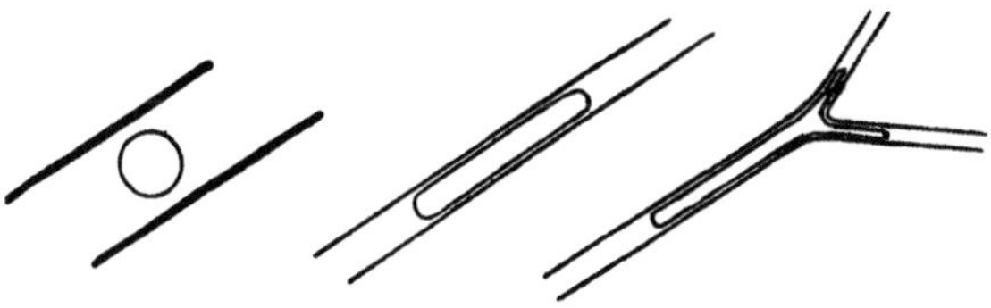

Fig. 17.
Erzwungene Oberflächenvergrößerung am Beispiel der Fettembolie.

gestalt unter erzwungener Vergrößerung der Oberfläche zur Säulenform umgepreßt. Diese Säulenform wird beim Hineinrücken in die engeren Gefäße zunehmend länger, vor allem aber kommt an den Gefäßgabelungen die Notwendigkeit einer noch erheblich weitergehenden Oberflächenvergrößerung, wie sie z. B. zur Teilung der Masse Voraussetzung ist, hinzu[1]: Wir sehen an den Befunden der Pathologie, wie hier die vis a tergo, die Herzkraft, versagt in dem Bemühen, die Oberflächenspannung der Luft- oder Fettropfen am Ort der feineren Gefäßgabelungen zu überwinden; schließlich bleibt der Luft- oder Fettembolus in mehr oder minder weitgehend erreichter Deformierung als ein Hindernis der Zirkulation liegen: die Oberflächenspannung an der Grenzfläche Blut/Luft resp. Blut/Fett hat sich stärker erwiesen als der an der betreffenden Stelle wirksame Anteil der Herzkraft; bei genügender Ausbreitung der Erscheinung in lebenswichtigen Organen ist der Tod des Individuums die Folge.

Die Wirkungen der Oberflächenspannung finden sich prinzipiell an allen Grenzflächen der Natur wieder, sie gelten daher auch für die Grenzflächen der Gewebe und für die Grenzflächen der Einzelzellen gegen das sie umspülende Milieu. Betrachten wir zunächst die Extreme solcher Wirkung. Eine sehr hohe Grenzflächenspannung hat zur Folge, daß die Zellen, z. B. die Leukozyten, analog den flüssigen Fettkugeln der Embolie, mit beträchtlicher Energie, gleichsam wie wenn sie von einer elastischen Membran umspannt wären, in der Kugelform zusammengehalten werden: jede aktive

[1]) Auf die wichtige Unterscheidung der statischen und dynamischen Oberflächenspannung sei wenigstens kurz hingewiesen. Unter dynamischer Oberflächenspannung versteht man die Spannung einer frisch hergestellten Oberfläche, unter statischer Oberflächenspannung dagegen die Spannung, welche nach Ablauf der ausgleichenden Vorgänge (wie Adsorption, chemische Oberflächenprozesse u. dergl.) sich als bleibend ausbildet. Die Werte beider Spannungsgrößen werden zumal beim Blut, wo noch spezifische Gerinnungsvorgänge an den Oberflächen komplizierend hinzutreten, sehr weit auseinandergehend gefunden.

oder passive Herbeiführung einer abweichenden Form, etwa Vorstülpung einer Pseudopodie zur Kriechbewegung oder die Abflachung zur langausgezogenen Form bei der Gefäßwanddurchwanderung wird durch ein Übermaß von Oberflächenspannung der Zelle gehemmt oder verhindert. Um eine Vorstellung zu geben, von welcher Größenordnung ungefähr die bei kleinsten Gebilden wirksamen Oberflächenspannungen sind, sei angeführt, daß bei Öl-Wasseremulsionen mit einem Durchmesser der Tropfen von 0,4 μ ein Druck von 20 Atmosphären erforderlich ist, um die Kügelchen zum Durchtritt durch Poren von 75 $\mu\mu$ Durchmesser („Ultrafilter") zu zwingen[1]). Umgekehrt ist aber auch eine zu geringe Oberflächenspannung der Zellen nicht mit ihrem Leben vereinbar: die Zelle verliert beim Sinken der Oberflächenspannung unter einen ganz bestimmten, für sie spezifischen Wert ihre normale Begrenzung zur Außenlösung, so daß bei zu geringer Oberflächenspannung unter einem ähnlichen mikroskopischen Bilde, wie bei der Zytolyse durch hypotonische Lösungen[2]), ein Austritt von Protoplasmastoffen in das umspülende Milieu erfolgt (Fr. Czapeck[3]), B. Kisch[4])). Von den drei Gruppen der Serumstoffe, von den Elektrolyten, den nichtionisierbaren Molekülen (wie Harnstoff, Zucker usw.) und den Kolloiden (Eiweiße und Lipoide) haben die Kolloide bei weitem den größten Einfluß auf die Grenzflächenspannung. Reines Wasser zeigt die höchste Oberflächenspannung ($\sigma = 75$[5])), ein Kolloidzusatz z. B. von Eiweiß bringt mittlere σ-Werte der Grenzflächen mit sich und ein Zusatz von noch stärker „oberflächenaktiven" Kolloiden, wie z. B. von Cholaten und Seifen, läßt die Grenzflächenspannungen auf einen Minimalwert sinken. Derselben Reihenfolge der σ-Werte entspricht es, wenn im eiweißfreien, normalen Liquor cerebrospinalis ($\sigma =$ ca. 73,4[6])) die Leukozyten bewegungslos[7]), d. h. ohne die Befähigung zu einer Formveränderung von ihrer „Oberfläche" eingeschlossen gehalten werden, wenn ferner im pathologischen, eiweißhaltig gewordenen Liquor oder im Serum ($\sigma =$ ca. 66,5[8])) die Bewegungsfähigkeit der Leukozyten sich lebhaft bemerkbar macht[7]) und wenn schließlich im

---

[1]) Bechhold, Die Kolloide in Biologie u. Medizin, l. c. S. 16.

[2]) Eine Identität der Zytolyse durch Oberflächenspannungsverminderung (durch Saponin, Äther usw.) mit der osmotischen Zytolyse ist (im Gegensatz z. B. zu den Ansichten J. Traubes, Literatur unt. S. 197) nicht vorhanden; am deutlichsten scheint dies dem Verfasser u. a. daraus hervorzugehen, daß zwischen der osmotischen und der durch Saponin usw. bedingten Hämolysierbarkeit eine offenbare Gegensätzlichkeit besteht (siehe S. 181). Beide Gebiete, das der Oberflächenspannungserscheinungen und das der Osmose, bestehen in weitgehender Unabhängigkeit selbständig nebeneinander.

[3]) Fr. Czapeck, Über eine Methode zur direkten Bestimmung der Oberflächenspannung der Plasmahaut von Pflanzenzellen. Jena 1911.

[4]) B. Kisch, Biochem. Zeitschr. **40**, 152 (1912).

[5]) Da es außerordentlich schwer ist, wirklich absolut reines Wasser herzustellen, herrscht über die Einer in dieser Ziffer 75 bei 20° noch keine volle Gewißheit. Vgl. H. Freundlich, Kapillarchemie, l. c. S. 26ff.

[6]) Entnommen aus Kisch u. Remertz, Münch. med. Wochenschr. 1914, 1097. (Der Wert ist auf die Einheit σ Wasser $= 75$ umgerechnet.)

[7]) Friedemann u. Schönfeld, Biochem. Zeitschr. **80**, 312 (1917).

[8]) Der Serumwert ist gleichfalls den Messungen von Kisch u. Remertz, l. c. entnommen, ebenfalls auf σ Wasser $= 75$ umgerechnet.

Serum bei Zusatz von Galle ($\sigma = 55{,}5$[1])) die Lyse der Blutkörperchen zur Beobachtung kommt[2]). Solche Zusammenstellung läßt aufs deutlichste die physiologische Bedeutung der Oberflächenspannung für die Zellvorgänge hervortreten. Dabei ist die sachliche Unterschiedlichkeit dieser Erscheinungen gegenüber den Vorgängen des Gebietes der Osmose klar gegeben. Für die osmotischen Vorgänge ist die Zellmembran wichtigste Voraussetzung; bei der Zytolyse durch die Oberflächenspannungsverminderung ist dagegen das Schwinden solcher „Membran" gerade die charakteristische Erscheinung[3]).

Die klinisch wichtigste Messungsart der Oberflächenspannung geschieht in der Weise, daß man bestimmt, wie groß an einer bestimmten Abtropffläche das Gewicht eines Tropfens werden muß, bis die Oberflächenspannung überwunden wird, d. h. bis die Oberfläche „zerreißt" und der Tropfen abfällt. Große Oberflächenspannung — große Tropfen — kleine Tropfenzahl sind zusammengehörige Werte. Über die Technik der Methode, welche als **Stalagmometrie** bezeichnet wird, siehe Teil III, S. 554.

Unlösliche, lediglich suspendierte Bestandteile haben im allgemeinen auf die Oberflächenspannung von Flüssigkeiten sehr geringen Einfluß. Dies gilt auch für die Blutkörperchen. Serum und Blut zeigen fast dieselbe Spannung. Die Normalwerte des menschlichen Serums resp. Blutes sind von J. Traube[4]) zu

109—112 „Normaltropfen"

angegeben. Die umfangreicheren neueren Messungen von B. Kisch und O. Remertz (l. c.) haben mit ganz ähnlichen Werten (s. Teil III, S. 557) die Konstanz dieser Einstellung bestätigt. Auf eine Mittelzahl berechnet und, wie vielfach physikochemisch üblich, auf das Maß der Oberflächenspannung des Wassers in Dyn/cm als Einheit bezogen, findet man in der Literatur als Normalwert angegeben:

$\sigma = 63{,}8$ Dyn/cm (Frenkel u. Cluzet[5])

oder dasselbe in mg/mm Druck zur Darstellung gebracht:

$\sigma = 6{,}42$ mg/mm (J. Traube[6])), 6,445 mg/mm (Frenkel u. Cluzet[5]).

Über die Berechnungsart und die Bedeutung dieser Werte s. Näh. Teil III, S. 556ff.

Die Oberflächenspannung des Blutes pflegt beim Gesunden eine nur sehr geringe Breite der Schwankungen zu zeigen. Für die allgemeinen

[1]) Entnommen aus Frenkel u. Cluzet für Galle + Serum = 1 : 500, zitiert nach Tabelle, 114, in Neuberg, Der Harn, l. c. S. 1740.

[2]) Vgl. z. B. G. Bayer, Biochem. Zeitschr. **5**, 368 (1907).

[3]) Vgl. hierzu auch Anm. 2 S. 196. Über die abweichenden Auffassungen anderer Autoren, namentlich J. Traubes, möge orientieren: J. Traube, Arch. f. die ges. Physiologie **105**, 541, 559 (1904); **123**, 419 (1908); **132**, 511 (1910); Biochem. Zeitschr. **10**, 371 (1908); **16**, 182 (1909); **24**, 323, 341 (1910); ferner J. Traube u. F. Blumenthal, Zeitschr. f. experim. Pathologie u. Therapie **2**, 117 (1905). Auch wenn man die „Haftdrucktheorie" von J. Traube wie der Verfasser (s. o.) nicht teilt, ist in vorstehenden Arbeiten sehr wichtiges experimentelles Material zum Problem der Oberflächenspannung beigetragen. — Vgl. besonders auch Czapeck sowie B. Kisch, l. c.

[4]) Vgl. vorstehende Anm.

[5]) Journal des Physiol. et de Patholog. génér. **3**, 151 (1901).

[6]) J. Traube, Arch. f. die ges. Physiologie **105**, 559 (1904).

Ausgleichsvorgänge im Serum erscheint von Interesse, daß Buglia[1]) bei Zugabe von Säure und Alkali zum Serum reversible Schwankungen der σ-Werte beobachten konnte, die auf Änderungen im Kolloidzustand der Serumeiweiße zu beziehen sind, wie es der Fähigkeit der Eiweiße, gegen Säure und Alkali als „Puffersubstanz" zu wirken, entspricht.

Das Plasma der Graviden besitzt eine geringere Oberflächenspannung als das der Neugeborenen (Sachs u. v. Oettingen[2]).

Pathologisch sind nur erst wenig Abweichungen bekannt. Die Oberflächenspannung nimmt etwas zu bei anämischen Zuständen[3]); sie nimmt ab bei schwereren Störungen des Kreislaufs[4]) und besonders beim Ikterus[5]), auch bei der experimentellen Urämie nach Nephrektomie an Tieren. In diesem Zusammenhang sei auch auf die Untersuchungen Lepehnes[6]) verwiesen, der auf dem Wege der Oberflächenspannungsmessung mit Hilfe der Schwefelblummethode (s. S. 557) wenn auch nicht eigentlich quantitative Werte, so doch klinisch brauchbare Vergleichszahlen für den Gehalt des Serums an Gallensäuren bei Funktionsstörungen der Leber erhielt.

Die Abnahme der Oberflächenspannung des Blutes bei den Zuständen von schwerer Zirkulationsstörung seitens des Herzens und der Lunge bedarf nach Ansicht des Verfassers wegen einer besonderen Beziehung eine erhöhte klinische Beachtung. Wir haben oben (S. 191ff) gesehen, daß die Viskosität des Blutes bei diesen Erkrankungen eine oft erhebliche Zunahme aufweist. Der Antagonismus zwischen den Schwankungen der Oberflächenspannung und der Viskosität ist eine weitverbreitete kolloidphysikalische Erscheinung. Recht allgemein gilt die Regel: was die Viskosität in der Lösung erhöht, setzt die Grenzspannung ihrer Oberfläche herab. Vergleicht man z. B. bei der Beeinflussung des Serums durch die H- und OH-Ionen die Viskositätsänderungen nach Pauli und Handovski[7]) mit den für die gleiche Beeinflussung gefundenen Oberflächenspannungswerten Buglias[8]), so ist auch hier die Gegenläufigkeit deutlich erkennbar. Bei Besprechung der Blutviskosität wurde das auffallende Ergebnis mitgeteilt, daß der Organismus das scheinbare Paradoxon zuwege bringt, dünnflüssiges und zähflüssiges Blut mit dem gleichen Druck ohne bemerkbare Geschwindigkeitsdifferenz durch die Gefäßbahnen zu treiben (S. 190). Im antagonistischen Verhalten der Oberflächenspannung zur Viskosität scheint dem Verfasser ein neues, noch nicht berücksichtigtes Moment des Ausgleichs gelegen zu sein, indem das Plus an innerer Reibung zum Teil durch das Minus an Oberflächenspannung bezüglich des Widerstands beim Eintreten ins Kapillar-

[1]) G. Buglia, Biochem. Zeitschr. **11**, 311 (1908).

[2]) Münch. med. Wochenschr. **68**, 351 (1921).

[3]) J. Traube u. F. Blumenthal, l. c.

[4]) W. Frei, Zeitschr. f. Infektionskrankheiten, parasitäre Krankheiten u. Hygiene der Haustiere **6**, 363, 446 (1909).

[5]) S. Kascher, Inauguraldissertation. Berlin 1907.

[6]) Lepehne, Verhandl. d. deutsch. Gesellschaft f. innere Medizin. Wiesbaden, 1922; vergl. ebendort H. Schade, Diskussions-Bemerkung.

[7]) Biochem. Zeitschr. **18**, 340 (1909) und **24**, 239 (1910).

[8]) Biochem. Zeitschr. **11**, 311 (1908).

gebiet kompensiert wird. Das obige Beispiel der Luftembolie vermag wirksam vor einer Unterschätzung der Oberflächenkräfte in den Kapillaren zu schützen. Allgemein darf es als sehr wahrscheinlich bezeichnet werden, daß die Oberflächenspannung in der klinischen Lehre der Zirkulationsstörungen einen wichtigen Platz erhalten wird. Bei solcher Auffassung tritt auch der bekannte Befund, daß bei der klinisch intensivsten Oberflächenspannungsänderung des Blutes, beim Ikterus, eine ausgeprägte Herzschlagsverlangsamung die Regel ist, in eine besondere Beleuchtung.

Ein weiteres Maß des Kolloidzustandes im Serum vermittelt die Feststellung der **Kolloidstabilität.** Im Gegensatz zur Messung der Viskosität und Oberflächenspannung handelt es sich hier um die Prüfung einer funktionellen Größe: es wird eine Belastungsprobe vorgenommen, um zu erkennen, wieviel an Störungen die Blut- resp. Serumkolloide jeweils bis zu ihrem Ausfallen aus der Lösung vertragen können. Schon mehrfach hat der Verfasser[1]) auf die Notwendigkeit gerade solcher Untersuchungsart für die klinischen Fragen hingewiesen. Allgemein läßt sich sagen, daß die Kolloide des Körpers trotz der Feinheit einer ganz bestimmten oft lokalspezifischen Einstellungsart ihrer Eigenschaften über einen nicht unerheblichen Stabilitätsgrad dieser ihrer Lösungseinstellung verfügen. Solche Stabilität muß bei teleologischer Betrachtung als ein notwendiges Erfordernis zum Zweck der Erhaltung des Körperganzen erscheinen. Es empfiehlt sich, die Probleme der Kolloidstabilität mit möglichst verschiedenen Arten der Belastungsproben in Angriff zu nehmen. Die Kolloidstabilität läßt sich prüfen: mechanisch durch Erschütterung, thermisch durch Abkühlung und Erhitzung, elektrisch durch Strompassage oder verwandt hierzu durch Einwirkung aller nur möglichen Strahlenarten, chemisch durch Zufügung von Elektrolyten aller Art oder von Nichtelektrolyten wie Alkohol, Formol[2]) oder anderen kolloidbeeinflussenden Stoffen, spezifisch kolloidchemisch durch Einführung fremder Kolloidsysteme wie z. B. Metallsole, und noch auf mannigfache Weise mehr. Erste Versuche des Verfassers haben gezeigt, daß schon mit den einfachsten Mitteln, z. B. durch Erwärmen, sehr wohl Differenzen in der Kolloidstabilität des Serums auffindbar sind[3]) Bolognesi[4]) berichtet über unterschiedliche Wirkung chemischer Agentien (1,2$^0/_{00}$ Salizylsäurelösung) beim Serum, je nachdem seine Versuchstiere vor oder nach eingreifenden Operationen untersucht wurden. v. Hoefft hat klinisch wichtige Unterschiede der Alkohol- und Hitzefällbarkeit des Serums, namentlich bei der Nephritis beobachtet[5]). Eine erste Untersuchung, bei der die verschiedenen Methoden der Stabilitätsprüfung vergleichend zur Anwendung gebracht sind, haben kürzlich H. Sachs und K. v. Oettingen geliefert: es wurde ein sehr deutliches Abnehmen der Kolloidstabilität des Plasmas in der Reihenfolge Neugeborene > normale Frauen > Gravide gefun-

[1]) Vgl. H. Schade, Medizinische Klinik 1909, Nr. 29 u. 30.

[2]) Vgl. Gafé u. Papacostas, Compt. rendues d. sc. d. l. soc. de biol. **83**, 1432 (1920). (Hier in spezieller Anwendung auf die Lues als „Formolerstarrungsmethode".

[3]) H. Schade, Medizinische Klinik 1909, Nr. 29 u. 30.

[4]) Zentralbl. f. Chirurgie 1908, 1457.

[5]) Verhandl. d. Versammlung deutscher Naturforscher u. Ärzte. Wien 1913.

den[1]). Auf vielversprechenden noch neuartigen Wegen dieser Richtung hat J. Reitstötter[2]) begonnen, eine kolloidchemische Differenzierung der einzelnen Eiweißfraktionen von gesunden und kranken Seren zu liefern. Ebenfalls die Belastung der Serum- und Blutkolloide mit Strahlenwirkungen verschiedener Art und Dosierung kann Erfolge versprechen. Die Anwendung der Goldzahlmethode, bei welcher die Befähigung des Serums, einer instabil-kolloiden Goldsuspension Lösungsschutz zu bieten, gemessen wird, hat beim Liquor cerebrospinalis bereits wichtige Erfolge gezeitigt[3]). Vielleicht vermag auch die Ultramikroskopie in diesen Fragen als Hilfsmethode förderlich zu werden[4]). Die Fragestellungen sind klar gezeichnet; mannigfache Probleme harren hier einer experimentellen Inangriffnahme.

Eng verwandt ist die vergleichende Messung der **Suspensionstabilität der roten Blutkörperchen.** Fast vergessene ärztliche Erfahrung aus der Zeit der Humoralpathologie kommt hier durch die physikalische Chemie wieder zu Ehren. Die von den alten Ärzten diagnostisch und prognostisch viel beachtete „Crusta phlogistica" des Aderlaßblutes ist, seit Fahraeus[5]) sie als Folgeerscheinung einer Verringerung der Suspensionsstabilität der roten Blutkörperchen erkannte und als ein regelmäßiges Symptom der Schwangerschaft nachwies, zum Gegenstand lebhaftesten Interesses geworden. Die Technik der Messung ist einfach: in geeignet graduierten Röhrchen wird die Geschwindigkeit des Sedimentierens der roten Blutkörperchen an der Höhe der jeweiligen Blutkörperchensäule im ungerinnbar gemachten Blut messend verfolgt[6]). Die Geschwindigkeit der Blutkörperchensenkung kann sich bis zu etwa dem 10fachen des Normalwerts steigern. Erhöhungen der Blutsenkungsgeschwindigkeit werden klinisch bei sehr zahlreichen Prozessen gefunden. Außer bei Schwangerschaft sind sie ein praktisch genommen regelmäßiges Symptom bei der Menstruation, bei allen fieberhaften Entzündungen, bei malignen Tumoren und bei fast allen Zuständen, die mit Resorption abnormer Eiweißstoffe verbunden sind, so nach Röntgenbestrahlung mit anschließender Gewebseinschmelzung, nach Frakturen, nach allen operativ gesetzten Wunden, selbst wenn sie aseptisch verlaufen, und schließlich auch nach künstlich gesetzter parenteraler Einverleibung von artfremden Eiweiß[7]). Die Ur-

---

[1]) H. Sachs u. v. Oettingen, Münch. med. Wochenschr. **68**, 351 (1921); ferner auch K. v. Oettingen, Biochem. Zeitschr. **118**, 67 (1921).

[2]) Eine Zusammenfassung der Ergebnisse siehe Österr. Chemiker-Zeitung, 1922 Nr. 5.

[3]) Vgl. S. 447. Über die Anwendung der Methode beim Serum s. W. Heubner und Fr. Jacobs, Biochem. Zeitschr. **58**, 352 (1914).

[4]) Vgl. H. Schade, Medizinische Klinik 1909, Nr. 29 u. 30.

[5]) Fahraeus, Biochem. Zeitschr. **89**, 355 (1918).

[6]) Näheres über die Methodik siehe G. Linzenmeier, Arch. f. Gynäkologie **113**, 608 (1920).

[7]) Klinische Arbeiten: a) Innere Medizin: R. Fahraeus, The suspension-stability of the blood. Stockholm, Norstedt & söner 1921; G. Leendertz, Deutsch. Arch. f. klin. Medizin **137**, 234 (1921); J. Schürer u. K. Eimer, Berl. klin. Wochenschr. **58**, 1251 (1921); Fr. Bennighof, Münch. med. Wochenschr. **68**, 1319 (1921); ferner auch A. Westergren, Acta medica scandinar, **54**, 247 (1920) und Brit. journ. of tuberculose **15**, 72 (1921). b) Gynäkologie: G. Linzenmeier, Arch. f. Gynäkologie **113**, 608 (1920) und Pflügers Arch. **186**, 272 (1921); c) Chirurgie:

sache der Erscheinung ist noch nicht geklärt. Nach Fahraeus[1]), Linzenmeier[2]), Starlinger[3]) und anderen ist eine Abhängigkeit der Senkungsgeschwindigkeit von dem Gehalt des Plasmas an Globulinen, besonders an Fibrinogen, vorhanden. Abderhalden[4]) fand ein Parallelgehen mit seiner Eiweißabbaureaktion. Sachs und v. Oettingen[5]) beobachteten bei Schwangeren und Neugeborenen ein Zusammengehen mit niederer Oberflächenspannung und verringerter Kolloidstabilität des Plasmas (s. o.). Nach H. Kürten[6]) soll das Verhältnis von Cholesterin zu Lezithin im Blut von entscheidender Bedeutung sein. Durch Adsorbentien wie Tierkohle, Kaolin, Bolus alba, Talcum auch durch Defibrinierung geht dem Blut die senkungsbeschleunigende Eigenschaft verloren (Linzenmeier[7]).

Fraglos gehört auch das Problem der Gerinnung des Blutes zu wichtigen Anteilen ins Gebiet der physikalischen Chemie. Wenn man von der rein chemischen Seite des Problems absieht, stellt die Gerinnung das markanteste Beispiel der kolloidphysikalischen Meisterschaft des Körpers dar: dieselbe Flüssigkeit, die als zirkulierendes Blut stets in einer außerordentlichen Konstanz der physikalischen Eigenschaften erhalten bleibt, wird bei einer Eröffnung des Gefäßes sofort unter der Einwirkung der Berührung mit einer fremdartigen Oberfläche derart geändert, daß die frühere Flüssigkeit nun als eine feste Gallerte selber die Verschlußmasse des Gefäßdefektes bilden kann. Diese Umwandlung wird nur kolloidchemisch ihre Aufklärung finden können. Oberflächenwirkungen sind sicher in wichtigster Rolle beteiligt. Altbekannte Beobachtungen fordern hier eine kolloidchemische Bearbeitung. Wie kommt es, daß jede Berührung des Blutes mit fremdartigen, selbst völlig unlöslichen Körpern, sofern das Blut „adhäriert", sofortige Gerinnung hervorruft, während bei nicht benetzbaren Körpern (vgl. das „Schlagen" des Blutes mit einem paraffinüberzogenen Stabe[8])) diese Wirkung fehlt? Untersuchungen über die hier statthabenden Vorgänge mit spezieller Berücksichtigung der Oberflächenwirkungen sind dringend erwünscht, zumal da auf diesem Wege zugleich eine Klärung der klinischen Frage der Thrombenentstehung im zirkulierenden Blut erhofft werden darf; denn auch bei den Thrombosen ist eine Mitbeteiligung abnormer Grenzflächenwirkungen seitens der Gefäßwand mehr als wahrscheinlich. Eine kolloidchemische Erforschung des Gerinnungs-

W. Löhr, Zentralbl. f. Chirurgie **48**, 1267 (1921); d) Neurologie: W. Runge, Münch. med. Wochenschr. **67**, 953 (1920); J. Büscher, Berl. klin. Wochenschr. **58**, 323 (1921); e) Syphilidologie: J. K. Mayr, Arch. f. Dermatologie u. Syphilis **134**, 225 (1921); f) Pädiatrie: P. György, Münch. med. Wochenschr. **68**, 808 (1921).

[1]) l. c.

[2]) l. c.

[3]) Biochem. Zeitschr. **114**, 129 (1921); **122**, 105 (1922).

[4]) Fermentforschung, Jg. 4, 230 (1921).

[5]) Münch. med. Wochenschr. **68**, 351 (1921), vgl. ferner Biochem. Zeitschr. **118**, 67 (1921) (v. Oettingen) und W. Schemensky, Münch. med. Wochenschr. 1228 u. 1407 (1920).

[6]) Pflügers Arch. **185**, 248 (1920).

[7]) G. Linzenmeier, Arch. f. Gynäkologie **113**, 608 (1920).

[8]) Vgl. z. B. die alten Beobachtungen von Freund, Wiener med. Jahrbücher 1886, 46—48; Wiener med. Blätter 1891, Nr. 52.

problems ist bereits im Flusse[1]). Insbesondere sei auf die Mitteilungen von Stuber[1a]) verwiesen, welche, falls sie sich bestätigt finden, die Grundlage einer völlig neuen Auffassung des Blutgerinnungsprozesses geben.

In engster Beziehung zu den Kolloiden steht das in letzter Zeit, besonders beim Gichtproblem viel diskutierte Gebiet der **Löslichkeit im Serum**[2]). Durch die physikochemischen Untersuchungen ist eine weitgehende Klärung geschaffen, so daß die mannigfachen scheinbaren Anomalien, die das Serum als Lösungsmittel an den Tag legt, sich durch das Zusammenwirken relativ einfacher physikochemischer Gesetzmäßigkeiten verstehen und voraussagen lassen.

Wie sich namentlich durch Messungen des osmotischen Drucks und der Leitfähigkeit beweisen läßt, sind die allgemeinen Gesetze der Löslichkeit im Wasser auch für das Serum gültig. (His und Paul[3]), Gudzent[4]).) Die Besonderheit des Serums als Lösungsmittel besteht nicht etwa darin, daß irgendeins dieser Gesetze ungültig wird, sondern lediglich darin, daß zu den allgemeinen Lösungsgesetzen weitere kolloidbedingte Gesetzmäßigkeiten addierend und dabei oft auch überkompensierend hinzutreten. Es ist eine erste Folge der reichlichen Anwesenheit der Kolloide im Serum, daß ein gewisser Anteil des Wassers, den die Kolloide zu ihrer eigenen Lösung resp. Teilchenquellung benötigen, dem Lösungsbereich für andere Substanzen entzogen wird Dementsprechend besteht für das Serum im Vergleich zu einem ebenso großen Volumen Wasser eine Erniedrigung der Löslichkeit. Sie macht sich aus leicht übersehbarem Grunde bei den hohen Lösungskonzentrationen der gut löslichen Substanzen im absoluten Betrag des Weniger-Gelösten am stärksten bemerkbar. Man könnte geneigt sein, in dieser Abweichung eine Schlechterstellung des Serums gegenüber dem Wasser für seine Lösungsaufgaben zu sehen. Dies ist nicht der Fall. Denn erstens kommen die hohen Sättigungskonzentrationen der gut löslichen Substanzen für das in seinen Lösungskonzentrationen stets niedrig bleibende Serum unter den natürlichen Verhältnissen nicht in Betracht. Zudem aber ist für die schwerlöslichen Substanzen des Serums, als welche besonders die Ca-Salze in Frage kommen, ein zweiter Vorgang der Löslichkeitsbeeinflussung im entgegengesetzten Sinne wirksam. Es ist dies die Löslichkeitserhöhung durch Adsorption seitens der Oberfläche der Serumkolloide. Sie wirkt bei den schwerlöslichen Stoffen nicht

---

[1]) Hekma und Mitarbeiter, Biochem. Zeitschr. seit 1914; ferner M. Landsberg, ebendort **50**, 245 (1913); E. Herzfeld u. R. Klinger, ebendort **82**, 289 (1917); E. Wöhlisch, München. med. Wochenschr. 1921, Nr. 8 u. 30. Über die elektrische Ladung der Serumkolloide und ihr Verhalten bei der Gerinnung hat Iscovesco (Compt. rend. de la soc. biol. 1906, 60) Beobachtungen mitgeteilt. Über den isoelectrischen Punkt der roten Blutkörperchen siehe C. Coulter, Journ. of gener. physiol, **3**, 309 (1921).

[1a]) Verhandl. der deutsch. Gesellsch. f. innere Medizin. Wiesbaden 1922. Vergl. auch Stuber, Funk u. Sano, Deutsch. med. Wochenschr. **48**, 616 (1922).

[2]) Vgl. auch die Gesamtübersicht: H. Schade, „Lösungskunst des Serums", Medizin. Klinik 1914, Nr. 2.

[3]) Zeitschr. f. physiologische Chemie **31**, 1 (1900).

[4]) Ebendort **56**, 150; **60**, 25, 38; **63**, 455.

nur für die obige Löslichkeitserniedrigung ausgleichend, sondern in recht erheblichem Betrag überkompensierend, so daß im Gesamterfolg im Vergleich zum Wasser Löslichkeitsteigerungen bis zum Vielfachen eintreten. Aus dieser Doppelwirkung der Kolloide resultiert für das Serum die ganz eigentümliche Erscheinung, daß die Löslichkeit der leicht löslichen Substanzen — praktisch ohne Bedeutung — erniedrigt, dagegen die Löslichkeit der schwerlöslichen Stoffe — praktisch von großer Wichtigkeit — sehr erheblich erhöht ist. (W. Pauli und M. Samec[5].) Hiermit aber sind die Löslichkeitsbesonderheiten des Serums noch keineswegs erschöpft. Ein neues Rätsel geben die folgenden Zahlen: 100 ccm Serum vermögen nur 8 mg Natriumurat echt zu lösen (Gudzent, l. c.), und doch kann die gleiche Menge Serum bis 50mg und mehr von dieser Substanz langdauernd ohne Ausfällung in ihrer Masse behalten. (H. Bechhold und J. Ziegler[1].) Eine Übersättigung im gewöhnlichen Sinne liegt nicht vor: während bei Übersättigungen die „Impfung" mit einem Kristall der gelösten Substanz sofort die Ausfällung herbeiführt, bleibt in obigem Serum die ganze Uratmenge auch bei der Durchmischung des Serums mit Uratnadeln langdauernd ohne Anzeichen von Niederschlag. Die Erklärung dieser ihrem Betrage nach größten Abweichung des Serumverhaltens ist vom Verfasser in der Erscheinung der „intermediären Kolloidstabilisierung"[2]) gefunden. Sie beruht darauf, daß die Kolloide des Serums den Prozeß des Ausfallens aus der Lösung in besonderer Weise beeinflussen. Wie im Teil I, S. 28, entwickelt wurde, ist der Übergang vom Lösungszustand zum festen Kristall allgemein durch eine kolloide Zwischenstufe vermittelt. Die Eiweißkolloide des Serums haben in ganz besonders hohem Maße die Fähigkeit, diese intermediäre Form der Ausfällung zu stabilisieren, so daß es — anstatt zur Auskristallisierung — durch Konfluenz der kolloiden Tröpfchen sogar zur Entstehung mikroskopisch kenntlich werdender flüssiger Tropfen kommen kann. Diese Vorgangsart ist durch einen leicht anzustellenden Versuch gut demonstrierbar (H. Schade[3]):

Man bringe in flacher Ausbreitung eine geringe Menge Serum auf einen Objektträger und setze (s. Figur 18) an zwei verschiedenen Stellen des Serums zwei Lösungen z. B. von Chlorkalzium und von Natriumoxalat zu, welche miteinander unter Bildung eines in Wasser unlöslichen Niederschlags reagieren. An der Berührungsfläche der beiderseitigen Diffusionszonen ist sodann unter dem Mikroskop (namentlich Dunkelfeld) in schönster Weise die Entstehung und langdauernde Haltbarkeit von feinsten, klaren Tropfen zu beobachten; erst sehr spät geht die Umbildung zu Kristallen vor sich.

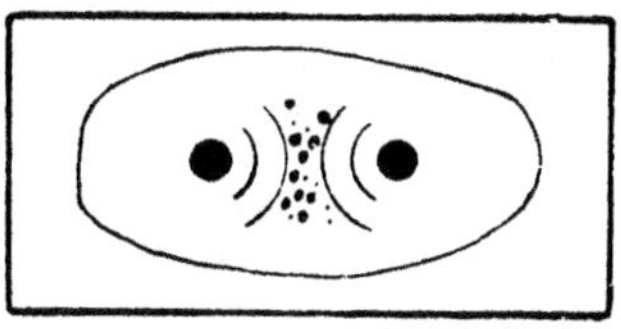

Fig. 18.

Diese Tröpfchen — von mikroskopischer und namentlich auch ultramikroskopischer Größe — sind es, die dem Serum ermöglichen, bis zum Zehnfachen und mehr an Substanz, als der echten Lösung entspricht, ohne

[5]) Biochem. Zeitschr. **17**, 235—256 (1910).
[1]) Ebendort **20**, 189 (1909) und **24**, 146 (1910).
[2]) E. Schade u. E. Boden, Zeitschr. f. physiologische Chemie **83**, 347.
[3]) Noch unveröffentlicht.

Niederschlagsbildung auf lange Zeit zu beherbergen. Um eine klare Scheidung der Begriffe aufrechtzuerhalten, ist für diese Zustände nicht mehr von Lösung, sondern von „Löslichhaltung" zu sprechen (H. Schade[1])). Noch auf eine vierte Besonderheit haben die Untersuchungen der Harnsäurelöslichkeit geführt: Während die Harnsäure etwa zehnmal weniger wasserlöslich ist als ihr Natriumsalz, vermag doch das Serum von der Harnsäure als Bodenkörper bis elfmal so viel in sich aufzunehmen, als bei gleicher Bedingung von dem leichter löslichen Urat. Man hat dies als Befähigung zur „Überfüllung" bezeichnet (H. Bechhold und J. Ziegler[2])). Auch hierfür ist die Ursache vom Verfasser[3]) in einer Sondererscheinung des kolloiden Gebietes gefunden. Das Charakteristikum des Vorganges liegt in der Umbildung einer festen, für die physikalischen Verhältnisse des Serums unlöslichen Substanz zu einem mehr oder minder kolloiden Emulsoid. Zum Verständnis solcher Erscheinung sei an die Methode der Herstellung kolloider Metallösungen erinnert[4]). Diese besteht darin, daß man durch einen elektrischen Strom ein Stückchen Metall (ähnlich wie Kohle im elektrischen Lichtbogen) inmitten des Lösungswassers „zerstäuben" läßt, wobei dem Wasser zur Stabilisierung der so entstehenden Metallteilchen in der Kolloidgröße zweckmäßig Eiweiße oder andere gut „schützende" Kolloide zugegeben werden. Die elektrische Energie bewirkt die Anfüllung des Wassers mit unlöslichen feinsten Metallteilchen, die sofort einsetzende Kolloidstabilisierung garantiert für ihre langdauernde Löslichhaltung. Ähnlich ist auch der Vorgang bei der Harnsäure als Bodenkörper im Serum, sobald in diesem Serum durch zu hoch steigende Übersättigung die Vorgänge echter Löslichkeit ausgeschlossen sind. Die ständig sich nachbildenden OH-Ionen des Serums kommen mit der festen Harnsäure zur chemischen Reaktion, wobei, ähnlich wie oben die elektrische Energie, nun die chemische Energie das frisch entstehende Reaktionsprodukt in den Flüssigkeitsbereich des Serums hineinzwingt. Aus der festen Harnsäure entsteht infolge dieser chemischen Reaktion eine Übersättigung des Serums mit Urat, welches — in der Lösung nicht beständig — sich bald als Kolloid oder in Form größerer Tröpfchen abscheidet. Auch dieser Vorgang ist leicht demonstrierbar, wenn man die Konzentration des Alkalis erhöht. Bringt man auf einem Objektträger ein Körnchen reiner Harnsäure in einen flach ausgebreiteten Tropfen $^1/_{10}$ normaler Natronlauge hinein, so läßt sich unter dem Mikroskop deutlich beobachten, wie an der Oberfläche der Harnsäuremasse kleinste, selbständige Tröpfchen auftreten (Fig. 19 A); bald ist die feste Harnsäure dicht von den Tröpfchen umgeben, sie fließen, wie die Figur 19 B

---

[1]) H. Schade u. E. Boden, l. c.; vgl. auch H. Schade, Verhandl. d. deutschen Kongresses f. innere Medizin 1914, S. 579. Vgl. auch derselbe, Medizinische Klinik 1904, Nr. 2 (Lösungskunst in Serum).

[2]) Bechhold u. Ziegler, l. c.

[3]) H. Schade, Medizinische Klinik 1914, Nr. 2; ausführliche Versuche infolge des Krieges unveröffentlicht geblieben. Vgl. neuerdings H. Schade, Die physikochemischen Gesetzmäßigkeiten des Harnsäurekolloids und die übersättigten Harnsäurelösungen (Zeitschr. f. klinische Medizin **93**, 1 [1922]).

[4]) Näheres s. z. B. The Svedberg, Die Methoden zur Herstellung kolloider Lösungen anorganischer Stoffe. Dresden 1909. Verlag Th. Steinkopff.

schematisch zeigt, zu einer kolloiden oder mehr großtropfigen Gallerte zusammen und schließen dabei (ähnlich wie die „Kapsel" beim Bakterium) den noch verbleibenden Harnsäurerest mit einer Umhüllung ein. Durch einfache Bewegung der Flüssigkeit läßt sich die Verteilung dieser Tröpfchen in der Gesamtflüssigkeit sehr fördern; sodann geht der Prozeß bis zur völligen Weglösung der Harnsäure weiter, vorausgesetzt, daß die Menge des in der Flüssigkeit verfüglichen Alkalis bis zur Absättigung der letzten chemischen Säureaffinität der Harnsäure ausreicht. Der gleiche Vorgang wiederholt

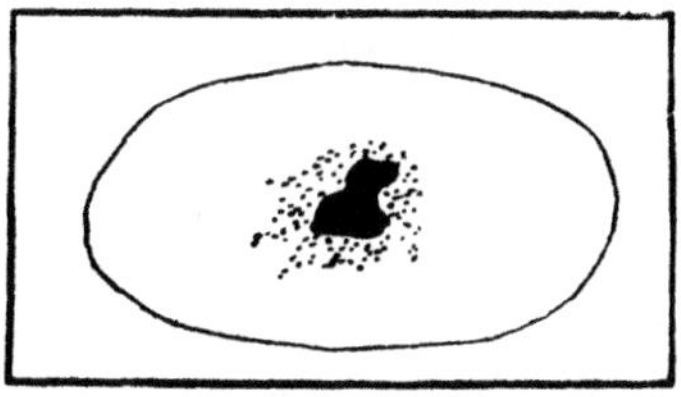

Fig. 19 A.

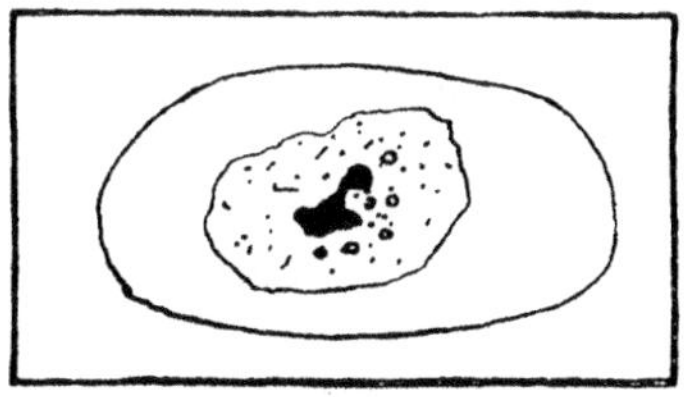

Fig. 19 B.

sich im Serum bei der Harnsäure als Bodenkörper[1]). Er ist vom Verfasser (l. c.) als die Fähigkeit der „Kolloidnaszierung" bezeichnet. Durch die Kombinierung mit der im Serum zugleich vorhandenen Eigentümlichkeit der Kolloidstabilisierung wird er zu einem wichtigen nachhaltigen Schutz des Serums gegen das Auftreten von Niederschlägen. Immer, wenn mit den Lösungsstoffen des Serums eine chemische Reaktion möglich ist — und dies gilt bei dem sich stets restituierenden OH-Ionenüberschuß des Serums insbesondere für alle eindringenden Säuren, wird solcher Schutz wirksam. Die Kolloidstabilisierung und die Kolloidnaszierung sind Mittel, welche das Serum befähigen, weit jenseits der eigentlichen Lösefähigkeit Substanzen ohne Niederschlagsentstehung in seiner Masse zu beherbergen und sogar noch aus dem festen Zustand scheinbar in Lösung aufzunehmen. Für die Aufgaben des Substanztransports im Serum sind diese Befähigungen zumal unter pathologischen Zuständen von großer Bedeutung.

Neuerdings hat auch die Lehre der **Anaphylaxie** wichtigste Beziehungen zur Kolloidchemie des Serums gefunden. Bekanntlich versteht man unter diesem Begriff die sehr auffallende Erscheinung, daß zwar die erste Injektion eines artfremden Serums oder sonst einer Antigenlösung im Körper ohne toxische Wirkung bleibt, daß dagegen bei Wiederholung derselben Injektion nach bestimmter Zeit mehr oder minder schwere Vergiftungen (z. B. „Serumkrankheit" mit Hautrötung, Drüsen- und Gelenkschwellung und Fieber) oder auch gefährlichste Zustände auftreten, die als „anaphylaktischer Schok" unter Krämpfen, Temperatursturz und Atem-

[1]) Bei diesen Versuchen gibt das Auftreten der „Überfüllungen" innerhalb des gesättigten Serums den besten Beweis, daß nicht der einfache Lösungsdruck hier die Zerteilung bewirkt; vielmehr ist mit Notwendigkeit eine Energie, die noch bei vorhandener Sättigung des Serums wirksam bleibt, d. h. eben die Energie der chemischen Affinitäten, unterstützend beteiligt.

stillstand sogar innerhalb weniger Minuten zum Tode führen können. Diese Anaphylaxie als Gesamterscheinung ist streng spezifisch, d. h. sie tritt klinisch nur bei Benutzung genau derselben Eiweißart zur zweiten Injektion hervor; die erforderlichen Mengen der Injektionsflüssigkeit sind außerordentlich gering. Die Bedeutung der hier zugrunde liegenden Erscheinungen erstreckt sich auf weite Gebiete der Pathologie und der Klinik, da bei zahlreichen Krankheitsprozessen aphysiologische Eiweißstoffe spontan in wiederholten Schüben parenteral in die Zirkulation gelangen und so das Krankheitsbild durch Addition anaphylaktischer Symptome komplizieren[1]). Es ist nun von größtem Interesse, daß es H. Sachs und seinen Mitarbeitern Ritz und S. Nathan[2]) gelungen ist, lediglich durch Digerieren mit kolloiden Kohlehydraten (Agar, Stärke, Pektin und Inulin) im Serum die anaphylaktischen Eigenschaften zu erzeugen. Dabei war die Art der Lösung dieser Substanzen von ausschlaggebendem Einfluß: eine in der Kälte hergestellte Inulinsuspension ergab ein Serum, welches im Tierversuch schwersten anaphylaktischen Schock hervorrief, während die gleiche Behandlung mit einer in der Wärme gewonnenen Inulinlösung keine Giftwirkung des Serums zur Folge hatte. Ebenso gelingt die Anaphylaxieerzeugung bei der Stärke leichter durch den kolloiden Stärkekleister als durch eine in der Kälte hergestellte Stärkesuspension. Auf Grund dieser Versuche sehen die genannten Autoren nicht mehr im injizierten Antigen die Muttersubstanz des Anaphylotoxins, sondern halten die Giftwirkung für die Folge von schon normal im Serum vorhandenen Stoffen, welche erst durch die kolloidphysikalische Beeinflussung des Serums aktionsfähig werden. Ähnliche Auffassungen haben auf Grund ihrer experimentellen Arbeiten auch C. Doerr[3]), P. Schmidt[4]), Herzfeld und Klinger[5]) u. a.[6]) vertreten. Doerr hat dabei besonders die Wichtigkeit der Adsorption betont, er sieht die Ursache des Giftigwerdens vom Serum darin, daß durch die Adsorption antagonistisch wirkende Substanzen entzogen werden, so daß nun gewisse, noch nicht näher bekannte Substanzen des Serums zu einseitiger abnormer Wirkung gelangen. Von einer Klärung dieser Fragen ist man noch weit entfernt; gleichwohl läßt sich sagen, daß auch hier nur unter Mitberücksichtigung der kolloiden Seite der Erscheinungen eine Lösung des Problems zu gewinnen sein wird[7]). Schon jetzt ist es die Kolloidchemie, welche auf guter experimenteller Grundlage zwischen der durch Inulin, Stärke usw. erzeugbaren aspezifischen Form und den streng spezifischen Arten der klinischen Anaphylaxie die

---

1) Vgl. z. B. die zusammenfassende Darstellung von H. Schittenhelm im Jahresber. über die Ergebnisse der Immunitätsforschung. 1910.

2) Berl. klin. Wochenschr. **22** (1911); **25** (1914); **52** (1916); Münch. med. Wochenschr. **39** (1916); Zeitschr. f. Immunitätsforschung **17**, 478; **18**, 636 (1913); **23**, 204 (1914).

3) Vgl. namentlich die zusammenfassende Darstellung von C. Doerr im Handbuch der pathogenen Mikroorganismen, 2. Aufl. **2**, 947 (1913) und derselbe, Ergebnisse der Immunitätsforschung **1**, 257 (1914).

4) Zeitschr. f. Hygiene **83**, 89 (1917).

5) Biochem. Zeitschr. **85**, 1 (1918).

6) Siehe z. B. auch Mutermilch, Kongreßzentralblatt **9**, 602 (1913).

7) Vgl. H. Sachs, Über Beziehungen zwischen physikalischchemischer Konstitution und Biologie des Blutserums. Kolloidzeitschr. **24**, 113 (1919).

Verbindung herstellt: der toxische Prozeß als solcher ist in beiden Fällen unspezifisch, er wird bei der klinischen Entstehung nur vermittelst eines spezifischen Vorgangs, eben der Bindung von Antigen und Immunkörper, ausgelöst.

Eine ganz ähnliche Wandlung wie in der Auffassung der Anaphylaxie scheint auch für die Lehre der sogenannten **„Abwehrfermente“** des Körpers bevorzustehen. E. Abderhalden hat unter diesem Begriff solche Fermente verstanden, welche bei parenteraler Zufuhr artfremden Eiweißmaterials auftreten und in weitgehendst spezifischer Weise das betreffende Eiweiß durch fermentativen Abbau für den Körper unschädlich machen. Auch hier ist nach den physikochemischen Untersuchungen der letzten Jahre (H. Sachs[1]) und andere) mit der Möglichkeit einer völlig anderen Auffassung der Erscheinungen zu rechnen. „Durch rein physikalische Einwirkungen auf das aktive Serum können autolytische Vorgänge eingeleitet werden, derart, daß durch eine primäre physikalische Reaktion im Sinne einer Globulinfällung Schranken beseitigt werden, die eine Selbstverdauung der Serumeiweißkörper hemmen“. Es sind Gründe vorhanden, solche Vorgangsart auch für die „Entstehung“ der „Abwehrfermente“ anzunehmen. Nicht ein Neuauftreten von Fermenten läge somit vor, sondern ein Ingangsetzen der Serumautolyse durch Wirksamwerden von schon vorher vorhandenen Fermenten; die bei der Abderhaldenschen Dialysiermethode zum Nachweis kommenden Abbauprodukte würden somit aus dem Serum und nicht aus dem Substrat stammen können.

Als ein letztes, klinisch bedeutungsvoll gewordenes physikochemisches Gebiet ist die **Reaktionskinetik des Blutes** zu nennen. Wegen der mannigfachen engen Beziehungen zur Reaktionskinetik des Allgemeinstoffwechsels wird die Darstellung desselben zweckmäßig erst im nächsten Kapitel erfolgen.

Kapitel 4.

Aus dem Gebiet der Stoffwechselkrankheiten.

Zur Physiologie der Stoffwechselerscheinungen ist im Teil I (S. 58—75) eine allgemeine physikochemische Einführung gegeben; diese Ausführungen werden auch hier als Grundlage dienen. Wichtigste klinische Probleme wurzeln in der Frage: auf welchen Wegen und wie weit ist eine Beeinflussung des Stoffwechsels im menschlichen Körper erreichbar? Diese Fragestellung ist alt. Namentlich unter der Bezeichnung als „Anregung des Stoffwechsels“ hat sie in früheren Zeiten bereits eine sehr erhebliche Rolle gespielt; sie ist aber dann durch die für sie ungünstig erscheinenden Ergebnisse der experimentellen Stoffwechselchemie sehr in den Hintergrund des Interesses gedrängt worden. Heute noch herrscht weitverbreitet die Anschauung, daß im wissenschaftlichen Sinne von einer „Anregung des

[1]) Vgl. namentlich die zusammenfassende Darstellung von C. Doerr im Handbuch der pathogenen Mikroorganismen, 2. Aufl. **2**, 947 (1913) und derselbe, Ergebnisse der Immunitätsforschung **1**. 257, (1914).

Stoffswechsels" nicht gesprochen werden könne. Resigniert pflegt man etwa zu urteilen: soweit überhaupt dem Begriff der Stoffwechselanregung eine reale Grundlage zukommt, entsprechen ihm Eigentümlichkeiten in der Konstitution der Zelle oder des Gesamtkörpers, welche mit unseren jetzigen Hilfsmitteln einer Erforschung nicht zugängig sind. Derartigen Auffassungen ist aber mit Entschiedenheit entgegenzutreten; denn die physikalisch-chemischen Ergebnisse der Reaktionskinetik haben uns in den Besitz von Mitteln gesetzt, welche es ermöglichen, die hier harrenden Fragen in präziser Weise in Angriff zu nehmen.

In einer größeren Zahl von Arbeiten[1]) hat der Verfasser eine **Verwertung der Reaktionskinetik für die Fragen der Stoffwechselbeeinflussung** angestrebt. Diese Versuche sind nicht unbeachtet geblieben, sie haben aber bis auf wenige Ausnahmen bislang nicht zu dem Ergebnis geführt, daß nun auch allgemeiner die neue Richtung der Forschung aufgenommen wurde. Und doch ist auf diesem großen und wichtigen Gebiet ein durchgreifender praktischer Erfolg nur durch Zusammenarbeit vieler einzelner Kräfte erreichbar. In weitgehender Anlehnung an frühere Veröffentlichungen des Verfassers[2]) sei hier eine zusammenfassende Darstellung des heutigen Standes der Physikochemie der klinischen Stoffwechselfragen gegeben.

Um in die physikochemischen Wege der Stoffwechselbeeinflussung einzuführen, bedarf es einer orientierenden Darstellung der wichtigsten hier in Betracht kommenden reaktionskinetischen Gesetzmäßigkeiten. Physikochemisch basiert das Problem der „Stoffwechselanregung" auf der allgemeineren Frage der „Anregung" von chemischen Reaktionen überhaupt. Dabei sind als „Anregemittel" alle diejenigen Faktoren in Betracht zu ziehen, welche geeignet sind, bei chemischen Reaktionen die Geschwindigkeit des Ablaufs zu steigern. Solche Mittel bietet die heutige Reaktionskinetik in nicht mehr geringer Zahl dar. Sie seien zunächst rein physikochemisch unter Auswahl des für die Körperverhältnisse Wichtigsten kurz einzelnen zusammengestellt:

Die Ablaufsgeschwindigkeit einer chemischen Reaktion ist durch die Konzentrationsverhältnisse der reagierenden Stoffe in verschiedener Weise zu beeinflussen.

Eine Reaktion verläuft um so schneller, je größer die Konzentration der Ausgangsstoffe dieser Reaktion ist: je mehr an reaktionsfähigem Material in einer bestimmten Lösungsmenge vorhanden ist, um so mehr wird auch in der Zeiteinheit umgesetzt. Dabei ist bei allen Reaktionen, auch wenn zwei oder mehr Substanzen beteiligt sind, nicht so sehr die absolute Menge der reagierenden Stoffe maßgebend als vielmehr der Grad ihrer Konzentration; denn ein und dieselbe Quantität zweier

---

[1]) Eine Zusammenfassung derselben bis 1907 gibt H. Schade, Die Bedeutung der Katalyse für Medizin. (1907.) Verlag W. G. Mühlau, Kiel, später F. C. W. Vogel, Leipzig. Die erste Veröffentlichung datiert aus dem Jahre 1902, cf. H. Schade, Münchener med. Wochenschr. 1903, 227 (Vortrag im Physiologischen Verein zu Kiel 1902). Vgl. ferner derselbe, Zeitschr. f. experimentelle Pathologie u. Therapie 1905, Bd. I; Medizinische Klinik 1908, Nr. 1, 3 u. 12; Münch. med. Wochenschr. 1905, Nr. 23 u. 36; 1907 Nr. 38; Zeitschr. f. Balneologie 1908, Nr. 3; 1909—1910, Nr. 12.

[2]) Vgl. besonders H. Schade, Über die Anregung des Stoffwechsels auf Grund der Gesetze der modernen Reaktionskinetik. Zeitschr. f. Balneologie 1908, Nr. 3.

aufeinander einwirkender Substanzen reagiert schneller in einer kleinen Menge Lösungsflüssigkeit als wenn sie sich in größerer Verdünnung befindet. Dieses Gesetz gewinnt bei Berücksichtigung der Vorgänge der Adsorption eine sehr erhöhte Wichtigkeit. Es ist — in besonderem Maße gerade für die verdünnten Lösungen — bekannt, daß häufig schon durch die einfache Einführung einer vergrößerten, dabei chemisch indifferenten Oberfläche, z. B. durch Zusatz von fein zerstoßenem Porzellanmehl, die Reaktionsgeschwindigkeit in der Lösung bis zu einem Vielfachen des ursprünglichen Betrages gesteigert wird. Diese Erscheinung entspricht einer allgemeinen Regel und beruht darauf, daß sich die reagierenden Substanzen gemäß dem Grade ihrer Adsorbierbarkeit an den Adsorptionsflächen in gesteigerten Konzentrationen anhäufen und dann ihrer Konzentrationserhöhung entsprechend schneller zur Reaktion kommen.

Es ist dies eine Art der Reaktionsbeschleunigung, welcher auch ein guter Teil der chemischen Reaktionen im Körper unterliegt. Denn hier sind auf der einen Seite adsorbierbare[1]) Stoffe in Menge in Lösung und andererseits besitzt das Zellgewebe des Körpers eine Unsumme adsorbierender Grenzflächen. Auch die Flüssigkeiten des Körperinneren enthalten stets Kolloide, d. h. sie sind mit adsorptionsfähiger Oberfläche ausgestattet. Diese Verhältnisse sind von großer Wichtigkeit, da sie uns einen der Vorzüge verständlich machen, durch welchen die Körperreaktionen gegenüber den gewöhnlichen Reagenzglasversuchen ausgezeichnet sind. Allerdings ist nur erst das leitende Prinzip dieser Art der Reaktionsbeeinflussung gegeben. Die Zahl der sich hier aufdrängenden weiteren Fragen ist eine große; ihre experimentelle Beantwortung hat sich die gerade jetzt im Entstehen begriffene „Kapillarchemie" zum Ziel gesetzt.

Bei Fermentprozessen[2]) weist das Gesetz der Proportionalität zwischen der Menge der Reaktionsausgangsstoffe und der Reaktionsgeschwindigkeit eine sehr charakteristische Modifizierung auf. Hier steigt der jeweilige Umsatz zumeist nur bis zu einem bestimmten, relativ niedrigen Punkte proportional zur Konzentrationserhöhung der Reaktionsausgangsstoffe; ist einmal diese bestimmte Menge vorhanden, d. h. ist das Ferment sozusagen in vollem Umfange beschäftigt, so findet bei weiterer Zufuhr des Ausgangsmaterials keine Reaktionssteigerung mehr statt, und die in der Zeiteinheit umgesetzte Substanzmenge bleibt konstant. Wohl aber gilt auch dann noch in einer anderen Beziehung das Gesetz der quantitativen Proportionalität, indem sich durch eine Vermehrung der Menge des Ferments der Umsatz noch weiter steigern läßt.

Neben der Konzentration der Reaktionsausgangsstoffe, resp. derjenigen des etwaigen Ferments, kann für die Geschwindigkeit chemischer Vorgänge die Konzentration der sich anhäufenden Reaktionsprodukte von großem Einfluß sein. Bei den umkehrbaren chemischen Prozessen — und hierzu gehört bemerkenswerterweise nach den neueren physikochemischen Forschungen die weitaus überwiegende Mehrzahl aller chemischen Vorgänge — ist dies mit Regelmäßigkeit der Fall. Ganz allgemein kann bei solchen Vorgängen nur ein bestimmter Anteil, oft sogar nur ein kleiner Bruchteil des Ausgangsmaterials, zur Umsetzung gelangen; ist dieser Anteil umgesetzt, so tritt unter dem Einfluß der entgegenwirkenden Reaktionsprodukte ein Stillstand in der Reaktion ein, es herrscht, wie man sagt, zwischen Ausgangs- und Endprodukten „chemisches Gleichgewicht". Ähnlich wie durch eine Vermehrung der Reaktionsausgangsstoffe (s. o.) kann hier nun durch Wegschaffung der hemmenden Reaktionsprodukte für den weiteren Fortgang der Reaktion gesorgt werden. Wenn es gelingt, die Reaktionsprodukte auf

[1]) Gut adsorbierbar sind Stoffe, welche die Oberflächenspannung des Wassers erheblich erniedrigen, z. B. Seifen, Lipoide, Aldehyde usw.; schlecht- oder nichtadsorbierbar sind dagegen die Stoffe, welche die Oberflächenspannung des Wassers nicht merklich erniedrigen oder gar erhöhen, wie Zucker, Harnstoff, NaCl usw.

[2]) Zum physikochemischen Studium der Fermentwirkungen sei besonders empfohlen: H. Euler, Allgemeine Chemie der Enzyme, Wiesbaden, J. F. Bergmann (1910) sowie C. Oppenheimer, Die Fermente und ihre Wirkungen, 4. Aufl., F. C. W. Vogel (1913) (Physikochemischer Teil von R. O. Herzog).

physikalischem Wege ständig zu entfernen (beispielsweise vermittels Diffusion, Osmose, Adsorption usw.) oder sie vermöge einer gleichzeitig beigeordneten zweiten Reaktion chemisch in ihrer Sonderart zu zerstören, so bleibt die Hemmung aus und der sonst bald langsamer werdende und vorzeitig stillstehende Prozeß kann sich ohne Hemmung bis zu Ende, d. h. bis zum völligen Verbrauch des Ausgangsmaterials vollziehen. Auch dieses Gesetz der Reaktionskinetik hat eine weittragende Bedeutung. Von welch einschneidender Wichtigkeit es im Einzelfall für eine Reaktion werden kann, möge das Beispiel der Oxalsäure illustrieren. Diese Säure gilt bekanntlich als eine recht haltbare Substanz, sie wird unter gewöhnlichen Bedingungen durch Aufkochen nicht merkbar verändert. Trotzdem aber gelingt es unter Anwendung des Prinzips der Entfernung der Reaktionsendprodukte leicht, die Oxalsäure restlos zum Selbstzerfall zu bringen (Oxalsäure $\rightarrow$ Ameisensäure + Kohlensäure). Dazu genügt es, durch die wässerige Lösung dieser Säure bei 100^0 einen energischen Luftstrom durchzusaugen. Die so erzielte „Anregung" der Zerfallsreaktion erklärt sich daraus, daß der durchgeleitete Luftstrom bei 100^0 ständig die entstehenden Produkte Ameisensäure und Kohlensäure aus der Lösung fortnimmt; zu einem minimalen Anteile zerfällt eben die Oxalsäure stets in dieser Richtung; die Zerfallsreaktion wird nur deshalb praktisch für gewöhnlich nicht bemerkbar, weil sie schon durch die ersten, noch kaum analysierbaren Spuren jener Spaltprodukte, wenn sie in der Lösung verbleiben, gehemmt und zum Stillstand gebracht wird. Ähnlich eklatante Fälle von Hemmungswirkungen durch Reaktionsprodukte sind bereits in ziemlicher Zahl bekannt. Bei allen umkehrbaren Reaktionen ist dieser Einfluß derart vorhanden, daß sich der Gesamtablauf durch die Entfernung der Reaktionsprodukte aus der Lösung in weitgehender Weise beschleunigen läßt.

Die Kenntnis auch dieser Erscheinung ist biologisch von großer Wichtigkeit. Denn für das Wirksamwerden derartiger Reaktionsbeeinflussungen sind die Verhältnisse des Körpers geradezu wie geschaffen. Handelt es sich doch im Organismus stets um ein buntes Neben- und Durcheinander von chemischen Umsetzungen, so daß die bei einer Reaktion entstehenden Produkte oft Gelegenheit zur sofortigen weiteren Umwandlung (durch Oxydation, Bindung usw.) finden müssen. Aber auch wenn dies nicht der Fall ist, findet sich noch reichlich Möglichkeit zur reaktionskinetischen Unschädlichmachung der entstehenden Produkte. Sie können durch Diffusion, durch Osmose oder durch adsorptive Kräfte aus dem Gebiet der Reaktion entzogen werden; vor allem trägt im Körper der Zirkulationsstrom von Blut und Lymphe mit seiner Durchspülung der gesamten Zellen wesentlich dazu bei, die Produkte einer Reaktion vom Ort ihres Entstehens fortzutransportieren. Daß in dem Vorliegen dieser Bedingungen dem Organismus ein wichtiges Hilfsmittel zur Beschleunigung von Reaktionen zur Verfügung steht, durch dessen Besitz er sich dem experimentierenden Chemiker gegenüber in sehr erheblichem Vorteil befindet, kann nicht bezweifelt werden. Je vollständiger aber im Körper für die Reaktionsgebiete die Reinhaltung von den Reaktionsprodukten normal durchgeführt ist, um so mehr muß eine etwa künstlich herbeigeführte Überschwemmung mit den Endprodukten den Ablauf der Reaktionen beeinflussen. Dazu kommt, daß der Organismus ganz bevorzugt mit sogenannten „Kettenreaktionen" arbeitet, d. h. mit kurzstreckigen Einzelreaktionen, deren jede einer andern sich anschließt und auch ihrerseits wieder in einer anderen ihre Fortsetzung hat. Wird bei solcher Verknüpfung der Reaktionen an irgendeiner Stelle eine Einzelreaktion gehemmt, so greift die Störung sofort auf weite Bezirke anderer Reaktionen über, indem sie nach abwärts in der Kette den normalen Zustrom von Stoffen unterbricht und nach oben hin, gleichsam den Abfluß sperrend, eine Anhäufung der dort entstehenden Reaktionsprodukte herbeiführt und dadurch von Stufe zu Stufe aufsteigend zunehmend mehr Reaktionen hemmt. Besonders die rückläufige Hemmung scheint leicht große Beträge anzunehmen. Für die Beurteilung der Verhältnisse im Körper ist es ferner wichtig zu wissen, daß diese Art der Reaktionsbeeinflussung in gleicher Weise wie für rein chemische Prozesse so auch für fermentative Vorgänge gilt; ja bei den letzteren ist sogar durch das Hinzukommen der „Empfindlichkeit" des Ferments, wie sich auf Grund einer großen Zahl von Untersuchungen hat feststellen lassen, derartigen Beeinflussungen in mancher Beziehung ein noch größerer Spielraum gewährt.

Anschließend sei hier der Einfluß des atmosphärischen Druckes behandelt. Bei allen Flüssigkeitsreaktionen, die sich praktisch ohne Volumenänderung vollziehen, ist die Beeinflußbarkeit durch Druck minimal; so wird z. B. die Zuckerinversion durch 100 Atmosphären Druck nur um ca. 1% verzögert. Völlig anders aber liegt es, wenn bei umkehrbaren Reaktionen gasförmige Produkte auftreten. Hier ist die Abhängigkeit der Reaktionsgeschwindigkeit vom Druck recht erheblich, da die Schwankungen des äußeren Druckes sehr merkliche Konzentrationsänderungen des an der Reaktion beteiligten flüchtigen Stoffes zur Folge haben. Immer, wenn das Reaktionsprodukt ein flüchtiger Stoff ist, wird eine Abnahme des atmosphärischen Druckes das Entweichen des Reaktionsproduktes aus der Lösung fördern und dadurch weiterwirkend (s. o.) die Geschwindigkeit der Reaktion steigern; eine Zunahme des Druckes muß in umgekehrter Wirkung die Reaktionsgeschwindigkeit verringern.

Am bekanntesten ist der Einfluß der Temperatur. Schon oben (S. 32) wurde mit zahlenmäßigen Beispielen belegt, daß nach der Reaktionsgeschwindigkeit-Temperatur-Regel (R.G.T.-Regel) durchschnittlich einer Temperaturerhöhung um 10^0 C ein Anstieg der Reaktionsgeschwindigkeit auf etwa das 2—3,5fache des Betrages entspricht.

Praktisch am wichtigsten erscheint das Gebiet der Katalyse[1]). Diesem Begriff liegt bekanntlich die eigenartige, an ungezählten Beispielen aufgefundene Tatsache zugrunde, daß der zeitliche Ablauf der chemischen Reaktionen durch die Anwesenheit von Substanzen, welche an sich der Reaktion fremd sind, in hohem, oft geradezu überraschendem Maße beschleunigt werden kann. Derartig wirkende Substanzen pflegen als „Katalysatoren" bezeichnet zu werden. Katalytische Wirkungen finden sich in der anorganischen, mehr aber noch in der organischen Chemie sehr verbreitet. Zumeist handelt es sich um Beschleunigungen an sich schon bekannter Reaktionen; nicht selten aber treten unter dem Einfluß der Katalysatoren auch Reaktionen zutage, die ohne Katalyse entweder überhaupt nicht bemerkbar oder nur als fermentativ auslösbare Prozesse bekannt waren. Dabei wirkte in der Regel der einzelne Katalysator nur bei einer ganz bestimmten Reaktion oder nur bei einem bestimmten Kreis von Reaktionen beschleunigend; seine Wirkung muß daher bis zu einem gewissen Grade als spezifisch gelten. Außerdem ist es für die Katalyse charakteristisch, daß zumeist schon die winzigsten Spuren des Katalysators, oft schon Verdünnungen von 1 : 1000 000 und darunter genügen, um ausgesprochene Beschleunigungen der ihrem Einfluß unterstehenden Reaktionen herbeizuführen. Gerade die Vereinigung dieser Besonderheiten trägt dazu bei, der Katalyse eine hohe Bedeutung zu verleihen. Auch die Fermente sind Katalysatoren, sie folgen ebenfalls den Gesetzen der Katalyse. Fermente und anorganische Katalysatoren sind weiterhin ihrerseits beide von der Beeinflussung durch dritte Stoffe abhängig: sie haben ihre Hemmstoffe und ihre Aktivatoren, und sie werden, sofern sie kolloide Substanzen sind, in ihrer Zustandsform sowie in ihrer chemischen Wirkung vom Ionenbestand des umspülenden Milieus beherrscht. In zahlreichen Fällen läßt sich die Wirkung eines Ferments weitgehend durch die eines einfachen Katalysators ersetzen. (Näheres s. o. S. 63.)

Mit diesen Gesetzmäßigkeiten stellt die physikalische Chemie dem Arzt für die Stoffwechselforschung die Frage, ob auf den obigen Wegen auch für die Verhältnisse des menschlichen Körpers eine Beeinflussung nach bestimmten Richtungen möglich ist. Es ist dem Verfasser als eine zweckmäßige Vorarbeit erschienen, zunächst eine Klärung dieser Frage für die maximal einfachsten Lebensverhältnisse, für den Stoffwechsel der Einzelligen anzustreben. Die Hefezelle mit dem scharf definierten Kohle-

---

[1]) Vgl. hierzu im Teil I dieses Buches S. 33 und S. 61 (Stoffwechsel). Wem an einer Zusammenstellung der katalytisch-chemischen Einzelliteratur gelegen ist sei auf G. Woker, Die Katalyse, Bd. 11 u. 12 von der Sammlung Margosches, Die chemische Analyse, verwiesen. (645 S.)

hydratumsatz der alkoholischen Gärung[1]) hat sich als günstiges Prüfungsobjekt dargeboten. Der Zufall fügt es, daß gerade bei der Hefe wie sonst bei keiner anderen Zellart — aus Gründen praktischer Verwertung in der Gärungsindustrie ein außerordentlich mannigfaches und umfangreiches Material in der einschlägigen Fachliteratur niedergelegt ist[2]). Rein empirisch hat man durch Variation aller nur möglichen Bedingungen die „Ertragsfähigkeit" der Hefe zu steigern versucht. Zur Beantwortung der uns hier interessierenden Frage hat sich das folgende Material gesicherter Befunde herausfinden lassen:

Der Kohlehydratstoffwechsel der lebenden Hefezelle ist weitgehend durch die Konzentration des Reaktionsausgangsstoffes zu beeinflussen. Durch eine Steigerung der Zuckerkonzentration in der Außenlösung wird fast proportional die Gärleistung im Zelleib der Hefe gesteigert. Dies gilt bis zu Zuckerkonzentrationen von etwa 5% (Jodlbauer[3])). Sodann tritt, wieder der Regel entsprechend, welche oben für die einfache Fermentwirkung reaktionskinetisch als kennzeichnend angegeben werden konnte, für die Hefezelle bald ein Punkt ein, wo dieser Parallelismus aufhört, und wo sich etwa in der Konzentrationsbreite von 5—20% Zucker die in der Zeiteinheit umgesetzte Menge konstant zeigt (Brown[4])). Darüber hinaus beginnt schließlich unter Schädigung der Zelle eine Verlangsamung des Zuckerabbaues bemerkbar zu werden.

Komplizierter liegen die Verhältnisse für die Beurteilung des Einflusses der Reaktionsendprodukte. Beim isolierten Hefeferment, bei der Buchnerschen Zymase tritt nach einem Umsatz von ca. 85% des Zuckers ein Reaktionsstillstand ein[5]). Er ist auf die Anhäufung der entstehenden Reaktionsprodukte zu rückzuführen. Als solche kommen vor allem der Alkohol und die Kohlensäure in Betracht. Ein künstlicher Alkoholzusatz von 10—15% bringt die Gärleistung der lebenden Hefe zum Stillstand. Gleichwohl ist es nicht möglich, aus diesem Befund auf eine Gärhemmung im reaktionskinetischen Sinne zu schließen. Denn diese Konzentration des Alkohols ist so hoch, daß bei ihr bereits trotz der spezifischen Anpassung der Hefe an den Alkohol deutliche Zellschädigungen (Wroblewski[6])) zu beobachten sind. Andere Verhältnisse aber liegen für die reaktionskinetische Beurteilung günstiger. So ist es z. B. bekannt, daß — in weitgehender Analogie zum Absaugen der Endprodukte bei der oben angeführten chemischen Oxalsäurezersetzung (S. 210) — die Verminderung des Luftdrucks auf den Zuckerumsatz der Hefe in sehr erheblichem Maße beschleunigend wirkt (Boussingault[7])). Reaktionskinetisch sei dabei besonders hervorgehoben, daß beide Endprodukte der Hefegärung, der Alkohol und die Kohlensäure, Substanzen flüchtiger Natur sind. Am Preßsaft der Hefe haben Abderhalden und Gigon[8]) für eine andere Reaktion die Hemmung in speziell reaktionskinetischer Untersuchung dargetan; am Beispiel der fermentativen Dipeptidspaltung durch den Hefepreßsaft haben sie das Statthaben einer rückläufigen Hemmung durch die Reaktionsprodukte bewiesen.

Die Abhängigkeit von der Temperatur ist ebenfalls sehr deutlich vorhanden: bei 1—6° C langsamer Beginn der Gärung, dann Anstieg bis zum Optimum bei 30—35° und jenseits wieder deutlicher Abfall. Es ist dieselbe Abhängigkeit, welche generell

---

1) Der Gärprozeß geht räumlich lediglich im Zelleib, nicht außerhalb desselben, vor sich. Vgl. z. B. Slator, Trans. Chem. Soc. **97**, 922 (1910).

2) Vgl. das ausgezeichnete Sammelwerk E. v. Lippmann, Die Chemie der Zuckerarten. Braunschweig 1914. 2 Bde.

3) Zeitschr. d. Vereins d. deutsch. Zuckerindustrie **38**, 319.

4) Chemical News **65**, 116.

5) E. Bucher, H. Buchner u. M. Hahn, Die Zymasegärung. München-Berlin. R. Oldenbourg (1903). S. 213—216.

6) Journal f. praktische Chemie II, **64**, 1.

7) Annales de chimie et de physique V, 22, 98.

8) Abderhalden u. Gigon, Zeitschr. f. physiol. Chemie **53**, 251 (1907).

die poikilothermen Lebewesen, ebenso aber auch schon im Experiment alle Fermente, überhaupt alle Eiweißkolloide beherrscht.

Sehr bemerkenswert sind ferner die Beobachtungen, welche die Änderungen des Hefestoffwechsels unter dem Einfluß geringer chemischer Zusätze betreffen. Reaktionskinetisch dürften sie ins Gebiet der Katalyse gehören. Am weitesten sind die Verhältnisse für das Phosphat als Zusatz zur Hefe geklärt. Die Gärpraxis hat schon lange den auffallend günstigen Einfluß der Phosphate auf die chemische Leistung der Hefe[1]) gekannt. Durch Harden und Young[2]) ist festgestellt, daß die isolierte Zymase der Phosphate als ,,Koenzyme" oder als ,,Aktivatoren" bedarf. Die Tatsache der Wiederkehr dieses Phosphateinflusses bei der lebenden Hefezelle bringt somit zum Ausdruck, daß dieser aktivierende Einfluß auf das Hefeferment auch intravital bei Zufuhr des Phosphats zu erreichen ist. Ebenfalls soll sich nach Kayser und Marchand[3]) durch verschiedene Salze des Mangans eine Steigerung der Gärfähigkeit erzielen lassen, welche sich sogar durch mehrere Generationen der Zellen erhalten kann. Am auffallendsten aber sind die auch von anderer Seite bestätigten Befunde Effronts[4]) über den Einfluß des Fluorammoniums. Durch allmähliche Gewöhnung der Hefe an die Vegetation in fluorammoniumhaltigen Lösungen gelingt es, deren ursprüngliches Vergärungsvermögen zu verzehnfachen; dabei ist die Erhöhung der Gärleistung gewissermaßen spezifisch, ihr entspricht nicht eine allseitige Steigerung der Lebensvorgänge: während die Gärleistung ansteigt, geht die Fähigkeit zur Vermehrung der Hefe zurück. Auch die Hefe scheint zur Ausübung ihrer Gärfähigkeit einen gewissen Salzbestand der umspülenden Lösung nicht entbehren zu können: nach Bial[5]) verlieren sehr kleine Mengen Hefe, die sich in großen Mengen 1—2% reiner Zuckerlösung befinden, ihre Gärfähigkeit, sie erhalten dieselbe zurück, sobald man ihnen eine gewisse, ganz geringe Salzmenge (NaCl) zusetzt. Weitere wichtige Beiträge zu dieser Frage haben neuerdings C. Neuberg u. Sandberg[6]) geliefert.

Auf eine ganz eigenartig weitgehende Beeinflußbarkeit der Stoffwechselvorgänge in den niedersten Zellen weist auch eine Beobachtung an den Bakterien der Paratyphusgruppe hin: unter dem Einfluß des giftigen Malachitgrüns sieht man in der Zelle eine neuartige Befähigung, die Eigenschaft der Rohrzuckervergärung, auftreten (G. Seiffert[7])).

Daß durch chemische Zusätze zur umspülenden Lösung außer Steigerungen der Stoffwechselvorgänge auch Herabsetzungen derselben in der Zelle erzielbar sind, sei bei der großen Zahl der hemmend wirkenden Mittel[8]) hier nur einfach erwähnt.

Die vorstehend zusammengestellten Beobachtungen sprechen eine sehr deutliche Sprache. Sie bringen den Beleg, daß das lebende Protoplasma an sich noch keine Grenze für Versuche zu reaktionskinetischer Beeinflussung bedeutet. Diese Feststellung darf ermutigen, mit dem gleichen Problem in eine Untersuchung am Menschen einzutreten. In der physikalischen Chemie der allgemeinen Stoffwechselerscheinungen des Menschen (s. S. 59ff.) wurde gezeigt, daß die Mittel, deren sich der menschliche Organismus zur Selbstregulierung seiner Stoffwechselprozesse bedient, weitgehende Beziehungen, ja sogar eine prinzipielle Verwandtschaft zu den von der physikalischen Chemie aufgefundenen Faktoren der Reaktions-

[1]) Literatur s. E. v. Lippmann, l. c. I, 387.

[2]) Vgl. Buchner u. Klatte, Biochem. Zeitschr. **8**, 520 (1908); Buchner u. Hahn, ebendort **19**, 191 (1909); betreffs Harden u. Young Literatur ebendort.

[3]) Comptes rendus **144**, 574, 714.

[4]) Ebendort **117**, 559; **118**, 1420; bestätigt durch Sorel, ebendort **118**, 253.

[5]) Chemikerzeitung **20**, R. 48.

[6]) Biochem. Zeitschr. **126**, 153 (1921).

[7]) Deutsche med. Wochenschr. 1911, Nr. 23; Zeitschr. f. Hygiene **71**, 561 (1912).

[8]) Vgl. E. v. Lippmann, l. c. I, 390ff.

beeinflussung aufweisen. Die Fermentwirkung ist als Katalyse erkannt, jede Besonderheit der Fermente hat bei den Katalysatoren, vor allem bei den Bredigschen „anorganischen Fermenten" der kolloiden Metalle ein Analogon gefunden. Nur die Beeinflußbarkeit der Stoffwechselreaktionen durch die Nerven, wie sie im menschlichen Körper in höchster Ausbildung, sogar in Abhängigkeit von den komplizierten Zuständen der menschlichen Psyche vorhanden ist, scheint völlig einer physikochemischen Parallele zu entbehren. Aber auch hier beginnt die trennende Kluft sich zu überbrücken. Der Nerveneinfluß auf die chemischen Reaktionen des Stoffwechsels geht nicht in direkter Einwirkung vor sich, er wird im wesentlichen durch die Produkte der „inneren Sekretion" vermittelt, die wir heute unter der Bezeichnung der „Hormone" zusammenfassen. Dies sind „Stoffe, die durch die sekretorische Tätigkeit der Zellen eines Organs erzeugt, an anderer Stelle des Körpers wieder eine Funktion in Gang setzen, eine bestehende beschleunigen oder hemmen". Auch die Hormone des Stoffwechsels als die Mittler zwischen den Nervenimpulsen und den chemischen Stoffwechselreaktionen stehen gemäß solcher Definierung zum Gebiet der Katalyse in engster Beziehung. In der Art ihrer Wirkung bedeutet sonach die Regulierung des Stoffwechsels vom Nervensystem aus keine Durchbrechung der reaktionskinetischen Gesetze, nur der Umfang der selbstregulatorischen Stoffwechselbeeinflussung des Körpers wird durch das Hinzukommen dieser Fernregulierung durch mobile katalytische Boten von Organ zu Organ noch ganz außerordentlich über das an sich schon bestehende hohe Maß hinaus gesteigert. Beim Menschen wird sich daher die Frage nach der reaktionskinetischen Beeinflußbarkeit des Stoffwechsels stets mit einer weiteren Frage kombinieren: Gibt die dem Menschen charakteristische hohe Eigenregulierung den im Stoffwechselversuch nach außen kenntlich werdenden summarischen Einzelbeträgen überhaupt so viel Spielraum, daß reaktionskinetisch erzwungene Teiländerungen des Chemismus, selbst wenn sie eintreten sollten, bemerkbar sind, oder werden etwaige aufgezwungene partielle Änderungen des Chemismus stets sofort durch regulatorische Ausgleiche kompensiert? Eine solche Überlegung ist geeignet, bei etwa auftretenden geringen Differenzbeträgen vor einer Unterschätzung und bei fehlenden Unterschieden vor einem vorzeitig abschließenden Urteil zu bewahren. Immer aber kann nur die experimentelle Prüfung entscheiden.

Trotz aller Selbstregulierung zeigen manche Grundzüge der Stoffwechselerscheinungen am Menschen ausgeprägte Besonderheiten, bei denen eine Anlehnung an die oben entwickelten reaktionskinetischen Abhängigkeiten von der Außenbeeinflussung mehr oder minder deutlich erkennbar ist. Auch hier haben die in der Literatur vorhandenen Daten der menschlichen Stoffwechseluntersuchungen zu einer ersten Prüfung ein geeignetes Material gegeben.

Zunächst sei wieder der **Einfluß der Konzentrationserhöhung der Reaktionsausgangsstoffe** auf den Stoffwechsel besprochen. Einer der wesentlichsten Reaktionsausgangsstoffe für den Körper ist der Sauerstoff. Es hat nahegelegen, durch gesteigerte Zufuhr dieses Stoffes eine „Anregung" der Oxydationsprozesse im Körper zu erstreben. Aber diese Versuche sind — soweit sie den gesunden Menschen betreffen — völlig fehlgeschlagen; denn wie namentlich Durig[1]) mit aller Schärfe bewiesen hat, hält sich der Sauerstoffverbrauch des Körpers bei gesteigerter Zufuhr, selbst noch bei 30—80% Sauerstoffgehalt der Atmungsluft, konstant auf seiner Normalhöhe. Ebenso ist aber auch eine Verminderung der Sauerstoffkonzentration der Atmungsluft bis zu einer gewissen Grenze herab ohne Einfluß auf die Größe des wirklichen Sauerstoffverbrauchs und der Kohlensäureausscheidung. Diese untere Grenze wurde zwischen 8—11% Sauerstoff gefunden; erst wenn die Sauerstoffzufuhr noch weiter herabgesetzt wird, tritt, noch bevor das zur Erhaltung des Lebens notwendige Minimum des Sauerstoffgehaltes erreicht ist, eine Verlangsamung der Oxydationsprozesse im Körper ein (Speck[2]), A. Loewy[3]), Durig[1])). Diese Messungen beziehen sich auf Versuchsdauern, die sich auf wenige Stunden beziffern. Es ist indes nach A. Loewy[4]), sofern die Untersuchungen über den Gaswechsel im Höhenklima für diese Frage entscheidend sind[5]), für tage- und wochenlange Expositionen eine merklich größere Abhängigkeit des Stoffwechsels vom Sauerstoffgehalt der Luft anzunehmen. Immerhin bleibt „die Größe der Verbrennungen in weiten Grenzen von der Menge der Sauerstoffzufuhr unabhängig, sie wird vielmehr von der Zelle nach eigenen Gesetzen bestimmt" (Pflüger). Es ist aber im höchsten Grade bemerkenswert, daß diese „eigenen" Gesetze der Zelle im Körper des Menschen (ebenso wie bei der Einzelzelle der Hefe [s. o.]) sich genau mit denjenigen decken, welche uns die Reaktionskinetik für die Fermentprozesse in vitro kennen gelehrt hat. Was bisher als für den Organismus, als für die lebende Zelle charakteristisch angesehen wurde, die weitgehende, von einem bestimmten niedrigen Konzentrationspunkt an einsetzende Unabhängigkeit des oxydativen Stoffumsatzes von der Sauerstoffzufuhr, erscheint daher nicht mehr ausschließlich als eine Besonderheit des Vitalen; es kann seine Erklärung finden als einfache Folge des fermentativen Zustandekommens der Oxydationen, zumal da oxydationsvermittelnde Fermente in den Oxydasen, Superoxydasen und Katalasen bekannt sind.

Bei manchen Krankheitszuständen, so namentlich bei Störungen der Zirkulation, ist aber die Abhängigkeit der Oxydationsgröße des Stoffwechsels von der Sauerstoffzufuhr seitens der Luft ganz erheblich vergrößert. Wie die experimentellen Untersuchungen von N. Zuntz und A. Loewy[6]) in guter Übereinstimmung mit der therapeutischen Erfahrung ergeben haben, besteht kein Zweifel, daß für manche Zustände der krankhaft behinderten Sauerstoffaufnahme eine Vermehrung des Luftsauerstoffes über die Norm und damit eine künstlich gesteigerte Anreicherung des Blutes mit Sauer-

[1]) Engelmanns Archiv 1903. Suppl. 209.

[2]) Speck, Physiologie des menschlichen Atmens. Leipzig 1895. S. 99.

[3]) A. Loewy, Untersuchungen über die Respiration und Zirkulation bei Änderung des Druckes und des Sauerstoffgehaltes der Luft. Berlin, Hirschwald. (1895). S. 59 ff., 139 ff.

[4]) C. Oppenheimer, Handbuch der Biochemie l. c. IV, I, 231.

[5]) Vgl. auch unten S. 222.

[6]) N. Zuntz u. A. Loewy in Michaelis, Handbuch der Sauerstofftherapie. Berlin 1905.

stoff, selbst wenn er vorerst nur rein physikalisch im Überschuß aufgenommen wird, therapeutisch von Nutzen ist. In solchen Ausnahmefällen, aber auch nur dann, scheint sonach das reaktionskinetische Prinzip der Konzentrationserhöhung der Reaktionsausgangsstoffe therapeutisch von Bedeutung.

Eine ähnlich weitgehende Unabhängigkeit des Stoffwechselumsatzes besteht im allgemeinen auch bei gesteigerter Zufuhr der Nahrungsmittel. Bei Überernährung mit Fett und Kohlehydraten findet, abgesehen von dem kleinen Mehrverbrauch, welcher der gesteigerten Verdauungsarbeit entspricht, keine Steigerung des Kalorienumsatzes statt. Gegenüber dem Verhalten des Körpers zum Sauerstoff besteht indes bei den Nährstoffen der Unterschied, daß die letzteren, anstatt ungenützt wieder abgegeben zu werden, im Körper in geeigneter Form als Energievorräte zur Aufspeicherung gelangen. Eine Sonderstellung nimmt bekanntlich die Überernährung mit Eiweiß ein. Durch Pflüger, Rubner u. a. ist gezeigt worden, daß sie eine wahre „Anregung des Stoffwechsels", speziell eine Erhöhung der Oxydationsprozesse (der O_2-Aufnahme und CO_2-Abgabe) zur Folge hat, welche weit das Maß der vermehrten Verdauungsarbeit überschreitet. Beim Menschen kann nach v. Noorden[1]) bei maximaler Eiweißzulage der Energieumsatz den für gemischte Erhaltungskost gültigen Wert bis zu 20—25% übersteigen. Diese Erhöhung des Energieumsatzes erklärt sich zu einem Teile aus der durch den Protoplasmaansatz bedingten Vermehrung der lebenden Körpermasse. Diese Erklärung ist aber nach M. Rubner[2]) und anderen nicht ausreichend. So steigt vor allem der Zuwachs des Energieverbrauchs schneller als der Eiweißzulage entspricht (M. Rubner l. c.): Wird letztere um 1% vermehrt, so nimmt der Energieumsatz um 2—2½% höhere Beträge an. Rubner ist daher geneigt, die Ursache dieser Wirkung in einer besonderen, des genaueren nicht bekannten dynamischen Reizwirkung des Eiweißes auf die arbeitenden Zellen zu suchen, eine Auffassung, welcher vielleicht auf Grund der reaktionskinetischen Erfahrungen über die Katalyse (Spaltprodukte des Eiweißes als Katalysatoren; vgl. besonders unten S. 239) näher zu treten wäre.

Sehr interessante Verhältnisse ergibt die Untersuchung des **Einflusses der Reaktionsendprodukte.** Am klarsten tritt eine Hemmungswirkung auf den Stoffwechsel seitens der Reaktionsendprodukte am Beispiel der Kohlensäure zutage. Experimentell am übersichtlichsten läßt sich die Konzentrationserhöhung der Stoffwechselendprodukte, d. h. der Kohlensäure, durch Atmung in mehr oder minder stark kohlensäurehaltiger Luft gestalten. Speck[3]), welcher den Energieumsatz unter diesen Bedingungen untersuchte, hat Zahlen gefunden, welche nach Abzug der auf die Zunahme der Atmungsgröße entfallenden Mehrarbeit eine entschiedene Abnahme der Gesamtverbrennung im Körper ergeben. Der Hemmungseinfluß tritt schon frühzeitig auf; schon bei der Inhalation einer

[1]) C. v. Noorden, Handbuch der Pathologie des Stoffwechsels 1906, I, S. 549.
[2]) M. Rubner, Gesetze des Energieverbrauches. Leipzig 1902. Kap. III u. IV.
[3]) Speck, l. c. S. 128ff.

Luft, welche mit 1% CO_2 versetzt, im übrigen aber rein[1]) ist und normal Sauerstoff enthält, ist er deutlich bemerkbar. Diese ausgesprochene Abhängigkeit des Körpers von der Kohlensäurebelastung[2]) ist um so auffallender, als, wie wir oben gesehen haben, bei dem Sauerstoff der Luft das direkte Gegenteil beobachtet wird. Aber gerade dieses gegensätzliche Verhalten darf vom reaktionskinetischen Standpunkt nicht überraschen. Schon oben konnte es als allgemeine Erfahrung betont werden, daß die Fermentprozesse in ihrer Beeinflußbarkeit durchaus den gleichen Gegensatz aufweisen, daß sie von einer Konzentrationsänderung der Reaktionsausgangsstoffe in weiten Grenzen unabhängig, aber gegen die Anhäufung ihrer Reaktionsendprodukte, wenn auch nicht stets, so doch sehr oft in hohem Grade empfindlich sind. Eine Untersuchung von Lichtwitz[3]), bei welcher bereits die von H. Schade[4]) entwickelten reaktionskinetischen Gesichtspunkte führend gewesen sind, hat weiterhin für das Beispiel des Harnstoffes bei oraler und subkutaner Zufuhr das Eintreten einer rückläufigen Stoffwechselhemmung im Reaktionsgebiet Aminosäure—Harnstoff—Ammoniak wahrscheinlich gemacht. Ein hier sich einreihender gleichfalls hemmender Einfluß auf den Eiweißstoffwechsel ist auch in den Untersuchungen von A. Loewy[5]) über die Kohlensäurevergiftung zu erkennen.

Diese Befunde legen es nahe, auch im umgekehrten Sinne nach einem Statthaben von Beeinflussungen zu suchen. Für diese Betrachtung kommt vor allem die Wirkung der sogenannten „Hungertage" der Diabetestherapie in Frage. Es erscheint durchaus wahrscheinlich, daß hierbei eine reaktionsfördernde Wirkung durch Verminderung der Konzentration der Reaktionsendprodukte beteiligt ist. Es ist der klinische Erfolg solcher „Hungertage", daß nach Ablauf des Hungerns die Toleranzgrenze des Diabetikers für mehr oder weniger lange Zeit erhöht ist, daß mithin durch die Hungertage noch nachträglich wirksam bleibende Bedingungen gesetzt werden, welche den Stoffwechselreaktionen des Zuckers günstig sind. Man ist gewohnt, sich diese Erscheinung unter dem Bilde einer „Erholung" der am Zuckerumsatz beteiligten Zellen vorzustellen. Parallelerfahrungen in vitro aber legen es nahe, bei dieser Wirkung auch die Verringerung reaktionskinetischer Hemmungen in Rücksicht zu ziehen. Offenbar wird während des Hungerns beim Diabetiker eine Abnahme der im

---

1) Bei Verschlechterung der Luft durch brennende Flammen oder durch die Ausdünstungen von Menschen wird dagegen nach Wolpert (Arch. f. Hygiene **47**, 1 und 26 (1903)) schon bei einem Gehalt von 5—7‰ CO_2 der Sauerstoffverbrauch und die Kohlensäureabgabe um 10—15% herabgedrückt. Es wäre interessant zu prüfen, ob und inwieweit etwa hier unter den flüchtigen Beimengungen katalytisch hemmende Stoffe (z. B. nach Art der Wirkung der Blausäure?) aufzufinden sind. (Methode siehe Teil III, S. 589.)

2) Eine Säurewirkung im allgemeinen kann nicht das Entscheidende sein (s. u. S. 240); denn C. Lehmann (vergl. S. 240) fand bei vergleichenden Versuchen der Säurezufuhr gerade bei der Kohlensäure das stärkste Sinken des Umsatzes.

3) Zeitschr. f. physiolog. Chemie **77**, 402 (1912).

4) Siehe namentlich Zeitschrift für Balneologie 1908, Nr. 3.

5) Biochem. Zeitschr. **3**, 437 (1907).

Körper angestauten, ungenügend verarbeiteten Stoffwechselprodukte eintreten; da aber gerade bei den Fermentprozessen Hemmungswirkungen durch die entstehenden Produkte derart häufig gefunden werden, daß man ihr Vorhandensein fast als Regel betrachten darf, so verdient sicherlich die — einer experimentellen Prüfung zugängige — Vorstellung Berücksichtigung, daß die Anregung des diabetischen Stoffwechsels durch den „Hungertag" einer Beschleunigung des fermentativen Zuckerabbaues infolge Entlastung von hemmenden Abbauprodukten entsprechen könnte.

Das Vorkommen rückläufiger Stoffwechselbeeinflussungen als Folge geänderter Konzentrationsverhältnisse der Reaktionsprodukte muß dazu veranlassen, die therapeutischen Maßnahmen, welche eine erhöhte Fortführung der Stoffwechselendprodukte zur Folge haben, auch von reaktionskinetischen Gesichtspunkten aus zu prüfen. Besonders muß dies für alle Heilmethoden gelten, welche die Größe oder die Geschwindigkeit des Wasserumsatzes im Körper verändern. Für diese Maßnahmen würde sich zunächst rein theoretisch aus dem Prinzip der Reaktionsbeschleunigung durch die Entfernung hemmender Reaktionsendprodukte der Satz ergeben, daß alle Mittel, welche eine vermehrte oder beschleunigte Durchspülung und „Auswaschung" des Körpers bedingen, die große Zahl der umkehrbaren Reaktionen des Organismus und vielleicht auch einige der nicht umkehrbaren Prozesse in ihrem Ablauf fördern, daß solche Mittel dagegen, welche die in der Zeiteinheit das Körpergewebe passierende Wassermenge unter das Optimum bringen, im entgegengesetzten Sinne wirken.

Entsprechend dieser theoretischen Zergliederung seien zunächst die Stoffwechselverhältnisse bei gesteigertem Wasserumsatz besprochen. Es ist bekannt, daß seit langem, speziell von den Balneologen, der vermehrten Durchspülung des Körpers eine anregende Wirkung auf den Stoffwechsel, d. h. eine Erhöhung des täglichen Stoffumsatzes, nachgerühmt worden ist. Diese Ansicht stützte sich auf die oft gemachte Beobachtung, daß bei stärkeren Trinkkuren die Menge der Ausscheidungsstoffe im Harn, besonders der Gehalt an stickstoffhaltigen Substanzen erhöhte Werte aufwies. Bei genauerem Studium dieser Verhältnisse, besonders durch die Arbeiten von C. v. Noorden und C. Dapper[1]) ist jedoch diese Ansicht hinfällig geworden. Denn es hat sich mit Sicherheit feststellen lassen, daß die vermehrte Ausscheidung nur während der ersten Tage des gesteigerten Wassertrinkens zu konstatieren war und daß sie im wesentlichen auf einer „Ausschwemmung rückständiger Stoffwechselschlacken" beruhte[2]). Auch ließ sich zeigen, daß diese Ausschwemmung bei manchen Kranken, insbesondere bei solchen, welche längere Zeit eine Verringerung ihres Wasserumsatzes dargeboten haben, um ein Erhebliches deutlicher und nachhaltiger hervortrat (L. Mohr[3])). Von einer Steigerung des Stoffwechsels im Sinne einer bleibenden Erhöhung des täglichen Energieumsatzes ließ sich dagegen auch bei den genauesten Untersuchungen

---

[1]) Berl. klin. Wochenschr. 1894, Nr. 24 (v. Noorden u. Dapper), ferner Dapper, Zeitschr. f. klin. Medizin **30**, 37.

[2]) Vgl. auch Lenhartz, Deutsch. Archiv f. klin. Medizin **64**, 189 (1899).

[3]) Zeitschr. f. klin. Medizin **51**, 331.

keine Andeutung finden (v. Noorden und andere). Mit Recht hat daher die Forschung gegen jene alte Lehre Front gemacht. Heute gilt allgemein der Satz, daß die reichliche Durchspülung des Organismus für den Stoffwechsel des Körpers, speziell auch für den Stickstoffumsatz desselben, ohne wesentliche Bedeutung ist[1]). Der Verfasser hat darauf hingewiesen, daß solche Stellungsnahme zu den Versuchsergebnissen keineswegs die einzig mögliche ist[2]). Die physikochemische Reaktionskinetik gibt Gesichtspunkte an die Hand, von denen aus die Beurteilung eine ganz andere sein kann. Bei der allgemeinen Wichtigkeit, welche eine angemessene Auffassung der Hauptzüge der menschlichen Stoffwechselerscheinungen beanspruchen muß, sei etwas näher auf diese Verhältnisse eingegangen. Mit der Entscheidung der Frage, ob unter der Einwirkung von Durchspülungskuren eine Vermehrung des Stoffwechsels erreicht wird oder nicht, ist nur eine Seite des Problems berührt. Schon von den verschiedensten Autoren ist darauf hingewiesen, daß das früher angestrebte therapeutische Ziel, die Steigerung des täglichen Grundumsatzes, selbst wenn sie erreichbar wäre, besonders beim Eiweißstoffwechsel durchaus nicht etwa eine Besserstellung des Körpers bedeuten würde. Nicht derjenige Körper ist theoretisch am leistungsfähigsten, der die absolut größte Stoffmenge zur Erhaltung der Bilanz umzusetzen benötigt; vielmehr wird es derjenige sein, welcher mit dem geringsten Stoffumsatz ein Maximum an Arbeit fertigzubringen vermag. Bei solcher Beurteilung nun drängt sich die Frage in den Vordergrund des Interesses, ob es möglich ist, dem Körper nicht einen vermehrten Umsatz, sondern eine erleichterte, weniger mit Hemmungen beschwerte Ausnutzung der Nährstoffe zu verschaffen. Für dieses Ziel aber muß, namentlich bei gewissen Krankheitszuständen, bei denen intermediäre Stoffwechselprodukte im Körper retiniert sind, die Wegschaffung von Reaktionshindernissen, wie sie in der „Ausschwemmung der Stoffwechselschlacken" gegeben ist, sehr wohl von Wert sein. Eine derartige Wirkung, welche vom Verfasser als eine „Milieuentlastung" bezeichnet wurde, braucht bei der hochentwickelten Selbstregulierung des menschlichen Körpers sich keineswegs als Erhöhung des Gesamtumsatzes zu äußern. Ob und in welchem Umfange diese Art der Beeinflussung tatsächlich bei der „Durchspülung" des Körpers erreicht wird, ist eine Frage, die sich zurzeit nur erst wenig präzise beantworten läßt. Immerhin aber sind auch jetzt schon einzelne zuverlässige Beobachtungen bekannt, welche sich zugunsten dieser Auffassung verwerten lassen. Erwähnt sei hier nur das Ergebnis der Speckschen Untersuchungen[3]), welches von Fr. Schmidt[4]) unter v. Noordens Leitung bestätigt gefunden werden konnte: Eine allmählich einsetzende Durchspülung hatte keinen merkbaren Einfluß auf den Stoffwechsel; wurde aber die Wasserzufuhr (1¼ Liter) kurz vor dem

[1]) Vgl. z. B. Morawitz in Oppenheimer, Handbuch der Biochemie l. c. IV, II, 253.
[2]) Vgl. besonders H. Schade, Zeitschr. f. Balneologie 1, Heft 3 (1908).
[3]) Speck, l. c. S. 42.
[4]) Vgl. v. Noorden, Handbuch der Pathologie des Stoffwechsels l. c. II, 508.

Versuch zusammengedrängt, so bewirkte sie eine deutliche Erhöhung der CO_2-Ausscheidung, des O-Verbrauchs und der Wärmebildung. Der Unterschied gegen die Norm betrug etwa 8%. In den Kontrollversuchen von Fr. Schmidt stieg nach 1 Liter Wasser der O_2-Verbrauch binnen 1/4 Stunde sogar um 20%; 3/4 Stunde später aber war die Welle des Anstiegs wieder abgelaufen. Es liegt nahe, diese Resultate dahin zu deuten, daß die akut einsetzende starke Durchspülung infolge gesteigerter Ausschwemmung der auch normal in ihrem hemmenden Einfluß zur Geltung kommenden Abbauprodukte plötzlich ungewohnt günstige Bedingungen für den Reaktionsablauf im Körper schafft und so zu der abnormen Beschleunigung die Veranlassung wird. Dieser Erklärung entspricht es, daß bei allmählicher Zuführung der gleichen Menge Wasser der Erfolg mehr zurücktritt, indem dabei nicht nur der Durchspülungseffekt geringer ausfällt, sondern auch der Körper bessere Gelegenheit erhält, seine ausgleichend wirkenden regulatorischen Einrichtungen in Funktion treten zu lassen. Auch die von R. O. Neumann[1]) und anderen[2]) bei langdauernd fortgesetzten Durchspülungskuren beobachtete Umkehr der Verhältnisse, welche anstelle der anfänglich erhöhten N-Ausspülung später eine deutliche N-Einsparung treten läßt, wird als Folge einer zur stationären Ausbildung gekommenen Stoffwechselerleichterung durch Milieuentlastung gut verständlich. Doch die ganze Frage ist noch sehr im Werden. Wir bewegen uns hier auf einem bislang unbekannten, aber allem Anschein nach sehr wichtigen Gebiet, dessen Bedeutung sich am klarsten durch Heranziehung der Größe des „Nutzeffektes" des menschlichen Stoffwechselumsatzes darstellen läßt. Der Grad der Energienutzbarmachung ist, soviel wissen wir sicher, auch im menschlichen Körper nichts weniger als eine konstante Größe. Bei verschiedenen gleich großen, gesunden Individuen, die sich auch sonst unter gleichen Bedingungen befinden, kann bekanntlich das Maß der zur Erhaltung des Stoffwechselgleichgewichts umzusetzenden Kalorien weit differieren. Ja sogar bei einem und demselben gesunden Individuum kann der zum Gleichgewicht erforderliche Bedarf innerhalb eines Zeitraumes von wenigen Jahren erheblichen Schwankungen (2199, 2403, 1766 Kalorien Nettoeinfuhr) unterliegen, wie u. a. aus den Selbstversuchen von R. O. Neumann[3]) zu entnehmen ist. Es erwächst hier die Aufgabe, die individuellen Differenzen des Stoffwechsels, gewissermaßen den spezifischen inneren Widerstand der menschlichen Stoffwechselmaschine, bei den Einzelindividuen zahlenmäßig zu erfassen. Sicherlich würde es einen großen Fortschritt in diesen Fragen bedeuten, wenn es gelänge, die Größe des Energieverlustes, welcher bei der Umsetzung der Nährstoffenergie in nach außen abgebbare Arbeit bei den Einzelindividuen eintritt, exakt zu bestimmen. Anfänge in dieser Richtung liegen bereits vor (Fr. Kraus, s. S. 231). Vielleicht ließen sich am ehesten klinisch brauchbare Vergleichszahlen erhalten,

---

[1]) Archiv f. Hygiene **45**, 1 (1903).

[2]) J. Mayer, Zeitschr. f. klin. Medizin **2**, 34 (1880) u. Oppenheimer, Pflügers Arch. **23**, 446 (1881).

[3]) l. c.; vgl. auch C. v. Noorden, Handbuch der Pathologie des Stoffwechsels l. c. I, 301—302.

wenn man nach Einstellung auf Stoffwechselgleichgewicht bei sonst konstanten Bedingungen den Mehrumsatz bestimmt, welchen die Verrichtung einer stets gleichen, genau dosierten Arbeitsleistung bei den verschiedenen Individuen zur Folge hat. Vorerst fehlt hier der Forschung noch eine ausreichende Grundlage.

Die Frage der Stoffwechselerleichterung durch Milieuentlastung greift auf die verschiedensten klinischen Gebiete über. Denn derselbe Effekt, der hier für die „Durchspülung", d. h. für die Wirkung der gesteigerten Flüssigkeitsaufnahme zur Diskussion steht, wird auch für alle diejenigen Maßnahmen in Frage kommen, welche therapeutisch zur Steigerung der Umlaufsgeschwindigkeit von Blut, Lymphe und Zellflüssigkeit Verwendung finden. Neben den chemischen Mitteln, unter welchen vielleicht den Salzen wegen ihrer osmotischen Eigenschaften eine besondere Rolle zufällt, kommen hier namentlich die physikalischen Faktoren, wie Licht, Luft, Wasser und Wärme, in ihren mannigfachen therapeutischen Anwendungsformen in Betracht; auch die Massage kann, selbst wenn sie sich nur auf einzelne Körperteile erstreckt, nachgewiesenermaßen[1]) zu gesteigerter Diurese führen. Bei allen diesen Beeinflussungen liegen aber die Verhältnisse noch ungleich komplizierter und sind daher einer Beurteilung noch weit weniger zugängig als es bei der „Durchspülung" infolge vermehrten Wassertrinkens der Fall ist. Trotzdem aber scheint es wichtig, auch bei ihnen auf die Möglichkeit des Mitwirkens der allgemeinen reaktionskinetischen Gesetze zu verweisen.

Im diametralen Gegensatz zur „Durchspülung" stehen die sogenannten „Trockenkuren", wie sie z. B. von Oertel und Schweninger empfohlen wurden und in der Schrothschen Kur ihre extreme Form aufweisen. Es ist bekannt, daß diese Autoren von der Annahme ausgingen, bei den Kuren käme eine erhebliche Stoffwechselsteigerung im Sinne einer erhöhten oxydativen Zelleistung zuwege. Diese Vermutung hat sich längst als irrig erwiesen. Bei der Nachprüfung in exakten Stoffwechseluntersuchungen (W. Straub[2]), H. Salomon[3])) hat sich unter allen Beobachtungen in keinem Falle während der Durstperioden ein Anwachsen des Sauerstoffverbrauchs ergeben. Es ist daher berechtigt, mit A. Magnus-Levy, v. Noorden und anderen den bei den Durstkuren eintretenden, progressiv ansteigenden Stickstoffverlust auf einen krankhaften Zerfall des Protoplasmas zurückzuführen und die Ursache des letzteren in der zahlenmäßig nachgewiesenen „Eindickung der Gewebssäfte" (Dennig[4])) zu suchen. Die an Fettleibigen bei jenen Kuren beobachteten Gewichtsabnahmen entsprechen, abgesehen von diesem Eiweißzerfall, vor allem einem — oft staunenswert erheblichen — Wasserverlust; außerdem ist für die Gesamtwirkung einer Trockenkur, vorausgesetzt, daß gesteigerte Bewegung oder planmäßig beabsichtigte Nahrungsentziehung nicht gleichzeitig eine Rolle spielen, stets auch die Herabsetzung des Appetits, welche als Folge der Wasserbeschränkung eintritt

[1]) Literatur s. v. Noorden, l. c. I, 302ff.
[2]) Zeitschr. f. Biologie **38**, 537 (1899).
[3]) Sammlung klinischer Abhandlungen. Berlin 1905. Heft 6.
[4]) Zeitschr. f. diät. u. physik. Therapie **1**, 281 (1898), **2**, 292 (1899).

(v. Noorden), in Rechnung zu ziehen. Dieses berichtigte Ergebnis der Wirkung der Trockenkuren läßt anscheinend kein Zurgeltungkommen der reaktionskinetischen Gesetze erkennen. Theoretisch wäre in Analogie zu den obigen Stoffwechselbeeinflussungen, speziell zur rückläufigen Oxydationshemmung bei der Stauung der Kohlensäure (s. o.) mit der Möglichkeit von Erscheinungen des erschwerten Stoffumsatzes zu rechnen. Die reaktionskinetische Bedingung zum Eintritt derselben, die „Milieuüberladung", scheint gegeben: eine Überschwemmung der Säfte mit den Produkten des krankhaften Zellzerfalls und daneben die erschwerte Stoffausfuhr durch Wassermangel. Es ist nun sehr bemerkenswert, daß man bei näherer Betrachtung der einschlägigen Stoffwechseltabellen der Literatur tatsächlich in ihnen die hier theoretisch postulierte Hemmung des Stoffwechsels registriert findet. Nicht nur geben die Messungen häufig trotz des vermehrten Zerfalls ein deutliches, unter die Norm gehendes Sinken der Harnstickstoffausscheidung als Beweis der Milieuüberladung zu erkennen; auch eine Abnahme des Sauerstoffverbrauchs, eben nicht nur ein Gleichbleiben ist in manchen Versuchen, wofür die beigefügte Tabelle nach Salomon (l. c.) als Beispiel dienen kann, ausgeprägt vorhanden.

	Mittelwert des O_2-Verbrauchs	Maximum des O_2-Verbrauchs	Minimum des O_2-Verbrauchs
Vorperiode (7 Tage, 7 Bestimmungen)	262,5	272,6	247,5
Durstperiode (5 Tage, 5 Bestimmungen)	249,5	274,3	229,8

Diese Verhältnisse der Zahlen sind von den Autoren selber wenig betont, vermutlich z. T. weil die Zurückweisung der Oertelschen Ansichten bei den Arbeiten im Vordergrund stand. Reaktionskinetisch sind sie von größtem Interesse. Auch diese Befunde scheinen eine nicht unwichtige Stütze dafür zu geben, daß es berechtigt und notwendig ist, die Reaktionsbeeinflussung durch die „Konzentration" in die klinischen Probleme der Stoffwechsellehre hineinzutragen. Allerdings ist das bislang vorliegende Material noch gering und sehr lückenhaft. Eins aber ist sicher: die Einführung der Reaktionskinetik in die Stoffwechsellehre verspricht hinsichtlich der Bewertung der Konzentrationsverhältnisse in manchen Punkten neue Anregung und vor allem zugleich eine Förderung gerade in den praktisch wichtigen Fragen.

In enger Beziehung zum Einfluß der Konzentration steht der **Einfluß des atmosphärischen Druckes.** Wie die Reaktionskinetik lehrt (vgl. S. 211) ist die Gesamtheit der gasbildenden Reaktionen durch eine sehr erhebliche Abhängigkeit vom Luftdruck ausgezeichnet. Auch bei der lebenden Hefe fand sich diese ausgeprägte Beeinflußbarkeit wieder: die Luftdruckerniedrigung wirkt absaugend auf die flüchtigen Endprodukte Alkohol und

Kohlensäure und bringt so rückläufig durch Milieuentlastung die sehr erhebliche Stoffumsatzsteigerung der Hefezellen hervor. In den Stoffwechseluntersuchungen bei Luftdruckänderung am Menschen hat bislang die Möglichkeit solcher rückläufigen Beeinflussung keine Berücksichtigung erfahren; allgemein galt die Auffassung: „Der lebenswichtige Bestandteil der Atmosphäre ist der Sauerstoff und allein die Änderungen in seiner Menge sind es, die auf die chemischen Funktionen des lebenden Organismus Einfluß haben können"[1]. Der Verfasser kann diesen Standpunkt nicht teilen. Zahlenmäßig darf folgendes durch die Stoffwechseluntersuchungen am Menschen als festgelegt gelten[2]: Luftdruckverminderung bis zum Barometerwert von 550 mm Hg läßt in den Analysen noch keine Änderung des Stoffwechsels erkennen, von da ab abwärts beginnt, oft unter den sichtbaren Zeichen einer „Atmungssteigerung" ein starker Anstieg der CO_2-Ausscheidung und zugleich ein Anstieg der CO_2-Produktion. An Umfang geringer und zuweilen deutlich erst später einsetzend ist die Veränderung des O-Verbrauchs; sie liegt — entgegen der relativen Sauerstoffarmut der verdünnten Luft — bis auf einzelne Ausnahmen[3] ebenfalls im Sinne einer Steigerung. Dieser Anstieg des O-Verbrauchs ist bislang von den Autoren lediglich auf die Arbeitsvermehrung durch die gesteigerte Atmung bezogen. Schon A. Loewy aber macht darauf aufmerksam, daß diese Vermehrung des O-Verbrauchs als eine „deutliche Nachwirkung des Aufenthalts in verdünnter Luft" noch für einige Zeit bestehen bleibt, nachdem die Versuchsperson die pneumatische Kammer verlassen hat; im Einzelfall wuchs sogar der O-Verbrauch in der ersten Stunde nach Aufhören der Luftdruckverminderung noch über den Wert im Versuch hinaus (O-Verbrauch vor dem Versuch bei 756 mm Barometerstand pro Minute = 223,3; im Versuch bei 419 mm = 240,5; in der ersten Stunde nach dem Versuch wieder bei 758 mm = 245 bis 250 cm). Neben einer verstärkten Ausscheidung der Kohlensäure findet sich somit als Folge der Luftdruckverminderung eine deutliche Mehrbildung von Kohlensäure und daneben, von geringerer Größe und auch erst später bemerkbar werdend, eine Steigerung des Sauerstoffverbrauchs, die im Einzelfall ausgesprochene Nachwirkung zeigen kann — kurz ein Gesamtverhalten des menschlichen Stoffwechsels, welches — analog der experimentellen Reaktionskinetik und analog dem Verhalten der lebenden Hefe — durchaus im Sinne einer rückläufigen Beeinflussung durch Entlastung des Milieus von flüchtigen Endprodukten, d. h. hier der Kohlensäure gelegen ist. Und wiederum scheint in diesem Verhalten die Wirkung der Entlastung vom Endprodukt die Wirkung der Konzentrationsverringerung des Reaktionsausgangsstoffes, wie sie im Sauerstoffmangel bei der Luftverdünnung stets gleichzeitig antagonistisch in Konkurrenz tritt, weit zu überwiegen. Beim Gesunden sind für kurzdauernde Versuche zum Hervorbringen eben merklicher Stoffwechseländerungen Luftdrucksenkungen bis zum Stand von 450 mm erforderlich, d. h. Druckverschiebungen von etwa 300 mm Hg. Die in unseren

[1] A. Loewy, in Oppenheimer, Handbuch der Biochemie l. c. IV, I, S. 220.
[2] Siehe die Zusammenstellung von A. Loewy, ebendort.
[3] Siehe ebendort S. 222. (Fall F. Müller Nr. 4.)

Breiten vorkommenden Schwankungen des Luftdrucks pflegen 30—40 bis 50 mm zu betragen; sie erscheinen zu den Differenzen der obigen Experimente als sehr gering. Immerhin aber ist festzuhalten, daß auch bei den Versuchen der Literatur die Einzelindividuen als recht verschieden befunden wurden: vereinzelt zeigten auch Gesunde um volle 100 mm Hg früher die ersten Veränderungen[1]). Daß aber von den Verhältnissen des Gesunden im reaktionskinetischen Verhalten keine bindenden Schlüsse auf die Zustände bei Kranken erlaubt sind, ist schon oben bei der Wirkung der Konzentrationserhöhung des Luftsauerstoffes gezeigt: beim Gesunden dort eine ganz außerordentlich weitgehende Unabhängigkeit, beim Kranken aber dennoch deutlichste Beeinflussung durch gar nicht einmal extreme Abweichungen. Es ist nicht unwahrscheinlich, daß die Verhältnisse bei der rückläufigen Stoffwechselwirkung der Kohlensäure analoge Differenzen zeigen. Die theoretische Überlegung, aber anscheinend auch die praktische Erfahrung, so z. B. die von den Patienten trotz aller ärztlichen Ablehnung immer wieder bestimmt behauptete Abhängigkeit mancher Krankheitsbeschwerden (bei Gicht, Rheumatismus usw.) von Luftdruckänderungen[2]), scheint solcher Annahme nicht ungünstig. — Über die Wirkung der abnormen Luftdruckvermehrung ist noch kein Urteil möglich; da die bislang gefundenen Stoffwechselwerte zu geringe Ausschläge, noch dazu sowohl nach oben wie nach unten hin, darbieten.

Die **Temperatur,** d. h. hier eine Wärmeveränderung der Körpersubstanz selber, kann als regulierendes Moment des Stoffwechsels für die Zwecke der Therapie nur in sehr beschränktem Maße in Anwendung kommen. An sich ist ihr Einfluß auf den Chemismus des menschlichen Körpers keineswegs gering. Durch umfassende Stoffwechselversuche, namentlich von O. Frank[3]) ist erwiesen, daß die Erhöhung der Körperinnentemperatur um 1° C einen Anstieg der CO_2-Ausscheidung von etwa 7% zur Folge hat. Jeder Temperaturerhöhung des Körpers entspricht ein Anstieg, jeder Temperaturabnahme des Körpers ein Rückgang der Zellreaktionen um den genannten Betrag. Beim Fieber sind sonach bereits sehr erhebliche, den Zellen durch die Temperatur rein passiv aufgezwungene Stoffwechselsteigerungen vorhanden. Für die Therapie kommt bei der Isothermie des Gesamtkörpers im wesentlichen nur eine lokale Verwendung dieses Faktors in Frage. Als ein extremes Beispiel sei die therapeutische Beeinflussung der entzündlichen Stoffwechselsteigerung durch Auflegen von Eis angeführt, bei welcher oftmals noch eine Hochlagerungsanämie, d. h. reaktionskinetisch eine Konzentrationsverringerung des Sauerstoffes und ein Anstauen der Reaktionssendstoffe zu Hilfe genommen wird. Aber neben der Reaktionsgeschwindigkeit scheint auch die Art des Körperchemismus durch die Temperatur beeinflußbar zu sein. Beobachtungen dieser Richtung sind noch selten, doch sei auf

---

[1]) A. Loewy, ebendort S. 221.

[2]) Vgl. hierzu auch die Beobachtungen an Epileptikern: Lomer, Arch. f. Psychiatrie **42**, 1061.

[3]) O. Frank u. S. Voit, Zeitschr. f. Biologie **42**, 351 (1901) u. O. Frank und V. v. Gebhard, ebendort **43**, 117 (1902).

die Angaben von Hansen und Henriques[1]) aufmerksam gemacht, denen zufolge bei Tieren die chemische Zusammensetzung des Fettes in der Körperperipherie je nach der Einwirkung verschiedener Wärmegrade variieren soll.

Als letztes physikochemisches Mittel der Reaktionsbeeinflussung steht die **Katalyse** zur Verfügung. Die allgemeinen Grundlagen dieses Gebietes sind bereits oben (S. 33 und 61) zur Darstellung gekommen. Seitdem der Verfasser 1902 die physikochemische Lehre der Katalyse in die Medizin eingeführt hat[2]), ist nach längerer Zeit erheblicher Ablehnung nunmehr ein Stadium gekommen, in welchem die katalytischen Erscheinungen im Gebiet der Stoffwechsellehre einen gesicherten Platz erhalten haben. So schreibt z. B. E. Abderhalden in der dritten Auflage seines Lehrbuchs der physiologischen Chemie (1915, S. 995) von den Katalysatoren: „Ohne Zweifel spielen solche auch bei der Regulation der Oxydation in den Geweben eine ganz wesentliche Rolle". Über die Abgrenzung des der Katalyse zukommenden Raumes gehen indes auch heute noch die Anschauungen weit auseinander.

Zur therapeutischen Beschleunigung von Stoffwechselreaktionen kommen die folgenden Wege der Katalyse in Betracht[3]):

1. Es kann sich um die Zuführung eines neuen, dem Körper an sich fremden Katalysators handeln (Beispiel: Wirkung des Quecksilbers; s. S. 123).
2. Es kann ein physiologisch vorhandenes Ferment durch einen gleichsinnig wirkenden, stoffverwandten Katalysator in der Wirkung ergänzt oder gesteigert werden (Beispiel: Wirkung des Eisens, siehe S. 214).
3. Es kann indirekt-katalytisch die Wirksamkeit eines physiologisch vorhandenen Körperferments erhöht werden
   a) durch Zuführung mehr oder minder spezifisch aktivierender Substanzen,
   b) durch Schaffung eines für die Fermentwirkung geeigneten Mediums:
      α) durch Zuführung etwa fehlender mineralischer Bestandteile,
      β) durch Verschiebung der H—OH-Ionenkonzentration vermittelst Darreichung von Säure und Alkali.

In den unter 1 und 2 angegebenen Fällen sehen wir den zugegebenen Stoff selber in der Rolle eines Katalysators. Die unter 3 zusammengefaßten Arten der Beeinflussung aber kommen in der Weise zustande, daß ein physiologischer Katalysator, eben das Ferment, durch den neueingeführten Zusatz in eine wirksamere Form übergeführt oder sonstwie in seinem Ein-

[1]) Zitiert nach M. Rubner, Gesetze des Energieverbrauches. Leipzig 1902. S. 143.
[2]) Literatur s. Anm. 1, S. 208.
[3]) Vgl. H. Schade im Bäderalmanach 1907, S. XLVI.

fluß auf die Reaktion begünstigt wird; auch diese Erscheinungen gehören, wenngleich der Zusatzstoff selber nicht als Katalysator auftritt, nach der üblichen physikochemischen Einteilung zum Gebiet der Katalyse. Die Katalyse kennzeichnet eine rein zeitliche Erscheinung; sie besagt im Einzelfall nicht weniger und nicht mehr, als daß für die betreffende chemische Reaktion eine Beschleunigung durch die Anwesenheit eines Stoffes stattfindet, der gemäß der Ostwaldschen Definition nicht in die Reaktionsendprodukte eintritt und nicht während seiner Wirkung aufgebraucht wird. Selbst für die Katalysen des anorganischen Gebietes sind die Einzelursachen des Zustandekommens noch keineswegs immer ausreichend geklärt[1]). Dies aber kann für die Medizin ebensowenig wie es in der allgemeinen und in der technischen Chemie der Fall ist, als eine Hinderung zur praktischen Verwertung gelten.

Als erster, klinisch wichtiger Katalysator sei das **Eisen** genannt. Es gehört physikochemisch zu den sogenannten Gruppenkatalysatoren, d. h. Substanzen, deren katalytische Fähigkeit sich nicht nur bei wenigen Einzelreaktionen, sondern bei ganzen Gruppen chemischer Reaktionen bemerkbar macht. Das Eisen besitzt ganz allgemein in der anorganischen und organischen Chemie besonders als Katalysator von Oxydations-Reduktionsprozessen eine Bedeutung[2]). Diese katalytische Wirkung des Eisens ist nach den Arbeiten des Verfassers[3]) geeignet, eine Grundlage zur Erklärung der Eisentherapie zu geben. Schon aus der chemischen Literatur konnten manche Beispiele von Eisenkatalysen beigebracht werden, welche den Körperreaktionen nicht mehr völlig fern stehen, so z. B. wird die Oxydation von Substanzen, wie Dextrose, Glyzerin, Glykol, Erythrit, Weinsäure u. a.; durch Wasserstoffsuperoxyd vermittelst Eisen als Katalysator sehr erheblich beschleunigt[4]). Besonders eklatant ist die Katalyse der Zuckerverbrennung; sie ist als Demonstrationsversuch einer Katalyse im Reagenzglas vorzüglich geeignet: Dextrose wird in einer wässerigen Lösung des Wasserstoffsuperoxyds nur sehr langsam zersetzt; fügt man aber nur 0,001% Eisensulfat hinzu, so erfolgt schon bei Zimmertemperatur katalytisch eine derart stürmische Zersetzungs- und Oxydationsreaktion, daß sich die Reagenzflüssigkeit spontan um 40—60° erwärmt, ja sogar bis zum Kochen erhitzen kann[5]). Der beste Weg, die Beteiligung der Katalyse bei der therapeutischen Wirkung des Eisens sicher zu stellen, würde im Nachweis der Beschleunigung bestimmter Körperreaktionen bestehen. Auf diesem Wege ist bislang noch keine Entscheidung gewonnen (s. u.). Gleichwohl ist

---

1) Vgl. S. 35.

2) Eine vorzügliche Zusammenstellung des Gesamtmaterials der Katalysen findet sich in G. Woker, Die Katalyse, Bd. 11 u. 12 der Sammlung: Die chemische Analyse. Stuttgart 1910.

3) Vgl. H. Schade, Münch. med. Wochenschr. 1904, 1665 (erste Mitteilung); ferner insbesondere H. Schade, Medizinisch-katalytische Studien. Habilitationsschrift. Kiel 1907 oder H. Schade, Die Bedeutung der Katalyse für die Medizin (1907). F. C. W. Vogel. (Die Habilitationsschrift ist im letztgenannten Buche als erster Teil enthalten.)

4) H. Schade, Die Bedeutung der Katalyse f. die Medizin l. c. S. 55, 56.

5) Ebendort S. 87.

die Annahme katalytisch-therapeutischer Eisenwirkungen durch gewichtige Gründe gestützt. Bekanntlich sind zum Nachweis der physiologischen „sauerstoffübertragenden Kraft" des Hämoglobins eine Reihe charakteristischer Reagentien im Gebrauch. Der Verfasser hat diese benutzt, um an ihnen die Vergleichbarkeit der Eisenkatalyse mit der Hämoglobinwirkung zu prüfen. Diese Versuche haben eine weitgehende Parallele der beiden Vorgänge ergeben. Sämtliche Reaktionen, die beim Hämoglobin zum Nachweis der Sauerstoffübertragung üblich sind, geben mit dem anorganischen Eisen als Katalysator den gleichen Effekt. Sowohl für die Guajakharz-Terpentinemulsion als auch für die Mischung von Guajakharz und Wasserstoffsuperoxyd und ebenso für alle Gemische bei Ersatz des Guajakharzes durch Guajakol, Naphthol, Aloin, Benzidin oder auch Jodkalistärkekleister erwies sich das Eisen[1]) als Sauerstoffüberträger in durchaus gleicher Weise wirksam wie das Hämoglobin; schon kleinste Mengen zeigten vollen Erfolg. Die weitere Untersuchung ergab, daß hier nicht nur eine gleiche chemische Endwirkung auftritt, sondern daß die Vorgänge selber zueinander in engster Verwandtschaft stehen und sogar mit fließender Grenze ineinander übergehen. Beim stufenweisen Abbau des Hämoglobins verbleibt die „sauerstoffübertragende Kraft", d. i. die Katalyse, stets bei derjenigen Komponente, welche das Eisen enthält. Ebenso wie das Hämoglobin ist das Hämatin, welches nach der Abspaltung des Eiweißes vom Hämoglobin den eisentragenden Anteil darstellt, und schließlich sogar dessen Aschesubstanz zur Sauerstoffübertragung befähigt[2]). Nach den Untersuchungen des Verfassers ist der ganzen Skala, dem Hämoglobin, dem Eisenalbuminat[3]), dem Hämatin, den Eisensalzen und schließlich dem metallischen Eisen die Katalyse der Oxydations-Reduktionsprozesse gemeinsam. Ähnlich wie zur Hämoglobinwirkung steht die Katalyse des Eisens aber auch zur Wirkung der in den Zellen allgemein verbreiteten Oxydasen in engster Parallele: ebenfalls die Zelloxydasen enthalten als regelmäßigen Bestandteil eine Eisenverbindung, deren Wirksamkeit im Sinne der Katalyse durch Spitzer[4]) bewiesen wurde. In späteren Arbeiten anderer Autoren ist der Kreis der Beobachtungen noch erweitert. Gigon und Rosenberg[5]) fanden, daß die Eisensalze im Blutserum die diastatischen Eigenschaften aktivieren und kürzlich haben vor allem O. Warburg und Meyerhof[6]) die Beschleunigung der Sauerstoffaufnahme des Lezithins als eine wichtige Katalyse des Eisens hinzugefügt. Gerade dieser Befund hat sehr dazu beigetragen, daß nun auch die Physiologie die Wirkung des Eisens unter dem Gesichtspunkt der Katalyse betrachtet[7]). Wiederholt sind ferner Steigerungen der auto-

---

[1]) Versuche am Eisen als Pulver, siehe H. Schade, Zeitschr. f. experimen. Pathologie u. Therapie **1**, (1905). Versuche mit Eisensalzen u. Eisenalbuminat siehe H. Schade, Die elektrokatalytische Kraft der Metalle. Leipzig, F. C. W. Vogel (1904).

[2]) Schade, Die Bedeutung der Katalyse f. die Medizin l. c. S. 71.

[3]) Als besonders wirksam ist Fersan gefunden, siehe Schade, l. c., S. 70.

[4]) Pflügers Arch. **67**, 615—656.

[5]) Skandinav. Arch. f. Physiologie **20**, 423 (1908).

[6]) Zeitschr. f. physiolog. Chemie **85**, 412 (1913).

[7]) Vgl. O. Warburg, Zeitschr. f. physiol. Chemie **92**, 231 (1914).

lytischen Prozesse durch das Eisen beobachtet, so z. B. an der Leber nach intravenöser oder subkutaner Verabreichung[1]). Dabei ist wichtig, daran zu erinnern, daß ausnahmslos in allen Organen, in jedem Gewebe des Körpers Eisen enthalten ist, und zwar im Gegensatz zum Hämoglobineisen unter normalen Bedingungen stets in einer derart freien Bindung, daß es mit den gewöhnlichen Eisenreagentien nach Art eines Ions reagieren kann[2]). Noch ungehemmter als beim Hämoglobin wird daher dem Eisen des Zelleibs der Weg zu Katalysen geöffnet sein. Rein chemisch zeigt die Katalyse des Eisens bei den Oxydationsprozessen zweierlei Form. Das Eisen wirkt sauerstoffübertragend wie das Hämoglobin, d. h. es beschleunigt Oxydierungen beim Vorhandensein von Superoxyden; aber darüber hinaus wirkt es auch wie die Zelloxydasen, d. h. es beschleunigt ebenfalls solche Oxydationen, bei denen nur gewöhnlicher Luftsauerstoff als Quelle der Oxydierung zur Verfügung steht. Der Nachweis dieser mannigfachen Eisenkatalysen[3]), speziell aber der Umstand, daß diese Katalysen der Hämoglobin- und Oxydasenwirkung im katalytisch-chemischen Enderfolg weitgehend angenähert sind, besitzt für die Beurteilung des Eisens als des spezifischen Medikaments bei den Anämien und der Chlorose großen Wert. Diese Befunde haben einen neuen Einblick in die therapeutische Wirkungssphäre des Eisens geschaffen[4]). Man hat guten Grund, anzunehmen, daß das Eisen auch im Körper der Anämischen — schon bevor es zum eventuellen Aufbau des Hämoglobins oder der Zelloxydasen[5]) verwandt wird — einen funktionellen Ersatz für das fehlende Hämoglobin und vielleicht auch für eine verringerte Oxydasenwirkung der Zellen zu bieten vermag. Wie Morawitz und seine Mitarbeiter bewiesen haben[6]), sind im Blut der Anämischen oft erhebliche Anhäufungen von mangelhaft oxydierten, d. h. noch reduzierend wirkenden Substanzen vorhanden. Während im normalen Blut nur so viel reduzierende Substanz enthalten ist, daß bei nachträglicher Aufbewahrung des Blutes im Blutschrank („Methode der Sauerstoffzehrung") etwa 4—5% des vorhandenen Sauerstoffes zum Verschwinden kommen, sind die Beträge an reduzierender Substanz bei den menschlichen Anämien viel größer, es können nachträglich mehr als 60% des Blutsauerstoffes verschwinden. Gesamtstoffwechselversuche über die Wirkung des Eisens unter planmäßiger Berücksichtigung der Katalyse stehen noch aus. Recht bemerkenswert

[1]) z. B. L. Schapiro, Zeitschr. f. experimentelle Pathologie u. Therapie **11**, 355 (1912); vgl. auch Ascoli u. Izar, Biochem. Zeitschr. **6**, 192 (1907).

[2]) Vgl. z. B. E. Abderhalden, Lehrbuch der physiologischen Chemie 1906, S. 421.

[3]) Ihre Zahl ist neuerdings an Farbstoffoxydationen durch L. Karczag noch sehr erweitert. Biochem. Zeitschr. **117**, 69 u. **119**, 16 (1921).

[4]) Vgl. hierzu von physiologischer Seite besonders als neuere Arbeit O. Warburg, Biochem. Zeitschr. **119**, 134 (1921).

[5]) Die Zelloxydasen scheinen dem Verfasser besonders bei der Chlorose eine Mitberücksichtigung zu verdienen, da die Chlorose nicht allein eine Erkrankung des Blutes sondern vielmehr eine Allgemeinstörung der Gewebe mit gestörtem Wasserwechsel und vielleicht auch gestörter zellulärer Oxydationskraft darstellt.

[6]) Morawitz u. Pratt, Münch. med. Wochenschr. 1908, Nr. 35; Morawitz und Itami, Arch. f. klin. Medizin **100**, 19.

aber scheinen, falls sie sich bestätigen, die Ergebnisse von E. van de Weyer und R. Wybauw[1]). Anscheinend ohne von der Katalyse zu wissen, haben diese Autoren die Beobachtung erhoben, daß unter der Wirkung von Eisenwässern (Spaa) der Stickstoffumsatz in toto gesteigert wurde, daß ferner der ausgeschiedene Stickstoff in höher oxydierter Form auftrat und vor allem, daß diese Erscheinungen schon zu einer Zeit einsetzten, wo im Blut nach Hämoglobingehalt und Erythrozytenzahl noch nichts von einer Hämoglobinvermehrung zu finden war. Die Unabhängigkeit der Eisenwirkung von der Vermehrung des Hämoglobins tritt ebenfalls in den Untersuchungen E. Abderhaldens hervor. Dieser Autor schreibt[2]): „Durch Zusatz von anorganischem Eisen zur Milchnahrung läßt sich nun weder die absolute, noch die pro 1000 g Körpergewicht berechnete Hämoglobinmenge wesentlich beeinflussen. Das zugesetzte Eisen hatte jedoch auffallenderweise eine Beschleunigung des Wachstums der Tiere zur Folge." Diese Beobachtungen zeigen nachdrücklich, daß der therapeutische Erfolg des Eisens nicht an das Zustandekommen einer Hämoglobinvermehrung gebunden ist, daß vielmehr auch unabhängig hiervon durchaus im Sinne der obigen Katalyse eine wirksame Beeinflussung vorhanden ist. Ein Versuch der näheren Spezialisierung der therapeutisch-katalytischen Eisenwirkung ist von Warfwinge[3]) gegeben. Er nimmt an, daß „die Eisenionen als Katalysatoren die Zerlegung der wahrscheinlich vorhandenen und für die Hämoglobinbildung hinderlichen giftigen Stoffe beschleunigen"[4]); der Nachweis solcher Wirkung ist indes nicht erbracht. A. Hofmann[3]) hat anatomisch gezeigt, daß dem Eisen „eine die physiologische Tätigkeit des Knochenmarks stimulierende, die Heranreifung der in ihm produzierten Jugendformen zu kernlosen, in die Zirkulation eintretenden Erythrozyten beschleunigende Wirkung zukommt"[5]). Auch R. Nissen[6]) unter L. Aschoff hat kürzlich nach Elektroferrolinjektionen im Erythroblastengewebe des Knochenmarks Befunde erhoben, die er als Stütze für die Schadesche Lehre der katalytischen Eisenwirkung anspricht.

Die katalytischen Eigenschaften der verschiedenen medikamentösen Eisenpräparate sind durchaus nicht gleich groß; wie die beigefügte Tabelle[7]) zeigen möge, schwanken sie in den weitesten Grenzen:

[1]) Zeitschr. f. diät. u. physik. Therapie **10**, 453 (1906).

[2]) E. Abderhalden, Zeitschr. f. Biologie **39**, 483 (1899). Zitat aus E. Abderhalden, Lehrbuch der physiologischen Chemie 1906, S. 423.

[3]) Virchows Archiv 1900.

[4]) Nord. Med. Arkiv **40**, II, 1—72 (1907); vgl. derselbe (Über Hemmung der Blutkatalyse durch Fremdstoffe [Toxine]) Zentralbl. f. d. ges. Physiologie u. Pathologie (1911), Nr. 19.

[5]) Eine besondere Beziehung des Eisens zu den Zellkernen ist nach den Untersuchungen W. Spitzers (Pflügers Archiv **67**, 615 u. **71**, 596) sicher vorhanden. Auch ist für ein anderes katalytisch wirksames Schwermetall, für das Quecksilber, von Stodel (Les colloides en biologie et en thérapeutique. Paris 1908. S. 177 [Abbildung]) das Auftreten einer erheblichen Zellkernvermehrung beobachtet.

[6]) Zeitschr. f. d. ges. experiment. Medizin **28**, 206, (1922).

[7]) Messungen, auf Veranlassung des Verfassers von K. Dieterich-Helfenberg angestellt. Vergleiche H. Schade, Die Bedeutung der Katalyse in der Medizin l. c. 73.

Vergleichende Messungen der Eisenkatalyse an der Guajakharz-Terpentinreaktion.

	Minimal-konzentration	Minimalgehalt an Fe in %
Liqu. ferri sesquichlorati	1 : 600000	0,00017
Extr. ferri pomat	1 : 20000	0,003
Ferr. albuminat	1 : 10000	0,0004
Liqu. ferri manganat. saccharat. .	1 : 300	0,002
Liqu. ferri pepton. versüßt . . .	1 : 80	0,005
Liqu. ferri albuminat versüßt . .	keine Bläuung	
Liqu. ferri dialysati	keine Bläuung.	

NB.: Defibriniertes Blut ergab bei Verdünnung mit Wasser auf 1:25000 etwa gleiche Reaktion.

Diese Daten sind indes nicht auf die Verhältnisse des menschlichen Körpers übertragbar. Denn nicht der Grad, in welchem ein Präparat an sich zur Katalyse befähigt ist, hat für die Katalyse im Körper Bedeutung. Das entscheidende Moment ist vielmehr darin zu suchen, ob sich das zugeführte Eisen nach der Resorption in einer zur Katalyse geeigneten Form vorfindet und sich in einer solchen längere Zeit zu erhalten vermag. Über Unterschiede dieser Art sind noch keine Kenntnisse gewonnen.

Auf einen häufig erhobenen Einwand gegen die katalytische Erklärung der Eisentherapie sei hier etwas näher eingegangen, zumal da er die Gelegenheit bietet, eine wichtige Stoffwechselfrage allgemeiner Art zu erörtern. Der Einwand wird daraus abgeleitet, daß der Gesamtstoffwechsel der Anämischen nicht gegen die Norm herabgesetzt, sondern mindestens von normaler Größe, wahrscheinlich sogar etwas erhöht ist. Aus diesem Befunde wird gefolgert, daß eine Steigerung von Oxydationen nicht im Sinne einer Heilung liegen könne und daß daher die katalytische Wirkung des Eisens im obigen Sinne nicht für die Therapie in Frage kommt. Solcher Einwand beruht auf einer Verkennung der regulatorischen Kräfte des Stoffwechsels. Die Fähigkeit zur regulatorischen Anpassung des Körperchemismus ist außerordentlich groß; der Grund dieser Einrichtung ist biologisch verständlich, da ja in letzter Linie der Stoffwechsel es ist, der für die Gesamtheit aller zu- und abströmenden Energien des Körpers die Bilanz erhält. Einen vorzüglichen Beleg der weitgehenden Anpassung gibt das Beispiel des Diabetes. Hier ist in schweren Fällen ein denkbar großes Gebiet, der gesamte Kohlehydratumsatz, für die energetischen Zwecke ausgeschaltet, und doch ist selbst hier, wie die Untersuchungen einwandfrei zeigen, in der Größe des Gesamtenergieumsatzes nichts von einer Abnahme zu finden. Eine Hemmung des einen Gebiets wird vom Stoffwechsel weitgehend durch Mehrumsatz auf den anderen Reaktionsgebieten zum Ausgleich gebracht. Im allgemeinen aber wird jede regulatorisch aufgezwungene Umstellung des Stoffwechsels die Ökonomie der Ausnutzung verschlechtern, so daß beim stoffwechselgestörten Körper für eine bestimmte Arbeit, und sei es auch nur die Selbsterhaltung des Körpers in der Ruhe, ein gegen die Norm erhöhter Energieaufwand erforderlich wird. In solchem Sinne muß der paradoxe Satz gelten, daß eine jede Stoffwechselhemmung in einer

Erhöhung des Gesamtumsatzes ihren Ausdruck findet[1]). Eine derartige Änderung des Stoffwechsels zeigt auch der Anämische in der Ruhe; er hat eine zwar weitgehend, doch zumeist nicht völlig kompensierte Stoffwechselinsuffizienz[2]). Bei starker Beanspruchung geht diese wie alle anderen Insuffizienzen in ein Stadium deutlicher Dekompensation über: die Energie des Stoffwechsels läßt im Vergleich zum Gesunden vorzeitig nach. Die Methode der „funktionellen Prüfung" nach Fr. Kraus hat dieses Stadium für die Anämischen klinisch erwiesen[3]). Erzwingt man für längere Zeit durch starke elektrische Reize in einem begrenzten Muskelbezirk maximale Kontraktionen, so bleibt der Mehrverbrauch des Anämischen sehr bald hinter dem Normalmaße des Gesunden zurück[4]); mechanisch meßbar läßt der Effekt der Muskelkontraktion vorschnell nach und im subjektiven Gefühl tritt die „Ermüdung" verfrüht in zwingender Weise auf. Sowohl dieser Befund wie die Anhäufung der reduzierenden Substanzen im Blut (s. o.) läßt über die Herabsetzung der Stoffwechselenergie bei Anämischen keinen Zweifel. Der oben bezeichnete Einwand gegen die katalytische Erklärung der Eisentherapie ist daher nicht berechtigt.

Im engen Zusammenhang mit den Problemen der Blutkatalyse stehen die Untersuchungen, welche die **physikochemischen Details der normalen Oxydationsvorgänge** zum Gegenstand haben. Auch auf diesem Gebiet wird eine außerordentlich feine Spezialisierung der fermentativen Einzelwirkungen angetroffen. Im einzelnen sind zu unterscheiden:

1. Substanzen, welche fermentähnlich die Oxydierung von Stoffen vermittelst des gewöhnlichen Luftsauerstoffs herbeiführen, d. h. reaktionskinetisch gesprochen, welche derartige Oxydationsreaktionen katalytisch beschleunigen — Oxydasen.

2. Substanzen ähnlicher Wirkung, aber mit dem scharf innegehaltenen Unterschied, daß nicht der einfache Luftsauerstoff, sondern nur ein in Superoxydform vorhandener Sauerstoff als Quelle der Sauerstoffentnahme verwandt wird — Superoxydasen.

3. Substanzen, welche fermentähnlich Superoxyde in Sauerstoff und einen Restkörper von einfacher Oxydstufe spalten, dabei aber in strenger

[1]) Wenn, wie beim Diabetes, in der Ruhe eine merkliche Erhöhung des Gesamtumsatzes fehlt, ist demnach sehr daran zu denken, daß der Körper zum Ausgleich seiner dauernden Mehrleistung irgendwo eine Einsparung an Energie, z. B. durch Erschlaffung der Muskeln oder durch thermische „Einstellung auf Sparbetrieb" (vgl. H. Schade, Zeitschrift für die gesamte experimentelle Medizin **7**, 361, 362 [1919]) vornimmt. Die sogenannte „Ruhe des Körpers" wird keineswegs für die Einzelindividuen ein identischer Begriff sein. — Daneben wird indes nicht verkannt, daß es auch Stoffwechselstörungen, sowohl Erhöhungen wie Herabsetzungen (s. u. S. 235) gibt, welche selbst bei „Körperruhe" diese Kompensierung nicht zeigen, sondern die primäre Richtung der Stoffwechselstörung deutlich in der Gesamtbilanz zum Ausdruck kommen lassen (Myxödem usw.).

[2]) Für den Ausgleich spielt eine Vermehrung der Pulszahl, eine Erhöhung des Schlagvolumens und damit eine Vergrößerung des in der Minute geförderten Blutvolumens (Minutenvolumen) eine wichtige Rolle. L. Mohr, Zeitschr. f. experim. Pathologie u. Therapie **2**, 435ff. (1906), u. J. Plesch, ebendort **6**, 518 (1909).

[3]) Vgl. P. F. Richter, Stoffwechsel und Stoffwechselkrankheiten 1911 (2. Aufl.) 269.

[4]) Kakehi, Biochem. Zeitschr. **76**, 248 (1916).

Scheidung von den eigentlichen Oxydationsfermenten keine Oxydation mit dem durch die Spaltung freiwerdenden Sauerstoff zustande kommen lassen — Katalasen.

Das Hämoglobin wirkt — unabhängig von seiner Eigenschaft, Sauerstoff zu binden — rein als Superoxydase[1]); Oxydasen[2]) und Katalasen[3]) sind daneben im Blut vorhanden. Die Oxydasen werden je nach der Richtung ihrer Wirkung noch weiter spezifisch unterschieden: einzelne oxydieren nur Purine (= Purinoxydasen), andere nur Aldehyde (= Aldehydoxydasen) usw. —

Die Verwirrung der Auffassungen[4]) und der Nomenklatur, welche zurzeit noch die Literatur dieses Gebietes beherrscht, ist zum Teil dadurch entstanden, daß man es als eine notwendige Aufgabe ansah, bei den hier beteiligten Substanzen des Blutes eine Grenze zwischen „wirklichen Fermenten" und nur organischen resp. anorganischen Katalysatoren aufzufinden und theoretisch durchzuführen. Diese Bemühungen sind fruchtlos geblieben[5]) und mußten es bleiben, weil eben diese gesuchte Grenze eine durchaus fließende ist[6]). Gleichwohl ist es für die Beurteilung der therapeutischen Eisenwirkung nicht ohne Interesse, daß beim Hämoglobin die Entscheidung einheitlich dahin angenommen wurde, daß keine Fermentwirkung, sondern „nur eine Katalyse" vorliegt[7]).

Über die Art des Zusammenwirkens dieser Fermente resp. dieser „Eigenkatalysatoren"[8]) des Blutes ist physiologisch noch wenig bekannt[9]). Gleichwohl sind bereits Anfänge vorhanden, welche auch dieses Gebiet in den Dienst der Klinik stellen. Für alle drei katalytisch-fermentativen Wirkungsarten sind erste vergleichende Messungen am Blut von Gesunden und Kranken zu verzeichnen, so quantitative Messungen der Oxydasewirkung von H. Kastle und L. Amoß[10]) u. a., der Superoxydase-

---

1) Vgl. Liebermann, Pflügers Archiv **108**, 497.

2) Sehr reichlich namentlich in den polynukleären Leukozyten. Da die Guajaktinktur nach Liebermann (Pflügers Arch. **104**, 207 (1904)) selbst superoxydartigen O enthalten kann, müssen zur Prüfung der Oxydasewirkung andere Sauerstoffakzeptoren wie Guajakol, Guajakonsäure, Benzidin oder Leukomalachitgrün benutzt werden. (Literatur siehe C. Oppenheimer, Die Fermente. 3. Aufl. II, 355.)

3) Katalasen sind in allen Organismen ungemein verbreitet vorhanden; das bekannte Aufschäumen des Wasserstoffsuperoxyds bei der Berührung mit Blut oder Gewebe ist eine Katalasewirkung. Eine genaue physikochemische Untersuchung dieser Wirkung hat Senter, Zeitschr. f. physikalische Chemie **47**, 257, gegeben.

4) Die Katalasewirkung hat, wie schon Senter (s. vorige Anm.) nachwies, nichts mit der Superoxydasewirkung des Eisens im Hämoglobin zu tun; sie steht ebenfalls, wie der Verfasser stets hervorgehoben hat (vgl. z. B. H. Schade, Die Bedeutung der Katalyse für die Medizin 1907, l. c.) völlig außer Zusammenhang mit der Katalyse der therapeutischen Eisenwirkung. Die Gegnerschaft H. Kionkas in dieser Frage (Zeitschr. f. exp. Pathologie u. Therapie **18**, 188 (1916)) ist daher nicht berechtigt.

5) Vgl. C. Oppenheimer, Die Fermente, l. c. II, 337ff.

6) Siehe im Teil I, S. 61.

7) Vgl. C. Oppenheimer, Die Fermente, l. c. II, 350.

8) Dieser Ausdruck scheint dem Verfasser am besten geeignet, um eine Unterscheidung gegen etwa zufällig eingeführte katalytisch wirkende Stoffe zum Ausdruck zu bringen.

9) Vgl. z. B. Oppenheimer, Handbuch der Biochemie, l. c. Ergänzungsband 1912 S. 133—181 (A. Bach).

10) Public Health and Marine-Hospital Service of the United-States. Hygienic Laboratory. Bulletin Nr. 31. August 1906. Washington.

wirkung von den gleichen Autoren[1]) und der Katalasewirkung von A. Jolles und M. Oppenheimer[2]). Die schon von den letztgenannten Autoren gefundenen Unterschiede der „Katalasenzahl" haben seit den Untersuchungen von van Thienen[3]), der die Katalasenzahl zur Menge der Erythrozyten rechnerisch in Beziehung setzte und so den „Katalasenindex" der roten Blutkörperchen aufstellte, eine praktische klinische Bedeutung gewonnen. Während der Katalasenindex sich bei den übrigen Blutkrankheiten innerhalb relativ enger Grenzen um den Normalwert bewegt, ist er bei der perniziösen Anämie (ebenso bei der Phenylhydrazinanämie, nicht aber bei der Toluylendiaminämie) im Gegensatz zu den sonstigen klinischen Anämien von abnormer Höhe. Andere Autoren haben dies Ergebnis bestätigt[4]). R. Nissen[5]) spricht diese Indexerhöhung als physikochemischen Ausdruck der Megalozytose und Hyperchromie an. Nach R. Neumann[6]) ist nur der positive Befund für perniziöse Anämie beweisend; während der Zeiten der Remission dieser Krankheit wurde von ihm die Erhöhung des Katalaseindex vermißt.

Verwandt ist auch die sogenannte „Katalysatorenmethode" der Blutuntersuchung, wie sie in Weiterführung eines früheren Hinweises des Verfassers[7]) von Weichardt ausgearbeitet wurde[8]). Geht man von einem katalytischen System (Katalysator + zugehörige Reaktion) genau bekannter Art aus, so läßt sich an ihm prüfen, ob verschiedene Zusatzflüssigkeiten eine gleiche Wirkung auf den Betrag der Katalyse ausüben oder nicht. Da die Beeinflußbarkeit der Katalyse durch Zusätze oftmals ganz außerordentlich groß ist, hat man in dieser Weise ein Mittel, um feine Unterschiede der zugesetzten Flüssigkeiten zu erkennen. Die Methode gestattet sowohl mit Hämoglobin als auch z. B. mit kolloidem Osmium als Katalysator klinische Unterschiede des Blutes festzustellen. Eine besondere Rolle spielen dabei nach Weichardt etwa im Blut vorhandene Eiweißspaltprodukte: geringste Mengen derselben aktivieren die Katalyse, große setzen sie herab. Bei der Schwangerschaft und ebenso bei krankhaften Störungen des Eiweißstoffwechsels (Proteotoxikosen) wurden Werte abnormer Beeinflussung des Katalysators mit dieser Methode gefunden[9]).

Die katalytische Wirkung, wie sie uns im vorstehenden beim Eisen begegnet ist, bildet keine Sondererscheinung allein dieses Metalles. Ähnlich ausgeprägte katalytische Eigenschaften besitzen mehr oder minder

---

[1]) Public Health and Marine-Hospital Service of the United-States. Hygienic Laboratory. Bulletin Nr. 31. August 1906. Washington.

[2]) Virchows Archiv **180**, 185 (1905).

[3]) Deutsch. Arch f. klin. Medizin **131**, 113. (1920).

[4]) H. Strauß und G. Rammelt, Bioch. Zeitschr. **122,** 137 (1921); vergl. beide folgenden Anmerkungen.

[5]) Zeitschr. f. klin. Medizin **92**, 1 (1921).

[6]) Deutsch. Arch. f. klin. Medizin **137**, 324 (1921).

[7]) Vom Verfasser ist schon 1907 in dieser Weise eine Untersuchung der Luft in überfüllten Räumen usw. angeregt. Schade, Die Bedeutung der Katalyse für die Medizin. F. C. W. Vogel. (1907.) S. 168.

[8]) Literatur s. Teil III, S. 589.

[9]) Vgl. auch Engelhorn, Münch. med. Wochenschr. 1913, 1095.

alle Schwermetalle, so besonders das Quecksilber, das Silber, das Gold, das Platin, das Kupfer und manche mehr[1]). Die katalytische Befähigung ist hier immer eine Eigenschaft des Metalls und kommt mit der Vergrößerung der Oberfläche stets stark sich vermehrend zur Geltung[2]). Am wirksamsten sind im allgemeinen die Metallionen und die kolloiden Zustandsformen; durch eine Bindung des Metalls an Eiweiß wird die Wirkung zwar verringert, doch nicht aufgehoben[3]). Die katalytischen Wirkungen der einzelnen Metalle sind keineswegs identisch; jedem einzelnen Metall ist ein ihm spezifisch zugehöriger Kreis katalysierbarer Reaktionen eigen[4]).

Medizinische Wichtigkeit hat die katalytische Wirkungskomponente der Metalle außer beim Eisen besonders beim **Quecksilber** und beim **Silber** (Kollargol und ähnliche kolloide Präparate) gewonnen (H. Schade). Im Kapitel der Infektionskrankheiten sind beide Metallwirkungen bereits Gegenstand der Besprechung gewesen; hier möge daher ein Hinweis genügen[5]).

Von den übrigen Edel- und Schwermetallen hat keines in Deutschland eine größere therapeutische Anwendung gefunden[6]). Im Ausland, speziell in Frankreich, ist die Zahl der ärztlich verwendeten Metalle sowie das Indikationsgebiet ihrer Verwendung weiter gezogen (A. Robin[7]), E. Weil, G. Stodel[8]) u. a.). Daß prinzipiell auch noch andere Metalle für Katalysen in der Zelle in Betracht kommen könnten, dürfte besonders nach einer Beobachtung des Physiologen O. Warburg nicht als ausgeschlossen erscheinen: am Beispiel der Strongylozentrotuseier hat er den Nachweis gebracht, daß auch die Metalle Gold und Kupfer (übrigens ebenso Silber) in Konzentrationen von $^1/_{10000}$ bis $^1/_{100000}$ Grammatom pro Liter Oxydationsbeschleunigungen in den Zellen von 20—60%, bei unbefruchteten Eiern bis zu 700% entstehen lassen[9]).

Außer den Metallen ist auch das **Jod** eine Substanz, von der eine große Zahl sehr bemerkenswerter Katalysen bekannt ist. Auf die Analogie, in welche hierdurch das Jod zu seinem Parallelmedikament bei der Lues, zu dem

---

[1]) H. Schade, Die elektrokatalytische Kraft der Metalle l. c. 1904 usw.; ferner Anm. 1, S. 208.

[2]) H. Schade, ebendort; vgl. auch dieses Buch S. 121 u. 124.

[3]) H. Schade, Zeitschr. f. experim. Pathologie u. Therapie **1**, 603 (1905) und frühere Arbeiten.

[4]) H. Schade, Medizinisch katalytische Studien. Habilitationsschrift. Kiel 1907. S. 50—69.

[5]) Siehe S. 120ff., ferner im Kapitel der Darmkrankheiten S. 272.

[6]) Mit einiger Wahrscheinlichkeit dürfte die neuerdings vielfach diskutierte günstige Wirkung der Gold- und Kupferpräparate auf die Tuberkulose zum Kapitel der Katalyse Beziehungen haben (vgl. dieses Buch S. 123, die Beobachtung von Calmette), sowie die Beobachtung von O. Warburg, Anm. 9.

[7]) A. Robin, Les ferments métalliques et leur emploi en thérapeutique. Paris. J. Rueff. (1907.)

[8]) G. Stodel, Les colloides en biologie et en thérapeutique. Paris. Vigot Frères. (1908.)

[9]) O. Warburg in Ergebnisse der Physiologie **14**, 279 (1914).

Quecksilber tritt, ist bereits früher vom Verfasser verwiesen worden[1]). Auch beim Jod ist die katalytische Befähigung eine solche, daß sie sich an der Guajakharz-Terpentinprobe und den ihr verwandten Reaktionen geltend macht[1]). Stoffwechselversuche bei Jodsalzdarreichung lassen allerdings in der Gesamtbilanz keine Abweichung von der Norm erkennen; wie oben (S. 230) gezeigt, ist aber damit ein Beweis im ablehnenden Sinne nicht erbracht. Die klinischen Beobachtungen, speziell die auffallende Abmagerung, welche nach langdauerndem Jodgebrauch Regel ist, sowie die gleichzeitig auftretende Atrophie drüsiger Organe lassen trotzdem sehr an die Mitbeteiligung einer Stoffwechselwirkung denken. Einzeleinflüsse des Jods auf chemische Reaktionen des Körpers sind wiederholt beobachtet. Der Anstieg der Trypsinwirkung im tuberkulösen Eiter nach Jod- oder Jodoformbehandlung ist eine bekannte Erscheinung[2]); doch ist hier wegen des Interkurrierens einer vermehrten Leukozyteneinwanderung und eines vermehrten Leukozytenzerfalls die Beurteilung schwierig. Wichtiger erscheint die nach lokaler und allgemeiner Jodbehandlung aufgefundene deutliche Verstärkung der Oxydasereaktion (A. Poddighe[3])) sowie die beträchtliche Vermehrung der Leberautolyse (Kepinow[4])). Immerhin aber darf eine Stoffwechselwirkung des anorganischen Jods im Sinne einer Katalyse bislang nur als möglich, vielleicht als wahrscheinlich gelten. Ganz anders steht es mit dem Jod in der spezifischen Bindungsform des Thyreojodins. Hier ist die stoffwechselsteigernde Wirkung durch zahlreiche Versuche sichergestellt. Das Schilddrüsenjod ist der energischste Katalysator, der für den Stoffwechsel des Menschen bekannt ist, sei es, daß die Zuführung durch die physiologische Sekretion oder therapeutisch per os bewirkt wird. Gelangt das Thyreojodin vermehrt in die Zirkulation, so entsteht bekanntlich das stärkste Bild einer Stoffwechselüberstürzung; wird es zu spärlich gebildet, tritt umgekehrt mit den Erscheinungen des Hypothyroidismus das andere Extrem, die ausgeprägteste Hemmung des Gesamtstoffwechsels zutage[5]). Dabei ist stets die Beziehung zur Menge des Jods deutlich vorhanden: wird das Thyreojodin jodärmer, so wird es auch zur Stoffwechselbeschleunigung unwirksamer; steigt dann durch Darreichung von Jodkali oder anderen Jodpräparaten der Jodgehalt des Thyrojodins wieder an, so nähert sich auch der katalytische Stoffwechseleinfluß wieder der Norm[6]). Über Unterschiede des kolloiden Verhaltens des Jods bei Kropfkranken hat K. Kottmann eine interessante Untersuchung geliefert[7]).

---

[1]) H. Schade, Zeitschr. f. experimentelle Pathologie u. Therapie **1**, 603 (1907).

[2]) B. Heile, Zeitschr. f. klin. Medizin **55**, 510 (1904); ferner Jobling u. Petersen, Journ. of experim. Medizin 19, 383 (1914).

[3]) Giorn. internaz. di scienze medic. **36**, 261 (1914).

[4]) Biochem. Zeitschr. **37**, 238 (1911).

[5]) Literatur siehe A. Biedl, Innere Sekretion (1913), 2. Aufl. I, S. 160ff. und 209ff.; vgl. dazu auch die sehr bemerkenswerte Verlangsamung der Heilungsvorgänge nach Fraktur, ebendort S. 156, u. ferner S. 208 (Arbeit von E. Bircher).

[6]) Literatur siehe H. Meyer u. R. Gottlieb, Die experimentelle Pharmakologie. (1910.) S. 336.

[7]) Schweizer med. Wochenschr. **50**, 644 (1920).

Unter den Hormonen des Stoffwechsels sind weiter noch besonders die **spezifischen Substanzen der Geschlechtsdrüsen** als Katalysatoren zu nennen. Sowohl für die Hoden-[1]) wie für die Ovarialsubstanzen[2]) sind stoffumsatzsteigernde Wirkungen einwandfrei festgestellt. Es verlohnt sich, darauf aufmerksam zu machen, daß schon die übliche Auffassung der Hormone, soweit deren Wirkung sich auf die chemischen Vorgänge des Körpers bezieht, der Katalyse weitgehend entspricht, ja daß sogar begrifflich die Bezeichnung Hormon (von ὁρμάω = ich rege an) für die Anwendung auf chemische Reaktionen mit der Ostwaldschen Definierung des Katalysators so gut wie identisch ist. Auch hier wird daher eine möglichste Anlehnung der Erscheinungen an die einfachere und in ihren Gesetzmäßigkeiten klar erkannte Katalyse von Vorteil sein. Es ist physikochemisch eine Notwendigkeit, die Hormone, soweit sie direkt auf die chemischen Reaktionen des Stoffwechsels einwirken, ähnlich wie die Fermente als eine durch ihre Herkunft oder sonstige Besonderheiten abgegrenzte Spezialgruppe der Katalysatoren zu betrachten.

Es ist nicht unwahrscheinlich, daß die Katalyse auch in der Lehre der **Vitamine** eine Bedeutung erlangen wird. Diese Lehre hat bekanntlich ihren Ausgang von der Stoffwechselstörung des Beriberi genommen, eine Krankheit, die bei Mensch und Tier durch langfortgesetzte einseitige Ernährung mit geschältem Reis herbeigeführt und nachträglich in sehr prompter Weise durch Zufuhr der Reisschalensubstanzen zur Heilung gebracht werden kann. C. Funk[1]) hat die Kenntnis der hier wirksamen Substanzen — sie lassen sich z. B. im Lipoidextrakt isolieren — sehr gefördert und zugleich die Bedeutung dieser von ihm als „Vitamine“ bezeichneten Stoffe für eine Reihe weiterer Erkrankungen, wie Barlowsche Krankheit, Skorbut, Mehlnährschäden und Stoffwechselstörungen infolge einseitiger Ernährung mit langsterilisierter Milch wahrscheinlich gemacht. „Die Vitamine befinden sich in unserer Nahrung in sehr kleinen Mengen und doch beherrschen sie das ganze Stoffwechselgebiet in ungeahnter Weise.“ „Vitamine sind Substanzen, die in sehr geringer Menge aktiv sind, sie sind auch thermolabil; sie erinnern demnach an Fermente“[3]). Sie unterscheiden sich aber aufs deutlichste von den Körperfermenten dadurch, daß sie von außen mit der Nahrung zugeführt werden müssen. Ihre Wirkung beruht schwerlich darauf, daß sie als Aufbausubstanz etwa für Körperfermente dienen; denn die Heilwirkung tritt bei intramuskulärer Injektion ganz unmittelbar zutage: bei der experimentellen Beriberi der Tauben durch Injektion von 4—8 mg schon ausgeprägter Erfolg in 2—3 Stunden[1]). So nahe auch die Beziehung zur Katalyse erscheint, so fehlt doch zurzeit noch völlig eine experimentelle Grundlage, welche den Zusammenhang der Erscheinungen mit der Kata-

[1]) A. Loewy u. S. Kaminer, Berl. klin. Wochenschr. 1916, 1123; ferner A. Loewy, Pflügers Archiv **159**, 1, und A. Reprew, ebendort **156**, 330.

[2]) A. Loewy u. P. Fr. Richter, Arch. f. Anatomie u. Physiologie, Suppl. 174 (1899), Zentralbl. f. Physiologie **16**, 449.

[3]) C. Funk, Die Vitamine, ihre Bedeutung für Physiologie und Pathologie mit besonderer Berücksichtigung der Avitamosen (Beriberi, Skorbut, Pellagra, Rachitis). Wiesbaden, J. F. Bergmann. 1914.) — Die Zitate s. S. 5 und 6 und 45.

lyse beweist[1]). Die prinzipielle Sonderstellung dieser Stoffe wird am besten durch die Bezeichnung als „akzessorische Nährstoffe" (Hofmeister) zum Ausdruck gebracht.

Wie der Verfasser bereits in seiner Monographie der Katalyse hervorhob[2]), ist unter den therapeutisch bedeutsamen Stoffen noch für bestimmte andere Substanzen aus der Art ihres therapeutischen Erfolges auf die Möglichkeit einer katalytischen Wirkungskomponente zu schließen. Besonders wurde der Schwefel, der Phosphor und das Arsen genannt. Zwar hat sich inzwischen das Material der Beobachtungen gemehrt[3]); doch sind auch heute noch die Unterlagen zu einem Urteil nicht ausreichend. Nur für die narbenerweichende Wirkung des Fibrolysins (= Thiosinamin, ein Derivat des Schwefels) dürfte durch die Untersuchungen von Starkenstein[4]) eine katalytische Wirkung als nachgewiesen gelten.

Noch auf eine weitere Frage, die sich aus der Übertragung der Katalyse in die Stoffwechsellehre ergibt, sei hier die Aufmerksamkeit gelenkt. Als die physikalische Chemie begann, die chemischen Reaktionen in größerer Zahl auf die Art ihres Ablaufs zu prüfen, ist man bald Vorgängen begegnet, bei denen mitten während der Reaktion ein zumeist recht plötzlicher Anstieg der Geschwindigkeit bemerkbar war. Es sind dies die sogenannten **Autokatalysen.** Sie entstehen immer dann, wenn unter den auftretenden Reaktionsprodukten sich ein solches befindet, welches auf die Reaktion selber einen katalytischen Einfluß ausübt. Bei den Oxydations- und Zersetzungsreaktionen der organischen Substanzen scheinen derartige autokatalytische Beschleunigungen besonders häufig zu sein. Auch unter den Reaktionen des menschlichen Körpers sind bereits Autokatalysen bekannt. Ein gut untersuchtes Beispiel bietet die Umbildung des Trypsinzymogens

---

[1]) Vielleicht werden die Untersuchungen des Gebietes der physiologischen Autokatalysen (s. S. 237—239) gerade auch für die Vitamine wichtige Aufschlüsse bringen.

[2]) H. Schade, Die Bedeutung der Katalyse für die Medizin l. c., S. 151ff.

[3]) Bezüglich des Phosphors hat Birk (Monatshefte f. Kinderheilkunde **7**, 450) und Schabad (Berl. klin. Wochenschr. 1909, Nr. 20) eine Gesamtsteigerung des Stickstoffwechsels schon wenige Tage nach Darreichung von Phosphorlebertran gefunden. Bezüglich des Arsen sind von M. Ascoli und G. Izar Steigerungen der bei der Harnsäurebildung beteiligten Fermentwirkungen (Biochem. Zeitschr. **10**, 370 [1908]) sowie Anstiege der Autolyse (ebendort **17**, 388 [1909]) festgestellt; vgl. besonders auch A. Bornstein und H. Prost, Arch. f. Dermatologie und Syphilis **129**, 159 (1921). L. Heß u. P. Saxl (Zeitschr. f. experiment. Pathologie und Therapie **5**, 89) haben hingegen eine Hemmung der Autolyse gefunden. Vgl. hierzu besonders auch H. Meyer und R. Gottlieb, Die experimentelle Pharmakologie 1910, S. 339, unter der Gruppe: „Oxydationshemmende Stoffe". Es könnte scheinen, als wenn mit der Einreihung des Phosphors und Arsens unter eine solche Gruppe der schroffste Gegensatz zu einer katalytischen Auffassung der Wirkungen gegeben wäre. Aber die Ausführungen zeigen, daß für kleinste, d. h. gerade die therapeutischen Konzentrationen die Wirkungsrichtung sich oft umkehrt und daß unter den angeführten Einzelheiten auch manche ausgeprägte Begünstigung des Stoffwechsels verzeichnet ist. Die Ausführungen des Verfassers (s. dieses Buch S. 230—231) verdienen auch hier Berücksichtigung.

[4]) Münch. med. Wochenschr. 1909, Nr. 51; vgl. dazu F. Mendel, Therapie der Gegenwart **52**, 155 (1911).

zu Trypsin. Die Reaktion ist eine typische Autokatalyse (H. M. Vernon[1])): sie beginnt langsam; sobald aber einmal eine kleine Menge des Trypsins gebildet ist, wirkt dieses sofort als Katalysator und läßt die weitere Trypsinbildung mit starker Beschleunigung vor sich gehen. Die Gelegenheit zu katalytischer Beeinflussung durch Stoffe, die aus der Reaktion selber hervorgehen, wird noch erheblich größer, wenn man statt einer Einzelreaktion mehrere Reaktionen nebeneinander vor sich gehen läßt. Je größer die Zahl der kombiniert verlaufenden Reaktionen ist, um so leichter wird der Fall eintreten, daß eine Substanz entsteht, welche sich für eine der ablaufenden Reaktionen als Katalysator erweist. Es besitzt demnach größte Wahrscheinlichkeit, daß auch bei den vielgliedrigen und sich mannigfach durchkreuzenden Kettenreaktionen des menschlichen Körpers autokatalytische Vorgänge nicht fehlen. Für die Stoffwechselforschung erwächst daher die Aufgabe, auch nach dieser Richtung die Untersuchungen auszudehnen. Die Frage muß lauten: Sind unter den zahllosen Substanzen des Stoffwechsels, speziell unter den intermediär entstehenden Produkten solche auffindbar, welche für die Reaktion ihrer Entstehung oder — dies ist praktisch von gleicher Wichtigkeit — für irgend eine andere Reaktion des Stoffwechsels katalytisch wirksam werden. Es wird in Vorschlag gebracht, die letztere Art der Vorgänge kurz als **„Allokatalysen"** von den Autokatalysen im strengeren Sinne zu unterscheiden. Vorerst ist dieses Gebiet noch fast Neuland. Gleichwohl sind aber auch heute schon im Material der physiologisch-chemischen Beobachtungen manche Befunde enthalten, welche für die klinische Seite dieser Fragen Bedeutung haben. So ist für das Lezithin im chemischen Experiment durch T. Thunberg[2]) eine wichtige katalytische Eigenschaft festgestellt: das Lezithin zeigt sich als ein sehr wirksamer Katalysator bei der Oxydierung der Thiokörper (z. B. des Zystein). H. Euler und Bolin[3]) und neuerdings namentlich E. Herzfeld[3]) haben weitere wichtige Beobachtungen in größerer Zahl beigebracht. Glykokoll, Leucin, Alanin, Glutaminsäure, Dipeptide, Peptone und Aminosäuren, sie alle sind bei bestimmten organischen Reaktionen, so namentlich bei der Hydrolyse der Eiweiße als katalytisch wirksam befunden[4]). Auch an Einzelzellen ist beobachtet, daß die Peptone die Bildung der Invertase (bei der Hefe) und ähnlich der Diastase (bei den Penizillien) intensiv beschleunigen[5]), eine Wirkung, für die nach obigem sehr wohl eine Katalyse als Ursache in Betracht kommen könnte. Abelin und Jaffé finden beim Tier eine Beschleunigung des Glykogenabbaues in der Leber unter dem Einfluß von proteinogenen Aminen[6]). Auch die **„Mediumkatalysen"** werden mit Wahrscheinlichkeit im intermediären Stoffwechsel eine Rolle

---

[1]) M. H. Vernon, Journ. of physiol. **28**, 375 (1192); **47**, 325 (1913); vgl. ferner J. Mellauby und Woolley, ebendort **45**, 370 (1912); **46**, 159 (1913); **47**, 339 (113).

[2]) Skandinav. Arch. f. Physiol. **30**, 285 (1913).

[3]) Zeitschr. f. physiol. Chemie **57**, 80 (1908); **61**, 1, 72 (1909).

[4]) Biochem. Zeitschr. **68**, 402 (1915).

[5]) Vgl. Winterstein, Handbuch der vergleichenden Physiologie der niederen Tiere 1910, Bd. II, I, S. 248 u. 250 (Biedermann).

[6]) Biochem. Zeitschr. **102**, 39 (1920).

spielen. Unter den Ergebnissen dieses Gebiets verdient es vor allem hervorgehoben zu werden, daß sämtliche Arten der Lösungsbeeinflussung (so besonders das Hinzutreten ausfällender oder gut lösender organischer Substanzen) sehr starke Verschiebungen der Reaktionsgeschwindigkeit, sowohl Beschleunigungen wie Hemmungen, zur Folge haben. Ebenfalls ist gelegentlich der Grad der Viskosität der Lösung von entscheidendem Einfluß, wie F. Raschig[1]) an einem sehr charakteristischen anorganischen Beispiel gezeigt hat, und zwar nicht nur für die Geschwindigkeit der Reaktionen, sondern — beim Konkurrieren mehrerer verschiedener Abbaureaktionen — sogar für die Richtung, welche der chemische Abbau einschlägt. Schließlich sei noch das Alloxan als markantes Beispiel einer weiteren, allgemein wichtigen Art der Reaktionsbeeinflussung hier angeführt: allein ist es sehr beständig, es vermag aber beim Zusammentreffen mit Aminosäuren (Alanin, Leucin) unter eigener Zersetzung diese sofort in heftiger Reaktion unter Abspaltung von Ammoniak und Kohlensäure zu Aldehyden der nächstniederen Kohlenstoffreihe zu oxydieren (Strecker[2])). Eine gleiche Wirkung ist von W. Traube[3]) für andere Ketoverbindungen erwiesen. Was hier zugrunde liegt, ist aber nicht mehr eine Katalyse; denn der die Reaktionsbeschleunigung hervorrufende Stoff wird selber während der Reaktion aufgebraucht. Die physikalische Chemie hat diese Vorgänge, die sich in vielfacher Anwendungsart zur Erzwingung und Beschleunigung von Reaktionen verwerten lassen, als Wirkungen der **„Reaktionskoppelung“** bezeichnet und gleichfalls bereits genauer untersucht. Zahlreiche Wege der Selbstbeeinflussung chemischer Reaktionen sind somit gegeben. Im weiteren Ausbau der Stoffwechsellehre werden sie sämtlich eine Beachtung erfordern. Schon oben S. 216 wurde darauf verwiesen, daß es nahe liegt, den bekannten auffallenden Anstieg, welchen jede Eiweiß- resp. Aminosäurenaufnahme im Stoffwechsel des menschlichen Körpers zur Folge hat, mit der hier erörterten wechselseitigen Reaktionsbeeinflussung in Beziehung zu setzen. Es erscheint durchaus möglich, daß dieser bislang als „spezifisch-dynamischer Erfolg“ bezeichnete Einfluß der Proteine und Aminosäuren in Vorgängen der Katalyse oder der Reaktionskoppelung seine Ursache hat. Auch die eigenartige Beziehung, in der sich die NH_3-Bildung des Körpers zu den Azetonstoffen und zur Milchsäure befindet[4]), scheint nach Ansicht des Verfassers sehr zu einer Untersuchung vom Standpunkt der Katalyse einzuladen.

Zum Gebiet der Katalyse im weiteren Sinne gehört auch die Beeinflussung der Körperreaktionen vermittelst **physikochemischer Einwirkung auf die Fermente.** Nur wenig Einzelmaterial ist hier gegeben; doch gerade so viel, daß sich das Statthaben solcher Beeinflussung nach verschiedenen Richtungen erkennen läßt. Für den Fermentprozeß der Fibringerinnung ist der Kalk ein spezifischer Ergänzungsstoff, ein „Ko-

---

[1]) Vgl. hierzu H. Schade, Biochem. Zeitschr. **7**, 318 (1907).
[2]) Zitiert nach A. Bach, Biochem. Zeitschr. **38**, 157.
[3]) Berichte der D. chem. Gesellschaft **44**, 3145 (1911).
[4]) Vgl. z. B. die Befunde von Hasselbalch, Biochem. Zeitschr. **74**, 36.

ferment". Die allgemeine klinische Erfahrung lehrt, daß es möglich ist, auch intra vitam durch reichliche Zufuhr des Kalziums diesen fermentativen Vorgang bis zu therapeutisch wirksamen Beträgen zu steigern. Die weitere Frage, ob die chemischen Stoffwechselvorgänge allgemeinhin durch Änderungen im Salzbestand des Serums beeinflußbar sind, ist alt und in hypothetischer Art bereits viel diskutiert. N. Zuntz[1]) hat hier die entscheidenden Versuche geliefert. Er hat den Nachweis gebracht, daß es durch Variation der per os zugeführten Anionen (Cl, H_2PO_4 und HCO_3) gelingt, den respiratorischen Quotienten beim Hund in merklichen Beträgen zu ändern. R. Bing[2]) fand in weiteren Versuchen ein gleiches Ergebnis. Als eine erste sichere Grundlage sind diese Versuche vor allem für die Frage der Stoffwechselbeeinflussung durch die Mineralwasserkuren von größter Bedeutung. Im engen Zusammenhang mit der Salzwirkung steht die Beeinflussung des Stoffwechsels durch die H- und OH-Ionen. Die Versuche von C. Lehmann[3]) und in Bestätigung der Ergebnisse auch von A. Loewy[4]) haben bei Zufuhr von Alkali zum Teil sehr erhebliche (7—10—30%) Anstiege des Gaswechsels ergeben, und umgekehrt wurde bei steter Säurezufuhr von Chvostek[5]) und später von A. Loewy und Münzer[6]) ein deutliches Sinken des Gesamtumsatzes gefunden. Als in letzter Zeit aus den physikochemischen Messungen die fast absolute H-OH-Ionenkonstanz des Blutes bekannt wurde, hat man zeitweilig diese Ergebnisse als mit der Isoionie nicht vereinbar in Zweifel gezogen. Dem Verfasser scheint solcher anscheinend theoretisch begründete Zweifel nicht berechtigt; denn einmal können nach den Erfahrungen der Physikochemie schon kleinste Differenzen der H-OH-Ionen sich im vergrößerten Bilde der Fermentbeeinflussung durchaus merklich ausprägen[7]) und andererseits ist das Maß der Reaktion des Blutes nicht zugleich das Maß der Reaktion der die Zellen umspülenden Gewebsflüssigkeiten. (Vgl. hierzu S. 388.)

Schon lange sind ferner einige charakteristische Stoffwechselhemmungen bekannt, welche in das Gebiet der sogenannten **„negativen Katalyse"** gehören, d. h. in der Herabsetzung der Wirksamkeit eines Katalysators oder Ferments ihre Ursache haben. Einen derartigen Eingriff in die Physikochemie des Organismus bedeutet die Vergiftung mit **Blausäure.** Die Zyanionen sind für viele Metallkatalysatoren (Bredig) und ebenso für die aus den Geweben extrahierten Oxydasen „Katalysatorgifte" von ganz ungemeiner Wirksamkeit; für andere Fermente ist diese „Giftigkeit" nicht entfernt von gleicher Höhe[8]). Eben diese fast elektive Wirkung

---

[1]) Veröffentlichungen der Zentralstelle für Balneologie **2**, 39 (1913).

[2]) Biochem. Zeitschr. **113**, 210 (1921)

[3]) Tageblatt der Magdeburger Naturforscherversammlung 1884.

[4]) Arch. f. Anatomie und Physiologie 1903.

[5]) C. klin. Medizin XIV (1893) zitiert nach Opp. IV, I, S. 239.

[6]) Zitiert nach A. Loewy in Oppenheimer, Handbuch der Biochemie l. c. IV, I, S. 239.

[7]) Vgl. z. B. Rona u. Wilenko, Biochem. Zeitschr. **62**, 1 (1914). Hier wurden während der Reaktionsänderung im überlebenden Herzen Unterschiede im Zuckerverbrauch bis etwa zum hundertfachen beobachtet.

[8]) Vgl C. Oppenheimer, Die Fermente l. c.

kommt mit einer ganz überraschenden Schärfe im klinischen Bilde der Blausäurevergiftung zur Ausprägung: trotz normalen Sauerstoffgehalts des Blutes wird die Oxydationsenergie aller Gewebszellen geradezu plötzlich gelähmt, sämtliche Oxydasen versagen, es kommt bei reichlichem Sauerstoffangebot seitens des Blutes zu einer „inneren Erstickung" der Zellen. Auch im Gesamtgaswechsel tritt das Sinken des Sauerstoffverbrauchs schon bei leichter Vergiftung auf das deutlichste hervor[1]). Geringergradige Fermenthemmungen im Körper sind auch für manche **Narkotika** bewiesen; sie sind, wenn die Narkose ein gewisses Stadium nicht überschreitet, reversibler Natur[2]). Therapeutisch gleichfalls wichtig ist die fermenthemmende Wirkung des **Chinins**. Übereinstimmend haben die Stoffwechseluntersuchungen eine Hemmung des fermentativen Eiweißumsatzes ergeben[3]). Durch regulatorisch gesteigerte Oxydation der N-freien Substanzen sowie durch verminderte Wärmeabgabe[4]) kommt bezeichnenderweise auch hier zumeist ein Ausgleich der summarischen Bilanz zuwege. Erst dann, wenn für solchen Ausgleich die Wärmeregulierung wie z. B. beim infektiösen Fieber insuffizient und leicht ermüdbar ist, tritt im Gesamtumsatz die Verminderung der Oxydation zutage[5]). In Krankheitsfällen, welche, wie der Hyperthyroidismus, das infektiöse Fieber, die Kachhexien und ähnlich auch die gesteigerte allgemeine Nervenübererregbarkeit mit einer pathologischen Steigerung der Eiweißabbauvorgänge einhergehen und zu einem abnormen Verfall des Körpereiweißes zu führen drohen, erscheinen daher die Chininpräparate klinisch von symptomatischem Nutzen. Sie sind „Tonica", indem sie den abnorm gesteigerten Abbau des Eiweißes hemmen. Sehr treffend sagen H. Meyer und R. Gottlieb: „Das Chinin verlangsamt nicht nur das Leben, sondern auch das Sterben." Für eine solche Auffassung ist es sehr beachtenswert, daß selbst die Blausäure bei geeigneter Auswahl der Bedingungen sich für die tierische Zelle als „lebensverlängernd" erweisen kann: unbefruchtete Seeigeleier, bei welchen der Ablauf der Oxydationsvorgänge das Eintreten des Zelltodes befördert, werden durch Blausäure in kleiner Dosis um viele Tage länger am Leben erhalten als ohne die Zufuhr dieses oxydasehemmenden „Giftes" (J. Loeb, s. S. 65).

Noch auf ein weiteres Gebiet sei hier hingewiesen, bei dem ebenfalls die Anlehnung an die physikalische Chemie von größter Bedeutung ist. Es sind dies die **Stoffwechselwirkungen des Lichtes und der verwandten elektrischen und sonstigen Strahlenarten.** Die physikalische Chemie hat auch hier bereits gesicherte reaktionskinetische Grundlagen geschaffen (Luther, Plotnikow u. a.). Die Photochemie und die Photokatalyse greifen in wichtigsten Fragen tief in die medizinischen Probleme hinein. Es ist unmöglich, im Rahmen dieser Ausführungen auf Einzelheiten einzugehen.

[1]) J. Geppert Zeitschr. f. klin. Medizin **15**, 307 (1886).

[2]) Literatur und Kritik siehe R. Höber, Physikalische Chemie der Zelle und der Gewebe, l. c., S. 458; vgl. auch O. Meyerhof, Arch. f. d. ges. Physiologie **157**, 251 (1914).

[3]) Literatur s. Loewy, Handbuch der Pathologie des Stoffwechsels 1907. II. 792.

[4]) R. Gottlieb, Arch. f. experim. Pathol. u. Pharmakol. 1890, Bd. 26.

[5]) Vgl. H. Meyer u. R. Gottlieb, Die experimentelle Pharmakologie 1910. S. 339.

In einer Fußnote[1]) seien nur einige jener Arbeiten angeführt, von denen aus ein Eindringen in die energetische und reaktionskinetische Seite dieser Erscheinungen am leichtesten ist.

Diese physikochemische Vertiefung der Stoffwechsellehre ist geeignet, auch in die Pathologie und Klinik der **speziellen Stoffwechselkrankheiten** wie namentlich des Diabetes, der Gicht und der Fettsucht neue Gesichtspunkte und neue Fragestellungen hineinzutragen. Für die ärztliche Praxis erscheint die Frage am dringlichsten, ob und inwieweit hier durch die Mittel der Reaktionskinetik eine Beeinflussung in therapeutischer Richtung möglich ist.

Bei dem **Diabetes** hat der Verfasser einige Vorarbeit zur Beantwortung dieser Frage unternommen. Ganz unabhängig von der Ätiologie dieser Krankheit würde es eine Bereicherung der Therapie bedeuten, wenn es gelänge, den Zucker im Blut in einer für den Körper nutzbringenden Weise zur Zersetzung zu bringen. Ein sehr lockendes Ziel scheint hier für die Katalyse gegeben. Es war die erste Aufgabe, rein chemisch die Katalysierbarkeit des Zuckerabbaus zu untersuchen. Da einige dieser Befunde in ganz besonderer Weise geeignet sind, die Bedeutung der Katalyse für die Stoffwechselforschung zu zeigen, so mag ein Hinweis auf dieselben gestattet sein. Der Zucker, speziell die Dextrose ist eine Substanz, deren Zersetzungs- resp. Verbrennungsvorgang durch eine ganz überraschend große Zahl von anorganischen und organischen Stoffen katalysierbar ist[2]). Es dürfte allgemein interessieren, daß die üblichen Methoden zum Nachweis des Zuckers im Harn oder in anderen Flüssigkeiten fast ausnahmslos auf einer Katalyse am Zucker beruhen. Bei ihnen allen ist — unbewußt — das Prinzip zur Anwendung gebracht, die Oxydierbarkeit des Zuckers durch einen katalytischen Zusatzstoff derart zu erhöhen, daß die Zuckeroxydation schnell und bevorzugt vor etwa sonst noch im Harn vorhandenen oxydationsfähigen Substanzen einsetzt und sich durch eine Farbreaktion kenntlich macht. Zum Beleg diene die folgende Aufstellung der Zuckerproben, bei denen die jedesmal katalytisch wirkende Substanz durch Schrägdruck kenntlich gemacht ist:

1. Mooresche Probe: Zuckerlösung + *Kalilauge* + Kochen = Karamel.
2. Böttchersche Probe: Zuckerlösung + Wismutnitrat + *Soda* + Kochen = Reduktion.
3. Barfoedsche Probe: Zuckerlösung + Essigsäure + *Kupferazetat* = Reduktion (schon in der Kälte).

[1]) Von physikochemischen Autoren seien vor allem empfohlen R. Luther, in Kultur der Gegenwart, III. Teil, III. Abt., Bd. 2, Photochemie S. 301—333 (1913), ferner Plotnikow, Photochemie. Halle. Verlag Knapp, und derselbe, Zeitschr. f. physikalische Chemie **77**, 472 (1911). — Über die biologischen und medizinischen photodynamischen Erscheinungen gibt v. Tappeiner in den Ergebnissen der Physiologie **8**, 698 (1909) eine vorzügliche Zusammenstellung. Aus der neuesten Literatur sei besonders H. Pfeiffer und G. Bayer, Zeitschr. f. d. ges. experim. Medizin **14**, 137—219 (1921) hervorgehoben. Betreffs der Photokatalysen ist auf die zahlreichen Arbeiten von C. Neuberg und seinen Mitarbeitern in der Biochem. Zeitschr. sowie auch in der Zeitschrift f. Balneologie (1914) zu verweisen.

[2]) Eine sehr energische Zuckerkatalyse durch Eisensalz wurde bereits oben S. 226 erwähnt. Weiteres Katalysenmaterial siehe H. Schade, Münch. med. Wochenschrift 1905, Nr. 23, 36 u. 38, ferner derselbe, Die Bedeutung d. Katalyse f. d. Medizin l. c.

4. Trommersche Probe: Zuckerlösung + *Kupferoxydhydrat* + *Kalilange* = Reduktion bei 70°.
5. Nylandersche Probe: Zuckerlösung + Wismutnitrat + *Seignettesalz* + *Natronlauge* + Kochen = Reduktion.
6. Pelletsche Probe: Zuckerlösung + $CuSO_4$ + *NaCl* + *Soda* + NH_4Cl + Kochen = Reduktion.

Wie man sieht, sind bei zwei Proben zwei und bei der Pelletschen Probe sogar vier verschiedene Katalysatoren gleichzeitig zur Anwendung gebracht[1]). Ganz außerordentlich sinnfällig tritt diese Katalysierbarkeit des Zuckers in der „Verbrennungsprobe" (H. Schade) zutage; sie ist zur Demonstration der katalytischen Wirkungen am Zucker vorzüglich geeignet:

Wird ein Stück unseres gewöhnlichen Zuckers (Saccharum) resp. Dextrose in die Flamme einer kleinen Spirituslampe oder auch nur über ein brennendes Streichholz gehalten, so schmilzt der Zucker sehr bald im Bereich der Erhitzung und beginnt zu träufeln, niemals aber kommt es dazu, daß er selbst Feuer fängt und am Stück weiterbrennt. Ganz anders wird indes das Verhalten des Zuckers beim Kontakt mit einem Katalysator, z. B. Soda, Kupfersulfat, Kupferpulver, Hämoglobin, Blattasche[2]), Fleischasche usw. Wird der Zucker durch kurzes Reiben mit einer kleinen Menge eines dieser Stoffe mechanisch in Verbindung gebracht, so zeigt sich bei Wiederholung des obigen Versuchs die überraschende Erscheinung, daß der Zucker brennbar geworden ist: er entzündet sich leicht beim Einhalten in die Flamme und brennt sodann — ähnlich wie Siegellack — mit intensiver Flammenerscheinung weiter, solange als noch ein Teilchen des Salzes mit ihm im Kontakt steht. — Bei dieser Probe ist häufig, z. B. bei Sodalösung oder Blut als Kontaktstoff, die Katalyse[3]) derart intensiv, daß sogar der mit solcher Lösung durchfeuchtete Zucker noch in gleicher Weise brennbar ist.

Die weitere Untersuchung mußte sich der Frage zuwenden, ob die Zersetzungsreaktionen, welche der Zucker unter dem Einfluß von Katalysatoren eingeht, ihren Reaktionsprodukten nach derartig sind, daß die Katalyse für die Verhältnisse des Körpers therapeutisch in Betracht kommen kann. Das Resultat dieser Untersuchungen, welche der Verfasser im Leipziger physikochemischen Institut (Wilh. Ostwald) ausgeführt hat, war außerordentlich überraschend. Es ergab sich, daß es sogar unter dem Einfluß einfacher anorganischer Katalysatoren möglich ist, zu den spezifischen Produkten der fermentativen Gärung, so besonders zu Alkohol + Kohlensäure zu gelangen[4]). Dieser Weg ist durch die folgenden drei Reaktionen gekennzeichnet:

1. Dextrose = 2 Milchsäure —— OH-Ionen als Katalysatoren.
2. Milchsäure = Azetaldehyd + Ameisensäure —— H_2SO_4 als Katalysator.
3. Azetaldehyd + Ameisensäure = Alkohol + CO_2 —— Rhodium als Katalysator.

[1]) Dabei ist in manchen Reaktionen insofern eine Besonderheit vorhanden, als der Katalysator und die Sauerstoffquelle für den Zucker sich in einem Stoffe vereinigt finden, wie es z. B. bei der Trommer'schen Probe im Kupferoxydhydrat der Fall ist.

[2]) Sehr bequem ist z. B. die Benutzung der Asche einer Zigarre.

[3]) Rein mechanische Wirkungen, etwa eine „Dochtwirkung", sind als Ursache auszuschließen. Feinstes Bimsteinpulver z. B. ist unwirksam, ebensosehr bemerkenswerterweise z. B. auch (die selber brennende) Schwefelblüte. — Die Verbrennungsprobe entspricht in ihren Ergebnissen recht weitgehend den katalytischen Wirkungen in Zuckerlösungen.

[4]) H. Schade, Biochem. Zeitschr. 7, 299—326 (1907)

Alle diese Prozesse sind einfache Spaltungen; beim letzten Teilprozeß ist lediglich insofern eine Besonderheit gegeben, als der durch das Rhodium aus der Ameisensäure abgespaltene Wasserstoff ($HCOOH = CO_2 + H_2$) sofort zur Reduktion des Aldehyds eine Verwendung findet. Der Nachweis dieser Selbstzersetzung des Zuckers zu Alkohol und Kohlensäure unter dem Einfluß einer stufenweise geänderten katalytischen Beeinflussung ist völlig gesichert[1]). Über den Chemismus des Zuckerabbaues im menschlichen Körper, über die sogenannte Glykolyse, ist bislang noch keine befriedigende Klärung gewonnen. Zusammenhänge zwischen den Vorgängen der Gärung und dem Zuckerabbau im menschlichen Körper sind schon lange vermutet. Was die Auffindung derselben sehr erschwert resp. verhindert, ist der Umstand, daß auch bei der bazillären Gärung die Kenntnis der Zwischenstufen noch durchaus unsicher ist. Es war nun der große Vorteil der obigen katalytischen Untersuchung, daß sie zum ersten Male mit klar erkennbaren Zwischenstufen einen Weg des Abbaues vom Zucker zu den Endprodukten Alkohol und Kohlensäure zeigte. Dieser Weg des katalytischen Abbaues ist geeignet, auch für die biologisch gefundenen Produkte des Zuckerabbaues eine Ordnung und einen Zusammenhang zu vermitteln. Als Einzelprodukte der Zuckerzersetzung sind im Tierkörper gefunden: „Milchsäurevorstadium", Milchsäure, Essigsäure, Ameisensäure, Kohlensäure und Wasserstoff. Es sei an dem folgenden Schema gezeigt, wie sehr das Vorhandensein gerade dieser Substanzen für eine Verwandtschaft des chemischen Abbaues der Glykolyse zur Katalyse spricht, wie sehr insbesondere der katalytische Abbauweg jedem der beim Menschen beobachteten Einzelstoffe einen Platz im einheitlichen chemischen Gesamtvorgang bietet:

Schema der katalytischen Zuckerspaltung: — **Schema der Glykolyse im Menschen:**

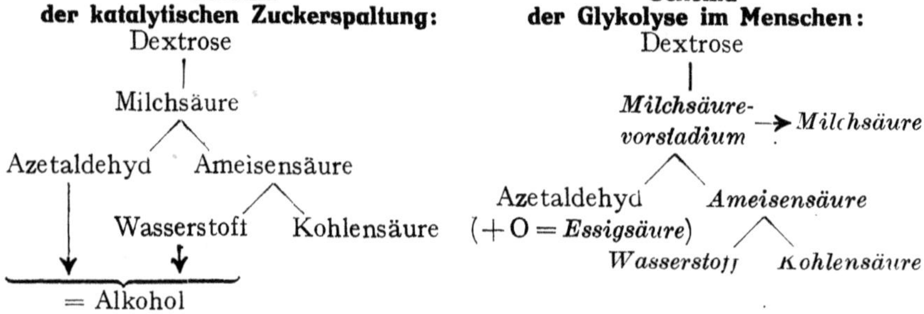

NB. In diesem „Schema der Glykolyse" sind die experimentell erhaltenen Produkte durch Schrägdruck kenntlich gemacht.

In durchaus ähnlicher Art sind auch die Sonderprozesse der verschiedenartigen spezifischen Gärungen einem einheitlichen Verständnis näher-

[1]) Eine Berichtigung, welche der Verfasser gemeinsam mit E. Buchner und J. Meisenheimer (Berichte der Deutsch. chem. Gesellschaft **39**, 4217 [1906]) brachte, betraf lediglich diejenigen Versuche, in denen der Verfasser den kontinuierlichen Ablauf der beiden ersten Teilreaktionen (s. o.) in einer und derselben Lösung beobachtet zu haben glaubte. Die katalytische Reproduzierbarkeit der Vergärung des Zuckers ist durch diese Berichtigung nicht berührt (Zeitschr. f. physikalische Chemie **60**, 510 [1907]).

geführt[1]). Eigentümlich ist in solcher Rolle besonders das Schicksal des Azetaldehyds gewesen. Als er durch diese katalytischen Arbeiten zum ersten Male als wesentliches Produkt der Gärungen bezeichnet wurde, hat gerade dies die Hauptursache zum Widerspruch gegeben; heute wird der Azetaldehyd als eins der gesichertsten Zwischenprodukte der Gärung angesehen[2]). Im Einzelnen sind die Anschauungen über den Verlauf der biologischen Abbauprozesse des Zuckers auch heute noch sehr geteilt[3]); namentlich von C. Neuberg und seinen Mitarbeitern, ähnlich auch von Embden wird zurzeit unter Ablehnung des von der Katalyse gezeichneten Weges ein ganz anderer Weg des Abbaues, über die Brenztraubensäure, als wahrscheinlich für die Körperverhältnisse angenommen. Bei dieser Sachlage hält es der Verfasser für wichtig, die ganz besondere Eignung der katalytischen Prozesse zur Vergleichung mit Fermentprozessen hervorzuheben. Allgemeine energetische Gründe schließen es aus, daß ein Katalysator an sich den chemischen Affinitäten nicht zugehörige Reaktionen zuwege bringt; die Katalyse schafft stets nur die Bahn frei für Reaktionen, die als solche schon in den chemischen Substanzen auf ihren Ablauf warten. In dieser Beziehung ist es äußerst wertvoll, daß jüngst auch H. Euler auf einem ganz anderen Wege der Reaktionsbeschleunigung, durch Einwirkung von Licht, genau die gleichen Abbaureaktionen, sogar auch die (oben durch Rhodium bewirkte) Umsetzung der letzten Stufe zu Alkohol + CO erhalten hat[4]). Auch die Milchsäurespaltung im Sonnenlicht bei Anwesenheit mineralischer Katalysatoren geht, wie O. Baudisch[5]) fand, über den Azetaldehyd.

Die prinzipielle Beziehung der durch die Katalyse erreichbaren Vorgänge zu den Fermentprozessen wird besonders deutlich, wenn man den Kreis der betrachteten Reaktionen erweitert und zum Vergleich die physiologischen Reaktionen des Kohlehydratstoffwechsels auf der Stufe der Polysaccharide hinzunimmt. Es sei eine Zusammenstellung der auf diesem Gebiet beobachteten katalytischen Spaltungen hier wiedergegeben[6]:

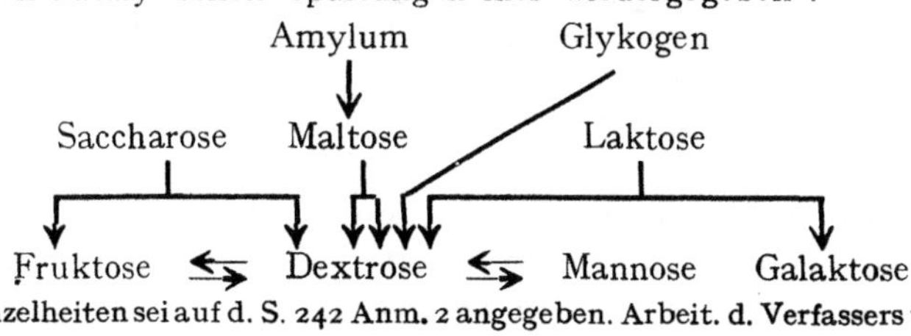

NB. Für Einzelheiten sei auf d. S. 242 Anm. 2 angegeben. Arbeit. d. Verfassers verwiesen.

---

[1]) H. Schade, Biochem. Zeitschr. **7**, 299 (1907).

[2]) Vgl. z. B. C. Neuberg in Oppenheimer, Handbuch der Biochemie l. c. Ergänzungsband 1913.

[3]) Im Sinne des hier gegebenen katalytischen Abbauschemas vergl. namentlich H. Franzen und Steppuhn, Zeitschr. f. physiol. Chemie **77**, 129 (1912), ferner Steppuhn und Schellbach, ebendort **80**, 274 (1912), vgl. auch H. Euler, ebendort **71**, 311. Über die Gesamtheit des heutigen Standes dieser Frage orientiert C. Oppenheimer, Die Fermente l. c (1913.) II, S. 689 u. 742.

[4]) Zeitschr. f. physiologische Chemie **71**, 311, und Biochem. Zeitschr. **39**, 410.

[5]) Biochem. Zeitschr. **103**, 59 (1920).

[6]) H. Schade, Münch. med. Wochenschr. 1907, Nr. 38 (Diabetes und Katalyse); ebendort weitere Literatur.

Dieses Schema zeigt die Abbaureaktionen der Polysaccharide sowie die Umlagerungen der Monosaccharide untereinander, wie sie für den Einfluß der Säure- resp. Alkaliwirkung, d. h. katalysiert durch H- oder OH-Ionen in der chemischen Literatur bekannt sind. Wie man leicht ersieht, sind diese katalytischen Umsetzungen mit den bekannten fermentativen Prozessen des menschlichen Körpers in einem ganz außerordentlichen Maße übereinstimmend[1]. Es tritt hier auf das Klarste hervor: die Reaktionsrichtung haftet nicht am Ferment, sie ist eine chemische Eigentümlichkeit der Substanzen selber; Fermente und Katalysatoren führen völlig den gleichen Enderfolg herbei. Man wird nicht zweifeln, daß dieses Schema der Katalysen einen guten Anhalt zur Auffindung des Chemismus der Körperprozesse bieten würde, falls auf diesem Gebiet die fermentativen Reaktionen des Körpers noch unbekannt wären. Ein Gleiches aber hält der Verfasser auch für die Abbaureaktionen von der Stufe der Hexosen an abwärts für wahrscheinlich. Es ist eine sicher festgelegte Besonderheit der „Glykose", daß ein erster Anteil der Reaktionen ohne die Anwesenheit von Sauerstoff vor sich geht[2]; der katalytische Abbau mit dem Zuerstauftreten reiner Spaltungen zeigt die gleiche Eigentümlichkeit. Auch sind die Hauptprodukte der katalytischen Zuckerspaltung, die Milchsäure, der Azetaldehyd[3] und die Ameisensäure[4], wie die Analysen der jüngsten Zeit beweisen, sämtlich im menschlichen Körper resp. im Harn als Stoffwechselprodukte gefunden; beim Diabetes hat W. Stepp Abweichungen im quantitativen Auftreten von Azetaldehyd[3] und von Ameisensäure[4] beobachtet. Von physiologischer Seite sind ebenfalls sehr wichtige Belege für eine enge Beziehung der Gärungsvorgänge zu den glykolytischen Prozessen des Tierkörpers gegeben. Zellatmung und Gärung sind nahe zusammengehörige Prozesse (O. Warburg und Mitarbeiter[5]): beide werden durch indifferente Narkotika nach derselben Regel beeinflußt[6] und beiden ist sogar, wie die jüngsten Untersuchungen namentlich O. Meyerhofs[6] zeigen, ein und dieselbe Substanz als „Koferment", d. h. als die aktivierende Ergänzung der Fermente gemeinsam. Die Verknüpfung von Katalyse, Gärung und Glykolyse des menschlichen Körpers ist sonach gegen früher

---

[1]) Abweichend ist lediglich, daß die Reaktion Fruktose $\rightleftarrows$ Dextose $\rightleftarrows$ Mannose im Körper nur für den Bereich Fruktose $\rightleftarrows$ Dextrose beobachtet ist und daß die Synthese des Glykogens aus den Hexosen katalytisch noch aussteht. Die Synthese der Maltose resp. Isomaltose aus der Dextrose ist indes auch bereits katalytisch beobachtet. Croft Hill, Journ. of chemic. Soc. **73**, 634.

[2]) Vgl. Oppenheimer, Die Fermente l. c., S. 736.

[3]) W. Stepp, Verhandl. des deutsch. Kongresses für innere Medizin, Wiesbaden 1920; ferner Stepp und H. Lange, Deutsch. Arch. für klin. Medizin **134**, 47, und Stepp und R. Feulgen, Zeitschr. f. physiol. Chemie **114**, 301 (1921); ferner R. Fricke, ebendort **117**, 129 (1921). Vgl. auch J. Hirsch, Biochem. Zeitschr. **117**, 113 (1921).

[4]) W. Stepp, Zeitschr. f. physiol. Chemie **109**, 99 (1920) und Stepp und H. Zumbusch, Deutsch. Arch. f. klin. Medizin **134**, 112 (1920).

[5]) O. Warburg, Zeitschr. f. physiol. Chemie **69**, 452 (1910); Usui, Pflügers Archiv **147**, 100 (1912).

[6]) Zeitschr. f. physiol. Chemie **101**, 165; **102**, 1 (1918).

bereits erheblich gefestigt. Die Entwicklung dieser Frage zeigt eine zunehmende Annäherung an die Darstellung, die der Verfasser auf Grund seiner katalytischen Untersuchungen 1907 für den Ablauf dieser Prozesse gegeben hat[1]).

Versuche zur praktisch-therapeutischen Verwendung der Katalyse beim Diabetes hat der Verfasser bislang erst in äußerst geringem Umfange angestellt. In einigen ersten Beobachtungen haben chemisch wirksam befundene Katalysatoren (Cersalze und ebenso die Stoffe der Fleischasche, auch gehäufte Zufuhr der Kleiensubstanzen vom Hafer) keine Beeinflussung entscheidender Art erkennen lassen. Ähnlich stand es bei Zufuhr von Phosphaten (als Aktivatoren bei der Hefe bekannt; siehe auch oben O. Meyerhof u. a.) und von Fluorammonium (steigert ebenfalls die Gärwirkung der Hefe; siehe Effront, dieses Kapitel S. 213). Die Unterlagen blieben gering, da dem Verfasser zur Zeit dieser Arbeiten kein klinisches Material zur Verfügung stand. Diese Mitteilung geschieht, um durch den Hinweis auf die noch fehlende systematische Durchforschung dieses Gebiets möglichst zu weiterer Inangriffnahme anzuregen. Die Untersuchungen von G. Embden, Grafe und Schmitz[2]) sowie von Neugarten[3]), nach denen beim normalen Muskel eine Steigerung des Zuckerabbaues und der physiologischen Arbeitsleistung durch Phosphatdarreichung erfolgen soll, könnten vielleicht auch für Versuche an Diabetikern den Ausgangspunkt bilden.

Auf die Probleme der **Gicht** hat die physikochemische Reaktionskinetik bislang noch keine praktische Anwendung gefunden[4]). Wohl aber hat hier die physikalisch-chemische Forschung nach einer anderen Richtung mit erfolgversprechender Arbeit eingesetzt. His und Paul[5]) und später Gudzent[6]) haben in exakten Messungen die Sättigungspunkte festgelegt, welche für die Harnsäure resp. die Urate in echter Lösung gelten. Die Hoffnung, mit den so erhaltenen Werten zu einer Aufklärung über das Entstehen der gichtischen Harnsäureniederschläge im Gewebe zu gelangen, hat sich nicht erfüllt. Schon das Serum zeigte gegenüber den einfach wässerigen Lösungen ein derartig tiefgreifendes Sonderverhalten, daß von den aufgefundenen Gesetzen der echten Löslichkeit der Harnsäure in zahlreichen Fällen kaum mehr ein Rest kenntlich zu bleiben schien. Namentlich H. Bechhold und J. Ziegler[7]) haben ein umfangreiches und exakt analysiertes Material derartiger Abweichungen beigebracht. Für einzelne der Sondererscheinungen boten die von W. Pauli[8]) gefundenen

---

1) H. Schade, Biochem. Zeitschr. **7**, 299 (1907).
2) Zeitschrift f. physiol. Chemie **113**, 67 (1921).
3) Pflügers Archiv **175**, 94 (1919).
4) Als ein erster hierhergehöriger Befund läßt sich anführen, daß C. Frank (Arch. f. experim. Pathologie und Pharmakologie **68**, 349 [1912]) gefunden hat, daß die gesteigerte Harnsäureausfuhr durch Atophan (= Herabsetzung der Konzentration der Reaktionsendprodukte) eine vermehrte Harnsäureneubildung aus den Purinkörpern des Organismus zur Folge hat.
5) Zeitschr. f. physiol. Chemie **31**, 1 (1900).
6) Ebendort **56**, 150; **60**, 25, 38; **63**, 455.
7) Biochem. Zeitschr. **20**, 189; **24**, 146.
8) Biochem. Zeitschr. **17**, 235 (1909) (W. Pauli u. Samec).

Gesetzmäßigkeiten der Löslichkeitsbeeinflussung durch Adsorption seitens der Serumkolloide (s. S. 202) eine gute Erklärung. Insgesamt aber war durch die neuen Befunde die Unklarheit der Erscheinungen eher vermehrt als verringert. Dem Verfasser in Gemeinschaft mit E. Boden[1]) ist es gelungen, durch den Nachweis der kolloiden Harnsäure und durch die hieran anschließende Klärung der Gesetzmäßigkeiten ihres Verhaltens[2]) eine feste Grundlage zu gewinnen, von der aus auch die Verhältnisse der Harnsäurelöslichhaltung im Serum und im Gewebe[3]) übersehbar werden. Wir wissen heute, daß im Serum sowohl zur Bildung der kolloiden Harnsäure als auch zu ihrer Löslichhaltung günstige Bedingungen vorhanden sind: die Harnsäure giebt ein vorzügliches Beispiel für das Zurgeltungkommen der Kolloidnaszierung (s. S. 205) und der intermediären Kolloidstabilisierung (s. S. 203) im menschlichen Serum. Gegenüber den früheren Anschauungen ist das Problem der Harnsäurelöslichkeit von Grund aus verschoben. Nicht die Gesetze der echten Löslichkeit haben sich für das Verhalten der Harnsäure im Serum als entscheidend erwiesen, sie sind vielmehr von den völlig andersartigen kolloiden Gesetzmäßigkeiten praktisch fast ganz in den Hintergrund gedrängt. Während die Befunde der kolloiden Harnsäure anfänglich bei einigen Autoren[4]) auf Gegnerschaft stießen, sind sie heute ganz allgemein (vergl. z. B. R. Höber[5]), Bechhold und Ziegler[6]) u. a.) zur Anerkennung gelangt. „Es ist nach diesen Forschungen Schades keine Frage, daß das relativ leichtlösliche, stabilere Harnsäurekolloid eine bedeutsame Rolle im intermediären Harnsäurestoffwechsel spielen muß, eine Rolle, die die bisherigen Studien der Blut- und Gewebsharnsäure, die immer nur mit gewöhnlichen Lösungsgesetzen gerechnet haben, völlig übersehen haben" (Umber[7]). „Es ist vorläufig noch gar nicht abzusehen, welche Bedeutung diese Tatsachen für die Pathologie der Gicht gewinnen können. Jedenfalls aber sind sie von größter Tragweite, und sie stellen alles in Frage, was bisher über die Bedingungen für die Lösung, den Transport und die Abscheidung der Harnsäureverbindungen im Organismus behauptet ist" (v. Minkowski[8]).

Für den Fettstoffwechsel, speziell für die Fettsucht, ist physikochemisch nur über einige reaktionskinetische Besonderheiten zu berichten. Die außerordentlich weitgehende Wirkung der Schilddrüsenpräparate im Sinne der Entfettung, namentlich bei den konstitutionellen Formen der Fettsucht, ist allbekannt: die Fettverbrennung wird stark gesteigert; die Rolle

---

[1]) Zeitschr. f. physiol. Chemie **83**, 347 (1913).

[2]) H. Schade, Zeitschr. f. klin. Medizin **93**, 1 (1922).

[3]) Verhandl. d. deutsch. Kongresses f. innere Medizin. Wiesbaden 1914. S. 578.

[4]) L. Lichtwitz, Zeitschr. f. physiol. Chemie **84**, 416 (1913), (Entgegnung des Verfassers ebendort **86**, 238 [1913]), ferner Diskussionsbemerkungen von Gudzent, Lichtwitz und Kohler in Verhandl. d. deutsch. Kongresses f. innere Medizin. Wiesbaden 1914. S. 614ff., sowie besonders R. Kohler, Ergebnisse der inneren Medizin **17**, 473 (1919) (ebendort Angaben über die früheren Arbeiten dieses Autors).

[5]) R. Höber, Physikalische Chemie der Zelle und der Gewebe l. c., S. 125 und 263 (1914).

[6]) Biochem. Zeitschr. **64**, 479 (1914).

[7]) Umber, Ernährung und Stoffwechselkrankheiten II. Aufl. 1915. S. 343.

[8]) v. Minkowski, Medizinische Klinik 1913, Nr. 20.

des Thyreojodins ist die eines physikochemischen Katalysators (s. S. 235). Einen spezifischen Einfluß auf den Fettabbau üben ferner die borsauren Salze aus (Rubner und Rost[1])); diese Oxydationssteigerung des Fettes dürfte ebenfalls ins Gebiet der Katalyse gehören. Eine bewußte Anwendung der Katalyse ist von M. Kauffmann[2]) mit der Einführung des Leptynols (= kolloidale Lösung von Wollfett-Palladiumhydroxydul in flüssigem Paraffin) versucht; der Autor berichtet von günstigen Erfolgen bei Fettsucht, Gicht und einigen anderen Krankheiten und will besonders einen vermehrten Abbau des Fettes beobachtet haben. Doch ist die Methode nach anfänglicher Befürwortung[3]) wegen Auftretens von Nekrosen bald wieder verlassen.

Am Schluß dieser Ausführungen sei noch in Kürze zweier Besonderheiten des Gebietes der Reaktionskinetik gedacht, die zunächst nur in sehr losem Zusammenhang zu Vorgängen des Körpers zu stehen scheinen, die aber doch geeignet sind, wenigstens vergleichendes Interesse zu beanspruchen.

Eine der wunderbarsten Erscheinungen bislang, die sogenannte **„Idiosynkrasie“** des Körpers gegen die Zuführung kleinster Mengen sonst oft indifferenter Substanzen hat bis zu gewissem Grade auf dem rein anorganischen Gebiet der Katalyse eine Parallele gefunden[4]): Ein Reaktionsgemisch von Wasserstoffsuperoxyd und Jodkalistärke wird von dem Kupfer einer sehr verdünnten Kupfersulfatlösung nur äußerst wenig katalysiert. Durch eine winzige Änderung der Bedingungen, die analytisch gar nicht einmal feststellbar zu sein braucht, läßt sich das Bild plötzlich aufs stärkste ändern: fügt man dem obigen Reaktionssystem eine Spur Eisensulfat (etwa 1 Mol auf 100000 Liter) — allein ebenfalls katalytisch in solcher Menge praktisch indifferent — hinzu, so ruft nun die sonst so gut wie unwirksame Spur des Kupfersulfats eine ganz exzessive Reaktion hervor. Ähnliche Fälle extrem gesteigerter Reaktionsbereitschaft kommen auch auf den anderen Gebieten der physikalischen Chemie, so namentlich auf dem Kolloidgebiet vor; doch scheint dem Verfasser das Beispiel der Katalyse besonders geeignet, um für rein anorganische Verhältnisse eine „abnorme Reizbarkeit“ der Lösung zu zeigen, die in manchem an die Erscheinung der individuellen Idiosynkrasie des Körpers erinnert.

Eine weitere wichtige Eigenart mancher physiologischen Prozesse ist der feststehend geregelte **rhythmische Ablauf,** wie er am deutlichsten mit langem Intervall an den Menses, mit kurzer Periodizität an der Pulsation des Herzens hervortritt. Auch rein im Experiment gibt es einen Rhythmus fermentativer Vorgänge[5]), auch eine „pulsierende Katalyse“ (Bredig[6])), welche beweist, daß selbst diese Art des zeitlichen Ablaufs chemischer Prozesse nicht an die Vorbedingung des „Vitalen“ geknüpft st. Bredig

---

[1]) Arbeiten des kaiserl. Gesundheitsamtes 1902, Bd. 19.

[2]) Münch. med. Wochenschr. 1913, 525; 1914, 2089.

[3]) Vgl. dazu H. Pollitzer und Vogt, ebendort 1914, 736; Esser, Deutsche med. Wochenschr. 1914, 1017; W. Gorn, Zeitschr. f. d. ges. Neurologie und Psychiatrie **20**, 358, (1913).

[4]) Vgl. H. Schade, Die Bedeutung der Katalyse für die Medizin l. c., S. 166ff.

[5]) J. T. Groll, Kolloidzeitschr. **21**, 138 (1917).

[6]) Biochem. Zeitschr. **6**, 322 (1906).

schreibt (l. c): „Der von uns gefundene Fall von periodisch pulsierender Katalyse des Wasserstoffsuperoxyds durch Quecksilberoberflächen ist ein prächtiges, leicht zu reproduzierendes Phänomen ... Gerade wie die Pulsationen ausgeschnittener überlebender Organe durch Spuren gewisser Zusätze, Säuren, Basen und Salze, enorm beeinflußt werden, so ist das auch hier der Fall. So können wir die normalen katalytischen Pulsationen und die Länge ihrer Perioden durch Zusatz minimaler Spuren von Alkali und von Säuren regulieren und ihre Form verändern ... Auch einen katalytischen Pulsus intermittens haben wir erhalten." Mit solchem Beispiel, das — vorerst noch ohne bestimmbare Beziehung zum Körpergeschehen — die Leistungsfähigkeit der heutigen Reaktionskinetik vortrefflich beleuchtet, sei dieses Kapitel geschlossen. (Vgl. S. 368.)

Kapitel 5.

Aus dem Gebiet der Magen- und Darmkrankheiten.

Die erste und nächstliegende Art der Verwertung der physikalischen Chemie hat darin bestanden, daß man die neu verfüglichen Arbeitsmethoden zur Untersuchung von Verdauungssäften und von Speiseinhalt des Magen-Darmkanals heranzog. Eine Reihe nicht unwichtiger **Ergebnisse der physikochemischen Messungen** ist so erhalten worden.

Die Methode, welche am frühesten in die Klinik der Magendarmerkrankungen Eingang fand, war die Messung des **osmotischen Druckes.** Eine tabellarische Zusammenstellung auf Seite 251 möge über die kryoskopischen Werte, welche für die Verdauungssäfte des Menschen gefunden sind, unterrichten.

Am auffallendsten ist der außerordentlich niedrige osmotische Druck des Speichels. Auch der Magensaft ist meistens im Vergleich zum Blut noch ausgesprochen hypoisotonisch. Die Galle und der Darmsaft stehen osmotisch dem Blutwert recht nahe. Ob der Pankreassaft des Menschen im normalen Verhalten wieder eine Hypoisotonie aufweist, läßt sich vorerst nicht entscheiden.

Weitere osmotische Untersuchungen, die im ersten Jahrzehnt des Jahrhunderts zu sehr lebhaften Diskussionen die Veranlassung gaben, sind besonders am Inhalt des Magens angestellt. Roth und H. Strauß[1]) haben die später auch von anderen Autoren[2]) bestätigte Beobachtung erhoben, daß bluthypertonische Lösungen beim Verweilen im Magen eine nachträgliche Verdünnung erfahren und daß umgekehrt sehr stark hypo-

[1]) Zeitschr. f. klin. Medizin **37**, 144 (1899); vgl. auch H. Strauß in v. Koranyi und Richter, Physikalische Chemie und Medizin, l. c. II, 107ff.

[2]) Vgl. Pfeiffer und Sommer, Arch. f. experim. Pathol. und Pharmakologie 43 (1899) und Sommerfeld und Röder (Berl. klin. Wochenschr. 1904, Nr. 50).

	Mittlere Δ-Werte	Autoren	Grenzwerte	Autoren
Speichel	0,11—0,28	M. Cohn[1]), Wolf[2]), Bönniger[3]), Sommerfeld und Röder[4]) Nolf[5]), H. Strauß[6]), Brand[7]), Brunacci[8])	0,07—0,34	M. Cohn[1])
Magensaft	etwa 0,35—0,65, meist hypoisotonisch	Winter[9]), H. Strauß[10]), Pfeiffer und Sommer[11]), Sommerfeld[12])	0,15—0,81 —1,21	Umber[13]), Bickel[14],
Darmsaft	0,62 (?)	Hamburger und Hekma[15])	—	—
Galle	0,54—0,61	J. Brand[16]), Engelmann[17]), Schönborn[18]), Hamburger[19], Strauß[20])	0,535—0,627	J. Brand[16]), Schönborn[18]), Engelmann[21])
Pankreassaft	0,46—0,49 (?)	Gläßner [22])	—	—

NB. Die Beifügung des Fragezeichens möge andeuten, daß die vorliegenden Messungen zu einem allgemeinen Urteil selbst in erster Annäherung nicht ausreichend sind.

[1]) Deutsche med. Wochenschr. 1900, Nr. 4 und 5.
[2]) Arch. de biologie **18**, 2, 241.
[3]) Arch. f. experim. Pathologie und Pharmakologie **50**, 76 (1903).
[4]) Berl. klin. Wochenschr. 1904, Nr. 50.
[5]) Arch. de biologie **18**, 241 (1902).
[6]) H. Strauß in v. Korányi u. Richter, Physik. Chem. u. Med., l. c. II, 106.
[7]) Arch. f. d. ges. Physiologie **90**, 491 (1902).
[8]) Arch. di Fisiolog. **6**, 153 (1909); **8**, 421 (1910).
[9]) Arch. de physiol. norm. et pathol. [5] **8**, 287, 296, 529 (1896).
[10]) H. Strauß und F. Bleichröder, Untersuchungen über den Magensaftfluß. Jena 1903; H. Strauß, Therapie der Gegenwart. Oktober 1902; ferner derselbe in v. Korànyi und Richter, Physikalische Chemie und Medizin, l. c. II, 107.
[11]) Arch. f. experim. Pathologie und Pharmakologie **43**, 1899.
[12]) Arch. f. Physiologie 1905 (Suppl.), 455; Biochem. Zeitschr. **9**, 352 (1908).
[13]) Berl. klin. Wochenschr. **42**, 56 (1905).
[14]) Münch. med. Wochenschr. 1904, 1642; Berl. klin. Wochenschr. 1905, 60; Deutsche med. Wochenschr. 1906, 1323.
[15]) Journ. de physiol. et de pathol. général **4**, 805 (1902).
[16]) Pflügers Arch. **90**, 491 (1902).
[17]) Münch. med. Wochenschr. 1903, 41; Mitteilungen aus den Grenzgebieten der Medizin und Chirurgie **12** (2—3).
[18]) S. Schönborn, Gefrier- und Leitfähigkeitsbestimmungen. Wiesbaden 1904.
[19]) Hamburger, Osmotischer Druck und Ionenlehre, l. c.
[20]) H. Strauß in v. Korányi und Richter, Physikalische Chemie und Medizin, l. c. II, S. 121.
[21]) Gegenüber den höheren Werten ist eine erhebliche Skepsis geboten, da, wie J. Brand (l. c.) experimentell gezeigt hat, der osmotische Druck der Galle schon beim Stehen an der Luft infolge chemischer Zersetzungsvorgänge sehr schnell ansteigt.
[22]) Zeitschr. f. physiol. Chemie **40**, 465 (1903—04).

tonische Flüssigkeiten im Magen konzentrierter werden. Namentlich H. Strauß hat aus diesen Befunden den Schluß gezogen, daß der Magen eine selbsttätige Regulierung des osmotischen Druckes seines Inhalts vorzunehmen imstande sei. Als Ziel dieser Regulierung wurde die Einstellung des Mageninhalts bei einem gewissen hypoisotonischen Druck (in der ungefähren Höhe von $\Delta = 0{,}36^{0}$) angesehen); diese Regulierung sollte die physiologische Bedeutung besitzen, gewissermaßen prophylaktisch dem später im Dünndarm bei der Verdauungsarbeit eintretenden Anstieg des osmotischen Druckes entgegenzuwirken; für die hypertonischen Ingesta des Magens wurde dabei eine zielmäßige Regulierung durch eine „Verdünnungssekretion" seitens der Magenwand angenommen. Die weitere experimentelle Untersuchung hat jedoch diese Auffassung nicht bestätigt. Eine sich den jeweiligen Verhältnissen osmotisch anpassende „Verdünnungssekretion" ist nicht vorhanden (Lönnquist, Bickel u. a.); auch ist sonst keine Vorherrschaft der osmotischen Gesetze für die Verhältnisse des Magens erkennbar (Sommerfeld und Röder, l. c., Rzentkowski[1])). Es handelt sich vielmehr bei den Veränderungen der osmotischen Konzentration des Mageninhalts um Wirkungen, welche die einfache Folge der Vermischung mit dem Magensaft resp. dem Mundspeichel sind, ohne daß eine spezifische osmotische Anpassung des Magensaftes an die jeweilige Konzentration des Inhalts beteiligt ist. Die durchweg hypoisotonische Beschaffenheit des Magensaftes bringt es mit sich, daß eine hypertonische Nahrung im Magen in ihrem osmotischen Druck herabgesetzt, eine sehr stark hypotonische Nahrung dagegen im osmotischen Druck erhöht wird. Gleichwohl behalten die Untersuchungen von H. Strauß einen klinischen Wert. Denn ein wichtiger Unterschied im motorischen Verhalten des Magens in Abhängigkeit vom osmotischen Druck ist als ein ziemlich regelmäßig gültiger Befund bestehen geblieben[2]): bei sonst gleichen Bedingungen verlassen blutisotonische und hypotonische Salzlösungen relativ schnell den Magen, hypertonische werden erheblich länger zurückbehalten. Es ist das übliche Verhalten, daß der Speisebrei, wenn er sich aus dem Magen in den Darm ergießt, leicht hypotonisch ist. Im Darm beginnt dann unter der Wirkung der fermentativen Spaltungen sehr bald eine Zunahme an gelösten Bestandteilen, doch pflegt es im Darm dank der prompten Resorption zu einem ständigen osmotischen Ausgleich zu kommen[3]), so daß normal keine nennenswerten Erhebungen über den osmotischen Druck des Blutes zu beobachten sind. In den Fäzes wurden Δ-Werte von 0,50—1,20 gefunden (H. Strauß[4])); indes sind die osmotischen Messungen an den Fäzes wegen des unkontrollierbaren Dazwischentretens der bakteriellen Zersetzungsvorgänge nicht zu eindeutiger Beurteilung geeignet.

---

[1]) Arch. f. experim. Pathologie und Pharmakologie **51**, 289 (1904).

[2]) Vgl. auch Mohr-Stähelin, Handbuch der inneren Medizin 1918, III, I, S. 521 (G. Modrakowski).

[3]) Kövesi, Zentralbl. f. Physiologie **11**, 553 (1897) und Höber, Pflügers Arch. **70**, 624 (1898).

[4]) v. Korányi und Richter, Physikalische Chemie und Medizin, l. c. II, 127.

Die **elektrische Leitfähigkeit** der Verdauungssäfte des Menschen ist bislang nur in einigen Einzelangaben bekannt. So wurden gefunden:

	$\lambda = \varkappa \cdot 10^{-4}$	
Speichel	71—97	Polera[1]
Magensaft	195—518	Bickel[2]
Galle (Fistel)	57—233	Brand[3]

Über die Werte der **Refraktometrie** möge die folgende Zusammenstellung orientieren:

	n_D	
Mageninhalt (nach Probefrühstück, resp. im Nüchternzustand)	1,3369—1,3480	H. Strauß[4]
Galle (Fistel)	1,3422 (?) (Einzelmessung)	H. Strauß[5]

Im Mageninhalt nach Ewaldschem Probefrühstück sollen im allgemeinen hohe Refraktionswerte zu Zuständen von sekretorischer Insuffizienz in Beziehung stehen (Strauß l. c.).

Auch für die Beträge der **Viskosität** ist ein erster Anhalt gegeben:

	ϱ	
Speichel	1,4—2 (?) 1,02—1,09 (?)	H. Strauß (2 Messungen)[6], Brunacci (Parotisspeichel bei künstlicher Reizung)[7]
Mageninhalt (nach Probefrühstück)	1,1—2,6	Pasinetti[8] unter H. Strauß
Galle (der Leiche)	1,46—58,24	Kimura[9]

[1] Arch. di Farm. sperim. e. Sc. aff. **9** (1910); vgl. hier auch Brunacci (Speichel der Parotis unter dem Einfluß künstlicher Reize) (Arch. di Fisiolog. **8**, 421 (1910)); zitiert nach C. Neuberg, Der Harn, l. c. II, 1667. (Werte für $\lambda_{37} = 27—54 \cdot 10^{-4}$).

[2] A. Bickel, l. c.

[3] J. Brand, Arch. f. d. ges. Physiologie **90**, 491 (1902). Die Messungen beziehen sich auf 37°; vgl. auch Engelmann (l. c.), welcher in einem Fall, bei 18° gemessen, Werte von 131—133 fand.

[4] v. Korányi und Richter, Physikalische Chemie und Medizin, l. c. II, 119.

[5] Ebendort, S. 124; bei Tieren wurde $n_D = 1{,}3448—1{,}3640$ gemessen.

[6] Ebendort, S. 107.

[7] Brunacci, Arch. di Fisiol. **8**, 421 (1910).

[8] Zeitschr. f. experim. Pathol. u. Therapie **2**, 252 (1905).

[9] Deutsch. Arch. f. klin. Medizin **79**, 274 (1904); Zeri (Arch. di Farm. sperim. e. Sc. affin. **4**, 279 (1905) hat an Fistelgalle in zwei Fällen die Werte 1,19 und 1,20 erhalten.

Eine letzte Zusammenstellung möge die Verhältnisse der **Oberflächenspannung** zeigen:

	Normal-Tropfenzahl	σ in mg/mm	
Speichel	?	?	Kascher, Brunacci, Frenkel und Cluzet[1])
Mageninhalt (nach Probefrühstück)	119—127	6,1—5,8	Traube[2]), Traube und Blumenthal[3])
Pankreassaft	128—144*)	5,7—5,1*)	Kascher (am Hunde!)[4])
Galle	157*)	4,4	Bardier und Cluzet[5])

NB.: Die mit *) bezeichneten Werte sind nicht am Menschen, sondern an Tieren erhoben. Der mit *) bezeichnete Wert der Galle entstammt einem Versuch aus den Messungen von Traube und Glücksmann (Pflügers Arch. 1905), bei dem der σ-Wert (4,66) dem am Menschen beobachteten Wert von 4,4 am nächsten kam. Um vergleichbare Maße zu geben, hat z. T. eine Umrechnung der in der Literatur vorhandenen Werte erfolgen müssen.

Traube und Blumenthal (l. c.), sowie Bickel und Kascher[6]) haben versucht, die Messung der Oberflächenspannung in die Klinik der Magenerkrankungen einzuführen. Doch ist der praktische Wert dieser Bestimmungen gering geblieben, vor allem deshalb, weil im Magen zu viele verschiedenartige Substanzen vorkommen können, welche schon in geringsten Spuren die Oberflächenspannung stark beeinflussen, so besonders Fettsäuren, Peptone und Proteosen, ebenso aber auch Beimengungen seitens der Galle.

Ungleich wichtiger hat sich die physikalische Chemie für die Messung der Magensäure erwiesen. Die **Elektrometrie der H-Ionen** ist durch Michaelis und Davidsohn[7]) in die klinische Untersuchung vom Magensaft eingeführt und seitdem von verschiedenen Autoren[8]) benutzt worden. Diese Methode mißt die „aktuelle Reaktion" des Magensaftes, d. h. die Menge der jeweils im Magensaft enthaltenen freien H-Ionen; sie hat also ein durchaus anderes Ziel, als wie es durch die Titrationsverfahren zu messen möglich

[1]) S. Kascher, Inauguraldissertation 1907, Berlin; Brunacci, Arch. di Fisiol. **8**, 421 (1910); Frenkel u. Cluzet, Journ. de Physiol. et de Pathol. génér. **3**, 151 (1901). Die gefundenen Werte gehen zu sehr auseinander, als daß auch nur eine ungefähre Einschätzung möglich wäre. Vgl. die Zitate in C. Neuberg, Der Harn, l. c. II, 1732 u. 1740.

[2]) Arch. f. d. ges. Physiologie **105**, 561 (1904).

[3]) Zeitschr. f. experim. Pathologie u. Therapie **2**, 117 (1905).

[4]) l. c.

[5]) Compt. rend. de la société de Biol. **54**, 119 (1902).

[6]) Deutsche med. Wochenschr. 1905, Nr. 28.

[7]) Zeitschr. f. experim. Pathol. u. Therapie **8**, 398 (1910); L. Michaelis, Berl. klin. Wochenschr. 1910, 1198; derselbe, Biochem. Zeitschr. **79**, 1 (1917).

[8]) Allaria, Jahrb. f. Kinderheilkunde **67**, Ergänzungsheft S. 123 (1908) [Diese Untersuchung stammt schon aus der Zeit vor den genannten Arbeiten vom L. Michaelis u. Davidsohn.] Salge, Zeitschr. f. Kinderheilkunde **4**, 171 (1912). ferner Schackwitz, Monatsschr. f. Kinderheilkunde **13** (1914) u. a.

ist[1]). Die Kenntnis des H-Ionenwertes ist klinisch von erheblicher Bedeutung: lediglich die Menge der frei in der Lösung befindlichen H-Ionen, nicht die bei der Titration gemessene Säure ist für den Grad der Wirksamkeit der Magenfermente maßgebend. Auf den älteren elektrometrischen Magensaftuntersuchungen von P. Fränckel[2]), C. Foà[3]) und Fr. Tangl[4]) wurde klinisch weitergebaut. Der normale Durchschnittswert der H-Ionen nach Ewaldschem Probefrühstück beträgt etwa $1{,}7 \cdot 10^{-2}$; bei Hyperazidität wurden Werte bis über $3 \cdot 10^{-2}$ erhalten[5]); bei Hyperazidität fanden sich Werte bis herab zur neutralen Reaktion ($0{,}8 \cdot 10^{-7}$) (Michaelis und Davidsohn). Im Magen der Säuglinge sind die Normalwerte erheblich geringer; nach dem Teeprobefrühstück, welches höhere Säuregrade herbeiführt als die Verabreichung von Milch, wurde als Durchschnittswert des Gesunden $1 \cdot 10^{-4}$ gefunden; bei akuter Dyspepsie ging jedoch die Steigerung der H-Ionenkonzentration bis zu ähnlichen Werten wie beim Erwachsenen (durchschnittlich 10^{-2})[6]). Es ist sehr bemerkenswert, daß das normale Durchschnittsmaß der H-Ionen nach dem Ewaldschen Frühstück ziemlich genau dem Wirkungsoptimum des Pepsins entspricht, wie es von Sörensen[7]), Michaelis und Davidsohn[8]) und anderen[9]) bestimmt wurde. Nach den Untersuchungen von J. H. Northrop ist indessen das Wirkungsoptimum nicht mit dem Optimum der Haltbarkeit des Pepsins (10^{-5}) identisch, so daß bei 10^{-2} für längere Wirkungszeiten mit einer Abnahme der Fermentleistung zu rechnen ist[10]). Die Exaktheit der elektrometrischen Resultate ist hier wie überall unübertroffen. Die Methode verdient, da sie als einzige ein absolut zuverlässiges Maß der im Magensaft wirksamen freien H-Ionen liefert, weiteste klinische Verwendung[11]). Nähere Ausführungen über das Wesen des Unterschieds zwischen titrierbarer Säure und H-Ionenkonzentration sowie eine Beschreibung der Technik sind an anderem Orte gegeben[12]).

Im Mundspeichel ist die H-OH-Ionenkonzentration sehr schwankend. Selbst bei demselben Individuum wurden während des Tages Differenzen von $10^{-5{,}25}$ bis $10^{-7{,}54}$ gefunden; während der Nacht waren die Schwankungen nur gering[13]).

Am Pankreas- und Darmsaft ist ebenfalls bereits die Elektrometrie angewandt. In Tierversuchen (Darmsaft und Pankreasfistelsaft am

---

[1]) Vgl. dieses Buch S. 163.
[2]) Zeitschr. f. experim. Pathologie u. Therapie **1**, 431 (1905).
[3]) Arch. di Fisiologia **3**, 369 (1906).
[4]) Pflügers Arch. **115**, 64 (1906).
[5]) Unabhängig vom Probefrühstück wurden von den letztgenannten Autoren H-Ionenwerte des Magensaftes zu $7 \cdot 10^{-2}$ gefunden.
[6]) Vgl. z. B. E. Hainiß, Monatsschr. f. Kinderheilkunde **21**, 134 (1921).
[7]) Biochem. Zeitschr. **21**, 131 (1909).
[8]) l. c.
[9]) J. Christiansen, Biochem. Zeitschr. **46**, 257 (1912).
[10]) Journ. of gen. Physiol. **12**, 465 (1920).
[11]) Vgl. L. Michaelis, Biochem. Zeitschr. **79**, 1 (1917).
[12]) Siehe S. 495 ff.
[13]) E. Pohle u. E. Strebinger, Deutsche Monatsschrift f. Zahnheilkunde 1922, S. 305.

Hunde) wurden Werte zwischen $0,2 \cdot 10^{-8}$ und $5 \cdot 10^{-8}$ [H·] erhalten[1]). Diese aktuelle Alkaleszenz ist bedeutend geringer als sie bislang angegeben wurde; sie entspricht einer schwachen Bikarbonatlösung (0,1 norm. $NaHCO_3$ = $0,5 \cdot 10^{-8}$ [H·]). Wiederum ist es bemerkenswert, daß das Wirkungsoptimum des Trypsins (bei $2 \cdot 10^{-8}$ gefunden[2])) gut in die Breite der hier elektrometrisch gemessenen Alkaleszenzschwankungen des Darmsaftes hineinpaßt.

Für die Galle fand man an verschiedenen Tieren sehr eng zusammenliegende Werte zwischen $0,13$—$3 \cdot 10^{-7}$, also fast genau eine neutrale Reaktion[3]).

Es ist geschichtlich interessant, daß schon 1889 F. A. Hoffmann auf den Vorschlag Wilh. Ostwalds mit einer anderen physikochemischen Methode die aktuelle Reaktion des Magensaftes gemessen hat[4]). Das Prinzip derselben ist der Reaktionskinetik entnommen. Die H-Ionen sind als Katalysatoren einer großen Zahl von Reaktionen bekannt[5]); für bestimmte Konzentrationsgrenzen ist dabei die Reaktionsbeschleunigung proportional der Menge des Katalysators, so daß durch Messung der jeweiligen katalytischen Reaktionsbeschleunigung ein Maß der bei der Reaktion wirksam gewesenen H-Ionen zu finden ist. Hoffmann benutzte als Reaktion zur Messung die Inversion des Rohrzuckers. Später ist die Methode an anderen Reaktionen namentlich von Bredig und Fränkel weiter ausgebaut worden[6]). Für klinische Zwecke aber sind derartige Messungen wenig geeignet[7]) und besser durch andere Methoden zu ersetzen.

Die H-OH-Ionenverhältnisse des Magendarmkanals verdienen außer ihrer Bedeutung für den Wirkungsgrad der Fermente auch deshalb ein praktisch-klinisches Interesse, weil sie in der Breite ihrer physiologischen und mehr noch pathologischen Konzentrationsschwankungen einen sehr erheblichen Einfluß auf das Bakterienwachstum ausüben (vgl. S. 119). In den letzten Jahren hat auch nach dieser Richtung die experimentelle Untersuchung begonnen. Bei einer H-Ionenkonzentration von 2—$6 \cdot 10^{-4}$ fand K. Scheer den Magensaft der gesunden Säuglinge steril; bei geringerer [H·] aber war oft eine Bakterienflora vorhanden, wie sie den normalen Verhältnissen des Duodenums entspricht[8]). Hämolytische Streptokokken werden vom menschlichen Magensaft normaler Azidität nach D. Davis[9]) in 2—5 Minuten abgetötet. Besonders aber für die Beurteilung und Beeinflussung der Darmbakterien haben sich neue Ausblicke eröffnet (A. Adam[10]),

---

1) F. Auerbach u. H. Pick, Arbeiten d. kaiserl. Gesundheitsamtes **43**, 155 (1912).

2) Michaelis u. Davidsohn, l. c.

3) Quagliariello, Rendiconti Acc. des Lincei Vol. **20**, Ser. 5a, 302 (1911).

4) Zentralbl. f. klin. Medizin **10**, 793 (1889) u. **11**, 521 (1890).

5) Vgl. z. B. dieses Buch S. 246.

6) Bredig u. Fränkel, Zeitschr. f. Elektrochemie **11**, 525 (1905); Fränkel, Zeitschr. f. physikalische Chemie **60**, 211 (1907).

7) Vgl. die Messungen von A. Jolles am Harn, Biochem. Zeitschr. **13**, 177 (1908).

8) K. Scheer, Jahrb. f. Kinderheilkunde **42**, 328 (1920).

9) D. Davis, Journ. of infect. dis. **26**, 171 (1920). Über den Vergleich der [H.] bei der Desinfektionswirkung verschiedener Säuren siehe E. Aubel, Compt. rend. **170**, 970 (1920).

10) Zeitschr. f. Kinderheilkunde **29**, 306; **30**, 265 (1921).

K. Scheer[1]) u. a.). Bei der [H·] der Ingesta sind die Bakterien in selberschaffender Rolle beteiligt, sie schaffen in ihrem Bereich eine „Eigenwasserstoffzahl". Da die einzelnen Bakterienarten bei verschiedener, eng begrenzter [H·] ihr Wirkungs- und ebenso auch Wachstumsoptimum besitzen, wird die [H·] für die Konkurrenz der Bakterien untereinander zu einem entscheidenden Faktor. Schon das heute vorliegende Untersuchungsmaterial macht es sehr wahrscheinlich, daß manche Änderung der Darmflora in einem Wechsel des [H·] des Darminhalts ihre Ursache hat.

Die Titrationsergebnisse der Magensäure haben (s. o.) mit dem Maß der freien H-Ionen nichts zu tun. Die Titration mißt nicht die augenblicklich im Magensaft vorhandenen aktuellen Ionen, sondern diese zusammen mit allen „potentiellen" Ionen, welche sich beim Zufügen des Alkalis während der Titration immer erneut aus der am Eiweiß usw. gebundenen Säuremenge nachbilden. Bei Fortfall des Titrierens aber läßt sich auch mit Hilfe von Farbindikatoren eine Messung der aktuellen Reaktion (Indikatorenmethode nach Salm, Sörensen u. a., s. Teil III, S. 497ff.) ausführen. Jeder einzelne Farbindikator hat bei einer ganz bestimmten aktuellen Reaktion seinen Farbumschlag. Da die Farbumschläge für verschiedene Indikatoren bei verschiedenen Werten der H-Ionenkonzentration liegen, ist es möglich, eine Serie von Farbindikatoren so zusammenzustellen, daß durch die verschiedenen Punkte, an denen die Farbumschläge erfolgen, gewissermaßen eine Eichung der Strecke gegeben ist. Eine speziell auf die aktuelle Magensäurebestimmung zugepaßte Skala von Indikatoren ist von Michaelis und Davidsohn[2]) und ähnlich auch von W. Lanz[3]) angegeben. Sie sind beide für praktisch-klinische Aufgaben gut brauchbar, lassen sich aber für wissenschaftliche Fragen an Exaktheit und Allgemeingültigkeit[4]) nicht mit der elektrometrischen Methode vergleichen.

Unter den hier besprochenen physikochemischen Untersuchungsmethoden sind der Elektrometrie die klinisch wichtigsten Ergebnisse beschieden gewesen. Der Grund dieser bevorzugten Stellung ist unschwer ersichtlich. Die Elektrometrie der H-OH-Ionen ist von den vorstehenden Methoden die einzige, bei der sich die Messung auf einen chemischen Einzelstoff bezieht. Bei allen anderen Methoden wird die Größe von Lösungseigenschaften gemessen, an deren Zustandekommen jedesmal eine schwer kontrollierbare Vielheit von Substanzen beteiligt ist. Gerade der Verdauungsbrei mit all den Zufälligkeiten seiner Zusammensetzung bietet in dieser Beziehung größte Schwierigkeiten. Am ehesten scheinen dem Verfasser weitere Erfolge erreichbar, wenn man versucht, von maximal einfachen Bedingungen auszugehen, z. B. anstatt des klinischen Probefrühstücks vorerst nur einstoffliche, in ihren physikochemischen Eigenschaften gut definierte Lösungen zur Darreichung zu verwenden. Wenigstens haben unter solchen Bedingungen in vitro die gleichen Methoden ermutigende

[1]) Zeitschr. f. Immunitätsf. u. exper. Therapie **33**, 36 (1921).
[2]) Zeitschr. f. experim. Pathologie u. Therapie **8**, 1 (1910). Näheres s. S. 505.
[3]) Schweizer med. Wochenschr. **51**, 1057 (1921).
[4]) Vgl. auch G. Ewald, Deutsch. Arch. f. klin. Medizin **106**, 513 (1912).

Resultate geliefert. So bringt z. B. die Viskosimetrie den Gang der fermentativen Umsetzungen des Eiweißes im Maß der geänderten inneren Reibung sehr gut zum Ausdruck[1]) und ebenso ist auch die Abnahme der Oberflächenspannung ein sehr empfindlicher Indikator für das Erstauftreten von stark oberflächenaktiven Substanzen, wie namentlich von Fettsäuren und von Peptonen. Auch das Ultramikroskop ist in einigen Versuchen in vitro erfolgreich in den Dienst der Fermentforschung gestellt: es kann Aufschlüsse über die Größe der Kolloidkomplexe vermitteln und zugleich räumlich-korpuskulär über die Zusammenlegung von Ferment und Substrat sowie über die dabei erfolgenden Zustandsänderungen unterrichten[2]). Eine bemerkenswerte Anwendung hat ferner die physikochemische Kapillaranalyse (Goppelsroeder[3])) in der Holmgrenschen Methode zur quantitativen Bestimmung der Magensäure gefunden[4]). Ihr liegt die Erfahrung zugrunde, daß bei der Ausbreitung von Flüssigkeiten in einem adsorbierenden Material manche gelöste Stoffe, wie z. B. die Säuren, weniger weit vordringen als die Lösungsmittel selbst. Schon beim Aufbringen eines Tropfens Magensaft auf Fließpapier wird diese Erscheinung sehr deutlich: es bildet sich zentral eine Kreisfläche aus, welche laut Nachweis des einfachen Betupfens mit Lackmus die Säure enthält, und darüber hinaus entsteht eine weitere Kreiszone der Flüssigkeit, welche völlig säurefrei ist. Dabei gilt die Gesetzmäßigkeit der kapillaren Verteilung, daß die Säure in einer relativ um so kleineren Kreisfläche zurückgehalten wird, je verdünnter die Lösung war. Der Unterschied in den Durchmessern beider Kreise gibt somit ein Maß der im Magensaft vorhandenen Säurekonzentration. Für die Verhältnisse des praktischen Arztes scheint die Methode gut verwendbar, sie liefert am fertig käuflichen Papier ohne weiteres Hilfsmittel in kürzester Zeit eine angenäherte Orientierung über die freie Säure (Salzsäure, ähnlich auch Milchsäure).

Schließlich findet auch die Katalyse bereits seit langem bei der Untersuchung des Magen- und Darminhalts eine praktische Verwertung. Dies geschieht in den üblichen Methoden des Blutnachweises (Guajakprobe, Benzidinprobe usw.): auf Anwesenheit des Blutfarbstoffes wird dadurch geschlossen, daß man eine Oxydationskatalyse beobachtet, welche bei Innehaltung bestimmter Bedingungen für den Blutfarbstoff charakteristisch ist. Auch an diesem klinischen Beispiel zeigt die „katalytische Mikroanalyse" ihre außerordentliche Befähigung zum Nachweis gerade geringster Substanzspuren. Noch 1 : 300000 läßt sich bekanntlich der Blutfarbstoff durch seine katalytische Wirkung nachweisen. Mit Versuchen, die Kapillarwirkung

---

1) Vgl. die Arbeiten von Spriggs, Herzog, Quagliariello, Buglia, Fuld u. a. (Literatur s. C. Neuberg, Der Harn, l. c. II, 1655.)

2) Ph. Russo, Arch. internat. de physiol. **12**, 1 (1912) (referiert im Kongreßzentralbl. **3**, 297); Cesano, Arch. Fisiol. **11**, 525 (referiert in Kolloidzeitschr. **15**, 136 (1914). Vgl. auch A. Bickel, Münch. med. Wochenschr. 1904, Nr. 37.

3) Beste Zusammenstellung s. C. Neuberg, Der Harn, l. c. II, 1362—1395.

4) J. Holmgren, Biochem. Zeitschr. **14**, 181 (1908); Deutsche med. Wochenschr. 1911, Nr. 6; ferner Baumstark, Zeitschr. f. Balneologie **4**, 91 (1911) und Sochanski, Arch. f. Verdauungskrankheiten **20**, 317 (1914).

und die Katalyse vereint zu einer Methode der „Endographie“ der Körperhohlorgane auszugestalten, ist der Verfasser nicht bis zu klinisch brauchbarem Ergebnis vorgedrungen[1]).

Die Besprechung der physikalischen Chemie im Dienst der Diagnose sei hiermit geschlossen. Wie die angegebene Übersicht zeigt, ist in den bisher behandelten Fragen das eigentliche Hauptgebiet aller Verdauungsvorgänge, der Chemismus der Umsetzungen, durch welche die Nahrungsstoffe zur Aufnahme in den Körper befähigt werden, so gut wie gar nicht berührt. Gerade an diesem Problem aber wird sich zur Hauptsache entscheiden, wie sehr die physikalische Chemie berufen ist, auf die Klinik der Magen- und Darmerkrankungen befruchtend einzuwirken. Eine physikochemische Inangriffnahme der hier harrenden Probleme auf möglichst breiter Grundlage ist dringend geboten. Alte und neue Beobachtungen scheinen dem Verfasser schon heute ein Material zu bieten, um wenigstens nach den allgemeinen Gesichtspunkten zu einem einheitlichen physikochemischen Gesamtbild vorzudringen. Zunächst sei versucht, für die normalen Verhältnisse die **allgemeinen Grundzüge der Physikochemie der Verdauung** herauszufinden. Ihnen werden sich sodann in der weiteren Darstellung die klinischen Anwendungen am besten einfügen.

Im Vergleich zur Einrichtung unserer wissenschaftlich-chemischen Laboratorien muß die „Ausstattung“ des Magendarmkanals bei erster Betrachtung als äußerst primitiv erscheinen: es ist eigentlich nichts als ein leerer Schlauch mit peristaltischem Rührwerk und mit Einstellung einer konstanten Temperatur von ca. 37° gegeben. Die nähere Untersuchung aber lehrt, daß trotz dieser scheinbaren Einfachheit doch die Überlegenheit der chemischen Leistungen auf eine Überlegenheit in den reaktionskinetischen Mitteln zurückgeht. Es sind die folgenden Prinzipien der physikalischen Chemie, welche im Magendarmkanal mit der dem Körper eigenen Meisterschaft zur Anwendung gebracht sind.

1. Maximale Dispersität der zu verdauenden Massen;
2. Ausgedehnteste Verwendung von spezifischen Katalysatoren in der Form der Fermente;
3. Erhöhung der Konzentration der Reaktionsausgangsstoffe am Ort der chemischen Umsetzung durch Vermittlung der Adsorption;
4. Ständige Niedrighaltung der Konzentration der Reaktionsendprodukte durch die Resorption;
5. Mehrmalige Umfüllung in einen Raum geänderter Reaktionsbedingungen und weitgehende Getrennterhaltung der Einzelportionen je nach dem Grade der Verdauung.

NB.: Zur allgemeinen physikochemischen Orientierung sei auf die Ausführungen dieses Buches S. 59 f. und S. 208 ff. verwiesen.

Die Vorbedingung allen guten chemischen Reagierens ist die Überführung in Lösung. Stoffe im festen Zustand haben nur minimale Reaktionsfähigkeit. Nicht mit der Menge, nur mit der Oberflächenentfaltung steigt die Bereitschaft zu chemischen Reaktionen. Sie ist in der „Lösung“

[1]) H. Schade, Berl. klin. Wochenschr. 1909, Nr. 40.

bei weitem am größten. Corpora non agunt nisi fluida. Dieser alte Satz gilt als erstes Prinzip des Beginns der Verdauung. Der Hauptort für die **Vorgänge der Lösung** ist der Magen und der obere Dünndarm. Wenn die Speisen den Pylorus verlassen, sind sie meist schon zu dünnflüssigem Brei verwandelt; selbst widerstandsfähige Massen, wie Knochen, gehen im Magen in „Lösung". Bei diesen Umwandlungen hat neben echter Lösung vor allem die kolloide Quellung ihren Anteil. Die wirksamsten aller Quellungsmittel sind für die eine Gruppe der kolloiden Substanzen die H-Ionen, für die andere Gruppe die OH-Ionen; der Körper bringt sie beide nacheinander, sogar in Wiederholung zur Anwendung: im Mundspeichel wirken meistens OH-Ionen, im Magen die H-Ionen[1]) und im Darm wieder die OH-Ionen. Dabei erscheinen im Mundspeichel zugleich auch die bei saurer Reaktion stärkstlösenden aller Salzionen, die Rodanionen, um bei den Speisen nach Transport zum Magen eine maximale kolloidquellende Wirkung[2]) zu entfalten. Die Lösung und Quellung wird durch reichlichste Wasserzufuhr gefördert. Der Körper besorgt auch diese in sehr erheblichem Umfang. Zu einer ungefähren Schätzung des verfüglichen Lösungswassers genügt es, die seitens der Physiologen angegebenen Sekretmengen des oberen Intestinaltraktus zusammenzurechnen. Es werden beim erwachsenen Menschen täglich in den Magendarmkanal abgesondert: 1000—1500 ccm Mundspeichel, 1000—2000 ccm Magensaft, dazu 600—900 ccm Galle, 600—800 ccm Pankreassaft und 200 ccm Darmsaft, d. h. in summa 3,4—5,4 Liter! Nimmt man als tägliche Flüssigkeitsaufnahme durch die Nahrung $1-1^1/_2$ Liter an, so steht für die Aufgaben der Lösung und Quellung insgesamt eine Flüssigkeitsmenge von täglich 4,4—6,9 Liter zur Verfügung[3]). Daß diese Menge nicht gleichzeitig vorhanden ist, sondern in ständigem Wechsel neu zu- und abgeht, setzt ihren Wert für die Aufgaben der Lösung nicht herab, da mit jedem Abgang von Lösungswasser auch ein Abgang von gelöstem Material aus dem Darmkanal verbunden ist. Manche der Säfte haben für die Aufgaben der Lösung resp. Kolloiddispergierung noch außer Obigem eine spezielle Eignung. Beim Speichel verdient die hochgradige Salzarmut, welche der Organismus entgegen dem osmotischen Druck durch besonderen Energieaufwand zuwege bringt, unsere Beachtung: Salze sind Antagonisten der Säure- und Alkaliquellung; je geringer daher im Magen der Gehalt an Neutralsalz, um so stärker im allgemeinen die quellende Wirkung der H-Ionen. Vielleicht ist dies einer der Gründe, weshalb der osmotische Druck des Speichels und weniger auch des Magens im Gegensatz zu den übrigen Sekreten des Körpers[4]) so auffallend niedrig gehalten wird. Daß der Speichel und der Pankreassaft durch die OH-Ionen und der Magensaft durch die H-Ionen eine starke Förderung seiner Quellungs-

[1]) Vgl. hierzu J. Traube, Biochem. Zeitschr. **107**, 295 (1920) und L. Michaelis, Deutsch. med. Wochenschr. **46**, 126 (1920).

[2]) Siehe die Hofmeisterschen Reihen bei saurer Lösung oben S. 25.

[3]) Vgl. auch H. Bechhold, Kolloide in Biologie und Medizin, l. c., S. 294.

[4]) Vergl. Tabelle S. 251. Eine ähnliche Ausnahmestellung zeigt sonst nur noch der Schweiß. Bei ihm ist als physikochemisches Ziel die leichtere Verdunstung erkennbar.

kraft erfährt, ist bereits erwähnt. Noch nicht aber wurde darauf verwiesen, daß die Einschaltung des mehrfachen Reaktionswechsels, wie er aus der zeitlichen Aufeinanderfolge dieser Sekretzuflüsse resultiert, auch selber wieder ein wichtiges lösungsbegünstigendes Moment darstellt. Ähnlich, wie es vom Verfasser für die Verhältnisse beim Eintritt von Säuren ins alkalische Serum gezeigt wurde[1]), bringt der Reaktionswechsel auch im Magendarmkanal günstige Bedingungen zur „Kolloidnaszierung" mit sich: das saure Medium zwingt alle alkalischen Stoffe zur chemischen Reaktion, das alkalische Medium umgekehrt alle sauren Substanzen und läßt sie dabei aus dem etwaigen ungelösten Zustand in eine feindisperse Verteilung übergehen, die einer weiteren Verarbeitung nützlich ist. Dem alkalischen Pankreassaft ist ferner eine außerordentlich stark emulgierende Wirkung auf Fette, bei spurenweisem Gehalt von freien Fettsäuren, eigen. Diese Wirkung und zugleich noch darüber hinaus eine erhebliche „Lösefähigkeit" für Fette ist ebenfalls für die Galle chara teristisch[2]). Ein Zusammenhang dieser Erscheinungen mit der außerordentlich niedrigen Oberflächenspannung der Galle (s. o.) ist sicher; doch läßt sich im einzelnen noch keine ausreichende Analyse der Vorgänge geben. Stärkste Wasserzufuhr, möglichste Salzfreiheit, Darbietung maximalquellender Ionen, mehrfacher Reaktionswechsel und exzessive Erniedrigung der Oberflächenspannung sind physikochemisch die Hauptmittel, auf denen im Magendarmkanal die überlegene Kunst des Lösens beruht.

Der Chemismus der Verdauung wird beherrscht von den **Fermenten.** In ihnen liegt nach der üblichen Auffassung das ganze Geheimnis dieser Vorgänge. Gerade aber solcher Anschauung gegenüber gilt es, aufs schärfste die physikochemische Begrenztheit der Fermentwirkungen zu betonen. Fermente verhalten sich energetisch genau wie einfachere Katalysatoren; Umsetzungen, die nicht durch die chemische Affinität der Stoffe geleistet werden, sind den Fermenten unmöglich. Energie aus nichts heraus können auch die Fermente nicht erzeugen. Es ist allgemeingültig, daß auch die Fermente nur Vorgänge beschleunigen, die an sich bereits möglich sind und demnach auch bereits ohne Fermentbeeinflussung wenigstens zu minimalen Anteilen und mit minimaler Geschwindigkeit vor sich gehen. Fast ausschließlich verlaufen die chemischen Prozesse der Magendarmverdauung in einfach abbauender Richtung, meist sind es hydrolytische Spaltungen. Die treibende Kraft ist allein das hohe chemische Potential der zugeführten Nahrungsstoffe. Die Fermente besorgen dabei die Auswahl der dem Körper nützlichen Einzelreaktionen; sie machen unter den unzähligen möglichen Vorgängen eine bestimmte Auswahl scharf umschriebener Prozesse dadurch zu den praktisch allein vorherrschenden, daß sie ihnen den anderen Prozessen gegenüber eine stark erhöhte Geschwindigkeit geben. In solcher

[1]) Siehe o. S. 204.

[2]) Es bleibe nicht unerwähnt, daß die „Lösefähigkeit" der Galle, wie sie in der Gallseife technisch zur Verwertung kommt, derart unerreicht ist, daß diese Gallseife in der Seifenindustrie noch nicht durch eine andere Seifenart hat ersetzt werden können.

Leistung sind die Fermente im Zusammenhang mit ihrer komplizierten organischen Konstitution allen einfacheren Katalysatoren weit überlegen. Die Kolloidnatur der Fermente stellt wie überall so auch hier Bedingungen an den Ionengehalt des umspülenden Milieus. Durch völliges Fehlen der Salze wird auch für die Fermente des Magendarmkanals — anscheinend aber weniger als für die Fermente anderer Herkunft — die Wirksamkeit verringert bis aufgehoben (Biarry[1]); ebenso sind für die H- resp. OH-Ionen keine stärkeren Abweichungen vom Normalstand (s. S. 255 u. 256) möglich, ohne daß die Wirksamkeit der Fermente herabsinkt. Die Katalyse, das wirksamste physikochemische Mittel zur Reaktionsbeeinflussung, wird somit im Verdauungskanal in einer äußersten Vollendung verwertet: Als Katalysatoren sind hochorganisierte Fermente mit kompliziert ineinandergreifender, stets spezifisch begrenzter Wirkung tätig. Um aber die Fermente zu solcher Wirkung instand zu halten, ist für den Magendarmkanal auf der anderen Seite eine wenigstens angenäherte Einhaltung bestimmter H- resp. OH-Ionenwerte sowie die Gewährleistung eines gewissen, wenn auch nur geringen Salzionenbestandes, in Zugang gekommen.

Neben der Katalyse resp. der Fermentwirkung sind aber auch die anderen reaktionskinetischen Mittel der Beschleunigung im Magendarmkanal von großer Bedeutung. Eins dieser Mittel ist die **Erhöhung der Konzentration der Reaktionsausgangsstoffe.** Die Konzentrationsvermehrung durch erhöhte Zufuhr von außen kommt weniger in Betracht, da der Magendarmkanal nur in beschränktem Sinn das Maß dieser Zufuhr regelt. Größten Einfluß aber haben die oben besprochenen Vorgänge der Lösung und der Kolloiddispergierung: jede Steigerung der Oberflächenentfaltung bringt eine erhebliche Vermehrung der chemisch-aktiven, d. h. der momentan zur Reaktion befähigten Masse mit sich. Durch das Zusammenwirken dieser dispergierenden Prozesse mit der Eigenart der Fermentleistung kommt eine sehr bemerkenswerte Regulierung des Chemismus zustande: Sind die Konzentrationen der gelöst vorhandenen Substanzen hoch, so hat die Vermehrung der Menge im allgemeinen für Fermentprozesse keine weitere Beschleunigung zur Folge. Der Vorgang bleibt, wenn das Ferment bereits „voll besetzt" ist, auch bei gesteigerter Zufuhr auf bestimmter Höhe konstant. Ist aber die Konzentration des aktiven Anteils einer Substanz entweder von vornherein niedrig oder im Verlauf der Verdauung niedrig geworden, so macht sich eine jede Erhöhung der Konzentration sofort in einer Beschleunigung des Fermentprozesses geltend; denn bei niederen Mengen der reagierenden Stoffe pflegt die Geschwindigkeit der fermentativen Prozesse ziemlich im Verhältnis der Konzentration zu steigen. Am günstigsten für die Fermentwirkungen ist daher eine mittlere, möglichst lange sich konstant haltende Konzentration der reagierenden Stoffe. Die Verhältnisse des Körpers sind solchem Idealzustand deutlich genähert. Die Parallelschaltung der Lösungsvorgänge zum chemischen Abbau hat an der Erreichung dieses Zieles einen wesentlichen Anteil. Die stetig zunehmenden,

[1]) Biochem. Zeitschr. **40**, 357 (1912).

dabei doch an bestimmte Etappen[1]) gebundenen Lösungsprozesse haben zur Folge, daß nicht mit einem Male die Gesamtmasse der Nahrung sich chemisch aktiv an den Reaktionen beteiligt[2]), sondern daß nach und nach an immer neuen Anteilen die Überführung in den chemisch aktiven Zustand stattfindet. Eine besondere reaktionskinetische Schwierigkeit liegt immer in der Ausnutzung der letzten Anteile einer Substanz; denn mit stark abnehmender Konzentration der Reaktionsausgangsstoffe wird jeder, auch der katalytisch-chemische Prozeß, erheblich verlangsamt. Hier aber hilft bei den Fermenten die Adsorption über die Schwierigkeiten wie spielend hinweg. Die Adsorption kann in einer Lösung die Konzentrationsverhältnisse lokal ändern, indem sie Teile der gelösten Substanz dem Innenbereich der Lösungsflüssigkeit entzieht und an irgendwelcher Oberfläche in örtlicher Konzentrationsvermehrung zur Anreicherung bringt. Nach bekanntem Gesetz ist diese Wirkung allgemein um so ausgeprägter, je verdünnter die Lösung ist. In wunderbarer Zweckmäßigkeit wird nun gerade zwischen dem Ferment und dem ihm zugehörigen Substrat eine starke gegenseitige Adsorbierbarkeit gefunden: E. Abderhalden und W. Strauch[3]) „fischten" mit Elastin als Adsorbens Pepsin aus dem Mageninhalt von Tieren heraus; es war nicht chemisch gebunden, nur adsorbiert; denn sie konnten es hernach dem Elastin im Adsorptionsgleichgewicht durch Spülung mit Wasser wieder entziehen. Noch deutlicher sprechen Versuchsergebnisse am Trypsin: Selbst wenn das Trypsin bereits von einem Adsorbens wie Kohle gebunden ist, wird es von dem ihm zugehörigen Substrat, dem Kasein, bei nachträglich konkurrierender Adsorption noch an dessen Oberfläche wirksam zur Anreicherung gebracht (G. S. Hedin[4])). Dabei ist automatisch für eine ständige Erneuerung dieses Vorgangs gesorgt: allemal wenn das Substrat durch die Fermentwirkung zu einfacheren Spaltstücken abgebaut ist, werden die geänderten physikalischen Lösungseigenschaften wirksam, die Spaltstücke verlassen das Ferment und gehen in Lösung, das Ferment wird erneut zur Adsorption frei. Da die Adsorption aus den verdünnten Lösungen praktisch restlos geschieht, so ist hier der Weg gezeichnet, auf dem der Körper die Konzentration der Reaktionsausgangsstoffe am Ort der Fermentwirkung bis zum Ende der Verdauung hoch erhält, auf dem er bis zuletzt den schnellen Verlauf der fermentativen Umsetzungen garantiert.

In ähnlich wirksamer Weise kommt im Magendarmkanal auch die **Niedrighaltung der Konzentration der Reaktionsprodukte** zur Geltung. Der Körper hat sich unter den vielen möglichen Reaktionen für die Beschleunigung durch Fermente gerade solche Vorgänge ausgewählt, bei denen gut lösliche, gut resorbierbare Endprodukte resultieren. In demselben Maß, wie nun der Darm diese Endprodukte resorbiert, ergibt sich

[1]) Orte des Zustroms der verschiedenen Sekrete mit ihrer verschiedenen Lösungsbeeinflussung.

[2]) Es erscheint dem Verfasser möglich, daß auch Gerinnungsvorgänge, so z. B. namentlich der Milch im Magen in diesem Sinne eine reaktionskinetische Bedeutung haben.

[3]) Zeitschr. f. physiologische Chemie **71**, 315 (1911).

[4]) Biochem. Journ. **1**, 474 u. 486 (1906); **2**, 27, 81, 112 (1906).

reaktionskinetisch für den Chemismus des Speisebreis eine sehr wirksame Förderung. Unter Anlehnung an die analogen Verhältnisse bei gasbildenden Reaktionen (s. S. 211) läßt sich die Art solcher Reaktionsbegünstigung am besten im Bilde des „Absaugens" veranschaulichen: wenn die Darmwand die resorptionsfähigen Endstoffe bis auf niedrige Konzentrationen aus dem Speisebrei herausholt, geht reaktionskinetisch die „Saugwirkung" weiter, die Einstellung eines chemischen Gleichgewichts zwischen den Reaktionsausgangsstoffen und den Endprodukten wird verhindert und eine stetig beschleunigte Nachbildung weiterer Endprodukte erzwungen. Speziell für die Eiweiße ist schon vor Jahren von Abderhalden und Gigon[1]) die Wichtigkeit dieses Einflusses betont: die Aufspaltung der Eiweiße geht nur deshalb im Darm so glatt vor sich, weil die störenden Spaltlinge gleich nach ihrem Freiwerden wegresorbiert werden. Besonders klar ist solches Verhalten bei der Fettverdauung des Pankreasfermentes demonstrierbar: hier läßt sich die Entfernung der Endprodukte aus der Lösung gut durch Salzfällung erreichen: diejenigen Salze, welche die entstehenden Fettsäuren am vollständigsten durch Ausfällung aus der Lösung entfernen, wirken auch am meisten beschleunigend auf die Lipolyse (Pekelharing[2])). Eine zahlenmäßige Bewertung der auf solchem Wege im Darm e reichten Reaktionsförderung ist noch nicht zu geben. Sie ist nach dem Ergebnis der experimentellen Reaktionskinetik[3]) für reversible Reaktionen, zumal wenn diese zu vorzeitiger Arretierung in sogenannten „falschen Gleichgewichten" neigen, besonders groß. Die Mehrzahl der Einzelreaktionen der Verdauung dürfte aber gerade zu den derartigen Vorgängen gehören.

Für den regelrechten Fortgang des Verdauungsprozesses ist außerdem die Innehaltung einer richtigen Zeitfolge des Durchlaufens der verschiedenen Reaktionskammern, des Mundes, des Magens und der Einzelabschnitte des Darms ein wichtiges Erfordernis. Zu kurzes Verweilen der Speisen läßt die dem Einzelort zugehörigen Umsetzungen nicht ausreichend zustande kommen, so daß eine Mehrbelastung der nächsten Abschnitte erfolgt; zu langes Verweilen bringt die Umsetzungen leicht in falsche Bahnen, indem dann neben den erlöschenden fermentativen Vorgängen namentlich auch bazillär bedingte Umsetzungen hochkommen, so daß wiederum erhebliche Störungen des Ganzen resultieren. In den unteren Abschnitten des Darms wird normal die bazilläre Zersetzung mehr und mehr überwiegend. Auch dies gibt einen wichtigen Grund, daß die Getrennterhaltung der Ingestamassen je nach dem Stand der Verdauung nützlich ist. Die Länge des Darms, vielleicht auch die Kammerung des Kolon durch die Haustrabildung ist solcher räumlichen Trennung günstig.

Dieses physikochemische Allgemeinbild der Verdauung erscheint dem Verfasser geeignet, manche Fragen der ärztlichen Praxis in eine klarere, oft auch gegen früher geänderte Beleuchtung zu rücken. Unter Beibehaltung

[1]) Zeitschr. f. physiolog. Chemie **53**, 251 (1907).
[2]) Onderzoekingen gedaan in het physiol. Laborat. d. Utrechtsche Hoogeschool **5**, 17 (1912).
[3]) Vgl. z. B. die Darstellung von G. Bredig, Ergebnisse der Physiologie Bd. 1 (1902.)

der hier gegebenen Gliederung des Stoffes sei versucht, einige der Hauptprobleme zu kennzeichnen, bei denen die physikalische Chemie im Begriffe steht, **therapeutisch wichtige Anwendungen** zu ermöglichen.

Für die ärztlichen Bestrebungen der Lösungserleichterung im Magendarmkanal lassen sich mit einiger Deutlichkeit zwei Ziele unterscheiden: die **Erhöhung der Ausnutzbarkeit der Nährstoffe für den Gesunden** und die Erleichterung der Aufgabe des Lösens für den Magendarmkanal des Kranken. Das erste Bestreben setzt sich zum Ziel, noch dort, wo das Maß des Lösevermögens physiologisch seine Grenzen hat, durch besondere Maßnahmen technischer Vorbereitung eine erhöhte Ausnutzbarkeit zu erzielen. Eine sehr wesentliche Hemmung für die Verdauung vieler pflanzlicher Produkte gibt die Zellulose, indem sie, selber für den Menschen unverdaulich, oft in reichem Maße wertvolles Nährmaterial gegen den Zutritt der Verdauungssäfte abschließt. Hier ist zur Ausnutzung eine technische „Aufschließung" erforderlich. Der erste Schritt in dieser Richtung war das Zermahlen des Kornes zu Mehl. Es hat ganz auffallend lange gedauert, bis man dazu überging, dieses selbe Prinzip systematisch auf die Erschließung der kleineren Zellulosehüllen bis herab zu mikroskopischen Durchmessern zu übertragen. Erst 1913 hat solches Bestreben in der ärztlichen Literatur in größerem Umfange Boden gewonnen. Besonders v. Bergmann und Fr. W. Strauch[1]) haben wichtige Untersuchungen „über feinzerteilte Pflanzennahrung in ihrer Bedeutung für den Stoffhaushalt" geliefert. Sie haben für die Friedenthalschen Gemüsepulver den Nachweis erbracht, daß eine geeignete mechanische Vorbearbeitung die Ausnutzung ganz erheblich, beim Bohnenpulver z. B. bis auf das Doppelte des ursprünglichen Betrages zu steigern vermag. Arbeiten dieser Richtung haben das größte soziale Interesse. Wenn man die jährliche Ausgabe des deutschen Reiches für die Volksernährung auf die niedrig bemessene Summe von 10 Milliarden Friedensmark beziffert, so würde eine Verbesserung in der Ausnutzung der Nahrung, die im Durchschnitt nur 1% betrüge, bereits einen jährlichen Gewinn des Volksvermögens von 100 Millionen Mark ausmachen (H. Bechhold[2])). Die Gemüsepulverung gibt nur ein Beispiel der hier möglichen Ersparungen. Bislang hat auf dem Gebiet der Nahrungsverarbeitung und Nahrungskonservierung fast nur die Empirie des Handwerks, der Bäckerei, der Schlachterei, der Meierei, der Räucherei, der „Kochkunst" usw. die Methoden des Herstellens, des Aufbewahrens und des Eßbarmachens beherrscht. Die wissenschaftliche Forschung ist der Beschäftigung mit diesen Fragen bisher zu sehr aus dem Wege gegangen[3]). Die physikalische Chemie, speziell die Kolloidchemie ist im Begriff, hier Wandel zu schaffen. Namentlich ihrem Einfluß ist es

[1]) v. Bergmann u. Fr. W. Strauch, Therapeutische Monatshefte 1913, Heft 1; ferner Fr. W. Strauch, Zeitschr. f. experim. Pathologie u. Therapie **14**, 462 (1913).

[2]) H. Bechhold, Kolloide in Biologie u. Medizin, l. c., S. 155.

[3]) Vgl. z. B. die Ausführungen von Chr. Jürgensen-Kopenhagen, Med. Klinik 1913, Nr. 45. Zugleich sei auf das in vieler Weise anregende „Kochlehrbuch und praktische Kochbuch für Ärzte, Hygieniker, Hausfrauen und Kochschulen" des gleichen Autors (Berlin, J. Springer 1910) verwiesen; die physikalische Chemie ist indes in demselben noch nicht zur Geltung gekommen.

zu danken, daß nunmehr eine erste Zentralstelle solcher Arbeit, eine „deutsche Forschungsanstalt für Lebensmittelchemie" in München (Geh. Rat Paul) ins Leben gerufen ist; auch Wo. Ostwald hat bereits aus diesem Institut Untersuchungen veröffentlicht.

Das engere ärztliche Interesse aber liegt auf dem Gebiet der **Lösungserleichterung der Nahrung zu Zwecken der Therapie.** Hier sind die Aufgaben gegenüber den Zielen am Gesunden oft völlig verschoben. Während beim Gesunden die Arbeit des Lösens als eine von der Natur geforderte Aufgabe dem Magendarmkanal zweckmäßig in nicht geringem Umfange überlassen bleibt, oft sogar „gröbere" Kost aus den verschiedensten Gründen[1]) den Vorzug verdient, ist therapeutisch vielfach maximale Schonung des Magendarmkanals und damit auch maximale Erleichterung der Lösungsarbeit erforderlich. Eine Erleichterung durch Herabsetzung der Nahrungsmenge ist in den seltensten Fällen erstrebenswert. Vielmehr erwächst zumeist die Aufgabe, ein möglichst geringes Maß der Verdauungsarbeit mit größtmöglicher Kalorienzufuhr zu vereinigen. Bei solchem Ziele der Krankendiät erhalten alle, auch die kleineren Unterschiede der vom Magen und Darm geleisteten Lösearbeit erhebliche Bedeutung. Neben der richtigen Auswahl der Einzelnährstoffe wird die Art der Zubereitung entscheidend. Die Diätetik der Küche ist fraglos bereits durch die Ärzte auf eine erhebliche Höhe gebracht; eine wissenschaftliche Grundlage aber haben gleichwohl nur die wenigsten Maßnahmen zur Vorbereitung der Speisen gewonnen. Die **physikalische Chemie der Küche** ist auch hier zu weiterer Klärung berufen.

Fast die Gesamtheit aller Speisen hat kolloiden Charakter, und ferner sind es ganz bevorzugt die kolloiden Anteile der Nahrung, an denen die Haupterscheinungen der Verdauung sich abspielen. Mehr und mehr hat sich der Satz des Verfassers bestätigt, den er 1909 in einer Arbeit „Von den Beziehungen der Therapie zur Kolloidchemie"[2]) als Kennzeichnung dieses Gebietes gebrauchte: „In der ganzen Physiologie und Therapie der Verdauung ist wohl kaum eine Frage, die ohne Mitbeteiligung der Kolloidchemie zu lösen sein wird". Mit wenigen Einzelheiten sei versucht, diese engen Beziehungen zur Kolloidchemie zu beleuchten. Eine der wichtigsten Nährstoffe der Kranken ist die **Milch.** Physikochemische Untersuchungen derselben sind bereits ziemlich zahlreich und mit gutem Ergebnis ausgeführt[3]). Als grobdisperse Substanzen bei der Milchverdauung kommen vor allem das Kasein, das Albumin und das Fett in Betracht. Die am leichtesten verdauliche Milchart, die Frauenmilch, zeigt auch ultramikroskopisch die feinste Zerteilung, sodann folgt die Kuhmilch und Eselsmilch; am gröbsten wurde die Schafsmilch gefunden[4]). Kochen macht die Ultramikronen der Milch größer, so

[1]) Vgl. z. B. M. Hindhede, Zeitschr. f. physik. u. diätet. Ther. **17,** 68 (1913).

[2]) H. Schade, Kolloidzeitschr. **5,** 284 (1909).

[3]) z. B. G. Wiegner, Kolloidzeitschr. **15,** 105 (1914); O. Alemann, ebendort **24,** 27 (1919); B. Kobler, Untersuchungen über Viskosität und Oberflächenspannung der Milch. Inauguraldissertation. Bonn 1908; Literatur über osmotischen Druck s. C. Neuberg, Der Harn, l. c. II, 1503.

[4]) J. Lemanissier, L'étude des corps ultramicroscopiques. Thèse 1905. Paris; ferner A. Kreidl u. Neumann, Arch. f. die ges. Physiologie **123,** 523 (1908) und G. Wiegner, Koll.-Zeitschr. **8,** 126 (1911).

daß sie beim Behandeln mit Magensaft langsamer verschwinden als bei ungekochter Milch. Beim Kochen wird der Kalk aus dem Milchserum in vermehrter Menge an die Milchkolloide gebunden, wie P. Großer[1]) durch die Ultrafiltration der Milch hat feststellen können. Dabei war die Dauer des Kochens von sehr erheblichem Einfluß: Nach 5 Minuten Kochen enthielt das Ultrafiltrat der Frauenmilch noch ca. $^1/_3$, nach 15 Minuten noch $^1/_{10}$ des ursprünglichen Kalkgehalts; nach 30 Minuten Kochen wurden nur mehr Spuren CaO gefunden. In der „homogenisierten" Milch ist die Dispersität des Fettes ganz erheblich gesteigert. Im allgemeinen zeigt sich die Zunahme der Verdaulichkeit in deutlicher Parallele zum Feinheitsgrad der kolloiden Zerteilung. Auch dieMittel, um die klumpige Gerinnung im Magen zu verhüten, liegen sämtlich auf kolloidem Gebiet: entweder ist es die Zugabe eines „Schutzkolloids", wie bei der Einrührung von Mehl in die Milch, oder es wird, wie z. B. beim Zusatz von Rahm, die Lockerung der späteren Milchgerinnsel dadurch erreicht, daß man ein stabiles Emulsionskolloid einmischt. Eine weitere, sehr wirksame Art der Vermeidung einer groben Gerinnung im Magen besteht darin, daß man die Kolloidausfällung außerhalb des Körpers in besonders geeigneter Art zu Wege bringt und erst nach so erreichter feiner Verteilung der Gerinnsel die Milch dem Magen zuführt; diese Vorwegnahme der Kolloidausfällung spielt besonders für die Leichtbekömmlichkeit der Buttermilch, der Kefirmilch und des Milchquarks eine erhebliche Rolle. Auch die viel diskutierte Frage nach der Entstehung und Bedeutung der „Hüllen" der Milchkügelchen ist durch die Kolloidchemie einer einfachen Lösung zugeführt (H. Bechhold[2])). Ein Ähnliches wie für die Milch gilt auch für die anderen Stoffe der Nahrung. Für die aus dem **Ei** gewonnenen Trockenpräparate hat Roseo[3]) wichtige, mit dem Kolloidzustand zusammenhängende Unterschiede in der fermentativen Angreifbarkeit des Ovalbumins durch Trypsin beobachtet. Besonders erfolgreich scheint die physikochemische Forschung am **Brot** einzusetzen. Mehl, als Pulver genossen oder zu einem Brei angerührt, ist schlecht verdaulich, da die Mehlkörner nur geringe Quellfähigkeit besitzen. Die Brotbereitung hat den Zweck, das Mehl in großer Menge genießbar und der Verdauung zugänglich zu machen. Die Hefegärung des Brotteiges und der Backprozeß wirken gemeinschaftlich nach diesem Ziele zusammen. Unter der Gärung quellen die Stärkekörner des Mehls; dies bringt die Einzelpartikelchen zum Zerplatzen und begünstigt dadurch wieder weiter die Quellung gerade der feineren Teilchen. Hiermit aber ist die Dispersitätserhöhung während der Brotbereitung noch keineswegs beendet. Die Gärung als chemischer Prozeß sättigt die Teiglösung mit Kohlensäure und läßt im Brotteig, räumlich durch die ganze Masse aufs feinste verteilt, kleinste Bläschen dieses Gases entstehen. Beim Erhitzen des Backens werden die Bläschen vergrößert und auch die noch gelösten Kohlensäureanteile fast restlos in die freie Gasform übergeführt, so daß insgesamt eine enorme innere Oberflächenvergrößerung der Brotmasse

[1]) Biochem. Zeitschr. **48**, 417 (1913); bereits zitiert bei H. Bechhold, Kolloide in Biologie u. Medizin, l. c., S. 329 (1912).

[2]) H. Bechhold, Kolloide in Biologie u. Medizin, l. c., S. 325—327.

[3]) Arch. di fisiol. **10**, 459 (1912).

erreicht wird. Die Oberflächenkruste gibt einen guten Abschluß nach außen. Frisches Brot soll noch 35—40% Wasser enthalten. Bei der Aufbewahrung nimmt der Wassergehalt etwa täglich um 1% ab, bis bei etwa 15% Wassergehalt eine Gleichgewichtseinstellung zur Luftfeuchtigkeit erreicht ist. Zugleich mit dem Absinken des Wassergehaltes ändern sich die Kolloide des Brotes, sie machen die charakteristischen Änderungen des „kolloiden Alterns" durch, d. h. sie gehen in ihrer kolloiden Dispersität langsam zurück; der ursprünglich mehr leimartige Zusammenhang der Teilchen macht dabei einer mehr bröckeligen Beschaffenheit Platz. Gerade dies aber ist für die Verdaulichkeit ein erheblicher Vorteil. Frisches Brot „klumpt", es setzt der Durchfeuchtung mit dem Speichel und den übrigen Verdauungssäften erhebliche Schwierigkeit entgegen; altbackenes Brot aber besitzt eine erheblich größere Zerteilbarkeit seiner Masse, es läßt die Verdauungssäfte leicht eindringen und ist daher — trotz der verringerten Quellung seiner Kolloide — ungleich leichter verdaulich. Bestes Weizenbrot ist bis zu 94%, Roggenbrot bis zu 90% ausnutzbar. Die Höhe der Ausnutzung ist sehr vom Feinheitsgrad des verwandten Mehls abhängig, auch spielt die Art des Backens eine wichtige Rolle. Die Eiweiße des Brotes sind auffallend schlecht verdaulich (55—85%); durch die starke Hitze des Backens ist ihre Quellungsfähigkeit beträchtlich vermindert. Die Literatur dieses Gebietes ist untenstehend angegeben[1]). Bei der **Kartoffel** ist die Feststellung wichtig, daß selbst durch langdauernde Zerkleinerung und Durchspeichelung im Munde (sogenanntes „Fletschern") die Ausnutzung nicht so weit gesteigert wurde, als wenn die Kartoffel in Form ihres Breies genossen wird (Kißkalt[2])). Für die in ihrer Struktur groben **Gemüse** ist die maximale mechanische Zerteilung als Vorbereitung ebenfalls sehr wichtig. Während gekochter Rohspinat (als Beispiel eines „zarten" Gemüses) etwa die gleiche Ausnutzung wie feines Spinatpulver ergibt (Strauch, l. c.), wird bei der Bohne, wie schon oben erwähnt, durch feine Pulverisierung ein Anstieg der Ausnutzbarkeit bis zum Doppelten gefunden. Auch beim **Fleisch** ist der Zerteilungsgrad und das kolloide Quellungsverhalten wesentlich. Schabefleisch wird vom kranken Magendarmkanal ungleich leichter ausgenutzt, als Fleisch in seinem normalen Zusammenhalt[3]). Allem Anscheine nach aber ist die räumliche Beziehung des Muskelfleisches zum Bindegewebe nicht allein bestimmend; auch die kolloide „Härte" der Muskelfaser selbst scheint von Einfluß. Entsprechend der erheblichen kolloidchemischen Gewebsveränderung beim Altern (s. o. S. 87) ist die Muskelfaser eines alten Tieres

[1]) Zusammenfassung bei H. Bechhold, Kolloide in Biologie u. Medizin, l. c., S. 161—163. Einzelarbeiten: J. R. Katz, (Ursache des Altbackeswerdens usw.), Zeitschr. f. Elektrochemie **19**, 663; ferner derselbe, Zeitschr. f. physiolog. Chemie **96**, 288 u. 314 (1915); Wa. Ostwald u. A. Riedel (porenreiches Stärkegebäck), Kolloidzeitschr. **17**, 12 (1915); H. Borutau (neues Ganzkornbrot usw.), Zeitschr. f. physikal. u. diät. Ther. **17**, 152 (1913); M. Rubner (Brot u. seine Eigenschaften), Deutsche med. Wochenschr. 1915, Nr. 18, 19, 20; Wo. Ostwald, Kolloidzeitschr. **25**, 26 (1919).

[2]) Münch. med. Wochenschr. **61**. 1121 (1914).

[3]) Vgl. auch die histologischen Befunde von Jacquet u. Jourdanet, Bull. et mémoires de la société méd. des hôp. de Paris **28**, 185 (1912).

ungleich fester und zäher als die „saftige" Faser des jungen Tieres. Unterschiede gleicher Größe und darüber kann auch die Küchenbehandlung des Fleisches sowohl hervorbringen als auch, falls sie bestehen, beseitigen. Auf solchem Gebiet ist die „Kochkunst", wie besonders deutlich die Erfahrungen im Kriege mit ungelernten „Köchen" gelehrt haben, bei ein und denselben „Zutaten" für die Güte der Diät entscheidend. „Hartkochen" macht selbst an sich zartes Fleisch schlecht ausnutzbar, und umgekehrt läßt sich auch das zähe Fleisch alter Tiere durch geeignete vorbereitende Maßnahmen (mechanische Zerteilung, Quellen in Säuren usw.) für die Verdauung erheblich zugänglicher gestalten. Auf die große Bedeutung einer häufig sich findenden ungeeigneten Verwendung der **Fette** hat besonders Chr. Jürgensen die Aufmerksamkeit gelenkt[1]). Mit voller Berechtigung wird von diesem Autor als einer der Hauptfehler unserer Diät der Gebrauch von „verfetteten" Speisen bekämpft. „Fett zum Essen ist besser als Fett im Essen." „Je mehr eine Speise von Fett durchdrungen ist, um so weniger wird sie der Verdauung zugänglich sein und um so schwerverdaulicher wird sie sein müssen." Chr. Jürgensen hat bislang mit diesem Bestreben einer Reform der ärztlichen und auch der allgemeinen Küche nur geteilte Anerkennung gefunden. Gegen die Gültigkeit seiner Auffassung wurde insbesondere angeführt, daß nicht selten auch eine „Durchfettung" der Speisen, so besonders auch die „Durchfettung" der Milch mit Rahm (s. o.) eine Erhöhung der Verdaulichkeit zur Folge hat. Der Verfasser möchte zeigen, wie auch hier die physikalische Chemie die Verhältnisse zu klären geeignet ist. Wenn man flüssiges Fett zu wässerigen Kolloidlösungen zusetzt, so wird im allgemeinen, auch beim starken Verrühren, keine Durchtränkung des wassergequollenen Kolloids mit dem Fett eintreten; das Fett wird vielmehr eine selbständig bleibende Emulsion bilden, bei der die einzelnen Fettkügelchen (ähnlich wie in der Milch) sich durch Adsorption mit einer Hülle seitens des Kolloids umkleiden. Eine Erschwerung für die Verdauung der wässerigen Kolloide[2]) ist dabei nicht gegeben. Ganz anders gestaltet sich der Erfolg, wenn durch die Maßnahmen der Speisebereitung (s. u.) eine Durchtränkung der Kolloide mit dem Fett herbeigeführt wird. Das Fett wird sodann zur dispersen Phase, in der die Kolloide eingelagert sind, die Hydrogele der Nahrung sind zu „Lipogelen" geworden[3]) und damit in allen ihren physikochemischen Eigenschaften von Grund aus geändert, speziell einer Quellungsbeeinflussung seitens der wässerigen Verdauungssäfte, solange die Lipogelnatur andauert, fast völlig entzogen. Eine nachträgliche Wiederbefreiung der Kolloide vom Fett scheint aber außerordentlich schwer; auch die sorgfältigste Extraktion durch Äther läßt bekanntlich

[1]) Chr. Jürgensen, Kochlehrbuch u. praktisches Kochbuch für Ärzte usw. Berlin. J. Springer 1910. S. 10, 215 ff.

[2]) Für die am Fett adsorbierten Kolloide liegen dabei die Verhältnisse komplizierter (chemische Veränderungen infolge der Adsorption, Benetzung mit dem Fett usw.); doch spielt bei den Nahrungsgemischen dieser Anteil wegen seiner geringen Menge eine praktisch verschwindende Rolle.

[3]) Kolloide mit Wasser als disperser Phase werden als Hydrosole resp. Hydrogele bezeichnet, solche in Alkohol als Alkosole resp. Alkogele; dementsprechend ist hier zur kurzen Kennzeichnung die Wortbildung Lipogele vorgenommen.

aus den Teig-, Eier- und Backwaren das Fett stets nur unvollständig zurückgewinnen[1]). Die erschwerte Verdauung derart verfetteter Speisen ist daher gut verständlich. Die üblichen Küchenrezepte geben für beide Arten der Fettverteilung reichliche Beispiele. Für Gemüsetunken, bei denen die Butter lauwarm in eine Mehl-Wassermischung eingerührt wird, resultiert die günstige Verteilung der selbständigen Fettemulsion; bei den Bratentunken aber tritt, je trockener das Mehl in das heiße, klarflüssige Fett eingerührt wird, um so mehr die Entstehung der Lipogele mit ihrer störenden Folge für die Verdauung in den Vordergrund. Das ausgeprägteste Beispiel einer „verfetteten" Speise gibt der „Blätterteig"; aber auch sonst ist bei der Zubereitung der Speisen[2]), namentlich beim Braten von Fleisch oder Kartoffeln, wo zugleich die Hitze durch Verdunstung zu einer Entfernung des Wassers aus den Kolloiden führt, reichlich die Gelegenheit zur Lipogelbildung gegeben. Ein gesunder Magen wird gleichwohl diese Speisen, die oft gerade durch die Entstehung geschmacksreizender Substanzen verlockend erscheinen, nicht vermeiden brauchen; für die Krankendiät aber ist die Kenntnis der „Verfettung" von großer Bedeutung. Auch die bevorzugte Bekömmlichkeit der Butter gegenüber anderen Fetten steht abgesehen von ihrer Bevorzugung im Schmelzpunkt mit der hier behandelten Frage im Zusammenhang (H. Schade[3])). Die Butter ist aus dem Zusammensintern der mit „Hüllen" versehenen Fettkügelchen der Milch entstanden. Diese Entstehung bleibt noch für die Struktur der Butter im fertigen Stück weitgehend maßgebend; je nach der Intensität und Zeitdauer des Knetens variiert der Wassergehalt zwischen etwa 35 und 13%; immer behält dabei die Butter im wesentlichen ihren Charakter als eine Emulsion von Fett in der Molke[4]) bei; dieser Charakter ist deutlicher bei geringem Kneten, geht aber auch nach stärkstem Kneten keineswegs ganz verloren. Schmalz und die übrigen Fette, die aus einer klaren, flüssigen Schmelze gewonnen werden, teilen diese Eigenschaften nicht; ihre Umbildung zur feinsttropfigen Emulsion findet daher nicht jene Erleichterung, die bei der Butter vorliegt; diese Fette können deshalb auch andere Speisen weit eher „verfetten". Die physikalische Chemie der Diätetik ist hier nur in einigen Beispielen berührt. Weite Gebiete neuer Arbeit liegen zur Inangriffnahme bereit vor. Im Vorstehenden war es lediglich Ziel der Darstellung, zu zeigen, wie sehr gerade die physikalische Chemie an der Erleichterung der Lösungsarbeit für den erkrankten Magendarmkanal beteiligt ist.

An die Vorgänge der Lösung schließen sich in engster Verbindung die

---

[1]) Vgl. H. Bechhold, Kolloide in Biologie u. Medizin, l. c., S. 162.

[2]) Auf die große Bedeutung der Reihenfolge der Zusätze sei besonders verwiesen: ein durch Wasser als erste Zutat benetztes Gel wird bei nachherigem Vermengen des Fettes nicht leicht mehr verfettet; wird aber z. B. Mehl zuerst mit Fett benetzt, so bleibt diese Benetzung meist dauernd bestehen.

[3]) Nach unveröffentlichten Versuchen.

[4]) Vgl. dazu die Notiz von Wo. Ostwald, Kolloidchem. Beihefte **4**, 23 (Anm. 9) (1912). Eine Änderung des Systems derart, daß das Fett bei einer bestimmten hohen Konzentration das Dispersionsmittel wird und die eingeschlossene Molke die Rolle der dispersen Phase (cf. Wa. Ostwald, Koll.-Zeitschr. **6**, 103 (1910)) übernimmt, wird bei der Butter weitgehend durch die „Hüllen" verhindert.

fermentativen Prozesse der Verdauung an. Auch hier liegen die Wege der therapeutischen Beeinflussung weitgehend auf physikochemischem Gebiet. Eine **„katalytische" Therapie** ist durchaus gebräuchlich. Statt der Zuführung anorganischer Katalysatoren bedient man sich der vom Tier- und Pflanzenreich[1]) dargebotenen organischen Fermente, die den Vorzug einer erheblich spezifischeren Einpassung besitzen. Die Gewinnung dieser Fermente ist bislang nach rein chemischen Grundsätzen erfolgt. Versuche, ob es unter systematischer Berücksichtigung der physikochemischen Gesichtspunkte (namentlich betreffs des Kolloidzustandes) gelingt, noch wirksamere Substanzen zu erhalten, stehen noch aus. Schon jetzt hat sich durch Maßnahmen, die wesentlich als physikochemische anzusprechen sind, in vereinzelten Richtungen ein Vorteil ergeben. So wird es vom Pankreon im Gegensatz zum Pankreatin als wichtiger Vorzug gerühmt[2]), daß es die Eigenschaft besitzt, für fünf Stunden etwa einem nicht zu sauren Magensaft zu widerstehen, um hernach beim Hineingelangen in das alkalische Darmgebiet seine Fermentwirkung noch gut entfalten zu können. Dieser gesteigerten Widerstandsfähigkeit des Ferments liegt ein spezifisch-kolloidchemischer Vorgang, eine Gerbung, zugrunde, indem das Pankreon durch eine Tanninbehandlung aus dem Pankreatin gewonnen wird. Von allgemeiner Wichtigkeit für die Therapie aber ist es schon heute geworden, daß die physikalische Chemie die Bedeutung des Mediums bei den Fermentwirkungen in die rechte Beleuchtung gerückt hat. Für manche Fermente, so besonders auch für das Pepsin und Trypsin (s. S. 255 u. 256) hat sie uns die Lage des Optimums bei einem genau definierten Stand der aktuellen H- resp. OH-Ionen kennen gelehrt und zugleich in der Indikatorenmethode und daneben noch in der Elektrometrie Methoden an die Hand gegeben, um klinisch das Vorhandensein dieses Optimums, resp. die Richtung und das Maß der Abweichung festzustellen. Die Grundlage einer exakten Ionenkorrektur des Mediums ist damit gegeben; sie wird besonders bei der Salzsäuretherapie des Magens ihren Wert erweisen. Weiterhin aber haben die Ionen der Salze für den Inhalt des Magendarmkanals eine neuartige Bedeutung gewonnen: auch die Salzionen sind als wichtige Bestandteile des Milieus für die kolloide Zustandsform des Ferments und dadurch für das Maß der fermentativen Umsetzung mitbestimmend. Wie nirgendwo sonst im Körper ist gerade im Magendarmkanal, zumal in dessen oberen Abschnitten, eine sehr weitgehende Variierung des Salzbestandes künstlich erreichbar. Bei allen Mineralwasserkuren kommt dieser Effekt im ausgesprochensten Maße zustande. Es ist daher eine sehr wichtige Aufgabe, die aus solcher Milieuänderung des Magen- und Darminhalts resultierenden Wirkungen auf den Verdauungsprozeß nach den Einzelheiten zu erforschen. Schon für die Vorgänge der Lösung sind, namentlich, wenn es sich um die Zufuhr so quellungsändernder Ionen wie SO_4 usw. handelt, erhebliche Beeinflussungen sicher. Ein gleiches aber gilt für die

---

[1]) Papayotin und Papain sind pflanzliche Pepsine.

[2]) N. Ortner, Vorlesungen über spezielle Therapie innerer Krankheiten, 5. Aufl. (1912). II, S. 249.

kolloide Dispersität auch der Fermente selber. Ein besonderer Hinweis scheint für derartige Untersuchungen von Nutzen. Es ist nicht angängig, wie oft geschehen, eine Steigerung oder Verringerung der Fermentwirkung, welche unter dem Einfluß eines Mineralwassers zur Beobachtung kommt, ohne weiteres auf eine Änderung in der Fermentmenge und damit auf eine Änderung in der Sekretion zu beziehen. Eine direkte Methode der Mengenmessung eines Ferments ist nicht bekannt. Mißt man aber die Menge des Ferments am Betrage der fermentativen Leistung, so kommt stets außer der Fermentmenge auch die Gesamtheit aller im Milieu gegebenen Beeinflussungen mit zur Messung. Für die Bestimmung der Fermentmenge aus der Größe des fermentativen Umsatzes ist prinzipiell die strikte Einhaltung völlig gleicher Milieubedingungen (namentlich bezüglich der H-OH- und der Salzionen) zu fordern. Nur so ist eine Unterscheidung darüber möglich, ob im Einzelfall eine geänderte Fermentbildung[1]) oder lediglich resp. daneben eine Milieubeeinflussung der Fermentwirkung vorliegt. Dabei ist stets neben der allgemeinen Kolloidbeeinflussung der Fermente die Möglichkeit mehr spezifisch aktivierender oder hemmender Einflüsse im Auge zu behalten. Für die Quecksilbersalze, speziell für die **Kalomelwirkung** im Darm, hat der Verfasser bereits im Zusammenhang mit der katalytischen Allgemeinwirkung des Quecksilbers (s. S. 123) auf eine wichtige Beobachtung von Stassano[2]) verwiesen:

Fermentprozeß	Sublimatkonzentration, welche beschleunigend wirkt	Sublimatkonzentration, welche hemmend wirkt
Proteolytische Wirkung des Pankreassaftes nach Zusatz von Enterokinase	1 : 26000	Bei mehr als 1 : 2600 zeigte sich sofortige Hemmung der Fermentwirkung, auch wurde Eiweißfällung bemerkbar

Gerade weil die Ingesta des Magendarmkanals einer Beeinflussung von außen her in so bevorzugtem Maße zugängig sind, erscheint hier die katalytische Untersuchung besonders geboten. Dabei wird sich empfehlen, möglichst alle Arten der Reaktionsbeschleunigung durch Zusatzstoffe in die Betrachtung einzubeziehen, mögen sie nun als Zwischenreaktionskatalysen mehr dem chemischen Gebiet oder als Zustandsbeeinflussungen mehr der Mikrophysik angehören. Zur „Mediumkatalyse" (s. S. 238) rechnet auch die Abhängigkeit der Reaktionen von dem Grad der Viskosität. E. Filippi[3]) hat eine therapeutisch interessante Beziehung der Magenverdauung der Milch zur Viskosität angegeben: in einem stark viskosen Medium war die peptische Verdauung des Milchkaseins etwas behindert,

[1]) Außer der Menge des Ferments kann, was ebenfalls bislang klinisch wenig beachtet wurde, auch die Dignität des Ferments bei der Bildung resp. bei einer späteren Aktivierung abnorm sein.

[2]) Compt. rend. Soc. Biol. **58**, 891 (Pouvoir catalytique du mercure); **58**, 893 (Action activante et retardante du mercure sur les réductions chimiques et diastasiques).

[3]) Sperimentale **67**, 203 (1913); zitiert nach Kongreßzentralbl. **7**, 47 (1913).

bei Geringerwerden der Viskosität trat ein Optimum auf, bei noch geringerer Viskosität war die Verdaubarkeit wieder vermindert. Bei weiterer Fassung des Katalysebegriffes gehört hierher auch die Gesamtheit der Wirkungen, welche sich bei der gegenseitigen Beeinflussung der Speisen im Magen in Änderungen der Reaktionsgeschwindigkeit bemerkbar machen. Was die Eiweiße zu erhöhter Kolloiddispersität, d. h. namentlich zu stärkerer Quellung bringt, steigert immer auch ihre Verdaulichkeit gegenüber den Fermenten Pepsin und Trypsin (Berg und Gies[1]). Nun aber läßt sich zeigen, daß unter den sogenannten „Anregemitteln" des Magens sich in einer ganz auffallenden Häufung gerade solche Stoffe befinden, welche durch eine besonders quellende Wirkung ausgezeichnet sind. Mustert man die systematischen Untersuchungen der Eiweißquellung von K. Spiro[2]), W. Pauli und seinen Mitarbeitern[3]) und anderen auf diese Beziehung hin durch, so begegnet man dem Koffein[4]), dem Piperazin und Piperidin zumeist an erster Stelle unter den quellungsfördernden organischen Stoffen. Am Senföl hat ferner schon O. Nasse[5]) eine sehr intensive, gleichgerichtete Wirkung beobachtet; sie ist von späteren Untersuchern chemisch näher analysiert und als Folge des Zustandekommens einer Additionsverbindung zwischen dem Senföl und den Aminosäuren des Eiweißes erkannt[6]). Und schließlich hat A. Pick[7]), als er 100 Substanzen auf ihren Einfluß bei der Pepsin-Eiweißverdauung durchprüfte, als die einzigen Substanzen, welche diesen Fermentprozeß bedeutend förderten, neben dem Koffein das Theobromin wirksam gefunden; Handovsky[8]) machte darauf aufmerksam, daß auch für diese Beobachtungen „eine gesteigerte, die hydrolytische Spaltung erleichternde Hydration" die Ursache der fermentativen Reaktionsbeschleunigung sei. Soweit dem Verfasser bekannt[9]), hat die Klinik aus diesen Befunden bislang noch keine Nutzanwendung gezogen. Die Praxis des Lebens hat die Verwertung dieser Lösungsbeeinflussungen zum Zweck erleichterter Magenverdauung schon seit langem ausgeübt: **Pfeffer** (Piperazin und Piperidin) und **Senf** (Senföl) sind bei „schweren", namentlich (s. o. S. 269) bei zur „Verfettung" neigenden Speisen schon seit altersher im Gebrauch, und ebenfalls wird ein reichliches, „gutes" Essen gern mit einer Tasse starkem **Kaffee** (Koffein) oder **Tee** (Theobromin) beschlossen. Sicher ist hier am günstigen Erfolg außer der bekannten Steigerung der Magensaftsekretion auch eine kolloidchemische Wirkung im

[1]) Journ. of biological Chemistry **2**, 489—546 (1907).

[2]) Zeitschr. f. physiol. Chemie **30**, 182 (1900).

[3]) H. Handovsky, Kolloidzeitschr. **7**, 275 (1910); W. Pauli u. O. Falck, Biochem. Zeitschr. **47**, 269 (1912).

[4]) Über die Beschränkung der quellungsfördernden Wirkung des Koffeins auf die saure Beschaffenh. des Mediums sieh. Pauli u. Falck, Biochem. Zeitschr. **47** 282, (1912).

[5]) O. Nasse, Zur Anatomie und Physiologie der quergestreiften Muskelsubstanz, Leipzig 1882; zitiert bei K. Spiro, l. c.

[6]) O. Aschan, Ber. d. deutsch. chem. Gesellsch. **16**, 1544 (1883); **17**, 426 (1884); ferner W. Marckwald, M. Neumark u. R. Stelzner, ebendort **24**, 3278 (1891).

[7]) Sitzungsberichte d. Wiener Akademie, mathem.-naturwiss. Kl. **112**, 1 (1903).

[8]) l. c.

[9]) Vgl. hierzu die Notiz bei H. Bechhold, Kolloide in Biologie u. Medizin, l. c., S. 337 Anm.

Sinne der Quellungsbegünstigung resp. Lösungserleichterung der Eiweiße als wesentlich beteiligt. Es ist recht interessant, daß sich für die weitere alte Erfahrung der guten Bekömmlichkeit eines Gläschens konzentrierteren **Alkohols** nach fetten Speisen gleichfalls ein lösungsbegünstigender Einfluß nachweisen läßt. Hier aber bezieht er sich nicht auf die Eiweiße, sondern auf das Fett. Der Alkohol vermag die Zerteilbarkeit des Fettes im Wasser erheblich zu steigern. Belege sind leicht zu erbringen. Besonders Versuche von S. Bondi und A. Neumann[1]) erscheinen dem Verfasser geeignet, hier als Unterlage zu dienen. Diese Autoren, denen für lipolytische Untersuchungen des Blutes an der Herstellung einer feinen Verteilung von Fett im Wasser gelegen war, lösten Fett (Butter, Olivenöl usw.) in Alkohol und ließen die alkoholische Lösung langsam unter Umrühren in das Wasser fließen; sie erhielten auf diese Weise, als sie das Filtrat ihrer Emulsion auf dem Wasserbade vom Alkohol befreiten, eine Emulsion von einer Feinheit, daß die Teilchen nur noch im Dunkelfeld zu beobachten waren. In ähnlicher Art wird der Zusatz von Alkohol bei der Peristaltik des Magens die Emulsionsbildung des Fettes im Speisebrei fördern und dadurch die Angriffsfläche des Fettes für die Fermente vergrößern. Auch in der Emulsionsbegünstigung des Fettes durch den Alkohol ist sonach ein praktisch wichtiges Beispiel einer indirekt katalytischen Beschleunigung der fermentativen Verdauung gegeben (H. Schade).

Ein weiteres der oben besprochenen Mittel zur Reaktionsbeschleunigung im Magendarmkanal ist die Adsorption. Über das Vorkommen adsorptiver Fermentstörungen bei besonderer Diät[2]) oder bei krankhaft geänderter Milieubeschaffenheit[3]) ist bislang nichts bekannt. Dafür aber ist auf diesem Gebiet nach anderer Richtung im letzten Jahrzehnt ein praktisch sehr wichtiger Fortschritt zu verzeichnen. Es ist durch systematische physikochemische Arbeit eine **Adsorptionstherapie** geschaffen, bei welcher die Medikamente — ohne im chemischen Sinn wirksam zu werden — lediglich durch Adsorption den Magendarmkanal beeinflussen. Rein empirisch geht diese Therapie bis weit ins Altertum und bis in die Hausmedizin der Naturvölker zurück[4]). 1845 hat Garrod, der allgemeinen Entwicklung der Wissenschaft weit vorgreifend, eine auch heute noch wichtige Arbeit über „tierische Kohle als Gegengift" [5]) geliefert. In letzter Zeit war es besonders J. Stumpf [6]),

[1]) Wiener klin. Wochenschr. 1910, Nr. 20. Ein Zusammenhang der oben angeführten Erscheinungen mit der starken Herabsetzung der Oberflächenspannung des Wassers durch Alkohol (siehe nam. Buglia, Biochem. Zeitschr. **22**, 1 (1909)) ist sehr wahrscheinlich; damit wäre die dispergierende Wirkung des Alkohols derjenigen der Galle erheblich genähert.

[2]) Es ist sehr wohl denkbar, daß seitens der Nahrungsstoffe im Magen Oberflächen gebildet würden, welche in konkurrierender Adsorption die Fermente in ihrer Wirksamkeit hemmen könnten. (Vgl. S. 278.)

[3]) Die Abhängigkeit der Adsorption vom Milieu, besonders von den H- und OH-Ionen, ist allgemeinhin eine sehr große.

[4]) cf. J. Stumpf, Anm. 6 dieser Seite.

[5]) London. med. Gazette. Dez. 1845.

[6]) J. Stumpf, Über ein zuverlässiges Heilverfahren bei der Cholera asiatica sowie bei schwereren infektiösen Brechdurchfällen und über die Bedeutung des Bolus bei der Behandlung gewisser Bakterienkrankheiten. Würzburg 1906.

der mit Nachdruck für die therapeutische Verwertung feinverteilter indifferenter Pulver (namentlich des Bolus alba) eintrat. So lange aber die zugrunde liegenden Vorgänge wissenschaftlich nicht faßbar waren, blieb solche Empfehlung ohne Gehör. Und doch war die Wirkung der Kohle, Lösungen von Verunreinigungen oder beigemengten Farbstoffen zu reinigen, seit langem praktisch im Gebrauch. „Die Eigenschaft der Kohle und der Kieselgur, eine Farbstofflösung zu entfärben, grenzt an das Wunderbare, da bei der Entfärbung irgendeine chemische Bindung nicht stattfindet: nur das Altbekannte dieses Vorganges hindert uns, das Wunder darin zu sehen"[1]. Einige neuere Demonstrationsversuche von R. Marc sind geeignet, die Eigenart dieser Adsorptionsvorgänge in besonderer Sinnfälligkeit zu zeigen[2].

Schüttelt man 50 ccm normal starken Kaffee mit 20 g frisch gefällten Bariumkarbonat, so wird die schwarze Lösung bereits dunkelgelb; wiederholt man das Schütteln mit einer zweiten Probe des Karbonats, so wird die Lösung wasserklar, behält aber ihren charakteristischen Kaffeegeruch bei. Das Bariumkarbonat reißt die färbenden Substanzen, nicht aber die Geruchsstoffe des Kaffees an sich.

Stellt man denselben Versuch mit Kohlepulver statt mit Bariumkarbonat an, so wird der Kaffee ebenfalls wasserklar, aber zugleich sind die ätherischen Öle mit entfernt; denn die resultierende Lösung ist diesmal nicht nur farblos, sondern auch geruchlos geworden.

Kaolinpulver, welches für manche andere Stoffe gut adsorbierend wirkt, kann dagegen den Kaffee nicht merklich in seiner Farbe verändern.

Die erste Klarlegung einer therapeutischen Adsorptionswirkung geht auf die physikochemischen Arbeiten von W. Biltz[3]) zurück; sie betrifft die bis dahin rein chemisch gedeutete Wirkung des Liqu. ferri dialysati (= kolloides Eisenhydroxyd) als Antidot der Arsenvergiftung. Es zeigte sich, daß die Bindung des Arsens nur bei feuchten gelatinösen Eisenhydroxydniederschlägen eintrat, daß neben dem kolloiden Eisenhydroxyd die kolloide Magnesia und fein verteilte Pulver den gleichen Erfolg hatten und schließlich, daß diese Vorgänge sich in ihrem quantitativen und zeitlichen Verhalten (s. S. 572) eindeutig als Adsorptionen charakterisierten. Da wenig später durch die Arbeiten H. Freundlichs die allgemeinen Grundlagen und Gesetze der Adsorption gefunden wurden, war dem Fortschritt auch in der Therapie der Weg geöffnet. In vergleichender Experimentaluntersuchung wurde die Adsorbierbarkeit für die Säuren des Magens (Salzsäure und Milchsäure), für die Fermente[4]), verschiedene Toxine und andere Substanzen (Lezithin, ölsaures Natrium usw.) bewiesen (L. Lichtwitz[5])). W. Wiechowski[6]) hat die Untersuchung auf das Verhalten adsorbierter Substanzen während der Passage durch den Tierkörper ausgedehnt und dabei sehr wichtige Befunde festgestellt. An Tierkohle adsorbiertes Methylenblau bleibt für den Darm völlig der Resorption entzogen. Ein Gleiches gilt für das

---

[1]) Zitiert nach Wolff-Eisner, Therapie der Gegenwart **56**, 94 (1915).
[2]) Kolloidzeitschr. **13**, 282 (1913).
[3]) Ber. d. deutsch. chem. Gesellsch. **37**, 3138 (1904).
[4]) Vgl. auch S. G. Hedin, Zeitschr. f. physiol. Chemie **50**, 497 (1907); **60**, 364 (1909).
[5]) Therapie der Gegenwart **49**, 542 (1908).
[6]) Münchener med. Wochenschr. 1910, 348; ebendort 1914, Nr. 51; ferner Verhandl. des deutschen Kongresses f. innere Medizin 1914, S. 329.

an Kohle adsorbierte Diphtherietoxin[1]): die Tiere vertrugen eine mehrhundertfache tödliche Dosis, selbst subkutan und intraperitoneal; der Beweis, daß dabei auch in längerer Zeit keine Abgabe wirksamen Giftes erfolgt, ergab sich besonders daraus, daß im Blutserum kein Antitoxin und im Gesamtkörper keine Immunität auftrat. Karbolsäure mit Tierkohle per os verabreicht, wird ebenfalls bis zu großen Mengen vollständig „entgiftet". Die Analyse dieses Vorgangs hat aber trotz scheinbarer Ähnlichkeit durchaus andere Einzelverhältnisse ergeben. Denn bei Verabreichung von an Kohle adsorbierter Karbolsäure wird die Karbolsäure fast bis zu gleicher Menge im Harn ausgeschieden, wie wenn man sie ohne Kohle gibt. Trotzdem wird im therapeutischen Erfolg die Entgiftung erreicht. Sie ist als die Folge einer durch die Adsorptionsbindung hervorgerufenen hochgradigen Verzögerung der Giftaufnahme festgestellt: nur äußerst langsam kommt die adsorbierte Karbolsäure im Körper zur Resorption, die Ausscheidung durch den Harn ist stets genügend, um die Karbolkonzentration des Körperinnern auf einem niedrigen, praktisch noch nicht als toxisch erscheinenden Niveau zu erhalten. Auch das Statthaben dieser zweiten Art der Entgiftung ist für den Wirkungsbereich der Adsorptionstherapie von größter Bedeutung. Weitere Arbeiten anderer Autoren haben die experimentellen Grundlagen nach den verschiedensten Richtungen auszubauen begonnen. Zu den Untersuchungen wurden eine große Zahl adsorbierender Stoffe herangezogen: Tierkohle, Holzkohle, Bolus, kolloide Kieselsäure, Kaolin, Ton, Asbest, Talcum, Bismutum subnitricum, Eisenoxyd und andere mehr. Alle diese Substanzen zeigen ausgeprägte Adsorptionswirkungen, manche mehr, manche weniger. Vor allem ist wichtig, daß von den einzelnen Adsorptionsmitteln durchaus verschiedene Substanzen adsorbiert werden. Die Mannigfaltigkeit der Wirkungen wird weiter dadurch ganz außerordentlich gesteigert, daß selbst bei einem und demselben Adsorbens, je nach der physikalischen Zustandsform, je nach dem Grad der Reinheit und je nach der alkalischen, neutralen oder sauren Reaktion des Milieus noch Unterschiede in dem Maß der Adsorption und sogar in der Auswahl der adsorbierten Substanzen zur Beobachtung kommen. Manche Beobachtungen nähern sich merklich jenem Grad von Spezifität, der den typischen Immunreaktionen charakteristisch ist. Kaolin und Tierkohle adsorbieren Tetanustoxin und Tetanusantitoxin, Kieselgur nur das Antitoxin, Zuckerkohle adsorbiert im Gegensatz zur Tierkohle kein Diphtherietoxin; die elektroosmotisch gereinigte Kieselsäure bindet Diphtherietoxin und meist auch Tetanustoxin besser als die „chemisch reine" Kieselsäure, während gegenüber den Antitoxinen das entgegengesetzte Verhalten gefunden wurde. (E. Zuntz)[2]). Eine besondere Erweiterung hat das Gebiet noch dadurch erfahren, daß auch die Bakterien adsorbierbar sind und daß ebenfalls bei ihnen diese weitgehende „halbspezifische" Adsorption mit der gleichen Abhängigkeit von Zustands-

---

[1]) Auf die Möglichkeit des Mitwirkens einer adsorptionskatalytischen Toxinzerstörung (durch Oxydation?) sei hier vom Verfasser hingewiesen.

[2]) Zeitschr. f. Immunitätsforschung u. experim. Therapie **19**, 326 (1913).

form, Reinheit des Präparates und Art des Reaktionsmediums wiederkehrt[1]).

Was sich zurzeit an Praktisch-Wichtigem für die Adsorptionstherapie der Magendarmkrankheiten heraushebt, ist etwa das Folgende: Die Tierblutkohle hat ein besonders hohes[2]) und zugleich besonders allgemeines Adsorptionsvermögen, sie ist daher für die Zwecke einer möglichst generellen Adsorption besonders geeignet. Es sind stets nur Präparate allerfeinster Verteilung zu verwenden[3]). Ganz allgemein tut man gut, sich an bewährt befundene Präparate zu halten, da gerade diese unter vielen, äußerlich nicht unterscheidbaren Pulvern verschiedenster Herstellungsart experimentell als die wirksamsten herausgefunden wurden[4]). Über die Wirksamkeit im Magendarmkanal kann — wegen der völlig unübersehbaren Einzelbedingungen — nie durch Adsorptionsversuche außerhalb des Körpers, sondern nur durch Beobachtung am Kranken entschieden werden (Wiechowski[5])). Als eins der zuverlässigsten Präparate ist das Toxodesmin[6]) (Wiechowski und Adler), ein der laufenden ärztlichen Kontrolle unterstelltes Gemisch von Tierkohle mit Abführsalzen, zu empfehlen. Auch im Karbovent (Fr. Turner und Fr. Th. Münzer[7])) dürfte ein geeignetes Kohlepräparat vorliegen. Ebenfalls Bolus alba (J. Stumpf[8])) hat therapeutisch sehr gute Erfolge. Wolf-Eisner hat die kombinierte Verwendung von Tierkohle + Bolus alba besonders empfohlen[9]). Obwohl die Adsorptionstherapie die Azidität des Magens etwas verringert[10]), werden doch praktisch erhebliche Hemmungen der Magenverdauung nicht hervorgerufen[11]). Legt man in Einzelfällen Gewicht darauf, diese Herabsetzung der Azidität zu umgehen, so steht das „Karbazid", eine schon im voraus mit Salzsäure adsorptiv beladene Kohle, zur Verfügung.

Das therapeutische Indikationsgebiet der Adsorptionstherapie ist recht groß; es kommen namentlich die folgenden Erkrankungen in Frage:

---

[1]) Vgl. Ph. Kuhn, Med. Klinik 1916, Nr. 36 (Anreicherung namentlich von Typhusbazillen an Bolus). G. Salus, Biochem. Zeitschr. **84**, 378 (1917). Über die Bedeutung der H-Ionen bei der Ausflockung vgl. L. Michaelis, Deutsche med. Wochenschr. 1911, Nr. 21; ferner derselbe, Die Wasserstoffionenkonzentration. Berlin 1914. Vgl. auch H. Bechhold, Kolloidzeitschr. **23**, 35 (1918).

[2]) Vermutlich weil bei ihr zu der „äußeren" Oberfläche infolge feinster Porosität der Einzelkörnchen auch noch eine sehr große „innere" Oberfläche als adsorptiv wirksam hinzukommt. H. Bechhold, Kolloidzeitschr. **23**, 35 (1918).

[3]) Kolloide Kohle, deren Adsorptionsvermögen nach L. Sabattini (Arch. di fisol. **11**, 518 (1913)) das der üblichen pulverisierten Tierkohle erheblich übertreffen soll, scheint im Magendarmkanal noch keine Anwendung gefunden zu haben.

[4]) Über die von Wiechowski aufgestellten Anforderungen an eine adsorptiv gute Tierkohle siehe Münch. med. Wochenschr. 1914, Nr. 51.

[5]) Verhandl. des deutschen Kongresses f. innere Medizin 1914, S. 329.

[6]) O. Adler, Verhandl. des deutschen Kongresses f. innere Medizin 1914, S. 332; ferner Münch. med. Wochenschr. 1914, Nr. 51.

[7]) Therapie der Gegenwart **57**, 16 (1916).

[8]) Münch. med. Wochenschr. 1898, Nr. 46; ebendort **61**, 759 (1914).

[9]) Therapie der Gegenwart **56**, 92 (1915).

[10]) Lichtwitz u. Greef, Therapeutische Monatshefte 1911, Dez.

[11]) H. Strauß, Deutsche med. Wochenschr. **42**, 36 (1916).

1. Akute Vergiftungen mit Metallsalzen und organischen Giften, so lange das Gift noch im Darmkanal vermutet werden darf[1]);
2. Darminfektionen: Cholera, Ruhr, aber auch einfache infektiöse Darmkatarrhe[2]);
3. Autointoxikationen seitens des Darms, einschließlich mancher hämolytischer Anämien[3]);
4. Hyperazidität des Magens (säurebindend);
5. Ulcus ventriculi (säurebindend und zugleich fermenthemmend);
6. Enterale Bazillenträger[4]).

Sehr gute Erfolge dieser Therapie stehen außer allem Zweifel, so besonders für die Vergiftungen, wo die Adsorptionstherapie in Ergänzung der Magenspülungen und in Kombination mit einem Abführmittel ganz vorzügliches leistet. Ebenfalls sind die Kriegserfahrungen bei der Cholera und der Ruhr sehr ermutigend gewesen. Wolff-Eisner (l. c.) bezeichnet die Adsorptionstherapie geradezu als eine „Immunotherapie, und zwar als eine neue, überaus aussichtsreiche, da es ihr bei den ersten Versuchen schon gelungen ist, Gifte zu binden, die der Serumtherapie unzugänglich waren, und schon im ersten Anlauf die Mortalität schwerer Erkrankungen, wie der Cholera, sehr erheblich zu verringern." Gleichwohl ist stets zu beachten, daß dieser Therapie schon ihrer Art nach immerhin eng gezogene Grenzen zugehören. Ihr Wirkungsbereich betrifft nur den Inhalt des Magendarmkanals; lediglich durch hier sich vollziehende Änderungen vermag sie auf den Gesamtkörper einzuwirken; zu einer direkten Beeinflussung der Zellmassen selber ist sie wenigstens zurzeit nicht befähigt.

Die Adsorption ist eine ganz allgemeine Erscheinung der Oberflächen. Jede beliebige Zufuhr kolloiden Materials, vor allem die Nahrung selber, bringt „adsorbierende Oberfläche" in den Magendarmkanal hinein. Auch diese Adsorptionswirkungen sind von sehr erheblichem therapeutischen Interesse. Ergänzend stellt sich der Adsorptionstherapie eine **„Adsorptionsdiät"**[5]) an die Seite. Besonders nach drei Richtungen hin läßt sie sich deutlich verfolgen:

1. Adsorptionsdiät zur Bindung von Giften, Ätzmitteln u. dgl.;
2. Adsorptionsdiät zur Bindung der Magensäure;
3. Adsorptionsdiät zur Verminderung der Nervenerregung durch die Ingesta.

Mustert man die üblichen Tabellen der Gegenmittel bei Vergiftungen vom Kolloidstandpunkt, so findet man für eine große Anzahl von Giften als wirk-

---

[1]) Methode der Behandlung s. O. Adler, Wiener klin. Wochenschr. 1912, Nr. 21.

[2]) Neben zahlreichen sehr günstigen Beobachtungen verdienen auch die weniger anerkennenden Stimmen (L. Brauer, Die Ruhr. Berlin 1918) sowie die abweisenden Urteile (Hirsch, zitiert in L. Brauer, l. c.) Beachtung.

[3]) Vgl. besonders L. Lichtwitz, Deutsche med. Wochenschr. **43**, 1360 (1917).

[4]) Wilucki, Münch. med. Wochenschr. 1914, Nr. 49 (Befreiung von Paratyphusbazillen durch Bolus alba). Vgl. L. Michaelis, Deutsche med. Wochenschr. 1912, Nr. 21.

[5]) Zur stärkeren Betonung der Wichtigkeit auch dieses Gebietes ist vom Verfasser diese zusammenfassende Bezeichnung gewählt.

samste Gegenmittel Stoffe genannt, bei denen ohne weiteres die Adsorptionswirkung als im Vordergrunde stehend erkenntlich ist (H. Bechhold[1])): bei Vergiftung mit Säuren, Alkalien und ätzenden Salzen wird Milch, Eiweiß, Schleim oder eine feine Fettemulsion empfohlen; bei Alaun Leimlösung; bei Aloe, Kanthariden, Krotonöl, Colchicum Schleim oder Milch usw. Für das Beispiel der Entgiftung des Arsens durch Eiweiß hat kürzlich H. Boruttau[2]) eine interessante Untersuchung geliefert: „Die starke Herabsetzung der Giftigkeit ist offenbar auf die Verzögerung der Resorption infolge des mechanischen Festgehaltenseins der arsenigen Säure durch die quellenden Eiweißpartikelchen zurückzuführen; Oberflächenvorgänge, Adsorption, liegen hier unzweifelhaft zugrunde." Für die Behandlung der Superazidität des Magens hat schon lange die sogenannte Frage der „Säurebindung durch die Nahrung" die Ärzte beschäftigt. Eine einheitliche Klärung, so daß eine maximal säurebindende Diät allgemeiner Gültigkeit bekannt wäre, ist noch nicht erreicht. Die Auffindung einer solchen für die Verhältnisse des Magens wird dadurch so außerordentlich erschwert, daß die Frage der Säurebindung aufs innigste mit der Frage der Säuresekretion verknüpft ist. Sowohl Eiweiße wie Amylaceen als auch feinste Emulsionen von Fett können sämtlich die Magensäuren (vgl. oben bei der Vergiftung mit Säure) gut binden. Aber die Reizwirkung auf die Magensekretion ist für die Einzelstoffe sehr verschieden. Es ist wohl zu beachten, daß auch eine adsorptiv gut säurebindende Diät, wenn sie gleichzeitig zu einer vermehrten Säuresekretion die Veranlassung gibt, doch im Gesamterfolg zu einer Verschlechterung der Säurebedingungen führen kann. Die adsorptive Säurebindung steigt nun bei einem und demselben Stoff sehr mit dem Grad der Zerteilung. Es wäre zu prüfen, ob der feineren Zerteilung auch eine gesteigerte Anregung der Sekretion parallel geht; die vorliegenden Erfahrungen scheinen dagegen zu sprechen. Ist aber ein Parallelanstieg der Sekretion nicht vorhanden, so bedeutet die mechanische feinste Zerteilung der Nahrung ein wirksames Mittel zur Bekämpfung der Superazidität. Vergleichende Untersuchungen sind erwünscht[3]). Die Versuche dürfen besonders deswegen als aussichtsreich erscheinen, weil nach der klinischen Erfahrung fein verteilten Kolloiden ganz allgemein eine „reizmildernde" Wirkung zukommt. Die Mucilagina geben hier das bekannteste, speziell auch für den Magen erprobte Beispiel. Daß sich die Nervenreizung durch Kolloide verringern läßt, lehren schon die Geschmacksnerven des Mundes: eine saure oder sonstwie „scharfe"

---

1) H. Bechhold, Kolloide in Biologie und Medizin l. c. S. 391.

2) Biochem. Zeitschr. **43**, 418 (1912).

3) Die näheren Ursachen der Sekretionssteigerung sind noch so gut wie unbekannt. Die osmotische Theorie der Verdünnungssekretion (H. Strauß, s. o.) hat sich nicht als irgendwie allgemein gültig bewährt. Gleichwohl besteht die Tatsache, daß der Körper zur „Lösung" der Speisen sehr große Flüssigkeitsmengen (s. o. S. 260, ferner S. 288) in die obersten Abschnitte des Magendarmkanals ergießt, voll zu Recht. Um diesem Verdünnungsbestreben des Körpers entgegenzukommen und dadurch womöglich eine Ursache der Sekretion auszuschalten, scheint dem Verfasser für diese Versuche zulgeich die Berücksichtigung einer nicht zu geringen Wasserzufuhr empfehlenswert. Suppenartige Breie sind von jeher am „bekömmlichsten" für Kranke erschienen.

Speise wird durch einfachen Zusatz von Gelatine oder Pflanzenschleim für die Geschmacksempfindung ganz außerordentlich gemildert. Noch deutlicher zeigt sich die Schutzwirkung für die Nerven in einem alten Versuch von Tappeiner: Ein dekapitierter Frosch, den man mit den Beinen in eine Säurelösung hängt, zieht reflektorisch nach wenigen Minuten die Beine in die Höhe; wird aber bei gleicher Säuremenge der Lösung ein hydrophiles Kolloid, wie Gelatine, Stärkekleister u. dgl., zugesetzt, so wird die Reflexbewegung erheblich verringert oder bleibt unter Umständen völlig aus. Eine ähnliche Wirkung wird auch im Magen eintreten. Es ist nicht allein die einfache Verdünnung, sondern auch die Adsorptionswirkung seitens der Speisen, die man ärztlich ausnutzt, wenn man, um eine Nervenreizung des Magens zu vermeiden, die Medikamente nach der Mahlzeit genießen läßt. Jodkali mit Wasser im nüchternen Magen übt eine starke Magenreizung aus, Jodkali in Milch ist von dieser Wirkung befreit.

Als nächstes Gebiet unserer Ausführungen sei die physikalische Chemie der **Resorptionsbeeinflussungen** behandelt. Ein sehr wichtiger Weg dieser Beeinflussung ist in der soeben besprochenen Adsorption schon vorweggenommen. Hier ist nur weniges noch hinzuzufügen. Während mit den medikamentösen Adsorbentien, soweit sie im Magendarmkanal im ungelösten Zustand verbleiben, für die toxischen Substanzen eine dauernde Bindung angestrebt wird, sind die Nahrungsstoffe zumeist dadurch vor einer bleibenden Adsorption geschützt, daß sie bei der Einwirkung der Fermente in gut lösliche, weniger adsorptionsfähige Spaltprodukte übergeführt werden. Auch scheint in der stärkeren Adsorption seitens der Fermente, wie am Beispiel des Trypsins in der Konkurrenz zur Kohle (s. o. S. 263) gezeigt wurde, ein sehr wirksames Mittel gegeben zu sein, um die einem Ferment spezifisch zugehörigen Nahrungssubstanzen aus einer fremdstofflichen Adsorptionsfixierung frei zu machen. Außer der Adsorption sind aber bei den Ingesta noch eine Reihe physikochemischer Eigenschaften für das Maß resp. die Geschwindigkeit der Resorption von mitbestimmendem Einfluß. Die Resorption geschieht durchweg von Substanz zu Substanz um so schneller, je größer die spezifische Diffusionsgeschwindigkeit ist. Gut diffusible Substanzen sind, falls nicht andere Wirkungen, wie etwa toxische Schädigungen der Darm-, wandzellen, dazwischen treten, im allgemeinen auch gut resorbierbar. Die beigefügte Tabelle zeigt für einige der wichtigsten Salzanionen vergleichend die Reihen, zu denen sie sich nach der Diffusionsgeschwindigkeit und nach der Resorptionsgeschwindigkeit einordnen[1]):

Diffusionsgeschwindigkeit: $HPO_4, SO_4 < Fl < NO_3 < J < Br < Cl$

Resorptionsgeschwindigkeit: $Fl^{*}) < HPO_4, SO_4 < NO_3 < J < Br < Cl$

*) Fluorionen sind ein starkes Protoplasmagift; mit dem Eindringen derselben wird die Zelle geschädigt und in ihrem Resorptionsvermögen herabgesetzt; daher hier die Umstellung des Fl in der Hofmeisterschen Reihe.

1) Zitiert nach H. Bechhold, Kolloide in Biologie und Medizin, l. c., S. 296.

Ähnliche Beziehungen sind auch für die organischen Salze und einige Nichtelektrolyte bekannt. Wünscht man, daß ein Medikament schnell zur Resorption kommt, so wird man zweckmäßig eine möglichst diffusible Formart wählen. Eine ganz bevorzugte Stellung bringt in vielen Fällen die Lipoidlöslichkeit mit sich. Substanzen, welche in lipoiden, d. h. fett- oder ölartigen Lösungsmitteln und damit auch in den Lipoiden der Zellmembranen gut löslich sind, kommen fast überall außerordentlich leicht und schnell zur Resorption. So werden z. B. Nikotin und Phenol bereits von der Mundschleimhaut sehr energisch resorbiert, so daß es möglich ist, mit diesen Stoffen schon in wenigen Minuten allein von der Mundschleimhaut aus allgemeine Vergiftungen zu erzeugen[1]). Die Beziehungen der Viskosität zur Resorption im Darm[2]) sind noch nicht so weit geklärt, daß allgemeine Regeln kenntlich sind. Auf die Bedeutung der Oberflächenspannung für die Resorption haben besonders J. Traube u. a.[3]) aufmerksam gemacht. Wenn auch der Theorie dieser Erscheinungen noch erhebliche Schwierigkeiten entgegenstehen[4]), so ist doch der allgemeine Befund gesichert, daß durchweg eine Substanz um so besser zur Aufnahme in die Zelle geeignet ist, je mehr sie die Oberflächenspannung der Lösung erniedrigt. Der Alkohol, welcher z. B. mit einer sehr erheblichen Lipoidlöslichkeit zugleich eine außerordentliche Befähigung zur Herabsetzung der Oberflächenspannung des Wassers vereinigt[5]), zeigt auch intra vitam für die Resorption eine ganz besondere Eignung: er wird schon im Magen zu nicht unerheblichen Anteilen resorbiert nnd vermag dabei sogar für miteingeführte andere Substanzen die Bedingungen einer beschleunigten Resorption zu schaffen (v. Tappeiner, Hirsch, v. Mering). Diese resorptionsbegünstigende Wirkung ist therapeutisch von besonderem Interesse; sie gibt die Möglichkeit, Medikamente beschleunigt bereits im Magen zur Resorption zu bringen. Für den Darm, beginnend mit dem Duodenum, hat die von den Speisen mitgebrachte Oberflächenspannung kaum mehr eine größere Bedeutung, da hier durch Galle und Pankreassaft für jede Art des Speisebreies eine ganz außerordentlich starke, sonst nirgends erreichte Herabsetzung der Oberflächenspannung zuwege kommt (J. Traube, Török, E. Zuntz[3])).

Die Resorption ist ein aktiver, d. h. unter Arbeitsleistung seitens der Zelle sich vollziehender Vorgang[6]). Gleichwohl läßt er sich durch Änderung der physikochemischen Bedingungen nicht nur der Ingesta, sondern auch der Darmwand selber beeinflussen. Über die Zusammenhänge des Quel-

[1]) Zitiert nach H. Meyer u. R. Gottlieb, Die experim. Pharmakologie 1910, S. 147.

[2]) Compt. rendus de la Soc. biol. **75**, 114 (1913).

[3]) Orientierung und Literatur am besten J. Traube, Biochem. Zeitschr. **24**, 323.

[4]) Vgl. hierzu namentlich die Kritik von R. Höber, Physikalische Chemie der Zelle u. der Gewebe, l. c., 415—424.

[5]) Buglia, Biochem. Zeitschr. **22**, 1 (1909). Die hier mitgeteilten Versuche zeigen keine Erhöhung der Resorption durch den Zusatz von oberflächenspannungserniedrigenden Mitteln; gleichwohl ist solche Beziehung in anderen Versuchen (l. c.) häufig vorhanden.

[6]) Vgl. hierzu R. Höber, l. c., S. 606 ff.

lungsgrades der Darmwand mit dem Maß ihrer Permeabilität haben E. Meyerhofer und E. Pribram[1]) an ausgeschnittenen Darmstücken sehr interessante Untersuchungen angestellt. Es ist ein physikochemisches Gesetz, daß bei kolloiden Membranen die Durchlässigkeit für diffundierende Substanzen sehr schnell mit der Zunahme der Membranquellung ansteigt. Dieses gleiche Verhalten zeigt die herausgeschnittene Darmwand. Ein durch akute Enteritis veränderter Darm ist wasserreicher, kolloidchemisch stärker gequollen: er wird auch im Versuch für Zucker und Salze erhöht permeabel gefunden. Wird die erhöhte Quellung des akut enteritischen Darms durch wasserentziehende Methoden (Austrocknen an der Luft, Behandeln mit Alkohol, ebenso auch Behandeln mit Tannin) zum Verschwinden gebracht, so sinkt die Permeabilität zum Normalwert und langsam bis zu noch tieferen Werten herab. Darmstücke bei chronischer Enteritis mit bindegewebiger Atrophie zeigen von vornherein verringerte Permeabilität, sie lassen sich durch künstliche Quellung nicht mehr zu normaler Durchlässigkeit bringen. Diese kolloidchemischen Befunde am ausgeschnittenen Darm erhalten dadurch ihre besondere Bedeutung, daß die klinischen Beobachtungen mit den hier aufgefundenen Veränderungen der passiven Permeabilität parallel gehen. Auch im Lebenden bringt die akut entzündliche Auflockerung des Darms eine gesteigerte Durchlässigkeit mit sich; ebenfalls macht sich bekanntlich die physiologische Mehrquellung des kindlichen Darms gegenüber dem Darm des Erwachsenen in einer größeren Durchlässigkeit geltend und weiter steht auch klinisch der chronisch enteritische Darm mit bindegewebiger Atrophie in der Resorption hinter dem normalen zurück. Sicher ist die Permeabilität des exstirpierten Darms mit der Resorption intra vitam nicht identisch. Das eine aber zeigen diese Versuche aufs deutlichste, daß an der Durchlässigkeit des Darms im Lebenden auch der kolloide Quellungszustand der Darmwand seinen Anteil hat, daß vermehrte Quellung den Stoffdurchtritt begünstigt, verminderte Quellung ihn erschwert. Für eine kolloidchemische Therapie scheinen sich somit zwei Wege zu öffnen: Steigerung der Quellung zur Erhöhung der Durchlässigkeit und Herabsetzung der Quellung zur Verminderung der Resorption. Aus den experimentellen Erfahrungen der Pharmakologie lassen sich Beispiele finden, die zeigen, daß tatsächlich beide Wege der kolloidchemischen Beeinflussung im Lebenden gangbar sind. Stoffe wie Senföl, Pfefferminzöl, Pfeffer usw. bringen eine entzündliche Auflockerung der Schleimhaut hervor, sie wirken konform hiermit „durch Veränderung der Permeabilität der Zellen" resorptionsfördernd (Brandl)[2]). Umgekehrt setzen adstringierende Substanzen, d. h. Mittel, welche eine kolloide Verdichtung der Darmoberfläche bewirken, wenigstens bei stärkerem Einfluß auch die Resorption der Darmwand merklich herab. Die Frage, ob sich durch Salze, z. B. durch Sulfate, eine Quellungsabnahme der lebenden Darmwand erreichen läßt, ist von Quagliariello[3]) verneint; doch ist hiermit wohl kaum

[1]) Biochem. Zeitschr. **24**, 453 (1910).
[2]) Zeitschr. f. Biologie **29** (1893); vgl. H. Meyer u. R. Gottlieb, Die experim. Pharmakologie 1910, S. 148.
[3]) Biochem. Zeitschr. **27**, 516 (1910).

schon ein abschließendes Urteil gegeben. Interessant sind Beobachtungen, welche zeigen, wie leicht die physikochemische Durchlässigkeit der Darmwand beeinflußbar ist. E. Meyerhofer und E. Stein[1]) haben eine sehr ausgesprochene Steigerung der Permeabilität für das Kochsalz an ausgeschnittenen Darmschlingen bei Vorbehandlung mit 5% Dextrose beobachtet. Diese Autoren vertreten unter Hinweis auf die nach größeren Zuckerkonzentrationen im Darm des Kindes regelmäßig auftretenden Dyspepsien und Enteritiden den Standpunkt, daß die in vitro konstatierte physikochemische Einwirkung des Zuckers auf die Darmmembran auch im lebenden Darm zustande kommt; dabei wird die Allgemeinintoxikation (Finkelstein), welche diese Enteritiden zu begleiten pflegt, als direkte Folge jener Permeabilitätserhöhung des Darms angesprochen. Erst weitere Untersuchungen können in den hier berührten sehr interessanten Fragen die Entscheidung bringen.

Im engen Zusammenhang mit diesen Problemen steht die Wirkungsweise der im Magendarmkanal therapeutisch verwendeten **Adstringentien.** Die Adstringierung ist eine fast rein kolloidchemische Therapie. Wir gehen aus von den Vorstellungen, welche allgemein der therapeutischen Adstringierung zugrunde gelegt werden. Die wichtigsten Repräsentanten der adstringierenden Medikamente sind die Salze der Tonerde, viele Salze der schweren Metalle und die Gerbsäure. „Sie alle besitzen bekanntlich die gemeinsame Eigenschaft, Eiweißkörper, Schleim, Leim usw. unter Bildung entsprechender Metallalbuminate resp. Tannate zu fällen. Die gleichen Reaktionen vollziehen sich auch an den Geweben und führen hier sowohl zu einer Erhöhung der Konsistenz der bereits geformten Teile als auch zur Einlagerung neuer fester Teilchen in die Zwischenräume. Die Folge von beidem ist die Verdichtung des Gewebes. Damit diese aber zur Adstringierung führt, muß sie auf die Oberfläche des Gewebes beschränkt bleiben und die Form eines äußerst feinen Überzugs annehmen" (Tappeiner[2])). „Die Koagulation und damit natürlich auch die Abtötung und Zerstörung von Protoplasma beschränkt sich daher bei den eigentlichen Adstringentien ausschließlich auf die alleroberflächlichste Gewebsschicht, die verdichtet wird und nun eine Schutzdecke gegenüber chemischen, bakteriellen und auch mechanischen Angriffen und somit gegenüber allen sensiblen und entzündungserregenden Reizen bildet" (H. Meyer und R. Gottlieb[3])). Auf Grund der physikochemischen Beobachtung, daß stets schon kleinste kolloidfällende Beeinflussungen des Zellprotoplasmas intensivste Störungen des Zellebens, oft bereits den Zelltod zur Folge haben, kann der Verfasser diese Auffassung als allgemeine Grundlage der therapeutischen Adstringierung nicht akzeptieren. Sie gibt zwar ein geeignetes Bild der Adstringierung einer freiliegenden Wundfläche, rückt aber damit ins Gebiet der Verschorfungen. Etwas durchaus anderes ist die therapeutische Beeinflussung großer, gleichmäßig katarrhalisch erkrankter Darmflächen. Wenn

---

1) Biochem. Zeitschr. **27**, 376 (1910).
2) H. v. Tappeiner, Lehrbuch der Arzneimittellehre.
3) H. Meyer u. R. Gottlieb, Die experim. Pharmakologie 1910, S. 180.

durch die Entzündung der Kolloidzustand des Gewebes krankhaft verändert, d. h. (s. S. 108) das Protoplasma gequollen, die Interzellularmasse gelockert und hierdurch das Epithel seines Schutzwertes für das tiefergelegene Gewebe beraubt ist, so muß am meisten eine Wirkung von Nutzen sein, welche diese Kolloidänderung eben gerade zum Ausgleich bringt. Um eine größtmögliche Lebensbegünstigung für die Zelle zu erzielen, ist es Voraussetzung, die kolloidverdichtende Wirkung nur bis zu solchem Grade zur Geltung zu bringen, daß ein Ausgleich des Abnormen geschaffen wird, daß das Zuviel an Quellung und Lockerung, welches vorhanden ist, bis zum Normalstand und jedenfalls nicht wesentlich darüber hinaus korrigiert wird. Sehr demonstrative Versuche von J. Loeb[1]), die allerdings zu gänzlich anderen Zwecken angestellt wurden, können als eine erste Grundlage für diese Auffassung der Adstringierung dienen. Bringt man tierische Zellen (Funduluseier) durch geeignete Elektrolytwirkung (z. B. reine Kochsalzlösung) zu einer gesteigerten kolloiden Quellung, welche in einiger Zeit den Tod herbeiführen würde, so kann bekanntlich der nachträgliche Zusatz von Kalziumionen durch antagonistische Kolloidwirkung den Normalzustand der Zellkolloide wieder herstellen und so den drohenden Tod abwenden. J. Loeb machte die „frappierende Entdeckung", daß die Lebenderhaltung solcher Zellen und die Weiterentwicklung zu Larven auch erreicht wird, wenn man die abnorme Kolloidquellung durch körperfremde, ja sogar durch an sich giftige Stoffe zum Ausgleich bringt. Es ist sehr bezeichnend, daß die günstige Wirkung nur eintritt, wenn diese Stoffe auf vorher abnorm gequollene Zellen einwirken; setzt man normale Zellen den gleichen Stoffen bei gleicher Konzentration aus, so werden sie stark geschädigt, die Weiterentwicklung der Eier ist total gehemmt. Eine solche Wirkung zeigten in diesen Loebschen Versuchen alle Salze mit stark fällenden Metallionen: Mg, Ca, Sr, Ba, Ni, Mn, Pb, Zn, Al, Cr und Th u. a. Unter diesen Substanzen aber finden sich gerade diejenigen Stoffe, welche in der Therapie beim entzündlich gequollenen Gewebe als „Adstringentia" gebräuchlich sind, so namentlich die Schwermetallsalze und die Salze des Aluminiums. Einige Einzelergebnisse der Loebschen Untersuchungen seien angeführt:

Zinksulfat.

In 100 ccm $^5/_8$ norm. NaCl kommen von den eingebrachten Funduluseiern zur Entwicklung	0%
In 100 ccm $^5/_8$ norm. NaCl + 4 ccm $^1/_{32}$ norm. $ZnSO_4$	26%
In 100 ccm $^5/_8$ norm. NaCl + 8 ccm $^1/_{32}$ norm. $ZnSO_4$	34%
Von derselben Kultur gelangen im normalen Seewasser zur Entwicklung	46%

Bleiazetat.

In 100 ccm dest. Wasser	46%
In 100 ccm $^1/_2$ norm. Natriumazetat	0%
In 100 ccm $^1/_2$ norm. Natriumazetat + 4 ccm $^1/_{64}$ norm. Bleiazetat	23%
In 100 ccm $^1/_2$ norm. Natriumazetat + 8 ccm $^1/_{64}$ norm. Bleiazetat	31%
Bei Bleiazetat von gleicher Konzentration allein in der Lösung	0%

[1]) J. Loeb, Americ. Jour. of physiol. **6**, 411 (1902); Pflügers Arch. **88**, 68 (1901); **93**, 246 (1902) (J. Loeb u. W. J. Gies).

Aluminiumchlorid.

In 100 ccm $^5/_8$ norm. NaCl	0%
In 100 ccm $^5/_8$ norm. NaCl + 2 ccm $^1/_{192}$ norm. $AlCl_3$	39%
In 100 ccm $^5/_8$ norm. NaCl + 4 ccm $^1/_{192}$ norm. $AlCl_3$	25%

Es ist durch J. Loeb, Höber u. a. sichergestellt, daß hier eine reine Kolloidwirkung im Sinne der „Gerbung" den Zellschutz herbeiführt: sie wirkt dadurch, daß sie die abnorme Quellung der Eikolloide, welche unter der Wirkung des alleinigen Vorhandenseins von Na-Ionen auftritt, zur Kompensation bringt. Immer wirken nur minimale Mengen der fällenden Salze im günstigen Sinne. „Oberhalb eines sehr niedrigen Konzentrationsmaximums werden als Koagulationssymptome Trübungen in den Eiern sichtbar und die Entwicklung wird beeinträchtigt"[1]). In dem obigen Versuch des Aluminiumchlorids tritt das Optimum der Wirkung mit dem dann folgenden Abstieg schon zutage. „Immerhin ist es erstaunlich, daß Salze, wie etwa die Blei- und Zinksalze, welche sonst als typische Protoplasmagifte gelten, überhaupt zur Aufbesserung der Lebensbedingungen nennenswert in Frage kommen"[1]). „Also nur Spuren sind wirksam, aber es ist auch darauf besonders zu achten, daß schon Spuren wirken"[1]). Verwandte Beobachtungen an anderen Objekten beweisen, daß hier keine Einzelerscheinung, sondern ein Vorgang allgemeiner Art vorliegt. Der Verfasser sieht in diesen Befunden der Physiologen das kolloidchemische Vorbild der therapeutischen Adstringierung, soweit entzündlich gequollene, aber noch lebensfähige Zellen für die Behandlung in Frage kommen. Für die ärztliche Praxis wird eine strenge Unterscheidung der Ziele notwendig. Will man eine nekrotische oder geschwürige Fläche adstringieren, d. h. mit einer geronnenen Oberflächenschicht versehen, so bedarf es einer relativ hohen Konzentration des Adstringens, um unter bewußter Zerstörung der oberflächlichen Zellen eine wirksame Schutzdecke zu schaffen. Steht aber lediglich eine entzündlich gequollene und in ihrem Zellverband gelockerte Schleimhaut zur Beeinflussung, so ist die Zurückführung zum normalen Quellungszustand, nicht eine Gerinnung das Ziel. Auch für die Therapie gilt dann der obige Satz, daß schon Spuren wirken und daß nur Spuren wirken. Die Nichtachtung dieser Regel muß den Gesamterfolg in Frage stellen, sie wird dort einen nekrotischen Schorf setzen, wo kolloidchemisch noch eine direkte Restituierung möglich war. Mit der Adstringierung hat diese Wirkung nur wenig mehr gemeinsam. Am besten läßt sich diese Art der kolloiden Zellkorrektur, welche nur bei einer geschwollenen Zelle anwendbar ist und ihrem Wesen nach jede Niederschlagsbildung ausschließt, mit einem kurzen Wort als **antionkische Wirkung** (H. Schade) bezeichnen. Eine eigene Wortprägung (*ὄγκος* = die Schwellung) scheint dem Verfasser hier nützlich, um mit möglichster Schärfe die kolloide Sonderart und zugleich die spezielle Beschränkung der Wirkung auf die krankhaft gequollenen Zellen herauszuheben. Wie H. Schade in Gemeinschaft mit Th.

[1]) R. Höber, l. c., 527—528.

Giesecke und St. Kielholz in Tierversuchen nachwies[1]), ist solche antionkische Wirkung bei künstlich gequollenen Zellen ähnlich wie mit Metallsalzen auch mit Tannin erreichbar. Auf normale Zellen wirkt das Tannin in jeder Konzentration schädigend. Sind aber die Zellen durch H-Ionenbeeinflussung in einen Zustand abnormer Quellung versetzt, so wirkt das Tannin bei einer ersten sehr kleinen Konzentration deutlich lebensverlängernd. Schon bei 1 : 640000 konnte mit Tannin eine Schutzwirkung erzielt werden. Dabei ließ sich zeigen, daß mit steigendem Quellungsgrad der Zellen auch die zur Schutzwirkung erforderliche Tanninkonzentration ansteigt. Immer aber bleibt die antionkische Wirkung an sehr niedrige Konzentrationen (1 : 20000 bis 1 : 5000) gebunden. Nimmt man höhere Tanninkonzentrationen zu längerer Einwirkung, so wird stets nur Zellschädigung beobachtet. Um therapeutisch eine antionkische Wirkung im Darm zu erreichen, ist die reine Gerbsäure (= Tannin) wenig geeignet: sie kommt sofort im Magen mit ihrer ganzen Menge zur Reaktion, schafft daher in dem zuerst bebetroffenen Gebiet ein Übermaß der Kolloidwirkung, eine Adstringierung im alten Sinne; sie wird ferner durch die kolloide Bindung am Gewebe und aus anderen Gründen[2]) schnell in ihrer Konzentration verringert, so daß zu dem anfänglichen Übermaß der Wirkung sehr bald in den abwärtsgelegenen Abschnitten des Darms ein Versagen der Wirkung als zweiter Übelstand hinzukommt. Zu einer mehr gleichbleibenden, stets geringen Wirkung im Magendarmkanal sind am besten solche Präparate befähigt, bei denen die Hauptmasse der antionkischen Substanz in chemisch inaktiver Form dargereicht wird, um sich erst allmählich während der Passage des Verdauungskanals zu wirksamerer Form umzubilden. Physikochemisch lautet das Ziel: stets eine minimale Konzentration des aktuellen Teils der antionkischen Substanz, dabei zugleich als Vorrat für die ganze Länge des Darms eine relativ große Menge an potentieller Substanz[3]). Beim Bismutum subnitricum und Bismutum subgallicum (= Dermatol) wird eine gleichbleibende Konzentration durch die nur minimale Löslichkeit erreicht. Beim ebenfalls fast wasserunlöslichen Tannigen (Acethylester der Gerbsäure) und Tannalbin (Additions- resp. Adsorptionsverbindung der Gerbsäure mit Eiweiß) ist zudem die Bindung der Gerbsäure im Präparat eine relativ feste; sie gibt im Darm nur langsam Gerbsäure frei und begünstigt dadurch noch mehr die gleichmäßige Wirkung. Ähnliches gilt noch für einige weitere pharmazeutische Derivate des Tannins[4]). Will man im Magendarmkanal geschwürige oder oberflächlich nekrotische Partien durch „Adstringierung" beeinflussen, wird man hohe Konzentrationen wählen, z. B. zur Beeinflussung möglichst des Magens allein auch gut Acidum tannicum verwenden können. Wünscht

---

[1]) Münch. med. Wochenschr. 1922, Nr. 43, S. 149. Vgl. Th. Giesecke, Inauguraldissertation, Kiel 1921; St. Kielholz, Inauguraldissertation, Kiel 1922.

[2]) Gerbsäure wird im Dünndarm hydrolytisch gespalten und resorbiert.

[3]) Bezüglich der Begriffe aktuell und potentiell siehe S. 157.

[4]) z. B. für Tannokoll (= Additions- resp. Adsorptionsverbindung von Gerbsäure und Leim) und für Tannoform (Kondensationsprodukt von Tannin mit Formaldehyd).

man aber eine „antionkische Wirkung", so sind nur geringe Konzentrationen der jeweils aktiven Masse brauchbar; dabei ist es wesentlich, für längere Zeit durch oft wiederholte kleine Gaben[1]) für die Gleichmäßigkeit der Wirkung zu sorgen. Wie man erkennt, hat die praktische Erfahrung am Kranken bereits weitgehend das Richtige herausfinden. lassen. Gleichwohl gibt die schärfere Erkennung des Vorgangs für die Therapie auch praktische Hinweise. Sie rückt den therapeutischen Wert gerade der mildesten Adstringentien, wie z. B. der Abkochungen von Blaubeeren nnd Preißelbeeren, in eine besondere Beleuchtung: es erscheint verständlich, daß bei chronischen Reizzuständen namentlich des Magens und des Dickdarms, nachdem die „üblichen Adstringentien" versagten, nicht selten durch Spülungen mit diesen Abkochungen noch gute Erfolge beobachtet werden konnten.

Die antionkische Wirkung aber weist weit über den Kreis der Adstringentien hinaus. Unter den Zusätzen, welche J. Loeb für die gequollenen Zellen im Sinne einer lebenserhaltenden Kolloidkorrektur wirksam fand, ist klinisch vor allem noch das **Magnesium** von erheblichem Interesse. Die Magnesia usta, welche im Magendarmkanal zum Teil in lösliche Salze umgewandelt wird[2]), hat als Abführmittel bei katarrhalischen Zuständen eine ungemein sanfte, fast „beruhigende" Wirkung; die Praxis hat es dem Rhabarber zur Milderung der Wirkung im sogenannten „Kinderpulver" beigefügt. Die Beobachtungen von J. Loeb (l. c.) und ähnlich auch von v. Eisler[3]),

Magnesiumchlorid (J. Loeb)

In 100 ccm $^5/_8$ norm. NaCl kommen von den eingebrachten Funduluseiern zur Entwicklung	0%
In 100 ccm $^5/_8$ norm. NaCl + 2 ccm $^1/_1$ norm. $MgCl_2$	75%

Magnesiumnitrat (v. Eisler)

Bei 0,1 g LiCl in der Lösung zeigen die eingebrachten Bakterien	sehr viele Involutionsformen.
Bei 0,1 g LiCl + 0,1 g Magnesiumnitrat ist kolloidchemisch Kompensierung erreicht	normales Verhalten
Bei Magnesiumnitrat von gleicher Konzentration allein in der Lösung	viele Involutionsformen

für welche die beigefügten Daten (s. Tabelle) eine Illustration geben, lassen es sehr wohl möglich erscheinen, daß auch hier eine antionkische Wirkung im Spiele ist. Die „antikatarrhalische Wirkung" ist ein alter Begriff in der Medizin; er ist seit langem, da ihm bei der zellularpathologischen Richtung der Medizin ein experimentell faßbarer Inhalt zu fehlen schien, von der wissenschaftlichen Forschung zurückgedrängt worden. In der antionkischen Wirkung scheint ihm eine scharf präzisierbare kolloidchemische Grundlage geschaffen zu sein. Eine erneute Bearbeitung dieser Probleme ist daher geboten. Insbesondere verdient diese Untersuchung auch auf die sogenannten

---

[1]) Dabei wird gleichwohl die Gabe um so größer sein müssen, je tiefer herab im Darm die Beeinflussung gewünscht wird; kleinste Gaben der Tanninpräparate, selbst wenn sie in Kapseln gegeben sind, werden die weit abwärts gelegenen Herde nicht erreichen.

[2]) Vgl. H. Meyer u. R. Gottlieb, Die experim. Pharmakologie, l. c., S. 171.

[3]) Zentralbl. f. Bakteriologie I, **51**, 546 (1909).

antikatarrhalischen Wirkungen ausgedehnt zu werden, wie sie immer wieder bei den Katarrhen des Intestinaltraktus für **Mineralwässer** wie den Wiesbadener Kochbrunnen, die Homburger Elisabethquelle, den Kissinger Racoczybrunnen usw. aus den praktischen Erfolgen heraus behauptet werden. Gemäß den allgemeinen kolloidchemischen Ionenwirkungen ist für diese Wässer eine antionkische Wirkungskomponente als durchaus wahrscheinlich zu vermuten. Eine Lösung, welche die Na-, K- und Ca-Ionen im Verhältnis von 100 : 2 : 2 enthält[1]), bringt allgemein für die Zellen die eukolloide Einstellung. Wird dieses Zahlenverhältnis zugunsten der Ca-Ionen verschoben oder auch die Kalziumwirkung durch das Hinzutreten eines weiteren ähnlich wirkenden Ions verstärkt, so pflegt schon an der normalen Zelle eine geloide Veränderung die Folge zu sein. Die gequollenen Zellen aber sind, wie wiederum übereinstimmend die Loebschen Beobachtungen und die Befunde der therapeutischen Adstringierung lehren, kolloidändernden Einflüssen noch leichter zugänglich als die normalen. Bei den genannten Quellwässern sind die Verhältniszahlen der wichtigsten hier in Betracht kommenden Ionen die folgenden[2]):

	Millimole in Liter				
	Na	K	Ca	Mg	Na : K : (Ca + Mg)
Wiesbadener Kochbrunnen	116	2	8	2	100 : 2 : 8
Kissinger Racoczybrunnen	99	4	13	8	100 : 4 : 21
Homburger Elisabethquelle	132	4	17	6	100 : 3 : 18

Die theoretischen Vorbedingungen einer antionkischen Wirkung sind daher weitgehend für diese Mineralwässer bei der Bespülung entzündlicher Zellen im Darm erfüllt. Die weitere experimentelle Bearbeitung ist in Angriff genommen.

Wir kommen in unseren Ausführungen zum letzten Abschnitt, der nach der oben gegebenen Gliederung des Stoffes sich mit dem zeitlichen und räumlichen Ineinandergreifen der Einzelprozesse der Verdauung zu beschäftigen hat. Im Verhalten des **Wassers** ist ein fast diametraler Gegensatz zwischen den Vorgängen der ersten und der späteren Abschnitte des Magendarmkanals gegeben: in den oberen Teilen, im Mund, Magen und Duodenum ein schnell wachsender Zustrom von Wasser in der erstaunlichen summarischen Menge von täglich etwa 3—5½ Litern, in den tieferen Abschnitten dagegen eine stets zunehmende Einengung der Ingesta unter Rücksaugung des obigen Zustroms. Auch an den hier liegenden Problemen hat die physikalische Chemie ihren Anteil. Es ist eine klinisch sehr wichtige Frage: Wodurch wird, zumal im Magen, das Maß dieses Zustroms geregelt? Wodurch läßt sich seine Menge erhöhen und wodurch erniedrigen? Es ist kein Zweifel, daß bei diesen Regulierungen komplizierteste Nerveneinflüsse, die mit den Allgemeingefühlen Durst und Hunger resp. Appetit (s. S. 456)

[1]) Siehe S. 56.
[2]) Die Daten sind entnommen aus: Deutsches Bäderbuch. Leipzig 1907.

in engster Beziehung stehen, in dominierender Rolle beteiligt sind. Zugleich steht fest, daß zahlreiche chemische Einzelsubstanzen, sei es auf dem Nervenwege oder durch direkte Beeinflussung der secernierenden Zellen im Magen, hemmende und fördernde Wirkungen auf die Sekretion des Magenschleims und ebenso des spezifischen Magensaftes ausüben[1]). Gleichwohl hat auf diesem Gebiet die Frage der Mineralwasserwirkung durch die physikalische Chemie eine erste wichtige Klärung erfahren, insofern als die Ionenlehre die Möglichkeit brachte, den jeweiligen Mineralwassereinfluß auf die Summe der Einzelwirkungen der Ionen zurückzuführen und dadurch den Gesamterfolg als die Resultante der teils gleichsinnigen, teils gegensätzlichen Wirkungen der einzelnen Komponenten zu analysieren (namentlich A. Bickel[2]) und Mitarbeiter). Physikochemisch ist es weiterhin sehr bemerkenswert, daß die Nahrungsmittel je nach dem Stadium ihrer Verdauung eine verschiedene Beeinflussung auf die Magensaftsekretion ausüben: genuines Eiweiß regt die Magensaftsekretion fast gar nicht an, die Peptone verhalten sich verschieden; „aber diejenigen Abbauprodukte, welche bei der natürlichen Digestion von Eiweiß im Magen entstehen (Albumosen, Extraktivstoffe usw.) sind starke Sekretionserreger" (Pawlow, zitiert nach Bickel[3])). Man geht nicht fehl, in dem Vorhandensein solcher Wirkung eine Art Selbstregulierung der Verdauung zu erblicken, indem allemal mit dem Entstehen dieser Produkte auch ein erhöhter Wasserzustrom zur Steigerung ihrer Auswaschung aus dem Speisebrei einsetzt. Weiter ist wichtig, daß auch der Verteilungsgrad der Speisen die Menge des Saftzuflusses ändern kann: 140 g Pferdefleisch, in Stückform vom Hunde aufgenommen, ließen im künstlichen Blindsack des Magens 83,5—96 cm Magensaft erscheinen, die gleiche Menge Fleisch im feingehackten Zustand nur 58,6—64,5 ccm bei zugleich kürzerer Verweildauer im Magen[4]). Zur Einhaltung der zeitlich richtigen Aufeinanderfolge der einzelnen Sekretionen werden ebenfalls vom Körper Vorgänge benutzt, die mit der physikalischen Chemie eng verwandt sind: In der oberen Dünndarmschleimhaut befindet sich in einer unwirksamen Vorstufe ein spezifischer Erregungsstoff für die Pankreas- und Gallensekretion; er wird jedesmal erst beim Zufließen des sauren Mageninhalts unter der offensichtlich katalytischen Wirkung der H-Ionen in das wirksame Sekretin übergeführt[5]). Noch eine andere Wechselbeziehung regulatorischer Art gehört in diesen Zusammenhang. Wenn die Verdauung des Magens, sei es wegen Überladung mit Reizstoffen oder sonstwie sich insuffizient erweist, so pflegt bekanntlich in Begleitung des Übelkeitsgefühls seitens der Mundspeicheldrüsen eine sehr intensive Sekretionssteigerung aufzutreten, welche für den Magen durch Verdünnung eine sofortige Konzentrationsverringerung alles Gelösten und damit auch der schädlichen Substanzen zur Folge hat, und welche zudem noch durch Säurebindung

---

[1]) Vgl. Oppenheimer, Handbuch der Biochemie, l. c. III, I, S. 54 ff.

[2]) Berl. klin. Wochenschr. 1906 Nr. 2; Literatur siehe ferner Biochem. Zeitschr. **3**, 424.

[3]) Bickel in Oppenheimer, Handbuch der Biochemie l. c. III, I S. 67.

[4]) O. Schloß, Arch. f. Verdauungskrankheiten **13**, 233 (1907).

[5]) Starling u. Baylis, Journ. of physiol. **28**, 325 (1902).

eine Herabsetzung der Azidität und damit eine Einschränkung der weiteren fermentativen Verdauung mit sich bringt. Trinken von alkalischem Wasser hat die gleiche Doppelwirkung: es fördert die Aufgaben der Lösung durch Verdünnung und vermindert zugleich proportional zum Absinken der Säure die fermentativen Umsetzungen. Namentlich für Fälle chronischer Hyperazidität mit gesteigerter Reizbarkeit des Magens sind diese Verhältnisse therapeutisch von Wert. Alkalische Tafelwässer, wie Fachinger, Vichy, Biliner usw. haben hier ihren Anwendungsbereich. Es ist stets wichtig, neben dem Einfluß dieser Wässer auf die Magenwand auch die direkte Beeinflussung der Ingesta in Berücksichtigung zu ziehen.

Ganz allgemein verdienen die Verhältnisse der Wasserdurchströmung der Ingesta sowohl für den Magen wie für den Darm klinisch eine erhöhte Beachtung. Sie treten meist nur wenig nach außen kenntlich in die Erscheinung, da die wahre Größe des Wasserzustroms durch das Parallellaufen der rücksaugenden Prozesse verdeckt wird. Lokale Eingriffe lassen den Zustrom oft in erstaunlicher Weise anschwellen. So sahen Pawlow[1]) und später auch Bickel[2]) beim Tier auf Hitzereizung des Magens innerhalb weniger Stunden sich mehrere Liter Flüssigkeit[3]) durch Erbrechen entleeren; ebenso wurden auch nach kurzdauernder Einwirkung von 0,2% Sublimatlösung oder von starker Senfölemulsion „enorme" Schleimsekretionen beobachtet. Ein klinisch extremes Beispiel bieten die Fälle akut einsetzenden abundanten Magensaftflusses: Aus ungeklärter Ursache, nicht ganz selten im Anschluß an Operationen des Magens, tritt plötzlich und dann anhaltend ein stärkster Flüssigkeitseinstrom zum Magen auf; da meistens ein funktioneller Verschluß des Pylorus vergesellschaftet ist, sieht man sich in kürzester Zeit den Magen durch extreme Anfüllung mit der Flüssigkeit bis weit unter den Nabel, ja bis herab zur Symphyse dehnen; anfänglich sucht der Magen oft noch durch literweises Erbrechen Erleichterung, meist aber versagt bei der stets sich erneuernden Füllung bald auch die motorische Kraft des Magens und es kommt durch den einfachen Magensaftfluß zu den hochgradigsten Dehnungen des Magens, die überhaupt je nur zu beobachten sind. Wenn nicht durch eine Gastroenterostomie Abhilfe geschaffen wird, tritt in den schweren Fällen innerhalb weniger Tage unter enormer Austrocknung des Gesamtkörpers der Tod ein. Die Gastroenterostomie läßt aber selbst diesen gewaltigsten Flüssigkeitseinstrom zum Magen so gut wie momentan praktisch symptomlos werden; wenn der Weg zum Darm offen ist, arbeitet die ausgleichende Resorption so prompt, daß selbst von solchem Zufluß kaum etwas zu bemerken bleibt. Die Kenntnis gerade dieses therapeutischen Erfolges kann vor einer Unterschätzung auch des physiologischen Wasserzustroms bewahren. Schon die normale Sekretdurchspülung des Magendarmkanals stellt eine nicht unerhebliche

---

1) J. P. Pawlow, Das Experiment als zeitgemäße und einheitliche Methode medizinischer Forschung. Wiesbaden. J. F. Bergmann 1900.

2) Oppenheimer, Handbuch der Biochemie III, I, 54. (Bickel).

3) Dabei wird häufig zwischen „Magenschleim" und „Magensaft" scharf zu unterscheiden gesucht (vgl. z. B. B. Bickel an dem in vorstehender Anmerkung genannten Orte).

Anforderung an den Wasserhaushalt des Gesamtkörpers dar. Am deutlichsten erkennt man dies daraus, daß schon nach mäßigem Dursten die Magensekretion merklich eingeschränkt wird (Pawlow[1]); besonders aber gilt dies für solche pathologischen Zustände, bei denen der Körper ausgesprochen an Wasser verarmt oder in der freien Verfüglichkeit des Wassers eingeengt ist, so z. B. beim Fieber, in manchen Fällen von Diabetes, von Kachhexien und vor allem bei Patienten mit chronischen Durchfällen. Selbst die Verarmung des Körpers an Kochsalz schränkt nach den Untersuchungen von Wohlgemuth[2]) nicht nur die Bildung der Salzsäure, sondern auch die Menge des verfüglichen Magensaftes ein. Meist kommt die geringe „Bekömmlichkeit" der festen Speisen bei derartigen Kranken deutlich im Allgemeingefühl des Widerwillens gegen kompakte Nahrung zum Ausdruck. Therapeutisch gelingt in solchen Fällen eine gesteigerte Zufuhr und eine bessere Ausnutzung, wenn zugleich mit der Nahrung durch eine stark vermehrte Wasserzufuhr für die Ergänzung des geschwächten Durchspülungsstromes Sorge getragen wird. Bei chronischen Darmkatarrhen mit gesteigerter Flüssigkeitsentleerung wird daher auch von diesem Gesichtspunkt eine flüssig-breiige Kost oder die Zugabe eines geeigneten Tafelwassers zu empfehlen sein.

Es lag nahe, zur Klärung dieser Fragen die osmotische Untersuchung des Magen- und Darminhalts und ebenso der zufließenden Organsekrete heranzuziehen. Es hat sich aber, wie schon oben (S. 252) berichtet wurde, ergeben, daß der Durchspülungsstrom des Magens in der Größe und Art seines allgemeinen Auftretens nicht durch osmotische Faktoren bestimmt oder geregelt wird. Die Auffassung von H. Strauß, nach welcher der Flüssigkeitszustrom zum Magen eine bestimmte osmotische Einstellung des Speisebreies zum Ziele haben sollte, hat sich als nicht haltbar erwiesen. Gleichwohl ist damit nun nicht etwa jede Beteiligung osmotischer Wirkungen zu leugnen. In manchen Einzelerscheinungen ist sie aufs deutlichste vorhanden. So wirken z. B. Kochsalzlösungen für den Magen in allen Konzentrationen mit Ausnahme gerade der serumisotonischen 0,9% Lösung sekretionsteigernd, um so intensiver, je mehr sich die Konzentration von diesem Wert entfernt[3]). Reines Wasser ruft ebenfalls eine Sekretion hervor[4]). Dem Verfasser will scheinen, daß aus der Auffassung der Sekretion als eines Durchspülungsstromes für die Ingesta manche Besonderheiten des Körperverhaltens verständlich werden. Eine gewisse Einheitlichkeit des Zieles der Vorgänge wird kenntlich. Der Durchspülungstrom wird zuwege gebracht durch aktive, vom Nervensystem regulierte Zellvorgänge, aber er erscheint trotzdem in seinem jeweiligen Betrage vom physikochemischen Zustand der Ingesta abhängig. Etwa folgendes Verhalten scheint vorzu-

[1]) l. c.; vgl. ferner derselbe, Die Arbeit der Verdauungsdrüsen. Wiesbaden. J. F. Bergmann 1898.

[2]) J. Wohlgemuth, Arbeiten aus dem pathologischen Institut zu Berlin. Hirschwald 1906.

[3]) Lönnquist, Skandinav. Arch. **18**, 194 (1906), ferner Rozenblat, Biochem. Zeitschr. **4**, 500 (1907).

[4]) L. Pincussohn, Münch. med. Wochenschr. 1906, Nr. 26.

liegen: Der Durchspülungsstrom setzt ein und dauert an, sobald und solange zwischen der Schleimhaut und den Ingestis osmotische Unterschiede vorhanden sind[1]; je größer die Konzentrationsabweichung, um so größer durchweg die Durchspülung[2]: konzentriertere Lösungen werden meist auch länger zurückbehalten als verdünntere[3]. Neben dem Konzentrationseinfluß aber kommt, ihn zumeist sogar stark überwiegend, ein mehr oder minder spezifischer Einfluß der Einzelstoffe zur Geltung: einige wenige Stoffe — meist sind es solche, die unter den Verhältnissen der natürlichen Ernährung nicht vorkommen — haben eine hemmende Wirkung; auf die Mehrzahl der Substanzen, unter ihnen bevorzugt gerade auf manche bei der Verdauung entstehenden Produkte (s. o.) ist die Schleimhaut mit der Reaktion einer Beschleunigung des Flüssigkeitszustroms eingestellt. Die Art dieser Abhängigkeit im ganzen scheint somit gut einer physiologischen Zweckmäßigkeit zu entsprechen.

Von welcher Bedeutung die osmotische Konzentration im Einzelfall zu sein vermag, zeigen am besten die bislang klinisch nur wenig beachteten Besonderheiten in der Wirkung der **salinischen Abführmittel.** Ein sehr auffälliges Beispiel sei angeführt. Wird Glaubersalz in einer Menge von 20 g in konzentrierter Lösung verabreicht, so erfolgt die diarrhöische Entleerung nach etwa 10—12 Stunden; nach Eingabe der gleichen Salzmenge in verdünnter, etwa 3—5% Lösung tritt aber der Erfolg um vieles früher, oft schon nach 1—2 Stunden ein. M. Hay[4], welcher diese Verhältnisse (1884; schon vor der Festlegung der osmotischen Gesetze) sehr eingehend untersuchte, hat die Ursache im folgenden gefunden. Das Glaubersalz in hoher Konzentration besitzt eine große (osmotische) Wasseranziehung, es ist bestrebt, zum Magendarmkanal so lange Wasser anzuziehen, bis die Lösung etwa dreiprozentig (entspricht einem Δ von ca. 0,85[4]) geworden ist. Diese Konzentration bleibt nun beim Abwärtswandern im Darm in ungefährer Höhe bestehen; sie ist es, die die Ingesta im Dickdarm und Rektum in der flüssigen Form hält. Dabei sind die weiteren Wirkungen des Glaubersalzes anscheinend von der osmotischen Wirkung unabhängig, sie gehen nebenher. Es konkurriert erstens eine ausgeprägte Hemmung der Sekretion der Verdauungssäfte, sowohl des Magensaftes wie der Galle und des Pankreassaftes[5], und zu zweit eine Steigerung der Darmmotilität[6]. Gibt man das Glaubersalz konzentriert auf den nüchternen Magen, so steht wegen

[1]) Bekanntlich werden auch Substanzen entgegen ihrem osmotischen Gefälle (auf das Blut bezogen) resorbiert. Doch verdient es Beachtung, daß für die Aufnahme in die Darmzelle nicht die Konzentration des Blutes, sondern diejenige der Darmzelle selbst in Betracht kommt. Über diese letztere Konzentration während des Ablaufs der Resorption ist noch nichts bekannt.

[2]) z. B. beim Kochsalz s. o. Anm. 1.

[3]) Pfeiffer u. Sommer, Arch. f. experim. Pathol. u. Pharmakologie **43**, 93 (1899); ferner H. Strauß, Verhandl. d. 18. Kongresses f. innere Medizin, Wiesbaden 1900.

[4]) M. Hay, Journ. of Anatom. and Physiol. 1884, Bd. 16 u. 17; vgl. zu obigem besonders auch H. Meyer u. R. Gottlieb, Die experim. Pharmakologie, l. c., S. 167 ff.

[5]) Vgl. auch M. Pewsner, Biochem. Zeitschr. **3**, 413.

[6]) Versuche und Literatur dieser noch strittigen Frage siehe Quagliariello, Biochem. Zeitschr. **27**, 516—530 (1910).

der Hemmung der übrigen Sekretionen fast nur der Darmsaft zur erforderlichen Verdünnung zur Verfügung. Da aber die Darmsaftabsonderung stets äußerst langsam vor sich geht, so dauert es lange — beim Menschen nach Eingabe einer 20% Lösung etwa 16 Stunden (Hay, l. c.) — bis das Quantum der Salzlösung hinreichend groß ist, um eine Entleerung in diarrhöischer Form bewirken zu können. Ganz anders aber ist der Erfolg, wenn eine verdünnte Glaubersalzlösung (praktisch ca. 5% und darunter) gegeben wird. Sie wird bald 3% und hat dann nicht mehr das Bestreben, ihr Volumen osmotisch zu vermehren, sie nimmt sogar langsam an Menge ab, weil immerhin ein Teil der verdünnten Lösung der Resorption unterliegt. Die Weiterbeförderung im Darm geschieht ganz ungleich schneller als bei der konzentrierten Lösung. War die eingeführte Menge groß genug, so gelangt in kurzer Zeit mit dem nicht resorbierten Anteil der verabreichten Salzlösung eine genügende Menge Flüssigkeit bis zum Dickdarm, um von hier die diarrhöische Entleerung zu bewirken. Der Unterschied der osmotischen Konzentration tritt somit aufs deutlichste zutage; er ist es, der die anscheinend paradoxe Wirkung zur Folge hat, daß die konzentrierte Lösung weniger schnell und weniger ergiebig abführt als die gleiche Menge Salz in verdünnter Lösung. Eine zweite Verschiedenheit beider Wirkungen besteht in dem Folgenden: die Laxation durch die verdünnte Glaubersalzlösung ist unabhängig vom Wasserhaushalt des Blutes und der Gewebe, hier hat das Abführmittel das nötige Wasser von vornherein bei sich; bei der Laxation durch die konzentrierte Salzlösung und noch mehr durch das trockene Salz muß dem Blut und Gewebe erst Wasser entzogen werden, damit der diarrhöische Erfolg zustande kommt. Durch vergleichende Zählungen der Blutkörperchenzahl hat Hay diesen Unterschied in einwandfreier Weise sichergestellt[1]). Eine verdünnte Glaubersalzlösung hat demnach nur eine laxierende Wirkung, eine konzentrierte Glaubersalzlösung aber zugleich die Eigenschaft, den Körper zu entwässern. Noch ein Drittes können die Untersuchungen von Hay zeigen: die Schwierigkeiten, welche sich schon bei leichter Wasserverarmung des Gesamtkörpers dem Zustandekommen eines ausreichenden Wasserzustroms zum Darm entgegenstellen. Der diarrhöische Erfolg bei konzentrierter Glaubersalzdarreichung bleibt bereits nach einfachem Dursten aus: „Hat man ein Tier 1—2 Tage lang dursten lassen und ihm nur trockene Nahrung gereicht, so ist die Darmsekretion so gering, daß die nun beigebrachte konzentrierte Glaubersalzlösung keine abführende Wirkung hat[1])."

Eine ähnliche Wirkung der Wasseransaugung resp. der Wasserzurückhaltung im Darm ist auch durch quellende Kolloide möglich. Nahrungsmittel, welche, wie z. B. grobes Brot oder Gemüse, viel unverdauliche, aber gut quellende Kolloide (Zellulose usw.) enthalten, führen aus eben demselben Grunde zu einer Beibehaltung der breiigweichen Beschaffenheit der Ingesta im Dickdarm und damit zur erleichterten Purgierung. Als das Prototyp dieser Wirkung ist klinisch das **Regulin** (= Agar-Agar) bekannt.

---

[1]) Vgl. H. Meyer u. R. Gottlieb, l. c., S. 168 ff.

Eine besondere Beachtung verdienen die **physikochemischen Zustände der Inhaltstauung im Darm.** Die einfache Obstipation kann bekanntlich viele Tage anhalten, ohne daß klinisch besondere Erscheinungen aufzutreten brauchen. Ganz anders aber ist es beim sogenannten Darmverschluß. Der Chemismus des Darminhalts ist beim Ileus gegenüber der Obstipation wie von Grund auf geändert: meist schon innerhalb weniger Stunden werden stärkste gasbildende Prozesse bemerkbar, die in kurzer Zeit den Darm bis zu gefahrbringenden Dimensionen aufblähen. Diese Erscheinung ist völlig regelmäßig vorhanden, sie ist nicht etwa von dem Vorhandensein besonderer Bakterienarten im Darm abhängig; sie ist selbst in solchen Fällen beobachtet, wo vorher eine langdauernde schwere Obstipation ohne jede merkliche Gasbildung verblieben war. Die Ursache dieses verschiedenen Verhaltens ist bislang nicht geklärt. Physikochemisch aber ist ein durchgreifender Unterschied beider Inhalte erkennbar. Der Ileus führt zusammen mit den sonstigen Symptomen zum Sistieren der Resorption. Wenn aber die Resorption fortfällt, ist für den Inhalt des Darms die Anhäufung der — sonst durch die Resorption sofort entfernten — normalen Abbauprodukte der fermentativen Darmverdauung die notwenige Folge. Die Reaktionskinetik der Ingesta wird dadurch auf das Einschneidenste geändert: Reaktionshemmungen durch „wahre" und „falsche Gleichgewichte" müssen in großer Zahl auftreten, manche Reaktionen werden dabei in abnorme Bahnen gelenkt, für die bakterielle Zersetzung entstehen Substanzen sonst nicht vorhandener Art. Diese Anreicherung von Stoffen, speziell gerade solchen der niedrigen Abbaustufen, muß den Bakterien chemisch die Aufspaltung bis zu den einfachsten Bruchstücken, wie sie die Gase darstellen, sehr erleichtern. Es dürfte sich lohnen, diesen Änderungen in der Reaktionskinetik der Ingesta experimentell nachzugehen. Denn solche Änderung ist nicht nur beim Ileus vorhanden, sondern ganz generell bei allen Zuständen einer behinderten Resorption; sie würde daher auch für die Gasbildung der katarrhalischen Darmzustände als ein zu berücksichtigender Faktor in Frage kommen. Die weittragende Auffassungsänderung, welche diese Betrachtungsart als möglich mit sich bringt, läßt sich am schärfsten in dem Satz formulieren: Abnorme Zersetzungen des Darminhalts können nicht nur durch abnorme Fermentbildung oder abnorme Bakterien bedingt sein, sie können vielmehr auch dadurch entstehen, daß die Spaltprodukte der normalen Verdauung sich abnormerweise anhäufen und dann rückläufig einwirkend den Gesamtchemismus verändern. Auch für die Mengenbemessung der Krankendiät sind diese Verhältnisse wichtig; denn bei behinderter Resorption muß jede Vermehrung der Zufuhr eine Vermehrung der sich anstauenden Spaltlinge bedeuten.

Die bei der Verdauung restierenden Bestandteile, zur Hauptsache völlig unlösliche kristallinische Stoffe oder gequollene Kolloide werden vom Darm unter leichtem Druck, der ein unterstützendes Mittel für Herauspressung des Lösungswassers darstellt, zur halbfesten, eben formhaltenden Masse umgebildet. Eigentlich steinige Verhärtungen, wie sie sonst in den Se- und Exkreten bei pathologischen Veränderungen relativ häufig auftreten, werden im Darm des Menschen geradezu auffallend selten gefunden.

Nachdem die physikochemischen Gesetze der steinbildenden Prozesse durch den Verfasser[1]) festgelegt sind, ist auch die Ursache dieses seltenen Vorkommens der **Darmsteine** verständlich. Kristalloide als Steinbildner wären an sich in ausreichender Menge, Kolloide sogar in überreichlicher Masse vorhanden. Aber die Gesamtrichtung der Veränderungen im Darm ist den Vorgängen der Steinbildung gerade diametral entgegengesetzt. Die Steinbildung hat Prozesse der Ausfällung zur Voraussetzung; im Darm aber ist alles auf das Ziel einer ständig zunehmenden Dispersitätsvermehrung eingestellt. Insbesondere werden die Kolloide im Darm in stets besser lösliche Substanzen verwandelt, bis sie, falls möglich, als resorbierbare Stoffe die Darmwand passieren. Was von den eingeführten Speisen bei der Verdauung übrigbleibt, sind Bröckel von gequollenen Kolloiden, welche bei der Pressung im Darm zwar locker verkleben, aber nicht wie frisch ausfallende Kolloide sich zu einer einheitlichen Masse zusammenfügen können. Selbst wenn durch entzündliche Vorgänge der Darmwand die sonst zur Steinbildung geeigneten irreversibel ausfallenden Eiweißkolloide in die Masse der Ingesta eintreten, behält die soloide Richtung des Darmchemismus die Vorherrschaft, auch diese Kolloide fallen der fermentativen Umbildung und damit der Verflüssigung anheim, die Konkrementbildung bleibt aus. Die Bedingungen, unter denen ausnahmsweise doch Steinbildungen im Darm zustande kommen, geben sich klar als zwangsmäßige Durchbrechungen der soloidgerichteten Verdauungsarbeit des Darms zu erkennen. An einem Beispiel sei dies erläutert[2]). In gewissen Landbezirken Schottlands sind Darmsteine nicht selten; man führt sie mit Recht auf die unter der dortigen Bevölkerung übliche überreichliche Ernährung mit Haferkleienbrot zurück. Diese Darmsteine bestehen zu 15—18% aus Haferkleie, wobei vor allem das Kleberfibrin die einheitliche organische Grundsubstanz des Konkrements abgibt; als anorganische Substanz ist vor allem die phosphorsaure Ammoniakmagnesia beteiligt. Ein Analogon solcher Steinbildung wird bei den Pferden beobachtet, und zwar in auffallender Häufung bei Müllerpferden, d. h. Tieren mit einer Ernährung, die wieder gerade durch eine ganz besonders reichliche Kleiezufuhr charakterisiert ist. Der Vorgang dieser Steinbildung ist der folgende: Bei der überreichlichen Kleieernährung gelangt das Kleberfibrin — noch dazu in mechanisch schwer angreifbarer Form — in derartiger Menge in den Darm, daß die Verdauungssäfte sich als insuffizient erweisen, die Gesamtmasse dieses Kolloids in soloider Richtung zu verarbeiten; ein Teil der angequollenen Fibrinmassen bleibt unverdaut liegen und gibt den gleichzeitig vorhandenen unlöslichen Kristalloiden oder sonstigen Stoffen beim Ausfallen ein „kolloides Gerüst", welches die Masse zu einem einheitlichen Gebilde zusammenfügt. Weiter folgende Fibrinmengen ähnlich insuffizienter Verarbeitung lagern sich durch Adsorption oder durch mechanische Anpressung seitens der Darmwand dem ersten Niederschlag auf und bringen so in ständiger Fortsetzung dieses Prozesses immer für die älteren, zentral liegenden Massen einen Abschluß

[1]) Vgl. Näheres S. 298 ff. und 353 ff.
[2]) Vgl. H. Schade, Münch. med. Wochenschr. 1911, Nr. 14.

nach außen, unter dessen Schutz sich sodann ungestört von aller Fermentwirkung der Darmsäfte die sekundäre Erhärtung zum „Stein" vollziehen kann. Eine andere Art der Sonderstellung nehmen die Kotsteine des Processus vermiformis[1]) ein. Sie sind bekanntlich recht häufig; sicher werden in dem kleinen Prozessus viel mehr Steine beobachtet als sonst im Bereich des menschlichen Darms insgesamt. Die Ursache liegt darin, daß der Inhalt des Prozessus weitgehend gegen die soloidgerichteten Verdauungsprozesse des Darms isoliert ist. Im Prozessus kommen vielmehr die üblichen Vorgänge der Steinbildung (vgl. S. 362) ziemlich ungehemmt zur Entwicklung. Der Prozessusstein hat das Auftreten von irreversibel ausfallenden Kolloiden (Fibrin und anderen Stoffen) zur Voraussetzung. Sind solche Kolloide vorhanden, so kann mit dem Kolloidniederschlag unter Einbeziehung der sonst vorhandenen ungelösten Bestandteile die Steinbildung beginnen; es bedarf weiter nur der Zeit, um das Kolloid zur Erhärtung zu bringen und so aus der ursprünglich breiigweichen Masse den eigentlichen Stein erstehen zu lassen. Da das Auftreten von irreversibel ausfallenden Kolloiden im Prozessus anders als durch Entzündung praktisch nicht vorkommt, so ergibt die physikochemische Genese in Übereinstimmung mit der klinischen Erfahrung, daß die Prozessussteine sich nur im Anschluß an eine Entzündung bilden, daß ihr Vorhandensein demnach den Beweis für eine frühere Entzündung darstellt. Gleichwohl kann natürlich der Stein auch seinerseits wieder eine Entzündung unterhalten oder attackenweise neu hervorrufen.

Kapitel 6.

Aus dem Gebiet der Leber- und Gallenkrankheiten.

Physikochemisch-pathologische **Untersuchungen an der Leber** stehen noch aus. Gerade deshalb sei auf einige Ziele hingewiesen, die bei dem heutigen Stande der physikalischen Chemie dem Verfasser als nächste erreichbar erscheinen. So sind exakte Härte- und Elastizitätsmessungen des Lebergewebes mit Berücksichtigung der durch die Kolloidchemie gegebenen Gesichtspunkte ohne besondere Schwierigkeit möglich. Sie hätten als höchstes Ziel die Pathologie des Kolloidzustandes der Leberzelle; als Mindestergebnis aber würden sie eine erhebliche Verfeinerung und Objektivierung der Maße des physikalischen Leberverhaltens bringen gegenüber den unzuverlässigen Schätzungen, wie sie zurzeit lediglich nach dem Gefühl üblich sind. Ebenso erscheinen pathologische Untersuchungen der Leber in Anlehnung an die Beobachtungen von Hamburger[2]) und M. H. Fischer[3]) von Interesse: Hamburger zeigte, daß Leberzellen und ebenso — dann aber schon der makroskopischen Beurteilung zugängig — auch ganze herausgeschnittene Blöcke des Lebergewebes beim Einbringen in ein saures Medium eine sehr deutliche „trübe Schwellung"

---

[1]) H. Schade, l. c. Über Fibrin im Prozessusstein vgl. H. Kuru, Virchows Arch. **210**, 440 (1912) (s. hierzu auch S. 304 dieses Buches, Anm. 2).

[2]) Hamburger, Osmotischer Druck u. Ionenlehre, l. c. III, 49.

[3]) Kolloidzeitschr. **8**, 159 (1911).

erfahren. Wenn man derartige Versuche mit geeigneter Konzentrationsabstufung der beeinflussenden Lösungen quantitativ vergleichend anstellt, wäre mit Wahrscheinlichkeit ein Maß der jeweils vorhandenen Kolloidstabilität der Leberzellen zu erhalten; auch eine solche Messung könnte, falls die technischen Verhältnisse sich nicht als zu schwierig erweisen, geeignet sein, in die kolloide Pathologie der Leberzellen einzuführen. In gleichem Sinne wären ebenfalls Prüfungen des Quellungsverhaltens in verschiedenartig zusammengesetzten Lösungen von Wert. Bei ungleicher Verteilung von Krankheitsprozessen in der Leber ist es sehr wahrscheinlich, daß durch diese Methoden herdförmige Differenzierungen kenntlich resp. auch makroskopisch gut demonstrierbar werden, die mit den bisherigen Hilfsmitteln nicht in gleicher Schärfe faßbar waren. Auch die Erscheinungen der sogenannten Fettphanerose, bei welcher durch zugesetzte Säure-, Alkali- oder Fermentlösungen die Zelleiweiße zu vermehrter Hydratisierung gebracht und als weitere kolloidchemische Folge die normal unsichtbaren Fetteinschlüsse der Zelle in feintropfiger Ausscheidung mikroskopisch sichtbar werden[1]), sind hier zu nennen. Über die Gesetzmäßigkeiten des Verhaltens von Fett im Protoplasma haben M. H. Fischer und M. Hooker sehr wertvolle Beiträge geliefert[2]). Ein erhebliches Interesse muß schließlich eine Anwendung der Gesetze der Reaktionskinetik bei den Durchspülungsversuchen der überlebenden Leber bieten: da gerade an der Leber in solchen Versuchen die abbauenden und synthetischen Prozesse der Zellen einer Beobachtung besonders gut zugängig sind, wird die Prüfung auf das Bestehen reaktionskinetischer Abhängigkeiten (s. Kap. 4 u. 5) hier den besten Erfolg versprechen.

Die Lehre der Gallensteinerkrankungen aber hat schon jetzt durch die physikalische Chemie eine wesentliche Förderung erfahren. Die Lehre der **Gallensteinbildung** ist durch die physikalisch-chemische Inangriffnahme in ein völlig neuartiges Stadium getreten. Recht deutlich läßt sich auf diesem Gebiet die Notwendigkeit des Hand-in-Hand-Arbeitens der verschiedenen Forschungsarten zeigen. Die klinischen und die pathologisch-anatomischen Beobachtungen, unter denen namentlich auf die Arbeiten Naunyns[3]) und neuerdings besonders auf die Aschoff-Bacmeisterschen Untersuchungen[4]) verwiesen sei, haben in erfolgreicher Arbeit die Bedingungen klargelegt, unter denen die Gallensteinbildung als Krankheitsprozeß vorkommt. Die mikroskopische und chemische Analyse in der Hand des Klinikers und Pathologen hat dabei über die Struktur der Steine und über die Art und Herkunft der am Steinaufbau beteiligten Substanzen wichtigste Aufschlüsse geliefert (v. Minkowski, W. Ebstein u. a.); auch hat sie im allgemeinen die Konzentrationen festgelegt, bis zu denen diese Stoffe löslich sind. Bei den Versuchen, diese Löslichkeitswerte praktisch für die Gallenflüssigkeit in Anwendung zu ziehen, ist aber sehr bald die Grenze

[1]) A. Noll, Arch. f. Anatomie u. Physiologie (physiol. Abt.) 1913, 35.
[2]) Kolloidzeitschr. **18**, 242 (1916).
[3]) Naunyn, Klinik der Cholelithiasis. F. C. W. Vogel. (1892).
[4]) Aschoff u. Bacmeister, Die Cholelithiasis. Jena 1909; ferner namentlich Münch. med. Wochenschr. 1913, 1750.

des rein chemischen Könnens zutage getreten. Die Feststellung der Bedingungen, unter denen es in der Galle zu Ausfällungen kommt, ist nicht ohne die Kenntnis der mannigfachen Sondereinflüsse seitens der Gallenkolloide möglich. Schon Naunyn[1]), später Neubauer und Porges[2]), Lichtwitz[3]), Bacmeister[4]) und andere haben hier wertvolle Beiträge geliefert. Nach den Hauptrichtungen hin ist eine Orientierung über die Bedingungen der Ausfällungen erreicht. Auch die bakteriologische Untersuchung hat hier einen Anteil, indem sie nachwies, daß bestimmte Bakterien, wie namentlich Bact. typhi, weniger auch Bact. coli, die lösungsvermittelnden Cholate zersetzen und auf diesem oder auch anderem Wege zur Ausfällung des Cholesterins führen können (Gérard[5]), Lichtwitz[6]), Exner und Heyrowski[7]), Cramer[8]) und Bacmeister[9])).

Ausfällungen und Steinbildungen sind aber an sich noch durchaus unterschiedene Vorgänge. Die Ausfällungen geben gemeinhin das, was man klinisch als Sedimente bezeichnet; zur Steinbildung im klinisch-pathologischen Sinne müssen außer den Bedingungen der Ausfällung noch weitere Besonderheiten erfüllt sein. Untersuchungen zur Aufklärung der Steingenese, welche mit dem Nachweis des Eintritts von Ausfällungen ihren Abschluß nehmen, reichen ihrer Art nach an das eigentliche Problem der Steinbildung nicht heran. Wertvolle Einzelbeobachtungen auch dieser letzten, in mancher Beziehung gerade wichtigsten Teilstufe der Steinbildung sind von verschiedenen Autoren (namentlich Meckel v. Hemsbach[10]), Naunyn[11]), Aschoff[12])) niedergelegt. Eine befriedigende Erkenntnis dieser Vorgänge ließ sich aber ohne die physikalische Chemie nicht erreichen. Der Verfasser hat in systematischer experimenteller Arbeit die **Gesetzmäßigkeiten der Formgebung** bei den Ausfällungserscheinungen gefunden und damit dem letzten, bislang noch am wenigsten geklärten Teil des klinischen Steinbildungsprozesses feste Normen als Grundlage gegeben[13]).

Zumal da in diesen Untersuchungen zugleich ein erstes präzisierbares Beispiel über das Zusammenwirken der formgebenden Kräfte innerhalb des menschlichen Organismus vorliegt, ist etwas näher auf die Ergebnisse

---

[1]) Naunyn, Klinik der Cholelithiasis. F. C. W. Vogel. (1892).
[2]) Wiener klin. Wochenschr. 1908, Nr. 23.
[3]) Arch. f. klin. Medizin **92**, 100 (1907); Münch. med. Wochenschr. 1908, Nr. 12.
[4]) Münch. med. Wochenschr. 1908, Nr. 5, 6, 7 u. 17.
[5]) Compt. rend. de la Soc. Biol. **1**, 348 (1905).
[6]) Arch. f. klin. Medizin **92**, 100 (1907); Münch. med. Wochenschr. 1908, Nr. 12.
[7]) Wiener klin. Wochenschr. 1908, Nr. 7.
[8]) Journ. of exper. Med. **9** (1907).
[9]) Münch. med. Wochenschr. 1908, Nr. 5, 6, 7 u. 17
[10]) Meckel v. Hemsbach, Mikrogeologie, herausgegeben von Billroth. Berlin 1856.
[11]) Naunyn, Klinik der Cholelithiasis. F. C. W. Vogel. 1892.
[12]) Vgl. Bacmeister, Münch. med. Wochenschr. 1908, 212.
[13]) H. Schade, Zeitschr. f. experim. Pathologie u. Therapie **8**, 92 (1910); derselbe, Kolloidchem. Beihefte **1**, 375 (1910); ferner Münch. med. Wochenschr. 1911, Nr. 14 und Medizinische Klinik 1911, Nr. 15; vgl. auch dieses Buch S. 353 ff. (Harnsteinbildung). — Vgl. hierzu Michaud, Schweiz. med. Wochenschr. 1921, Nr. 52.

hier einzugehen. Da die Beweisführung im Einzelnen am anderen Ort (l. c.) gegeben ist, wird hier nur über das Allgemein-Wichtige dieser Vorgänge zu berichten sein.

Die Formbildung der Gallensteine wird durch die folgenden Gesetzmäßigkeiten beherrscht (H. Schade[1]):

Der quantitativ am meisten hervortretende Bestandteil der Gallensteine ist das Cholesterin. Cholesterin ist in reinem Wasser unlöslich, seine Löslichkeit in der Galle wird vor allem durch die Cholate bedingt. Die Art seines Auskristallisierens aus den Lösungen von gallensauren Salzen ist je nach den spezielleren Bedingungen verschieden. Aus reinen Cholatlösungen sieht man immer nur Einzelkristalle, nie steinartig zusammenhängende und steinartig strukturierte Massen ausfallen. Die Kristalle besitzen, namentlich bei schneller Ausfällung, die Form von mehr oder minder langen Nadeln, sie gehen durch sekundäre Umwandlung langsam in die beständigere Form der bekannten Tafeln über. Derartige Einzelkristalle sind es auch, in denen sich das Cholesterin zumeist bei der postmortalen Abkühlung der Leichengalle abzusetzen pflegt.

Eine kleine Änderung der Bedingungen genügt, um dem Ausfällungsprozeß eine grundsätzlich andere Formart zu verleihen. Am ausgeprägtesten tritt dies bei der Cholesterin-Cholatlösung in die Erscheinung, wenn man ihr als Zusatz, ähnlich wie es in der Galle der Fall ist oder besser noch in einem gering erhöhten Maße, eine fettartige Substanz (aus der Galle extrahiertes Fett, aber ebenso auch Olivenöl oder Benzin) in der Lösung beifügt. Das Prinzipielle des Vorgangs ist an der Figur 20[2]) auf folgender Seite in sehr demonstrativer Weise erkennbar. Aufs deutlichste sieht man, daß in der fettfreien Lösung (Reagenzglas a) Nadel- resp. Flächenkristalle zur Ausbildung kommen, während sich im anderen Fall (Reagenzglas b u. c) das Cholesterin in kugeligen Gebilden abscheidet, welche anfangs myelinartiges, glasiges Aussehen haben und langsam in eine radiärstrahlige, kompakte Kristallmasse übergehen. Diese Tropfenformung ist auch für die natürliche Galle bei langsamer Cholesterinausscheidung typisch. Sie tritt auf, wenn man aus einer mäßig mit Cholesterin übersättigten Galle bei 37^0 eine jeweils nur kleine Menge Cholesterins zur Abscheidung kommen läßt; eine Vermehrung des normalen Fettgehalts[3]) wirkt dabei für diese Formgebung begünstigend. Was entsteht, sind dieselben Gebilde, die schon Naunyn[4]) in der Gallenblase als Uranlage der Cholesterinsteine angesprochen hat. Der Vorgang stellt eine Ausfällung durch „tropfige Entmischung" dar.

[1]) H. Schade, Zeitschr. f. experim. Pathologie u. Therapie **8**, 92 (1910); derselbe, Kolloidchem. Beihefte **1**, 375 (1910); ferner Münch. med. Wochenschr. 1911, Nr. 14 u. Medizinische Klinik 1911, Nr. 15; vgl. auch dieses Buch S. 353 ff. (Harnsteinbildung).

[2]) Photographische Wiedergabe der Cholesterinformung beim Ausfallen aus alkoholischer Seifenlösung ohne (a) und mit geringem (b u. c) Ölzusatz.

[3]) Der Fettgehalt der Galle ist im Verhältnis zum Cholesteringehalt keineswegs gering. So wurden Zahlenverhältnisse des Fettes einschließlich Lezithins zur Cholesterinmenge gefunden von 1,6:1,6, von 1,5:1,3 in der Lebergalle, von 9,8:4,1, von 8,7:7,9 in der Blasengalle (Oppenheimer, Handbuch der Biochemie, l. c. III, I, S. 206).

[4]) l. c. S. 298.

Wie die neuere physikalische Chemie gelehrt hat, wird eine tropfige Zwischenstufe bei der Ausfällung aus der Lösung ganz allgemein von den Substanzen durchlaufen. Die Besonderheit der obigen Ergebnisse besteht darin, daß diese Tropfenform durch die Verhältnisse der Galle, vor allem durch die Mitwirkung der Fette derart lange erhalten bleibt, daß es zur Ausbildung von Kugeln bis zu makroskopischer Größe kommen kann (siehe Fig. 20c die oben in der Flüssigkeit schwimmenden Kugeln). Indem die Tröpfchen des Cholesterins lange in flüssigem resp. halbflüssigem Zustand bestehen bleiben, findet unter ständig weiterschreitender Konfluenz anfänglich kleinster Tröpfchen zu immer größeren Gebilden die Zusammenfügung der Niederschläge zu einer einheitlichen Masse statt. Die Figur 21, welche derartig aus fettgesättigter Cholatlösung erhaltene Tröpfchen im mikroskopischen Bilde zeigt, bestätigt die Übereinstimmung dieser Gebilde mit den „myelinartigen Uranfängen der Gallensteine" in der natürlichen Galle. Wegen der optischen Eigenart der Massen bleibt die photographische Abbildung verschwommen; aber man sieht auch aus solcher Wiedergabe noch deutlich, daß an mehreren Stellen eine Vereinigung der Kugeln aus dreien oder vieren in der Entwicklung begriffen ist. Noch zweierlei mehr läßt das Bild erkennen. Zunächst ist es die Wiederfreigabe des Fettes seitens der sich verfestigenden Cholesterinmassen. Die durch eine dicke schwarze Umrandung sich hervorhebenden hellen Kugeln sind das Fett, welches mit dem Einsetzen der Kristallisation des Cholesterins wieder zur Abtrennung kommt und damit der Gallenlösung erneut zur charakteristischen Formung der weiterhin sich abscheidenden Cholesterinmassen zur Verfügung steht. Bei einer langsam fortschreitenden Ausscheidung des Cholesterins — wie oft in der Galle — ist demnach selbst bei geringem Fettgehalt die ständige tropfige Abscheidung gesichert. Zu zweit aber ist es der Kristallisationsprozeß selber, der wenigstens in Andeutung auch in dieser Photographie als jeweilig vom Kugelzentrum aus beginnende Radiärstrahlung des Cholesterins kenntlich ist. Je langsamer diese Art der Abscheidung erfolgt, um so größer ist die Gelegenheit zu völlig einheitlicher Verschmelzung des Ganzen. Das relativ niedrige spezifische Gewicht des Cholesterins, welches die abgeschiedenen Massen zum höchstgelegenen Punkt in der Gallenblase zusammenführt, ist als weiterer Faktor der Entstehung

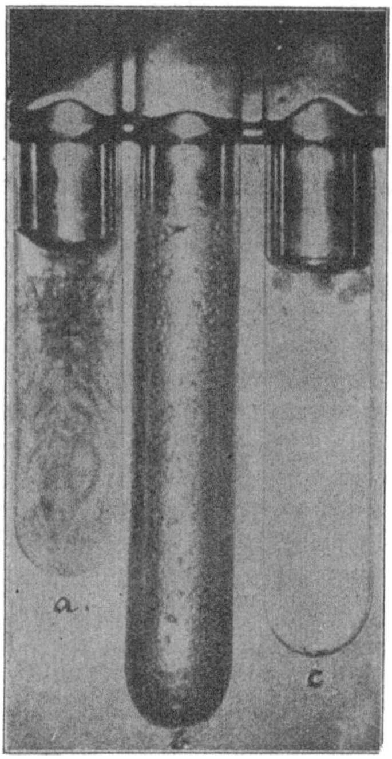

Fig. 20. Unterschied der kristallinischen Ausfällung und der tropfigen Entmischung des Cholesterins (makroskopisch).

eines einheitlichen Steines günstig. Vor allem aber wirkt die Adsorption, d. h. die Oberflächenanziehung seitens der einmal ausgeschiedenen Massen, in dem gleichen Sinne unterstützend. Dieser Vorgang des Sichanlagerns

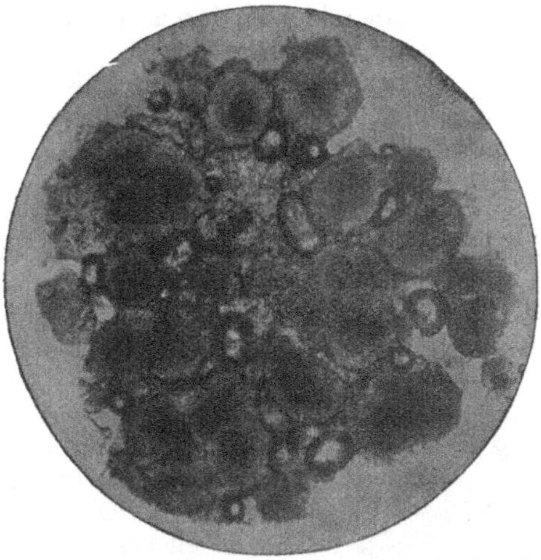

Fig. 21. Tropfige Entmischung des Cholesterins (mikroskopisch 1 : 25).

ist an den Gallensteinen bei der Entstehung aus tropfiger Entmischung oft noch sehr deutlich kenntlich. Wenn kleinste Einzelkügelchen zur Anlagerung kommen, zeigt der neue Überzug den Charakter einer punktförmigen Bestäubung; oft aber sind die Kügelchen durch Konfluenz bereits bis zu so erheblicher Größe angewachsen, daß sie auf der Oberfläche des alten Steines als grobkugeliger Bewurf erscheinen. Diese Art der Anlagerung sei in den Figg. 22 bis 24 veranschaulicht. Dabei geht allmählich auch in den neu hinzutretenden Massen eine Einfügung zur einheitlich radiärstrahligen Anordnung des Gesamtsteines vor sich. Die Gesetze solcher Umlagerung auch in fester Masse sind physiokochemisch bekannt. Kleine Kristalle haben eine

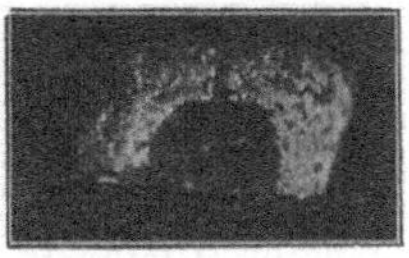

Fig. 22.

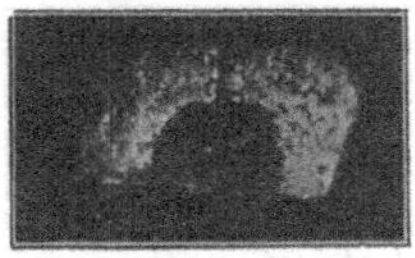

Fig. 23.

Fig. 24.

Beispiele der tropfigen Cholesterinanlagerung (mit zunehmender Größe der Einzelkügelchen); rechts eine sehr große tropfige Auflagerung von noch frisch glasigem Aussehen und noch halbweicher Konsistenz (siehe den Pfeil der Fig. 24).

größere Löslichkeit als größere Kristalle; die kleineren Kristalle sind daher gegenüber den größeren unbeständig. Dies hat zur Folge, daß sich allmählich durch Vermittlung der Diffusion[1]) die kleinen neu hinzukommenden

[1]) Die Diffusion ist selbst in festen Körpern, d. h. physikochemisch gesprochen, in „fester Lösung" vorhanden und macht sich dort, wenn auch in geringerem Umfang, so doch für längere Beobachtungszeiten sehr merklich geltend. (Vgl. S. 425.)

Kristalle möglichst an die größeren alten anlagern, indem sie dabei die radiäre Bauart des Ganzen immer wieder bis zur Oberfläche fortsetzen. Meistens findet man in den Cholesterinsteinen der Galle die Radiärstrahlung schon bis in die Randschichten durchgeführt. Mit einer Abbildung aus den Naunynschen Tafeln, in der das Fehlen einer Grenze zwischen der grobstrahligen Mitte und den feinkristallinischen Randmassen besonders deutlich das Fortschreiten der Kristallstrahlung beweist, sei auch dieser Prozeß in seinem Werden gezeigt (Fig. 25).

Fig. 25.
Cholesterinstein aus tropfiger Entmischung, mit nachheriger einheitlich radiärstrahliger Umbildung.

Es ist wichtig, hervorzuheben, daß alle diese Gebilde des reinen Cholesterins auf Grund ihrer Genese stets eine gewisse, wenn auch nur geringe Menge fremdartiger Substanz enthalten müssen. Ähnlich wie es z. B. bei den Fettkügelchen der Milch der Fall ist (s. S. 269), müssen auch die zur Abscheidung kommenden kleinsten Tröpfchen des Cholesterins infolge Adsorption eine feinste Oberflächenhaut aus den Kolloiden der Lösung gewinnen; diese adsorbierte, meist organische Substanz bleibt — wiederum ähnlich wie beim Rahm oder bei der Butter[1]) — auch bei dem weiteren Wachstum der Tröpfchen in der Masse enthalten und gibt so selbst den „reinsten" Cholesterinsteinen, wenigstens in Andeutung, ein „organisches Gerüst".

Diesen Verlauf und diese Art der Formgestaltung zeigt die Cholesterinausscheidung in der fetthaltigen Cholatlösung und ebenso in der Galle immer dann, aber zugleich auch nur dann, wenn der Flüssigkeitsraum von gröberen sonstigen Niederschlägen kristalloider und kolloider Art frei ist. Geringe Mengen fremdartiger Beimengungen heben den Prozeß zwar noch nicht auf. Aber mit zunehmender Menge solcher Beimengungen werden die Adsorptionshüllen der Cholesterinkügelchen dichter und stärker; es wandert mehr adsorbierte Substanz[2]) zur „Gerüstbildung" in den Stein, mit dem Erfolg, daß dort die einheitliche Ausbildung der Radiärstrahlung mehr und mehr gestört wird. Im Höchstmaß wird sogar durch die Adsorptionshüllen die Verschmelzung zu einer einheitlichen Masse gehindert: statt des üblichen „Solitärsteines" bei der reinen tropfigen Cholesterinausscheidung entstehen multiple radiärstrahlige Gebilde, die entweder völlig voneinander getrennt bleiben oder doch nur eine mehr äußerliche Vereinigung zu einem Konglomeratgebilde, bestehend aus

[1]) Die Butter enthält von den adsorbierten Oberflächenhäutchen her etwa noch 0,8% Kasein.
[2]) Namentlich Eiweiße oder Bilirubinkalk (s. u.).

gleichgroßen, in der Kristallfügung weitgehend selbständig bleibenden Einzelkörpern erfahren (Fig. 26 und 27).

Von dieser durch das Cholesterin führend beeinflußten Art der Konkrementbildung ist eine zweite Art der Gallensteinbildung scharf zu unterscheiden. Das Cholesterin ist dabei nur in unwesentlicher Rolle beteiligt. Die analytisch am schärfsten hervortretende Substanz dieser Steine ist der Bilirubinkalk, wie er sich in vermehrter Menge unter dem Einfluß kalk-

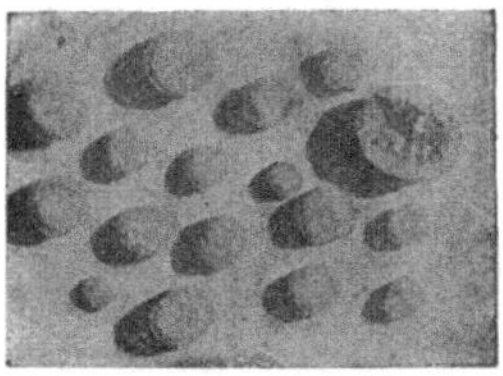

Fig. 26*).

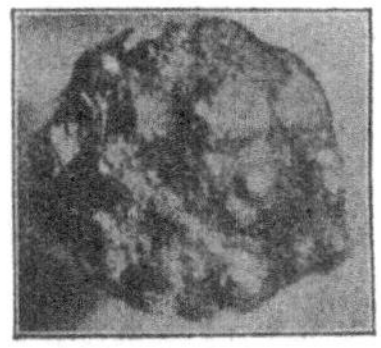

Fig. 27.

Multiple radiärstrahlige Cholesterinsteine, links getrennt geblieben, rechts (in einem anderen Falle) noch nachträglich zu einem Konglomerat verbacken.

*) NB. Der größte unter den Steinen der Figur ist zur Demonstration seiner Radiärstrahlung mit seiner Schnittfläche wiedergegeben.

haltiger Exsudationen seitens der entzündeten Gallengangswände bildet. Ebenso wie das Cholesterin ist auch der Bilirubinkalk in reinem Wasser unlöslich; in der normalen Galle wird er aber durch die Schutzwirkung der Kolloide vor der Ausfällung bewahrt. Läßt man in der Galle eine Ausfällung von Eiweißkolloiden[1]) vor sich gehen, so wird regelmäßig der Bilirubinkalk mit in den Niederschlag einbezogen. Bilirubinkalksteine werden nur bei entzündlichen Veränderungen der Galle gefunden. In den Bilirubinkalksteinen sind stets organische Stoffe, eben die Eiweiße der entzündlichen Exsudation, in erheblicher Menge enthalten. Abgesehen von den keineswegs seltenen Fällen, in denen diesen Bilirubinkalk-Kolloidkonkrementen jede geordnete Struktur ihrer Masse fehlt, handelt es sich um Gebilde, die durch eine mehr oder weniger deutliche konzentrische Schichtenlagerung ausgezeichnet sind, wofür die Figur 28 ein besonders scharf ausgeprägtes Beispiel zeigt. Diese Schichtenbildung aber ist das Formcharakteristikum der Ausfällung von (persistierenden[2])) Kolloiden; sie bleibt in typischer Weise selbst dann erhalten, wenn große Mengen kristalloider Niederschläge (wie hier der Bilirubinkalk) mit den Eiweißkolloiden vergesellschaftet zur Abscheidung kommen. Die nähere Beschreibung

Fig. 28.

Bilirubinkalkstein vom Typus der kolloid-bedingten konzentrischen Schichtung.

[1]) Schon von Naunyn festgestellt. l. c.

[2]) Unter persistierenden Kolloiden seien solche Kolloide zusammengefaßt, bei denen die Kolloidbeschaffenheit wenigstens in praktischem Sinne bleibend fortbesteht (Unterschied z. B. gegenüber dem Verhalten der Harnsäurekolloide).

dieser formativen Gesetzmäßigkeit wird bei der Darlegung der Harnsteinbildung (s. S. 353) gegeben. Zur experimentellen Erzeugung solcher Schichtung hat sich dem Verfasser unter den entzündlich exsudierten Eiweißsubstanzen am besten das Fibrin bewährt; doch wurde stets ausdrücklich hervorgehoben, daß der formative Erfolg einer Schichtenbildung wie im Stein eine Allgemeinwirkung aller irreversibel ausfallenden Kolloide ist[1]). Daß solche irreversiblen Eiweißmassen auch im Bilirubinkalkstein der Galle reichlich vorhanden sind, hat in einer Nachprüfung der Ergebnisse des Verfassers H. Kuru[2]) bei mikroskopischer Untersuchung bestätigt gefunden. Die Abbildung 29 zeigt die periphere Zone eines Bilirubinkalksteines nach

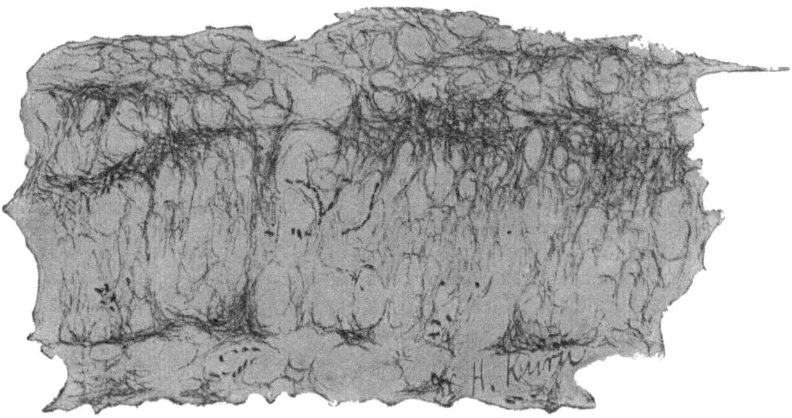

Fig. 29.
Eiweißkolloide in der Randschicht eines Bilirubinkalksteins.
(Mikroskopisch, st. Vergrößerung.)

Färbung mit Weigertscher Methode. Das Vorhandensein faserig ausgefallener irreversibler Eiweißkolloide ist aufs deutlichste kenntlich[2]). Eine nur äußerliche Formabweichung erhalten diese Bilirubinkalk-Kolloidkonkremente häufig dadurch, daß sie, anstatt sich inmitten der Gallenflüssigkeit als Stein abzusetzen, infolge besonderer physikalischer Oberflächen-

[1]) Schon in der ersten Arbeit über die Steinbildung hat der Verfasser experimentell bewiesen, daß selbst anorganische Kolloide wie die kolloide Kieselsäure und kolloides Eisenhydroxyd eine durchaus gleiche formative Wirkung besitzen.

[2]) Virchows Archiv **210**, 439 (1912). Schon 1909 hat der Verfasser die Entscheidung über die speziellere Eiweißart der Steinbildner auf farbtechnischem Wege als ungeeignet abgelehnt. Der Passus lautet: „Auch die Färbemethoden einschließlich der Weigertschen Fibrinfärbung lassen hier im Stich. Denn einmal ist keine derselben für Fibrin spezifisch, selbst die Weigertsche Färbung kommt bekanntlich nach O. Lubarsch u. a. auch sonstigen fädigen und hyalinen Substanzen zu. Und umgekehrt hat Th. Burmeister gefunden, daß dem Fibrin im Harn die Färbbarkeit schon in kurzer Zeit verloren gehen kann . . ." Demgemäß hat auch später T. Aoyama mit Recht den vermeintlichen Nachweis des Fibrins im Steingerüst von H. Kuru bestritten. (Zieglers Beiträge z. pathol. Anatomie u. z. allg. Pathol. **57**, 168 (1913).

bedingungen[1]) an der entzündeten Schleimhaut zur Fixierung kommen. Es entstehen dann jene gleichfalls häufig geschichteten Hohlgebilde, wie sie in der Pathologie als „röhrenförmige Abgüsse" bekannt sind.

Außer den beiden hier charakterisierten Steinbildungstypen, dem radiärstrahligen Cholesterinstein auf der einen und dem geschichteten Eiweiß-Bilirubinkalk-Stein auf der anderen Seite, bietet die Pathologie sehr zahlreiche Konkremente, bei welchen die Formbesonderheit des Steinganzen ein Zusammengehen der beiderartigen Entstehungsprozesse beweist.

Solange in cholesterinhaltigen Ausfällungen unter dem Einfluß der Adsorptionsvergesellschaftung die Beimengungen von organischen Kolloiden nicht gar zu groß werden[2]), kommt immer noch das Bestreben des Cholesterins zur radiärstrahligen Kristallorientierung bei der Steinformung zur Geltung; als formativer Ausdruck der Kolloidwirkung tritt aber sodann, die Radiärstrahlung durchkreuzend, eine konzentrische Schichtbildung hinzu, wie die Abbildung 30 an einem Steinschliff zeigen möge. Mit der Reinheit des Cholesterins steigt unter sonst gleichen Verhältnissen die Vorherrschaft der Radiärstrahlung, mit der Menge der Kolloide die Ausbildung der konzentrischen Schichten. Durch die verschiedengradige Kombinierung der beiden Wirkungen wird die Mannigfaltigkeit dieser Steinformen ermöglicht. Die kolloiden Anteile bilden dabei, erheblich massiger als in den „reinen" Cholesterinsteinen, das „organische Gerüst". Es ist eine Folge der gegenseitigen Adsorption von Kolloid und Kristalloid, daß die organische „Gerüstsubstanz" nicht dort am dichtesten angehäuft ist, wo die Kristalloide ihr einen mehr freien Platz lassen, sondern daß oft gerade an demselben Ort, wo die Kristallmasse am dichtesten lagert, auch eine lokale Häufung des Kolloids gefunden wird. Das Kolloidgerüst gibt in solchem Falle nicht, um einen Vergleich von der photographischen Platte zu gebrauchen, ein Negativ des Kristalllagers, sondern es gibt ebendiese Kristallagerung auch ihrerseits in einem Positiv wieder.

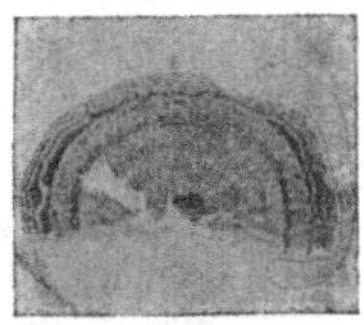

Fig. 30. Mischbildung: Radiärstrahlung + konzentrische Schichtung.

Sehr wichtig für die Formung des Gallensteins sind schließlich noch die jeweils vorhandenen Verhältnisse des mechanischen Druckes. In höchstem Maße gilt dies für alle Abscheidungen des Cholesterins, da diese Substanz in den ersten Stadien ihrer Ausscheidung eine sehr auffallende physikalische Beeinflußbarkeit zeigt. Wie der Verfasser fand, hat das frisch in Nadelform auskristallisierte Cholesterin — ganz im Gegensatz zu den späteren Tafelkristallen — eine außerordentlich hohe, geradezu staunens-

[1]) An entzündeter, speziell nekrotischer Schleimhaut werden abnorm große Oberflächenspannungen adsorptiv wirksam; daneben spielt aber gelegentlich bei der Inkrustation der entzündeten Schleimhaut auch das zeitliche Moment hinein, indem die Eiweiße bereits vor ihrer Lostrennung von der Schleimhaut zur Ausfällung kommen.

[2]) Bei 10—20% Beimengungen (auf das Mengenverhältnis der Massen im Keim bezogen) kann es noch zu schöner langstrahliger Radiärstruktur des Steines kommen.

werte Plastizität. Weit besser noch als Schneekristalle läßt sich das frisch ausgefallene Cholesterin durch gelindeste Druckwirkungen in eine zusammenhängende Masse, vor allem in feinste, bis unter Papierdünne heruntergehende gut haltbare Lamellen umformen. Geringe Beimengungen organischer Kolloide pflegen die Festigkeit dieser Gebilde noch zu steigern. Auch diese Eigenschaft des Cholesterins hat auf die Formgebung der Gallensteine größten Einfluß. Immer, wenn die Gelegenheit zu irgendwie nennenswerten Druckwirkungen in der Gallenblase gegeben ist, d. h. fast stets beim Vorhandensein multipler Steine, sehen wir die Masse des Cholesterins statt in radiärstrahliger Schichtung (s. o.) sich in Form solcher druckbedingten konzentrischen Lamellen oder Schalen ablagern. Diese für das Cholesterin spezifische Befähigung zu feinster Lamellenbildung — bei keiner anderen Steinart des menschlichen Körpers findet sich ähnliches[1]) — ist die Ursache des eigenartig schönen, oft an Perlenglanz[2]) erinnernden Aussehens der „gewöhnlichen“ Gallensteine. Sie stellen die weitaus häufigste Form aller Gallensteine dar. Da zur experimentellen Erzeugung der typischen Cholesterinlamellen schon gelindeste Druckwirkung oder Reibung genügt, ist es verständlich, daß immer, wenn viele Gallensteine in einer Gallenblase gefunden werden, auch die aufgelagerten Cholesterinschichten diese stets gleiche, für die Druckgenese charakteristische Lamellenbeschaffenheit zeigen. Namentlich im Gegensatz zum Formenreichtum der einzeln vorkommenden Gallensteine ist die relative Monotonie, welche alle multiplen Gallensteine in ihrem peripheren Bau zeigen, sehr auffallend. Sind nur relativ wenig Eiweißkolloide beigemengt, so werden die Schichten äußerst fein und spiegelnd, oft gar — ebenfalls experimentell reproduziert — von perlmutterähnlichem Glanze. Ist aber eine größere Menge von Eiweiß oder Bilirubinkalk untermischt, so bleibt die Lamellenbeschaffenheit gröber, das Aussehen wird mehr kreidig; gerade solche Massen pflegen nicht selten als ein Zeichen ihrer plastischen Befähigung zwei Steine durch Einbettung in eine gemeinschaftliche Schale nachträglich zu vereinigen. Auch die äußere Form dieser „gewöhnlichen Gallensteine“ gibt eine Bestätigung dafür, daß Druckwirkungen in entscheidender Rolle beteiligt sind. Läßt

Fig. 31.
Typische Druckformung der Steine, wie sie künstlich an Plastizinkugeln durch Blasendruck erzeugt wird.

[1]) Über sonstige Analoga siehe H. Schade, Kolloidchemische Beihefte **1**, 385ff. (1910).

[2]) Über die Entstehung der Perlen siehe ebenfalls am vorstehend genannten Ort.

man auf halbfeste völlig runde Plastizinkugeln den Druck eines gewöhnlichen Gummifingerlinges einwirken, so erhält man die Kugeln in einer Form zurück, wie Fig. 31, S. 306, an dem Beispiel einer solchen Serie zeigt. Diese Formen sind außerordentlich charakteristisch. Es ist nicht zu bezweifeln, daß die „gewöhnlichen Gallensteine" einer ähnlichen gegenseitigen Raumbeengung und damit auch Druckbeeinflussung ihre der Abbildung genau entsprechende Formung verdanken[1]).

Diese Ergebnisse (H. Schade) in ihrer Gesamtheit zeigen, daß das Rätselhafte, welches der Struktur der Gallensteine und damit dem ganzen Problem der Gallensteingenese bislang anhaftete, weitgehend geschwunden ist. Es sind bestimmte physikochemische Bedingungen, die jedesmal eine ganz bestimmte Formung des Steines einschließlich des „organischen Gerüstes" gesetzmäßig zur Ausbildung kommen lassen. Es ist begreiflich, daß die neuen physikochemischen Ergebnisse zu manchen früheren mehr oder minder theoretisch gewonnenen Vorstellungen sich im Widerspruch befinden. Fast mit Notwendigkeit haben daher diese Versuche neben zahlreicher Anerkennung auch ablehnende Kritiken erfahren[2]). Physikochemische Experimente, welche ein abweichendes Urteil begründen, sind von keiner Seite beigebracht. Solange diese fehlen, scheint dem Verfasser eine Entgegnung nicht geboten. Erwähnt sei nur, daß in der physikochemischen Fachliteratur die hier gegebene Untersuchung sich allgemeiner Anerkennung erfreut. (Wo. Ostwald, H. Bechhold, Doelter u. Cornu, Marc u. a.[3]).)

Mit Absicht hat der Verfasser in seinen experimentellen Arbeiten dieses Gebietes noch keine speziellere **Anwendung auf die klinischen Verhältnisse** der Entstehung der einzelnen Gallensteinarten versucht. Bei der durch die Pathologie des Gallensteinleidens dargebotenen Mannigfaltigkeit der zu berücksichtigenden Momente muß notwendig das Urteil an Sicherheit verlieren. Mit der hierdurch gekennzeichneten Reserve aber scheint dem Verfasser auf Grund nunmehr jahrelanger Beobachtung sowie auf Grund des Materials der Literatur die Aufstellung der folgenden Beziehungen zu den klinischen Erscheinungen berechtigt: (Tabelle umstehend S. 308).

Diese Tabelle gibt einen Gesamtüberblick der Beziehungen zwischen der Formart des Steins und den jeweils zugehörigen klinisch-pathologischen Bedingungen. Die praktisch wichtigsten Vorkommnisse sind reine Stauung sowie Entzündung mit gleichzeitiger Stauung. Jedem dieser Zustände entspricht eine der Hauptformen der Gallensteine: die reine Stauung führt gesetzmäßig zum radiärstrahligen Cholesterineinzelstein; die Entzündung mit gleichzeitiger ausgesprochener Stauung bringt dagegen, falls nicht bereits vorher, durch reine Stauung bedingt, ein Cholesterinsolitärstein entstanden

[1]) Diese Formerklärung ist dem Verfasser bestritten mit der Begründung, daß die Härte der Gallensteine eine zu große sei, als daß der Gallenblasenwanddruck eine Formung der Steine bewirken könne. Zur Entgegnung sei an das bekannte Experiment erinnert, daß auch eine Stange festen Siegellackes bei alleiniger Unterstützung ihrer Enden sich freiwillig unter der eigenen Schwere durchbiegt. Auch kleine Wirkungen kommen durch Addition mit der Länge der Zeit stark zur Geltung.

[2]) Lichtwitz, Bacmeister u. a. (l. c.).

[3]) Vgl. hierzu namentlich auch die Ausführungen über die Entstehung der Harnsteine (dieses Buch S. 355).

Klinischer Zustand der Galle, resp. der Gallenwege	Physikochemische Bedingungen der Steinbildung	Als Regel auftretende Steinformung
Aseptische Stauung	Allmähliche Konzentrationsverminderung der Cholate durch Resorption resp. Autolyse: daher langsames Fortschreiten der Cholesterinausfällung bei sonst niederschlagsfreiem Flüssigkeitsraum	Einfacher radiärstrahliger Cholesterinstein, einzeln[1])
Aseptische Wunde	Aussickern von zur Gerinnung kommendem Eiweißkolloid: daher Eiweißausfällung mit Adsorption von Bilirubinkalk	Ein- oder mehrschichtiger Eiweiß-Bilirubinkalk-Stein[2]), einzeln oder multipel
Entzündung a) ohne besonders hervortretende Stauung	Exsudation von Kalk und von gerinnungsfähigen Eiweißkolloiden: daher Eiweißausfällung mit Adsorption des in vermehrter Menge gebildeten Bilirubinkalkes	Geschichtete Eiweiß-Bilirubinkalk-Steine, multipel, seltener einzeln
b) mit mehr in den Vordergrund tretender Stauung	Wie vorstehend, doch daneben Konzentrationsverminderung der Cholate durch Resorption oder durch bakterielle Zersetzung: daher Kombinierung des vorigen mit meist ausgeprägter Abscheidung von Cholesterin	Geschichtete Cholesterin-Eiweiß-Bilirubinkalk-Steine, multipel, selten einzeln. Meist durch Einwirken von Druck: Schaliger Bau. Seltener ohne Druckwirkung: Schichtig-strahliger Bau

war, multiple Steinanlagen und in ihrer Weiterentwicklung die „gemeinen Gallensteine" mit der Fazettierung und dem konzentrisch-schaligen Bau hervor.

Das Vorhandensein eines besonderen „Steinkerns" als Vorbedingung zur Steinbildung ist nach den physikochemischen Untersuchungen sicher nicht notwendig. Wenn aber der „Steinkern" als prinzipielles Erfordernis für die Steinbildung ausscheidet, verliert auch die in den letzten Jahren oft erörterte Frage, ob das Kristalloid oder das Kolloid der eigentlich führende Anteil bei der Steinbildung ist, an Interesse. Immer sind Stoffe beiderlei Zustandsform bei den Verhältnissen der Galle an der Steinbildung beteiligt, sie sind meist schon vom Beginn der Ausfällung an miteinander durch die Adsorption aufs innigste verbunden und sie werden beide, bald mehr die eine, bald mehr die andere, für die Formart des Steinbaues bestimmend.

---

[1]) Die physikalisch-chemische Untersuchung hat hier für die klinisch-pathologischen Ergebnisse von Aschoff und Bacmeister eine wichtige Bestätigung gebracht.

[2]) Vgl. hierzu die Versuche von Kretz in Krehl-Marchand, Handbuch der allgemeinen Pathologie II, III, 423 (1913).

Dem Verfasser will daher der Streit um den Vorrang der einen oder der anderen Stoffart sachlich von nur untergeordneter Bedeutung erscheinen.

Wenn auch die Entstehung der Gallensteine nicht an das Vorhandensein eines „Steinkerns" gebunden ist, d. h. sich bei Erfülltsein der obigen Bedingungen jederzeit ohne einen „Steinkern" vollziehen kann, so ist gleichwohl das Auftreten adsorbierender Oberflächen im Flüssigkeitsraum der Galle sehr wichtig. Immer, wenn durch irgendwelche Vorkommnisse (Fremdkörper, Gallenstein oder Oberflächennekrose der Schleimhaut usw.) in der Galle eine Fläche vermehrter Oberflächenspannung geschaffen ist, so wirkt diese Fläche durch Adsorption auf alle in der Galle entstehenden Niederschläge anziehend. Ein jeder Stein, ein jeder Fremdkörper holt so gewissermaßen die sich bildenden Abscheidungen aus der Lösung heraus, häuft sie an seiner Oberfläche an und hält sie beim Abfließen der Galle mit erheblicher Kraft zurück. Aber auch gelöste Stoffe können, wie zahlreiche Beispiele beweisen, durch Adsorption bis zu solcher Konzentration in der Grenzflächenschicht angehäuft werden, daß ihre kolloide oder kristalline Ausfällung erfolgt. Durch diese letzte Wirkung sind besonders Fremdkörper[1]) befähigt, selbst in solchen Lösungen sich mit Niederschlägen zu überziehen, sich zu „inkrustieren", in denen ohne die Anwesenheit des Fremdkörpers überhaupt keine Ausfällung aufgetreten wäre. Namentlich Lichtwitz[2]) hat sehr diese Wirkung betont. Da die fertigen Steine, wenngleich anscheinend in geringerem Grade[3]), ebenfalls diese Oberflächenwirkung in der Galle besitzen, so ist in den Vorgängen der Adsorption für das Weiterwachsen der Steine auch noch in diesem Sinne eine besondere Begünstigung gegeben.

Ein jeder Stein gibt durch die Art seines Materials, aber mehr noch durch die Art seines Baues ein gutes Stück seiner Geschichte zu erkennen. Ein sehr demonstrativer Fall eigener Beobachtung sei hier wiedergegeben. (Fig. 32.) Die physikochemische Analyse der Steinformung läßt hier in eindeutiger Weise drei Stadien des Krankheitsverlaufes erschließen: als erstes Stadium die Entstehung des reinen radiärstrahligen Cholesterinkernes aus entzündungsfreier, nur einfach gestauter Galle, sodann anschließend ein langdauerndes Weiterwachsen des Steines in mäßig entzündlich veränderter, aber wieder gestauter Galle (radiärstrahlige Cholesterinformung bei gleichzeitiger Schichtenbildung) und schließlich

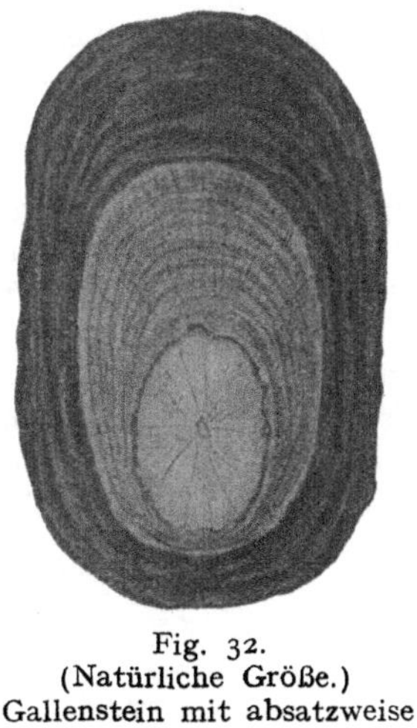

Fig. 32.
(Natürliche Größe.)
Gallenstein mit absatzweise geänderter Formart.

---

[1]) Anscheinend ist bei Fremdkörpern, wie z. B. Seidenfäden u. a. die Grenzflächenspannung zur Galle größer als bei dem in der Galle selbst löslichen und bereits in ihr gelöst vorhandenen Cholesterin.

[2]) Im übrigen sind die Anschauungen dieses Autors sehr abweichende; vgl. L. Lichtwitz, Über die Bildung der Harn- und Gallensteine. J. Springer, 1914.

[3]) Vgl. Anm. 1 dieser Seite.

als Endstadium eine ziemlich plötzlich einsetzende schwere Entzündung mit reichlicher Exsudation von Eiweißmassen in die Galle. Das Ergebnis der chemischen Untersuchung des Materials der drei Schichten spricht in gleichem Sinne: zentral fast reines Cholesterin; in der Mittelzone vorwiegend Cholesterin, daneben Bilirubinkalk und ein gut ausgebildetes „organisches" Gerüst; in der peripheren Zone schließlich ganz vorherrschend organische Kolloidmassen mit ziemlich reichlichem Bilirubinkalk und nur Spuren von Cholesterin. Die klinische Kranken geschichte und die Operation hat die Richtigkeit dieses Entwicklungsganges des Leidens bestätigt. Die physikalische Chemie hat in der Formgenese der Gallensteine ein wichtiges, der Forschung bisher verschlossenes Gebiet zugängig gemacht. Mit Recht schrieb der Verfasser[1]: „Wir dürfen anfangen, in den Steinen statt rätselhafter Gebilde wertvolle, von der Natur geschriebene Dokumente über den Entwicklungsgang des Gallensteinleidens zu erblicken."

Das therapeutisch besonders interessierende Problem der Wiederauflösung von Steinen ist weiter unten (S. 361) zusammen mit der gleichen Frage bei den Harnsteinen behandelt.

Kapitel 7.

Aus dem Gebiet der Harnkrankheiten.

Die Hauptaufgabe der Nieren ist die Absonderung des Harns. Sie geschieht durch eine aktive Tätigkeit der Nierenzellen, durch „Sekretion". Ganz vorwiegend wird dabei Konzentrationsarbeit geleistet, d. h. es wird aus dem Blutserum heraus eine Flüssigkeit zur Abscheidung gebracht, die sowohl in der Gesamtkonzentration als auch in der Konzentration der Einzelbestandteile von der Ursprungslösung sehr erheblich unterschieden ist. Konzentrationsarbeit ist Arbeit entgegen dem osmotischen Druck. Der osmotische Druck jeder Lösung hat das Bestreben, alle Konzentrationsunterschiede im Lösungsraum zum Ausgleich zu bringen. Es ist ersichtlich, daß somit Schaffung einer Konzentrationsdifferenz Arbeit entgegen solchem Drucke bedeutet. Am klarsten tritt diese Beziehung hervor, wenn man sich des folgenden einfachen Schemas bedient.

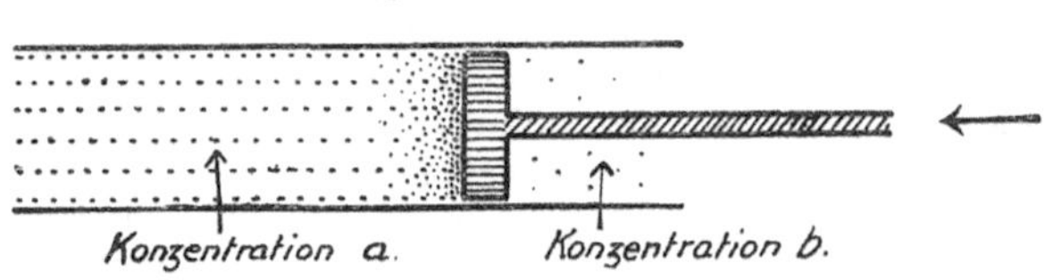

Fig. 33.

In einem Rohre befinde sich eine Flüssigkeit von der ursprünglich überall gleichen Konzentration a der gelösten Teile. Wird nun ein semipermeabler,

---

[1]) H. Schade, Zeitschr. f. experim. Pathologie u. Therapie 8, 92 (1910).

d. h. ein für Wasser, nicht aber für die Gesamtheit der gelösten Substanz durchgängiger Kolben eingeführt, so läßt sich durch mechanische Arbeit eine Konzentrationsdifferenz erzielen. Das Lösungswasser wird vom Kolben durchgelassen, aber die gelösten Teile schiebt der Kolben, soweit er für dieselben nicht durchgängig ist, in Anhäufung vor sich her. Je größer die Differenz ist, die zwischen den Konzentrationen a und b entsteht, um so größer ist auch der Aufwand an mechanischer Energie für die Fortbewegung des Kolbens, um diese Differenz der Lösungen hervorzubringen. Die mechanische Arbeit gibt bei sonst gleichen Bedingungen ein Maß des entstandenen Konzentrationsgefälles. Ohne Arbeitsleistung[1]) ist die Schaffung einer Konzentrationsdifferenz nicht möglich.

Bei sehr reichlichem Trinken sinkt die osmotische Konzentration des Harns, wie sie in der Gefrierpunktsmethode (Kryoskopie s. S. 477) gemessen wird, bis auf weniger als $\Delta = 0{,}10$; beim Dursten aber wird ein konzentrierter Harn bereitet, dessen $\Delta = 3{,}5$ und größer sein kann. Im letzteren Fall ist eine osmotische Druckdifferenz zwischen Blut und Harn geschaffen, die (auf 37^0 bezogen) mehr als 40 Atmosphären Druck beträgt. Schon Dreser[2]), welcher 1892 als erster die damals neugewonnene Lehre des osmotischen Druckes auf das Gebiet der Harnbereitung übertrug, hat eine physikochemische Messung der osmotischen Arbeitsleistung der Niere angestrebt und die aus den Harnwerten errechneten Arbeitsbeträge mit der Arbeitsleistung des Muskels verglichen: die absolute Kraft menschlicher Muskel beträgt 8000 g pro Quadratzentimeter; demgegenüber repräsentiert die osmotische Arbeit, bei der aus dem Blutserum eine Harnlösung vom Gefrierpunkt $-3{,}5^0$ C bereitet wird, für die Niere eine Belastung von 41000 g. Es ist ein ganz erstaunlich großes Maß von Arbeit, welches die anscheinend passiv daliegende Niere zu leisten vermag. Das Mikroskop, welches die Moleküle und die Ionen der Lösung nicht zu erfassen imstande ist, hat nichts von einem solchen Grad der Betätigung verraten. Diese Berechnung Dresers ist von späteren Autoren (Galeotti[3]), Bancroft u. Brodie[4]), v. Rohrer[5])) beanstandet, und zwar mit gutem Recht; denn die Arbeit der Niere wird durch die Messung der osmotischen Druckdifferenz zwischen Blutserum und Harn stets nur teilweise gefaßt: es kommt lediglich der Unterschied in der Gesamtsumme des Gelösten in Rechnung, nicht aber die außerdem noch bestehende Differenz in den Konzentrationen der jeweils vorhandenen Einzelsubstanzen. Die wahre Konzentrationsarbeit der Nieren ist daher mit Sicherheit größer anzusetzen; ihre exakte Berechnung ist zurzeit noch nicht möglich. Die Dresersche Zahl hat demnach nur im Sinnes eines — sicher zu kleinen — Minimalwertes der osmotischen Leistungsfähigkeit der

[1]) Der mechanische Druck gibt nur ein Beispiel solcher Arbeitsleistung; auch die Energie des elektrischen Stroms, der Adsorption, der Quellung usw. ist zur Erzeugung osmotischer Druckdifferenzen befähigt.

[2]) Arch. f. experim. Pathologie u. Pharmakologie **29**, 303 (1892).

[3]) Arch. f. Anatomie u. Physiologie (physiol. Abt.) 1902, 200.

[4]) Journ. of physiol. **33**, 52 (1905).

[5]) Pflügers Arch. **109**, 375 (1905); vgl. hierzu auch L. Lichtwitz, Arch. f. experim. Pathol. u. Pharmakologie **65**, 128 (1911).

Niere eine Bedeutung; für die klinische Betrachtung aber gibt sie in erster Annäherung eine gute Orientierung. Solcher enormen Konzentrationsleistung entspricht es, daß die Nieren einen sehr viel größeren Gaswechsel aufweisen als der Muskel und selbst das Herz. Während der Skelettmuskel nicht ganz 0,004, der Herzmuskel 0,010 ccm Sauerstoff pro Grammgewicht und Minute verbraucht, hat die Niere einen Umsatz von 0,026 ccm Sauerstoff; bei der Diurese aber findet ein Anstieg bis zu der ganz außerordentlichen Höhe von 0,095 ccm Sauerstoff statt[1]). Die Bedeutung solcher Zahlen wird noch übersichtlicher, wenn man die Berechnung in einer anderen Form wiedergibt: das Gewicht der Nieren betrug 0,7%, also noch nicht ein Hundertstel des Gewichts vom Gesamtkörper; bei der Diurese aber kam den Nieren ein Gaswechsel zu, der 11,75% des gesamten Körper-Gaswechsels ausmachte[1]). Dieser Energieverbrauch der Nieren ist derart hoch, daß die erwähnten „Minimalwerte" der Konzentrationsarbeit nur erst einem kleinen Bruchteil des Ganzen entsprechen[2]). Aufs deutlichste ergibt sich, daß die Harnbereitung der Niere ein eminent aktiver, mit Arbeitsleistung verbundener Prozeß ist, der nicht in einer Filtration vermöge des Blutdruckes oder sonst durch eine mehr passive Vorgangsart ausreichende Erklärung finden kann.

Die **Physiologie der Nierensekretion** ist noch immer eins der strittigsten Gebiete. Die Heidenhainsche Sekretionstheorie und die Ludwigsche Lehre der Rückresorption sind noch keineswegs zum Ausgleich gekommen, so daß von dieser Seite her zurzeit keine Klärung für die Fragen der praktischen Medizin zu erlangen ist.

Die Erscheinungen der Nierensekretion aber werden recht gut durch das **Gesetz der Konzentrationsschwelle** (R. Magnus) wiedergegeben. Für eine jede harnfähige Substanz des Blutserums besteht ein ganz bestimmter Schwellenwert der Konzentration, bei dem die Ausscheidung durch die Niere einsetzt. Für körperfremde Substanzen liegt die Konzentrationsschwelle beim Nullpunkt der Konzentration; sie werden, solange sie vorhanden sind, restlos ausgeschieden; für die Normalbestandteile des Serums aber muß die Konzentration stets erst einen spezifischen „Spiegel" erreichen, ehe die Fähigkeit der Niere zur Sekretion beginnt. Wenn auch in der Art des Zustandekommens vorerst noch völlig unserem Verständnis verschlossen[3]), ist mit dieser Einrichtung eine Regulation gegeben, durch welche der Organismus seinen Bestand an Lösungstoffen im Blute auf einer stets gleichen Höhe zu erhalten vermag. Solcher Schwellenwert gilt in gleicher Weise für die Ionen der Salze, für die gelösten Moleküle und für die harn-

---

[1]) J. Bancroft in Asher u. Spiro, Ergebnisse der Physiologie **7**, 699 (1908); vgl. auch J. Bancroft u. Brodie, Journ. of physiol. **32**, 18 (1904).

[2]) Auch beim Muskel fanden die gleichen Autoren, daß der Energieumsatz, gemessen am Gaswechsel, etwa ein vierfaches Multiplum der mechanisch geleisteten Arbeit darstellt.

[3]) Es ist außerordentlich interessant, wenn es sich bestätigen sollte, daß auch noch fein zerstückelte Nierenzellen (zerhackte Niere) außerhalb des Körperverbandes die gleiche „Schwelle" bei der Aufnahme von Kochsalz und Zucker erkennen lassen. O. Cohnheim, Zeitschr. f. physiol. Chemie **84**, 451 (1913).

fähigen Kolloide wie auch für das Wasser selber. Zwei Beispiele mögen diese Verhältnisse illustrieren:

Das normale Blut enthält im Mittel 0,085—0,1% Traubenzucker, der Harn ist dabei so gut wie zuckerfrei. Wenn durch irgendwelche Einflüsse der Blutzucker nur um ein weniges steigt, so daß die Konzentrationsschwelle überschritten wird, tritt Zucker in den Harn über. Hierbei ist charakteristisch, daß, sobald der Zuckerspiegel des Blutes überschritten wird, sofort die Ausscheidung alles Überschüssigen einsetzt, so daß oft schon bei geringer Überschreitung eine ganz unverhältnismäßig hohe Konzentration des Zuckers im Harn (mehrere Prozente) zustande kommt[1].

Wurde bei einer Kochsalzeinstellung des Blutes auf 0,655% durch intravenöse Injektion von Kochsalzlösung der Gehalt auf 0,780% gesteigert, so enthielt der Harn 1,18% NaCl. Bei einem Versuch mit Injektion von Glaubersalzlösung stieg der Glaubersalzgehalt des Blutes auf 0,27%, der Harn enthielt 2% Na_2SO_4; gleichzeitig war dabei durch osmotischen Ausgleich zum Gewebe der Kochsalzgehalt des Blutes von 0,632% auf 0,600% gesunken, der Harn wurde fast kochsalzfrei gefunden (L. Magnus[2]). In ähnlicher Weise läßt sich auch durch Infusion anderer Stoffe wie Natriumphosphat, Natriumazetat, ferner Harnstoff und Glykose das Kochsalz für den Harn fast völlig zum Verschwinden bringen. (Sollmann[3]), Lamy u. A. Mayer[4]).)

Der maximale Betrag der Arbeitsleistung der Niere ist für die Konzentrierung und für die Diluierung sehr verschieden. Bei der Herstellung der höchstkonzentrierten Urine sind etwa 40 Atmosphären Gegendruck zu überwinden. Die Arbeit des Diluierens bleibt demgegenüber sehr zurück, da es sich bei der an sich schon niedrigen osmotischen Konzentration des Serums ($\Delta = 0,55 - 0,58$) nur noch um relativ kleinere Differenzbeträge handeln kann; sie entspricht im Höchstfall (Harn mit $\Delta = 0,07$) bei wieder gleicher summarischer Berechnung wie oben einem Unterschied von 6 Atmosphären. Die Arbeitsbelastung der Nieren ist daher bei den Konzentrationsaufgaben im allgemeinen erheblich größer als bei der Bereitung verdünnten Urins. Eine Sondereinrichtung des Körpers scheint solchem Unterschied in zweckmäßiger Anpassung Rechnung zu tragen. Die Hauptkonzentrierungsbelastung der Niere stammt aus dem Eiweißstoffwechsel: die Eiweiße liefern bei ihrer Aufspaltung zu zahlreichen kleineren Molekülen (einem Molekül Eiweiß mit 16% Stickstoffgehalt und einem Molekulargewicht von 15000 würden, rein rechnerisch auf Stickstoff bezogen, 86 Moleküle Harnstoff entsprechen!) ganz vorwiegend Endprodukte ihres Stoffwechsels, zu deren Ausscheidung praktisch nur die Niere imstande ist. Die Fette und Kohlehydrate werden dagegen im wesentlichsten zu den Endstufen Wasser und Kohlensäure abgebaut, welche die Nieren nur wenig resp. gar nicht belasten. Wie erheblich die Mehrarbeit der Nieren bei der Fleischkost ist, geht vor allem aus Versuchen von Watson u. Lyon[5]) hervor. Fleischkost führte bei Ratten zu erheblicher Hypertrophie der Nieren: bei Tieren mit Brot- und Milchnahrung war das Nierengewicht 1,01—0,03%, nach Fleischfütterung dagegen 1,40—1,59% vom Gewicht des Gesamtkörpers. Eine Anpassung zur leichteren Bewältigung der Reststoffe des Eiweißstoffwechsels

[1]) J. Munk, Virchows Archiv **107**, 291 (1887).
[2]) Arch. f. experim. Pathologie u. Pharmakologie **44**, 396 (1900).
[3]) Americ. journ. of physiol. **9**, 425 (1903).
[4]) Compt. rend de la Soc. biol. **69**, 192 (1905).
[5]) Journ. of physiol. **34**, 19 (1906).

scheint nun darin gegeben, daß die Endstufen dieses Stoffwechselgebietes, die Harnsäure[1]), der Harnstoff[2]) und schließlich auch die „Extraktivstoffe“[3]) des Fleisches ähnlich wie übrigens auch zahlreiche kompliziertere Purinkörper (namentlich Koffein, Theobromin usw.) eine spezielle diuresesteigernde Wirkung für die Niere besitzen. In Analogie zu verwandten Erscheinungen beim Sekretstrom des Magens (s. S. 289) ist auch hier eine spezifische Beziehung zwischen Zelle und Stoffwechselprodukt gegeben, die eine Förderung der Abscheidung und damit eine vorsorgende Verhütung von Anstauungen zur Folge hat. E. H. Starling[4]) rechnet schon diese Substanzen als „Hormone, d. h. als chemische Boten, von den Organen ausgesandt, die Niere zu vermehrter Tätigkeit zu veranlassen“. Manche körperfremde Stoffe, so das Phloridzin, vermutlich auch das Atophan, ebenfalls aber auch charakteristische Hormone, wie das Adrenalin (durch Vermittlung der Kreislauforgane) und vielleicht auch ein Hormon der Hypophyse[5]) sind im Sinne der Nierenbeeinflussung wirksam. Soweit dabei der Angriffsort ihrer Beeinflussung in der Nierenzelle selber gelegen ist, pflegt man sich die Wirkung unter dem Bilde einer „Verschiebung der Sekretionsschwelle“ anschaulich zu machen. Einzelnen dieser „anregenden“ Stoffe werden wir noch unten in rein physikochemischer Betrachtung begegnen.

Trotz der Vorherrschaft der aktiven Lebensvorgänge treten bei der Harnsekretion nicht wenige gesetzmäßige **physikochemische Abhängigkeiten** mehr oder minder deutlich zutage. Sie seien zu den folgenden Gruppen geordnet:

1. Abhängigkeit der Harnabsonderung von den physikalischen Verhältnissen des Blutstroms: Es ist seit langem bekannt, daß die Harnabsonderung in der Niere mit steigendem Blutdruck und ebenso mit steigender Stromgeschwindigkeit innerhalb weiter Grenzen fast proportional zunimmt und bei umgekehrtem Verhalten des Blutstroms sich in entsprechender Weise verringert. Diese Abhängigkeit der Harnabsonderung ist oft als Beweis für das Vorherrschen eines Filtrationsprozesses bei der Harnbereitung gedeutet. Die energetischen Betrachtungen, wie sie oben für die Größe der Nierenarbeit wiedergegeben wurden, lassen aber diesen Schluß ausscheiden; die Energie des Blutdrucks ist nicht entfernt ausreichend, um als treibende Kraft die Konzentrationsleistungen der Niere erklären zu können. Beobachtungen über das Parallelgehen einer Zelleistung mit dem Maß der Durchblutung sind stets sehr vieldeutig; vor allem ist zu betonen, daß schon ganz allgemein ohne jeden funktionspezifischen Einfluß die Bedingungen der Zellarbeit mit jeder Verbesserung des Blutstroms günstiger werden. Dies muß namentlich gelten, wenn, wie es bei der Sekretionsarbeit der Niere der Fall ist, zur Aufbringung der erforderlichen Energie laufend ein sehr erheblicher Gaswechsel nötig ist. Des Weiteren aber haben R. Magnus[6]) sowie in Bestätigung auch Asher

---

1) E. Starkenstein, Arch. f. experim. Pathologie u. Pharmakologie **57**, 27 (1907).
2) Harnstoff wird als Diureticum auch therapeutisch benutzt.
3) R. Stähelin, Zeitschr. f. Biol. **49**, 199 (1907).
4) Verhandlungen der Gesellsch. d. deutschen Naturforscher u. Ärzte 1906.
5) Vgl. die Leh e des Diabetes insipidus.
6) Arch. f. experim. Pathologie u. Pharmakologie **45**, 210 (1901).

und Waldstein[1]) gezeigt, daß der erhöhte Blutdruck als solcher beim Fehlen von sekretionanregenden Stoffen nicht zu einer Steigerung der Harnabsonderung führt. Auch läßt der erhöhte Blutdruck bei venöser Beschaffenheit des Blutes nichts mehr von einer steigernden Wirkung auf die Harnbildung erkennen (Heidenhain, M. H. Fischer[2])). Obwohl somit der Blutdruck als die physiologische treibende Kraft der Harnabsonderung ausscheidet, so ist ihm damit doch andererseits die Rolle einer unterstützenden Komponente nicht genommen. Es ist sogar wahrscheinlich, daß bei Krankheitsprozessen der Blutdruck als mitwirkender Faktor eine zunehmend größere Bedeutung gewinnt, je ausgesprochener die aktive Leistung der Nierenzelle versagt und einer mehr passiven Ausscheidungsart Platz macht (vgl. E. Frey[3])). Auch ein Hinweis von H. Bechhold[4]) verdient hier Beachtung: nach den experimentellen Ergebnissen an elastischen Kolloidfiltern ist ein rhythmisches Ab- und Zunehmen des Druckes, ein „Pulsieren" desselben imstande, den Filtrationsprozeß erheblich zu fördern.

2. Abhängigkeit der Harnabsonderung von der Konzentration der harnfähigen Substanzen: Die Gesamtkonzentration der Lösungsteile, welche vom Blut her auf die Niere einwirken, ist wenig veränderlich, sie hat ihren Wert im osmotischen Druck des Blutes, der stets, selbst bei pathologischen Prozessen mit einer sehr erstaunlichen Exaktheit konstant erhalten wird. Aber die Konzentration der Einzelsubstanzen ist, zumal pathologisch oder bei künstlicher Beeinflussung des Körpers, recht erheblichen Schwankungen unterworfen. Körperfremde Substanzen haben die „Sekretionsschwelle Null", sie werden restlos aus dem Blute ausgeschieden. Dabei ist am Beispiel der Borsäure bewiesen, daß innerhalb weiter Strecken die jeweils zur Ausscheidung kommende Menge quantitativ genau der noch im Blut vorhandenen Konzentration proportional ist. (L. Michaelis u. Maaß[5])). Es ist sehr bemerkenswert, daß bei dieser Ausscheidung durch die Nieren (Selbstversuche am Menschen von E. Rost) sich die Formel eines allgemeinen physikochemischen Zeitgesetzes, welches z. B. auch den Ablauf der monomolekularen chemischen Reaktionen beherrscht, mit fast absoluter Exaktheit gültig erweist.

3. Abhängigkeit der Harnabsonderung von der Salzbeeinflussung:

a) Abhängigkeit der Wasserausscheidung von der physikochemischen Salzwirkung (Hofmeistersche Reihen): Wie R. Magnus[6]) fand, ist die diuretisch ausgeschiedene Flüssigkeitsmenge beim Glaubersalz fast doppelt so groß wie beim Kochsalz gleicher Konzentration.

---

[1]) Biochem. Zeitschr. **2**, 1 (1906).

[2]) Für M. H. Fischer bildet gerade dieser Versuch eine Hauptstütze seiner kolloidchemischen Hypothese der Harnbereitung. Vgl. Kolloidchem. Zeitschr. **8**, 159 (1911) und Kolloidchem. Beihefte **2**, 304 (1911).

[3]) Pflügers Archiv **120**, 66—136; **139**, 435, 465, 512, 532 (1911).

[4]) van Bemmelen-Festschrift 1910.

[5]) L. Michaelis, Biochem. Zeitschr. **4**, 543 (1907); L. Michaelis u. Maaß, ebendort **5**, 1 (1907). Die Berechnung ist ausgeführt auf Grund älterer Versuche von E. Rost.

[6]) Arch. f. experim. Pathologie u. Pharmakologie **44**, 396 (1900).

M. H. Fischer und A. Sykes[1]) geben Diureseversuche nach intravenöser Injektion von Salzlösungen für eine vollständigere Hofmeistersche Reihe; es stieg die Wasserausscheidung durch die Niere in der folgenden Skala: Cl < NO_3 < Br < Azetat < Phosphat < Sulfat. Die Chlorionen ließen am wenigsten, die Sulfationen am meisten Wasser zur Ausscheidung kommen[2]). M. H. Fischer hat diese diuretische Wirkung auf eine Dehydratisierung der Eiweißkolloide des Blutes zurückgeführt: Je stärker die verschiedenen Ionen die Eiweiße entquellen, um so mehr Wasser des Blutes wird aus dem Zustand der Quellungsbindung frei und für die Niere verfüglich: die Menge des Harnwassers kann entsprechend steigen. Hier wie überall bei dem unterschiedlichen Einfluß der Neutralsalze auf Kolloide verdient es Beachtung, daß, wie J. Loeb neuerdings fand (s. S. 48), der Unterschied der Wirkung der einzelnen Salze zu wesentlichen Teilen auf einer den Salzen zugehörigen verschiedenen H-OH-Ionenkonzentration in der Lösung beruht.

b) Abhängigkeit der Salzausscheidung von der physikochemischen Salzwirkung (Hofmeistersche Reihen): Es ist eine allgemeine Erscheinung, daß bei Injektion eines diuretisch wirkenden Salzes der Kochsalzgehalt des Harns stark sinkt[3]). Das Kochsalz des Blutserums wird zu einem gewissen Anteil nach dem Gewebe zu verdrängt, vom restierenden Kochsalz des Blutes wird bei der Harnbereitung eingespart und ganz bevorzugt das injizierte fremde Salz ausgeschieden. Diese Regel hat bei bestimmten Salzen eine Ausnahme. Lösungen von Natriumnitrat, -rhodanat und -jodid bringen bei ihrer intravenösen Injektion eine ausgesprochene Steigerung der Chlorausscheidung im Harn mit sich (Sollmann[4]). Die Niere verhält sich bei diesen Salzen so, als wenn nicht nur ein Überschuß von Nitrat, Rhodanat resp. Jodid, sondern als wenn jedesmal ein summarischer Überschuß von Nitrat + Chlorid, Rhodanat + Chlorid resp. Jodid + Chlorid im Blute wären, d. h. sie bringt allemal beide Salze nebeneinander zur Ausscheidung. Noch viel vollständiger ist dieses Verhalten beim Natriumbromid ausgeprägt[5]). Wie schon oben S. 171 des Näheren ausgeführt ist, wird das Bromid lange Zeit im Blut zurückgehalten und dabei stets neben Bromid reichlich Kochsalz von der Niere ausgeschieden[6]). Man hat sich diese Gesamterscheinungen durch die Annahme verständlich gemacht, daß die Niere zwischen Bromid und Chlorid im Blute nicht unterscheiden kann, sondern beide absondert, als ob sie ein- und dasselbe Salz wären. „Die Sekretionsschwelle besteht dann in diesem Fall nur für die Summe beider Salze.“ Die physikalische Chemie zeigt diese Ausnahmen

---

1) Kolloidzeitschr. **13**, 112 (1913).

2) Dieselbe Reihe der Ionen bezüglich der Wasserausscheidung erhielten Smith u. Mendel, Americ. journ. of physiol. **53**, 323 (1920).

3) R. Magnus, Arch. f. experim. Pathologie u. Pharmakologie **44**, 101 (1900).

4) T. Sollmann, Americ. journ. of physiol. **9**, 425 (1903).

5) Vgl. R. Magnus in Oppenheimer, Handbuch der Biochemie, l. c. III, I, S. 501.

6) Literatur dieser Frage siehe Oppenheimer, Handbuch der Biochemie, l. c. III, I, S. 501.

in einer sehr interessanten Beleuchtung[1]. Bekanntlich enthält die Hofmeistersche Reihe die Säureanionen in der folgenden Skala (vgl. S. 47):

$$CSN < J < Br < NO_3 < Cl < CH_3COO < HPO_4 < SO_4.$$

Links stehen die Ionen mit überwiegend kolloidquellender Wirkung, rechts diejenigen mit entquellender Wirkung. Die Grenze beider Wirkungen für die Kolloide des Körpers ist etwa zwischen dem Chlorid und dem Azetat gelegen. Es ist überraschend zu sehen, daß sämtliche Ionen dieser Reihe, welche kolloidchemisch durch Quellungswirkungen ausgezeichnet sind, das Rhodanat, das Jodid, das Bromid, das Nitrat und das Chlorid von der Niere nicht oder nur wenig unterschieden werden können, so daß sie bei der Harnsekretion gegenseitig als weitgehend „vertretbar" (s. S. 171) erscheinen. Zumal da die Nierenzellen bei der Sekretion mit Wahrscheinlichkeit diese Ionen vorübergehend in ihrer Masse anreichern, hält es der Verfasser für berechtigt, dieses mangelnde Unterscheidungsvermögen mit einer abnormen Quellung der Nierenzellen in Beziehung zu bringen: Die Rhodanate, Jodide, Bromide, Nitrate öffnen gewissermaßen das Nierenfilter, so daß die am leichtesten diffusiblen Ionen — und das sind gerade wieder dieselben hier aufgezählten Ionen, welche am stärksten quellen — gemeinschaftlich Durchtritt finden. Ein Analogon im umgekehrten Sinne ist schon bekannt. Es ist die Wirkung der Ca-Ionen auf die Nieren. Sie „dichten das Nierenfilter" und setzen bezeichnenderweise hierbei die Durchlässigkeit für ihre eigene Ausscheidung sehr bald bis zum Nullpunkt herab[2]. In guter Übereinstimmung sowohl zur Skala der Kolloidbeeinflussung als auch zur Stufenfolge des Diffusionsvermögens steht ebenfalls die Beobachtung, daß die Chlorionen schneller ausgeschieden werden als die Sulfat- und Phosphationen des rechten Endes der Hofmeisterschen Reihe (Cushny[3]).

Ein wichtiger Unterschied im Einfluß der Ionen auf die Wasser- und Salzabscheidung tritt hier klar kenntlich zutage. Für die vermehrte Wasserausscheidung durch die Salze liegt die kolloidchemische Ursache extrarenal, in dem aus der Entquellung der Blut- und Gewebskolloide resultierenden größeren Angebot „freien" Wassers. Der spezifische Ioneneinfluß für die Salzausscheidung aber hat seinen kolloidchemischen Angriffsort in der Niere, er modifiziert durch Kolloidänderung die Durchlässigkeit des Nierenfilters und macht sich dabei anscheinend mehr für die Ausscheidung gelöster Stoffe als für die Ausscheidung des Wassers geltend. Diese Unterscheidung der Vorgänge hält der Verfasser für sehr wichtig. Sie scheint ihm geeignet, in dies bislang noch recht kontroverse Gebiet (vgl. R. Höber[4]) eine Klärung zu bringen; zugleich macht sie verständlich, wie für das gleiche Salz, je nachdem durch die Versuchs-

---

[1] Die allgemeine Zugehörigkeit der durch dieses Verhalten ausgezeichneten Ionen zur Hofmeisterschen Reihe hat schon K. Spiro bemerkt (v. Korányi u. Richter, Physikalische Chemie u. Medizin, l. c. II, 261).

[2] Literatur s. o. S. 168.

[3] Journ. of physiol. **27**, 429 (1902).

[4] R. Höber, Physikalische Chemie der Zelle und der Gewebe, l. c. 546 und anderen Orts.

bedingungen mehr die eine oder die andere Art der Kolloidwirkung zum Überwiegen gebracht wird, entgegengesetzte Befunde erhalten wurden.

c) Abhängigkeit der Zuckerausscheidung von der physikochemischen Salzwirkung: H. J. Hamburger und R. Brinkmann[1]) konnten zeigen, daß auch die Zuckerausscheidung der Niere (Versuche am Frosch) in sehr empfindsamer Weise von der Elektrolytzusammensetzung der Durchströmungsflüssigkeit abhängig ist. Bei einem bestimmten Ionenverhältnis von K zu Ca trat ein deutliches Maximum der Zurückhaltung des Zuckers in der Durchströmungsflüssigkeit zutage. Ferner brachte die Steigerung des Gehaltes an $NaHCO_3$ (OH-Ionen!) eine sehr beachtenswerte Erhöhung der Glykose-Retention mit sich. Für eine und dieselbe Glykosekonzentration zeigte sich die Niere je nach Wahl der Elektrolytzusätze bald völlig undurchlässig, bald schwach, bald stark durchlässig. Solche Verschieblichkeit des Schwellenwerts der Nierenabscheidung ist theoretisch wie klinisch von höchstem Interesse.

4. Abhängigkeit der Harnabsonderung von Kolloideinflüssen im allgemeinen: Die enge Beziehung zwischen der kolloiden Bindung des Wassers im Blut und der Menge des ausgeschiedenen Harnwassers zeigt sich nicht nur bei der Beeinflussung der Diurese durch die Salze, sondern ganz allgemein. Eine injizierte Lösung verweilt um so länger im Blut, je größer ihr Gehalt an hydrophilen, d. h. Wasser bei der Quellung aufnehmenden Kolloiden ist (vgl. S. 187); die Zugabe von 5% Gelatine zu den injizierten Salzlösungen brachte stets im Vergleich zur Wirkung der entsprechenden kolloidfreien Lösung ein starkes Absinken der Harnmenge mit sich (Knowlton[2])). Verarmt ferner der Gesamtkörper an Wasser, so daß der prozentische Eiweißgehalt des Blutserums[3]) und damit zugleich der Grad der kolloiden Wasserbindung im Blute zunimmt, so ist jedesmal auch sofort die Absonderung des Harnwassers für die Niere erschwert, d. h. im Ergebnis verringert (vgl. E. Frey[4])). In Übereinstimmung mit den zuerst von M. H. Fischer[5]) vertretenen Auffassungen ist mit Wahrscheinlichkeit in der Kolloidbindung des Wassers im Blute eine wichtig extrarenale Ursache für die Schwankungen der jeweiligen Harnwassermengen zu suchen. Die normale Niere ist außerordentlich empfindlich an allen Schwankungen im Wasserhaushalt des Gesamtkörpers beteiligt. Jede Flüssigkeitszufuhr, der Sekretionsstrom des Magendarmkanals, Wasserverluste durch Schweiße, diarrhöische Zustände, Fieber, kurz alles, was laut Nachweis der Refraktometrie den prozentischen Eiweißgehalt des Blutserums verändert, ver-

[1]) Biochem. Zeitschr. **88**, 97 (1918); **94**, 131 (1919).

[2]) Journ. of physiol. **43**, 219 (1911); vgl. auch Journ. of pharmakol. u. exp. therap. **17**, 391 (1920).

[3]) Die Refraktometrie hat hier bekanntlich eine sehr exakte Messung ermöglicht; vgl. oben im Kapitel der Erkrankungen des Blutes.

[4]) Pflügers Arch. **120**, 66 (1907).

[5]) In die Arbeiten dieses Verfassers, zugleich in die Schwäche seiner Beweisführungen gewinnt man am besten Einblick durch die beiden kleineren Monographien: M. H. Fischer, Das Ödem. 1910. Dresden und derselbe, Die Nephritis. 1911. Dresden. Beide im Verlag von Th. Steinkopff. Ferner als neueste Zusammenfassung M. H. Fischer, Oedema and Nephritis. New York, F. Wiley and sons, 1921.

ändert auch das Maß der kolloiden Quellungsbindung des Wassers beim Angebot an die Niere und damit die Diurese selber. M. H. Fischer hat noch im Speziellen auf die Bedeutung der mit dem wechselnden Kohlensäuregehalt verbundenen Kolloidveränderungen des Blutes für die Harnabscheidung verwiesen[1]). Klinisch eine Besonderheit bieten die Diuresen nach ausgiebigen Blutverlusten, resp. Aderlässen (Leube, J. Bauer u. a.[2])). Hier scheint in der vermehrten Wasserausscheidung der Niere zunächst ein offenbarer Gegensatz zu der Wasserarmut des Körpers gegeben. Aber der Widerspruch zu obigem ist nur scheinbar. Während der Gesamtkörper durch Blutverluste an Wasser verliert, erweist sich das Blutserum infolge des ausgleichenden Einströmens von eiweißärmerer Lösung bezüglich seines Kolloidgehaltes verdünnter als in der Norm; für die Nieren bietet daher solches Blut die Bedingungen der Diurese, obwohl im Gesamtkörper die Flüssigkeit verringert ist. Diese Beziehung der Kolloidbindung des Serumwassers zur Menge des Harns ist klinisch allgemein von großer Bedeutung. Sie ist eine Teilfrage jenes großen Gebiets der Quellungserscheinungen und Quellungsgleichgewichte im menschlichen Körper. Ihre Erforschung hat im breiteren Rahmen gerade eben begonnen. Näh. s. S. 402—405. Eine neue Energieart wird hier kenntlich, durch welche der Körper die jeweilige Menge des Harns mit dem Wasserbedarf des Blutes zwangsläufig und doch regulatorisch wirksam verbindet; zugleich aber auch ein wichtiger Weg, um therapeutisch, z. B. durch den Aderlaß, die Diurese des Wassers zu steigern.

Über Beeinflussungen des Nierenfilters durch Nichtelektrolyte ist vorerst nur wenig bekannt. H. Bechhold[3]) hat darauf hingewiesen, daß die in der Niere selbst begründete diuretische Wirkung des Harnstoffs in Analogie zur Harnstoffwirkung bei der Gelatine auf einer Kolloidauflockerung des Nierenfilters beruhen könnte. Eine ähnliche Wirkung möchte der Verfasser beim Koffein und beim Theobromin vermuten, deren stark eiweißquellende Wirkung uns schon oben (S. 273) beschäftigt hat; in Anlehnung an die alten Versuche von v. Schroeder[4]), in denen eine Hauptursache der Koffeindiurese als in der Niere selbst gelegen erkannt wurde, dürfte mit den neuen Hilfsmitteln der physikalischen Chemie eine experimentelle Entscheidung dieser Frage nicht schwer sein.

Für alle Versuche, die Sekretionsarbeit der Nieren physikochemisch zu analysieren, ist die Feststellung wichtig, daß die Niere einen erheblichen Teil ihrer Konzentrationsarbeit intrazellulär „mit Hilfe granulärer Apparate leistet“[5]). Nach Gurwitsch[6]) sind die Granula Kollektoren, welche sich an der Zellbasis mit der zu exportierenden Substanz beladen, dann durch die Zelle hindurch zur Oberfläche rücken und hier die aufgeladene Masse

[1]) l. c. Vgl. weiter Kolloidchem. Beihefte **2**, 304 (1911) u. Kolloidzeitschr. **8**, 159 (1911).

[2]) Literatur bei Strubell, Der Aderlaß. Berlin 1905.

[3]) H. Bechhold, Die Kolloide in Biologie u. Medizin, l. c., S. 313.

[4]) Arch. f. experim. Pathologie u. Pharmakologie **23**, 29 (1887); siehe ferner Loewi, ebendort **48**, 410 (1902).

[5]) Zitiert nach R. Höber, Physikalische Chemie der Zelle u. der Gewebe, l. c. S. 651.

[6]) Pflügers Archiv **91**, 71 (1902).

in das Lumen der Harnkanälchen entleeren. Suspensionskolloide können anscheinend nicht zur Ausscheidung durch die Niere kommen; manche hydrophile Kolloide und „halbkolloide" Substanzen können passieren, ebenso die meisten echt gelösten Stoffe[1]). Über die Rolle, welche die Lipoidlöslichkeit[2]) und die Oberflächenspannung[3]) bei den Vorgängen der Harnsekretion innehat, steht jede Entscheidung noch aus. Die Viskosität des Blutes bedarf bei der Beurteilung ihres Einflusses auf die Harnsekretion notwendig einer Zergliederung in die Einzelkomponenten ihrer Wirkung. Als Viskosität des Gesamtblutes beeinflußt sie die Blutdurchströmung der Niere und kann auf diesem Wege die Größe der Nierenarbeit ändern. Die Viskosität des Serums dagegen hat ihre völlig eigene Bedeutung, namentlich insoweit, als in ihr ein Maß der kolloiden Bindung des Wassers (s. o.) enthalten ist.

In wichtiger Ergänzung der allgemeinen Physiologie und Pathologie der Nierenarbeit hat die physikalische Chemie die **Bedeutung der Niere für die Osmoregulation des Körperganzen** aufgefunden.

Die Isotonie des Blutes als eine der großen entwicklungsgeschichtlichen Errungenschaften der höchstentwickelten Lebewesen hat uns bereits oben im Kapitel der Erkrankungen des Blutes (S. 173 ff.) eingehender beschäftigt. Wirbellose Seetiere haben in ihren Körpersäften den osmotischen Druck des umspülenden Meerwassers, im Neapeler See z. B. ein Δ von $2{,}3^0$. Die erste eigene osmotische Druckeinstellung zeigen die Knochenfische; ihr Δ beträgt $1{,}04^0$. Bei den Reptilien erreicht die Gefrierpunktserniedrigung des Blutes ungefähr den Wert, um den sie bei den höheren Tieren in auffallend engen Grenzen schwankt[4]).

Beim	Schaf	$\Delta = 0{,}55-0{,}67$
„	Rind	$\Delta = 0{,}55-0{,}65$
„	Schwein . . .	$\Delta = 0{,}57-0{,}63$
„	Kaninchen . .	$\Delta = 0{,}55-0{,}62$
„	Pferd	$\Delta = 0{,}55-0{,}61$
„	Menschen . . .	$\Delta = 0{,}55-0{,}58$.

Die konstantesten Werte werden, wie auch die Tabelle erkennen läßt, beim Menschen gefunden. Die Isotonie ist es, die den Zellen des Körpers ein Gleichbleiben ihrer Größe, ihrer Form, ihres Wasser- und Salzgehaltes ermöglicht und dadurch, soweit von dieser Seite aus erreichbar, eine störungsfreie Entfaltung ihrer Lebensfunktionen garantiert. Eine Durchbrechung der Isotonie hat eine Störung des Körperganzen, eventuell den Tod zur Folge. Dabei ist die Isotonie nicht ein Zustand des Blutes, der sich von selber im Körper erhält. Störende Einflüsse sind ununterbrochen am Werke;

---

[1]) Höber, l. c., 643ff.

[2]) Vgl. Höber, l. c.

[3]) Vgl. J. Traube, Biochem. Zeitschr. **24**, 342.

[4]) Zitiert nach v. Korányi, Moderne ärztliche Bibliothek, Heft 1. Die wissenschaftlichen Grundlagen der Kryoskopie in ihrer klinischen Anwendung. Berlin 1904. S. 16. — Beim Menschen ist in obiger Tabelle der Wert $\Delta = 0{,}55-0{,}57$ vom Verfasser in 0,55—0,58 geändert.

ständig entsteht aus der Nahrungszufuhr, aus dem Zellstoffwechsel, aus den Sekretionsströmen des Magendarmkanals, aus dem Schweiß, aus der Lungenatmung ein Wechsel der Konzentrationen, welcher im Blut die Zahl der gelösten Teile zu ändern bestrebt ist. Einen allgemeinen Überblick über die Richtung der hier wirksamen Einflüsse kann die folgende Zusammenstellung vermitteln:

	Im Sinne der Entstehung einer Hypertonie wirksam:	Im Sinne der Entstehung einer Hypotonie wirksam:
I. Sekretionsvorgänge: 1. Sekretionstrom des Magendarmkanals (vgl. S. 251 u. 260):	Vorwiegend hypotonische Sekretion, daher im Sinne einer Hypertonie des Blutes wirksam; bei der Rücksaugung aus dem Darm ist unter dem Verdauungsprozeß der Nahrung Iso- resp. geringe Hypertonie eingetreten, so daß auch dann kein Ausgleich	—
2. Hautsekretion (einschließlich des Perspiratio insensibilis):	Δ des Schweißes = 0,08 bis 0,70[1]), meistens stark hypotonisch, daher durchweg Wirkung im Sinne einer Hypertonie des Blutes	—
3. Lungensekretion:	Wasserverdunstung	CO_2-Abgabe
II. Nahrungszufuhr:	Zuführung hypertonischer Speisen und Getränke	Zuführung hypotonischer Speisen und Getränke
	Dissimilatorischer Abbau der Nahrung bei der Verdauung unter erheblicher Vermehrung der Molekülzahl	z. T. Ausgleich durch Synthese nach der Resorption: Fettsäure + Glyzerin → Fett Aminosäuren → Eiweiß Zucker → Glykogen
III. Innerer Stoffwechsel in ständigem Schwanken seiner Größe je nach Organleistung	Sehr starke Zunahme der Lösungsteile infolge ständigen Abbaues großer Moleküle in zahlreiche kleine, meist noch dazu ionenbildende Endprodukte*)	Geringer Ausgleich durch Wasserbildung im Stoffwechsel

*) NB. Lebervenen und Lymphe sind meist ausgeprägt hypertonisch (s. S. 174).

Alle hier genannten Vorgänge vollziehen sich im Körper nach eigenen, von der Osmose unabhängigen Gesetzen. Die Summe der jeweils die Blutisotonie störenden Einflüsse ist daher sehr variabel. Jede Arbeitsleistung des Körpers, welche den Stoffwechsel in die Höhe treibt, bringt die Tendenz eines Anstiegs der osmotischen Konzentration des Blutes mit sich.

[1]) Ardin-Delteil, Compt. rend. de la société de biol. **131**, 844 (1900); L. Brieger u. G. Diesselhorst, Deutsche med. Wochenschr. 1903, 161, 421.

„Wäre der Organismus nur vor äußeren Störungen seines osmotischen Gleichgewichtes geschützt, so würde er den inneren Störungen zum Opfer fallen.“ (v. Korányi[1])). Wo eine Isotonie des Blutes bestehen soll, sind regulatorische Vorrichtungen unerläßlich.

Bevor wir uns der Tätigkeit der Regulatoren zuwenden, ist es angezeigt, den Begriff der Isotonie in möglichster Klarheit herauszustellen. Die Konstanz des osmotischen Druckes bedeutet, daß die Summenzahl der im Blutserum gelöst enthaltenen Ionen + Moleküle abgesehen von einer minimalen physiologischen Schwankungsbreite[2]) zu jeder Zeit und unter allen Bedingungen äußerer und innerer Beeinflussungen in einer ganz bestimmten Höhe gefunden wird. Immer konstant ist die Gefrierpunktserniedrigung des Blutes $\Delta = 0{,}55-0{,}58$[3]). Dies gilt für den Gesunden wie auch — bis auf wenige Ausnahmen[4]) — für den Körper des Kranken. Es kann sich die chemische Zusammensetzung des Blutes weitgehend ändern, es kann im Diabetes eine Anhäufung des Zuckers oder bei Injektion von Harnstoff eine Vermehrung dieser Substanz die Zahl der molekulardispersen Bestandteile des Serums beträchtlich vermehren oder es kann bei krankhaften Störungen die Menge des Kochsalzes im Blut, d. h. die Zahl seiner Ionen sich erheblich ändern, trotzdem bleibt immer die zur Isotonie gehörige Gesamtsumme der Moleküle + Ionen im Serum exakt gewahrt. Wird die Zahl der Moleküle vermehrt (s. S. 332), so sinkt im entsprechenden Betrag, wie sich durch die geänderte Leitfähigkeit in direkter Messung verfolgen läßt[5]), die Zahl der Ionen des Serums; ist umgekehrt die Zahl der ionisierten Serumbestandteile geändert, so ist ein Ausgleich durch Anpassung der Zahl der Moleküle gegeben. Dabei kommt noch weiter eine Komplizierung der Verhältnisse dadurch hinein, daß die einzelnen Salze je nach ihrer „Wertigkeit“ sich osmotisch verschieden verhalten: einwertige Salze wie NaCl sind pro Molekül mit zwei Einheiten, die zweiwertigen Salze wie z. B. $NaHCO_3$ dagegen mit drei Einheiten am osmotischen Druck beteiligt. Jedes Einzelion hat osmotisch die gleiche Wirkung wie ein nichtdissoziiertes Molekül. Was für die Vorstellung zunächst kaum faßbar erscheint, der Körper kann stets ein Plus oder Defizit in der Summe an Ionen + Molekülen herausfinden und (z. B. bei den durch Injektion gesetzten Störungen) in kürzester Zeit richtig korrigieren. Mag solche Störung schnell oder auch „einschleichend“ erfolgen, immer wird im Serum der osmotische Druck, d. h. die Zahl der Moleküle + Ionen von durchaus gleicher Höhe gefunden. Alle Werte des Serums wie der Wassergehalt, der Kochsalzgehalt, der Harnstoff-, Zucker- oder Eiweißgehalt, das spezifische Gewicht können schwanken, trotzdem bleibt der osmotische Druck des Blutes ständig durch Ausgleich konstant.

Mit Absicht ist hier die Charakterisierung der osmotischen Isotonie

---

[1]) l. c.

[2]) Siehe S. 174 ff.

[3]) Siehe S. 173.

[4]) Siehe S. 176 ff, ferner auch unten S. 328.

[5]) Oft, namentlich bei pathologischen Fällen, scheinen auch geänderte Kolloideinflüsse die elektrometrischen Ergebnisse zu beeinflussen; vgl. S. 155.

in dieser Ausführlichkeit wiederholt, da in der medizinischen Literatur selbst bei den berufensten Autoren immer noch Unrichtigkeiten in der Auffassung des Begriffs vom osmotischen Druck zutage treten. Eine Unterschätzung des Gebietes ist die Folge. Im Interesse der Beseitigung solcher Irrtümer seien noch die folgenden Ausführungen eingefügt.

v. Noorden faßt in seinem Handbuch der Pathologie des Stoffwechsels[1]) sein Urteil über diese physikochemische Forschungsrichtung in die Worte zusammen: „Wenn uns Kryoskopie und elektrischer Leitungswiderstand lehren, daß diese Größen im nephritischen Harn häufig kleiner sind als normal, daß sie starken Schwankungen unterliegen und daß Wasser-, Kochsalz-, Harnstoff- (bzw. Eiweiß-) Zufuhr bei dem einen Nierenkranken eine entsprechende Reaktion der Harnkonzentration hervorruft, beim andern nicht oder ungenügend, so ist damit alles angedeutet, was die neuen Methoden bisher gelehrt haben. Sie haben nur einen neuen physikalischen Ausdruck für längst bekannte klinische und chemische Tatsachen gebracht. Es war ein Schwelgen in Zahlen, weiter nichts, und es ist lebhaft zu begrüßen, daß in letzter Zeit vor Überschätzung der Kryoskopie eindringlich gewarnt wurde."

F. Volhard, dessen Arbeiten bekanntlich vor allem die heutige Neugestaltung in der Lehre der Nierenkrankheiten zu danken ist, hat ebenfalls diese Worte v. Noordens zitiert, um daran sein eigenes Urteil anzuschließen. Es lautet[2]):

„Mag diese Auffassung auch für einen großen Teil der kryoskopischen Literatur gelten, so unterschätzt sie doch die Bedeutung der neuen Tatsachen und Gesichtspunkte, welche Koránvi und seine Schule zutage gefördert hat. Es bedeutet doch einen großen Fortschritt, daß Koránvi die wesentliche qualitative Abweichung der pathologischen Nierentätigkeit von der normalen erkannt hat, die er in folgenden Regeln zusammenfaßt: . . . (Die Regeln werden zitiert.). Es ist v. Noorden ohne weiteres zuzugeben, daß uns die Kryoskopie nicht mehr sagt wie das spezifische Gewicht nach Ausfällung der Albuminate aus dem Harn. Es fehlte aber bis dahin der Vergleich mit dem spezifischen Gewicht des eiweißbefreiten Blutes, und es blieb der kryoskopischen Methode vorbehalten, das wichtige Gesetz von der Einstellung der pathologischen Nierentätigkeit auf Blutisotonie zu entdecken."

Diese erheblich höhere Einschätzung des osmotischen Anteils der Nierentätigkeit ist freudig zu begrüßen. Aber trotzdem hat auch F. Volhard den Kernpunkt der osmotischen Forschung noch nicht richtig gewürdigt. Am klarsten kommt dies in dem Satze zum Ausdruck, „daß uns die Kryoskopie nicht mehr sagt wie das spezifische Gewicht nach Ausfällung der Albuminate aus dem Harn". Zumal da man solchem Urteil über die Kryoskopie vielfach begegnet, ist es notwendig, hier auf die Wichtigkeit des prinzipiellen Auseinanderhaltens der Resultate der Kryoskopie und der Bestimmung des spezifischen Gewichtes näher einzugehen. Für das spezifische Gewicht einer Lösung ist ganz vorwiegend die chemische Konstitution des Gelösten entscheidend; je schwerer ein Molekül, um so größer ist auch die Erhöhung, welche dieses Molekül für das spezifische Gewicht der Lösung mit sich bringt; das spezifische Gewicht einer Lösung ist daher von Substanz zu Substanz individuell verschieden; ob die Substanz molekular- oder ionendispers gelöst ist, hat hierbei nur nebensächliche Bedeutung. Geradezu gegenteilig verhält sich der osmotische Druck: jedes Molekül in der Lösung, ob nun spezifisch schwer oder leicht, ist osmotisch gleichwertig, dabei aber steigt sofort der osmotische Druck auf das doppelte, wenn die Substanz, anstatt in Molekülform zu bleiben, in der Lösung zu je zwei Ionen gespalten ist. Ganz kurz läßt sich aussagen: das spezifische Gewicht einer Lösung ist bedingt durch das Gewicht der gelösten Substanz, der osmotische Druck aber durch die Zahl der in der Lösung vorhandenen Teile (Moleküle + Ionen). Gewicht und Teilchenzahl aber sind durchaus verschiedene Werte. Die Messungen des spezifischen Gewichtes und des osmotischen Druckes gehen daher auch allgemeinhin keineswegs parallel. An einer wahllos herausgegriffenen Tabelle der Lite-

[1]) v. Noorden, Handb. z. Pathologie des Stoffwechsels, II. Aufl., I, 999.

[2]) F Volhard in Mohr-Stähelin, Handbuch der inneren Medizin 1918, III, II, S. 1186.

ratur[1]) sei am Beispiel des normalen Harns die prinzipielle Unabhängigkeit der Resultate beider Messungsarten illustriert: (vgl. dazu Fig. 34).

Harne vom normalen Menschen (nach Lindemann)

Spez. Gewicht	Δ	NaCl in %	N in %
1010,8	—0,90	0,139	0,815
1011,6	—1,54	0,117	1,272
1011,6	—1,06	0,091	0,992
1014,2	—2,14	0,372	0,992
1014,2	—2,14	0,382	0,992
1017,3	**—2,72**	0,390	1,160
1021,5	—2,51	0,475	1,391
1022,5	—1,88	**0,572**	1,109
1023,4	—2,06	0,172	1,198
1024,4	—2,30	0,186	1,453
1024,6	—2,01	0,384	1,830
1024,7	—2,05	0,177	1,320
1024,8	—1,93	0,196	1,272
1025,8	—2,37	0,18	1,410
1026,4	—1,79	0,184	**2,045**

Für manche Verhältnisse zeigt sich das Auseinandergehen der gravimetrischen und der osmotischen Werte geringer; bei einstofflichen molekulardispersen Lösungen gibt sogar jede der beiden Methoden ein exakt übereinstimmendes Maß der Konzentration im chemischen Sinne. Je stärker aber die Lösungen stofflich variieren, um so weniger können die Werte des spezifischen Gewichts den Werten des osmotischen Druckes entsprechen, um so schärfer muß die Verschiedenheit des Gegenstands beider Messungsarten hervortreten. Nie läßt sich bei derartigen Lösungen aus dem spezifischen Gewicht ein zuverlässiger Schluß auf die Größe des osmotischen Druckes ziehen. (Vgl. dazu S. 333.)

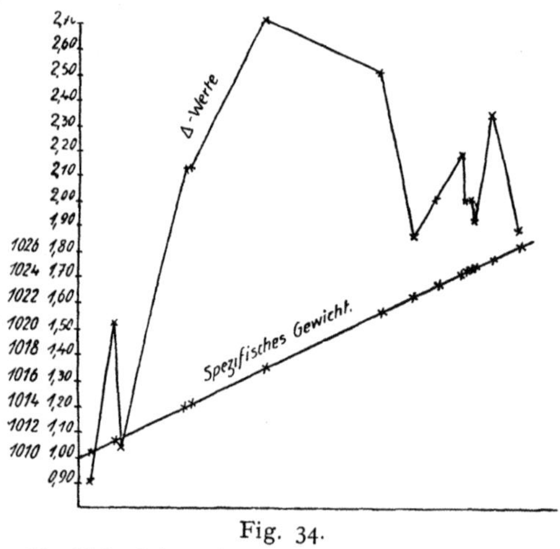

Fig. 34.

Unabhängigkeit des osmotischen Druckes vom spezifischen Gewicht des Harns (am Beispiel der vorstehenden Tabelle nach Lindemann).

Die Methoden der Kryoskopie (Technik s. Teil III, S. 477) liefern das Maß für die Gesamtzahl der Lösungsteile (Moleküle + Ionen). Die elektrische Leitfähigkeit gibt das Maß allein für die Zahl der Ionen. Die Refraktometrie kennzeichnet die Menge des am osmotischen Druck praktisch kaum beteiligten kolloiden Eiweißes. Das spezifische Gewicht einer Lösung orientiert uns, wenn man von den komplizierend auftretenden Volumänderungen unter dem Vorgang des Lösens absieht, über die Gewichtsumme des Gelösten.

[1]) L. Lindemann, Deutsch. Arch. f. klin. Medizin **65**, 1 (1900).

Über die Vorgänge der Regulierung der Blutisotonie ist bereits eine große Literatur entstanden[1]). Zwei Wege der Regulierung sind deutlich zu unterscheiden: die Regulierung durch Ausgleich vom Blut zum Gewebe und die Regulierung durch Ausscheidung. Durch das Zusammenwirken dieser beiden Vorgänge wird stets beim Auftreten von Störungen der osmotische Normaldruck des Blutes in allerkürzester Zeit wiederhergestellt. Die näheren Erscheinungen der Regulierung sind am besten in Versuchen von Hamburger[2]) zu übersehen:

Um eine möglichst ausgiebige Störung der Blutisotonie zu erzielen, wurden einem Pferde sieben Liter Glaubersalzlösung intravenös injiziert mit solcher Salzmenge, daß sie rechnerisch imstande gewesen wäre, den osmotischen Druck des Blutes zu verdoppeln. Bereits während der Injektion kam es zur Abscheidung reichlichen Harns; weiter wurde eine große Menge dünner Fäzes entleert. Auch die Speichel- und Tränendrüsen schieden eine erhebliche Menge Flüssigkeit aus. Dabei war in allen Sekreten reichlich Na_2SO_4 enthalten. Die osmotische Untersuchung des Blutserums ergab, „daß bereits einige Minuten nach der Injektion keine Anisotonie mehr bestand". Der osmotische Druck des Blutes war bereits wieder auf den Normalstand zurückgekehrt, obwohl nur erst ein kleiner Bruchteil der Gesamtinjektion ausgeschieden war und obwohl das Serum noch keineswegs seine normale chemische Zusammensetzung wieder erlangt hatte. Es enthielt noch eine große Menge Na_2SO_4, das Kochsalz aber war in viel geringerem Betrag als zuvor vorhanden. „Erst ziemlich lange, nachdem der osmotische Druck sich wieder hergestellt hat, gewinnt das Plasma auch seine ursprüngliche chemische Zusammensetzung zurück." — Ein analoges Verhalten beobachtete Hamburger bei der Injektion stark verdünnter, hypotonischer Lösungen, z. B. einer ½% Glaubersalzlösung. „Auch hier sieht man die Wiederherstellung des osmotischen Druckes, lange bevor die ursprüngliche chemische Zusammensetzung zurückgewonnen ist."

Diese Versuche zeigen die osmotische Arbeit des Körpers im Höchstmaß ihrer Leistung. Sie lehren aufs deutlichste, daß die Wiederherstellung der Serumisotonie nicht eine mehr passive Folge der Rückkehr zur normalen chemischen Beschaffenheit des Blutes ist, sondern daß sie, ohne diese, als ein selbständiger Vorgang durch eine Eigenregulation zu Wege kommt. Wir sehen, daß das Blut mit größter Schnelligkeit bei eintretender Hypertonie sich des Überflusses an osmotisch wirksamer Substanz, ebenso auch bei hypotonischer Störung sich des Überschusses an Wasser entledigt, wobei der Körper, wie die obigen Beispiele zeigen, neben dem Austausch zum Gewebe die Niere, den Darm, die Speicheldrüsen und die Tränendrüsen zur Ausscheidung heranzieht. Eine derartige Allgemeinbeteiligung der Organe tritt nur bei extremen Störungen der Isotonie des Serums hervor. Für die im normalen Stoffhaushalt vorkommenden Verhältnisse bietet der Austausch von Blut zum Gewebe zusammen mit der osmotischen Arbeit der Niere schon volles Genüge für die Erhaltung der Isotonie.

Es ist die übliche Auffassung, daß die Niere der Hauptregulator des osmotischen Druckes ist. Schon v. Koranyi hat auf die Notwendigkeit gewisser Einschränkungen solcher Auffassung aufmerksam gemacht: In den

[1]) Vgl. die ausführlichen ausgezeichneten Darstellungen dieses Gebietes in H. J. Hamburger, Osmotischer Druck u. Ionenlehre, 3 Bde., 1902—1904, sowie A. v. Korányi u. P. F. Richter, Physikalische Chemie u. Medizin, l. c., Bd. I, S. 475ff. sowie Bd. II, S. 133ff.

[2]) Zeitschr. f. Balneologie **4**, 561 (1912).

Fällen von Bluthypertonie bei Schrumpfnieren, wo zugleich Polyurie, d. h. übermäßige Wasserausscheidung besteht, ist die Arbeit der Niere offenbar nicht auf das Ziel der Isotonie eingestellt. „Wären die Nieren osmoregulatorische Organe im wahren Sinne des Wortes, dann wäre unter solchem Verhältnis nichts einfacher, als die Herstellung des normalen osmotischen Druckes des Blutes." „Diese Tatsache wirft ein scharfes Licht auf die osmoregulatorische Tätigkeit der Nieren. Die Nieren passen die Wasserausscheidung nicht den Bedürfnissen des osmotischen, sondern denen des Wassergleichgewichts an. Wenn sie unter physiologischen Verhältnissen dennoch sehr wesentlich dazu beitragen, den normalen osmotischen Druck zu erhalten, so liegt dies daran, daß sie zugleich sämtliche festen harnfähigen Moleküle ausscheiden"[1]). Noch erheblich weitergehend in der Abweichung von der üblichen Auffassung ist die Anschauung, welche der Verfasser auf Grund seiner Untersuchungen am Bindegwebe (näheres s. S. 373ff.) über die Regulierung des osmotischen Druckes im Körper gewonnen hat. Aus zahlreichen Beobachtungen der verschiedensten Autoren (s. auch Hamburger S. 325) geht mit Sicherheit hervor, daß bei den künstlich durch Injektion gesetzten Störungen der osmotische Ausgleich im Blut bereits völlig erreicht wird, auch ohne daß die Niere die störenden Substanzen oder ein osmotisches Äquivalent derselben durch Ausscheidung entfernt hat. Wenn aber feststeht, daß der Austausch zwischen Blut und Gewebe schon allein imstande ist, das Ziel der sofortigen Wiederherstellung der Isotonie im Blute zu erreichen, so ist in keiner Beobachtung dieses Gebietes mehr ein zwingender Grund gegeben, zu zweit auch noch für die Nierenarbeit eine regulatorische Einstellung auf das Ziel der Blutisotonie anzunehmen. Zur Erklärung aller beobachteten osmotischen Erfolge der Nierenarbeit ist die allgemein bekannte Art ihrer Sekretion völlig ausreichend. Am Beispiel der obigen Hamburgerschen Versuche sei die Art, wie sich nach der Auffassung des Verfassers die Niere am osmotischen Ausgleich beteiligt, des Näheren bezeichnet: Der Stoffaustausch zwischen Blut und Gewebe bewirkt die Rückkehr des osmotischen Normaldruckes im Blutserum; damit aber ist für die Einzelstoffe des Blutserums noch nicht entfernt die Normalzusammensetzung erreicht, einige Stoffe, wie z. B. oben die Ionen des Na_2SO_4, sind in ganz abnorm hoher, für die Niere überschwelliger Konzentration, andere, wie das Kochsalz ,in unterschwelligen Beträgen vorhanden. Die Niere wird somit aus dem ihr dargebotenen Blut, selbst wenn es osmotisch bereits normal ist, gemäß ihrem bekannten Verhalten das Na_2SO_4 ausscheiden; aber der Gewebsaustausch gleicht dieses Defizit[2]) durch Nachlieferung von Na_2SO_4 oder

[1]) Zitiert nach A. v. Korányi, Die wissenschaftlichen Grundlagen der Kryoskopie in ihrer klinischen Anwendung. Moderne ärztliche Bibliothek. Berlin 1904. Heft 1, S. 32. Zur stärkeren Betonung des nicht im Sinne der Osmoregulierung gelegenen Verhaltens sind im Original in diesen Sätzen die wichtigsten Worte durch verschiedene Arten Sperrdruck noch besonders hervorgehoben!

[2]) Theoretisch ist es nach Ansicht des Verfassers sehr wahrscheinlich, daß das Blut, welches der Niere isotonisch zuströmt, unter dem Einfluß der Ausscheidung in der Niere im ersten Moment oftmals direkt hypotonisch sein wird. Osmotische Messungen am Blut der Nierenvenen scheinen noch völlig zu fehlen.

sonstigem Material stets sofort wieder aus und wenn das Blut bei dem nächsten Zirkulationsumlauf erneut zur Niere kommt, wird sich der Vorgang der Ausscheidung alles Überschwelligen wiederholen, so lange, bis unter diesem Zusammenwirken von Nierenausscheidung und Gewebsaustausch das vom Gewebe isotonisch gemachte Blut auch in der Einzelkonzentration aller seiner Substanzen sich gerade im Schwellenwert der Nierensekretion befindet, d. h. bis neben der osmotischen Isotonie auch eine normale chemische Zusammensetzung des Blutes erreicht ist. Eine solche Auffassung der Osmoregulierung des Körpers entspricht durchaus den Ergebnissen, welche R. Magnus[1]) bei seinen Untersuchungen über die Tätigkeit der Niere erhielt: jeder gesteigerte Salz- resp. Wassergehalt[2]) des Blutes wird von den Nieren mit vermehrter Ausscheidung beantwortet: „es ist dabei besonders zu betonen, daß das Entscheidende hierbei nicht die Gesamtkonzentration des Plasmas, sondern die Zunahme eines einzelnen Salzbestandteiles ist, nämlich des die Diurese hervorrufenden Salzes". Bei Störungen im Sinne der Hypotonie wird man sich die Regelung in ganz ähnlicher Weise vorzustellen haben. Der Austausch zwischen Blut und Gewebe bewirkt primär die Einstellung des Blutes auf Isotonie unter Zufuhr von Salzen resp. unter Entfernung von Wasser aus der Blutbahn; ein isotonisches, aber noch hydrämisches Serum, dessen Wasser durch die Kolloide des Blutes nicht voll in normaler Stärke gebunden ist, hat dann in der Niere eine Wasserdiurese zur Folge, so daß auch hier wieder die Niere nur in der Zusammenarbeit mit dem die Isotonie schaffenden Gewebsaustausch an der Osmoregulierung ihren Anteil hat. In kürzester Zusammenfassung läßt sich folgendes sagen: Die Niere leistet ganz vorwiegend Konzentrationsarbeit entgegen dem osmotischen Partialdruck, sowohl wenn sie konzentriert als auch wenn sie diluiert. Dabei läßt sich nicht bezweifeln, daß die Nierenarbeit für das Körperganze im Sinne einer auch osmotischen Regulierung gelegen ist. Aber es existiert kein Beweis, daß die Tätigkeit der Niere, welche sich ihrer Art nach als Arbeit entgegen den Partialdrucken der Einzelsubstanzen des Serums mit jeweils spezifischer, d. h. von Substanz zu Substanz wechselnder Schwellenwertseinstellung erweist, neben dieser stofflich-individuellen Auslese zugleich die Konstanterhaltung des summarischen osmotischen Blutdrucks besorgt. Diese letztere Aufgabe hat vielmehr der Stoffaustausch vom Blut zum Gewebe (näheres s. S. 384ff.). Lediglich die vom Gewebsaustausch nicht beseitigten abnormen Partialdrucke der Einzelsubstanzen, soweit sie den „Schwellenwert" des Blutes überschreiten, bringt die Niere mit ihrer Konzentrationsarbeit durch Ausscheidung zum Verschwinden. In dieser Art arbeiten der Gewebsaustausch und die Niere, jeder nach eigenen Gesetzen, aufs innigste zusammen. Beide Arten der Regulierung sind für die bleibende Aufrechterhaltung der Isotonie gleich notwendig. Die Austauschregulierung zwischen Blut und Gewebe, welche den Vorteil der Substanzersparung der Körperstoffe in sich schließt, muß bald versagen,

[1]) R. Magnus in Oppenheimers Handbuch der Biochemie, l. c. III, I, S. 498. Vgl. auch S. 312 dieses Buches.

[2]) Über die Unterscheidung von freiem und kolloidgebundenem Wasser siehe S. 316 u. 317.

wenn die Ausscheidungsregulierung der Niere (und der unterstützend eintretenden anderen Organe) nicht für die Entfernung der schädlich werdenden Substanzanteile in dem dazu verfüglichen Wasser zu sorgen vermag. Diese Zusammengehörigkeit von Nierenarbeit und Gewebsaustausch gilt nicht nur für die Physiologie, noch deutlicher kommt sie als eine regelmäßige Erscheinung in der Pathologie dieser Vorgänge zum Ausdruck.

Die **klinischen Erscheinungen der osmotischen Insuffizienz** treten am schärfsten hervor, wenn man von der stärkstmöglichen Störung, dem klinischen Bilde der Anurie[1]) den Ausgang nimmt. Auch auf diesem Gebiet sind die ersten Untersuchungen A. v. Korányi zu danken[2]), der nachwies, daß bei Kaninchen nach experimenteller Ausschaltung beider Nieren der osmotische Druck des Blutes innerhalb 5—6 Stunden vom Normalwert $\Delta = 0{,}55^0$—$0{,}62^0$ auf $0{,}65^0$—$0{,}75^0$ anstieg. Beim Menschen wird bei totaler Anurie die Isotonie des Blutes — vermutlich im Zusammenhang mit der verstärkten Fähigkeit der Osmoregulierung seitens des Gewebsaustausches — ganz erheblich länger bewahrt. Drei, vier und mehr Tage pflegen zu vergehen, ehe der Δ-Wert des menschlichen Blutes über den Grenzwert 0,58 hinausgedrängt wird. Auch in den sonstigen klinischen Erscheinungen zeigt die Anurie ein auffallend langes, stets mehrtägiges „symptomloses Vorstadium“. Sodann aber setzt mit Regelmäßigkeit ein ständig fortschreitendes Ansteigen des osmotischen Druckes im Blut ein, wie ein Beispiel Päßlers[3]) illustrieren möge:

6. Tag der Anurie	$\Delta = 0{,}61$	Körpergewicht = 58 kg
7. „ „ „	$\Delta = 0{,}605$	„ = 60 „
8. „ „ „	$\Delta = 0{,}605$	„ = 60,75 „
9. „ „ „	$\Delta = 0{,}645$	„ = 61 „
10. „ „ „	$\Delta = 0{,}645$	„ = 62.50 „
11. „ „ „	$\Delta = 0{,}665$	„ = 62 „
12. „ „ „	$\Delta = 0{,}71$	„ = —

Selbst Anstiege bis $\Delta = 0{,}88^0$ im Blut sind beobachtet[4]). Unter den begleitenden klinischen Erscheinungen treten als Schädigungen, für welche die Hyperisotonie des Blutes als Ursache mit in Betracht kommen könnte[5]), vor allem hervor: starke allgemeine Müdigkeit neben Störung des Schlafes, ganz außerordentliche Schwäche der Muskeln, daneben unwillkürliches Zucken derselben, zuweilen bis zum ständigen „Sehnenhüpfen“ gesteigert, Geschwürsbildung im Darm, Erbrechen, „große Atmung“ ähnlich wie bei der azidotischen Störung des H-Ionenausgleichs im Blute und schließlich nicht selten als eine Begleitstörung auf dem Gebiete der Isothermie[6]) sehr

[1]) Vgl. Mohr-Stähelin, Handbuch der inneren Medizin III, II, S. 1213ff. (F. Volhard).

[2]) Zeitschr. f. klin. Med. **33**, 1 (1897); Berl. klin. Wochenschr. 1899, Nr. 5.

[3]) Pässler, Deutsches Arch. f. klin. Med. **87**, 569 (1906).

[4]) Brasch, ebendort **103**, 488 (1911).

[5]) Es ist selbstverständlich, daß hier außerdem zahlreiche chemisch-toxische Beeinflussungen zusammenwirken.

[6]) Vgl. S. 183.

erhebliche Abfälle der Temperatur. Doch ist bei der Kompliziertheit des Krankheitsbildes über die Entstehung dieser Einzelstörungen, daher auch über ihre etwaige Beziehung zur Hyperisotonie des Blutes nichts sicheres bekannt. Sehr interessant ist es, das klinische Bild der Anurie auf das Vorhandensein von Ausgleichsvorgängen hin zu durchmustern. An zahlreichen Einzelvorgängen erkennt man deutlich, wie der Organismus bestrebt ist, mit den ihm verfüglich gebliebenen Mitteln die osmotische Hyperisotonie — zugleich natürlich immer auch die chemisch-toxische Wirkung seitens der abnorm sich anhäufenden Einzelsubstanzen — möglichst zum Ausgleich zu bringen. Mit ziemlicher Regelmäßigkeit findet man Veränderungen der folgenden Art:

1. Veränderungen, welche in der Richtung liegen, daß sie die Nierenausscheidung steigern: Steigerung des Blutdrucks, sogar mit akut einsetzender Hypertrophie des Herzens (Brasch[1]), Volhard[2])); Brasch sah vom 1. bis 3. Tage Anstiege des Blutdrucks von Riva Rocci 115 bis 210, auch hat er ein Wiederabsinken des Blutdrucks bei Besserung beobachtet.
2. Vikariierende Ausscheidungen: durch die Haut (Harnstoffkristalle auf der Haut bis zu lästigem Jucken für den Kranken), durch den Magen (Erbrechen), den Darm (vielleicht im Zusammenhang hiermit die sogenannten „urämischen Verschwärungen" des Darms), vielleicht auch im Speichel (zuweilen erheblicher Speichelfluß) und schließlich auch durch die Lungen (die Atemluft riecht „eigentümlich urinös", sie gibt nach Volhard beim Vorhalten eines in Salzsäure getauchten Glasstabes Salmiaknebel). Der Wassergehalt des Körpers, speziell der Umstand, ob Wasserzufuhr vertragen wird oder nicht, ist für das Zustandekommen dieser vikariierenden Ausscheidungen von erheblicher Bedeutung.
3. Veränderungen in der Richtung, daß sie die aus dem Stoffwechsel resultierende osmotische Überladung des Blutes auf ein Minimum einschränken: das Auftreten von Ekelgefühl gegen Speisen (außer Wasser!) als Mittel der Abwehr gegen Neuzufuhr, ferner die „enormen Temperaturerniedrigungen"[3]), bei denen es Berücksichtigung verdient, daß einem Absinken um 10^0 etwa eine Verlangsamung des Stoffwechsels auf die Hälfte entspricht[4]). Auch die Ausschaltung aller körperlichen Tätigkeit durch das enorme „Müdigkeitsgefühl" speziell in den Muskeln kann als eine über das physiologische Maß hinaus gesteigerte Ausgleichsmaßregel in Betracht kommen[5]).
4. Veränderungen, durch deren Bestehen der osmotischen Überladung auf dem Wege einer weitmöglichsten Verdünnung entgegengewirkt

[1]) Autoptisch nachgewiesene Hypertrophie des Herzmuskels nach 14tägiger Anurie. Brasch, l. c.

[2]) Hypertrophie nach 9tägiger Anurie. Volhard in Mohr-Stähelin, Handbuch der inneren Medizin III, I, 1221 (1918).

[3]) Zitiert nach Volhard, l. c.

[4]) Vgl. S. 74 u. 224.

[5]) Vgl. S. 456.

wird: ganz besonders hervortretend ist der „unstillbare Durst", welcher reichliche Wasserzufuhr zur Folge hat und dadurch dem Körper die Ausbildung einer wenigstens teilweise ausgleichenden Hydrämie und eines „latenten Ödems" der Gewebe ermöglicht. Pässler (s. Tabelle S. 328) hat den Nachweis dieser Veränderung durch Körperwägungen, Brasch (l. c.) durch vergleichende Zählung der roten Blutkörperchen (Abnahme der Erythrozytenzahl von 4,8 bis zu 1,98 Mill.) geführt.

Es mag auf den ersten Blick willkürlich erscheinen, die Krankheitsvorgänge der Anurie in derartig teleologischer Weise aufzufassen und bevorzugt zur Störung der Isotonie des Blutes in Beziehung zu setzen. Auch der Verfasser ist der Ansicht, daß die teleologische Betrachtung im allgemeinen keinen objektiven Wert für die Forschung besitzt. Hier aber ist eine Untersuchung auf Zweckmäßigkeitsmaßnahmen des Körpers durch die Sachlage geboten. Denn es ist eine feststehende, in ihren Konsequenzen immer noch nicht genügend gewürdigte Tatsache, daß die Isotonie des Blutes beim Menschen eine der allgemeinen Konstanzwerte des Körperganzen darstellt, deren Bestehen in der vorhandenen Exaktheit ohne weitgehende regulatorische Vorgänge überhaupt nicht möglich ist. Nach der Regulation zu suchen, entspricht daher hier nicht einem allgemeinen teleologischen Bestreben, sondern ist eine unabweisbare Notwendigkeit für die weitere Forschung. Die Analogie zur Isothermie, über deren Aufrechterhaltung wir wenigstens einige erste Aufschlüsse besitzen, weist nachdrücklich darauf hin, die Grenzen solchen Suchens nicht zu eng zu nehmen. Dabei ist nicht zu vergessen, daß die Isotonie entwicklungsgeschichtlich die ältere Schwesterkonstanz der Isothermie ist und daß sie ständig zunehmend in der Tierreihe eine immer höhere Exaktheit ihrer Einstellung erreicht hat, speziell beim Menschen noch wieder in ganz erheblich engere Grenzen eingefügt ist. An eine präzisierte Abgrenzung der Vorgänge der osmotischen Regulierung wird mit der obigen Aufstellung nicht gedacht; es sei nur gezeigt, auf welchen Wegen im allgemeinen die regulatorischen Vorrichtungen des menschlichen Körpers zu suchen sind. Für die Angemessenheit dieser Art der Untersuchung spricht insbesondere auch der Umstand, daß ebenfalls bei den geringergradigen osmotischen Insuffizienzen, bei denen die chemisch-toxischen Wirkungen der retinierten Stoffwechselprodukte ungleich mehr zurücktreten, gleichwohl manche dieser Ausgleichsvorgänge bemerkbar sind.

Nephrogene Inkompensationen der Blutisotonie kommen nicht nur bei der Anurie, sondern auch bei anderen Erkrankungen der Niere zur Beobachtung[1]). Wie es der allgemeinen Art des Körpers entspricht, die Organe mit einer die gewöhnliche Arbeitsleistung weit übertreffenden Kraft auszustatten, ist auch die osmotische „Reservekraft" der Nieren sehr groß. Eine osmotische Hypertonie des Blutes wird bei der üblichen klinischen Diät nur gefunden, wenn mehr als die Hälfte des normal vorhandenen

[1]) Literatur siehe v. Korányi u. Richter, Physikalische Chemie u. Medizin, l. c., II, S. 51ff.

Nierengewebes durch Krankheit oder sonstwie funktionell in Wegfall kommt; die Exstirpation der einen Niere macht sich bei normaler Funktion der andern Niere für die übliche klinische Untersuchungsart noch nicht am Harn und ebensowenig am Stand der Isotonie des Blutes bemerkbar. Erst wenn die Außerfunktionsetzung des Nierengewebes erheblicher über dieses Maß hinausgeht, rückt die osmotische Einstellung des Blutes an die obere Grenze ihrer Normalbreite und darüber. Diese Verhältnisse sind besonders von dem Chirurgen genauer untersucht[1]). Namentlich Kümmell hat, zum Teil in Gemeinschaft mit Rumpel, sehr wichtige Arbeiten geliefert[2]). Diesem Autor gibt die Kryoskopie eine direkte Entscheidung für den chirurgischen Eingriff der Nephrektomie: findet sich bei den Nierenkranken der Gefrierpunkt des Blutes noch auf normaler Höhe, so ist die Arbeitsfähigkeit der Nieren ausreichend, um eine Operation zu gestatten; wird aber ein Gefrierpunkt des Blutes von $\Delta = -0{,}60^0$ und darüber gefunden, so ist mit diesem Symptom der osmotischen Insuffizienz die Kontraindikation zur Operation gegeben. Eine große Statistik von 148 Nephrektomien, die von Kümmell nach diesem Gesichtspunkt behandelt wurden, zeigt den Erfolg. Kein Todesfall war dabei zu verzeichnen; wenn auch die zurückbleibende Niere nicht immer völlig gesund war, so genügte sie doch stets, die Leistung für das fehlende Schwesterorgan mit zu übernehmen. Ein solch glänzendes Ergebnis wurde indes von anderen Autoren nicht erhalten; Rovsing hat diese Regel sogar wegen ihrer Unzuverlässigkeit als gefährlich und daher unbrauchbar völlig verworfen[3]). Es steht heute fest, daß auch ohne Gefrierpunktsabweichung des Blutes erhebliche osmotische Inkompensationen bestehen können. Dies sind namentlich solche Fälle, in denen das Zustandekommen der Hypertonie im Blut durch eine gleichzeitig eintretende Wasseranreicherung verhindert wird. Diese Fälle der ausgleichenden Hydrämie sind keineswegs selten. Zu ihrer Erkennung ist es nötig, die Kryoskopie stets durch die refraktometrische Eiweißbestimmung zu ergänzen. Bei kombinierter Verwendung beider Methoden hat das Urteil sehr an Sicherheit gewonnen. Durch die Untersuchungen von Elfeldt[4]) scheint sich gerade jetzt noch ein weiterer sehr wichtiger Fortschritt anzubahnen. Elfeldt hat der Kryoskopie des Blutes die Form einer Belastungsprobe gegeben, d. h. er hat nicht bei der üblichen Krankendiät, sondern während des klinisch gebräuchlichen „Wasser- und Konzentrationsversuches" (s. S. 333) das Verhalten des Blutes kryoskopisch verfolgt. Solche Art der Verwertung der Kryoskopie läßt gegen früher ganz ungleich feinere Differenzen erkennen. Nur der Gesunde, der über einen optimalen Wassergehalt seiner Gewebe verfügt, zeigt während des „Wasser- und Konzentrationsversuches" eine Unverschieblichkeit des Δ-Wertes im Blut. Schon wenn eine leichte Wasserarmut der Gewebe besteht, wird das Blut-Δ beim Versuch vorübergehend nach unten verschieblich: als Ausdruck solcher extrarenalen Wasserinsuffizienz wurden selbst beim Nierengesunden Δ-Werte im Blut bis 0,61 beobachtet.

[1]) Literatur siehe v. Korányi u. Richter, l. c. II, S. 191ff.
[2]) Arch. f. klin. Chirurgie **67**, 487 (1902), **72**, 1 (1904).
[3]) Arch. f. klin. Chirurgie **75**, 867 (1905).
[4]) Mitteilungen aus den Grenzgebieten d. Medizin u. Chirurgie **34**, 567 (1922).

Die Auswertung dieser Befunde ist vorerst noch nicht möglich. Die weitere Verfolgung des von Elfeldt beschrittenen Weges ist klinisch von größtem Interesse.

Soweit die ältere Art der Verwendung der Kryoskopie Aufschluß gab, geht die weitaus überwiegende Mehrzahl der Nierenerkrankungen ohne Änderungen des osmotischen Druckes im Blut einher. Dabei ist gleichwohl eine Anhäufung gestauter harnfähiger Substanz, namentlich organischer Moleküle im Blut vorhanden. Ähnlich wie bei den künstlich durch Injektion gesetzten Konzentrationsänderungen des Blutes tritt auch klinisch bei der Insuffizienz der Nieren ungleich leichter eine Änderung in der chemischen Zusammensetzung als in dem summarisch-osmotischen Verhalten des Blutes auf. Zum Nachweis von Rückstauungen im Blut sind daher die chemisch-analytischen Methoden nicht zu entbehren. Sie können schon sehr große „Reststickstoffmengen" (namentlich Harnstoff) zeigen, ehe der nachhaltiger regulierte osmotische Druck im Blut die ersten Abweichungen erkennen läßt. Wenn im Blut Harnstoff in erheblicher Menge angestaut ist und doch der osmotische Druck normal gefunden wird, so müssen durch Regulierung andere dem Serum normal zukommende Substanzen aus dem Lösungsbereich des Serums entfernt sein. Die chemische Analyse lehrt, daß diese regulatorische Entlastung oftmals auf Kosten des Kochsalzes erfolgt: die zwangsweise Anhäufung von organischen Molekülen drängt die Elektrolyte, namentlich das Kochsalz, aus dem Serum heraus. Im einzelnen aber sind die Verhältnisse recht wechselnd, oft auch, wie schon erwähnt, mit gleichzeitiger Hydrämie kompliziert. Die Gesetzmäßigkeiten der regulierenden Vorgänge seitens des Stoffaustausches zwischen dem Blut und Gewebe sind noch wenig erkannt (vgl. hierzu S. 384).

Auch wenn eine Störung der Isotonie im Blut fehlt, vermag die Kryoskopie sehr wichtige Aufschlüsse über die osmotische Leistungsfähigkeit der Nieren zu geben. Sie liefert durch Messung der maximal erreichbaren osmotischen Differenz zwischen dem Harn und dem Blut das exakteste Maß der jeweiligen Leistungsfähigkeit der Nieren. Gesunde Nieren haben die Fähigkeit, eine sehr erhebliche Konzentrationsarbeit nach beiderlei Richtungen zuwege zu bringen, d. h. sowohl eine starke Konzentrierung als auch eine starke Diluierung der Harnflüssigkeit zu bewirken. Für die gesunde Niere ist dabei eine große Unabhängigkeit der Ausscheidung fester Bestandteile von der Ausscheidung des Wassers charakteristisch; die gesunde Niere besitzt eben das Vermögen, alles, was im Blut überschwellig vorhanden ist, weitgehend unabhängig von der verfüglichen Wassermenge praktisch restlos zu erfassen. v. Korányi hat den Unterschied zwischen der dem Harn jeweils möglichen höchsten und niedrigsten osmotischen Konzentration als das Maß der **Akkomodationsbreite der Nieren** bezeichnet und zugleich festgestellt, daß diese Akkomodationsbreite bei den Erkrankungen der Nieren schon frühzeitig und in sehr charakteristischer Weise abnimmt. Die normale Akkomodationsbreite erstreckt sich auf einen Intervall von mehr als 3^0 Gefrierpunktsdifferenz. Über die Abnahme bei den Nierenkrankheiten gab v. Korányi die folgende Tabelle[1]:

[1]) v. Korányi u. Richter, Physikalische Chemie und Medizin, l. c. II, 137. (Es sei bemerkt, daß die Zahlen dieser Tabelle in sich nicht ganz übereinstimmen.)

	Maximale Gefrierpunkts-erniedrigung	Minimale Gefrierpunkts-erniedrigung	Akkomodations-breite
Nierengesunde Menschen	etwa 3,5°	0.08°	über 3°
Nephritis interst. chron.	0,63—2,0°	0,12—0,38°	0,34—1,88°
Nephritis parench. chron.	0,68—1,11°	0,36—0,47°	0,32—0,65°
Nephritis parench. subacut.	0,75—1,27°	0,53—0,83°	0,22—0,44°

Diese Messungen zeigen, daß die Akkomodationsbreite im allgemeinen mit der Schwere der Nierenerkrankungen abnimmt und daß diese Abnahme durch eine Annäherung des Maximal- und des Minimalwertes an eine mittlere molekulare Konzentration, eben diejenige des Blutes, erfolgt. Die kranken Nieren werden mit zunehmender Störung der Funktion mehr und mehr unfähig, einen Harn zu bereiten, dessen molekulare Konzentration von der des Blutes wesentlich abweicht. Diese osmotische Insuffizienz der Nieren, welche bei leichteren Graden der Erkrankung oft völlig latent besteht und erst bei Konzentrations- resp. Verdünnungsversuchen durch geeignete Nahrungs- resp. Wasserzufuhr zutage tritt, hat v. Korányi als Hyposthenurie bezeichnet.

Diese Untersuchungen sind zur Grundlage für die heute allgemein eingeführten beiden **„Belastungsproben" der Niere,** für den „Wasserversuch" und „Konzentrationsversuch" geworden. Es hat sich gezeigt, daß bei Einhaltung bestimmter Bedingungen anstelle der Kryoskopie auch die Bestimmung des spezifischen Gewichts mit einer für die Praxis ausreichenden Annäherung die im Harn geleistete Konzentrationsarbeit in einem vergleichbaren Maß wiedergibt. Was die Methode an Exaktheit im physikochemischen Sinne verliert (vgl. S. 324), ist nach den zahlreich angestellten Kontrollen nicht so viel, als daß diese ungemein erleichterte Form der Prüfung nicht für die Zwecke der allgemeinen ärztlichen Praxis den Vorzug verdiente. Wenn man sich aber zum Ziel setzt, die summarische Konzentrationsarbeit der Niere exakt zu bestimmen, kann die Messung des spezifischen Gewichtes nie die Kryoskopie ersetzen; denn die Bestimmung des spezifischen Gewichtes ist ihrem Wesen nach außerstande, in mehrstofflichen Lösungen die Zahl der Lösungsteile zu erfassen, von welcher allein das eigentliche Maß der osmotischen Konzentrationsarbeit abhängt. Eine möglichste Einheitlichkeit der klinischen Methodik ist erwünscht. F. Volhard verwendet den Wasser- und Konzentrationsversuch in der folgenden Form:[1])

Der Kranke erhält nüchtern nach Entleerung der Blase 1½ Liter Wasser oder ganz dünnen Tee innerhalb einer halben oder ¾ Stunde zu trinken und muß von da ab bei Bettruhe alle halbe Stunde urinieren. Alle Urinportionen werden einzeln gemessen und mit einem mit Thermometer versehenen Aerometer auf ihr spezifisches Gewicht hin bestimmt. Man soll für je drei Grad über oder unter 15° Urintemperatur einen Teilstrich zuzählen oder abziehen. Genauer ist es aber, das spezifische Gewicht des Urins bei einer konstanten Temperatur etwa von 15° durch Wägung festzustellen.

---

[1]) F. Volhard in Mohr-Stähelin, Handbuch der inneren Medizin III, II, S. 1198.

Der Gesunde scheidet dabei mit großen halbstündlichen Einzelportionen die 1500 ccm Flüssigkeit in zwei bis drei, spätestens in vier Stunden aus. Nach Ablauf der vier Stunden erhält der Kranke ein Mittagessen ohne Suppe und ohne Flüssigkeit und von da ab Trockenkost. Das spezifische Gewicht der spontan gelassenen Einzelportionen steigt beim Gesunden dann schnell an und erreicht ca. 1030 noch an demselben Tage bezw. Abend. Auch bereitet es dem Gesunden keinerlei Schwierigkeit, 24 Stunden zu dursten. Das Körpergewicht nimmt dabei nicht nennenswert ab, wenn es sich nicht um sehr aufgeschwemmte oder fettreiche Individuen handelt.

Bei Niereninsuffizienz ist die Anpassung zeitlich und quantitativ erheblich verringert. Auch findet man während der Zeit der Trockenkost eine starke Gewichtsabnahme infolge Mobilisation und Ausscheidung von Gewebswasser und der Kranke klagt bald über zunehmende Dürstempfindung.

Immer kommt es bei diesen Versuchen neben der Beachtung der allgemeinen zeitlich-quantitativen Ausscheidungsverhältnisse vor allem auf die Feststellung der erreichten Höchstwerte der Abweichung[1]), auf die Werte des minimalen und des maximalen spezifischen Gewichtes an. Statt des

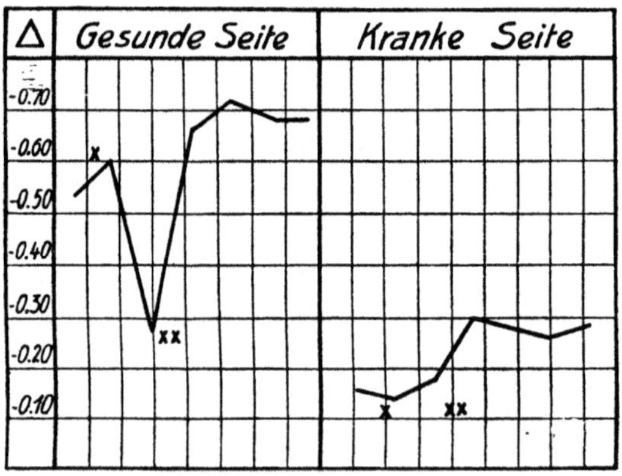

Fig. 35.
Vergleichende Kryoskopie beider Harne.
Bei × hat Patient getrunken.
Bei ×× hat Patient eine Mahlzeit zu sich genommen.

Spielraums der erreichbaren osmotischen Werte von $\Delta = 0{,}08^0$ bis $\Delta = 3{,}5^0$ bezeichnen hier die spezifischen Gewichte 1001—1002 und 1030 die dem Normalen zukommende Breite der Schwankungen; vergleichend ist das spezifische Gewicht des enteiweißten Blutserums mit 1010 anzusetzen. Diese Messungsart der Akkomodationsbreite der Nieren, welche zugleich über die „Trägheit der Einstellung" zu unterrichten vermag[2]), ist heute bereits Allgemeingut der Ärzte geworden. Unter sämtlichen verfüglichen

[1]) Vgl. Näheres P. F. Richter in v. Korányi u. Richter, Physikalische Chemie u. Medizin, l. c. II, 206; vgl. auch ebendort, S. 146 ff.

[2]) Deutsch. Arch. f. klin. Medizin 137, 315 (1921).

Methoden der funktionellen Nierenprüfung gibt gerade sie die Resultate von größter allgemeiner Tragweite.

Wird der Harn beider Nieren durch Ureterkatheterismus getrennt und gleichzeitig aufgefangen, so läßt sich, ebenfalls in wichtiger Ergänzung der sonstigen Methoden, auch kryoskopisch eine Unterscheidung zwischen gesunder und kranker Niere und darüber hinaus eine Beurteilung des Grades der einseitigen Funktionsschädigung gewinnen. Die Erkrankung gibt sich sehr deutlich gerade im Vergleich zur gesunden Niere durch das Maß ihrer Hyposthenurie zu erkennen. Die Technik solcher Untersuchungen ist nicht leicht; einwandfreie Ergebnisse sind nur bei langdauerndem reizlosen Liegen der Ureterenkatheter zu erhalten[1]). Ein Einzelbeispiel nach Albarran[2]) möge die Leistungsfähigkeit dieser Methode zeigen; die Harne beider Seiten wurden während sieben Stunden getrennt aufgefangen und in den Einzelportionen untersucht (Fig. 35, S. 334).

Die Pathologie der osmotischen Akkomodationsbreite der Nieren ist 1904 von v. Korányi in das folgende Schema (vgl. Tabelle)

	Die konzentrierende Kraft ist:	Die diluierende Kraft ist:
Bei Nephritis parenchym.	stark vermindert	stark vermindert
Bei Nephritis interstitialis	weniger vermindert	fast normal
Bei kompensiertem Herzfehler	normal	normal
Bei der Stauungsniere	normal	vermindert
Beim Diabetes insipidus	aufgehoben	normal

zusammengefaßt[3]). Die diesen Unterscheidungen zugrunde liegenden Beobachtungen haben eine allgemeine Bestätigung gefunden. Aber mit der Weiterentwicklung der Lehre der Nierenkrankheiten, insbesondere der Kenntnisse über den Salz- und Wasserhaushalt des Körpers ist mehr und mehr neben der renalen Abhängigkeit auch die Bedeutung der extrarenalen Einflüsse auf die Menge und den Konzentrationsgrad des Harns in den Vordergrund getreten. Die klinische Forschung steht heute im Begriff, eine ganze Summe von Einzelvorgängen als ein mehr selbständig arbeitendes, von der Niere unabhängiges Gebiet herauszustellen; man pflegt es als „extrarenale Ödembereitschaft" zusammenzufassen. Das allgemeine Kennzeichen extrarenaler Vorgänge der Nierenbeeinflussung ist die Veränderlichkeit durch Bedingungen, welche für die Nieren direkt ohne Wirkung sind. „Wenn z. B. die extrarenal bedingte Herabsetzung der Wasserausscheidung auf einem krankhaften Wasserabstrom in die Peripherie beruht, so läßt sie sich aufheben oder bis zu einem gewissen Grade abschwächen durch Hoch-

[1]) Vgl. Anm. 1, S. 334.
[2]) Albarran, Exploration des fonctions rénales. Paris 1905.
[3]) v. Korányi, Die wissenschaftlichen Grundlagen der Kryoskopie in ihrer klinischen Anwendung, l. c. S. 31.

lagerung der Beine"[1]). F. Volhard faßt die klinische Bedeutung der Konzentrations- und Diluierungsversuche in die folgenden Regeln zusammen[2]):

1. „Wenn die Variabilität der Nierenfunktion — d. h. die Fähigkeit zu rascher Steigerung der Wasserausscheidung — und das Konzentrationsvermögen — d. h. die Unabhängigkeit der Ausscheidung fester Substanzen von der des Wassers — beide gut erhalten sind, so ist Niereninsuffizienz auszuschließen.
2. Wenn beide Proben schlecht ausfallen, ist Niereninsuffizienz vorhanden, und um so hochgradiger, je weniger die Störung der Wasserausscheidung durch extrarenale Faktoren z. B. Ödembereitschaft oder Herzschwäche bedingt ist.
3. Bei gut erhaltener Konzentration und schlechter Wasserausscheidung handelt es sich fast immer um extrarenale Störungen der Wasserausscheidung. Eine renale Störung der Wasserausscheidung allein bei vollkommen erhaltener Konzentrationsfähigkeit kommt, wenn wir von der die Höchstleistung verhindernden kardialen Störung absehen, wie es scheint, nur im akuten Stadium der diffusen Glomerulonephritis vor. Dabei kann Niereninsuffizienz fehlen, wenn es den Tubulis allein gelingt, eine normale Harnmenge zu produzieren.
4. Bei schlechter Konzentration allein und vollkommen erhaltenem Wasserausscheidungsvermögen kann ebenfalls Niereninsuffienz fehlen. Meist deckt aber gerade in Fällen von schlechter Konzentration und guter Wasserausscheidung der

---

[1]) Ein sehr lehrreiches Beispiel solcher extrarenal bedingter Schwankungen der Akkomodationsbreite der Nieren sei hier (gekürzt) wiedergegeben (F. Volhard in Mohr-Stähelin, Handbuch d. inneren Medizin, III, II, S. 1198):

F . . r, Mann, 29 Jahre, genuine Nephrose.

Anfang Februar mit Schwellung beider Beine und Kopfschmerzen erkrankt. $12\frac{1}{2}\,^0/_{00}$ Eiweiß, Ödeme bald zurückgegangen. Urin bleibt eiweißreich. Blutdruck dauernd normal. Nierenfunktion intakt. Es bestehen Mitte März noch ganz leichte Ödeme.

Wasserversuche, jedesmal von 7—½8 Uhr früh 1500 ccm getrunken:

	W.-V. im Aufsein 21. 3.		W.-V. im Liegen 22. 3.		W.-V. im Liegen, mit Hochlagerung der Beine 23. 3.	
	Harnmenge	Spez. Gew.	Harnmenge	Spez. Gew.	Harnmenge	Spez. Gew
½8	110	1010	90	1024	110	1014
8	180	1006	260	1008	175	1004
½9	**265**	1003	**600**	1003	**700**	1002
9	230	1003	410	1003	550	**1001**
½10	170	1004	200	1006	215	1004
10	260	1007	120	1007	210	1006
½11	120	1008	130	1009	135	1008
11	90	1008	120	1009	175	1007
	1425		**1930**		**2270**	

[2]) F. Volhard, l. c. III, II, S. 1201.

Wasserversuch, der trotz Polyurie qualitativ schlecht ausfallen kann, eine Schädigung des Wasserabscheidungsvermögens auf. Dann ist ein gewisser Grad von Niereninsuffizienz anzunehmen, und zwar ist das Mißverhältnis zwischen Anforderung und Leistungsvermögen um so geringer, die Prognose derartiger Fälle von relativer Niereninsuffizienz um so besser, je besser das Wasserausscheidungsvermögen erhalten ist, denn von ihr ist abhängig, wie vollständig die Konzentrationsunfähigkeit durch Polyurie kompensiert werden kann.

Wir haben demnach als wichtigstes Kriterium der Niereninsuffizienz die Schädigung des Konzentrationsvermögens, als wichtigstes Kriterium der Prognose, d. h. der Kompensationsfähigkeit der Niereninsuffizienz, das Wasserausscheidungsvermögen zu betrachten."

Auch heute noch ist kein Abschluß dieser Untersuchungen erreicht. Es hat dies besonders seine Ursache darin, daß dem Begriff der „Ödembereitschaft des Gewebes" nur erst sehr vage Vorstellungen, noch keine konkret faßbaren Gesetzmäßigkeiten der Einzelerscheinungen dieser Gewebsregulierung zugrunde liegen.

Für die **Therapie der Nierenkrankheiten** ist es von größter Wichtigkeit, mehr als bislang die Niereninsuffizienz einschließlich ihres Zusammenwirkens mit den extrarenalen Faktoren unter dem Gesichtspunkt einer Störung der Körperisotonie zu untersuchen. Denn nur diese allgemeinere Betrachtung vermag den Ausgleichsbestrebungen des Körpers zur Aufrechterhaltung der bedrohten Isotonie und Isoionie, wie sie unzertrennlich mit der Niereninsuffizienz verbunden sind, gerecht zu werden. Schon der obige Hamburgersche Injektionsversuch zeigt deutlich die vikariierend sich öffnenden Wege. Die besten Aufschlüsse aber kann uns das klinische Bild der menschlichen Anurie (s. o.) vermitteln. Viele Vorgänge haben ganz offensichtlich den Erfolg eines vermehrten Schutzes der Isotonie und damit Regulationscharakter. Es ist kein Gegensatz hierzu, wenn eine Auslösung solcher Vorgänge durch eine chemische oder sonstige klar übersehbare Wirkung nachgewiesen wird. Schon physiologisch werden die Produkte des Stoffwechsels vom Körper vielfach „hormonartig" zu Regulierungen verwertet[1]). Es ist notwendig, die Körperisotonie in ähnlicher Art von Regulierungen geschützt zu betrachten, wie man sie schon längst für die Körperisothermie als bestehend erkannt hat. Ein fruchtbares Feld für das Fortschreiten gerade der Therapie ist hier gegeben. Bei der Nephritis ist bereits mancherlei über Bestrebungen der Selbsthilfe des Körpers beobachtet und von verschiedenen Autoren auch im regulatorischen Sinne gedeutet. Oft muß eine vermehrte und unter erhöhtem Druck erfolgende Blutdurchströmung der Niere zum Ausgleich günstig erscheinen. Die Pathologie namentlich der Nierensklerosen und der diffusen Glomerulonephritis (Volhardsche Einteilung) zeigt, daß der in seinen Serumkonstanzen bedrohte

[1]) Vgl. Harnstoff und die Purinstoffe als Anregemittel der Diurese (s. S. 319); ferner Albumosen, Extraktivstoffe usw. bei dem Sekretionsstrom der Verdauung (s. S. 289).

Organismus diesen Weg des Ausgleichs selbst bis zur Aufopferung der Hilfsorgane beschreitet: die Gefäße der erkrankten Niere werden soweit angängig erweitert, die Gefäßprovinzen der Peripherie dagegen kontrahiert und das Herz wird bis zu hohen und höchsten Blutdruckwerten in seiner Arbeit angespornt, bis schließlich sogar das Herz trotz stärkster ausgleichender Hypertrophie versagt. — Ähnlich ist auch ein vermehrtes Wasserangebot für die kranke Niere zur Vermeidung der Notwendigkeit großer osmotischer Hubhöhen im Harn günstig; extrarenal bedingte Polyurien sind für Nephritiden bei Verlust des Konzentrierungsvermögens der Niere eine oft zu beobachtende Erscheinung. — Niere und Gewebsaustausch arbeiten für die Isotonie zusammen; wird die Leistung der Niere geringer, so muß der Anteil, der dem Gewebe zufällt, steigen, wofern, wie es der Fall ist, die Isotonie erhalten bleibt. Diese Mehrbelastung des Gewebes bei der Insuffizienz der Niere kommt klinisch als fast regelmäßige Erscheinung aufs deutlichste zum Ausdruck, zugleich aber lehren mehr und mehr die neueren Beobachtungen, daß ganz ähnliche Bilder wie durch die Niereninsuffizienz auch durch eine primäre Alteration des Gewebsaustausches ohne Erkrankung der Niere möglich und sogar häufig sind. — Auch im Blut selber kommt oft durch Vermehrung des Wassergehaltes (Hydrämie) ein Schutz gegen die osmotische Überlastung zustande. — Ferner sind die Wege der extrarenalen Ausscheidung zwecks osmotischer Entlastung bei den Nephritiden oft maximal geöffnet: während der Darm unter normalen Verhältnissen seine Funktion unbekümmert um die Isotonie des Körpers verrichtet, wird nachweislich bei schwerer osmotischer Störung auch die Darmschleimhaut zur Mithilfe herangezogen, um das Serum durch Ausscheidung zu entlasten[1]). Ebenfalls wehrt sich der Magen durch Erbrechen oder auch prophylaktisch infolge des auftretenden Ekels gegen konzentriertere Speisen vor dem Übermaß osmotisch wirksamen Materials. — Die Haut zeigt sich gleichfalls der osmotischen Lage des Blutes angepaßt; meist wird bei Nephritiden durch Unterdrückung der Wasserverdunstung seitens der Haut[2]) Wasser für den Körper eingespart, nicht selten sogar auf diesem Wege die Ausbildung der ausgleichend wirkenden Hydrämie und Polyurie[3]) unterstützt. Gelegentlich aber wird auch umgekehrt eine vermehrte Schweißbildung zur Ausscheidung namentlich des Harnstoffs[4]) benutzt. — Vielleicht vermag ferner noch die Lunge durch vermehrte Kohlensäureausscheidung[5]) ähnlich wie bei der

[1]) Vgl. auch den obigen Hamburgerschen Versuch, S. 325.

[2]) Janssen, zitiert bei Rosenstein, Nierenkrankheiten, Berlin 1894, S. 145; fern. Schwenkebecher, Deutsch. Arch. f. klin. Medizin **79**, 51 (1903) u. Tauszk unt. v. Koränyi, Koränyi u. Richter, Physikalische Chemie u. Medizin, l. c. II, S. 172.

[3]) Vgl. F. Volhard, Mohr-Stähelin, Handbuch der inneren Medizin III, II, S. 1206.

[4]) Das oft lästige Hautjucken der Nephritiker ist bekanntlich vielfach durch das Auftreten reichlicher Harnstoffkristalle, die mit dem Schweiß ausgeschieden werden, bedingt.

[5]) Schon v. Korányi schreibt: „Durch die Lungen entweichen beim Menschen täglich etwa 1000 g CO_2 und nur 400 g H_2O. Obgleich außerordentlich große Abweichungen von diesen Zahlen vorkommen, geben sie doch ein annäherndes Bild von der Bedeutung der osmoregulatorischen Wirkung der Atmung". (Moderne ärztliche Bibliothek, Heft 1, S. 23. Berlin 1904. Simion Nf.)

Azidosis[1]) oder durch Ausscheidung anderer Substanzen[2]) sich an der Entlastung der Serumkonstanz bei den Nephritiden zu beteiligen. — Kurz sehr zahlreiche Ausgleichswege bieten sich dem durch die Niereninsuffizienz in seiner osmotischen und isoionischen Serumkonstanz bedrohten Organismus zur Mithilfe dar. Eine Nephritistherapie, welche nur die Niere behandelt, ist nicht berechtigt. Wird die Niere insuffizient, so haben wir nicht so sehr die Erkrankung eines Einzelorgans vor uns, der Gesamtkörper leidet vielmehr an den vielartigen Erscheinungen einer drohenden Störung seiner lebenswichtigen Serumkonstanzen. Die Behandlung solcher Zustände muß um so wirksamer sein, je mehr sie neben der Therapie des primär erkrankten Organes auf alle am Ausgleich beteiligten Körperbezirke Rücksicht nimmt und je mehr es gelingt, die Mitarbeit dieser extrarenal sich betätigenden Organe zu fördern.

Wenn soeben nicht nur von einer drohenden Störung der Isotonie, sondern von einer solchen der Serumkonstanzen gesprochen wurde, so hat dies darin seine Begründung, daß ebenfalls die **Bedeutung der Niere für die Konstanterhaltung der Serumisoionie** eine große ist. Zunächst sei die H-OH-Isoionie behandelt. Entsprechend der Tatsache, daß unter den Endprodukten des menschlichen Stoffwechsels die Säuren erheblich überwiegen, ist der Harn im allgemeinen sauer, er enthält sowohl titrimetrisch mehr oder weniger große Mengen von Säuren als auch elektrometrisch freie H-Ionen. Die Elektrometrie mißt die jeweils im Harn augenblicklich vorhandene freie Säure, dieTitration die Summe dieser Säure + derjenigen Säure, welche sich bei der Neutralisierung während der Titration aus den „potentiellen" Ionen nachzubilden vermag (näheres s. S. 157). Beide Methoden messen etwas durchaus Verschiedenes, ihre Ergebnisse laufen daher nicht parallel, wie eine unten folgende Tabelle (S. 346) der nephritischen Harne zu zeigen vermag. Ob die Ausscheidung der Säuren durch die Niere ebenso wie die der anderen harnfähigen Substanzen gemäß dem Gesetz der Konzentrationsschwelle erfolgt, ist noch unbekannt[3]). Besonders deutlich ist die Anpassung der Harnazidität bei den Schwankungen, welche das Blut durch die Säureausscheidung zum Magen erfährt: nach den Mahlzeiten sinkt bekanntlich sofort mit der Salzsäuresekretion des Magens die Azidität des Harns, sie pflegt bei hohen Werten der Magenazidität bis in Alkaleszenz überzugehen. In Krankheitsfällen, wo die Salzsäuresekretion ausbleibt, fehlt auch bei der Azidität des Harns die Abnahme nach der Mahlzeit. Magnesia usta kann vom Magendarmkanal aus, ohne daß es resorbiert wird, gewissermaßen in einer „Fernwirkung" durch Säurebindung das Auftreten von alkalischem Harn herbeiführen[4]). Umber hat zu therapeutischen Zwecken durch Atropin ($^1/_2$—3 mg), welches das

[1]) Vgl. S. 160, ferner S. 340 (H. Straub und Kl. Meier).

[2]) Vgl. bezüglich der Möglichkeit einer NH_3-Ausscheidung S. 329.

[3]) Da die H-Ionenkonzentration des Blutes bei der Säurebeladung konstant bleibt, ist die Art der Nierenanpassung noch recht wenig ersichtlich. Am ehesten scheint es dem Verfasser vorstellbar zu sein, daß die Niere allemal die nicht dissoziierten Säureanteile bei ihrer Sekretionsarbeit gemäß einer bestimmten Konzentrationsschwelle erfaßt und dadurch den regulatorischen Anteil gewinnt.

[4]) H. Meyer u. R. Gottlieb, Die experimentelle Pharmakologie 1910, S. 308.

Maß der HCl-Sekretion im Magen herabsetzt, ein Höherbleiben der Harnazidität erreicht[1]). Ähnliche Anpassungen des Harns an die Säureverhältnisse des Blutes treten auch sonst zutage, so beim Fieber, beim Hunger, im Diabetes usw. Reichliche Pflanzennahrung, welche als Stoffwechselsendprodukte namentlich Kohlensäure und Wasser ergibt, führt bekanntlich zu alkalischer Reaktion des Harns. Die Nieren haben die Aufgabe, sämtliche Säuren, soweit sie feste oder flüssige Stoffe sind, zur Ausscheidung zu bringen; die flüchtige Kohlensäure dagegen findet ihren Weg ganz bevorzugt durch die Lungen. Auch für diese Zusammenarbeit von Niere und Lunge läßt sich, soweit wir bislang unterrichtet sind, eine Art der Arbeitsteilung erkennen, welche sehr an diejenige erinnert, die wir oben bei der Niere und dem Gewebsaustausch gefunden haben. Die Niere entfernt wohl Säuren aus dem Blut, aber die Lunge ist es, die — in Ergänzung der Arbeit des Gewebsaustausches (s. S. 384) — vermittelst einer spezifischen Feinregulierung der CO_2-Ausscheidung die H-Ionenkonzentration des Blutserums konstant auf der gleichen Höhe erhält (näheres s. S. 165 und S. 412). Diese Klärung ist erst kürzlich gewonnen. Die physikalische Chemie, speziell die Methode der elektrometrischen H-Ionenbestimmung, hat dabei die Grundlage gegeben, durch welche dieses Problem in seinen Umrissen scharf kenntlich wurde und auf denen die experimentelle Bearbeitung sich hat aufbauen können. H. Straub und Kl. Meier[2]) haben das Blut der Nierenkranken sehr eingehend mit der Methode der Gewinnung von Kohlensäurebindungskurven (s. S. 162) untersucht und dabei in etwa $^2/_3$ der Fälle erhebliche Abweichungen im Sinne einer Hypokapnie, resp. Hyperkapnie (s. S. 162) gefunden. Unter Zugrundelegung einer von Hasselbalch[3]) aufgestellten Formel wurde aus den erhaltenen Werten für die Einzelfälle die H-Ionenkonzentration des Blutes berechnet: auch hier lagen die Abweichungen nach beiden Richtungen, teils ergaben sich Azidosen, teils Alkalosen. Bei der Kompliziertheit der Verhältnisse des Ausgleichs der Blutstörungen wäre es sehr erwünscht, wenn diese von Straub errechneten Abweichungen der H-OH-Ionenkonzentration im Blut der Nephritiker auch direkt mit der Gaskettenmethode gemessen würden. Bisher sind solche Werte (z. B. p_H bis 6,87[4]) statt normal 7,35) im Blut bei der letzhin entscheidenden direkten Messung mit der Gaskettenmethode (außer beim Koma in moribundem Zustand) trotz sorgfältigen Suchens nicht gefunden.

Die zweite Teilart der Isoionie besteht in dem konstanten Verhältnis der Na-, K- und Ca-Ionen. Auch an der Wahrung dieser Isoionie ist die Niere sehr wesentlich beteiligt. Die Na- und K-Ionen werden praktisch zu ganz überwiegendem Anteil durch die Nieren ausgeschieden, anscheinend wieder gemäß dem Gesetz der Konzentrationsschwelle. Doch ist aus den vorliegenden Untersuchungen noch nicht zu erschließen, ob die Konzentrationsschwelle für die Ionen als solche oder für volle Elektrolyte,

[1]) Therapie der Gegenwart **53**, 97 (1912).

[2]) Biochem. Zeitschr. **124**, 259 (1921) und Deutsches Arch. f. klin. Medizin **138**, 208, (1922).

[3]) Biochem. Zeitschr. 78, 112 (1916).

[4]) Biochem. Zeitschr. 124, 287 (Fall 50) 1921.

d. h. stets nur für Anion + Kation gemeinschaftlich Gültigkeit hat. Tatsache ist, daß überschwellige Mengen von Na- und K-Ionen durch die Niere entfernt werden, unterschwellige dem Körper erhalten bleiben. Das Zustandekommen der Regulierung wird auch hier erst wieder durch das Zusammenwirken mit dem Gewebsaustausch vervollständigt. — Beim Kalzium liegen die Verhältnisse anders. Hier geschieht die Ausscheidung nur zum Teil durch die Nieren; ein weiterer, auffällig wechselnder Anteil des Kalziums wird vom Darm zur Abscheidung gebracht. Dieser doppelte Weg der Ausscheidung durch Niere und Darm besteht gleichfalls für das Magnesium, das Eisen[1]) und das Phosphat; auch bei diesen Substanzen ist klinisch zum Teil ein erheblicher Wechsel im Anteil der beiden Wege gefunden. Bei der Ausscheidung der Schwermetalle wie Pb, Cu, Hg, Bi, Fe, Mn wird ganz allgemein der Weg durch die Organe des Intestinaltraktus gegenüber dem Weg durch die Nieren sehr bevorzugt. Der Verfasser macht darauf aufmerksam, daß alle diese Substanzen, das Magnesium, das Kalzium, die Schwermetalle und das Phosphat in ihrem kolloidchemischen Verhalten eine eiweißfällende Wirkung gemeinsam haben. Beim Kalzium ist die Wirkung solchen Einflusses auf die Niere bereits genauer untersucht: das Kalzium dichtet das Nierenfilter und kann dabei selber sich für den eigenen weiteren Durchtritt die Passage sperren[2]). In Analogie zu dieser Beobachtung beim Kalzium ist es kolloidchemisch gut verständlich, daß auch die anderen, noch stärker eiweißfällenden Ionen, wie die der Schwermetalle, ebenfalls nicht den Weg durch die Niere nehmen und statt dessen durch den Darm zur Ausscheidung gelangen. Unter den im Körper vorkommenden Anionen sind die Phosphate besonders eiweißfällend, auch für sie findet die Ausscheidung durch den Darm in wechselnder, oft erheblicher Menge statt. In der Hofmeisterschen Reihe befindet sich am Ende der stärkstfällenden Anionen neben dem Phosphat das Karbonation; gleichfalls dessen Ausscheidung geht im Körper nur zum kleinsten Teil durch die Nieren, zur Hauptsache durch ein anderes Organ, die Lunge, vor sich. Man gewinnt die Auffassung, daß das wichtigste und zugleich am feinsten eingestellte Ausscheidungsfilter des Körpers, die Niere, möglichst durch das Vorhandensein anderer Ausscheidungswege von der Passage kolloidfällender Substanzen entlastet wird. In der Zusammenstellung mit dem schon oben mitgeteilten Ergebnis, daß die Niere bei den stärker eiweißlösenden Ionen die Fähigkeit der spezifischen Unterscheidung verliert, erscheint diese Betrachtung in ganz eigenartiger Beleuchtung. Ein der kolloidchemischen Wirkung entsprechender Antagonismus im Verhalten der Niere den Salzionen gegenüber tritt aufs deutlichste zutage: für die stärker eiweißlösenden Ionen (Cl, Br, Nitrat, Rhodanid) ist die Niere abnorm, d. h. in gewissen Graden wahllos durchlässig; für die eiweißfällenden Ionen (unter den Kationen für das Ca, Mg und sämtliche Ionen der Schwermetalle und unter den Anionen für das Phosphat und

[1]) Mit Rücksicht auf die folgenden Ausführungen erscheint es wichtig, darauf hinzuweisen, daß das Eisen im Harn nur in fester aus organischer Bindung ausgeschieden wird, so daß es keine Eisenion-Reaktionen erkennen läßt.

[2]) Näheres s. S. 317.

Karbonat) ist dagegen das Filter der Niere mehr oder minder geschlossen (H. Schade).

Weitaus am stärksten wird bei der Nephritis der Bestand an Anionen im Blutserum geändert. Die bunte, weitgehend von der Zufuhr abhängig bleibende Zusammensetzung der Gesamtsumme der Säureanionen des Serums ist ein wichtiges Kennzeichen der Stoffwechselstörung der Nierenkranken. H. Straub[1]) hat diese Erscheinung treffend als Poikilopikrie bezeichnet. Der kranke Organismus macht somit von der schon physiologisch gegebenen „Freiheit der Anionen“ (s. S. 171) weitgehend Gebrauch.

Wenn auch die kolloidchemische Hypothese, in der M. H. Fischer die Entstehung der nephritischen und der Stauungsödeme durch die kolloidquellende Wirkung einer im Gewebe entstehenden Säureanhäufung erklären will, auf das Entschiedenste abzulehnen ist (vgl. S. 399), so wird doch damit der zuerst von diesem Autor vertretene Gedanke, daß eine Säureanhäufung im Gewebe zur Ursache einer gesteigerten Gewebsquellung werden kann, keineswegs allgemein seiner Berechtigung entkleidet. M. H. Fischer hat seiner Schrift über „Das Ödem“ eine zweite Arbeit „Die Nephritis“[2]) folgen lassen, in welcher derselbe Gedanke zu einer anscheinend glücklicheren Anwendung gebracht ist. Auch hier greift im einzelnen nach Ansicht des Verfassers die Deutung zu weit, aber doch erscheint der Grundgedanke, daß manche mikroskopischen und funktionellen Veränderungen des Nierenparenchyms zu einer lokalen Säureanhäufung in den Zellen in kolloidchemischer Beziehung stehen könnten, sehr wohl diskutierbar. Fischers Ansicht über die **Entstehung der Nephritis** durch Säurewirkung ist die folgende: Wenn durch irgendwelche Bedingungen (namentlich Störungen in der Blutzirkulation oder chemisch-toxische oder bakterielle Hemmungen des Stoffwechsels der Zellen) eine Anhäufung von Säuren in den Nierenzellen zustande kommt, so macht sich diese Säure sofort in der Weise geltend, daß sie die Hauptmasse der Zellkolloide zu gesteigerter Quellung, einzelne andere Kolloide der Zelle daneben auch zu mehr oder minder starker Ausfällung bringt. Durch die Mischung dieser beiden kolloidchemischen Wirkungen entsteht derjenige Zustand der Zelle, den der Pathologe als „trübe Schwellung“ bezeichnet[3]). Geht der soloide Prozeß weiter, so treten Zellproteine in Lösung, es gelangen Eiweißstoffe in die Lumina der Harnkanälchen, und schließlich, wenn weiterhin der Zellverband durch die Säure sich lockert, fallen ganze Zellen einzeln oder in Gruppen der Loslösung anheim: sowohl für die Albuminurie als auch für die Ausscheidung der Harnzylinder wird in dieser Weise durch die einfache kolloidchemische Säurewirkung eine Erklärung angestrebt[4]). Ein ganz besonderes Interesse müssen, falls sie sich bestätigen, die Versuche Fischers beanspruchen, nach denen bei experimentell erzeugter Anurie eine Aufhebung derselben durch

[1]) Verhandlungen der deutschen Gesellschaft f. innere Medizin. Wiesbaden 1921. S. 393.

[2]) M. H. Fischer, Die Nephritis. Dresden 1911; ferner derselbe, Oedema and Nephritis. New York. J. Wiley and sons. 1921.

[3]) Vgl. S. 107.

[4]) Vergl. hierzu O. Petersdorf weiter unten S. 347.

kolloidchemische Entquellung der Niere zu erreichen ist. Die Säurequellung der Kolloide läßt sich nach allgemeiner physikochemischer Regel durch Salze, namentlich durch Phosphat- und Sulfationen antagonistisch verringern. Nach den Fischerschen Versuchen wird diese antagonistische Kolloidwirkung der Salze auch bei der Niere wirksam, indem die Injektion geeigneter Salzlösungen die „infolge Säureanhäufung in der schwellenden Niere auftretende" Anurie beseitigt. Es ist sehr zu wünschen, daß diese Beobachtungen eine Nachprüfung und eventuell weiteren Ausbau erfahren. Die Ergebnisse von O. Schwarz[1]) über die Säure- und Salzbeeinflussung der Farbstoffausscheidung durch die Nieren scheinen der Fischerschen Auffassung günstig. Soweit sich bislang übersehen läßt, hat die kolloidchemische Forschung hier einen Weg eröffnet, dessen Grenzen vorerst noch nicht kenntlich sind, dessen Richtung aber als eine sehr aussichtsreiche zu bezeichnen ist. Auch für die Therapie scheinen sich neue Bahnen zu öffnen. Mit der entquellenden Salzwirkung bei der Nierenschwellung Fischers könnte ein wichtiges Beispiel jener Wirkungsart gegeben sein, die oben (S. 285) als „antionkische Wirkung" gekennzeichnet wurde. Dieselben Substanzen, welche das normale Nierenfilter bis zu abnormen Graden dichten, können sehr wohl geeignet sein, durch die gleiche Wirkung ein vorher durch Schwellung verändertes Nierenfilter auf dem Wege der Entschwellung zu verbessern, eventuell sogar eine durch Schwellung anurisch gewordene Niere wieder zu öffnen. Die Akten über den therapeutischen Wert des Kalziums bei der Nephritis scheinen dem Verfasser noch nicht geschlossen; neben einigen Beobachtungen über günstige Wirkungen[2]) verdient es für die ärztliche Praxis starke Betonung, daß die Therapie vorerst wenigstens große Gefahren in sich schließt[3]). Die antionkische Wirkung hat ihrem Wesen nach kleine, anhaltend gegebene Dosierungen zur Voraussetzung (s. S. 287). Der Verfasser hält solche Bedingungen z. B. gut erfüllt bei dem kurengemäßen Gebrauch der Mineralwässer wie der erdigen Quellen von Wildungen und anderen Orten: ständig gelangen bei diesen Kuren geringe Mengen von Kalzium- und Magnesiumionen zur Niere; die Voraussetzungen der antionkischen Wirkung auf die entzündlichen Nieren und ableitenden Harnwege scheinen gegeben. Es liegt nahe, in solchem kolloidchemischen Einfluß eine Unterlage für die in der Praxis längst beobachtete sogenannte „antikatarrhalische" Wirkung zu erblicken.

Die **physikochemische Untersuchung des Harns** ist bereits mit zahlreichen Methoden klinisch in Angriff genommen. Eine große Literatur liegt hier vor[4]). Nur die hauptsächlichsten Ergebnisse seien hier zusammengestellt:

1. **Kryoskopische Untersuchungen:** Beim gesunden Menschen und bei gewöhnlicher Diät liegen die Δ-Werte des Harns etwa zwischen den Grenzen: $\Delta = 0{,}8—2{,}4$. Die überhaupt erreichbaren Grenzwerte des

[1]) Pflügers Arch. **153**, 87 (1913).

[2]) z. B. v. Hößlin, Deutsches Arch. f. klin. Medizin **105**, 147 (1907); Conzen ebendort **108**, 353 (1912); Fränkel, Deutsche med. Wochenschr. 1912.

[3]) W. Weiland, Medizinische Klinik 1913, Nr. 13.

[4]) Vgl. C. Neuberg, Der Harn usw., l. c. 2 Bände.

Harns entsprechen etwa den Zahlen: $\Delta = 0{,}08$—$3{,}5$. Die Größe und die Art der Abweichung von diesen Werten ist bereits im Vorstehenden behandelt. Hier seien nur noch einige jener Bezeichnungen kurz erläutert, denen man in der Literatur dieses Gebietes vielfach begegnet.

$\frac{\Delta}{1{,}85}$ bezeichnet man als die „molekulare Konzentration" einer Lösung. Durch folgende Überlegung wird dieser Wert verständlich. Eine Normal-Zuckerlösung, welche bekanntlich ein Mol (vgl. S. 7) in einem Liter Wasser gelöst enthält, hat einen Gefrierpunkt von $-1{,}85^0$ C. Genau die gleiche Gefrierpunktserniedrigung hat jede beliebige andere Normallösung einer molekulardispers löslichen Substanz. Vermittelst Division des Δ-Wertes durch 1,85 kann man demnach für jede Lösung das Konzentrationsverhältnis zu der Normallösung erhalten. Jede molekulare Lösung z. B. vom Gefrierpunkt $\Delta = 0{,}925$ hat eine molekulare Konzentration von $\frac{0{,}925}{1{,}85} = {}^1/_2$, d. h. sie ist eine $^1/_2$ normale Lösung (vgl. S. 7). Diese einfache Beziehung kann aber nur für rein molekulardisperse Lösungen gelten. Die Ionen, von denen stets mindestens zwei aus einem Molekül hervorgehen, treiben den osmotischen Druck gegenüber der molekularen Lösung abnorm in die Höhe. Eine ionenhaltige Lösung kann daher streng genommen nicht durch einen Δ Wert in ihrer molekularen Konzentration definiert werden. Gleichwohl wird in der Literatur häufig der Harn, also eine gemischte Lösung von Molekülen und Ionen (dazu auch noch von Kolloiden), nach solchem Maß gemessen. Man sagt, der Harn hat eine Gefrierpunktserniedrigung, welche — auf eine molekulare Lösung bezogen — einer $^1/_x$ Normalität entspricht. Um für Lösungen, die wie der Harn auch Ionen enthalten, den Unterschied zur wahren molekularen Konzentration zu kennzeichnen, ist es physikochemisch üblich, hier den allgemeineren Begriff der „osmotischen Konzentration" zu benutzen.

Man erhält ein Vergleichsmaß für die Gesamtzahl der in einer bestimmten Harnmenge enthaltenen, osmotisch wirksamen Lösungsteilchen (Moleküle + Ionen), wenn man den Δ-Wert mit der Menge des Harns multipliziert. $\Delta \times$ Harnvolumen gibt die „Valenzzahl" (H. Strauß). Sie schwankt für die 24stündige Harnmenge bei Gesunden etwa zwischen den Werten 0,8—1,7. Ihre Höhe ist von der Nahrungszufuhr, vom Arbeitsmaß des Körpers und manchen anderen extrarenalen Einflüssen stark abhängig.

Auch $\frac{\Delta}{\mathrm{NaCl}}$ spielt als sogenannter „Quotient der Achloride zu den Chloriden" eine erhebliche Rolle in der Literatur. v. Korányi[1]) hat ihm für den 24stündigen Harn des Gesunden die relativ engen Grenzen von 1,2—1,7 zugeschrieben; nach Lindemann[2]) und nach H. Strauß[3]) sind indes die Schwankungen ganz erheblich größer. Durch extrarenale Faktoren, namentlich durch Arbeitsverringerung bei Herzinsuffizienz, ist

[1]) v. Korányi u. P. Fr. Richter, Physikalische Chemie und Medizin l. c., Bd. II, S. 88 ff. Ebendort ausführliche Literatur dieses ganzen Gebietes.

[2]) Deutsches Arch. f. klin. Medizin **65**, 1.

[3]) Zeitschr. f. klin. Medizin **47**, 337.

dieser Quotient stark beeinflußbar, während er sich bei der Arbeitsleistung des Herz- und Nierengesunden recht konstant hält (v. Korányi, l. c.). Heute weiß man, daß das Kochsalz und unter den „Achloriden" der Harnstoff die beiden Substanzen sind, welche am stärksten mit einer Konzentrationsänderung an den osmotischen Ausgleichsvorgängen im Blut und demnach auch im Harn beteiligt sind. Um die Art der renalen Störungen und der extrarenalen Beeinflussungen zu verfolgen, sind bei dem jetzigen Stande unseres Wissens detaillierte chemische Analysen und die Methoden der funktionellen Nierenprüfung unbedingt diesem und ähnlichen Quotienten vorzuziehen.

2. **Leitfähigkeitsmessungen** am Harn sind von Bugarski[1]), Steyrer[2]), Roth[3]) und anderen ausgeführt. Man hat Werte von etwa $1{,}378$—$3{,}259 \cdot 10^{-6}$ erhalten (Steyrer). Gesetzmäßige Beziehungen, die z. B. zum Kochsalzgehalt des Harns gesucht sind, wurden nicht gefunden und können auch nicht erwartet werden, da im Harn die Menge der neben dem NaCl vorhandenen Ionen zu großen Schwankungen unterworfen ist. Auch im Verhältnis der Ionen zu den Molekülen des Harns ist der Wechsel zu unregelmäßig, als daß Gesetzmäßigkeiten zu finden wären. Bei der getrennten Untersuchung des Harns beider Nieren kann die Leitfähigkeitsmessung eine Unterscheidung[4]) geben, doch bleibt ihr Wert hinter dem der sonst verfüglichen Methoden auch hier erheblich zurück.

3. **Elektrometrische H-Ionenbestimmungen:** Die H-Ionenkonzentration des normalen Harns schwankt zwischen $[H] = 1 \cdot 10^{-7} - 120 \cdot 10^{-7}$ (Höber[5])). Bei Fleischkost ist sie größer als bei Pflanzenkost[6]). Ein Parallelismus zwischen der H-Ionenkonzentration und der titrierbaren Säure des Harns ist, wie die umstehende Tabelle (S. 246) zeigt, nicht vorhanden, auch theoretisch nicht zu erwarten (vgl. S. 495). Exakte Messungen erfordern die Berücksichtigung der Kohlensäure (vgl. Teil III, S. 526). Größeres klinisches Material der „aktuellen Reaktion" des Harns steht noch aus. Höber und Jankowski[7]) fanden in einigen Messungen beim Fieber, bei Herz- und Nierenkrankheiten besonders hohe Werte. Henderson, Lawrenze und Spiro[8]) haben wichtige Untersuchungen über die Ionengleichgewichte im Harn, speziell auch über dessen Säure-Salz-Gleichgewichte geliefert.

4. **H-Ionenmessungen vermittelst der Indikatorenmethode:** Henderson[9]) und Walpole[10]) haben als erste eine Methodik angegeben, um durch

[1]) Pflügers Arch. **68**, 389.
[2]) Hofmeisters Beiträge **2**, 312.
[3]) Virchows Arch. **154**, 466.
[4]) Loewenhardt, Kongreß f. Chirurgie 1902; vgl. P. F. Richter in v. Korányi u. Richter, Physikalische Chemie und Medizin, l. c. II, 221, ferner auch Romberg, Beiträge zur klinischen Chirurgie **85**, 411 (1913).
[5]) R. Höber, Physikalische Chemie der Zelle und der Gewebe, l. c. S. 191.
[6]) v Skramlik, Zeitschr. f. physiol. Chemie **71**, 290 (1911) und Hasselbalch, Biochem. Zeitschr. **46**, 403 (1912).
[7]) Hofmeisters Beiträge **3**, 525 (1903).
[8]) Biochem. Zeitschr. **15**, 105 (1909); **24**, 40 (1910).
[9]) Biochem. Zeitschr. **24**, 40 (1910).
[10]) Biochem. Journ. **5**, 207 (1910).

Nephritisharne

$[H^+]$		Titrationsazidität
$= 2{,}34 \cdot 10^{-5}$	Abnorm hohe Werte	$= 0{,}010$
2,20	Abnorm hohe Werte	0,022
2,10	Abnorm hohe Werte	0,020
1,50	Abnorm hohe Werte	0,018
1,10		0,020
0,84		0,027
0,67		0,050
0,56		0,014

Herstellung mit dem Harn gleichgefärbter Kontrollösungen für die Indikatorenmethode die Störung durch die Harneigenfarbe auszuschalten. Klinische Untersuchungen mit der Walpoleschen Methode, die besonders C. Neuberg[1]) empfiehlt, stehen noch aus. Mit der Methode von Henderson haben Quagliarello und Medina[2]) einige Harne untersucht.

Zusatz während der Korrektur: Durch die ausgezeichneten Untersuchungen von W. H. Veil (Klin. Wochenschr. **1**, 2176, 1922), bei welchen vergleichend die Haldanesche Analyse der CO_2-Spannung und die H-Ionenbestimmung mit der neuen Indikatorenmethode von L. Michaelis (Deutsche med. Wochenschr. 1920, S. 12 und 1921, S. 46 und 673) zur Anwendung kam, ist die Bedeutung der Ionenazidität des Harns für klinische Vorgänge in eine neue Beleuchtung gerückt. Leider war eine Berücksichtigung dieser wichtigen Ergebnisse nicht mehr möglich.

5. **Katalytische Untersuchungen:** A. Jolles[3]) hat angestrebt, die H-Ionenkonzentration des Harns an der katalytischen Wirkung zu messen, welche diese H-Ionen auf eine im Harn zum Ablauf kommende Reaktion (Invertierung von Saccharose) ausüben; die Schwierigkeiten infolge störender Einflüsse seitens der anderen Stoffe des Harns erwiesen sich zu groß, als daß sichere Ergebnisse zu erhalten sind. W. Weichardt und H. Schlee[4]) haben den Harn auf das Vorhandensein von „katalysehemmenden" Stoffen geprüft; sie fanden mit der „Katalysatorenmethode" (s. S. 589), daß im allgemeinen der Abendurin eine stärkere Katalysenhemmung zeigte als der Morgenharn und daß auch bei manchen Infektionskrankheiten (Diphtherie, Scharlach, Masern, Typhus) die Hemmung der Katalyse erhöht war[5]).

[1]) C. Neuberg, Der Harn usw., l. c. II, S. 1579.

[2]) Deutsche med. Wochenschr. 1912, 2215.

[3]) Biochem. Zeitschr. **13**, 177 (1908); vgl. ähnliche Messungen am Magensaft S. 256.

[4]) Zeitschr. f. d. ges. experim. Medizin **1**, 472 (1913).

[5]) Zumal da die Methode — schon vor ihrer Anwendung durch Weichardt — vom Verfasser angegeben und empfohlen ist (H. Schade, Die Bedeutung der Katalyse für die Medizin, 1907, S. 168), sei hier nicht unterlassen, darauf hinzuweisen, daß die Katalysatorenmethode das Vorhandensein von hemmenden Stoffen zwar schon bei allerwinzigsten Spuren in großen Ausschlägen anzeigt, daß aber andererseits bei der Vielartigkeit der die Katalyse beeinflussenden Faktoren allein aus dem Maß der Katalysenhemmung noch kein Schluß auf das Vorhandensein bestimmter abnormer Substanzen im Harn zu ziehen ist. Um die Hemmung der Katalyse im Harn auf bestimmte Substanzen beziehen zu können, ist jedesmal die ergänzende Heranziehung anderer Methoden (weitere Isolierung der Hemmungsstoffe usw.) erforderlich.

G. Woker und E. Belencki[1]) haben die Metalle (nam. Hg) in der Form, wie sie bei therapeutischen Kuren im Harn ausgeschieden werden, auf ihre katalytische Wirkung bei den Reduktionsproben untersucht.

6. **Untersuchungen auf Kolloide:** F. Hofmeister hat durch seine Schüler[2]) genaue quantitative Messungen über die nichtdialysablen, d. h. kolloiden Stoffe des Harns ausführen lassen. Im normalen Harn wurden folgende Mengen gefunden:

beim Mann	0,87—2,35 g,	im Mittel	1,44 g	pro Tag
„ Weib	0,24—0,70 g,	„	0,44 g	„ „

Die Menge der Kolloide ist von der Nahrung abhängig, sie steigt mit der Eiweißzufuhr und ist besonders hoch bei reiner Fleischnahrung. Man gewinnt diese Kolloide außer durch Dialyse durch Fällung mit Alkohol (Salkowski[3])) oder auch durch Ausschüttelung mit Benzin (Lichtwitz und Rosenbach[4])). Es sind hydrophile Kolloide, die durch Kochen, Eintrocknen und Ausfrieren nicht in ihrer Wirkung beeinträchtigt werden (Lichtwitz[5])); nach Iscovesco[6]) sind sie elektronegativ geladen. Mucin[7]), Chondroitinsäure und Nukleinsäure[8]), auch Glykogen[9]) und ein stickstoffhaltiges komplexes Kohlehydrat[10]) sind unter ihnen gefunden. Auch die nichteiweißartigen Kolloide des Harns sind nicht selten bei Krankheiten (Fieber, nam. Pneumonie und Eklampsie, auch akuten und chronischen Nierenentzündungen) erheblich vermehrt (Savarè (l. c.), Ebbecke (l. c.), Lichtwitz[11])). — Unter den pathologischen Kolloiden des Harns nehmen die Harnzylinder eine ganz besondere Stellung ein. M. H. Fischer, dessen Entstehungstheorie für die Harnzylinder bereits oben, S. 342, erwähnt wurde, gibt Versuche[12]), aus denen er schließt, daß je nach Art und Konzentration von Säure und Alkali eine nachträgliche Umwandlung der sogenannten „hyalinen" in „granulierte" Zylinder und umgekehrt möglich ist. O. Petersdorf[13]) hat die von Fischer angegebenen Versuche nachgeprüft und die Umwandlung der granulierten Zylinder durch Säure und Alkali in glasige Gebilde und rückläufig auch wieder zu granulierten Zylindern bestätigt gefunden. Nicht aber erwiesen sich die so erhaltenen glasigen Gebilde mit den natürlichen hyalinen Harnzylindern identisch; denn die natürlichen hyalinen Zylinder zeigen nicht bei den Versuchsbedingungen die Umbildung

[1]) Pflügers Arch. f. d. ges. Physiologie **155**, 45 (1913).
[2]) Sasaki, Beiträge z. chem. Physiol. u. Pathol. **9**, 386 (1907); Savarè, ebendort **9**, 401 u. **11**, 71 (1907); Ebbecke, Biochem. Zeitschr. **12**, 485 (1908).
[3]) Berl. klin. Wochenschr. 1905, Nr. 51, 52.
[4]) Zeitschr. f. physiol. Chemie **61**, 117 (1909).
[5]) Ebendort **64**, 144 (1910).
[6]) H. Iscovesco, Etudes sur les humeurs de l'organisme. Paris 1906.
[7]) Mörner, Skandinav. Arch. f. Physiol. **6**, 332 (1895).
[8]) Auch sie sind nach F. Hofmeister nicht dialysabel.
[9]) Baisch, Zeitschr. f. physiol. Chemie **19**, 339 u. **20**, 249 (1894).
[10]) Nach Analysen von Salkowski.
[11]) Zeitschr. f. physiol. Chemie **72**, 215 (1911).
[12]) Kolloidzeitschr. 8, 201 (1911); Abbildungen sind gegeben in M. H. Fischer, Oedema and nephritis. New York. J. Wiley and sons. 1921. S. 562—564.
[13]) O. Petersdorf, Inauguraldissertation. Kiel. 1921.

zu granulierter Masse, auch sind sie nach ihrem Verhalten gegenüber Farbstoffen deutlich von den nach Fischer hergestellten glasigen Gebilden zu unterscheiden. Die verschiedene Art der Harnzylinder ist somit physikochemisch nicht geklärt. Auch Höper[1]) und Lichtwitz[2]) sind in dieser Frage nicht zu entscheidenden Ergebnissen gekommen. Klinisch ist wichtig, daß die Harnzylinder im alkalischen Harn über ein Stadium der Quellung ziemlich schnell in „Lösung" gehen, daß demnach ein Seltenerwerden, resp. Fehlen von Zylindern bei alkalischem Urin nicht viel bedeutet.

7. **Viskositätsmessungen** des Harns liegen nur wenige vor. Einige erste Werte sind von F. Botazzi[3]) mitgeteilt. C. Posner[4]) hat diese Untersuchungen aufgenommen; er fand Werte von ϱ zwischen 1,0 (spez. Gewicht 1005) und 1,44 (spez. Gewicht 1024[5])). Ein mäßiger Eiweißgehalt bedingt keine nennenswerten Differenzen: ein Harn mit nahezu $6^0/_{00}$ Eiweiß und spez. Gewicht 1020 ergab z. B. nur 1,06, d. h. einen Wert, wie er bei dem gleichen spezifischen Gewicht auch im eiweißfreien Harn üblich ist. Zellige Beimengungen von Leukozyten, Blutkörperchen, Zylindern, Kristalloidausfällungen können die Viskosität beträchtlicher erhöhen. In einem an weißen und roten Blutkörperchen reichen Urin wurde z. B. vor dem Filtrieren $\varrho = 1{,}74$, nachher $\varrho = 1{,}05$ erhalten. Diagnostische oder klinische Bedeutung haben diese Messungen bislang nicht gefunden.

8. **Messungen der Oberflächenspannung** des Harns sind ebenfalls nur in geringer Menge angestellt. Als erste sind hier die Messungen von J. Traube und Blumenthal[6]), ferner von Donnan[7]), Kunoff[8]) und Frenkel und Cluzet[9]) zu nennen. Auch hier hat C. Posner[10]) eine Zusammenstellung und einige eigene Messungen gegeben. Die Oberflächenspannung des Harns ist stets geringer als diejenige des Wassers. Im Durchschnitt beträgt sie 80—95% derselben. Als Ausnahmen sind besonders zu nennen einerseits die stark diluierten Harne des Diabetes insipidus, wo die Werte der Oberflächenspannung fast ganz denen des reinen Wassers angenähert sind, und die abnorm starken Erniedrigungen, die bei der Hämaturie und im ikterischen Harn gefunden werden (bis 60—50% vom Wasserwert). In letzter Zeit haben sich namentlich H. Bechhold und L. Reiner[11]), welche die bei patho-

---

[1]) Vgl. auch Höper, Über die Entstehung der Harnzylinder. Inauguraldiss. Göttingen 1912.

[2]) L. Lichtwitz, Medizinische Klinik 1920, Nr. 50; 1921, Nr. 2.

[3]) F. Botazzi in Neuberg, Der Harn, l. c. II, S. 1664 ff.

[4]) Berl. klin. Wochenschr. **52**, 1107 (1915).

[5]) Da beim Harn die spezifischen Gewichte sehr schwanken und da bei den Viskositätsmessungen im Ostwaldschen Viskosimeter die eigene Schwere der Flüssigkeit die treibende Kraft ist, ist hier (im Gegensatze z. B. zum Serum) die Angabe der spezifischen Gewichte zweckmäßig.

[6]) Zeitschr. f. experim. Pathologie u. Therapie **2**, 117 (1905).

[7]) W. D. Donnan u. F. G. Donnan, Brit. med. Journ. 1905, 1636.

[8]) K. Kunoff, Inauguraldissertation. Berlin 1907 (unter J. Traube).

[9]) Journ. de physiol. et de pathol. génér. **3**, 99 (1901).

[10]) Berl. klin. Wochenschr. **53**, 890 (1916).

[11]) Biochem. Zeitschr. **108**, 98. 1920; ferner Münchener med. Wochenschr. **67**, 891 (1920). Vgl. auch E. Joël, Biochem. Zeitschr. **119**, 93 (1921) und Zandrén, ebendort, **114**, 211 (1921).

logischen Zuständen im Harn auftretenden oberflächenspannungserniedrigenden Substanzen als „Stalagmone" bezeichnen, um die nähere Charakterisierung dieser Stoffe bemüht. Sicher sind es nicht Substanzen chemisch einheitlicher Art; Abbauprodukte des Eiweißes scheinen zu überwiegen. Das Auftreten der „Stalagmone" im Harn wird daher mit Störungen des Eiweißstoffwechsels in Beziehung gesetzt. Auch wurden Beziehungen der Oberflächenspannung des Harnes zur Senkungsgeschwindigkeit der roten Blutkörperchen gefunden.

9. **Untersuchungen des Harns mit der Goldzahlmethode** (s. S. 569) haben Lichtwitz und Rosenbach[1]) ausgeführt. In 35 Versuchen an normalen Harnen wurde die „Schutzwirkung" der Harnkolloide in „Goldzahlen" zwischen 1,5 bis 0,25 gemessen. Die Berechnung auf das Gewicht der Kolloide ergab, daß sonach gemäß der Tabelle von Zsigmondy[2]) die Schutzwirkung der Harnkolloide (summarisch gerechnet) größer ist als die des Gummi arabicum, aber kleiner als die des Tragants. Ein Parallelgehen der Goldzahl mit der Menge der Harnkolloide ist nicht vorhanden. Spezifische Unterschiede einzelner Erkrankungen lassen sich noch nicht erkennen.

Eine ganz besondere Wichtigkeit für zahlreiche klinische Fragen des Harns gewinnt die physikalische Chemie dadurch, daß sie die lange vergeblich gesuchten **Gesetze der Löslichkeit im Harn** unserm Verständnis erschließt. Da die hier gewonnene Klärung die Grundlage vieler klinischer Fragen bedeutet, so sei in möglichster Übersichtlichkeit eine kurze Orientierung gegeben:

Die **Gesetze der echten Löslichkeit,** d. h. der Löslichkeit von Molekülen und Ionen in reinen wässerigen Lösungen, kommen im Harn — ähnlich wie im Serum und in den anderen Flüssigkeiten des Körpers — nur in beschränktem Maße zur Geltung; immerhin sind sie im Harn in ihren Hauptzügen noch deutlich kenntlich. Da die Phosphorsäure leichter löslich ist als die Phosphate der alkalischen Erden, gibt der saure Harn ein besseres Lösungsmedium für die Phosphate als der neutrale oder gar alkalische Harn: Säure behindert die Phosphate am Ausfallen und macht ausgefallene Salze wieder löslich. Ein Gleiches, nur weniger stark ausgeprägt, gilt auch für den oxalsauren Kalk des Harns. Da umgekehrt die Harnsäure ungleich schlechter löslich ist als die Urate, ist hier die alkalische Reaktion für die Löslichkeit im Harn günstiger. Zuführung von gleichnamigen Ionen setzt die echte Löslichkeit jeden Salzes herab, nichtgleichnamige Ionen haben eine geringe Löslichkeitserhöhung zur Folge. Jeder Zusatz von Ionen, die mit einem der vorhandenen Ionen sich zu einem unlöslichen Salz vereinigen, wirkt ausfällend. Molekulardispers gelöste Substanzen haben in geringen Konzentrationen keinen Einfluß auf die Löslichkeit der Elektrolyte; erst bei größerer Konzentration, wenn die Menge des Wassers, welches diese Moleküle zu ihrer Lösung benötigen, als wesentlich für die Salzlös-

---

[1]) Zeitschr. f. physiol. Chemie **61**, 112 (1909); **64**, 144 (1910); **72**, 215 (1911).

[2]) Vgl. Fr. N. Schulz u. R. Zsigmondy, Hofmeisters Beiträge zur chem. Physiologie u. Pathologie **3**, 137 (1902); R. Zsigmondy, Kolloidchemie 1912, S. 113.

lichkeit in Abzug kommt, tritt eine löslichkeitserniedrigende Wirkung merklich zutage. Alte und namentlich auch neue, mit den Hilfsmitteln der physikalischen Chemie vorgenommene Untersuchungen besonders von W. His u. Th. Paul[1]), R. Höber[2]), Gudzent[3]), Henderson[4]) u. a. haben diese Verhältnisse weitgehend geklärt. Sie haben aber trotz exaktester Ausführung nicht zu einer befriedigenden Klärung geführt und nicht zu einer solchen führen können, da der Harn eben keine einfache wässerige Lösung darstellt.

Wird die Grenze der Löslichkeit überschritten, so kommt man in das Gebiet der „übersättigten Lösungen". Hier ist eine große Mannigfaltigkeit der Erscheinungen gegeben. Es ist der einfachste Fall, daß dabei die gelöste Substanz in ihrer Lösungsform nicht von derjenigen in gewöhnlicher Lösung unterschieden ist. Derartige Übersättigungszustände haben das sehr markante Charakteristikum, daß sie beim „Impfen", d. h. beim Hineinbringen eines mit dem gelösten Stoffe chemisch gleichen Kristalls momentan zur Auskristallisierung gebracht werden. Es ist bekannt, wie wenig solches Verhalten für die Übersättigungen des Harns zutrifft. Es müssen daher bei den Übersättigungen des Harns andere Gesetze gelten.

Dies sind die **Gesetze der kolloidchemischen Löslichkeitsbeeinflussung.** Sie kommen in übersättigten Harnen derart überwiegend zur Geltung, daß sie oft das Bestehen der Gesetze der echten Löslichkeit überhaupt nicht mehr erkennen lassen. Viele Harnsalze, die Urate, Phosphate, Karbonate, Oxalate werden ungemein häufig in Konzentrationen gefunden, die weit jenseits der Grenze ihrer echten Löslichkeit liegen, ohne daß darum, selbst beim Vorhandensein eines zugehörigen Kristallisationskeimes, die Ausfällung zu beobachten wäre. Der Grad der Überschreitung der echten Löslichkeit ist für das Zustandekommen der Ausfällungen von nur geringer Bedeutung: einem gelegentlichen Ausfallen bei nur ganz geringer Übersättigung steht in zahlreichen anderen Fällen ein Klarbleiben des Harns bei ganz extrem hohen Übersättigungen gegenüber. Der Harn hat die schwierige Aufgabe, nicht selten schon physiologisch größte Mengen an ausgeschiedener Substanz in einem Minimum von Wasser durch die Harnwege nach außen zu transportieren. Es darf nicht überraschen, daß der Körper, ähnlich wie im Serum, auch im Harn seine „Lösungskunst"[5]) entfaltet. Der Kolloidchemie war es vorbehalten, hier die Gesetzmäßigkeiten zu erkennen. Drei Wege der kolloiden Löslichkeitsbeeinflussung sind deutlich unterscheidbar:

1. Der Lösungsschutz durch Adsorption seitens der Harnkolloide: er besitzt nach den Untersuchungen von W. Pauli und M. Samec[6]) auf Grund klar erkannter Gesetze die Eigenart, die schwerst löslichen Ionen bevorzugt durch die Adsorption zu erfassen und so gerade diese in

---

[1]) Zeitschr. f. physiol. Chemie **31**, 1 u. 65 (1900) (Harnsäure).

[2]) Beitr. z. chemischen Physiol. u. Pathol. **3**, 525 (1903) (Azidität des Harns).

[3]) Zeitschr. f. physiol. Chemie **60**, 25, 38; **63**, 455 (1909) (Harnsäure).

[4]) L. J. Henderson in Ergebnisse der Physiologie **8**, 254 (1909) (Säuren- und Basengleichgewichte).

[5]) H. Schade, Medizinische Klinik 1914, Nr. 2.

[6]) Biochem. Zeitschr. **17**, 235 (1909).

ihrer Löslichkeit zu erhöhen, während die leichtlöslichen Salze die Erhöhung nicht zeigen, ja sogar in ihrer Löslichkeit etwas herabgesetzt sind. Die Festlegung dieser Gesetzmäßigkeit durch W. Pauli ist für das Verständnis der Klarhaltung des Harns von größter Bedeutung. Schon 1902 hat G. Klemperer[1]) in allgemeinem Umriß den Wert der Kolloide nach dieser Richtung für den Harn erkannt. Bechhold und Ziegler[2]), auch Lichtwitz[3]) und andere haben später diese Untersuchungen weiter ausgebaut. Nicht die Menge der vorhandenen Kolloide ist für diese Wirkung entscheidend; der Dispersitätsgrad und vor allem die spezifische Art der Kolloide sind weit mehr für die Adsorption und damit für die Größe dieses Lösungsschutzes bestimmend.

2. Weitgehende Aufhebung der Grenzflächenspannung zwischen dem Harn und den Schleimhäuten der Harnwege: Diese Grenzflächenspannung ist in einem zahlenmäßigen Werte noch nicht bestimmbar gewesen; aus den verschiedensten Beobachtungen aber läßt sie sich als sehr gering erschließen. Eine Schätzung der Größe erlaubt z. B. die Ausbreitung, welche ein auf die Schleimhaut aufgesetzter Flüssigkeitstropfen erfährt: im Gegensatz zum Verhalten auf Flächen mit großer Grenzflächenspannung breitet sich der Tropfen sofort über eine weite Grundfläche aus. Ein Vergleich mit dem Verhalten des Wassers am Glase kann die näheren Verhältnisse am besten veranschaulichen: auf einer nicht in physikochemischem Sinne gereinigten Glaswand ist fast stets ein feinster fettartiger Überzug vorhanden; er bewirkt, daß die Benetzung nur unvollkommen ist und daß beim Herausnehmen des Glases aus dem Wasser die Flüssigkeit nicht in gleichmäßiger Schicht am Glase haften bleibt, sondern sich unter Verkleinerung der Berührungsfläche zwischen Wasser und Glas zu mehr oder minder kugeligen Tropfen zusammenzieht, welche sich relativ leicht vom Glase durch Schütteln abtrennen lassen. Wird aber das Glas vor dem Eintauchen in Wasser durch exakte Reinigung[4]) von dem Fettüberzug befreit, so ist die „Benetzbarkeit" völlig geändert. Die Grenzflächenspannung zwischen Glas und Wasser ist nach der Beseitung der Fettschicht so weit erniedrigt, daß das Glas nach dem Herausheben aus dem Wasser zwar für die erste Betrachtung den Eindruck völliger Trockenheit macht, in Wirklichkeit aber von einer ganz gleichmäßigen dünnen Wasserschicht überzogen ist, welche sich nirgends mehr abhebt und zu Kugelformen zusammenfließt, sondern dank der verringerten Grenzflächenspannung zum Glas in maximaler Ausbreitung, d. h. überall anhaftend, erhalten bleibt. Dieses letztere Verhalten zeigt auch der Harn gegenüber der gesunden Schleimhaut. Die hierdurch sich dokumentierende minimale Grenzflächenspannung zur Schleimhaut ist für die Ausfällungen im Harn von größter Bedeutung. Jede Grenzflächenspannung hat entsprechend ihrer Größe lokale Adsorption zür Folge.

---

[1]) Verhandlungen des deutschen Kongresses f. innere Medizin. Wiesbaden 1902.

[2]) Biochem. Zeitschr. **20**, 189 (1909); **24**, 146 (1910).

[3]) Zeitschr. f. physiol. Chemie **64**, 144 (1910).

[4]) Die physikochemisch übliche Reinigung geschieht durch 24stündiges Einstellen des Glases in konzentrierte Schwefelsäure, die sich von Natriumbichromatkristallen als Bodenkörper mit Chromat gesättigt hat.

Wäre die Grenzflächenspannung groß, so würde sich stets im Körper an der Gesamtberührungsfläche von Harn und Schleimhaut durch Adsorption eine Schicht starker Konzentrationsanreicherung von Kolloiden und adsorbierbaren Salzen bilden, analog der „Häutchenbildung", welche der Harn sofort zeigt, wenn er mit seiner Oberfläche an Luft oder an eine Gefäßwand angrenzt. Nur weil die Grenzflächenspannung gering, vielleicht praktisch fast Null ist, bleibt im Körper diese Häutchenbildung nach der Schleimhaut zu aus; in den von Schleimhaut ausgekleideten Körperhöhlen ist nirgends für die Harnflüssigkeit eine Fläche bevorzugter Adsorption gegeben, an der durch lokale Konzentrationsanreicherung einer Ausfällung im Harn Vorschub geleistet würde. Erst krankhafte Vorgänge in der Schleimhaut bringen durch Kolloidveränderung der Zelloberfläche eine verringerte Benetzbarkeit und, wie man darnach urteilen kann, eine vermehrte Grenzflächenspannung mit sich: solche pathologische Gewebsoberflächen sind es, die sich „inkrustieren". Diese Verhältnisse haben im Körper — weit über die Harnwege hinaus — eine allgemeine, sehr erhebliche Bedeutung. Das vom Verfasser hier charakterisierte Verhalten der Grenzflächenspannung ist besonders zu betonen, weil in Arbeiten von L. Lichtwitz[1]) gerade die entgegengesetzte Annahme über die Benetzung als Ausgang der Überlegungen benutzt wird.

3. Die intermediäre Tröpfchenstabilisierung der ausfallenden Harnsalze: Dieser vom Verfasser in Gemeinschaft mit E. Boden[2]) zunächst bei der Harnsäure aufgefundene Vorgang besteht darin, daß der im Harn vorhandene Kolloidschutz die Harnsäure resp. die Urate beim Ausfallen auf der intermediär zu durchlaufenden Stufe der „tropfigen Entmischung" lange Zeit zu erhalten vermag (vgl. S. 203). Obgleich die Substanz den Zustand der echten Lösung bereits verlassen hat und sich in mehr oder minder großen, anfangs kolloiden, später zu mikroskopischer Größe anwachsenden flüssigen Tröpfchen im Harn befindet, kommt es nicht zum Niederschlag: solche „Lösungen" halten sich viele Stunden bis Tage völlig klar, sie bleiben auch bei Impfung mit einem zugehörigen Kristall ohne Ausfällung. Sie haben das weitere, sehr wichtige Charakteristikum, daß sie — zum Teil geradezu in direktem Gegensatz zum Verhalten der echten Löslichkeit — von besonderen, für sie spezifischen Gesetzen beherrscht werden. Auch hier ist durch die neuesten Untersuchungen (H. Schade[3])) eine Klärung gewonnen. Im Gebiet ihrer echten Löslichkeit werden die harnsauren Salze durch H-Ionen gefällt. Bei der in tropfiger Entmischung befindlichen Harnsäure bringen dagegen gerade die H-Ionen das Optimum der Stabilisierung, es liegt mit recht scharfen Grenzen bei der H-Ionenkonzentration von $[H^+] = 10^{-7}$ bis $10^{-5,5}$ Schon in der einfachen wässerigen, kolloidschutzfreien Harnsäurelösung ist diese Erscheinung klar kenntlich vorhanden; der Kolloidschutz des natürlichen Harns, mehr noch der des Serums, verleiht aber dieser Intermediärerscheinung den langdauernden Bestand und

[1]) Verhandl. d. deutsch. Kongresses f. innere Medizin. Wiesbaden 1912. S. 519.

[2]) Zeitschr. f. physiol. Chemie **83**, 347 (1913), ferner Verhandl. d. deutschen Kongresses f. innere Medizin 1914. S. 578.

[3]) Zeitschr. f. klinische Medizin 93, 1—65 (1922).

gibt ihr damit den praktischen Wert für die Aufgaben der „Löslichhaltung" (H. Schade) im Körper. In noch unveröffentlichten Versuchen hat der Verfasser die Gesetzmäßigkeit des intermediären tropfigen Zustands ebenfalls beim Kalziumkarbonat und Kalziumoxalat nachgewiesen; sie gilt auch bei den Phosphaten[1]). Der Einfluß der Neutralsalze auf das Verhalten dieses kolloiden Zwischenzustandes ist ebenfalls bereits zum Teil untersucht und neben den H- und OH-Ionen von mitbestimmendem Wert[2]).

Es ist ersichtlich, daß diese physikochemischen Untersuchungen über die Lösungsverhältnisse im Harn die Grundlagen für sämtliche mit der Harnlöslichkeit im Zusammenhang stehenden klinischen Probleme völlig verschoben, zugleich aber ganz erheblich vertieft und gefestigt haben. Es ist noch nicht an der Zeit, hier eine Darlegung der aus ihnen für die ärztliche Praxis sich ergebenden neuen Anschauungen und neuen Aufgaben zu versuchen.

Einfache Ausfällung im Harn führt zur Entstehung von Sedimenten, d. h. zum Auftreten von zahllosen kleinsten zusammenhangslosen kristallinischen oder amorphen Einzelgebilden, die entweder frei aus der Lösung[3]) zu Boden fallen oder sich bei ihrer Entstehung durch Adsorption an etwa vorhandene gröbere Schleimmassen, Harnzylinder und dergleichen ansetzen.

Die **Entstehung der Harnsteine** hat mit Notwendigkeit besondere physikochemische Bedingungen für die Vorgangsart der Ausfällung zur Voraussetzung. Durch die Arbeiten des Verfassers[4]) sind die allgemeinen Gesetzmäßigkeiten gefunden, nach denen die Formbildung der Harnniederschläge zum „Stein" erfolgt. Als wichtigste Charakteristika der Harnsteine sind außer dem festen Zusammenhalt des Ganzen besonders zu nennen: die konzentrische Schichtenbildung des Steins, oft durchsetzt von einer im ganzen radiärstrahlig angeordneten Kristallagerung; diese Kristalle sind meistens von anderem Typus, als man sie in rein wässeriger Lösung vorfindet (Posner); zudem ist noch das Vorhandensein eines „organischen Gerüstes" charakteristisch, welches der Kristallagerung auf das genaueste entspricht und nach Herauslösen der Kristallmassen noch deutlich die Steinstruktur wiedergibt. Dem Verfasser ist außerhalb des Körpers die künstliche Reproduzierung von Gebilden, welche dem Vorstehenden in allen Punkten entsprechen, gelungen[5]). Diese Versuche haben gezeigt, daß die hier genannten Eigentümlichkeiten der konzentrisch geschichteten Steinformung eine gesetzmäßige Folge des gemeinschaftlichen Ausfallens von Kristalloiden und Kolloiden sind. Die Kolloide haben

[1]) A. Schmidt (unter Schade). Inauguraldissertation. Kiel. 1922.

[2]) Möglicherweise haben auch die Untersuchungen von P. Pfeiffer u. J. Würgler (Zeitschr. f. physiol. Chemie **97**, Heft 2/3) über die Löslichkeitsbeeinflussung der Aminosäuren durch Neutralsalze zu dieser Frage eine engere Beziehung.

[3]) Auch dann aber schließen bekanntlich die Einzelkristalle des Harns durch Adsorption ein feinstes „Gerüst organischer Kolloide in sich ein.

[4]) H. Schade, Münch. med. Wochenschr. 1909, Nr. 1 u. 2; ebendort 1911, Nr. 14; ferner Kolloidzeitschr. **4**, 175 u. 261 (1909); Kolloidchemische Beihefte **1**, 375 (1910); Medizinische Klinik 1911, Nr. 15.

[5]) Siehe besonders Münch. med. Wochenschr. 1909, Nr. 1 u. 2 und Kolloidzeitschr. **4**, 175 u. 261 (1909).

die Eigenschaft, sich in mehr oder minder gut ausgeprägter Schichtbildung abzulagern; namentlich einige Eiweiße (Fibrin und andere) sind, wenn sie irreversibel ausfallen, durch diese Eigentümlichkeit in besonders hohem Maße ausgezeichnet. Findet bei solcher Ausfällung das Absetzen der Massen nicht am Boden des Gefäßes, sondern um einen frei in der Flüssigkeit suspendierten Körper statt, so nimmt die Schichtlagerung konzentrische Anordnung an. Zwei Abbildungen der an sich seltenen „reinen Eiweißsteine" mögen diese charakteristische Art der Formgebung der Kolloide demonstrieren: Fig. 36 und Fig. 37.

Fig. 36.
Reiner Eiweißstein der Bauchhöhle (eigene Beobachtung). Makroskopisch.

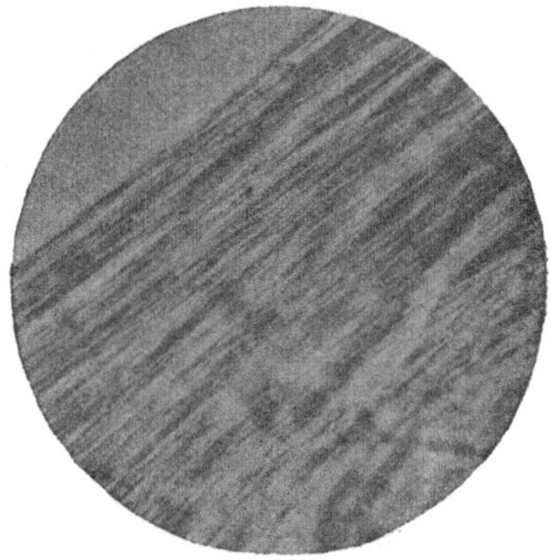

Fig. 37.
Reiner Eiweißstein der Harnblase (nach Lichtwitz). Randschicht mikroskopisch.

Der Modus dieser schichtigen Ablagerung bleibt, wenn auch meistens in etwas modifizierter Form, so doch stets deutlich erhalten, wenn die Ausfällung der Kolloide mit einer Ausfällung von Kristalloiden kombiniert ist: die hierbei resultierenden Ablagerungen zeigen ebenfalls ausgeprägt konzentrische Schichtung (Fig. 38); daneben aber setzt seitens der kristallinischen Elemente ein zweiter formgebender Einfluß mit der Tendenz einer einheitlichen Radiärstrahlung ein (Fig. 39).

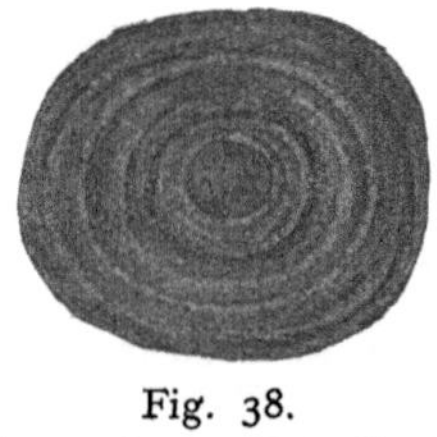

Fig. 38.
Harnstein, natürl. Größe. (Konzentrische Schichtung vorwiegend.)

Fig. 39.
Uratstein, natürl. Größe. (Konzentrische Schichtung und Radiärstrahlung.)

Die Form der Kristalle, welche diese Radiärstrahlung herbeiführen, ist von den üblichen Kristallformen in der Lösung abweichend, weil die Kristallbildung sich in einem „kolloiden Medium" vollzieht; dieselben abweichenden

Formen treten auf, wenn man die Kristallbildung künstlich in mehr oder minder festen Gallerten vor sich gehen läßt. Das adsorptive Zusammenhalten von Kristalloid und Kolloid hat weiter zur Folge, daß dort, wo die Kristalle sich dichter lagern, auch das Kolloid in dichterer Lagerung gefunden wird[1]: Kolloidgerüst und Kristalloidstruktur werden auf Grund der adsorptiven Vergesellschaftung in ihren Lagerungsorten identisch. Dabei ist es für den Gesamtvorgang außerordentlich wichtig, daß schon äußerst kleine Mengen des Kolloids (vom Fibrin z. B. in den Versuchen des Verfassers 0,07—0,1% und bei langer Versuchsdauer wahrscheinlich auch noch geringere Mengen[2]) genügen, um dem Gesamtniederschlag die für die Kolloidbeteiligung charakteristischen Besonderheiten aufzuzwingen. Diese Formung war auch dann noch experimentell zu beobachten, wenn in der Lösung jede sichtbare Kolloidausfällung fehlte[3]; die Steinbildung hat keine sichtbare Ausfällung im freien Raum der Lösung zur Voraussetzung.

Fig. 40.
Lothringer Rogenstein. Vergrößerung 1:75.

Das Zustandekommen solcher Steinbildung ist nicht an das Vorhandensein eines bestimmten Kolloids gebunden. Die hier umschriebenen Gesetzmäßigkeiten sind von ganz allgemeiner Gültigkeit. Der Verfasser hat sie in weiteren Versuchen sogar bei Gebilden des Mineralreichs bestätigt gefunden und dadurch zugleich für diese Gebilde die Art ihrer Entstehung aufgeklärt. Die Abbildung 40 zeigt die Brauneisenstein-Oolithe aus Lothringen, sie sind im Bau manchen Harnsteinen ähnlich. Sie bestehen im wesentlichen aus einem in konzentrischer Schichtung abgelagerten anorganischen Kolloid, dem Eisenoxydhydrat, welchem in wechselnder Menge anorganische Kristalloide, namentlich Karbonate, beigesellt sind. Die gleiche Entstehungsweise aus einer kombinierten Kolloid- und Kristalloidfällung hat der Verfasser für die sogenannten Pisolithe (Kieselsäure als anorganisches Kolloid) nachgewiesen. Die Mitteilung dieser Ergebnisse des Verfassers in der Kolloidzeitschrift ist zu der willkommenen Veranlassung geworden, daß die Fachmineralogen sich eingehend mit der hier gegebenen Steingenese beschäftigt haben. Diese Nachprüfungen haben zu einer vollen Bestätigung geführt[4].

---

[1] Näheres s. Münch. med. Wochenschr. 1909, S. 77.

[2] s. H. Schade, Münch. med. Wochenschr. 1909. S. 6.

[3] H. Schade, ebendort S. 6.

[4] Da die Arbeiten dieser Mineralogen in der für Mediziner weniger zugänglichen Zeitschrift für Kolloidchemie (Bd. 4) veröffentlicht sind, möchte ich mir erlauben, als Beleg zwei Sätze aus dem von Professor C. Doelter und Privatdozent

Auch ärztlich ist nicht ohne Interesse, daß die Bildung dieser rein anorganischen Analoga der Harnsteine noch heute in einigen Quellwässern, dem Auge des Beobachters jederzeit sichtbar, vor sich geht. Ebenfalls hier geschieht die Bildung der Steine unter genau denselben prinzipiellen Bedingungen, wie sie der Verfasser zur Herstellung seiner künstlichen Harnsteine benutzte. Als Beispiel seien die Pisolithe, sogenannte „Erbsensteine", erwähnt, die sich im Becken des Karlsbader Sprudels noch fortgesetzt bilden. Beim Zutagetreten des Karlsbader Wassers entweicht die freie Kohlensäure aus dem Quellwasser, infolgedessen verliert ein Teil der mitgeführten Salze, namentlich das Kalziumkarbonat, seine Löslichkeit, gleichzeitig kommt aber durch denselben Vorgang auch ein Kolloid, die Kieselsäure, zur Ausfällung. Im Quellbecken des Karlsbader Sprudels ist sonach eine ständige gleichzeitige Ausfällung von Kolloiden und Kristalloiden gegeben; außerdem sind im Quellbecken in den durch den Sprudel aufgewirbelten Massen geeignete, freischwebende Adsorptionszentren zum Ansatz der ausfallenden Lösungsteile vorhanden. Was entsteht, sei an dem Beispiel eines Erbsensteines gezeigt, den der Verfasser schon in seiner ersten Arbeit eingehender untersucht hat (Fig. 41).

Fig. 41.
Karlsbader „Erbsenstein".

Sofern man die Abweichung im Material sich fortdenkt, ist durchaus das Bild eines Harnsteins gegeben; auch hier ist als Begleitmasse der kristalloiden Ausfällungen ein kolloides „Gerüst" in dem Kieselsäuregel vorhanden, es läßt sich durch geeignete Behandlung als gallertartige Masse isolieren [1]).

Es ist nötig, noch etwas näher auf die Frage der Schichtenbildung im Stein einzugehen. Die physikalische Chemie läßt uns prinzipiell zweierlei Arten der Schichtenbildung unterscheiden: Schichtungen durch appositio-

F. Cornu veranlaßten Spezialheft: Kolloidchemie und Mineralogie zitanto anzuführen. So schreibt E. Dittler in einer mit den genannten Autoren gemeinsam verfaßten Arbeit (l. c. S. 277): „Daß H. Schade die Kolloidnatur der Pisolithe richtig erkannt hat, dafür geben einige Färbeversuche, welche ich mit zahlreichen Mineralgelen angestellt habe, Zeugnis . . . (folgt Angabe der Versuche)". In ähnlichem Sinne schreiben F. Cornu und H. Leitmeier (l. c. S. 290): „Interessant ist ferner noch, daß es kein Mineraloge war, der als erster die Gelnatur des Brauneisenerzes ausgesprochen hatte, sondern ein Arzt. Schade weist auf die höchst interessanten Analogien zwischen der Struktur der Harnsteine und der Brauneisensteinoolithe hin. Ferner wird hingewiesen auf die Analogien mit Pisolithen, die gleichfalls, wie er richtig erkannt hat, Grenzbildungen der kolloiden und kristalloiden Phase des kohlensauren Kalkes darstellen." In gleichem Sinne haben Autoren wie Wo. Ostwald, R. Marc u. a. ihr Urteil gegeben.

[1]) Nähere Angaben s. H. Schade, Münch. med. Wochenschr. l. c.

nelles Wachstum und Schichtungen durch rhythmische Niederschlagsbildung zufolge sekundären Eindringens von Lösungsstoffen in ein ursprünglich schichtungsfreies Kolloidgebilde. Daß bei den Harnsteinen ebenso wie bei den sonstigen Steinen des Körpers ein Wachstum durch Apposition vorliegt, ist nicht zu bezweifeln. Hiermit aber ist nach Vorstehendem zugleich das Statthaben einer Schichtenbildung durch Apposition gesichert. Es ist leicht, im Experiment Schichtungen wie bei den Harnsteinen entstehen zu lassen, wenn man durch geeigneten Wechsel in der Beschaffenheit der Lösungen Kolloide + Kristalloide mehrmals nacheinander schubweise zur Ausfällung bringt. Aber auch ohne von außen herangebrachte Änderungen geht in kolloidhaltigen Medien die Ausfällung oft in Schüben vor sich: selbst bei ruhigem Stehen sieht man aus kolloiden Lösungen sich nacheinander Abscheidungen mit scharfer Schichtentrennung absetzen[1]). Auch dieser Vorgang wird sich wie der vorige beim wachsenden Stein im Sinne einer Schichtenbildung durch Apposition geltend machen. Es fragt sich, ob daneben noch jene zweite oben genannte Art der Schichtenbildung, diejenige durch Ausfallen sekundär hineindiffundierender Stoffe, für die Formgenese der Steine Bedeutung hat. Konzentrische Schichtungen dieser Art (auf dem Durchschnitt als „Liesegangsche Ringe" bezeichnet) entstehen, wenn eine gelöste Substanz in ein Kolloid zentripetal hineindiffundiert und dabei Substanzen begegnet, mit denen es sich zu unlöslichen Verbindungen vereinigt. Die Schichtungen der Achate geben für solche Vorgangsart das bekannteste Beispiel. Zur Entscheidung der Frage des Beteiligtseins dieser Art Schichtenbildung sei nochmals auf die S. 355 erwähnten Oolithe, welche mit den Harnsteinen eine grundsätzlich gleiche Genese haben, zurückgegriffen. R. E. Liesegang, welcher die Gesetzmäßigkeiten der von ihm entdeckten Erscheinung der „Ringbildungen" sehr eingehend untersucht hat, schreibt ausdrücklich von diesen Gebilden wie folgt[2]): „Daß aber für die Bänderung der Oolithe nicht die Theorie der zentripetalen Diffusion von den Achaten übertragen werden dürfe, das geht ganz unzweifelhaft aus der Struktur von Oolithen mit zwei Zentren hervor. Die ersten Lagen sind hier vollkommen konzentrisch um jeden der Kerne ausgebildet. Erst die späteren legen sich um beide Kerne. Das ist natürlich nur bei einem zentrifugalen Fortschritt der Bildung (d. h. bei Entstehung der Schichten durch Apposition) möglich." Die hier charakterisierte Lagerung der Schichten ist aber genau so auch bei mehrkernigen Harnsteinen, resp. Gallensteinen zu finden. Die Schichtung durch Apposition ist demnach bei den Steinbildungen des Körpers als durchaus vorherrschend anzusehen; die Schichtung durch sekundäre zentripetale Diffusion (Liesegangsche Ringe) dürfte, wenn sie überhaupt in Betracht kommt, nur in sehr nebensächlicher Rolle beteiligt sein.

Wenn es zur Entstehung von Harnsteinen des bisher charakterisierten Typus kommen soll, sind beide Anteile, die Kolloide und die Kristalloide

[1]) Vgl. P. Ehrenberg, E. Hahn in O. Nolte, Kolloidzeitschr. 21, 1 (1917).

[2]) R. E. Liesegang, Kolloidzeitschr. **12**, 272 (1913); vgl. ferner derselbe, Chemische Reaktionen in Gallerten, Leipzig 1898 und derselbe, Die Achate. Th. Steinkopff, Dresden, sowie Naturwissenschaftl. Wochenschr. 1910, Nr. 41.

unerläßlich. Eine Entscheidung der oft aufgeworfenen Frage, welcher der beiden Anteile dabei der wichtigere ist, scheint dem Verfasser für diese Art der „gewöhnlichen Harnsteine" ohne erheblichen Wert. Je nach den Mengenverhältnissen wird bald mehr die Rolle des Kolloids, bald mehr diejenige des Kristalloids überwiegen. Nach beiden Richtungen hin aber sind Sonderbildungen möglich, welche wenigstens im praktischen Sinne nur aus einer Art Anteil bestehen. Das eine Extrem, die sogenannten „Eiweißsteine" des Harns, hat schon oben seine Erwähnung gefunden. Wichtiger, weil viel häufiger vorkommend, ist das andere Extrem, bei dem die Rolle des Kolloids für die Steinbildung praktisch bis zur Bedeutungslosigkeit zurücktritt: diese Steine seien in ihrer ausgesprochensten Form als „reine Kristalloidsteine" bezeichnet.

Diese letzte Art der Harnsteinbildung ist in den genannten experimentellen Arbeiten des Verfassers nicht behandelt. Ihre experimentelle Reproduzierbarkeit fehlte. Die Untersuchungen, welche der Verfasser in Gemeinschaft mit E. Boden[1]) über die Anomalie der Harnsäurelöslichkeit anstellte, haben nun gleichfalls nach dieser Richtung brauchbare Unterlagen gegeben. Während bei der gewöhnlichen Kristalloidausfällung im Harn ein zusammenhangloses Sediment entsteht, schafft die bereits oben (S. 203) beschriebene intermediäre Tröpfchenstabilisierung für die Harnsäure und die Urate einen Weg, auf dem ohne das Mitwirken einer organischen Gerüstsubstanz die Bildung einer festen Steinmasse möglich ist. Die mikroskopische Beobachtung der tropfig sich entmischenden Harnsäure hat ergeben, daß bei den noch flüssigen oder halbfesten Harnsäurekugeln durch Konfluenz resp. Adhärenz ohne das Vorhandensein eines besonderen Kolloids eine derartige Vereinigung der Masse zustande kommt, daß bei dem nachherigen Auskristallisieren ein fest zusammenhaltendes „Steinchen" entsteht. Alle Bedingungen, welche bei der tropfigen Entmischung der Harnsäure die Heranbildung großer Tropfen begünstigen[2]), begünstigen auch die Entstehung dieser Steinchen. Das Optimum für die tropfige Harnsäureausfällung liegt bei einer ganz schwach sauren Reaktion des Harns, genauer bei einer H-Ionenkonzentration von etwa 10^{-7} bis $10^{-5,5}$. Möglichstes Freisein des Harns von mitausfallenden Kolloiden ist als weitere Bedingung wichtig, da sonst — offenbar durch sofortige kolloide Umhüllung der Harnsäuretröpfchen schon im Stadium ihrer noch ultramikroskopischen Größe — der Vorgang der reinen tropfigen Entmischung gestört wird und dann Gebilde vom Charakter der gemischten Kolloid-Kristalloidausfällung entstehen. Läßt man die tropfige Entmischung der Harnsäure sich im Experiment aus reinen wässerigen Lösungen langsam vollziehen, so kommt eine Bildung von radiärstrahligen Steinchen (bis zur Größe von 3 mm Durchmesser in einzeitigen Versuchen erhalten) ohne jedes kolloide „Gerüst" zustande, als bester Beweis,

[1]) H. Schade und E. Boden, Zeitschrift für physiologischh Chemie **83**, 347 (1913).

[2]) Siehe H. Schade u. E. Boden, Zeitschr. f. physiol. Chemie **83**, 347 (1913); ferner Verhandlungen des Kongresses f. innere Medizin. Wiesbaden 1914. S. 578 und H. Schade, Zeitschr. f. klin. Medizin 93, 1 (1922).

daß diese Vorgangsart vom Mitausfallen von Kolloiden[1]) völlig unabhängig ist. Bei Entstehung in kolloidhaltigen Medien tritt zur Radiärstrahlung eine mehr oder minder zarte Schichtung hinzu. Solche Gebilde treten häufig im Harn auf, wie die beigefügte Figur 42 nach C. Posner belegen möge. Derartige Kugeln werden teils einzeln, teils zu mehreren miteinander verklebt vorgefunden[2]). Auch an der Oberfläche älterer Steine sind nicht selten diese Kugeln als jüngste Ablagerungen der Harnsäure deutlich kenntlich (Fig. 43). Bei ihrem Vorkommen im Harn haben sie stets durch die unvermeidliche Adsorption von Harnkolloiden ein wenn auch nur „schattenhaftes" Gerüst. Tritt infolge reichlicherer Anwesenheit von normalen oder gar pathologisch angehäuften Harnkolloiden dies Gerüst stärker hervor, so ist damit sehr bald die Annäherung an den oben beschriebenen Steintypus der „gewöhnlichen Harnsteine" gegeben: die tropfige Entmischung des

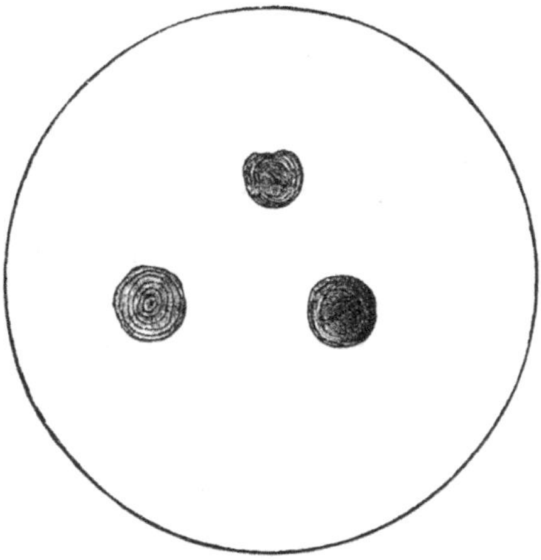

Fig. 42.
Harnsäure-Mikrolithe
(bei mikroskopischer Vergrößerung nach C. Posner).

Fig. 43.
Harnsäurestein mit Wachstum durch kugelige Auflagerung.
Oberflächenansicht.

Kristalloids bleibt in den ersten Stadien stecken, da schon die kleinsten, noch kolloid dispersen Tröpfchen sich infolge zu reichlicher adsorptiver Beladung mit fremdartigem Material nicht mehr durch Konfluenz vereinigen können; bei solchen Verhältnissen gewinnen sehr bald die sich beimengenden Kolloide des Harns formgebenden Einfluß und es entstehen wieder Steinbildungen der oben beschriebenen typisch geschichteten Art (Fig. 38 u. 39).

Sucht man aus diesen Untersuchungen das Gesamtergebnis in etwas schematischer Weise zu ziehen, so lassen sich drei Arten der Harnsteine unterscheiden:

---

[1]) Immerhin kommt streng genommen noch die Möglichkeit des Mitwirkens des eigenen intermediären Kolloids der Harnsäure in Betracht; doch gibt sich der Vorgang der Konfluenz deutlich als eine nicht kolloid bedingte Sonderart der Tröpfchenvereinigung zu erkennen.

[2]) Auch diese Konglomeratbildungen durch Verklebung wurden vom Verfasser häufig bei der experimentellen Steinbildung aus künstlichen Harnsäurelösungen erhalten.

1. reine Kolloidsteine: die Eiweißsteine,
2. kombinierte Kolloid-Kristalloidsteine: die „gewöhnlichen Harnsteine", charakterisiert durch konzentrische Schichtung + radiäre Kristallstrahlung,
3. reine Kristalloidsteine, z. B. die Harnsäure- und Uratsteine mit den Kennzeichen der Entstehung aus tropfiger Entmischung.

Wenn auch bei solcher schematischer Aufstellung die in ihrem pathologischen Vorkommen gleich wichtigen Übergangsformen in der Bewertung zurückstehen, so hat doch diese Einteilung eine praktische Bedeutung. Während die Eiweißsteine wegen ihres seltenen Vorkommens weniger wichtig sind, hat die Unterscheidung der beiden anderen Steinarten klinisch das größte Interesse. Soweit die bisherigen physikochemischen Ergebnisse ein abschließendes Urteil gestatten, können aus dem normal kolloidhaltigen Harn keine geschichteten Gebilde vom Typus der „gewöhnlichen Harnsteine" entstehen. Zu ihrer Bildung ist ein abnorm kolloidhaltiger Harn mit Kolloiden, die irreversibel ausfallen, erforderlich; klinisch wird ihre Entstehung daher durchgehends auf eine entzündliche Erkrankung zurückweisen. Anders verhalten sich die „reinen Kristalloidsteine". Für sie ergibt die physikochemische Untersuchung, daß der Bildungsprozeß, die tropfige Entmischung, nur in solchen Lösungen sich in ausgeprägter Form vollzieht, die ein Minimum an mitausfallenden Kolloiden enthalten; ihre Entstehung wird daher vorzugsweise in entzündungsfreien Harnen erfolgen; starke Konzentrationserhöhungen der Harnsäure, die nicht selten schon in den Zellen der Nieren kleinste „Sphärolithe" auftreten lassen, und ferner längeres Verweilen des Harns, also Stauungen, sind diesem Vorgang günstig. Es ist eine eigentümliche Erscheinung, daß dieselbe Vorgangsart, die tropfige Entmischung, welche physiologisch durch die Kolloide des Harns stabilisiert wird mit dem Nutzeffekt, daß sie als Schutz gegen die Sedimentbildung wirkt, bei ihrem pathologischen Versagen zu Niederschlagsformen führt, die für den Körper ungleich ungünstiger sind als das Sediment selber. Die Grenze zwischen den „reinen Kristalloidsteinen" und den „gewöhnlichen Harnsteinen" ist wenig scharf zu ziehen, da die Übergänge sehr fließende sind. Gleichwohl ist diese Unterscheidung praktisch wichtig, da nicht selten große Konkremente namentlich von Harnsäure und Uraten gefunden werden, die schichtenlos sind, nur ein äußerst geringes Kolloidgerüst besitzen und sich in der Form ihrer jüngsten Ablagerungen als Gebilde einer rein tropfigen Genese zu erkennen geben. Die beigefügte Fig. 44 mag diese

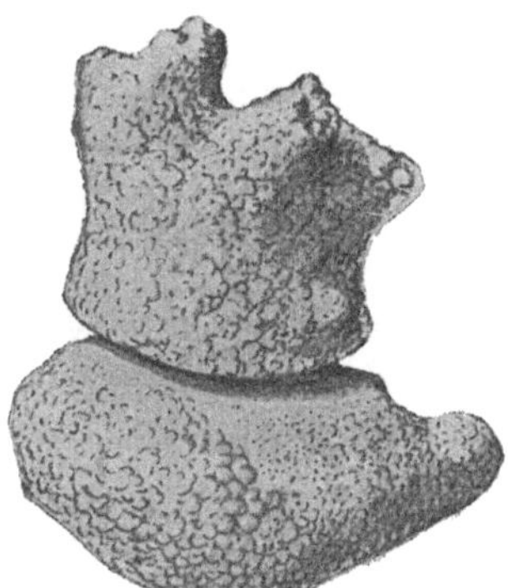

Fig. 44.
Typus eines reinen Krystalloidsteines. (Harnsäurestein ohne Schichtung der Innenmassen, außen mit deutlichen Anzeichen der tropfigen Anlagerung.)

Art Steine charakterisieren. Physikochemisch ist anzunehmen, daß sie ohne Entzündung, d. h. ohne aktive Mitwirkung von abnormen kolloiden Substanzen, entstanden sind. Die Steinchenbildung beim Harnsäureinfarkt der Neugeborenen gibt hier ein weiteres Beispiel.

Zur Annahme irgendeiner noch nicht erkannten geheimnisvollen Sonderwirkung für den „Steinkern" ist kein Grund mehr vorhanden. Sowohl die tropfige Entmischung als auch die gemeinschaftliche Kolloid-Kristalloidausfällung, als schließlich auch die reine Kolloidgerinnung kann jederzeit den Anfang zum Stein liefern und weiterhin durch Adsorption zum Sammelpunkt der später ausfallenden Substanzen werden (vgl. S. 309). Der „Steinkern" hat, da die Ausfällungen im Harn nur relativ wenig auf einen Kristallisationskeim[1]) reagieren, im wesentlichen kein stoffliches Kennzeichen, vielmehr als wichtigste Charakterisierung das physikalische Merkmal der vermehrten Grenzflächenspannung zum Harn. Ähnlich wie andere Fremdkörper der verschiedensten Art kann auch eine Luftblase in übersättigter Lösung als „Steinkern" wirken[2]). Im strengen Sinne sind alle heterogenen Gebilde des Harns, auch die normal vorhandenen Kolloide kleinste Steinkerne, an deren Oberfläche die Adsorption mit ihrer lokalen Konzentrationsanreicherung wirksam ist; aber alle diese unzählig vielen Kolloidteilchen halten sich gegenseitig das Gleichgewicht, so daß es zu keinem Überwiegen der Adsorption an einer bestimmten Stelle in der Lösung kommt. Erst wenn ein Adsorptionszentrum auftritt, welches an Intensität alle anderen übertrifft, besteht die Tendenz der einheitlichen Orientierung der ausfallenden Massen, so daß dieses Zentrum zu einem Sammelpunkt des adsorbierbaren Materials wird. Eine solche Rolle übernimmt schon jedes Gerinnsel im Harn, jede nekrotische Schleimhautpartie, insbesondere aber auch jeder Stein in jedem Stadium seines Wachstums, sofern seine Grenzflächenspannung zum Harn eine große ist. Hierin liegt eine der ständigen Gefahren des Steines für seinen Träger. Er sammelt und hält Niederschläge zurück, die sonst, durch die Kolloide adsorbiert und in „Lösung" erhalten, schadlos den Körper verlassen hätten. Diese Adsorption verdient noch deshalb eine besondere Beachtung, weil sie in auswählender Weise erfolgt (vgl. S. 275 ff.); ohne streng an die Sättigungsverhältnisse des Lösungsraumes gebunden zu sein, bringt sie die stärker adsorbierbaren Anteile vermehrt zur Anhäufung am Stein und läßt die weniger adsorbierbaren Teile in der Lösung zurück.

Für die Fragen der Therapie sind durch die physikochemische Bearbeitung der Steingenese mannigfache neue Gesichtspunkte erwachsen. Einige erste Hinweise sind bereits vom Verfasser gegeben. Ein neues Feld der Arbeit bietet sich dar sowohl für die Bestrebungen zur Vorbeugung der Steinentstehung als auch für die Versuche zur Wiederauflösung von Steinen[3]). Nur zur letzteren Frage seien einige Bemerkungen hier angeschlossen. Kolloidfreie Kristalloidniederschläge der Tropfenform sind völlig reversibel löslich, nur verlangsamt die relativ geringe Oberfläche

[1]) Vgl. auch H. Schade, Kolloidchemische Beihefte **1**, 391 (1910).

[2]) H. Schade, Kolloidzeitschr. **4**, 265 (1909).

[3]) H. Schade, Medizinische Klinik 1911, Nr. 15; vgl. auch derselbe, Münch. med. Wochenschr. 1911, Nr. 14.

solcher Kugeln im Vergleich zu Einzelkristallen den Vorgang der Wiederauflösung. Bei den kolloidhaltigen Steinen aber ist die Art des Kolloids von der einschneidensten Bedeutung. Ist das Kolloid selber reversibel und auch bei der Ausfällung reversibel geblieben, so besteht gleichfalls die Möglichkeit der Lösung in einfachem Wasser. Am ungünstigsten liegen die Verhältnisse bei solchen Konkrementen, die aus einer Mischfällung von irreversiblen Kolloiden und Kristalloiden hervorgegangen sind. Hier scheint praktisch kein Erfolg durch Behandeln mit Wasser erreichbar zu sein, da das Kolloid zu sehr diffusionshemmend die Kristalloide umschließt. Wie der Verfasser zeigte, zerfallen aber diese Steine sofort zu schwammigem Sediment, wenn man die Kolloidmasse (z. B. durch Antiformin) weglöst[1]. Bei eitrigen Entzündungen sieht man nicht ganz selten „angefressene" Stellen an Steinen, die mit Wahrscheinlichkeit solchen Partien entsprechen, an denen durch die Fermente des Eiters die Kolloide des Steins zur Lösung gebracht sind. Ob therapeutische Erfolge durch Beeinflussung des Kolloidbestandes im Stein möglich sein werden, läßt sich noch nicht beantworten[1].

Vergleicht man die physikochemischen Prozesse der Harnsteinbildung mit denen der Gallensteinbildung (s. S. 297 ff.), so ist die prinzipielle Verwandtschaft beider Vorgangsarten sehr auffallend. Für die Harn- und Gallensteine sind weitgehend die gleichen physikochemischen Gesetze der Formgebung gültig. Es ist besonders bemerkenswert, daß durch die letzten Untersuchungen des Verfassers nun auch die tropfige Entmischung für bestimmte Formen der Harnsteine als wesentlich erkannt wurde, nachdem bereits ihre Bedeutung für die „reinen Kristalloidsteine der Galle", d. h. für den Cholesterinstein, durch die frühere Untersuchung feststand. Diese physikochemischen Gesetze der Konkrementbildung haben ganz allgemeine Bedeutung. Überall wo man in den Flüssigkeitsräumen des Körpers das Auftreten von Konkrementen beobachtet, sind — ungeachtet allen Wechsels der chemischen Beschaffenheit des Konkrementmaterials — die gleichen prinzipiellen Bedingungen gegeben und überall treten die gleichen Formungen der Steine zutage. Der „Gehirnsand" der Arachnoidea, die Reiskörperchen der Gelenke, die Prostatakonkremente, die Pankreas- und Speicheldrüsensteine, die Darmsteine usw., sie alle sind, indem sie sich unabhängig von vorgebildeten Zell- oder sonstigen Gewebstrukturen frei in einem Flüssigkeitsraum bilden, Einzelbeispiele des Wirkens der oben beschriebenen physikochemischen Gesetze und finden als solche in der Art ihrer Entstehung eine weitgehende Erklärung[2]. Der alte Begriff des „spezifischen steinbildenden Katarrhs" kann nichts Einheitliches umfassen. Alle Vorgänge physiologischer oder pathologischer Art (Übersättigungen, Kolloidausscheidungen usw.), welche zum Zustandekommen der oben beschriebenen Bedingungen beitragen, haben ihren Anteil an der Steinbildung; oft gibt auch lediglich der Zeitfaktor den Ausschlag, ob es zur Entstehung eines Konkrements kommt oder nicht.

[1]) H. Schade, Medizinische Klinik 1911, Nr. 15; vgl. auch derselbe, Münch. med. Wochenschr. 1911, Nr. 14.
[2]) Vgl. Münch. med. Wochenschr. 1911, Nr. 14 (Schade).

Kapitel 8.

Aus dem Gebiet der Herz- und Gefäßkrankheiten.

Auf diesen Gebieten ist die physikalische Chemie bislang nur erst wenig zur Geltung gekommen, und doch liegen auch hier mannigfache Probleme, zu deren Lösung die physikalische Chemie nicht zu entbehren sein wird.

Die Pathologie pflegt je nach der Konsistenz, in der sich der Herzmuskel bei der Sektion vorfindet, zwischen schlaffen und festen Herzen zu unterscheiden. Die exakte Präzisierung dieser Begriffe ist keineswegs leicht. Nur zu geringstem Teil liegen dieser Unterscheidung mikroskopisch faßbare Besonderheiten des Herzfleisches zugrunde. In sehr erheblichem Grade ist die Art des jeweiligen Kontraktionszustandes und das Maß der postmortalen Starre bestimmend. Aber darüber hinaus sind oft auch Unterschiede vorhanden, die ihre Ursache in einer dem Individuum schon bei Lebzeiten eigenen Besonderheit des kolloidphysikalischen Zustandes des Herzens haben. „Die Leistungsfähigkeit des Herzens ist bis zu gewissem Grade weit weniger von dem anatomischen als von dem vitalen Zustand des Organs abhängig" (Stokes). Wie in jedem Muskel[1]) wird auch im Herzmuskel die mechanische Arbeitsleistung durch Form-, resp. Volumänderungen der Muskelkolloide bewirkt, sie steht daher mit der Befähigung der Kolloide zu solchen Änderungen in engster unzertrennlicher Beziehung. Wenn auch die nähere Art des Zustandekommens der kolloidchemischen Muskelleistung noch nicht geklärt ist[1]), so ist doch darüber kein Zweifel mehr vorhanden, daß eine jede **Störung der normalen Kolloidität des Herzmuskels** für den mechanischen Nutzwert der Muskelarbeit von einschneidender Bedeutung sein muß. Die „Pathologie des Kolloidzustandes" bedarf daher auch am Herzen dringend einer Bearbeitung. Dies gilt namentlich für jene zahlreichen Fälle, wo funktionell eine Minderwertigkeit des Herzmuskels feststeht, ohne daß die mikroskopische Untersuchung eine ausreichende Unterlage aufzudecken vermag. Die klinische Diagnose der muskulär-funktionellen Störungen des Herzens ist durch die Röntgenuntersuchung sehr gefördert. Man beginnt, intravital für Begriffe wie „Ermüdung", leichte „Erschöpfbarkeit", „schlaffes Herz" usw. bereits schärfere Abgrenzungen zu gewinnen. Es steht zu erwarten, daß in diesen Fragen gerade dort, wo die Mikroskopie ihrer Art nach versagen muß, die physikalische Chemie, besonders die Kolloidchemie mit den ihr verfüglichen Methoden die vorliegenden Unterschiede zur Erkennung bringen und dem Verständnis näherführen kann. In solcher Richtung ist namentlich eine Arbeit von Bruns[2]) von Interesse, in welcher gezeigt wird, daß bei erschöpften Herzen eine abnorme Dehnbarkeit der Herzwand für gesteigerte Innenbelastung besteht. Als erstes kolloidphysikalisches Symptom am mikroskopisch nicht veränderten Herzen verdient dieser Befund eine besondere Beachtung.

In enger Beziehung zum Kolloidverhalten stehen die **Ionenwirkungen am Herzen.** Die Physiologie vermag hier sehr wichtige allgemeine Unter-

---

[1]) Vgl. S. 418.
[2]) Deutsches Arch. f. klin. Medizin **113**, 179 (1913).

lagen zu bieten. Schon Gaule[1]) hat 1878 beobachtet, daß die alkalische Reaktion der Durchspülungsflüssigkeit den Herzrhythmus erheblich beschleunigt. Ein minimaler, dem Blut entsprechender Überschuß an OH-Ionen gibt das Optimum für die Erhaltung der Tätigkeit beim überlebenden Herzen. Jede weitere Steigerung der OH-Ionen, noch mehr aber eine Vermehrung der H-Ionen schädigt das Herz[2]). Dabei ist für die Bedeutung der H- und OH-Ionen nicht uninteressant, wenn auch keineswegs direkt auf die Verhältnisse des Säugetierherzens übertragbar, daß das Herz gewisser niederster Tiere bei einer Vermehrung der OH-Ionen bis zu $[H\cdot] = 10^{-8}$ in der Systole, bei einer Vermehrung der H-Ionen bis $[H\cdot] = 10^{-6}$ dagegen in der Diastole stillsteht (Mines[3])). J. Loeb hat ferner die Unerläßlichkeit eines richtigen Mengenverhältnisses der Na- zu den Ca-Ionen für die optimale Erhaltung der Herztätigkeit aufgefunden; auch hier sind die Ca-Ionen als kolloidchemische Antagonisten der Na-Ionen (vgl. S. 167) erforderlich[4]). Beim völligen Fehlen des Ca bleibt die Vagusreizung ohne Erfolg auf das Herz[5]). Ebenfalls wurde eine spezifische Beziehung zwischen dem Kalium und dem Nervus vagus gefunden: eine geringste Vermehrung des Kaliumgehaltes der Durchspülungslösung hat zur Folge, daß der Effekt der Vagusreizung ganz erheblich ansteigt[6]); außerdem soll durch eine jede Vagusreizung eine kleine Menge Kalium den Herzmuskel in diffusibler Form verlassen[7]). Über die Wirkung der Anionen auf das Herz hat Sakai[8]) eine ausführliche Untersuchung am isolierten Ventrikel des Frosches geliefert. Die Kontraktionsstärke des Ventrikels nimmt für die einzelnen Anionen gemäß der Hofmeisterschen Reihe, d. h. vom Jodid über das Bromid, Nitrat, Chlorid, Azetat, Sulfat, Tartrat bis zum Zitrat ab. Die Schlagfrequenz des Herzens wird durch Jodid, Bromid, Nitrat und Sulfat erhöht, durch Azetat, Laktat, Tartrat und Zitrat herabgesetzt. Ferner ist die hemmende Wirkung künstlicher Extrasystolen auf die Rhythmik des Herzens im verschiedenen Sinne durch die Anionen beeinflußbar; am stärksten in steigender Richtung wurde das Zitrat und das Laktat wirksam befunden. Diese Beeinflussung des Herzens durch die Salze kommt auch im Elektrokardiogramm zum Vorschein: durch Änderungen z. B. im Kalziumgehalt der durchspülenden Ringerschen Lösung kann man die Ausdehnung fast jeden Teils des Elektrokardiogramms verändern, ganz besonders die T(F)-Zacke[9]).

Eine ganz neuartige Richtung hat die Untersuchung der Kalium-

---

[1]) Arch. f. Physiologie 1878, 291.

[2]) A. Borrino e G. Viale, Arch. d. fisiol. **10**, 537 (1912).

[3]) Journ. of physiol. **43**, 467 (1912).

[4]) J. Loeb in Oppenheimer, Handbuch der Biochemie II, I, S. 128 (1910).

[5]) Schiff, Recueul des memoires physiol. de M. Schiff I, 653. Lausanne 1894; Busduet und Pachon, Journ. de physiol. et patholog. général. **11**, 807, 851 (1909).

[6]) Howel, Amer. Journ. of physiol. **15**, 280 (1906).

[7]) Howel u. Duke, Amer. Journ. of physiol. **21**, 51 (1908).

[8]) Zeisschr. f. Biologie **64**, 1 (1914).

[9]) A. Leontowitsch, Pflügers Arch. f. d. ges. Physiol. **147**, 493 (1912).

wirkung durch die Arbeiten von Zwaardemaker[1]) angenommen. Das Kalium ist in geringem Grade radioaktiv, es liefert in minimaler Menge β- und γ-Strahlen. Auf dieser Wirkung soll nach Zwaardemaker die physiologische Bedeutung des Kalium beruhen und in dieser Wirkung soll das Kalium speziell auch beim Herzen durch andere Elemente in „aequiradioactiven" Mengen zu ersetzen sein. Diese Fragen sind indes noch nicht spruchreif. Von J. Loeb[2]) und anderen Autoren[3]) wird die Richtigkeit der Zwaardemaker'schen Auffassung bestritten.

Die klinischen Beobachtungen über Salzwirkungen am Herzen sind noch sehr spärlich. Wenn man die gröberen Wirkungen bei Inkorporierung eigentlich toxischer Salze ausscheidet, bleibt nur ein geringes Material einschlägiger Beobachtungen übrig. Im allgemeinen ist durch die Isoionie des Blutes für das lebende Herz eine große Konstanz in der Zusammensetzung der durchspülenden Flüssigkeit gewährleistet. Immerhin aber kommen auch unter klinischen Verhältnissen Durchbrechungen dieser Konstanz vor. Die intravenöse Kochsalzinfusion in den üblichen Mengen (ein Liter und mehr) vermag die Ionenzusammensetzung des Blutes derart zu verschieben, daß am Herzmuskel ausgesprochene kolloide Veränderungen zustande kommen. R. Rößle[4]) hat sie als „Trübungen des Herzfleisches" beschrieben von einer derart charakteristischen Beschaffenheit, daß in reinen Fällen aus ihnen die stattgehabte Kochsalzinfusion nachträglich am Sektionstisch diagnostizierbar ist. Diese Befunde sind von der größten Bedeutung, da sie die Gefährlichkeit der nicht-isoionischen Lösungen zeigen und somit nachdrücklich vor der Infusion der reinen, früher als „physiologisch" bezeichneten Kochsalzlösungen warnen (vgl. S. 167). Klinische Beobachtungen über die Beeinflußbarkeit der Herzfunktion durch eine Milieuänderung des Blutes scheinen noch fast völlig zu fehlen. Die gelegentlichen Angaben, daß bei der Ca-Therapie die Extrasystolen und die Bigemie des Pulses sich verringerte, werden noch einer allgemeinen Nachprüfung bedürfen, ehe man ihnen einen sicheren Wert zuschreiben kann. Vielleicht ist es nützlich, für die hämolytischen Prozesse des Blutes, namentlich für deren akute Formen, auf die Möglichkeit einer gesteigerten Kaliumwirkung hinzuweisen; wenigstens ist in physiologischen Experimenten das hämolytische Blut von Tieren, deren Erythrozyten (wie z. B. bei Kaninchen) einen relativ hohen Kaliumgehalt besitzen, infolge des bei der Hämolyse freiwerdenden Kaliums in Durchspülungsversuchen für das Herz sehr schädlich gefunden: die Pulse wurden klein und das Herz kam sogar völlig zum Stillstand[5]). Von R. Kolm und E. Pick[6]) wurde gezeigt, daß das Kalium bei bestimmter Dosierung im-

---

[1]) Pflügers Arch. **169**, 122; (1917) **173**, 28 (1919); die neueste Zusammenfassung findet sich in den Ergebnissen der Physiologie **19**, 326 (1921).

[2]) Journ. of génér. physiol. **3**, 229—245 (1920).

[3]) Clark, Journ. of physiol. **54**, 15 (1920) und Libbrecht, Arch. internation. de physiol. **15**, 446 (1921) u. a.

[4]) Berl. klin. Wochenschr. 1907, Nr. 37.

[5]) Literatur s. Ergebnisse der Physiologie **12**, 289.

[6]) Pflügers Arch. **185**, 235 (1920).

stande ist, durch Unterdrückung heterotoper Reize das Herzflimmern zu verhüten. In Übereinstimmung hiermit hat M. Helline[1]) im Falle eines durch Starkstromwirkung bedingten Herzstillstandes die Injektion von 4 ccm 5% KCl-Lösung pro kg empfohlen.

Es erscheint dem Verfasser als eine sehr lohnende Aufgabe, die **Wirkungsweise der Herzmittel** von kolloidchemischen Standpunkten aus einer erneuten Untersuchung zu unterziehen. Insbesondere bezieht sich dieses auf jene Wirkungskomponente, die man als inotrope zu bezeichnen pflegt, d. h. auf jenen Anteil der therapeutischen Wirkung, der den „inneren Zustand des Herzmuskels" betrifft. Daß kolloidchemische Beeinflussungen therapeutisch für das Herz in Frage kommen können, macht nicht nur die Analogie einiger Beobachtungen am Skelettmuskel (s. S. 423) wahrscheinlich, es läßt sich für das Herz selber an dem Beispiel der Kalziumwirkung belegen: das Kalzium hat wie überall so auch am Herzmuskel eine kolloidchemische Wirkung im Sinne der kolloiden Verfestigung und zugleich ist als funktioneller inotroper Erfolg experimentell eine „Zunahme der Kontraktionsgröße durch energischere Systole"[2]) sicher. Manche der wichtigsten Herzmittel, besonderes Digitalis und Koffein, haben eine ausgeprägt inotrope Komponente ihrer Wirkung. Diese Muskelwirkung äußert sich bei der Digitalis in einer stärkeren diastolischen Dehnungsfähigkeit in Verbindung mit kräftigerer systolischer Kontraktion, beim Koffein dagegen in einer Veränderung des Muskels, derzufolge bei der Systole des Herzens ein größerer Maximaldruck seitens des Blutes überwunden zu werden vermag. Schon Dreser[3]) hat für das Koffein die Analogie zur Wirkung auf den Skelettmuskel betont, bei dem er in gleicher Art wie am Herzen[4]) unter dem Koffeineinfluß ein Ansteigen der „absoluten Kraft" feststellte. Der besonderen Befähigung des Koffeins zur Kolloidbeeinflussung sind wir schon mehrfach (s. S. 273 u. 319) begegnet. A. Bélak[5]) hat die Koffeinwirkung beim Skelettmuskel einer physikochemischen Untersuchung unterworfen; auch er kommt zu dem Ergebnis, daß die Steigerung der Funktion zur der durch das Koffein bedingten Kolloidänderung des Muskels in naher Beziehung steht. Ferner sei darauf verwiesen, daß H. Straub und Kl. Meier[6]) beim Strophantin Böhringer, beim Verodigen und Digofolin eine der Ca-Wirkung nahestehende Kolloidwirkung im Sinne einer verringerten Ionendurchlässigkeit der Zellkolloide fanden. Auch sonst liegen zahlreiche sehr interessante Beobachtungen über die Beziehungen der Herzmittel zu den physiologischen Kationen vor. Das Strophantin kann bis zu gewissem Grade die Kalziumionen ersetzen: Ein durch Ca-freie Ringerlösung in Stillstand versetztes Herz wird durch Strophan-

---

1) Journ. de radiol. et d'électrol. **4**, 254 (1920).
2) Vgl. H. Meyer u. R. Gottlieb, Die experimentelle Pharmakologie 1910, S. 229.
3) Arch. f. experim. Pathol. u. Pharmakologie 1890, Bd. 27.
4) Dreser, ebendort, 1887, Bd. 24.
5) Biochem. Zeitschr. **83**, 165 (1917).
6) Verhandl. d. Deutsch. Kongresses f. innere Medizin. Wiesbaden. 1920; ferner Biochem. Zeitschr. **111**, 67 (1920). Vgl. auch E. Geiger u. A. Jarisch, Arch. f. experim. Pathol. u. Pharmakologie **94**, 52 (1922). [Anm. während d. Korr.]

tin, nicht aber durch andere Herzmittel wieder zum Schlagen gebracht; ebenso vermag das Strophantin das Kalzium als Antagonist bei der Giftwirkung des Kaliums zu ersetzen: auch der Herzstillstand unter der Kaliumwirkung wird durch Strophantin aufgehoben. Im Gegensatz zum Strophantin vermag das Koffein (ähnlich auch Kampfer) nur bei Gegenwart von Ca seine Herzwirkung zu entfalten; auf ein mit Ca-freier Lösung durchspültes Herz bleibt das Koffein ohne Einfluß (v. Konschegg[1])). Die negativ-inotrope Wirkung des Muskarins wird durch Ca-Salze aufgehoben (Loewi[2])). Auch das Adrenalin wirkt nach E. Pick[3]) im kalkarmen Herzen paradox: das Herz bleibt in Diastole stehen, während bei geringem Kalküberschuß der Stillstand in der Systole erfolgt. Der Kalkgehalt bestimmt also, ob durch ein Gift ein Vorgang erfolgt, der einer Sympathikuserregung oder einer Sympathikushemmung entspricht. Auf breitester Basis hat S. G. Zondeck[4]) diese Verhältnisse untersucht: das Kalium ist für die Diastole, das Kalzium für die Systole ausschlaggebend. Das Chloralhydrat summiert sich in seiner Wirkung mit Kalzium im Sinne des diastolischen Herzstillstandes; bei erhöhtem Kalkgehalt aber bewirkt es systolischen Stillstand. Chinin und Arsen lähmen den Herzmuskel; ein durch diese Gifte zum Stillstand gebrachtes Herz wird durch Erhöhung des Ca-Gehaltes wieder belebt; umgekehrt wird die lähmende Chininwirkung durch Kalium verstärkt. Auch Arsen und Chinin sind sonach für das Herz gleich dem Kalium Antagonisten des Kalzium. Ebenso wie das Kalzium kann auch Strophantin den Herzstillstand durch Chinin aufheben. Es ergibt sich, wie Zondeck mit Nachdruck betont, der ganz allgemeine Schluß, daß die Art und die Intensität der Herzgifte sehr weitgehend durch das Ionengleichgewicht der umspülenden Lösung beeinflußbar ist.

Eine nach anderer Richtung sehr interessante physikochemische Analyse hat die Veratrinwirkung am Herzen erfahren. W. Straub[5]) untersuchte, — noch vor der Aufstellung der Adsorptionsgesetze — die Verteilung des Veratrins zwischen dem Herzmuskel und dem flüssigen Herzinhalt; er fand, daß sich eigenartige reversible Gleichgewichte der Giftverteilung ausbilden, dadurch charakterisiert, daß zu geringen Konzentrationen in der Herzflüssigkeit relativ sehr große Gehalte des Herzmuskels an Veratrin gehören. Die Einstellung dieser Gleichgewichtszustände erfolgte stets in kürzester Zeit. H. Freundlich[6]) hat diese Vorgänge als Adsorptionsverteilungen erkannt, indem er nachwies, daß die Versuchsergebnisse von W. Straub mit fast mathematischer Exaktheit der von ihm gefundenen Adsorptionsformel entsprechen. — Für Fragen der Dosierung, für das Auftreten von kumulierenden Wirkungen und ferner für die Art des Vorgehens bei einer etwaigen entgiftenden Therapie kann

---

[1]) Arch. f. experim. Pathol. u. Pharmakologie **71**, 251 (1913).

[2]) Zentralbl. f. Physiologie **19**, 593 (1905) (Ishizaka u. O. Loewi).

[3]) Wiener klin. Wochenschr. **33**, 1081 (1920).

[4]) Arch. f. experim. Pathologie u. Pharmakologie **87**, 342 u. **88**, 158 (1920); ferner derselbe, Deutsche mediz. Wochenschr. **47**, 855 (1921). Vgl. dazu E. Wiechmann, Pflügers Archiv **195**, 588 (1922).

[5]) Arch. di fisiol. **1**, 65 (1904).

[6]) Kolloidzeitschr. **2**, 65 (1907).

die Kenntnis der Bindungsverhältnisse der Herzmittel von entscheidender Bedeutung werden.

Die **Herzarbeit** wird in letzter Linie **aus chemischer Energie** bestritten. Chemische Vorgänge sind allgemeinhin durch eine ganz bestimmte Abhängigkeit von der Temperatur charakterisiert: einer jeden Temperaturerhöhung von 10° pflegt ein „Temperaturkoeffizient" von etwa 2—3 zu entsprechen, d. h. mit je 10° Wärmeanstieg wird die Geschwindigkeit aller chemischen Vorgänge verdoppelt bis verdreifacht. Diese „Reaktionsgeschwindigkeit-Temperatur-Regel" (R.-G.-T.-Regel)[1]) gibt ein sehr einfaches Mittel an die Hand, um bei einem Vorgang das Zugrundeliegen chemischer Prozesse festzustellen. Wird der Temperaturkoeffizient des Vorgangs in einer Höhe von 2—3 gefunden, so ist damit das Vorliegen eines chemischen Prozesses wahrscheinlich. Nicht aber läßt umgekehrt das Fehlen dieses Zahlenmaßes bei einem komplizierten Vorgang das Zugrundeliegen von chemischen Prozessen ausschließen. Besonders bei biologischen Vorgängen lagern sich nicht selten physikalische, elektrische oder kolloide Erscheinungen mit den ihnen eigenen, andersgearteten Temperaturkoeffizienten über, so daß dann die ursprünglich chemische Natur des Ganzen im Gesamtmaß der Temperaturabhängigkeit nicht mehr kenntlich ist. Ein typisches Beispiel dieser Art bietet das Herz. Im allgemeinen fügen sich die Veränderungen des Herzschlages oder der sonstigen äußeren Zeichen der Herzarbeit keineswegs der obigen R.-G.-T.-Regel ein. Erst wenn man die komplizierenden Bedingungen, vor allem die nervösen Abhängigkeiten maximal ausschaltet und auf die Herzen von Fundulusembryonen zurückgeht, kommt die Gültigkeit der R.-G.-T.-Regel deutlich zum Vorschein: die Pulsfrequenz dieser embryonalen Herzen ist eine eindeutige Funktion der Temperatur, sie gehorcht der R.-G.-T.-Regel sowohl beim Erwärmen wie beim Abkühlen mit einer solchen Regelmäßigkeit und Exaktheit, daß „die Frequenz der Herztätigkeit in diesem Falle als Thermometer gebraucht werden könnte" (J. Loeb u. W. F. Ewald[2])). Für die physikochemische Auffassung der Herzleistung ist es von erheblicher Bedeutung, daran zu erinnern, daß auch unabhängig von aller Struktur des Herzens schon durch ganz ungleich einfachere Bedingungen ein pulsierender Ablauf von chemischen Reaktionen zu erzielen ist. Wilh. Ostwald[3]) und später besonders G. Bredig[4]) und seine Schüler haben derartige Vorgänge eingehend untersucht. Es ist außerordentlich überraschend, mit welcher Exaktheit z. B. bei der katalytischen Zersetzung des Wasserstoffsuperoxyds an einer Quecksilberoberfläche (Bredig-Wilke) der pulsierende Rhythmus innegehalten wird (Fig. 45 u. 46). Die erste Zeile der Abbildung 45 zeigt die „katalytische Pulsation" dieser Reaktion bei unbeeinflußtem Ablauf; die weiteren Kurven geben Beispiele, wie sehr

[1]) Vgl. S. 32 u. 74.

[2]) Biochem. Zeitschr. **58**, 177 (1913).

[3]) Zeitschr. f. physik. Chemie **35**, 33 u. 204 (1900); ferner E. Braur, ebendort, **38**, 441 (1901).

[4]) G. Bredig, Biochem. Zeitschr. **6**. 283 (1907). (Zusammenfassung der Ergebnisse).

sich die Art der Pulsation jenes chemischen Vorgangs durch Zusatz kleiner Mengen eines Salzes (von NH_4-Zitrat) oder von Agar-Agar modifizieren läßt. Zugleich mit dem Rhythmus der Reaktionsgeschwindigkeit ließ sich auch ein koinzidierender rhythmischer Wechsel der elektrischen Potentialdifferenz an der katalysierenden Quecksilberoberfläche beobachten. Die Fig. 47 Seite 370 zeigt nebeneinander die Pulsation des chemischen Ablaufs (b) und ein zugehöriges „katalytisches Elektrodiagramm" (a), wie es bei

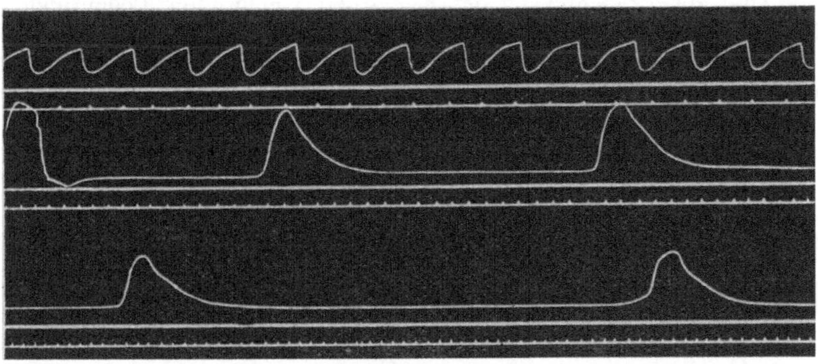

Fig. 45.
Katalytische Pulsationen nach Bredig-Wilke
(2. und 3. Zeile bei Beeinflussung durch Natriumzitrat).

Ableitung aus dem Reaktionssystem mit einem Einthovenschen Seitengalvanometer registriert wurde (v. Antropoff unter Bredigs Leitung[1])). Diese physikochemischen Ergebnisse sind ungemein frappierend. Es wird kaum der Erwähnung bedürfen, daß sie nicht einfach auf die Vorgänge

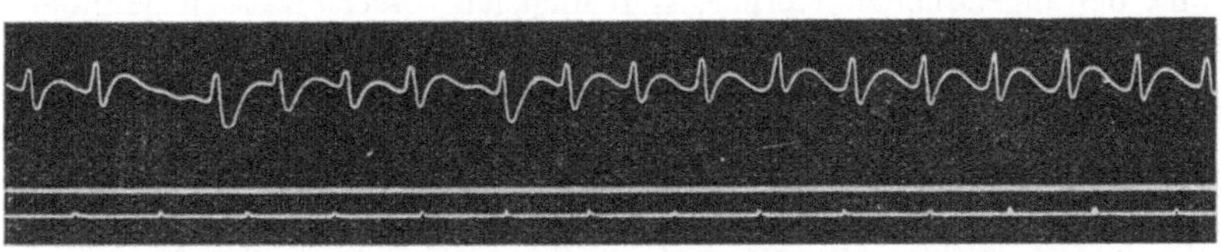

Fig. 46.
Desgl. bei Beeinflussung durch einen Agar-Agar-Zusatz.

am Herzen übertragbar sind. Immerhin aber zeigen sie mit einem der schönsten Beispiele, was die physikochemische Reaktionsuntersuchung zu leisten vermag. Es ist kein Zweifel, daß durch solche Ergebnisse die Biochemie vor ganz neuartige Aufgaben gestellt wird. Zwaardemaker und P. Wol-

[1]) Vgl. G. Bredig, l. c.; siehe ferner hierzu auch G. Bredig und E. Wilke, Biochem. Zeitschr. 8, 67 (1908).

terson[1]) haben bereits in einer ersten Arbeit den Versuch unternommen, die Pulsation des Herzens von den hier gegebenen physikochemischen Gesichtspunkten aus zu betrachten.

Auch für die krankhaften Veränderungen der Gefäße sind mancherlei Beziehungen zur physikalischen Chemie gegeben. Eins solcher Probleme bietet die **Härte und die Elastizität der Gefäßwand** dar. Schon lange haben diese physikalischen Eigenschaften der Gefäße für die Klinik ein allgemeines Interesse besessen. Weiche, elastisch nachgebende Gefäßwände sind zur Erleichterung der Herzarbeit von größter Bedeutung, zugleich aber ermöglichen sie für das Organgewebe die Gleichmäßigkeit der kapillaren Blutversorgung, indem sie statt eines stoßweisen Blutstromes eine kontinuierliche Strombewegung mit mehr ausgeglichenem Druck- und Strompuls hervorbringen. Die hier wirksamen physikalischen Eigenschaften

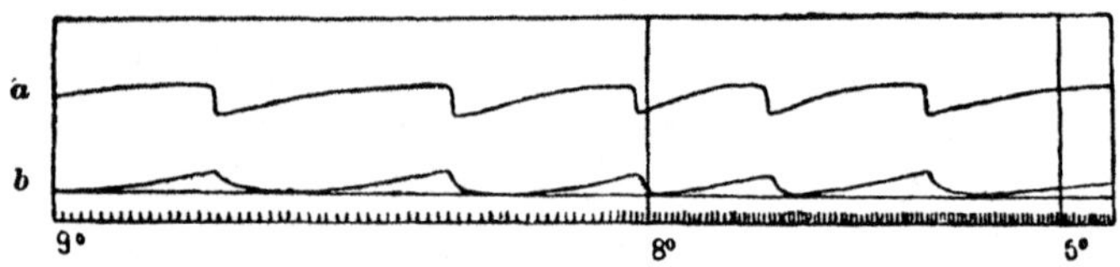

Fig. 47.
„Katalytisches Elektrodiagramm" (a) mit zugehöriger „pulsierender Reaktionskurve (b) (nach (Bredig).

der Härte, der Dehnbarkeit und der Elastizität[2]) sind aufs engste an den Kolloidzustand der Gewebselemente des Gefäßrohres gebunden; schon kleinste, mikroskopisch nicht kenntliche Änderungen des Kolloidverhaltens haben durchaus merkliche, für den Stromkreislauf wichtig werdende Abweichungen des physikalischen Kolloidverhaltens zur Folge. Den deutlichsten Beweis gibt das „physiologische Altern" der Gefäße (vgl. hierzu S. 372). Die Gefäße des jugendlichen Körpers sind ungleich besser elastisch dehnbar als diejenigen des mittleren oder gar höheren Alters, auch wenn mikroskopisch Veränderungen noch fehlen. Vielleicht kann am besten die Aorta dem Pathologen ein zum Vergleich geeignetes Zahlenmaterial liefern: die Aorta befindet sich normal in einem erheblichen Grad der elastischen Spannung, beim Durchschneiden ziehen sich in der Leiche die Enden des Gefäßrohres auf viele Zentimeter zurück; bei starrem Gefäßsystem aber bleiben sie dicht aneinander liegen. Die Verschiedenartigkeit solchen Abstandes scheint, falls nicht etwa konkurrierende Momente (Totenstarre der Gefäßmuskularis, Verschiedenheit der primär vorhandenen Anspannung u. dgl.) zu sehr störend dazwischen treten, geeignet zu sein, ein brauchbares Maß des kolloidphysikalischen Verhaltens der Aortawand liefern zu

[1]) P. Wolterson, Quant. Betrekking t. Vagusprikkeling en Hartswerking. Proefschrift. Utrecht 1907; vgl. auch Hofmann in Nagels Handbuch der Physiologie **1**, 1, 244.

[2]) Über die Elastizität der normalen Blutgefäße siehe besonders O. Frank, Zeitschr. f. Biologie **71**, 255 (1920).

können. Es ist kein Zweifel, daß klinisch schon der erste Beginn solcher Abartung der Gefäße eine erhebliche Wichtigkeit besitzt. Gerade für diese ersten, leichtesten Störungen des physikalischen Verhaltens pflegte bislang die objektive Grundlage zu fehlen. Die Kolloidchemie gibt den Schlüssel zu einem vertieften Verständnis, indem sie die physikalischen Eigenschaften mit den Änderungen des Kolloidzustandes in gesetzmäßige Zusammenhänge bringt. Für die praktischen Fragen aber wird dabei die Messung der physikalischen Eigenschaften dadurch besonders wichtig, daß sie ein feinteiliges Maß vermittelt, um jenseits der Grenze der mikroskopischen Nachweisbarkeit noch die Unterschiede der rein kolloiden Zustandsart der Gewebe zu erkennen. Bis zu gewissem Grade sind vielleicht auch klinische Messungen der Gefäßwandelastizität möglich. Namentlich neuere Untersuchungen von Siciliano[1]) scheinen sehr zu einer weiteren Bearbeitung in dieser Richtung aufzufordern.

Ähnlich wie die mechanisch-physikalischen Eigenschaften wird auch die **Durchlässigkeit der Gefäßwand** in hohem Maße durch den Kolloidzustand der Gewebseinzelkomponenten bestimmt. Bei pulsierendem Druck hat die Elastizität eine besondere Bedeutung. H. Bechhold[2]) hat die Flüssigkeitsmengen verglichen, die bei konstantem und bei pulsierendem Druck elastische Ultrafilter passieren. Bei pulsierendem Druck war die durchtretende Menge recht merklich größer, besonders für schwerer diffusible Substanzen[3]). H. Bechhold gibt die Erklärung, daß das elastische Filter sich bei niederem Druck mit der Flüssigkeit vollsaugt, die sodann bei dem erhöhten Druck jedesmal wieder herausgepreßt wird. Ist das Kolloidfilter gut elastisch, d. h. vermag es rasch und ausgiebig den Druckschwankungen zu folgen, so ist die Filtration ergiebiger als bei einem weniger gut elastischen Filter. Aber auch sonst ist der Kolloidzustand, besonders der Quellungsgrad des Kolloids für die Geschwindigkeit der Diffusion resp. Filtration von der größten Bedeutung. Von welchen geringen Unterschieden die Geschwindigkeit der Diffusion schon merklich beeinflußt wird, zeigen am besten die Untersuchungen von F. Stoffel unter H. Zanggers Leitung[4]). Bei gleichem Kolloid- und Wassergehalt geschah die Diffusion von Kristalloiden in rasch erstarrter Gelatine schneller als in langsam erstarrter; lediglich unter dem Einfluß des „Alterns" glich sich der Unterschied nach einigen Tagen aus. Alle Einflüsse, so namentlich auch die Neutralsalzwirkungen, welche den Kolloidzustand einer Gallerte ändern, ändern gleichsinnig die Geschwindigkeit der Diffusion; Natriumsulfat, Alkohol usw. machen bei Gelatine und Agar die Quellung und ebenso die Durchlässigkeit geringer, Harnstoff erhöht sie (Bechhold und Ziegler[5])). In mancher Weise sind auch gewissermaßen spezifische Änderungen der Durchlässigkeit einer Membran für bestimmte Stoffe physikochemisch erreichbar. Werden fett-

[1]) Riv. crit di clin. med. **14**, 609 (1913); zitiert nach Kongreßzentralblatt **11**, 225 (1914).
[2]) H. Bechhold, Die Kolloide in Biologie und Medizin, l. c. S. 310.
[3]) R. Gesell, Americ. journ. of physiol. **34**, 186 (1914).
[4]) F. Stoffel, Inauguraldissertation. Zürich 1908.
[5]) Zeitschr. f. physikalische Chemie **56**, 105 (1906).

undurchlässige Membranen mit gallensauren Salzen imprägniert, so werden sie für Fette durchlässig (Wistinghausen[1]); ein zweites Beispiel bieten mit Alkohol benetzte Membranen, durch welche man Zucker diffundieren läßt; sie werden für Kolloide, wie Gummi arabicum, durchgängig (Zott[2]). Diese wenigen Angaben mögen zur Charakterisierung der physikochemischen Probleme genügen. Die Durchlässigkeit der Gefäßwände hängt sicher zu erheblichem Anteil von der vitalen Permeabilitätseinstellung der Gefäßendothelien ab, gleichwohl ist sie durch physikochemische Vorgänge weitgehend modifizierbar. Als Beweis hierfür sei besonders daran erinnert, daß die Vermehrung der Kalziumionen des Blutes durch ihre „kolloiddichtende" Wirkung die Durchlässigkeit der Gefäßwände intra vitam derart erheblich herabsetzt, daß selbst bei starken entzündlichen „Reizen" (wie durch Senföl usw.) die Exsudation gering bleibt, resp. überhaupt nicht zustande kommt.

Die neueren Forschungen über die **Entstehung der Arteriosklerose** haben sich fast völlig ins Gebiet der Kolloidchemie hinübergespielt. Wenn wir einer Übersichtsdarstellung von L. Aschoff[3]) folgen, liegt als erster Prozeß eine namentlich durch mechanische Abnutzung entstandene degenerative Veränderung der elastischen Systeme der Gefäßwände zugrunde. Während Jores diese Veränderung in den elastischen Fasern selbst findet, stellt Aschoff einen Quellungsprozeß der die Fasern zusammenhaltenden Kittsubstanz in den Vordergrund. Der zweite Teilvorgang ist die nun eintretende Ablagerung von Cholesterinestern oder von Kalk; dieses Material entstammt dem Blutplasma, es wird während seines Durchtritts durch die Gefäßwand an den Orten dieser Kolloidänderung durch Adsorption angereichert und niedergeschlagen und „macht sozusagen die erfolgte Abnutzung sichtbar". In Weiterbildung dieses Vorganges entstehen sodann „durch sekundäre Umsetzungen und Nekrosen jene Kalkplatten- oder Geschwürsbildungen, welche das Ende in der kontinuierlichen Kette eines und desselben Prozesses bilden". Diese Aufklärung des Vorgangs, welche ganz bevorzugt auf Grund mikroskopischer Untersuchung gewonnen wurde, geht durchaus konform den allgemeinen Erfahrungen, mit welchen uns die Kolloidchemie der letzten Jahre bekannt gemacht hat. Sie zeigt an einem klinisch sehr wichtigen Beispiel, wie berechtigt und notwendig die Berücksichtigung der kolloiden Momente auch im Gebiet der mikroskopischen Forschung ist. Zur Frage, welchen Anteil die „schleimige Degeneration" am arteriosklerotischen Prozeß nimmt, hat kürzlich A. Schultz[4]) einen wichtigen Beitrag geliefert, indem er nachwies, daß die Bindegewebsgrundsubstanz der Gefäßwand schon normalerweise im färberischen Verhalten den mukoiden Charakter erkennen läßt. Zugleich ist in dieser Arbeit am Beispiel der Gefäßwand eine vorzügliche Methode zum Nachweis des kolloiden Alterns gegeben: „Während die elastischen Lamellen der Gefäßwand beim Neugeborenen bei der Kresylviolettfärbung vollkommen ungefärbt bleiben, zeigten sie mit zu-

---

[1]) Zitiert nach H. Bechhold, Die Kolloide in Biologie und Medizin, l.c. S. 55.
[2]) Zitiert nach H. Zangger in Ergebnisse der Physiologie **7**, 99 (1908).
[3]) L. Aschoff, Arteriosklerose. Beihefte zur medizinischen Klinik 1914, Heft 1.
[4]) A. Schultz, Vortrag in der medic. Gesellschaft zu Kiel, 16. 2. 1922; Referat in Münch. med. Wochenschr. 1922, S. 371.

nehmendem Lebensalter eine etwa mit 10 Jahren beginnende, Schritt für Schritt intensiver werdende Blaufärbung, die etwa mit dem siebenten Dezennium zum tiefen Kobaltblau wurde. Das systematische „Altern" eines bestimmten Gewebes wird uns hiermit sinnfällig vor Augen geführt" (A. Schultz l. c.).

Unter den weiteren Problemen auf dem Gebiet der Gefäßerkrankungen muß besonders die noch fast völlig dunkle **Lehre der Thrombose** die Mitarbeit des Physikochemikers herausfordern. Auch die hier schwebenden Fragen sind schon durch verschiedene Autoren vom kolloidchemischen Standpunkt in Angriff genommen[1]); durchgreifende praktische Ergebnisse sind noch nicht erreicht.

Über das physikochemische Bild der **Entzündung,** bei dessen Zustandekommen die Gefäße wichtigsten Anteil nehmen, ist bereits oben im Zusammenhang berichtet. An dieser Stelle aber seien (als ein Nachtrag während der Korrektur) die wichtigen Untersuchungen von A. Fleisch[2]) eingefügt, in denen der Beweis erbracht wird, daß die H-Ionenkonzentration, ähnlich wie für die Größe der Lungenatmung, auch für das Maß der Blutversorgung im Gewebe das regulatorische Agens ist. Jede Säuerung und ebenso schon jede Verminderung der alkalischen Blutreaktion mit dem Schwellenwert von $0{,}5 \times 10^{-7}$ hat experimentell eine Dilatation der Blutgefäße im betroffenen Gewebsbezirk zur Folge. Diese Gefäßerweiterung ist keine Lähmung; die Anspruchsfähigkeit für vasomotorische Reize bleibt erhalten. Die Regulierung der Gefäßweite durch die H-Ionen ist von großer physiologischer Bedeutung: die sauren Gewebsprodukte, welche bei der Organfunktion gebildet werden, geben eine ausreichende Ursache, um das Auftreten der Hyperaemie bei der Funktion zu erklären. In noch viel höherem Grade aber muß dies gelten für jene ausgesprochenen lokalen Acidosen, die nach H. Schade, P. Neukirch und A. Halpert (l. c. S. 102) bei der Entzündung auftreten. Wir haben somit ein Recht, in den lokalen Acidosen, welche gesetzmäßig die Entzündung begleiten, zugleich auch den Antrieb und Regulator für die Hyperaemisierung des Entzündungsgebietes zu erblicken.

Die Entstehung von **Hämorrhoiden** und **Varicen** wird weiter unten im Kapitel der Bindegewebserkrankungen (S. 393) behandelt.

Kapitel 9.

Aus dem Gebiet der Erkrankungen des Bindegewebes.

Wenn hier in einem Sonderkapitel von Erkrankungen des Bindegewebes mit gleicher Selbständigkeit wie von anderen Organerkrankungen abzuhandeln versucht wird, so entspricht diese Neuerung der schon früher vom

[1]) Vgl. E. Hekma, Biochem. Zeitschr. **62**, 61; **63**, 184, 204; **64**, 86; **65**, 311; **73**, 370, 428; **74**, 63, 219; **77**, 249, 256, 273 (1916); ferner E. Herzfeld u. R. Klinger, ebendort **68**, 163; **71**, 391; **82**, 289 (1917); Herrmannsdorfer ebendort **75**, 1 (1916); ganz besonders aber sei auf die Mitteilungen B. Stubers auf dem Deutsch. Kongreß für innere Medizin, Wiesbaden 1922, verwiesen.

[2]) Zeitschr. f. allgem. Physiologie **19**, 270 (1921).

Verfasser vertretenen Überzeugung, daß die Notwendigkeit vorliegt, auch das **Bindegewebe als ein Organganzes** zu betrachten. Nur so werden sich die „Organfunktionen des Bindegewebes"[1]) unserem Verständnis erschließen und nur so werden wir den wichtigen Veränderungen, welche die Pathologie des Bindegewebes bietet, gerecht werden können.

Die Kenntnis der physiologischen Funktionen des Bindegewebes ist im wesentlichen auf jener Stufe der Entwicklung stehen geblieben, die Virchow dadurch charakterisierte, daß er den Geweben dieser Art den Namen „Bindesubstanzen" im mechanischen Sinne beilegte. Wenn wir von der Sonderfunktion des Fettgewebes absehen, geht das allgemeine Urteil auch heute kaum darüber hinaus, dem Bindegewebe mehr als eine „Stützfunktion" für den Körper zuzuschreiben, eine Aufgabe, die sich zur Hauptsache darin erschöpft, die Organe, resp. die einzelnen Parenchymzellen in ihrem richtigen mechanischen Verband zu erhalten und dabei doch gleichzeitig die für die Körperbewegung nötige Verschieblichkeit zu gewährleisten. Die übliche Geringschätzung des Bindegewebes findet am deutlichsten darin Ausdruck, daß die meisten Lehrbücher der Physiologie entweder der Besprechung des Bindegewebes überhaupt keinen Raum gewähren oder im Höchstfalle nur einige gelegentlich eingeschobene Bemerkungen bringen. Weil die bisherige, vor allem die mikroskopische Untersuchung nichts weiter als die mechanischen Funktionen des Bindegewebes aufzudecken vermocht hat[2]), ist man physiologisch und anschließend auch klinisch dazu übergegangen, das Gesamtbindegewebe, dessen Menge (einschließlich des Hautbindegewebes nach den anatomischen Messungen beim normalen Erwachsenen etwa 16% des Körpergewichtes, d. h. ein Mehrfaches der Lebermasse darstellt[3]), praktisch so gut wie ganz zu vernachlässigen. Selbst dann, wenn die klinische Beobachtung offenbare Veränderungen im Bereich des Bindegewebes aufwies, wie z. B. bei den Ödemen, beim Myxödem oder bei dem sogenannten pastösen Habitus, hat das eigentliche Interesse kaum je dem Bindegewebe als solchem gegolten. Beim Ödem wurde das Gefäßsystem einschließlich Herz und Niere, beim Myxödem die Haut als Ganzes resp. in ätiologischem Sinne die Schilddrüse und beim pastösen Habitus der lymphatische Apparat als der Erkrankungsort betrachtet. Das Bindegewebe als ein Körperbestandteil, bei dem das Überwiegen der extrazellulären Masse gegenüber den zelligen Elementen das Charakteristische ist, hat während der Ära der Zellularpathologie nur wenig Beachtung gefunden.

Erst die neueste Zeit ist im Begriff, hier eine tiefgreifende Wandlung der Anschauungen vorzubereiten. Von klinischer Seite sind es die Fragen

---

[1]) Diese Wortprägung, mit der die Rolle des Bindegewebes als eines besonderen „Organs" hervorgehoben werden soll, ist den Arbeiten des Verfassers (Untersuchungen zur Organfunktion des Bindegewebes, Zeitschr. f. experim. Pathologie u. Therapie **11**, 369 (1912) und **14**, 1 (1913) entnommen.

[2]) Ganz kürzlich ist auch von anatomischer Seite das Bindegewebsproblem erneut in Angriff genommen; siehe besonders W. Hueck, Beiträge zur patholog. Anatomie u. z. allgem. Pathologie **66**, 330 (1920).

[3]) Bei vielen niederen Tieren, so z. B. den Medusen, macht das Bindegewebe sogar bei weitem die Hauptmasse des Gesamtkörpers aus.

des Wasser und Salzhaushaltes, welche mehr und mehr die Aufmerksamkeit der Forscher nach dieser Richtung hinführen. Namentlich Arbeiten von Quincke[1]), W. Engels[2]), V. Wahlgren[3]), J. H. Padtberg[4]), L. Tobler[5]), Tachau[6]), H. Eppinger[7]), Veil[8]), Bürger u. Hagemann[9]), Meyer-Bisch[10]) u. a. haben wichtigstes klinisches Material beigebracht. Die Rolle der Haut und des Muskels als Depot der Wasser- und Salzspeicherung wurde festgelegt und zugleich von den verschiedensten Autoren das Vorhandensein einer elektiv wirksamen, aktiv anziehenden Kraft im „Gewebe" mit Nachdruck hervorgehoben. Von physikochemischer Seite ist dabei durch die Arbeiten von M. H. Fischer über das Ödem (Näheres s. S. 399 ff.) ein sehr nachhaltig wirkender Impuls gegeben. Wenn auch die Fischersche „Säurehypothese des Ödems" mit Recht stärkstem Widerspruch begegnet und für die typischen Ödeme der Herz- und Nierenkranken keine Erklärung geben kann, so bleibt es doch ein Verdienst dieses Autors, als erster mit Nachdruck auf die große Bedeutung hingewiesen zu haben, welche die kolloidchemischen Vorgänge der Gewebsquellung für klinisch-pathologische Probleme besitzen. Durch die Fischerschen Ödemarbeiten (seit 1907) sowie durch die aus ihrer Kritik erwachsenen weiteren Untersuchungen anderer Autoren[11]) ist die Wichtigkeit der kolloidchemischen Inangriffnahme dieser Fragen in weiten Kreisen zum Verständnis gekommen. Auch hier haben indes die bisherigen Untersuchungen ganz vorwiegend das Verhalten der Muskeln[12]), der Nieren[13]), der Leber[14]), der Lunge[15]), des Gehirns[16]) oder das Verhalten des Serums (A. Ellinger und Mitarbeiter[17])) zum Gegenstand gehabt; vom Bindegewebe als solchem ist nur wenig die Rede. Seit 1911 ist der Verfasser bemüht, in systematischer physikochemischer Arbeit den Organfunktionen des Bindegewebes nachzugehen[18]). Es entspricht dem Ziel dieses Buches, wenn hier der Ver-

---

[1]) Berl. klin. Wochenschr. 1906, Nr. 40.
[2]) Arch. f. experim. Pathologie u. Pharmakologie **51**, 346 (1904).
[3]) Ebendort **61**, 97 (1909).
[4]) Ebendort **63**, 60 (1910).
[5]) Ebendort **62**, 431 (1910).
[6]) Biochem. Zeitschrift **76**, 338 (1914).
[7]) H. Eppinger, Zur Pathologie und Therapie des menschlichen Ödems, Berlin, J. Springer. 1917.
[8]) Biochem. Zeitschr. **91**, 317 (1918); ferner Deutsch. Arch. f. klin. Medizin **139**, 192 (1922) und W. H. Veil u. H. Bohn, ebendort **139**, 212 (1922).
[9]) Zeitschr. f. d. ges. experiment. Medizin **26**, 1 (1921).
[10]) ebendort **24**, 381 (1921).
[11]) Vgl. S. 401 Anm. 1.
[12]) Siehe S. 423.
[13]) Siehe S. 342.
[14]) Vgl. M. H. Fischer, l. c.
[15]) Siehe S. 414.
[16]) Siehe S. 445.
[17]) A. Ellinger u. P. Heymann, Arch. f. experim. Pathologie u. Pharmakologie **90**, 336 (1921); A. Ellinger, Verhandl. d. Deutsch. Kongresses f. innere Medizin, Wiesbaden 1922; ferner A. Ellinger u. Neuschlosz, Biochem. Zeitschr. **127**, 241 (1922).
[18]) H. Schade, Zeitschr. f. experim. Pathologie u. Therapie **11**, 369 (1912) und **14**, 1 (1913); ferner derselbe, Verhandl. d. deutschen Kongresses f. innere Me-

such gemacht wird, das bisher vorliegende Material möglichst zu einem Gesamtbilde zusammenzufügen.

Um für die Pathologie eine allgemeine Grundlage zu gewinnen, war zunächst die **Physikochemie des normalen Bindegewebes** in Angriff zu nehmen. Dabei fügt es sich, daß gerade dieselbe Besonderheit, welche bei der zellularpathologischen Betrachtung die Forschung gehemmt hat, für die physikochemische Untersuchung ein außerordentlich begünstigendes Moment darstellt: es ist die spezifische Eigenart des Bindegewebes, nicht so sehr aus Zellen, als vielmehr in der Hauptmasse aus zwischengelagerter Grundsubstanz zu bestehen. Aus leicht verständlichen Gründen ist ein derartiges Material der physikochemischen Prüfung ungleich zugängiger als das im Zelleib enthaltene Protoplasma. Diese Zwischenzellmasse setzt sich aus verschiedenen Anteilen zusammen, aus einer mikroskopisch „homogenen" Grundsubstanz und zu zweit aus einer Masse von Fasern (hauptsächlich „kollagenen" Fasern, daneben meist in geringerer Menge „elastischen" Fasern), welche der Grundsubstanz eingelagert sind. Beide Anteile zusammen werden als „Paraplasma" bezeichnet. Dieses Paraplasma stellt das „Strombett des Gewebsaftes" dar. „Derselbe bewegt sich in der Grundsubstanz und zwar, wenn diese weich ist (wie beim gallertigen und lockeren Bindegewebe) durch die ganze Masse derselben"[1]). Der Gewebsaft und die Kolloide des Bindegewebes stehen sonach in innigster räumlicher Beziehung: die Bedingung zum Zustandekommen physikochemischer Wechselwirkungen zwischen beiden ist in weitestem Umfang erfüllt.

Folgende Funktionen des Bindegewebes lassen sich physikochemisch im einzelnen unterscheiden:

1. **Die kolloidmechanische Bindegewebsfunktion,** d. h. jene schon längst bekannte „Stützfunktion", in der geänderten und vertieften Auffassung, die sie durch die Einführung der Kolloidchemie erhält.

Physikochemische Vorbemerkungen: Bei allen Gallerten stehen die physikalischen Eigenschaften mit der Zustandsart der die Gallerte aufbauenden Kolloide in engstem gesetzmäßigem Zusammenhang. Jede Veränderung des Kolloidzustandes hat eine begleitende Veränderung des physikalischen Verhaltens zur Folge, und umgekehrt können die allgemeinphysikalischen Eigenschaften einer Gallerte sich nicht ändern, ohne daß gleichzeitig eine Änderung der kolloiden Zustandsart vorliegt. Insbesondere sind die Eigenschaften der Härte, der Zug- und Reißfestigkeit, der Dehnbarkeit und der Elastizität auf das engste an das Kolloidverhalten gebunden; sie lassen sich bei quantitativer Messung zur exakten Verfolgung von Kolloidänderungen in Gallerten gut verwerten. Schon kleinste Änderungen im Kolloidzustand werden bei der quantitativen Prüfung dieser physikalischen Eigenschaften bemerkbar, so ist es z. B. ein Leichtes, Gelatinegallerten gleicher Konzentration, welchen geringe Mengen verschiedenartiger Salze zugesetzt sind, durch Messung ihrer Härte oder Elastizität voneinander zu unterscheiden[2]). Die quantitative Messung der physikalischen Eigenschaften gibt Werte, in denen sich Änderungen des Kolloidzustandes der Gallerten mit großer Schärfe widerspiegeln.

---

dizin 1912, S. 526 und ebendort 1922, S. 283; ferner H. Schade und H. Menschel, Kolloidzeitschr. **31**, 171 (1922) sowie dieselben, Zeitschr. f. klin. Med. Bd. **145**, (1923). (Arbeit zur Zeit im Erscheinen.)

[1]) Zitiert nach Ph. Stöhr, Lehrbuch der Histologie, 6. Aufl., S. 55 u. 64.

[2]) Vgl. H. Schade, Zeitschr. f. experim. Pathologie u. Therapie **11**, 369 (1912).

An der „Stützfunktion" des Bindegewebes sind die verschiedensten physikalischen Eigenschaften der Gewebskolloide beteiligt. Zu allgemeinen vergleichbaren Messungen ist bislang nur die Eigenschaft der Bindegewebselastizität geeignet gefunden. Die Härte, die Zugfestigkeit, die Dehnbarkeit, die innere Verschieblichkeit, sie alle sind bei jedem Stück Bindegewebe verschieden, sie sind abhängig von der jeweiligen Konzentration der Kolloide, von dem Mengenverhältnis zwischen Grundsubstanz und Fasermasse, von der Art der Fasern, von ihrer Strukturlagerung und manchem mehr. Anders steht es bei der Elastizität. Nach den Untersuchungen des Verfassers[1]) ist die „Vollkommenheit" der Elastizität ein allgemeines Charakteristikum des gesunden Bindegewebes: überall ist der Zustand der kolloiden Bindegewebsmassen derart, daß das Gewebe imstande ist, Deformierungen von der Größe, wie sie physiologisch herantreten, in kürzester Zeit mit einem vollen Ausgleich der Form zu beantworten. Mit Hilfe eines vom Verfasser konstruierten Elastometers (s. S. 578) sind derartige Messungen auch am Lebenden in exakter Weise durchführbar. Die hohe Bedeutung der eukolloiden[2]) Bindegewebsbeschaffenheit für die mechanischen Funktionen des Bindegewebes ergibt sich am deutlichsten aus dem Nachweis, daß schon kleinste pathologisch entstandene oder sonstwie gesetzte Veränderungen des Gewebes zu mehr oder minder großen „Elastizitätsverlusten" führen[3]). Nur normale Kolloide ermöglichen die normale Stützfunktion; alle Abweichungen vom normal-elastischen Verhalten weisen auf Störungen hin.

2. Die Funktion der Diffusionsvermittlung des Bindegewebes:

Physikochemische Vorbemerkungen: Geringe und mittlere Kolloidkonzentrationen bis etwa herauf zu der Höhe, wie sie sich im Serum vorfinden, setzen die Diffusionsgeschwindigkeit nur sehr wenig herab. Selbst Medien von weichgallertiger Beschaffenheit pflegen der Diffusion zumeist nur geringe Hemmungen zu bieten. Erst bei weiterem Anstieg der Kolloidkonzentration wird der diffusionshemmende Einfluß wichtig, indem er bei hohen Graden der Kolloidkonzentration in einer unverhältnismäßig starken Progression zunimmt. In festen Gallerten zeigt er erhebliche Werte. Die Schwankungen der Kolloidität kommen dann auch deutlich im Betrag der Diffusionsgeschwindigkeit zum Ausdruck. Einflüsse, welche die Dispersität des Kolloids erhöhen, wirken dabei durchweg auf die Diffusionsdurchlässigkeit der Gallerten in steigerndem Sinne; geloid wirkende Einflüsse haben zumeist den entgegengesetzten Erfolg. Harnstoff vermag z. B. schon in geringer Konzentration den Quellungsgrad und damit zugleich die Durchlässigkeit der Gelatine für Elektrolyte und Nichtelektrolyte zu steigern; Natriumsulfat, Traubenzucker, Glyzerin oder Alkohol haben meistens Wirkungen entgegengesetzter Richtung (Bechhold u. Ziegler[4])). Sehr wichtig für die Diffusion in Gallerten ist ferner das gleichzeitige Vorkommen von adsorptiven Prozessen; diese letzteren pflegen durch die mechanische Festhaltung der Substanz das Diffusionsvordringen stark zu verzögern. Ziemlich allgemein läßt sich sagen: je stärker die Adsorption, um so geringer das Vordringen der Substanz im gallertigen Medium. Auch etwaige Änderungen des Adsorptionsverhaltens (s. u.) gewinnen somit indirekt Einfluß auf die Diffusionsdurchlässigkeit. Weitaus am besten diffusionsfähig sind die Elektrolyte und die molekulardispersen Substanzen, aber auch manche Kolloide, wie z. B. Hämoglobin-Albumin, Pepsin und zahlreiche

---

[1]) H. Schade, Zeitschr. f. experim. Pathologie u. Therapie **11**, 369 (1912).
[2]) Über den Begriff „eukolloid" vgl. S. 84.
[3]) Vgl. S. 394.
[4]) Zeitschr. f. physikalische Chemie **56**, 105 (1906).

Immunkörper, vermögen gallertige Medien zu durchdringen (K. Spiro[1]), Sv. Arrhenius u. Th. Madsen[2]), H. Bechhold[3]) u. a.).

Die Diffusionsabhängigkeit vom Kolloidzustand des durchlassenden Mediums hat für das Bindegewebe eine große Bedeutung. Laut Nachweis der Anatomen grenzt an keiner Stelle des Körpers eine Parenchymzelle direkt an ein Blutgefäß; ohne Ausnahme ist vielmehr stets eine wenigstens geringe Menge Bindegewebe dazwischen gelagert. Dadurch ist jeder Austausch zwischen Blut und Zelle an die Vermittlung des Bindegewebes gebunden. Alle Hemmungen und Steigerungen der Bindegewebsdurchlässigkeit werden sich sonach mit Notwendigkeit im Stoffaustausch zwischen der Zelle und dem Blut bemerkbar machen. In erster Linie wird so der Wassergehalt der Bindegewebskolloide wichtig: eine wasserreichere, d. h. bezüglich ihres Kolloidgehalts weniger konzentrierte Bindegewebsgrundsubstanz wird merklich durchlässiger sein müssen als eine solche aus wasserärmerem Kolloid. Unterschiede dieser Art haben sogar dazu geführt, daß im Bindegewebe physiologisch bereits zwei scharf unterschiedene Arten der Austauschvermittlung kenntlich sind[4]). Beim „gallertigen" und „lockeren", d. h. wasserreichen Bindegewebe durchströmt der Gewebssaft die Grundsubstanz „völlig gleichmäßig", ohne „Kanalsystem". Bei dem „festeren, geformten Bindegewebe" ist da gen die Ausbildung sogenannter „Saftlücken" anatomisch notwendig geworden, um bei der diffusionsungünstigen Grundsubstanz den Austausch von und zu der Zelle ausreichend zu vermitteln. Physikochemische Untersuchungen über die Größe der klinisch vorkommenden Schwankungen der Bindegewebsdurchlässigkeit liegen noch nicht vor. An ihrem häufigen Vorkommen ist nicht zu zweifeln. Ganz besonders wird man ausgeprägte Störungen dieser Art bei der Gesamtheit aller sogenannten „interstitiellen" Entzündungen zu erwarten haben.

3. **Die Depotfunktionen des Bindegewebes:**

Allgemeine physikochemische Grundlagen: Über die Gesetzmäßigkeiten der Aufnahme und Abgabe von Wasser seitens der Kolloide geben die physikochemischen Untersuchungen über das Quellungsverhalten weitgehende Aufschlüsse. Allgemein ist der Quellungsgrad der Gallerten in ganz außerordentlichem Maße von der Beschaffenheit der umspülenden Lösung abhängig. Anstiege der Quellung bis zu einem Vielfachen sind sehr häufig und leicht zu erreichen. Ein Beispiel sei angeführt: Die Gelatine, welche aus reinem Wasser etwa das Achtfache ihres Gewichtes durch Quellung aufnimmt, zeigt in konzentrierten Salzlösungen Anstiege bis zum elffachen, in verdünnten Salzlösungen aber sehr erheblich darüber; am stärksten ist die Quellung in Säuren, wo sie bis etwa zum Fünfzigfachen des ursprünglichen Volumens geht[5]). Unter den quellungsändernden Lösungsbestandteilen steht ganz allgemein die Wirksamkeit der Ionen und unter diesen wieder die der H- und OH-Ionen an erster Stelle. Gerade gegenüber geringsten Mengen ist dabei die Empfindlichkeit der Quellungsausschläge ganz besonders groß: so gelingt es z. B. im Maß der Quellung noch die Unterschiede des Leitungswassers im CO_2-Gehalt und sogar auch Unterschiede des gewöhnlichen destillierten Wassers vom so-

[1]) Hofmeisters Beiträge **5**, 276 (1904) und **6**, 68 (1904).
[2]) Sv. Arrhenius, Immunochemie. Leipzig 1907.
[3]) Zeitschr. f. physikalische Chemie **52**, 185 (1905).
[4]) Vgl. Ph. Stöhr, Lehrbuch der Histologie, l. c. S. 64.
[5]) Vgl. H. Procter, Kolloidchem. Beihefte II, 249 u. 260.

genannten „Leitfähigkeitswasser (s. S. 486) nachzuweisen (R. Chiari u. W. Pauli[1])). Jede Ionenwirkung, welche die Dispergierung des Kolloids steigert, erhöht auch die Quellung, d. h. im Sinne einer Depotfunktion gesprochen, sie speichert das Wasser. Alle entgegengesetzt wirkenden Ionen begünstigen die Entquellun , sie lassen sonach Wasser aus dem Depot austreten. Nicht selten haben auch Nichtelektrolyte merkliche Wirkungen: Harnstoff z. B. begünstigt die Quellung der Gelatine; ebenso Alkohol und Zucker in bestimmter Konzentration[2]). Wichtig ist ferner der recht beträchtliche Einfluß, den Substanzen wie Koffein, Theobromin u. a. auf die Quellung ausüben (vgl. S. 273).

Die Aufnahme von Wasser und die Aufnahme von gelösten Stoffen erfolgt unabhängig voneinander (F. Hofmeister[3])). Durchweg steigt die Salzaufnahme seitens der quellenden Kolloide angenähert proportional der Salzkonzentration der umspülenden Lösung. Vorher in reinem Wasser angequollene Kolloide nehmen aus einer Salzlösung mehr Salz als Flüssigkeit auf[4]). Bei Zusammenwirken von verschiedenen Salzen, resp. von Salzen mit Säuren und Alkalien treten besondere, oft sehr komplizierte Erscheinungen auf[5]). P. Rona und P. György[5]) fanden, daß die Eiweiße des Serums von einem bestimmten H-Ionengehalt an (etwa 10^{-6}) dem NaCl einen Teil des Chlors in nicht diffusibler Form entziehen und dadurch die Ursache zu einer Anreicherung geben, während unterhalb dieser H-Ionenkonzentration ein umgekehrtes Verhalten vorliegt. M. H. Fischer[7]) bringt Versuche, nach denen das Fibrin beim Zusammenwirken des Kochsalzes mit Säuren ebenfalls das Chlor in merklichem Überschuß aufnimmt. Die Gelatine zeigt nach Procter (l. c.) dieses Verhalten nicht; im Gegenteil, die Adsorption des Salzes ist hier bei Säureanwesenheit „negativ".

Mit den letzten Beobachtungen ist bereits der Übergang zu den Adsorptionswirkungen gegeben. Ein gutes Beispiel typischer Adsorption hat F. Hofmeister[8]) an Leimgallerten beobachtet: Die Aufnahme des Farbstoffes aus verdünnten Methylviolettlösungen erfolgt zeitlich und quantitativ nach dem Freundlichschen Gesetz der Adsorption; die Menge des Farbstoffes, die an dem Kolloid zur Anreicherung kommt, ist über 30mal größer, als der Konzentration in der angewandten Lösung entspricht. Eiweißstoffe vom Säurecharakter „adsorbieren"[9]) ganz bevorzugt die basischen Substanzen, und Eiweiße von Basencharakter umgekehrt die Säuren. Organische Säuren sind meist oberflächenaktiv und werden gut adsorbiert. Die Adsorption macht sich schon in kürzester Zeit mit sehr erheblichen Beträgen geltend: selbst in einfachen Durchlaufsröhren, in denen eine dünne Schicht locker gefügten gepulverten Kolloids als Filter dient, tritt sie schon deutlich zutage[10]). Beim Hinzukommen besonderer Stoffe, welche die Farbtechnik als „Beizen bezeichnet, läßt sich die Adsorptionswirkung oft um ein vielfaches Steigern. Die „Beizen sind durchweg recht unphysiologische Stoffe; aber auch Substanzen wie dem Kalzium, dem Magnesium oder dem Phosphat und Sulfat sind in abgeschwächter Art noch deutlich adsorptionsteigernde Wirkungen eigentümlich[11]).

Trotz des Bestehens dieser allgemeinen Gesetze der Quellung und der Adsorption ist bei den Kolloiderscheinungen eine große Mannigfaltigkeit individueller Besonder-

---

1) Kolloidzeitschr. **7**, 242 (1910).

2) H. Bechhold, Zeitschr. f. physikalische Chemie **56**, 105 (1906).

3) Arch. f. experim. Pathologie u. Pharmakologie **28**, 210.

4) Vgl. auch Procter, Koloidchem. Beihefte **2**, 265ff.

5) Vgl. z. B. E. Lenk, Biochem. Zeitschr. **73**, 15 u. 58 (1916).

6) Biochem. Zeitschr. **56**, 416 (1913).

7) Kolloidzeitschr. **16**, 106 (1915).

8) Arch. f. experim. Pathologie u. Pharmakologie **28**, 210.

9) Es sei ausdrücklich darauf hingewiesen, daß die Adsorptionsvorgänge an den Eiweißstoffen sich nicht in einem rein mechanischen Vorgang erschöpfen, sondern daß sie in ihrem chemischem Ergebnis am besten mit W. Pauli als Ionenverbindungen des Eiweißes interpretiert werden.

10) Kolloidzeitschr. **14**, 162.

11) Vgl. z. B. L. Pelet-Jolivet, Die Theorie des Färbeprozesses. Dresden 1910. S. 105.

heiten vor anden. Dieselbe Wirkung, welche die eine Substanz zur Quellung bringt, pflegt häufig bei einer anderen kolloiden Substanz zur Entquellung zu führen. Außer durch die stoffliche Eigenart des Kolloids kommt solche Umkehrung der Wirkung besonders durch Unterschiede in der Konzentration der einwirkenden Stoffe oder durch die Umwandlung einer alkalischen in eine saure Reaktion resp. umgekehrt zustande.

In kolloiden Systemen, besonders in Gallerten mit kolloidphysikalisch kompliziertem Bau ist keineswegs notwendig eine einheitliche alkalische, neutrale oder saure Reaktion vorhanden. Saure und alkalische Gebiete können in kolloiden Medien mit scharfer Grenze nebeneinander bestehen. Auch können aus Salzen bestimmte Ionen einseitig adsorbiert werden, so daß z. B. bei Zuführung von Neutralsalzen lokal eine alkalische oder saure Reaktion auftreten oder daß umgekehrt bei Zuführung von sauren oder basischen Salzen eine neutrale Reaktion resultieren kann. Die Reaktionsbestimmung der ausgepreßten Flüssigkeit gibt bei solchem Verhalten keine Charakterisierung der Reaktion in den kolloiden Bestandteilen selber.

An erster Stelle war die Rolle des Bindegewebes als **Wasserdepot** physikochemisch zu untersuchen. Die starke Beteiligung des Bindegewebes an den Aufgaben de Wasserausgleiches steht klinisch außer Zweifel, mag auch bislang noch von den Autoren diese Funktion mehr verschwommen in die „Haut" oder in den „Muskel" als Gesamtorgan verlegt werden. Besonders W. Engels[1]) hat in Versuchen an Hunden nach intravenöser Infusion von 0,6—0,9% Kochsalzlösungen wichtige quantitative Messungen geliefert: 85% von der Menge des bei den Organanalysen wiederaufgefundenen Wassers war in den „Muskeln" und in dem „Hautgewebe" abgelagert. Dabei war im Verhältnis zur Masse des Organs die Wasserspeicherung in der Haut und im Muskel von gleicher Höhe (3,85 und 3,87%); nur das sehr beträchtliche Überwiegen der Muskelmasse gegenüber dem Hautgewebe läßt in den tabellarischen Aufstellungen der Engels n Arbeiten die Wasserspeicherung der Haut in der Gesamtleistung für den Körper mehr zurücktreten. Sowohl in der Haut als auch im Muskel[2]) wird wie die mikroskopische Kontrolle dem Verfasser gelehrt hat, ein wichtiger Anteil der Leistung vom Bindegewebe getragen. Zumal da im Muskel eigentliche Lymphkapillaren fehlen[3]), ist dabei die Annahme unerläßlich, daß die vom Zwischengewebe aufgenommene Flüssigkeit in der Grundsubstanz des Muskelbindegewebes selber enthalten ist. Was aber mikroskopisch als völlig diffuse Durchtränkung der Bindegewebseiweiße erscheint, ist mit dem, was kolloidchemisch als Wasseraufnahme durch Quellung bezeichnet wird, zum mindesten aufs engste verwandt, vielfach auch geradezu identisch. Es erwächst daher die Frage, ob die Wasseraufnahme des Bindegewebes, soweit sie von der Hauptmasse desselben, d. h. von der nichtzelligen Grund- und Fasersubstanz geschieht, erkennbaren physikochemischen Gesetzen sich einfügt. Weil die Grundmasse des Bindegewebes ein rein extrazellu-

[1]) Arch. f. experim. Pathologie u. Pharmakologie **51**, 346 (1904), speziell S. 357.

[2]) Vgl. hierzu die Ansicht von L. Tobler, Arch. f. experim. Pathologie u. Pharmakologie **62**, 458 (1910).

[3]) Es sei besonders darauf verwiesen, daß im interfibrillären Bindegewebe des Muskels keine Lymphkapillaren vorhanden sind, so daß hier als „Strombett" der interstitiellen Flüssigkeitsanhäufun nur die Bindegewebsgrundmasse selber in Betracht kommen kann (vgl. L. Asher, Der physiologische Stoffaustausch zwischen Blut und Gewebe. Jena 1909. S. 31).

läres Objekt darstellt, ist diese Frage einer experimentellen Prüfung gut zugängig. Der Verfasser[1]) hat die folgenden allgemeinen Feststellungen erhoben:

a) Das Bindegewebe im ganzen, d. h. im praktischen Sinne die extrazelluläre Hauptmasse desselben zeigt beim experimentellen Wechsel des Mediums eine Wasseraufnahme und -abgabe, welche die Zugehörigkeit der Erscheinungen zur physikochemischen Quellung und Entquellung beweist. Die Neutralsalze verändern die Wasseraufnahme gemäß den Hofmeisterschen Reihen; die H- und OH-Ionen bringen bei steigender Konzentration die typis hen Quellungskurven hervor und gleichzeitige Salzbeeinflussung wirkt ausgeprägt antagonistisch. Dabei zeigt das Bindegewebe eine große Breite der Quellungsschwankungen, zugleich schon kleinen Lösungsunterschieden gegenüber eine große Empfindlichkeit seiner Quellungseinstellung. Durch die leichte und ausgiebige Veränderlichkeit seines Quellungsverhaltens ist das Bindegewebe als ein Depot der Wasseraufnahme und -abgabe sehr geeignet.

b) Die Quellungsänderungen geschehen nicht in der gesamten extrazellulären Bindegewebsgrundmasse in einheitlicher Weise. Es sind vor allem zweierlei Anteile nach dem Quellungsverhalten zu unterscheiden: die Masse der kollagenen Fasern[2]) und die interfibrilläre eigentliche Grundsubstanz.

c) Das Verhalten dieser Anteile zueinander ist weitgehend antagonistisch. Lösungsänderungen, welche die kollagenen Fasern zu stärkster Quellung bringen, wirken durchweg auf die interfibrilläre Grundsubstanz nur wenig quellend, und Lösungsänderungen, welche die kollagenen Fasern stark entquellen, haben auf die Grundsubstanz wiederum eine mehr quellende Wirkung. Die beigefügte Tabelle kann über die jeweilige Richtung der Wirkung orientieren, Einzelheiten sind im Original nachzusehen. (l. c.)

	Bindegewebsgrundsubstanz	Kollagene Fasern
H-Ionen	Geringe Quellung	Starke Quellung
OH-Ionen	Starke Quellung	Geringe Quellung
Destilliertes Wasser	Starke Quellung	Entquellung u. Gerinnung
Verdünnte Salzlösungen	Starke Quellung	Geringe Quellung
Konzentriertere Salzlösungen	Geringe Quellung	Starke Quellung

d) Der Antagonismus des Quellungsverhaltens hat zur Folge, daß bei den Änderungen der Bindegewebsquellung, wie sie z. B. unter dem Einfluß der Acidose einer Entzündung eintreten, der Wasserbedarf des jeweils quel-

[1]) H. Schade, Zeitschr. f. experim. Pathologie u. Therapie **14**, 1 (1913); ferner H. Schade u. H. Menschel, Zeitschr. f. klin. Medizin **145** (1923).

[2]) Auch das Quellungsverhalten der elastischen Fasern ist bereits untersucht: E. Hauberrisser u. Fr. Schönfeld, Arch. f. experim. Pathologie u. Pharmakologie **71**, 102 (1913).

lenden Anteils zu gewissem Grade von dem freiwerdenden Quellungswasser des anderen Anteils gedeckt werden kann. Durch die Kombinierung zweier Quellungsantagonisten entsteht so für das Bindegewebe der sehr bemerkenswerte Vorteil, daß gerade bei höchster Stärke der Quellungsausschläge die Schwankungen des Wasserbedarfs gemildert sind. Eine schematische Zeichnung (Fig. 48) möge den Antagonismus am Beispiel der Säure-Alkaliquellung im Prinzip veranschaulichen. Genaueres über diese Verhältnisse, speziell über die Abhängigkeit der Erscheinungen von den jeweils vorhandenen H-Ionenkonzentrationen ist in den ausführlichen Untersuchungen von H. Schade und H. Menschel (l. c.) gegeben.

Auch als Depot des Chlors spielt das Bindegewebe eine wichtige Rolle. So wurde z. B. von Engels (l. c.) in Versuchen am Hunde gefunden, daß bei intravenöser Kochsalzzufuhr 28—77% des überhaupt im Körper verbleibenden Chlors in der „Haut" vorhanden war und daß umgekehrt beim experimentellen Chlorhunger 60—90% des Gesamtchlorverlustes des Körpers von der Haut getragen wurde. Kochsalz- und Wasserspeicherung zeigten sich dabei keineswegs parallel: jeder der beiden Vorgänge kann unabhängig von dem anderen erfolgen. Auch hier hat die kolloidchemische Forschung begonnen.

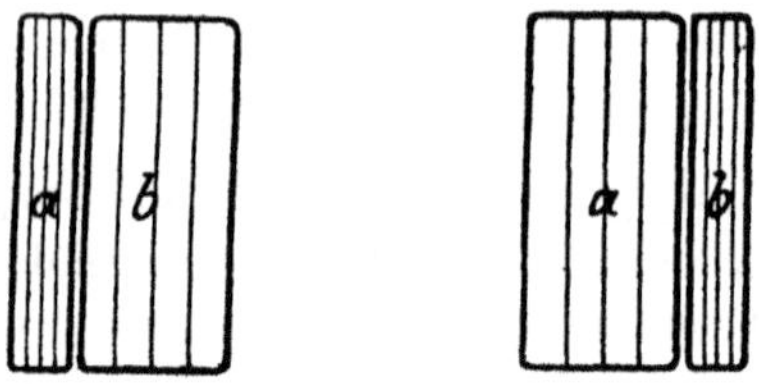

Fig. 48.
In alkalischer Lösung. In saurer Lösung.
Antagonistisches Quellungsverhalten von kollagenen Fasern (a) und von Grundsubstanz (b) im Bindegewebe (Schematisch.)

Wiederum erscheint es dem Verfasser wahrscheinlich, daß die zwischenzellige Kolloidmasse des Bindegewebes in besonderem Maße zur Anteilnahme befähigt ist und daß die Kolloide als solche die Rolle des **„Salzdepots"** in erheblichem Umfang übernehmen. Der Nachweis, daß prinzipiell den Körpereiweißstoffen die Möglichkeit zukommt, in physikochemischer Art aus Kochsalzlösungen Chlor in ihrer Masse zu speichern, ist am Beispiel der Serumeiweisstoffe von P. Rona und P. Georgy[1]), am Beispiel des quellenden Fibrins von M. H. Fischer[2]) bereits erbracht. Untersuchungen des Verfassers an exstirpierten Bindegewebsstücken haben beim Einbringen in Salzlösungen in einzelnen Fällen „positive Adsorptionen" ergeben; die Versuche sind noch nicht abgeschlossen; die Gesetzmäßigkeiten im Verhalten der Salzaufnahme seitens der Einzelbestandteile des Bindegewebes sind noch nicht gefunden[3]). Immerhin aber ist es wichtig, hervorzuheben, daß die Salz- und die Wasserspeicherung nicht nur im Körper voneinander unabhängig

---

[1]) Biochem. Zeitschr. **56**, 416 (1913).

[2]) Kolloidzeitschr. **16**, 106 (1915).

[3]) Auf die Möglichkeit einer besonderen, noch unbekannten Bindungsart des Kochsalzes in den Bindegewebssubstanzen scheint das Vorkommen von ganz abnorm hohen NaCl-Speicherungen, wie sie im Knorpel von Haifischen (bis zu fast 17% im frischen Knorpel, soweit die Analysen zutreffend sind) gefunden wurden, zu verweisen. Literatur siehe C. Oppenheimer, Handbuch der Biochemie, l. c. II, II, 215.

sind, daß vielmehr eine gleiche Unabhängigkeit in der Aufnahme von Wasser und Salzen, wie schon Fr. Hofmeister (l. c.) fand, ziemlich allgemein bei den Kolloiden vorhanden ist.

Ebenfalls als **Depot für die Substanzen des Ernährungsstoffwechsels** verdient das Bindegewebe eine erhebliche Beachtung. Die Stapelung des Fettes im Bindegewebe ist allem Anscheine nach ein vorwiegend zellulärer Prozeß, da das Fett innerhalb der Bindegewebszelle selber zur Ablagerung kommt. Gleichwohl geht der Weg von den Gefäßen zur Bindegewebszelle durch eine Schicht reiner Grundsubstanz, so daß trotzdem eine anreichernde Wirkung für die das Fett aufbauenden Substanzen, die Fettsäuren und das Glyzerin, seitens des interzellulären Bindegewebes mitbeteiligt sein könnte. Außer als Fettdepot aber hat das Bindegewebe bislang als Depot des Ernährungsstoffwechsels nur wenig Beachtung gefunden. Neue Arbeit ist hier dringend erforderlich. B. Schöndorff[1]), der die Verteilung des Glykogens nach kurz vorhergehender reichlicher Fütterung bei Hunden untersuchte, gibt Analysen, welche zeigen, daß auch das „Fell" der Tiere zu recht erheblichem Anteil bei der ersten Speicherung der frisch verfütterten Kohlehydrate beteiligt ist. So wurde an einem dieser Hunde bei einem Glykogengehalt des Blutes von 0,006% in der Haut eine Anreicherung des Glykogens bis zu 1,6% konstatiert; bei einem anderen Tiere wurden vom Gesamtglykogen des Körpers über 11% im „Fell" abgelagert gefunden. Es ist ebenfalls bemerkenswert, daß selbst die Spezialgebilde des Bindegewebes, wie z. B. der Knorpel und die Sehnen nach Händel[2]) nicht unbeträchtliche Mengen Glykogen enthalten können (bis 0,2%). Es erscheint daher sehr wohl möglich, daß auch im Kohlehydratstoffwechsel das Bindegewebe eine Rolle spielt, die einer näheren Untersuchung wert ist. Allerdings ist der Anteil der Bindegewebszellen von demjenigen der Grundsubstanz vorerst noch nicht zu trennen. Jedenfalls ist zu beachten, daß etwa adsorbiertes Glykogen nicht notwendig färberisch nachweisbar sein muß. Denn es sind nicht wenige Beispiele bekannt, wo die Adsorption die Reaktionsfähigkeit des adsorbierten Stoffes derart verändert, daß der übliche chemische Nachweis versagt[3]). Vielleicht kommt dem Bindegewebe auch eine Rolle als Depot auf dem Gebiete des Eiweißstoffwechsels zu. v. Slyke und G. M. Meyer[4]) haben zu dieser Frage einen ersten verwertbaren Beitrag geliefert: die Aminosäuren verschwinden schnell aus der Blutbahn zum „Gewebe", wo sie hernach in 5—10mal größerer Konzentration als im Blute angereichert sind; sie befinden sich dort in einer sehr lockeren Bindung, wahrscheinlich in einer mechanischen oder chemischen Adsorption; durch Behandeln mit kaltem Wasser lassen sie sich wieder entfernen; erst allmählich geht die Umwandlung zu eigentlichen Gewebsproteiden vor sich. Derartige Beobachtungen lassen uns Vorgänge erkennen, die ihrem Wesen nach durchaus dem entsprechen, was von einem kolloidchemischen Austausch

[1]) Pflügers Arch. **99**, 191 (1903).

[2]) M. Händel, Pflügers Arch. **92**, 104.

[3]) Vgl. z. B. das Verhalten von Eisenchlorid, Permanganat oder Kohlensäure bei der Adsorption. Rohland, Biochem. Zeitschr. **28**, 53 (1910).

[4]) Journ. of biol. chem. **16**, 197 (1913).

zum Bindegewebe zu erwarten ist. Daß tatsächlich im extrazellulären Bindegewebskolloid eine Anreicherung mit Stoffen des Eiweisstoffwechsels vorkommt, lehren Befunde, die sich mit Hilfe der mikroskopischen Farbtechnik feststellen ließen. Wenn es z. B. bei Karzinomen oder Granulomen zur Lösung bestimmter, durch ihr Färbungsverhalten kenntlicher saurer Albuminoide kommt, so werden diese aus der Lösung heraus an den kollagenen Fasern des Bindegewebes spezifisch angereichert, derart, daß die Gesamtfaser hernach ein Farbverhalten zeigt, wie es für die betreffenden Albuminoide charakteristisch ist[1]). Völlig neuartige kolloidchemische Aufgaben für die Stoffwechsellehre harren hier der Lösung[2]). Der Verfasser glaubt die besondere Art der hier zu erwartenden Vorgänge am besten charakterisieren zu können, indem er auf das ganz eigenartige Verhalten des Bindegewebes verweist, welches die Praxis und Wissenschaft der Gerberei[3]) zutage gefördert hat. Ein Beispiel möge hier seinen Platz finden; es zeigt, obwohl es zunächst zu den Vorgängen des Lebens ohne jede Beziehung dasteht, in sehr instruktiver Art, welcherlei kolloidchemische Vorgänge überhaupt am Bindegewebe möglich sind:

Die Gerbung der Häute hat den Zweck, in der Masse des Hautbindegewebes das Zusammenkleben der Fasern und damit das Brüchigwerden bei der Trocknung zu verhindern. Die verschiedensten kolloidchemischen Verfahren führen zu solchem Ziel. Das zarteste und weichste „Leder" gibt die folgende Methode (Erlanger Glacéleder-Gerberei): Die gereinigte und ausgewaschene Haut wird 24 Stunden mit einer „Kleienbeize" oder einer „weißen Schwellbeize" (d. i. einer aus Gerstenschrot mit Sauerteig im Wasser gewonnenen Lösung) vorbehandelt; nach so erzielter Quellung wird die Haut nach nochmaligem Auswaschen in eine zweite Lösung, die sogenannte „Nahrung" hineingebracht. Diese „Nahrung" besteht aus etwa 28% Mehl, dazu 1/4 Eidotter (für 100 ccm), 3,3% Alaun und 0,9% Kochsalz. Unter leichter mechanischer Nachhilfe erfolgt in 24 Stunden bei 35° der sehr eigentümliche Vorgang, daß 100 g dieser Lösung von etwa derselben Menge Haut völlig aufgenommen und in der ganzen Masse gleichmäßig verteilt festgehalten werden. Diese „gesättigte" Haut wird getrocknet, sie stellt das Glacéleder dar. Mit relativ indifferenten Substanzen wird hier vermittels kolloidchemischer Vorgänge — sit venia verbo — eine postmortale Fütterung des Hautbindegewebes erreicht. — Es wäre ein sehr auffälliges Spiel des Zufalls, wenn solche Befähigung des Bindegewebes, deren physiologische Ausnutzung so nahe zu liegen scheint, vom Körper intra vitam in keiner Weise verwertet wäre.

4. **Die Funktion der Konzentrationsregulierung seitens des Bindegewebes:** Es ist eine feststehende Tatsache, daß bei Injektion anisotonischer Lösungen ins Blut — unabhängig von der Ausscheidung durch die Nieren — innerhalb weniger Minuten durch den „Austausch zum Gewebe" die Isotonie im Blute wiederhergestellt wird. Ein sehr demonstrativer Versuch dieser Art ist oben (S. 325) des näheren mitgeteilt. Es erscheint uns sehr beachtenswert, daß diese Befähigung der inneren Regulierung gerade beim Menschen ganz besonders groß ist. Beim Kaninchen tritt bei Ausfall der Nierenfunktion vom Stoffwechsel her bereits in wenigen

---

[1]) Vgl. P. G. Unna u. L. Golodetz in Oppenheimer, Handbuch der Biochemie, l. c. Ergänzungsband, S. 347 (1913).

[2]) Ein ganz besonderes Interesse verspricht diese Forschung für das Problem des leichter angreifbaren „zirkulierenden" Eiweißes zu bieten.

[3]) Nähere Literatur s. die zahlreichen Arbeiten dieses Gebietes in der Kolloidzeitschrift.

Stunden eine Gefrierpunktserhöhung des Blutes zutage, bei der totalen Anurie des Menschen aber pflegen 3—4 Tage zu vergehen, bis die osmotische Überlastung des Körpers in einer Gefrierpunktserniedrigung des Blutes zur Erscheinung kommt. Auch die Isoionie des Blutes wird in ähnlicher Weise durch „Austausch zum Gewebe" in ihrer Erhaltung gefördert. Diese die Blutkonzentration regulierenden Vorgänge werden zurzeit auf das Bestehen einer spezifischen Befähigung der Gefäßwand zurückgeführt, wonach besonders die Kapillarendothelien die Eigenart besitzen sollen, einen Stoffaustausch nach beiderlei Richtungen gemäß den jeweiligen Anforderungen der Isotonie und Isoionie zu bewirken. Eine gewaltige Konzentrationsarbeit und eine ungemein komplizierte Aufgabe wird bei solcher „Erklärung" in die aktive Tätigkeit der Endothelien verlegt. Als bewiesen darf lediglich gelten, daß die Gefäßwand eine Membran darstellt mit örtlich verschiedener Durchlässigkeit; zudem wird man es als wahrscheinlich ansprechen dürfen, daß die Art der Durchlässigkeit von den Zellen vital geändert werden kann. Von der Frage der Durchlässigkeit ist aber das Problem der treibenden Kräfte, welche die Substanzen zum Durchtritt durch die Membran veranlassen, scharf zu trennen. Die Gefäßwand ist die Membranscheide zwischen der Blutflüssigkeit und der Säftemasse des Gewebes. Sie wird durch diese Lage zugleich zur Vermittlerin in dem Wechselspiel der mechanischen, osmotischen und kolloidchemischen Kräfte, welche beiderseits der Gefäßwand gegeben sind[1]). Welche Gewebsteile sind es, die bei den Störungen der Blutkonstanzen die überschüssigen Lösungsstoffe aus dem Blut aufnehmen, resp. ein Defizit im Blut durch Abgabe von Substanz aus ihrer Masse heraus ergänzen? Bei der Beantwortung dieser auch klinisch sehr wichtigen Frage sind bislang fast nur die Zellen des Körpers in Rücksicht gezogen; die interzelluläre Gewebsmasse ist so gut wie völlig außer Betracht geblieben. Eine ganz allgemeine Überlegung aber scheint dem Verfasser die Notwendigkeit zu ergeben, gerade die Ausgleichsvorgänge der Isotonie und Isoionie in erster Linie in extrazellulären Depots aufzusuchen. Die Isotonie und Isoionie des Blutes hat — darüber kann kein Zweifel bestehen — den physiologischen Sinn, den Zellen des Körpers durch Darbietung eines praktisch konstant bleibenden, optimal angepaßten Milieus ein möglichstes Freibleiben von Störungen zu gewährleisten. Ist dieses aber der Sinn der so kunstvoll aufgebauten Einrichtung der Isotonie und Isoionie, so darf der Körper für die Ausgleiche, welche zur Erhaltung dieser Blutkonstanzen stetig und bleibend erforderlich sind, nicht seine Zellen benutzen, d. h. eben gerade jene Gebilde, die zu schützen das Ziel der ganzen Einrichtung darstellt. Es könnte vielleicht sein, daß besondere Zellen existieren, die in einer Spezialanpassung dieser Aufgabe dienen. Wo aber jeder Anhalt für eine derartige Funktion besonderer Zellen fehlt, erscheint es dem Verfasser dringend geboten, die vorhandenen Möglichkeiten nichtzellulärer Regulationsvorgänge nachzuprüfen und insbesondere die große extrazelluläre Bindegewebsmasse, welche schon ihrer Lage nach zwischen dem Blut und

[1]) Näheres siehe H. Schade u. H. Menschel, Zeitschr. f. klinische Medizin **145** (1923).

den Zellen das vermittelnde Gewebe bildet, zu dieser Untersuchung heranzuziehen.

Allgemeine physikochemische Grundlagen: Die Quellungskräfte sind imstande, Arbeit entgegen dem osmotischen Druck zu leisten: läßt man einen quellenden Körper durch eine semipermeable Membran an eine Lösung angrenzen, so vermag dieser quellende Körper Wasser und Salze durch die Membran hindurch anzuziehen und aufzunehmen, auch wenn dem Durchtritt osmotische Kräfte entgegenstehen. Bei der Konkurrenz von Osmose und Quellung ist jeweils derjenige Vorgang vorherrschend, der bei den gegebenen Verhältnissen den größeren „Druck" besitzt. In den wässerigen Lösungen von der Konzentration der Körpersäfte herrscht ein osmotischer Druck von etwa neun Atmosphären; die im Blut vorkommenden Schwankungen mögen ca. eine Atmosphäre betragen. Quellende Kolloide können bekanntlich ganz ungleich größere Kräfte entfalten. Die Quellbarkeit ist (ähnlich der Löslichkeit) von Kolloid zu Kolloid individuell verschieden. So bedarf es z. B. beim Aufquellen von trockener Stärke in Wasser eines Druckes von über 2500 Atmosphären, um die Quellung zu verhindern, d. h. um dem Quellungsdruck das Gegengewicht zu halten[1]). Mit zunehmendem Wassergehalt des Kolloids sinkt der Quellungsdruck schnell herab. Begrenzt quellbare Kolloide kommen nach Aufnahme einer bestimmten Wassermenge zu der Lösung in ein Quellungsgleichgewicht; der. Quellungsdruck dieses Kolloids ist gleich Null geworden. Ist solcher Endzustand erreicht, so bewirkt schon ein geringer entgegengesetzter Druck einen Austritt des Wassers in merklichen Beträgen; namentlich bei sehr wasserreichen Gallerten vermag schon ein Druck von wenigen cm Hg und darunter eine nicht unerhebliche erste Menge des Quellungswassers herauszupressen. Keineswegs brauchen daher gegenüber den Quellungserscheinungen die osmotischen Wirkungen zu verschwinden. Vielmehr werden die jeweils vorhandenen Einzelverhältnisse über die Vorherrschaft der Quellung oder der Osmose entscheiden.

Über die Beeinflussung der Gallerten durch die Elektrolyte in der Lösung ist bereits in der voraufgehenden Vorbemerkung berichtet.

Aber auch umgekehrt sind wichtige Beziehungen vorhanden. Die Gallerten können die Elektrolytzusammensetzung einer angrenzenden Außenlösung in der verschiedensten Weise beeinflussen: die Konzentration wird erhöht, wenn die Kolloide quellend mehr Wasser als Salz aufnehmen oder wenn sie von dem in ihrem eigenen Quellungswasser enthaltenen Salze abgeben; umgekehrt nimmt die Konzentration der Außenlösung ab, wenn die Kolloide entquellend mehr Wasser als Salz austreten lassen oder bevorzugt Salze adsorbieren. Noch mehr als bei Salzen pflegt bei Säuren und Alkalien solche Konzentrationsänderung der Außenlösung zur Ausprägung zu kommen. Bei allen diesen Vorgängen macht sich die individuelle Natur sowohl des Kolloids wie des Gelösten in der einschneidendsten Weise geltend. Besonders bemerkenswert ist ferner, daß bei einem und demselben Kolloid die Art der Quellung und der Salzaufnahme noch durch dritte Stoffe sehr weitgehend beeinflußt werden kann; namentlich durch geringe Verschiebungen im H-OH-Ionenstand des Mediums kommt es oft zur völligen Umkehrung des Verhaltens. Auch auf die wichtige Rolle der Conzentrationsdifferenzierung zufolge des Donnanschen Gesetzes[2]) sei hier verwiesen.

Neben den Vorgängen der Quellung und der adsorptiven Konzentrationsdifferenzierung (s. S. 21) sind in den kolloiden Systemen namentlich der Eiweiße noch manche andere Vorgangsarten beobachtet, welche die Elektrolytkonzentrationen einer angrenzenden Lösung ändern: vor allem die Vorgänge der Entionisierung oder Ausfällung, wie sie sich oft als Sekundärerscheinungen der Adsorption ausbilden, und sodann die Möglichkeiten der rein chemischen Veränderung.

Am besten läßt sich die regulatorische Beteiligung des extrazellulären Bindegewebskolloids bei der Aufrechterhaltung der

[1]) Vgl. Wo. Ostwald, Grundriß der Kolloidchemie. Dresden 1909. S. 372ff.

[2]) Siehe Näheres z. B. R. Höber, Die physikalische Chemie der Zelle und Gewebe (5. Aufl. 1922. S. 216ff).

H-OH-Isoionie verstehen (vgl. Fig. 49). Eine der wichtigsten Störungen droht dieser Isoionie bekanntlich aus dem Stoffwechsel der Zellen. Jede Zellarbeit läßt in vermehrter Menge Säuren entstehen, namentlich CO_2, in geringerem Grade auch andere Säuren. Da an keiner Stelle des Körpers die Blutgefäße sich den Organzellen bis zur direkten Berührung nähern, muß der Stofftransport von den Organzellen zum Blut überall zunächst eine Schicht von Bindegewebe passieren. Wenn die sauren Endprodukte des Stoffwechsels die Zelle verlassen, werden sie demnach an erster Stelle eine Beeinflussung durch das Bindegewebe erfahren: sie werden in der Grundmasse des Bindegewebes, ähnlich wie es oben (S. 163) für das Serum beschrieben wurde, weitmöglichst durch die dort vorhandenen „Puffersalze" und Eiweiße neutralisiert[1]). Bei jedem Zustrom von Säuren aber treten zugleich die kollagenen Fasern physikochemisch in Wirkung. Denn die kollagene Substanz, welche nach den Untersuchungen des Verfassers auf jede, auch minimale Säureanhäufung mit stärkster Quellung reagiert und nach ihrem farbtechnischen Verhalten schon längst als ausgeprägt „azidophil" bekannt ist, hat im höchsten Maße die Fähigkeit, die umgebende Lösung durch Säureentzug zu entlasten. Wenn auch die Vorgänge dieser Säureaufnahme in der Faser sich nicht in einer einfachen Adsorption[2]) erschöpfen, so zeigen sie doch in ihren Haupterscheinungen das für eine Adsorption charakteristische Verhalten. Die Aufnahme der Säure in die Faser erfolgt ungemein schnell, in kürzester Zeit wird ein Gleichgewicht der Säureverteilung erreicht, derart, daß neben der starken Säureanreicherung in der Faser eine nur minimale Säurekonzentration in der umspülenden Lösung verblieben ist. Eine sofortige wirksame Säureentlastung des Gewebssaf s ist die erste physiologisch wichtige Folge. Ein zweiter regulatorischer Nutzeffekt liegt in der Eigenart des späteren Ausgleichs. Dieser Ausgleich erfolgt wie bei allen Adsorptionen in automatischer Regelung zur jeweiligen Konzentration der Außenlösung: immer wird durch die Adsorption seitens der kollagenen Fasern die Säurekonzentration im Gewebssaft minimal niedrig gehalten; immer aber wird auch in demselben Moment, wo der Gewebssaft diese seine minimale Säuremenge in der Richtung zum Blutgefäß abgibt, vom Ort der Adsorption die zum Gleichgewicht gehörige minimale Außenkonzentration wieder hergestellt, solange bis unter dem Vorgang dieses allmählichen Abwanderns der Säurevorrat der Faser erschöpft ist. Für die

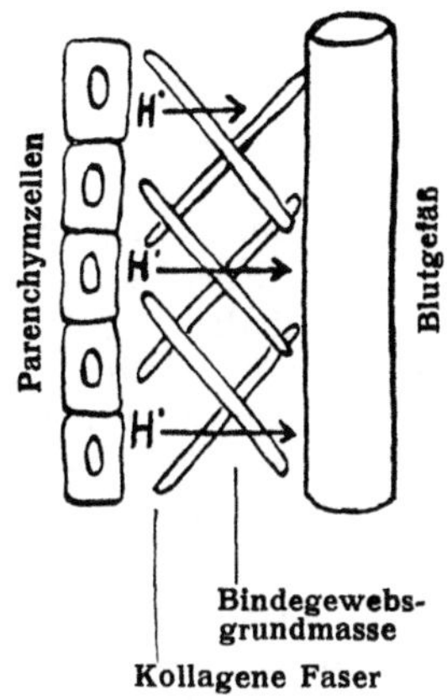

Fig. 49. Bindegewebe schematisch

[1]) Durch die Messungen von H. Schade, P. Neukirch u. A. Halpert ist ein deutliches Gefälle der H-Ionen in der Richtung Zelle → Gewebssaft → Blut nachgewiesen. Zeitschr. f. d. ges. experim. Medizin **24**, 11 (1921). Vgl. dazu auch L. Michaelis u. A. Kramsztyk, Biochem. Zeitschr. **62**, 180 (1914).

[2]) Wie bei der Säurebindung am Eiweiß sind stets gleichgerichtete chemische Wirkungen aufs innigste vergesellschaftet

volle Werteinschätzung aber ist wichtig, daß diese „Regulierung" auch in umgekehrter Richtung ihre Gültigkeit behält: setzt man den Fall, daß der Abtransport zum Blute stockt oder gar vom Blute her eine Säuerung erfolgte, so wird sofort auch die Abgabe vom Säuredepot der Faser sistieren, resp. sich sogar rückläufig erneut in eine Adsorptionsaufnahme verwandeln. Die Säuremenge, welche das Bindegewebe in dieser Art ausgleichend zu bewältigen vermag, ist sehr beträchtlich. Bei der wechselnden anatomischen Struktur des Bindegewebes ist es nicht möglich, eine bestimmte Normalzahl zu nennen. Nur allgemeinhin haben vergleichende Messungen dem Verfasser ergeben, daß das Säurebindungsvermögen des Bindegewebes demjenigen des Serums bei gleicher Menge durchgehends um einen deutlichen Betrag überlegen ist. Berücksichtigt man weiter, daß im menschlichen Körper die Gesamtmasse des Bindegewebes, auch ausschließlich des Fettes, diejenige des Serums wahrscheinlich erheblich übertrifft, so gewinnt man eine ungefähre Einschätzung der Bedeutung, welche dem Bindegewebe als Regulationsorgan der H-OH-Isoionie, zumal gegenüber der Säuerung vom Zellstoffwechsel her, zukommt.

Die Einwirkungen des Bindegewebes auf die Na-K-Ca-Isoionie sowie auf die Regulierung sonstiger Ionenkonzentrationen (namentlich Cl) beginnen ebenfalls nach einigen ersten Richtungen übersehbar zu werden. Die Flüssigkeitsmasse des Bindegewebes, der Gewebsaft, besitzt nach den intravitalen Messungen von H. Schade, P. Neukirch und A. Halpert (l. c.) annähernd neutrale Reaktion, die H-Ionenmenge ist schon normal eben merklich größer als im Blut. Bei starker Funktion der Organzellen nimmt im zugehörigen Bindegewebe die H-Ionenkonzentration deutlich zu. Mit diesen Reaktionsschwankungen muß eine Änderung in der Bindung der Na-K-Ca-Ionen sowie der Anionen, besonders des Cl, einhergehen. Jede Säuerung der Bindegewebseiweiße führt zu verstärkter Bindung der Cl-Ionen und umgekehrt zur Loslösung von vorher gebundenen Metallionen (nam. Na); jedes Nachlassen der Säuerung hat einen Effekt in entgegengesetzter Richtung zur Folge[1]).

[1]) Schwache Säuren, wie z. B. die Kohlensäure u. a., beeinflussen in eiweißhaltigen Medien die Bindungsverhältnisse von Ionen in entgegengesetzter Weise wie Alkalien: Säure führt Cl- und SO_4-Ionen zum Teil in einem nicht diffusiblen Zustand über, während Alkali die antagonistische Wirkung, d. h. eine Loslösung der vorher gebundenen Ionen bewirkt (Hamburger, Biochem. Zeitschr. **86**, 309 (1918); P. Rona und P. György, ebendort **56**, 416 (1913); M. H. Fischer, Kolloidzeitschr. **16**, 106 (1915)). — Sehr eigentümliche, von der Technik zu regulatorischen Zwecken benutzte reversible Kationenaustausche sind ferner an den kolloiden Kieselsäure-Aluminiumhydroxyd-Verbindungen (z. B. dem „Permutit") beobachtet; es erscheint dem Verfasser nicht ausgeschlossen, daß auch die hier aufgefundenen, höchst eigenartigen Basenaustauschprozesse im gewissen Sinne Modelleigenschaften für die Vorgänge des Salzaustausches in den Bindegewebskolloiden zu gewinnen vermöchten. Die Basenaustausche der Ackererde gehören in die gleiche Kategorie der Erscheinungen. Auf diesen Gebieten ist ein gutes experimentelles Material gegeben, welches bereits wichtige allgemeine Gesetzmäßigkeiten erkennen läßt. (Literatur usw. siehe G. Wiegner, Journ. f. Landwirtschaft **60**, III u. 197 (1912); vgl. ferner J. Dohn, Kolloidzeitschr. **15**, 132 (1914)). Vielleicht sind auf Grund dieser Ergebnisse Leitlinien zu erhalten, die eine weitere Inangriffnahme der in mancher Art ähnlichen Probleme beim Bindegewebe ermöglichen. Selbst stofflich entbehrt die hier gezogene Parallele nicht völlig einer Beziehung, da auch im Bindegewebe die Kieselsäure als ein regelmäßiger Bestandteil vorhanden ist (vgl. S. 395).

Schon unter dem Einfluß der Organarbeit wird mit Schwankungen der Ionenbindung dieser Art zu rechnen sein. Bei Zuständen pathologischer Bindegewebsacidose werden diese Schwankungen größeren Umfang erreichen.

Bei der dritten Konstanz des Blutes, der Isotonie, sind gleichfalls bereits einige erste Besonderheiten kenntlich, welche in der Richtung liegen, daß das Bindegewebskolloid die Konzentration des Blutes in einem regulatorisch wirkenden Sinne beeinflussen kann. Wenn der osmotische Druck im Blut über den Normalwert hinaus zu steigen beginnt, wird sich ein Zustrom von verdünnter Lösung als nützlich erweisen. Kolloide könnten solchen Zustrom liefern, wofern sie die Eigenschaft besitzen, bei steigender Salzkonzentration zu entquellen, und dabei ein Quellungswasser von niederer Salzkonzentration abzugeben. Umgekehrt dürfte beim Eintreten einer osmotischen Hypotonie ein Quellungsanstieg der Gewebskolloide nützlich erscheinen, bei dem vom Kolloid mehr Wasser als Salz aufgenommen würde. Die hier theoretisch geforderten Wechselbeziehungen zwischen Lösungskonzentration und Quellungsverhalten erscheinen auf den ersten Blick vielleicht kompliziert und schwer realisierbar. Und doch ist gerade die Summe der hier theoretisch aufgestellten Postulate für eine bestimmte Art von Kolloiden als eine gesetzmäßige Erscheinung bekannt: sie gilt allgemeinhin bei solchen Kolloiden, deren Quellung mit steigender Salzkonzentration abnimmt. Sind nun Kolloide dieser Art im Bindegewebe vorhanden? Der Verfasser kann auf Grund seiner Versuche (l. c.) diese Frage bejahen. Die gesamte interfibrilläre Grundmasse des Bindegewebes zeigt in deutlicher Art das hier geforderte Verhalten. Sie ist zugleich derjenige Anteil des Bindegewebes, der sich in direkter Berührung mit der Gefäßwand befindet. Wenn auch im einzelnen hier noch manche Frage der Klärung bedarf[1], so ist doch wenigstens allgemein ein Weg kenntlich, auf dem das Bindegewebe durch rein kolloidchemische Kräfte zur regulatorischen Mithilfe bei der Aufrechterhaltung der Blutisotonie befähigt ist[2]. Die Richtung solchen Ausgleichs, d. h. Wasseraufnahme ins Gewebe bei eintretender Hypotonie und Wasserabgabe ins Blut bei der Hypertonie, entspricht sehr gut dem, was intra vitam das physiologische Experiment lehrt. Auch klinisch ist bekanntlich die Hydrämie als wichtiges regulatorisches Ausgleichsmittel bei der drohenden osmotischen Überbelastung seit langem bekannt (vgl. S. 331).

Noch für eine zweite Art der osmoregulatorischen Beteiligung des Bindegewebes sind erste experimentelle Anhaltspunkte vorhanden. Die Feststellung der positiv werdenden Adsorption des Kochsalzes (resp. des Cl) an Eiweißkolloiden beim Übergang zu saurer Reaktion (s. o.) gibt eine Bedingung zur Erniedrigung der osmotischen Konzentration[3]. Auch dieser

[1]) Vor allem sind noch Untersuchungen in Lösungen geeigneter Elektrolytkombinationen erforderlich.

[2]) Eine interessante Beobachtung am uskel ist von E. Overton (Beiträge zur allgemeinen Muskel- und Nervenphysiologie) niedergelegt: eine Schrumpfung des Perimysiums int. u ext. in hypotonischer (S. 135), eine Verbreiterung in hypertonischer Lösung (S. 154). Als Beweis einer dem Obigen entsprechenden aktiven Kolloidwirkung ist sie indes in der gegebenen Form noch nicht zu verwerten.

[3]) Vgl. vor allem P. Rona u. György, Biochem. Zeitschr .56, 416 (1913).

Vorgang ist geeignet, das Blut im osmotischen Sinne zu entlasten. Zur Veranschaulichung möge wieder die Fig. 49 dienen. Die Parenchymzellen sind im Zustand der Arbeit gedacht: die hierbei von den Zellen gebildeten Säuren seien im Begriff, das nächstgelegene Gebiet des Bindegewebes zu überschwemmen, wobei (s. o.) neben der Grundsubstanz besonders die kollagenen Fasern als Säurespeicher funktionieren. Wenn nun die Säureanhäufung die Folge nach sich zieht, daß allemal im gleichen Gebiet eine gesteigerte Bindung von Salzen (namentlich Cl-Ionen) einsetzt, so wird der Lösungsbereich des Bindegewebes und in physiologischer Weiterwirkung hiervon auch das Blut entlastet, indem gerade immer für diejenige Zeit, während welcher aus dem Arbeitsstoffwechsel der Zellen eine Mehrbelastung mit Molekülen und Ionen vorhanden ist, eine Bindung von Ionen (Cl. u. a.) im Bindegewebe (und ähnlich auch im Serum) statthat. Ist die Flut des Säurezustroms überwunden — dies wird zeitlich zumeist mit der Bewältigung der aus dem Arbeitsstoffwechsel stammenden osmotischen Mehrbelastung zusammenfallen, — so tritt die H-Ionenanreicherung im Bindegewebe wieder zurück, die Bedingung für die Salzretention verschwindet, die Salzionen werden wieder diffusibel und können nun wieder in normaler Menge mit dem Blut in Austausch treten.

Bevor die physiologische und klinische Bedeutung dieser Ausgleichsvorgänge sich in ihren Grenzen abstecken läßt, ist noch viel Arbeit erforderlich. Wenn gleichwohl die Fragen in dieser Ausführlichkeit behandelt wurden, so war die Absicht leitend, wenigstens prinzipiell die allgemeine Art der Vorgänge zu kennzeichnen, zu denen die physikalische Chemie auf diesen der Forschung bislang verschlossenen Gebieten hinführt. Es ist sehr wohl möglich, daß die weitere Untersuchung andere, noch unbekannte Vorgänge der Regulation aufdecken wird, vielleicht sogar, daß ihnen gegenüber die hier angeführten Erscheinungen an Bedeutung zurücktreten werden. Immer aber muß die physikalische Chemie die Führerrolle bei der Erforschung dieser Bindegewebsfunktionen behalten; nur sie vermag in der Kolloidmasse des Bindegewebes, welche bei der mikroskopischen Untersuchung als ein anscheinend totes Feld hat liegen bleiben müssen, die Ionen, die Moleküle und die Kolloide in dem wichtigen Wechselspiel ihrer Kräfte zu verfolgen.

Die Regelung der Blutkonstanzen im Zusammenwirken mit dem Gewebe stellt den Körper vor Aufgaben ungemein komplizierter Art. Die Bewältigung dieser Aufgaben — noch dazu in dem vom Körper dargebotenen Maß der Exaktheit — erscheint kaum vorstellbar ohne die Annahme, daß irgendwie auf dem Nervenwege für den Körper eine Orientierung über den jeweiligen Stand der Konzentrations- resp. Austauschverhältnisse erhältlich ist. Der Verfasser sieht in den Vater-Paccinischen Körperchen spezifische physikochemisch wirksame Nervenendbildungen, wenn man so will, „Schwellsinns- vielleicht auch Quellsinnsorgane", welche geeignet sind, solche Orientierung zu vermitteln. Auch A. Fleisch, der die Bedeutung der H-Ionenkonzentration für die Regulierung der Gefäßweite in den peripheren Gewebsgebieten feststellte (s. S. 373), ist geneigt, in Übereinstimmung mit dem Verfasser, den Angriffsort der H-Ionen in

„spezifischen Elementen zu sehen, die wahrscheinlich im Gewebe selbst liegen und für welche die Vergrößerung der Wasserstoffzahl der adäquate Reiz ist"[1]) Bei der Physikochemie der Nerven (S. 451) wird diese Frage eine ausführlichere Besprechung finden.

So lückenhaft auch die vorstehenden Untersuchungen des Bindegewebes sind, so zeigen sie doch bereits klar in allgemeinen Umrissen die außerordentliche Bedeutung, welche dem Bindegewebe, speziell seiner extrazellulären Masse für die Erhaltung des Körperganzen physikochemisch zukommt (H. Schade). Wird das Bindegewebskolloid in seinen physikochemischen Funktionen insuffizient, so ist eine Gefährdung des Körpers nach doppelter Richtung die unausbleibliche Folge: auf der einen Seite leidet die Parenchymzelle Not durch Störung im An- und Abtransport der zu ihrem Stoffwechsel erforderlichen Substanzen und andererseits werden die unerläßlichen Konstanzen des Blutes durch den Funktionsausfall ihres ersten Ausgleichsorgans gefährdet. Das extrazelluläre Bindegewebskolloid, so „leer" es mikroskopisch erscheint, birgt eine Fülle von Kräften in sich, welche die Verteilung der Substanzen des Wasser-, Salz- und Nahrungsstoffwechsels in der einschneidendsten Weise beeinflussen. Für die Austauschprozesse zwischen Blut und Gewebe ist das jeweilige Verhältnis der physikochemischen Kräfte auf den beiden Seiten der Gefäßwand von größter Bedeutung. Der Verfasser ist der Ansicht, daß die treibende Energie der hier stattfindenden Stoffaustausche im wesentlichen aus dem Gegenspiel der mechanischen + osmotischen + kolloidchemischen Kräfte der Flüssigkeitsmasse diesseits und jenseits der Gefäßwand resultiert, wobei die Stoffverschiebungen dem jeweiligen örtlichen Energiegefälle nach Richtung und Umfang folgen. Gleichwohl verbleibt den Gefäßendothelien dabei eine wichtige Rolle: sie sind es, die die Durchlässigkeit der Gefäßwand bestimmen und vermutlich sogar in regulatorischer Anpassung an die jeweiligen Verhältnisse zeitlich ändern. Auch die Zellen des Bindegewebes selber mögen an diesen Ausgleichsvorgängen ihren Anteil haben[2]). Man wird daran denken können, daß ihnen ein Einfluß auf die Beschaffenheit des ihrem Bereich zugehörigen extrazellulären Kolloids zukäme. Es ist kein Zweifel, daß wir auf diesem Gebiet zurzeit vor großen Wandlungen in unseren Anschauungen stehen. Dies lehrt von anderer Seite her die Entwicklung, welche das Problem der inneren Kochsalzregulierung durch die klinischen Untersuchungen der jüngsten Zeit erfahren hat. Die Lehre der inneren Sekretion ist auch in diese Gebiete erfolgreich vorgedrungen: es sind Hormonwirkungen (Thyroidin, H. Eppinger[3]); Pituitrin, W. H. Veil[4])) gefunden, welche in diese inneren Ausgleichsvorgänge entscheidend eingreifen. Wie das Beispiel des Myxödems mit seiner Beeinflussung durch das Thyroidin (vgl. S. 235) belegen

[1]) Zeitschr. f. allgem. Physiologie **19**, 270 (1921).

[2]) Eine wichtige Beobachtung über Unterschiede im funktionellen Verhalten der einzelnen Bindegewebszellen untereinander gibt Ribbert, Zeitschr. f. allgem Physiologie **4**, 201 (1904).

[3]) H. Eppinger, Pathologie u. Therapie des menschlichen Ödems. Berlin 1917.

[4]) Biochem. Zeitschr. **91**, 317 (1918); vgl. hierzu auch Erich Meyer u. Meyer-Bisch, Deutsch. Arch f. klin. Medizin **137**, 229.

mag, ist wiederum die extrazelluläre Bindegewebsmasse auch von diesen hormonbedingten Änderungen in ausgeprägtestem Maße betroffen. Ein Vergleich ist geeignet, die Bedeutung solcher Thyroidinwirkung auf das Bindegewebe zu veranschaulichen. Das Sandfilter einer Wasserreinigungsanlage pflegt nach einiger Zeit des Gebrauchs durch Überladung mit adsorbiertem Material zu verschmutzen; es muß durch einen Oxydationsprozeß, welcher die adsorbierten Massen durch Verbrennung in einfachere, nicht mehr adsorptionsfähige Stoffe überführt, „regeneriert" werden. Auch beim Myxödem wird die große extrazelluläre kolloide Bindegewebsmasse, welche, einem adsorbierenden Filter gleich, im Stoffwechselverkehr zwischen Zelle und Blutgefäß eingelagert ist, bei der Passage ungenügend verbrannter Substanzen leicht „verschmutzen"; das Thyroidin bringt hier, indem es als Katalysator (s. o. S. 235) die Oxydierung entfacht, die Möglichkeit der Wiedervereinigung, die „Regeneration" (vgl. hierzu S. 397).

Entsprechend diesen erweiterten Grundlagen, die für die Physiologie der Bindegewebsfunktionen gewonnen sind, ist auch die **Pathologie und Klinik der Bindegewebsstörungen** zu weiterem Ausbau befähigt.

Schon die Feststellung, daß die physikalischen Eigenschaften des Bindegewebes mit dem Kolloidzustand der Strukturelemente im engen kausalen Zusammenhang stehen, bringt einen erheblichen Fortschritt. Sie lehrt uns, daß die Abweichungen des physikalischen Verhaltens nicht etwa nur äußerliche Merkmale darstellen, sondern daß sie stets auf kolloidchemische oder sonstige wesentliche Änderungen des Gewebes zurückgehen. Das Studium der physikalischen Erscheinungen erhält eine sehr vertiefte Bedeutung. An einigen Beispielen sei auf die Tragweite solcher Untersuchungen verwiesen:

Die **Dehnbarkeit des Bindegewebes** kann unter wechselnden Milieuverhältnissen sehr variieren. Bei Einwirkung einer ödematösen Stauung wird sie erheblich gesteigert. Die Ursache dieses geänderten physikalischen Verhaltens ist in der vermehrten „serösen Durchtränkung des Gewebes", kolloidchemisch z. T. in einer gesteigerten Quellung[1]) gelegen. Wie weit solcher Einfluß auf die physikalischen Eigenschaften einzuwirken vermag, zeigt — zugleich an einem Musterbeispiel der zweckmäßigen Verwendung — die Erweichung der mütterlichen Gewebe beim Partus: in wenigen Stunden ödematöser Stauung wird der Erfolg erreicht, den Genitalschlauch[2]) zur Dehnung für den Durchtritt des Kindes instand zu setzen; ist die Geburt beendet, so hört die venös-ödematöse Durchtränkung auf und das Gewebe kehrt wieder zu seiner früheren physikalischen Beschaffenheit zurück. Auch bei pathologischen Gewebsprozessen sind derartige Änderungen der physikalischen Eigenschaften (Dehnbarkeit, Zerreißbarkeit usw.) häufig; in zahlreichen Fällen ist die Zerreißlichkeit der Gewebe so ausgeprägt vorhanden, daß der Chirurg durch eine besondere Technik der Nähte sich ihr

[1]) Wie schon die mikroskopische Untersuchung lehrt, sind die Gewebsbestandteile in sehr erheblichem Grad an der Wasseraufnahme durch Quellung beteiligt.

[2]) Die Erweichung erstreckt sich auf sämtliche vorhandenen Gewebselemente, immerhin ist aber auch bei diesem Beispiel das Bindegewebe mit seiner extrazellulären Kolloidmasse in sehr hervortretendem Maße beteiligt.

anzupassen genötigt ist. Solche Veränderungen sind in allen Organen zu finden und keineswegs etwa auf das Bindegewebe beschränkt. Selbst in den parenchymatösen Organen ist aber die Miterweichung gerade der Bindegewebssubstanzen von sehr wesentlicher Bedeutung; denn diese Bindegewebssubstanzen sind es, die als Membran oder in Form von Fasereinlagerungen fast allen Zellgebilden des Körpers erst den festeren Zusammenhalt geben. Die Pathologie kennt wichtige Folgen solcher veränderten physikalischen Beschaffenheit. Schon frühzeitig, noch bevor eine sichtbare Zerstörung von Fasern eintritt, kann die Lues die Bindegewebsanteile der Aortenmedia derart schädigen, daß es unter dem starken Blutdruck der Aorta zu einer ersten lokalen Ausbuchtung der Gefäßwand, dem Beginn eines **Aneurysmas** kommt. Primäre Kolloidsschädigungen sind allgemein als erstes Glied in der Kette der pathologischen Gewebsstörungen sehr häufig. Der Verfasser ist der Ansicht, daß z. B. auch die Entstehung der **Hämorrhoiden** oftmals in solcher anfänglich nur kolloidchemischen Abartung der Dehnbarkeit seine Ursache hat. Venöse Stauungen sind in der Gegend des Analringes außerordentlich oft vorhanden, sie werden ebenfalls hier, ähnlich wie in den Geburtswegen intra partum, die Dehnbarkeit des Gewebes steigern. Ist aber irgendwo im Gewebe oder vielleicht auch nur zirkumskript in der Gefäßwand erst eine Stelle vermehrter Dehnbarkeit geschaffen, so wird gerade diese bei der Defäkation unter dem fortgeleiteten Druck der Bauchpresse als Stelle des geringsten Widerstandes am meisten nachgeben, am stärksten zur Ausdehnung gebracht werden. Da die Wiedererreichung des Normalzustandes mit dem zunehmenden Maß der Dehnung schwerer ist, so wird es, zumal wenn gleichzeitig leicht entzündliche Prozesse, wiederum kolloidphysikalisch, die Elastizität der Bindegewebsfasern verringern (s. S. 109), leicht dahin kommen, daß die Rückbildung für längere Zeit unvollständig bleibt. Bei solcher Sachlage wird bald eine erneute Dehnung den Zustand der lokalen mechanischen Insuffizienz verschlimmern, bis schließlich die dilatierten Venen klinisch als Hämorrhoiden hervortreten. Immer, wenn als Folge einer kolloidmechanischen Insuffizienz gröbere Deformierungen auftreten, schließen sich weitere mikroskopische Veränderungen mit Notwendigkeit an. Es liegt nahe, die hier gegebene Entstehungsart allgemein auf die **Varicen** zu übertragen. Eine kolloidchemische Untersuchung dürfte aussichtsreich erscheinen. Für die Gefäßwand der ausgebildeten Varicen steht schon jetzt, wie dem Chirurgen von seinen Operationen her nur zu bekannt ist, eine ganz abnorme Zerreißlichkeit als eine fast regelmäßige Veränderung fest.

Um die ersten, geringsten Abweichungen vom normalen Kolloidzustand festzustellen, hat sich die Messung der **Elastizität** als am besten geeignet erwiesen. Wie schon erwähnt, ist innerhalb der Grenzen der physiologisch geforderten Beanspruchung in allen Geweben des Körpers beim Gesunden eine „vollkommene" Elastizität vorhanden, d. h. stets wird vom gesunden Gewebe eine nicht zu starke Deformierung sofort wieder restlos ausgeglichen. Die Elastometrie[1]) hat bereits auch in der Patho-

[1]) H. Schade, Zeitschr. f. experim. Pathologie u. Therapie **11**, 369 (1912); vgl. auch derselbe, Zeitschr. f. d. ges experim. Medizin **7**, 275 (1919).

logie ihre erste Anwendung gefunden. Selbst kleinste Störungen der peripheren Gewebe, besonders der Bindegewebsschicht der Subkutis, sind in exaktem Maß als „Elastizitätsverluste“ feststellbar. So wurden bei klinisch „völlig Geheilten“ noch lange Zeit nach Ablauf einer Nephritis, einer lokalen Entzündung oder einer Erfrierung elastometrisch deutliche Abweichungen bei der Hautbindegewebsmessung gefunden. Auch erhält man mit dieser Methode in einem objektivem Maß Aufschluß über die feinen, längst bekannten, doch nie recht definierbaren Unterschiede, welche bei Gesunden oder Kranken den täglichen Wechsel im mehr oder minder guten Aussehen[1]) herbeiführen. Selbst beim völlig Gesunden kann eine schlaflos verbrachte Nacht genügen, um eine Elastizitätsabnahme bis zu 15% im Bindegewebe der Haut zum Vorschein zu bringen[2]). Es verdient aber Beachtung, daß diese Messung am Lebenden nicht etwa rein das Bindegewebskolloid zum Gegenstand hat; vielmehr wird ein komplexes Gebilde, das Hautbindegewebe einschließlich der darin enthaltenen Flüssigkeitsräume des Blutes und der Lymphe gemessen. Es ist für die vorzügliche physikalische Anpassung im Körper bezeichnend, daß eine derartige Gewebsmasse als Ganzes beim Gesunden stets „vollkommene Elastizität“ aufweist. Auch für die Pathologie hat oft das elastische Verhalten der Gesamtmasse und nicht so sehr dasjenige der Einzelteile die größere Bedeutung. In solchem Sinne ist es von erheblichem, praktischem Wert, daß die Elastometrie schon intravital am Hautbindegewebe kleinste (kolloidchemische und lymphzirkulatorische[3])) Veränderungen nachweist. Die Elastizitätsstörung gibt somit ein wichtiges allgemeines Krankheitssymptom, welches sich vor den meisten anderen durch die außerordentlich große Empfindlichkeit seines Nachweises auszeichnet. Gerade als erstes Frühsymptom einer Erkrankung und andererseits zum Nachweis einer letzten Residualveränderung nach Überstehen der Krankheit ist solcher Befund besonders geeignet.

Die klinische Beobachtung läßt ferner beim Bindegewebe, deutlicher als es bei anderen Organen zutrifft, große individuelle Verschiedenheiten mannigfacher Art erkennen. Sehr wichtige Unterschiede stehen zum Alter des Menschen in gesetzmäßiger Beziehung. Man kann sie als die physiologischen **Altersdifferenzierungen des Bindegewebes** bezeichnen. Das saftige, weich-schwellige Unterhautbindegewebe des Kindes pflegt aufs stärkste zu dem fast „leeren“ Hautpolster des Greises zu kontrastieren. Mehr noch, als in den parenchymatösen Organen, welche zur Hauptsache aus Zellen bestehen und daher für die Hauptmasse ihrer Substanz im Prozeß der Zellteilung einen Weg zur Wiederverjüngung besitzen, macht sich das „Altern“ am extrazellulären Bindegewebskolloid bemerkbar: von der weichen, wasserreichen, hochdispersen, jugendlichen Gallerte wird es lang-

[1]) An dieser Stelle sei besonders darauf verwiesen, daß auch der Grad der Durchscheinbarkeit der Haut zu wichtigen, wiederum kolloidbedingten Anteilen beim Wechsel des sogenannten „Aussehens“ von Einfluß ist. Vgl. namentlich W Tilehne, Arch. f. Anatomie u. Physiol. 1919, Physiol. Abt. 160—188.

[2]) Unveröffentlichte eigene Beobachtung.

[3]) Vgl. ebendort H. Schade, Zeitschr. f. experim. Pathologie u. Therapie, l. c.

sam zum harten, wasserarmen Gel des Greises umgewandelt[1]). Parallel dieser Umbildung, die sich kolloidchemisch vor allem als eine Entquellung[2]) charakterisiert, wird auch das physikalische und chemische Verhalten geändert: die Festigkeit wird größer, die Elastizität nimmt ab[3]), die Diffusionsdurchlässigkeit sinkt[4]), ebenso die Beeinflußbarkeit durch chemische Agentien (Auflösbarkeit in Natronlauge[5]), und die Färbbarkeit ist geändert[6]); sehr auffällig ist zudem eine von H. Schulz für das Bindegewebe gefundene Altersabnahme des Kieselsäuregehalts[7]). Man sieht, schon physikalisch und chemisch sind tiefgreifende Unterschiede faßbar. Sie geben, wenn auch keine Erklärung, so doch eine beachtenswerte Grundlage zur Beurteilung des gesetzmäßigen Durchlaufens jener drei Stadien, die sich mit einiger Deutlichkeit am Bindegewebe des Menschen unterscheiden lassen. Das jugendliche Bindegewebe ist von einer maximalen Menge Gewebssaft durchtränkt. die Bindegewebslymphe spielt beim Kind eine große Rolle, der „lymphatische Apparat" ist im Höchstmaß seiner Entwicklung vorhanden. Dieser für das Kindesalter charakteristische Zustand bildet sich frühzeitig, etwa im zweiten Dezennium des Lebens, zurück. Das erste Stadium der Bindegewebsbeschaffenheit mit der maximalen Flüssigkeitsfüllung und der maximalen Ausbildung lymphatischer Apparate ist somit an die Periode des Körperwachstums gebunden. Ihm schließt sich in der nun folgenden langdauernden Periode der Krafterhaltung das Stadium eines zwar rückgebildeten, aber immer noch vollsaftigen Quellungszustandes und einer sicher auch ausgiebigen Funktionsfähigkeit des Bindegewebes an. Im höheren Alter beginnt sodann parallel zur allgemeinen Stoffwechselabnahme der Organe auch im Bindegewebe sehr deutlich ein Stadium der Rückbildung: die „Polster" des Bindegewebskolloides sinken ein, ihr Wassergehalt reduziert sich weiter, an die Stelle weich gequollener Kolloide treten harte, fast feste Gele. Daneben pflegen sich als ziemlich gesetzmäßige Erscheinung „hypertrophische" Bildungen des Bindegewebes einzustellen. Fast scheint es, als versuche der Körper den Verlust an gut quellbarer Bindegewebsmasse von den Zellen aus durch eine Neubildung von Bindegewebe zu ersetzen, aber selbst in diesem neuen Gewebe bleibt der Wassergehalt und die Quellung

---

[1]) Eine gleich gerichtete, aber zeitlich viel schneller durchlaufene Veränderung läßt das „Granulationsgewebe" beim Übergang zum Bindegewebe erkennen: Zunächst ist die extrazellulare Substanz optisch fast homogen und gleichmäßig weich; bald aber differenziert sich — in offenbarer Analogie zu manchen „faserig wachsenden" anorganischen Kolloiden — aus der gleichförmigen Grundmasse ein Gebilde von Fasern heraus; die Zahl dieser Fasern wächst mit dem Alter der Zelle (vgl. R. Stöhr, Lehrbuch der Histologie, 6. Aufl., S. 65). Dabei entspricht die Lagerung der Fasern der Richtung des größten Zuges, ähnlich wie es z. B. auch am Fibrin in vitro häufig zur Ausbildung kommt.

[2]) Vgl. die Wasseranalysen von R. H. Chittenden u. W. Gies, Journ. exper. med. I, 186.

[3]) Vgl. Bönninger, Zeitschr. f. experim. Pathologie u. Therapie I, 180.

[4]) Vgl. hierzu S. 90 (J. W. Norderson).

[5]) H. Schade, l. c.

[6]) Vgl. hierzu S. 372 (A. Schultz).

[7]) H. Schulz, Pflügers Arch. **84**, 67 u. **89**, 112. Im embryonalen Bindegewebe ist der SiO_2-Gehalt am größten, geringer in der Jugend, am geringsten im Alter. Vgl. auch derselbe, Biochem. Zeitschr. **70**, 485 (1915).

gering, der Ausfall der Funktion wird anscheinend nur teilweise ersetzt. Es ist unverkennbar, auch im Bindegewebe spiegeln sich die Hauptperioden des allgemeinen Körperlebens wieder. Immer erscheint dabei das Bindegewebe in seiner Art dem Bedürfnis des Ganzen angepaßt als ein vollwichtiges Organ wie die anderen, nicht etwa nur als eine „Füllmasse" des Körpers oder als eine „Stützsubstanz", deren Bedeutung sich darin erschöpft, anderen Zellen und Zellverbänden den ihnen nötigen mechanischen Zusammenhalt zu gewähren.

Außer diesen Altersunterschieden sind aber klinisch noch weitere sehr wichtige Unterschiede gegeben, die sich stets auch auf die Beschaffenheit des interzellulären Kolloids erstrecken. Schon alte Erfahrung hat bei den Kindern zur Aufstellung eines **„pastösen"** und eines **„eretischen Habitus"** geführt. Zwei tiefgreifende Abartungen des Gesamtkörpers sind mit diesen Begriffen gekennzeichnet. Auch heute noch sind die Ursachen dieser Störungen sehr wenig faßbar. Um so mehr Beachtung verdient es, daß diesen „Konstitutionen" eine jeweils bestimmte, fast gegensätzliche Beschaffenheit des Bindegewebes zugrunde liegt. Zum pastösen Habitus oder, wie man heute sagt, zur lymphatischen Konstitution gehört ein massiges, breit aufgequollenes, meist gar derbteigiges Bindegewebe, zum erethischen Habitus dagegen ein wenig voluminöses, abnorm zart geartetes, weiches und leicht verschiebliches Bindegewebe. Untersuchungen, welche sich mit diesen Unterschieden befassen, fehlen. Die physikalische Chemie findet hier noch fast völliges Neuland vor[1]). Mit dem Abschluß des Wachstums, zur Zeit der Pubertät, pflegen diese Konstitutionsanomalien zumeist praktisch zur Rückbildung zu kommen[2]). Beim Erwachsenen tritt aber häufig eine andere konstitutionelle Abartung hervor, die gleichfalls zum Bindegewebe in engste Beziehung gesetzt werden muß: Stiller hat sie als **„asthenische Konstitution"** bezeichnet[3]). Sie ist durch eine allgemeine, in ihrer Anlage anscheinend erbliche Schlaffheit der Körpergewebe charakterisiert; offensichtlich ist in erster Linie die Stützfunktion des Bindegewebes insuffizient; Lageverschiebungen der Organe wie Gastroptosen, Enteroptosen, Coecum mobile, Wanderniere sowie Senkungen und Neigungen des Uterus sind die wesentlichsten Symptome. Klarheit über dieses Krankheitsbild ist in keiner Weise vorhanden. In anderen Fälle, die gleichfalls nicht selten sind, wird weiter eine abnorme Disposition des Bindegewebes zu Ödemen, sei es in Einzelattacken oder in mehr chronischer Ausbildung

---

[1]) Es scheint sehr zugunsten der Annahme von stofflichen Einlagerungen im Bindegewebe zu sprechen, daß die pastöse Bindegewebsbeschaffenheit unter dem Einfluß überreichlicher Ernährung (namentlich von Mehlsuppen) deutlich gesteigert wird.

[2]) Das Mitwirken von „Hormonen" bei dieser Rückbildung der Bindegewebsanomalien wird durch manche Beobachtung nahegelegt.

[3]) B. Stiller, Grundzüge der Asthenie. Stuttgart 1916; ferner van der Hoeven, Die Asthenie und die Lageanomalien der weiblichen Genitalien. Haarlem-Jena 1909, und P. Matthes, Der Infantilismus, die Asthenie und deren Beziehung zum Nervensystem. Berlin 1912. Unter den Chirurgen ist die „Bindegewebsschwäche" als konstitutionelle Abweichung durch A. Bier ganz allgemein zur Anerkennung gebracht.

beobachtet. Es ist sicher berechtigt, neben den nephrogenen Ödemformen auch von einer primären **ödematösen Konstitution** des Bindegewebes zu sprechen. Und schließlich sei noch die **myxödematöse Konstitution** des Bindegewebes hier angereiht. Alle diese Zustände abnormer Bindegewebsbeschaffenheit sind regelmäßig mit erheblichen Veränderungen der verschiedensten Organfunktionen vergesellschaftet. In mancher Weise ist sicher die Bindegewebsanomalie eine sekundäre Erscheinung. Gleichwohl aber ist es wichtig, auch die Störungsmöglichkeiten, welche aus der tiefgreifenden Veränderung des Bindegewebes für die Funktion der übrigen Organe erwachsen, voll zu beachten. In diesem Sinne will es besonders bemerkenswert erscheinen, daß fast bei jeder Art der genannten Bindegewebsabweichungen das empfindlichste aller Organe, das Nervensystem, in besonders ausgeprägter Weise beteiligt ist, sogar derart, daß einer bestimmten Bindegewebsabartung mit Regelmäßigkeit auch eine ganz bestimmte Richtung in der Abartung der Nerven und des Zentralnervensystems zugehört. Die vorstehenden Untersuchungen über die ungemein wichtigen physikochemischen Funktionen des Bindegewebes machen es recht wahrscheinlich, daß ein guter Teil der beobachteten klinischen Symptome, speziell des Nervensystems[1]), als Folge der diffusen Bindegewebserkrankung zu betrachten sind. Die physikalische Chemie hat die funktionelle Bedeutung des Bindegewebes aufgedeckt und damit zugleich die Wege für eine erfolgversprechende Bearbeitung der sich hier darbietenden klinischen Fragen geöffnet.

Beim Myxödem wird allgemein das Bestehen eines abnormen Quellungszustandes des Hautbindegewebes angegeben. Es ist aber keineswegs entschieden, ob hier überhaupt Quellungen im eigentlichen Sinne vorliegen oder ob nicht vielmehr Einlagerungen fremder Substanz das gequollene Aussehen hervorrufen. Jedenfalls sind beim Myxödem im Bindegewebe reichlich Einlagerungen einer sich mit Hämatoxylin färbenden Substanz gefunden. Diese eingelagerten Massen werden bei Verabreichung von Thyroidin unter oxydativem Abbau wieder entfernt; ein Teil der gesteigerten N-Ausscheidung bei der Schilddrüsentherapie des Myxödems entstammt dieser Quelle[2]). Ferner ist beim Myxödem — ähnlich übrigens auch sonst, z. B. bei Vereiterung und Nekrose — eine Umwandlung der normalen Azidophilie der kollagenen Fasern zu „natürlicher Basophilie" beobachtet[3]). Eine Umwandlung der Azidophilie zur Basophilie ist in Gewebsschnitten auch künstlich an den Bindegewebsfasern durch Verwendung von Beizen zu erreichen, doch läßt sich die pathologisch auftretende Basophilie der kollagenen Fasern im färberischen Verhalten von der durch Beizung künstlich erzeugten Basophilie noch unterschieden[3]). Immer aber bedeutet

[1]) Die Untersuchungen von W. A. Freund (Gynäkologische Klinik I, 203 (1885)) über die Veränderung an den Nerven bei den Erkrankungen des Beckenbindegewebes dürften erneut Interesse verdienen, obwohl der dort gegebene Versuch, die Hysterie als Gesamtkrankheit auf Grund lokaler Nerven- und Bindegewebsveränderungen im Becken erklären zu wollen, sicher weit über das Maß des Berechtigten hinausgeht.

[2]) Zitiert nach A. Biedl, Innere Sekretion. Berlin-Wien 1910. S. 81 u. 87.

[3]) Enzyklopädie der mikroskopischen Technik. 1903. Band I, 688, 697ff.

eine derartige Umwandlung der Faser eine sehr tiefgreifende Veränderung des kolloidchemischen, speziell des adsorptiven Verhaltens. Es ist eine unabweisbare Folgerung, daß in einem derart veränderten Bindegewebe auch die Stoffaustauschfunktionen kolloidchemisch nicht mehr denen des normalen Gewebes entsprechen können. Dies steht in gutem Einklang zu den klinischen Beobachtungen, durch welche das Vorhandensein von abnormen Prozessen des Salzaustausches im Körper des Myxödematösen bewiesen ist[1]).

Es entspricht weiterhin der allgemeinen Beteiligung des Bindegewebes am Stofftransport, daß bei krankhaften Zustanden ein gehäuftes Vorkommen von **Niederschlagsbildungen** in den Geweben der Bindegewebsgruppe zu beobachten ist. Die Untersuchung ihrer Genese von physikochemischen, speziell kolloidchemischen Gesichtspunkten aus steht heute noch in ihren Anfängen. Auch hier sind in den älteren experimentellen Beobachtungen Befunde enthalten, welche für die Physikochemie dieser Vorgänge sehr wertvoll sind. Einige Einzelbefunde, die sich nach Ansicht des Verfassers besonders auch als Grundlage zur Bearbeitung weiterer Fragen eignen, seien hier herausgestellt.

Die elastischen Fasern geben in ihrem Verhalten zum Silber ein gutes Beispiel einer auswählenden Adsorption: So schreibt z. B. Blaschko[2]): „Bei Silberarbeitern geraten während der Arbeit hier und da kleinere Silberpartikelchen in die Haut, werden dort oxydiert und im alkalischen Gewebssaft gelöst; das Silber schlägt sich dann weiterhin wieder in Form feinster Körnchen auf die elastischen Fasern nieder. Der Anblick versilberter elastischer Fasern ist mir also seit Dezennien vertraut."

Nicht nur echt gelöste Stoffe, sondern auch Kolloide vermögen intra vitam in die Bindegewebsfasern einzudringen: Fibrinogen resp. Fibrin wird nach Unna[3]) bei der Entzündung auch innerhalb der Masse der Fasern selber gefunden. In parenchymatösen Organen sind die Bindegewebsfibrillen oft derart mit Albuminstoffen imbiliert, daß sie sich nicht mit Säurefuchsin färben lassen; eine Behandlung der Schnitte mit Alkali (z. B. gesättigte Lösung von Lithiumkarbonat) macht derart ungefärbt gebliebene Fasern wieder gut färbbar (Fr. C. C. Hansen[4]). Auch hierbei ist das individuell verschiedene Verhalten der Einzelfasern sehr bemerkenswert: das Kapselbindegewebe der Organe bleibt stets frei von solcher Abartung und gut färbbar.

An dieser Stelle sei auch auf die sogenannte Tellurreaktion (Kalium telluricum 1 : 10 000) verwiesen, welche anscheinend in sehr feiner Art eine Feststellung der Gewebschädigung ermöglicht. Im gesunden lebenden Gewebe beobachtet man Schwärzung durch ausfallendes Tellur; im abgestorbenen Gewebe bleibt diese Reaktion aus; geschädigtes Gewebe steht mit seinem Verhalten in der Mitte[5]).

---

[1]) Vgl. A. Biedl, l. c. namentlich auch H. Eppinger, Pathologie und Therapie des menschlichen Ödems. Berlin 1917.

[2]) Berl. klin. Wochenschr. 1907, 336.

[3]) Vgl. auch S. 384, Anm. 1.

[4]) Anatomische Hefte **83** (1905); vgl. hierzu Krabbe, ebendort **163**, 257, (1916).

[5]) Fr. Keysser, Medizin. Klinik 1921, Nr. 14; K. Weise, Inauguraldissertation Jena 1921; P. Rostock, Mitteil aus d. Grenzgebieten der Medizin u. Chirurgie **34**, 647 (1922).

Experimentelle Gewebsverkalkungen sind vermittelst Injektion von Kalksalzlösungen auch bei gesunden Tieren zu erhalten. Dabei ist die Intensität der Verkalkung nicht von der Gesamtmenge des überhaupt injizierten Kalkes, sondern ganz vorwiegend von der Menge der auf einmal injizierten Kalksalze und von der Konzentration der Lösung abhängig. Als besonders zur Verkalkung neigende Gewebsorte werden die elastischen Fasern und das Bindegewebe genannt (Katase[1])). Ebenfalls die Injektion von Bleisalzlösungen ruft in kurzer Zeit Verkalkungen hervor. (Kumita[2])). Es ist wahrscheinlich, daß die Bleisalze hier nach Art von „Beizen" die Imprägnierung des Gewebes mit dem Kalk begünstigen. Wie aus Untersuchungen über die Färbung von mikroskopischen Schnittpräparaten bekannt ist, besteht auch umgekehrt im verkalkten Gewebe eine erhöhte Affinität zum Blei (aus Bleisalzlösung) und zu anderen Schwermetallen (Silber, Eisen, Kupfer usw.) (Stoeltzner[3])). Ferner ist bei den pathologisch eintretenden Verkalkungen wiederholt ein Zustand abnormer Farbstoffaffinität als einleitende Änderung der Gewebskolloide nachgewiesen[4]). Systematische physikochemische Untersuchungen über den Prozeß der Gewebsverkalkung haben besonders M. Pfaundler[5]) und in neuester Zeit E. Freudenberg und P. György[6]) angestellt. Im Gegensatz zu Pfaundler, der die Verkalkung im wesentlichen vom Standpunkt der physikalischen Adsorption untersuchte, stellen die letzteren Autoren die chemische Seite der Prozesse in den Vordergrund. Nach ihnen beruht die Kalkbildung auf einer chemischen Verdrängung von Alkali-Ionen aus den Kolloidkomplexen der Gewebe. Es wird die Anschauung entwickelt, daß „im Organismus überall normaliter die Bedingungen zur Verkalkung gegeben sind und sich der Organismus durch gewisse Hemmungsmechanismen (Stoffwechselprodukte) vor der Verkalkung schützt". Eine erhebliche Zahl von Stoffwechselprodukten wurden experimentell in ihrem Einfluß auf die Verkalkung in vitro geprüft.

Die **Entstehung der Ödeme** ist heute eine der wichtigsten Fragen des Gebietes der Bindegewebspathologie. Während man in der früheren Zeit den Anteil des Bindegewebes bei der Entstehung der Ödeme als einen mehr passiven ansah, ist durch die Arbeiten von M. H. Fischer über das Ödem[7]) die Rolle des Bindegewebes in eine völlig andere Beleuchtung gerückt. Nach Fischer ist es das Gewebe selbst, welches aktiv die Ödemflüssigkeit in den Bereich seiner Masse hineinzieht. Die Kräfte sind kolloidchemischer Art: Quellungskräfte, welche dadurch entstehen, daß die Gewebskolloide

[1]) Beiträge z. pathol. Anatomie u. zur allgem. Pathologie **57**, 516 (1914).
[2]) Virchows Arch. **198**, 401 (1909).
[3]) Virchows Arch **180**, 362.
[4]) Ebendort **167**, 348; weitere Literatur s. Ergebnisse d. Physiologie, Bd. 10 (1910) (Hofmeister, Ablagerung u. Resorption von Kalksalzen in den Geweben.)
[5]) Jahrb. f. Kinderheilkunde **60** (1904), ferner Klinische Wochenschr. Jahrg. **1**, Heft 3.
[6]) Biochem. Zeitschrift 1921—1922 (8 Mitteilungen).
[7]) M. H. Fischer, Das Ödem. Dresden 1910; als neueste ausführlichste Darstellung siehe derselbe, Oedema and Nephritis. New York. J. Wiley and sons. 1921.

zufolge bestimmter Änderungen ein erhöhtes Quellungsbestreben erhalten. Eine erhebliche Reihe experimenteller Unterlagen sind beigebracht, um diese Auffassung zu stützen. Eines der wichtigsten Experimente ist das folgende: Wird am Unterschenkel eines Frosches durch eine Umschnürung jede Zirkulation ausgeschaltet und sodann das Tier mit den Beinen ins Wasser gehängt, so schwillt der abgebundene Unterschenkel bald stark an, er kann in 2—3 Tagen das Doppelte bis Dreifache seines ursprünglichen Gewichts erreichen. Eine gleiche Schwellung tritt ein, wenn der abgebundene Unterschenkel, völlig vom Tier getrennt, in Wasser eingelegt wird. In ähnlicher Weise wurde auch für die Niere, Leber, Lunge und für den Augapfel das Eintreten starker Gewebsschwellungen nachgewiesen: zur Hervorbringung dieses Erfolges genügt es, die zuführenden Arterien abzubinden, wofern das Organ die Möglichkeit hat, aus irgendwelcher Quelle Wasser in sich aufzunehmen. Diese Versuche sind fraglos in vorzüglicher Weise geeignet, die starken quellenden Kräfte zu zeigen, welche in den Geweben des Körpers auftreten können. Der mechanische Blutdruck scheidet als Ursache dieser Volumenzunahme völlig aus; es kann nur eine kolloide Wasseranziehung, eben eine Quellung, die Erklärung geben. Zahlreiche Vergleichsbeobachtungen an Gelatine und Fibrin zeigen weiter, daß auch im einzelnen eine gute Parallele zu kolloiden Erscheinungen vorhanden ist. M. H. Fischer hat sich demnach zu folgender Theorie der Ödembildung berechtigt geglaubt: Das Ödem ist die Folge einer Quellung der Organkolloide; diese Quellung ist in den meisten Fällen bedingt durch Säuren, welche bei der Störung der oxydativen Prozesse in den Zellen entstehen. Die klinische Erscheinung des Ödems sei demnach als ein Symptom der Säuerung der Gewebe zu betrachten. Eine der wichtigsten Ursachen der vermehrten Säureproduktion gebe die Behinderung der Sauerstoffzufuhr, so daß z. B. bei den Herzkranken die Zirkulationsstörung zur Säurevermehrung und diese zum Ödem die Veranlassung sei. Eine verwandte Entstehungsart wird ebenfalls für die Ödeme bei der Nephritis angenommen; hier soll die toxische Wirkung der retinierten Substanzen die Hemmung der Zelloxydationen veranlassen und auf diesem Wege zu dem gleichen Endzustand, zum Ödem, führen. Auch die Wasserretentionen, die bei manchen Giften, wie Arsen, Morphin, Strychnin, Kokain usw. im Körper beobachtet sind, werden in gleicher Art als Folge einer durch Oxydationshemmung entstandenen Säureanreicherung betrachtet. Nach Fischer soll derart die Säureanhäufung im Gewebe die wichtigste und häufigste Ursache der Ödementstehung bilden; es wird aber ausdrücklich betont, daß auch andersartige Gewebsänderungen, welche die Quellung der Gewebskolloide steigern, zu dem gleichen Erfolg der Ödementstehung befähigt seien. Insbesondere wird darauf verwiesen, daß auch fermentative Abbauprozesse des Eiweißes zum Auftreten von Stoffen abnorm erhöhter Quellbarkeit führen. Die Mitteilungen nach dieser Richtung sind indes nur kurz. Weitaus im Vordergrund steht die Betrachtung der Ödeme als Folge einer gesteigerten Säurequellung der Gewebskolloide.

Diese Fischersche „Säuretheorie" der Ödementstehung hat eine sehr lebhafte, z. T. mit neuartigen Experimenten belegte Kritik hervorgerufen. Weder für die Ödeme im allgemeinen, noch für die Ödeme der Herz- und

Nierenkranken hat sie sich als haltbar erwiesen[1]). Nur einige der Gründe, welche zur Ablehnung zwingen, seien hier angeführt. Vor allem ist die von Fischer postulierte Säuerung im Gewebe bei den genannten Zuständen nicht vorhanden, wie die intravitale H-Ionenmessung im Ödem der Patienten beweist[2]); zudem würde eine Säuerung, wenn sie vorhanden wäre, bei der speziellen Art des Quellungsverhaltens der kolloiden Komponenten des Bindegewebes zu einem völlig andersartigen Bilde der Wasserverteilung, d. h. zu einer Quellung der kollagenen Fasermasse, aber zu einer Entquellung der Bindegewebsgrundmasse führen[3]); und zu dritt zeigen klinisch die stärksten vorkommenden Säureanhäufungen des Allgemeinkörpers (bei der diabetischen Acidose) anstatt eines Ödems gerade die gegenteilige Veränderung, eine „Austrocknung" des die Gewebe durchsetzenden Gewebsaftes.

Mit dieser Ablehnung der Säurehypothese der Ödementstehung ist aber der Fischersche Grundgedanke von der Wichtigkeit der Quellungskräfte der Gewebe für die Ödemfrage nicht zur Ruhe gekommen. Zumal da gleichzeitig von rein klinischer Seite durch eine Reihe ausgezeichneter Arbeiten die Bedeutung der extrarenalen Faktoren für die Ödembildung in ein immer schärferes Licht gerückt wurde, blieb die Forschung dieses Gebietes nachhaltig in kolloidchemischer Richtung angeregt. Die alten Beobachtungen von Starling, von Cohnstein und von Roth, welche im Tierversuch und in vitro die starke wasseranziehende Wirkung des Eiweißes zeigten, fanden wieder erhöhte Beachtung[4]). Einer dieser älteren Versuche, welcher besondere Wichtigkeit besitzt, sei zur Charakterisierung mitgeteilt. Um die Abhängigkeit der Wasserbewegung im Körper von der Eiweißanziehung zu demonstrieren, durchspülte E. Starling die Gefäße einer eben amputierten Extremität so lange mit isotonischer Kochsalzlösung, bis das Gewebe ödematös wurde. Wenn darauf die Extremität mit defibrinierten Blut durchströmt wurde, fand sich der Trockengehalt dieses Blutes deutlich verringert als Beweis, daß nun in umgekehrter Richtung Wasser, resp. Salzlösung au, dem Gewebe in das Blut übergetreten war. A. Ellinger und seine Mitarbeiter[5]) haben neuerdings diese Versuche bestätigt und weitergebaut Ihre Arbeiten bedeuten einen wichtigen Schritt, von der Seite des Blutplasmas her durch Aufdeckung von Unterschieden der physikochemischen

[1]) Marchand, Zentralbl. f. allgem. Pathologie **22**, 625 (1911); Höber, Biologisches Zentralbl. **31**, 575 (1911); Schmidt u. Schlayer, Deutsch. Arch. f. klin. Medizin **104**, 44 (1912); Pincussohn, Zeitschr. f. exp. Pathol. u. Therapie **10**, 308 (1912); Klemensiewicz, ebenso Lubarsch, Verhandl. d. Versammlung deutscher Naturforscher u. Ärzte, München 1912; Beutner, Biochem. Zeitschr. **39**, 280 (1912), **48**, 217 (1913); v. Fürth u. Hanke, Zeitschr. f. Augenheilkunde **29**, 252 (1913); Schade, Zeitschr. f. experim. Pathol. u. Therapie **14**, 1 (1913); Henderson, Palmer u. Newburgh, Journ. of pharmacol. a. exp. therap. **5**, 449 (1914).

[2]) Schade, Neukirch u. Halpert, Zeitschr. f. d. ges. experim. Medizin **24**, 11 (1921).

[3]) Schade, Zeitschr. f. experim. Pathol. u. Therapie **14**, 1 (1913); ferner Schade u. Menschel, Kolloidzeitschr. **31**, 171 (1922) u. dieselb., Zeitschr. f. klin. Med. **145** (1923).

[4]) Literatur siehe H. Eppinger, Zur Pathologie und Therapie des menschlichen Ödems. Berlin 1917.

[5]) A. Ellinger u. P. Heymann u. Klein, Arch. f. experim. Pathol. u. Therapie **90**, 336 u. **91**, 28 (1921); ferner A. Ellinger in Verhandl. d. d. Kongresses f. innere Medizin, Wiesbaden 1922; ferner Klin. Wochenschr. 1922, Nr. 6.

Beschaffenheit der Serumeiweiße dem Problem der Ödementstehung und seiner therapeutischen Beeinflußbarkeit (durch Coffein u. a.) näher zu kommen. W. Hülse[1]), Munk[2]), W. Frey[3]), Beckmann[4]) u. a. legen dagegen ähnlich wie H. Fischer das Hauptgewicht auf die kolloide Quellung des Gewebes; W. Hülse z. B. vermutet in einer Verschiebung der Salzaequilibrierung zugunsten des Kochsalzes die wichtigste Ursache der vermehrten Gewebsquellung und damit der Ödeme. Wieder andere sehen unter Anlehnung an die alten Versuche von Cohnstein und Magnus die Ursache der Ödeme in einer abnormen Durchlässigkeit der Capillarwände; wohl am weitesten in dieser Richtung geht H. Eppinger (l. c.), indem er als Folge einer Capillarwandschädigung eine „Albuminurie ins Gewebe" annimmt, bei der das exsudierte Eiweiß sodann Wasser aus dem Blut zur Ödembildung nach sich ziehen soll. Eine Klärung der Anschauungen ist durch diese Arbeiten nicht erreicht; sie stand physikochemisch auch kaum zu erwarten, solange es nicht möglich war, die kolloiden Kräfte, welche beim Flüssigkeitsaustausch zwischen Blut und Gewebe wirksam sind, in ihrer Größe zu bestimmen und mit den schon bekannten mechanischen und osmotischen Kräften in Bilanz zu stellen.

In einer während der Niederschrift dieser Zeilen im Druck befindlichen Arbeit von H. Schade und H. Menschel[5]) ist die kolloidchemische Untersuchung des Bindegewebes nach den hier genannten Richtungen erweitert. Der Quellungszustand des Gewebes hat seine Besonderheit: die Quellung ist eine ungesättigte. Der dem Bindegewebe intravital eigene Quellungszustand läßt sich bei exstirpierten Gewebstücken in seiner Sonderart erhalten, wenn die folgenden Bedingungen erfüllt sind: 1) Beibehaltung der Ionenbeschaffenheit des umspülenden Milieus, 2) Einhaltung eines den Serumeiweißen im Quellungsdruck äquivalenten Kolloidgehaltes des Milieus und 3) Einwirkung eines mechanischen Druckes, welcher der bei den natürlichen Verhältnissen vorhandenen Gewebspannung äquivalent ist. Dies ist die Trias der Bedingungen, auf denen die „physiologische Quellungseinstellung" des Gewebes beruht. Jede dieser Bedingungen ist gleich wichtig. Bei einer jeden von ihnen bringen Änderungen von der Größenordnung, wie sie im lebenden Körper gegeben sind, erhebliche Änderungen des Quellungsgrades für das Gewebe mit sich. Im Bereich der intravital möglichen Ionenschwankungen (s. S. 104) zeigt das Bindegewebe mit steigender Alkaleszenz Quellung, mit steigernder Säuerung Entquellung; die Grundsubstanz trägt dabei den Hauptanteil dieser Veränderungen. Bei Abnahme des konkurrierenden Quellungsdruckes der Serumkolloide quillt das Bindegewebe; im andern Fall zeigt sich Entquellung. Besonders aber verdient es Hervorhebung, daß schon kleinste Differenzen des mechanischen Druckes (bis herab zu 1 ccm Hg)

[1]) Virch. Arch. **225**, 234 (1918).
[2]) Monatsschr. f. Geburtshilfe u. Gynäkologie **50**, 22 (1919).
[3]) Ergebnisse d. inn. Medizin u. Kinderheilkunde **19**, 422 (1921).
[4]) Deutsch. Arch. f. klin. Medizin **135**, Heft 1 u. 2 und 3 u. 4 (1921).
[5]) Im Auszug bereits mitgeteilt von H. Schade in d. Verhandl. d. deutsch. Kongresses f. innere Medizin, Wiesbaden 1922. Die ausführliche Arbeit erscheint in der Zeitschr. f. klinische Medizin 1923, Band **145**.

ganz auffallend große Änderungen der Gewebsquellung zur Folge haben. Alle diese Wirkungen ließen sich wenigstens mit Annäherungswerten quantitativ fassen, sodaß es möglich war, die kolloiden Kräfte mit den anderen beim Flüssigkeitsaustausch an der Capillarwand wirksamen Kräften, den mechanischen und den osmotischen, zur Gewinnung von orientierenden Gesamtbilanzen zusammenzustellen. Gemäß der Vielartigkeit der beim kapillaren Flüssigkeitsaustausch zusammenwirkenden Kräfte ergibt sich dabei auch eine Vielartigkeit der Möglichkeiten der Entstehung der Ödeme. In der Trennung der Einzelformen der Ödeme liegt die Vorbedingung zum Verständnis. Je nach den im Körper gegebenen Verhältnissen können alle drei genannten Energiearten eine Ödementstehung bedingen. Von Schade und Menschel werden auf Grund der hier charakterisierten Analysen die folgenden Ödemarten unterschieden:

1) Kolloidbedingte Ödeme = Quellungsödeme. Hierher gehören vor allem die Alkaliödeme, wie sie übereinstimmend im Quellungsexperiment des exstirpierten Gewebes und im lebenden Körper bei klinischen Verhältnissen unter der Wirkung der Karbonate oder sonstiger Alkalien (Diamine usw.[1])) resultieren[2]). Mit Wahrscheinlichkeit sind ferner die Jodsalzödeme und die Kochsalzödeme der kleinen Kinder hierhergehörig.

2) Mechanisch bedingte Ödeme: Dies ist die Gruppe der klinischen „Stauungsödeme“. Das Entscheidende ist die Erhöhung des mechanischen Blutdruckes im venösen Kapillarenteil. Durch solche Druckerhöhung kommt in der Gesamtbilanz der drei Energiearten die treibende Kraft des Flüssigkeitsrückstroms zur venösen Kapillare in Fortfall, resp. wird derart verringert, daß zufolge Überwiegens des Flüssigkeitsausstromes ein Ödem im Gewebe zustande kommt.

3) Vorwiegend osmotisch bedingte Ödeme: Die Entzündungsödeme repräsentieren diesen Typus. Hier ist die osmotische Hypertonie derartig in der Bilanz überwiegend, daß sie so gut wie allein die Flüssigkeitsbewegung beherrscht; sie zieht die Flüssigkeit zum Entzündungsherd heran. Die Acidose des Milieus bei der Entzündung wirkt dagegen — abgesehen von einer mäßigen Quellung der kollagenen Fasern beim Höchstmaß der erreichbaren Hyperionie — auf das Bindegewebe im Sinne der Entquellung. Nur soweit, als unter fermentativem oder sonstigem Einfluß Eiweißstoffe zu Produkten stärkerer Hydratationsbefähigung abgebaut werden, kommt bei der Entzündung neben der Osmose auch die kolloide Wasseranziehung in stärkerem Maße als ödembildend in Betracht.

Einige erste Hauptformen der Ödeme sind hier einer Klärung nähergeführt. Die wichtige Gruppe der nephritischen Ödeme befindet sich noch nicht unter diesen. Ihre Untersuchung ist in Angriff genommen. Schon

[1]) L. Heß und H. Müller, Zeitschr. f. experim. Pathologie u. Therapie **17**, 59, 72 (1915).

[2]) Laut brieflicher Mitteilung hat sich Prof. E. Freudenberg-Marburg nach den Versuchsergebnissen, die er in Gemeinschaft mit György bei Fütterung junger Tiere mit alkalotischer und anderseits azidotischer Nahrung erhielt, dieser Auffassung der Alkaliödeme als Quellungsödeme angeschlossen. Diese Autoren sind geneigt, dabei den Änderungen der Ca-Bindung, welche die Alkalose resp. Azidose mit sich bringt, eine Hauptrolle zuzuschreiben.

jetzt sei gesagt, daß es den Anschein gewinnt, als sei auch physikochemisch den nephritischen Ödemen eine besondere Art der Genese eigentümlich.

Die Wasseranhäufungen beim Ödem sind von den gleichzeitig erfolgenden Verschiebungen im Salzhaushalt nur schwer zu trennen. Wenn auch im allgemeinen die Ödemflüssigkeit einen dem Blutserum genäherten Salzgehalt aufweist, so treten doch andererseits nicht selten erhebliche Abweichungen im Salzgehalt zutage, besonders sind klinisch häufig auch starke Anreicherungen des Kochsalzes in ödematösem Gewebe gefunden. Es fragt sich, ob auch hier die physikalische Chemie gesetzmäßige Unterlagen zu bieten vermag. Schon zu verschiedenen Malen (vgl. S. 388) ist in diesem Buch die Erscheinung erwähnt, daß die Art und die Menge der jeweils vom Eiweiß gebundenen Ionen in sehr empfindlicher Weise vom Stand der H-OH-Ionen des Milieus abhängig ist. Eine Verschiebung in der Richtung zur Acidose erhöht die Menge des von den Eiweißen gebundenen Cl. Wenn auch die Fischersche Hypothese eine Säureentstehung des Ödems bei den Herz- und Nierenkranken mit Entschiedenheit abzulehnen ist, so könnte doch sehr wohl gelegentlich neben dem Ödem irgendwo lokal im Gewebe eine Säureanhäufung auftreten, die groß genug wäre, um sich in der Gesamtkochsalzbilanz des Körpers als eine NaCl-Retention obiger Art bemerkbar zu machen. Die klinische Beobachtung der „Rétention sèche“ und die Einwanderung des Kochsalzes in den Entzündungsherd der Pneumonie[1]) ist solcher Auffassung günstig. Weitere kolloidchemische Untersuchungen nach dieser Richtung sind dringend geboten. Gerade die Pathologie scheint die beste Möglichkeit zu bieten, in den allgemeinen Fragen der Wasser- und Salzregulierung weiter zu kommen; denn die pathologischen Zustände zeigen manche Einzelrichtungen der Regulierungsvorgänge in stark vergrößertem Maßstab. Am klarsten tritt dies bei der Funktion des Wasserausgleichs seitens des Bindegewebes zutage: im gesunden Körper arbeitet die Gesamtheit der Ausgleichs- und Ausscheidungsorgane derart exakt, daß praktisch fast eine Wasserkonstanz für alle Gewebe gefunden wird; erst die Pathologie läßt uns die geradezu erstaunliche Größe der Wasserreservoire erkennen, in denen das Bindegewebe zu Zeiten der Insuffizienz der Ausscheidung viele Liter Flüssigkeit beherbergen kann, ohne daß die Parenchymzellen der lebenswichtigen Organe in stärkerem Maße belastet erscheinen.

In letzter Linie gibt die Grundsubstanz des Bindegewebes für fast alle Parenchymzellen das Milieu, in dem sie leben. Was für die Pflanze der Boden bedeutet, bedeutet bis zu gewissem Grade für die tierische Zelle das Bindegewebe. Es ist sehr bemerkenswert, daß, wie H. Schade[2]) fand, bei ionischen und osmotischen Änderungen des Milieus der Wasserbedarf von Bindegewebe und Zelle weitgehend antagonistisch ist. Die beigefügte Tabelle mögen diesen Antagonismus zeigen:

[1]) Vgl. hierzu M. H. Fischer, Kolloidzeitschr. **16**, 106 (1915); ferner P. Rona u. P. György, Biochem. Zeitschr. **56**, 416 (1917) und H. Schade, P. Neukirch u. A. Halpert, Zeitschr. f. d. ges. exp. Medizin **24**, 11 (1921); sowie H. Schade, Verhandl. d. deutsch. Kongr. f. innere Medizin, Wiesbaden 1922.

[2]) H. Schade, Verhandlungen des deutschen Kongresses für innere Medizin, Wiesbaden 1922.

Quellungsantagonismus von Bindegewebe und Zelle.

	Milieuverschiebung in der Richtung zum Sauren	zum Alkalischen	zur Hypertonie	zur Hypotonie	
Bindegewebe	—	+	+	—	+ = Quellung
Zelle	+	—	—	+	— = Entquellung

Wenn die Zelle zufolge der genannten Milieuänderungen Wasser bedarf, wird ihr solches vom Bindegewebe dank dessen Entquellung dargeboten; wenn die Zelle durch Entquellung Wasser abgibt, vermag das Bindegewebe quellend dies Wasser aufzunehmen. Solche gegenseitige Anpassung macht das Bindegewebe zur Symbiose mit der Organzelle sicher in besonderem Maße geeignet. Wenn wir auch über derartige **„Bodeneinflüsse" auf die tierischen Zellen** seitens des Bindegewebes noch kaum Näheres wissen, so ist es doch nicht mehr berechtigt, über die sich hier bietenden Fragen mit geringschätziger Beurteilung hinwegzugehen. Die physikochemische Physiologie hat an den verschiedensten Beispielen niederer tierischer Zellen in exakten Versuchen eine geradezu enorme Empfindlichkeit des Zellwachstums und der sonstigen Zellfunktionen gegenüber kleinsten Unterschieden der Beeinflussung nachgewiesen. Wie wir in den früheren Ausführungen an zahlreichen Beispielen gesehen haben, ist auch beim Menschen die Abhängigkeit der Zellen vom „Milieu" nicht geringer. Vielleicht gibt unter anderem die von Carrel gefundene künstliche Züchtung lebenden menschlichen Bindegewebes[1]) und anderer Zellarten die Möglichkeit, auch für die Beziehungen zwischen dem Bindegewebe und den Parenchymzellen zu experimentellen Grundlagen zu kommen. Die Beeinflussung zwischen der Zelle und ihrem bindegewebigen „Boden" ist sicher eine gegenseitige. Nicht nur die Einflüsse des Bindegewebes auf die Zellen erfordern unser Interesse. Auch die Einflüsse in umgekehrter Richtung sind besonders für die Pathologie von der größten Bedeutung. Ist es doch eine allbekannte, aber in solchem Zusammenhang bislang wenig betrachtete Erscheinung, daß fast die Mehrzahl aller Erkrankungen der parenchymatösen Organe die ausgeprägtesten Veränderungen gerade im Bindegewebe aufweisen. Es ist dies die große Gruppe aller „interstitiellen" Organerkrankungen. Vielleicht steht zu hoffen, daß die Physikochemie des Bindegewebes auch in dieses Gebiet einige Förderung wird bringen können.

Der Umstand, daß zwischen Kapillarwand und Organzelle stets noch eine Schicht Bindegewebe zwischengelagert ist, macht es erforderlich, bei allen Fragen der Zellernährung und des Stoffaustausches zwischen Blut und Zelle auch die Durchlässigkeit dieser Bindegewebzwischenschicht in Rücksicht zu ziehen. Eine jede soloide Veränderung dieser Bindegewebzwischenschicht wird den Stoffaustausch zwischen Blut und Zelle beschleunigen und erleichtern; jede geloide Veränderung wird umgekehrt die Ernährung der

[1]) Vgl. Berliner klin. Wochenschr. **51**, 509 (1914).

Zelle verlangsamen und die Freihaltung der Zelle von Stoffwechselschlacken erschweren. In einem Zustand letzterer Art wird sich notwendig die Zelle des alternden Menschen befinden, da gewissermaßen in Parallele zur Sklerosierung der Gefäßwände auch in den Kolloiden des Bindegewebes eine mit dem Alter zunehmende Sklerosierung vor sich geht. Es ist therapeutisch sehr wichtig, daß die Jodsalzwirkung an den Kolloiden des Bindegewebes sich in der Hervorbringung einer erheblich vermehrten Quellung äußert. Die Quellung des Bindegewebes (Unterhautbindegewebe, d. h. in toto Bindegewebsgrundsubstanz und kollagene Fasern) steigt bei den Neutralsalzen in der Reihe: Tartrat, Phosphat < Sulfat < Chlorid < Bromid < Nitrat < Jodid; bei den Jodiden wird somit das Maximum an Quellung erreicht (H. Schade)[1]. Die folgende Tabelle möge vergleichend beim Natriumchlorid und -jodid die erhaltenen Quellungswerte zeigen:

Vergleichende Bindegewebsquellung bei Jodid und Chlorid.

H. Schade, Zeitschr. f. experim. Pathol. u. Therapie. Bd. 14, 1—28.	1/5 n Na-Jodid	1/5 n Na-Chlorid
	Quellung in %	
Fall II, S. 5	43	26
„ III, S. 6	29	29
„ IV, S. 6	32	33
„ V, S. 7 (r)	45	28
„ V, S. 7 (l)	33	14
„ Tab. XVII A, S. 18	51	40
„ „ XVIII A, S. 20	17	14
Summe	250	194
Mittel	35,7%	27,7%
Quellungsverhältnis	1,3:	1

In dieser Quellungsteigerung des Bindegewebes, die allen Organzellen, vielleicht am merklichsten den Nervenzellen des Gehirns, zugute kommt, dürfte eine wichtige Komponente jener Wirkung gegeben sein, welche klinisch bei der **Jodtherapie der Altersbeschwerden** zur Beobachtung kommt.

In besondersartiger Rolle zeigt sich das Bindegewebe bei der **Wundheilung.** Die hier wichtigen Vorgänge sind von v. Gaza[2]) vom kolloidchemischen Standpunkt behandelt. Die Erweichung der extrazellulären Bindegewebskolloide, wie sie als Folge der Gewebsdurchtrennung eintritt, ist es, die den Wundflächen die Möglichkeit zum Verkleben gibt, und in der nachherigen Wiedererhärtung dieser Kolloide liegt die Ursache zum Festwerden der Narbe, beim Übermaß dieser Erhärtung aber auch die Ursache zur Entstehung der gefürchteten Narbenkontrakturen. Auch bei der Wund-

[1]) Zeitschr. f. experim. Pathologie u. Therapie **14**, 1 (1913).

[2]) Bruns Beiträge zur klinischen Chirurgie **110**, 347 (1917) und **115**, 296 (1919), sowie Kolloidzeitschr. **23**, 1 (1918).

heilung und ihrer therapeutischen Beeinflussung sind sonach die kolloiden Änderungen der Gewebsmasse von der größten Bedeutung.

Schließlich greift die physikochemische Funktion des Bindegewebes auch in das Gebiet der **Immunvorgänge** über. Ebenso wie bei den Substanzen des Stoffwechsels muß bei den Toxinen und Antitoxinen jeder Transport auf dem Weg vom Blut zur Zelle und umgekehrt das Bindegewebe passieren. Eine Diffusionsfähigkeit in kolloiden Medien ist daher für diese Substanzen von größter Bedeutung. Arrhenius und Madsen[1]), Flexner und Noguchi[2]), Bechhold[3]), Mayerhofer und Pribam[4]) und andere haben für Immunkörper der verschiedensten Art die Diffusibilität durch Gallerten und kolloide Membranen festgestellt und zum Teil auch vergleichend gemessen. Nicht unbeträchtliche Unterschiede wurden gefunden. Es erscheint wohl möglich, daß diese Differenzen auch klinisch sich zur Geltung zu bringen vermöchten. Eine weitere Frage bezieht sich auf die Adsorbierbarkeit der Immunkörper im Bindegewebe. Schon P. Ehrlich[5]) hat auf Grund seiner Beobachtungen die Bildung „sessiler Rezeptoren" auch im Bindegewebe angenommen. Wenig später liegen die Versuche von Rehns[6]), dem der Nachweis gelang, daß das Diphterietoxin am Bindegewebe „fixiert", d. h. in eine adsorptionsähnliche Bildung übergeführt wird. In solchem Verhalten bestehen offenbar zwischen den einzelnen Immunstoffen große Unterschiede. Das Tetanusgift ist z. B. außer von der Nervensubstanz nur sehr wenig „fixierbar"; dem entspricht es, daß das Tetanusgift bei subkutaner Injektion sehr schnell „resorbiert" wird und daß bei subkutaner Injektion seine Giftwirkung von nicht geringerer Größe ist als bei intravenöser Einverleibung[7]). Die Mehrzahl der Toxine zeigt ein anderes Verhalten: ihre Giftwirkung tritt bei subkutaner Injektion langsamer ein und erreicht ebenfalls nicht die Höhe, als wenn sie intravenös injiziert werden, bei den Typhusgiften etwa nur den 15. bis 20. Teil[8]). Wolff-Eisner hat bei diesen Vorgängen zwei Arten der Bindung scharf unterschieden: die eigentliche Bindung nach dem Vorbild der Toxin-Antitoxin-Zusammenlagerung und die mehr lockere „Attraktion". „Die Organe halten das Toxin fest, aber provisorisch, ohne daß eine fest werdende Bindung einträte; sie lassen dann das Gift aber auch wieder los, sowohl im Tierkörper selbst, als auch dann, wenn im Experiment das Organ mit dem locker gebundenem Gift einem zweiten Tier injiziert wird." „Durch die Attraktion wird erreicht, daß nicht die ganze im Körper befindliche Giftmenge auf einmal in das empfindliche Organ gelangt, sondern daß immer nur kleine Dosen frei werden und an diese Stelle gelangen können. Hierdurch wird verschiedenes gewonnen. Wie man weiß, sind die Toxine gegen Oxydation außer-

[1]) Siehe Sv. Arrhenius, Immunochemie. Leipzig 1907.
[2]) Journ. of experim. medic. **8**, 547 (1906).
[3]) Zeitschr. f. physikalische Chemie **52**, 185 (1905).
[4]) Zeitschr. f. experim. Pathologie u. Therapie **7**, 247 (1909).
[5]) Münch. med. Wochenschr. 1903, Nr. 33 u. 34.
[6]) Compt. rend. d. l. Société de biol. 1904, Nr. 31.
[7]) Vgl. Wolff-Eisner, Zentralbl. f. Bakteriologie, Parasitenkunde u. Infektionskrankheiten **47**, 1 (1908).
[8]) Meyer-Bergell u. Aronson, Berl. klin. Wochenschr. 1907. Nr. 18.

ordentlich empfindlich. Es wird den oxydativen Kräften des Körpers, darunter den Leukozyten, Gelegenheit gegeben, einen Teil des in die Zirkulation gelangenden Giftes zu oxydieren, soweit es die oxydativen Fermente nicht schon getan haben, während das Toxin im Organ attrahiert war. Des weiteren wird das empfindliche Organ vor Überschwemmung mit dem Gift behütet, und es wird schließlich Zeit gewonnen, die Reserven des Körpers, unter Umständen auch schon inzwischen neugebildete spezifische Immunkörper in Aktion zu setzen, die den Körper dann zu schützen in der Lage sind, wenn die gewissermaßen provisorische, durch Attraktion bedingte Immunität am Ende angelangt ist. Es soll hiermit nicht gesagt sein, daß die Attraktion immer ein Tier zu schützen vermag, aber in jedem Fall ist sie für das betreffende Tier eine wichtige Einrichtung"[1]). Diese Ausführungen beziehen sich auf die Organe im allgemeinen. Sie sind wörtlich auch auf das Verhalten des Bindegewebes übertragbar; nur wird man bei dem heutigen Stande unseres Wissens gut tun, für die Bezeichnung „Attraktion" die Adsorption einzusetzen[2]). Sodann aber ist mit den obigen Sätzen auch im physikochemischen Sinne eine gute Charakterisierung der wichtigen adsorptiven Immunisierung seitens des Bindegewebes gegeben. Gleichwohl geht die Bedeutung des Bindegewebes für die Körperimmunisierung noch über die hier bezeichneten Wirkungen hinaus. Schon seit langem ist auch eine aktive Immunisierung, d. h. die Entstehung von Antikörpern im subkutanen Bindegewebe festgestellt (P. Ehrlich[3]), Wassermann und Citron[4]), E. Neuber[5])). Ehrlich selber hat mit Nachdruck darauf verwiesen (l. c.), daß dank der lokal am Injektionsherd vor sich gehenden Entstehung von Antikörpern die Möglichkeit gegeben ist, „durch subkutane Gifteinführung einen Teil der Antitoxinproduktion von den lebenswichtigen Organen abzulenken und in das indifferente Bindegewebe zu verlegen". Diese Ergebnisse haben klinisch nur wenig Beachtung gefunden; die allgemein geltende Geringschätzung des Bindegewebes hat offenbar einer gerechten Würdigung im Wege gestanden. Diese Hemmung aber muß fallen, nachdem die physikalische Chemie für das Bindegewebe wichtigste „Organfunktionen" aufgedeckt hat. Die Immunochemie gibt hierzu auf ihrem Gebiet eine sehr bedeutsame Ergänzung: auch für die immunisatorischen Aufgaben des Körpers ist das Bindegewebe keine „indifferente", keine passive Masse, sondern gleich den anderen Organen ein aktiv mitwirkender Teil des Ganzen. Diese Wandlung der Anschauungen ist für die Beurteilung mancher Infektionskrankheiten von einschneidender Bedeutung. Bei sämtlichen exanthematischen Infektionen verläuft ein wichtiger Teil der Prozesse im Hautbindegewebe. Alte Erfahrung hat, namentlich bei den Masern und dem Scharlach, den Satz geprägt, daß der Krankheitsverlauf sich mildert, wenn das Exanthem „gut herauskommt". Im Sinne

---

[1]) Wolff-Eisner, l. c. S. 21 u. 22.

[2]) Es bleibe nicht unerwähnt, daß schon Wolff-Eisner selber ein Zugrundeliegen von Adsorptionsvorgängen vermutet hat (l. c. S. 23).

[3]) Münch. med. Wochenschr. 1903, Nr. 33 u. 34.

[4]) Zeitschr. f. Hygiene **50**, 331 (1905).

[5]) Virchows Arch. **213**, 439 (1913).

der obigen Befunde erscheint diese — vom Arzt oft negierte — Beobachtung wohl verständlich. Die ausgesprochene Verlegung des Krankheitsbeginns in die große Masse des Hautbindegewebes mit der ihr folgenden Milderung des Krankheitsverlaufes findet ein gutes Analogon in der obigen „Ablenkung des Giftes von den lebenswichtigen Organen" bei der subkutan gewählten Einverleibung. Aber selbst bei Erkrankungen wie der Lues und der Tuberkulose scheinen manche klinische Erfahrungen in dem Sinne zu sprechen, daß eine stärkere Lokalisierung auf der Haut, d. h. im Hautbindegewebe, den parenchymatösen Organen einen Schutz gewährt.

Kapitel 10.

Aus dem Gebiet der Lungenkrankheiten.

Der normale Stoffaustausch der Lungen hat eine gewaltige Oberflächenentfaltung der austauschenden Medien zur Voraussetzung. Beim Erwachsenenen haben die Lungen die Aufgabe, täglich etwa $1^1/_2$ Pfund Sauerstoff zur Aufnahme zu bringen und demgegenüber etwa $1^3/_4$ Pfund Kohlensäure (nebst etwa $^1/_2$ Liter Wasser) auszuscheiden. Diese Zahlen geben das „Grundmaß" des Umsatzes bei Enthaltung von körperlicher Arbeit[1]). Schon das einfache Gehen in der Ebene bringt gegenüber der vollen Ruhe einen Anstieg bis zum Doppelten, schwerste Arbeit eine Steigerung bis zu 700% und mehr hervor[2]). Um die Stoffaustauschprozesse an der Grenzschicht zweier Phasen (Flüssigkeit/Luft) zu steigern, stehen physikochemisch vor allem zwei Mittel zur Verfügung: möglichste Vergrößerung der Oberflächen und möglichste Erneuerung der sich jeweils berührenden Schichten. Beide Mittel sind vom Körper verwertet. Die Lunge verfügt im Gesamtraum ihrer Alveolen über eine Oberfläche von etwa 130 Quadratmetern[3]). Die Menge der durch die Atmung an diese Oberfläche täglich herangebrachten Luft beträgt schon bei körperlicher Ruhe 6000—10 000 Liter[4]), bei Anstrengung weit mehr[5]). Diese Luftmenge kommt durch Vermittlung einer dünnen Schicht Lungengewebes[6]) mit dem Blut des Körpers zum Gasaustausch. „In einer Sekunde werden 176 ccm Blut in die Lungen getrieben, dessen Blutkörperchen eine Oberfläche von 81 qm darbieten" (Wecker[7]). Bei mäßiger Ruhe wird sonach in der Lunge

---

[1]) Nach Bohr in Nagels Handbuch der Physiologie. Braunschweig 1905 I, 132.

[2]) Nach Magnus-Levy in v. Noordens Handbuch der Pathologie des Stoffwechsels. 2. Aufl. Berlin 1906. I, 245.

[3]) Nach Landios-Rosemann, Lehrb. der Physiologie des Menschen. 13. Aufl. 1913. I, 169 (nach Aeby).

[4]) Vgl. ebendort, S. 174.

[5]) Vgl. Mohr-Stähelin, Handbuch der inneren Medizin II, 214 (Smith) (1914).

[6]) Die trennende Scheidewand ist mehrschichtig; man kann im Einzelnen das Lungenepithel, das Bindegewebe, die Kapillarwand und als letzte Schicht bis zu den Blutkörperchen (die das eigentliche Depot darstellen) noch das Blutserum unterscheiden.

[7]) Zitiert nach Landois-Rosemann (l. c.) I, S. 32.

innerhalb 24 Stunden an einer Grenzfläche von 130 Quadratmetern eine Luftmasse von 10000 Litern mit einer Blutkörperchenoberfläche von ca. 7000000 Quadratmetern in Wechselaustausch gesetzt. Diese Zahlen können eine Vorstellung davon geben, in welchem Umfang Oberflächenvorgänge am Prozeß der Atmung beteiligt sind. Zugleich erscheint die Durchlässigkeit des als Scheidewand funktionierenden Lungengewebes von der größten Bedeutung; schon kleinste Änderungen der Durchlässigkeit werden die Größe des Atmungsumsatzes merklich beeinflussen können. Die wichtige Frage, ob der Austausch der Gase im wesentlichen als chemischer resp. physikochemischer Prozeß[1]) erfolgt, oder ob die Lunge gleichsam als Drüse z. B. wie die Niere mit aktiver Resorption oder Exkretion beteiligt ist, läßt sich zurzeit nicht entscheiden. Aber auch so lehrt das enorme Maß der zum Atmungsaustausch erforderlichen Oberflächenentfaltung, daß es notwendig ist, bei den klinischen Fragen sämtliche Einzelfaktoren voll zu beachten, welche auf den Betrag dieser Oberflächenwirkungen in irgendeiner Art ändernd einwirken.

Die physiologischen Untersuchungen[2]), mehr noch die klinischen Fragen dieses Gebietes entbehren zurzeit sehr einer Durchdringung mit den Fortschritten der physikalischen Chemie. Um so wichtiger erscheint, die wenigen Einzelgebiete herauszustellen, auf denen durch die physikochemische Inangriffnahme für die klinischen Fragen ein Gewinn entweder bereits vorhanden oder mit Wahrscheinlichkeit zu erwarten ist.

Schon 1907 schrieb der Verfasser[3]): „Zunächst möchte ich die Aufmerksamkeit auf die Möglichkeit einer **katalytischen Untersuchung der Ausatmungsluft** lenken. Wir haben durch die Arbeiten von Bredig, Kobert, Schaer, Senter und anderen erfahren, wie ganz außerordentlich empfindlich die Katalysen (z. B. die Platinsol-H_2O_2)Katalyse) gegen die denkbar winzigsten Spuren einer Anzahl von „Giftstoffen" sind. Mengen, die weit unter der Grenze der direkten chemischen Analysierbarkeit gelegen sind, machen sich unter Umständen bei diesen Vorgängen in der eklatantesten Weise bemerkbar. Es erscheint mir daher nicht aussichtslos, unter Benutzung der genannten H_2O_2-Katalyse (oder einer anderen) als Reagens eine Untersuchung auf das Vorhandensein eventueller „Giftstoffe" in der Exspirationsluft anzustellen. Es ist nicht nur möglich, sondern sogar in ziemlichem Grade wahrscheinlich, daß sich auf diese Weise Unterschiede in dem Verhalten zwischen der „frischen" Luft und der eines mit Menschen überfüllt gewesenen Raumes oder auch zwischen der normalen Exspirationsluft und der eines Kranken, wo schon nicht gerade selten für den Geruch

[1]) Wo. Ostwald hat in interessanten Versuchen die Hämoglobin—Sauerstoff-Bindung als Adsorptionsvorgang behandelt: Kolloidzeitschrift **2**, 264 (1908); vgl. auch H. Morawitz, Kolloidzeitschr. **6**, 259 (1910).

[2]) Sehr interessant ist als physikochemisches Ergebnis z. B. die Feststellung, daß die Unterschiede in der Salzzusammensetzung des Serums der verschiedenen Tierarten ursächlich an dem Zustandekommen der Differenzen beteiligt sind, durch welche sich das Sauerstoffbindungsvermögen des Hämoglobins artspezifisch unterscheidet.

[3]) H. Schade, Die Bedeutung der Katalyse für die Medizin. Kiel 1907. W. G. Mühlau. S. 168

Differenzen bemerkbar sind, ergeben werden." Fünf Jahre später hat W. Weichardt[1]) diese Art der Untersuchung aufgenommen und sie als „Katalysatorenmethode" bezeichnet. Es gelang, in bestimmten Zahlenwerten für die Ausatmungsluft katalyse-hemmende Eigenschaften der vermuteten Art (für die Metallkatalyse der H_2O_2-Guajakbläuung und der analogen Jodkalistärkereaktion) aufzufinden (Weichardt und Kelber)[1]). L. Amoß[2]), der statt der Metallkatalysatoren organische Oxydasen und als Reaktion den Oxydationsprozeß des Phenolphthaleins zu Phenolphthalin benutzte, erhielt negative Resultate. Bei der ungemeinen Spezifität aller katalytischen Wirkungen ist aber in den Amoßschen Befunden mit Benutzung einer abweichenden Reaktion keine Entkräftung der Weichardtschen Feststellungen gegeben. Klinische Untersuchungen der Ausatmungsluft mit Hilfe der Katalyse, z. B. bei Urämie und anderen Erkrankungen, bei denen der Geruch auf die abnorme Beschaffenheit hinweist, stehen auch heute noch aus.

Die Lunge ist in ihrer Funktion auf ein hohes Maß von elastischer Dehnbarkeit angewiesen. Wegen der physiologischen und klinischen Wichtigkeit sind diese Verhältnisse bereits vielfach eingehend untersucht[3]). Wenn die Lungenelastizität versagt, wird die Ausatmung insuffizient, die Lunge stellt sich — wahrscheinlich in einem Vorgang der Anpassung seitens der inspiratorisch tätigen Muskeln (v. Minkowski, l. c.) — auf eine Erhöhung ihres mittleren Luftfüllungsgrades ein, es resultiert das klinische Bild des allgemeinen Emphysems. Auch in mehr zirkumskripter Weise kann sich der Folgezustand einer **Elastizitätsstörung in den Lungen** ausprägen. Eine örtlich begrenzte Herabsetzung der Lungenelastizität, resp. der Lungendehnbarkeit bringt ein ungleiches Nachgeben in der Lunge beim Zug der Inspiration und eine ungleiche Zusammenziehung während der Exspiration mit sich, so daß je nach den örtlichen Verhältnissen alveoläre Blähungen oder auch bronchiektatische Veränderungen resultieren. „Weder die klinischen noch die experimentellen Erfahrungen sprechen dafür, daß übermäßige Dehnungen der Lungen allein imstande sind, diese charakteristischen anatomischen Veränderungen hervorzurufen; zum mindesten muß eine angeborene oder erworbene verminderte Widerstandsfähigkeit gegen die dehnenden Einflüsse hinzukommen". Neben den abnormen mechanischen Beanspruchungen der verschiedensten Art wird „vielleicht auch eine Rückwirkung der entzündlichen Veränderungen auf das Gewebe der Lungen" als mitbeteiligt angesprochen (v. Minkowski, l. c.). Hiermit aber ist die Beziehung dieser klinischen Veränderungen zur Kolloidchemie gegeben. Alle kolloidchemischen Veränderungen in den Trägern der Lungenelastizität — auch hier sind es wieder ganz bevorzugt die Faserbildungen des Bindegewebes — werden sich im mechanischen Verhalten der Lunge geltend machen müssen. All-

[1]) Münch. med. Wochenschr. **59**, 1889 (1912); ferner Weichardt u. Schwenk, Zeitschr. f. d. ges. experim. Medizin **1**, 1 (1913).

[2]) Journ. of experim. medic. **17**, 132 (1913).

[3]) Vgl. namentlich Bönninger, Zeitschr. f. experim. Pathologie u. Therapie **5**, 409 (1908); ferner M. Cloetta, Pflügers Arch. **152**, 339 (1913) und v. Minkowski Therapie der Gegenwart **53**, 1 und 50 (1912).

gemein läßt sich sagen: je ausgiebiger in einem Organ die Beanspruchung der physikalischen Gewebseigenschaften ist, um so früher und um so leichter werden sich bei auftretenden Störungen dieser Eigenschaften Insuffizienzerscheinungen bemerkbar machen. Dem entspricht, daß u. a. das physikochemische Altern der Bindegewebskolloide gerade in der Lunge — ähnlich wie in dem gleichfals ständig elastisch beanspruchten Gefäßsystem — besonders häufig und frühzeitig zu tiefgreifenden, auch anatomisch sich ausprägenden Veränderungen führt. Ebenso müssen auch alle anderen Vorgänge, welche kolloidchemisch die Elastizität des Lungenbindegewebes verringern, Effekte des funktionellen Versagens zur Folge haben. Mikroskopische Veränderungen der Fasern sind dabei, zumal im Anfang, keineswegs erforderlich. In guter Übereinstimmung zu den früher mitgeteilten elastometrischen Ergebnissen (s. S. 394) sind es gemäß der klinischen Erfahrung auch in den Lungen ganz bevorzugt entzündliche Zustände, bei langer Dauer selbst schon Katarrhe leichter Art, die zur Bildung eines lokalen oder mehr allgemeinen **Emphysems** oder auch zu **Bronchiektasien** die Ursache geben. Kolloidchemisch besonders bemerkenswert will dem Verfasser jene Art der **„akuten Lungenblähung“** erscheinen, welche bei Säuglingen mit schweren Ernährungsstörungen als ein „typisches, durch den toxischen Zustand bedingtes Symptom“ beobachtet wird (F. Bauer[1])). Denn es liegt nahe, in Analogie zu den bei diesen Erkrankungen im Hautbindegewebe beobachteten Elastizitätsstörungen auch im Lungenbindegewebe eine Herabsetzung der Elastizität als Ursache der sich ausbildenden Lungenüberdehnung anzunehmen. Die Lungenblähung bei der Anaphylatoxie scheint ebenfalls zu einer analogen Betrachtung einzuladen[2]). Eine experimentelle kolloidchemische Inangriffnahme dieser Probleme ist dringend geboten. Es ist sehr zu erwarten, daß die Ergebnisse solcher Forschung eine erhebliche Bedeutung gewinnen.

Über die Beziehungen der Lunge zum Ionengehalt des durchströmenden Blutes sind bereits einige sehr wichtige Befunde sichergestellt. Durch die Untersuchungen namentlich von H. Winterstein[3]) und K. A. Hasselbalch[4]) ist die Physiologie der Atmung um eine fundamentale neue Tatsache bereichert. Es besteht eine **physikochemische Regulierung der Atmung:** „Weder der Sauerstoffmangel noch die Kohlensäurespannung als solche, sondern einzig und allein die Wasserstoffionenkonzentration besorgt die chemische Regulierung der Atmung“. Dieser wichtige Satz gilt, wie Winterstein in seiner neueren Arbeit ausführlich darlegt, ganz allgemein beim Vorhandensein normal arbeitender Atemzentren. Veränderungen, welche in den Atemzentren selber auftreten[3]), können zwar die automatische Tätigkeit der Atemzentren modifizieren und dadurch auf das Zurgeltungkommen der obigen physikochemischen Regulierung einwirken; aber sie stellen das Bestehen dieser Regulierung nicht in Frage. Wenn auch die Atemzentren verschieden empfindlich eingestellt sein können, immer wirken die Wasser-

[1]) Monatsschr. f. Kinderheilkunde **12**, 510 (1913).
[2]) Vgl. Kumagai, Zeitschr. f. Immunitätsforschung **17**, 607 (1913).
[3]) Pflügers Arch. **138**, 167 (1911); Biochem. Zeitschr. **70**, 45 (1915).
[4]) Namentlich Biochem. Zeitschr. **46**, 403 (1912).

stoffionen des Blutes von einem bestimmten Schwellenwert an anregend, sie „fungieren als Atemreiz". Porges, Leimdorfer und Markovici[1]) waren schon vor diesen Feststellungen auf Grund klinischer Beobachtungen zu dem Schluß gekommen, daß die Atmung die Aufgabe hat, durch die jeweilige Anpassung im Maß der Kohlensäureausscheidung die aktuelle Reaktion des Blutes konstant zu halten. Weitere Untersuchungen namentlich Hasselbalchs und seiner Mitarbeiter[2]) haben die Richtigkeit auch dieser Schlußfolgerung, die inhaltlich im wesentlichen die Umkehrung des Wintersteinschen Satzes bedeutet, weitgehendst bestätigt. Die Einstellung des Atemreizes auf eine ganz bestimmte H-Ionenkonzentration des Blutes hat die Bedeutung, bei jeder vorkommenden Abweichung von dieser Konzentration die Lungen zur Verstärkung der Atmung, d. h. zu vermehrter Kohlensäureausscheidung anzuregen und dadurch für das Blut die erforderliche Konstanz der H-OH-Isoionie zu schaffen. Diese Feststellungen greifen tief in die klinischen Probleme der Azidose hinein; im Kapitel des Blutes (s. S. 165) ist bereits näher hierauf eingegangen. H. Straub und Kl. Meier[3]) haben speziell die Dyspnoe der Nierenkranken auf die Beziehung zu physikochemischen Änderungen des Blutes untersucht. In den Fällen, welche diese Autoren als „hämatogene Dyspnoe" bezeichnen, fand sich als Ursache eine erniedrigte Kohlensäurebindungskurve (Hypokapnie) ohne Ausgleich durch Überventilation. In zahlreichen anderen Fällen war die Kohlensäurebindungskurve des Blutes normal oder gar hyperkapnisch; solche Dyspnoe ist zerebral bedingt und wird auf eine Asphyxie des Atemzentrums durch lokale Kreislaufstörungen zurückgeführt. Auch zur Pathogenese des periodischen Atmens ist von den gleichen Autoren nach dieser Untersuchungsrichtung ein interessanter Beitrag geliefert[4]).

Über die **Beeinflussungen der Lungen durch die Salze** des Blutes ist noch wenig bekannt. Vom Kochsalz ist wichtig, daß bei vorhandenem Überschuß seitens des Blutes eine sehr erhebliche Chlorspeicherung in der Lunge erfolgt (Engels[5])). Auch vom Kalzium weiß man, daß es bei überschüssigem Vorhandensein in nicht unbeträchtlicher Menge seinen Weg zur Lunge findet: es wird dort mit dem Brochialschleim ausgeschieden. Nach Injektion von Kalziumlösungen wird bei Tieren der Kalk sogar im mikroskopischen Bilde in Form kleiner Körnchen im Bronchialschleim sichtbar[6]). Die häufiger beobachtete antiasthmatische Wirkung[7]) des Kalziums sei hier unter Hinweis auf die früheren Ausführungen s. S. 169) nur kurz erwähnt.

[1]) Wiener klin. Wochenschr. **23**, Nr. 40 (1910); Zeitschr. f. klin. Medizin **73**, 389 (1910).

[2]) Hasselbalch u. Lundsgaard, Biochem. Zeitschr. **38**, 77 (1912); Skandin. Arch. f. Physiologie **27**, 13 (1912); ferner Hasselbalch, l. c.

[3]) Deutsch. Arch. f. klin. Medizin **138**, 208 (1922). Auch hier sind von den genannten Autoren pH-Werte des Blutes, welche deutlich von der Norm abweichen durch ein Rechnungsverfahren ermittelt (vgl. oben S. 340). Eine Nachprüfung dieser pH-Werte in direkter Messung erscheint sehr erwünscht.

[4]) Deutsch. medic. Wochenschr. 1922, Nr. 2.

[5]) Arch. f. experim. Pathologie u. Pharmakologie **51**, 346 (1904).

[6]) Vgl. A. Katase, Beitr. z. pathol. Anatomie u. z. allg. Pathologie **57**, 516 (1914).

[7]) Vgl. C. Kayser, Zeitschr. f. experim. Pathologie u. Therapie **16**, 367 (1914).

Über die **Wasserausscheidung durch die Lungen** ist die experimentelle Kenntnis ebenfalls erst im Werden. Nach G. Galeotti[1]) ist die ausgeatmete Luft in der Norm keineswegs, wie bislang zumeist angegeben wird, mit Wasserdampf gesättigt, sie hat nur eine relative Feuchtigkeit von etwa 78 (statt 100). Derselbe Autor machte die interessante Beobachtung, daß, falls Kältegefühl eintritt, die Wasserausscheidung durch die Lungen absinkt, während sich beim Wärmegefühl der Haut die Wasserausscheidung auf dem Lungenwege steigert. Über sonstige Veränderungen, etwa Anpassungen der Lungenausscheidung an das Wasserbedürfnis des Gesamtkörpers, scheinen keine Messungen vorzuliegen. Nur klinische Beobachtungen allgemeinerer Art (laufende Gewichtskontrollen und dergl.) lassen sehr daran denken, daß solche Anpassungen, insbesondere eine Wassereinsparung bei manchen Zuständen der Nephritis, vorhanden seien. Untersuchungen in dieser Richtung sind von erheblichem Interesse. Scheint doch auch für die Lunge die Entwicklung der Forschung sich dahin zu bewegen, daß ständig eine größere Einfügung der Organfunktionen unter die physikochemischen Bedürfnisse des Allgemeinkörpers erkannt wird.

M. H. Fischer hat in seinen Ödemarbeiten (s. S. 399) sehr auffallende Untersuchungen über die **Wasserbindung in den Lungen** mitgeteilt. Da diese Versuche, falls sie sich bestätigen, ganz eigenartige Einblicke in das kolloidchemische Verhalten des Lungengewebes gewähren, seien sie in wörtlicher Wiedergabe hier mitgeteilt:[2])

„Als Material für diese Versuche dienten vollkommen unverletzte Schaflungen, die mit dem intakten linken Herzen sofort nach der Tötung des Tieres aus dem in nächster Nähe gelegenen Schlachthause geliefert wurden . . . Die Experimente wurden in folgender Weise ausgeführt: Zunächst wurde eine Kanüle in die Pulmonalarterie eingebunden; dann wurde um das Herz unterhalb dieser Kanüle eine Ligatur angelegt und das Herz unterhalb dieser Ligatur abgeschnitten. Nachdem die anhaftenden Gewebsfetzen entfernt wurden, kam die Lunge zur Wägung und wurde hierauf an einer durch die Trachea gezogenen Ligatur aufgehängt.

Läßt man nun eine $^1/_6$ normale Natriumchloridlösung (= 0,97% NaCl) oder destilliertes Wasser einfach tropfenweise in einen Trichter einfließen, der mit der Glaskanüle, die in die Pulmonalarterie eingesetzt ist, in Verbindung steht, so nimmt die Lunge in ungemein kurzer Zeit enorme Mengen der Flüssigkeit auf. Eine Lunge, die annähernd 500 g wiegt, kann in ein oder zwei Stunden zwei bis drei Liter einer dieser Flüssigkeiten aufnehmen.

Das weitere Schicksal dieser aufgenommenen Flüssigkeit ist recht interessant. Zuerst wird das Lungengewebe selbst affiziert; es schwillt enorm auf, so daß das Gewicht nach ein- oder zweistündiger Eintröpfelung auf mehr als das Doppelte gesteigert wird. Unterbricht man in den ersten Stadien des Experiments das Einströmen der Flüssigkeit in die Pulmonalarterie, so kann man die Lunge vollkommen umkehren, ohne daß ein einziger Flüssigkeitstropfen weder aus den Blutgefäßen noch aus der Trachea ausfließt.

Läßt man nun die Flüssigkeit in den mit der Pulmonalarterie in Verbindung stehenden Trichter weiter eintropfen, so wird die Pleuraoberfläche nach einiger Zeit feucht und gleich darauf fällt ein Flüssigkeitstropfen vom unteren Rande der Lunge herab. Diesem folgt sogleich ein zweiter und dritter, bis ein konstanter Strom herabfließt. Man kann so im Verlauf einer Stunde einige hundert Kubikzentimeter dieses „Pleuraexsudates" in einem unter der Lunge aufgestellten Gefäß sammeln.

[1]) Biochem. Zeitschr. **46**, 173 (1912).

[2]) Zitiert nach M. H. Fischer, Das Ödem. Dresden 1910 (In deutscher Sprache herausgegeben von K. Schorr u. Wo. Ostwald.) S. 156ff.

In dieser Zeit kann man auch die Lunge nicht mehr umkehren, ohne daß nicht eine blutige, schaumige Flüssigkeit aus der Trachea austritt. Diese Flüssigkeit steigt allmählich in der Trachea an und strömt, wenn man sie nicht entfernt über. Dieses Überströmen dauert so lange, als das Einfließen von Wasser oder Salzlösung in die Pulmonalarterie fortwährt (mehrere Stunden). Schließlich sei noch erwähnt, daß die ganze Zeit hindurch auch nicht ein einziger Tropfen aus den Venen austritt, auch wenn diese nicht abgebunden wurden.

Wird der Eintritt der Flüssigkeit entsprechend geregelt, so nehmen die Gewebe die gesamte Flüssigkeitsmenge auf, die in die Arterien eintritt, absorbieren selbst den größten Teil davon und „sezernieren" den Rest in die Alveolen und Bronchien und durch die Pleura . . .

. . . Ferner bewirkt Wasser unter allen zur Injektion verwendeten Flüssigkeiten das stärkste Ödem des Parenchyms der Lunge selbst. Verwendet man eine Salzlösung, so ist das Ödem des Parenchyms nicht so stark, aber der Eintritt der Flüssigkeit in die Bronchien läßt sich früher nachweisen und diese „Sekretion" findet intensiver statt.

Natriumnitrat und Natriumsulfat zeigen in dieser Hinsicht eine stärkere Wirkung als Natriumchlorid. Mit anderen Worten: die salinischen Kathartika und Diuretika steigern ebenso die Flüssigkeitssekretion in die Alveolen, wie sie auch die Sekretion aus dem Darm, resp. aus den Nieren steigern.

Daß diese Wasserbindung tatsächlich eine Funktion der Gewebskolloide ist, wird durch die Tatsache gestützt, daß alle Salzlösungen die Entwicklung eines Ödems der Lungengewebe selbst hemmen, nicht nur proportional der Konzentration des verwandten Salzes, sondern auch in Abhängigkeit von der chemischen Natur des Salzes. So hemmen beispielsweise das Zitrat und Sulfat des Natriums die Wasserbindung durch Lungengewebe stärker als das Chlorid Gerade das Gegenteil gilt bezüglich der „Sekretion" der Flüssigkeit in die Bronchien.

Fischer selber zieht folgendes Ergebnis:

„Alle Erscheinungen des Ödems der Lungengewebe selbst können wir ohne Schwierigkeit auf Grund unserer kolloidchemischen Auffassung der Wasserbindung erklären. Die Lungengewebe werden bei Entstehung des Lungenödems durch die in ihnen stattfindende Bildung von Säuren veranlaßt, eine erhöhte Wassermenge zu binden. Ob die Möglichkeit für eine solche abnorme Anhäufung von Säure in der Lunge durch Abbindung verschiedener Blutgefäße im Körper oder durch Herausnahme der Lunge aus dem Körper und Injektion — sei es mit Wasser, sei es mit verdünnten Säuren — geschaffen wird, ist unwesentlich."

Wenn man auch schwerlich bereit sein wird, sich diesem Urteil anzuschließen (vgl. S. 400), so enthalten doch diese Versuche eine ungemeine Fülle anregenden Materials. Sie bieten dank der einfachen und übersichtlich gestalteten Technik günstige Verhältnisse, um in weiterer systematischer Arbeit den hier vorliegenden zahlreichen physikochemischen Einzelproblemen nachgehen zu können. Aus diesem Grunde haben die Versuche hier eine Wiedergabe erfahren.

Um zu zeigen, wie sehr die Erkrankungen der Lungen mit physikochemischen Problemen verknüpft sind, läßt sich am besten das Beispiel der **Pneumonie** verwenden. Von französischen und italienischen Autoren[1]) wird seit längerer Zeit ein günstiger Einfluß der kolloiden Metallösungen (namentlich Platin und Silber) auf den Ablauf der Pneumonie angegeben; neuerdings hat auch G. Grund[2]) (medizinische Klinik Halle) sich diesem

[1]) A. Robin, Achard und Weil, G. Stodel usw. (Literatur s. G. Stodel, Les colloids en biologie et en thérapeutique. Paris 1908); ferner G. Izar, Zeitschr. f klin. Medizin **68**, Heft 5—6.

[2]) Zentralbl. f. innere Medizin **34**, 1169 (1913).

Urteil angeschlossen. Die Art der Wirkung der kolloiden Metalle (Silber) ist recht mannigfaltig, noch nicht ausreichend geklärt; neben einer Hyperleukozytose, neben einem Anstieg des opsoninischen Index[1]) kommen auch rein physikochemische Wirkungsweisen in Frage: katalytische Entgiftung der Toxine[2]), katalytische Steigerung des Eiweißstoffwechsels[3]) und möglicherweise (?) sogar eine katalytische Steigerung der für die Rückbildung des pneumonischen Infiltrates so wichtigen autolytischen Prozesse[4]) in der Lunge selber. Nach Friedberger[5]) und anderen stehen ferner wichtige Erscheinungen aus dem klinischen Bilde der Pneumonie zu der Anaphylaxie in engster Beziehung; auch an diesem Problem hat die physikalische Chemie wesentlichen Anteil (s. S. 205). Ein sehr auffallendes Symptom der Pneumonie ist weiter die ganz exzessive Kochsalzretention seitens der erkrankten Lungen[6]); auch hier ist es wahrscheinlich, daß die Ursache in einem kolloidchemischen Vorgang, in einer positiv werdenden Chloradsorption infolge auftretender Änderungen im Milieu, resp. im Zustand der Lungeneiweiße selber zu suchen ist[7]). Ferner führt die Pneumonie, hauptsächlich wegen der sie begleitenden Kohlensäurestauung, häufig zu hochgradiger Steigerung der Blutviskosität, so daß dem an sich schon überlasteten Herzen die Arbeit auf diesem physikochemischen Wege noch weiter erschwert wird; dieser Viskositätsanstieg kann nicht selten sogar für den Aderlaß eine indicatio vitalis[8]) bedeuten. Für die pleuritischen Exsudate hat besonders H. Meyer[9]) osmotische Messungen geliefert. Er fand, daß im steigenden Exsudat der osmotische Druck geringer ist als im Blut und daß beim Rückgang des Exsudats der osmotische Druck zunimmt, häufig sogar denjenigen des Blutes übertrifft. Osmotisch-physikalische Kräfte erscheinen daher diesem Autor zur Erklärung der Exsudatbewegungen nicht annehmbar. Die Pneumonie stellt in vieler Beziehung das markanteste Bild aller Entzündungen dar. Die physikochemischen Ergebnisse, welche für die Entzündung im allgemeinen gelten (s. S. 96ff.), haben demnach auch

---

1) Vgl. z. B. P. Werner u. Zubrzycki, Münch med. Wochenschr. **60**, 583 (1913).

2) Siehe S. 121—123.

3) Siehe S. 234 u. 126.

4) Diese Wirkungsart ist bislang nur Vermutung; sie wird zuerst erörtert von Robin (Les ferments métalliques et leur emploi en thérapeutique. Paris 1907. Rueff.) Als Stütze dieser Ansicht kann dienen, daß M. Ascoli u. G. Izar (Biochem. Zeitschrift **5**, 394; **6**, 192; **7**, 143; **10**, 356; **14**, 491; **17** 361 (1907—1909) für die Autolyse der Leber eine katalytische Beschleunigung durch kolloidales Silber, auch durch andere Metalle nachweisen konnten. — Über die Beziehung der Aktivität der pneumonischen Lungenprotease zur Wasserstoffionenkonzentration siehe R. Nye, Journ of exp. med. **35**, 153 (1922).

5) Über Anaphylaxie bei Pneumonie siehe Schittenhelm in Weichardts Jahresberichten über Immunitätsforschung **6**, I, 163 (1910).

6) Vgl. v. Monakow, Habilitationsschrift. Leipzig 1917.

7) Vgl. S. 388. Für diese Vorgänge dürfte es auch Beachtung verdienen, daß die CO_2, welche als Säure sich für die Kiemen der Tiere giftig erweist, durch NaCl im Sinne der Entgiftung beeinflußt wird. Biochem. Zeitschr. **39**, 171.

8) Vgl. z. B. Determann, Die Viskosität des menschlichen Blutes. Wiesbaden 1910. S. 88, 92. Vergl. auch im Kapitel der Blutkrankheiten S. 192.

9) Deutsches Arch. f. klin. Medizin **85**, 149 (1905).

für die Pneumonie ihre Bedeutung. In zahlreichen wichtigen Erscheinungen greifen ferner die krankhaften Veränderungen der Pneumonie in den Haushalt des Gesamtkörpers über: die Isoionie, die Isotonie und die Isothermie wird nicht nur durch die mächtige lokale Entzündung als solche, sondern zugleich durch den mit ihr verbundenen Ausfall an regulatorischer Lungenarbeit bedroht. Man sieht, auch bei den Lungenkrankheiten ist die Fülle der physikochemischen Aufgaben eine große. Wir stehen an der Schwelle eines neuen Forschungslandes; die Weite und Fruchtbarkeit des Gebietes ist erkennbar, die Arbeit des Bebauens aber steht noch bevor.

Den Schluß dieses Kapitels möge ein Hinweis auf die **Erkältungskrankheiten** bilden. Nach den Untersuchungen des Verfassers[1]), zu denen der Krieg wichtiges Einzel- und Massenmaterial geliefert hat, liegt ein wesentlicher Teil der Erkältungsstörungen auf kolloidchemischem Gebiet. Die Abkühlung, welche zur Erkältung führt, bringt — außer andersartigen Störungen — häufig irreversible Kolloidveränderungen des Gewebes mit sich, welche sich am schärfsten elastometrisch haben fassen lassen. Der Verfasser hat diese Veränderungen als Gelosen bezeichnet. Im Gesamtbild der Erkältungserscheinungen, auch des Respirationstraktus[2]), spielen sie eine wichtige Rolle. Die Lehre von der Erkältung hat so jenseits der mikroskopischen Feststellbarkeit auf kolloidchemischen Wegen eine sichere Grundlage erhalten.

Kapitel 11.

Aus dem Gebiet der Erkrankungen des Bewegungsapparates.

Von den hier in Betracht kommenden Organen werden uns zunächst die **Muskeln** beschäftigen.

Die ältere **Physiologie** war geneigt, den Muskel als eine „Wärmemaschine" zu betrachten, d. h. in einer thermischen Volumenänderung der Muskelelemente die Ursache für die mechanische Arbeitsleistung des Muskels zu erblicken. Seit den Untersuchungen von A. Fick gilt diese Betrachtungsweise mit Recht als überwunden. An ihre Stelle trat die Auffassung des Muskels als „chemodynamische Maschine". Nach der chemischen Seite wurden sehr erhebliche Fortschritte erreicht. Aber die eigentliche Kernfrage aller Muskelphysiologie, das Problem, in welcher Weise die chemische Energie im Muskel zu mechanischer Arbeitsleistung befähigt wird, ist völlig un-

[1]) H. Schade, Zeitschr. f. d. ges. experim. Medizin **7**, 275 (1919); ferner derselbe, Münchener mediz. Wochenschr. 1919, Nr. 36, 1920, Nr. 16, 1921, Nr. 4.

[2]) In der Nase, zu beiden Seiten des Septums am locus Kieselbacchii, ist die Erkältungsgelose besonders ausgeprägt, oft derart gesteigert, daß sie zu tiefgreifender chronischer Geschwürsbildung die Veranlassung gibt. Die „Rhinitis atrophicans idiopathica" ist somit als das Lokalsymptom einer Erkältungsstörung verständlich geworden (H. Schade, l. c.)

beantwortet geblieben. Wie wir heute wissen, sind es die Kolloide, die hier die Vermittlerrolle übernehmen. Vor 47 Jahren, also weit bevor es eine wissenschaftliche Kolloidchemie gab, hat schon T. W. Engelmann die große Bedeutung der Quellung für die mechanische Arbeitsleistung des Muskels erkannt. Seine Quellungstheorie der Muskelkontraktion war etwa die folgende: Sämtliche Faserngebilde, wie Bindegewebsfasern, Sehnen und Darmsaiten, die optisch anisotrop sind, erfahren bei der Quellung in der Länge eine Verkürzung, in der Breite eine Verdickung und zugleich optisch eine Abnahme ihrer Anisotropie; auch der Muskel erhält in seinen Fibrillen solches Material; wie die mikroskopische Untersuchung lehrt, tritt auch an ihnen bei der natürlichen Muskelkontraktion die gleiche Verkürzung, Verdickung und Verringerung der Doppelbrechung sichtbar zutage[1]). Bei den weiteren Untersuchungen fand Engelmann, daß sowohl Erwärmung als auch Ansäuerung geeignet ist, experimentell in reversibler Weise solche Quellungsverkürzung zustande zu bringen. Im Banne der damals herrschenden Auffassung des Muskels als Wärmemaschine hat sich nun Engelmann bei der Aufstellung seiner Quellungstheorie für die Annahme einer Erwärmung als Ursache der Kontraktionsquellung des Muskels entschieden. Es war die Folge dieser Verkettung der Theorien, daß mit dem Hinfälligwerden der thermischen Erklärungsweise zugleich die Engelmannschen Befunde der Quellung an Beachtung verloren. Erst als die wissenschaftliche Kolloidchemie erstand, war die Möglichkeit gegeben, die kolloidchemische Untersuchung des Muskels in systematischer Weise in Angriff zu nehmen. Zahlreiche Arbeiten sind in letzter Zeit diesen Problemen gewidmet[2]). Wenn auch im einzelnen noch zahlreiche Fragen ihrer Lösung harren, so steht doch bereits fest, daß zu den chemodynamischen und elektrochemischen Vorgängen des Muskels die kolloiden Prozesse das dritte, bislang noch fehlende Glied bilden. Der Muskel ist in vollster Bedeutung des Wortes eine „kolloidchemische Maschine“: es ist eine Veränderung der kolloiden Muskelelemente durch Säure, welche den Zustand der Kontraktion des Muskels herbeiführt. Die chemischen Vorgänge haben die Bedeutung, die zu dieser Veränderung erforderliche Säure (wahrscheinlich Milchsäure) zu liefern; aber ebenso wichtig ist die zweite chemische Aufgabe, nach jeder Kontraktion die vorher gebildete Säure wieder zu beseitigen, um dem Muskel die zur Kontraktion unerläßlich zugehörige nachherige Erschlaffung zu ermöglichen. Es scheint, daß die Säurebildung im Muskel durch eine einfache Spaltungsreaktion (Spaltung von Zucker zu Milchsäure), die Säureentfernung dagegen im wesentlichen durch oxydative Prozesse[3]) bewirkt wird. Die mechanische Leistung aber vermittelt allein das Kolloid. In seiner Eignung zu solcher Aufgabe ist es den in der Technik üblichen starrwandigen Maschinen weit überlegen. Im Muskel kommen die spezifischen Energien der Kolloide zur Verwertung.

[1]) T. W. Engelmann, Pflügers Arch. **7**, 155 (1873); derselbe, Über den Ursprung der Muskelkraft. Leipzig 1893; ferner Sitzungsberichte d. preuß. Akademie d. Wissenschaften **39**, 694 (1906).

[2]) Literatur s. Anmerkungen 2 bis 5 der folgenden Seite.

[3]) Vgl. O. Meyerhof, Pflügers Arch. **175**, 88 (1919), **182**, 284 (1920).

Das Vorhandensein der enormen Oberflächen und der ihnen zugehörigen Oberflächenenergien begünstigt im höchsten Grade die Verwendung kleiner Mengen, kleiner Räume, sie beansprucht auch zu großer Kraftentfaltung keine schweren Massen. Diese Vorteile sind es, denen die „Quellungs- und Kapillarelektromotore der Organismenwelt", wie schon 1907 H. Freundlich[1]) ausführte, ihre Überlegenheit verdanken. So aber ist es begreiflich, daß der Nutzeffekt, den die Kolloidmaschinen des tierischen Organismus erreichen, um ein Erhebliches die in der Technik mit Dampf- und Gasmotoren erzielbaren Leistungen übertrifft.

Zu einer Orientierung über dieses neuartige Gebiet der Muskelphysiologie sind besonders die zusammenfassenden Darstellungen von W. Pauli[2]), von F. Fürth[3]), von R. Höber[4]) und H. Bechhold[5]) geeignet.

Für die Physikochemie der Totenstarre haben vor allem die Arbeiten von O. v. Fürth und E. Lenk[6]) eine wichtige Klärung gebracht: die Anhäufung von Säuren giebt die Ursache zur Quellung und damit zur Erstarrung des Muskels; bei weiterem Fortschreiten des Prozesses der Säuerung treten aber mit dem Übermaß an Säuren Gerinnungen auf, welche eine Entquellung des Muskelkolloids mit sich bringen und so zur nachträglichen „Lösung" der Starre führen.

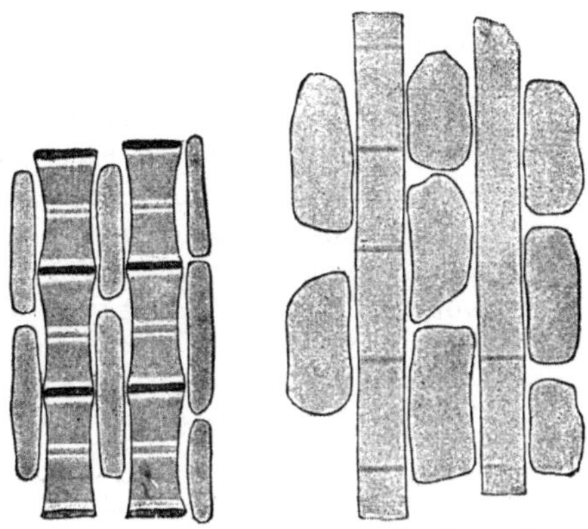

a) in der Ruhe. b) in starker Ermüdung.

Fig. 50.
Muskeländerung durch starke Ermüdung. (Flugmuskel der Schmeißfliege nach M. H. Bernard.)

Nachdem die physiologische Forschung die fundamentale Bedeutung der Kolloide für die Funktion des Muskels nachgewiesen hat, ist es eine notwendige Forderung, auch klinisch das Kolloidverhalten des Muskels in den Vordergrund der Beobachtung zu stellen. An bewußter Arbeit in dieser Richtung ist nur erst wenig zu verzeichnen. Gleichwohl sind in den bisher vorliegenden Beobachtungen manche wichtige Einzelheiten enthalten, die sich als Bausteine einer **klinischen Kolloidchemie des Muskels** verwerten lassen.

Schon im Kapitel der allgemeinen Pathologie ist auf die Änderungen des Muskels beim Altern und weiter auf einige der kolloiden Unter-

[1]) H. Freundlich, Kapillarchemie u. Physiologie. Leipzig 1907.
[2]) Kolloidchem. Beihefte **3**, 361 (1912).
[3]) v. Fürth, Probleme der physiologischen und pathologischen Chemie I, 130 (1912); vgl. Bioch. Zeitschr. **126**, 55 (1921).
[4]) Zeitschr. f. Elektrochemie **19**, 738 (1913).
[5]) H. Bechhold, Die Kolloide in Biologie u. Medizin, l. c. (II. Aufl.) S. 313 bis 324 (1919).
[6]) Biochem. Zeitschr. **33**, 341 (1911).

schiede verwiesen, durch welche der **ermüdete Muskel** im isolierten Präparat von dem geruhten Muskel zu unterscheiden ist. Einer jeden Veränderung der physikalischen Eigenschaften muß aber eine Veränderung der Protoplasmabeschaffenheit des Muskels entsprechen. Soweit die bisherigen Untersuchungen einen Schluß gestatten, sind die gewöhnlichen Ermüdungsveränderungen im Muskel des Menschen nicht derart ausgeprägt, daß mikroskopisch Unterschiede hervortreten. Daß aber gleichwohl bei der einfachen Ermüdung Vorgänge statthaben, welche in ausgesprochener Weise den Kolloidzustand des Protoplasmas betreffen, lehren Beobachtungen aus der Zoologie. Die Fig. 50, S. 419 (nach H. M. Bernard[1])) zeigt einen Flugmuskel der Schmeißfliege in der Ruhe und in der Ermüdung. Der Unterschied der Bilder ist eklatant; das Protoplasma und Paraplasma ist aufs stärkste verändert, wie angegeben wird, namentlich im optischen Verhalten der Querstreifung und im Tinktionsvermögen. Daß hier hochgradige Veränderungen des Kolloidzustandes zugrunde liegen, ist nicht zu bezweifeln. Diese und andere Beobachtungen[2]) geben ein Recht, auch für den menschlichen Muskel die abweichenden physikalischen Eigenschaften bei der Ermüdung auf eine Kolloidänderung des Protoplasmas zu beziehen; insbesondere ist der von verschiedenen Autoren erhobene Befund einer gesteigerten Muskelquellung bei der Ermüdung wichtig[2]). Für die Auffassung der Muskelarbeit ist es ferner von erheblicher Bedeutung, daß nach den neueren Feststellungen nicht die Hervorbringung der Muskelkontraktion, sondern die Restituierung des Muskels nach der Kontraktion das jeweils größere Maß an chemischer Energie erfordert[3]).

Bislang war die klinische Beurteilung der physiologischen Eigenschaften des Muskels nur auf die Palpation angewiesen. Bei der Unsicherheit und Subjektivität der palpatorischen Schätzung sind Unterschiede zwischen dem Verhalten des frischen und des ermüdeten Muskels nicht einwandfrei feststellbar gewesen. Noyons[4]) und Exner und Tandler[5]) haben als erste versucht, instrumentell für den Muskel zu objektiven Maßen zu kommen. M. Gildemeister[6]) hat sodann ein „ballistisches Elastometer“ konstruiert, welches die „physikalische Resistenz“, d. h. die Eindringungselastizität des Muskels im Maß der „Stoßzeit“ galvanometrisch registriert und nach den Untersuchungen von R. Springer[7]) (unter Gildemeister)

[1]) Zoologisches Jahrbuch (M. H. Bernard) 1894.

[2]) Siehe Landois-Rosemann, Lehrbuch der Physiologie des Menschen. 1913. (13. Aufl.) S. 480; vgl. auch A. Japelli, Arch. ital. di biol. (1906); III, 369 (1906); G. Buglia, Biochem. Zeitschr. **6**, 158 (1907). Die schnellere Quellbarkeit beim Einlegen des ermüdeten Muskels in Salzlösungen (vgl. C. Schwarz, Biochem. Zeitschr. **37**, 34 (1911)) ist von der im Körper bereits eingetretenen Quellung des Muskels bei der Ermüdung wohl zu unterscheiden. — Bezüglich der Unterscheidung von osmotischer und kolloider Schwellung des Muskels vgl. Anm. 7, S. 87.

[3]) Vgl. z. B. O. Meyerhof, Pflügers Arch. **175**, 88 (1919).

[4]) Engelmanns Arch. 1910, 319; ferner N. Noyons und J. v. Uexküll, Zeitschrift f. Biologie **56**, 139 (1911).

[5]) Mitteilungen aus den Grenzgebieten der Medizin u. Chirurgie **20**, 458 (1909).

[6]) Zeitschr. f. Biologie **63**, 175, 183 (1914).

[7]) Ebendort **63**, 201 (1914).

gut zu Messungen am Lebenden geeignet ist. Die erhaltenen Resultate sind sehr interessant: der ausgeruhte unbelastete Muskel zeigt bei gesunden Menschen mittleren Lebensalters eine Resistenzgröße, die auch bei verschiedenen Individuen ziemlich angenähert gleiche Werte aufweist. Bei Jugendlichen ist sie größer, bei Greisen geringer. Der Unterschied der Ermüdung kommt deutlich zum Ausdruck: der frische Muskel zeigte sich stets „härter" als der ermüdete; auch braucht der Muskel, je müder er ist, um so mehr Zeit, seine alte Resistenz wieder zu gewinnen. Mit wachsender Belastung nimmt die Resistenz zu. Der Grad dieser Zunahme ist um so größer, je schwächer und weniger geübt der Muskel ist; auch allgemeine Erkrankung, körperliche und geistige Ermüdung bringt eine meßbare Veränderung des Muskels mit sich: der Bizeps kranker Personen ist im Vergleich zu Gesunden in der Ruhe weicher und bei der Belastung resistenter. Psychische und körperliche Reize der Nerven lassen die Resistenz ansteigen. Wie man an den Ergebnissen sieht, ist diese Messung außerordentlich empfindlich. Wenn die obigen Resultate sich bestätigen und allgemein erreichbar sind, wird der klinische Wert der Methode ein erheblicher sein. Der Zustand des lebenden Muskels bringt es mit sich, daß solche Messung niemals den kolloiden Zustand des Muskels allein zu erfassen vermag; immer muß der vitale Muskeltonus am Messungsergebnis einen Anteil haben; gleichwohl zeigen die oben mitgeteilten Resultate, speziell für die Ermüdung, daß auch über die Tonusdifferenzen hinaus Unterschiede zur Messung kommen, von denen man annehmen darf, daß sie kolloidphysikalischen Besonderheiten der Muskelmasse entsprechen.

Die allgemeine Erfahrung lehrt, daß große **individuelle Unterschiede der Muskelbeschaffenheit** bestehen, nicht nur bezüglich der dem Muskel möglichen Kraftleistung, sondern ebenfalls schon in dem äußeren Verhalten: die Härte der Muskeln ist individuell sehr verschieden, ebenso die Größe der bei der Kontraktion auftretenden „Wulstbildung". Sowohl die Härte als auch die Kontraktilität sind Eigenschaften, die mit dem Kolloidzustand des Muskelprotoplasmas in engster Beziehung stehen. Beide lassen sich bekanntlich intra vitam in deutlicher Weise verändern. Zu geringe körperliche Betätigung hat weiche, schlaffe Muskeln zur Folge; schon kurze Zeiten der Ruhigstellung machen sich auffallend stark im Weichwerden und bald auch im Schwinden der Muskelmasse bemerkbar. Ferner lassen auch die gut ausgearbeiteten leistungsfähigen Muskeln noch zweierlei Typen ihrer physikalischen Beschaffenheit erkennen: feste, sehr straffe Muskeln mit nur geringer Kontraktionsverdickung und solche, die in der Ruhe eine ziemliche Weichheit, bei der Kontraktion aber sehr starke Muskelbauchvorwölbung zeigen. Wenngleich angeborene Eigentümlichkeiten hier mitwirken mögen, so will es doch dem Verfasser scheinen, als ob die erstere Art der Muskelbeschaffenheit bevorzugt durch eine mehr gleichbleibende, in der Einzelleistung mäßig schwere Beanspruchung, z. B. durch Landarbeit oder Märsche entsteht, während die stark vorspringenden Muskelwulste bei häufiger Verrichtung kurzdauernder maximaler Einzelleistungen, so namentlich bei Turn- und Kraftübungen resultieren. Vielleicht ist die Kolloidchemie berufen, auch hier ein Verständnis der Unterschiede anzubahnen[1]).

Über die **Abhängigkeit der Muskelleistung vom umspülenden Milieu** sind bereits einige erste Befunde bekannt, welche klinisches Interesse beanspruchen dürfen. Das der Blutisoionie entsprechende Verhältnis der Na- und Ca-Salze ist für die normale Muskelfunktion unentbehrlich. Bringt man den Muskel in ein Ca-freies Milieu, so tritt ein Zustand anhaltender Zuckungen ein. „Wir verdanken es also dem Kalziumgehalt unseres Blutes, daß unsere Muskeln nicht fortwährend zucken" (J. Loeb[2])). Aber auch eine Herabsetzung des NaCl-Gehaltes (mit Ausgleich des osmotischen Defizits durch Nichtelektrolyte) führt bei künstlichen Durchströmungsversuchen des Skelettmuskels (Frosch) zu fibrillären Zuckungen, auch dann, wenn die Nervenendigungen im Muskel ausgeschaltet sind (R. Benda[3])). Die Zuckungserregung ist dabei nicht allein vom Verhältnis der Na- und Ca-Ionen abhängig, sondern daneben kommt auch der absolute Gehalt beider Ionen in Betracht[3]). Die Notwendigkeit des Kaliums, welches im Muskel in ganz besonderer Anhäufung vorhanden ist, steht ebenfalls fest, doch ist die Rolle desselben noch nicht geklärt. Über die Beträge, um welche die H-OH-Ionen in den Muskelfibrillen bei der Funktion variieren, läßt sich noch keine Angabe machen. H. Schade, P. Neukirch und A. Halpert[4]) haben am Lebenden im Bindegewebe der Muskelnachbarschaft den Eintritt der Azidose bei forcierter Muskelarbeit im Maß der H-Ionen mit sicheren Beträgen gemessen. Im Kochsaft frisch exstirpierter Muskeln, die H. Pechstein[5]) nach einer von L. Michaelis angegebenen Methode untersuchte, variiert die H-Ionenkonzentration bei völliger Ruhe und völliger Erschöpfung der Muskulatur von $3{,}7 \cdot 10^{-8}$ bis $1{,}4 \cdot 10^{-7}$. Ein Vergleich kann diese Werte der Reaktionsverschiebung veranschaulichen: der Muskel reagiert bei Ruhe alkalisch, aber weniger alkalisch als eine $^1/_{1000000}$ normale NaOH-Lösung und der Muskel wird bei der Erschöpfung sauer, aber wiederum weniger sauer, als eine $^1/_{1000000}$ normale HCl-Lösung. Gleichwohl haben solche anscheinend geringfügigen Reaktionsunterschiede praktisch für den Muskel eine durchaus zu beachtende Bedeutung: in den Versuchen von Rona und Wilenko[6]) am überlebenden Herzmuskel wurden für den genannten Bereich der Reaktionsverschiebung bereits Unterschiede im Zuckerverbrauch bis etwa zum Hundertfachen gefunden.

Säuren und Salze beeinflussen den Quellungszustand des Muskels

[1]) Unterschiede im mikroskopischen Verhalten dieser Muskeltypen scheinen nicht bekannt zu sein. Es wird sicher zu berücksichtigen sein, daß auch Unterschiede in der Straffheit der Faszien mitwirken. Immerhin aber verbleibt für die Muskelmasse selber der Hauptanteil bei der starken Kontraktionsverdickung des Muskels.

[2]) J. Loeb in Oppenheimer, Handbuch der Biochemie, l. c. II, I, 129.

[3]) Zeitschr. f. Biologie **63**, 531 (1914).

[4]) Zeitschr. f. d. ges. experim. Medizin **24**, 11 (1921).

[5]) Biochem. Zeitschr. **68**, 140 (1915); vgl. ebendort, **62**. 180 (1914), (L. Michaelis u. A. Kramsztyk).

[6]) Biochem. Zeitschr. **62**, 1 (1914).

in der ausgesprochendsten Weise[1]). Aber auch andere Substanzen haben Einfluß auf den Grad seiner Quellung: Veratrin läßt den Muskel entquellen[2]). Koffein dagegen bringt ihn zur Quellung[3]). Es ist wahrscheinlich, daß diese Quellungsbeeinflussung zur pharmakologischen Wirkung dieser Mittel auf den Muskel[4]) in Beziehung steht. Die enge **Beziehung des Quellungsgrades zur funktionellen Leistungskfähigeit** des Muskels ist namentlich durch die Arbeiten von J. Demoor und Philippson[5]) wahrscheinlich gemacht. Eine Untersuchung von Tsuboi[6]) ist ebenfalls von Interesse. Dieser Autor gibt an, den Wassergehalt der Muskeln bei Kaninchen durch einseitige Fütterung mit Kartoffeln um 2—7% erhöht und im Zusammenhang hiermit die Funktionsfähigkeit deutlich herabgesetzt gefunden zu haben. Allerdings sind diese Befunde nicht eindeutig im Sinne einer Quellungsbeeinflussung der Muskelfunktion verwertbar, da auch andere Faktoren, wie Kalkreichtum der Nahrung und weiteres, hineinspielen. Ebenfalls bei den von der Praxis aufgefundenen Methoden des sportlichen Trainierens spielt eine Wasserentziehung des Körpers und damit wahrscheinlich eine Reduzierung der Wassermenge im Muskel eine erhebliche Rolle.

In der Pathologie des Muskels hat die Kolloidchemie durch die Untersuchungen des Verfassers[7]) eine erste und wichtige Anwendung gefunden. Während bislang für die Symptome des sogenannten einfachen **„Muskelrheumatismus"** keine sichere Grundlage auffindbar war, ließ sich nachweisen, daß hier eine deutliche Veränderung des Kolloidzustandes der Muskelmasse gegeben ist. Der Verfasser hat zunächst die rheumatischen Härten des Muskels, denen seit langem eine ebenso lebhafte wie kontroversenreiche Diskussion gegolten hat, durch ausgedehnte, vergleichende Untersuchungen, speziell unter der Narkose, nachgeprüft und bestätigt gefunden. An geeignetem Material, welches die Verhältnisse des Krieges lieferten, ergab sich weiter, daß diese Härten auch nach dem Tode in gleicher umschriebener Art bestehen bleiben und daß sie sogar noch beim Eintritt der Totenstarre sich als Partien von abweichendem Starreverhalten im Muskel kenntlich

---

[1]) Vgl. u. a. E. Pribram, Kolloidchem. Beihefte **2**, 1 (1910); M. H. Fischer, Das Ödem, l. c.; G. Schwarz, Biochem. Zeitschr. **37**, 34 (1911); R. Arnold, Kolloidchem. Beihefte **5**, 411 (1914); L. Lichtwitz u. A. Renner, Zeitschr. f. physiolog. Chemie **92**, 104 (1914). Betreffs der Unterscheidung von osmotischer und kolloider Schwellung siehe Beutner, Biochem. Zeitschr. **39**, 280 (1912); ferner H. Winterstein, ebendort **75**, 48 (1916). — Die genannten Arbeiten orientieren zugleich über die weitere, namentlich ältere Literatur.

[2]) Santesson, Skandin. Arch. physiol. **14**, 1 (1903); Gregor, Pflügers Arch. **101**, 71 (1904).

[3]) A. Belák, Biochem. Zeitschr. **83**, 165 (1917).

[4]) Vgl. H. Meyer u. R. Gottlieb, Die experimentelle Pharmaokologie. 1910. S. 356 u. 358.

[5]) Bulletin de l'acad. de médic. de Belg. 1908—09, S. 655.

[6]) Zeitschr. f. Biologie **44**, 377 (1904).

[7]) H. Schade, Arch. f. d. gesamte experim. Medizin **7**, 275 (1919); ferner Münch. med. Wochenschr. 1921, Nr. 4. Vgl. dazu Lange u. Everbusch, Münch. med. Wochenschr. 1921, Nr. 14 und Goldscheider, Zeitschr. f. phys. u. diätet. Therapie **26**, Heft 3 (1922).

machen können. Da wie bekannt[1]) die mikroskopische Untersuchung keine Abnormität aufweist, kann die Ursache der über den Tod hinaus beständigen Härten nur in einer ultramikroskopischen Veränderung, d. h. in einer abweichenden kolloiden Beschaffenheit des Muskels bestehen. Die Härte der erkrankten Muskelpartie ist vermehrt, die Elastizität verringert. Wie sonst bei den Gewebstörungen durch Kälte ist auch im rheumatischen Muskel eine Kolloidänderung in der Richtung zur Gelbildung vorhanden. Der Verfasser hat diese rheumatische Veränderung als Myogelose bezeichnet. Die auffallende, in Einzelfällen zur sofortigen Heilung führende Beeinflußbarkeit durch den mechanischen Eingriff der Massage steht zu solcher Auffassung im besten Einklang. Denn es ist eine allgemeine Erfahrung, daß hartgewordene Stellen in kolloiden Massen, wie z. B. geloide Verhärtungen im Kautschuk, durch eine der Massage entsprechende mechanische Bearbeitung oftmals sofort wieder weich und normal elastisch werden. Eine große Zahl der einfachen, nicht entzündlichen Muskelrheumatismen ist ätiologisch auf Kälteeinwirkungen zurückzuführen. Die Myogelose durch die Abkühlung bei der „Erkältung" gibt somit ein erstes, gut abgrenzbares Krankheitsbild aus dem werdenden Gebiet der Kolloidpathologie. Es ist bezeichnend, daß exzessive Überanstrengung des Muskels zu einem in mancher Weise ähnlichen klinischen Befund führt. Auch hier ist die Härte, die herabgesetzte Elastizität, die Schmerzhaftigkeit beim Fehlen einer mikroskopischen Abweichung charakteristisch. Wir haben gleichfalls eine Gelose des Muskels vor uns, die sich aber durch ihre Ätiologie als Überanstrengungsgelose[2]) von der Erkältungsgelose unterscheidet. Dies Beispiel mag zeigen, daß die Kolloidstörung als solche ein zwar wichtiges, aber keineswegs eindeutiges Krankheitssymptom darstellt, daß vielmehr aus der Feststellung ihres Vorhandenseins die weitere Aufgabe erwächst, die spezielle Analyse der Kolloidstörung nach der klinischen Ätiologie und falls möglich auch nach der physikochemischen Entstehungsart anzustreben.

Die Physiologie und Pathologie der **Knochen** läßt ebenfalls bereits einige Beziehungen zur physikalischen Chemie erkennen. Der Knochen ist zwar in gewisser Art der stabilste, beständigste Teil des Organismus, aber selbst er ist einer steten Veränderung, einer steten Wandlung seiner Masse unterworfen. *Πάντα ῥεῖ* gilt nicht nur für flüssige Substanzen, sondern in durchaus wörtlicher Bedeutung auch für Stoffe von festem Aggregatzustand. Wenn man die Zeit der experimentellen Untersuchung, statt wie üblich nach Stunden oder Tagen, nach Monaten oder gar Jahren bemißt, so erhält man allgemeinhin Vorgänge zur Beobachtung, welche sich bei den kurzfristigen Versuchen wegen der Kleinheit ihrer Beträge noch völlig der

[1]) Auch bei den Kolloidprüfungen des Verfassers ist am gleichen Objekt die mikroskopische Untersuchung durchgeführt; sie hat das Fehlen mikroskopischer Veränderungen bestätigt (l. c.).

[2]) Die geloide Veränderung ist selbstverständlich nicht mit Gerinnung identisch; sie bedeutet lediglich eine Abweichung des normal kolloiden Verhaltens in der Richtung auf eine Gerinnung, ohne daß dabei dieses Endstadium auch nur entfernt erreicht zu werden brauche.

Erkennung entziehen. Eine Stange Siegellack erscheint bei niederer Temperatur für eine kurzdauernde Prüfung starr und unbiegsam; nimmt man aber eine lange Dauer für einen Versuch, bei dem die Siegellackstange z. B. in horizontaler Lage nur an ihren beiden Enden gestützt ist, so sieht man, daß schon die eigene Schwere genügt, um die anscheinend völlig starre Siegellackstange langsam fortschreitend durchzubiegen, bis sie auch in ihrem mittleren Stück die feste Unterlage erreicht hat; ein Fließen in der Masse ist dabei aufs deutlichste erkennbar. Selbst in den festesten aller bekannten Gebilden, z. B. in Glas und Metallen ist bei genügend langer Beobachtungszeit die Bewegung der Masse, d. h. die Diffusion, nachweisbar, wie mit einem Beispiel nach W. Ostwald gezeigt sei:

„Wird bei gewöhnlicher Temperatur ein Bleizylinder auf einen Zylinder aus Gold gesetzt und preßt man beide mittelst eines Schraubstockes gegeneinander, so diffundiert das Gold in das Blei hinein. Man kann sich hiervon überzeugen, indem man von Zeit zu Zeit dünne Scheiben aus dem Bleizylinder schneidet und sie auf ihren Goldgehalt untersucht. Nach vier Jahren waren die Bleizylinder vollständig mit dem Goldzylinder zusammengeschweißt. Es wurden dann eine Bleischeibe von 0,75 mm Höhe und einige weitere Scheiben von 0,32 mm Höhe abgeschnitten. In den unteren vier Scheiben war das Gold sehr deutlich nachweisbar, in den nachfolgenden nur spurenweise."[1])

Derartige Befunde sind ganz allgemein für die Frage der Formbeständigkeit und der stofflichen Konstanz fester Gebilde von größter Bedeutung. Sie weisen mit Nachdruck darauf hin, daß es notwendig ist, auch im Organismus den langsam verlaufenden, bislang noch wenig oder nicht gekannten Vorgängen nachzuforschen. Man wird mit Recht vermuten dürfen, daß diese langsam verlaufenden Vorgänge gerade in Gebilden wie den Knochen bei der Entstehung der pathologischen Veränderungen von Bedeutung sind. Minimale Verringerungen der Knochenfestigkeit, die bei kurzdauernder Prüfung vielleicht nicht einmal nachweisbar sind, können sicher zu schweren Umformungen des Knochens die Ursache geben.

Bekanntlich besitzt der Knochen die Eigenart, in der Struktur seiner Spongiosa, d. h. in der Lagerung der Einzelbälkchen genau den architektonisch konstruierbaren Richtlinien des größten Zuges, resp. Druckes zu entsprechen (H. v. Meyer[2]), J. Wolff[3])). Die Erreichung und stete Erhaltung dieser **architektonischen Knochenstruktur** wird als eine Leistung der vitalen Tätigkeit der Knochenzellen betrachtet. Schon physiologisch erscheint eine derartige Aufgabe, zumal während der Wachstumsperiode mit den ständig sich ändernden Verhältnissen der Statik als keine leichte. Noch erheblich komplizierter aber gestaltet sich anscheinend die Leistung unter den mannigfachen Bedingungen der Pathologie: auch bei völlig abnormer Knochenformung, selbst im Kallus schwerster Frakturen kommt das Gesetz der architektonisch geordneten Lagerung der Bälkchen immer in gleicher

[1]) Zitiert nach W. Ostwald, Lehrbuch der allgemeinen Chemie.
[2]) Arch. f. Anatomie u. Physiologie (Anatomische Abt.) 1867, 615.
[3]) Arch. f. Anatomie u. Physiologie (Physiologische Abt.) 1901. Suppl. 239.

Vollendung zum Vorschein. Es war nicht möglich, sich von einer derart planmäßigen Arbeit der Zellen eine nähere Vorstellung zu machen. Aus den Beobachtungen der physikalischen Chemie läßt sich eine avitale einfachere Erklärung gewinnen. Die Kolloide haben schon an sich die Eigenschaft, in der Richtung des größten Zuges[1]) aus ihrer Masse heraus Fasergebilde zu differenzieren; manche Kristalloide dagegen (unter diesen auch Kalziumphosphat) zeigen ein bevorzugtes Wachstum ihrer Niederschläge in der Richtung des größten Druckes („piezopositive" Kristalle). Daß es prinzipiell zum Zustandekommen einer dem Knochenbau ähnlich gelagerten Architektur nicht der Mitwirkung von vital richtenden Kräften bedarf, sondern daß es auch ohne die Mitbeteiligung von Zellen in kombinierten Ausfällungen von Kristalloiden und Kolloiden zu einer Anordnung der Struktur nach „Kraftlinien" (mit zwischengelagerter Lückenbildung) kommen kann, läßt sich sehr gut an den in ihrer Formgenese physikochemisch geklärten Konkrementen[2]) beobachten. In den Mischbildungen aus kolloiden + kristalloiden Massen tritt bei lockerem Gefüge des Ganzen als durchaus typisch ebenfalls ein „architektonischer" Bau auf: er beruht im wesentlichen auf den beiden Gesetzmäßigkeiten, daß die Kolloide bevorzugt das Bestreben haben, sich in der Richtung des größten Zuges zu lagern, und daß manche Kristalloide ihre Kristalle in die Richtung des größten Druckes stellen. Immer bleiben dabei beide Anteile miteinander vermengt; ebenso wie im Knochen kommt auch im Konkrement eine Getrenntlagerung von Kolloiden und Kristalloiden nicht zustande. Bei der ungestörten Entwicklung freischwebender Konkremente resultiert aus dem Zusammenwirken der obigen Gesetzmäßigkeiten entsprechend dem vorhandenen Zug und Druck ein stets gleicher Aufbau von sehr charakteristischer Anordnung: exakt konzentrische Schichten, durchsetzt von ebenfalls exakt radiärstrahligen Pfeilern. Untersucht man aber solche Konkremente in Fällen exzentrischer Formung oder bei sonstwie abnormer Gestaltung, so läßt sich jedesmal auch im inneren Gefüge die Folge der abweichenden Lagerung von Druck und Zug erkennen: der Verfasser fand Beispiele, in denen die Anpassung der „Architektonik" an die geänderten, z. T. sehr komplizierten Verhältnisse in durchaus gleicher Deutlichkeit ausgeprägt war, wie man es sonst an der Spongiosa normaler oder deformer Knochen zu beobachten gewohnt ist.

Auch zu anderen Fragen der Strukturbildung im Knochen sind Anfänge vorhanden. R. Liesegang[3]) hat auf die weitgehende Analogie der nach ihm benannten „rhythmischen Strukturen" (Liesegangsche Ringe) zu den Lamellen verwiesen, welche in konzentrischer Anordnung die Haverschen Kanäle umgeben. Diese Untersuchungen haben indes

[1]) Ein sehr schönes Beispiel dieser Art hat der Verfasser an einem geronnenen Pleuraexsudat beobachtet. Vgl. auch O. Levy, Arch. f. Entwicklungsmechanik **18**, 184 (1904).

[2]) Siehe S. 353ff.

[3]) R. E. Liesegang, Naturw. Wochenschr. 1910, Nr. 41; vgl. Gebhard, Arch. f. Entwicklungsmechanik **32**, 727 (1911); W. Pauli u. M. Samec, Biochem. Zeitschr. **17**, 235 (1909); R. E. Liesegang, Beiträge zu einer Kolloidchemie des Lebens. Dresden 1909; ebenfalls verwandter Art sind die Arbeiten von E. Küster (Literatur s. Kolloidzeitschr. **18**, 107 (1916).

bislang mehr für den physiologischen Aufbau als für die Klinik ein Interesse gewonnen.

Über die **Alterszunahme der Knochenbrüchigkeit** wurde schon oben berichtet; auch sie scheint im wesentlichen auf einem physikochemischen Altern[1]), nicht so sehr auf einer quantitativen Veränderung der festen Bestandteile des Knochens zu beruhen (vgl. S. 88).

Für die Widerstandsfestigkeit des Knochens sind die Härte und die Elastizität wesentlichste Faktoren. Die Pathologie lehrt uns für beide Eigenschaften stärkste Grade der Abweichung kennen. Namentlich sind es **entzündliche Prozesse,** die eine sehr erhebliche physikalische Änderung des Gewebes, für den Knochen eine Erweichung, nicht selten auch Annäherungen an einen plastischen Zustand mit sich bringen. Dem Chirurgen ist die „Schneidbarkeit" kranker Knochen eine bekannte Erscheinung. Je mehr aber ein Knochen erweicht oder plastische Eigenschaften annimmt, um so leichter wird er bei der dauernden Einwirkung der stets vorhandenen starken statischen und dynamischen Beanspruchung Veränderungen seiner Form erleiden. Zumal wenn — etwa durch eine chronische Entzündung oder sonstwie — gleichzeitig der Knorpel und die Bandmassen in der Richtung einer kolloiden Abartung verändert sind, müssen stärkste Deformierungen die unausbleibliche Folge sein. Die Rhachitis und die Osteomalazie[2]) geben die prägnantesten Beispiele. Ganz allgemein wird man bei Erkrankungen die Formabweichungen der Knochen und der sonstigen Stützgewebe mehr als bisher auf die kolloidbedingte Entartung der physikalischen Eigenschaften beziehen müssen. Die bislang im Vordergrunde stehende Neigung, alle Formveränderungen primär auf eine pathologisch alterierte Zelltätigkeit resp. auf abnorme Zellwachstums- oder Zellwucherungsvorgänge zurückzuführen, wird, wenn auch keineswegs ihre Bedeutung gering geschätzt werden soll, demgemäß mehr zurücktreten. Es ist stets zu beachten, daß schon geringe Abweichungen im kolloidphysikalischen Verhalten, die den bisherigen mikroskopischen Untersuchungsmethoden ihrer Art nach nicht zugängig waren, mit Hilfe des Faktors einer langen Zeitdauer (s. oben) gegenüber der physiologischen Druck- und Zugbelastung zur mechanischen Insuffizienz führen können, so daß schon aus kleinster, unscheinbarster Ursache in allmählicher Ausbildung stärkste Deformierungen an Knochen und Gelenken möglich sind. Auch für die langsam fortschreitende chronische Arthritis deformans des mittleren und höheren Alters wird ähnliches gelten. Dabei ist recht wahrscheinlich, daß sich sogar ein nicht geringer Anteil der morphologisch kenntlichen Zellveränderungen als sekundärer Art erweisen wird: wenn das Bälk-

[1]) Auch die zunehmende Brüchigkeit des „alternden Eises" kann hier eine gute Parallele geben. Selbst wenn man ganz von intermediären Kolloiden (vergl. S. 48) absieht, sind noch an den Kristallen selber eine Reihe von Umlagerungprozessen vorhanden, welche den Zusammenhalt der Masse als Ganzes verändern zumeist verringern.

[2]) Bei der Osteomalazie hat R. E. Liesegang durch eine sehr wichtige Untersuchung (Zentralbl. f. Gynäkologie **39**, Nr. 15 (1915)) die Entstehung durch Säurewirkung — entgegen bestehenden Bedenken, die er experimentell zu entkräften vermochte — wieder erneut in die Diskussion gebracht.

chensystem des Knochens der mechanischen Beanspruchung nachgibt, werden notwendig auch die in den Bälkchenlücken gelegenen Zellen durch das Auftreten der abnormen mechanischen Verhältnisse beeinflußt. Je mehr aber rein mehanischc Momente für die Ätiologie der Knochenerkrankungen in den Vordergrund treten, um so mehr erscheint die orthopädische Behandlung in der Rolle einer kausalen Therapie, um so größer wird ganz allgemein die Bedeutung der passiv (durch Stützapparate) und aktiv (durch Muskelübung usw.) erzielbaren Korrektur der mechanischen Beanspruchung.

Anhangsweise sei auf eine besondere Methode verwiesen, die geeignet erscheint, bei weiterer Ausarbeitung vielleicht auch kleinere Unterschiede im physikalischen Verhalten des Knochens erkennen zu lassen. Es ist die vergleichende Messung der Leitfähigkeit des Knochens für Stoß- und Schallwellen. Einige orientierende Beobachtungen mit graphischer Registrierung haben dem Verfasser gezeigt, daß die Stoßwellen eines Schlags mit dem Perkussionshammer auf das Sternum bei allgemeinem Ödem des Arms vom Radiusköpfchen her nicht aufgenommen werden konnten, während von der gleichen Stelle her beim gesunden Arm die Aufnahme prompt erfolgte. Auch wurden die Schallwellen einer schwingenden Stimmgabel im osteomyelitisch erkrankten Knochen schlechter geleitet als im gesunden. Es erscheint nicht ausgeschlossen, mit bestimmter Technik auf diesem Wege zu einer klinisch brauchbaren diagnostischen Methode bei Erkrankungen des Knochens zu gelangen; Beobachtungen von Herzog[1]) über die Schalleitung am Schädel sind solcher Auffassung günstig.

An keinem Organ tritt anscheinend schon „physiologisch" eine Insuffizienz gegenüber der normalen Beanspruchung in solcher Deutlichkeit zutage wie bei den **Gelenken.** Es ist durchaus keine Seltenheit, daß beim völlig Gesunden Teile des Gelenkknorpels mitsamt ihres Endothelüberzugs durch „Abschleifung" infolge des einfachen Gebrauchs verloren gehen. So fand Beitzke[2]), daß solche Knorpeldefekte als Folge der „normalen" Abnutzung ohne erheblichen Unterschied der Geschlechter zwischen 20—40 Jahren bereits bei 60% aller Menschen vorhanden sind; nach dem 40. Lebensjahre wurden sie in 95%, nach dem 50. Jahre in 100% gefunden. Ebenfalls die Abplattung, welche die knorpeligen Zwischerscheiben der Wirbelgelenke täglich vom Morgen bis zum Abend erfahren, ist derart deutlich, daß sie durchaus meßbar in die Erscheinung tritt: die Gesamtkörperlänge des Menschen wird abends oft um 1 cm und mehr gegen den Zustand am Morgen verkürzt gefunden. Auch für die nach langdauernder Ruhighaltung[3]), ungleich mehr aber für die nach Entzündung[4]) zu beobachtenden Versteifungen der Gelenke kommen, soweit nicht zellige Infiltrationen oder abnorme

[1]) Münch. med. Wochenschr. 1913, 79.

[2]) Zeitschr. f. klin. Medizin **74**, 215 (1912).

[3]) Auch rein experimentell pflegen Kolloide (wie Kautschuk u. a.) zu versteifen, wenn ihre Dehnbarkeit und Elastizität lange Zeit nicht beansprucht wird.

[4]) Über die tiefgreifenden Kolloidänderungen bei der Entzündung siehe S. 96ff.

Verwachsungen die Ursache sind, gleichfalls Schädigungen der kolloiden Dehnbarkeit und Elastizität der beteiligten Gewebe als sehr wesentlich mit in Frage. Es verdient eine besondere Hervorhebung, daß in Übereinstimmung mit den Schadeschen Befunden der Entzündungsazidose (siehe S. 103) kürzlich auch in den Gelenkexsudaten infektiöser Entstehung p_H-Werte von 6,63 und 6,14, d. h. sehr deutlich saure Reaktionen gemessen wurden (Boots und Cullen[1]).

Auch für den **Knorpel** liegen bereits einige erste physikochemisch wichtige Arbeiten vor. M. Bürger und E. Müller[2]) haben sehr interessante Beiträge zur Kälteschädigung des Ohrknorpels (mit Verkalkung und Verknöcherung als Spätfolge) geliefert und R. Meyer-Bisch und W. Heubner[3]) bringen Versuche, welche eine Erhöhung der Knorpelquellbarkeit nach intramuskulären Schwefelinjektionen (Schwefelsuspension in Olivenöl) zeigen.

Wenn vorstehend die Wichtigkeit des kolloidphysikalischen Zustandes der interzellulären Stützsubstanzmassen mit Nachdruck betont ist, so soll damit nicht eine Zurückdrängung, nur eine Ergänzung der bisherigen mehr zellulären Betrachtungsweise gegeben sein. Es will dem Verfasser scheinen, daß es eine angemessene Würdigung der Zellfunktionen bedeutet, wenn man die interzellulären Massen der Stützgewebe praktisch vorwiegend als die Träger der mechanischen Leistungen anspricht, den zelligen Gebilden selbst aber die Regelung des Aufbaues[4]), der Erhaltung und der Ersatzbildung dieser Stützmassen zuschreibt. In dieser Rolle sind die Zellen des Knochens, des Knorpels, der Sehnen und der Bänder bei sämtlichen Störungen dieser Organe zum mindesten sekundär beteiligt und in dieser Rolle können sehr wohl von den Zellen auch primär wichtigste Erkrankungen ausgehen.

Da die Ausführungen dieses Kapitels besonders enge Beziehungen zur Chirurgie besitzen, sei an dieser Stelle darauf verwiesen, daß von H. Schade kürzlich auf der Jahrhunderfeier der Naturforscher und Ärzte in Leipzig (1922) ein Übersichtsreferat uber die Bedeutung der physikalischen Chemie für die Chirurgie gegeben wurde[5]).

---

[1]) Proceed. of the soc. of exp. biol. and medicin **19**, 287 (1922).

[2]) Zeitschr. f. d. ges experim Medizin **25** 345 1921).

[3]) Biochem Zeitschr, **122** 128 (1921).

[4]) Vgl. über das Zustandekommen des architektonischen Baues S. 425.

[5]) Langenbecks Arch. 1923 (zurzeit im Erscheinen); vgl. auch R. Eden, Deutsche Zeitschr. f. Chirurgie **170**, 209 (1922).

Kapitel 12.

Aus dem Gebiet der Nervenkrankheiten.

Auch auf diesem Gebiet haben sich unter dem Einfluß der physikalischen Chemie sehr tiefgreifende Wandlungen vollzogen, welche für die klinischen Aufgaben nicht ohne wichtigste Folgen bleiben können. Die **Physiologie der Nervenfunktionen** ist in ein völlig neuartiges Stadium getreten. Es sei versucht, wenigstens prinzipiell die Grundlage zu charakterisieren, auf der sich die heutigen Forschungen dieses Gebietes bewegen. Das große Problem aller Nervenphysiologie liegt in der Frage: wie ist es im Organismus ermöglicht, ohne daß metallische Elektroden mitwirken, elektromotorische Kräfte zu erzeugen. Die Elektrizitätserzeugung ist eine allgemeine Eigenschaft aller Zellen: wie die Untersuchungen vermittelst des Einthovenschen Seitengalvanometers zeigen, ist ein jeder echte Lebensvorgang der Zelle gesetzmäßig mit der Entstehung von bioelektrischen Strömen verbunden, deren enge Zugehörigkeit zur vitalen Funktion besonders daraus hervorgeht, daß beide jeweils in der Intensität und in der Geschwindigkeit ihres Ablaufes die gleichen Schwankungen aufweisen. Die physikalische Chemie hat nun unlängst eine Kenntnis der Bedingungen erschlossen, unter denen ganz allgemein an kolloiden Grenzflächen elektromotorische Kräfte entstehen, denjenigen gleichartig, wie wir sie im tierischen Körper beobachten. Elektrische Potentialdifferenzen sind immer dann gegeben, wenn an irgendwelchen kolloiden Grenzflächen ein Unterschied in der Konzentration von Ionen zustande kommt. Zum Entstehen von örtlichen Unterschieden der Ionenkonzentration aber ist in kolloiden Lösungen, zumal wenn die Kolloide zu semipermeablen Membranen zusammengeschlossen sind, auf Grund mannigfachster Prozesse (verschiedene Wanderungsgeschwindigkeit der Ionen in den verschiedenen Medien, unterschiedliches Lösungsvermögen der Medien für die Ionen, Adsorption von Ionen, auswählende Membrandurchlässigkeit und dergl.) die Gelegenheit vorhanden. Namentlich an den Grenzflächen der Zellen, aber ebenso auch an den Grenzen der kolloiden Gebilde in und außerhalb der Zellen ist das Bestehen von Konzentrationsdifferenzen der Ionen sichergestellt. Jeder Differenz der Ionenkonzentration aber muß auf elektrischem Gebiet eine Differenz des elektrischen Potentials entsprechen. Alle Zellvorgänge resp. äußeren Einwirkungen, welche die bestehenden Konzentrationsdifferenzen der Ionen beeinflussen, müssen daher gleichsinnig auch die vorhandenen elektrischen Potentiale und damit auch die aus dem Unterschied der einzelnen Potentiale sich ergebenden elektromotorischen Kräfte verändern. Da es eine durchaus wahrscheinliche Annahme ist, daß sämtliche Zellfunktionen mit Konzentrationsverschiebungen von Ionen verbunden sind, so wird es in einfacher Weise verständlich, daß alle diese Prozesse mit Änderungen des elektrischen Verhaltens einhergehen. Im menschlichen Körper sind stets nur die Ionen die Träger der Elektrizität; die Kolloide liefern die trennenden Scheidewände, an denen die Ausbildung und Aufrechterhaltung der Konzentrationsdifferenzen und damit der elektrischen Potentiale möglich ist. Besonders durch die Untersuchungen von Nernst ist der

Nachweis erbracht, daß die so charakterisierten Grundlagen für die Entstehung der Elektrizitätserscheinungen des menschlichen Körpers zutreffen. Diese Beweisführung ist allgemein von erheblichem Interesse. Nernst fand, daß die elektrischen Erscheinungen an membranartigen Grenzflächen bei der Durchleitung von Wechselströmen ein eigenartiges, sehr charakteristisches Verhalten zeigen. Ähnlich wie der Gleichstrom polarisiert auch der Wechselstrom diese Membranen. Dabei aber gilt für diese Wechselstrompolarisierung die Beziehung, daß die Stromstärke, welche jeweils an der Membran einen bestimmten Effekt, z. B. eine eben merkliche Polarisation hervorbringt, um so größer sein muß, je höher die Frequenz des Stromwechsels ist. Diese Beziehung ist als exaktes Gesetz faßbar gewesen. Die erforderliche Stromstärke ist jeweils der Quadratwurzel der Wechselzahl des Stromes proportional. Die Auffindung dieses sehr markanten Gesetzes hat die Handhabe gegeben, um auch den menschlichen Körper auf das Statthaben artgleicher Vorgänge der Polarisierung zu prüfen. Als Kennzeichnung eines konstanten Wirkungsbetrages im Körper kann der Schwellenwert der Nervenerregung dienen. Falls die „Reizung" der Nerven durch den elektrischen Strom auf einem zur Membranpolarisierung artgleichen Vorgang beruhen sollte, stand zu erwarten, daß das genannte Gesetz der Membranpolarisierung zugleich das Gesetz der Nervenerregung sein würde. Diese Erwartung ist durch die Versuche weitgehend bestätigt: fast mit mathematischer Genauigkeit fügt sich die Erregung des Nerven obigem Gesetz der quadratischen Beziehung ein. „Dieses Gesetz in seiner großen Einfachheit hat sich in den vielfältigen Erfahrungen auf das glänzendste bewährt und mehr als ein Physiologe hat im Laufe der letzten Jahre eingestehen müssen, daß es wenige Gesetze unserer Wissenschaft gibt, welche theoretisch und experimentell so wohl fundiert sind." (L. Asher[1])). Die wenigen Abweichungen von diesem Gesetz, welche bei besonderen Bedingungen eintreten, sind mit großer Wahrscheinlichkeit auf Änderungen zu beziehen, die in den kolloiden Membranen unter dem Einfluß der dort sich anhäufenden Ionen zustande kommen. Insbesondere hat R. Höber[2]) für die bekannte abnorm geringe Wirkung beim sogenannten „Einschleichen" des Stromes eine Erklärung aus dem Gebiet der Kolloiderscheinungen gewonnen: nach H. Freundlich u. a. ist das Maß der Ionenwirkung auf die Kolloide nicht nur von der Gesamtsumme der Ionen abhängig, sondern zugleich auch von der Geschwindigkeit, mit welcher der Anstieg der Ionenkonzentration eintritt. Im Fall des langsamen Ansteigens pflegt die Kolloidbeeinflussung ungleich geringer zu bleiben. Auf diesem rein zeitlich bedingten Unterschied im Maß der Kolloidbeeinflussung soll nach R. Höber der relativ geringe Effekt des elektrischen Stromes beim „Einschleichen" beruhen. Das gesamte Problem der Nerven- und Zellerregung ist durch diese Untersuchungen einer überraschend einheitlichen Auffassungsweise zugängig geworden. Die Theorien der bioelektrischen Ströme, wie sie in jeweils verschiedener Modifizierung von Bernstein, von Haber und von Bethe gegeben werden, sehen alle den Sitz der elektromotorischen

[1]) L. Asher, Der Anteil einfachster Stoffe in den Lebenserscheinungen. Bern 1913 S. 23.

[2]) R. Höber, Physikalische Chemie der Zelle u. der Gewebe, l. c. S. 564.

Kräfte in den kolloiden Grenzflächen der Zellen. Indem die Unterschiede der Theorien im wesentlichen die spezielleren Vorgänge, durch welche die Differenzbildung der Ionenkonzentrationen zustande kommt, sowie die Art der hierbei beteiligten Ionen betreffen, herrscht volle Übereintsimmung darüber, daß die Gesamtheit der elektrischen Erscheinungen, welche die Funktionsbetätigung der Zellen begleiten, in letzter Linie stets auf einem derartigen Konzentrationsgefälle der Ionen beruht. Dabei scheint es, daß unter sämtlichen Ionen gerade wieder die H-Ionen, welche allgemein als die beweglichsten und zugleich chemisch und kolloidchemisch aktivsten Ionen bekannt sind, auch bei diesen Vorgängen des Körpers eine bevorzugte Stellung innehaben. Sie sind es, die in der Betheschen kapillarelektrischen Erregungstheorie[1]) als die maßgebenden Ionen der Nerven- und Zellerregung erscheinen. Ebenfalls für das Problem der Leitung des Stromes im Nerven sind jene Fortschritte wichtig. Der Erregungsstrom im Nerven ist bekanntlich gegenüber dem elektrischen Strom in Metallen durch eine ungleich geringere Fortpflanzungsgeschwindigkeit charakterisiert. Auch dieser Unterschied erscheint nach Richtung und Größe bei dem Vorhandensein der kolloiden Grenzflächen (mit ihren Übergangswiderständen infolge Grenzflächenpolarisierung) verständlich, in einer Art, wie es ähnlich schon Hermann[2]) als „fortgeleitete Polarisation" beschrieben hat. — Ein weites Feld wichtiger Forschung ist hier durch die Physikochemie erschlossen. Zur näheren Orientierung über den heutigen Stand der Elektrophysiologie der Nerven sei außer der bereits angezogenen Arbeit von A. Bethe (l. c.) besonders auf die zusammenfassende Darstellung von R. Höber[3]) verwiesen.

Diese Fortschritte der physiologischen Erkenntnis haben für die **Elektrodiagnostik und Elektrotherapie** eine große, bislang noch wenig gewertete Bedeutung. Eine interessante Studie, die Erscheinungen der sogenannten „Entartungsreaktion" von den neuen Standpunkten aus zu interpretieren, ist 1911 von Reiß[4]) geliefert. Auch sonst dürfte das Nernstsche Erregungsgesetz für die ärztliche Praxis wichtige Grundlagen bieten, da die Beziehungen zwischen Stromstärke und Frequenz des Wechselstroms in vielerlei Anwendung wiederkehren. Die starke Nervenerregung schon bei schwachem galvanischen Strom, die relativ geringere Erregung beim Einzelstoß des faradischen Stroms und schließlich die bekannte, sehr auffällige Erscheinung, daß bei höchster Wechselzahl auch die stärksten technisch möglichen Ströme, z. B. die D'Arsonvalschen Ströme, ohne Reizwirkung auf den Nerven bleiben, alle diese Beobachtungen sind jeweils als Einzelfall in diesem Gesetz enthalten[5]). Für die allgemeine Beurteilung der therapeutischen Stromwirkung ist es ferner von größtem Interesse, daß es neuerdings gelungen ist, festzustellen, daß faßbare stoffliche Veränderungen die

[1]) Pflügers Arch. **163**, 147 (1916).

[2]) Hermann, Handbuch der Physiologie II, I, S. 193 (1879).

[3]) R. Höber, Physikalische Chemie der Zelle u. der Gewebe, l. c. S. 549ff.

[4]) Reiß, Die elektrische Entartungsreaktion. Berlin 1911.

[5]) Vgl. hierzu ferner die nach anderen Richtungen sehr wichtigen Untersuchungen von M. Gildemeister, Münch. med. Wochenschr. 1911, Nr. 21.

Erregung durch den elektrischen Strom im Nerven begleiten. So fand A. Bethe[1]), daß sich die Färbbarkeit der Achsenzylinder unter der Einwirkung des elektrischen Stromes ändert: der anodische Nerventeil verliert seine Färbbarkeit, der kathodische Bezirk dagegen zeigt sich zu vermehrter Farbstoffaufnahme befähigt. Für die schon längst bekannte unterschiedliche Reizbarkeit des anodischen und kathodischen Nervengebietes ist sonach eine stoffliche Unterlage gefunden: der funktionellen Differenzierung tritt ein gleichfalls bipolar unterscheidbares „färberisches Polarisationsbild" an die Seite. Wie die Weiterführung dieser Versuche durch A. Schwarz[2]) gezeigt hat, sind die kolloiden Änderungen hier in wesentlicher Rolle beteiligt. Wird der elektrische Strom durch einen Nerven geleitet, der sich in einer kalziumfreien, aber isotonischen NaCl- resp. KCl-Lösung befindet, so bleibt das färberische Polarisationsbild aus, ein anderes „Polarisationsbild" tritt an seine Stelle: die kolloidchemische Differenzierung des Nerven wird direkt sichtbar, indem sich im anodischen Nervengebiet eine schon dem bloßen Auge kenntliche Anschwellung ausbildet. Auch Stübel[3]) hat elektrisch gereizte und ungereizte Nerven durch das Verhalten ihrer Markscheidensubstanz bei der Alkoholhärtung unterschieden: das Neurokeratin wird bei vorher elektrisch gereizten Nerven durch Alkohol in einer weitermaschigen Form zur Ausfällung gebracht, als wenn es sich um geruhte Nerven handelt.

Auf Grund des Umstandes, daß die Ionen selber die Träger der elektrischen Zell- und Nervenladung sind, ebenso aber auf Grund des weiteren Umstandes, daß die zur bipolaren elektrischen Aufladung dienenden Grenzflächen von Substanzen kolloider Natur gebildet werden, ist die weitgehende Abhängigkeit der Vorgänge der Nervenerregung vom Ionengehalt des umspülenden Milieus gut verständlich.

Wenn man der Betheschen Theorie, nach welcher die H-Ionen als spezifische Erreger der Nervensubstanz fungieren, folgt, wird man für das Nervensystem auch klinisch eine **besondere Abhängigkeit von den H-Ionen** erwarten. Wie H. Elias[4]) gezeigt hat, sind schon durch leichte experimentelle Säuerung des Blutes, besonders vermittelst Phosphorsäure, bei Tieren Zustände der gesteigerten (elektrischen und auch sonstigen) Erregbarkeit des Nervensystems hervorzurufen, die bis in die Einzelheiten hinein die klinischen Symptome der Tetanie wiedergeben und zuweilen auch Anklänge an die Epilepsie zeigen. Die Frage, ob nun der Tetanie klinisch auch eine Azidose, resp. eine azidotische Stoffwechselrichtung (kenntlich an dem Maß der H-Ionen-, Ammoniak- und Phosphatausscheidung im Harn) entspricht, ist hiermit noch nicht entschieden. Vielmehr wird von anderen Autoren, so namentlich von E. Freudenberg und P. György[5]) mit sehr beachtenswerter experimenteller Begründung der Standpunkt vertreten, daß die

[1]) Bethe, Allgemeine Anatomie und Physiologie des Nervensystems 1903, S. 277; ferner derselbe, Zeitschr. f. Biologie **34**, 146 (1909).

[2]) Pflügers Arch. **138**, 487 (1911).

[3]) Ebendort **149**, 1 (1912) und **153**, 111*(1913).

[4]) Zeitschr. f. d. ges. experim. Medizin **7**, 1 (1918).

[5]) Münch. med. Wochenschr. 1922, Nr. 12; ferner P. György, Jahrbuch d. Kinderheilkunde **99**, 104 und klin. Wochenschr. **1**, 410 und 1399 (1922).

manifeste Tetanie gerade umgekehrt auf einer Alkalosis, resp. einer alkalotischen Stoffwechselabartung (mit Phosphatretention und dadurch verringerter Ionisierung des Blutkalkes) beruht; vor allem wird es zum Beweise dieser Auffassung benutzt, daß die azidotisch wirkenden Maßnahmen (HCl-Darreichung, Hunger, azidotische Umstimmung des Stoffwechsels durch Salmiak und Kalk) die Tetanie therapeutisch beheben. Dabei soll die Alkalosis dadurch tetanieauslösend wirken, daß sie den Bestand des Blutes an ionisiertem Ca und damit zugleich die Menge des an die Nervensubstanz gebundenen Ca-Anteils verringert. Bei der latenten Spasmophilie und Rachitis soll dagegen nach den gleichen Autoren ein azidotisch gerichteter Stoffwechsel bestehen. G. Kato[1]) fand bei den durch Beriberi (vermittelst geschältem Reis) gelähmten Nerven ein erhöhtes Adsorptionsvermögen für H-Ionen und sieht in solcher vermehrten H-Ionenadsorption die Ursache der Lähmung.

Über die **Beeinflussung durch die Salzionen** liegen gleichfalls eine Reihe wichtiger Untersuchungen vor. Auch hier erscheint es begründet, für die Wirkungen der Salzionen zu einem guten Teil Änderungen kolloidchemischer Art in der Nervensubstanz verantwortlich zu machen.

Einige Beobachtungen, welche solches Urteil begründen, seien kurz angezogen. Wenn man frische Nerven in verschiedenartige Salzlösungen hineinbringt und vergleicht, wie lange der Nerv in den einzelnen Lösungen seine Erregbarkeit beizubehalten imstande ist, so zeigt sich, daß die Salze sich nach ihrem Lähmungsvermögen auf den Nerven zu Reihen einordnen, bei denen die für die Kolloidbeeinflussung bekannte Hofmeistersche Skala (S. 47) deutlich hervortritt[2]). Im allgemeinen gilt der Satz, daß ein Ion um so früher die Erregbarkeit des Nerven zum Erlöschen bringt, je stärker die soloide, d. h. die kolloidauflösende Wirkung des betreffenden Ions ist. Ein gleiches gilt für die Reihe der Salzionen beim Zustandekommen des oben erwähnten färberischen Polarisationsbildes (R. Höber[3])). Ebenfalls kehrt die gleiche Regel bei der Salzwirkung auf die Elemente des Rückenmarks, auf die Strangfasern, die Nissl-Schollen und die Kerne der Ganglienzellen wieder: auch sie zeigen für die einzelnen Salzwirkungen abgestufte Differenzen im Aussehen, welche ungefähr die von der Kolloidbeeinflussung her geläufigen Ionenreihen erkennen lassen (E. Mayer[4]) und A. Schwarz[5]) unter Bethe). Wahrscheinlich spielen aber daneben noch andere Wirkungsarten hinein; ihre Analyse ist im einzelnen meist noch wenig geklärt, die Fragen liegen zumeist sehr kompliziert. Es sei nur erwähnt, daß auch die Infusion ausgeprägt hypertonischer Lösungen vom Blut aus stärkste Nervenerregung mit epilepsieartigen Zuständen hervorzubringen vermag[6]). — Für die Geschwindigkeit, mit der eine Salzwirkung am Nerven zur Geltung kommt, spielt anscheinend die Diffusibilität der Ionen die entscheidende Rolle[7]).

Die Abhängigkeit des Nervensystems von den Salzionen des Blutes tritt klinisch am besten bei den Zuständen der kindlichen Spasmophilie hervor. Eine Verringerung des **Kalziums** in der umspülenden Lösung hat

[1]) Japan Medical World 1921, Jahrg. **15**, Vol. 1, Nr. 3.
[2]) Vgl. R. Höber, Physikalische Chemie der Zelle u. der Gewebe, l. c. 511.
[3]) Zentralbl. f. Physiologis **19**, 390 (1905).
[4]) Hofmeisters Beiträge **7**, 548 (1906).
[5]) Pflügers Arch. **138**, 487 (1911).
[6]) S. Lalou u. A. Mayer, Compt. rend. de la Soc. de Biol. **54**, 452 (1902).
[7]) Vgl. die Untersuchungen von Grützner über die Schnelligkeit des Auftretens der Schmerzempfindung in den sensiblen Hautnerven bei Applikation von Salzlösungen (nach Anlegung kleiner Skarifikationen). Pflügers Arch. **58**, 69 (1894).

ganz allgemein in den physiologischen Versuchen eine Steigerung der Erregbarkeit der Nerven (wie auch der Muskeln, s. S. 422) zur Folge; eine Vermehrung der Kalziumionen drückt dagegen die Erregbarkeit unter die Norm herab (J. Loeb[1])). Eine gleiche Veränderung der Erregbarkeit ist bei Änderung des Kalziumgehaltes im Blute für die Hirnrinde festgestellt (Roncoroni[2])). Diese Wirkung der Kalziumionen ist es, die bei der Spasmophilie, deren wichtigstes Symptom die galvanische und mechanische Übererregbarkeit der Nerven bildet, eine große praktische Bedeutung erlangt hat. Der therapeutische Erfolg, die Herabsetzung dieser Übererregbarkeit durch Zufuhr von Kalziumsalzen, ist heute allgemein anerkannt[3]). Die weitere Frage, inwieweit es sich hier um eine kausale Therapie handelt, d. h. inwieweit diesen Zuständen der Spasmophilie ein Kalziummangel des Blutes oder sonstwie der Organsäfte zugrunde liegt, ist indes noch keineswegs befriedigend zu beantworten[4]). Für die Mehrzahl der klinischen Fälle scheint zurzeit die Annahme am besten gestützt, daß es sich um eine aus toxischer Ursache[5]) entstandene Nervenübererregbarkeit handelt, welche vom Kalzium durch dessen allgemein erregungsherabsetzende Wirkung zur Norm zurückgebracht wird. Daß die Kalziumionen zu solcher antitoxisch sich äußernden Wirkung am Nerven befähigt sind, ist am deutlichsten am Beispiel des durch Physiostigmin auf dem Nervenwege ausgelösten Muskelzitterns zu zeigen: eine Kalziumsalzzufuhr bringt in promptem Erfolg die Ruhigstellung mit sich (Loewi[6])). Klinisch ist oftmals eine enge Beziehung der kindlichen Spasmophilie zur parathyrogenen Tetanie vorhanden. Für diese Zustände aber haben Mac Callum und Voegtlin[7]) es wahrscheinlich gemacht, daß bei Ausfall der „Epithelkörperchen" der Nebenschilddrüse eine Störung des Kalkstoffwechsels mit einer Kalziumverarmung des Gehirns einsetzt, so daß hier die Kalziumtherapie einem tatsächlichen Mangel an Kalzium entgegenwirkt. Gegenüber der großen Wichtigkeit des Kalziums tritt der Einfluß der anderen Salzionen mehr zurück. Immerhin ist festgestellt, daß eine erhöhte Zufuhr von Kalium die Erregbarkeit der Nerven in merklichem Maße steigert; eine Vermehrung des Natrium bringt ebenfalls, wenigstens vorübergehend und in geringem Grade, eine Erhöhung der elektrischen Nervenerregbarkeit mit sich (F. Lust[8]) u. a.[9])). Die Bedeutung der Na-K-Ca-Isoionie und der Antagonismus des Kalziums zu den einwertigen Ionen Natrium und Kalium tritt somit auch klinisch in deutlicher Weise zutage.

---

[1]) Vgl. J. Loeb, Vorlesungen über die Dynamik der Lebenserscheinungen. Leipzig 1906.

[2]) Riv. speriment. di fren. **29**, 157 (1903).

[3]) Netter, Revue névr. d. maladies d'enfants 1907, 187; Risel, Arch. f. Kinderheilkunde **48**, 185 (1908); Rosenstern, Jahrbuch f. Kinderheilkunde **72**, 154 (1910); E. Meyer, Therapeut. Monatshefte 1911, Nr. 7.

[4]) Literatur s. A. Biedl, Innere Sekretion. 2. Aufl. I, S. 129ff. (1913).

[5]) Nach Finkelstein soll spez. die Kuhmilchmolke das toxische Moment enthalten.

[6]) Zitiert nach H. H. Meyer u. R. Gottlieb, Die experimentelle Pharmakologie 1910, S. 132.

[7]) Proc. Soc. experim. Biol. Med. **5**, 84 (1909).

[8]) Münch. med. Wochenschr. **60**, 1482 (1913).

[9]) Fr. Zybell, Jahrbuch f. Kinderheilkunde **78**, 29 (1913).

In ähnlicher Art wie bei den motorischen Nerven ist auf anderen Gebieten des Nervensystems eine Abhängigkeit vom Ionengehalt des umspülenden Milieus vorhanden. Besonders Chiari und Fröhlich[1]) haben für die verschiedensten Nerven, auch diejenigen des vegetativen Systems, durch die Methoden der Kalkentziehung eine gesteigerte Erregbarkeit erzeugt. Die Richtungen, in denen sich die Ioneneinflüsse im einzelnen äußern, sind ungemein mannigfaltig. Außer den motorischen Nerven sind vor allem die folgenden Gebiete zu nennen. Beim Atemzentrum bewirkt jede leichteste Vermehrung der H-Ionen eine sofortige Erregung. Für die regulatorischen Herznerven sind vom Kalium und Kalzium wichtige Einflüsse bekannt. Ferner bringen die Verschiebungen im normalen Verhältnis der Na-K-Ca-Ionen auf dem Wege der Nervenbeeinflussung auch Störungen des Stoffwechsels, wie namentlich eine Glykämie und Glykosurie hervor, und schließlich ist als analoge Störung auf dem Gebiete der Thermoregulierung das gleichfalls auf dem Nervenwege entstehende „Salzfieber" zu nennen. Alle diese Störungen sind bereits in den früheren Kapiteln einzeln behandelt. Nur die sensiblen Nerven scheinen nach den bisherigen Beobachtungen gegenüber den Salzeinflüssen des Serums in ihrer Erregbarkeit relativ beständig zu sein; doch ist es möglich, daß beim Fehlen speziell hierauf gerichteter Untersuchungen etwa vorhandene Unterschiede bislang der Beobachtung entgangen sind. J. Loeb[2]) hat über eine sehr eigenartige und zugleich äußerst starke Steigerung der Schmerzempfindlichkeit in den Nervenelementen der Haut des Frosches (durch Behandeln mit $AlCl_3$- oder mit Natriumzitrat-Lösung) berichtet, deren weitere experimentelle Verfolgung vielleicht auch für klinische Fragen, d. h. für die pathologischen Differenzen der Schmerzempfindlichkeit Bedeutung gewinnen könnte.

Für die Beurteilung der durch Milieubeeinflussung vorkommenden Störungen ist es sehr wichtig, zu beachten, daß keineswegs ohne weiteres die Zusammensetzung des Blutes entscheidend ist. Die Nerven sind nicht vom Blutserum, sondern von der Milieuflüssigkeit des Bindegewebes umspült (vgl. Kapitel 9). Es ist daher stets zu beachten, daß auch dann eine abnorme Milieubeeinflussung gegeben sein kann, wenn im Blut keine Abweichung in der Zusammensetzung vorhanden ist. Eine Ionenbestandstörung kann im Blut bereits zum Ausgleich gebracht sein, aber im Milieu des Bindegewebes noch nachwirken. Auch kann, besonders wenn die Ursache der Milieustörung im Stoffwechsel der Zellen liegt, das Bindegewebe langdauernd eine abweichende Beschaffenheit besitzen, ohne daß die Störung im merklichen Maße auf das Blut überzugreifen braucht. Diese Verhältnisse sind bislang nur wenig beachtet, und doch muß ihnen für die Pathologie eine große Rolle zukommen. Namentlich bei den sehr wertvollen Untersuchungen Luithlens[3]) ist dies zu berücksichtigen. In genauen Stoffwechselanalysen konnte er zeigen, daß Kaninchen bei einseitiger Grün-

[1]) Arch. f. experim. Pathologie u. Pharmakologie **64**, 214 (1911).

[2]) Pflügers Arch. **91**, 260 (1902).

[3]) Wiener klin. Wochenschr. 1912, Nr. 18; Arch. f. experim. Pathologie u. Pharmakologie **68**, 209 (1912).

futterernährung Ca- und K-reicher und zugleich Na-ärmer werden, während sie umgekehrt bei Haferfütterung Na anspeichern und Ca sowie K verlieren. Die Folgen dieser Milieuänderung sind deutlich kenntlich: die Haut ist abnorm leicht entzündlich[1]) und nach H. Freund[2]) besteht auch für den Gesamtkörper eine gesteigerte Neigung zu Fieber. Im Blut aber gelingt es nicht, etwas von einer Änderung der obigen Ionen nachzuweisen. Derartige Befunde zeigen, daß es nötig ist, dem Bereich der Milieubeeinflussung weitere Grenzen zu stecken, als sie ihm bei alleiniger Berücksichtigung der Analysen des Blutserums zukommen.

Die ärztliche Praxis bietet oftmals Anlaß, zu therapeutischen Zwecken sehr erhebliche Milieuabweichungen zu setzen; unter solchen Verhältnissen tritt die Beeinflussung des Nervensystems mit besonderer Deutlichkeit hervor.

Eine ganz extreme Änderung des Milieus ist bei den Versuchen der **Lokalanästhesie vermittelst Injektion reinen Wassers** gegeben. Nach kurzem, anfänglichem Schmerz tritt dabei in den sensiblen Nerven ein völliges Versagen der Funktion, eine totale Gefühl- und Schmerzlosigkeit ein (Schleich, Braun u. a.). Die abweichende Beschaffenheit des Milieus geht hier derart weit, daß es schwer ist, die einzelnen dabei wirksam werdenden Komponenten voneinander zu trennen. Die übliche Auffassung betrachtete die Wirkung als eine osmotische. Doch ist es sicher nicht berechtigt, die sämtlichen anderen Wirkungsarten, welche aus der Veränderung der Lösungsbeschaffenheit resultieren, der osmotischen Wirkung gegenüber zu vernachlässigen. Wie auch im einzelnen die Wirkung sich zusammensetzen mag, immer liegt hier ein Eingriff in den lebenden Organismus vor, welcher zeigt, daß die Funktion der Nerven in kürzester Zeit erlischt, wenn das normale Milieu durch eine ausgiebige Mischung mit reinem Wasser verändert wird. Dabei ist es auch für die theoretische Betrachtung nicht unwichtig, daß die so entstandene Nervenlähmung bei nicht zu langer Dauer ihres Bestehens praktisch völlig reversibel ist.

Ein weiteres Beispiel starker Milieuänderung geben die **Bromsalze.** Die Bromionen besitzen die Eigentümlichkeit, bei der Art ihrer therapeutischen Verwendung auf lange Zeiten in der zirkulierenden Säftemasse zu bleiben und dabei vikariierend eine gleiche Menge Kochsalz aus dem Blut zu verdrängen (näheres vgl. S. 171). Während die übrigen Organe diese Milieuänderung zumeist ohne größere Alterierung ertragen, ist bekanntlich das Nervensystem, besonders an den motorischen Großhirnzentren, in erheblichem Maße beeinflußt. E. Bernoulli[3]) konnte zeigen, daß die Br-Ionen im Vergleich zu einer äquimolaren Menge Cl-Ionen die Gehirnsubstanz in einen stärkeren Quellungsgrad versetzen und ferner, daß die Symptome der Bromvergiftung außer durch Kochsalz, welches die Bromionen wieder ersetzend verdrängt, auch durch kolloidentquellende Salze wenigstens vorübergehend gebessert werden. Es ist nicht unwahrscheinlich, daß diese Quellungswirkung der Br-Ionen auf die Hirnsubstanz an der durch das Brom

[1]) Luithlen, l. c.
[2]) Arch. f. experim. Pathologie u. Pharmakologie **65**, 225 (1911).
[3]) Arch. f. experim. Pathologie u. Pharmakologie **73**, 355 (1913).

bedingten Erregbarkeitsherabsetzung der Gehirnganglien in ursächlicher Rolle beteiligt ist. — Aber noch in einer weiteren Beziehung verdient die durch das Brom geschaffene Milieuabweichung in diesem Zusammenhang unser Interesse. Wenn die Verdrängung der Chlorionen durch die Bromionen in Tierversuchen so weit getrieben wird, daß nur noch etwa ein Drittel der normalen Cl-Menge im Blut vorhanden ist, treten am Nervensystem schwere, einer Systemerkrankung ähnliche Krankheitserscheinungen auf, die mit Ataxie und Zittern beginnen und weiterschreitend über Paresen zu ausgesprochenen Lähmungen besonders der hinteren Extremitäten führen und schließlich den Tod zur Folge haben. Nach den Untersuchungen von v. Wyß[1]), von J. Loeb und Wasteneys[2]) und von Grünwald[3]) scheint, wie auch R. Höber[4]) ausführt, der Schluß berechtigt, daß dieses Erkrankungsbild nicht die Folge einer Ansammlung des körperfremden Broms, vielmehr die Folge des weitgetriebenen Cl-Verlustes darstellt. Nur durch Verabreichung von Chloriden, nicht aber von anderen Ionen[3]) können derart erkrankte Tiere gerettet werden. Die Möglichkeit des Entstehens einer derartig schweren und in spezifischer Systemlokalisierung auftretenden Nervenerkrankung lediglich unter dem Einfluß der Cl-Ionen-Verarmung des Milieus ist sicher für die allgemeine Ätiologie der Nervenkrankheiten von größtem Interesse.

Auch die therapeutische Wirkung der **Magnesiumsalze,** wie sie auf der Grundlage namentlich der Untersuchungen von W. Straub[5]) in den letzten Jahren bei der Tetanusbehandlung vielfach zur Anwendung kommt, verdient vom Standpunkt der abnormen Milieubeeinflussung eine Betrachtung. Die allgemeine tierphysiologische Untersuchung der Magnesiumwirkung hat zu dem Ergebnis geführt, daß dem Magnesiumion in der Reihe der Alkali- und Erdalkaliionen eine Sonderstellung zukommt. Denn das Magnesiumion zeigt sich in der Art seiner Zellbeeinflussung keineswegs als ein naher Verwandter des Kalziums, sondern offenbart Sonderwirkungen, bei denen es sich zum Teil mehr den einwertigen Alkalimetallen nähert und häufig im Kalzium sogar seinen Antagonisten findet[6]). Diesem Verhalten scheint die therapeutische Magnesiumsalzwirkung zu entsprechen. Auch hier äußert das Magnesium gegenüber den anderen Alkali- und Erdalkalimetallen eine Sonderwirkung auf das Nervensystem, indem es in erster Linie eine Lähmung der motorischen Nervenendplatten der Skelettmuskulatur zur Folge hat. Diese Wirkung ist reversibel, in ihrem Grad stets der jeweiligen Konzentration des Blutes proportional; „eine spezifisch-chemische Affinität der motorischen Nervenenden zum Magnesium ist offenbar nur im geringsten Umfang vorhanden" (W. Straub, l. c.). Bei der therapeutischen Magne-

---

[1]) Arch. f. experim. Pathologie u. Pharmakologie **55**, 263 (1906) und **59**, 186. (1908).

[2]) Biochem. Zeitschr. **39**, 185 (1911).

[3]) Arch. f. experim. Pathologie u. Pharmakologie **60**, 360 (1909).

[4]) R. Höber, Physikalische Chemie der Zelle u. der Gewebe, l. c. 516—517.

[5]) Münch. med. Wochenschr. **62**, Nr. 1 u. 10 (1915). Seitdem ist eine sehr große Literatur dieses Gebiets entstanden; vergl. Markwalder, Zeitschr. f. d. ges. experim. Medizin **5**, 150 (1917).

[6]) Vgl. R. Höber, Physikalische Chemie der Zelle und der Gewebe, l. c. S. 546.

siumwirkung kehrt ebenfalls der Antagonismus des Kalziums wieder (S. J. Meltzer[1])): war die Magnesiumabgabe zu groß, so daß auch die Atmungsmuskeln[2]) in die Lähmung einbezogen werden, dann bedeutet die intravenöse Kalziuminjektion ein Mittel, um „mit der Geschwindigkeit einer Ionenreaktion" (W. Straub, l. c.) die sofortige Entgiftung des Magnesiums herbeizuführen. Die Zugehörigkeit dieser Erscheinungen zur allgemeinen Milieuwirkung der Magnesiumionen, wie sie auch sonst an physiologischen Zellobjekten auftritt, ist recht wahrscheinlich[3]); die nähere physikochemische Erklärung der Wirkung ist allerdings zurzeit noch nicht zu geben.

Anschließend an die Brom- und Magnesiumwirkung seien die tiefeingreifenden physikochemischen Untersuchungen besprochen, welche das **Problem der Narkose**[4]) betreffen. Offensichtlich ist hier ein Problem allgemeinster Art gegeben: alle Zellen, einerlei welcher Funktion und welcher (sei es tierischer oder pflanzlicher) Herkunft, sind narkotisierbar. Dabei ist es eine sehr überraschende Erscheinung, daß die „kritische Konzentration" der Narkotika, d. h. der Schwellenwert der zur Narkose erforderlichen Konzentration, für den Menschen[5]) und für alle Tierarten der Säuger, der Vögel, der Amphibien und sogar herab bis zu den Insekten weitgehend gleich ist. Bei Hunden z. B. ist die „kritische Konzentration", welche der Äther im Blut erreichen muß, um zur Narkose der Gehirnzellen zu führen, genau so groß (0,30%) wie die Ätherkonzentration einer Lösung, welche die Froschlarven narkotisiert (Overton[6])). Soweit es sich um „indifferente Narkotika" handelt, wie Chloroform, Äther, Alkohol usw., d. h. um Stoffe, deren Molekül zum Protoplasma der Zellen keine chemischen Affinitäten besitzt, sind die Haupterscheinungen der Narkose auch qualitativ immer die gleichen, so daß man genötigt ist, nach einer allgemeingültigen, stets gleichartigen Zellwirkung als Ursache der Narkose zu suchen. Man hat anfangs geglaubt, in der sogenannten Lipoidtheorie von H. H. Meyer[7]) und Overton[6]) eine ausreichende physikochemische Erklärung gefunden zu haben. Diese Autoren stellten fest, daß die Einwanderung der Narkotika aus dem Blut in die Zellen in großer Annäherung dem Henryschen Verteilungssatz (s. S. 115) entspricht. Für eine große Zahl der indifferenten Narkotika wurde die Verteilung zwischen Öl und Wasser gemessen und in der Verhältniszahl beider Werte der sogenannte „Verteilungskoeffizient" bestimmt.

[1]) Internationaler medizin. Kongreß (Budapest) 1909. Sektion V. Bd. 2.

[2]) Bei noch weitergehender Steigerung der Magnesiumwirkung tritt bald auch eine Herzschädigung auf; für diese hat nach W. Straub der Antagonismus des Kalziums keine Gültigkeit.

[3]) Vgl. E. Wiechmann, Pflügers Arch. **182**, 74 (1920).

[4]) Eine sehr ausführliche Behandlung dieses Problems gibt die Monographie von H. Winterstein, Die Narkose. Berlin, J. Springer, 1919.

[5]) Von den durch „Giftgewöhnung" beim Menschen auftretenden Differenzen der Narkotisierbarkeit ist hier abzusehen. Über Abweichungen vgl. ferner Groß, Arch. f. experim. Pathol. u. Pharmakologie **62**, 379 (1910); ferner Fühner, Zeitschr. f. Biologie **57**, 465 (1912) und G. Otto, ebendort, **59**, 165 (1913).

[6]) E. Overton, Studien über Narkose. Jena 1901. Demonstrationsversuche dieser Art hat W. Straub, Zeitschr. f. biologische Technik **2**, 277 (1912) angegeben.

[7]) H. H. Meyer, Arch. f. experim. Pathol. u. Pharmakologie **42**, 109 (1899).

Der Vergleich dieser Teilungskoeffizienten mit dem Grad der narkotischen Wirkung hat einen überraschenden Parallelismus erkennen lassen: je mehr die Verteilung des Narkotikums zugunsten des Öles resp. der Zellipoide liegt, eine um so geringere Konzentration des Narkotikums wird im Blut benötigt, um den Schwellenwert der Narkose für die Zelle zu erreichen. Wie sehr die narkotische Wirkungsstärke mit der relativen Lipoidlöslichkeit parallel geht, sei an einer Tabelle klinisch wichtiger Narkotika gezeigt[1]):

	Löslichkeit in Fett / Löslichkeit in Wasser	Zur Narkose wirksame molekulare Konzentration
Trional	4,4 : 1	0,0013
Tetronal	4,0 : 1	0,0018
Sulfonal	1,1 : 1	0,006
Bromalhydrat	0,7 : 1	0,002
Chloralhydrat	0,22 : 1	0,025
Acetylurethan	0,14 : 1	0,025
Alkohol	0,03 : 1	0,5

Auch chemische Organanalysen vermögen das Statthaben solcher Verteilung für das Chloroform[2]), für Äther, Chloralhydrat und Azeton[3]) zu stützen. Trotzdem hat sich gegenüber den neueren Forschungen[4]) diese Lipoidtheorie der Narkose nicht als ausreichend erwiesen. So wurden, teils bereits selber von den Begründern dieser Theorie, chemisch indifferente Substanzen gefunden, deren narkotische Wirksamkeit nicht dem Gesetz der Verteilung entsprach. Vor allem aber hat man sich nicht damit begnügt, nur die Verteilungsart der Narkotika aufzuklären, sondern man versuchte auch Aufschluß darüber zu gewinnen, in welcher Weise diese Stoffe an den Zellen die narkotische Wirkung zustande bringen. In mancher Beziehung liegen die Fragen hier ähnlich, wie sie bereits oben bei der Erörterung der Desinfektionswirkung zur Darstellung gebracht sind: die Art- und Mengenverhältnisse beim Herangelangen des Stoffes an die Zellen können für das Maß der späteren Einwirkung auf die Zelle bestimmend sein, sie brauchen es aber nicht; vielmehr können sich bei der weiteren Wirkung auf das Zellprotoplasma mannigfache Vorgangsarten anschließen, die mit ihren abweichenden Gesetzmäßigkeiten die erste Phase des Vorgangs, wie etwa die Aufnahme des Narkotikums nach dem Gesetz der Verteilung, mehr oder

[1]) Tabelle nach H. H. Meyer u. R. Gottlieb, Die experimentelle Pharmakologie 1910, S. 94.

[2]) Nicloux, Les anesthésiques généreaux. Paris 1908.

[3]) Frantz, Inauguraldissertation. Würzburg 1895; Archangelsky, Arch. f. experim. Pathol. u. Pharmakologie **46**, 347 (1901).

[4]) Vgl. besonders die ausführliche Darstellung von R. Höber, Physikalische Chemie der Zelle u. der Gewebe, l. c. S. 445—471. Dazu kommt ferner noch, daß die Versuche von H. H. Meyer über das Parallelgehen der narkotischen Wirksamkeit mit der Änderung der „Teilungskoeffizienten" bei variierter Temperatur (Arch f. experim. Pathol. u. Pharmakologie **46**, 338 (1901)) kürzlich von R. Bierich (Pflügers Arch. **174**, 202 (1919)) und von R. Höber, ebendort **174**, 218 (1919) nicht bestätigt gefunden wurden.

minder verdecken. Die Untersuchungen namentlich von R. Höber[1] haben es in hohem Maße wahrscheinlich gemacht, daß die narkotische Wirkung der sogenannten „indifferenten" Narkotika allgemeinhin in einer Zustandsänderung der Zellkolloide ihre Ursache hat. Die Höbersche Kolloidtheorie der Narkose basiert auf dem Nachweis, daß die genannten Narkotika in geringer Konzentration sowohl Eiweiße als auch Lipoide im Sinne einer Fällung und einer verminderten Permeabilität beeinflussen. Indem die Narkotika den Kolloidzustand des Protoplasmas nach diesen Richtungen verändern, wird, wie sich durch verschiedenartigste Versuche hat stützen lassen, die zur Erregung gehörige Kolloidänderung der Zelle gehemmt, so daß der Gesamtvorgang, die Nervenfunktion, nicht mehr möglich ist. Durch die Untersuchungen Heilbrunns, der mit Hilfe der Centrifugierungsmethode bei narkotischen Ätherkonzentrationen eine reversible Zunahme der Protoplasmaviskosität in der lebenden Zelle fand, sind die Grundlagen dieser Theorie sehr gefestigt[2]. Ob diese Fällungswirkung der Narkotika allein die Lipoide oder die Lipoide samt den Eiweißen oder schließlich etwa nur die Eiweiße der Zellmembran, resp. der Zelle betrifft, wird zur Zeit noch sehr verschieden beantwortet[3]. Auch ist die Hemmung des zur normalen Erregung gehörigen Kolloidprozesses nicht die einzige Wirkung, welche an den Zellen beim Einfluß der Narkotika feststellbar ist. Daneben sind nicht selten Hemmungen fermentativer Zellprozesse, besonders solcher oxydativer Art, nachweisbar; aber diese Veränderungen sind, da es sicher auch Zellnarkosen ohne dieselben gibt[4], nicht eigentlich für das Wesen der Narkose charakteristisch. Die nähere Art auch dieser Wirkungen ist in physikochemischer Richtung zu vermuten. Nach der Verwornschen Auffassung sollen die Narkotika durch ihre Kolloidwirkung dem Sauerstoff den Zugang zum Zellprotoplasma blockieren; Versuche von O. Warburg[5] und Meyerhof[6] machen eine Schädigung der Fermentfunktion selber wahrscheinlich, sei es durch Fällung der Fermente oder dadurch, daß die narkotischen Stoffe im Sinne der von J. Traube betonten Oberflächenaktivitäten[7] die Oberfläche der kolloiden Fermente überziehen und so das Substrat des Ferments mechanisch vom Ort der Reaktion fernhalten. Durchgehends sind zur Hemmung der Fermentreaktionen größere Konzentrationen erforderlich als zur reinen Narkose. Man wird den zurzeit bekannten Tatsachen am besten gerecht, wenn man annimmt, daß die Narkotika ihre Zellbeeinflussung in verschiedener Richtung entfalten, daß aber bei der therapeutisch gewünschten

[1]) Pflügers Arch. **120**, 492 (1907); ausführliche Darlegung R. Höber, Physikalische Chemie der Zelle u. der Gewebe, l. c. S. 455ff.; ferner R. Bierich (unter Höber) Pflügers Arch. **174**, 202 und R. Höber, ebendort **174**, 218 (1919).

[2]) Bestätigung und Literatur siehe Fr. Weber, Biochem. Zeitschr. **126**, 21 (1921). — Auch auf die Befunde von Kl. Meier und W. Krönig über die Änderung der elektrischen Ladung der Plasmahautkolloide unter dem Einfluß von narkotischen Stoffen (Biochem. Zeitschr. **119**, 1 (1921) sei hier verwiesen.

[3]) Vgl. über die Lipoide besonders S. Loewe, Biochem. Zeitschr. **57**, 161 (1913).

[4]) Literatur s. R. Höber, Physikalische Chemie der Zelle und Gewebe, l. c. 462; siehe ferner H. Winterstein, Biochem. Zeitschr. **61**, 81 (1914).

[5]) Pflügers Arch. **155**, 547 (1914).

[6]) Pflügers Arch. **157**, 251 und 280 (1914).

[7]) Pflügers Arch. **123**, 419 (1908).

relativ leichten Narkose die kolloidbedingte Hemmung der Nervenerregbarkeit im Sinne Höbers praktisch im Vordergrund steht. Die leichte Narkose, welche lediglich bis zur Aufhebung der Nervenerregbarkeit geht, ist praktisch vollkommen reversibel. Bei höheren Konzentrationen des Narkotikums, d. h. im ärztlichen Sinne bei Übernarkotisierungen, scheint sowohl die Kolloidfällung irreversible Anteile hinterlassen zu können als auch daneben ein direktes Herauslösen von Lipoidstoffen aus den Zellen durch das Narkotikum vorzukommen. Mit dem letzteren Vorgang wird es in Zusammenhang gebracht, daß nach schweren Narkosen ein Ansteigen des Fett- und Lipoidgehaltes im Blut gefunden wurde (Reicher[1])). Wie namentlich H. Wintertsein[2]) nachwies, wirken beide Einflüsse, sowohl die starke Kolloidfällung als auch die Herauslösung von Zellipoiden gemeinsam in der Richtung zusammen, anstatt der reversiblen Permeabilitätsabnahme, welche für die normale Narkose der Zellen charakteristisch ist, eine irreversible Steigerung der Zellwanddurchlässigkeit herbeizuführen. Für die Frage der nach schweren Narkosen nachbleibenden „Narkoseschäden" haben diese Beobachtungen ein erhebliches klinisches Interesse.

Über die Änderungen, welches das Blut während des Alkoholrausches aufweist, haben Buglia und Simon[3]) klinisch und namentlich auch gerichtsärztlich sehr interessante Feststellungen erhoben: sie fanden als charakteristisch eine erhebliche Erhöhung des Gefrierpunktes, eine Verringerung der elektrischen Leitfähigkeit und eine Abnahme des spezifischen Gewichtes. Der Äther macht nur sehr geringe derartige Änderungen; beim Chloroform fehlen sie ganz.

Dieselben Vorgangsarten, welche die Allgemeinwirkung der indifferenten Narkotika beherrschen, kommen mehr oder minder für alle **lipoidlöslichen Medikamente** bei ihrer Wirkung auf die Zellen in Betracht. Die Lokalanästhetika der Kokaingruppe u. a. sind hier als erste zu nennen. Groß[4]) hat gezeigt, daß auch sie wie echte Narkotika ganz generell alle Zellarten reversibel zu lähmen vermögen. In weiterer Folge reiht sich die Gesamtheit der basischen Narkotika hier an; doch wird mit den wachsenden chemischen Affinitäten, welche diese Substanzen zu den Protoplasmabestandteilen der Zelle besitzen, die obige allgemeine Wirkungsart schnell zunehmend durch chemische Sonderprozesse kompliziert und in jeweils spezifische Richtungen gelenkt. Indem man bei der Untersuchung von diesen Spezialwirkungen abstrahiert, gelingt es, auch für diese Stoffe das Zurgeltungkommen der rein physikochemischen Wirkungen festzulegen. „Auf diesem Wege von Gruppe zu Gruppe liegen Verbindungen von verschiedenstem pharmakodynamischem Wert, Lokalanästhetika, Antiseptika, Antipyretika, Nervina, und ohne genaue Analyse des physikochemischen

---

1) Zeitschr. f. klin. Medizin **65**, Heft 3/4.

2) Deutsche med. Wochenschr. 1916, 347; Biochem. Zeitschr. **75**, 71 (1916).

3) Rendiconti della R. Accad. dei Lincei [5] **16**, 418 (1907) (hier zitiert nach C. Neuberg, Der Harn sowie die übrigen Ausscheidungen und Körperflüssigkeiten, Berlin 1911. Teil II, 1675—76.

4) Arch. f. experim. Pathologie u. Pharmakologie **62**, 379 (1910); **63**, 70 (1910); **67**, 132 (1912).

Verhaltens all dieser Stoffe wäre es wohl kaum möglich gewesen, das Gemeinsame in der Wirkungsweise derselben zu erkennen und mehr als die Hälfte aller organischen Verbindungen, die, allein nach ihrem Einfluß auf den Organismus geordnet, eine Anzahl unabhängiger Systeme zu bilden scheinen, doch mit Hilfe der Beachtung ihrer physikalischen Charaktere in langer einheitlicher Reihe miteinander zu verketten" (R. Höber[1])). Selbst beim Tetanustoxin[2])), durchaus ähnlich übrigens auch beim Veratrin[3]) gibt die hohe Lipoidlöslichkeit die Ursache des eigenartig elektiven Diffusionsvordringens in den Bahnen der Nerven. Allgemein läßt sich sagen, daß die Erscheinungen der sogenannten „Neurotropie" in den Gesetzen der Lipoidlöslichkeit, besonders im Henryschen Verteilungsgesetz, eine gutfundierte physikochemische Grundlage gefunden haben.

Auch die für die **Kälteanästhesie,** wie sie praktisch in der Form des Äther-, Chloräthyl- oder Bromäthylsprays üblich ist, scheint der Zusammenhang zu den obigen Kolloiderscheinungen der Erregbarkeitshemmung gegeben. Hat doch der Verfasser die Allgemeinwirkung der Kälte auf das Gewebe in einer Gelose, d. h. in einer der Ausfällung sich nähernden Kolloidveränderung festgelegt[4]). Gleichwie bei der Narkose ist bei der Kälte die Gelose zumeist reversibel; nur bei extremer Wirkung oder bei sonst besonderen Verhältnissen pflegt sie irreversiblen Charakter anzunehmen. Starke Abkühlung unter das physiologisch für die betreffende Zellart in Betracht kommende Temperaturmaß hat für viele Zellfunktionen, so besonders deutlich für die amöboide Bewegung der Leukozyten, für die Cilienbewegung der Flimmerzellen (bei Warmblütern schon bei 6—12°[5])), und für die Reizbarkeit der Nerven[6]), auffallenderweise anscheinend nicht für die Reizbarkeit des Muskels[7]). eine Lähmung zur Folge. Die klinische Lähmung bei der üblichen Kälteanästhesie betrifft sowohl die Nervenendigungen wie den Nervenstamm; insbesondere W. Trendelenburg[8]) hat kürzlich über die „reizlose Ausschaltung" der Nerven durch die Kälte wichtige Untersuchungen geliefert. Auch die Fortpflanzungsgeschwindigkeit der Erregung im Nerven wird durch die Kälte erheblich verringert[9]). Fraglos sind bei dieser Wirkung der Kälte eine ganze Anzahl von Vorgängen be-

---

[1]) R. Höber, Physikalische Chemie der Zelle u. der Gewebe, l. c. S. 454.

[2]) H Meyer u. Ransom, Arch. f. experim. Pathologie u. Pharmakologie **49**, 369 (1903).

[3]) Joteyko, Inst. Sol. trav. etc. **5**, 271 (1902).

[4]) H. Schade, Zeitschr. f. d. ges. experim. Medizin **7**, 275 (1919).

[5]) Vgl. Landois-Rosemann, Lehrbuch der Physiologie des Menschen. 13. Aufl. S. 513.

[6]) Abgesehen von der klinischen Erfahrung bei der Kälteanäthesie vgl. auch Landois-Rosemann, l. c. S. 482; ferner H. Moral, Pflügers Arch. **171**, 469 (1918). Bezüglich der in dieser Beziehung möglichen Unterschiede vgl. zur letzteren Arbeit die mit gleicher Technik angestellten Untersuchungen von R. Höber, Pflügers Arch. **174**, 224 (1919).

[7]) Gotsch u. Macdonald, Journ. of physiol. **20**, 247 (1896); ferner Funk, Lehrbuch der Physiologie **1**, 679 (1876) (Grünhagen).

[8]) Zeitschr. f. d. ges. experim. Medizin **1**, 455 (1913) u. **7**, 351 (1919).

[9]) v. Helmholtz, Arch f. Anatomie, Physiologie u. naturwiss. Medizin 1850, 71, 276; 1852. 199.

teiligt: außer der Kolloidänderung die verringerte Beweglichkeit der Ionen, die verlangsamte Reaktionsgeschwindigkeit und evtl. die Verschiebung chemischer Gleichgewichte. Gleichwohl aber scheint es dem Verfasser geboten, gerade im Hinblick auf die Höbersche Kolloidtheorie der Narkose auch für die Kältenarkose die oft sehr sinnfällig vorhandene reversible Kolloidänderung in der Richtung der Gelose als ein wesentliches Moment zu würdigen. Bei Objekten, deren Kolloide anscheinend gegen Hitze sehr empfindlich sind, so z. B. bei den Kaulquappen, gelingt es bekanntlich leicht, ebenso wie durch Kälte auch durch Wärme (schon bei ca. 30°) eine reversible Narkose herbeizuführen.

Überall in den vorstehenden Ausführungen tritt die hohe Bedeutung hervor, die von den verschiedensten Autoren der Kolloidbeschaffenheit des Protoplasmas der Nervenzellen zugeschrieben wird. M. Reichardt[1]) hat das Verdienst, nachgewiesen zu haben, daß unter pathologischen Umständen nicht selten Veränderungen des Gehirns eintreten, die ein stark abnormes Verhalten der Kolloidmasse zur Grundlage haben. Bei plötzlich eintretenden Todesfällen im Verlauf der Dementia praecox, bei Epileptikern und Paralytikern sowie schließlich in undefinierten Fällen von „Pseudotumor" des Gehirns fanden sich, ohne daß makro- oder mikroskopische Veränderungen zu erkennen waren, ausgesprochene Volumen- und Gewichtszunahmen des Gehirns, bei denen die Gehirnmasse auf der Schnittfläche eine auffallend trockene, feste und klebrige Beschaffenheit zeigte. Zur Abgrenzung vom gewöhnlichen Hirnödem, zu dessen Verhalten gerade die letztgenannten Eigenschaften aufs schärfste kontrastieren, hat M. Reichardt diesen Zustand als **Hirnschwellung** bezeichnet. Geringere Grade derselben werden auch sonst, z. B. bei der Katatonie und beim Stupor, gefunden. Apelt[2]) hat ähnliche Veränderungen bei Individuen, die an akuten Krankheiten anderer Organe litten und unter schweren Hirnsymptomen gestorben waren, beobachtet. Alzheimer[3]), Rosenthal[4]) und Fankhauser[5]) glauben zwar, durch die neueren Methoden der histologischen Technik die Ursache für diese Zustände in zellulären Veränderungen, teils in einer starken Einlagerung von fibrinoiden Körnchen und von Abbauprodukten, teils in einem reichlichen Auftreten von amöboiden Gliazellen (besonders an den Ventrikelwänden) gefunden zu haben. Doch sind, wie Reichardt in seinen weiteren Arbeiten (l. c.) hervorhebt, diese mikroskopischen Befunde nur für Einzelfälle gültig; in einer großen Zahl von Fällen sei die „Hirnschwellung" lediglich durch eine gesteigerte Wasseraufnahme und Wasserbindung seitens des lebenden Protoplasmas bedingt. Im Zusammenhang mit dieser Frage hat die kolloidchemische Quellung der Gehirnsubstanz ein besonderes Interesse gewonnen. M. H. Fischer hat auch

[1]) M. Reichardt, Über die Untersuchung des gesunden und kranken Gehirns mittelst der Wage. Jena 1906; derselbe, Monatsschr. f. Psychiatrie u. Neurologie **24** (1910) und M. Reichardt, Über Hirnschwellung (1911).

[2]) Deutsche Zeitschr. f. Nervenheilkunde **35**, 306 (1908).

[3]) Nißl-Alzheimers histol. u. histopathol. Arbeiten **3** (1911).

[4]) Zeitschr. f. d. ges. Neurologie u. Psychologie **7**, 163 (1911).

[5]) Ebendort **6**, 1276 (1912).

für das Gehirn die Hypothese der Säurequellung vertreten und in Gemeinschaft mit G. Moore[1]) und M. O. Hooker[2]) durch spezielle Untersuchungen zu stützen gesucht. R. E. Liesegang hat ähnliche Anschauungen entwickelt[3]). H. Klose und H. Vogt[4]) sowie O. Plötzl und A. Schüller[5]) haben sich dieser Erklärung angeschlossen; J. Bauer[6]) und Bauer und Ames[7]) sowie Barbieri und Carbone[8]) sind auf Grund von Versuchen, deren Beweiskraft allerdings nicht vollständig erscheint[9]), zur Ablehnung des Fischerschen Modus der „Ödembildung" des Gehirns gekommen. Hirnödem und Hirnschwellung wird aber bei diesen Untersuchungen nicht auseinandergehalten. Es ist sehr wohl möglich, vielleicht sogar nach den vorliegenden experimentellen Ergebnissen wahrscheinlich, daß die Säurewirkung, anstatt nach M. H. Fischer zur Ödembildung, zu Zuständen von Quellung führt, die der Reichardtschen „Hirnschwellung" verwandt sind. Das Problem der kolloidchemischen Quellung der Nervensubstanz scheint sich ähnlich zu entwickeln, wie es oben für das Bindegewebe näher ausgeführt wurde. In der Nervensubstanz, speziell im Gehirn und im Rückenmark sind nämlich, wie auch Hooker und Fischer (l. c.) hervorheben, Substanzen von entgegengesetztem Quellungsverhalten vorhanden: für die Lezithine wird die Wasseraufnahme durch Säuren verringert, andere Gehirnkolloide, namentlich Eiweiße[10]) aber zeigen bei der gleichen Säuerung deutliche Quellung. Bei der Messung des Gehirngewichtes treten die Störungen des Wassergehalts, auch die Quellungs- resp. Entquellungsveränderungen der Einzelbestandteile nur summarisch zutage. Für die nähere Analyse, speziell für die Unterscheidung von Zuständen wie Gehirnödem und Hirnschwellung und weiter auch für die Fragen der mit der Quellungsänderung verbundenen Funktionsstörungen ist die Art der Beteiligung der Einzelelemente von ausschlaggebender Bedeutung, so daß hier, ähnlich wie beim Bindegewebe gezeigt ist, nur von einer detaillierten Untersuchung die weitere Klärung zu erwarten steht[11]). — Über die Quellungsfähigkeit des

[1]) Americ. Journ. of physiol. **20**, 330 (1907).

[2]) Kolloidzeitschr. **10**, 283 (1912).

[3]) Bruns Beiträge zur klin. Chirurgie **69**, (1910) u. Ergebnisse der Neurologie **7**, 157 (1912); vgl. dagegen E. A. Spiegel, Pflügers Arch. **192**, 225 (1921). Siehe ferner A. Weil, Pflügers Arch. **179**, 21 (1920) u. derselbe, Zeitschr. f. d. ges. Neurologie u. Psychiatrie **55**, 49 (1920).

[4]) Beiträge zur klin. Chirurgie **69**, 1 (1910).

[5]) Zeitschr. f. d. ges. Neurologie u. Psychologie **3**, 139 (1910).

[6]) Arbeiten aus dem neurologischen Institut der Wiener Universität **19**, 87 (1911); ferner Kolloidzeitschr. **9**, 112 (1911).

[7]) Arbeiten aus dem neurologischen Institut der Wiener Universität **19**, 226 (1911).

[8]) Biochem. Zeitschr. **49**, 293 (1913).

[9]) Gegen die Bauerschen Untersuchungen hat M. H. Fischer mit Recht eingewandt, daß bei Benutzung von Organen, die bereits 6—24 Stunden abgestorben waren, die postmortale Säureanhäufung die Verhältnisse durchgreifend verändert. Bei den Säureinjektionen der genannten italienischen Autoren ist die lokale Säuerung des Gehirns keineswegs als erreicht anzusehen; auch die Technik dieser Autoren ist für die hier behandelte Frage unzulänglich.

[10]) Auch unter den Eiweißkörpern könnte aber noch wieder ein Antagonismus bestehen (vgl. S. 381).

[11]) Über Salzwirkung und Quellung siehe nam. R. Unger, Biochem. Zeitschr. **80**, 364 (1917).

urämischen Gehirns in ihrer Beziehung zur Titrationsazidität hat Muracki[1]) eine Untersuchung geliefert.

Die **physikochemische Beschaffenheit des Liquor cerebrospinalis** ist bereits Gegenstand verschiedenartiger Untersuchungen gewesen, entsprechend der Bedeutung, welche dem Liquor sowohl in diagnostischen als auch in ätiologischen Fragen zukommt. Die Normalzahlen des osmotischen Druckes werden als $\Delta = 0{,}51-0{,}56^0$, mithin zum Teil als etwas hypisotonisch angegeben[2]); doch wollen manche Autoren[3]) hypertonische Werte gefunden haben. Nach Palmegiani[4]) soll es sich in einer größeren Untersuchungsreihe bestätigt haben, daß bei der tuberkulösen Meningitis im Beginn der Erkrankung der osmotische Druck des Liquors, ebenso aber auch der des Blutserums eine deutliche Abnahme aufweist, ein Befund, der im weiteren Verlauf der Meningitis wieder zurückgehe, so daß in den letzten Tagen der Erkrankung, wenn auch selten, sogar hyperisotonische Werte sich fänden. Über die elektrische Leitfähigkeit des Liquors liegen ebenfalls vereinzelt erste Messungen vor, nach A. Mochi[3]) soll sie diejenige des Blutes bedeutend übersteigen. Auch die H-Ionenkonzentration ist bislang nur in wenigen Fällen gemessen. Kl. Meier[5]) fand die aktuelle Reaktion des normalen Liquor etwas alkalischer als diejenige des Blutes, im Mittel ca. 7,40; bei der Meningitis epidemica wurde von dieser Autorin ebenso wie von Parsons und Shearer[6]) eine deutliche Azidose (bis 7,06) gemessen. Eine weitere Untersuchung nach den genannten Richtungen ist sehr erwünscht, zumal da der Lösungsbeschaffenheit des Liquors wegen der als gesichert anzunehmenden Beziehungen zum Kolloidverhalten des Zentralnervensystems eine gegen früher sehr erhöhte Bedeutung zuzusprechen ist.

Die zurzeit physikochemisch wichtigste Veränderung des Liquors ist in der Vermehrung und Abartung der Eiweißkörper gegeben. Normal enthält der Liquor 0,03—0,05% Eiweiß. Die chemische Bestimmung der Eiweißkörper muß bei derart niedrigem Prozentgehalt, besonders wenn gleichzeitig nur geringe Mengen des Liquors erhältlich sind, erheblichen Schwierigkeiten begegnen. Hier haben physikochemische Methoden bereits sehr wirksam ausgeholfen. Bei der Refraktometrie sind zur quantitativen Eiweißbestimmung einige wenige Tropfen ausreichend: die normalen Werte wurden von A. Babes und M. Iliescu[7]) zwischen $n_D = 1{,}33507-1{,}33513$ gefunden;

[1]) Arbeiten des neurologischen Instituts der Wiener Universität **19**, 328 (1912).

[2]) Diese Zahl ist dem Lehrbuch der klinischen Untersuchungsmethoden von Brugsch-Schittenhelm (1916, 3. Aufl.) entnommen; vgl. dazu Achard, Loeper et Laubry, Arch. de méd. expérim. 1905; ferner Achard et Loeper, Comp., rend. de la Soc. de Biol. **53**, 620 (1901).

[3]) Z. B. A. Mochi, Acced. Fisiocritici, Siena, Sitzung vom 22. Nov. 1910. (Zitiert nach Ascolis Referat in der Kolloidzeitschr. **9**, 42 (1911).) Vgl. ferner die ältere Literatur bei Hamburger, Osmotischer Druck u. Ionenlehre l. c. II, 74, Anm. 1.

[4]) Riv. di clin. pediatr. **11**, 85 (1913). (Zitiert nach Kongreßzentralblatt **6**, 620 (1913).)

[5]) Biochem. Zeitschr. **124**, 137 (1921).

[6]) Parsons u. Shearer, Journ. of physiol. **54**, 62 (1921) u. dieselben, Quaterly journ. of med. **14**, 120 (1921).

[7]) Zitiert nach Kongreßzentralblatt **7**, 73 (1913).

bei entzündlichen Prozessen hat E. Reiß[1]) durch Differenzbestimmung des Liquors vor und nach dem Kochen die folgenden Werte des Eiweißgehaltes gewonnen:

	Kochprobe	Differenz von n_D vor und nach dem Kochen	Berechnete Eiweißgehalt
Hirnabszeß	mäßige Trübung	0,00018	0,10%
Meningitis cerebrospinalis zweifelhaften Ursprungs	einige Flocken	0,00021	0,12%
Meningitis cerebrospinalis tuberculosa	starker Niederschlag	0,00026	0,15%

L. Taußig[2]) hält auf Grund seiner Untersuchungen die allgemeine Regel für berechtigt, daß organische Affektionen des Zentralnervensystems sich durch einen erhöhten Brechungsindex charakterisieren, während funktionelle Erkrankungen keine Abweichung des n_D zeigen. Neben der Eiweißmenge ist die Art der auftretenden Eiweißkörper von großem klinischen Interesse. Die bekannten Ausfällungsmethoden der Eiweiße von Bruck[3]), von Klausner[4]), von Nonne-Apelt[5]), von Porges und Meyer[6]) und von Weichbrodt[7]) gehören ihrem Wesen nach durchaus ins Gebiet der physikalischen Chemie. C. Lange[8]) hat mit besonderem Erfolg die Goldzahlmethode von Zsigmondy (s. Technik S. 569) zur Prüfung des Liquors eingeführt. Bei dieser Methode wird die Größe des Kolloidschutzes gemessen, den die Liquoreiweiße auf das kolloide Gold bei dessen Salzausfällbarkeit ausüben. Für diese Wirkung kommt sowohl die Eiweißmenge als auch die chemische Art der Eiweiße und schließlich noch ihre kolloide Zustandsart in Betracht. Bei normalem Liquor bleibt das Goldsol „geschützt", d. h. unverändert. Bei pathologischen Zuständen aber treten diagnostisch sehr wichtige Unterschiede hervor. Die Ausfällungen sind bei Lues am stärksten, derart, daß hier bereits ohne die Zugabe ausfällender Salze eine Ausflockung des Goldes durch die Liquoreiweiße möglich ist. Man arbeitet mit steigenden Verdünnungen des Liquors; die hierbei auftretenden Ausflockungsoptima geben eine wichtige Methode der weiteren Differenzierung. Bei der sekundären Lues, die sich in dieser Art auch beim

[1]) Deutsches Arch. f. klin. Medizin **96**, 419 (1909).

[2]) L. Taußig (Psychiatrische Klinik, Prag) zitiert nach Kongreßzentralblatt **4**, 408 (1913).

[3]) Prinzip der Methode: Ausfällung der Globuline mit Milchsäure.

[4]) Prinzip der Methode: Ausfällung der Globuline durch destilliertes Wasser.

[5]) „Erste Phase": Ausfällung mit schwefelsaurem Ammonium (Globulinreaktion); „Zweite Phase": erneute Ausfällung des Filtrats mit Essigsäure + Kochen (Albuminreaktion).

[6]) Auftreten von Fällungen nach Zusatz von 1% Lezithinemulsion.

[7]) Ausfällung mit Sublimat (0,3 ccm einer 1‰-Lösung zu 0,7 ccm Liquor).

[8]) Berl. klin. Wochenschr. 1912, Nr. 19; Zeitschr. f. Chemotherapie **1**, 44 (1912).

Fehlen klinischer Nervensymptome auffallend häufig nachweisen läßt, liegt das Ausflockungsoptimum bei niedrigen Liquorverdünnungen, bei 1:40 bis 1:80; auch bei den metaluetischen Erkrankungen der Zentralnervenorgane (bei Tabes und Paralyse) liegen die Ausflockungsoptima meist relativ niedrig. Bei der tuberkulösen Meningitis beginnt nach Lange die Ausfällung etwa bei 320facher Verdünnung und ist bei etwa 500facher Verdünnung beendet. Für die eitrige Meningitis und den Gehirnabszeß ist dagegen eine starke „Verschiebung des Kurvenanstiegs nach rechts" charakteristisch, d. h. die Goldzahlreaktion beginnt erst bei relativ starker Verdünnung und bleibt bis zu enormen Verdünnungen (oft noch bis 1:80000) positiv (H. Eicke; Erfahrungen an 323 Fällen[1])). Diese Methode des Nachweises ist außerordentlich empfindlich, bei der Lues geht sie im ganzen der Wassermannschen Probe parallel, doch ist sie oftmals erheblicher empfindlicher, indem sie selbst dort noch Ausschläge im Liquor anzeigt, wo die Wassermannsche Reaktion desselben keinen Anhalt bietet. Eine erhebliche Literatur ist bereits entstanden[2]). Die praktische Brauchbarkeit der Methode in den obigen schon von C. Lange angegebenen Richtungen wurde durchweg bestätigt; doch ist peinlichst genaue Innehaltung der Vorschriften[3]) für die Herstellung der kolloiden Goldlösung unbedingtes Erfordernis. Um die technischen Schwierigkeiten, welche die Herstellung einer geeigneten kolloiden Goldlösung bereitet, zu vermeiden, ist von G. Emanuel[4]) eine artähnliche Methode mit einer Mastixemulsion anstatt des Goldsols ausgearbeitet. Auch sie hat eine große Empfindlichkeit ihrer Ausschläge; doch ist ebenfalls bei ihr, wie E. Jacobsthal und V. Kafka[5]) und H. Sachs[6]) hervorheben, die Gleichmäßigkeit der Resultate an eine minutiöse Technik (z. B. Einhaltung einer ganz bestimmten Zufließgeschwindigkeit der alkoholischen Mastixlösung zum destillierten Wasser) gebunden. P. Kirchberg[7]) hat anstatt der Mastixemulsion ein Berlinerblau-Hydrosol in Vorschlag gebracht, um die Schwierigkeit der Technik zu vermindern. Von F. Stern und F. Poensgen[8]) und ebenfalls von Ph. Ellinger[9]) wurde zu dem gleichen Zweck das Kollar-

---

[1]) Münch. med. Wochenschr. **60**, 2713 (1913).

[2]) Vgl. außer den Genannten R. Jaeger u. M. Goldstein, Zeitschr. f. d. ges. Neurologie u. Psychiatrie **16**, 219 (1913); Grulee u. Moody, Journ. of the american. med. assoc. **61**, 13 (1913); de Grinis u. E. Frank, Münch. med. Wochenschr. **61**, 216 (1914); V. Kafka, Dermatologische Wochenschr. **58** (Ergänzungsheft), 52 (1914); E. Oetiker, Zeitschr. f. klin. Medizin **82**, 235 (1915); M. E. Flesch, Zeitschr. f. d. ges. Neurologie u. Psychiatrie **26**, 318 (1915); W. Spät, Zeitschr. f. Immunitätsforschung **23**, 426 (1915). (Die beiden letzteren Autoren sind nur bedingt für die Brauchbarkeit der Methode; doch wird jedesmal gerade von dem einen abgelehnt, was der andere anerkennt.) Ein sehr günstiges Ergebnis bringt O. Grütz, Arch. für Dermatologie und Syphilis **139** (1922); vgl. ferner auch Bonsmann, Deutsch. Arch. f. klin. Medizin **134**, 20 (1920).

[3]) Näheres siehe in der Literatur der Anm. 2.

[4]) Berl. klin. Wochenschr. 1915, Nr. 30.

[5]) Berl. klin. Wochenschr. 1916, Nr. 4 u. 12.

[6]) Berl. klin. Wochenschr. 1916, Nr. 25.

[7]) Arch. f. Psychiatrie und Nervenkrankheiten **57**, 22.

[8]) Berl. klin. Wochenschr. **57**, 272 u. 303 (1920).

[9]) Zeitschr. f. physiol. Chemie **116**, 245 (1921) und Berl. klin Wochenschr. **58**, 1001 (1921)

gol benutzt. Von französischen Autoren[1]) wird als besonders einfach und zuverlässig die kolloide Benzoereaktion empfohlen. Es wird allgemein anerkannt, daß die Befähigung der physikochemischen Methoden, kleinste, bislang nicht gekannte Kolloidunterschiede aufzudecken, ganz außerordentlich ist. Aber die Auffindung der praktisch besten Methodik, welche die größte Empfindlichkeit der Ausschläge mit einer größten Sicherheit gegen zufällige Störungen vereinigt, ist noch im Werke.

Die Viskosität des Liquors ist in einigen ersten Versuchen vergleichend gemessen. V. Galletta[2]) gibt als Grenzwerte die Zahlen $\varrho = 1{,}008-1{,}0243$. A. Ziveri[3]) hat mit dem Heßschen Viskosimeter bei verschiedenen Geisteskrankheiten Werte zwischen 1 und 1,1 gefunden. Br. Kisch und O. Remertz[4]) haben neuerdings auch die Oberflächenspannung des Liquors zur Messung herangezogen: Abweichungen vom Normalwert ($\sigma =$ crc. 73,4) wurden beim epileptischen Anfall (zwei Fälle) und bei der Leberzirrhose (ein Fall) beobachtet; die Lues und die Paralyse, ebenfalls die Epilepsie in der anfallsfreien Zeit, bot für diese Messung normales Verhalten.

Mit dem Vorstehenden ist im wesentlichen der Kreis der Fragen umgrenzt, in denen die physikalische Chemie bislang für die Pathologie und Therapie der Nervenkrankheiten zur Verwertung gelangt ist. Nicht aber ist hiermit etwa eine Begrenzung der Gebiete gegeben, die für die physikochemische Erforschung in Frage kommen.

Es ist das Ziel des Verfassers, in den folgenden Ausführungen die Aufmerksamkeit auf einige ganz allgemeine Probleme des Nervengebietes zu lenken, welche ihrer Art nach eine physikochemische Inangriffnahme erfordern und bei einer solchen Bearbeitung anscheinend sehr weittragende Perspektiven in Aussicht stellen.

Wiederholt sind in den vorstehenden Kapiteln Beispiele dafür erbracht, daß die Nerven an den Aufgaben der Erhaltung der großen Körperkonstanzen, der Isotonie, der Isoionie und der Isothermie beteiligt sind. Derartige regulatorische Nervenfunktionen müssen prinzipiell für die sogenannte „trophische" Versorgung des Gewebes größtes Interesse beanspruchen. Denn die Frage, ob es Nerven gibt, welche die lokalen Verhältnisse des osmotischen Druckes oder der Isoionie resp. der Isothermie[5]) regulieren und dadurch das Gewebe vor Schädigung bewahren, greift aufs tiefste in das viel umstrittene, stets unklar gebliebene Problem der „trophischen Nerveneinflüsse" ein. Es ist eine notwendige Forderung, daß auch die physikalische Chemie hier Stellung zu nehmen versucht.

Die **Regulierung des osmotischen Druckes** derart, daß trotz aller

[1]) Guillain, Laroche u. Lechelle, Compt. rend. des séances de la soc. de biol. **83**, 1077 und 1380 (1920); ebendort **85**, 4 (1921); ferner H. Rabeau, ebendort **85**, 704 (1921).

[2]) Clinica chirurgica 1908 (zitiert nach C. Neuberg, Der Harn, l. c. II, 1671).

[3]) Riv. ital. di Neuropatol., Psichiatria et Elethroterapia **2**, F. 12 (1909).

[4]) Münch. med. Wochenschr. **61**, 1097 (1914); ferner Internat. Zeitschr. f. physikal.-chem. Biologie **1**, 354 (1914).

[5]) Für die thermische Regulierung ist die Mitbeteiligung der Nerven bereits seit langem bekannt, doch ist sie bislang kaum als eine Teilerscheinung des trophischen Gebietes gewertet.

inneren und äußeren Störungen (näheres s. S. 320ff.) stets[1]) für alle Teile des Körpers eine konstante Summenzahl der im Blut- oder Gewebssaft gelösten Moleküle + Ionen aufrecht erhalten wird und daß selbst bei einer künstlich gesetzten Änderung stärkster Art — und sei es durch Injektion völlig körperfremder Substanzen — stets fast sofort eine richtige Summe von gelösten Molekülen + Ionen herausgefunden und wieder bleibend eingestellt wird, diese Leistung, zu welcher der Körper bereits unabhängig von der Funktion seiner ausscheidenden Organe befähigt ist, erscheint nicht vorstellbar ohne die Annahme, daß der Organismus über Vorrichtungen verfügt, die ihm ein Maß dieser Summenzahl der Moleküle + Ionen oder, physikalisch betrachtet, ein Maß des osmotischen Druckes verschaffen. Es liegt nahe, die Gewinnung solchen Maßes in irgendwelchen Nervenorganen zu vermuten. Sind Befunde gegeben, die solche Annahme stützen? Zunächst wird man fragen: sind überhaupt Sinnesempfindungen bekannt, die uns über den osmotischen Druck einer Lösung, insbesondere über Abweichungen desselben von der physiologischen Isotonie zu orientieren vermögen? Für die stärkeren Störungen des osmotischen Druckes ist bereits in den bekannten Untersuchungen von Braun[2]), C. Ritter[3]) u. a. über die Schmerzwirkung anisotonischer Lösungen bei subkutaner Injektion die Antwort enthalten: jede Lösung indifferenter Stoffe, deren osmotische Konzentration von derjenigen des Normalserums nach oben oder nach unten abweicht, ruft eine ausgeprägte Schmerzempfindung hervor, und zwar um so stärker, je größer die osmotische Abweichung ist. Erheblich weiter führt eine Arbeit von Massart[4]), welche, aus dem Jahre 1889 stammend, nur geringe Beachtung gefunden hat. Die Untersuchungen beziehen sich auf das osmotische Unterscheidungsvermögen des Auges. Der Verfasser hat in Gemeinschaft mit Prof. C. Behr (Univ.-Augenklinik Kiel[5])) diese Versuche nachgeprüft mit dem Ergebnis der Bestätigung der folgenden Resultate: Beim Einträufeln von Flüssigkeiten auf das Auge vermag das Gefühl sehr feine osmotische Differenzen zu erkennen, so daß es möglich ist, lediglich auf Grund der Nervenempfindung die der Tränenflüssigkeit isotonische Lösung[6]) unter Kochsalz- und anderen Lösungen[7]) von verschiedener Konzentration herauszufinden; von einzelnen Individuen wird dabei sogar nach der Art der auftretenden Empfindung richtig zwischen hypo- und hyperisotonischen Lösungen unterschieden. Wird das Auge kokainisiert, so tritt deutlich ein Stadium auf, bei welchem die Berührungsempfindung und der Berührungsschmerz bereits völlig fehlen, die osmotische Empfindung

---

[1]) Über die geringen physiologischen Differenzen s. S. 174.

[2]) Braun, Die Lokalanästesie. Leipzig 1905.

[3]) Mitteilungen aus den Grenzgebieten der Medizin u. Chirurgie **14**, 241.

[4]) Arch. de Biol. **9**, 325 (1889); H. J. Hamburger, Osmotischer Druck u. Ionenlehre, l. c., III, S. 161.

[5]) Unveröffentlichte Untersuchungen aus dem Jahre 1911.

[6]) Sie wurde in der oben beschriebenen Weise von Massart zu 1,39% NaCl gefunden; die Analyse auf chemischem Wege hat übereinstimmend einen Gehalt der Tränen an NaCl von 1,3% (Lerch) ergeben, wozu für die Berechnung des osmotischen Druckes noch die weiter vorhandenen Substanzen zu addieren sind.

[7]) So Lösungen von Natriumsulfat, Natriumnitrat und auch von Harnstoff.

aber noch in ausgeprägter Weise vorhanden ist. Die abnorme osmotische Empfindung beim Einträufeln der hypertonischen Lösung ist von weiteren reflektorischen Vorgängen gefolgt: die Lider werden krampfhaft geschlossen und zugleich tritt eine reichliche Sekretion seitens der Tränendrüse auf. Schon Massart hat in voller Klarheit den regulatorischen Zusammenhang erkannt[1]). Die Ausstattung des Auges mit osmotischer Empfindung hat die Bedeutung, jeweils auf reflektorischem Wege die Tränenflüssigkeit des Auges zur richtigen osmotischen Konzentration zurückzuführen. Durch die unvermeidliche Verdunstung ist ständig für die Tränenflüssigkeit des Auges eine Tendenz zum Konzentrationsanstieg gegeben; sobald dieser in merklichem Maße sich ausbildet, tritt eine reflektorische Erregung der Tränensekretion unter gleichzeitigem Lidschluß ein und bringt die Benetzungsflüssigkeit des Auges wieder zur rechten Konzentration zurück. Diese Befunde geben das Recht, von einer **„Osmosensibilität"** und zugleich von „osmosensiblen Nerven" zu sprechen.

Es erwächst nun die weitere Frage, ob ähnliche Sinneswahrnehmungen auch bei den osmotischen Innenvorgängen des Körpers die Regulierung vermitteln. Der Verfasser ist auf Grund lange fortgesetzter Untersuchungen, die z. T. in Gemeinschaft von P. Mordhorst und U. Schütze ausgeführt wurden[2]), zu der Überzeugung gelangt, daß allgemein im Körper Nervenendorgane vorhanden sind, welche in örtlicher Trennung für die Einzelbezirke des Körpers eine Erkennung der jeweiligen osmotischen Konzentration ermöglichen. Als solche Nervenendorgane sind mit erheblicher Wahrscheinlichkeit die Vater-Paccinischen Körperchen (vielleicht ähnlich auch andere ihnen morphologisch nahestehende Nervenendbildungen[3])) anzusprechen. Die Vaterschen Körperchen sind Nervenendbildungen, die ausnahmslos nur im Bindegewebe, d. h. (s. o. S. 391) in dem Hauptorgan der osmotischen Austauschregulierung gefunden werden. Sie sind zusammen mit dem Bindegewebe völlig ubiquitär im ganzen Körper verbreitet. Man findet sie in den Bindegewebspolstern der Fingerspitzen, an den Knochen, an den Gelenken, in den Muskeln, an den sympathischen Nervengeflechten des Leibes, in der Bauchspeicheldrüse, im ganzen Mesenterium, in der Brustdrüse, in den Corpora cavernosa penis, in der Dura, im Canalis Facialis und an vielen anderen Orten mehr, immer dabei bevorzugt in der Nähe der Blutgefäße, an der Aorta sogar in die Wand des Gefäßes selber eingelagert. Schon durch diese ungemeine Mannigfaltigkeit der Lage wird die Beziehung ihrer Funktion zu einem speziellen parenchymatösen Organ in höchstem Grade unwahrscheinlich. Lange Zeit hat man diese Körperchen

[1]) Massart sieht die Regulation in einem noch erheblich größeren Umfange als gegeben an; so glaubt er noch eine unterschiedliche Art der Regulierung der Hyper- und der Hypotonie der Augenflüssigkeit feststellen zu können. Diese weitere Unterscheidung erscheint dem Verfasser auf Grund seiner Nachprüfungen nicht als gesichert.

[2]) Meistens Versuche aus den Jahren 1911—1914; eine Veröffentlichung am andern Ort ist nicht gegeben.

[3]) Es erscheint nicht ausgeschlossen, daß es beim Auge die Krauseschen Endkolben der Konjunktiva sind, welche die Osmosensibilität besitzen; doch ist vielleicht noch am Auge zwischen osmotischer Außen- und Innenempfindung zu unterscheiden.

— eben wegen der Unkenntnis ihrer Funktion — völlig unbeachtet gelassen, obwohl sie zu Tausenden im Körper vorhanden sind. Zudem besitzt noch gerade der Mensch im Vergleich zu den Tieren „ganz besonders viele und größere Vatersche Körperchen“[1]. Neuerdings haben einige Autoren namentlich Michailow[2] und v. Schumacher[3] im Anschluß an die älteren Beobachtungen von R. Thoma die enge Beziehung der Körperchen zum Gefäßsystem hervorgehoben und die Körperchen im mechanischen Sinne als Blutdruckregulatoren aufgefaßt. Der Verfasser hat sie von physikochemischen Gesichtspunkten aus untersucht. Es war auffallend, wie sehr der Bau der Vaterschen Körperchen dem Grundtypus eines Osmometers entspricht. Bei der Annahme einer osmometrischen Funktion wird die nähere Struktur dieser Körperchen in der folgenden Art gut verständlich.

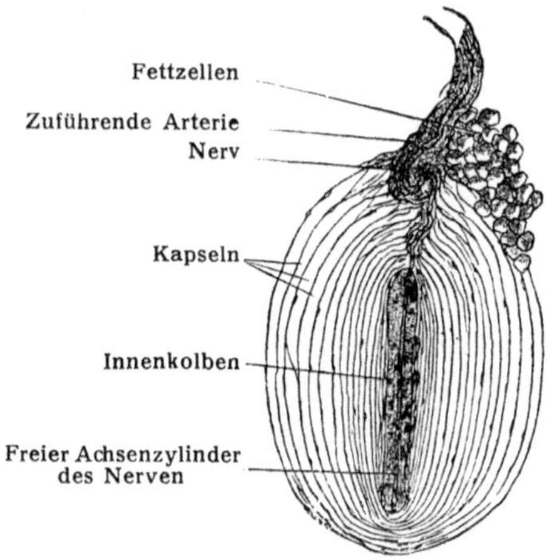

Fig. 51.
Vatersches Körperchen aus dem Mesenterium einer Katze. 50 mal vergrößert.

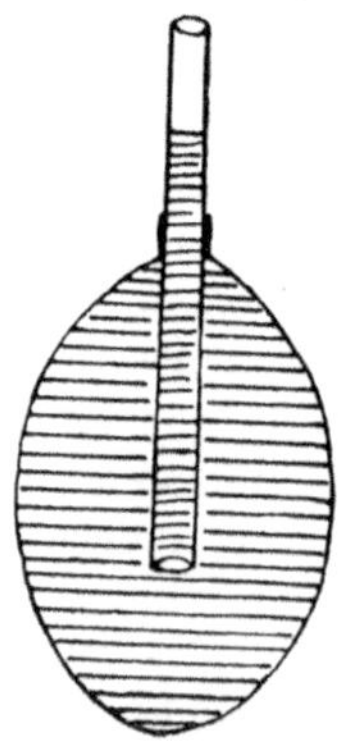

Fig. 52.
Osmometerzelle der Technik schematisch (Steigrohr als Druckmesser dienend).

Dem Vaterschen Körperchen und dem Osmometer ist das Vorhandensein der semipermeablen Kapsel mit Flüssigkeitsfüllung gemeinsam. Im Vaterschen Körperchen ist an Stelle des Steigrohres als druckmessendes Organ ein „Innenkolben“ mit eingelagertem sensiblen Achsenzylinder gegeben. Die große Zahl der Kapseln beim Vaterschen Körperchen erscheint geeignet, dem Innenkolben einen erhöhten Schutz vor mechanischen Einflüssen zuverleihen[4]. Das Vordringen der osmotischen Wirkung zum Innenkolben ist, wie ich mich durch zahlreiche experimentelle Messungen überzeugt habe, nicht gehindert. Die

[1] W. Behrens, A. Kossel u. P. Schieferdecker, Die Gewebe des menschlichen Körpers und ihre mikroskopische Untersuchung. 1891. Bd. II. Abt. I. S. 269.

[2] Folia neuro-biologica **2** (1909).

[3] Arch. f. mikroskop. Anatomie **77**, 157 (1911).

[4] Es ist sehr bemerkenswert im Sinne einer Schutzanpassung, daß gerade bei den stark springenden Tieren wie den Katzen die äußeren Kapseln, welche dem Innern mechanisch Schutz gewähren, in besonderer Größe ausgebildet sind.

Vaterschen Körperchen sind bei Katzen von der Größe etwa eines Stecknadelknopfes; sie sind im Mesenterium gut mit bloßem Auge sichtbar und lassen sich bei einiger Übung völlig intakt als isolierte Gebilde mit Hilfe von Nadel und Messer herauspräparieren. Derart isolierte Vatersche Körperchen passen sich, wenn sie in noch völlig frischem Zustand zur Untersuchung kommen, sehr schnell der umspülenden Flüssigkeit im osmotischen Verhalten an: in hypertonischen Lösungen schrumpfen sie, in hypotonischen Lösungen dagegen schwellen sie auf, beides mit deutlicher Beteiligung der tieferen Innenschichten und oftmals sogar des Innenkolbens selber. Überträgt man diese Art der Reaktion auf das Verhalten der Körperchen im Gewebe, so muß eine jede Störung der osmotischen Isotonie der Gewebsflüssigkeit als eine Druckänderung am Innenkolben zur Geltung kommen und sich dort dem Nerven als vermehrter oder verminderter Druck bemerkbar machen. Die Zahl der gelösten Moleküle + Ionen wird so für die Nerven im Maß der osmotischen Schwellung erkennbar: die Vaterschen Körperchen erscheinen als „Schwellsinnsorgane" (H. Schade). Hiermit ist aber nur erst ein Teil der Besonderheiten dieser Körperchen berührt. Intra vitam wird das Lamellensystem — sicher nicht allein zu Zwecken der bloßen Ernährung — von einem feinsten Kapillarnetz durchspült; diese Kapillaren sind geeignet, die osmotische Änderung, welche das Körperchen von außen her trifft, in wirksamer Weise zu kompensieren. Nach dem Ergebnis der vergleichenden Untersuchungen intra vitam[1]) erscheint es dem Verfasser sehr wahrscheinlich, daß gerade in dem Gegenspiel dieses arteriellen Ausgleiches ein Hauptmoment der regulatorischen Funktion dieser Körperchen gegeben ist. Neben dem sensiblen Nerven des Innenkolbens ist regelmäßig noch eine Versorgung des Körperchens mit einem sympathischen Nerven vorhanden[2]). Die folgende Vorstellung wird den vom Verfasser beobachteten Einzelbefunden am besten gerecht: Immer, wenn eine osmotische Störung in der Gewebsflüssigkeit außen gegeben ist, wird sich auch das Körperchen dieser Anisotonie entsprechend verändern, der sensible Nerv des Innenkolbens erfährt durch den abnormen Druck eine Erregung; diese Erregung bewirkt reflektorisch vermittelst des sympathischen Nerven eine Hyperämie des ganzen Bezirks, speziell auch des zum Körperchen gehörigen Lamellensystems; unter der Wirkung dieser Hyperämie kommt der osmotische Ausgleich innerhalb und außerhalb des Körperchens beschleunigt zustande; ist der Ausgleich beendet, so hat auch der Innendruck des Körperchens wieder seine normale Höhe erreicht, der Druckreiz hört auf, das Körperchen hat durch seine Osmosensibilität und die damit reflektorisch verknüpfte Hyperämisierung die regulatorische Beseitigung der lokalen Gewebsanisotonie zustande gebracht. Der morphologische Bau der Körperchen, ihr experimentelles Verhalten gegenüber künstlicher osmo-

---

[1]) Gegenüber der starken osmotischen Änderung der isolierten Körperchen bei direkter Milieubeeinflussung und ebenso gegenüber der starken Änderung der Körperchen in situ bei Gefäßdurchspülung von den großen Bauchgefäßen her war stets der relativ geringe Effekt auffallend, den eine Milieubeeinflussung durch Injektion zwischen die Blätter des Mesenteriums bei erhaltener Zirkulation in den Blutgefäßen hervorbrachte.

[2]) Siehe Rauber-Kopsch, Lehrbuch d. Anatomie, Bd. VI, S. 36—41 (1912).

tischer Beeinflussung, die Lokalisierung und Verteilungsart der Körperchen, ihr entwicklungsgeschichtliches Zurückgehen in die Zeit der Ausbildung der osmotischen Säftekonstanz[1]) und schließlich besonders noch der von uns völlig regelmäßig erhobene Befund, daß diese Körperchen (im Mesenterium junger Katzen) bei allen Zuständen stärkerer Diarrhoe mit sofortiger ausgesprochener Schrumpfung reagieren[2]), sprechen gemeinsam in dem Sinne, daß diese Auffassung der **Vaterschen Körperchen als osmosensible und osmoregulatorische Organe** zu Recht besteht.

Wie die folgenden Ausführungen zeigen, ist es aber keineswegs notwendig, die Sinneswahrnehmung der Vaterschen Körperchen und die aus ihr sich ergebenden Regulationsvorgänge etwa allein auf den osmotischen Druck zu beziehen.

Es liegt nahe, die gleiche Betrachtungsart für die **Regulierung der Isoionie** in Anwendung zu bringen. Einige erste Anhaltspunkte sind auch hier zu gewinnen. Wie oben, stellt sich ebenfalls hier zunächst die Frage, ob der Organismus überhaupt imstande ist, durch eine Sinnesempfindung die Anwesenheit bestimmter Ionen oder Unterschiede ihrer Konzentration zu erkennen. Auch diese Frage ist sicher im Prinzip zu bejahen. Durch die Untersuchungen von Höber und Kiesow[3]) sowie von Kahlenberg[4]). und Th. Richards[5]) ist der Nachweis geführt, daß vor allem die H- und OH-Ionen, wahrscheinlich aber auch manche Ionen der Salze[6]) im Geschmack durch spezifisch differenzierte Empfindungen unterscheidbar sind. Dabei hat sich herausgestellt, daß besonders die H- und OH-Ionen bereits in äußerst geringen Konzentrationen ($^1/_{800}$ resp. $^1/_{150}$ normal) in durchaus sicherer Weise erkannt werden. „Tatsächlich ist die Zunge, wie Richards behauptet, so empfindlich gegen H- und OH-Ionen, daß der Geschmack von Lösungen mit überraschender Genauigkeit als ein Indikator bei der Säure- und Alkalimetrie benutzt werden kann, indem die Erlangung des neutralen Punktes sofort durch das Verschwinden oder Auftreten des sauren Geschmacks der Säure geoffenbart wird“ (Höber und Kiesow). Diese Befunde sind bislang nur auf die Geschmacksnerven als solche bezogen. Der Verfasser aber hält es für wichtig, daneben die prinzipielle Bedeutung der Befähigung der

[1]) Die Vaterschen Körperchen reichen entwicklungsgeschichtlich mit ihren primitivsten Formen bis zu den Reptilien zurück; vergl. Fr. Merkel, Über die Endigungen der sensiblen Nerven der Wirbeltiere. Rostock 1880. S. 174.

[2]) Bei sehr starker Diarrhoe junger Katzen (spontan bei Milchfütterung entstanden oder auch medikamentös durch Koloquintenextrakt erzeugt) sind von mir wiederholt Schrumpfungen der Lamellen sogar mit der Folge des Einknickens des Ionenkolbens (nicht zu verwechseln mit den bei Katzen häufigen angeborenen Mißgestaltungen des Körperchenbaues!) beobachtet.

[3]) Zeitschr. f. physikalische Chemie **27**, 601 (1898).

[4]) Bulletin of the University of Wisconsin Nr. 25; Science Serie **2**, 1 (1898).

[5]) American. chemic. Journ. **20**, 121 (1898).

[6]) Die H-Ionen sind es, die ganz vorwiegend den Geschmack des Sauren bedingen; die OH-Ionen geben bei starker Verdünnung eine gut charakteristische eigentümlich süße Geschmacksempfindung; den Anionen wird die salzige Geschmacksempfindung zugeschrieben, die Magnesium- und Bariumionen sollen dagegen eine Empfindung des Bitteren hervorrufen. (Höber u. Kiesow, l. c.) — Vgl. des Näheren die zusammenfassende Darstellung von H. Henning in Ergebnisse der Physiologie **19**, 1—78 (1921).

Nerven zur Ionenunterscheidung hervorzuheben. Wenn man jene bereits weit zurückliegenden Untersuchungen (1898) von den neueren physikochemischen Gesichtspunkten aus betrachtet, so liegt es — zumal mit Rücksicht auf einige Besonderheiten[1]) nahe, die Entstehung dieser Geschmackswahrnehmungen[2]) auf kolloide Quellungsvorgänge in den Nervenendorganen zurückzuführen. Zum Zustandekommen derartiger Nervenerregungen aber ist kaum eine morphologische Besonderheit der Nervenbildungen erforderlich; Quellungen und Entquellungen durch bestimmte Ionen können schon an den einfachsten Formen der Nervenenden vor sich gehen. Dies hat besonders für die kolloidchemisch wirksamsten Ionen, für H- und OH-Ionen seine Gültigkeit. Für das Problem der Neutralkonstanz des Blutes und der Gewebssäfte muß daher die Frage sehr wohl diskutierbar erscheinen, ob etwa bei der Aufrechterhaltung der H-OH-Isoionie bestimmte Nervenorgane — gewissermaßen als nach innen gerichtete Geschmacksorgane, welche das Auftreten eines Überschusses an H-, resp. OH-Ionen im Gewebe anzuzeigen vermögen — beteiligt sind. Es wäre z. B. sehr wohl denkbar, daß die kolloiden Massen, in denen der sensible nackte Achsenzylinder der Vaterschen Körperchen eingebettet liegt, gleichzeitig solchen Zwecken dienen könnten. Laut Nachweis der experimentellen Prüfung[3]) ist das kolloidchemische Verhalten dieser Massen zu Säuren und Alkalien sehr verschieden: in Säuren zeigen sie glasige Quellung, in Alkalien grobkörnige Fällung. Es ist demnach gut vorstellbar, daß auch Menge und Art der Ionen für die Nerven des Vaterschen Körperchens im Maß der Quellung kenntlich würde („Quellsinnsorgane"?). Doch vorerst sind dies für die Innennervenorgane nur Vermutungen. Gleichwohl macht die Gesamtlage unseres Wissens, insbesondere die Analogie zur Geschmackserregung, eine Forschung in dieser Richtung unbedingt notwendig. Es ist sehr wahrscheinlich, daß die physikalische Chemie mit der Aufdeckung ihrer zahlreichen neuen und körperwichtigen Vorgangsarten auch hier für die noch große Masse der ihrer Funktion nach unbekannten Nervenendigungen[4]) brauchbare Grundlagen bieten kann.

Es ist eine bekannte Tatsache, daß im Unterbewußtsein des Menschen

---

[1]) Für schwächere Säuren (nam. Essigsäure) ist der Geschmack der Säure stärker, als man nach ihrem Dissoziationsgrade annehmen sollte. Diese Erscheinung kehrt in gleich charakteristischer Weise auch bei der Quellungsbeeinflussung von Kolloiden (Gelatine usw.) wieder (Wo. Ostwald, Pflügers Arch. **108**, 577 (1905)), ebenso sonst bei zahlreichen Objekten der physiologischen Untersuchung (vgl. R. Höber, Physikalische Chemie der Zelle u. der Gewebe, l. c. S. 480).

[2]) Dabei wird keineswegs daran gedacht, die Mannigfaltigkeit der Geschmacksempfindungen in den spezifischen Geschmacksorganen des Mundes mit solchem Vorgang der Quellung und Entquellung erschöpfend erklären zu wollen. Wo. Ostwald und Kuhn (Kolloidzeitschr. **29**, 266 (1921)) sind sicher im Recht, wenn sie auf die Unzulänglichkeit solcher Auffassung und auf die Notwendigkeit der Mitberücksichtigung spezifisch chemischer Prozesse verweisen.

[3]) Verdünnte Säuren, namentlich Essigsäure, lassen den Innenkolben der Vaterschen Körperchen homogen und glasig quellen, Natronlauge führt zu grobkörnigem Ausfall. Außerdem zeigen sich am Innenkolben Adsorptionsvorgänge: aus Goldchloridlösung wird Gold mit violetter Farbe angereichert. (Ältere Angaben von W. Krause und Key und Retzius; in eigenen Versuchen von mir bestätigt.)

[4]) Außer den Vaterschen Körperchen scheinen hier vielleicht besonders die mannigfach gearteten sogen. „Krauseschen Endkolben" in Betracht zu kommen.

eine große Reihe bestimmter Empfindungen enthalten sind, die nur bei besonderen Anlässen merklich hervortreten, sich dann aber oft mit derartiger Intensität zur Geltung bringen, daß sie sogar die Willenshandlungen des Menschen in die von ihnen angezeigte Richtung hineinzwingen. Es sind dies die sogenannten **„Allgemeingefühle“**. Die Physiologie und auch die klinische Medizin steht ihnen sozusagen noch fremd gegenüber. Es kennzeichnet den niedrigen Stand unseres Wissens, daß z. B. ein physiologisches Lehrbuch vom Range des Landois-Rosemann die hier liegenden Probleme allein mit den folgenden zwei Sätzen behandelt: „Unter Allgemeingefühlen verstehen wir unangenehme oder angenehme Empfindungen in unseren mit Gefühl ausgestatteten Körperteilen, welche sich nicht auf äußere Objekte beziehen lassen. Es gehören hierher Hunger, Durst, Ekel, Ermüdung, Schauder, Schwindel, Kitzel, Wollust, Wohlsein und Unwohlsein und die respiratorischen Gefühle der freien und beengten Atmung.“ Die Physikochemie des Körpers hat uns mit einer erheblichen Zahl notwendiger innerer Regulierungen bekannt gemacht. Im wesentlichen wissen wir nur aus der Erkennung des Enderfolgs, daß diese Regulierungen jeweils mit einer ganz wunderbaren Exaktheit tatsächlich vom Körper vollzogen sind. Über die Wege und Hilfsmittel, deren sich der Organismus dabei bedient, sind wir noch weitgehend im unklaren. Der Verfasser ist der Ansicht, daß gerade die Allgemeingefühle es sind, welche dem Körper bei diesen Aufgaben wichtigste Dienste zur Erkennung und zur Ausgleichsbeschaffung leisten. Hiermit aber ist die Verbindung des Gebiets der Allgemeingefühle zu den vorstehenden Untersuchungen über die physikochemischen Innensinne hergestellt. Es ist kein Zweifel, daß durchweg die Gesamtheit der physikochemischen Regulierungen sich unterhalb der Schwelle des Bewußtseins vollzieht. Die Allgemeingefühle teilen durchaus diese Eigenschaft. Es ist aber andererseits bekannt, daß die physikochemischen Regulationsvorgänge dann, wenn sie Not leiden, d. h. wenn sie in erheblicherem Maße insuffizient werden, in allgemeinen unangenehmen Gefühlen des Körpers einen Ausdruck erhalten. Besonders scheint dies immer dann einzutreten, wenn eine physikochemische Störung des Inneren vorhanden ist, die durch Willkürhandlungen bestimmter Art in günstigem Sinne beeinflußbar ist. Einige Beispiele mögen diese Beziehung verdeutlichen. So lange die Regulierung des osmotischen Druckes im Blut sich innerhalb der Normalgrenze bewegt, ist von diesen Vorgängen im subjektiven Gefühl nichts bemerkbar; ruft man aber, z. B. bei einem Kaninchen, durch eine Injektion von hypertonischer Kochsalzlösung ein abnormes Ansteigen des osmotischen Druckes hervor, so läßt sich mit Regelmäßigkeit beobachten, daß das Tier sofort von dem Gemeingefühl Durst[1]) zu einer ausgleichenden Willkürhandlung veranlaßt wird: während ein Kaninchen bei normaler Fütterung nicht trinkt, geht es nach einer derartigen Injektion sogleich zum bereitstehenden Wasser und nimmt es mit großer Begierde auf[2]). In ähnlicher Weise tritt beim Drohen einer Säuerung des

[1]) Vgl. hierzu v. Korányi u. Richter, Physikalische Chemie u. Medizin, l. c. II, 172. (Durst bei Nephritikern.)

[2]) Eigene Beobachtung.

Blutes ein Allgemeingefühl Abhilfe fordernd in Wirksamkeit: die Zunahme der H-Ionen im Blut bringt das „Gefühl der beengten Atmung“ mit sich und schafft dadurch die zu seiner Abwehr nötige[1]) abnorme Steigerung des Atmens unter Einsatz auch der willkürlich tätigen Muskeln. Bei den Störungen der Isothermie ist die Beeinflussung der Muskeltätigkeit als Folge von auftretenden Gemeingefühlen schon lange bekannt: eine drohende Körperabkühlung wird subjektiv in Kältegefühlen bis Kälteschauern bemerkbar und veranlaßt in extremen Fällen mit absolutem Zwang die Muskeln zur Wärmeproduktion; eine drohende Überhitzung bringt umgekehrt durch das Gemeingefühl der Erschlaffung die zur Kaloriensparung günstige Stilllegung der Muskeln hervor. Ein ähnliches gilt auch für die Regulierung der rein chemischen Bilanzen. Das folgende Schema möge zusammenfassend über die wichtigsten Beziehungen, die sich in dieser Art aufstellen lassen, unterrichten:

Schema der Körperregulationen mit den zugehörigen Allgemeingefühlen:

1. Regelungsstoffwechsel[2]).

Isotonie:	Hypertonie	Durst.
	Hypotonie	Salzhunger.
Isoionie:	H-OH-Störung . .	Gefühl der beengten Atmung.
	Na-K-Ca-Störung	Salzhunger (?), „Gelüste“ der Schwangeren?
Isothermie:	Hyperthermie . . .	Trägheitsgefühl.
	Hypothermie . . .	Muskelbewegungsdrang, evtl. gesteigert bis zum „Kälteschauder“.

2. Verwendungsstoffwechsel[3]).

Aufnahmeregelung:	Kalorienmangel . . .	Hunger, sogar oft noch verschieden für Eiweiß, Fett- und Kohlehydrate[4]).
	Kalorienüberschuß .	Sättigungsgefühl, Ekel.
Verbrauchsregelung:	Kalorienmangel . . .	Mattigkeitsgefühl.
	Kalorienreichtum . .	Arbeitslust.

Bei genauer Betrachtung erweist sich die Skala der Empfindungen noch erheblich reicher. Vor allem sind oftmals bei dem einzelnen Gemeingefühl verschiedengradige Abstufungen vorhanden. In schärfster Ausprägung trifft dies für den Hunger zu, bei dem sich etwa die folgenden differenzierbaren Arten des subjektiven Empfindens aufstellen lassen: Hungerschmerz —Hungergefühl — Appetit — Indifferenz — Sättigungsgefühl — Speisenekel. Alle diese Empfindungen dienen gewissermaßen als Notregulatoren,

---

1) Über die Regulierung der H-OH-Isoionie durch die CO_2-Ausscheidung in der Lunge s. S. 412.

2) Vgl. S. 71.

3) Vgl. S. 59.

4) Es ist besonders bemerkenswert, daß in der Hitze eine Abneigung gegen Fette, bei Kälte, wo der Kalorienwert des Fettes sich von besonderem Nutzen erweist, dagegen eine Vorliebe für Fette besteht. Ferner ist besonders aus der Ethnographie der fleischarmlebenden Völker ein spezifischer Eiweißhunger (nach Fleisch) bekannt

indem sie die Willkürbetätigung der Organe zur Anpassung an die physikochemischen Regulierungen des Körperinneren veranlassen. Dabei ist das Vorhandensein einer Skala der Empfindungen besonders bemerkenswert: bei leichter physikochemischer Insuffizienz eine gelinde Mahnung, bei stärkster Not der Innenregulierung aber Gefühle solcher Intensität, daß sie sich glatt gegenüber den gewöhnlichen Willensimpulsen durchsetzen. Die Entstehung dieser Innengefühle, die in letzter Linie nur auf Messungen irgendwelcher physikochemischer Zustände des Blutes und der Gewebe beruhen kann, ist noch sehr im dunklen. Ihre physiologische Bedeutung aber ist klar im Sinne der Erhaltung des Individuums gelegen. Zum gleichwichtigen Zwecke der Erhaltung der Art sind ebenfalls wichtigste Allgemeingefühle, die Geschlechtsempfindungen mit einer ähnlichen Skala der Intensitätsabstufungen dem Körper zur Sicherung eingepflanzt. Es ist außerordentlich bemerkenswert, daß mit der so gegebenen Aufstellung, bei der einer jeden lebenswichtigen physikochemischen Vorgangsart eine zugehörige Kategorie von Allgemeingefühlen beigeordnet wurde, die Gesamtzahl der vorhandenen Gemeingefühle erschöpft ist[1]).

Was hier für die Gemeingefühle ausgeführt wurde, scheint sich in gewissem Sinne bei den **Organgefühlen** zu wiederholen. Auch hier zeigt sich, daß Organgefühle im wesentlichen nur dort vorhanden sind, wo eine Beeinflussung des Organs durch Willkürhandlungen möglich ist. So besitzen wir Organgefühle für die Muskeln, auch für das Herz[2]) und ferner für alle mit der Außenwelt in direkter Funktionsberührung stehenden Hohlorgane, für den Magen, das Rektum, die Blase, und in besonderer Art für die Geschlechtsorgane. Organe, wie die Leber, das Pankreas, die Niere, die Milz usw., bei denen keine Möglichkeit der direkten Beeinflussung durch einen Willkürakt vorhanden ist, sind dagegen — man könnte sagen, weil zwecklos — ohne den Besitz eines Organgefühls, durch welches sie dem Bewußtsein die Art ihres Innenzustandes anzeigen können. Auf indirektem Wege, so z. B. für die Leber durch Beeinflussung der Magen- resp. auch der Allgemeingefühle, wird immerhin selbst dann noch ein Hinlenken der äußeren Körperbetätigung zu regulatorisch geeignetem Verhalten angestrebt. Nicht selten ist in der Abstufung der Organgefühle ebenfalls eine Skala erkennbar; so läßt sich z. B. für den arbeitenden Muskel als regulierendes Organgefühl eine Indifferenz, ein Schweregefühl der Ermüdung und schließlich ein Ermüdungsschmerz unterscheiden. Es wahrscheinlich, daß für manche dieser Organgefühle physikochemische, namentlich kolloidchemische Zustandsbesonderheiten des Organs die Grundlage abgeben; damit aber würde die Entstehung auch der Organgefühle wenigstens zum Teil in einer Befähi-

[1]) Vgl. die obige Aufzählung von Landois-Rosemann. Hierbei ist zu beachten, daß der Kitzel (als spezifische Hautempfindung) und der Schwindel (als Ausfallserscheinung zerebraler Art) nicht zu den Allgemeingefühlen gezählt werden können, und daß ferner das Gefühl des „Wohlseins und Unwohlseins“ nicht als eine Empfindung einheitlicher Art zu betrachten ist.

[2]) Am markantesten ist die starke Spannungs- oder Druckempfindung der Herzgegend, welche beim starken Laufen gewaltsam zum Stillstehen zwingt.

gung der Nerven zur Wahrnehmung physikochemischer Zustände zu suchen sein.

Klinisch erscheint es dem Verfasser besonders wichtig, die Beziehung zu den Allgemeingefühlen für einige chronische Vergiftungen hervorzuheben. Es betrifft dies Vergiftungen durch solche Substanzen, die an eben diesen Allgemeingefühlen einen Angriffsort ihrer Wirkung haben: namentlich sind es, wie sich ohne weiteres aus den Symptomen der Vergiftung entnehmen läßt, der Morphinismus, der Alkoholismus[1]), der Kokainismus, der Nikotinismus und andere mehr. Alle diese chronischen Intoxikationen haben das sehr auffallende Charkteristikum, daß sie in Form sogenannter **„Suchten"** auftreten, bei denen der Wille zur Enthaltsamkeit jeweils durch gebieterisch auftretende Innengefühle beiseite gesetzt zu werden pflegt. Offensichtlich handelt es sich hier um toxische Abartungen der Innenempfindungen, um pathologische Allgemeingefühle, die mit den normalen Allgemeingefühlen die Herrschaft über den Willen gemeinsam haben, so daß der Charakter dieser Vergiftungen als „Suchten" verständlich wird. Vielleicht sind gerade diese Vergiftungen berufen, zur physikochemischen Erforschung der Allgemeingefühle eine geeignete Handhabe zu bieten. Die Klinik und Pathologie der Allgemeingefühle ist noch kaum systematisch in Angriff genommen, doch scheint sich auch neuerdings hier das Interesse zu mehren[2]).

Schlußkapitel.

Physikalische Chemie und allgemeine Therapie.

Es ist eine oft beklagte Erscheinung, daß die Entwicklung der Therapie den großen Fortschritten, welche die innere Medizin auf den Gebieten der Diagnostik und Pathologie erfahren hat, nicht mit gleichen Schritten gefolgt ist. Fraglos ist es zu erheblichem Anteil gerade der Gegensatz zu dem Hochstand des diagnostischen Könnens, der die relative Ohnmacht der Therapie in besonders scharfer Beleuchtung hervortreten läßt. Aber noch ein tieferer Grund wirkt mit, um die Resignation in therapeutischer Beziehung zu unterhalten. Es läßt sich nicht verkennen, daß die zellularpathologische Lehre als solche für die Therapie nach mancher Richtung tiefgreifende gedankliche Hemmungen mit sich gebracht hat. Fast überall bei den pathologischen Prozessen erscheint die Zelle als der eigentliche Träger der Krankheit. Für lange Zeiten hat sogar im wesentlichen die Erforschung der Zellpathologie mit der Erforschung der Krankheit selber als identisch gegolten. Je mehr aber die Zelle als vitale Einheit in den Vordergrund des

---

[1]) Über die Alkoholwirkung haben Buglia und Simon sehr interessante physikochemische Feststellungen erhoben (siehe S. 442).

[2]) Über die Hungerempfindung siehe z. B. L. R. Müller, Deutsche med. Wochenschrift **41**, 1297 (1915); über den Durst siehe besonders H. Eppinger, Die Pathologie des Durstes. Berlin 1918 und E. Meyer, Zur Pathologie und Physiolgie des Durstes. W. de Gruyter u. Co., Berlin 1918; ferner L. R. Müller, Deutsche med. Wochenschr. **46**, 113 (1920).

Krankheitsprozesses gerückt ward, um so geringer mußte die Möglichkeit der therapeutischen Krankheitsbeeinflussung erscheinen. So erklärt sich, daß die Zeit des schnellsten und größten Aufschwungs der Medizin zugleich die Zeit des therapeutischen Nihilismus der inneren Krankheiten wurde. Für den Gedanken, daß es möglich sein könnte, innerhalb des Körperganzen die Tätigkeit der Zellen im Sinne eines Ausgleichs der Störung oder mit dem Erfolg einer verstärkten Krankheitsabwehr zu verändern, war im Rahmen der Lehre Virchows nur wenig Raum.

Der Brehmersche Nachweis der klimatotherapeutischen Heilbarkeit der Tuberkulose hat als erster Vorstoß gegen jene rein zellularpathologische Auffassung zu gelten, so dunkel auch der Erfolg zunächst noch seinem Wesen nach blieb. Klarer schon trat die Beeinflußbarkeit der Zellen im Sinne einer Heilwirkung hervor, als N. R. Finsen mit seinen Erfolgen der Rotlichtbehandlung bei den Pocken und des kurzwelligen Lichtes beim Lupus die Anfänge zur heutigen Licht- und Strahlentherapie schuf. Die physikalische Chemie ist geeignet, auf breiter und sicherer Grundlage eine allgemeine Umwandlung der Anschauungen über die Beeinflußbarkeit der vitalen Vorgänge im Körper herbeizuführen. Es sind heute etwa 15 Jahre verstrichen, seit der Physiologe J. Loeb[1]) seine epochemachenden Untersuchungen über die „künstliche Befruchtung" in allgemeiner Form veröffentlichte: sie brachten den Nachweis, daß es gelingt, einen der „vitalsten" aller Vorgänge, die Zellteilung des Eies mit anschließender Entwicklung der Eizelle bis zur Larve, künstlich durch bestimmte geringfügige Änderungen des Milieus bei unbefruchteten Eiern hervorzurufen. Seit dieser Entdeckung, die zunächst weitab von aller Therapie zu liegen schien, ist das Gebiet der physikochemischen Funktionsbeeinflussung der Zellen schnell zu einem ungeahnten Umfang herangewachsen. In den vorstehenden Kapiteln sind wir zahlreichen therapeutisch wichtigen Beispielen dieser Forschungsrichtung begegnet. Es ist hier der Ort, über die Einzelerscheinungen hinaus eine Zusammenfassung der neu sich bietenden Möglichkeiten zu therapeutischer Beeinflussung zu geben. Einige Richtungen heben sich klar heraus. Bei sämtlichen Zellen ist die Funktion aufs innigste an die Zustandsart der Zellkolloide gebunden derart, daß die Betätigung der Funktion nicht ohne eine Änderung des Kolloids möglich ist und daß umgekehrt eine jede Änderung des Kolloids auf die Art und das Maß der Zellfunktion in entscheidender Weise zurückwirkt. Ebenso unzertrennlich aber ist die Funktion der Zellen an die Ionen geknüpft. Wie das bei keiner Zellfunktion fehlende Auftreten von elektromotorischen Kräften zeigt, geht bei einer jeden Funktion der Zelle außer der Kolloidänderung regelmäßig auch eine Verschiebung von Ionen vor sich, und ebenso haben die Ionen umgekehrt bei einer jeden Einwirkung von außen auf die Zelle einen tiefgreifenden Einfluß. Ein guter Teil der Aufgaben der heutigen Zellforschung ist mit diesen Sätzen umschrieben. Für die Therapie aber bedeutet die ungeahnt weitgehende physikochemische Beeinflußbarkeit der

[1]) J. Loeb, Untersuchungen über künstliche Parthogenese. Leipzig 1906; ferner Pflügers Arch. **118**, 572 (1907).

Zellfunktionen eine Wandlung der Probleme, die nicht nur theoretisch, sondern vor allem auch praktisch gar nicht hoch genug eingeschätzt werden kann. Alles, was den Ionenbestand oder die Ionenlokalisierung, ebenso sehr aber auch alles, was die Zustandsform der Kolloide an den Zellen beeinflußt, hat mit Notwendigkeit eine Beeinflussung der Funktionen der Zellen zur Folge. Als dritte im Bunde hat die Reaktionskinetik neue Handhaben gegeben, nicht nur interzellulär den Ablauf der Reaktionen zu ändern, sondern weitergreifend auch den Chemismus der Zelle selbst zu beeinflussen. Die lebenden Zellen erscheinen nicht mehr als Wesen mit starrer, nur dem eigenen unbekannten Gesetz folgender Funktion; sie werden vielmehr in erheblichem Maß lenkbare, nach bestimmter Richtung beeinflußbare Gebilde, sobald es gelingt, durch die therapeutische Methodik Änderungen der Reaktionsbedingungen für die Zelle herbeizuführen. Dabei ist es von besonderer Wichtigkeit, daß ganz allgemein schon geringste Unterschiede des Milieus genügen, um merkliche Beeinflussungen der Zellfunktion hervorzubringen. Der therapeutische Nihilismus, soweit er als theoretische Folge des zellularpathologischen Denkens in der inneren Medizin hervortrat, hat somit seine Berechtigung verloren. Der Therapie ist an der Grenze der Zelle kein Halt geboten; die physikalische Chemie eröffnet der Forschung breit gangbare Wege, durch Beeinflussung von außen die Funktionen der Zellen in bestimmter, therapeutisch gewünschter Richtung zu ändern. Zahlreiche Einzelbeispiele solcher Wirkung sind in den vorstehenden Kapiteln gegeben.

Die wichtigsten physikochemischen Beeinflussungarten der Zellen und damit zugleich die wichtigsten Wege der physikochemischen Therapie lassen sich, ohne daß indes damit eine gegenseitige Abgrenzung der Gebiete angestrebt wird, in etwa folgender Weise allgemein charakterisieren.

An erster Stelle sei die milieubeeinflussende Therapie mit einigen allgemeinen Ausführungen erläutert. Für das Ziel, die Funktion der Zelle durch Milieubeeinflussung in therapeutisch nutzbarer Weise zu ändern, kommen zwei Möglichkeiten in Frage: erstens die Wiederherstellung der normalen Milieubeschaffenheit bei pathologisch vorhandener Abweichung und zu zweit die künstliche Abänderung des Normalmilieus zu Zwecken besonderer Beeinflussung von krankhaft veränderten Zellen. Für die erstgenannte Aufgabe gibt die Kalziumtherapie bei der mit Kalziumverarmung einhergehenden parathyreogenen Tetanie[1]) das beste Beispiel; für die zweite Aufgabe mag an die Magnesiumtherapie des echten Tetanus[2]) erinnert werden. Aber auch indirekt, durch Milieubeeinflussung der Arzneiwirkung, macht die Ionenzusammensetzung sich therapeutisch geltend: Die Abhängigkeit der Herzmittelwirkungen von den Ionen des Milieus[3]) gibt hier die bestuntersuchten Beispiele; insbesondere sei an den Erfolg einer Kombinierung der Chinidinkuren (gegen Herzarythmien) mit einer kalireichen Kost (v. Bergmann[4]) erinnert. Die außerordentliche Zähigkeit, mit welcher der Körper

[1]) Siehe S. 435.

[2]) Siehe S. 438.

[3]) Siehe S. 367.

[4]) Münch. med. Wochenschr. 1919, Nr. 26; vgl. dazu die Versuche der Sensibilisierung des ausgeschnittenen Herzens durch Kaliumsalze gegenüber der Chinidinwirkung (E. Wiechmann, Pflügers Arch. **195**, 588 (1922) und Klin. Wochenschr. **1**, 1683 (1922).

die ihm eigene Konstanz der Ionenzusammensetzung seiner Säfte wahrt[1]), bietet zwar der milieubeeinflussenden Therapie erhebliche Hemmungen, doch ist es, wie namentlich aus den Untersuchungen von Luithlen[2]) und Zuntz[3]) hervorgeht, gleichwohl möglich, schon auf stomachalem Wege durch geänderte Ionenzufuhr merkliche Milieubeeinflussungen der Zellfunktionen zu erreichen. Auch in diesen Versuchen tritt aufs deutlichste zutage, wie außerordentlich empfindlich die Zellen schon auf kleine Unterschiede der Milieuzusammensetzung reagieren. Für die Balneologie, d. h. für die Heilerfolge der Brunnenkuren[4]) ist das weitere Studium der Milieubeeinflussung von der größten Bedeutung; besonders die Befunde von Zuntz (l. c.) sind hier als Grundlage wichtig. Gewisse körperfremde Ionen (namentlich Br, siehe S. 171) nehmen in der Milieubeeinflussung eine Ausnahmestellung ein; sie lassen sich, wahrscheinlich weil die Gewebe diese Ionen nur unvollkommen von den ihnen physikochemisch nahestehenden körpereigenen Ionen zu unterscheiden vermögen[5]), auffallend leicht im zirkulierenden Blut zu längerdauernder Anhäufung bringen. Wo bei anderen Ionen die langandauernde Anreicherung im Serum Schwierigkeiten macht, ist in der permanenten intravenösen Infusion, wie sie beim Magnesium in der Therapie des Tetanus zur Verwendung gelangt (W. Straub[6])), ein erster brauchbarer Weg beschritten, um dem ständigen Ausgleich zum Trotz ein längeres Verweilen zu erzwingen. In gleichem Sinne kann sich auch bei schwer löslichen Stoffen die Anlegung eines Depots im Gewebe als nützlich erweisen; schon seit langem hat die Therapie diese Methode in Einzelfällen z. B. beim Quecksilber verwertet. Die Wirkung der Ionen resp. der Ionenmischungen auf die Zellen ist sehr komplex, die mannigfachsten Wirkungsarten greifen hier ineinander; vielfach ist die kolloidchemische Wirkung bei weitem überwiegend, so daß es sich praktisch empfiehlt, sie als eine besondere Art getrennt zu behandeln.

Die kolloidbeeinflussende Therapie ist zu außerordentlich mannigfacher Verwertung befähigt. Fast die Gesamtzahl aller pathologischen Prozesse geht mit ausgeprägten Änderungen in der Zustandsform der Zellkolloide (einschließlich der Kolloide des Paraplasmas[7])) einher. Teils sind es Veränderungen in soloider Richtung: wie Aufquellung der Protoplasmakolloide oder der Zellmembranen, oft auch Lockerung der die Zellen verbindenden „Kittsubstanz" oder abnorme Verflüssigung der Sekrete. Andernteils aber sind es Störungen geloider Art wie die Umbildung von Protoplasmabestandteilen im Sinne der Ausfällung, wie die abnorme Dichtung und Durchlässigkeitsabnahme von biologischen Membranen oder wie die

[1]) Siehe S. 150ff.

[2]) Arch. f. experim. Pathologie u. Therapie **68**, 209 (1912); Wiener klin. Wochenschrift 1912, Nr. 18, vergl. oben S. 169.

[3]) Veröffentlichungen der Zentralstelle f. Balneologie **2**, 39 (1913), vergl. ob. S. 240.

[4]) Vgl. H. Schade, Medizinische Klinik 1909, Nr. 29 u. 30; vgl. auch Zeitschr. f. Balneologie **1**, Nr. 3 (1908) und **2**, Nr. 12 (1909); ferner derselbe, Internationaler ärztlicher Fortbildungskurs. Karlsbader ärztl. Vorträge Bd. 4, 1922.

[5]) Siehe S. 316.

[6]) Siehe S. 438.

[7]) Vgl. S. 376ff.

pathologische Eindickung der entstehenden Se- oder Exkrete. Solventia, d. h. kolloidlösende Mittel, und Adstringentia, d. h. kolloidfällende Mittel, reichen in ihrer praktischen Erprobung bis in die ältesten Zeiten der Medizin zurück. Die Verwertbarkeit derart, daß durch kolloidfällende Medikamente nur das Plus an Verflüssigung bei den Kolloiden zum Ausgleich gebracht wird, ohne daß überhaupt eine Fällung der Kolloide im Sinne der Adstringierung eintritt (antionkische Therapie, s. S. 285), hat erst die Kolloidchemie gelehrt (H. Schade). Der Anwendungsbereich der kolloidbeeinflussenden Therapie wird dadurch so groß, daß solche Beeinflussung nicht nur an den von außen zugänglichen Geweben (Wundflächen und Schleimhäuten), sondern in ähnlicher Art auch an den Gewebskolloiden des Körperinneren möglich ist. Die Kalziumwirkung liefert das deutlichste Beispiel[1]). Außer den Ionen sind auch andere Substanzen, wie Koffein, Theobromin[2]) u. a. zu kolloider Zellbeeinflussung befähigt. Die Wirkung des Fibrolysins[3]) und der Pregl-Pepsinlösung im Sinne der Narbenerweichung und der Verhütung resp. Lösung von Adhäsionen (E. Payr[4]) gehört gleichfalls in dieses Gebiet. Ebenfalls für die große Gruppe der lipoidlöslichen Mittel steht, wie namentlich die Untersuchungen über indifferente Narkotika[5]) zeigen die kolloidbeeinflussende Wirkung im Vordergrund des therapeutischen Erfolges. Selbst die salinische Laxation und Diurese hat in der Zellkolloidbeeinflussung eine wirksame Komponente: die Auflockerung der Zellkolloide hat eine erhöhte Zellpermeabilität zur Folge und tritt therapeutisch als gesteigerte Befähigung zur Sekretion in die Erscheinung[6]).

Auf jedem der Hauptgebiete der physikalischen Chemie ist für die Therapie eine neuartige Grundlage der Zellbeeinflussung erwachsen. Wie die Lehre von den Lösungen vor allem zur milieubeeinflussenden Therapie und die Kolloidchemie zur kolloidbeeinflussenden Therapie geführt hat, so ist aus den reaktionskinetischen Untersuchungen als neuartige Forschungsrichtung insbesondere die katalytische Therapie mitsamt den übrigen aus der Reaktionskinetik sich ergebenden Beeinflussungsmöglichkeiten entstanden. Sie läßt sich zusammenfassend als reaktionsablaufbeeinflussende Therapie bezeichnen. Die Einzelwege solcher Zellbeinflussung sind außerordentlich mannigfaltig; sie sind im Kapitel der Stoffwechselkrankheiten sowie auf S. 120ff. zu eingehender Darstellung gekommen.

Nach drei großen allgemeinen Richtungen sind hier die neuartigen Aufgaben für die Therapie gekennzeichnet. Erfolgreiche Anfänge sind bereits auf den verschiedensten Gebieten vorhanden, nicht wenige von ihnen lassen eine überraschende Tragweite erkennen. In gemeinsamer Arbeit mit der physikochemischen Physiologie wird die Medizin den Weg zu weiterem Ausbau finden. Vorerst stehen die Probleme dieser Gebiete noch zu sehr im Beginn ihrer Entwicklung, als daß die Entfernungen kenntlich

[1]) Siehe S. 168.
[2]) Siehe S. 319 u. 366.
[3]) Siehe S. 237.
[4]) Zentralbl. f. Chirurgie **49**, 1 (1922).
[5]) Siehe S. 439.
[6]) Siehe S. 316.

wären, in denen für solche Arbeiten die Grenzen des Erreichbaren liegen. Es ist die persönliche Überzeugung des Verfassers, daß mit der hier sich bietenden Erweiterung der Erkenntnis auch die Therapie in den Beginn eines sehr bedeutsamen allgemeinen Entwicklungsfortschrittes gestellt wird.

Aber auch sonst greift die physikalische Chemie auf zahlreiche Einzelzweige der Therapie befruchtend über. Die Aufgaben der Therapie im Gebiet des Lösungsbereichs der Körpersäfte sind durch die Entdeckung der Isoionie und Isotonie des Serums gegen früher in fundamentaler Weise geändert: die Einzelheiten sind im Kapitel der Blut-, Nieren-, Bindegewebs- und Nervenkrankheiten bereits zur Darstellung gebracht. Die mannigfach gearteten Erfolge, welche sich durch osmotische Wirkungen im Körper erreichen lassen, sind kürzlich durch M. Bürger und E. Hagemann[1]) unter dem Begriff der Osmotherapie zusammengefaßt und nach wichtigen Richtungen näher untersucht. Die Balneotherapie ist nicht nur durch die nach physikochemischen Gesetzen umgearbeitete Analyse ihrer Brunnenwässer[2]), sondern vor allem durch die Aufdeckung und Klärung der Ionenwirkungen im Körper[3]) auf sicherer Basis einer wissenschaftlichen Erforschung zugängig geworden. Auch die Hydrotherapie hat bereits am Beispiel der Wirkung des Prießnitzschen Umschlags eine physikochemische Bearbeitung erfahren, bei der besonders die Tiefenwirkung des Umschlags durch die Berücksichtigung der osmotischen Verhältnisse im Gewebe eine Erklärung fand[4]). Auf die zahlreichen „Beziehungen der Therapie zur Kolloidchemie" hat der Verfasser bereits 1909 die Aufmerksamkeit gelenkt[5]). Vor allem ist hier die Adsorptionstherapie[6]) zu nennen, wie sie in der Kohle- und Bolusbehandlung der akuten Vergiftungen und der infektiösen Magen- und Darmprozesse neuerdings nach langer Vergessenheit wieder zu allgemeiner Anwendung gelangt ist. Die physikalische Energie der Oberflächenanziehung hat dabei eine wichtige therapeutische Verwertung finden können, weil gerade viele toxische Substanzen in ganz bevorzugtem Maße der Adsorption unterliegen. Ähnlich wie im Reagensglasversuche werden auch im Magendarmkanal Gifte der verschiedensten Art von Kohle, Bolus alba usw. in derartiger Anreicherung adsorbiert und langdauernd festgehalten, daß praktisch weitgehende Entgiftungen zustande kommen. Ob diese Art der Giftbindung durch Einführung adsorbierender Massen auch für die Flüssigkeiten des Körperinneren, vor allem für das Blut sich wird verwerten lassen, steht noch offen[7]).

[1]) Deutsche med. Wochenschr. 1921, Nr. 8; dieselben, Zeitschr. f. d. ges. experim. Medizin **11**, 239 (1920) und **26**, 1 (1922); ferner M. Bürger, Biochem. Zeitschr. **124**, 1 (1921); siehe ferner K. Stejskal, Grundlagen der Osmotherapie. Wien u. Leipzig. 1922.

[2]) Vgl. die zusammenfassende Darstellung von M. Roloff u. F. Frankenhäuser in v. Korányi u. Richter, Physikalische Chemie u. Medizin II, 269—340. Eine sehr vollständige Zusammenfassung der Ionenanalysen bietet Das deutsche Bäderbuch, J. J. Weber, Leipzig 1907.

[3]) Siehe S. 150ff.; vgl. ferner S. 240, 288 u. 343.

[4]) H. Schade, Münch. med. Wochenschr. 1907, Nr. 18.

[5]) H. Schade, Kolloidzeitschr. **6**, 281 (1909).

[6]) Näheres siehe S. 274ff.

[7]) Vgl. hierzu L. Sabbatani, Biochem. Zeitschr. **59**, 408 (1914).

In neuerer Zeit sind ferner zahlreiche Medikamente in kolloider Form zur Anwendung gelangt: Silber, Quecksilber, Schwefel, Kalzium und andere mehr. Als praktische Vorteile kommen dabei vor allem die Wasserlöslichkeit und die Vergrößerung der wirksamen Oberfläche in Betracht. Die Herstellung des Kolloids geschieht nach den üblichen Methoden durch elektrische Zerstäubung[1]) oder auf chemischen Wegen[2]), vereinzelt, wie beim Phosphor im allbekannten Phosphorlebertran, einfach durch langdauernde mechanische Verreibung[3]). In jüngster Zeit ist auch die Ultrafiltration zur Isolierung der wirksamen Bestandteile bei pflanzlichen Auszügen benutzt, so wurde z. B. aus dem Opiumfiltrat das „Holopon" gewonnen[4]). Die mannigfachsten und engsten Beziehungen, in denen die Immunotherapie[5]), die Diätotherapie[6]) und die Versuche der Körperdesinfektion[7]) zur Kolloidchemie stehen, bedürfen hier nur der Erwähnung, da sie bereits oben in den entsprechenden Sonderkapiteln ausführlich zur Erörterung gelangt sind. Ein Gleiches gilt auch für die Narkotika[8]). Die Medikamente, die als Styptika benutzt werden, sind sämtlich, wie das Eisenchlorid und die Kalziumsalze, ausgeprägt kolloidfällende Mittel; die Gelatine, gleichfalls zur Blutstillung im Gebrauch, ist selber ein Kolloid und bietet in ihrer Beeinflussung der Blutgerinnung wiederum ein kolloidchemisches Problem. Die Solventia, die Adstringentia, die Diuretika, die Laxantia sind in ihren Beziehungen zur Kolloidchemie soeben erst bei der Erörterung der kolloidbeeinflussenden Therapie erwähnt. Kurz, die Therapie ist über und über voll von kolloidchemischen Problemen, so daß es nicht erforderlich ist, hier die Zahl der Belege noch weiter zu vermehren. Auf dem Gebiet der Therapie der Hauterkrankungen hat vor allem P. G. Unna[9]) die Beziehungen zur physikalischen Chemie aufgesucht und zahlreiche praktische Folgerungen gezogen. Die Licht- und Strahlentherapie hat, abgesehen von den Kolloidänderungen, die sie im Gewebe hervorruft[10]),

---

[1]) Vgl. die Bredigsche Methode der Gewinnung der Metallsole: Bredig, Anorganische Fermente. Leipzig 1901; ferner Bredig u. Müller von Berneck, Zeitschr. f. physikal. Chemie **31**, 258 (1899).

[2]) Näheres siehe The Svedberg, Die Methoden zur Herstellung kolloider Lösungen anorganischer Stoffe. Dresden 1909.

[3]) Vgl. Kolloidzeitschr. **14**, 65.

[4]) F. Blumenthal, Berl. klin. Wochenschr. 1916, Nr. 2; vgl. Fr. Mayer, Deutsche med. Wochenschr. 1916, Nr. 8.

[5]) Siehe S. 129f.

[6]) Siehe S. 265ff.

[7]) Siehe S. 112ff.

[8]) Siehe S. 439ff; vgl. auch J. Traube, Kolloidchem. Beihefte **3**, 237 (1912).

[9]) Vgl. z. B. P. G. Unna, Medizin. Klinik 1913, Nr. 41 u. 42; siehe auch ebendort 1913, Nr. 52 (H. Rohland); ferner als Monographie insbesondere P. G. Unna, Biochemie der Haut. Jena 1913.

[10]) Über Eiweißgerinnung durch Licht: vgl. G. Dreyer u. O. Hanssen, Compt. rend de la Soc. de Biol. **145**, 234 (1907); ferner F. Schanz, Pflügers Arch. **164**, 445 (1916) und Münch. med. Wochenschr. 1915, Nr. 19 u. 29. Über Eiweißkoagulation durch Radium siehe namentlich A. Fernon u. W. Pauli, Biochem. Zeitschr. **70**, 426 (1915). Über die Kolloidwirkung der Röntgenstrahlen: Bordier, Arch. d'électr. médecin **21**, 289 (1913); vgl. auch O. Jüngling, Strahlentherapie **10**, 404 (1920).

engste Verwandtschaft zur Katalyse[1]) sowie zum Problem der Reaktionsbeeinflussung durch Zuführung fremder Energiearten[2]). Auch hier ist durch eine vermehrte Anlehnung der Forschung an die Ergebnisse der physikalischen Chemie eine weitere Förderung zu erwarten. Für die mehr technische Frage der Haltbarkeit der Medikamente hat kürzlich Th. Paul[3]) die Gesetze der Reaktionskinetik, speziell auch der Katalyse verwertet. C. Neuberg[4]) macht in interessanten Beobachtungen auf verwandte Erscheinungen betreffs der Veränderungen von Arzneimitteln im Licht aufmerksam. Für die Mechanotherapie, speziell für die Massage, und für die Orthopädie sind durch die Zurückführung der mechanischen Muskel-, Knorpel- und Knocheneigenschaften auf die Kolloidbeschaffenheit dieser Gewebe ganz neuartige Fragen entstanden[5]). Schließlich ist auch die Elektrotherapie mit dem beim Stromdurchgang erfolgenden Kolloidänderungen und Ionenverschiebungen im Begriff, zusammen mit den Fortschritten der physikochemischen Nervenphysiologie eine völlig geänderte, ungleich vertiefte Bedeutung zu gewinnen[6]).

Die Mannigfaltigkeit der Wege, physikochemisch einen Krankheitszustand zu beeinflussen, und zugleich deren Wichtigkeit im Gesamtbild des Krankheitsheilens läßt sich nach H. Schade am besten am Beispiel der **Therapie der Entzündung** zeigen. Wie im Kapitel der allgemeinen physikochemischen Pathologie (S. 96ff.) des Näheren ausgeführt wurde, ist für die Entzündung die lokale Stoffwechselsteigerung das fundamentale Symptom. Den Herden der maximalen Stoffwechselsteigerung entsprechen die Centra der Entzündung. Von hier aus geht der Abstrom der in abnormer Art und in abnormer Menge gebildeten stofflichen Produkte ins periphere Gewebe vor sich. Eine Störung der Konstanzwerte des Gewebsaftes ist die Folge: das Übermaß an Lösungsstoffen treibt den osmotischen Druck in die Höhe, das Überwiegen der Abbaustoffe von saurem Charakter schafft die Azidose und die Steigerung der Verbrennungswärme gewinnt ihren Anteil an der Hitze der Entzündung. Solche Störung der Milieukonstanzen zieht wieder weiterwirkend eine Dyskolloidität der Gewebsmassen, speziell des Protoplasmas der Zellen nach sich. Die Macht dieser physikochemischen Alterationen ist so groß, daß sie zu wesentlichem Anteil über den Ausgang der Entzündung entscheidet. Hauptsächlich vom Blut her kommt die Möglichkeit des Ausgleichs. Wenn dem Blut eine Ausgleichung gelingt, bevor die Zellen resp. Gewebskolloide der Schädigung durch jene physikochemischen Faktoren erliegen, kann volle Heilung eintreten. Kann das Blut nur ungenügend den Ausgleich schaffen, so ist ein fortschreitender Zell- und Gewebszerfall die Folge. Ein Circulus vitiosus stellt sich ein: Stoffwechselsteigerung — Störung der physikochemischen Konstanzwerte — kolloider

1) Siehe namentlich die zahlreichen Arbeiten über Photokytalysen von C. Neuberg u. Mitarbeitern, von Jodlbauer, von Tappeiner u. a. in der Biochem. Zeitschr.

2) Vgl. S. 31 u. 241.

3) Münch. med. Wochenschr. 1916, Nr. 37.

4) C. Neuberg u. Schewkat, Biochem. Zeitschr. **44**, 495 (1913).

5) Siehe S. 417ff.

6) Siehe S. 430ff.

Zellzerfall — durch den Zellzerfall aber wieder ein Freiwerden von autolytischen Fermenten mit dem Erfolg einer erneuten Schürung des Stoffwechselbrandes im Gewebe. Diese Vertiefung des Einblicks in die Zusammenhänge der Einzelerscheinungen der Entzündung gibt dem therapeutischen Handeln klarere Ziele. Eine Hauptaufgabe der Entzündungstherapie muß es sein, diese physikochemischen Prozesse in ihrem Übermaß zu bekämpfen, speziell aber jenen Circulus vitiosus zu durchbrechen. Zur Erreichung dieses Zieles kommen im einzelnen Beeinflussungen der reaktionskinetischen, der osmotischen, der ionischen und kolloidchemischen Erscheinungen der Entzündung in Frage.

Wenn man die älteren und neueren Behandlungsmethoden der Entzündung nach dem Vorhandensein von Wirkungen dieser Richtungen durchprüft, ist es unschwer festzustellen, daß eigentlich sämtliche Methoden der Entzündungsbekämpfung physikochemische Wirkungsarten als wichtige Komponenten in sich enthalten. Die hier — meist unbewußt — benutzten physikochemischen Eingriffsarten lassen sich in einer zwar etwas zwangsweisen, dafür aber gut übersichtlichen Art zu den folgenden Gruppen ordnen (H. Schade):

1) Reaktionskinetische Entzündungstherapie: Ihr Ziel ist die Hemmung der krankhaften Stoffwechselsteigerung. Am wirksamsten in diesem Sinne ist die Kälteanwendung, speziell in der Form der Eisapplikation[1]). Weitere Wege sind die Verringerung der Sauerstoffzufuhr durch die Hochlagerung des entzündeten Teiles sowie die chemisch enger begrenzte Stoffwechselshemmung durch Antifermentinjektionen.

2) Osmotische Entzündungstherapie: Sie kann ihren Angriff direkt im Zentrum der Entzündung, d. h. am Ursprungsort der osmotischen Hypertonie nehmen oder auch von der Peripherie her das entzündete Gebiet beeinflussen. Ein Erfolg der erstgenannten Art wird hervorgebracht durch chirurgische Entfernung des zentralen entzündlichen Gewebsaftes (Eiters), durch Baden einer frei zutage liegenden Entzündung in Wasser resp. in hypotonischen Lösungen oder durch Injektion hypotonischer Lösungen in den Ort der osmotischen Hypertonie. Von der Peripherie her wirken dagegen im entlastenden Sinne die Abstromverbesserung durch Hyperämiebehandlung, die absaugende Wirkung durch Injektion stärker hypertonischer Lösungen an einem Ort der Gewebsnachbarschaft der Entzündung und ferner die Heranziehung des Nachbargewebes zu vermehrter osmotischer Mitarbeit, wie sie vermittelst der Hyperämisierung der Entzündungsperipherie, z. B. durch einen Prießnitzschen Umschlag[2]) erreicht wird.

3) Ionische, speziell antiazidotische Entzündungstherapie: Da die Säureüberladung einen Teil der osmotischen Überladung ausmacht, so ist verständlich, daß die osmotisch-therapeutischen Wirkungen (siehe unter 2) zugleich auch eine Entlastung des Entzündungsherdes von den Säuren bedeuten. Daneben aber enthält die Entzündungstherapie noch Maßnahmen, welche im Speziellen die Azidose bekämpfen, so die Alkali-

[1]) Ganz allgemein geht die Geschwindigkeit chemischer Vorgänge bei je 10^0 Temperaturerniedrigung um die Hälfte und etwas mehr zurück (vgl. S. 74).

[2]) Näheres siehe H. Schade, Münch. med. Wochenschr. 1907, Nr. 18.

therapie bei den septischen Entzündungen (vgl. S. 149), die alkalotische Diät beim Entzündungsfieber und örtlich das Seifenbad bei offenen Entzündungen. Zudem hat die Hyperämiebehandlung der Entzündung dadurch eine speziell antiazidotische Wirkung, daß sie das Fortschreiten der Verbrennungen bis zur Endstufe $CO_2 +$ Wasser fördert und so die Gewebsäfte von den nur unvollkommen abgebauten organischen Säuren, welche hauptsächlich die Azidose verschulden, freier macht.

4) Kolloidchemische Entzündungstherapie: Bei der Entzündungsbehandlung mit Hilfe von Mitteln wie Tanninpräparaten, Alaun, Wismutsalzen, Kupfersulfat usw. ist vor allem an die antionkische Wirkungskomponente gegenüber dem entzündlich geschwollenen und gelockerten Protoplasma zu erinnern (vgl. S. 285). Vom Kalzium ist eine Wirkung gleicher Richtungsart auch bei interner Darreichung für das Gewebe vom Blut aus gesichert.

Speziell für die Maßnahmen der chirurgischen Entzündungstherapie seien diese Verhältnisse etwas näher erörtert (H. Schade[1]). Das souveräne Mittel der Chirurgie bei den eitrigen Entzündungen ist die Inzision. Für die physikochemische Betrachtung nimmt diese Therapie ihren Angriff am Ort der Stoffwechselsteigerung. Die Wirkung ist eine ideale, wenn sich mit dem Eiter zugleich der Zentralherd der Stoffwechselsteigerung entfernen läßt. Wie mit einem Schlage versiegt dann die Quelle des schädlichen Zustromes, das Blut stellt nun mit Leichtigkeit im Gewebsaft die physikochemischen Normalkonstanzen wieder her und gibt so den Zellen die Möglichkeit zur Erholung: im Wundsekret der ersten Tage nach der Inzision ist die Abnahme der osmotischen Hypertonie und ebenso der H-Hyperionie[2]) in quantitativer Messung sehr schön zu verfolgen. Neben der Inzision ist die Biersche Hyperämie das erfolgreichste Mittel der chirurgischen Entzündungstherapie. Die Hyperämiebehandlung greift in den physikochemischen Circulus vitiosus von gerade der entgegengesetzten Seite her ein. Ohne daß das Messer den Zentralherd der entzündlichen Stoffwechselsteigerung zu entfernen braucht, kann es einer forcierten Hyperämisierung gelingen, von der Peripherie her die erforderliche Entlastung zu bewirken, indem durch erhöhten Ausgleich zum Blut die Nivellierung der physikochemischen Störung erreicht wird. Der osmotische und ionische Stausee der Entzündung ist ebenso sehr, wie durch die Inzision an seinem Zustrom, auch durch die Hyperämiebehandlung an seinem Abstrom regulierbar.

Bei den übrigen Maßnahmen der chirurgischen Enzündungsbehandlung sind gleichfalls physikochemische Prozesse in wichtiger Rolle beteiligt. Die Saugglockenbehandlung nach Stichinzision bedient sich mechanischer Kräfte, um den Entzündungshof des Gewebes von der osmotischen und azidotischen Belastung zu befreien. Bei der Tamponade der Wunden sehen wir die Kapillarkräfte sich zu dem gleichen Ziele in einer Flüssigkeitsanzie-

---

[1]) Siehe H. Schade, Verhandl. d. deutschen Naturforscher u. Ärzte, Leipzig 1922 (Referatvortrag) und derselbe, Langenbeck's Arch. f. klin. Chirurgie 1923 (z. Zt. im Erscheinen).

[2]) H. Schade, P. Neukirch u. A. Halpert, Zeitschr. f. d. ges. experim. Medizin **24**, 42 (1921).

hung und einer physikochemischen Adsorption betätigen. Beim feuchten Verband oder beim Wasserbad der inzidierten Wunde läßt man an Stelle der mechanischen Saugwirkung die Diffusionsenergie der im Gewebsaft gestauten Moleküle und Ionen sich im Sinne der Entlastung des Entzündungsherdes auswirken. Ganz besonders sind bei der alten von Esmarchschen Entzündungstherapie, bestehend in Eisapplikation und Hochlagerung, physikochemische Faktoren beteiligt. Die Temperatur und die Konzentration sind die beiden wirksamsten Mittel zur Beeinflussung der Reaktionsgeschwindigkeit. Mit je 10^0 Temperaturerniedrigung sinkt die Geschwindigkeit aller chemischen Prozesse, auch der Zellreaktionen, gesetzmäßig auf etwa die Hälfte herab, bei einer Abkühlung um 20^0 ist nur noch weniger als ein Viertel der Anfangsgeschwindigkeit vorhanden. Ähnlich zwangsläufig geht aber auch die Reaktionsgeschwindigkeit in den Zellen zurück, wenn man die Konzentration eines reagierenden Stoffes bis unter einen bestimmten Grenzwert herabsetzt (vgl. S. 215). Abkühlung und Sauerstoffentzug sind sonach zwei Mittel, welche zu intensivster physikochemischer Stoffwechselverlangsamung führen. In der Esmarchschen Therapie, die früher im weitesten Umfang und mit damals als gut anerkanntem Erfolge verwandt wurde, finden sich beide Mittel vereinigt. So extrem auch auf den ersten Blick der Gegensatz der alten Esmarchschen Behandlung zu der neuen Bierschen Therapie (speziell in der Form der Heißluft-Hyperämie) erscheint, so haben doch beide das physikochemische Endziel, die Entlastung des entzündeten Gewebes, gemeinsam: Die Biersche Hyperämie weitet das Bett des Abstroms, die Esmarchsche Therapie verringert den Zustrom; der Erfolg der Niveauerniedrigung des Stauseees ist für beide der gleiche. Beide Methoden haben neben ihren Vorzügen auch ihre Nachteile. Die Esmarchsche Therapie nimmt die Zellschädigung durch die Kälte in Kauf, die Biersche Therapie schließt die Gefahr in sich, in dem Fall, daß kein genügender Ausgleich zustande kommt, den Stoffwechselbrand mit seinen schädlichen Folgen für das Gewebe noch zu steigern. Vom theoretischen Standpunkt erscheint es sehr wohl möglich, daß die — zurzeit meist verlassene — reaktionshemmende Therapie Esmarchs bei bestimmtem Indikationsgebiet, so gerade bei den akutesten und bedrohlichsten Formen der Entzündung, sich einen Platz wieder erobern wird. Auch sei auf die Möglichkeit einer Kombinierung der Methoden verwiesen: für das Zentrum der Entzündung z. B. bei schweren Furunkeln nach Stichinzision und Absaugung streng lokale Eistherapie, daneben für das ganze Entzündungsgebiet, d. h. vorwiegend dann aber nur dem peripheren Gewebe zugute kommend, die Biersche Hyperämisierung. Über den therapeutischen Wert kann allein die Praxis entscheiden. Diese letzteren Möglichkeiten sind hier nur deshalb gestreift, um mit ihnen zu zeigen, wie weit bis in das Detail der rein praktischen Fragen hinein die Anwendbarkeit der physikochemischen Ergebnisse geht.

Der Überblick der Beziehungen der Therapie zur physikalischen Chemie sei geschlossen. Nur selten hat eine neue Hilfswissenschaft in dieser Allgemeinheit und in dieser Tiefe so gut wie sämtliche Gebiete der Medizin befruchtend durchdrungen.

Teil III.

Technik der medizinisch wichtigsten physikochemischen Untersuchungsmethoden.

Als Hilfsbücher beim physikochemischen Arbeiten seien dem Mediziner besonders empfohlen:

Ostwald-Luther, Hand- und Hilfsbuch zur Ausführung physikochemischer Messungen. Leipzig. W. Engelmann.

L. Michaelis, Praktikum der physikalischen Chemie, insbesondere der Kolloidchemie für Mediziner und Biologen. Berlin. J. Springer.

Wo. Ostwald und P. Wolski, Kleines Praktikum der Kolloidchemie. Dresden. Th. Steinkopff.

Verzeichnis der Untersuchungsmethoden.

Kapitel 1.

Methoden des Gebiets der echten Lösung:

Kapitel 2.

Methoden des Gebiets der Kolloidchemie:

I. Methoden zur Isolierung und zum Nachweis der Kolloide:

II. Methoden zur Differenzierung, resp. Trennung der Kolloide untereinander:

III. Methoden zur Messung von Eigenschaften, durch welche kolloide Lösungen, resp. Gallerten besonders ausgezeichnet sind:

Kapitel 1.

Methoden des Gebiets der echten Lösung.

I. Messungsmethoden der osmotischen Eigenschaften der Lösung (= Messung der Moleküle + Ionen).

1. Steighöhenmethode nach dem Prinzip von Pfeffer.

Sie ist die bequemste Methode zum qualitativen Nachweis des Lösungsdruckes (hier in seiner Form als osmotischer Druck). Die Versuchsanordnung ergibt sich aus beistehender Figur. Man fülle das unten durch eine semipermeable Membran geschlossene Steigrohr mit der „Lösung" und die Wanne mit dem der Lösung entsprechenden „reinen Lösungsmittel" bis zum gleichen Niveau. Der osmotische Druck wird sich in einem Ansteigen der Steigrohrflüssigkeit bemerkbar machen. Quantitative Ergebnisse sind mit dieser Methode nur äußerst schwierig zu erhalten, da sich im strengen Sinne für Ionen und Moleküle semipermeable Membranen schwer herstellen lassen. Zum qualitativen Nachweis des osmo-

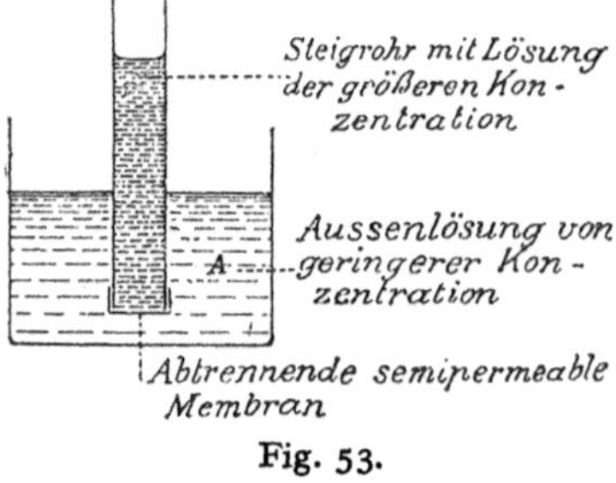

Fig. 53.

tischen Druckes der Ionen und Moleküle sind indes Membranen wie Fischblase, Kollodiumhäutchen und dergl. ausreichend.

2. Methoden der osmotischen Druckmessung durch Messung von Volumänderungen an Zellen.

Prinzip: Anstatt der Steighöhe wird bei diesen Methoden das Volumen von Zellen, für medizinische Zwecke am besten das Volumen von roten Blutkörperchen als Maß des osmotischen Druckes benutzt. Gleichsam als ein natürliches Osmometer beantwortet das rote Blutkörperchen jede Abweichung der Außenlösung vom normalen osmotischen Druck der Körpersäfte mit einer Änderung seines Volumens: in konzentrierteren Lösungen wird es kleiner, in verdünnteren Lösungen aber nimmt es Wasser auf. Die Größe dieser Veränderungen gibt zugleich ein quantitatives Maß des osmotischen Drucks der einwirkenden Lösung.

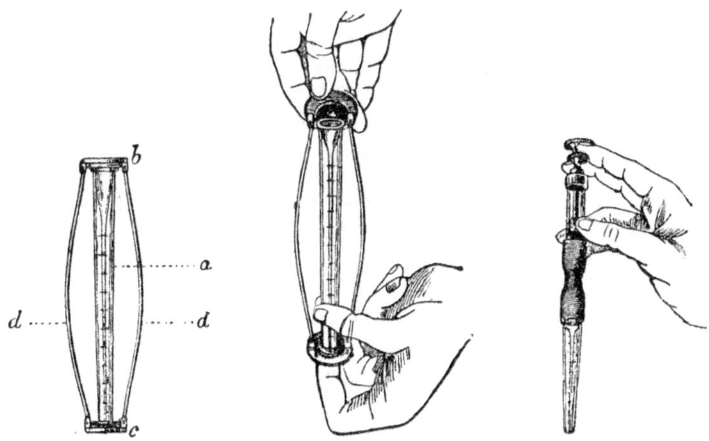

Fig 54.
Hämokrit nach Köppe.

Die wichtigste Anwendungsart hat dieses Prinzip gefunden in der

Hämokritmethode nach H. Köppe[1]).

Aus praktischen Gründen wird bei ihr nicht die Messung am Einzelblutkörperchen vorgenommen, sondern die Methode ist dadurch zu einer makroskopischen gestaltet, daß man in engen Röhrchen eine ganze Säule von Blutkörperchen auf ihre Volumschwankungen mißt, wobei das erforderliche gleichmäßig dichte Aneinanderlagern der Blutkörperchen durch Zentrifugieren erreicht wird.

Der Apparat von Köppe[2]) ist in der Figur 54 abgebildet.

[1]) Näheres s. H. Köppe, Arch. f. Anatomie u. Physiol. 1895, 154; 1899, 504; Arch. f. d. ges. Physiol **62**, 567 (1896); **65**, 492 (1897); **67**, 189 (1897); **107**, 183 (1905).
[2]) Zu beziehen von Hugershoff in Leipzig.

Mit a ist die Pipette bezeichnet, welche die Blutkörperchen und die zu untersuchende Lösung aufnehmen soll; sie hat einen längeren, sehr gleichmäßig eng gearbeiteten Teil, der mit genauer Hundertteilung versehen ist, und trägt am oberen Ende eine bauchige Erweiterung ihres Innenraumes. b und c sind die beiden mit Gummi und Kork armierten Verschlußteile, die durch die federnden Stahlspangen d den Pipettenöffnungen aufgepreßt werden können.

Um eine Messung zu machen, wird zunächst in die Köppesche Pipette vermittelst Ansetzen einer Pravatzschen Spritze Blut bis zur Marke 100 der Skala eingesogen, sodann das der Pipette am unteren Ende etwa äußerlich anhaftende Blut sorgfältigst abgetupft und nun sofort die zu untersuchende Lösung im Mengenüberschuß (bis etwa zu $^3/_4$ Füllung der bauchartigen Erweiterung) in die Pipette nachgesogen. Sodann ist die Pipette unter Vermeidung jedes Flüssigkeitsverlustes unten durch festes Anpressen des Verschlußteiles abzuschließen, so daß in der oberen Erweiterung mit einer reinen und blanken Nadel Blut und Lösung gut verrührt werden können. Wenn dies geschehen, wird auch der zweite Verschlußteil aufgesetzt und das Röhrchen ist fertig, um mit der dem Apparat beigegebenen hölzernen Schutzhülle, eventuell in einem dazu passenden Zentrifugierröhrchen, in die Zentrifuge gebracht zu werden. Wenn zentrifugiert ist, bis eine konstante Höhe der Blutsäule sich eingestellt hat, kann das Volumen der Blutkörperchen, welches für den osmotischen Druck der benutzten Lösung kennzeichnend ist, an der Skala abgelesen werden.

Eine besondere Beachtung verdient:

1. Die Beschaffenheit des Blutes: es wird am besten direkt frisch am Ohrläppchen oder aus der Fingerbeere unter den üblichen Kautelen vermittelst der mit Spritze armierten Köppeschen Pipette (s. Fig. 54) entnommen; doch ist, um der nachherigen Gerinnung vorzubeugen, auf die Einstichstelle stets ein kleines Plättchen Hirudin zu legen; auch muß jeder Druck bei der Blutentnahme sorgfältigst vermieden werden, damit das Blut der einzelnen miteinander zu vergleichenden Versuche stets eine gleiche Zahl roter Blutscheiben enthält.

2. Beim Einfüllen (von Blut und Lösung) ist auf das peinlichste jeder nachträgliche Flüssigkeitsverlust zu vermeiden, was zumeist erst nach einer gewissen Übung erreicht wird.

3. Die Zentrifuge muß eine Mindestzahl von 3000 Umdrehungen pro Minute besitzen, da sonst die Endeinstellung der Blutkörperchensäule nicht sicher erfolgt. Recht empfehlenswert ist die Zentrifuge nach Thilenius, doch sind die in den Laboratorien gebräuchlichen elektrischen Zentrifugen, soweit ihre Umdrehungen die Zahl 3000 erreichen, ebenfalls gut zu benutzen. Ein ruhiger Gang, sowie eine sichere Fixierung des Röhrchens in der Zentrifuge ist Vorbedingung. Es ist stets darauf zu achten, daß während des Zentrifugierens der untere Pipettenverschluß absolut dicht bleibt. Ferner bedarf es stets der Kontrolle, ob die konstante Endeinstellung auch wirklich erreicht ist.

Bei Innehaltung aller Vorsichtsmaßregeln gelingt es meist leicht, nach einigem Einarbeiten die Fehlergrenze der Messungen unter 4% und mehr herunterzudrücken. Den eigentlichen Messungen vorhergehende genaue Selbstkontrollen sind unerläßlich.

Die Verwertung der beobachteten Höhe der Blutkörperchensäule für die quantitative Bestimmung des osmotischen Druckes einer zu untersuchenden Lösung geschieht nach dem folgenden Zahlenbeispiel:

Es sei zunächst vorausgesetzt, daß die jedesmal eingesogene Blutsäule genau dem Teilstrich 100 entspricht. Wir zentrifugieren zuerst das Blut mit einer dem Normalserum isotonischen Kochsalzlösung von 0,9% und finden den Wert 48. In einem zweiten Röhrchen, wo statt der Kochsalzlösung die zu untersuchende Lösung eingesogen wurde, erhalten wir den Wert 43,5. Die zu prüfende Lösung ist mithin hypertonisch, und zwar mit einem Betrage der Blutsäulenhöhe, der von dem isotonischen Wert 48 um 4,5 differiert. Es ist sodann in weiteren Versuchen festzustellen, welche Kochsalzlösung höherer Konzentration ebenfalls die Einstellung 43,5 ergibt. Mit ihr ist dann die zu prüfende Lösung isotonisch.

Zur Erleichterung des Aufsuchens der entsprechenden Lösung ist die folgende Rechnung zu empfehlen: bei 0,9% NaCl fand sich der Wert 48. Um die Konzentration an NaCl zu suchen, die genau dem Hämokritwert 43,5 entspricht, nehmen wir zunächst eine Lösung, von der wir erwarten, daß sie sicher konzentrierter ist als die Testlösung, also etwa eine 1,5%ige NaCl-Lösung und finden mit ihr z. B. den Wert 43. Diese Gesamtänderung des Hämokritwertes von $48-43=5$ Einheiten entspricht einer Konzentrationsänderung unserer Lösungen von $0,9-1,5=0,6\%$. Einer jeden Einheit Änderung des Hämokritwertes wäre somit eine Konzentrationsänderung von $\frac{0,6}{5}\%$ gleichzusetzen. Um von 48 bis zu dem gesuchten Wert 43,5 zu gelangen, ist daher eine Konzentrationszunahme der NaCl-Lösung von $\frac{0,6}{5}\cdot 4,5=0,54\%$ erforderlich, d. h. eine Kochsalzlösung von $0,9+0,54=1,44\%$ wird den Wert 43,5 geben. Das Experiment muß die Richtigkeit dieses Wertes kontrollieren.

Da die genaue Einstellung der eingesogenen Blutsäule auf die Marke 100 aber nicht immer leicht gelingt, ist es nützlich, für die Praxis als Maß der Volumenänderung nicht direkt die Blutsäulenhöhe zu nehmen, sondern unter Verzicht auf die genaue Einstellung des eingesogenen Blutes bei Marke 100 jedesmal die „Volumenprozente der Blutkörperchensäule" zum Vergleich zu bringen. Angenommen, es war nur Blut bis zur Marke 97,5 in dem Röhrchen vorhanden und es wurde dabei die Blutsäulenhöhe nach dem Zentrifugieren bei 48 gefunden, so ist der Wert für die „Volumenprozente"

$$=\frac{48\cdot 100}{97,5}=49,2.$$

Es ist ein wichtiger Vorzug der Hämokritmethode, schon an kleinsten Mengen Flüssigkeit (1 ccm und weniger) die osmotische Bestimmung zu gestatten. Für hämolytisch wirkende Flüssigkeiten ist sie nicht geeignet.

Modifizierungen dieses Hämokrits von Köppe bieten namentlich das Trichterröhrchen von Hamburger[1]) (mit Dauerverschluß am unteren Ende des Röhrchens) und der Hämokrit von Kottmann[2]) (mit be-

[1]) Näheres s. Biochem. Zeitschr. **1**, 259 (1906).
[2]) Näheres s. Arch. f. experim. Pathol. u. Pharmakologie **54**, 356.

sonderem Zentrifugenaufsatz und dadurch erreichter größerer Sicherheit des Verschlusses an den Rohrenden). Auch sind die U-förmig gebogenen Röhrchen mit Graduierung beider Schenkel, wie sie Bönniger[1]) empfiehlt, sehr gut zu gebrauchen.

In der Art verwandt, aber in ihren Zielen durchaus unterschieden ist die **Bestimmung der osmotischen Resistenz** der roten Blutkörperchen: Hier wird die Widerstandsfähigkeit der roten Blutkörperchen gegenüber der osmotischen Druckeinwirkung gemessen. Man bestimmt, bis zu welcher Grenze die roten Blutkörperchen osmotisch beansprucht, d. h. durch äußeren osmotischen Minderdruck zum Schwellen gebracht werden können, ehe ihre Destruierung sich durch Abgabe des Hämoglobins („Hämolyse") kenntlich macht.

Die Technik dieser Versuche ist eine einfache. Man stelle sich eine Serie von NaCl-Lösungen verschiedener Konzentrationen her. Zu stets gleichen Mengen solcher Lösungen werden die zu untersuchenden roten Blutkörperchen, entweder einfach als 1—2 Tropfen Blut oder in Verdünnung, evtl. auch nach Waschung in isotonischer Salzlösung[2]), zugegeben und es wird festgestellt, bei welcher Grenzkonzentration eine „beginnende Hämolyse" oder eine „komplette Hämolyse" zur Beobachtung kommt.

Da die Einzelheiten der Versuchsanordnung auf das Ergebnis von Einfluß sind, ist es notwendig, stets eine ganz bestimmte Methodik innezuhalten. Zur Gewinnung einheitlicher, gut vergleichbarer klinischer Werte wäre es dringend erwünscht, wenn man sich auf eine einzige Methode (etwa die nach v. Limbeck) festlegen würde. Zurzeit sind namentlich zwei Arten der Ausführung im Gebrauch:

a) nach Hamburger: Eine Reihe trichterförmiger Reagenzgläser wird mit je 2 ccm NaCl-Lösung von aufsteigender Konzentration gefüllt, wobei die Konzentrationsdifferenz zweier Lösungen je 0,01% beträgt. Mittels einer kalibrierten Pipette werden 0,05 ccm Blut in jedes Röhrchen gebracht. Nach 15 Minuten langem Stehen wird sodann zentrifugiert: diejenige Lösung, welche gerade noch farblos ist, zeigt die Resistenzgrenze der „beginnenden Hämolyse".

b) nach v. Limbeck: Die Konzentrationsdifferenz der einzelnen Kochsalzlösungen beträgt 0,03%. Klinisch kommen die Konzentrationen von etwa 0,25—0,93% NaCl in Betracht. In jedes Glasröhrchen wird ein 1 ccm der Lösungen gebracht und sodann ein Tropfen Blut hinzugefügt, wobei durch Schütteln mit einer Glasperle im Gläschen defibriniert wird. Nach sechsstündigem Stehen wird die hämolytische Grenze festgestellt. Zumeist ist es nützlich, in einem Vorversuch zunächst die ungefähre Lage der „Grenzkonzentration" aufzusuchen.

Die Normalwerte der „osmotischen Hämolyse" liegen beim Blut des gesunden Menschen

für „beginnende Hämolyse bei 0,46—0,42% NaCl
für „komplette Hämolyse" bei 0,34—0,28% NaCl.

---

[1]) Zeitschr. f. experiment. Pathologie u. Therapie **20**, 63.
[2]) Über die Bedeutung des Waschens, speziell über die Wichtigkeit des Ca-Gehaltes s. namentlich J. Snapper, Biochem. Zeitschr. **43**, 266.

Durchaus von der osmotischen Resistenz abzutrennen ist die Resistenz gegen lipoidlösende Mittel, wie Alkohol, Äther, Saponin usw. Sie zeigt häufig geradezu ein gegensätzliches Verhalten. (Siehe S. 181.)

Nach den neueren Forschungen scheint zudem noch eine Hämolyse durch physikalische Oberflächenspannungsänderung möglich zu sein; diese Vorgänge stehen zur Hämolyse durch lipoidlösende Mittel anscheinend in enger Beziehung[1]), doch sind diese Fragen noch nicht ausreichend geklärt.

3. Methode der Messung der Gefrierpunktserniedrigung (Kryoskopie) nach Beckmann.[2])

Prinzip: Der Gefrierpunkt einer reinen Flüssigkeit ist bei gleichem äußeren Druck allemal konstant, er liegt beim destillierten Wasser bei 0^0 C. Anders bei Lösungen. Da sie um so schwerer gefrieren, je mehr Moleküle und Ionen sie gelöst enthalten, so gibt der Grad dieser Erschwerung des Gefrierens ein quantitatives Maß der gelöst vorhandenen Moleküle und Ionen. Die Erschwerung des Gefrierens wird gemessen durch das Temperaturintervall, um welches der Gefrierpunkt der Lösung niedriger gefunden wird als der Gefrierpunkt des reinen Lösungsmittels.

Der gebräuchlichste Apparat, das Kryoskop nach Beckmann, ist umstehend abgebildet (Fig. 55).

In ein größeres äußeres Becherglas, dessen temperaturisolierender Filzmantel in der Abbildung der Übersichtlichkeit wegen fortgelassen wurde, ist mit Hilfe eines abschließenden Metalldeckels zentral das Gefrierrohr eingesetzt, welches die zu prüfende Lösung aufnehmen soll und seinerseits wieder von einem Schutzglas umgeben ist, wodurch ein für den Temperaturausgleich wichtiger Luftmantel für das Gefrierrohr geschaffen wird. In das Gefrierrohr ist ein Beckmann-Thermometer frei schwebend einsetzbar. Das Becherglas ist für die Kältemischung bestimmt, dessen Temperatur durch ein zweites kleineres Thermometer kontrolliert wird. Noch ein kleines reagenzglasartiges Röhrchen ist vorgesehen, in dem sich ein sogenannter Impfstift befindet, d. h. eine Vorrichtung, mit Hilfe derer sich bequem kleine Eisstückchen gewinnen lassen, um sie durch das schräge Ansatzstück des Gefrierrohres der Lösung bei eintretender Unterkühlung zuzusetzen. Sowohl für die Kältemischung wie für die zu untersuchende Lösung im Gefrierrohr ist je ein Rührer angebracht. Der Rührer der Innenlösung muß in seinem eintauchenden Teil aus einem Material bestehen (am besten aus Platin), welches nicht mit der Lösung chemisch reagiert und auch keine Lösungstei.e an dieselbe abgibt.

Eine Gefrierpunktsbestimmung geschieht in der folgenden Weise: Zunächst stelle man sich eine geeignete Kältemischung her. Für die klinisch in Frage kommenden Flüssigkeiten (außer für sehr konzentrierten Harn) ist eine möglichst konstant bleibende Temperatur dieser Kältemischung von ca. $-2{,}5^0$ am günstigsten.

---

[1]) Vgl. hierzu besonders Fr. Czapek, Methode zur direkten Bestimmung der Oberflächenspannung der Plasmahaut von Pflanzenzellen. Jena 1911; ferner B. Kisch, Biochem. Zeitschr. **40**, 152 (1912); derselbe, Internationale Zeitschr. f. physikochemische Biologie **1**, 60 (1914).

[2]) Ausgezeichnete Zusammenstellungen von Literatur und Ergebnissen finden sich z. B. in Hamburger, Osmotischer Druck und Ionenlehre. l. c., in A. v. Koranyi und P. F. Richter, Physikalische Chemie und Medizin, l. c.

Es ist vorteilhaft, etwa von drei Litern einer 8%igen Kochsalzlösung auszugehen, sie mit 1,8 kg grobem Eis zu verrühren und dann noch unter vorsichtigem weiteren Rühren 0,5 kg fein zerstoßenes Eis zuzusetzen, wobei die Temperatur ziemlich genau auf 2,5% abzufallen pflegt. Sinkt die Temperatur zu tief, so ist die Lösung mit Wasser zu verdünnen; wünscht man sie kälter, so muß weiter Salz zugesetzt werden. Nach Erreichen der gewünschten Temperatur müssen die Eisstücke noch recht groß sein und es ist nur verhältnismäßig wenig zu rühren, damit die Konstanz der Temperatur möglichst lange gewahrt bleibt. Mit dieser Kältemischung wird das Becherglas des Kryoskops angefüllt. Die restierende Menge der Kältemischung dient dazu, schon jetzt zum Vorkühlen die zu untersuchenden Lösungen aufzunehmen.

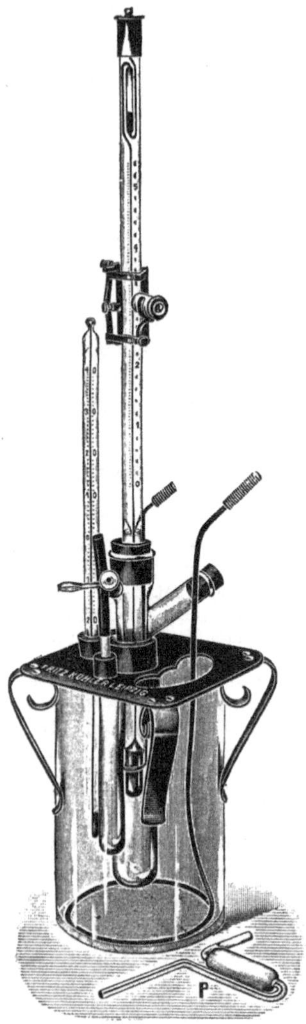

Fig. 55.
Kryoskop nach Beckmann.

Die Lage des Gefrierpunktes ist vom jeweiligen atmosphärischen Luftdruck merklich abhängig. Da die Schwankungen des Luftdruckes die Gefrierpunkte aller Lösungen gleichmäßig verschieben, kann man der rechnerischen Umwertung aus dem Wege gehen, wenn man vor (und zur größeren Sicherheit besser zum zweiten Male auch noch nach) der Bestimmung der zu untersuchenden Lösung den Gefrierpunkt des reinen Wassers am Thermometer aufsucht und dann den so gefundenen Punkt als Nullpunkt nimmt. Mit dieser Vorsichtsmaßregel werden zugleich alle Fehler, die durch eine verschiedene Wärmeausdehnung des Thermometerglases oder sonstwie durch die Zufälligkeiten des Tages bedingt sind, ausgeschaltet. Die Unterlassung dieser Vorsichtsmaßregel bei genaueren Messungen ist als Kunstfehler anzusehen.

Zur Bestimmung des Gefrierpunktes des Wassers kann nur reinstes, destilliertes Wasser benutzt werden. Es wird bis zu einer bestimmten Marke, die am Gefrierrohr durch Einritzen anzubringen ist, ins Gefrierrohr eingefüllt, dieses zunächst bis zu ca. 0^0 vorgekühlt und sodann an seinen Standort ins Becherglas eingesetzt. Die gewählte Flüssigkeitsmenge muß derart sein, daß die Quecksilbermasse des Thermometers nach Verschluß des Gefäßes ganz von der Flüssigkeit umspült ist, ohne daß vom Thermometer der Boden des Gefrierrohres berührt wird. Der Rührer muß so stehen, daß er bei seinen Bewegungen das Thermometer nicht streift. Das Schutzglas darf ebenfalls mit seiner Innenfläche das Gefrierrohr nirgends berühren, damit die Luftisolierung gegen die Kältemischung eine vollkommene ist. Auch ist darauf zu achten, daß die Außenfläche des Gefrierrohres beim Einsetzen in das Schutzglas gut abgetrocknet wurde.

Das Thermometer (nach Beckmann) bietet einige Besonderheiten. Es ist ein Thermometer, dessen Skala nur 4—5° umfaßt, deren jeder Grad wieder in 100 Teile eingeteilt ist; die Höhe der Hundertstel auf der Skala ist aber noch so groß, daß mit der Lupe (s. Fig. 55) bei Beachtung einer genau horizontalen Visierlinie noch gut Strecken von zwei Tausendstel Grad geschätzt werden können. Eine wichtige Besonderheit des Thermometers liegt darin, daß die Quecksilberfüllung infolge Anbringung eines Quecksilberreservoirs am oberen Ende des Thermometers reguliert werden kann. Für die meisten klinischen Zwecke wird man die Füllung so wählen, daß der Quecksilbermeniskus beim Gefrierpunkt des reinen Wassers sich im oberen Teil der graduierten Skala befindet, da sodann die zu messenden Gefrierpunktserniedrigungen, die unterhalb dieser Skalenhöhe liegen, in den Bereich der Feinteilung fallen. Ist zu viel Quecksilber im Meßbereich des Thermometers, so muß nach Einstellen des Thermometers in eine Flüssigkeit von etwa + 1° C das überschüssige Quecksilber, welches sich oben hängend im Reservoir befindet, durch vorsichtiges Anklopfen an das Thermometer zum Herabfallen in den unteren Teil des Reservoirs veranlaßt werden. War dagegen die Quecksilbermenge im Meßbereich zu gering, so ist zunächst etwa durch Erwärmen mit der Hand die Quecksilbersäule soweit zum Steigen zu bringen, daß sich von dem Quecksilberfaden oben in seinem Reservoir eine Kugel bildet; nach Umkehren des Thermometers auf seine Spitze ist durch Anklopfen die Reservequecksilbermasse mit dieser Kugel des Quecksilberfadens zu vereinigen; nach vorsichtigem Zurückbringen des Thermometers in seine normale Lage läuft sodann beim Abkühlen des Thermometers die Reservemasse des Quecksilbers mit in den Meßbereich hinein. Ist so die Quecksilbermenge, wie wohl zumeist eintreten wird, eine zu große geworden, so führt das erstbeschriebene Verfahren dann leicht zum Ziel. Eine gewisse Sorgfalt und Mühe ist zur richtigen Einstellung des Thermometers unerläßlich; die Einstellung braucht nur einmalig zu geschehen, sie bleibt dauernd erhalten.

Fig. 56. Thermometer nach Beckmann. (Oberes Ende)

Auf dem so vorbereiteten Thermometer muß nun unmittelbar vor jeder Bestimmung einer Lösung der für die augenblicklichen Verhältnisse gerade gültige Gefrierpunkt des reinen Wassers festgelegt werden. Die Vorbereitungen, wie oben beschrieben, seien beendet. Während gleichmäßiger Auf- und Abwärtsbewegung des inneren Rührers beginnt das Wasser des Gefrierrohres sich seinem Gefrierpunkt zu nähern, die Quecksilbersäule sinkt anfangs in dem weiteren Rohrteil langsam, kaum sichtbar; mit Erreichen der Feinteilung nimmt aber das Tempo des sichtbaren Absinkens schnell zu. Der Gefrierpunkt wird ohne Besonderheit durchlaufen, die Temperatur sinkt weiter, das Wasser unterkühlt sich. Wenn man annehmen darf, daß die Temperatur der zu untersuchenden Flüssigkeit etwa 0,5° unter dem zu erwartenden Gefrierpunkt angelangt ist, öffnet man das schräge Seitenrohr des Gefrierrohres und bringt mit Hilfe des Impfstiftes ein kleinstes Stückchen Eis an den heraufgezogenen Innenrührer und mit diesem sodann in die zu untersuchende Flüssigkeit. Man wird beobachten, daß sofort das Gefrieren einsetzt: die Quecksilberskala beginnt plötzlich in ungewöhnlich lebhaftem Tempo aufzusteigen, wird bei der Annäherung an den Gefrierpunkt ruhiger und stellt sich sodann bei einem ganz bestimmten Punkt völlig fest ein. Dieser Punkt ist der Gefrierpunkt des reinen Wassers für die zur Zeit der Untersuchung gerade gültigen Außenbedingungen. Er sei auf der Skala des Thermometers für den gedachten Fall bei 4,586° gefunden. Es empfiehlt sich, alle kryoskopischen Werte zweimal zu bestimmen. Der Versuchsfehler darf einige Tausendstel Grad nicht übersteigen.

Gleich anschließend an die Gefrierpunktsbestimmung des reinen Wassers wird sodann die zu untersuchende Flüssigkeit, die in einer Kältemischung vorgekühlt bereitsteht, in genau derselben Weise gemessen. Ihr Gefrierpunkt werde beispielsweise bei 4,028° gefunden. Die gesuchte Gefrierpunktserniedrigung ist sodann: $4,586 - 4,028 = 0,558^0$; $\Delta = -0,558^0$.

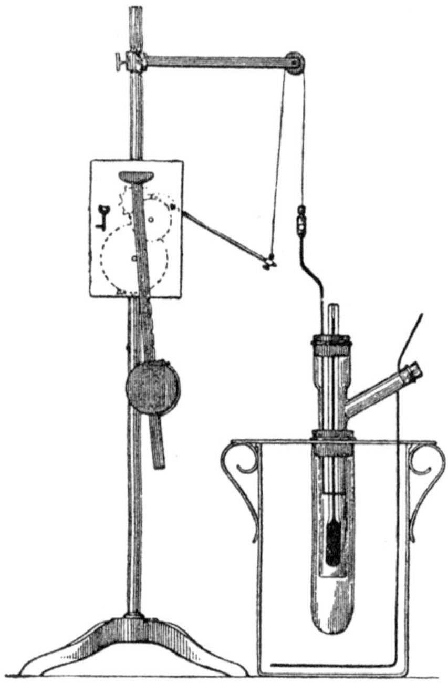

Fig. 57.
Rührapparat zum Kryoskop nach Beckmann.

Bei sorgfältiger Beobachtung der Kautelen sind die Resultate der Kryoskopie sehr exakt. Eine Kontrolle kann jederzeit leicht darüber unterrichten, wie groß die Fehlergrenze des einzelnen Untersuchers ist. Eine peinlichst genau hergestellte 1%ige NaCl-Lösung (1 g NaCl + 100 g Wasser) hat $\Delta = -0,589^0$.

Zur Ausführung der Kryoskopie sind etwa 12—15 ccm erforderlich. Blut oder Serum sind an sich in gleicher Weise brauchbar. Beachtung verdient der Kohlensäuregehalt. Der „Kohlensäurefehler" würde bei normalem venösen Blut etwa 0,01—0,02°, selten mehr betragen. (Vgl. S. 174.) Er wird praktisch dadurch zum Ausgleich gebracht, daß man entweder Blutserum zur Messung benutzt, welches sich bei eintägigem Stehen im Eisschrank gut vom Blutkuchen (insgesamt etwa 40 ccm Blut erforderlich) abgetrennt und mit den Gasen der Luft ins Gleichgewicht gesetzt hat (H. Strauß) oder dadurch, daß man das Blut (unter Zusatz von etwas Hirudin) mit Hilfe einer 10 Minuten dauernden Sauerstoffdurchleitung von dem Überschuß an Kohlensäure befreit (v. Korányi). Die Blutentnahme geschieht durch Venenpunktion.

Fehlerhafte Resultate der Messung werden hauptsächlich bedingt:

1. Durch zu niedrig temperierte Kältemischungen: Die Temperaturdifferenz gegenüber dem Gefrierpunkt der Testlösung darf den Wert —2,5° C nicht überschreiten. Bei der Kryoskopie von Blut und Serum ist sogar —2° C als Grenze zu nehmen.

2. Durch fehlerhaftes Bewegen des Innenrührers: Die Bewegung soll gleich-

mäßig, etwa ein bis zwei Hub pro Sekunde erfolgen, auch darf der Rührer nicht am Thermometer reiben. Ganz besonders ist das Rühren während der Zeit der Eisbildung in der Testflüssigkeit von Wichtigkeit; auch während des Ablesens darf mit dem Rühren nicht aufgehört werden. Um hier Fehler und persönliche Handhabungsdifferenzen auszuschließen, ist es am besten, eine maschinelle Art des Rührens zu wählen, etwa vermittelst eines schematisch hier wiedergegebenen Rührwerkes, wie es von Fritz Köhler-Leipzig zum Kryoskop passend zu beziehen ist. (Fig. 57.)

3. Durch zu späte Vornahme der Impfung: Die Unterkühlung der zu untersuchenden Flüssigkeit soll 0,5° C nicht übersteigen.

4. Durch unrichtiges Ablesen der Gefrierpunktseinstellung vom Thermometer: Besonders ist hier zu beachten, daß nur eine reine Flüssigkeit einen wirklich konstanten Gefrierpunkt haben kann, daß aber eine jede Lösung, wenn sie gefriert, durch die Ausscheidung des Eises konzentrierter wird, daß daher bei Lösungen mit der fortschreitenden Eisbildung ein ständiges Tieferrücken des Gefrierpunktes zu beobachten ist. In solchen Fällen, besonders durch zu starke Kältewirkung begünstigt, steigt das Thermometer mit dem Eintreten des Gefrierens zuerst wie sonst, es stellt sich aber nicht fest ein, sondern sinkt nach erstem schnellem Erreichen eines Maximums wieder ab. Hier gibt der erste höchste Stand den Gefrierpunkt am richtigsten wieder. — Vor dem Ablesen ist nie zu vergessen, durch leises Anklopfen ans Thermometer dessen „toten Gang", d. h. eine etwaige Reibungshemmung des Quecksilbers zu beseitigen.

5. Durch Verwendung zu kleiner Flüssigkeitsmengen: Die vorhandene Flüssigkeitsmenge muß ausreichen, um im Gefrierrohr die Quecksilberkugel des Thermometers allseitig voll zu umschließen. Wenn die Untersuchungsflüssigkeit nicht in solcher Menge beschafft werden kann, ist es nötig, besondere für kleine Mengen eingerichtete Kryoskope zur Bestimmung zu benutzen. Mit dem Kryoskop von Guye und Bogdan sind noch Mengen bis herab zu 1—1,5 ccm sicher zu messen, dabei verdient ein Thermometer von Burian und Drucker (zu beziehen durch Firma Götze in Leipzig) besondere Empfehlung[1]. Je kleiner hierbei die zu kryoskopierende Menge, um so größer wird im allgemeinen die Gefahr von Fehlern.

Umrechnung von Δ in Atmosphärendruck: Einem jeden tausendstel Grad Gefrierpunktserniedrigung entspricht ein osmotischer Druck von 0,012 Atm. oder von ca. 9,1 mm Hg. Für die oben untersuchte Lösung $\Delta = -0{,}558^0$ beträgt somit bei 0^0 der osmotische Druck $558 \times 0{,}012 =$ ca. 6,70 Atm. oder $588 \times 9{,}1 = 5078$ mm Hg. Diese Zahl gilt bei 0^0. Wünscht man den osmotischen Druck z. B. bei 37^0 zu berechnen, so muß das Gay-Lussacsche Gesetz zu Hilfe gezogen werden. Dieses sagt aus, daß für je 1^0 Temperatursteigerung der Druck um $^1/_{273}$ zunimmt. Also wird bei 37^0 der osmotische Druck der oben untersuchten Lösung $6{,}70 \cdot \left(1 + \frac{37}{273}\right) = 7{,}57$ Atm. betragen.

Umrechnung von Δ in „osmotische Konzentration": 1 Mol einer jeden molekulardispers löslichen Substanz, in 1 l Wasser gelöst, zeigt bei 0^0 eine Gefrierpunktserniedrigung von $\Delta = -1{,}85^0$. Wenn es sich lediglich um molekulardisperse Substanzen handelt, gibt somit $\frac{\Delta}{1{,}85}$, d. i. für unsere Lösung $\frac{0{,}558}{1{,}85} = 0{,}302$, die molekulare Konzentration (d. h. die Lösung ist 0,302 normal). Nun aber sind in allen Körperflüssigkeiten neben molekulardispersen Substanzen stets auch ionendisperse Substanzen beim

[1]) Näheres s. R. Burian und K. Drucker, Zentralbl. f. Physiol **23**, 772 (1909).

Zustandekommen des osmotischen Drucks beteiligt, so daß eine Berechnung auf molekularem Ansatz nicht statthaft ist. Um bei solchen Lösungen zum Ausdruck zu bringen, daß der Wert $\frac{\Delta}{1,85}$ auf eine Summe von Molekülen und Ionen bezogen worden ist, wird der Wert als „osmotische Konzentration“ bezeichnet.

Umrechnung von Δ in Gewichtsprozente der Substanz: Eine solche Berechnung ist für einstoffliche molekulardisperse Lösungen sehr einfach. Wir nehmen an, die oben gemessene Lösung enthielte nur Saccharose gelöst. $\frac{\Delta}{1,85}$ ergab $\frac{0,558}{1,85} = 0,302$ normale Lösung. Das Molekulargewicht der Saccharose ergibt gemäß der chemischen Formel $C_{12}H_{22}O_{11}$ aus der Addition der Atomgewichte (siehe die hier angeführte Atomgewichtstabelle) $12 \times 12,0 + 22 \times 1,008 + 11 \times 16,0 = 342,18$. Eine Normallösung enthält diese 342,18 g im Liter; bei der 0,302 normalen Lösung kommen sonach $342,18 \times 0,302 = 103,34$ g auf 1 l. Eine Saccharoselösung, welche $\Delta = -0,558^0$ gibt, ist mithin 10,33%. — Für mehrstoffliche Lösungen ist eine derartige Berechnung nicht möglich.

Tabelle der medizinisch zumeist in Betracht kommenden Atomgewichte:

Ag—Silber	107,88	J—Jod	126,92
Al—Aluminium	27,1	K—Kalium	39,10
As—Arsen	74,96	Li—Lithium	6,94
B—Bor	11,0	Mg—Magnesium	24,32
Ba—Barium	137,37	Mn—Mangan	54,93
Bi—Wismut	208,0	N—Stickstoff	14,01
Br—Brom	79,92	Na—Natrium	23,0
C—Kohlenstoff	12,0	O—Sauerstoff	16,0
Ca—Kalzium	40,07	P—Phosphor	31,04
Cl—Chlor	35,46	Pt—Platin	195,2
Cr—Chrom	52,0	Ra—Radium	226,4
Cu—Kupfer	63,57	S—Schwefel	32,04
F—Fluor	19,84	Si—Silizium	28,3
Fe—Eisen	55,84	Th—Thorium	232,4
H—Wasserstoff	1,008	U—Uran	238,5
Hg—Quecksilber	200,6		

Die normalen Werte von Blut oder Serum (nicht aber Lymphe) bewegen sich zwischen $\Delta = -0,55$—$0,58^0$; abweichende Werte sind pathologisch. (Näheres s. S. 172ff.)

Im Harn werden Schwankungen von $\Delta = -0,1^0$ bis etwa $\Delta = -3,5^0$ gefunden. Die Differenz dieser Werte wird als „osmotische Akkomodationsbreite“ der Nieren (normal ca. 3^0) bezeichnet; sie läßt unter pathologischen Verhältnissen quantitativ und zeitlich Abweichungen im Sinne einer mehr oder weniger starken Verringerung erkennen. Wird die osmotische Akkommodation insuffizient, so spricht man von „osmotischer Inkompensation“: Δ des Blutes kann erhöhte Werte (—0,60 und darüber) zeigen.

II. Messungsmethoden der elektrischen Eigenschaften der Lösung
(= Messung der Ionen).

A. Methoden zur summarischen Messung des Ionengehalts.

1. Methode der Leitfähigkeitsmessung nach Kohlrausch.[1])

Prinzip: Die Ionen sind die alleinigen Transporteure der elektrischen Ladung beim Durchgang eines elektrischen Stromes durch eine Lösung. Die Bestimmung der Leitfähigkeit einer Lösung gibt daher ein Maß der Ionen. Die Leitfähigkeit ist der reziproke Wert des elektrischen Widerstandes. Durch die Messung des Widerstandes einer Lösung wird sonach das Maß für die Ionen erhalten.

Die Messung elektrischer Widerstände geschieht am besten mit Hilfe der bekannten Wheatstoneschen Brücke (Schema Fig. 58). Der unbekannte Widerstand der zu untersuchenden Lösung befindet sich bei W. E ist die Stromquelle; von ihr geht der Strom zunächst nach p, teilt sich hier in die Wege prq und pxq und geht dann zurück nach E. Aber auch bei r und x finden wieder Stromteilungen statt, so daß die Strecke rx in beiden entgegengesetzten Richtungen von Strömen durchlaufen wird. Strom I teilt sich ab bei r, er hat den Gesamtverlauf EprxqE; Strom II aber macht den Kreislauf EpxrqE. Der eine Strom erhält somit den bekannten Widerstand R, der andere den gesuchten Widerstand W eingeschaltet. Werden die Gesamtwiderstände beider Ströme gleich, so geht durch die Strecke rx in beiden Richtungen ein gleich starker Strom, die Strecke erscheint für die Messung stromlos und das Galvanometer G hört auf auszuschlagen. Diese Stromgleichheit läßt sich durch ausprobierende Widerstandsstöpselungen bei R erreichen. Sie ist aber viel bequemer dadurch herbeizuführen, daß man in die Strecke pq einen schlecht leitenden Draht von 1000 mm Länge mit von Strecke zu Strecke gleichem, in summa sehr hohem Widerstand einschaltet und nun die Kontaktstelle x auf diesem Draht verschiebt. Ein jeder der Ströme enthält dann zwei Widerstände: Strom I den bekannten Widerstand R und die Drahtstrecke 1000 — a, Strom II den gesuchten Widerstand W und die Drahtstrecke a. Wenn durch Verschieben der Kontaktstelle x Stromgleichheit und damit Stromlosigkeit in der Strecke x erreicht ist, gilt nach Wheatstone die folgende einfache Beziehung $W \cdot a = R \cdot (1000 - a)$ oder $W = R \cdot \frac{1000 - a}{a}$. Der gesuchte Widerstand ist somit auf drei leicht abzulesende Größen des Apparates zurückgeführt. Da wir aber nicht den Widerstand, sondern die Leitfähig-

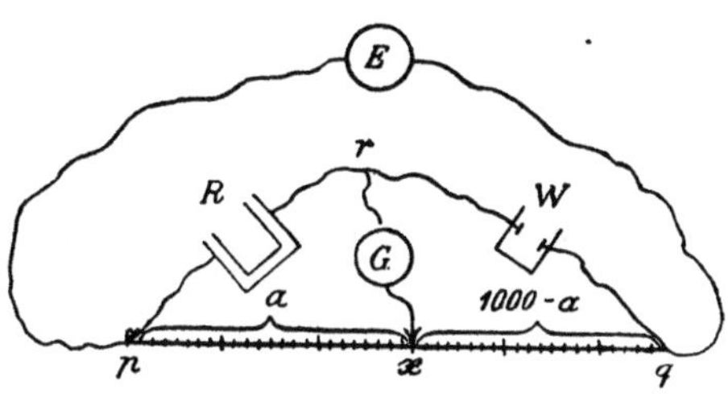

Fig. 58.

[1]) Vorzügliche Zusammenstellung von Literatur und Ergebnissen siehe z. B. bei J. H. Hamburger, Osmotischer Druck und Ionenlehre, l. c., und A. v. Korányi und P. F. Richter, Physikalische Chemie und Medizin, l. c.

keit messen wollen, so haben wir hiervon den reziproken Wert einzusetzen. Die Leitfähigkeit Λ ist also $\frac{1}{R} \cdot \frac{a}{1000 - a}$.

Der gebräuchlichste Apparat für Leitfähigkeitsmessungen weist gewisse Änderungen gegenüber diesem Schema auf. Zum Nachweis der Stromlosigkeit in der Strecke rx dient als „Nullinstrument" statt des gedachten Galvanoskops ein Telephon. Statt Gleichstrom ist daher ein sekundärer Wechselstrom, der primär aus einem Trockenelement durch Einschaltung eines Induktoriums mit Nefschem Hammer erzeugt wird, zur Anwendung gekommen. Die Stromlosigkeit der Strecke wird dann einfach am Schweigen des Telephons erkannt. Ferner haben, was ohne Schaden für die Versuchanordnung geschehen kann, das Nullinstrument und die Stromquelle (+ Induktorium) ihre Stellungen vertauscht, so daß die prinzipielle Anordnung, wie sie in den Apparaten der Leitfähigkeitsmessung zur Verwendung kommt, dem beistehenden Schema der Fig. 59 entspricht.

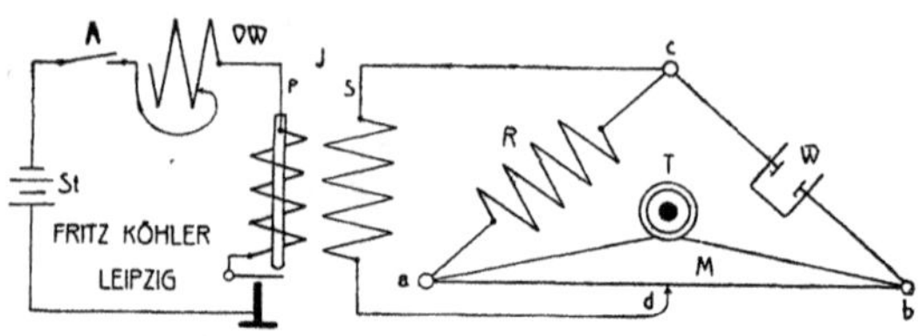

Primärer Stromkreis. Sekundärer, zur Messung dienender Stromkreis.

Fig. 59.

Der Apparat zur Leitfähigkeitsmessung enthält demnach die folgenden Einzelteile (vgl. Schema 59):

1. Trockenelement als Stromquelle (St) mit primärem Stromkreis (p).
2. Ausschaltvorrichtung des Primärstromes (A).
3. Induktorium (J) mit Nefschem Hammer und besonderem regulierbarem Vorschaltwiderstand (VW), welch letzterer dazu dient, die Einstellung des Induktoriums auf eine möglichst hohe Unterbrechungszahl (kontrollierbar durch „Mückenton" des federnden Unterbrecherkontakts am Nefschen Hammer) zu erleichtern.
4. Sekundärer Stromkreis (S) mit entsprechenden Gabelungen.
5. Präzisionswiderstand (R), bei dem (durch Herausziehen der Stöpsel aus den Zwischenräumen zwischen den Metallagern) die abstufbaren Widerstände von der auf dem Rheostaten angegebenen Größe additiv eingeschaltet werden.
6. Meßdraht (M), aus Platiniridium oder Konstantan, montiert auf Meßbrücke mit ablesbarer Skala und verschiebbarem Schlittenkontakt.
7. Hörtelephon mit Antiphon (d. h. Elfenbeinolive zum Verschluß des nicht am Telephon gehaltenen Ohres).
8. Leitfähigkeitsgefäß, in dem der Widerstand (W) der zu untersuchenden Lösung gemessen wird.

Für klinische Zwecke ist es empfehlenswert, diese Gesamtapparatur im transportablen Holzkasten vereinigt zu haben, entsprechend dem nebenstehenden Bilde Fig. 60).

Die Einzelteile sind gut kenntlich; die genauere Schaltung dieses Apparates ist aus der beigegebenen Skizze zu ersehen (Fig. 61).

Das Leitfähigkeitsgefäß befindet sich außerhalb der Apparatur, es wird mit dem Kontakt S bei C in den Sekundärstrom eingeschaltet. Die Trennung ist nötig, da das Leitfähigkeitsgefäß (auch Widerstandsgefäß genannt) sich im Wasserbade (am besten im Thermostaten, s. Fig. 62) bei konstanter Temperatur befinden muß.

Die Widerstandsmessung einer zu untersuchenden Flüssigkeit gestaltet sich in der folgenden Weise:

Zur Aufnahme der Flüssigkeit bei der Messung wähle man zweckmäßig ein Widerstandsgefäß nach Hamburger, wie in der Figur 62 (in ein Wasserbad eingesetzt) gezeichnet ist. Die Füllung geschehe immer gleichmäßig bis zu einer am Gefäß anzubringenden Marke; es sind ca. 10 ccm Flüssigkeit erforderlich Wenn man nur eine viel kleinere Menge zur Verfügung hat, ist statt des Hamburgerschen Gefäßes ein anderes, etwa ein solches nach Asher, bei welchem 1,7 ccm zur Füllung genügen, zu

Fig. 60.
Apparat zur Messung der elektrischen Leitfähigkeit.

wählen. (NB. Je kleiner das Gefäß und namentlich die Elektrodenfläche, um so schwieriger wird die genaue Einstellung auf der Meßbrücke.) Die Vorbereitung dieser Gefäße erfordert eine besondere Sorgfalt. Die Reinigung des Glases geschieht am besten durch 24stündiges Einstellen in Schwefelsäure-Chromatgemisch (konzentrierte Schwefelsäure + Kaliumbichromat in Form großer Kristalle als Bodenkörper), Ausspülen mit reinem Wasser und langes Nachwaschen mit in das Gefäß hineingeleitetem Wasserdampf, etwa in einer Art, wie die umstehende Abbildung (Fig. 63) zeigt.

Die Platinelektroden sollen im Hamburgerschen Gefäß als parallele Platten ca. 2 cm voneinander entfernt stehen, sie dürfen das Widerstandsgefäß nirgends berühren; die untere Elektrode muß 2 mm vom Boden des Glases bleiben. Der gegenseitige Abstand der Elektroden muß bei allen untereinander vergleichbaren Messungen absolut der gleiche sein, für entsprechende Fixierung ist daher Sorge zu tragen. Die Elektroden sind horizontal gestellt, um jederzeit durch ihre Bewegung die zu untersuchende Lösung, namentlich wenn sie Suspensions- oder Emulsionsteilchen enthält, gut durchrühren zu können. Eine Verbiegung der Elektroden ist strengstens zu vermeiden. Die Elektroden sind mit Glasröhrchen an einem Ebonitdeckel befestigt, derselbe trägt einen Zapfen, dem am Widerstandsgefäß ein Ausschnitt entspricht („Köhlers Sicherung"), damit die Elektroden stets eine völlig gleiche Stellung im Gefäß einnehmen. Der Kontakt wird hergestellt, indem man die Glasröhrchen mit einer kleinen Menge Quecksilber füllt und sodann die Zuleitungsdrähte eintaucht.

Vor dem Gebrauch hat eine Platinierung der Elektroden zu geschehen. Wenn die Elektroden längere Zeit in konzentrierter Salpetersäure gereinigt, sodann in Alkohol ohne Fingerberührung gewaschen sind, bringe man sie in die Platinierungsflüssigkeit (3% wässerige Lösung des käuflichen Platinchlorids, der 0,025 % Bleiazetat hinzugesetzt sind), wobei die Elektroden vermittelst ihrer Quecksilberkontakte mit zwei hintereinander geschalteten Akkumulatoren oder zwei Chromsäureelementen verbunden werden. Die Kathode erhält so einen schönen schwarzen Überzug. Die Gasentwicklung sei stets nur eine mäßige. Die Elektrodenbleche müssen schräg gehalten werden, damit die Blasen entweichen können und die Platinierung nicht stören. Alle zwei Minuten lasse man den Strom sich umkehren, damit beide Platten möglichst gleichmäßig platiniert werden. Beim Erstplatinieren dauere der Stromdurchgang in summa zehn Minuten, beim Nachplatinieren werden meist drei Minuten genügen. Nach Beendigung des Platinierens sind die Elektroden sorgfältig ca. ½ Stunde in warmem Wasser unter zeitweiligem Bewegen auszuwässern. Während des Nichtgebrauchs bewahrt man die Elektroden am besten in reinem Wasser auf. Sind sie einmal eingetrocknet (aber rein), so tauche man sie erst in Alkohol, damit sie sich hernach in Wasser gut benetzen. Sind die Elektroden verunreinigt, so beginne man, wie oben, mit der Salpetersäurebehandlung usw.; die Nachplatinierung kann, wie schon erwähnt, verkürzt (zwei bis drei Minuten) geschehen.

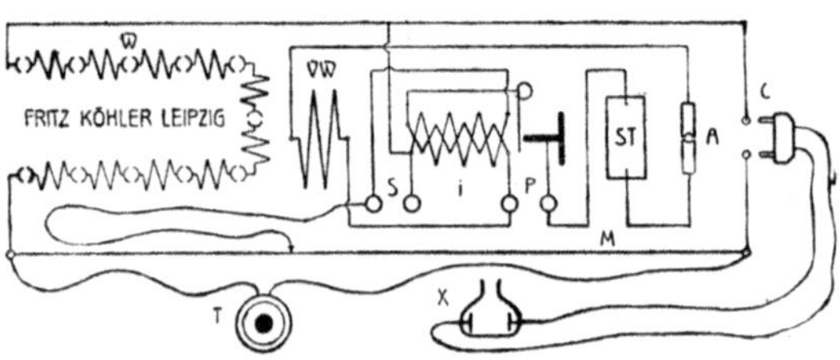

Fig. 61.
Schaltungsschema des vorstehenden Apparates.

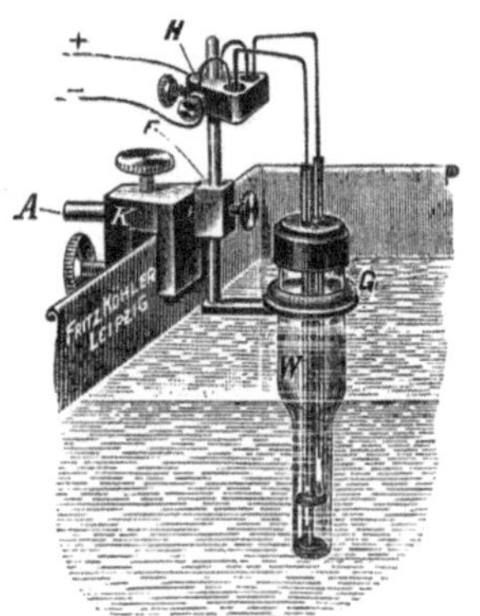

Fig. 62.
Widerstandsgefäß nach Hamburger, im Thermostaten befindlich.

Ist das Widerstandsgefäß vorbereitet, so bringe man es nach Füllung mit der zu untersuchenden Lösung in ein Wasserbad von konstanter Temperatur, damit es sich genau einstellen kann. Eine Kontrolle der Temperatur der zu untersuchenden Flüssigkeit ist sehr wichtig, da die Leitfähigkeit (reziprok zum Widerstand) pro 1° C um ca. 2% zunimmt.

Will man Salzlösungen eigener Herstellung genau messen, so wird der Reinheitsgrad des üblichen destillierten Wassers bei der Empfindlichkeit der Meßmethode zumeist nicht ausreichend sein. Man verfährt am bequemsten und sichersten, statt des Versuchs eigener Reinigung des Wassers, sich sogenanntes „Leitfähigkeitswasser" von Kahlbaum in 5 oder 10 Literflaschen zu besorgen. Eine wesentliche Störung kann aber auch dann noch durch Kohlensäuregehalt, den das Wasser aus der Luft annimmt, entstehen; bei der Entnahme des Kahlbaumschen Leitfähigkeitswassers aus den

Flaschen ist also gegen einströmende Kohlensäure durch Vorschalten von Natronkalkröhrchen (ähnlich wie es in den Laboratorien auch sonst, z. B bei den Flaschen mit Barytwasser zu Titrierungszwecken üblich ist) zu sichern. Vor Messungsstörungen durch das Alkali des Glases schützt man sich am besten durch ausschließliche Verwendung von Jenaer Glas und durch die oben beschriebene Art der Reinigung mit langem Nachwaschen durch Wasserdampf.

Während die Lösung im Wasserbade eine konstante Temperatur annimmt, ist die übrige Apparatur instand zu setzen. Bei Benutzung der in der Fig. 60 gegebenen Zusammenstellung kann sich diese Arbeit im allgemeinen auf eine Kontrollierung der Induktoreinstellung auf den „Mückenton" beschränken. Nach Stromschluß bei A muß durch vorsichtige Verschiebung der Schraube am federnden Kontakt des Nefschen Hammers sowie durch etwaige Änderungen des Vorschaltwiderstandes vermittels Drehens der Walze unter ständigem, anfangs wohl auch zeitraubendem Ausprobieren der Punkt gefunden werden, wo die Schwingung der Feder am schnellsten erfolgt, wo der Ton dieser Schwingungen ein so hoher wird, daß er dem singenden Ton einer schwebenden Mücke vergleichbar ist. Sodann ist das Optimum der Einstellung für das Telephon gegeben. Damit die direkte Wahrnehmung des Tons vom Induktor nicht stört, wird der Induktor in einen Kasten mit schallisolierendem Deckel verschlossen.

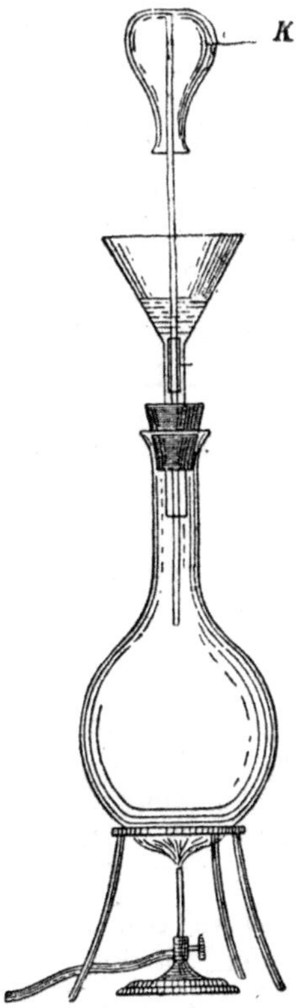

Fig. 63.
Methodik der Wasserdampfauswaschung eines Glaskolbens (K).

Zur Messung lege man das Telephon fest ans Ohr, wobei evtl. das freibleibende Ohr gegen die Außengeräusche durch das Antiphon (s. o.) abzuschließen ist. Durch den Stechkontakt C sei das Widerstandgefäß bei S in den sekundären Stromkreis eingeschaltet und man versuche, im Rheostaten einen Widerstand zu stöpseln, der angenähert mit dem gesuchten gleiche Größe hat. Um sich hierbei zu orientieren, lasse man den Schleifkontakt vorsichtig über den ganzen Bereich der Meßbrückenskala hin und her gleiten. Man wird, wenn man z. B. den Widerstand 300 eingeschaltet hat, irgendwo auf der Meßbrücke einen Punkt finden, bei welchem der Mückenton des Telephons ein Minimum zeigt. Man schalte sodann probeweise 100 und 500 Ohm Widerstand ein und beobachte, wie das Tonminimum seine Stellung zur Mitte der Meßbrücke ändert. Wir nehmen den Fall, daß das Tonminimum bei 500 Ohm noch mehr als bei 300 nach dem Ende der Meßbrücke hin gehört wurde, daß aber bei 100 die Mitte der Brücke nach der anderen Seite überschritten war. Wir wissen hiermit, daß die Einstellung des Tonminimums auf der

Mitte der Brücke bei einem Widerstandswert zu suchen ist, der zwischen 100 und 300 gelegen ist. Wir stöpseln sodann 200 und finden z. B. das Tonminimum bei 455 der Tausendskala. Nach der obigen Wheatstoneschen Formel

$$W = R \cdot \frac{1000 - a}{a} \text{ haben wir sodann}$$

$$W = 200 \times \frac{1000 - 455}{455} = 239{,}56 \text{ Ohm}.$$

Um einen Wert von allgemeiner Bedeutung zu erhalten, ist es nötig, noch die besondere Beschaffenheit des benutzten Widerstandsgefäßes (Elektrodengröße, Elektrodenabstand usw.) in Rücksicht zu ziehen. Um das Widerstandsgefäß auf seine Widerstandskapazität zu eichen, muß in diesem Gefäß eine Lösung von bekanntem Widerstand resp. von bekannter Leitfähigkeit gemessen werden. Als solche empfiehlt sich eine 0,1 normale KCl-Lösung (fertig von Kahlbaum zu beziehen). Wir wählen eine Temperatur der Lösung von 15°. Bei dieser Temperatur ist der Einheitswert, d. h. das molekulare Leitvermögen der 0,1 normalen KCl-Lösung = 0,01048[1]). Die Messung geschieht genau wie oben. Wenn 100 Ohm eingeschaltet wurden, schweigt das Telephon bei 465. Wir erhalten also

$$W = 100 \times \frac{1000 - 465}{465} = 115{,}05.$$

Im zweiten Versuch bei Einschaltung von 115 Ohm im Rheostaten liegt das Tonminimum bei 499,5,

$$\text{folglich } W = 115 \times \frac{1000 - 499{,}5}{499{,}5} = 115{,}2.$$

Die Richtigkeit dieses genaueren Wertes werde durch eine dritte Messung bestätigt. Um die Widerstandskapazität des von uns benutzten Gefäßes zu erhalten, ist die gefundene Zahl 115,2 mit dem obigen Leitfähigkeitswert der KCl-Lösung bei 15° zu multiplizieren; es ergibt sich

$$\text{Widerstandskapazität } C = 115{,}2 \times 0{,}01048 = 1{,}21.$$

Diese Größe C ist für ein jedes Widerstandsgefäß individuell verschieden; sie bleibt nur konstant, so lange alle Einzelheiten des Widerstandsgefäßes unverändert erhalten sind.

Eine Ausschaltung der individuellen Widerstandsbesonderheit des benutzten Gefäßes erhält man, wenn der oben gefundene Widerstandswert W durch die Größe C dividiert wird: für den „spezifischen" Widerstand gilt der Quotient $\frac{W}{C}$.

Die spezifische Leitfähigkeit Λ aber ist zum spezifischen Widerstand der reziproke Wert, daher $\Lambda = \frac{C}{W}$, oder bei Einsetzung der oben für W direkt durch Messung zu erhaltenen Werte:

---

1) Um die obige Bestimmung auch bei anderer Temperatur als bei 15° ausführen zu können, ist es nötig, das molekulare Leitvermögen der 0,1 norm. KCl-Lösung für verschiedene Temperaturen zu kennen. Es beträgt 0,01072 bei 16°; 0,01095 bei 17°; 0,1119 bei 18°; 0,01143 bei 19° und 0,01167 bei 20° C.

$$\varLambda = \frac{C}{R \cdot \frac{1000-a}{a}} = \frac{C}{R} \cdot \frac{a}{1000-a}.$$

Wenn die Bestimmung der Kapazitätsgröße C des Gefäßes einmal vorausgegangen ist, sind die Leitfähigkeitsmessungen sehr einfach, man braucht nur die Summe der gestöpselten Widerstände R abzulesen und den Wert für a aus der Skala der Meßbrücke zu entnehmen. Der Quotient $\frac{a}{1000-a}$ braucht nicht berechnet zu werden, man kann ihn für jeden möglichen Wert von a unmittelbar aus der nachstehenden Obachschen Tabelle entnehmen. (S. 490 u. 491.)

Ein Beispiel: Der Kapazitätswiderstand unseres Gefäßes sei als 1,21 bekannt. Wir fanden oben bei der zu untersuchenden Lösung, nachdem im Rheostaten 200 Ohm eingeschaltet waren, auf der Meßbrücke den Nullpunkt bei 455.

Sodann ist $\varLambda = \frac{C}{R} \cdot \frac{a}{1000-a} = \frac{1,21}{200} \cdot 0,8349 = 0,00505 = 50,5 \cdot 10^{-4}$. Die Richtigkeit dieses Wertes ist durch Wiederholung der Messung bei Einschaltung eines Widerstandes, der das Tonminimum möglichst in die Mitte des Meßdrahtes (hier größte Genauigkeit der Messungen!) verschiebt, zu kontrollieren. Wir schalten z. B. 240 Ohm als Widerstand ein und finden das Tonminimum bei 500,5. Sodann ist $\varLambda = \frac{C}{R} \cdot \frac{500,5}{1000-500,5} = \frac{1,21}{240} \cdot 1,002 = 0,00505 = 50,5 \cdot 10^{-4}$. Die gefundenen Werte stimmen überein; die Messung ist richtig. Die Fehlergröße der Messungen betrage etwa 1%.

Meistens gelingt es nach einiger Übung sehr bald, diesen Grad der Genauigkeit zu erreichen. Doppelmessungen bei variiertem R sind stets erforderlich. Hat man Verdacht, daß etwas am Apparat nicht stimmt, verfährt man am besten so, daß man an Stelle des Widerstandsgefäßes den bekannten Widerstand eines zweiten Präzisionsrheostaten einschaltet und nun mißt. Bei etwaigem fehlerhaften Funktionieren ist besonders auf festes Einsetzen der Rheostatenstöpsel und auf die Verbindungsstellen der Drähte (bei obigem Kasten meist sehr gut gesichert, doch nach Abschrauben des Kastendeckels resp. Kastenbodens leicht zu kontrollieren) zu achten; am häufigsten aber wird wohl der Fehler in der Meßbrücke liegen. Der Platiniridiumdraht der Meßbrücke ist sehr empfindlich, bei unvorsichtigem Schrammen mit dem Schleifkontakt wird er leicht abgeschliffen oder sonst deformiert, auch kann er, namentlich in den unter der Brücke versenkten Teilstrecken (1—20 und 80—100 der Skala) unbemerkt z. B. durch Fingerdruck beim Anfassen der Brücke gedehnt oder verletzt sein. Da alle Deformierungen an diesem Draht als Fehler beim Messen zutage treten, ist auf die Meßbrücke in jeder Beziehung große Sorgfalt bei der Handhabung zu legen.

Das Telephon zeigt gewöhnlich kein absolutes Schweigen bei ganz bestimmten Punkten. Wohl aber sind beim Hin- und Herschieben des Schleifkontaktes leicht zwei nahe (0,5—2 mm) gelegene Punkte zu finden, an welchen der Ton gleich deutlich anzusteigen beginnt. Die Mitte zwischen diesen beiden Punkten ist, ohne dabei auf die Skala hinzusehen, allein nach dem Muskelgefühl zu suchen. Man wird sie nach einiger Übung leicht bis auf 0,2—0,3 mm bestimmen können (1 mm Abweichung = 0,4% Fehler der Leitfähigkeit).

Wenn es nicht gelingt, eine scharfe Begrenzung des Tonminimums auf enger Strecke zu erhalten, so liegt die Ursache bei obigem Apparat fast immer an einer mangelhaften Platinierung der Elektroden des Widerstandsgefäßes. Erneutes Platinieren wird dem Fehler abhelfen. Überhaupt ist am Widerstandsgefäß die genaue

Tabelle nach Obach für die Werte von $\frac{a}{1000-a}$[1]).

a	0	100	200	300	400	500	600	700	800	900
0	0,0000	0,1111	0,2500	0,4286	0,6667	1,0000	1,500	2,333	4,000	9,00
1	0010	1123	2516	4306	6694	1,0040	1,506	2,344	4,025	9,10
2	0020	1136	2531	4327	6722	1,0080	1,513	2,356	4,051	9,20
3	0030	1148	2547	4347	6750	1,0121	1,519	2,367	4,076	9,31
4	0040	1161	2563	4368	6779	1,0161	1,525	2,378	4,102	9,42
5	0050	1173	2579	4388	6807	1,0202	1,532	2,390	4,128	9,53
6	0060	1186	2594	4409	6835	1,0243	1,538	2,401	4,155	9,64
7	0070	1198	2610	4430	6863	1,0284	1,545	2,413	4,181	9,75
8	0081	1211	2626	4451	6892	1,0325	1,551	2,425	4,208	9,87
9	0091	1223	2642	4472	6921	1,0367	1,558	2,436	4,236	9,99
10	0,0101	0,1236	0,2658	0,4493	0,6949	1,0448	1,564	2,448	4,263	10,11
11	0111	1249	2674	4514	6978	1,0450	1,571	2,460	4,291	10,24
12	0121	1261	2690	4535	7007	1,0492	1,577	2,472	4,319	10,36
13	0132	1274	2706	4556	7036	1.0534	1,584	2,484	4,348	10,49
14	0142	1287	2723	4577	7065	1,0576	1,591	2,497	4,376	10,63
15	0152	1299	2739	4599	7094	1,0619	1,597	2,509	4,405	10,76
16	0163	1312	2755	4620	7123	1,0661	1,604	2,521	4,435	10,90
17	0173	1325	2771	4641	7153	1,0704	1,611	2,534	4,465	11,05
18	0183	1337	2788	4663	7182	1,0747	1,618	2,546	4,495	11,20
19	0194	1351	2804	4684	7212	1,0790	1,625	2,559	4,525	11,35
20	0,0204	0,1364	0,2820	0,4706	0,7241	1,0833	1,632	2,571	4,556	11,50
21	0215	1377	2837	4728	7271	1,0877	1,639	2,584	4,587	11,66
22	0225	1390	2853	4749	7301	1,0921	1,646	2,597	4,618	11,82
23	0235	1403	2870	4771	7331	1,0964	1,653	2,610	4,650	11,99
24	0246	1416	2887	4793	7361	1,1008	1,660	2,623	4,682	12,16
25	0256	1429	2903	4815	7391	1,1053	1,667	2,636	4,714	12,33
26	0267	1442	2920	4837	7422	1,1097	1,674	2,650	4,747	12,51
27	0277	1455	2937	4859	7452	1,1142	1,681	2,663	4,780	12,70
28	0288	1468	2953	4871	7483	1,1186	1,688	2,676	4,814	12,89
29	0299	1481	2970	4903	7513	1,1231	1,695	2,690	4,848	13,08
30	0,0309	0,1494	0,2997	0,4925	0,7544	1,1277	1,703	2,704	4,882	13,29
31	0320	1507	3004	4948	7575	1,1322	1,710	2,717	4,917	13,49
32	0331	1521	3021	4970	7606	1,1368	1,717	2,731	4,952	13,71
33	0341	1534	3038	4993	7637	1,1413	1,725	2,745	4,988	13,93
34	0352	1547	3055	5015	7668	1,1459	1,732	2,759	5,024	14,15
35	0363	1561	3072	5038	7699	1,1505	1,740	2,774	5,061	14,38
36	0373	1574	3089	5060	7731	1,1552	1,747	2,788	5,098	14,63
37	0384	1587	3106	5083	7762	1,1598	1,755	2,802	5,135	14,87
38	0395	1601	3123	5106	7794	1,1645	1,762	2,817	5,173	15,13
39	0406	1614	3141	5129	7825	1,1692	1,770	2,831	5,211	15,39
40	0,0417	0,1628	0,3158	0,5152	0,7857	1,1739	1,778	2,846	5,250	15,67
41	0428	1641	3175	5175	7889	1,1786	1,786	2,861	5,289	15,95
42	0438	1655	3193	5198	7921	1,1834	1,793	2,876	5,329	16,24
43	0449	1669	3210	5221	7953	1,1882	1,801	2,891	5,369	16,54
44	0460	1682	3228	5244	7986	1,1930	1,809	2,906	5,410	16,86
45	0471	1696	3245	5267	8018	1,1978	1,817	2,922	5,452	17,18
46	0482	1710	3263	5291	8051	1,2026	1,825	2,937	5,494	17 52
47	0493	1723	3280	5314	8083	1,2075	1,833	2,953	5,536	17,87
48	0504	1737	3298	5337	8116	1,2124	1,841	2,968	5,579	18,23
49	0515	1751	3316	5361	8149	1,2173	1,849	2,984	5,623	18,61

[1]) Die Hunderter des Wertes a sind in der oberen Horizontalspalte zu suchen, die Zehner und Einer dagegen in der ersten Vertikalspalte. In der Kreuzung der entsprechenden Reihen steht sodann direkt der Wert des gesuchten Quotienten. Für

a	0	100	200	300	400	500	600	700	800	900
50	0,0526	0,1765	0,3333	0,5385	0,8182	1,2222	1,857	3,000	5,667	19,00
51	0537	1779	3351	5408	8215	1,2272	1,865	3,016	5,711	19,41
52	0549	1792	3369	5432	8248	1,2321	1,874	3,032	5,757	19,83
53	0560	1806	3387	5456	8282	1,2371	1,882	3,049	5,803	20,28
54	0571	1820	3405	5480	8315	1,2422	1,890	3,065	5,849	20,74
55	0582	1834	3423	5504	8349	1,2472	1,899	3,082	5,897	21,22
56	0593	1848	3441	5528	8382	1,2523	1,907	3,098	5,944	21,73
57	0604	1862	3459	5552	8416	1,2573	1,915	3,115	5,993	22,26
58	0616	1876	3477	5576	8450	1,2624	1,924	6,132	6,042	22,81
59	0627	1891	3495	5601	8484	1,2676	1,933	3,149	6,092	23,39
60	0,0638	0,1905	0,3514	0,5625	0,8519	1,2727	1,941	3,167	6,143	24,00
61	0650	1919	3532	5649	8553	1,2779	1,950	3,184	6,194	24,64
62	0661	1933	3550	5674	8587	1,2831	1,959	3,202	6,246	25,32
63	0672	1947	3569	5699	8622	1,2883	1,967	3,219	6,299	26,03
64	0684	1962	3587	5723	8657	1,2936	1,976	3,237	6,353	26,78
65	0695	1976	3605	5748	8692	1,2989	1,985	3,255	6,407	27,57
66	0707	1990	3624	5773	8727	1,3041	1,994	3,274	6,463	28,41
67	0718	2005	3643	5798	8762	1,3095	2,003	3,292	6,519	29,30
68	0730	2019	3661	5823	8797	1,3148	2,012	3,310	6,576	30,25
69	0741	2034	3680	5848	8832	1,3202	2,021	3,329	6,634	31,26
70	0,0753	0.2048	0,3699	0,5873	0,8868	1,3256	2,030	3,348	6,692	32,33
71	0764	2063	3717	5898	8904	1,3310	2,040	3,367	6,752	33,48
72	0776	2077	3736	5924	8939	1,3364	2,049	3,386	6,813	34,71
73	0787	2092	3755	5949	8975	1,3419	2,058	3,405	6,874	36,04
74	0799	2107	3774	5974	9011	1,3474	2,067	3,425	6,937	37,46
75	0811	2121	3793	6000	9048	1,3529	2,077	3,444	7,000	39,00
76	0823	2136	3812	6026	9084	1,3585	2,086	3,464	7,065	40,67
77	0834	2151	3831	6051	9120	1,3641	2,096	3,484	7,130	42,48
78	0846	2165	3850	6077	9157	1,3697	2,106	3,505	7,197	44,45
79	0858	2180	3870	6103	9194	1,3753	2,115	3,525	7,264	46,62
80	0,0870	0,2195	0,3889	0,6129	0,9231	1,3810	2,125	3,545	7,333	49,00
81	0881	2210	3908	6155	9268	1,3866	2,135	3,566	7,403	51,63
82	0893	2225	3928	6181	9305	1,3923	2,145	3,587	7,475	54,56
83	0905	2240	3947	6207	9342	1,3981	2,155	3,608	7,547	57,82
84	0917	2255	3966	6234	9380	1,4038	2,165	3,630	7,621	61,50
85	0929	2270	3986	6260	9417	1,4096	2,175	3,651	7,696	65,67
86	0941	2285	4006	6287	9455	1,4155	2,185	3,673	7,772	70,43
87	0953	2300	4025	6313	9493	1,4213	2,195	3,695	7,850	75,92
88	0965	2315	4045	6340	9531	1,4272	2,205	3,717	7,929	80,33
89	0977	2330	4065	6367	9569	1,4331	2,215	3,739	8,009	89,91
90	0,0989	0,2346	0,4085	0,6393	0,9608	1,4390	2,226	3,762	8,091	99,0
91	1001	2361	4104	6420	9646	1,4450	2,236	3,785	8,174	110,1
92	1013	2376	4124	6447	9685	1,4510	2,247	3,808	8,259	124,0
93	1025	2392	4144	6474	9724	1,4570	2,257	3,831	8,346	141,9
94	1038	2407	4164	6502	9763	1,4631	2,268	3,854	8,434	165,7
95	1050	2422	4184	6529	9802	1,4691	2,279	3,878	8,524	199,0
96	1062	2438	4205	6556	9841	1,4752	2,289	3,902	8,615	249,0
97	1074	2453	4225	6584	9881	1,4814	2,300	3,926	8,709	332,3
98	1086	2469	4245	6611	9920	1,4876	2,311	3,950	8,804	499,0
99	1099	2484	4265	6639	9966	1,4938	2,322	3,975	8,901	999,0
100	0,1111	0,2500	0,4286	0,6667	1,0000	1,5000	2,333	4,000	9,000	∞

a = 447 findet man z. B. für den Quotienten $\frac{447}{1000-447}$ in der Kreuzung der mit 400 überschriebenen Vertikalreihe u. der mit 47 bezeichneten Horizontalreihe den Wert 0,8083.

Beobachtung der oben gegebenen Einzelvorschriften dringend notwendig, da mit jeder Änderung der Wert C beeinflußt werden kann.

Wenn man findet, daß während der Messungen der Widerstand der zu untersuchenden Lösung ständig abzunehmen scheint, so wird die Ursache in einer Erwärmung der Lösung infolge zu langen Stromdurchgangs liegen. Die Ablesungen sind, um solche Wärmestörungen zu vermeiden, ziemlich schnell auszuführen und bei wiederholter Messung ist in den Zwischenzeiten der Strom auszuschalten.

Die nach obiger Formel $\Lambda = \frac{C}{R} \cdot \frac{a}{1000 - a}$ gefundenen spezifischen Leitfähigkeitswerte werden oftmals, da sie auf das Einheitsmaß der molekularen Leitfähigkeit der KCl-Lösung bezogen sind, auch selber Werte der **molekularen Leitfähigkeit** genannt. Sie werden mit λ oder Λ bezeichnet. Häufig wird aber auch eine Unterscheidung der beiden Zeichen gemacht. Unter Λ versteht man sodann streng die molekulare Leitfähigkeit, d. h. bei jeder einstofflichen Lösung denjenigen Wert der Leitfähigkeit, den man erhält, wenn man eine solche Menge der Lösung zwischen zwei um 1 cm voneinander entfernte (entsprechend groß zu denkende) Elektroden bringt, daß in der zwischen beiden Elektrodenflächen befindlichen Menge der Lösung gerade einmal das Molekulargewicht des gelösten Stoffes enthalten ist. Daß die nach obigem Verfahren gefundenen Werte auf die Einheit dieser molekularen Leitfähigkeit bezogen sind, kommt daher, daß die Eichung der Kapazität des Widerstandsgefäßes (s. o.) nach einem solchen molekularen Maße (K_{18} der KCl-Lösung = 0,01048) erfolgt ist. Für die komplizierter zusammengesetzten mehrstofflichen Lösungen bedeutet Λ = molekulare Leitfähigkeit einen Wert, der auf eine ganz ähnliche Einheit bezogen ist, wie beim osmotischen Druck die „osmotische Konzentration". Diese Unterscheidung kann für die Körpersäfte durch Anwendung des Zeichens λ, welches zugleich das physikochemisch übliche Zeichen der äquivalenten Leitfähigkeit (s. u.) ist, zum Ausdruck gebracht werden.

Die gefundenen Werte der molekularen Leitfähigkeit sind bei einstofflichen Lösungen geeignet, ein Maß für die Berechnung des **Ionisationsgrades** α des Lösungsstoffes zu geben. Die molekulare Leitfähigkeit ist dem Ionisationsgrad direkt proportional. Wenn man die molekulare Leitfähigkeit einer einstofflichen zweiionigen Elektrolytlösung (z. B. $NaCl = Na^{\cdot} + Cl'$.) bei der Verdünnung v (v ist das Volumen des Lösungsmittels, in welchem 1 Mol der Substanz bei der betreffenden Konzentration gelöst ist), als Λ_v bezeichnet, so gilt allgemein die folgende Beziehung: $\alpha = \frac{\Lambda_v}{l_K + l_A}$, wobei l_K das feststehende spezifische Leitvermögen des Kations und l_A das spezifische Leitvermögen des Anions bedeutet. Über einige Werte des Ionenleitvermögens bei 18° mögen die folgenden Daten aus den Tabellen von **Kohlrausch** orientieren:

l_K bei $H^{\cdot} = 318$, bei $K^{\cdot} = 65,3$, bei $Na^{\cdot} = 44,4$, bei $NH_4^{\cdot} = 64,2$

l_A bei $OH' = 134$, bei $Cl' = 65,9$, bei $NO_3' = 60,8$.

Beispiel der Berechnung: Für eine 0,9% NaCl-Lösung bei 18° ergibt sich, da $\Lambda_v = 90,2 \cdot 10^{-4}$ gefunden wird, $\alpha = \frac{90,2}{44,4 + 65,9} = \frac{90,2}{110,3} = 0,82$. Dies bedeutet, daß die 0,9% NaCl-Lösung bei 18° den Bruchteil 0,82 der Gesamtzahl, d. i. 82% ihrer gelösten Moleküle zu Na- und Cl-Ionen dissoziiert enthält.

Neben der molekularen Leitfähigkeit Λ wird zumeist die **äquivalente Leitfähigkeit** als λ bezeichnet[1]). Diese ergibt sich aus der molekularen durch Division mit der Valenz, welche bei Säuren gleich der Azidität, bei Basen gleich der Basizität,

[1]) Diese Unterscheidung von Λ und λ ist allerdings in der medizinischen Literatur nicht streng durchgeführt. Zumeist ist λ auch für die Leitfähigkeit des Serums im Gebrauch.

bei Salzen gleich der Zahl der in den Formeln vorkommenden sauren und basischen Valenzen ist. So ist die äquivalente Leitfähigkeit von NaCl mit der Valenzzahl 1 gleich der molekularen, bei Chlorbarium $BaCl_2$ aber gleich der Hälfte der molekularen, bei Aluminiumsulfat $Al_2(SO_4)_3$ gleich einem Sechstel.

Die Leitfähigkeitswerte, die im Serum gefunden werden, sind namentlich wegen des modifizierenden Einflusses der Serumkolloide nicht direkt mit den in homogenen Lösungen gefundenen Werten vergleichbar. Von Bugarski und Tangl[1]) ist eine sogenannte „korrigierte Leitfähigkeit" vorgeschlagen, bei der die beobachteten Werte mit dem Faktor $\frac{100 + 2{,}5\,P}{100}$ zu multiplizieren sind, um entsprechend dem Eiweißgehalt des Serums (p = Grammzahl des Eiweißgehaltes in 100 ccm) die kolloidbedingte Leitfähigkeitsverringerung möglichst auszugleichen.

Nicht selten wird man in der medizinischen Literatur noch einer weiteren Größe, dem „Grenzleitvermögen" = λ_∞ (auch „maximale physiologische Leitfähigkeit" genannt) begegnen. Es ist dies der Maximalwert des Leitvermögens, den man bei einer Flüssigkeit, wie z. B. Serum, durch Verdünnen mit Wasser erhalten kann, wie sich des näheren aus der folgenden Tabelle ergibt:

	Beobachte Leitfähigkeit.	Hieraus berechnete physiologische Leitfähigkeit*)
Serum unverdünnt	$111{,}8 \cdot 10^{-4}$	$111{,}8 \cdot 10^{-4}$
Mit dest. Wasser verdünnt auf $1/2$	62,805	125,61
auf $1/4$	35,440	141,76
auf $1/8$	18,882	151,06
auf $1/16$	9,626	154,02
auf $1/32$	5,030	160,96
auf $1/64$	2,540	162,56
auf $1/128$	1,283	164,22
auf $1/256$	0,619	158,41
auf $1/512$	0,259	132,57
auf $1/1024$	0,128	130,56

*) NB.: Für die Berechnung der „physiologischen Leitfähigkeit" wird die beobachtete Leitfähigkeit jeweils mit dem Maß der Verdünnung multipliziert, d. h. es wird z. B. bei Verdünnung auf $1/2$ der Wert 62,805 mit 2 multipliziert = 125,61 Als Grenzleitvermögen hat in diesem Beispiel die Zahl 164,26 zu gelten.

Die Ionisierung der Elektrolyte im Serum ist demnach keine vollständige (man kann ihren Betrag zwischen ca. 65—82% ansetzen); die weitere Verdünnung der Serumlösung läßt noch einen erheblich größeren Betrag an Ionen entstehen. Das Grenzleitvermögen gibt ein Maß dieser potentiellen Ionen: λ_∞ ist bei Gesunden zwischen ca. $145—165 \cdot 10^{-4}$ gefunden, während bei Kranken (z. B. bei chronischer Nephritis mit Urämie)

[1]) Vgl. Arch. f. d. ges. Physiologie **68**, 389 (1897) und **72**, 531 (1898); s. auch W. Frei, Kolloidzeitschr. **6**, 94 (1910).

ganz erheblich höhere Werte (bis 392,79; Viola[1])) erhalten wurden. — Die Ursache der Verschiedenheit des Grenzleitvermögens ist noch nicht geklärt; wahrscheinlich spielt eine verschiedene Bindung der Ionen je nach dem Kolloidzustand der Serumeiweiße dabei eine wichtige Rolle[2]).

Dieser Wert λ_∞ ist dazu benutzt worden, um den Ionisierungsgrad α des Blutes wenigstens in Annäherung zu erhalten. Man setzt $\alpha = \frac{\lambda}{\lambda_\infty}$, d. h. man nimmt die Verhältniszahl der im unverdünnten Serum vorgefundenen Leitfähigkeit zu der bei Verdünnung zu erhaltenden maximalen „physiologischen Leitfähigkeit". Im strengen physikochemischen Sinne ist dadurch ein Maß der Ionisierung im Serum nicht zu gewinnen.

Die folgende Tabelle nach Viola möge die hier besprochene physikochemische Analyse des normalen menschlichen Blutserums illustrieren:

Nummer des Versuchs	Versuchsperson	Δ °C	Osmotische Konzentration $C_0 = \frac{\Delta}{1,85}$	Elektrische Leitfähigkeit bei 25° des unverdünnten Serums (in reziprokem Ohm) λ	Grenzleitvermögen bei 25° (λ_∞) (Physiologische Leitfähigkeit)	Dissoziationsgrad $\alpha = \frac{\lambda}{\lambda_\infty}$	Verdünnung, bei welcher λ_∞ eintritt (Serum zu Wasser)	Prozentgehalt an NaCl	Molekulare Konzentration des NaCl
I	Arzt, 31 J.	0,57	0,308	$108,72 \cdot 10^{-4}$	$155,74 \cdot 10^{-4}$	0,69	1:256	0,58	0,099
II	„ 31 J.	0,55	0,297	$118,28 \cdot 10^{-4}$	$149,33 \cdot 10^{-4}$	0,79	1:128	0,55	0,094
III	Krankenw. 38 J.	0,56	0,302	$115,98 \cdot 10^{-4}$	$160,59 \cdot 10^{-4}$	0,72	1: 64	0,50	0,085
IV	Student, 25 J.	0,56	0,302	$115,31 \cdot 10^{-4}$	$157,69 \cdot 10^{-4}$	0,73	1: 64	0,50	0,085
V	„ 24 J.	0,59	0,318	$111,89 \cdot 10^{-4}$	$164,26 \cdot 10^{-4}$	0,68	1:128	0,57	0,097
VI	„ 24 J.	0,544	0,294	$119,12 \cdot 10^{-4}$	$162,45 \cdot 10^{-4}$	0,73	1:256	0,56	0,095
VII	Diener, 49 J.	0,57	0,308	$112,35 \cdot 10^{-4}$	$161,89 \cdot 10^{-4}$	0,69	1:128	0,56	0,095
VIII	„ 29 J.	0,55	0,297	$106,18 \cdot 10^{-4}$	$159,22 \cdot 10^{-4}$	0,68	1:128	0,57	0,097

[1]) G. Viola, Estratto del periodico Rivista veneta di science mediche. Anno XVIII, Fax. 8. 30 Aprile 1901. — Ausführlich zitiert in Hamburger, Osmotischer Druck und Ionenlehre, l. c. I, S. 474ff.

[2]) Für weitere Untersuchungen wird es wichtig sein, u. a. die folgenden Hinweise von F. Botazzi (in C. Neuberg, Der Harn, l. c. II, S. 1465) zu beachten: Auf die Werte der elektrischen Leitfähigkeit des Blutserums, ebenso auch auf die Werte des Gefrierpunkts üben die folgenden Faktoren einen Einfluß aus: a) Die Art, wie man das Serum erhalten hat, d. h. ob durch spontane Gerinnung des Blutes oder durch spontanes Auspressen des Serums oder durch Defibrinieren und Zentrifugieren. Die Gefrierpunktserniedrigung und die elektrische Leitfähigkeit des durch spontane Gerinnung des Blutes erhaltenen Blutserums sind größer als die durch Defibrinieren in offenem Gefäß (wie es gewöhnlich geschieht) und Zentrifugieren des Blutes erhaltenen Serums; dies hängt wahrscheinlich davon ab, daß das auf die erste Art erhaltene Serum mehr Kohlensäure enthält, die durch Schütteln bei der Temperatur von 0° nicht freigemacht wird. Ferner ist es von merklichem Einfluß, ob man das Blut in geschlossenem oder in offenem Gefäß defibriniert: in letzterem Falle wird die Kohlensäure zum großen Teil aus dem Blut ausgetrieben, weshalb das Serum geringere Werte von Δ und λ zeigt, als die wirklichen. Die beste zu befolgende Methode wäre also diese: Man fange das Arterien- oder Venenblut unter einer Schicht von Vaselinöl auf und fülle das Gefäß vollständig damit; man defibri-

2. Messungsmethode der Leitfähigkeit des Zellinneren nach R. Höber.[1])

Diese Methode ist neu und klinisch bislang nicht angewendet. Sie finde hier aber wenigstens in kurzer Erwähnung ihre Stelle, da sie als erste ermöglicht, innerhalb intakter Zellwände die Leitfähigkeit des Zellinneren zu messen. Da es nicht unwahrscheinlich ist, daß die kranke Zelle als Ausdruck der in ihr vorhandenen Störungen auch Änderungen ihrer Leitfähigkeit aufweisen dürfte, so besitzt der hier neu erschlossene Weg auch klinisches Interesse.

Das Prinzip der Methode ist das folgende: Wenn man in einer Kreisleitung besonderer Art elektrische Schwingungen hoher Frequenz zustande kommen läßt, so ist die Dämpfung der Schwingungen von der Leitfähigkeit eines im Kreisinneren befindlichen Kernes abhängig; die Dämpfung ist um so stärker, je größer die Leitfähigkeit dieses Kernes ist. Während bei gewöhnlichen Wechselströmen die Zellen infolge ihrer stromundurchlässigen Zellhülle als Nichtleiter erscheinen, wird bei der Höberschen Anordnung die Leitfähigkeit des Zellinnern bemerkbar und meßbar, wenn geeignete Zellsuspensionen z. B. Blutkörperchen oder auch im natürlichen Verband befindliche Zellkomplexe (wie Muskelgewebe) in den Innenraum der Kreisleitung gebracht werden.

Die Methode ist im Prinzip klinisch sehr wichtig, in der von ihr bisher erreichten technischen Ausführung aber für klinisches Arbeiten noch nicht zu verwenden. Das Gleiche gilt für eine zweite Methode[2]), die von demselben Autor zu dem gleichen Ziele in Anwendung gebracht ist.

B. Methoden zur quantitativen Bestimmung einzelner Ionenarten.

Vorbemerkungen zur quantitativen H-, resp. OH-Ionenbestimmung.

Im Interesse der leichteren Einarbeitung in diese Methoden erscheint es nützlich, hier einige allgemeine Bemerkungen, obwohl dieselben bereits in den vorhergehenden Teilen des Buches enthalten sind, in kurzer Zusammenstellung voranzustellen.

Um den Säure- oder Alkalitätsgrad einer Lösung zu bestimmen, wird in der Chemie das Titrationsverfahren benutzt. Es ist ein maßanalytisches Verfahren; man mißt, wie viel von einer bekannten Säurelösung zugegeben werden muß, um das in der Testlösung vorhandene Alkali abzusättigen oder umgekehrt, wie viel Alkalilösung, um die vorhandene Säure zu neutralisieren. Die Titration bestimmt somit die Menge der sauer oder alkalisch reagierenden Substanz einer Lösung; sie mißt aber nicht den Säure- oder Alkalitätsgrad der Lösung, denn starke und schwache Säuren oder Alkalien erscheinen in durchaus gleicher Weise im Titrationsergebnis, ja sogar Salze alkalischen resp. sauren Charakters liefern äquivalente Werte, derart, daß z. B. die Titration eines nur eben merklich sauer reagierenden Salzes dasselbe Resultat ergibt, wie die Titration einer in äquivalenter Molekülzahl vorhandenen sehr starken Säure. Das Neutralisationsvermögen, wie es sich aus der Titration ergibt, hat daher nichts zu tun mit dem Maß der in einer Lösung vorhandenen sauren oder alkalischen Reaktion oder, physikochemisch ausgedrückt, mit dem Maß der freien $H^{\cdot}$- und OH'-Ionen. Ein Beispiel möge diese sehr wichtige Unterscheidung veranschaulichen:

---

niere in demselben geschlossenen Gefäß und zentrifugiere; es läßt sich annehmen, daß auf diese Weise die Kohlensäure im geringsten Grade verändert wird. b) Das Alter des Serums: Im allgemeinen nehmen die Werte von Δ und λ mit dem Alter des Serums zu. c) Tagesstunde und Ernährungszustand des Menschen oder des Tieres, von denen man das Blut nimmt, weshalb es ratsam ist, das Blut stets zur nämlichen Stunde vor der Hauptmahlzeit zu entnehmen, und nachdem der Mensch oder das Tier zuvor einer annähernd konstanten Diät unterzogen worden ist. d) Der Zustand der Ruhe oder Anstrengung, da bekanntlich das Blutserum eines ermüdeteten Tieres einen höheren osmotischen Druck und eine höhere elektrische Leitfähigkeit hat, als unter normalen Verhältnissen usw.

[1]) Arch. f. d. ges. Physiologie **133**, 237 (1910).
[2] Ebendort, **148**, 189 1912 und **150**, 15 (1913).

Die Salzsäure ist als sehr starke Säure in der Lösung (falls sie nicht allzu konzentriert ist) praktisch völlig in ihre Ionen zerfallen: $HCl = H^{\cdot} + Cl'$. Eine äquimolekulare Lösung der ungleich schwächeren Essigsäure ist aber nur zu einem sehr geringen Anteil in Ionen aufgespalten, man hat neben relativ wenig $H^{\cdot}$- und CH_3COO'-Ionen die Hauptmasse als undissoziiertes Molekül CH_3 COOH in der Lösung. Setzen wir die Zahl der in die Lösung hineingebrachten Säuremoleküle willkürlich = 1000, so ergibt sich der Unterschied der Ionisierung beider Lösungen etwa wie folgt[1]):

1000 HCl in der wässerigen Lösung $= 1000\ H^{\cdot} + 1000\ Cl'$
1000 CH_3COOH „ „ „ „ $= 996\ CH_3COOH + 4\ H^{\cdot} + 4\ CH_3COO'$

Da allein die Zahl der H-Ionen das Maß des Säuregrades gibt, so ist die Salzsäure rund 250mal stärker als die Essigsäure. Beim Titrieren mit KOH-Lösung werden aber für beide Säurelösungen dieselben Mengen verbraucht (= 1000 Moleküle KOH). Bei der Neutralisation der Salzsäure ist der Vorgang ein einfacher: jedes OH-Ion der zugesetzten Kalilauge verbindet sich mit einem H-Ion der Säure zu Wasser, indem gleichzeitig das K-Ion der Lauge für das restierende Cl-Ion zum Kation des Salzes KCl wird; proportional dem Zusatz an Kalilauge findet somit ein stetig gleicher Rückgang des Säuregrades der Salzsäurelösung statt. Anders aber steht es bei der Titration der Essigsäure. Hier müßten, wenn der Zustand der Lösung ein stationärer bliebe, 4 Moleküle KOH hinreichen, um die Absättigung der freien H-Ionen und damit ein Aufhören des Säurecharakters der Lösung zu bewirken. Dies ist aber, wie die Titration lehrt, nicht der Fall, sondern es werden ebenfalls 1000 Moleküle KOH resp. je 1000 ihrer beiden Ionenarten $K^{\cdot}$ und OH' benötigt. Die Ursache liegt darin, daß das Essigsäuremolekül (in Molekülform nicht als Säure wirksam) nach Neutralisationsbindung der H-Ionen wieder nachdissoziiert, d. h. erneut $H^{\cdot}$- und CH_3COO'-Ionen in die neutralgewordene Lösung entsendet. Zum Vorgang der Neutralisation gesellt sich somit als zweiter Vorgang die ständige Nachlieferung der Ionen seitens der „schwachen" Säure, die so lange dauert, bis das letzte Molekül der Essigsäure durch die Titration verbraucht ist. Diese Doppelart des Vorganges bringt es mit sich, daß die Abnahme des Säuregrades bei den ersten Zusätzen der Titrierlauge nur sehr langsam geschieht und daß sie erst praktisch dann bemerkbar wird, wenn der Vorrat an undissoziierten Essigsäuremolekülen sich der Erschöpfung nähert. Bei der Titration der Salzsäure wird ein H-Ionenbestand gemessen, der von Anfang an in der Lösung vorhanden war; bei der Titration der Essigsäure nicht aber dieser Bestand, sondern außerdem die Menge aller jener Ionen, welche die Essigsäure unter dem Vorgang der Titrationsneutralisierung nachzuliefern imstande ist. Diejenigen Ionen, welche in einer Lösung zu bestimmter Zeit wirklich vorhanden sind, heißen „aktuelle Ionen", diejenigen, die unter geeigneter Bedingung nachgeliefert werden können, „potentielle Ionen". Die Besonderheit des üblichen Titrationsverfahrens läßt sich also am kürzesten dahin zum Ausdruck bringen, daß die Titration die Summe der aktuellen und potentiellen Ionen mißt. Ein Maß für die aktuellen Ionen gibt sie nicht; ein solches ist lediglich auf physikochemischen Wegen zu erhalten.

Schon das reine Wasser ist zu einem geringen Anteil dissoziiert: $H_2O = H^{\cdot} + OH'$. Es enthält eine solche Menge der aus seiner eigenen Masse entstehenden Ionen gelöst, daß es stets mit diesen gesättigt ist. Auch für die Löslichkeit dieser Ionen gilt das allgemeine Gesetz vom „Löslichkeitsprodukt", welches besagt, daß

[1]) Vgl. z. B. die folgende Tabelle des Säuregrades = Dissoziationsgrades nach Ostwald, in der für HCl der Einheitswert 1 genommen ist:

Salzsäure	= 1,000
Salpetersäure	= 1,000
Schwefelsäure	= 0,536
Trichloressigsäure	= 0,754
Dichloressigsäure	= 0,271
Monochloressigsäure	= 0,0484
Ameisensäure	= 0,0154
Essigsäure	= 0.0040

immer dann, wenn eine Lösung bei einer bestimmten Temperatur mit zwei zueinandergehörigen Ionen gesättigt ist, das Produkt dieser Ionen einen konstanten, gerade für diese Ionen spezifischen Wert zeigt. Dieser Wert ist für die H- und OH-Ionen des Wassers sehr genau bekannt; er beträgt bei 18^0

$$K_{18} = [H^{\cdot}] \cdot [OH'] = 0{,}64 \cdot 10^{-14}$$

Wenn gleiche Mengen von H-Ionen (gekürzt = $[H^{\cdot}]$) und OH-Ionen (= $[OH']$) vorhanden sind, d. h. wenn das Wasser neutral ist, muß bei 18^0 die Menge für jede Ionenart = $0{,}8 \cdot 10^{-7}$ sein; denn $0{,}8 \cdot 10^{-7} \times 0{,}8 \cdot 10^{7-} = 0{,}64 \cdot 10^{-14}$. Hieraus ergibt sich als allein ausreichende Kennzeichnung des absolut neutralen Wassers bei 18^0 der Wert für $[H^{\cdot}] = 0{,}8 \cdot 10^{-7}$.

Jener Wert des Löslichkeitsproduktes $[H^{\cdot}] \cdot [OH']$ bleibt, Temperaturkonstanz von 18^0 vorausgesetzt, stets, auch bei allen beliebigen Zusätzen zum Wasser konstant. Wird eine Substanz zugegeben, die ihrerseits im Wasser H-Ionen abspaltet, so wird zwar die Menge der H-Ionen im Wasser vermehrt, dafür aber geht die Konzentration der OH-Ionen durch Vereinigung mit H-Ionen zu H_2O-Molekülen derart zurück, daß immer wieder $[H^{\cdot}] \cdot [OH'] = 0{,}64 \cdot 10^{-14}$ ist. Die gleiche Rückbildung geschieht mit den H-Ionen des Wassers bei Zusatz von OH-Ionen gebenden Substanzen. Unter allen Umständen, mögen nun Säuren, Basen oder Salze im Wasser sein, gilt die Beziehung $[H^{\cdot}] \cdot [OH'] = K_{18} = 0{,}64 \cdot 10^{-14}$. Die Messung nur der einen Art dieser Ionen gibt daher ein ausreichendes Maß jedweder Reaktion der wässerigen Lösung. Bei saurer Reaktion sind die H-Ionen überwiegend, die OH-Ionen demnach an Zahl sehr gering; bei alkalischer Reaktion ist das Verhalten umgekehrt. Man hat sich gewöhnt, bei der physikochemischen Messung der Reaktion die Werte stets im Maß der H-Ionen zum Ausdruck zu bringen. Auch hier berechnet man die Konzentration auf den Einheitswert einer Normallösung: eine H-Ionen-Normallösung ist eine solche, bei der 1,008 g H in Form von Ionen in 1 Liter Wasser vorhanden sind. Eine Säurelösung wird demnach charakterisiert z. B. durch $[H^{\cdot}] = 4{,}5 \times 10^{-4}$ n, eine alkalische Lösung ganz ähnlich, z. B. durch $[H^{\cdot}] = 7{,}8 \times 10^{-15}$ n. Alle Lösungen, welche eine $[H^{\cdot}]_{18^0}$ größer als $0{,}8 \cdot 10^{-7}$ haben, sind sauer; alle Lösungen, deren $[H^{\cdot}]_{18^0}$ kleiner ist als dieser Wert, sind dagegen im physikochemischen Sinne alkalisch.

Aus Gründen der Übersichtlichkeit für die graphische Darstellung ist es häufig nützlich (nach Sörensen), diese Werte der H-Ionenkonzentration noch dadurch zu vereinheitlichen, daß man als Basis stets den vollen Wert 10 nimmt und die Wertunterschiede allein im Exponenten zum Ausdruck bringt. Aus $[H^{\cdot}] = 4{,}5 \cdot 10^{-4}$ n wird $10^{-3{,}347}$. Die Art der Berechnung ist einfach:

$[H^{\cdot}] = 4{,}5 \cdot 10^{-4} = 0{,}00045$; um 0,00045 auf eine Potenz von 10 umzurechnen, ist der log. von $0{,}00045 = 0{,}653 - 4 = - 3{,}347$ zu nehmen; dieses ist sodann sofort der gesuchte Exponentialwert, d. h. $4{,}5 \cdot 10^{-4} = 10^{-3{,}347}$. Zur Angabe der Wasserstoffionenkonzentration in diesem Sörensenschen Maße p_H ist es üblich, einfach den Exponenten (unter Weglassung des stets negativen Vorzeichens) zu setzen; man schreibt also statt wie oben: $[H^{\cdot}] = 4{,}5 \cdot 10^{-4}$ auch kürzer $p_H = 3{,}347$. Für das umständlichere Wort „Wasserstoffionenkonzentration" ist neuerdings die kürzere Bezeichnung „Wasserstoffzahl" eingeführt (Michaelis).

Eine erste Orientierung über die Werte der Wasserstoffzahl bei verschiedenen Lösungen gebe die Tabelle auf S. 498 nach L. Michaelis:

1. Indikatorenmethode.

Prinzip der Indikatorenmethoden mit Farbumschlag als Kennzeichen: Es ist eine bekannte Wirkung der H- und OH-Ionen, gewisse Farbstoffe in dem Farbcharakter sprunghaft zu verändern. Die systematische Untersuchung hat sehr zahlreiche Farbumschläge kennen gelehrt, die präzise bei bestimmten, aber untereinander verschiedenen Konzentrationsgraden der OH- resp. H-Ionen erfolgen. Indem man die Punkte der H-OH-Ionenkonzentration, bei denen der Farbumschlag eintrat, mit anderen physikochemischen Methoden (Gaskettenmethode, s. S. 509)

HCl-Säure 20^0		Essigsäure von 0^0 bis 50^0		Essigsäure + Na-Azetat		Primäres und sekundäres Na-Phosphat 18^0	
Normalität	[H·]	Normalität	[H·]	x-norm. Essigsäure / x-norm. Na-Azetat	[H·]	x-norm. prim. Phosphat / x-norm. sek. Phosphat	[H·]
1,0	$0{,}78 \cdot 10^{0}$	1,0	$0{,}42 \cdot 10^{-2}$	32	$5.76 \cdot 10^{-4}$	32	$0{,}64 \cdot 10^{-5}$
0,1	$0{,}91 \cdot 10^{-1}$	0,1	$0{,}13 \cdot 10^{-2}$	16	$2{,}88 \cdot 10^{-4}$	16	$0{,}32 \cdot 10^{-5}$
0,01	$0{,}96 \cdot 10^{-2}$	0,01	$0{,}42 \cdot 10^{-3}$	8	$1{,}44 \cdot 10^{-4}$	8	$0{,}16 \cdot 10^{-5}$
0,001	$0{,}98 \cdot 10^{-3}$	0,001	$0{,}13 \cdot 10^{-3}$	4	$0{,}72 \cdot 10^{-4}$	4	$0{,}80 \cdot 10^{-6}$
				2	$0{,}36 \cdot 10^{-4}$	2	$0{,}40 \cdot 10^{-6}$
				1	$1{,}80 \cdot 10^{-5}$	1	$0{,}20 \cdot 10^{-6}$
				0,5	$0{,}90 \cdot 10^{-5}$	0,5	$1{,}0 \cdot 10^{-7}$
				0,25	$0{,}45 \cdot 10^{-5}$	0,25	$0{,}50 \cdot 10^{-7}$
				0,125	$0{,}22 \cdot 10^{-5}$	0,125	$0{,}25 \cdot 10^{-7}$
				0,0625	$0{,}11 \cdot 10^{-5}$	0,0625	$0{,}12 \cdot 10^{-7}$
				0,03125	$0{,}56 \cdot 10^{-6}$	0,0312	$0{,}61 \cdot 10^{-8}$
				0,01562	$0{,}28 \cdot 10^{-6}$		

Ammoniak + Chlorammonium 18^0		Ammoniak 20^0		Natronlauge 20^0	
Chlorammonium x-norm. / Ammoniak x-norm.	[H·]	Normalität	[H·]	Normalität	[H·]
32	$1{,}02 \cdot 10^{-8}$	1,0	$1{,}8 \cdot 10^{-12}$	1,0	$0{,}99 \cdot 10^{-14}$
16	$0{,}51 \cdot 10^{-8}$	0,1	$0{,}57 \cdot 10^{-11}$	0,1	$0{,}854 \cdot 10^{-13}$
8	$0{,}26 \cdot 10^{-8}$	0,01	$1{,}8 \cdot 10^{-11}$	0,01	$0{,}800 \cdot 10^{-12}$
4	$0{,}13 \cdot 10^{-8}$	0,001	$0{,}57 \cdot 10^{-10}$	0,001	$0{,}776 \cdot 10^{-11}$
2	$0{,}64 \cdot 10^{-9}$				
1	$0.32 \cdot 10^{-9}$				
0,5	$0{,}16 \cdot 10^{-9}$				
0,25	$0{,}80 \cdot 10^{-10}$				
0,125	$0{,}40 \cdot 10^{-10}$				
0,0625	$0{,}20 \cdot 10^{-10}$				
0,0312	$1{,}0 \cdot 10^{-11}$				

genau bestimmte, ist es möglich geworden, aus solchen Farbstoffen Indikatorenreihen zusammenzustellen, welche mit dem Eintritt ihres Farbumschlages in gewissen, nicht zu weiten Abständen eine laufende Reihe bestimmter Punkte der steigenden H- resp. OH-Ionenkonzentration anzeigen.

Derartige Indikatorenreihen sind von verschiedenen Autoren zusammengestellt.

Die **Indikatorenreihe nach Salm**[1]) (siehe Tabelle S. 499) enthält zehn Indikatoren für den Konzentrationsbereich der H-Ionen von [H·] = 2n bis zu [H·] = 10^{-15}n. In den Einzelfeldern der Tabelle ist die Farbe genannt, welche die Farbstoffe bei der in der obersten Horizontalspalte angegebenen

[1]) Zeitschr. f. physikal. Chemie **63**, (1908).

Indikatorenreihe nach Salm.

Indikator	A H· = 2n	B H· = 1n	1 H· = 10—1n	2 H· = 10—2n	3 H· = 10—3n	4 H· = 10—4n	5 H· = 10—5n	6 H· = 10—6n	7 H· = 10—7n	8 H· = 10—8n	9 H· = 10—9n	10 H· = 10—10n	11 H· = 10—11n	12 H· = 10—12n	13 H· = 10—13n	14 H· = 10—14n	15 H· = 10—15n
1. Mauvein	gelb	grün	grün-blau	blau	violett	violett	violett	violett	violett	violett	violett	violett	violett	violett	violett	violett-rot	gelb-rot
2. Kongorot	blau	blau	blau	blau	blau	violett	schar-lach	schar-lach	schar-lach	schar-lach	schar-lach	schar-lach	schar-lach	schar-lach	schar-lach	schar-lach	schar-lach
3. Alizarin-sulfosaures Natrium	gelb-grün	gelb-grün	gelb-grün	gelb-grün	gelb-grün	gelb-grün	braun	rot	rot	rot	rot	rot	lila	violett	violett	violett	violett
4. Rosolsäure	gelb	gelb	gelb	gelb	hell-bräun-lich	hell-bräun-lich	hell-bräun-lich	hell-bräun-lich	rosa	rot	rot	rot	rot	rot	rot	rot, langsam heller	rot, schnell farblos
5. Phenol-phthalein	farblos	farblos	farblos	farblos	farblos	farblos	farblos	farblos	farblos	farblos	rosa	rot	rot	rot	rot	rot, schnell farblos	rot ein-fallend, gleich darauf farblos
6. α-Naphthol-benzoin	bräun-lich gelb	bräun-lich gelb	bräun-lich gelb	bräun-lich gelb	bräun-lich gelb	bräun-lich gelb	bräun-lich gelb	bräun-lich gelb	bräun-lich gelb	bräun-lich gelb	bräun-lich gelb	grün	grün-blau	grün-blau	grün-blau	grün-blau	grün-blau
7. Tropäolin O	gelb	gelb	gelb	gelb	gelb	gelb	grün-gelb	grün-gelb	grün-gelb	grün-gelb	grün-gelb	grün-gelb	grün-gelb	orange	rot-orange	rot-orange	rot-orange
8. Trinitro-benzol	farblos	farblos	farblos	farblos	farblos	farblos	farblos	farblos	farblos	farblos	farblos	farblos	farblos	farblos	orange	rot-orange	fast farblos
9. Benzo-purpurin	blau	blau-violett	violett	violett	rot-violett	rosa	gelb, Stich rot	gelb, Stich rot	gelb, Stich rot	gelb, Stich rot	gelb, Stich rot	gelb, Stich rot	gelb, Stich rot	gelb, Stich rot	gelb, Stich rot	rosa	rosa
10. Safranin	blau	lila	rosen-rot	rosen-rot	rosen-rot	rosen-rot	rosen-rot	rosen-rot	rosen-rot	rosen-rot	rosen-rot	rosen-rot	rosen-rot	rosen-rot	rosen-rot	rosen-rot	violett

[H]· aufweisen. Dabei charakterisieren die dicken Linien diejenige Zone, für welche die Lösung des betreffenden Farbstoffes als spezifischer Indikator mit seinem Umschlag reagiert. Die Lösungen der genannten Indikatoren sind in braunen Tropfflaschen vorrätig zu halten. Salm benutzte reine Grüblersche Stoffe, die er zu crc. $^1/_{100}$ Mol in 1 Liter Wasser resp. Wasser und Alkohol auflöste.

Diese Salmsche Indikatorenreihe kann nur einen ungefähren Überblick vermitteln, da bei der Zusammenstellung der Skala nicht die durch Salz- und Eiweißanwesenheit in der Lösung bedingten Verschiebungen der Farbumschlagspunkte berücksichtigt sind.

Die **Sörensensche Indikatorenreihe**[1]) ist auf diese Fehlerquellen hin genau untersucht. Auch bei Benutzung dieser Indikatorenreihe (Tabelle nebenstehend) ist es nützlich, sich zunächst vermittels der Indikatorenskala von Salm über den ungefähren Stand der [H·] der zu untersuchenden Lösung zu unterrichten, damit man erfährt, welchen Indikator von Sörensen man zur genaueren Prüfung verwenden soll.

Wir nehmen als Beispiel an, daß die zu untersuchende Lösung bei der Prüfung nach Salm das alizarinsulfosaure Natrium schön rot gefärbt, die Rosolsäure aber noch hellbräunlich gelassen hat; wir ersehen sodann, daß die [H·] unserer Lösung sich um den Wert von 10^{-6}n bewegt. Als geeigneten Indikator der Sörensenschen Skala haben wir daher das Paranitrophenol zu wählen (Indikatorbereich = 10^{-5} bis 10^{-7}).

Um zur feineren Messung schreiten zu können, bedarf es des Vorrätigseins der folgenden sieben Standardlösungen[1]) nach Sörensen:

Erste Lösung: 0,1 n-HCl. Sie wird durch Verdünnung aus einer normalen HCl-Lösung bereitet, die man herstellt, indem man das Natriumoxalat als Urtitersubstanz verwendet.

Zweite Lösung: 0,1 n-NaOH. Sie wird durch Verdünnung aus einer mit der vorigen Lösung titrierten Lösung bereitet. Die Lauge muß von Karbonaten mittels der folgenden einfachen Methode befreit werden: 250 g Kahlbaumsches NaOH werden in 300 ccm Wasser in einem engen, mit einem Glasstöpsel versehenen Zylinder aufgelöst; nach zwei Tagen trennt sich die Flüssigkeit von dem ausgefällten Na-karbonat, das in einer so stark konzentrierten Lösung durch den Einfluß des gemeinsamen Ions unlöslich wird.

Dritte Lösung: 0,1 n-Glykokoll + 0,1 n-NaCl (d. i. 7,505 g Kahlbaumsches Glykokoll + 5,85 g ganz reines NaCl) werden mit Wasser in einen Meßkolben auf 1 l Lösung gebracht.

Vierte Lösung: $^1/_{15}$ Mol primäres Kaliumphosphat (9,078 g KH_2PO_4) Kahlbaum in 1 l wässeriger Lösung. Das Salz muß eine klare Lösung ergeben und darf weder Sulfat noch Chloride enthalten; 24 Stunden im Trockenschrank bei 100° unter einem Druck von 20—30 mm getrocknet, darf es im Maximum 0,1% seines Gewichtes verlieren). Bei dem folgenden Glühen im Platinschmelztiegel muß der Gewichtsverlust 13,23 ± 0,1% betragen. Das Kahlbaumsche Salz entspricht meistens diesen Anforderungen vollkommen.)

Fünfte Lösung: $^1/_{15}$ Mol sekundäres Natriumphosphat (11,876 g Na_2HPO_4, 2 H_2O) in 1 l wässeriger Lösung. Dieses Salz hat dem mit 7 Mol und mit 12 Mol Wasser gegenüber den Vorzug, daß es an der Luft nicht verwittert. Um es zu bereiten, verfährt man auf folgende Weise: Das gewöhnliche sekundäre Natriumphosphat wird zunächst 2—3 mal aus reinem Wasser umkristallisiert, sodann läßt man es mit 12 Mol. Wasser auf großen Papierbogen zergehen und an der Luft ver-

[1]) Näheres ist einzusehen in Biochem. Zeitschr. **21**, 131—304 (1909).

wittern, indem man es gegen Staub schützt; spätestens nach ein paar Wochen kann man sicher sein, daß die Verwitterung vollständig eingetreten ist. Das so bereitete Salz muß eine klare Lösung ergeben und darf weder Chloride noch Sulfate erhalten; 24 Stunden bei 100° unter einem Druck von 20—30 mm getrocknet und nachher vorsichtig kalziniert, muß es 25,28 ± 0,1% an Gewicht verlieren.)

Sechste Lösung: 0,1 Mol sekundäres Natriumzitrat: 21,008 g kristallisierte Kahlbaumsche Zitronensäure und 200 ccm normale NaOH-Lösung werden mit Wasser zu 1 l gelöst. Die Zitronensäurelösung muß eine klare Lösung ergeben und darf keine Chloride oder Sulfate erhalten. Der Gehalt an Asche muß minimal sein. Im Trockenschrank bei 70° und 20—30 mm Druck getrocknet, muß die Säure farblos bleiben und 8,58 ± 0,1% ihres Gewichtes verlieren. Die Azidität kann mit 0,2 n-Barytlösung und mit Phenolphthalein titriert werden, indem man bei entschiedenem Rot mit der Titration aufhört; die berechnete Menge der titrierten Lösung darf, wenn man im Durchschnitt 30 ccm verwendet, sich nicht um mehr als 0,1 ccm von der gefundenen unterscheiden. Die Kahlbaumsche Zitronensäure entspricht diesen Anforderungen in befriedigender Weise.

Siebente Lösung: alkalische Borsäurelösung: 12,404 g Kahlbaumsche Borsäure (0,2 Mol) + 100 ccm einer normalen NaCl-Lösung, mit Wasser auf 1 l Lösung gebracht.

Die Auswahl dieser sieben Lösungen[1]) ist so getroffen, daß man aus ihnen durch Mischung Lösungen jeder beliebigen H·-Konzentration bequem herstellen kann.

Es werden stets nur je zwei Lösungen miteinander gemischt, und zwar in einer Menge, daß die Gesamtflüssigkeit hernach 10 ccm beträgt. Über die Auswahl der zu verwendenden Stammlösungen und deren gegenseitiges Mengenverhältnis zur Herstellung einer Lösung von gewünschter H·-Konzentration gibt die Sörensensche graphische Tabelle, die auf S. 502 verkleinert beigefügt ist, in vorzüglicher Weise Aufschluß (Fig. 64): Auf der Abzisse des Koordinatensystems sind die Wasserstoffionenexponenten verzeichnet; die Ordinate gibt jedesmal den Gehalt an Glykokoll-, Borat-, Zitrat- und sek. Phosphatlösung zu erkennen, welcher den gemischten Lösungen von Glykokoll + NaOH, Glykokoll + HCl, Borat + NaOH, Zitrat + NaOH, Zitrat + HCl und endlich von sekundärem Natriumphosphat + primärem Natriumphosphat zukommt. Um nun die einer gewünschten H·-Konzentration entsprechenden Mischlösungen zu finden, geht man von dem betreffenden Wert des Wasserstoffionenexponenten auf der Tabelle aus und sucht den dazugehörigen Schnittpunkt mit einer der eingezeichneten Kurven; die von diesem Punkt ausgehende Horizontale verfolgt man sodann bis zur Koordinate und liest dort die Menge derjenigen Lösung ab, dessen Lösungsstoffe in der Kurvenbezeichnung der Tafel[2]) zuerst genannt ist; die Menge der Lösung des zweitgenannten Stoffes ergibt sich einfach daraus, daß die Gesamtmenge der Mischung stets 10 ccm betragen muß. Für genaue Messungen darf man nur die ausgezogenen Kurventeile verwenden, nicht die punktierten. Wo es möglich ist, zwischen zwei Kurven zu wählen, ist allemal diejenige Kurve vorzuziehen, welche in dem in Frage kommenden Gebiet am meisten senkrecht verläuft, da bei ihr die Fehlermöglichkeit eine geringere ist.

---

[1]) Die verschiedenen Lösungen müssen mit ganz reinem, keine Kohlensäure enthaltenden destillierten Wasser (in Gefäßen aus verzinntem Kupfer gekocht oder 12—18 Stunden mit einem Strom von durch NaOH-Lösung gewaschener Luft vorbehandelt bereitet werden. Es ist ratsam, jedesmal eine große Menge dieses destillierten Wassers (4—6 l für jede Lösung) herzustellen und die betreffenden Lösungen in großen Wulffschen Flaschen unter Beobachtung aller Kautelen (Abspülflaschen mit NaOH usw.) aufzubewahren, um den Eintritt der CO_2 in die Flaschen zu verhindern.

[2]) Bei „Phosphat" ist diese Mengenangabe stets auf das sekundäre Phosphat zu beziehen.

Wir waren in unserem obigen Arbeitsbeispiel bis zur ungefähren Festlegung von $[H^{\cdot}] = 10^{-6}$ und bis zur Erkennung des Paranitrophenols als des geeigneten Indikators der Sörensenschen Skala gelangt. Wir haben nun aus den Standardlösungen, um das Verhalten unseres Indikators in einer Vergleichsserie von Lösungen bekannter $H^{\cdot}$-Ionenkonzentrationen um 10^{-6} herum beobachten zu können, Lösungen herzustellen, deren Wasserstoffionenexponent von 5—7 sich in kleinen Intervallen abstuft. Aus der graphischen Tabelle ersieht man, daß die zu bereitenden Lösungen durch

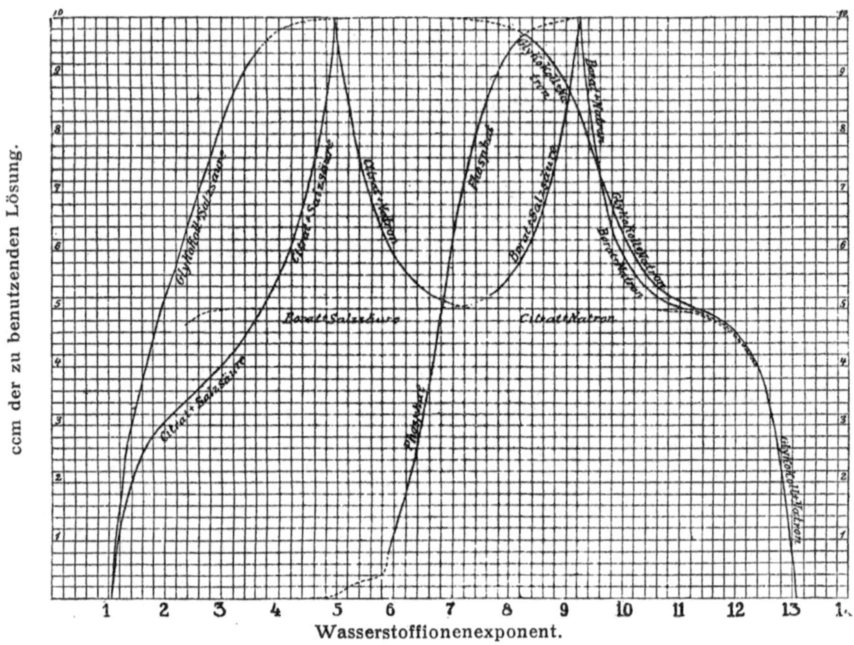

Fig. 64.
Graphische Tabelle nach Sörensen (stark verkleinert).

gemischte Lösungen von 10 ccm Zitrat + 0 ccm NaOH bis zu 6 ccm Zitrat + 4 ccm NaOH für die Wasserstoffionenexponenten 5—6, und durch gemischte Lösungen von 1 ccm sekundärem Phosphat + 9 ccm primärem Phosphat bis zu 6 ccm sekundärem Phosphat + 4 ccm primärem Phosphat für den Wasserstoffexponenten 6—7 dargestellt werden. Wir bereiten daher in einer Serie von Reagenzgläsern aus farblosem Glas und mit möglichst gleichem Durchmesser (Kapazität 15—20 ccm) die folgenden Mischungen:

1.	Reagenzglas	10 ccm	Zitratlösung	+ 0	ccm	NaOH
2.	,,	8 ,,	,, ...	+ 2	,,	,,
3.	,,	6 ,,	,, ...	+ 4	,,	,,
4.	,,	2 ,,	sek. Phosphatlösung . .	+ 8	,,	prim. Phosphat
6.	,,	6 ,,	,, ,, . .	+ 4	,,	,, ,,

Die sechs Reagenzgläser mit den betreffenden Gemischen werden in ein Gestell gesetzt, dessen Boden mit weißem Papier bedeckt oder besser noch mit weißem Lack angestrichen ist. Das Gestell wird an einen Platz gebracht, wo es gut beleuchtet ist.

In ein siebentes Glas gießt man 10 ccm der zu untersuchenden Flüssigkeit. Aus der Sörensenschen Tabelle ersieht man, daß das Paranitrophenol die Farbe mit der Zeit nicht ändert und in einer Menge von 20—30 Tropfen zugesetzt werden kann; je nachdem die Flüssigkeit sehr sauer (schwache Färbung des Paranitrophenols) oder wenig sauer (intensiv gelbgrünliche Färbung des Paranitrophenols) ist, setzt man zuerst drei Tropfen des Indikators zu und dann noch weitere, wenn die Färbung nicht genügend intensiv ist. Da die Färbung des Indikators sich beim Stehen nicht verändert, können diese weiteren Zusätze bequem gemacht werden.

Die Indikatoren sind in Flaschen aus dunklem Glas aufzubewahren, die mit einem Glasstopfen mit Tropfenzähler versehen sind wie die in der Bakteriologie für Farblösungen verwendeten Flaschen. Dieselbe Zahl Tropfen, welche, wie man gesehen hat, am besten für die zu untersuchende Flüssigkeit paßte, gießt man in die anderen sechs Reagenzgläser. (Wenn sich die Färbung des Indikators beim Stehen ändert, wie dies z. B. beim Mauvein in den sehr sauren Lösungen der Fall ist, kann man nicht so langsam vorgehen und muß daher so schnell als möglich eine gleiche Anzahl Tropfen in alle Reagenzgläser gießen; in diesem Falle wird man zweckmäßig vorher einen orientierenden Versuch mit einer kleinen Menge der zu untersuchenden Flüssigkeit machen.)

Hierauf vergleicht man die Färbungen der verschiedenen Reagenzgläser miteinander, wobei man sehen wird, zwischen welchen Grenzen die von der zu untersuchenden Flüssigkeit gezeigte Farbnuancierung sich befindet. Zur Erleichterung des Vergleichs ist es anzuraten, zwischen den nach fortschreitenden $H^{\cdot}$-Konzentration angeordneten Gläsern im Gestell allemal einen Platz freizulassen, um die zu untersuchende Flüssigkeit dazwischen setzen zu können.

Hat man so gefunden, daß die zu untersuchende Flüssigkeit hinsichtlich ihrer Farbe eine Zwischenstufe zeigt zwischen den Farben der Reagenzgläser 5 und 6 der durch Mischung erhaltenen Serie, dabei aber der Farbe des Reagenzglases 6 näher steht als derjenigen von 7, so sind in einer zweiten Serie von Reagenzgläsern neue Verdünnungen vorzunehmen, welche die in Frage kommenden Farbnuancierungen in noch kleineren Unterstufen aufweisen, etwa in folgender Weise:

Reagenzglas	a:	4,6	ccm	sek. Phosphat	+ 5,4	ccm	prim.	Phosphat
,,	b:	4,8	,,	,, ,,	+ 5,2	,,	,,	,,
,,	c:	5,0	,,	,, ,,	+ 5,0	,,	,,	,,
,,	d:	5,2	,,	,, ,,	+ 4,8	,,	,,	,,
,,	e:	5,4	,,	,, ,,	+ 4,6	,,	,,	,,
,,	f:	5,6	,,	,, ,,	+ 4,4	,,	,,	,,
,,	g:	5,8	,,	,, ,,	+ 4,2	,,	,,	,,

In dieser engeren Serie wird sodann dasjenige Glas gesucht, welches mit der zu prüfenden Flüssigkeit möglichst genau übereinstimmt. Zumeist wird sich ohne Schwierigkeit eins unter diesen Reagenzgläsern finden lassen, dessen Färbung mit derjenigen der zu untersuchenden Flüssigkeit völlig identisch ist. Ist dieses z. B. bei Reagenzglas e der Fall, so wissen wir, daß unsere Lösung mit der Mischlösung 5,4 ccm sek. Phosphat + 4,6 ccm prim. Phosphat gleiche H·-Konzentration hat. Für diese Mischlösung aber ist aus der graphischen Darstellung Sörensens leicht der Wasserstoffionenexponent zu entnehmen[1]). Man suche auf der Ordinate den Wert 5,4, verfolge die hier ausgehende Horizontale bis zum Schnittpunkt der „Phosphat"kurve und lese den diesem Punkt entsprechenden Wert der Abszisse ab, etwa 6,87. Für die untersuchte Lösung ist somit die H·-Konzentration im Wert ihres „Wasserstoffionenexponenten" $P_H = 6,87$ gefunden.

Einige Schwierigkeiten resp. Störungen der Anwendung dieser Methode resultieren aus den folgenden Einflüssen, die daher einer stetigen Berücksichtigung bedürfen.

1. Einfluß der Neutralsalze: Da die Methode auf der Bewertung kleiner Farbnuancierungen der Indicatorlösungen beruht, so ist wichtig, zu wissen, daß die Farbe mancher Indikatorlösungen außer durch die H-Ionenkonzentration auch durch die Anwesenheit von Neutralsalzen beeinflußt wird. Im allgemeinen läßt sich sagen, daß bei den Indikatoren der Methylviolettgruppe (Methylviolett, Mauvein, Gentianaviolett und Methylgrün) die Wirkung der Neutralsalze so stark ist, daß ihr Einfluß stets in Extrakontrollen der Berücksichtigung bedarf. Hinsichtlich der übrigen oben genannten Indikatoren bringt indes eine Konzentration der Neutralsalze bis zu 0,3—0,5 n keine bemerkenswerten Änderungen der Resultate hervor, so daß bei Körperflüssigkeiten, wo die Salzkonzentration zumeist erheblich unterhalb dieser Grenze (Blut ca. $^1/_5$ n, Harn ca. $^1/_8$ n) bleibt, für diese Indikatoren im allgemeinen aus dem Salzeinfluß kein erheblicherer Fehler resultieren wird.

2. Einfluß der Eiweißstoffe und ihrer Spaltprodukte. Die Hauptursache dieses Einflusses ist in dem Entstehen chemischer oder adsorptiver Verbindungen zwischen den Farbstoffen und den Eiweißen, resp. deren Spaltprodukten gegeben; die neuen Verbindungen können abweichende Farbeigenschaften haben, sie können auch unter Entfärbung der Flüssigkeit ausfallen. Für klinische Zwecke praktisch frei von Störungen dieser Art sind Methylviolett, Mauvein und Paranitrophenol (vgl. die näheren Angaben der Sörensenschen Tabelle). Wenn die Proteine nicht in beträchtlichen Mengen vorhanden sind (z. B. im Harn), können mehr oder weniger alle angeführten Indikatoren benutzt werden, weil die Fehler sich bei abnehmender Konzentration der Eiweißstoffe sehr beträchtlich verkleinern. Da die Fehler bei ähnlichen Messungen sich stets in relativ ähnlicher Weise wiederholen, so ist, sobald die nötige Korrektur durch die unten zu besprechende Methode der Gaskettenmessung nach Richtung und Größe für Lösungen bestimmter Art einmal festgestellt ist, auch unter solchen Umständen noch mit der Indikatorenmethode eine für die praktisch-klinischen Bedürfnisse zumeist ausreichende Genauigkeit zu erreichen.

3. Störungen durch Trübung oder Eigenfarbe der zu untersuchenden Lösung: Wenn die zu untersuchenden Flüssigkeiten selber in mittlerem Grade oder wenig gefärbt sind, können nach Sörensen zur kompensatorischen Färbung der Standardmischlösungen Farbstoffe zugegeben werden, welche eine vollkommene Beständigkeit ihrer Farbe bei den klinisch auftretenden Schwankungen der Reaktion besitzen. Zur Nachahmung der klinisch vorkommenden Eigenfarben von Lösungen dienen am besten: Bismarckbraun (0,2 g in 1 l Wasser), Helianthin (0,1 g in 1 l 80%igem Alkohol), Tropäolin o (0,2 g in 1 l Wasser), Kurkumin (0,2 g in 1 l 60%igem Alkohol), Methylviolett (0,02 g in 1 l Wasser), Baumwollblau

[1]) Für genaue Ablesungen ist es unbedingt notwendig, statt der oben beigefügten „graphischen Tabelle" die „Hauptkurventafel von Sörensen in Originalgröße" zu benutzen, wie sie zum Gebrauch für Laboratorien vom Verlag Julius Springer, Berlin, Monbijouplatz 3, zu beziehen ist.

(0,1 g in 1 l Wasser). Ist die zu untersuchende Flüssigkeit trübe, so kann man den Standardmischlösungen vermittelst einer frisch gefällten wässerigen Suspension von $BaSO_4$ (man vermische genau gleiche Mengen einer 0,1 n-$BaCl_2$Lösung mit einer 0,1 n-K_2SO_4-Lösung) denselben Grad der Trübung erteilen. Wird durch etwaige Zusätze dieser Art das Volumen der Mischlösungen merklich geändert, so ist zum Ausgleich in demselben Verhältnis das Volumen der zu untersuchenden Flüssigkeit durch Zusatz von dest. Wasser zu vermehren.

Wenn eine nur ungefähre Orientierung über die H-Ionenkonzentration gewünscht wird, ist ebenfalls die **Indikatorenreihe von Michaelis** sehr brauchbar, welche von ihrem Autor auf Grund eigener Messungen aus den Indikatoren von Friedenthal, Salm und Sörensen zusammengestellt wurde; sie ist speziell auch zur Vorprüfung beim Arbeiten mit der Sörensenschen Methode geeignet. Die folgende Tabelle gibt die näheren Daten:

Indikator	gelöst in	ungefährer pH des Übergangspunkts	Farbänderung im Sinne zunehmender der Azidität
Nilblau	1‰ in Wasser	10—11	violett—blau
Phenolphthalein . .	1% in 90% Alkohol	9	rot—farblos
Neutralrot	¼‰ in Wasser	7,5	blaßgelb—rot
Lackmus	käufl. Lösung	6,8	blau—rot
p-Nitrophenol . . .	1% in 90% Alkohol	6	gelb—farblos
Methylrot	½% in 90% Alkohol	5	blaßgelb—rot
Methylorange . . .	½% in 90% Alkohol	4	blaßgelb—rot
Kongorot	½% in 50% Alkohol	4	rot—blau
Methylviolett . . .	1‰ in Wasser	3	violett—blaugrün
,,	1‰ in Wasser	2—1	grün—gelb

Eine wesentlich vereinfachte **Indikatorenmethode speziell zur Messung der Azidität des Magensaftes** ist für klinische Zwecke von L. Michaelis und H. Davidsohn[1]) ausgearbeitet. Die Eichung der Umschlagspunkte der Indikatoren ist im Magensaft selbst vorgenommen, indem gleichzeitig mit Hilfe der Gaskettenmessung (s. unten) eine direkte Messung der H-Ionenkonzentration erfolgte. Die folgende Tabelle zeigt, welche Wasserstoffionenkonzentration des Magensaftes den verschiedenen Nuancen der einzelnen Indikatoren entspricht. Die Zahlen sind auf eine H-Ionen-Normallösung (s. S. 10) bezogen.

[1]) Näheres s. Zeitschr. f. experim. Pathologie u. Therapie 8, 1 (1910).

	0,1 n = $1 \cdot 10^{-1}$	0,032 n = $1 \cdot 10^{-1,5}$	0,01 n = $1 \cdot 10^{-2}$	0,0032 n = $1 \cdot 10^{-2,5}$
Methylviolett	grün	grün	grün	grünblau
Tropaeolin	burgunderrot	burgunderrot	orange	orange
Kongorot	blau, Niederschlag	blau, Niederschlag	blau, Niederschlag	blauviolett, Niederschlag
Methylorange	rot	rot	rot	rot
Lackmus	rot	rot	rot	rot
p-Nitrophenol	farblos	farblos	farblos	farblos
Neutralrot	himbeerrot	himbeerrot	himbeerrot	himbeerrot

	0,001 n = $1 \cdot 10^{-3}$	0,0001 n = $1 \cdot 10^{-4}$	0,00001 n = $1 \cdot 10^{-5}$	0,000001 n = $1 \cdot 10^{-6}$	0,0000001 n = $1 \cdot 10^{-7}$
Methylviolett	blau	violettblau	blauviolett	violett	violett
Tropaeolin	gelb	gelb	gelb	gelb	gelb
Kongorot	blauviolett Niederschlag	schmutzigrot	rot	rot	rot
Methylorange	rot	orange	gelb	gelb	gelb
Lackmus	rot	rot	Stich violett	violett	violett
p-Nitrophenol	farblos	farblos	Stich gelb	gelb	gelb
Neutralrot	himbeerrot	himbeerrot	himbeerrot	himbeerrot	orange

NB. Bei Mischfarben ist die dominierende Farbe zuletzt, die modifizierende zuerst genannt. Wenn bei Methylviolett die Farbnuance schwierig zu beurteilen ist, was mitunter vorkommt, so orientiere man sich in einer Kontrolle von 1 Tropfen Indikator auf 1 ccm dest. Wassers.

Bei Anwendung dieser Methode ist es zumeist ausreichend, vier kleine Reagenzgläschen mit je 1 ccm des filtrierten Mageninhalts zu füllen und als Indikator je einen Tropfen Methylviolett (0,01%, wässerig), Tropäolin (0,25% in 50%igem Alkohol), Kongorot (0,125%, wässerig) und Methylorange (0,25%, wässerig) zuzugeben. Die Farben werden im durchfallenden Lichte beobachtet und mit der Tabelle verglichen, aus welcher die Azidität dann sofort abzulesen ist. Nur bei sehr wenig sauren Magensäften könnte es sich zuweilen als nötig erweisen, zur Kontrolle noch einen der drei letztgenannten Indikatoren heranzuziehen.

Die Methode gibt gute Werte; infolge der in wechselnden Mengen im Magensaft vorhandenen Peptone und Salze ist sie indes im strengen Sinne nicht absolut genau[1]). Völlig exakte Resultate werden nur durch die Gaskettenmessung (s. unten S. 509) erhalten.

Eine sehr einfache **Indikatorenmethode zur Bestimmung der Eiteracidität** nach H. Schade[2]) ist gleichfalls klinisch gut anwendbar. Der Eiter

[1]) Siehe hierüber auch G. Ewald, Deutsch. Arch. f. klin. Med. **106**, 513, (1912).
[2]) H. Schade, P. Neukirch u. A. Halpert, Zeitschr. f. d. ges. experim. Medizin **24**, 40 (1921).

wird mit einer kleinen Menge Neutralrot versetzt und sodann bei Durchleitung von Luft mit einem variierten Zusatz von CO_2 auf sein Farbverhalten geprüft (vgl. Gefäß der Fig. 65). Es lassen sich so — wichtig für die Differenzierung der kalten und heißen Abszesse — drei Grade der Reaktionsbeschaffenheit unterscheiden:

1. Rotfärbung bei Durchleitung von Luft mit 5,6 Vol. % CO_2 fehlend — keine oder höchstens sehr schwache H-Hyperionie.

2. Rotfärbung in Luft mit 5,6 Vol. % CO_2 — mittlere H-Hyperionie.

3. Rotfärbung selbst schon bei Durchleitung von gewöhnlicher Luft bestehen bleibend — stärkste H-Hyperionie.

Auch zur Entscheidung der Frage, ob der Eiter bei den im Eiterherd intravital vorhandenen CO_2-Verhältnissen sauer reagiert oder nicht, ist die Indikatorprüfung mit Neutralrot in einfachster Art zu verwerten. Es ist nichts weiter erforderlich als den Eiter blutfrei vermittels langer Kanüle in einer Spritze anzusaugen und sodann — unter Nachsaugen eines Tropfens Neutralrotlösung — innerhalb der Punktionspritze selber die Prüfung mit dem Indikator (Rötung bei H-Hyperionie des Eiters) vorzunehmen.

Die letzte, hier noch zu beschreibende Methode ist grundsätzlich anderer Art. Das Prinzip der Indikatorenmethode mit vergleichender Messung der Farbtiefe ist folgendes: Als Indikator wird eine Substanz gewählt, die nur in einer der ihr möglichen Zustandsarten, entweder als Ion oder als Molekül, gefärbt ist, während sie in dem anderen Zustand farblos ist. Wir setzen den Fall, nur das Ion besitze Farbe. Sodann ist die Farbtiefe, d. h. die Intensität der Färbung der Lösung jeweils der Menge der vorhandenen Indikator-Ionen proportional.

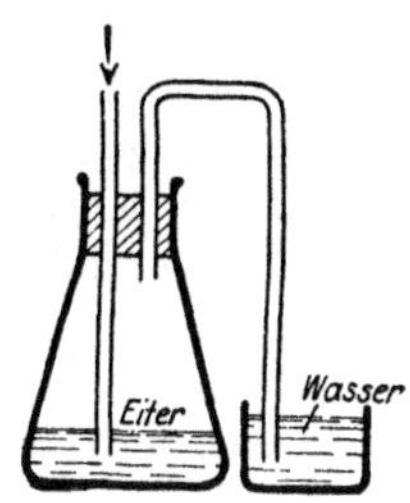

Fig. 65.

Nimmt man einen derartigen Indikator, der nun weiter noch eine sehr schwache Säure oder Base ist, so wird nach den bekannten Dissoziationsgesetzen für eine jede Lösung die Menge der Indikator-Ionen allein durch das Maß der bereits in der Lösung befindlichen H-, resp. OH-Ionen bestimmt. Ist der Indikator eine Säure, so ist seine Dissoziation, d. h. hier die Menge der farbtragenden Ionen um so kleiner, je mehr H-Ionen die zu untersuchende Lösung enthält. Die Farbtiefe gibt daher mit ihrer Zu- resp. Abnahme ein Maß der aktuellen Reaktion der zu prüfenden Lösung. Entsprechendes gilt auch für einen Indikator, der eine schwache Base ist.

Dieser Art ist die ihrer Handhabung sehr einfache **Nitrophenolindikatorenmethode nach L. Michaelis**[1]). Bei erster Ausübung scheinen die Farbunterschiede dieser Methodik nur gering; doch ist ein Einarbeiten in die Methodik meist leicht zu erreichen und sind dann die Resultate sehr gute. Diese Methode verdient klinisch dort, wo die Apparatur der Gaskettenmessung fehlt oder wo sie im Einzelfall (z. B. Harn mit Ammoniakentwicklung etc.) nicht zu verwerten ist, weiteste Anwendung.

---

[1]) Deutsche med. Wochenschr. 1921, 465; vgl. dazu ebendort 1920, 1238; ferner L. Michaelis u. A. Gyemont, Biochem. Zeitschr. **149**, 165 (1920).

Um innerhalb fast aller klinisch in Betracht kommenden Grenzen die p_H zu bestimmen, braucht man nur zwei Reihen von je 9 Reagenzgläsern mit folgender Füllung vorrätig zu halten:

1. Reihe:	Nr. 1	2	3	4	5	6	7	8	9
0,1% wässerige Lösung von p-Nitrophenol, aufs 10 fache mit 0,1 n-Sodalösung verdünnt	0,16	0,25	0,4	0,63	0,94	1,4	2,08	3,0	4,05 ccm
	+	+	+	+	+	+	+	+	+
0,1 n-Sodalösung . .	6,84	6,75	6,6	6,37	6,06	5,6	4,92	4,0	2,95 ccm

2. Reihe:	Nr. 1	2	3	4	5	6	7	8	9
0,3% wässerige Lösung von m-Nitrophenol, aufs 10 fache mit 0,1 n-Sodalösung verdünnt.	0,27	0,43	0,66	1,0	1,5	2,3	3,0	4,2	5,2 ccm
	+	+	+	+	+	+	+	+	+
0,1 n-Sodalösung . .	6,73	6,57	6,34	6,0	5,5	4,7	4,0	2,8	1,8 ccm

Die zur Füllung mit diesen Lösungen benutzten und zur weiteren Prüfung dienenden Reagenzgläser sollen genau gleiches Kaliber haben. Die mit obigen Testlösungen gefüllten Gläser sind nach Verschluß mit paraffinierten Korken, wenn sie bei der Aufbewahrung vor Licht geschützt werden, dauernd haltbar. Sie werden mit folgenden Etiketts versehen:

	Nr. 1	2	3	4	5	6	7	8	9
1. Reihe. Etikettierung	pH = 5,4	5,6	5,8	6,0	6,2	6,4	6,6	6,8	7,0
2. Reihe. Etikettierung	pH = 6,8	7,0	7,2	7,4	7,6	7,8	8,0	8,2	8,4

Die hier benutzten Indikatoren (Säuren) sind in molekulardispersem Zustand farblos, nur der Gehalt an ionendisperser Masse bedingt die Farbe. Die Stärke des Farbtones ist demnach dem Dissoziationsgrad dieser Indikatoren proportional. Da nun der Grad der Säuredissoziation von dem Maß der in der Lösung vorhandenen H-Ionen abhängt, kann die Farbstärke direkt ein Maß der H-Ionen in der Lösung vermitteln. Die Gläser mit den obigen Lösungen werden als Testlösungen benutzt.

Die Bestimmung der H-Ionenkonzentration farbloser Flüssigkeiten geschieht in der folgenden Weise. 6 ccm der zu untersuchenden Flüssigkeit werden je nachdem entweder mit 1,0 ccm einer 0,1%-Lösung von p-Nitrophenol oder einer 0,3%-Lösung von m-Nitrophenol versetzt. Sodann gilt es, aus der Reihe 1 bzw. 2 das farbgleiche Röhrchen herauszusuchen. Sein Etikett gibt unmittelbar die p_H an. Durch Schätzung kann man noch weiter interpolieren.

Ist die zu untersuchende Lösung selbst schon gefärbt (z. B. Harn, Nährboden), so wendet man den Walpole schen Komparator[1]) an. Dies ist ein Holzkästchen mit einigen Bohrungen von nebenstehender Form (Fig. 66). Die Löcher 1—6 sind zum Hineinstecken von Reagenzgläsern, die Querlöcher zum Durchblicken bestimmt. Durch das erste Querloch z. B. blickt

[1]) Zu beziehen von E. Leitz, Berlin, Luisenstr. 45.

man gleichzeitig durch das Reagenzglas 1 und 4 usw. Man bringt nun in das Loch 1 ein Reagenzglas mit 2 ccm Harn (oder Ähnlichem), 4 ccm Kochsalzlösung (bei Harn etwa 2%, bei Bouillon 0,85% NaCl-Lösung) und 1ccm des Indikators. In das Loch 4 steckt man ein Reagenzglas mit Wasser. In das Loch 2 kommt ein Reagenzglas mit 2 ccm des Harns + 5 ccm NaCl-Lösung, und für das Loch 5 probiert man von den aufbewahrten Indikatorröhrchen dasjenige aus, welches bewirkt, daß die Farbtiefe, die man durch die entsprechenden Querlöcher beobachtet, gleich ist. Das Etikett zeigt sodann die p_H unmittelbar an.

Die Beobachtung geschieht vorteilhaft gegen eine vom Tageslicht gut beleuchtete Milchglasscheibe oder — in manchen Fällen noch besser — außerdem gegen eine Blauscheibe. Letzteres hat den Vorteil, daß es die Quantitätsunterschiede der Farben in Qualitätsunterschiede zwischen Blau und Gelbgrün umwandelt, welche vom Auge leichter und besser zu unterscheiden sind. Dem Komparator wird eine geeignete Mattscheibe resp. Blauscheibe beigeliefert; ihre Anbringung geschieht vermittels einer Schiebevorrichtung am Komparator.

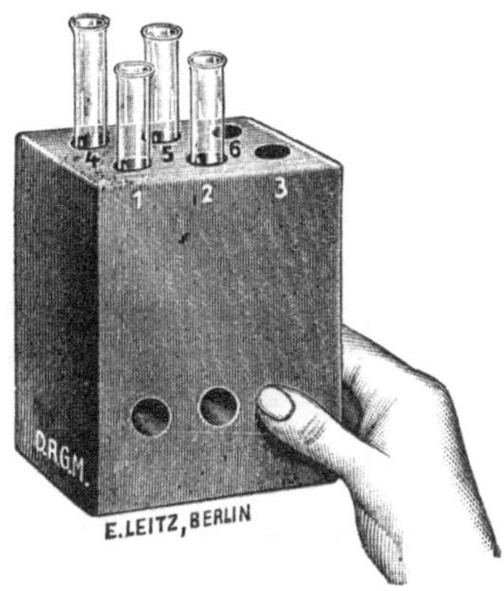

Fig. 66.
Komparator nach Walpole.

Bei sehr stark gefärbten oder getrübten Lösungen (Agar u. dgl.) ist es mitunter vorteilaft, für die Reagenzgläser in den Löchern 1 und 2 des Komparators nicht 2 ccm Flüssigkeit + 4, bzw. 5 ccm Kochsalzlösung, sondern 1 ccm Flüssigkeit + 5, bzw. 6 ccm Kochsalzlösung zu nehmen. Die größere Verdünnung macht die Beobachtung leichter, ohne das Resultat zu ändern.

p_H von 5,4 bis 5,0 kann man folgendermaßen messen: Gibt man in das Reagenzglas 1 des Komparators 2 ccm Harn + 2,5 ccm NaCl-Lösung + 2,5 ccm p-Nitrophenollösung, so gilt für das Glas 1 der p-Nitrophenol-Indikatorreihe $p_H = 5{,}0$; für das Glas 2 dieser Reihe $p_H = 5{,}2$. Diese Prüfung umspannt somit insgesamt einen Bereich von $p_H = 5{,}0$ bis $p_H = 8{,}4$.

Die Löcher 3 und 6 können ebenso wie 1 und 4 benutzt werden. Für gewöhnlich bleiben sie unbenutzt; während der Beobachtung ist dann das dritte Querloch zu schließen.

2. Methode der Gaskettenmessung in der Modifizierung nach L. Michaelis u. a.

Vgl. vorher die Bemerkungen auf S. 495 bis 497.

Prinzip: Taucht man ein Metall in Wasser, so zeigt das Metall das Bestreben, von seiner Masse Teile als Ionen in den Lösungsraum hineinzusenden, bis der durch die ausgesandten Ionen entstehende Lösungsdruck der Lösungstension des Metalls in der betreffenden Flüssigkeit das Gleichgewicht hält. Ebenso wie das Metall verhält sich der Wasserstoff; auch er sendet Teile seiner Masse als Ionen in das Wasser, bis der Lösungsdruck der Wasserstoffionen seiner Lösungstension das Gleichgewicht hält. Genau wie beim Metall ist auch beim Wasserstoff das Aussenden der Ionen mit dem Auftreten eines elektrischen Potentials verbunden. Die H-Ionen sind positiv geladen, sie tragen daher positive Elektrizität in die Lösung und lassen den molekularen Wasserstoff mit negativer Ladung zurück. Diese Ionenaussendung ist bei jeder Lösung abhängig von der Menge der H-Ionen, welche in der Lösung schon vorher enthalten ist. Je mehr H-Ionen eine Lösung bereits enthält, um so geringer wird die Ionenaussendung vom molekularen Wasserstoff aus erfolgen können, um so niedriger wird das elektrische Potential (mit negativer Ladung des molekularen Wasserstoffes) ausfallen. Lösungen mit verschiedener H-Ionenkonzentration werden somit verschiedene Potentiale entstehen lassen. Würde man zwei Wasserstoffmassen als Elektroden benutzen und aus ihnen ein Element herstellen können, so müßte bei verschiedener H-Ionenkonzentration der umspülenden Lösungen ein Strom zu beobachten sein, dessen elektromotorische Kraft dem Unterschied der H-Ionenkonzentration der beiden Lösungen proportional ist. Nimmt man die Versuchsanordnung derart, daß die Wasserstoffionenkonzentration der einen Lösung bekannt ist, so würde direkt aus der Strommessung sich das Maß der Wasserstoffionenkonzentration der anderen Lösung ergeben.

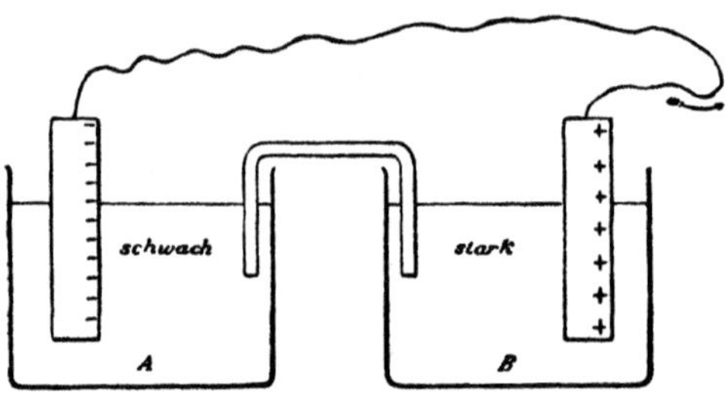

Fig. 67.

In der Methode der Gaskettenmessung ist dieses Prinzip verwirklicht.

Die Herstellung einer Elektrode aus Wasserstoff ist, so schwierig sie vielleicht auf den ersten Blick erscheint, sehr einfach. Mit Platinschwarz überzogenes Platin nimmt beim Eintauchen in Wasserstoffgas eine vielfache Menge seines Volumens an Wasserstoff in sich auf, die Masse verhält sich dann in elektrochemischer Beziehung genau so, als ob sie aus reinem Wasserstoff bestünde. Es ist eine Wasserstoff-Platin-Legierung entstanden, bei welcher wie bei allen Legierungen das edlere Metall elektromotorisch unwirksam ist. Aus zwei dieser „Wasserstoffelektroden" ist leicht ein Element gebildet. Man nimmt zwei Gefäße mit Lösungen verschiedener H-Ionenkonzentration, verbindet die Lösungen vermittels eines mit Salzlösung durchfeuchteten Dochtes leitend miteinander und setzt in diese Gefäße zwei Wasserstoffelektroden, die ihrerseits wieder durch eine metallische Leitung verbunden werden, wie Fig. 67 zeigt. Da in die Lösung mit der geringeren H-Ionenkonzentration von seiten der Wasserstoffelektrode mehr (positive) Wasserstoffionen hineingehen, so wird diese Elektrode sich der anderen gegenüber negativ aufladen; der Strom der „Gaskette“ wird daher in der äußeren Drahtleitung stets von der stärkeren zur schwächeren Lösung gehen.

Die Messung des so entstehenden Stroms geschieht am besten vermittels der Poggendorfschen Kompensationsmethode, welche ebenso wie die oben angegebene Methode der Leitfähigkeitsmessung eine sogenannte „Nullmethode“ ist; sie beruht darauf, daß man in dem Stromkreis des zu messenden Elements eine zweite, bekannte elektromotorische Kraft gegenschaltet, mit welcher man den zu messenden Strom genau kompensiert. Um dies zu erreichen, verbindet man einen Akkumulator mit den beiden Enden einer Meßbrücke (s. S. 483) und die zu messende Gaskette E_X mit dem einen Pol ebenfalls mit dem einen Meßbrückenende, mit dem anderen Pol aber über ein Galvanoskop mit dem Schleifkontakt C der Meßbrücke (Fig. 68). Es ist darauf zu achten, daß das Meßbrückenende, welches mit dem positiven Akkumulatorpol verbunden ist, auch die Verbindung mit dem positiven Pol der Gaskette erhält; denn zwei Ströme werden gegeneinander geschaltet, wenn man zwei gleichnamige Pole miteinander verbindet. Der Akkumulatorstrom (elektromotorische Kraft E_2) hat den Weg Akkumulator BCA-Akkumulator; der Gaskettenstrom (elektromotorische Kraft E_X) aber geht über BC zum Galvanoskop und zurück zur Gaskette. Durch Verschieben des Schleifkontaktes C wird der Widerstand im Gaskettenstromkreis je nach Größe der Meßbrückenstrecke BC verringert oder vermehrt. Bei richtiger Abpassung der EMK (elektromotorischen Kraft) des Akkumulators läßt sich durch solches Verschieben des Schleifkontaktes ein Punkt finden, an dem das Galvanometer in Ruhe bleibt, an dem somit der Akkumulatorstrom den Gaskettenstrom gerade aufhebt. Sodann gilt nach Poggendorff die Beziehung:

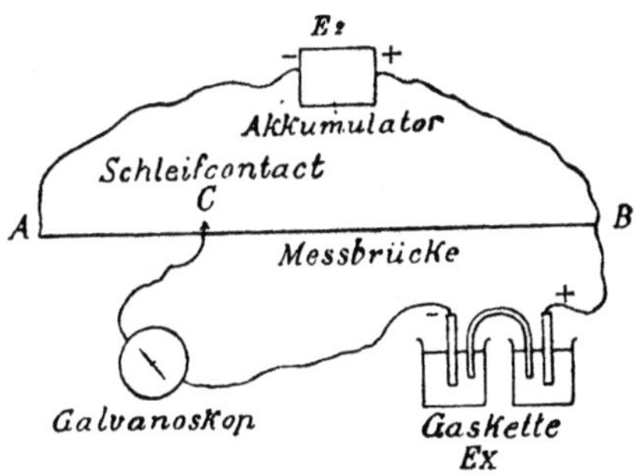

Fig. 68.

$$\frac{E_X}{E_2} = \frac{BC}{BA} \text{ oder } E_X = E_2 \times \frac{BC}{BA}.$$

Die Größe der gesuchten elektromotorischen Kraft E_X ist also zu entnehmen aus dem bekannten Wert der EMK des Akkumulators und dem Quotienten der leicht zu messenden Widerstandstrecken BC und BA.

Um den so gefundenen Wert E_X als Größe der Differenz der Potentiale der beiden Gaskettenelektroden ansprechen zu können, muß noch eine wichtige Vorbedingung erfüllt sein: es darf in der Gaskette an der Berührungsstelle der beiden Flüssigkeiten kein sogenanntes „Diffusionspotential“ vorhanden sein, wie es entsteht, wenn Salzlösungen, deren Ionen verschiedene Wanderungsgeschwindigkeiten haben, aneinander grenzen. Dieses Diffusionspotential wird bei Zwischenschaltung einer bis zur Sättigung konzentrierten KCl-Lösung (K-Ion und Cl-Ion haben praktisch genommen gleiche Wanderungsgeschwindigkeiten) „vernichtet", d. h. auf den minimalen Wert von weniger als ein Millivolt herabgedrückt. Bei den Messungen sind daher die Elektrodengefäße nicht direkt miteinander zu verbinden, sondern es ist eine Wanne mit konzentrierter KCl-Lösung dazwischen zu schalten, in die eine jede der Elektrodenflüssigkeiten vermittels Dochtverbindung hineinreicht (vgl. Fig. 69).

Es ist nicht erforderlich, daß das zu messende Element aus zwei Wasserstoffelektroden aufgebaut wird; die Wasserstoffelektrode mit der bekannten H-Ionenlösung läßt sich mit Vorteil durch eine andere Elektrode mit bekanntem Potential, am besten nach Michaelis durch eine konzentrierte KCl-Kalomelektrode (s. unten) ersetzen.

Auch ist es praktisch, die Meßbrücke gegen zwei genau gleiche, hintereinandergeschaltete Widerstandssätze zu je 1—1110 Ohm auszutauschen. Diese Widerstandskästen sind so an Stelle der Meßbrücke aufzustellen, daß sie den Kontakt C des Gaskettenstromkreises in ihrer Mitte haben. Im Kasten W_1 seien alle Stöpsel eingesezt, die dem Kasten W_2 zugehörigen Stöpsel aber sämtlich für dauernd beiseite gelegt. Die Strecke BC repräsentiert sodann, weil in W_1 die eingesetzten Stöpsel[1]) überall eine widerstandslose Leitung bewirken, den Widerstand Null, die Strecke BA aber wegen des Zurgeltungkommens aller Teilwiderstände des Kastens W_2 einen Widerstand von in Summa 1110 Ohm. Beginnt man jetzt die Stöpsel aus dem besetzten Widerstandskasten W_1 in die entsprechenden Löcher des leeren Kastens W_2 hinüberzubringen, so wird der Widerstand der den beiden Stromkreisen gemeinsamen Strecke BC vermehrt; der Widerstand für den Akkumulatorstrom (auf der Strecke BA) aber erfährt dabei keine Änderung, da für ihn bei der Umstöpselung nach W_2 nichts geschieht als eine Verlegung der Einzelwiderstände von W_2 nach W_1; die Summe der vorhandenen Widerstände bleibt stets dieselbe. Im Ergebnis ist die Wirkung durchaus die gleiche, wie sie oben vermittels Schleifkontakt auf der Meßbrücke erreicht wurde. Für die Berechnung des Wertes E_X nach der Formel $E_X = E_2 \cdot \frac{BC}{BA}$ aber ist es wichtig, statt der Widerstandsstrecken BC und BA nunmehr direkt aus dem Versuch die Zahlenwerte in Ohm zu erhalten:

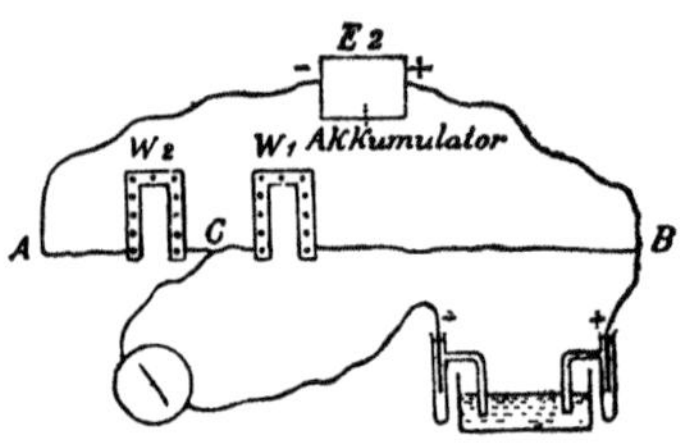

Fig. 69.

$$E_X = E_2 \cdot \frac{\text{Ohmzahl in } W_1}{1110}.$$

Wenn E_2 (die EMK des Akkumulators) bekannt genommen wird, ist somit zu einer elektrometrischen Bestimmung der H-Ionenkonzentration bei

[1]) Das Einsetzen des Stöpsels in die Zwischenräume der auf dem Widerstandskasten befindlichen Metallklötze schaltet den Widerstand aus, indem es dem Strom einen direkten Weg gibt anstatt des Umweges über den entsprechenden Widerstandsdraht unten im Kasten.

Einstellung auf den Nullpunkt des Galvanoskops nur allein die Ablesung der Ohmzahl der im Kasten W_1 eingeschalteten Widerstände erforderlich.

Zur Erzielung größerer Genauigkeit der Nullpunkteinstellung empfiehlt es sich, das Galvanoskop durch ein empfindlicheres Nullinstrument, am besten durch ein Kapillarelektrometer (vgl. Fig. 70 u. 71; Näheres s. unten) zu ersetzen.

Die zur Gaskettenmessung nach L. Michaelis erforderlichen Einzelapparate sind die folgenden (vgl. Gesamtansicht der Apparatur in Fig. 76):

1. Einzelliger Bleiakkumulator: Er wird durch den hochgespannten Gleichstrom der gewöhnlichen Lichtleitung geladen, indem man den mit + vorbezeichneten Pol mit dem positiven Strom der Lichtleitung und den mit — bezeichneten Pol mit dem negativen Pol verbindet und 1—2 Glühlampen bei einem Strom von 110 Volt oder eine 50 kerzige Kohlenfadenlampe bei 220 Volt zwischenschaltet. Die Ladung hat so lange zu geschehen, bis die Gasentwicklung im Akkumulator (durch Glasscheibe im Akkumulator zu beobachten!) lebhaft zu werden beginnt, was je nach der Kapazität des Akkumulators verschieden lange Zeit, meist mehrere Stunden in Anspruch nimmt. Jetzt ist der Akkumulator „überspannt" infolge der Beladung mit gasförmigem H_2 und O_2. Erst wenn der Akkumulator mehrere Stunden durch einen Widerstand von 1000—2000 Ω (Ohm) geschlossen gewesen ist (also einfach in dem Stromkreis der Apparatur), beginnt er eine konstantere Ladung anzunehmen, welche zuerst größer als 1,95 Volt ist und im Lauf von Tagen und Wochen, je nach Benutzung, um ein Weniges, auf etwa 1,8 Volt abfällt. Später wird die Konstanz des Stromes infolge rapider weiterer Entladung schlechter; wird dies bemerkt, so muß die Neuladung des Akkumulators erfolgen.

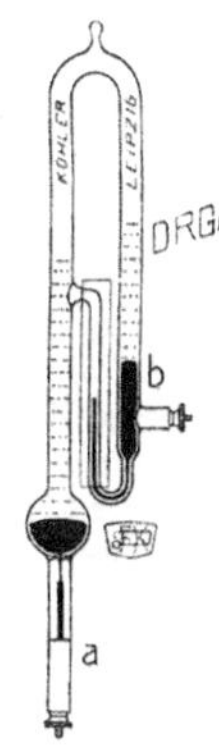

Fig. 70. Elektrometerröhre.

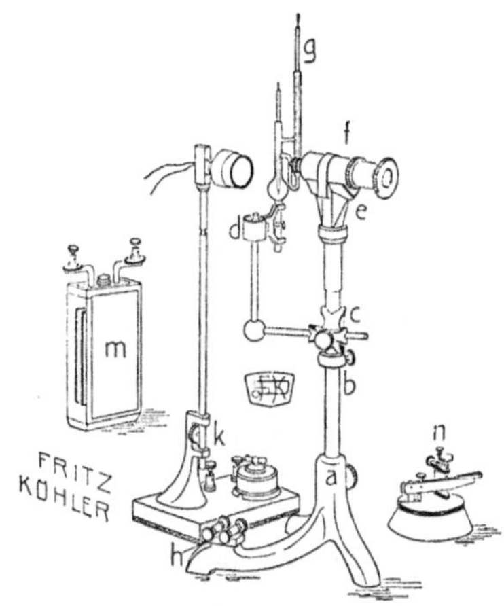

Fig. 71. Kapillarelektrometer.

2. Regulierbarer Vorschaltwiderstand: Er setzt sich am besten aus einem gröberen, von 5 zu 5 Ω regulierbaren Widerstand von insgesamt ca. 800 Ω und aus einem fein regulierbaren Schieberwiderstand von etwa 10 Ω zusammen.

3. Zwei absolut gleiche Präzisionswiderstandskästen zu je 1110 Ω zum Stöpseln eingerichtet und aus folgenden Einzelwerten zusammengesetzt:

$1 \times 1\,\Omega = 1$	$1 \times 50\,\Omega = 50$
$2 \times 2\,\Omega = 4$	$1 \times 100\,\Omega = 100$
$1 \times 5\,\Omega = 5$	$2 \times 200\,\Omega = 400$
$1 \times 10\,\Omega = 10$	$1 \times 500\,\Omega = 500$
$2 \times 20\,\Omega = 40$	Summe 1110

Mit einem solchen Satz lassen sich alle Zahlenwerte von 1 bis 1110 Ω stöpseln. Bei Nichtgebrauch müssen die Stöpsel locker eingesteckt werden. Beim Gebrauch aber ist ganz besonders darauf zu achten, daß die Stöpselung mit festem Eindrehen geschieht, damit die Metallberührung eine sehr innige wird und dem Strom beim Übergang kein Widerstand verbleibt. Da Messing sich in der Laboratoriumsatmosphäre leicht mit einer schlecht leitenden Schicht überzieht, so müssen die Stöpsel am Konusteil von Zeit zu Zeit mit etwas Petroleum abgerieben oder gar mit feinstem Schmirgelpapier einmal vorsichtig geputzt werden.

4. Kapillarelektrometer, bestehend aus:

Elektrometerröhre (Fig. 70) nach Ostwald-Luther, stets gebrauchsfertig, evakuiert, mit elliptischem Querschnitt der Kapillare, bruchsicheren Kontaktschrauben und aufgekittetem Planplättchen;

kleinem Mikroskop (Fig. 71), verschiebbar in seiner Fassung e und bei b in der Höhe verstellbar auf Stativ a mit Seitenarm c—d zum Halten der Elektrometerröhre;

Beleuchtungsstativ k mit eigenem Element m und Stromtaster n zum bequemen Herstellen eines kurzdauernden Stromschlusses.

Zum Gebrauch des Kapillarelektrometers sei folgendes angeführt: Die Elektrometerröhre enthält zwei Quecksilbermassen, die durch Schwefelsäure getrennt sind; aus dem Reservoir bei a ist unter Schräghalten soviel Quecksilber nach der anderen Seite hinüber zu bringen, daß dort das Quecksilber ungefähr in der Mitte der Kapillare steht. Wird vermittels der beiden Kontaktschrauben ein elektrischer Strom hindurch geschickt, so ändert sich das bestehende Potential Quecksilber—Schwefelsäure; die Oberflächenspannung des Quecksilbers wird dadurch je nach der Stromrichtung vergrößert oder verkleinert, was sich durch ein Sinken oder Steigen des Quecksilberfadens in der Kapillare zu erkennen gibt. Bei der außerordentlichen Empfindlichkeit dieser Vorrichtung ist somit in der mikroskopischen Beobachtung des Standes des Quecksilbermeniskus ein einfaches Mittel gegeben, um eine Stromleitung auf das Vorhandensein eines Stromes zu prüfen; nur wenn kein Strom vorhanden ist, ergibt die mikroskopische Beobachtung absoluten Stillstand des Meniskus, während jede kleinste elektromotorische Kraft eine Meniskusänderung beim Einschalten des Stromes (vermittels des Stromtasters n) herbeiführt,

Das Kapillarelektrometer ist ein hochempfindliches „Nullinstrument". Wenn es nicht gebraucht wird, ist es stets „kurz geschlossen" zu halten, d. h. es müssen die beiden Quecksilbermassen vermittels ihrer Kontaktschrauben durch zwei Leitungsdrähte, die man zweckmäßig zu je einer der Schrauben bei h am Fuß des Elektrometerstativs und von dort zum Stromtaster n (so daß bei dessen Öffnung immer der Elektrometereigenstromkreis geschlossen ist) hinführt, miteinander verbunden sein, damit etwaige Potentialdifferenzen zwischen den beiden Quecksilbermassen in der Röhre zum Ausgleich kommen. Wenn das Elektrometer gut in Ordnung ist, darf sich der Meniskus beim Öffnen jenes Kurzschlusses absolut nicht bewegen. Ist aber das Elektrometer etwa infolge versehentlichen Durchschickens eines stärkeren Stromes gestört, d. h. in seinen Teilen abnorm polarisiert, so verrät sich ein solcher Zustand durch das Auftreten einer Meniskusverschiebung beim Öffnen des Kurzschlusses. Sodann ist nachzusehen, ob sich eine Gasblase am Meniskus gebildet hat; ist dies der Fall, so muß in der Elektrometerröhre durch Hin- und Herbewegen die Quecksilberfüllung der Kapillarröhrenseite aus dem anderseitigen Quecksilberreservoir erneuert werden. Ist es nicht bis zur Gasblasenbildung gekommen, so regeneriert sich das Elektrometer unter Kurzschluß langsam wieder von selber; man muß warten, bis das Aufheben des Kurzschlusses keine Meniskusbewegung mehr mit sich bringt. Da solche Störungen oft lange Zeit andauern können, ist es ratsam, zwei Elektrometerröhren zur Auswahl vorrätig zu halten. Die Empfindlichkeit der Elektrometerröhren ist individuell verschieden; auch deshalb wird eine Auswahl erwünscht sein.

5. Normalelement nach Weston von 1,019 Volt: Es ist in fertigem Zustand, mit Prüfungsschein von der physikalisch-technischen Reichsanstalt versehen, zu beziehen. Da es aber beim Gebrauch ebenso wie die Elektrometerröhre infolge versehentlichen Durchganges eines stärkeren Stromes leicht einer Gefährdung seiner Konstanz ausgesetzt ist, ist es nützlich, sich selber außerdem noch ein zweites Normalelement gleicher Art anzufertigen, damit man dieses zum Gebrauch hat, indem man es von Zeit zu Zeit mit dem geprüften Westonschen Normalelement überkontrolliert.

Die Herstellung eines solchen Elementes (s. Fig. 72) ist einfach; die Chemikalien samt den nötigen Gläsern, am besten auch mit einfachem Stativ für das H-Gefäß, sind in gutem Zustand durch Fritz Köhler, Leipzig, zu beziehen.

Das H-förmige Gefäß, dessen beide Schenkel mit Zuführungsdrähten von Platin versehen sind, wird auf der einen Seite mit einer Schicht ganz reinen Quecksilbers, auf der anderen Seite mit einer Schicht Kadmiumamalgam gefüllt. Dieses Amalgam wird hergestellt durch Zusammenschmelzen von 1 Teil ganz reinen Kadmiums und 7—8 Gewichtsteilen reinen Quecksilbers. Das Amalgam erstarrt bei Zimmertemperatur zu einem Brei. Es wird flüssig in das H-Gefäß eingegossen und erstarrt bald in demselben. Die Höhe der Schichten muß beiderseits so groß sein, daß die eingeschmolzenen Platindrähte ganz verdeckt werden. Dann bereitet man sich eine gesättigte Lösung von reinem kristallisiertem Kadmiumsulfat durch Verreiben gleicher Gewichtsteile Wasser und Salz. Die gesättigte Lösung wird zu weiterem Gebrauch abgegossen und von dem restierenden Kristallbrei eine Schicht von etwa 5 mm Höhe auf das Kadmiumamalgam geschichtet. Eine andere Portion des Breies wird mit etwas Merkurosulfat, etwas Quecksilber und etwas gesättigter Kadmiumsulfatlösung verrieben, dekantiert, die Kadmiumsulfatlösung wird abgegossen und durch neue ersetzt und auf gleiche Weise mehrere Male mit Kadmiumsulfatlösung gewaschen, um alle leicht löslichen Hg-Salze zu entfernen, die das Merkurosulfat etwa als Verunreinigung enthalten haben könnte. Schließlich wird die gewaschene Paste in einer 5 mm hohen Schicht auf das Quecksilber des H-Gefäßes geschichtet. Zur größeren Festigkeit der Schichtlagerung kann nun, wie gezeichnet, die Porzellanstütze mit dem Asbest eingesetzt werden; doch ist dieselbe, wenn das Element nur stehend gebraucht und nicht transportiert wird, entbehrlich. Weiter werden die Schenkel des H-Gefäßes mit erbsengroßen Kristallen von Kadmiumsulfat beschickt und mit gesättigter Kadmiumsulfatlösung angefüllt. Die beiden Schenkel werden mit geschmolzenem Paraffin geschlossen, wobei dafür zu sorgen ist, daß eine Luftblase unter dem Paraffin bestehen bleibt, damit das Gefäß nicht bei Wärmeausdehnung gesprengt wird. Auf das Paraffin kann man noch eine Korkscheibe decken und darauf Siegellack gießen. Das Element ist sofort gebrauchsfähig; doch wird man es namentlich im Anfang von Zeit zu Zeit mit dem reichsamtlich geeichten Westonelement durch Vergleich (bei der unten beschriebenen Messung) zu prüfen haben.

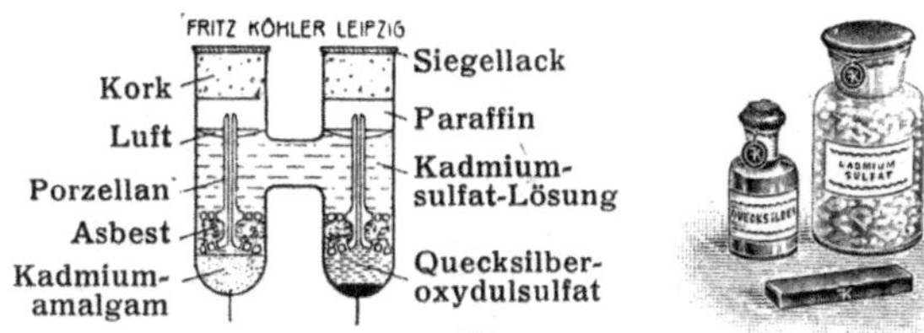

Fig. 72.
Normalelement.

6. Gaskette: Sie ist ein galvanisches Element und besteht aus einer Kalomelelektrode und der Untersuchungselektrode = Gaselektrode, resp. einer Serie solcher Gaselektroden, die sich für den Stromkreis leicht auswechselbar in einem Wannenstativ befinden.

Die Kalomelelektrode (Fig. 73): Ihre Herstellung geschieht wie folgt: Das Elektrodengefäß wird mit absolut reinem Quecksilber (Kahlbaum) so weit gefüllt, daß der am unteren Ende des Rohres R eingeschmolzene Platinkontakt sicher bedeckt wird. Dann schüttet man eine Messerspitze Kalomel hinein, schüttelt es leicht mit dem Quecksilber durch und füllt das ganze Gefäß mit noch warmer, völlig gesättigter KCl-Lösung, so daß sich beim nachträglichen Abkühlen noch KCl als Bodenkörper im Gefäß niederschlägt. Dann verschließt man das Gefäß mit seinem Stöpsel, in dem das Glasrohr R mit dem Platinkontakt eingelassen ist, und füllt dieses Rohr R mit soviel Quecksilber auf, daß der Zuleitungsdraht später beim Hineinstecken Kontakt erhält. Jetzt öffnet man den Hahn B, lüftet den Verschluß A und läßt die KCl-Lösung etwas ausfließen, bis alle Luftblasen aus dem Ableitungsrohr durch die ausströmende Flüssigkeit verdrängt sind, und schließt dann A und B wieder. Die Spitze des Ableitungsrohres wird in die Wanne mit gesättigter KCl-Lösung getaucht, wie die Fig. 77 zeigt. Unmittelbar vor der Messung öffnet man den Hahn B; bei Nichtgebrauch ist er wieder zu schließen. Gelegentlich erneuere man die Füllung; das Quecksilber braucht dabei nicht erneuert zu werden. Diese

Elektrode ist stets zur Untersuchung fertig; ihr elektromotorischer Wert ist sehr konstant und wird äußerst wenig durch Temperatur beeinflußt; ein Diffusionspotential (s. oben) gegenüber der Wannenflüssigkeit ist überhaupt nicht vorhanden. Ihre Voltzahl ist bei $18^0 = 0.2503$ (für anders aufgebaute Kalomelelektroden ist die Voltzahl natürlich eine andere, z. B. für die früher vielfach gebrauchte Kalomelelektrode mit $^1/_{10}$ n-KCl = 0,3377 Volt.)

Die Gaselektrode: Sie besteht (Fig. 74) aus einem Glasgefäß A, der eigentlichen Elektrode B und dem Schlauch C. Zwecks schneller Erreichung einer konstanten Endeinstellung des Potentials ist es wichtig, die Elektrode nicht als ein Platinblech, sondern einfach als einen Platindraht zu nehmen, den man nur eben mit seiner Spitze in die zu untersuchende Flüssigkeit eintauchen läßt. Der Platindraht ist in den Stöpsel des Glasgefäßes eingeschmolzen; letzterer trägt einen federnden Kontakt zur weiteren Ableitung des Stromes. Der Platindraht muß mit Platinschwarz überzogen werden. Man reinige das Platin zunächst mit konzentrierter Salpetersäure und wasche diese mit Wasser ab. Das gereinigte Platin darf

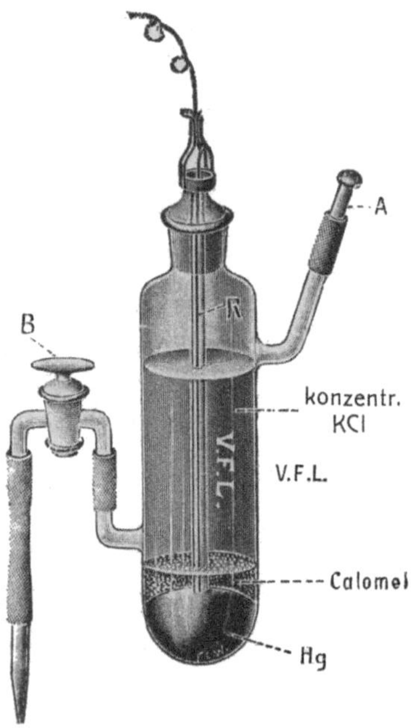

Fig. 73.
Kalomelelektrode.

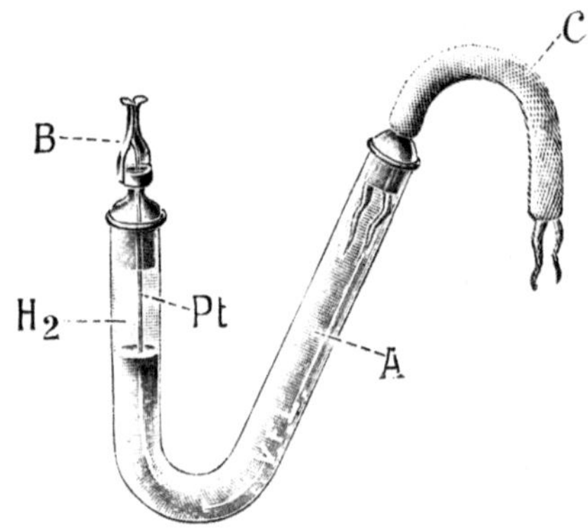

Fig. 74.
Gaselektrode.

nicht mehr mit dem Finger berührt werden. Nunmehr verbinde man die Platinelektrode mit dem negativen Pol eines Akkumulators, während man die feste Elektrode des Platinierungsgefäßes (ebenfalls aus Platin; die Platinierungsflüssigkeit sei 3%ige Platinchloridlösung mit einer minimalen Spur Bleiazetat) mit dem positiven Pol des Akkumulators verbindet. Während des Stromdurchgangs ist die Platinelektrode häufig zu drehen, damit sich die sammetschwarze Schicht von Platinschwarz allseitig gleichmäßig ausbildet, Ist dieses erreicht (beim Erstplatinieren einer Elektrode in ca. fünf Minuten, beim späteren Nachplatinieren gewöhnlich in 1—2 Minuten), so spüle man die Elektrode gut mit destilliertem Wasser ab und unterwerfe sie sofort der kathodischen Polarisation, um die dem Platinschwarz noch anhaftenden Reste des Platinchlorids zu reduzieren. Zu diesem Zweck benutzt man genau die gleiche Anordnung wie beim Platinieren, nur nehme man (s. Fig. 75) ein Gefäß mit verdünnter Schwefelsäure und setze dabei die Platinelektrode mit dem positiven Pol des Akkumulators in Verbindung, so daß der Strom eine umgekehrte Richtung erhält. Man lasse die Gasentwicklung einige Minuten vor sich gehen, spüle die Elektrode sodann gut ab und bewahre sie bis zum Gebrauch unter destilliertem Wasser einfach in dem Elektrodenrohr auf. Die Elektrode ist schon wenige Minuten nach dieser Prozedur der Platinierung gebrauchsfähig; ein 24stündiges Wässern oder dergleichen, wie für andere Elektroden oft vorgeschrieben, ist nicht erforderlich.

Die Platinierung ist von Zeit zu Zeit zu erneuern. Wird die Elektrode immer nur in eiweißfreien Lösungen gebraucht. so hält sie sich oft viele Wochen lang gut. Bei Messungen in Eiweißlösungen aber hat die Platinierung alle paar Tage zu geschehen. Ein Schlechtwerden der Elektrode bemerkt man daran, daß plötzlich bei der Messung ganz unmögliche Resultate auftreten. Kleine Fehler macht die Elektrode nicht so leicht. Auch wird man gut tun, die Elektrode neu zu platinieren, wenn die Einstellung eines konstanten Potentials ungebührlich lange Zeit in Anspruch nimmt, also mehr als eine Stunde.

7, Leitungsdrähte und verschiedene Schlüssel zum Strom-Um- und Ausschalten: Sie sind aus der umseitig folgenden Figur der Gesamtansicht der Apparatur ohne weiteres zu ersehen (Fig. 76).

Die Versuchsanordnung der Gesamtapparatur sei noch durch ein besonderes Schema verdeutlicht (Fig. 77).

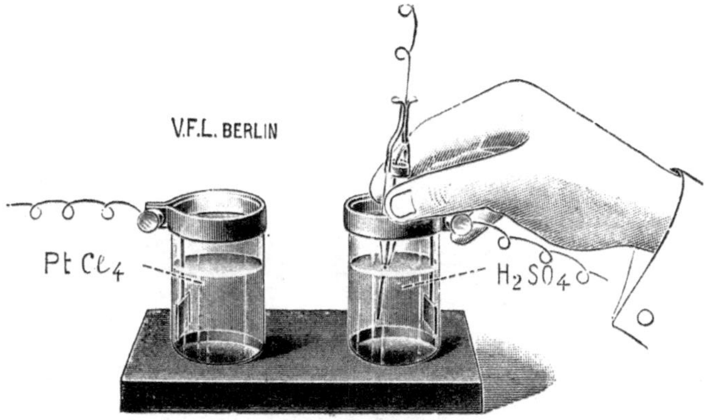

Fig. 75.
Platinierungs- und Reduktionsgefäß.

Wenn wir mit diesem Apparat die elektromotorische Kraft der Gaskette (E_X) bestimmen wollen, so gilt nach S. 512 die Beziehung:

$$E_X = E_2 \cdot \frac{\text{Ohmzahl in } W_1}{1110}.$$

E_2 ist die elektromotorische Kraft des Akkumulators; es ist ein Wert, den man sich möglichst passend zum Versuch auswählen kann. Um die Rechnung zu vereinfachen, ist es nützlich, $E_2 = 1{,}110$ Volt zu nehmen. Man erhält sodann:

$$\begin{aligned} E_X &= 1{,}110 \text{ Volt} \cdot \frac{\text{Ohmzahl in } W_1}{1110} \\ &= \left(\frac{1}{1000} \text{ Ohmzahl in } W_1\right) \text{Volt} \\ &= (\text{Ohmzahl in } W_1) \text{ Millivolt.} \end{aligned}$$

Wenn die EMK des Akkumulators = 1,110 Volt gewählt wird, gibt sonach beim Nullpunkt des Apparates die Ohmzahl

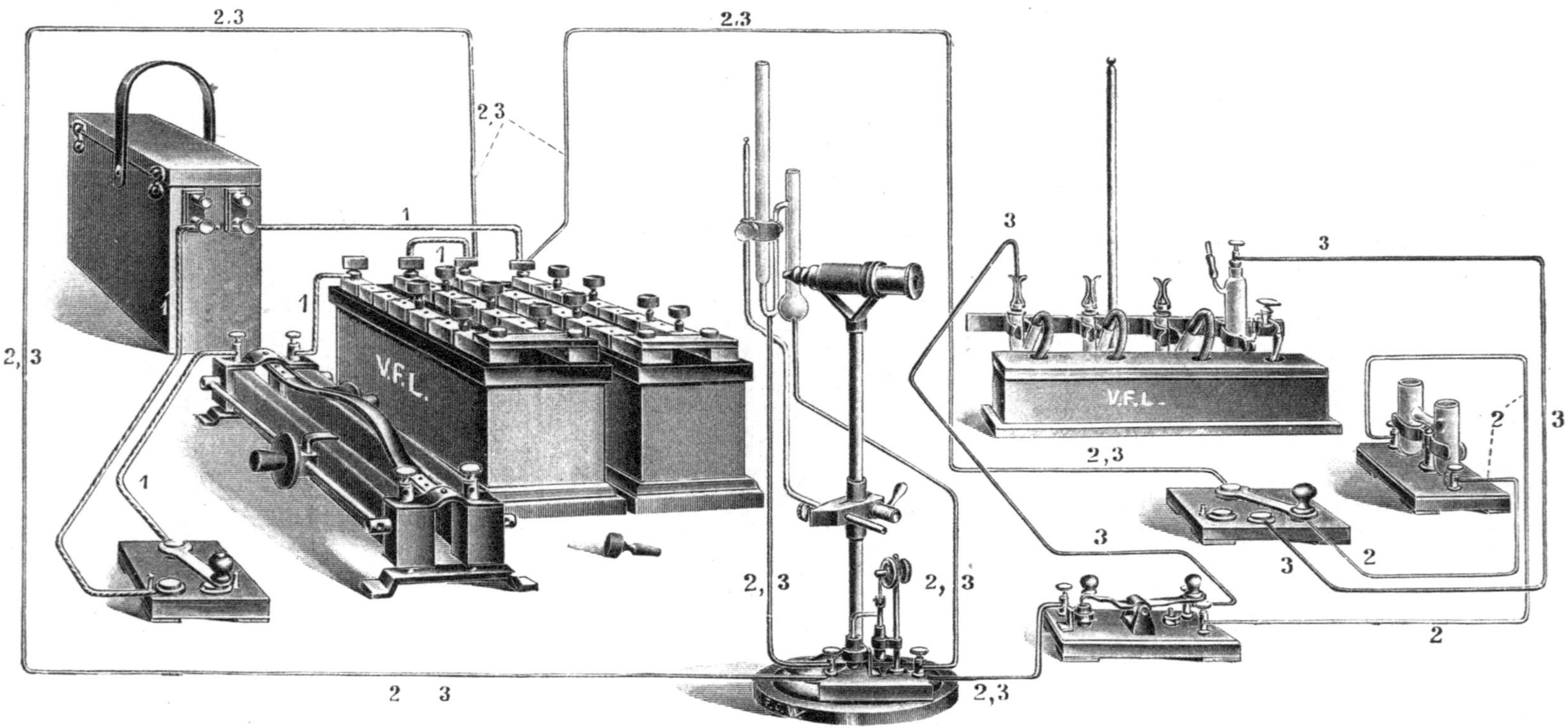

Fig. 76.
Gesamtapparatur der Gaskettenmessung nach L. Michaelis.

des in W_1 eingeschalteten Widerstandes direkt die Millivoltzahl der zu prüfenden Gaskette an.

Bei der gegebenen Versuchsanordnung ist es nun leicht, aus dem gewöhnlichen einzelligen Bleiakkumulator vermittels des Vorschaltwiderstandes diese Voltzahl 1,110 für die Versuche zu erhalten. Aus der Formel

$$E_X = E_2 \cdot \frac{\text{Ohmzahl in } W_1}{1110}$$

ergibt sich durch einfache Umstellung, daß

$$E_2 = E_X \cdot \frac{1110}{\text{Ohmzahl in } W_1} = \frac{E_X \cdot 1110}{\text{Ohmzahl in } W_1}$$

ist. Nach dieser Gleichung muß E_2 den Wert 1,110 Volt immer dann haben, wenn beim Nullpunkt des Apparates das Verhältnis von E_X zur Ohmzahl in $W_1 = 1:1000$ ist; denn aus

$$E_2 = \frac{E_X \cdot 1110}{\text{Ohmzahl in } W_1}$$

wird sodann

$$E_2 = \frac{1 \cdot 1110}{1000} = 1{,}110.$$

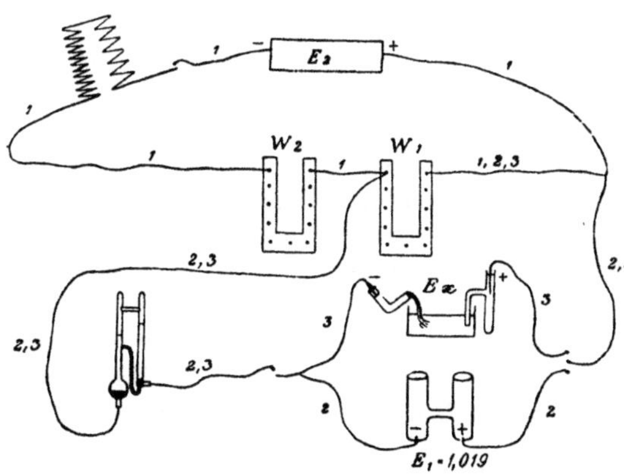

Fig. 77.
Gesamtschaltungsschema des nebenstehend abgebildeten Apparates.

Die E_2 des Akkumulators ist nun durch Zuhilfenahme eines Vorschaltwiderstandes variabel zu erhalten. Setzt man sodann für E_X das bekannte Westonelement $E_1 = 1{,}019$ Volt ein und schaltet ferner von den insgesamt verfüglichen 1110 Ohm 1019 Ohm bei W_1, den Rest von 91 Ohm bei W_2 ein, so sind die Bedingungen gegeben, für E_2 den Wert 1,110 Volt einzustellen: man muß einfach die EMK des Akkumulators vermittels des Vorschaltwiderstandes so lange variieren, bis das Kapillarelektrometer den Nullpunkt zeigt. Ist dieser Punkt gefunden, so ergibt sich aus der vorletzten Gleichung

$$E_2 = E_1 \cdot \frac{1110}{1019} = \frac{1{,}019 \cdot 1110}{1019} \text{ Volt} = 1{,}110 \text{ Volt.}$$

Auf diesem Wege ist aus dem Bleiakkumulator unbekannter Voltzahl vor jedem Versuch mit Hilfe des Vorschaltwiderstandes und des Weston-Normalelements genau die EMK von 1,110 Volt herzustellen. Wenn der Akkumulator gut und noch genügend geladen ist, hält sich eine Voltzahl, sofern sie einmal richtig auf 1,110 Volt eingestellt ist, zumeist auf viele Tage während der Versuche konstant; indes ist zur Kontrolle von Zeit zu Zeit in der angegebenen Weise mit Hilfe der leicht zu erzielenden Umschaltung (s. Schaltungsschema Fig. 77) eine Nachprüfung erforderlich. Wird dabei eine kleine Änderung der Voltzahl gefunden (zumeist nicht über Bruchteile eines Millivolts innerhalb von Stunden), so genügt es, dieselbe durch Verschiebung des Schleifkontaktes im Vorschaltwiderstand auszugleichen. Ist die Änderung aber größer, so ist es ein Zeichen, daß der Akkumulator schlecht arbeitet; er ist neu zu laden (s. oben) oder sonst nachzusehen.

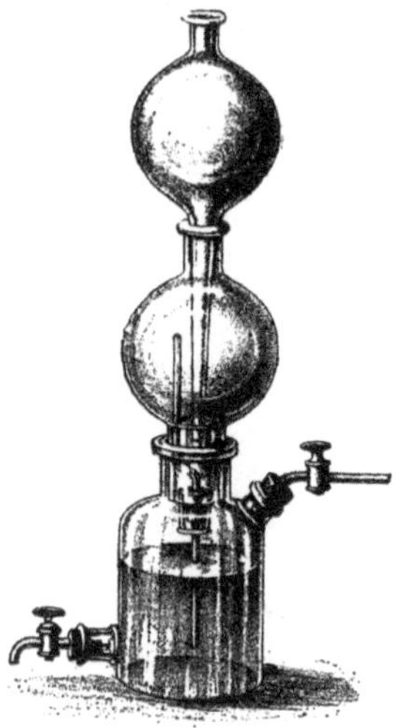

Fig. 78.
Apparat zur Wasserstoffgasgewinnung.

Die Messung der H-Ionenkonzentration (= „Wasserstoffzahl") einer Lösung geschieht nun mit dem so vorbereiteten Apparat in folgender Weise:

Wenn man die Platinelektrode gut platiniert hat (s. oben), fülle man das Gefäß der Wasserstoffelektrode mit der zu untersuchenden Lösung an, ohne daß im Elektrodenschenkel beim Schluß mit dem eingeschliffenen Stöpsel eine Luftblase verbleibt. Sodann ist der Elektrodenschenkel mit Wasserstoffgas zu füllen. Dieser wird aus chemisch reinem Zink (in Stäben) und 10% chemisch reiner HCl, resp. H_2SO_4 im (modifizierten) Kippschen Apparat (Fig. 78) entwickelt, sofort anschließend mit gesättigter Sublimatlösung (zwecks Entfernung etwaiger Arsenspuren) gewaschen und sodann in einer zweiten vorgeschalteten Waschflasche mit Kaliumpermanganatlösung (zur Oxydation etwaiger oxydabler Gase) gereinigt. Der Wasserstoff darf nicht mit Luft vermengt zur Verwendung kommen. Aus dem Kippschen Apparat lasse man das Wasserstoffgas zunächst längere Zeit durch ein kapillar ausgezogenes Glasrohr ausströmen; man führe sodann dieses letztere noch während des Gasdurchströmens in den offenen Schenkel des Elektrodengefäßes, verringere nunmehr vermittelst Drehung am Glashahn den H_2-Strom und führe die Glaskapillare so tief ein, daß der zugeleitete Wasserstoff in dem kürzeren Schenkel des Elektrodengefäßes aufsteigen kann. Man lasse langsam so viel Wasserstoffgasblasen hinein, bis die Platinelektrode nur mit der äußersten Spitze noch in die Flüssigkeit taucht. Die Platinelektrode befindet sich sodann in einer reinen Wasserstoffatmosphäre, das Platin nimmt allmählich den Wasserstoff in sich auf (s. oben) und wird dadurch elektrochemisch zu einer „Wasserstoffelektrode". Gleich nach der Gaseinfüllung ist das Elektrodengefäß im freien Schenkel voll mit der zu untersuchenden Lösung aufzugießen und sofort mit Stöpsel zu schließen, ohne daß im Innern dieses Schenkels eine Luftblase verbleibt. Sodann ist die nunmehr allseitig verschlossene Wasserstoffelektrode zur Beförderung des Diffusionsausgleichs ca. 100mal in wiegender Bewegung umzustülpen, was in etwa zwei Minuten geschieht. Das so vorbereitete Elektrodengefäß (Wasserstoffblase muß sich vollständig an der Elektrodenseite befinden) wird sodann in seinen Stand am Wannenstativ gesetzt und an seinem freien Schenkel (nach Fortnahme des dort befindlichen Glasstöpsels) durch einen mit konzentrierter KCl-Lösung getränkten dicken wollenen Docht (am besten ist dieser Docht in einen passenden Gummischlauch eingezogen, so daß nur die Dochtenden frei herausragen; die Durchtränkung kann trotzdem bequem mit Pravazscher Spritze bewerkstelligt werden) mit der konzentrierten KCl-Lösung der Wanne in leitende Verbindung gebracht. Hiermit ist die Zubereitung der Gaselektrode beendet, die Gaskette als Element ist fertig, sie braucht nur in den Stromkreis des Apparates eingeschlossen zu werden, damit der Gaskettenstrom sich am Kapillarelektrometer durch einen Ausschlag bemerkbar macht. Die Einschaltung geschieht am besten vermittels des „Stromtaster" n der Fig. 71 (etwas anders in Fig. 76). Durch einen Druck auf den Taster stellt man, indem dadurch zugleich der Kurzschluß der Elektrometerröhre unterbrochen wird, den Kontakt her und beobachtet dabei im Mikroskop (mit Millimeterteilung im Okular) den Stand der Quecksilberkapillare: sie schlägt deutlich aus. Die Stöpselung in den beiden Widerstandskästen sei anfangs so, daß in jedem der Widerstandskästen sich der halbe Widerstand $= \frac{1110}{2} = 555$ Ohm befindet. Sodann wird ausprobiert, ob durch Umstöpseln nach W_1 oder W_2 der Ausschlag des Quecksilbers geringer wird. Man erhält leicht eine erste Orientierung und kann sodann durch weitere Umstöpselung erreichen, daß die Quecksilberkapillare bei jedem Druck auf den Stromtaster (es soll nur kurz aufgedrückt werden; ein längerer Stromschluß ist zu vermeiden) absolut stillstehen bleibt. Ist dieser Punkt gefunden, so hat man die in W_1 eingeschalteten Widerstände festzustellen; es geschieht praktisch am einfachsten dadurch, daß man in W_2 die bei der betreffenden Einstellung mit Stöpsel versehenen Widerstandseinheiten addierend abliest. Diese Zahl gibt direkt die Millivolt des untersuchten Gaskettenelements.

Ein Beispiel, welches zugleich jedem Anfänger dieser Methode sehr zu einer ersten Messung empfohlen sei, möge diese Verhältnisse veranschaulichen: Man stelle sich in absolut zuverlässiger Konzentration durch Mischung die folgende Lösung her:

10 ccm normal NaOH,
\+ 20 ccm normal Essigsäure,
\+ 70 ccm destilliertes Wasser.

Diese Lösung ist in der oben beschriebenen Art in das Gaselektrodengefäß einzufüllen und mit Wasserstoff zu versehen. Wir setzen sodann die Kette an und finden bei 18⁰ nach Nullpunkteinstellung

sofort Widerstand im W_1 =	513	Ohm, daher E_X =	0,513 Volt
nach 10 Minuten	516	„	0,516 „
„ 20 „	517,0[1])	„	0,5170 „
„ 30 „	517,3	„	0,5173 „
„ 2 Stunden	517,3	„	0,5173 „
„ 8 „	517,3	„	0,5173 „
„ 24 „	517,3	„	0,5173 „

Der endgültige Wert (gewöhnlich nach ½—1 Stunde erreicht) ist also 0,5173 Volt.

Um aus der Voltzahl des Gaskettenelements das Potential der Wasserstoffelektrode der untersuchten Lösung zu erhalten, ist von dem gefundenen Wert zunächst das Potential der zweiten Elektrode des Elements, d. h. das konstante Potential der konzentrierten KCl-Kalomel-Elektrode gegen eine Normalwasserstoffelektrode in Abzug zu bringen. Dieser Wert ist genau bekannt, er beträgt (bei 18⁰) 0,2503 Volt[2]). Wir bekommen

$$\begin{array}{r} 0{,}5173 \\ -\,0{,}2503 \\ \hline E = 0{,}2670 \text{ Volt} \end{array}$$

als elektromotorische Kraft unserer Gaselektrode gegenüber einer Normal-Wasserstoffelektrode.

Aus diesem Wert ist sodann nach der in der Elektrochemie bekannten Gleichung[3]) $\log [H^\cdot] = -\frac{E}{0{,}0001983\ T}$ der Logarithmus der Wasserstoffionenkonzentration ohne weiteres zu berechnen. Für unseren Versuch, der bei 18⁰ angestellt wurde, erhalten wir (vgl. die Tabelle der Anmerkung[3])

[1]) Die Bruchteile werden geschätzt: Wenn weder bei 516 noch bei 517 Ohm absolute Ruhe des Elektrometers eintritt, d. h. für den einen Wert ein minimales Ansteigen, für den anderen ein minimales Absinken beobachtet wird, so liegt der richtige Wert zwischen 516 und 517 Ohm; seine ungefähre Lage läßt sich aus dem Vergleich der Größen der minimalen Ausschläge schätzen.

[2]) Die Werte für die einzelnen Temperaturgrade sind:

für t = 16⁰ Celsius . .	0,2517	für t = 22⁰	0,2475
17⁰	0,2509	23⁰	0,2468
18⁰	0,2503	24⁰	0,2463
19⁰	0,2495	25⁰	0.2458
20⁰	0,2488	37⁰	0,2355
21⁰	0,2482	38⁰	0,2350

[3]) T der Gleichung bedeutet die absolute Temperatur, also die in Celsius gemessene Temperatur t des Versuchs + 273⁰. Das Produkt 0,0001983 × T hat für die bei unseren Messungen in Betracht kommenden Grade die folgenden Werte:

für t = 16⁰ Celsius . .	0,0573	für t = 22⁰	0,0585
17⁰	0,0575	23⁰	0,0587
18⁰	0,0577	24⁰	0,0589
19⁰	0,0579	25⁰	0,0591
20⁰	0,0581	37⁰	0,06145
21⁰	0,0583	38⁰	0,06164

$$\log [H^\cdot] = -\frac{E}{0{,}0001983\ T} = -\frac{0{,}2670}{0{,}0577} = -4{,}624.$$

Mithin ist die gesuchte $[H^\cdot] = 10^{-4,624}$.

Diese Bezeichnungsart selber ist wenig üblich. Zwei Schreibarten haben sich dafür ziemlich allgemein eingebürgert. Nach L. Sörensen benutzt man zur Kennzeichnung der Wasserstoffzahl einfach den Exponenten (p_H), d. h. man schreibt für dieses Beispiel kurz: $p_H = 4{,}624$ (unter Weglassung des negativen Vorzeichens).

Die zweite gebräuchliche Bezeichnungsart hat eine Umrechnung des Wertes zur Voraussetzung derart, daß im Exponenten eine ganze Zahl (kein Bruchwert) zu stehen kommt. Die Rechnung geschieht z. B. für den obigen Wert $[H^\cdot] = 10^{-4,624}$ in der folgenden Weise: $\log [H^\cdot] = -4{,}624 = 0{,}376 - 5$; sucht man auf der Logarithmentafel (S. 524 u. 525) hierzu die beiden Numeri, so erhält man 2,38 : 100000; damit aber ist die gebräuchliche Bezeichnungsart $[H^\cdot] = 2{,}38 \cdot 10^{-5}$ gefunden.

Der Sicherheit halber müssen bei genauen Messungen Doppelbestimmungen vorgenommen werden, derart, daß man sowohl zwei Gaselektroden mit der zu untersuchenden Lösung beschickt als auch die Messung gegenüber zwei Kalomelelektroden vornimmt. Es ist wünschenswert, daß die so gefundenen Werte sämtlich bis auf $\frac{1}{2}$ bis 1 Millivolt übereinstimmen. Meist ist dieser Grad der Genauigkeit auch ohne besondere Schwierigkeit zu erreichen. Selbst Abweichungen von 2—3 Millivolt geben indes im Resultat keine großen Unterschiede. Bei einer Fehlergrenze von $\pm$ 3 Millivolt ist die mögliche Abweichung bei $p_H = \pm 0{,}05-0{,}06$, ein Wert, der für die meisten Zwecke, selbst für Serumbestimmungen noch nicht sehr ins Gewicht fällt.

Das oben angeführte Zahlenbeispiel ist besonders wichtig, weil es in der Praxis dazu dient, das richtige Verhalten der Platin-Wasserstoffelektrode zu kontrollieren. Wenn im Versuch nach ca. $\frac{1}{2}$ Stunde Dauer genau der obige Endwert der Widerstandseinschaltung = 517,3 Ohm oder eine Zahl, die nicht mehr als höchstens 1 Ohm abweicht, gefunden wird, ist die Platin-Wasserstoffelektrode in gehörigem Zustand.

Bei eiweißhaltigen Flüssigkeiten, in denen beim Beschicken der Gaselektrode mit Wasserstoff eine Schicht von Blasen stehen bleibt, ist stets so viel Wasserstoff hineinzugeben, daß die Platinspitze in die Schaumschicht, nicht aber voll in die Flüssigkeit eintaucht. Dieser geringe Kontakt genügt völlig zur Ausbildung des Potentials; ein tieferes Eintauchen führt (weil der Wasserstoff zur bleibenden Sättigung des eintauchenden Platins aus der entfernteren Wasserstoffatmosphäre nur langsamer nachdiffundieren kann) zu einer Verzögerung der konstanten Endeinstellung.

Eine besondere Schwierigkeit bieten Flüssigkeiten, welche Gase gelöst enthalten. Harne, die NH_3-Gas entwickeln, sind überhaupt nicht mit der Gaskettenmethode zu messen, da auch das NH_3-Gas sich an der Platinelektrode anreichert und elektromotorisch wirksam wird. CO_2-Gas hat keine störende elektromotorische Eigenwirkung. Gleichwohl resultieren bei der Messung von Flüssigkeiten, die Kohlensäure enthalten, je nach der Einzelmethodik, die man verwendet, erhebliche Differenzen. Denn einmal wird

Tafel der Briggschen Logarithmen.

Numerus	0	1	2	3	4	5	6	7	8	9	Differenz
	Logarithmen										
10	0000	0043	0086	0128	0170	0212	0253	0294	0334	0374	43—40
11	0414	0453	0492	0531	0569	0607	0645	0682	0719	0755	39—36
12	0792	0828	0864	0899	0934	0969	1004	1038	1072	1106	36—34
13	1139	1173	1206	1239	1271	1303	1335	1367	1399	1430	34—31
14	1461	1492	1523	1553	1584	1614	1644	1673	1703	1732	31—29
15	1761	1790	1818	1847	1875	1903	1931	1959	1987	2014	29—27
16	2041	2068	2095	2122	2148	2175	2201	2227	2253	2279	27—26
17	2304	2330	2355	2380	2405	2430	2455	2480	2504	2529	26—25
18	2553	2577	2601	2625	2648	2672	2695	2718	2742	2765	25—23
19	2788	2810	2833	2856	2878	2900	2923	2945	2967	2989	23—22
20	3010	3032	3054	3075	3096	3118	3139	3160	3181	3201	22—20
21	3222	3243	3263	3284	3304	3324	3345	3365	3385	3404	21—19
22	3424	3444	3464	3483	3502	3522	3541	3560	3579	3598	20—19
23	3617	3636	3655	3674	3692	3711	3729	3747	3766	3784	19—18
24	3802	3820	3838	3856	3874	3892	3909	3927	3945	3962	18—17
25	3979	3997	4014	4031	4048	4065	4082	4099	4116	4133	18—17
26	4150	4166	4183	4200	4216	4232	4249	4265	4281	4298	17—16
27	4314	4330	4346	4362	4378	4393	4409	4425	4440	4456	16—15
28	4472	4487	4502	4518	4533	4548	4564	4579	4594	4609	16—15
29	4624	4639	4654	4669	4683	4698	4713	4728	4742	4757	15—14
30	4771	4786	4800	4814	4829	4843	4857	4871	4886	4900	15—14
31	4914	4928	4942	4955	4969	4983	4997	5011	5024	5038	14—13
32	5051	5065	5079	5092	5105	5119	5132	5145	5159	5172	14—13
33	5185	5198	5211	5224	5237	5250	5263	5276	5289	5302	13
34	5315	5328	5340	5353	5366	5378	5391	5403	5416	5428	13—12
35	5441	5453	5465	5478	5490	5502	5514	5527	5539	5551	13—12
36	5563	5575	5587	5599	5611	5623	5635	5647	5658	5670	12—11
37	5682	5694	5705	5717	5729	5740	5752	5763	5775	5786	12—11
38	5798	5809	5821	5832	5843	5855	5866	5877	5888	5899	12—11
39	5911	5922	5933	5944	5955	5966	5977	5988	5999	6010	12—11
40	6021	6031	6042	6053	6064	6075	6085	6096	6107	6117	11—10
41	6128	6138	6149	6160	6170	6180	6191	6201	6212	6222	11—10
42	6232	6243	6253	6263	6274	6284	6294	6304	6314	6325	11—10
43	6335	6345	6355	6365	6375	6385	6395	6405	6415	6425	10
44	6435	6444	6454	6464	6474	6484	6493	6503	6513	6522	10—9
45	6532	6542	6551	6561	6571	6580	6590	6599	6609	6618	10—9
46	6628	6637	6646	6656	6665	6675	6684	6693	6702	6712	10—9
47	6721	6730	6739	6749	6758	6767	6776	6785	6794	6803	10—9
48	6812	6821	6830	6839	6848	6857	6866	6875	6884	6893	9
49	6902	6911	6920	6928	6937	6946	6955	6964	6972	6981	9—8
50	6990	6998	7007	7016	7024	7033	7042	7050	7059	7067	9—8
51	7076	7084	7093	7101	7110	7118	7126	7135	7143	7152	9—8
52	7160	7168	7177	7185	7193	7202	7210	7218	7226	7235	9—8
53	7243	7251	7259	7267	7275	7284	7292	7300	7308	7316	9—8
54	7324	7332	7340	7348	7356	7364	7372	7380	7388	7396	8

Tafel der Briggschen Logarithmen.

Numerus	0	1	2	3	4	5	6	7	8	9	Differenz
	Logarithmen										
55	7404	7412	7419	7427	7435	7443	7451	7459	7466	7474	8—7
56	7482	7490	7497	7505	7513	7520	7528	7536	7543	7551	8—7
57	7559	7566	7574	7582	7589	7597	7604	7612	7619	7627	8—7
58	7634	7642	7649	7657	7664	7672	7679	7686	7694	7701	8—7
59	7709	7716	7723	7731	7738	7745	7752	7760	7767	7774	8—7
60	7782	7789	7796	7803	7810	7818	7825	7832	7839	7846	8—7
61	7853	7860	7868	7875	7882	7889	7896	7903	7910	7917	8—7
62	7924	7931	7938	7945	7952	7959	7966	7973	7980	7987	7—6
63	7993	8000	8007	8014	8021	8028	8035	8041	8048	8055	7—6
64	8062	8069	8075	8082	8089	8096	8102	8109	8116	8122	7—6
65	8129	8136	8142	8149	8156	8162	8169	8176	8182	8189	7—6
66	8195	8202	8209	8215	8222	8228	8235	8241	8248	8254	7—6
67	8261	8267	8274	8280	8287	8293	8299	8306	8312	8319	7—6
68	8325	8331	8338	8344	8351	8357	8363	8370	8376	8382	7—6
69	8388	8395	8401	8407	8414	8420	8426	8432	8439	8445	7—6
70	8451	8457	8463	8470	8476	8482	8488	8494	8500	8506	7—6
71	8513	8519	8525	8531	8537	8543	8549	8555	8561	8567	7—6
72	8573	8579	8585	9591	8597	8603	8609	8615	8621	8627	6
73	8633	8639	8645	8651	8657	8663	8669	8675	8681	8686	6—5
74	8692	8698	8704	8710	8716	8722	8727	8733	8739	8745	6—5
75	8751	8756	8762	8768	8774	8779	8785	8791	8797	8802	6—5
76	8808	8814	8820	8825	8831	8837	8842	8848	8854	8859	6—5
77	8865	8871	8876	8882	8887	8893	8899	8904	8910	8915	6—5
78	8921	8927	8932	8938	8943	8949	8954	8960	8965	8971	6—5
79	8976	8982	8987	8993	8998	9004	9010	9015	9020	9025	6—5
80	9031	9036	9042	9047	9053	9058	9063	9069	9074	9079	6—5
81	9085	9090	9096	9101	9106	9112	9117	9122	9128	9133	6—5
82	9138	9143	9149	9154	9159	9165	9170	9175	9180	9186	6—5
83	9191	9196	9201	9206	9212	9217	9222	9227	9232	9238	6—5
84	9243	9248	9253	9258	9263	9269	9274	9279	9284	9289	6—5
85	9294	9299	9304	9309	9315	9320	9325	9330	9335	9340	6—5
86	9345	9350	9355	9360	9365	9370	9375	9380	9385	9390	5
87	9395	9400	9405	9410	9415	9420	9425	9430	9435	9440	5
88	9445	9450	9455	9460	9465	9469	9474	9479	9484	9489	5—4
89	9494	9499	9504	9509	9513	9518	9523	9528	9533	9538	5—4
90	9542	9547	9552	9557	9562	9566	9571	9576	9581	9586	5—4
91	9590	9595	9600	9605	9609	9614	9619	9624	9628	9633	5—4
92	9638	9643	9647	9652	9657	9661	9666	9671	9675	9680	5—4
93	9685	9689	9694	9699	9703	9708	9713	9717	9722	9727	5—4
94	9731	9736	9741	9745	9750	9754	9759	9763	9768	9773	5—4
95	9777	9782	9786	9791	9795	9800	9805	9809	9814	9818	5—4
96	9823	9827	9832	9836	9841	9845	9850	9854	9859	9863	5—4
97	9868	9872	9877	9881	9886	9890	9894	9899	9903	9908	5—4
98	9912	9917	9921	9926	9930	9934	9939	9943	9948	9952	5—4
99	9956	9961	9965	9969	9974	9978	9983	9987	9991	9996	5—4

der Aziditätsgrad der Flüssigkeit beim etwaigen Entweichen von Kohlensäure geändert. Zu zweit stellt sich im Elektrodengefäß die Kohlensäure der Flüssigkeit mit dem Wasserstoff des Gasraumes auf ein Verteilungsgleichgewicht ein; dadurch wird der Partialdruck des Wasserstoffes an der Elektrode verringert und auf diese Weise das elektrische Potential verschoben. Die Berücksichtigung des Kohlensäuregehalts hat für die elektrometrischen Messungen des Blutes und Serums geradezu ausschlaggebende Bedeutung gewonnen.

Aus Gründen, die im klinischen Teil (S. 158ff.) entwickelt sind, ist es wichtig, die Wasserstoffzahl bei verschiedenen Zuständen des CO_2-Gehalts zu messen:

1. Untersuchung des Blutes im Zustand der CO_2-Bindung, wie sie sich innerhalb des Körpers (Arterie oder Vene) vorfindet: Hierfür sind die Gaselektroden nach L. Michaelis (s. vorstehend) besonders geeignet. Um CO_2-Verluste während der Vorbereitung zu vermeiden, ist das Blut mit einer Pravazschen Spritze (10 ccm) aus der Arterie resp. Vene zu entnehmen und sofort in dickem Strahl in das Elektrodengefäß hineinzubringen, welches sodann schnell durch Zustöpseln luftfrei abzuschließen ist. Unvermeidlich aber ist es, daß innerhalb des abgeschlossenen Elektrodengefäßes eine Diffusion der CO_2 in den Gasraum der Wasserstoffelektrode hinein stattfindet und daß durch diesen CO_2-Verlust die H-Ionen des Blutes sich verringern. Aber auch dieser Fehler ist in der Gaselektrode nach Michaelis auf ein Maß zurückgebracht, daß er für klinische Untersuchungen nicht stört.

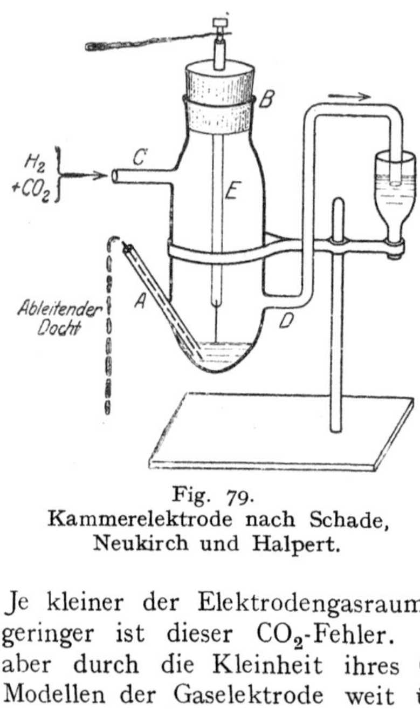

Fig. 79.
Kammerelektrode nach Schade, Neukirch und Halpert.

Je kleiner der Elektrodengasraum im Verhältnis zur Blutmenge, um so geringer ist dieser CO_2-Fehler. Die Gaselektrode nach Michaelis ist aber durch die Kleinheit ihres Gasraumes (unter 1 ccm) den anderen Modellen der Gaselektrode weit überlegen, so daß auch jener Fehler der Messung bei obigem Verfahren sehr gering wird und im Höchstfalle nur wenige Millivolt beträgt[1]).

2. Untersuchung des Blutes oder Serums nach künstlicher Einstellung auf einen konstanten CO_2-Wert: Hier hat sich die Methode der Einstellung auf einen Sättigungsherd entsprechend 40 mm CO_2-Druck = 5,6 Vol. % CO_2 (Hasselbalch[2])) als wichtigste erwiesen.

---

[1]) Eine etwas umständlichere Methode mit gleichem Ziel hat ebenfalls K. A. Hasselbach angegeben (Biochem. Zeitschr. **30**, 347 (1910); **49**, 451 (1913).

[2]) Einzelheiten s. K. A. Hasselbalch, Biochem, Zeitschr, **30**. 317 (1911); derselbe und Chr. Lundsgaard, ebendort **38**, 77 (1912); ferner **49**, 451 (1913). — Der Apparat ist von F. Köhler. Leipzig, zu beziehen.

Als für klinische Zwecke brauchbarste Elektrodenform (für Eiter etc.) sei hierzu die Kammerelektrode nach Schade[1]) empfohlen, welche bei langsamer Dauerdurchströmung mit dem entsprechenden Gasgemisch (H_2 + 5,6 Vol. % CO_2) beliebig kleine Mengen der Körperflüssigkeiten auf ihre H-Ionenkonzentration zu messen gestattet (vgl. Fig. 79). Näheres über die Technik siehe Zeitschr. f. d. ges. experim. Medizin **24**, 26 (1921).

Messungen bei Einstellung auf einen CO_2-Nullwert haben Höber[2]) und Ylppo[3]) versucht; doch sind, wie Hasselbach nachwies[4]), die mit solcher Methodik erhaltenen Resultate irreführend.

Toluol, Chloroform u. a. dürfen nicht als Zusatz verwendet werden, sie „vergiften" die Platinoberfläche und geben falsche Potentiale. Thymol bis zur Sättigung zugegeben (aber ohne daß überschüssiges festes Thymol enthalten ist) beeinträchtigt dagegen nach Michaelis die Resultate nicht. Auch Hirudin ist als Zusatz gestattet[5]).

Spuren von H_2S, die in eiweißhaltigen Lösungen bei Fäulnis entstehen, vereiteln ebenfalls die Messungen (Sörensen).

Die Wasserstoffzahl des Blutes resp. des Serums steigt mit zunehmender Temperatur; sie ist bei 37° 1,6mal größer als bei 18°. Will man die bei Zimmertemperatur erhaltenen Werte auf 37° umrechnen, so läßt sich dies nach den Messungen von Michaelis und Davidoff und von Hasselbalch am einfachsten dadurch ausführen, daß man von dem „Exponenten" bei Zimmertemperatur etwa den Wert 0,21 in Abzug bringt[6]): so wird z. B. aus $[H^\cdot]_{18^0} = 10^{-7,56}$ auf diese Weise $[H]_{37^0} = 10^{-7,35}$.

Die Methode in ihrer Gesamtheit mag bei erster Lektüre des Vorstehenden sehr kompliziert erscheinen. Ohne Zweifel erfordert auch die Aufstellung der Apparatur und das Einarbeiten in die Methodik Zeit und Übung. Ist aber diese erste Arbeit einmal geleistet; so gehen hernach die elektrometrischen Messungen der H-Ionenkonzentration sehr schnell vor sich. Die Elektrodengefäße sind mit den Versuchslösungen in wenigen Minuten gebrauchsfertig gefüllt und die Einzelablesungen am Apparat, die in einem Zeitraum von etwa zwei Stunden 4—6mal zu wiederholen sind, beanspruchen kaum mehr Zeit als je eine Minute, so daß das eigentliche Arbeiten mit der Gaskettenmethode ein sehr bequemes ist. Es ist dabei unbedingt notwendig, die Gesamtapparatur ständig gebrauchsfertig auf einem Sondertisch stehen zu lassen; während der Zeit des Nichtgebrauchs ist sie zweckmäßig mit Hilfe eines großen Pappkartons, der von der Decke des Zimmers mit Rollschnur herabgelassen wird, vor Staub usw. zu schützen.

Von H. Schade, P. Neukirch und A. Halpert[7]) ist die Gaskettenmethode in eine Form gebracht, welche die Ausführung der Messungen

---

[1]) H. Schade, P. Neukirch u. A. Halpert, Zeitschr. f. d. ges. experim. Medizin **24**, 26 (1921).

[2]) Einzelheiten s. R. Höber, Deutsche med. Wochenschr. 1917. Nr. 18.

[3]) Einzelheiten s. Ylppo, Zeitschr. f. Kinderheilkunde **14**, 268 (1916).

[4]) Hasselbalch, Biochem. Zeitschr. **80**, 251 (1917).

[5]) Michaelis u. Rona, Biochem. Zeitschr, **17**, 317 (1909).

[6]) Biochem. Zeitschr. **46**, 150.

[7]) H, Schade, P. Neukirch u. A. Halpert, Zeitschr. f. d. ges. experim. Medizin **24**, 10 (1921).

direkt im Gewebsaft des lebenden Menschen ermöglicht. Die Gaselektrode (siehe Fig. 80) ist frei beweglich, sie läßt sich nach Art einer Punktionskanüle subkutan in das Gewebe einführen; die Messung geschieht mit durchströmendem Gas (H_2 + 5,6 Vol. % CO_2). Die Ableitung des Stromes zur Kalomelelektrode geschieht von der Haut her vermittels KCl-ge-

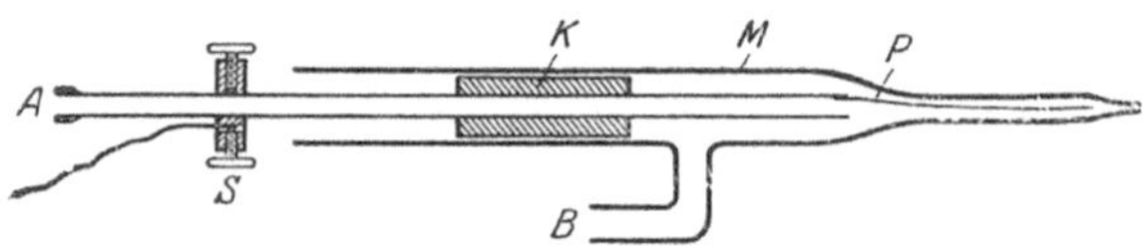

Fig. 80.
Subkutanelektrode.

tränkter Binde. Das Sonderpotential dieser Ableitung wird durch einen kontrollierenden Versuch bestimmt und von der Gesamtmessung in Abzug gebracht. Die Fig. 81 zeigt die erforderliche Spezialapparatur im Gesamtbilde. Die näheren Angaben über die Technik siehe Zeitschr. f. d. ges. experim. Medizin **24**, 11 (1921). Eine eingeübte Assistenz ist erforderlich.

Fig. 81.
Spezialapparatur zur subkutanen Gaskettenmessung.

Bei der Methodik von H. Straub und Kl. Meier (s. S. 162) wird die H-Ionenkonzentration nicht in direkter Messung bestimmt, sondern aus den Werten der CO_2-Kapazität und CO_2-Spannung rechnerisch oder graphisch ermittelt.

Es ist der große Vorzug der Gaskettenmethode, daß sie allen anderen Methoden zur Messung der H- resp. OH-Ionenkonzentration durch die Allgemeinheit ihrer Anwendbarkeit überlegen ist; die Genauigkeit und Sicherheit ihrer Resultate ist unübertroffen.

II. Quantitative Bestimmung anderer Ionen (Cl, SO_4, Na, K, Ca etc.).

Die vorstehende Gaskettenmethode ist im Prinzip auf eine jede Ionenart anwendbar, so würde z. B. das Potential einer Chlorelektrode oder einer Na-, K-, Ca-Elektrode gegenüber einer Lösung ein Maß der Cl-, Na-, K. resp. Ca-Ionen liefern. Einige dieser Elektroden scheinen auch praktisch realisierbar zu sein. Doch ist zurzeit die Technik keiner solchen Methode so weit entwickelt, daß eine klinische Verwertung zu empfehlen ist.

Vorerst steht lediglich eine andersartige, wertvolle quantitative Methode zur Verfügung:

Methode der Kompensationsdialyse nach Michaelis und Rona[1]).

Prinzip: Läßt man an eine zu untersuchende Lösung durch eine dialysierende Membran eine zweite Lösung mit den zu untersuchenden Ionen in bekannter Konzentration angrenzen und beobachtet dann in dieser zweiten Lösung die etwa eintretenden Änderungen in der Konzentration der Ionen, so erhält man Aufschluß über die Konzentration der Ionen in der ersten unbekannten Lösung. Wenn die Membran so gewählt ist, daß sie die zu untersuchenden Ionen durchläßt, wird sich mit der Zeit ein Ausgleich der Konzentration dieser Ionen zwischen den beiden Lösungen herstellen. Diese Untersuchungsart hat einen besonderen Wert für Lösungen, die Kolloide enthalten, denn in ihnen pflegt ein mehr oder weniger großer Teil der Elektrolyte an der Oberfläche des Kolloids „adsorbiert" und damit der Lösung selbst entzogen zu sein. Wenn z. B. eine mit adsorptionsfähigen Kolloiden untermischte Lösung von 1% $CaCl_2$ durch eine Membran an reines Wasser mit gleichfalls 1% $CaCl_2$ angrenzt, so ist trotz der gleichen $CaCl_2$-Menge kein Gleichgewicht der beiden Seiten vorhanden, sondern die Ca-Ionenkonzentration ist in der Kolloidlösung geringer, es werden daher Ca-Ionen nach der Seite des Kolloids hinüberwandern. Wird nun in Serienversuchen diejenige Ionen-Konzentration der rein wässerigen Lösung ermittelt, welche beim Angrenzen an eine kolloidhaltige Lösung gerade unverändert bleibt, so ist mit dieser Konzentration zugleich auch die Konzentration der betreffenden Ionen, welche frei in der Kolloidlösung vorhanden sind, gefunden.

Beispiel: Drei Portionen Serum vom Pferd werden durch Membranen von drei dem Serum isotonischen Kochsalzlösungen getrennt, welchen verschiedene Mengen von $CaCl_2$ zugesetzt sind. Es wird durch chemische Analyse verfolgt, wie sich der Diffusionsausgleich des Ca gegen das Serum gestaltet. Dabei ergibt sich:

---

[1]) Näheres s. Biochem. Zeitschr. **14**, 476 (1908); **21**, 114 (1909); **29**, 501 (1910); **31**, 336 (1911).

Analytisch gefundene CaO-Werte der Außenlösungen in Prozenten.

	Probe I	Probe II	Probe III
ursprünglich	0,0133	0,0091	0,0045
nach 24 Stunden .	0,0123	0,0107	0,0081
„ 40 „ . .	0,0114	0,0099	0,0085

Nach diesem Dialyseergebnis ist der Gehalt an freiem Ca in dem untersuchten Pferdeserum ungefähr gleich 0,01% zu setzen. Die chemische Analyse des gleichen Serums liefert aber den Wert von 0,0169%. Es ist daher ein Teil des Kalziums im Serum in nicht diffusibler Form vorhanden. Nur etwa $\frac{0{,}01}{0{,}0169}$ = ca. 60% des Kalziums finden sich frei in der Lösung, d. h. bei der vorhandenen Verdünnung größtenteils als Ionen im Serum vor; der Rest von ca. 40% ist somit durch Adsorption oder sonstwie im Serum der Ionisierung entzogen.

Diese Methode ist in ihrer Anwendung nicht auf die Bestimmung von Ionen beschränkt. Bei ionendispers gelösten Stoffen bezieht sich das Ergebnis (im Falle der vollständigen Dissoziation) rein auf die Ionen. Für die nur molekulardispers löslichen Stoffe, wie z. B. Zucker im Serum, gibt sie in gleicher Weise das Maß der frei in der Lösung vorhandenen Moleküle.

III. Messungsmethoden der optischen Eigenschaften der echten Lösungen.

1. Kolorimetrische Methoden:

Prinzip: Die Moleküle, aber ebenso auch die Ionen zeigen in der Lösung eine ganz bestimmte spezifische Farbe, resp. Farblosigkeit. Die Farbe der Ionen ist häufig von der Farbe des zugehörigen Moleküls verschieden; auch die Ionen von verschiedenem Wertigkeitsgrad, z. B. beim Chrom die Chromoionen ($Cr^{''}$ blau) und die Chromiionen ($Cr^{'''}$ violett), zeigen verschiedene Farben. Die Farbe einer Lösung setzt sich additiv aus den Farben der in der Lösung vorhandenen Ionen und Moleküle zusammen; sie erscheint bei sonst gleichen Verhältnissen um so intensiver, je stärker die Konzentration der farbigen Ionen und Moleküle ist. Auch in der Farbe ist somit ein Maß der Konzentration einer Lösung gegeben. Wird die Farbe durch ein Ion bedingt, so erhält man ein Maß der Konzentration dieses Ions; entsteht die Farbe der Lösung durch ein Molekül, so ist auch das Farbmaß ein Maß der Molekülkonzentration.

Man gewinnt eine Maßeinteilung der Farbintensität, wenn man die farbige Lösung in verschiedener Schichtdicke auf das Auge wirken läßt. Man kann hierzu die Flüssigkeit in verschiedene Gefäße füllen; am einfachsten erhält man aber eine kontinuierliche Farbskala, wenn die farbige Lösung in ein keilförmig gebildetes Gefäß von nicht zu geringer Länge („Keilkalorimeter") hineingebracht wird. Eine solche Farbskala wird in Zentimeter oder Bruchteile derselben eingeteilt und man hat in Vorversuchen durch Ausprobieren diejenige Konzentration der Lösung festzustellen, welche bei einer bestimmten Schichtdicke der Flüssigkeit einem jedem Teilstrich der Farbskala entspricht. Ist die Skala einmal geeicht, so hat man für alle beliebigen Lösungen derselben farbigen Substanz ein sehr bequemes und bei einiger Übung auch recht genaues Maß der Konzentration: man braucht lediglich die Lösung in bestimmter Schichtdicke aufzufüllen und kann dann sofort deren Konzentration durch Vergleich mit der geeichten Farbskala bestimmen.

Diese Art der Konzentrationsbestimmung ist allgemein bei allen Lösungen anwendbar, die ihre Farbe — wenigsten im wesentlichen — einem einzigen farbigen Lösungsstoffe verdanken. Bei Lösungen, deren Farbe eine Mischfarbe verschiedener gelöster farbiger Stoffe ist, wird sie indes nur in Ausnahmefällen Verwendung finden können.

Kolorimeter werden klinisch vielfach gebraucht, namentlich zur Bestimmung des Hämoglobingehalts des Blutes (z. B. Hämoglobinometer nach Sahli oder nach Fleischl-Miescher, Kolbenkeilhämoglobinometer nach Plesch). Die Benutzung einer stets gleichen Lichtart zur Beobachtung ist unbedingt erforderlich. Die Beobachtung kann im auffallenden oder auch durchfallenden Lichte erfolgen. Zu allgemeinem Gebrauch ist besonders der Dubosq'sche Apparat zu empfehlen. Die Methodik im einzelnen ist recht mannigfach. Näheres, speziell über Hämoglobinometer, ist in einer Technik der klinischen Untersuchungsmethoden nachzusehen.

2. Refraktometrische Methoden:

Prinzip: Eine Flüssigkeit erhält dadurch, daß sich in ihr eine zweite Substanz auflöst, eine physikalische Änderung ihres Zustandes, die auf die Brechung schräg zur Lösungsoberfläche einfallender Lichtstrahlen von Einfluß ist. Eine Lösung hat einen anderen Brechungskoeffizienten als das reine Lösungsmittel. Wenn die Temperatur und der Druck in der Lösung sowie die Art der einfallenden Lichtstrahlen stets gleich genommen werden, gibt der Brechungsindex n_D, d. i. das Maß der Ablenkung der einfallenden Lichtstrahlen, einen ganz charakteristischen Wert für eine jede gelöste Substanz. Der Wert steigt mit der Konzentration, er ist aber bei gleicher molekularer Konzentration für eine jede gelöste Substanz von einer spezifischen Höhe. Die quantitative Prüfung hat gezeigt, daß in dieser Art der optischen Untersuchung ein wichtiges Mittel gegeben ist, um in die Struktur der gelösten Moleküle einzudringen. Eine jede Molekülart hat ihre spezifische Molekularrefraktion, diese aber ist namentlich bei Körpern der organischen Chemie weitgehend additiv aus der Refraktion der das Molekül aufbauenden Atome und Atomgruppen (= Radikale) zusammengesetzt, so daß die Molekularrefraktion sich in reinen Fällen darstellt als die Summe konstanter Beträge für die einzelnen Atome des Moleküls, wie das Beispiel des Benzols illustrieren möge[1]):

---

[1]) Zitiert nach M. Rohloff in A. v. Korányi und P. F. Richter, Physikalische Chemie und Medizin, Bd. I, S. 59 (1907).

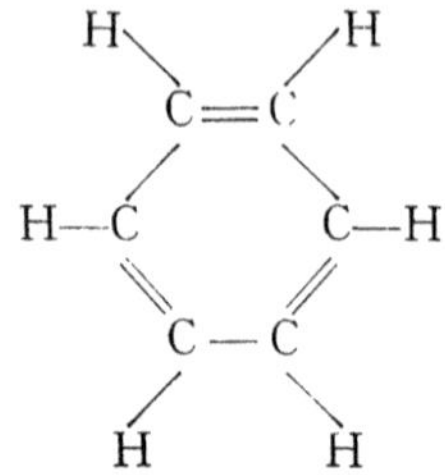

Für jedes Atom ist der spezifische Atomrefraktionswert einzusetzen, außerdem als Zuschlag für eine Doppelbindung 1,836, für eine eventuelle dreifache Bindung 2,22 hinzuzurechnen. Man erhält so für das Benzol:

6 H	=	$6 \times 1{,}103$	=	6,618
6 C	=	$6 \times 2{,}365$	=	14,190
3 Doppelbindungen	=	$3 \times 1{,}836$	=	5,508
		Summa	=	26,32 Molekularrefraktion (MR).

Die direkte Beobachtung liefert bei 20^0 den Wert MR = 25,93.

Auch das refraktometrische Verhalten von verdünnten Elektrolytlösungen ist, soweit es sich bislang hat verfolgen lassen, in guter Übereinstimmung mit dem additativ zu erhaltenden Wert aus der Refraktion der Einzelionen gefunden. Die Summe der Brechungswerte der Ionen ist dabei nicht gleich dem Brechungswert des Moleküls; insbesondere dem Wasserstoffion ist z. B. ein größeres Brechungsvermögen eigen als der gleichen Menge Wasserstoff, wenn er sich nicht ionisiert im Molekül einer Säure befindet.

Eine direkt praktische Bedeutung für klinische Zwecke hat die Refraktometrie zur Bestimmung des Eiweißgehaltes im Serum gefunden. (Vgl. namentlich die bekannten Arbeiten von E. Reiss u. a.). Es hat sich gezeigt, daß von allen Stoffen, die sich im Serum gelöst befinden, das Eiweiß den größten Ausschlag im Refraktometer bedingt und daß neben den Schwankungen, die durch einen wechselnden Eiweißgehalt hervorgerufen werden, sämtliche anderen im Serum möglichen Konzentrationsschwankungen praktisch so weit zurücktreten, daß sie vernachlässigt werden dürfen. Man bedient sich am besten des Eintauchrefraktometers nach Pulfrich (siehe Fig. 82), welches unter Zuhilfenahme eines sogenannten „Hilfsprismas" gestattet, sogar bei nur einigen wenigen Tropfen Serum ganz außerordentlich genaue refraktometrische Bestimmungen auszuführen. Eine einfache Ablesung genügt, um ein Zahlenmaß der Refraktion zu erhalten; aus einer empirisch hergestellten Tabelle ist sodann zu dem gefundenen Wert direkt der prozentuale Eiweißgehalt des Serums zu entnehmen. Näheres über diese sehr empfehlenswerte refraktometrische Methode der Eiweißbestimmung ist in jeder ausführlicheren Technik der klinischen Untersuchungsmethoden enthalten[1].

[1] Eine ausführliche Besprechung bringt C. Neuberg, Der Harn, l. c. II. S. 1742 (1911).

Eine besondere Art der Verwertung des Lichtbrechungsvermögens liegt der **Interferometrie** zugrunde. Sie beruht auf folgendem Prinzip: Läßt man parallele Lichtstrahlen durch einen sehr schmalen Spalt in einen dunklen Raum eintreten, so geben sie auf der gegenüberliegenden Wand ein breiteres Lichtband, in welchem zufolge Interferenz parallele dunkle Streifen sichtbar sind. Diese dunklen Streifen (= Interferenzstreifen) haben je nach der Beschaffenheit der Flüssigkeit, welche in der Kammer des Interferometers vorhanden ist, eine verschiedene Lage; schon kleinste Unterschiede der Konzentration bringen eine meßbare seitliche Verschiebung der Streifen mit sich, derart, daß sich aus der Größe der Verschiebung ein Maß für die Konzentrationsänderung gewinnen läßt. Im Interferometer geht der Weg des Lichtes durch zwei nebeneinander befindliche Kammerräume, von denen der eine mit einer bekannten Lösung, der andere mit der zu untersuchenden Lösung angefüllt ist. Die Optik ist so eingerichtet, daß die Lichtbänder beider Lösungen senkrecht untereinander gesehen werden. Bei gleicher Beschaffenheit der Lösungen stehen dann auch die Interferenzstreifen beider Lichtbänder genau untereinander; bei abweichender Beschaffenheit ist die Verschiebung kenntlich. Durch Einschaltung eines Kompensators (z. B. Glaskeiles) läßt sich die Verschiebung der Interferenzstreifen ausgleichen. An der diesen Kompensator bedienenden Schraube ist dabei der Unterschied des Brechungsindex der beiden Lösungen im Zahlenmaß ablesbar. Bei verdünnten Lösungen ist die Änderung der Konzentration dem Ausschlag der Trommelablesung proportional; für konzentriertere Lösungen muß man sich von Fall zu Fall eine Eichtabelle anfertigen. Diese Messungen sind außerordentlich genau, sie lassen schon allerfeinste Unterschiede erkennen. Die Interferometrie ist für Gase, für echte Lösungen und für kolloide Lösungen anwendbar[1]).

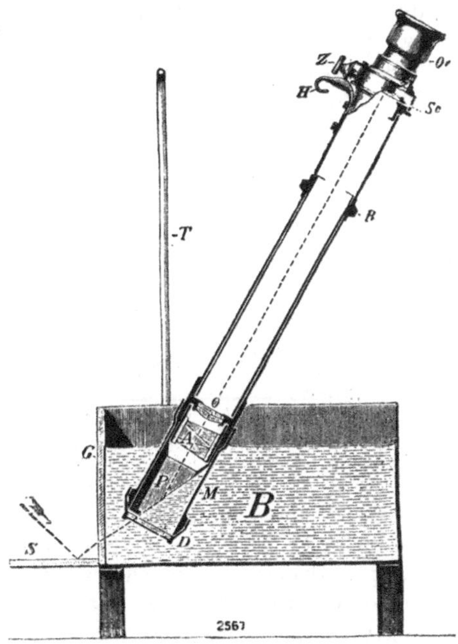

Fig 82.
Das Eintauchrefraktometer nach Pulfrich.
$^1/_4$ nat. Größe.

[1]) Das Flüssigkeitsinterferometer wird von der Firma Carl Zeiß-Jena geliefert. Näheres über die Technik siehe besonders P. Hirsch, Fermentforschung **1**, 33 (1914).

3. Polarimetrische Methoden:

Prinzip: Manche Lösungen besitzen die Eigenschaft, polarisiertes, d. h. in nur einer Ebene schwingendes Licht aus dieser seiner Schwingungsebene abzudrehen. Immer wenn diese optische Aktivität gefunden wird, handelt es sich um die Lösung einer Substanz, die wenigstens ein „asymmetrisches Kohlenstoffatom" aufweist, d. h. ein Kohlenstoffatom, dessen vier Valenzen durch vier verschiedene Atome oder Radikale gesättigt sind[1]). Für diesen Fall sind immer zwei Anordnungen möglich, bei denen die Lagerung spiegelbildlich (enantiotrop) ist und nicht zur Deckung miteinander gebracht werden kann, wie die Fig. 83 veranschaulicht.

Die Atomlagerung ist bei diesen Figuren räumlich, dreidimensional vorzustellen; das Kohlenstoffatom ist in der Mitte des Tetraeders zu denken

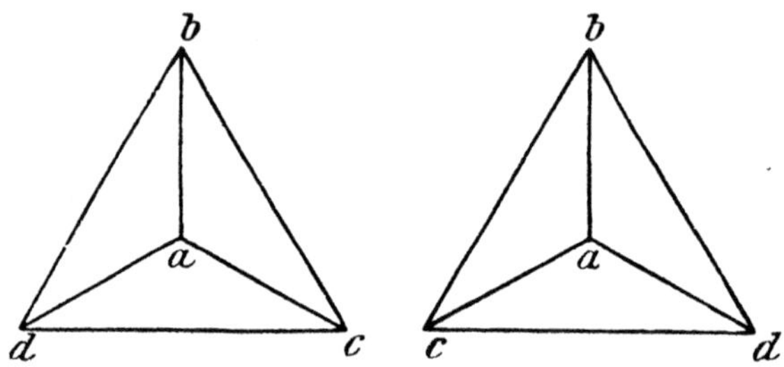

Fig. 83.
Enantiotropie (Spiegelbildlichkeit) des „asymmetrischen Kohlenstoffatoms".

und mit den Buchstaben a, b, c, d sei die Lage der vier verschiedenen Radikale bezeichnet. Die beiden so charakterisierten Molekülgebilde können in allen physikalischen und chemischen Eigenschaften identisch sein, nur dann nicht, wenn Richtungen in Frage kommen, wie z. B. beim optischen Drehungsvermögen und bei der Kristallisation. Auch dann sind die Eigenschaften zwar nach dem absoluten Betrage gleich, nach dem Richtungssinne aber entgegengesetzt: die eine Substanz dreht das polarisierte Licht rechts, die andere links und die Kristallformen zeigen ebenso wie die oben gezeichneten Molekülschemata spiegelbildlichen Habitus der Flächen (s. Fig. 84).

Je stärker die Asymmetrie der angelagerten Radikale ist, um so größer wird auch im allgemeinen die polarimetrische Abweichung gefunden.

Nimmt man am asymmetrischen Kohlenstoff durch Substitution Änderungen mit den Radikalen vor, so bleibt das Drehungsvermögen erhalten, so lange die Asymmetrie im obigen Sinne erhalten bleibt. Wird die Asymmetrie beseitigt, hört auch das Drehungsvermögen auf.

Bei mehr als einem asymmetrischen Kohlenstoff im Molekül sind mehr als zwei spiegelbildlich unterschiedene Molekülformen geometrisch zu konstruieren. Genau die Zahl der geometrisch möglichen Isomerien ist für viele Substanzen auch in Wirklichkeit als bestehend aufgefunden.

[1]) Neuerdings sind auch bei einigen anderen Atomen ähnliche Verhältnisse aufgefunden.

Die polarimetrische Untersuchung gibt somit sehr wichtige Aufschlüsse über die Raumverhältnisse im Molekül, sie führt auf experimentellem Wege in das Gebiet der Stereochemie hinein.

Bei einer und derselben Molekülart in der Lösung ist der Betrag der Drehung bei konstanter Länge der durchstrahlten Schicht und bei auch sonst konstanten Bedingungen (namentlich Temperatur) proportional der Konzentration. Wenn nur eine optisch-aktive Substanz in der Lösung ist, gibt somit die polarimetrische Untersuchung ein Maß der Konzentration derselben.

Zu klinischen Zwecken, namentlich zu Konzentrationsbestimmungen der d-Glykose (Traubenzucker), werden Polarimeter der verschiedensten

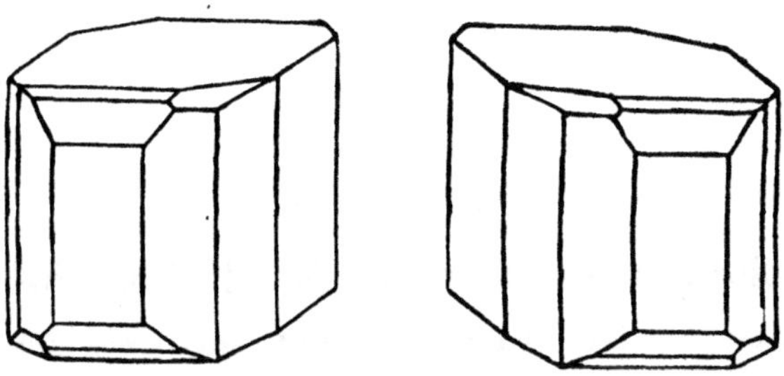

Fig. 84.
Spiegelbildlichkeit der Kristallform bei in der Lösung optisch rechts und links drehenden Substanzen.

Konstruktion benutzt. Ihre Anwendungsart ist aus der allgemeinen klinischen Technik bekannt.

Auch über die Drehung des Blutplasmas bei Gesunden und Kranken liegen bereits einige erste polarimetrische Messungen vor[1]).

4. Spektrometrische Methoden:

Wird ein kontinuierliches Spektrum durch eine Lösung hindurchgeschickt, so entsteht im sichtbaren oder unsichtbaren Teil des Spektrums in streifigen „Banden" eine Auslöschung, ein „Absorptionsspektrum".

Die Verteilung der Banden im Spektrum ist von Lösungssubstanz zu Lösungssubstanz streng spezifisch: Ein bestimmtes Spektrum gehört immer einem bestimmten Stoffe an; schon kleinste chemische Änderungen des Stoffes rufen ausgesprochene Änderungen des Spektrums hervor.

Verbindungen haben Spektren, die von denen ihrer Elemente verschieden sind, die sich somit nicht additiv ergeben.

Gleichwohl haben die gleichnamigen Ionen der verschiedensten Salze in verdünnten Lösungen stets das gleiche Spektrum. Einem jeden Ion ist ein spezifisches Spektrum eigen, welches durchaus verschieden ist von dem Spektrum, welches dieselbe Substanz im nichtdissoziierten Molekül zeigt.

[1]) Vgl. z. B. die Arbeit: Clin. med. ital. **52**, 433—442 (1913). J. Gastaldi (zitiert nach Kongreßzentralblatt, VII, 538 (1913)).

Allen Metallnitraten z. B. und ebenso der Salpetersäure ist in verdünnten Lösungen eine charakteristische Absorptionsbande im Ultraviolett gemeinsam, die dem NO_3-Ion zugehört; im Äthylnitrat aber, welches keine Dissoziation zeigt, fehlt sie. Alle verdünnten Elektrolytlösungen, welche ein gleiches Ion besitzen, haben auch gleiche Absorptionsbanden neben anderen verschiedenen, die den nicht gemeinsamen Ionen zukommen, so daß auch spektroskopisch der Nachweis für die Existenz der Ionen in der Lösung zu erbringen ist.

Klinisch wird die Spektrometrie zur Erkennung der chemischen Individualität mancher Stoffe benutzt, so namentlich der Blut- und Gallenfarbstoffe und ihrer Derivate. Die nähere Beschreibung der Apparatur und deren Gebrauch ist auch hier andernorts in einer Technik der klinischen Untersuchungsmethoden nachzusehen.

Kapitel 2.

Methoden des Gebiets der Kolloidchemie.

I. Methoden zur Isolierung und zum Nachweis der Kolloide.

Bei einstofflichen Lösungen, d. h. solchen, die nur eine einzige Substanz gelöst enthalten, ist bereits aus dem Fehlen, resp. dem ganz unverhältnismäßig starken Zurücktreten aller typischen Eigenschaften der echten Lösung (s. Teil I, Kapitel 1) auf die Kolloidität des Gelösten zu schließen. In Mischlösungen aber, wo Kolloide mit molekular- resp. ionendispersen Substanzen zusammen sind, muß diese Art der Kennzeichnung versagen. Eine auffallende Befähigung zur Schaumbildung (= Anzeichen für eine sehr geringe Oberflächenspannung der Lösung) wird am leichtesten geeignet sein, das Vorhandensein kolloider Lösungsbestandteile vermuten zu lassen.

Der Nachweis des Vorhandenseins eines Kolloids in der Lösung wird durch die folgenden Methoden erbracht:

1. Dialysiermethode zur Trennung der Kolloide von echtgelösten Substanzen.

Das Prinzip ist bekannt: Man läßt die Lösung, welche auf das Vorhandensein von Kolloiden zu untersuchen ist, vermittels Dialysiermembran (für ionen- und molekulardisperse Lösungsstoffe durchgängig) an reines Wasser angrenzen; infolge Diffusion wandern sodann bei fortgesetzter Erneuerung des angrenzenden reinen Wassers allmählich sämtliche ionen- und molekulardisperse Lösungsstoffe aus der Lösung heraus und nur das Kolloid bleibt im Dialysierraum zurück.

Als Membranen sind besonders geeignet Fischblasen (Kondoms), Pergamentschläuche[1]) oder reagenzglasartig geformte „Diffusionshülsen“[1]). Ihre Anwendung ist aus der Fig. 85 ersichtlich, in welcher eine Vorkehrung für ständigen Wechsel des Wassers hinzuzudenken ist. Es empfiehlt sich,

[1]) Z. B. zu beziehen durch die Firma Schleicher & Schüll in Düren.

stets eine möglichst große Oberfläche mit dem Außenwasser in Berührung zu bringen, damit der Diffusionsaustausch schneller erfolgt. Beim Füllen der Säckchen ist darauf zu achten, daß die Luft aus dem Innenraum des Sackes völlig ausgestrichen wird, bevor man abklemmt, da sonst beim Eindialysieren von Wasser störende Platzwirkungen auftreten können. Die Konzentration des zu untersuchenden Stoffes in der Lösung darf nicht zu klein sein, damit nicht durch adsorptive Beschlagnahme des Stoffes seitens der Dialysiermembran das Fehlen eines Kolloids in der Lösung vorgetäuscht wird.

Die Dialyse wird sehr gefördert, wenn man die zu dialysierende Flüssigkeit bewegt, wie es z. B. durch Befestigen der Dialysierschläuche an einem Rührwerk erreicht wird. Die ständige Erneuerung des umspülenden Wassers geschehe stets so, daß der Zufluß am Boden des Gefäßes erfolgt, damit sich hier nicht eine störende Schicht größerer Konzentration ansammeln kann, welche die Dialyse verzögert.

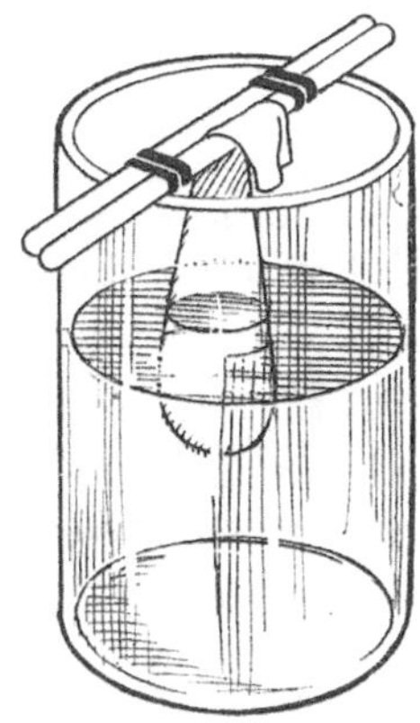

Fig. 85.
Fischblase als Dialysator.

Ausgezeichnete Dialysiermembranen beliebiger Form kann man sich selber leicht aus Kollodium oder Eisessigkollodium herstellen[1]): man tauche ein reines Reagenzglas in eine 10—25% Kollodiumlösung, ziehe es heraus und lasse es unter drehender Bewegung abtropfen und in etwa 10 Minuten leicht antrocknen; hat sich eine leidlich feste Haut gebildet, so tauche man, falls man eine stärkere Membran wünscht, das Ganze noch ein- oder mehrere mal in gleicher Art in die Kollodiumlösung. Sodann wird das Reagenzglas mit der Membran in Aqu. dest. eingehängt. Nach etwa ½ Stunde ist die Kollodiumhülse fertig, man nimmt das Reagenzglas aus dem Wasser heraus und kann nun nach zirkulärer Durchtrennung in gewünschter Höhe die untere Kuppe vom Reagenzglas abziehen. Die Aufbewahrung solcher Hülsen geschieht am besten unter Wasser, welches zur Sterilisierung mit Toluol oder Chloroform gesättigt ist. Besonders leistungsfähig und empfehlenswert ist der „Sterndialysator“ nach R. Zsigmondy[2]) (Fig. 86). Ein Hartgummiring B ist mit einer Membran (Kollodium, Pergament oder dgl.) überzogen. Er sitzt einem Teller A auf, der sternförmige Leisten trägt. Das Wasser fließt durch eine mittlere Bohrung des Tellers zu und bestreicht, sich ständig erneuernd, die Dialysierfläche in vorzüglicher Weise.

Was nach langem, d. h. mehrtägigem Dialysieren im Schlauch verbleibt, ist sicher ein Kolloid. Wochenlanges Dialysieren ist imstande, die

1) Zur näheren Orientierung für denjenigen, der mit selbst gefertigten Dialysiermembranen zu arbeiten wünscht, sei auf die folgenden Originalarbeiten verwiesen: H. Bechhold, Zeitschr. f. physikal. Chemie **60**, 257 (1907), **64**, 328 (1908); Kolloidzeitschr, **1**, 107 (1906); **2**, 3 (1907); Zsigmondy, Zeitschr. f. angew. Chemie **26**, 447 (1910); W. Biltz u. v. Vegesack, Zeitschr. f. physik. Chemie **68**, 357 (1910); Schoep, Kolloidzeitschr. **8**, 80 (1911). Vgl. ferner den Abschnitt über Ultrafiltration S. 548 ff.

2) Zu beziehen von R. Mittelbach in Göttingen.

Kolloide von den oft hartnäckig festgehaltenen Spuren fremder Beimengungen zu reinigen.

In der Umkehrung ist der vorletzte Satz jedoch nicht allgemein gültig. Auch wenn nichts vom Gelösten im Dialysierschlauch verbleibt, kann ursprünglich eine Substanz in kolloider Form in der Lösung vorhanden gewesen sein. Denn manche Kolloide, z. B. das Harnsäurekolloid, sind zu merklichem Anteil auch molekular- resp. ionendispers im Wasser löslich; wird nun die Menge dieses echtgelösten Anteils ständig durch Dialyse entfernt, so gehen dabei ständig weitere Anteile des Kolloids in echte Lösung und so fort, bis auf dem Umwege der molekular- resp. ionendispersen Form schließlich die Gesamtmenge des ursprünglich vorhandenen Kolloids den Dialysator verlassen hat. Bei solchen Verhältnissen zieht das Dialysierverfahren nicht eine Grenze zwischen Kolloid und Nichtkolloid, sondern die Grenze kommt innerhalb des Gebiets der Kolloide selber zu liegen. Es läßt sich hierauf eine Methode der Dialysiertrennung der Kolloide nach dem Grade ihrer echten Löslichkeit (H. Schade) begründen.

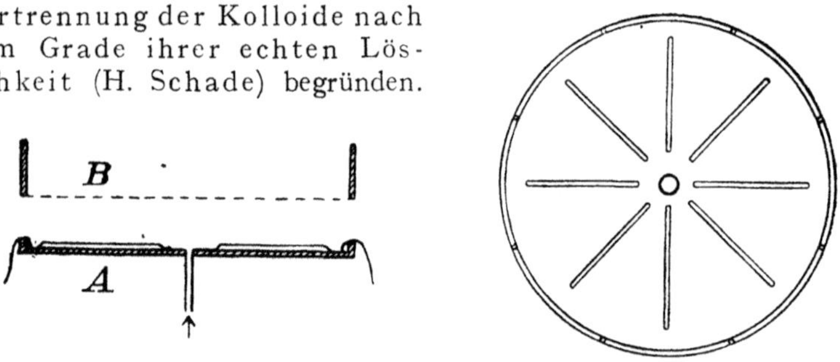

Fig. 86. Sterndialysator nach R. Zsigmondy.

2. Methode des Tyndallphänomens.

Man setze die zu untersuchende Flüssigkeit in einen dunklen Raum, z. B. unter eine Papphülle, in der sich eine kleine Öffnung für den Lichteinfall sowie ein zweites enges Fenster für die seitliche Beobachtung der Lösung befindet. Wird sodann aus möglichst heller Lichtquelle (am besten, aber keineswegs nötig, ist eine elektrische Bogenlampe) durch Vorschaltung einer Linse ein schmaler Lichtstrahl durch die im Dunklen befindliche Lösung hindurchgeschickt, so zeigt sich im Fall der Kolloidität das Tyndallphänomen, d. h. durch Reflexion des Lichtes an den Kolloidteilchen tritt für die seitliche Beobachtung ein deutlich sichtbarer Lichtkegel (vgl. Fig. 87) in der Flüssigkeit auf. Echte Lösungen bleiben völlig dunkel; häufig wird man jedoch infolge der nicht immer leicht zu vermeidenden kleinsten Verunreinigungen bei den echten Lösungen vereinzelte helle Punkte sehen, die aber keine Verwechslung mit dem Tyndallphänomen möglich machen.

Bei Lösungen, die, wie z. B. das Serum, sehr stark kolloidhaltig sind, bedarf es nicht der Untersuchung im Dunkelraum; schon bei Tageslicht ist bei seitlichem Lichteinfall der Tyndallkegel deutlich sichtbar.

Über die Verwertung des Tyndallphänomens zur quantitativen Messung s. S. 567.

3. Untersuchung mit dem Ultramikroskop nach H. Siedentopf und R. Zsigmondy.

Prinzip: Im Ultramikroskop ist ein Instrument geschaffen, welches ermöglicht, das Tyndallphänomen (s. vorstehend) unter dem Mikroskop zu beobachten. In einem dunklen Felde unterhalb des Mikroskopobjektivs läßt man auf die kolloide Lösung eine intensivste seitliche Beleuchtung fallen. Zwar werden hierdurch die Kolloide nicht nach Form und Größe erkennbar, aber ein jedes der kolloiden Teilchen erscheint als eine Lichtscheibe, die bei präziser Einstellung des Mikroskops zu einem hellen, scharf begrenzten Lichtpunkt wird. Die Zahl der Kolloidteilchen einer Lösung läßt sich daher ultramikroskopisch durch einfache Zählung dieser Lichtpunkte feststellen; auf rechnerischem Umwege ist aus der Zahl in manchen Fällen die Größe der Teilchen zu ermitteln. Auch die oft vorhandene Färbung der Lichtpunkte vermag einen Anhalt bei der Schätzung der Teilchengröße zu geben. Besonders schön läßt sich im Ultramikroskop die Brownsche Bewegung der Kolloide studieren. Bei chemischen Reaktionen, die man unter dem Ultramiskroskop sich vollziehen läßt, ist die Bewegung der kolloiden Teilchen zueinander, eine eventuelle Anlegung aneinander sowie eine etwa eintretende Größenveränderung der kolloiden Teilchen oft sehr deutlich zu verfolgen. Kurz, das Ultramikroskop hat in vielen Fragen sehr wichtige neue Wege der Untersuchung erschlossen. Die Sichtbarkeitsgrenze ist bis zu etwa 6 $\mu\mu$ = 6 Millionstel Millimeter vorgeschoben.

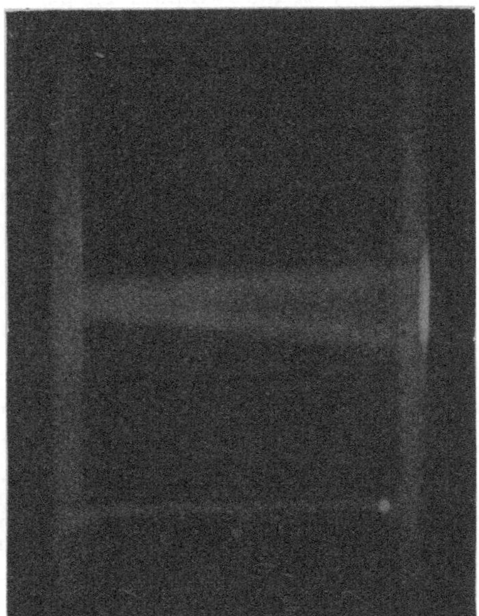

Fig. 87.
Tyndallphänomen.

Diese Größenbestimmung gilt indes nur für die Sichtbarmachung von Suspensionskolloiden, d. h. Kolloiden, die als feste Partikelchen mit scharfer Grenze im Lösungsmittel vorhanden sind. Für die gerade medizinisch so wichtigen Emulsionskolloide, wie z. B. Eiweiße usw., liegen die Verhältnisse zur ultramikroskopischen Untersuchung erheblich ungünstiger: fast alle Kolloide des Körpers sind hydrophile Kolloide, sie bestehen aus kleinsten Tröpfchen oder gequollenen Partikelchen, deren Abgrenzung gegenüber dem Wasser eine ungleich weniger scharfe ist, deren Sichtbarkeit daher ultramikroskopisch weit schlechter ist. Eiweißlösungen geben oft auch im Ultramiskroskop nur einen diffusen Lichtkegel (= dem Lichtkegel des Tyndallphänomens). In einzelnen Fällen, so z. B. in künstlich hergestellten Globulinlösungen, ist indes die Heterogenität auch dieser kolloiden Systeme aufs deutlichste ultramikroskopisch wahrnehmbar: es zeigen sich massenhaft korpuskuläre Partikelchen im Gesichtsfeld, daneben ist, wie sich nachweisen ließ, ein Teil der Globulinmasse noch weiter bis zu unsichtbaren „Amikronen" aufgeteilt, aus denen sich bei Verschlechterung des Lösungszustandes (sei es durch Zugabe von destilliertem Wasser oder unter dem Einfluß beigemischter Salzlösungen) durch Zusammenlegen größere und sodann ultramikroskopisch sichtbar werdende Partikelchen bilden.

Für klinische Zwecke[1]) stehen zwei Konstruktionsarten des Ultramikroskops zur Verfügung. Eine jede hat nach besonderer Richtung ihre Vorzüge.

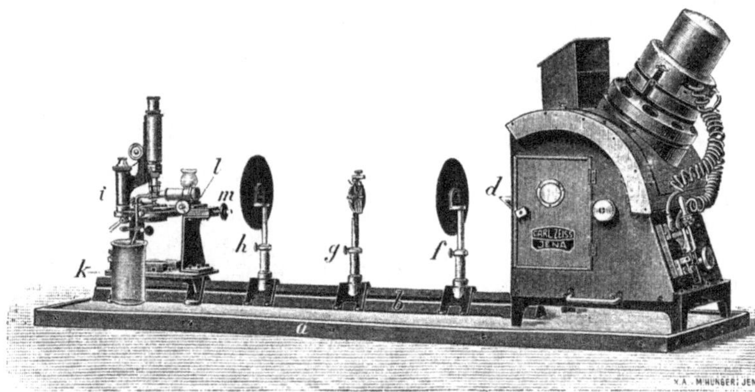

Fig. 88.
Spalt-Ultramikroskop nach Siedentopf und Zsigmondy (von C. Zeiß-Jena).

A. Spalt-Ultramikroskop nach Siedentopf und Zsigmondy (Fig. 88).

Die zu untersuchende Flüssigkeit befindet sich in einer Küvette, (Fig. 89). die sowohl nach oben (dem Objektiv zu) als auch rechtwinklig dazu nach vorn (der Lichtquelle zu) ein kleines Fensterchen aufweist. Durch das vordere Fenster tritt das Licht der Bogenlampe ein, zentriert durch die Linsen bei f und h und zum schmalen Spalt geformt durch die Einrichtung g; das Licht trifft in der Lösung die kolloiden Teilchen und erzeugt an ihnen durch die Reflexion Lichtkegel, die durch das Mikro-

[1]) Vgl. z. B. E. Rählmann, Über ultramikroskopische Untersuchungen von Glykogen, Albuminsubstanzen und Bakterien. Berl. klin Wochenschr. 1904, S. 186. bis 190 und 862—864; derselbe, Neue ultramikroskopische Untersuchungen über Eiweiß, organische Farbstoffe, über deren Verbindung und über die Färbung organischer Gewebe. Pflügers Arch. **112**, 128—171 (1906). — Römer, Much und Siebert, Ultramikroskopische Untersuchungen, Zeitschr. f. diätet.-physikalische Therapie **18**, 94 (1904). — L. Michaelis, Ultramikroskopische Untersuchungen, Virchows Arch. **179**, 195—208 (1905). — A. Neumann, Über die Beobachtung des resorbierten Fettes im Blut mittels des Ultrakondensors. Zentralbl. d. Physiol. 1907, 102—104. — Ostima, Über das Vorkommen von ultramikroskopischen Teilchen im fötalen Blut. Ebenda S. 297—301 (1907).

skop in dem sonst absolut dunklen Felde wahrnehmbar sind. Die Einrichtung des Ultramikroskops im einzelnen sei hier nicht beschrieben. Wer mit einem Ultramikroskop arbeiten will oder sonst Interesse für die nähere Einrichtung besitzt, sei auf die Druckschrift von Carl Zeiß, Jena: „Ultramikroskopie und Dunkelfeldbeleuchtung", Heft 3, verwiesen, welche die Firma unter der Bezeichnung „Mikro 229" allgemein zur Verfügung stellt.

Diese Konstruktionsart des Ultramikroskops hat die folgenden Vorzüge:

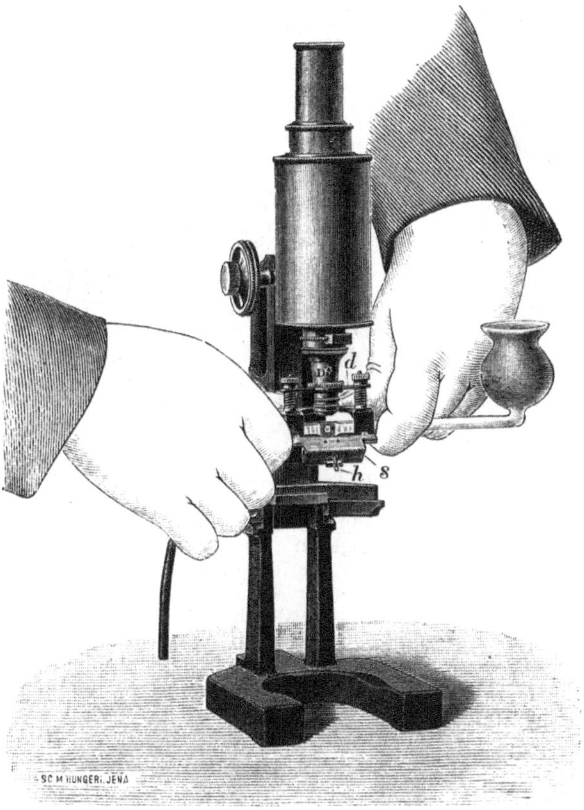

Fig. 89.
Einsetzung der Küvette beim Spaltultramikroskop.

1. Mühelose Herstellung einer absolut reinen Schnittfläche des zu untersuchenden Flüssigkeitspräparats. Die Herstellung geschieht optisch, es wird durch das Hineinlassen eines nur minimal dünnen, horizontalen Lichtstreifens lediglich eine einzige dünne Schicht der Flüssigkeit beleuchtet, der Präparatschnitt wird gewissermaßen optisch aus der Gesamtmasse der Flüssigkeit herausgeschnitten, so daß störende Inhomogenitäten der Schichtoberflächen ausgeschlossen sind.

2. Auch sonst ist das Arbeiten mit dem Spaltultramikroskop leichter, besonders ist das Auswechseln der Flüssigkeiten sehr bequem, so daß sich diese Einrichtung immer da empfiehlt, wo mehrere Flüssigkeiten unmittelbar nacheinander zur Untersuchung zu bringen sind.

Die optische Leistungsfähigkeit dürfte für die medizinisch in Frage kommenden Untersuchungen durchweg genügen.

B. Kardioidultramikroskop nach Siedentopf (Fig. 90).

Die Präparatbeleuchtung geschieht hier in der beim gewöhnlichen Mikroskop üblichen Art von unten vermittels Spiegel. Trotzdem aber ist die Beleuchtung der Kolloidteilchen im Objekt eine seitliche. Dies wird unter Wahrung möglichster Lichtstärke durch den „Kardioidkondensor" (Fig. 91) erreicht. Die optischen Verhältnisse dicke des Präparats erforderlich, es ist daher eine besondere Quarzkammer (Fig. 92) zur Aufnahme der zu untersuchenden Lösungen vorgesehen, die ihrerseits wieder in einen besonderen „Halter" (Fig. 93) eingespannt wird.

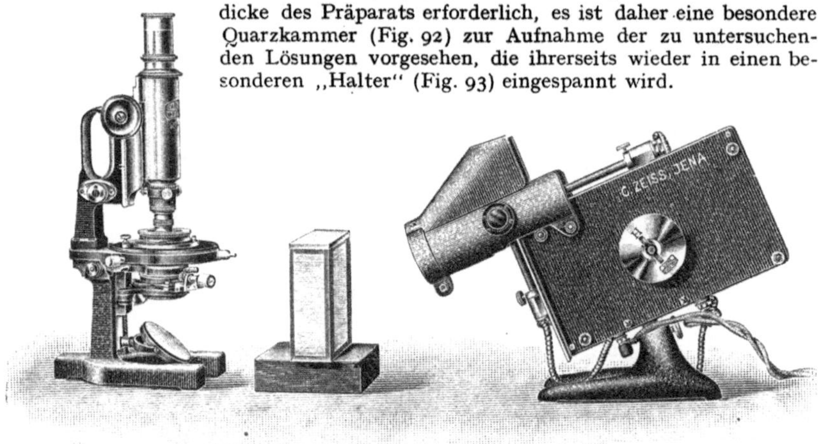

Fig. 90.
Kardioidultramikroskop nach Siedentopf (von C. Zeiß, Jena).

Der große Vorzug des Kardioidultramikroskops besteht in einer noch erheblich gesteigerten optischen Leistungsfähigkeit: „Das Kardioidultramikroskop stellt bei 20mal größerer Lichtstärke als beim Spaltultramikroskop praktisch das Maximum des an Lichtstärke überhaupt Erreichbaren dar." Für diesen Vorzug werden in Fällen, wo es auf maximale optische Leistungsfähigkeit ankommt, gerne die größeren Schwierigkeiten, welche durch Unreinheit der das Präparat begrenzenden Glasflächen, durch Ein-

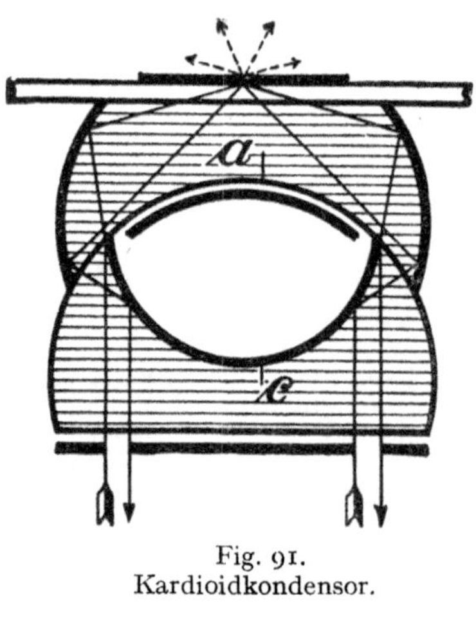

Fig. 91.
Kardioidkondensor.

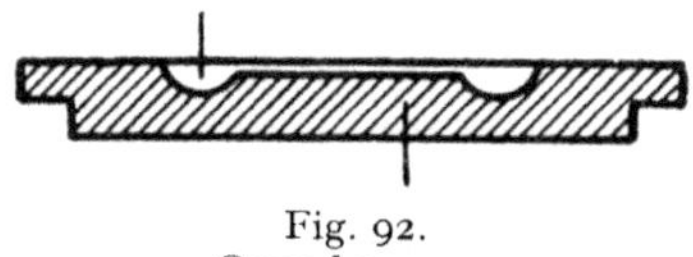

Fig. 92.
Quarzkammer.

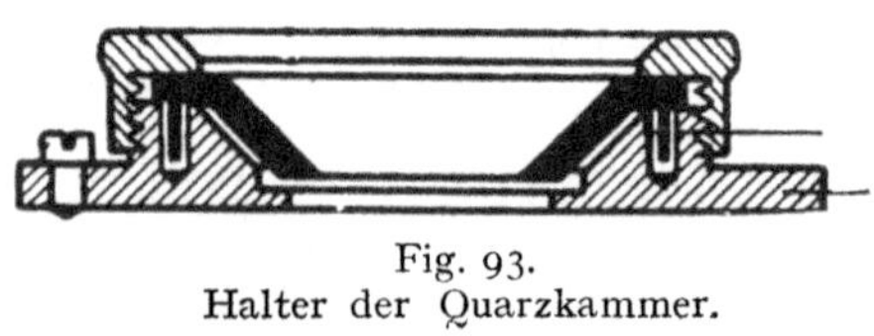

Fig. 93.
Halter der Quarzkammer.

haltung der richtigen Schichtdicke und durch Adsorption der ultramikroskopischen Teilchen an den umgrenzenden Quarzflächen entstehen, in Kauf zu nehmen sein. Über die nähere Einrichtung des Kardioidultramikroskops unterrichtet am besten die leicht erhältliche Druckschrift von C. Zeiß, Jena: „Ultramikroskopie und Dunkelfeldbeobachtung, Heft 7", gekürzt = „Mikro 306". Auch findet man dort die besonderen Vorschriften zur Reinigung von Kammer und Deckglas.

Oft wird bei den Untersuchungen Wasser zu benutzen sein. Da sich jede kleinste Verunreinigung korpuskulärer Art als Lichtpunkt im ultramikroskopischen Gesichtsfeld zu erkennen gibt, so darf nur „optisch leeres" Wasser angewandt werden. Solches ist nach R. Zsigmondy vermittels Destillation durch Silberkühlrohr zu erhalten, nach H. Bechhold auch durch Ultrafiltration (s unten) mit 6—10% Ultrafilter. Das Auffangen und Aufbewahren des Wassers darf nur in Jenaer Glas, am besten in der beigezeichneten „Aufbewahrungsflasche für Ultrawasser"[1]) erfolgen. Eingeschliffene Glas- und Korkstopfen sind unbedingt zu vermeiden, da sich von ihnen stets ein feiner Staub ablöst. Man erhält einen guten Schutz hiergegen, wenn man die Stopfen mit Stanniol umhüllt.

Anhangsweise sei hier erwähnt, daß neuerdings (vgl. ausführliche Beschreibung in der Kolloidzeitschr. 14, 281 (1914)) von R. Zsigmondy und W. Bachmann ein Immersionsultramikroskop konstruiert ist, welches sich durch eine noch schärfere Sichtbarkeit der ultramikroskopischen Teilchen auszeichnet. Eigene Erfahrung über die Verwertbarkeit dieses Immersionsultramikroskops zu medizinischen Zwecken steht dem Verfasser nicht zur Verfügung; es scheint auch sonst noch nicht ärztlich verwandt zu sein, verspricht aber nach seiner Konstruktion für die Untersuchung von Flüssigkeiten nicht unerhebliche Vorteile.

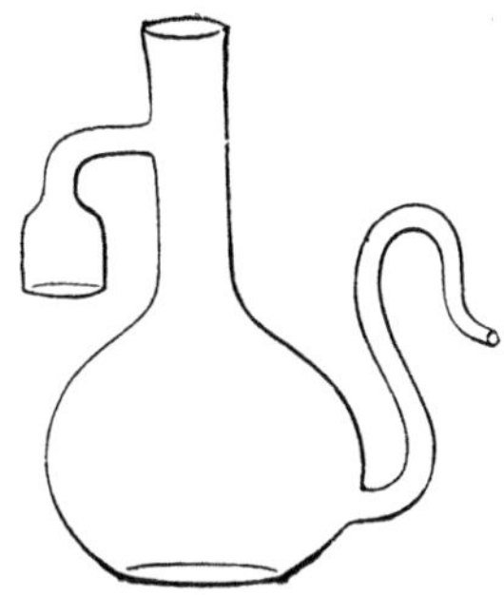

Fig. 94.
Aufbewahrungsflasche für Ultrawasser.

II. Methoden zur Differenzierung resp. Trennung der Kolloide untereinander.

1. Methode der Schaumausschüttelung von Kolloiden.

Bei diesem Verfahren ist das Trennungsprinzip in den Gradunterschieden gelegen, welche die einzelnen Kolloide bezüglich der Eigenschaft besitzen, die Oberflächenspannung der Lösung zu verringern. Kolloide, welche die Oberflächenspannung ihrer Lösung stark verringern, gehen auch stark bevorzugt in die beim Schaumschütteln entstehende vergrößerte Flüssigkeitsoberfläche hinein; Kolloide, welche diese Fähigkeit weniger oder gar nicht besitzen, werden ganz oder fast ganz im Innenraum der Lösung bleiben.

Starke Anreicherungen von Kolloiden sind so z. B. aus Eiweißlösungen, aus Seifenlösungen, aus Bier durch Abnehmen des entstandenen Schaumes erhalten worden; es können dabei auch unter Umständen recht bemerkenswerte Konzentrationsdifferenzierungen zwischen den verschiedenen Kolloiden einer Lösung erzielt werden[2]).

---

[1]) Zu beziehen von A. Haak in Jena.

[2]) Vgl. z. B. die Versuche von H. Bechhold und J. Ziegler, Methode der Schaumausschüttelung zur Trennung von Albumosen (Wittepepton) in ihre Komponenten. — H. Bechhold, Kolloide in Biologie und Medizin. Dresden 1912, S. 35; ferner s. J. Ziegler, Münch. med. Wochenschr. 1913, 1683, Anm. 2.

2. Methoden der fraktionierten Kolloidausfällung.

a) durch thermische Wirkungen, wobei die verschiedene Stabilität der einzelnen Kolloide gegenüber Wärmeeinflüssen zur Ausnutzung kommt:

b) durch chemische Zusätze, bei denen die verschiedene Stabilität der einzelnen Kolloide gegenüber Salz-, Säure- und Alkalieinflüssen oder sonstigen chemischen Wirkungen zur Abtrennung der Kolloide voneinander benutzt wird.

Mit diesen Methoden berührt die Kolloidchemie das weite und wichtige Gebiet der Fällungsanalyse der Kolloidstoffe. Näheres über Art und Anwendung solcher Methoden der Fällung ist in den Lehrbüchern der biochemischen Untersuchungsmethoden zu finden.

Wenn es sich darum handelt, die Wirkungen bestimmter kolloider Stoffe in Lösungen zu verfolgen, so ist es ein sehr wertvolles Mittel zur Förderung der Untersuchung, den Kolloidzustand (und damit auch die chemische Wirksamkeit der einzelnen Kolloide) innerhalb der Lösung vermittels thermischer oder chemischer Einflüsse in fein abgestufter und je nach Kolloid unterschiedlicher Weise zu verändern. Für solche Zwecke braucht die Dispersitätsverringerung nicht bis zur sichtbaren Ausfällung zu gehen; schon geringe Grade der Dispersitätsverringerung sind zumeist geeignet, um einem Kolloid trotz Verbleibens in der Lösung seine Wirkung in dem zur Untersuchung nützlichen Maße zu beschränken. Eine solche Methodik ist bekanntlich ganz besonders auf den Gebieten der Immunforschung zu einer äußerst vielseitigen und staunenswert fein abgestuften Anwendung gebracht worden, so daß es an diesem Orte genügen muß, auf das hier zur Geltung kommende allgemein kolloidchemische Prinzip hingewiesen zu haben.

3. Methoden der elektrischen Kolloiddifferenzierung.

a) Methode der „elektrischen Überführung" nach L. Michaelis, H. Bechhold u. a.

Prinzip: Wenn durch eine Kolloidlösung ein elektrischer Strom hindurchgeschickt wird, tritt eine Wanderung der Kolloide in der Lösung ein, derart, daß positiv geladene Kolloide ähnlich wie Kationen zur negativen Elektrode (Kathode) und umgekehrt negativ geladene Kolloide ähnlich wie Anionen zur positiven Elektrode (Anode) sich hinbewegen. Ein Kolloid, welches in dem umspülenden Medium keine elektrische Aufladung besitzt, behält beim Stromdurchgang seine Verteilung in der Lösung unverändert bei. Mit Hilfe der elektrischen Überführung ist demnach nicht nur der Ladungssinn eines Kolloids zu bestimmen, sondern die Methode ermöglicht auch eine Trennung von Kolloiden aus Gemischen durch differente Anreicherung an den Elektroden.

Der von L. Michaelis benutzte Apparat[1]) ist beistehend abgebildet, Die kolloide Lösung wird in den Schenkelteil 3 hineingebracht, nach völliger Ausfüllung des

[1]) Näheres s. nam. Biochem. Zeitschr. **16**, 81—86 u. 486—488; **17**, 231—234; **19**, 181—185 (1909).

Rohres werden die Hähne A und B geschlossen, die Teile 2 und 4 sodann mit destilliertem Wasser gefüllt und mit den Elektroden 1 und 5 leitend verbunden. Ist alles in Ruhe. werden die Hähne A und B wieder geöffnet und man läßt einen elektrischen Gleichstrom (von ca. 110 Volt Spannung) durch die Lösung hindurchgehen Ob und in welchem Sinne eine Wanderung des Kolloids erfolgt ist, läßt sich durch Untersuchung des Inhalts der Schenkelteile 2 und 4 nachweisen. Bei Versuchen, in denen eine Trennung der in der Lösung gemischt enthaltenen Kolloide erzielt wird, dienen die Teile 2 und 4 zugleich zum Auffangen der isolierten Anteile.

Namentlich Fermente, Antigene und Immunkörper sind erfolgreich mit solcher Methode untersucht. (L. Michaelis, K. Landsteiner, W. Pauli, H. Bechhold, M. Neisser und U. Friedemann u. a.)

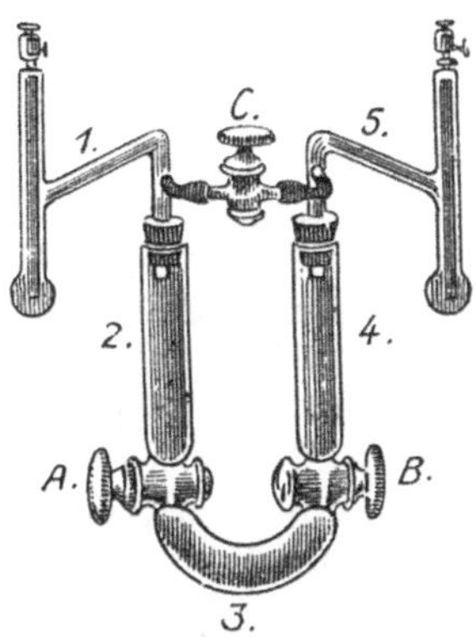

Fig. 95. Überführungsapparat nach L. Michaelis.

Die dabei benutzten Apparate waren in der Art verschieden; als besonders einfach und doch zweckmäßig sei noch der „Glockenüberführungsapparat" nach H. Bechhold[1]) erwähnt.

Überführungsversuche sind, wenn sie mehr als qualitativ den Ladungssinn bestimmen sollen, namentlich wegen der beim Stromdurchgang schwer vermeidlichen elektrochemischen Änderungen in den Lösungen recht diffiziler Art.

Ähnlich wie an den Kolloiden ist auch an ganzen Zellen (Blutkörperchen, Bakterien etc.) eine elektrische Ladung vorhanden; auch Zellen zeigen demnach die Erscheinung der Kataphorese, d. h. der elektrischen Überführung. Eine einfache Versuchsanordnung, wie sie in Anlehnung an R. Höber von L. Michaelis[2]) angegeben wurde, ist geeignet, dem Mikroskop diese Wanderung zugängig zu machen. Die Figur 96 zeigt solche Apparatur. Als Stromquelle dient ein Gleichstrom von 110 Volt. Die Stromzuleitung zum Präparat geschieht vermittels unpolarisierter Elektroden: ein KCl-Agarröhrchen (10% KCl, 3% Agar) setzt die Flüssigkeit der mikroskopischen Kammer mit einer konzentrierten KCl-Lösung, ein zweites gleiches KCl-Agarröhrchen diese Lösung mit einer 10% $CuSO_4$-Lösung, zu welcher der Kupferdraht der Stromleitung führt, in Verbindung. Es ist wichtig, daß die mikroskopische Kammer, in welcher sich die Flüssigkeit mit den suspendierten Zellen befindet, etwa die Höhe einer Deckglasdicke besitzt. Denn beim Durchschicken des Stromes findet in den die Glasteile unmittelbar berührenden Flüssigkeitsschichten, herrührend von der Potentialdifferenz zwischen Glas und Lösung, eine Flüssigkeitsbewegung statt, welche mit der eigentlichen Kataphoresebewegung nichts zu tun hat, ihr vielmehr meistens entgegengesetzt gerichtet ist. Nur die Bewegungsrichtung in der mittleren Flüssigkeitsschicht ist für die Kataphorese maßgeblich. Man warte zunächst,

[1]) Käuflich in den „Vereinigten Fabriken für Laboratoriumbedarf". Berlin N., Scharnhorststr.; eine Beschreibung s. H. Bechhold, Die Kolloide in Biologie und Medizin. Dresden 1912, S. 111

[2]) L. Michaelis, Praktikum der physikalischen Chemie. (Berlin, J. Springer, 1921.) 100.

bis unter dem Mikroskop alle mechanische Bewegung von Teilchen aufgehört hat, am besten unter Kontrolle eines Mikrometerokulars. Sodann erst wird der Strom geschlossen. Die negativ geladenen Zellen wandern dabei in der mitt-

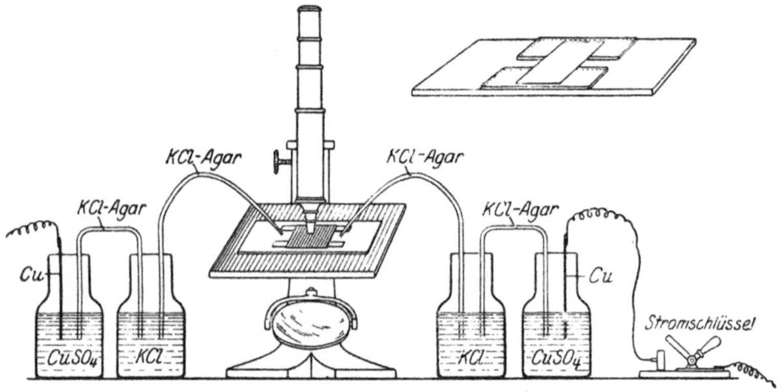

Fig 96.
Mikroskopische Untersuchung der Kataphorese.

leren Schicht der Kammerflüssigkeit energisch zur Anode, etwaige positiv geladene Zellen zur Kathode. Wendet man den Strom, so ändert sich auch die Strömungsrichtung.

b) Methode der Kolloidausfällung vermittels Zusatzes elektrisch entgegengesetzt geladener Substanzen.

Man kann in kolloiden Lösungen Ausfällungswirkungen dadurch zuwege bringen, daß man elektrisch geladene Gele oder Suspensionen in die Lösung einführt. Elektropositive Gele oder Suspensionen, wie z. B. kolloides Eisenhydroxyd, adsorbieren aus der Lösung die elektronegativen Kolloide und fallen unter geeigneten Bedingungen mit ihnen zusammen elektrisch neutral aus; ein gleiches gilt für elektronegative Zusätze gegenüber elektropositiven Kolloiden der Lösung. Es ist dabei stets zu beachten, daß die elektrische Ladung der Kolloide in den Lösungen nicht immer eine gleiche ist, daß vielmehr bei den Kolloiden je nach dem benutzten Medium der Betrag der elektrischen Ladung, unter Umständen sogar der Ladungsinn wechselt. Wie schon im Teil I, Kapitel 2 erwähnt, sind die H- und OH-Ionen hier von der größten Bedeutung. Besonders häufig geht bei den Suspensionskolloiden die Adsorption konform den elektrischen Gesetzen. Da aber für die Adsorption neben den elektrischen noch andere Einflüsse (s. Teil I, Kapitel 2) bestimmend sind, so können die Adsorptionswirkungen auch nur zu einem Teile den obigen elektrischen Gesetzen entsprechen.

Die folgende Tabelle, die nach den Versuchen von L. Michaelis aufgestellt ist, mag als Beispiel dienen: Bei der Invertase sind die elektrischen Gesetze in reiner Form gültig; bei der Speicheldiastase und zum Teil auch beim Trypsin und Pepsin aber lassen sich bereits deutlich Besonderheiten der Adsorptionsfällung erkennen. Eine befriedigende Aufklärung über das Zusammenwirken der einzelnen Energiearten bei der Adsorption ist noch nicht gefunden; gleichwohl besitzt die hier beschriebene Methode erheblichen Wert.

Ferment	Durch Überführungsversuche ermittelter Ladungssinn		Wird adsorbiert durch		Adsorption durch neutrales Kohlepulver
	zur Anode wandernd, also —	zur Kathode wandernd, also +	+ Eisenoxyd, Tonerde u. dgl.	— Kaolin, Mastix, Arsensulfid u. dgl.	
Invertase					
in neutraler Lösung	—	ø	×	o	×
in saurer Lösung	—	ø	×	o	×
in alkalischer Lösung		•	×	o	×
Pepsin					
in neutraler Lösung	—	ø	×	o	×
in saurer Lösung	—	ø	×	×	×
in alkalischer Lösung	zerstört	zerstört	zerstört	zerstört	zerstört
Trypsin					
in neutraler Lösung	—	ø	×	×	× (stärker)
in saurer Lösung	ø		×	×	×
in alkalischer Lösung	—	ø	× stärker	× schwächer	× schwächer
Speicheldiastase					
in neutraler Lösung	nicht untersucht		×	×	×
ins saurer Lösung			×	×	×
in alkalischer Lösung			×	×	×

Sehr erhebliche praktische Bedeutung hat diese Ausfällungsart gewonnen in der

Methode der Enteiweißung durch elektropositives kolloides Eisenhydroxyd von P. Rona und L. Michaelis[1]).

Sie ist besonders für Serum und Gesamtblut als die wohl zurzeit beste Methode der Enteiweißung zu empfehlen, doch auch sonst für Harn, Milch usw. sehr brauchbar.

Nur chlor- und säurefreier Liquor ferri oxyd. dial. (Kontrolle mit Silbernitrat) darf benutzt werden. Es werden 50 ccm Blutserum oder Plasma auf das 12—14-fache mit destilliertem Wasser verdünnt, das Volumen der Gesamtflüssigkeit wird genau notiert und ohne Änderung der Reaktion und ohne Hinzufügen irgendeines Salzes sodann 40 ccm des obigen Liquors tropfenweise unter lebhaftem Umschütteln hinzugefügt. Damit ist das Enteiweißen vollendet. Man filtriert durch ein Faltenfilter. Das wasserklare eiweiß- und eisenfreie Filtrat, dessen Volumen wieder genau festgestellt werden muß, wird schwach mit Essigsäure angesäuert und kann im Vakuum oder im Wasserbad auf wenige (4—6) ccm eingeengt werden, ohne daß die Flüssigkeit sich dunkler färben würde. Die Lösung ist daher zum Polarisieren vortrefflich geeignet.

1) Vgl. Biochem. Zeitschr. **7**, 329 (1908); **13**, 121 (1908); **14**, 476 (1908).

Bei Anwendung der Methode auf das Gesamtblut werden 30—40 g auf 1 l mit destilliertem Wasser verdünnt und unter Umschütteln mit der Eisenlösung versetzt. Auf je 1 g Hundeblut kommen 3—4 ccm, auf je 1 g Kaninchenblut 2,6—3 ccm der Eisenlösung. Ein Überschuß innerhalb gewisser Grenzen ist an sich unschädlich. Man kann auch vorteilhaft so verfahren, daß man das Blut 10fach mit Wasser verdünnt, dabei einen letzten Teil des Wassers zur Verdünnung der Eisenlösung benutzt und mit der verdünnten Eisenlösung enteiweißt. Die Bluteisenmischung bleibt nun unter häufigem Umschütteln 10—15 Minuten stehen; während dieser Zeit erfolgt bereits eine reichliche flockige Ausscheidung der Eiweiß-Eisenverbindung. Jetzt setzt man 1 g $MgSO_4$ feingepulvert oder in Lösung auf einmal hinzu und schüttelt kräftig 1—2 Minuten lang. Damit ist die Enteiweißung vollendet. Ist sie gut gelungen, so erfolgt die totale Ausscheidung schnell und die darüber stehende klare farblose Flüssigkeit ist zur Filtration fertig. Aber auch in Fällen, in welchen die mehr oder weniger ausgesprochene Trübung des Filtrates eine unvollständige Fällung des Hämoglobins anzeigt, kann nachträglich jederzeit eine Korrektur mit sehr kleinen Mengen — einige Tropfen bis mehrere Kubikzentimeter der Eisenlösung — stattfinden. In Fällen, wo das $MgSO_4$ für die spätere Analyse störend sein sollte, kann man sich des Na- oder Kaliumsulfates (schwerer löslich, daher beim nachträglichen Einengen mehr störend als das $MgSO_4$) oder des leicht entfernbaren Zink- oder Kupfersalzes (am besten in Lösung) bedienen.

Albumosen werden zu großen Teilen in irreversibler Weise mitgerissen, Zucker hingegen in keiner Konzentration.

Ähnliche Methoden sind von den gleichen Autoren auch unter Benutzung von Kaolin und Mastix ausgearbeitet[1]).

Besonders hervorgehoben sei noch, daß mit solchen Verfahren auch Fermentlösungen gereinigt wurden. So konnte L. Michaelis aus Mischungen von Serumalbumin und Invertin das Eiweiß entfernen, indem er in saurer Lösung mit Kaolin schüttelte; das Invertin blieb ungeschwächt in der enteiweißten Lösung.

4. Verfahren der Ultrafiltration[2]).

Prinzip: Die Trennung beruht bei diesem Verfahren auf den Unterschieden der Teilchengröße der einzelnen Kolloide. Die Filtration erfolgt durch Gallertfilter, welche derart in Abstufungen hergestellt sind, daß eine jede Filterart für Kolloide bis zu bestimmter Kolloidität durchlässig ist. Die Kenntnis der „Porengröße" der Ultrafilter gibt eine Auskunft über die „Teilchengröße" der zurückgehaltenen und durchgelassenen Kolloide. Kristalloide Lösungen gehen sämtlich durch, so daß die Ultrafiltration zugleich wie jedes Dialysierverfahren auch die Kristalloide von den Kolloiden trennt.

Der **Ultrafiltrationsapparat**[3]) **nach Bechhold** ist in Fig. 97 wiedergegeben.

Mit A und B ist je ein Stahlgefäß bezeichnet, in dessen Boden sich (s. Fig. 98) Querschnitt dieses Stahlbehälters) das Gallertfilter (Fi) befindet. Das Stahlgefäß

---

[1]) Biochem. Zeitschr. **7**, 329 und **8**, 356 (1908); ferner ebendort **2**, 219 u. **5**, 365 (1907).

[2]) Vgl. H. Bechhold, Kolloidstudien mit der Filtrationsmethode. Zeitschr. f. physik. Chemie **60**, 257—318 (1907); derselbe, Die Gallertfiltration (Ultrafiltration). Kolloidzeitschr **2**, Heft 1 u. 2; derselbe, Ultrafiltration. Biochem. Zeitschr. **6**.

[3]) Zu beziehen durch Vereinigte Fabriken f. Laboratoriumsbedarf, Berlin, Scharnhorststraße.

ist luftdicht verschließbar und zur Aufnahme von Preßluft bis zu 10 Atmosphären geeignet. Das Gallertfilter wird von einem sehr feinmaschigen Drahtnetz gestützt, dieses letztere liegt wieder, um den Innendruck aushalten zu können, einer durchlochten massiven Nickelplatte P auf. Die Flüssigkeit wird in den Innenraum des Stahlgefäßes eingefüllt; ein Rührer, getrieben vermittels Motorscheibe, sorgt dafür, daß sich aus der Lösung keine das Filter verstopfende Gelschicht abscheidet. Die Preßluft, am besten aus einer Stickstoffbombe vermittels Reduzierventils entnommen, wird durch ein starrwandiges Rohr (Fig. 97) in den Apparat eingeleitet, wobei die Manometer den Gasdruck kontrollieren lassen. Durch den Hahn H kann der Druck abgelassen und so die Ultrafiltration nach Wunsch unterbrochen werden.

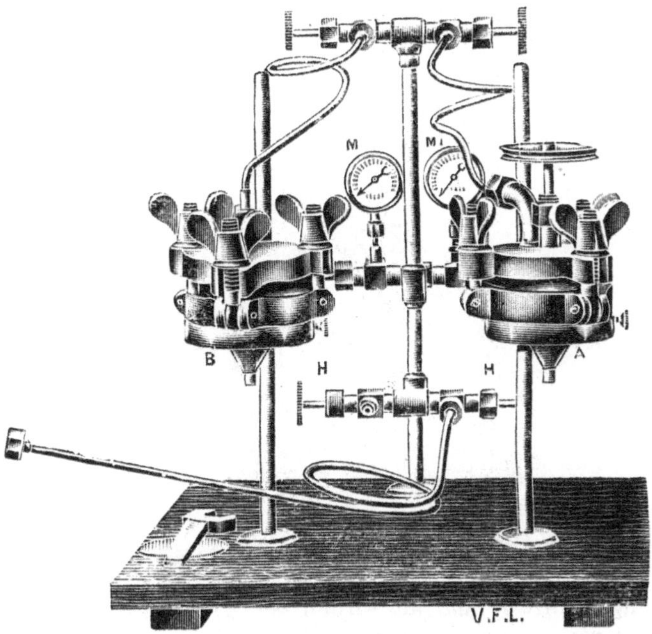

Fig. 97.
Ultrafilter nach H. Bechhold.

Der wichtigste Teil dieses Apparates sind die Gallertfilter, d. h. kreisrunde Scheiben besten Filtrierpapiers, die nach besonderem Verfahren luftfrei mit einer Gallerte imprägniert sind. Die Porengröße des Filters ist abhängig von der Konzentration der zur Imprägnation benutzten Gallerte (meist Eisessigkollodium, auch Gelatine u. a.). Wer die Gallertfilter sich selber herzustellen wünscht, sei auf die Angaben der Originalarbeiten[1]) verwiesen. Da die Herstellung gleichmäßig guter Filter eine längere Übung zur Vorbedingung hat, so sei für klinische Zwecke im allgemeinen empfohlen, dieselben fertig zu beziehen. Die Firma Schleicher & Schüll in Düren (Rheinland) hält sechs Sorten von verschiedener Dichte auf Lager, welche genau nach der Vorschrift Bechholds hergestellt und auch nach

[1]) Kolloidzeitschr. **2**, Heft 1 und 2; Zeitschr. f. physikalische Chemie **60**, 257 bis 318 und Biochem. Zeitschr. **6**, Heft 5—6.

unserer Erfahrung gut und gleichmäßig gearbeitet sind. Eine erste Eichung der Ultrafilter geschieht am besten nach der „Hämoglobinmethode“. Man nehme eine 1%ige Hämoglobinlösung (Hämoglobin in lamellis Merck) zur Prüfung des Filters im Apparat. Hält das Filter dieses zurück, so ist es auch undurchlässig für die meisten anorganischen Kolloide (mit Ausnahme von frischer Kieselsäure). Den Grad der Durchlässigkeit erkennt man in der mehr oder minder starken Rotfärbung des Filtrates. Ein hochprozentiges Gelatine- oder Kollodiumfilter läßt aus einer Hämoglobinlösung das Filtrat völlig klar durchfließen.

Für die Durchlässigkeit von Ultrafiltern hat H. Bechhold nachstehende Tabelle aufgestellt, welche die abnehmende Teilchengröße einiger Kolloide

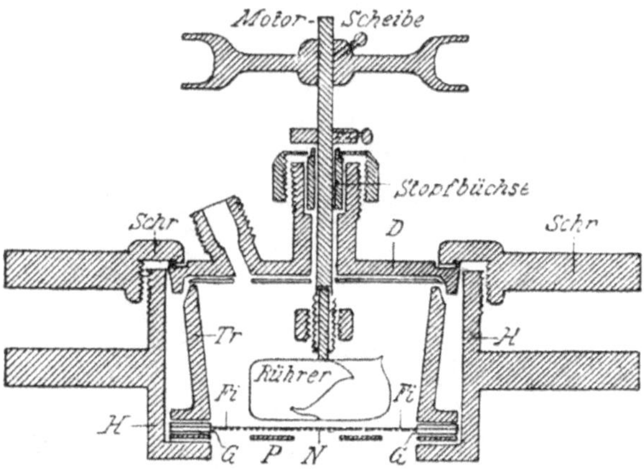

Fig. 98.
Querschnitt des Stahlbehälters (A und B der Fig. 97).

in ihren Lösungen anzeigt und auf Grund der Ultrafiltration mit Ultrafiltern verschiedener Porenweite gewonnen ist.

Suspensionen
Berlinerblau
Platinsol (nach Bredig)
Eisenoxydhydrosol
Kasein (in Milch)
Arsensulfidhydrosol
Goldlösung (Zsigmondy Nr. 4 ca. 40 $\mu\mu$)
Bismon (koll. Wismutoxyd nach Paal)
Lysargin (koll. Silber nach Paal)
Kollargol (koll. Silber v. Heyden ca. 20 $\mu\mu$)
Goldlösung (Zsigmondy Nr. 0 ca. 1—4 $\mu\mu$
1%ige Gelatinelösung
1%ige Hämoglobinlösung (Mol.-Gew. ca. 16000)
Serumalbumin (Mol.-Gew. 5000 bis 15000)
Diphtherietoxin
Protalbumosen
Kolloide Kieselsäure
Lysalbinsäure
Deuteroalbumosen A
Deuteroalbumosen B (Mol.-Gew. ca. 2400)
Deuteroalbumosen C
Lackmus
Dextrin (Mol.-Gew. ca. 965)
Kristalloide

Einfacher, aber gleichfalls sehr zu empfehlen ist der **Ultrafiltrationsapparat nach R. Zsigmondy**[1]) (siehe Fig. 99).

In den Glastrichter mit flachgeschliffenem Rand wird eine Siebplatte eingesetzt, diese mit Papierfilter, hernach mit einem Kollodiumhäutchen bedeckt. Nach dem Aufsetzen eines aufgeschliffenen Glasringes werden die genannten Teile mittels dreier Klemmschrauben (im Bilde sind zwei dargestellt) verbunden. Die Siebplatte besteht aus Porzellan oder Hartgummi und hat 90 mm Durchmesser. Der Trichter wird in eine Saugflasche eingesetzt, die mit einer Wasserstrahlpumpe verbunden ist. Das Kollodiumhäutchen läßt sich in folgender Weise bereiten: „Man nimmt verdünntes Kollodium, das man sich aus 400 ccm käuflichem 6%igem Kollodium durch Verdünnen mit 200 ccm Äther und 500 ccm käuflichem absolutem Alkohol herstellt, gießt dieses auf eine genügend große Spiegelglasplatte, sorgt durch Schwenken für eine gleichmäßige Verteilung des Ausgegossenen auf der Platte und wartet, bis der meiste Äther verflüchtigt ist und das Kollodium nicht mehr klebt. Filter samt Platte werden hierauf in Wasser getaucht; nach einiger Zeit (ca. 10 Minuten bis ½ Stunde) läßt sich das Filter leicht von der Unterlage ablösen und wird dann, wie oben beschrieben, in den Trichter gebracht. Die Filter lassen sich längere Zeit in Wasser aufbewahren, ohne ihre Beschaffenheit zu ändern. Von der Firma de Haën, Chemische Fabrik „List" in Seelze bei Hannover, werden auch fertige „Membranfilter" von abgestufter Durchlässigkeit nach Zsigmondy und Bachmann[2]) geliefert.

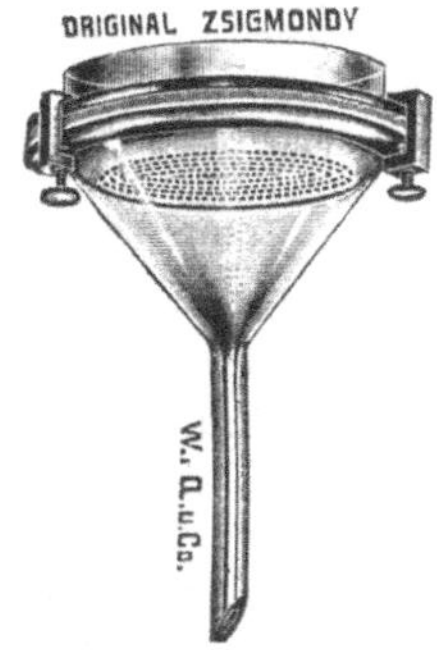

Fig. 99.

Schließlich seien noch die **spontanen Ultrafilter nach Wo. Ostwald**[3]) besonders empfohlen. Sie zeigen eine sehr erhöhte Filtrationsgeschwindigkeit und lassen schon allein unter dem hydrostatischen Druck des Filterinhaltes die kolloidbefreite Flüssigkeit durchlaufen. Man kann diese Filter leicht selbst anfertigen. Ihre Herstellung geschieht folgender-

Fig. 100.

[1]) Zeitschr. f. angewandte Chemie **26**, 447 (1910).
[2]) Zeitschr. f. anorgan. u. allgemeine Chemie **103**, 119 (1918).
[3]) Kolloidzeitschr. **22**, 143 (1918), vgl. ebendort **22**, 72 (1918).

maßen: Ein „Papierfilterhütchen aus einem Stück" (Fig. 100), wie solche von der Firma C. Schleicher & Schüll in Düren (Rhld.) fertig zu beziehen sind, wird in einem gewöhnlichen Glastrichter mit destilliertem Wasser ergiebig angefeuchtet, so daß es sich dicht an die Trichterwand anlegt. In das nasse Filter wird das gewöhnliche 4proz. Kollodium D. A. B. hineingegossen, umgeschwenkt und wieder ausgegossen. Man läßt die entstehende milchige Suspension von Kollodium in Wasser ablaufen, trocknet das Filter etwa 5—10 Minuten und gießt eine zweite Kollodiumschicht, die man ebenfalls oberflächlich antrocknen läßt. Dann hebt man das steifgewordene Filterhütchen aus dem Filter heraus und bringt es in destilliertes Wasser. So hergestellte Filter sind „ultradicht" und lassen sich wochenlang benutzen. Ihre Aufbewahrung geschieht in destilliertem Wasser. — Mit der gleichen Methodik sind auch Nutschenfilter herstellbar. — Die Erhöhung der Ultrafiltrationsgeschwindigkeit beruht vor allem darauf, daß durch die Eigenart der unter dem Zusammenwirken mit dem Wasser sich bildenden Kolloidstrukturen eine dem Flüssigkeitsablauf besonders günstige Schicht an der Papierseite des Kollodiumfilters entsteht.

Bei Ultrafiltrationsversuchen ist stets zu beachten, daß das Ultrafilter durch Adsorption zu Störungen Veranlassung geben kann. Es empfiehlt sich daher, in einem Vorversuch die zu prüfende Lösung mit einem zerschnittenen Filter zu schütteln und dann analytisch zu untersuchen. Ist der Gehalt nach dem Schütteln der gleiche oder fast der gleiche, so ist die Gefahr der Adsorption praktisch nicht vorhanden. Wird aber eine beträchtliche, für den Versuch störende Adsorption gefunden, so ist eine andere Gallerte zum Ultrafilter zu verwenden. Während z. B. Arachnolysin durch Eisessigkollodium sehr stark adsorbiert wird, wird es durch Formolgelatine sehr wenig adsorbiert.

Für die meisten Fälle ist es nötig, bei Ultrafiltrationsversuchen quantitativ zu arbeiten und sowohl am Filterrückstand wie am Filtrat die Veränderungen zu prüfen, die durch den Versuch erzielt werden.

Das Anwendungsgebiet der Ultrafiltration ist ein sehr weites. Zunächst kann die Ultrafiltration die Dialyse zur Trennung von Kristalloiden und Kolloiden ersetzen. Sie hat den großen Vorzug des rascheren Arbeitens und erlaubt die Trennung ohne die bei der Dialyse unvermeidlichen Veränderungen des Dialysats. Am wichtigsten ist aber die Verwendung zur „fraktionierten Ultrafiltration", d. h. zur stufenweisen Trennung der Kolloide nach ihrer verschiedenen Teilchengröße. Wie exakt diese Methode der Trennung arbeitet, sei daran erkannt, daß z. B. Bechhold mit derselben die Trennung des Diphtherietoxins vom Toxon erhielt und Großer durch die im Ultrafilter gefundene Differenz der Kolloidgröße gekochte und ungekochte Milch zu unterscheiden vermochte. Schließlich kann noch das Ultrafilter dazu dienen, keimfreie Flüssigkeiten zu erhalten und „optisch leeres" Wasser zu ultramikroskopischen Zwecken zu bereiten.

III. Methoden zur Messung von Eigenschaften, durch welche kolloide Lösungen, resp. Gallerten besonders ausgezeichnet sind.

A. In kolloiden Systemen flüssiger Konsistenz.

1. Methoden zur Messung der Oberflächenspannung.

Kapillarimeter nach J. Traube.

Die Flüssigkeitsoberflächenspannung, welche das Bestreben hat, die Flüssigkeitsoberfläche auf das mögliche Minimum, im idealen Endzustand auf Kugelform, zu verkleinern, wird dadurch gemessen, daß man ihr eine oberflächenvergrößernde Einwirkung konstanten Betrages, hier die Kapillaranziehung einer bestimmten Glasröhre a, entgegengesetzt und sodann durch das Maß des Anstiegs in der Kapillare feststellt, eine wie erhebliche Oberflächenvergrößerung durch die für die Versuche konstante Kapillarkraft bei der betreffenden Flüssigkeit zuwege gebracht wird. Die Oberflächenspannung σ einer zu untersuchenden Lösung wird meist auf reines Wasser als Einheit 1 bezogen, d. h. wenn mit dem Apparat für Wasser die Steighöhe = a und bei gleichen Bedingungen für die zu untersuchende Lösung = a_1 gefunden wird, so ist die Oberflächenspannung der Lösung bezogen auf Wasser $= \frac{a_1}{a}$. Bei 15° ist der Einheitswert, die absolute Oberflächenspannung des Wassers gegen Luft σ = ca. 7,30 mg/mm, d. h. das Wasser vermag gerade noch einem Oberflächenzug von 7,3 mg pro Quadratmillimeter das Gleichgewicht zu halten.

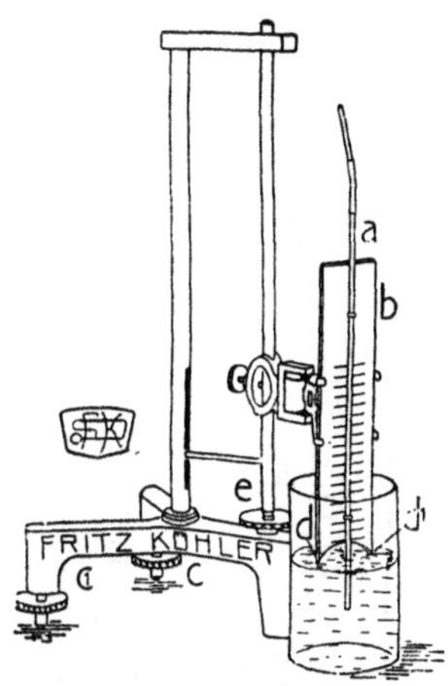

Fig 101.
Kapillarimeter nach Traube.

Das Arbeiten mit einem Kapillarimeter setzt einen ganz außerordentlich hohen Grad von Reinhaltung des Kapillarrohres voraus[1]). Für eiweißhaltige Flüssigkeiten oder sonstige Kolloidlösungen, durch welche die Röhre im physikochemischen Sinne besonders verunreinigt wird, ergeben sich daher für den klinischen Gebrauch leicht Schwierigkeiten. Für die meisten medizinischen Zwecke sind die Tropfmethoden (s. nachstehend) vorzuziehen.

Kapillarmanometer nach Czapek.

Der Apparat (siehe Fig. 102) besteht aus einem doppelt U-förmig gebogenem Rohr, welches an seinem abwärts gerichtetem Ende eine 2 mm lange Kapillare trägt. Die zu untersuchende Flüssigkeit kommt in das Glas G. Mit Hilfe steigenden Wasserdruckes (durch Zutropfen von Wasser im Rohr R) wird bei K eine Luftblase ausgepreßt. Die Oberflächenspannung der zu untersuchenden Flüssigkeit wird dadurch gemessen, daß man bestimmt,

---

[1]) Über die zweckmäßige Reinigung s. S. 485 unten.

welcher Druck erforderlich ist, um gerade eine Luftblase aus der Kapillare zum Entweichen zu bringen: bei gleicher Eintauchtiefe der Kapillare sind die Oberflächenspannungen den zum Abreißen der Luftblase erforderlichen Drucken proportional, falls die Flüssigkeiten das gleiche spezifische Gewicht haben. Bei abweichendem spezifischem Gewicht hat eine entsprechende Division zu erfolgen[1]).

Ein komplizierterer sehr exakt arbeitender Apparat gleichen Prinzips ist schon früher von Watmough[2]) angegeben.

Stalagmometer nach J. Traube.

Bei den Tropfmethoden (στάλαγμα = der Tropfen) wird die Oberflächenspannung dadurch gemessen, daß man bestimmt, wie groß das Gewicht des Tropfens werden muß, bis er die Oberflächenspannung überwindet, d. h. bis der Tropfen durch sein Gewicht die Oberfläche zerreißt und abfällt.

Das Stalagmometer nach Traube ist auf der S. 555 abgebildet. (Fig. 103).

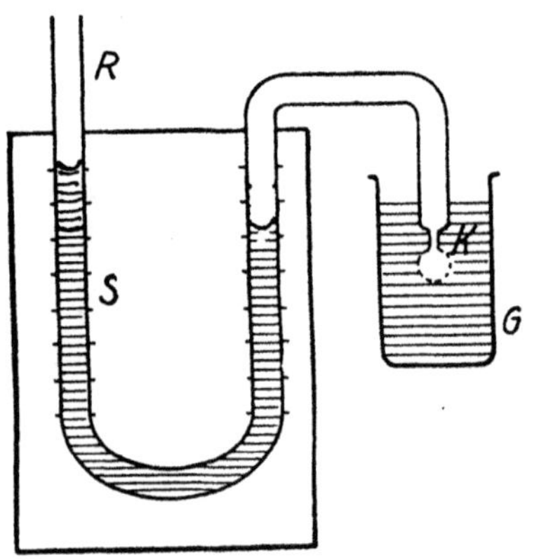

Fig. 102. Kapillarmanometer nach Czapek (schematisch).

Den wesentlichsten Teil bilden die (im Kasten und am Stativ gezeichneten) Glasröhren, welche eine Ausbauchung von bestimmtem Volumen enthalten, in ihrem Rohrteil mit genauer Skala versehen sind und nach unten in eine plangeschliffene kreisrunde Fläche enden, welche eine Haftfläche konstanter Größe für die sich bildenden Tropfen abgibt. Das Gewicht der Einzeltropfen wird nicht durch Wägung festgestellt, sondern es werden die Tropfen gezählt, welche aus einem bekannten, im Apparat leicht ablesbaren Volumen sich an der Abtropffläche bilden und loslösen. Die Tropfenzählung kann, wenn gewünscht, vermittels Zähluhr (siehe Fig. 103) automatisch geschehen.

Die Messung gestaltet sich wie folgt:

Die erforderlichenfalls filtrierte Flüssigkeit wird unter sorgfältigster Vermeidung aller Verunreinigungen mittels eines Gummiballes im Apparate emporgesaugt, und man zählt nun einfach die Tropfen, welche sich aus dem genau bemessenen Inhalt des Apparates bilden. Mit Hilfe der Skala oberhalb und unterhalb der Kugel kann man noch Bruchteile eines Tropfens bis auf 0,05 Tropfen = 0,5 „Dezitropfen" recht gut abschätzen, indem man durch einen Vorversuch bestimmt, wieviel Skalenteile oben und unten einem Tropfen entsprechen. Damit man hierbei scharf ablesen kann, hält man, solange die Flüssigkeit sich auf der Skala fort-

[1]) Näheres siehe F. Czapek, Über eine Methode zur direkten Bestimmung der Oberflächenspannung der Plasmahaut. G. Fischer, Jena 1911. Siehe auch Abderhaldens Handbuch der biochemischen Arbeitsmethoden VI, 83 (1912).

[2]) Zeitschr. f. physik. Chemie **39**, 129 (1902).

bewegt, einen Finger oben auf die Öffnung des Apparates, um beim Beginn des Versuches — indessen nur dann — den Abfluß zu verlangsamen.

Stete Reinhaltung der Röhre und aller mit der Flüssigkeit in Berührung kommenden Gefäßwände ist dringendst erforderlich[1]). Vor allem muß die Abtropffläche des Stalagmometers absolut frei von Fett sein; eine Berührung z. B. mit dem Finger darf nach der Reinigung nicht stattfinden[2]). Auch ist zu beachten, daß beim Versuch die Abtropffläche stets vollkommen benetzt wird und daß sich keine Luftbläschen in der abtropfenden Flüssigkeit befinden. Erschütterungen im Zimmer, welche ein zu schnelles Loslösen des Tropfens hervorrufen könnten, sind zu vermeiden. Die Zulaufsgeschwindigkeit, welche durch die Kapillarröhrenweite bestimmt ist, darf nicht zu groß sein, da sie andernfalls die Tropfengröße nicht unwesentlich beeinflußt. Keinesfalls sollen mehr als höchstens 20 Tropfen in der Minute sich loslösen. Ist ausnahmsweise der Abfluß schneller, so empfiehlt es sich, durch Auflegen des Fingers auf die obere Öffnung des Stalagmometers eine Verlangsamung des Abtropfens herbeizuführen. Im entgegengesetzten Fall ist vermittels des Gummiballes ein geringer Druck auszuüben und dadurch eine Beschleunigung zu bewirken.

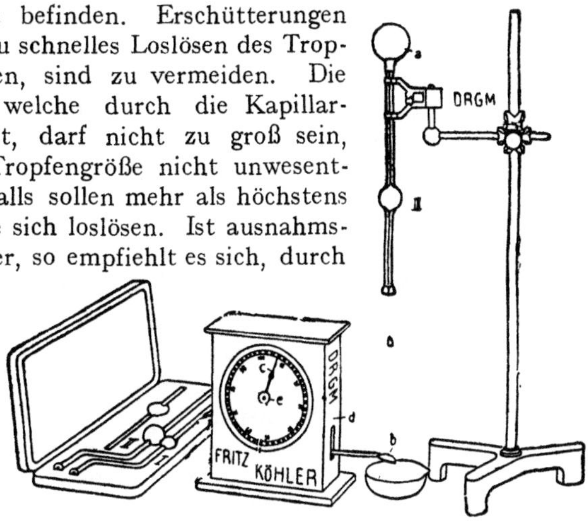

Fig. 103.
Stalagmometer nach Traube (mit automatischer Tropfenzähluhr).

Es ist indessen ratsam, für Flüssigkeiten von sehr verschiedener Zähigkeit verschiedene Stalagmometer zu verwenden. Aus diesem Grunde werden außer Etuis mit einem Stalagmometer auch Etuis mit drei Stalagmometern abgegeben. Unter den letzteren befindet sich ein gerades Stalagmometer, welches für zähe Flüssigkeiten, wie Blut usw. Verwendung findet, während die beiden anderen rechtwinklig gebogenen Apparate sich nur durch die Größe des Flüssigkeitsvolumens unterscheiden. Hat man genügend Flüssigkeit zur Verfügung und wünscht man eine möglichst große Genauigkeit, so wird das Stalagmometer mit größtem Volumen zur Verwendung gelangen.

Die Tropfenzahl für Wasser bei einer bestimmten Temperatur ist auf dem Apparate eingraviert. Mit zunehmender Temperatur wird die Tropfen-

[1]) Über die Art der Reinigung vgl. S. 485. Oft ist auch noch ein der Reinigung vorhergehendes Einlegen in Kalilauge zu empfehlen.

[2]) Über die Größe der Fehler durch Verunreinigung möge ein Beispiel von J. Traube (Biochem. Zeitschr. **24**, 339 (1910)) orientieren. Wurde bei einem Stalagmometer die Abtropffläche mit einer minimalen Schicht Vaseline überzogen, so wurden als Tropfenzahlen für Wasser 213 (statt 100), für 2,5% Gallenlösung 210 (statt 149) erhalten. Ähnlich wirken auch die Fette, die sich dem Glas beim Berühren mit dem Finger mitteilen.

zahl etwas vergrößert, indessen auf je 100 Wassertropfen wird diese Zunahme der Tropfenzahl bei einer Steigerung der Zimmertemperatur um 5^0 nur etwa einen Tropfen betragen. Die Temperaturabhängigkeit ist demnach im allgemeinen nur gering; trotzdem ist die Temperaturkonstanz streng zu beachten.

In medizinischen Arbeiten findet sich häufig als Maß der Oberflächenspannung einfach die Tropfenzahl (Z) angegeben, z. B. als Resultat für einen Harn Z = 59,7 (Tropfenzahl für Wasser = 53,0 bei der gleichen Temperatur von 15^0). Derartige Angaben sind aber, weil bei den einzelnen Apparaten die Tropfenzahlen für Wasser differieren, wenig übersichtlich und zu Vergleichungen nicht direkt zu verwenden. Es empfiehlt sich, stets die Berechnung auf Wasser als Einheit durchzuführen. Ist Z die Tropfenzahl für die untersuchte Flüssigkeit und Z_w die auf dem Stalagmometer für die gleiche Temperatur angegebene Tropfenzahl für Wasser, so gibt $\frac{Z \cdot 100}{Z_w}$ die Tropfenzahl für die Flüssigkeit, bezogen auf ein ,,Normalstalagmometer", welches bei reinem Wasser 100 Tropfen bei 15^0 entstehen läßt. Wir erhalten also für den obigen Fall bei 15^0 als ,,Normaltropfen"-Zahl:

$$Z_n = \frac{Z}{Z_w} \cdot 100 = \frac{59{,}7}{53{,}0} \cdot 100 = 112{,}6 \text{ Normaltropfen.}$$

Je größer die Zahl der Tropfen im Versuch gefunden wurde, um so kleiner war die Oberflächenspannung der Lösung; denn die Oberflächenspannung ist es, die den wachsenden Tropfen vom Abfallen zurückhält: Große Oberflächenspannung — große Tropfen — kleine Tropfenzahl.

Will man daher die Oberflächenspannung in einem vergleichbaren Maß mit Hilfe der Tropfenzahl ausdrücken, so ist von Z_n der reziproke Wert zu nehmen, daneben aber noch das spezifische Gewicht der Flüssigkeit zu berücksichtigen.

Wir erhalten für die Oberflächenspannung der Lösung

$$\sigma = \frac{1}{Z_n} \cdot \text{spez. Gewicht.}$$

Setzt man nun aus der obigen Gleichung $Z_n = \frac{Z}{Z_w} \cdot 100$ den Wert für Z_n ein, so ergibt sich, auf σ des Wassers = 100 bezogen, für die Oberflächenspannung der Lösung

$$\sigma = \frac{Z_w}{Z} \cdot \text{spez. Gewicht} \cdot 100.$$

Da der oben untersuchte Harn das spezifische Gewicht von 1,016 besitzt, erhalten wir bei Einsetzung der gefundenen Werte

$\sigma = \frac{53{,}0}{59{\cdot}5} \cdot 1{,}016 \cdot 100 = 98{,}53$ Oberflächenspannung in Prozent der Oberflächenspannung des Wassers.

In manchen medizinischen Arbeiten wird man den σ-Wert auf absolute Einheiten bezogen finden. Zum Verständnis solcher Werte sei hier kurz die Art der Berechnung angegeben. Nach Seite 553 ist bei 15^0 die absolute Oberflächenspannung des reinen Wassers gegen Luft = ca. 7,30 mg/mm. Wird dieser Wert statt der willkürlich angenommenen Einheitszahl 100 in die obige Formel eingesetzt, so ergibt sich für unsere obige Lösung:

$$\sigma = \frac{Z_W}{Z} \cdot \text{spez. Gewicht} \cdot 7{,}30 = 0{,}8953 \cdot 7{,}30 = 6{,}53 \text{ mg/mm.}$$

Noch einer dritten Messungseinheit von σ wird man bei Durchsicht der einschlägigen Literatur begegnen, σ wird in Dynen/cm ausgedrückt. Eine „Dyne" ist die allgemeine Einheit der Kraft, d. h. das Maß derjenigen Kraft, die über 1 ccm arbeitend gerade 1 „Erg" leistet. Ein Erg aber ist wieder die Einheit der Energie, sie wird der Größe nach definiert durch das Maß an Bewegungsenergie, welche eine Masse von 2 g bei einer Geschwindigkeit von 1 cm in der Sekunde besitzt. Beim reinen Wasser von 15^0 sind nun ca. 75 Erg aufzuwenden, um eine Wasseroberfläche von 1 qcm neu zu erzeugen, die Oberflächenspannung σ des reinen Wassers beträgt somit ca. 75 Dyn. Diese Einheit in die obige Formel statt der 100 eingesetzt, ergibt (vgl. z. B. die Messungen von Iscovesco[1])):

$$\sigma = \frac{Z_W}{Z} \cdot \text{spez. Gewicht} \cdot 75 = 0{,}8953 \cdot 75 = 68{,}94 \text{ dyn/cm.}$$

Beide letzte Berechnungsarten, in mg/mm sowohl als auch in dyn/cm, sind zurzeit noch nicht einwandfrei, denn der absolute Wert von σ für reines Wasser ist noch keineswegs ausreichend sicher bekannt[2]). Wie die Literaturdurchsicht ergibt, sind auch seitens der verschiedenen Autoren verschiedene absolute Werte von σ als Einheit benutzt worden. Um die hieraus resultierenden Ungleichheiten zu vermeiden, ist es am einfachsten, die Oberflächenspannung σ einer Lösung lediglich, wie oben geschehen, auf die Wassereinheit = 100 (resp. = 1) bezogen anzugeben[3]) oder auch unter Verzicht auf die Größe σ es einfach bei der Angabe der „Normaltropfen" zu belassen.

Das Wasser hat im Vergleich zu anderen Flüssigkeiten, wie Alkohol, Chloroform, Essigsäure, Benzol, Olivenöl u. a. eine sehr große Oberflächenspannung. Die meisten anorganischen Salze erhöhen die Oberflächenspannung des Wassers; Zucker hat wenig Einfluß, ebenso die Suspensionskolloide; Fettsäuren, Gallensäuren und die Salze beider sowie manche Eiweißstoffe sind dagegen durch eine sehr stark erniedrigende Wirkung auf die Oberflächenspannung des Wassers ausgezeichnet. Die Befähigung der einzelnen Stoffe zur Anreicherung in der Lösungsoberfläche zeigt allgemein deutlichen Parallelismus zum σ-erniedrigenden Einfluß.

Messungen der Oberflächenspannung mit diesen Methoden sind bereits wiederholt an klinisch interessierenden Flüssigkeiten (Serum, Exsudate, Urin, Galle, Magen- und Darmsaft usw.) vorgenommen[4]).

Eine ganz eigenartige Methode der Bestimmung der Oberflächenspannung liegt vor in der

Haykraftschen Reaktion oder **Schwefelblumenmethode** zur Untersuchung des Harns auf Gallensalze:

---

1) Compt. rend. de la Soc. de Biol. **69**, 353.

2) Vgl. dazu H. Freundlich, Kapillarchemie, Leipzig 1909, S. 25 u. ff.

3) Die Beziehung auf Wasser = 1 findet sich in der Arbeit von B. Kisch u. Remertz, Münch. med. Wochenschr. 1914, 1097 und Internation. Zeitschr. f. physik.-chem. Biologie **1**, 354 (1914).

4) Vgl. z. B. die Arbeiten von J. Traube, Arch. f. d. ges. Physiologie **105**, 559 (1904); J. Traube und F. Blumenthal, Zeitschr. f. exp. Pathol. u. Ther. **2**, 117 (1905); Bickel und Kascher, Deutsche med. Wochenschr. 1905, Nr. 28; S. Kascher, Inaug.-Diss. 1907; Buglia, Biochem. Zeitschr. **22**, 1 (1909); Quagliariello, ebendort **25**, 220 (1910); W. D. Donnan und F. G. Donnan, Brit. med. Journ. 1905, Nr. 2347, pag. 1636.

Läßt man „Schwefelblume" vorsichtig auf die Oberfläche eines Harns fallen, so sinkt sie zu Boden, wenn der Harn Gallensalze enthält; sie bleibt an der Oberfläche, wenn der Harn frei von Gallensalzen ist.

Diese Reaktion ist ist sehr empfindlich, sie gelingt schon bei kleinsten Mengen gallensaurer Salze im Urin. Sie ist aber nicht spezifisch; sie tritt auch ein, wenn dem Harn Essigsäure, Alkohol, Äther, Terpentin, Seifen, niedere Fettsäuren usw. zugesetzt werden, kurz immer, wenn der Harn eine sehr niedrige Oberflächenspannung zeigt. Frenkel und Cluzet[1]) haben nachgewiesen, daß dieses Untersinken bei einer ganz bestimmten Oberflächenspannung, bei 50 dyn/cm, beginnt und bei weiterer Abnahme der Oberflächenspannung an Intensität zunimmt.

In jüngster Zeit hat namentlich Lepehne diese Methode zu klinischen Zwecken verwendet[2]). In ganz ähnlicher Weise ist ein anderer bestimmter Stand der Oberflächenspannung vermittels Lykopodiumpulver annäherungsweise abzuschätzen: Lykopodiumpulver beginnt bei nahe an 30 dyn/cm Oberflächenspannung die gleiche Erscheinung des Benetztwerdens und Einsinkens zu zeigen.

Meiostagminreaktion nach M. Ascoli und Izar[3])

(μείων = kleiner; στάγμα = Tropfen).

Prinzip: Es werden antigenartige Stoffe einem sehr verdünnten Blutserum zugesetzt und sodann wird vermittels Messung der Oberflächenspannung das kolloide System auf etwa eintretende Änderungen hin untersucht. Im Falle, daß der antigenartige Stoff eine Bindung mit den Eiweißkörpern des Serums eingeht, zeigt die Oberflächenspannung eine Änderung, hier eine Verminderung: die Tropfen werden kleiner, ihre Zahl entsprechend größer. Das physikochemische Maß der Oberflächenspannung wird somit zum Indikator des Statthabens einer Immunreaktion. Ob aber diese Antigenreaktion klinisch eine spezifische ist und regelmäßig eintritt, steht zu der prinzipiellen Brauchbarkeit der Methode nicht in Beziehung.

Die italienischen Autoren fanden, daß in geeigneter Weise hergestellte (s. Originalliteratur der untenstehenden Anm.) Extrakte aus Rattensarkomen und menschlichen Tumoren bei Vermischung mit passend verdünnten Blutseris Karzinomatöser nach zweistündigem Erwärmen im Brutschrank eine solche Verminderung der Oberflächenspannung zeigten, daß sie deutlich von gleichen Extrakten, die mit Blutserum von Nichtkarzinomatösen vermischt waren, unterschieden werden konnten. In ähnlicher Weise wurde der Nachweis einer Reaktion zwischen Typhusbazillenextrakten und Typhusserum, von luetischen Milzextrakten und Luesserum erbracht und schließlich noch ein Ähnliches bei Tuberkulose und Echinokokkenerkrankung gefunden.

Von den Antigenemulsionen wurden Verdünnungen von $^1/_{10}$, $^1/_{100}$, $^1/_{1000}$ und $^1/_{10000}$ hergestellt und je 1 ccm dieser Verdünnungen mit 9 ccm des vermittels physiologischer NaCl-Lösung auf $^1/_{20}$ verdünnten Blutserums versetzt. Wird nun vermittels Stalagmometers (Tropfenzahl für Wasser soll 50—60 betragen) vor und nach dem Erwärmen im Brutschrank die Tropfenzahl bestimmt, so wurde im Fall des Reaktionseintrittes nach dem Erwärmen eine Erhöhung der Tropfenzahl von meist 4—8 Tropfen gefunden, während sonst die Zahl sich nur um 1, allerhöchstens 2 erhöht zeigte. Es ist sehr wichtig, die Prüfungen bei sämtlichen obigen Antigenverdünnungen durchzuführen, da oft erst ein positives Ergebnis gerade bei den größten Verdünnungen gefunden wird.

---

[1]) Journ. de Physiol. et de Pathol. gener., **3**, 99 (1901).

[2]) Lepehne, Verhandlung des deutschen Kongresses f. innere Medizin, Wiesbaden 1922; vergleiche ebendort die Diskussionsbemerkungen von H. Schade.

[3]) Münch. med. Wochenschr. 1910, Nr. 2, 4, 8, 18, 22 und 41; ferner Biochem. Zeitschr. **29**, 13 (1910) und Berl. klin. Wochenschr. 1911, Nr. 39.

Das Urteil über den klinischen Wert dieser Methode ist zurzeit noch geteilt. Wie sich rein physikochemisch beurteilen läßt, muß die Technik der Methode sehr subtil behandelt werden; es ist dringend erforderlich, bis ins kleinste exakt nach den gegebenen Vorschriften zu arbeiten, wenn man bei Oberflächenspannungen zu vergleichbaren Werten gelangen will.

2. Methoden zur Messung der inneren Reibung (= Viskosität).

Prinzip: Um die innere Reibung = Viskosität zu bestimmen, läßt man eine Flüssigkeit durch eine lange enge Kapillare durchtreten (vgl. Fig. 104). Etwa 3—5 ccm der zu untersuchenden Flüssigkeit werden durch f in die Ausbauchung e der Viskosimeterröhre (nach Ostwald) eingefüllt, sodann durch Saug- resp. Druckwirkung luftfrei im Rohr a zum Steigen bis oberhalb c gebracht. Läßt diese Wirkung nach, so sinkt die Flüssigkeit durch ihr eigenes Gewicht langsam unter Passieren der Kapillarstrecke d—b in dem Rohr a herab. Man mißt die Zeit des Durchfließens, indem man vermittels einer Stoppuhr die Augenblicke bestimmt, in welchen der Meniskus der absinkenden Flüssigkeit die Marken c und d durchläuft, d. h. man mißt die Zeit, welche erforderlich ist, damit das in k enthaltene Volumen der Flüssigkeit durch die Kapillare d—b hindurch geht. Hier ist bei konstanter Flüssigkeitsmenge die Zeit als Maß benutzt. Es läßt sich aber bei leichter Abänderung der Versuchsanordnung auch dadurch ein Maß finden, daß man beobachtet, welche Menge Flüssigkeit in einer gegebenen Zeiteinheit die Kapillare passiert, so daß statt der Durchlaufszeit die Durchlaufsmenge zum Maßstab der Viskosität wird.

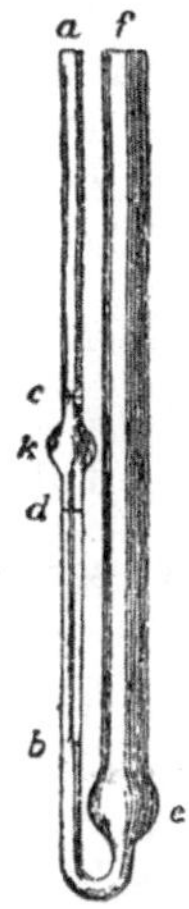

Fig. 104. Viskosimeterröhre nach Ostwald.

Eine Viskositätsmessung in dem Ostwaldschen Apparat geschieht in der folgenden Weise:

Die oben angegebene Viskosimeterröhre wird genau senkrecht in ein Wasserbad von absolut konstanter Temperatur (am besten in einem durchsichtigen Thermostaten nach Ostwald; s. unten S. 585) eingesetzt und mit reinem Wasser (3—5 ccm) angefüllt. Man hat mit dem Versuch zu warten, bis sich Apparatur und Wasser genau auf Temperaturkonstänz eingestellt haben. Es ist nützlich schon jetzt in einem zweiten Gefäß (z. B. Erlenmeyerkolben) die zu untersuchende Flüssigkeit mit in den Thermostaten einzustellen. Sodann wird das Wasser durch ein Gebläse vorsichtig, ohne daß Luftblasen sich einmischen, in die Röhre a hinübergetrieben und man läßt die Flüssigkeit durch das eigene Gewicht absinken. Beim Beobachten dieses Absinkens wird in dem Moment, wo der Meniskus des Wassers die Marke c passiert, vermittels Fingerdruck die Stoppuhr[1]) in Gang gesetzt und sodann gewartet, bis der Meniskus durch die Marke d hindurchgeht. Im Augenblick des Passierens dieser zweiten Marke wird durch einen erneuten

[1]) Z. B. bei Fr. Köhler, Leipzig, erhältlich.

Fingerdruck die Stoppuhr zum Stillstand gebracht, so daß sodann die Durchflußzeit direkt auf der Uhr mit $^1/_5$ Sekunde Genauigkeit abzulesen ist. Wir finden so für unsere Viskosimeterröhre die Eichung, z. B. für Wasser von 20° bei 65,6 Sekunden.

Der Versuch mit dem Wasser wird zur Kontrolle sofort wiederholt, man findet meist genau die gleiche Zahl oder höchstens eine Abweichung von $^1/_5$ Sekunde. Sodann wird das Wasser aus der Viskosimeterröhre ausgegossen und durch die schon vorgewärmte, zu untersuchende Lösung ersetzt. Auch jetzt ist nach Zurückbringen der Viskosimeterröhre in das Wasserbad erst die Einstellung aller Teile auf die Wasserbadtemperatur von genau 20° abzuwarten. Sodann wird die Messung der zu untersuchenden Lösung in gleicher Weise wie vorher beim Wasser vorgenommen. Wir erhalten als Mittel zweier Versuche die Durchlaufszeit t = 87,8 Sekunden.

Die Berechnung der Viskosität aus diesen Werten ist einfach. Es ist zumeist üblich, die Viskosität auf Wasser von gleicher Temperatur als Einheit (= 1 oder = 100) zu beziehen. Man erhält die relative Viskosität ϱ der obigen Lösung: $\varrho_{20^0} = \frac{t}{t_w} = \frac{87,8}{65,6} = 1,32$, oder auf die Einheit 100 bezogen = 132.

Falls ein merklicher Unterschied des spezifischen Gewichtes von Wasser und Lösung besteht, ist die Formel aus $\varrho = \frac{t}{t_w}$ zu erweitern in $\varrho = \frac{t \cdot \text{spez. Gewicht der Lösung bei } 20^0}{t_w \cdot \text{spez. Gewicht des Wassers bei } 20^0}$. Für die meisten klinischen Zwecke wird indes die Berücksichtigung der Differenz der spezifischen Gewichte nur eine Wertänderung von ϱ ergeben, die sich innerhalb der Fehlergrenze des Versuches bewegt; sie wird daher ohne merklichen Nachteil zumeist unterbleiben können.

Auch bei der Viskosität werden verschiedene andere Berechnungsarten gebraucht, deren Kenntnis für die Lektüre einschlägiger Arbeiten erwünscht ist.

Statt Wasser von gleicher Temperatur als Einheit zu nehmen, kann man die Messungen auf Wasser von 0° (Einheit = 100 angenommen) beziehen; man erhält sodann die spezifische Viskosität Z der Lösung:

$$Z_{20} = \frac{t_{20} \cdot \text{spez. Gew. bei } 20^0}{t_w \text{ bei } 0^0 \cdot \text{spez. Gew. bei } 0^0}$$

(t_w bei 0° ist dabei mit demselben Apparat im besonderen Versuch zu messen).

Schließlich kann man auch die Berechnung auf den gut bekannten absoluten Wert der inneren Reibung des Wassers in dyn/cm-Einheiten (s. S. 557 oben) beziehen. Dieser Wert wird als η bezeichnet. Er wird für unsere Lösung aus der obigen Formel für die ϱ-Berechnung wie folgt gefunden:

$$\eta_{20} = \varrho_{20} \cdot \eta_{w_{20}} = 1,32 \cdot 0,0102 = 0,0134 \text{ dyn/cm};$$

hierbei ist der Wert $\eta_{w_{20}}$ (= η des reinen Wassers bei 20°) aus den folgenden Tabellenwerten entnommen:

	0°	10°	20°	30°	40°	50°
η_w =	0,0181	0,0133	0,0102	0,0081	0,0066	0,0057

Von den klinisch zur Verwendung kommenden Viskosimetern seien als die bekanntesten die folgenden kurz angeführt:

1. Blutviskosimeter nach Hirsch und Beck[1]);

Mit diesem Apparat ist als erstem die Viskosimetrie in die klinische Untersuchungsmethodik eingeführt. Er zeigt eine weitgehende Anlehnung an die oben beschriebene Ostwaldsche Ausführung des Viskosimeters. Als wesentlich ist in Berücksichtigung der speziellen Verhältnisse des Blutes eine Druckvorrichtung, bestehend aus Handgebläse, Chlorkalziumrohr, Mariottescher Druckflasche und Benzolmanometer, hinzugekommen. Die Viskosimeterröhre ist im Prinzip nicht geändert, nur ist sie zwecks leichterer Reinigung zerlegbar gestaltet. Gemessen wird die Durchlaufs-

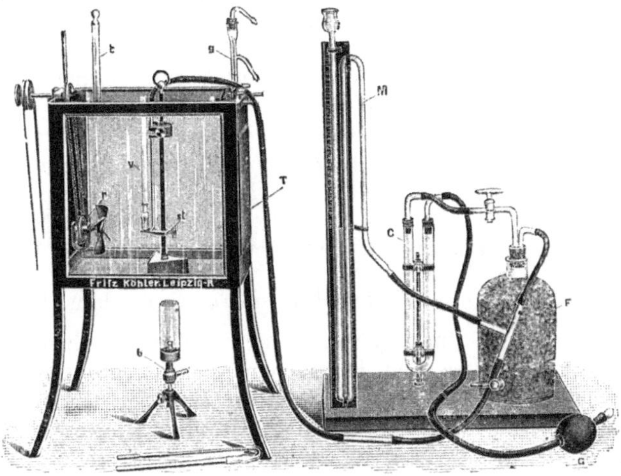

Fig. 105.
Blutviskosimeter nach Hirsch und Beck.

Fig. 106.
Viskosimeterröhre des Apparates von Hirsch und Beck.

zeit. Die treibende Kraft für das Durchströmen der Kapillare ist nicht die Schwere, sondern der konstante Druck der Mariotteschen Flasche im Betrag von 80 cm = 45,2 cm des Benzolmanometers. Gemessen wurde bei 38°. Die Messung geschieht so schnell, daß meistens kein Hirudin als Zusatz zum Blut erforderlich ist.

2. Blutviskosimeter nach Determann[2]):

Das Viskosimeter besteht aus einer Kapillare, die zu beiden Seiten in eine genau gleich große Erweiterung übergeht, so daß die Kapillare eine langausgezogene Sanduhrform darstellt. Die ganze Kapillare ist zur Vermeidung von Temperaturschwankungen in einen Wassermantel eingeschlossen. Die Untersuchungen finden bei Zimmertemperatur statt. Die treibende Kraft ist die Schwere. Gemessen wird die Durchlaufszeit. Das

[1]) Deutsches Arch. f. klin. Med. **69**, 503 (1900); Münch. med. Wochenschr 1900, Nr. 49.
[2]) Münch. med. Wochenschr. 1907, Nr. 23; vgl. Determann, Kongreß f. inn. Medizin 1907.

Blut wird direkt von der Haut in die Kapillare eingesogen, bis die eine der Ausbauchungen bis zu bestimmter Marke gefüllt ist. Sodann wird die Kapillare genau senkrecht in das Stativ eingehängt und die Durchlaufszeit (wie oben) festgestellt. Wenn die obere Ausbauchung leer gelaufen ist, ist die untere gerade gefüllt. Da nun die Kapillare im Stativ nach Art einer Sanduhr umkippbar ist, kann an demselben Blut sofort nach Drehung um 180⁰ eine zweite Messung angeschlossen werden, usw., bis man sich durch Wiederholung der Messungen genügend von der Richtigkeit und Konstanz der erhaltenen Werte überzeugt hat. Die ersten ein bis zwei Messungen sind gewöhnlich (wegen noch bestehender Ungleichheiten der Kapillarwirkungen) zu verwerfen. Zur Vermeidung der Blutgerinnung wird Hirudin in minimaler Menge trocken vor dem Versuch auf die Blutentnahmestelle der Haut (am besten Ohrläppchen) gelegt.

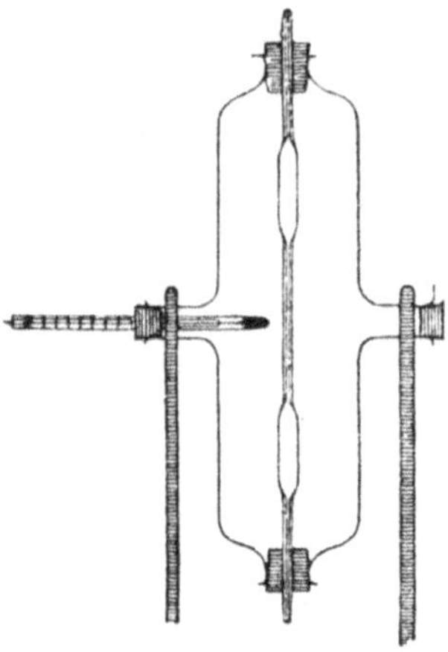

Fig. 107.
Viskosimeter nach Determann.

3. Blutviskosimeter von Hess[1]):

Im Gegensatz zu den beiden vorstehend angeführten Viskosimetern erfolgt bei dem Hessschen Apparat (Fig. 108) die Messung nicht aus der Durchlaufszeit, sondern durch Vergleich der Durchlaufsmengen von Blut und Wasser in gegebener Zeit. Hess übt vermittels eines Ballons (L) eine Saugkraft aus, gleichzeitig auf zwei Kapillarröhrchen. In

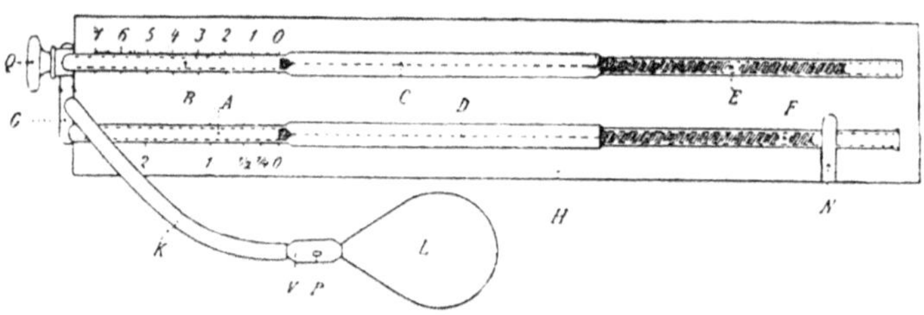

Fig. 108.
Viskosimeter nach Hess.

dem einen befindet sich das zu untersuchende Blut, in dem anderen destilliertes Wasser. Nach Durchtritt einer bestimmten Menge Blut durch das eine Kapillarröhrchen wird die innerhalb derselben Zeit durch das andere Kapillarröhrchen durchgetretene Wassermenge verglichen. Hess hat die Untersuchungen bei Zimmertemperatur vorgenommen.

Dieses Prinzip ist auch im wesentlichen im Viskosimeter von Münzer und Bloch beibehalten; nur ist zur Einstellung auf beliebige Tem-

[1]) Münch. med. Wochenschr. 1907, Nr. 32 u. 45.

peraturkonstanz ein Glasmantel mit Wasserfüllung umgelegt und es sind die Kapillarröhren verlängert und enger gewählt.

4. Blutviskosimeter nach Determann-Hess[1]):

Hier sind die Prinzipien des obigen Determannschen und Hessschen Apparates vereinigt. Die Schwere als treibende Kraft wirkt gleichzeitig auf zwei Flüssigkeitssäulen I und II bei A (Fig. 109) ein, welche durch zwei nebeneinander befindliche Kapillaren a und b von gleicher Länge und gleichem Kaliber fließen. Die Kapillaren münden in Ansatzröhrchen mit Zentimeterskala. Nach Füllung des Wassermantels c (etwa 20° C) wird in das nichtkalibrierte Ende des Röhrchens I Blut, in das andere II destilliertes Wasser eingesaugt, beides etwa bis zum Beginn der Kapillare. Benötigte Blutmenge ist ca. 0,1 ccm. Das Blut gewinnt man durch tiefen Ohrläppchenstich. Durch leichtes Verreiben eines Hirudinkörnchens in dem Bluttröpfchen mittels des Röhrenendes wird eine ausreichende Vermischung erzielt und so das Blut für längere Zeit ungerinnbar gemacht. Bei Blutentnahme durch Venenpunktion muß vorher der Stöpsel der Punktionsspritze mit Hirudin beschickt werden. Die Einfüllung in den Apparat geschieht sodann mittels eines Gummischlauches.

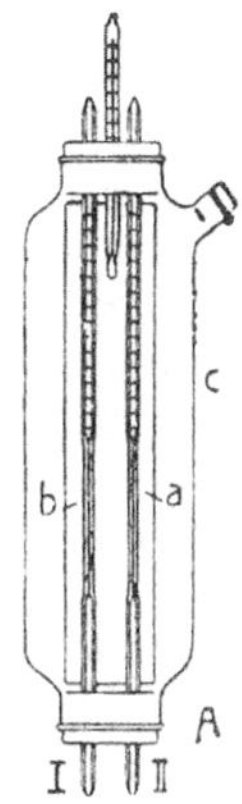

Fig. 109. Viskosimeter nach Determann-Hess.

Durch Neigen des Apparates aus der Horizontalen, durch abwechselndes Zu- und Offenhalten der Kapillarröhrchen bringt man die Enden beider Flüssigkeitssäulen auf den Nullpunkt der Skala. Nach einiger Übung gelingt das sehr leicht. Nun hält man plötzlich den Apparat senkrecht und läßt das Blut bis Marke 1 der Zentimetereinteilung absinken, dann stellt man die Röhren wieder horizontal und sieht zu, welche Marke inzwischen das destillierte Wasser erreicht hat. Die abgelesene Zahl gibt ohne weiteres den Grad der relativen Viskosität des untersuchten Blutes an, weil wir bei Messung der Durchlaufsmengen unter der relativen Viskosität ϱ das Verhältnis des Durchflußvolumens von destilliertem Wasser zu dem der untersuchten Flüssigkeit verstehen: $\varrho = \frac{\text{Vol.}_w}{\text{Vol.}_{\text{Blut}}}$; nimmt man hier $\text{Vol.}_{\text{Blut}} = 1$, so gilt die einfache Bezeichnung: $\varrho = \text{Vol.}_w$.

Sicherlich ist es im allgemeinen ein Vorzug, für eine bestimmte Aufgabe eine Mehrzahl von Methoden verfüglich zu haben. Bei der Viskositätsmessung ist aber für die Einheitlichkeit und Vergleichbarkeit der Resultate diese Mehrheit von Methoden offensichtlich von Nachteil gewesen. Denn die Resultate des Arbeitens mit den verschiedensten Methoden sind nicht konform. So wurde z. B. in Parallelbestimmungen mit den drei nach-

[1]) Die ärztliche Technik, Gruppe 5, Bluntuntersuchung, über Viskositätsmessungen von B. Determann. Verlag G. Rieme, Leipzig. — Der Apparat ist zu beziehen von B. B. Cassel, Frankfurt a. M.

genannten Apparaten für die Viskosität des Blutes und des Anilins von Münzer und Bloch das folgende Ergebnis erhalten:

Apparat von	Gemessen wurde									Anilin
	Blut mit Hb-Gehalt in Prozent									
	30	50	80	80	90	90	100	105	110	
Determann . . .	2,4	3,3	5,3	4,6	5,4	7,0	5,8	6,6	8,6	4,1
Hess	2,9	3,7	4,3	4,6	5,2	6,1	4,2	5,6	6,7	4,25
Münzer u. Bloch .	2,8	3,2	4,3	4,6	4,9	5,6	4,9	—	—	4,0

Die Ursache dieser Differenz der Messungen liegt in dem Folgenden. Bei allen Methoden zur Messung der inneren Reibung werden mehr oder weniger verschieden geformte Kapillaren für die Durchströmung benutzt. Nun aber ist für das Durchströmen einer Kapillare nicht allein die innere Reibung maßgebend, d. h. der Widerstand, den die Flüssigkeitsmoleküle, resp. auch die gröberen Teilchen der Lösung einer Verschiebung untereinander entgegensetzen; es sind vielmehr daneben stets noch Kapillarwirkungen im Spiele[1]), wie sie für einen jeden Fall, verschieden je nach Art von Kapillarröhre und Flüssigkeit, aus dem Zusammenwirken von Kapillaradhäsion und Flüssigkeitsoberflächenspannung resultieren. Zudem scheint, daß beim Blut auch noch elastische Wirkungen der strömenden Masse komplizierend dazwischentreten. Soweit bislang zu übersehen, ist eine absolute Ausschaltung dieser Nebenfaktoren nicht möglich[2]). Für klinische Zwecke fällt indes diese Fehlergröße nicht gar zu stark ins Gewicht, da den Kliniker bei den meisten Untersuchungen nicht so sehr das Maß der inneren Reibung im physikochemischen Sinne interessiert, als vielmehr die den obigen Viskositätsmessungen in mancher Beziehung adäquatere Größe desjenigen Widerstandes, den die zu untersuchende Flüssigkeit auf Grund der summarischen Wirkung ihrer Eigenschaften bei der Strömung durch Kapillaren bietet. Ein anderer Faktor ist für die Messungen von weit größerer Bedeutung: dies ist die Geschwindigkeit der Durchströmung der Kapillare. Wie W. R. Hess und besonders sein Schüler E. Rothlin[3]) nachwies, muß man beim Blut drei verschiedene Arten der

[1]) Vgl. hierzu auch W. Heubner, Arch. f. experim. Pathologie u. Therapie **53**, 280 (1905) u. **54**, 149 (1906); ferner Beck und Hirsch, ebendort **54**, 54 (1906); auch Determann, Die Viskosität des menschlichen Blutes. Wiesbaden 1910, Seite 57—60.

[2]) Nach F. Bottazzi (in C. Neuberg, Der Harn usw., 1911, S. 1622—1625) ist angeblich eine vollständige Ausschaltung der Kapillarstörungen in der Viskosimetereinrichtung von O. Scarpa (ebendort ist auch Beschreibung des Apparates gegeben) erreicht. Der Verfasser dieses muß indes sehr die Richtigkeit der Bottazzischen Ansicht bezweifeln. Denn es ist nicht angängig, die Kapillarstörungen eines viskosimetrischen Apparats, als wären sie statischer Natur, in Rechnung zu setzen; sie sind vielmehr mit Sicherheit zu überwiegendem Anteil dynamischer Art, so daß bislang ein rechnerischer Ansatz für dieselben nicht möglich ist. Auch ist sehr zu bezweifeln, daß die Kapillarwirkungen beim Einfließen unter Ansaugen und beim Ausfließen unter dem Einfluß der Schwere die gleichen sind.

[3]) Vgl. besonders E. Rothlin, Zeitschr. f. klin Medizin **89**, 233 (1920).

Durchströmung von Kapillaren unterscheiden: bei hoher Durchflußgeschwindigkeit eine turbulente ungeordnete Bewegung, bei mittlerer Durchlaufsgeschwindigkeit eine gleitende Bewegung mit völliger Gültigkeit des Poiseuilleschen Gesetzes und schließlich bei kleiner Durchlaufsgeschwindigkeit wieder eine Bewegung, für die das Poiseuillesche Gesetz nicht zutreffend ist. Übereinstimmende, d. h. bei verschiedenen Kapillaren miteinander vergleichbare Werte der Blutviskosität werden nur in der zweitgenannten Geschwindigkeitszone erhalten. Um solche Geschwindigkeit zu erreichen, ist bei den im Hess'schen Apparat gegebenen Kapillardurchmessern eine treibende Kraft von mindestens 20—30 cm Hg erforderlich. Um vergleichbare Werte der Viskosität zu erhalten, müßte daher bei allen Apparaten das Blut mit ähnlich hohen Drucken durch die Kapillaren durchgepreßt werden. Es ist sicher, daß bei solcher Bedingung die Messungsresultate an Übereinstimmung gewinnen würden. Andererseits aber ist sehr zu bedenken, daß mit Messungen unter derart hohem Druck nicht das für den Kliniker wichtige, bei wesentlich niedrigeren Drucken gelegene Blutverhalten charakterisiert wird.

Um trotz dieser Schwierigkeiten zu einem vergleichbaren Material klinischer Daten zu gelangen, ist eine Einigung über die zu verwendende Apparatur dringendes Bedürfnis. Denn es ist weit besser, ein großes viskosimetrisches Material mit stets gleichen Abweichungen von der eigentlichen Viskosität (im physikochemischen Sinne) zu besitzen als eine gleiche Summe Material mit von Gruppe zu Gruppe wechselnder Fehlerart und Fehlergröße. Der Verfasser möchte in Übereinstimmung mit W. R. Hess[1]) empfehlen, beim Blut die Begriffe „Viskosität" und „komplexen Strömungswiderstand" voneinander zu trennen. Zur Messung der Viskosität sei der Hess'sche, zur Messung des komplexen Strömungswiderstandes des Blutes der Determann-Hess'sche Apparat (bei 37°) empfohlen. Es wird oft nützlich sein, die beiderlei Widerstandsarten nebeneinander zu bestimmen.

Einige praktische Angaben über die Viskositätsmessung seien noch angefügt. Zunächst ist stets mit größter Sorgfalt auf absolute Reinheit der Kapillarröhre (im physikochemischen Sinne!) zu achten; am besten ist 24stündiges Stehenlassen mit Füllung von Schwefelsäure-Chromatgemisch, langes Nachspülen mit destilliertem Wasser und Trocknen unter Durchströmung mit reiner Luft. Erheblich mehr als bei der Messung der Oberflächenspannung ist bei der Viskosimetrie eine absolute Konstanz der Temperatur notwendig. Beim Wasser beträgt die Änderung der Viskosität pro 1° C ca. 2%, bei manchen Kolloiden aber werden 3—6%, in der Nähe der Gerinnungspunkte noch weit mehr Prozent Änderung gefunden. Eine besondere Schwierigkeit bietet das Blut als Untersuchungsobjekt. Die Gerinnung wird ohne nennenswerte Änderung des Ergebnisses zweckmäßig durch ein Körnchen Hirudin hintenangehalten; um den CO_2-Gehalt nicht zu verändern, ist das direkte Einsaugen des frisch ausfließenden Blutes in die Viskosimeterröhre am meisten zu empfehlen.

Die Viskosität des Wassers wird durch fast alle Zusätze (Ausnahmen

---

[1]) Kolloidzeitschr. **27**, 154 (1920).

bilden z. B. einige Salze wie KJ, KNO_3, KCl und NH_4Cl in niedriger Konzentration) erhöht. Selbst bei Zusatz von flüssigen Stoffen, die wie z.B. Äther einen kleineren Reibungskoeffizienten als das Wasser besitzen, pflegt zumeist die Viskosität der entstehenden Lösung die Viskosität des Wassers zu übertreffen. Im allgemeinen ist der Einfluß der Kristalloide in verdünnter Lösung ziemlich gering. Zucker erhöht in größerer Konzentration die Viskosität recht beträchtlich. Den intensivsten Einfluß üben aber die Kolloide aus. Schon Suspensionen kolloider, aber auch nicht kolloider Art, wie z. B. Blutkörperchen, bewirken eine sehr erhebliche Steigerung der Viskosität. Ganz besonders aber ist die Viskosität von den hydrophilen Kolloiden, wie Eiweißen usw. abhängig, wobei außer der Konzentration auch der Grad der Dispersität und der Grad der Hydrophilie von Bedeutung ist. Diese Abhängigkeit ist eine so innige und die Viskositätsmessung eine so feine, daß eine jede kleine Änderung der Zustandsform der gelösten hydrophilen Kolloide unter dem Einfluß von Zusätzen, Erwärmung, Schütteln, chemischer Umwandlung usw. in einer Änderung des Viskositätsbetrages zum Vorschein kommt. Die Viskosität gibt daher ein bequem zugängliches und äußerst feines Maß zur Bestimmung der Zustandsform und der Zustandsänderungen des Kolloidbestandes einer Lösung. Wie auch die vorstehende Übersicht über die beeinflussenden Faktoren im Vergleich zu den entsprechenden Faktoren bei der Oberflächenspannung besonders deutlich erkennen läßt, sind Viskosität und Oberflächenspannung (vgl. S. 198) zwei durchaus getrennt zu behandelnde Eigenschaften der Lösung. Sie haben beide ihre selbständige physikochemische und ebenso auch klinische Wichtigkeit. Die Oberflächenspannung des Blutes wird z. B. kaum merklich durch die Anwesenheit der Blutkörperchen beeinflußt, in der Viskositätsmessung aber kommt der Unterschied zwischen Serum und Blut aufs intensivste zur Geltung.

Eine vorzügliche monographische Übersicht der viskosimetrischen Ergebnisse ist von Determann gegeben[1]).

Wenn die kolloiden Lösungen konzentrierter sind oder sich durch Ausfällung dem mehr oder weniger festen Gallertzustand nähern, hat man die Viskosität (genauer vielleicht die dann auftretenden elastischen Eigenschaften der Kolloidlösung) dadurch bestimmt[2]), daß man einen in die Kolloidlösung eingetauchten zylindrischen festen Körper an einem Rotationsknopf zur Drehung brachte und sodann den Winkel maß, um den der Zylinder infolge seiner Hemmung durch die umgebende Flüssigkeit gegenüber der Drehung am Rotationsknopf zurückbleibt. Ein erster Versuch der Verwertung solcher Methodik zur Viskositätsbestimmung des Blutes ist von Tissot[3]) gemacht. Eine sehr brauchbare Anwendungsform hat dieses Prinzip gefunden im folgenden Apparat:

[1]) Determann, Die Viskosität des menschlichen Blutes. Wiesbaden, Verlag J. F. Bergmann, 1910.

[2]) Näheres über derartige Messungen und Verwandtes findet sich bei H. Freundlich, Kapillarchemie, Leipzig 1909, S. 397, 399 und an anderen Stellen des Buches zusammengestellt.

[3]) Fol. haematologica 1907, Juni Nr. 4.

Koaguloviskosimeter von Kottmann[1]).

Das Prinzip ist am besten an der Hand der beistehenden Zeichnung ersichtlich. Der Gefäßmantel B, der in einen Thermostaten D (Thermosflasche) eingesetzt ist, wird durch ein Uhrwerk in rotierende Bewegung von ca. 12 bis 15 Umdrehungen pro Minute versetzt. Sodann erhält die Flüssigkeit C im Innenraum des Gefäßmantels proportional ihrer Viskosität ebenfalls eine rotierende Bewegung und bekommt das Bestreben, ihre Rotation auf die in leichter Hemmung befindliche Schaufel A zu übertragen, deren Stand bei geschlossenem Gefäß an einer leicht sichtbar angebrachten Scheibe zu kontrollieren ist. Wenn die Umdrehung des Gefäßmantels konstant genommen wird, gibt für eine und dieselbe Flüssigkeit die Rotationsablenkung der Schaufel einen konstanten Wert, welcher als Maß der Viskosität zu benutzen ist. Denn je visköser, d. h. je zäher die Lösung C, um so stärker macht sich die Rotationsübertragung geltend; eine Änderung der Viskosität während des Versuches kommt daher als Änderung des Drehungswinkels im Schaufelstand zum Ausdruck, so daß der Apparat geeignet ist, in seinem spezifischen Maße Beginn und Anwachsen des Gerinnungsvorganges vom Blut quantitativ und zeitlich zu verfolgen. Kottmann hat mit demselben in vorzüglicher Weise Eintritt und Verlauf der Gerinnungsprozesse des Blutes Gesunder und Hämophiler sowie anderer Kranker gemessen und zur graphischen Darstellung gebracht.

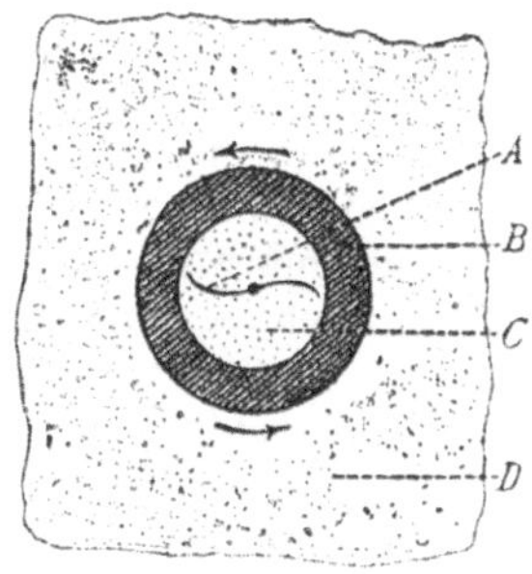

Fig. 110.

Diese Kottmannsche Methode ist die einzige, welche das allmähliche Anwachsen der Blutgerinnungsprozesse quantitativ verfolgen läßt. Die anderen klinisch üblichen Methoden messen lediglich die Zeit, welche von der Blutentnahme an verstreicht, bis die Gerinnung einen bestimmten Grad, der äußerlich sichtbar oder sonst leicht kenntlich ist, erreicht hat. Näheres über dieselben ist andernorts in den Lehrbüchern der klinischen Untersuchungsmethoden nachzusehen.

3) Methoden zur Messung der Tyndalltrübung.

Es ist das Prinzip dieser Methoden, durch quantitive Messung der Tyndalltrübung Aufschlüsse über die Mengen- und Zustandsverhältnisse der Kolloide in den Lösungen zu erhalten. Für solche Aufgaben scheint dem Verfasser das Tyndallmeter nach W. Mecklenburg u. S. Valentiner[2]) sowie das Nephelometer nach H. Kleinmann[3]) zu medizinischen Zwecken am

[1]) Näheres s. Zeitschr. f. klin. Medizin **69**, 415 (1910); vgl. hierzu auch Bürker, Arch. f. d. ges. Physiol. **118**, (1907). Neuere Literatur s. R. Keller, Arch. f. Gynäkologie **97**, 540 (1912).

[2]) Zeitschr. f. Instrumentenkunde **34**, 209 (1914); ferner Kolloidzeitschr. **14**, 172 (1914); **15**, 149 (1914); **16**, 97 (1915).

[3]) Kolloidzeitschr. **27**, 236 (1920) und Biochem. Zeitschr. **99**, 115 (1919).

besten geeignet. Unter der Bedingung, daß der Kolloidzustand als solcher ein gleicher ist und ein gleicher bleibt, ist mit den genannten Apparaten eine Konzentrationsbestimmung von Kolloiden in den Lösungen zu erreichen. Und ähnlich ist unter der Bedingung einer konstanten Konzentration das Auftreten von Zustandsänderungen an den Kolloiden einer Lösung mit diesen Methoden in einer sehr feinen, auch quantitativ verwertbaren Weise zu erkennen. Die Erprobung der Apparate an Flüssigkeiten biologischer Art steht noch ganz in ihren Anfängen. Schon jetzt ist nicht zu bezweifeln, daß diese Methode der optischen Messung für medizinische Fragen einen Wert gewinnen wird[1]).

4) Methoden zur Messung des Stabilitätsgrades der Kolloide in den Lösungen.

Prinzip: Man setzt eine kolloide Lösung solchen Einflüssen aus, welche geeignet sind, im Sinne einer Kolloidausfällung zu wirken. Je instabiler die Kolloidlösung, um so stärker ist sodann die ausfällende Wirkung. Zur Erreichung einer feineren Teilung dieses Maßes der Kolloidstabilität ist es zweckmäßig, den einwirkenden Faktoren nicht zu große Intensitäten zu geben und sie nach Art einer Skala in fein abgestufter Größenordnung zur Wirkung zur bringen. Es ist hier ganz allgemein ein Weg gezeichnet, um für die klinisch interessierenden kolloiden Körpersäfte ein Maß der Kolloidstabilität zu finden. Sowohl für die stabilitätändernden Einflüsse, als auch für die Methoden des Nachweises dieser Änderung ist eine erhebliche Auswahl gegeben. Im Prinzip können sämtliche energetischen Faktoren, welche die Stabilität eines Kolloids verändern, benutzt werden.

Wie die grundlegenden Eiweißforschungen namentlich von Wo. Pauli und seinen Schülern ergeben, sind am geeignetsten: 1. Die thermischen Einwirkungen: Hitzekoagulation und ihre Vorstufen. 2. Die chemischen und chemisch elektrischen Beeinflussungen: z. B. Alkoholausfällung der Kolloide und als wichtigstes Gebiet die überaus fein nuancierbaren Kolloidbeeinflussungen durch die verschiedensten Konzentrationen der verschiedensten Ionen der Hofmeisterschen Skala.

Als Methode zum Nachweis von Stabilitätsänderungen, namentlich zur Feststellung schon kleinster Differenzen, hat sich vor allem die Viskosimetrie bewährt. Doch läßt sich oft mit Vorteil die noch einfachere Methode der Durchsichtigkeitsprüfung verwenden: man sucht das Maß derjenigen kolloidändernden Einwirkung festzustellen, welche gerade ausreicht, um bei der ursprünglich klar durchsichtigen Kolloidlösung eine solche Dispersitätsverschlechterung hervorzubringen, daß bei der Durchsicht durch die Kolloidlösung Schriftzeichen bestimmter Größe nicht mehr erkennbar sind (vgl. Fig. 111).

Eine solche Methode bringt Unterschiede im Stabilitätsgrad der Kolloide beim Serum verschiedener Individuen deutlich zum Ausdruck[2]).

---

[1]) Beide Apparate sind zu beziehen von der Firma Fr. Schmidt u. Haensch, Berlin S. 42, Prinzessinnenstr. 16.

[2]) H. Schade, Med. Klinik 1909, Nr. 29 und 30.

Klinische Untersuchungen der „Kolloidstabilität" an größerem Material sind erwünscht und dürfen als aussichtsreich bezeichnet werden[1]).

In einer gewissen Beziehung zum Stabilitätsgrad steht auch die Eigenschaft mancher hydrophiler Kolloide, auf andere, instabile Kolloide eine

Fig. 111.
Grad der Durchsichtigkeit als Maß der Kolloidität.

„Schutzwirkung" auszuüben, derart, daß diese dann schwerer im Sinne einer Ausfällung zu beeinflussen sind. Diese Erscheinung liegt der folgenden Methode der Kolloiditätsbestimmung zugrunde:

Goldzahlmethode nach R. Zsigmondy[2]).

Prinzip: Eine kolloide Lösung (resp. bei bekanntem Gehalt an Kolloid die Menge des Kolloids in Milligramm), welche die Ausfällung eines Goldsols (10 ccm, in bestimmter Weise bereitet) durch 1 ccm zweifach normale Kochsalzlösung gerade verhindert, wird als eine solche von der „Goldzahl" = 1 bezeichnet. Die Farbe des kolloidgelösten Goldes in jenem Goldsol ist rot; diese Farbe geht bei beginnender Ausflockung von rot in blau über. Es genügt daher, das Eintreten dieses Farbumschlags zu beobachten.

Die „Goldzahl" der einzelnen, für Schutzwirkung in Betracht kommenden hydrophilen Kolloide ist sehr verschieden, wie die folgende Tabelle zeigt:

---

1) Vgl. z. B. Verhandl. d. deutsch. Naturf. u. Ärzte 1913, II, S. 992.

2) Näheres s. R. Zsigmondy und F. N. Schulz in Hofmeisters Beiträge Bd. III, S. 137—160 (1902).

Kolloid	Zum Schutz ausreichende Menge in mg Substanz = Goldzahl
Gelatine	0,005—0,01
Kasein	0,01
Eieralbumin . . .	0,06—0,3 (je nach Herkunft und Aschengehalt)
Dextrin	10—20
Stearinsaures Na .	10 (bei 60° zugesetzt)
" " .	0,001 (bei Siedehitze zugesetzt)
Ölsaures Na . . .	0,4—1

Praktisch keine Schutzwirkung besitzen die Peptone; den Albumosen kommt teilweise eine sehr hohe Wirkung zu: lysalbinsaures und protalbinsaures Natrium werden z. B. in der Technik als beste Schutzstoffe für die Herstellung instabiler anorganischer Kolloide vielfach verwendet.

Bei serösen Flüssigkeiten ist diese Methode bereits mit Erfolg zum Auffinden differentialdiagnostisch wichtiger Unterscheidungen verwandt. Die Goldzahl zeigt für jede Lösung einen spezifischen Wert. Was die Methode aber im einzelnen bei so kompliziert zusammengesetzten Flüssigkeiten wie das Serum mißt, ist nicht exakt anzugeben; weder zum summarischen Kolloidgehalt, noch zum summarischen Stabilitätsgrad der Lösung steht die Goldzahl im proportionalen Verhältnis; auch geht sie nicht der Konzentration einzelner, besonders „schützender" Lösungskomponenten solcher Mischlösung streng parallel. Sie ist eben eine Methode sui generis und hat als solche, wie die Erfahrung gelehrt hat, ihren bestimmten klinischen Wert.

Für die Bereitung des Goldsols ist die genaueste Innehaltung der Zsigmondyschen Vorschrift unerläßlich: Die kolloide Goldlösung wird durch Reduktion einer Goldchloridlösung vermittels Formaldehyd hergestellt. 120 ccm reinsten Wassers (entweder ist destilliertes Wasser frisch vor Gebrauch nochmals durch einen „Silberkühler" zu destillieren oder man benutze käufliches „Leitfähigkeitswasser", s. 486) werden in einem Gefäß von Jenaer Glas (Größe 300—500 ccm) zum Sieden erhitzt. Während des Erwärmens werden diesem Wasser 2,5 ccm einer Goldchloridchlorwasserstofflösung (0,6 g „Aurum cristallisatum flavum Merck" = $AuCl_4H \cdot 3H_2O$ auf 100 ccm Wasser enthaltend) und zu zweit 3—3,5 ccm einer Lösung von reinstem Kaliumkarbonat (0,18 normal) hinzugegeben. Gleich nach dem Aufkochen fügt man unter lebhaftem Umschwenken 3—3,5 ccm einer verdünnten Lösung von (evtl. frisch destilliertem) Formaldehyd (0,3 ccm käufliches Formol in 100 ccm Wasser) schnell, aber partienweise hinzu, am besten nach Entfernen der Flamme. War die Zubereitung richtig, so erfolgt in wenigen Sekunden, spätestens nach einer Minute, die Reaktion: es tritt zunächst eine blaßrote Farbe auf, die dann in kurzer Zeit intensiv hochrot wird. Diese Lösung muß im auffallenden wie durchfallenden Lichte völlig klar sein und Aufkochen und längeres Stehen ohne erkennbare Veränderungen ertragen. Schon die geringste bräunliche Färbung im auffallenden Licht, erst recht ein violetter Ton, ist nicht statthaft, die Lösung ist dann zu verwerfen.

Über die Besonderheiten der Technik der Goldzahlmethode bei der Liquoruntersuchung siehe C. Lange, Zeitschr. f. Chemotherapie 1, 44 (1912)[1].

[1]) Vgl. auch z. B. O. Grütz, Arch. f. Dermatologie u. Syphilis **139**, 450 (1922).

5. Meßmethoden der Konzentrationsdifferenzierung in kolloiden Lösungen (Adsorption).

Sehr einfache Wege zu einer ersten Orientierung über die Adsorbierbarkeit eines Stoffes sind die folgenden:

1. Prüfung auf Adsorbierbarkeit durch die Schaumfähigkeit der Lösung: Die Adsorbierbarkeit eines Stoffes wird, abgesehen von elektrischen Eigenschaften (s. oben S. 546), sehr wesentlich dadurch bestimmt, ob er die Fähigkeit hat, sich in der Oberflächenbegrenzung seines Lösungsmittels anzureichern. Eine Anreicherung in der Oberfläche der Flüssigkeit wird immer dann aus mechanischer Ursache eintreten, wenn der Stoff geeignet ist, die Oberflächenspannung der Flüssigkeit zu erniedrigen. Die Eigenschaft der Erniedrigung der Oberflächenspannung geht somit für die einzelnen Stoffe der Lösung zumeist mit der Eigenschaft der Adsorbierbarkeit parallel. Für die erstere Eigenschaft erhalten wir eine leicht zugängliche Orientierung durch den Grad der Schaumfähigkeit der Lösung. Eine gute Schaumfähigkeit der Lösung wird daher im allgemeinen auch eine gute Adsorbierbarkeit des gelösten Stoffes an zeigen.

2. Prüfung der Adsorbierbarkeit durch Beobachtung der Kapillarwanderung in Filtrierpapier: Setzt man einen Tropfen von

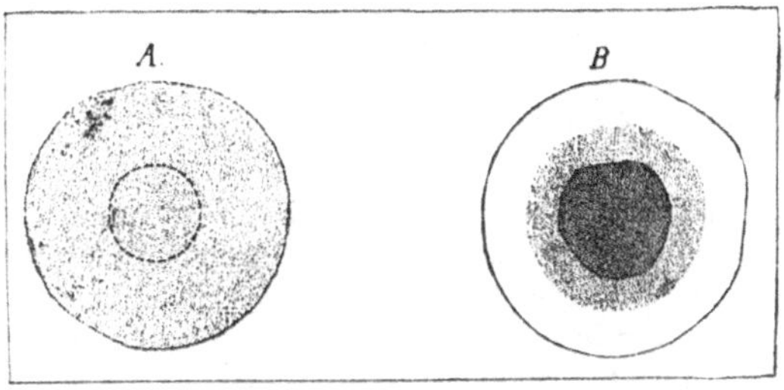

Fig. 112.
Adsorptionsprüfung durch Beobachtung der Kapillarwanderung.

der Lösung einer zu untersuchenden Substanz auf dickes Filtrierpapier guter Sorte, so wird in der Ausbreitungszone dieses Tropfens immer dann eine Abnahme der Lösungskonzentration eintreten, wenn der gelöste Stoff von der Fasermasse des Papiers gut adsorbiert, d. h. im Bereich der Erstbenetzung des Papiers in erhöhter Konzentration festgehalten wird. Zwischen nicht adsorbierbaren und gut adsorbierbaren Stoffen zeigt sich — zumeist in sehr deutlicher Weise — der folgende Unterschied (s. Fig. 112): Während in der Lösung eines nicht adsorbierbaren Stoffes in dem ganzen feucht werdenden Gebiet gleiche Konzentration herrscht (Abb. A), zeigt die Lösung des gut adsorbierbaren Stoffes eine starke Konzentrationsdifferenzierung der Einzelzonen, wie sie durch die Abstufungen der Dunkelfärbung in der Abb. B sichtbar gemacht ist. Im letzteren Falle wird die Hauptmasse des Gelösten sofort im zentralen, d. h. erstbenetzten Gebiet durch Adsorption festgehalten und die Lösung verliert bei ihrer Ausbreitung im Filtrierpapier schnell zunehmend mehr vom Gelösten, bis zuletzt für die äußerste Randzone nur noch fast reines Lösungsmittel verbleibt. Bei Lösungen einer gut adsorbierbaren farbigen Substanz ist diese Konzentrationsdifferenzierung sofort aufs deutlichste sichtbar. Die Methode läßt sich aber bequem auf sämtliche solche Stoffe erweitern, welche durch nachträgliche Zusätze, wie z. B. alle Säuren oder Alkalien durch Betupfen mit einer Indikatorlösung, auf dem Papier sichtbar gemacht werden können. Die orièntierende Entscheidung, ob eine größere Adsorbierbarkeit des gelösten Stoffes für die poröse Masse des Filtrierpapiers besteht, ist somit zumeist leicht gewonnen. Es ist aber stets zu beachten, daß die Adsorption nicht allein vom gelösten Stoff abhängt, daß sie vielmehr mannigfach durch die nähere Art der adsorbierenden Substanz (namentlich durch deren Säure- oder Basencharakter, resp. deren elektronegativen oder elektropositiven Ladungsinn) modifiziert wird. Wenn daher auch ein allgemein gültiges Maß der Adsorbierbarkeit einer Substanz nicht existiert, so ist doch diese einfache Art der Vorprüfung für manche Zwecke der Orientierung sehr zu empfehlen.

Von Stoffen, die allgemein sehr stark adsorbiert werden, seien besonders genannt: Fette, Fettsäuren, Gallensäuren, Seifen, Eiweiße und viele Eiweißabbauprodukte, auch die meisten Fermente. Nicht oder nur sehr wenig adsorbiert werden dagegen die anorganischen Elektrolyte, resp. deren Ionen, soweit sie einwertig sind, auch Zucker.

Für analytische Zwecke nutzbar gemacht ist diese bei der Ausbreitung in Filtrierpapier auftretende Konzentrationsdifferenzierung der Lösungen in der Methode der Kapillaranalyse von Fr. Goppelsroeder[1]), auf die als eine neue physikochemische Methode der Analyse auch an dieser Stelle verwiesen sei. Vergl. auch S. 258.

Für ein eingehenderes Studium der Adsorptionserscheinungen ist die hier folgende quantitative Methode unerläßlich.

6. Quantitative Methode des Adsorptionsnachweises nach H. Freundlich.

Wie H. Freundlich fand, werden die Adsorptionserscheinungen von einer spezifischen Gesetzmäßigkeit beherrscht, durch welche sich die Konzentrationsdifferenzierung der Adsorption scharf von der einfachen Verteilung eines Stoffes zwischen der Lösung und einem in der Lösung emulgierten zweiten Lösungsmittel unterscheidet. Während für den Fall der Lösungsverteilung der Henrysche Verteilungssatz von der Konstanz des Teilungsverhältnisses für alle Konzentrationen gilt, ist die Beziehung der Adsorption zur Konzentration erheblich komplizierter. Das Teilungsverhältnis zwischen Adsorbiertem und dem Rest in der Lösung ist je nach der Konzentration wechselnd: bei sehr kleinen Konzentrationen ist der Betrag des Adsorbierten relativ sehr hoch; mit zunehmender Konzentration wer-

[1]) Näheres s. die Zusammenstellung von Fr. Goppelsroeder in C. Neuberg, Der Harn usw., Bd. II, S. 1362—1395 (1911).

den nicht in entsprechendem Verhältnis größere Mengen adsorbiert, der adsorbierte Anteil wird vielmehr mit steigender Konzentration schnell geringer, bis schließlich — zumeist sogar schon bei gar nicht einmal hohen Konzentrationen — der Betrag des Adsorbierten trotz weiterer Konzentrationszunahme der Lösung im praktischen Sinne ohne Zuwachs bleibt. Die so charakterisierte Konzentrationsdifferenzierung kommt in der Lösung ganz außerordentlich schnell zustande, sie ist meist in wenigen Minuten, sicher in $\frac{1}{2}$ Stunde nach Hineinbringen der dispersen Phase, z. B. eines Kolloids in die Lösung beendet[1]). In reinen, nicht durch chemische Sekundärvorgänge komplizierten Fällen ist diese mechanische Adsorption der Oberflächen reversibel, bei fortgesetzter Verdünnung der Lösung gibt die Oberfläche die adsorbierte Substanz in dem oben bezeichneten Verhältnis zur Konzentration wieder ab, so daß es sich um echte Gleichgewichtszustände zwischen Adsorbiertem und Gelöstverbleibendem handelt. Der Nachweis, daß eine Konzentrationsdifferenzierung der Lösung dem charakteristischen Adsorptionsgesetz gehorcht, gibt somit das beste Mittel, um für einen auf seine Art hin zu untersuchenden Vorgang die Adsorptionsnatur darzutun. Eine Prüfung auf Adsorptionsverteilung gestaltet sich am einfachsten in der folgenden Art:

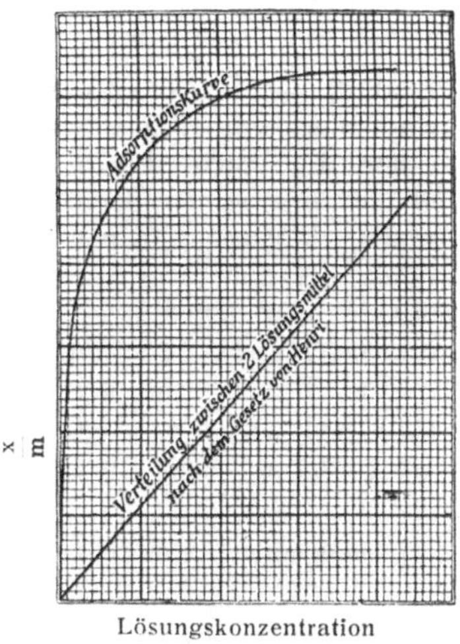

Fig. 113.
Adsorptionskurve nach H. Freundlich (im Vergleich zur Kurve des Verteilungsatzes).

Zunächst ist im Vorversuch zu prüfen, ob überhaupt Gleichgewichtszustände zu erwarten sind. Zu dem Zwecke schüttelt man eine bestimmte Gewichtsmenge der zu adsorbierenden Substanz mit 100 ccm Lösung des Adsorbens, z. B. eines Kolloids. In einem zweiten Versuch wird die gleiche Menge Substanz zu der halben Menge (50 ccm) der doppelt so konzentrierten Kolloidlösung gegeben, ebenfalls geschüttelt, nach $\frac{1}{2}$ Stunde aber auf 100 ccm mit Wasser aufgefüllt und aufs neue geschüttelt, bis Konstanz der Verteilung eingetreten ist. Liegt ein Gleichgewicht vor, so muß die Endkonzentration der beiden Lösungen nach mechanischer Abtrennung von dem Kolloid (durch Zentrifugieren, Ultrafiltrieren oder ähnliches) die gleiche sein. Findet man erheblichere Differenzen, so kann zwar immer noch an Adsorption gedacht werden, doch ist die Adsorption dann jedenfalls durch

[1]) Diese Zeitangabe bezieht sich auf die erste Gleichgewichtseinstellung des Gelösten zwischen Kolloid und Lösung. Nicht selten ist diese indes von sekundären Änderungen am Kolloid, wie namentlich von chemischen Reaktionen zwischen Kolloid und Adsorbiertem oder Änderungen im Lösungszustand des Kolloids gefolgt, so daß dadurch auf lange Zeit das Erreichen eines Endzustandes der Konzentrationsverteilung verhindert wird.

Überlagern von anderen Vorgängen so stark kompliziert, daß die Untersuchung nicht einfach ist. Die Reinheit des Adsorbens ist bei allen Versuchen von der größten Bedeutung.

Bei günstigem Ausfall der Vorprüfung stelle man sich allemal mit gleicher Kolloidmenge eine Serie von verschieden konzentrierten Lösungen der zu adsorbierenden Substanz (jede Lösung = 300 ccm) her und bestimme, nachdem man unter Konstanz der Bedingungen (gleiche Temperatur, gleiche Gefäße, gleiches Schütteln usw.) das Einstellen auf Adsorptionsgleichgewicht abgewartet und wie oben eine mechanische Trennung von Kolloid und Lösung bewirkt hat, in jeder der einzelnen Lösungen die etwa eingetretene Konzentrationsabnahme. Das Ergebnis dieser Analysen ist in graphischer Darstellung aufzuzeichnen: Auf die Ordinate trägt man die aus der Lösung adsorbierten Mengen $\frac{x}{m}$ ein, wobei x die gefundene Abnahme des Stoffes in der Lösung (in mg) und m die Masse des Kolloids (in g) bedeutet. (Für unseren Versuch ist m konstant; setzen wir m = 1, so sind die Werte von x ohne Umrechnung zu benutzen.) Die Abszisse soll die zugehörigen Konzentrationen des frei in der Lösung verbliebenen Anteils, steigend geordnet, enthalten. Die so gegebene Kurve wird sofort in erster Annäherung darüber belehren, ob der Vorgang den Adsorptionsgesetzen oder dem durch eine gerade Linie sich darstellenden Verteilungssatz von Henry entspricht.

Um die Zugehörigkeit der untersuchten Erscheinung zu den Adsorptionen rechnerisch exakt darzutun, ist ein Kunstgriff nach H. Freundlich sehr zu empfehlen. Für die Adsorption gilt (in unkomplizierten Fällen) sehr weitgehend die folgende Formel: $\frac{\frac{x}{m}\ \text{(adsorbiert)}}{c^{\frac{1}{n}}\ \text{(frei)}} = K$, wobei K eine Konstante ist; c gibt die Gewichtsmenge, auf Millimole der Substanz berechnet[1]), an, welche in 1 ccm Wasser nach Herstellung des Adsorptionsgleichgewichtes noch enthalten ist, und $\frac{1}{n}$ stellt eine empirisch zu findende Zahl dar, deren Wert nach den bisherigen Untersuchungen stets kleiner als 1 ist. Die Größe K heißt die „Adsorptionskonstante". Wird die obige Gleichung umgeformt in $\frac{x}{m} = K \cdot c^{\frac{1}{n}}$, so bietet sie, falls man sie logarith-

[1]) Es sei z. B. eine 1%ige Dextroselösung auf diese Einheit $\frac{\text{Millimole}}{1\ \text{ccm}}$ umzurechnen: Die Einheit $\frac{\text{Millimole}}{1\ \text{ccm}}$ ist gleichbedeutend mit $\frac{\text{Mol}}{1\ \text{Liter}}$. Bei 1% Dextrose haben wir nun 10 g im Liter. Das Molekulargewicht des Zuckers $C_6H_{12}O_6$ ist 180. Wenn 180 g im Liter wären, so wäre gerade 1 Mol im Liter, d. h. $\frac{\text{Mole}}{\text{Liter}} = \frac{\text{Millimole}}{\text{ccm}} = 1$. Nun aber sind es nur 10 g statt 180 g; folglich ist das c der obenstehenden Formel $= \frac{10}{180} \frac{\text{Millimole}}{\text{ccm}} = 0{,}0556 \frac{\text{Millimole}}{\text{ccm}}$.

miert, die folgende Form: $\log \frac{x}{m} = \log K + \frac{1}{n} \cdot \log c$. Es fügt sich, daß solche Gleichung im geometrischen Sinne die Formel einer geraden Linie ist. Wir können daher die Frage, ob ein Vorgang dem obigen Gesetz der Adsorption gehorcht, in recht einfacher Weise mit großer Genauigkeit dadurch entscheiden, daß wir prüfen, ob die Logarithmen der vorbezeichneten, aus dem Versuch zu erhaltenden Werte graphisch eine gerade Linie ergeben. Diese Prüfung wird noch dadurch erleichtert, daß die Werte log K und $\frac{1}{n}$ bei der Konstruktion der Geraden ausscheiden dürfen, so daß lediglich die Logarithmen der gefundenen Einzelwerte für $\frac{x}{m}$ und die Logarithmen für c in ein Koordinatensystem einzutragen sind, wie es in der beistehenden Fig. 114 für die Ergebnisse von Adsorptionsversuchen mit

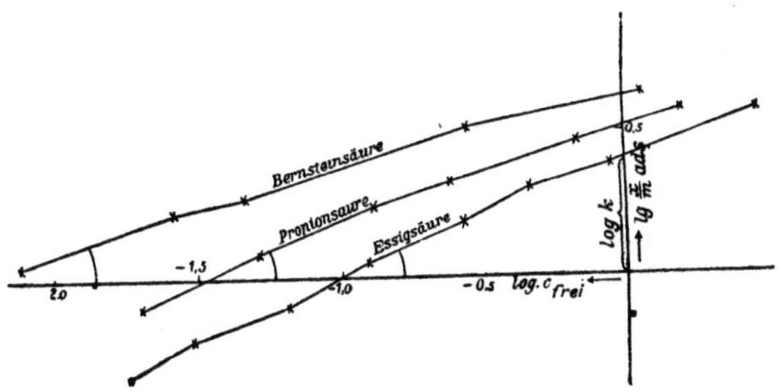

Fig. 114.

Säuren und Kohlepulver als Adsorbens geschehen ist. Die mehr oder weniger große Exaktheit der bei dieser Darstellung sich ergebenden Geraden zeigt sodann in klarer Weise an, ob und wie genau der untersuchte Vorgang einer typischen mechanischen Adsorption im Sinne H. Freundlichs entspricht.

Die Adsorptionsvorgänge besitzen für alle kolloiden Systeme, somit auch für diejenigen des menschlichen Körpers eine ganz außerordentlich große Bedeutung. Für die Forschungen des Gebietes der Immunochemie und Fermentlehre ist die Kenntnis der Gesetze der Adsorption bereits jetzt von erheblicher Wichtigkeit geworden. Doch auch für zahlreiche andere Gebiete, z. B. für Fragen der Löslichkeit, für Fragen der lokalen Stoffanreicherung, der vitalen Färbung usw. gibt uns die Kenntnis der adsorptiven Konzentrationsdifferenzierung neue Wege der Forschung.

Das Adsorptionsvermögen eines Kolloids ist außer von anderen Faktoren besonders von dem Grad der Dispersität abhängig. Je größer die Oberfläche, desto größer ist auch bei gleicher Menge des adsorbierenden Kolloids der summarische Betrag der Adsorption. Wenn die Dispersität des Kolloids sich ändert, ändert sich somit auch die Konzentration der umspülenden Lösung. Eine sehr exakte Feststellung der bei künstlicher oder spontaner Dispersitätsänderung eintretenden Konzentrationsverschiebungen bezüglich der H- und OH-Ionen läßt sich, ohne daß eine vorhergehende Trennung von Kolloid und Lösung erforderlich ist, mit der Methode der elektrometrischen Adsorptionskontrolle nach H. Schade und P. Neukirch[1]) erreichen, welche auf Anwendung der Gaskettenmethode beruht und z. B. die abnehmende Alkalibindung seitens des Harnsäurekolloids während des Vorganges der Dispersitätsabnahme dieses Kolloids in schöner Weise quantitativ hat verfolgen lassen.

Die Epiphaninreaktion von W. Weichardt[2]) scheint unseres Erachtens ebenfalls mit Adsorptionsänderungen eines sich ändernden Kolloids in Beziehung zu stehen. Bekanntlich fügt Weichardt einer verdünnten Serumlösung, die auf das Eintreten einer Antigen-Antikörperbindung geprüft werden soll, kleine aufeinander abgepaßte Mengen von $Ba(OH)_2$ und H_2SO_4 zu und konstatiert sodann das Statthaben der Antigen-Antikörperbindung dadurch, daß gegenüber den Kontrollösungen eine leichte Verschiebung des Umschlagpunktes des als Indikator benutzten Phenolphthaleins eintritt. — Eine gegenüber der ursprünglichen Form vereinfachte Technik dieser Methode geben v. Angerer u. Stötter (Münch. med. Wochenschr. 1912, Nr. 38). Näheres ist dort einzusehen.

B. In kolloiden Systemen gallertig fester Konsistenz.

Für kolloide Systeme gallertig fester Konsistenz versagen die vorgenannten Methoden sämtlich in mehr oder minder hohem Maße. Gallertig feste Kolloidsysteme bilden aber gerade die Hauptleibessubstanz aller Organismen. Es ist also dringend anzustreben, daß auf diesem Gebiet ein ähnlicher Ausbau der Methoden entstehe, wie er uns heute für die kolloiden Systeme flüssiger Konsistenz verfüglich ist.

Zurzeit ist die klinische Untersuchung im wesentlichen auf die folgenden Methoden beschränkt:

1. Untersuchung der aus den Gallerten und Geweben ausgepreßten Flüssigkeiten.

Methoden dieser Art sind sehr vielfach angewandt; auch die Wege zur Herstellung der Preßsäfte sind mannigfache, wobei physikochemisch unter anderem die Größe des angewandten Druckes von sehr erheblichem Einfluß auf die Zusammensetzung des Preßsaftes erscheint. Eine Beschreibung der einschlägigen Methoden ist hier nicht am Platze, sie ist andernorts in einer Technik der klinischen Untersuchungsmethoden nachzusehen. Hier aber sei betont, daß die Ergebnisse aller solcher Methoden prinzipiell nichts Sicheres zur Charakteristik der gallertig festen Kolloidsysteme beizubringen vermögen; denn die Ergebnisse werden stets erst gewonnen, nachdem das Spezifische des gallertig festen Systems mehr oder weniger zerstört ist.

---

[1]) Zeitschr. f. physiologische Chemie, Bd. 86, S. 241—243.

[2]) Vgl. Münch. med. Wochenschr. 1911, Nr. 31 und Berl. klin. Wochenschr. 1911, Nr. 43.

2. Untersuchung der Viskosität von Gallerten (Protoplasma) mit der Zentrifugierungsmethode.

Das Prinzip dieser zuerst von Mottier (1899) angewandten und neuerdings von Szücs, Heilbronn und Heilbrunn[1]) weiter ausgebauten Methode beruht darauf, daß man das Minimum der Zentrifugalkraft aufsucht, welches imstande ist, spezifisch schwerere oder leichtere Zellteilchen (Kerne Granula, Tröpfchen) an die eine Zellseite hin aus dem Protoplasma auszuschleudern. Diese Methode ist geeignet, z. B. die geringe Erstarrung, welche das Protoplasma von Seeigeleiern unter dem Einfluß der Narkotika erfährt, zur Erkennung zu bringen. — Die Anwendung dieser Methode auf medizinische Objekte scheint sehr aussichtsreich.

3. Untersuchung der Quellbarkeit von Gallerten und Geweben.

Die Technik solcher Methode ist einfach und erzielt bei sorgfältigem Arbeiten recht genaue Resultate. Gleichmäßige Stücke einer Gallerte werden in Lösungen von verschiedenen Substanzen oder bei einer Substanz in Lösungen von verschiedener Konzentration hineingebracht und durch Feststellung der eintretenden Gewichts- oder Volumenänderung auf eine Änderung des Quellungzustandes untersucht.

Der Quellungszustand der Gesamtmasse einer Gallerte steht in enger Beziehung zur Zustandsform der die Gallerte aufbauenden kolloiden Einzelteilchen. Eine jede Änderung im Kolloidzustand der Einzelteilchen macht sich zumeist auch als eine makroskopisch zu beobachtende Änderung im Verhalten der Gesamtheit dieser Teilchen, eben im Quellungsverhalten der Gallertmasse bemerkbar.

Die Empfindlichkeit des Quellungsverhaltens von Gallerten gegenüber Einflüssen der verschiedensten Art ist außerordentlich groß. Schon kleinste analytische Unterschiede der Gallerte können das Quellungsverhalten weitgehend ändern und ebenso sind seitens des umspülenden Milieus selbst bei geringer Konzentration die Elektrolyteinflüsse von der größten Bedeutung (s. Teil I, Kapitel 2). Wie empfindlich die Quellungsausschläge sind, mag der Umstand belegen, daß man z. B. bei der Gelatinegallerte durch Quellungsmessung zu unterscheiden vermag, ob sie sich in reinstem Wasser (Leitfähigkeitswasser) oder in dem (CO_2-haltigen) Wasser der gewöhnlichen Leitung befunden hat.

Gewebstücke haben ebenfalls ihre spezifische Charakterisierung im Quellungsverhalten: Die größten Ausschläge gibt die Prüfung des Alkali- und Säureeinflusses. Das Quellungsverhalten ist für verschiedene Gewebsbestandteile spezifisch verschieden[2]), oft ist geradezu ein antagonistisches Verhalten der Quellung bei benachbarten Gewebsbestandteilen vorhanden[3]). Über die Sonderbedingungen der „physiolo-

[1]) Literatur siehe z. B. Fr. Weber, Biochem. Zeitschr. **126**, 21 (1921).

[2]) Vgl. z. B. über Unterschiede H. Schade, Zeitschr. f. experim. Path. u. Ther. **14**, 1 (1913). (Das Quellungsvermögen des Bindegewebes in der Mannigfaltigkeit seiner Erscheinungen.)

[3]) Näheres siehe H. Schade u. H. Menschel, Zeitschr.f. klin. Medizin **96**, 279 (1923).

gischen Quellungseinstellung" der Gewebe siehe H. Schade und H. Menschel, Zeitschr. f. klin. Medizin **96**, 279 (1923). Die Methode der Quellungsprüfung ist besonders für zellfreie kolloide Massen geeignet; es ist stets zu beachten, daß, wenn man Gewebsstücke mit zellulärem Aufbau benutzt, sodann nicht so sehr die kolloidchemischen Beeinflussungen als vielmehr daneben osmotische Wirkungen zur Beobachtung kommen.

4. Untersuchung des Quellungsdruckes von Geweben nach H. Schade und H. Menschel[1]).

Zur Messung des Quellungsdruckes von exstirpierten Gewebstücken ist eine einfache Apparatur, wie sie in Anlehnung an ältere kompliziertere Apparate von Reincke und von E. Posnjak konstruiert wurde, sehr geeignet. Wie die Fig. 115 schematisch zeigt, werden zwei reibungslos ineinander gleitende Reagenzgläschen ausgesucht, von denen das innere Glas als „Belastungsgefäß" (mit Hg-Füllung oder ähnl.) dient. Von dem geeignet geformten Boden dieses Belastungsgefäßes wird der Druck vermittels Stange auf ein ebenfalls reibungslos gleitendes Metallsieb übertragen, welches am Ort des Sternchens in der Figur das zu untersuchende Gewebstück preßt. Das äußere Reagenzglas sei etwa bis zur Hälfte mit der Milieuflüssigkeit gefüllt. Es ist leicht, sich solche Apparate in größerer Zahl herzustellen. In Serienversuchen mit variierter Belastung wird der Druck aufgesucht, welcher gerade Quellungseinstand für das Gewebe zur Folge hat. Um den Quellungsdruck des Gewebes hieraus zu gewinnen, ist nichts weiter erforderlich als eine Umrechnung der Gesamtbelastung (Quecksilber + Belastungsgefäß + Sieb mit Stange) auf die Flächeneinheit des Metallsiebes. Die Vorbedingung solcher Messung ist, daß das Gewebe keine Hohlräume mit frei beweglicher Flüssigkeit enthält.

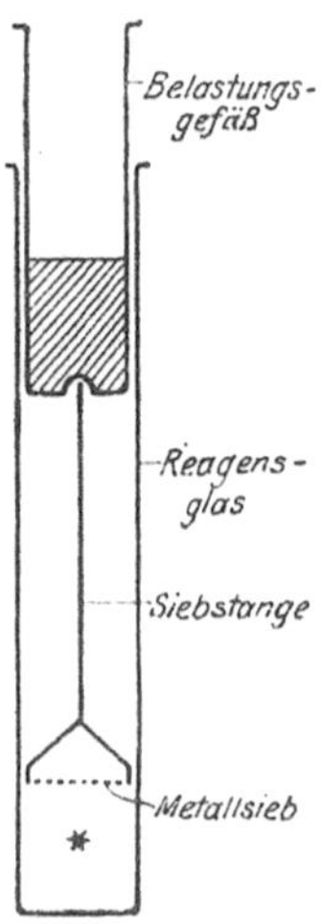

Fig. 115. Onkometer[2]) zur Messung des Quellungsdruckes von Gewebstücken.

5. Methode der elastometrischen Untersuchung von Gallerten und Geweben nach H. Schade[3]) u. a.

Die Gallerten sind dadurch von den flüssigen Kolloidlösungen unterschieden, daß bei ihnen die kolloiden Einzelteilchen derart zueinander in physikalische Beziehung getreten sind, daß der Verschiebung der Einzelteilchen aneinander sehr merkliche elastische Kräfte entgegenstehen. Eine jede Gallerte besitzt demnach als Ganzes einen mehr oder weniger hohen Grad von Elastizität. Auch diese Eigenschaft ist zum Nachweis schon kleinster Änderungen der Kolloidität geeignet.

---

[1]) Zeitschr. f. klin. Medizin **96**, 279 (1923).

[2]) ὄγκος = Quellung.

[3]) Zeitschr. f. experim. Path. u. Ther., Bd. **11**, S. 369 (1912). Die Elastizitätsfunktion des Bindegewebes und die intravitale Messung ihrer Störungen.

Die Elastizitätsmessung einer mehr oder weniger festen Gallerte läßt sich am intakt bleibenden Stück in der folgenden Weise vornehmen:

Man belastet eine Gallerte mit einem bestimmten Gewicht und mißt die Schnelligkeit und die Tiefe des Einsinkens; nach einiger Zeit wird das Gewicht entfernt und man beobachtet weiter, mit welcher Geschwindigkeit und zu welchem Anteil sich die durch die Belastung erzeugte Deformierung der Gallerte wieder ausgleicht. Derartige Messungen sind mit dem folgenden Elastometer nach H. Schade[1]) leicht und zuverlässig zu erhalten.

Ein Taster T, welcher bei P eine Platte zur Aufnahme der Gewichtsbelastung (siehe G) trägt, registriert seine Standortsveränderungen auf

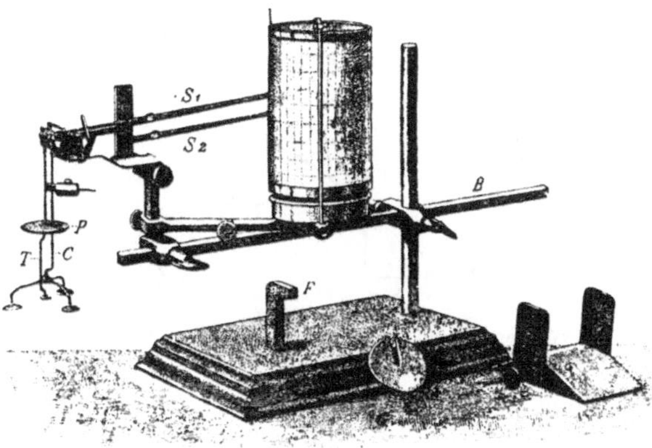

Fig. 116.
Elastometer nach Schade[1]).

einer rotierenden Trommel. Ein zweiter Taster C, der sich mit drei Füßen auf die Umgebung der mit dem Taster T zu untersuchenden Stelle aufsetzt, dient in besonderen Fällen zu Kontrollzwecken, indem er über die Bewegungen des Objektes als Ganzen, die bei Elastizitätsmessungen am Lebenden nicht sicher auszuschließen sind, orientiert.

Die vom Taster T geschriebenen Kurven gestatten, das elastische Verhalten eines untersuchten Objektes zahlenmäßig zu bestimmen. Die folgende Fig. 117 läßt die drei Haupttypen der mit diesem Verfahren zu erhaltenden elastometrischen Kurven erkennen.

In diesen Kurven gibt a das Oberflächenniveau vor der Belastung an. Beim Punkt × beginnt allemal die Belastung, der Stab drückt sich in den untersuchten Körper hinein (Kurventeile b_1 und b_2, resp. b); an der mit * bezeichneten Stelle wird sodann die Belastung von dem Stabe wieder entfernt und der elastische Ausgleich, den die Linie c_1 und c_2, resp. c darstellt, kann vor sich gehen. Es ist zu beachten, daß hierbei die Höhenregistrierung des Tasterstandes wegen der Hebelübertragung des Schreibarmes im umgekehrten Bilde erfolgt, so daß ein Anstieg in der Kurve einem Einsinken des Tasters, resp. dem Eingedrücktwerden der Gallertmasse entspricht.

[1]) Zu beziehen durch A. Zwickert, Kiel, Dänische Straße.

Bei vollkommener Elastizität (Kurve 1) geht sofort mit Eintritt der Belastung die ganze Ausgleichsbewegung vor sich, der Taster stellt sich fast momentan (senkrechter Kurventeil b_1) auf seine maximale Einsenktiefe ein, um in dieser sodann unverändert zu beharren (horizontaler Kurventeil b_2). Ein analoges Verhalten zeigt in dieser Kurve die Tasterbewegung bei Entlastung vom Gewicht: die gesetzte Deformierung gleicht sich nach Abheben des Gewichtes von der Platte P ebenfalls fast momentan wieder aus, der (fast gewichtslos ausbalancierte) Taster wird von der elastischen Masse sofort (senkrechte Strecke c_1) bis zu seinem ursprünglichen Höhenstand in der Fortsetzung der Kurvenrichtung a emporgehoben und verbleibt sodann in derselben (Strecke c_2).

Ganz anders zeichnet sich die Kurve bei Prüfung eines Körpers mit reiner Plastizität (Kurve 3). Statt der momentanen Erreichung der Gleichgewichtslage nach Eintritt der Belastung findet hier die Aufzeichnung einer stark schrägen und ziemlich gestreckten Kurve statt. Wird die Belastung nach längerer Aufzeichnung der Strecke b entfernt, so markiert sich dies lediglich durch den Übergang der Kurve zur Horizontalrichtung, d. h. der Körper behält die ihm aufgezwungene Deformierung auch nach Aufhören des Belastungszwanges unverändert bei. (Völliges Fehlen der Elastizität.)

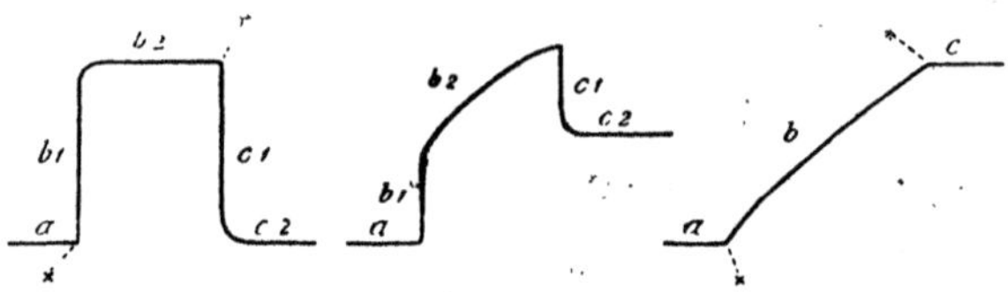

Kurve der vollkommenen Elastizität. **Übergangskurve.** **Kurve der reinen Plastizität.**

Fig. 117.
Hauptkurventypen der Elastometrie nach Schade.

Für die Zwischenzustände der unvollkommenen Elastizität ist die Kurve 2 der Zeichnung charakteristisch. Die qualitative Unterscheidung gegenüber der vollen Elastizität ist durch die folgenden zwei Merkmale gegeben: 1. die Schrägstellung der Kurvenstrecke b_2, d. h. das Fehlen einer schnell erreichbaren endgültigen Ruhelage, wie sie in der Horizontalen b_2 bei der vollen Elastizität sich anzeigt und 2. das Stehenbleiben der Horizontalen c_2 auf einer mittleren Höheneinstellung, wodurch über die Dauer der Belastung hinaus das Fortbestehen eines Teils der erlittenen Deformierung gekennzeichnet ist.

Ein quantitatives Maß des elastischen Verhaltens ergibt sich am einfachsten durch die Beziehung $\frac{\text{Gesamtdeformierung}}{\text{Verbleibende Deformierung}}$. Ist die verbleibende Deformierung $= 0$, so ist die Elastizität $= \infty$, d. h. eine vollkommene. Ist die verbleibende Deformierung gleich der Gesamtdeformierung, so wird der Wert des Quotienten $= 1$; wir haben völliges Fehlen der Elastizität, nur reine Plastizität. Zwischen ∞ und 1 sind somit alle Zwischenwerte zwischen der vollen Elastizität und der reinen Plastizität in Zahlen anzugeben. Die Skala dieser Werte wird übersichtlicher, wenn als Einheit der vollkommenen Elastizität statt ∞ der Betrag 100 und als Maß der unvollkommenen elastischen Zustände der prozentische Anteil genommen wird, den die innerhalb einer bestimmten Zeit nach Aufhören der Belastung noch verbliebene Einsenktiefe von der ursprünglichen Gesamteinsenkung ausmacht. „0% Elastizitätsverlust" bedeutet somit vollkommene Elastizität und „100% Elastizitätsverlust" ist gleichbedeutend mit dem anderen Endpunkt dieser Skala, mit dem Zustand einer reinen Plastizität. Über die Gewinnung anderer Elastizitätsmaße ist in der Originalabhandlung (l. c.) nachzusehen.

Die Elastometrie steht zur Viskosimetrie in gewisser Parallele. In ähnlich mechanischer Art wie die Viskosimetrie uns für flüssige Systeme sehr wichtige und fein nuancierte Aufschlüsse über die Zustandsform des Kolloids vermittelt, so gibt die Elastometrie Kenntnis von den Zustandsänderungen für die gallertig starren kolloiden Systeme.

In Gelatinegallerten läßt sich z. B. die spezifische Wirkung der verschiedenen Salzlösungen elastometrisch deutlich verfolgen.

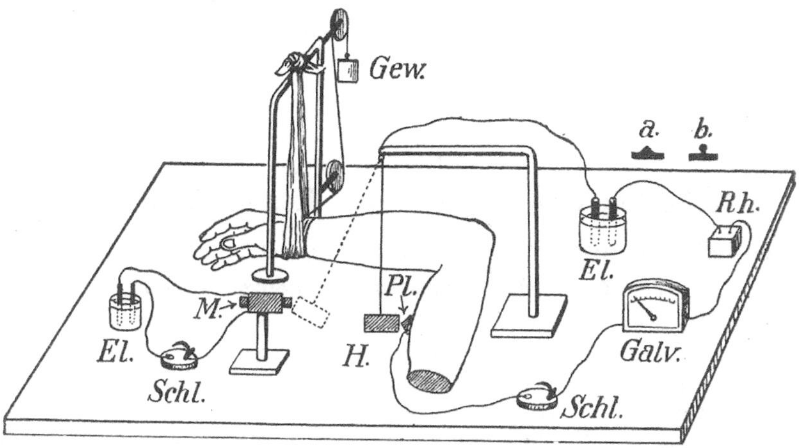

Fig. 118.
Ballistisches Elastometer nach Gildemeister. (Schematisch.)

(*M.* = Elektromagnet, *H.* = Hammer, *Pl.* = der Haut aufgelegtes Metallplättchen (von der Form *a* und *b* siehe oben rechts), *Rh.* = Rheostat, *Schl.* = Einschaltschlüssel). Die Größe des jeweiligen Galvanometerausschlages gibt ein Maß der Berührungszeit bei *Pl.* und damit ein Maß der Eindringungselastizität des in obiger Figur untersuchten Musc. biceps.

Ein Hauptwert der Methode liegt aber darin, daß sie gestattet, auch an der Organmasse des lebenden Körpers die Elastizitätsmessung durchzuführen.

Gesunde Gewebe weisen innerhalb derjenigen Belastungsgrenzen, die das Maß der physiologischen Elastizitätsbeanspruchung nicht überschreiten, stets vollkommene Elastizität auf.

Bei Krankheiten aber zeigt sich — im allgemeinen bereits als Frühsymptom der eintretenden Störung — eine oft sehr erhebliche Abnahme der Elastizität der erkrankten Gewebe, die einer pathologischen Störung im Bereich der Gewebskolloide entspricht.

Die Methode der Elastometrie läßt nun, auch am Lebenden, ganz ungleich feinere Differenzen des elastischen Verhaltens erkennen, als sie der bislang üblichen Prüfung vermittels manueller Palpation zugängig waren. So konnten z. B. bei Kranken häufig erhebliche Abweichungen von dem elastometrischen Normalwert konstatiert werden, wo die Palpation keine Spur einer Störung hatte erkennen lassen.

Der Elastometer nach Schade ist klinisch sehr geeignet zum Nachweis der Präödeme bei Herz- und Nierenkranken; aber auch bei sonstigen Erkrankungen und unter speziellen Bedingungen sogar beim Gesunden wurden elastometrische Abweichungen gefunden.

Eine Methode, in ähnlicher Art das physikalische Verhalten des Muskels zu messen, hat M. Gildemeister (l. c.) angegeben. Mit seinem ballistischen Elastometer" (siehe Fig. 118) wird die „physikalische Resistenz", d. h. die Eindringungselastizität des Muskels im Maß der „Stoßzeit" galvanometrisch registriert. Auch diese Methode ist, wie R. Springer[1]) unter Gildemeister zeigte, gut zur Aufdeckung von feineren Unterschieden des Muskelverhaltens am Lebenden geeignet.

Mit einem anders konstruierten Apparat (siehe Pflügers Archiv 196, 200 (1922)) hat kürzlich E. Mangold die Muskulatur gemessen.

Kapitel 3.

Methoden des Gebiets der Reaktionskinetik.

I. Methodik zur quantitativen Verfolgung eines Reaktionsablaufes.

1. Verfahren der fortgesetzt quantitativen Analyse.

Bei allen reaktionskinetischen Untersuchungen ist es das wichtigste Erfordernis, die Bedingungen für die Reaktion möglichst einfach zu nehmen, d. h. alle den Reaktionsablauf ändernden Einwirkungen (besonders Temperatur, Luftdruck, Zusätze, Bewegung der reagierenden Lösungen, Gefäßart usw.) während der Versuchszeit auszuschalten, resp. mit peinlichster Genauigkeit in bekannter Größe konstant zu halten. Sodann ist die spezielle Technik der Untersuchungen nicht schwierig. Von Zeit zu Zeit wird die Konzentration aller beteiligten Stoffe durch Analyse bestimmt. Aus diesen Analysenergebnissen ist der Reaktionsablauf ohne weiteres graphisch zu konstruieren, aber auch die Reaktionskonstante K rechnerisch leicht zu bestimmen.

Die Berechnung erfolgt mit verschiedenem Formelansatz je nach der Zahl der an der Reaktion beteiligten Substanzen. Nur für den Fall der monomolekularen und bimolekularen Reaktionen sind die Verhältnisse bequem übersehbar.

Für monomolekulare Reaktionen nach dem Typus $A = A_1 + A_2$ gilt für die folgende Berechnung:

Die jeweilige Reaktionsgeschwindigkeit läßt sich ganz allgemein durch die Beziehung $\frac{\text{umgewandelte Menge}}{\text{dafür nötige Zeit}}$ charakterisieren. Man wird also ein Maß der Reaktionsgeschwindigkeit erhalten, wenn es gelingt, diesen Quotienten durch zwei Zahlen zum Ausdruck zu bringen. Da die Reaktionsgeschwindigkeit während des Reaktionsablaufes infolge der immer geringer werdenden Konzentration des Reaktionsausgangsstoffes ständig abnimmt,

---

[1]) Zeitschr. f. Biologie 63, 201 (1914).

so ist es nicht möglich, für einen endlichen Zeitraum, und sei er auch noch so klein, einen bestimmten Zahlenwert der Reaktionsgeschwindigkeit anzugeben. Immer wird die Reaktionsgeschwindigkeit am Anfang dieses kleinen endlichen Zeitraumes größer sein müssen als am Schluß oder in der Mitte desselben. Hier hilft die Rechnung mit unendlich kleinen Werten aus. Denken wir uns eine unendlich kleine Zeit („dt"), so wird auch ihr eine bestimmte Umsetzung, beim reagierenden Stoff eine bestimmte Konzentrationsabnahme („dC") entsprechen: für diesen unendlich kleinen Zeitraum muß sodann der Quotient $\frac{dC}{dt}$ einen einheitlichen Wert der Geschwindigkeit bedeuten. Die hier eingeführte Bezeichnungsart ist diejenige, die in der Differentialrechnung (d = „Differential") für unendlich klein gedachte Werte üblich ist. Nun aber weiß man ferner aus dem Massenwirkungsgesetz, daß jede monomolekulare Reaktion mit einer (für sie) spezifischen Geschwindigkeitskonstante (K) jeweils proportional der vorhandenen Konzentration C vor sich geht, so daß auch das Produkt K·C einen Wert für die Reaktionsgeschwindigkeit darstellt. Beide Werte müssen, da sie ein und dieselbe Größe messen, untereinander gleich sein. Es ergibt sich also die Gleichung:

$$-\frac{dC}{dt} = K \cdot C,$$

wobei in der Formel das negative Vorzeichen bei dem Quotienten geschrieben wird, weil die Konzentration C des in Zersetzung begriffenen Stoffes mit zunehmender Zeit abnimmt. Diese Gleichung zeigt, wie eine unendlich klein gedachte Abnahme der Konzentration (dC) innerhalb einer ebenfalls unendlich klein gedachten Zeit (dt) mit der Konzentration C des in Zersetzung begriffenen Stoffes in Beziehung steht. Es ist praktisch natürlich nicht möglich, Versuche auszuführen, durch welche sich diese unendlich kleinen Werte dC und dt bestimmen lassen. Aber auch hier hilft wieder die Mathematik aus, und zwar durch die Integralrechnung, welche lehrt, in welcher Weise man durch Summation von Reihen unendlich kleiner Werte zu endlichen, d. h. meßbaren zahlenmäßigen Werten gelangen kann. Gibt man der obigen Gleichung durch Umsetzung die Form:

$$-\frac{dC}{C} = K . dt,$$

so erhält man zur Integration:

$$-\int \frac{dC}{C} = \int K . dt.$$

Wird diese Integrationsrechnung (vermittels Summierung von Reihen; daher aus dem Anfangsbuchstaben des Wortes „Summe" das Zeichen $\int$) ausgeführt[1]), so erhält man

$$-lC = K . t + \text{Konstanz},$$

[1]) Für den Mediziner ist es keineswegs nötig, diese Integration selbst ausführen zu können. Nur ein allgemeiner Überblick über die Art der Ableitung (etwa wie hier gegeben) ist erwünscht. Die Integrierung selber ist dabei eine rein mathematische Angelegenheit. Das praktisch wichtigste ist, daß man das schließliche Endergebnis verstehen und mit ihm (wieder ohne alle höhere Mathematik möglich) arbeiten kann.

wo sämtliche Werte (lC bedeutet natürlicher Logarithmus von C) endliche Größen sind. Diese Gleichung wird in der folgenden Weise für unsere Versuchszwecke brauchbar gemacht:

C_1 sei die gemessene Konzentration nach Ablauf von t_1 und C_2 die Konzentration nach Ablauf von t_2; sodann gelten die beiden Gleichungen:

$$-lC_1 = K \cdot t_1 + \text{Konstanz}$$
$$-lC_2 = K \cdot t_2 + \text{Konstanz.}$$

Subtrahiert man die erste Gleichung von der zweiten, so erhält man:

$$-lC_2 + lC_1 = K \cdot t_2 - K \cdot t_1$$

oder

$$l\frac{C_1}{C_2} = K \cdot (t_2 - t_1)$$

oder schließlich

$$K = \frac{1}{t_2 - t_1} \cdot l\,\frac{C_1}{C_2}.$$

K als die spezifische Geschwindigkeitskonstante der Reaktion hat hier nun im Gegensatz zum Zustand der Gleichung vor der Integration einen bestimmbaren Wert; t_1 ist die Zeit, welche der Konzentration C_1 des sich zersetzenden Stoffes entspricht und t_2 die Zeit, welche der Konzentration C_2 entspricht. Diese Gleichung ist ohne weiteres aus den Versuchen zu berechnen, denn in ihr stehen ausschließlich Werte, welche als Versuchsdaten zu gewinnen sind: t_1 und C_1 sowie t_2 und C_2; l bedeutet, daß von dem Werte $\frac{C_1}{C_2}$ der natürliche Logarithmus zu nehmen ist.

Oft wird man dieser Gleichung auch in der folgenden Form begegnen: $K = \frac{1}{t^2 - t^1}\, l\, \frac{A - x_1}{A - x_2}$; sie ist mit der obigen Formel identisch, nur sind dabei die Begriffe des zu logarithmierenden Wertes etwas anders zum Ausdruck gebracht: A bedeutet die Menge des sich zersetzenden Stoffes im Anfang des Versuches ($t = 0$); $A - x_1$ ist die Menge, die im Versuch bei t_1 noch vorhanden ist, $A - x_2$ die bei t_2 noch vorgefundene Menge; mit x sind also die jeweilig umgewandelten Mengen bezeichnet.

Auf diese Weise ist aus zwei zu verschiedener Zeit vorgenommenen Analysen die Geschwindigkeitskonstante der monomolekularen Reaktion zu erhalten. Um ihren Wert zu sichern, muß das Beobachtungsmaterial aber in jedem Fall eine erheblich größere Zahl von Messungen umfassen: die Genauigkeit des Wertes K wird sich aus der Übereinstimmung der einzelnen Berechnungen untereinander ergeben.

Wir nehmen an, es sei $K = 0{,}033$ gefunden. Diese Zahl hat sodann die Bedeutung, daß bei den herrschenden Versuchsbedingungen pro Minute 0,033 Mole der untersuchten Substanz zersetzt werden, wenn man sich denkt, daß die Konzentration dieser Substanz während der Reaktion dauernd konstant auf 1 Mol pro Liter erhalten bliebe.

Für bimolekulare Reaktionen nach dem Typus $A + B = C + D$,

wobei die Stoffe A und B in äquivalenten Mengen vorhanden sein sollen, erhält man mit Hilfe ähnlicher Berechnung die Formel:

$$K = \frac{1}{t_2 - t_1}\left(\frac{1}{A - x_2} - \frac{1}{A - x_1}\right);$$

auch hier ist A die Anfangskonzentration eines der in äquivalenter Menge reagierenden Stoffe und x die für das zugehörige t gefundene umgewandelte Menge.

Fig. 119.
Thermostat nach Ostwald.

Zur Ausführung reaktionskinetischer Messungen ist das Arbeiten im zuverlässigen Thermostaten unbedingtes Erfordernis.

Ein Thermostat nach Ostwald (Fig. 119) ist vorstehend abgebildet.

Beschreibung:

Ein rechteckiger Kasten von Stahlblech, innen nickelplattiert mit einem Wärmeschutzmantel aus Filz und auf vier Füßen ruhend, ist mit Überlaufrohr u und Ab-

laufventil a versehen. An den Kasten gelötete Schienen tragen allseitig verstellbare Lager l für eine rotierende Achse a. Diese nimmt die zu schüttelnden Gefäße, Erlenmeyerkolben, Probierröhrchen usw. oder die Rührflügel auf. Auch ein in der Höhe verstellbarer, herausnehmbarer Messingdrahtboden b, zum Aufstellen der Gefäße dienend, befindet sich im Bade; ein Halter trägt den Temperaturregulator R, ein zweiter das Thermometer. Die Querschiene H ist mit Klemmvorrichtungen versehen, um noch sonstige Versuchsgefäße im Bade zu halten. Die Heizung geschieht bei b, d ist ein Wasserkühlrohr, um auch bei Graden in der Nähe der Zimmertemperatur oder tiefer die Konstanz erhalten zu können.

Die Bestimmung der Reaktionsgeschwindigkeitskonstante ist für alle vergleichenden reaktionskinetischen Messungen von grundlegender Bedeutung. Sie gibt u. a. das beste Mittel, um eine Reaktion auf ihre Zugängigkeit für Beeinflussungen aller nur möglichen Art zu untersuchen. Aber auch die Art der Reaktion selber wird oft durch solche Messungen geklärt: fügt sich ihr Ablauf genau der zur Berechnung gewählten Formel ein, so daß K konstant gefunden wird, so ist es sicher, daß der Vorgang in derjenigen Art verläuft, für die der rechnerische Ansatz zur Gewinnung des K eingesetzt wurde.

Ebenso gibt die graphische Darstellung des Reaktionsablaufes (Fig. 120) wertvolle Aufschlüsse:

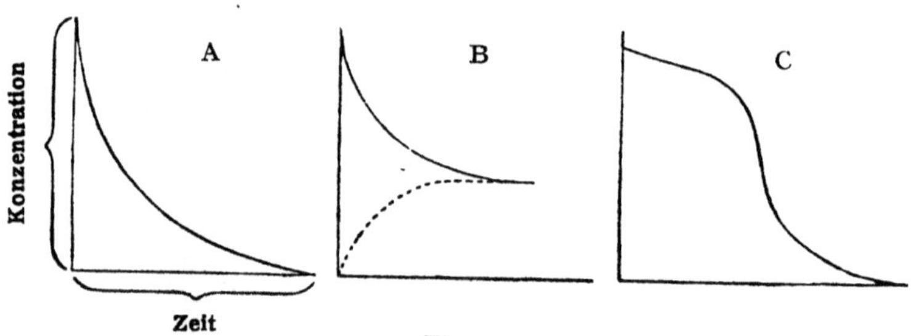

Fig. 120.

Wichtigste Typen der Reaktionskurven: A. Irreversible Reaktion. B. Reversible Reaktion. C. Komplizierung eines Reaktionsablaufs, z. B. durch Autokatalyse.

Die Kurve A entspricht einem irreversiblen chemischen Vorgang, Kurve B stellt die typische Besonderheit aller reversiblen Prozesse dar. Kurve C endlich zeigt eine der häufigst gefundenen Abweichungen des Reaktionsverlaufes, sie zeigt mit dem abnormen Buckel der Kurve, daß bei dem ihr zugrunde liegenden Vorgang nicht allein das Massenwirkungsgesetz bestimmend war, sondern daß sich während des Ablaufes des chemischen Vorganges komplizierende Einflüsse geltend machten, die anfangs einen langsamen, dann ziemlich plötzlich aber einen erheblich schnelleren Ablauf der chemischen Umsetzung mit sich brachten. Eine solche Modifizierung des chemischen Vorganges tritt z. B. ein, wenn unter der Reaktion ein Stoff entsteht, der seinerseits katalytisch beschleunigend auf die Reaktion einwirkt; Kurve C ist daher geeignet, das Statthaben einer „Autokatalyse" bei dem untersuchten Prozeß vermuten zu lassen.

2. Methoden der indirekten Reaktionsmessung durch Messung von physikalischen Eigenschaften der reagierenden Lösung.

Da es nicht immer der Fall ist, daß man für die zu untersuchende Reaktion über eine geeignete Methode der quantitativen Analyse verfügt, muß es erwünscht sein, weitere Wege, die zum gleichen Ziele führen, zur Auswahl zu haben. Prinzipiell vermag nun eine jede quantitativ meßbare Eigenschaft des reagierenden Systems für den gedachten Zweck auszuhelfen, sobald feststeht, daß eben diese Eigenschaft im Verhältnis zum Fortschreiten der Reaktion eine Änderung erfährt. Die physikalische Chemie hat sich der verschiedensten „Hilfsmethoden" dieser Art mit Erfolg bedient. Medizinisch sind bislang die folgenden Messungsarten benutzt worden:

a) Kolorimetrische Reaktionsmessungen: Sie sind auch klinisch vielfach angewandt. Da sie äußerst bequem durchführbar und für praktische Zwecke zumeist von ausreichender Genauigkeit sind, so ist diese Methodik überall da zu empfehlen, wo proportional zum Fortschreiten der Reaktion Farbänderungen oder Durchsichtigkeitsänderungen eintreten.

b) Polarimetrische Reaktionsmessungen: Sie sind ähnlich bequem wie die vorigen, aber im ganzen seltener anwendbar. Am ältesten ist wohl ihre Verwendung zur quantitativen Verfolgung der Drehungsänderung von Zuckerarten (z. B. Dextrose, Laevulose), die auf diesem Wege als nach der Formel für monomolekulare Reaktionen verlaufend charakterisiert werden konnte[1]). Klinisch am bekanntesten ist ihre Anwendung in der sogenannten „optischen Methode" von Abderhalden zur Verfolgung der tryptischen Spaltung von Polypeptiden. Näheres siehe andernorts in einer Technik der klinischen Untersuchungsmethoden.

c) Refraktometrische Reaktionsmessungen: Sie sind ebenfalls wie die vorigen bereits mehrfach medizinisch in Anwendung gezogen, z. B. zur Verfolgung der Wirkung einiger Fermente, Säuren und Bakterien auf physiologisch interessierende Substanzen[2]) und klinisch zur Bestimmung der Verdauungskraft verschiedener Magensäfte auf Eiweißlösungen[3]).

d) Viskosimetrische Reaktionsmessungen: Auch sie sind, wie die vorigen, zur Verfolgung der tryptischen Verdauung von Eiweißstoffen[4]) und Stärke[5]), sowie der Pepsinverdauung[6]) (um zugleich dabei die Wirkung von Arzneimitteln auf den Verlauf der Pepsinverdauung zu verfolgen[7])

---

[1]) Urich, Ber. d. Deutschen chem. Ges. **15**, 2132 (1882); **16**, 2270; **17**, 1545; **18**, 3059 und später bezüglich der Salzbeeinflussung dieser Reaktion Frey, Zeitschrift f. physik. Chemie **18**, 205 (1895); **22**, 439; **46**. 620.

[2]) F. Obermayer und E. P. Pick, Beitr. zur chem. Physiologie und Pathologie **7**, 331 (1906).

[3]) G. Schorer, Inaug.-Diss. Bern 1908.

[4]) R. O. Herzog, Zeitschr. f. physiol. Chemie **39**, 305 (1903); G. Quagliariello, Biochem. Zeitschr. **25**, 220 (1910).

[5]) G. Buglia, Biochem. Zeitschr. **25**, 239 (1910).

[6]) E. T. Spriggs, Zeitschr. f. physiol. Chemie **35**, 465 (1902).

[7]) G. Zanda, Giorn. della R. Accad. di Med. di Torino 10 (1904) und Arch. ital. di biol. **43**, 41.

und der hydrolysierenden Wirkung des Speichels[1]) sowie der Labwirkung auf Milch[2]) benutzt.

e) Stalagmometrische Reaktionsmessungen: Sie sind in den Fällen anwendbar, wo sich während der Reaktion die Konzentration eines stark oberflächenaktiven Stoffes, welcher die Tropfengröße der Flüssigkeit sehr beeinflußt, wesentlich ändert. P. Rona und L. Michaelis[3]) haben in der Reaktion der Tributyrinspaltung durch Lipasen ein vorzügliches Beispiel für die Anwendbarkeit dieser Methodik gefunden und damit eine klinische Methodik zur vergleichenden quantitativen Bestimmung des Lipasegehaltes im Blutserum sowie in anderen Körpersäften (Magen- und Darmsaft[4]) geschaffen.

f) Voluminometrische Reaktionsmessungen: Sie sind in den seltenen Fällen, wo während der Reaktion neue Substanzen mit geänderten Volumen auftreten, sehr zu empfehlen. Die Reaktionsgeschwindigkeit ist sodann einfach dilatometrisch zu verfolgen. Eine solche Reaktion ist z. B. die Zerfallsreaktion: Diazetonalkohol = 2 Azeton[5]). Sie wird durch OH-Ionen katalysiert; Laitinen[6]) hat versucht, die katalytische Beschleunigung dieser Reaktion vermittels der OH-Ionen und den dadurch bedingten Betrag der Volumenänderung zur Messung der Alkaleszenz des Blutes zu verwerten, ohne jedoch eine brauchbare Methode zu schaffen.

Dem Vorzug der größeren Bequemlichkeit, den die oben genannten Methoden der Reaktionsmessung gegenüber dem Weg der quantitativen chemischen Analyse besitzen, steht im allgemeinen der Nachteil gegenüber, daß aus der Kurve der beobachteten Änderungen des physikalischen Verhaltens der Lösung nicht ohne weiteres die Kurve des chemischen Reaktionsablaufes zu entnehmen ist; denn es braucht theoretisch nicht zuzutreffen und trifft auch tatsächlich meistens bei den obigen Methoden nicht zu, daß die Reaktionskurve im Maß jener Eigenschaftsänderungen zu der Kurve im Maß der reagierenden Stoffe (s. oben) parallel läuft. Diesem Mangel ist indes dann abzuhelfen, wenn man das auf die Lösungseigenschaft sich beziehende Maß einer Eichung auf die Lösungskonzentration unterziehen kann, derart, daß einer bestimmten Größe des Eigenschaftsmaßes allemal eine bestimmte Konzentration des reagierenden Stoffes gleichgesetzt werden darf. Für manche Verhältnisse ist — in Vorversuchen — eine derartige Eichung nicht gerade schwer zu erreichen.

---

[1]) Fil. Bottazzi und G. D'Errico, Arch. f. d. ges. Physiologie **115**, 359 (1906).
[2]) E. Fuld, Beiträge zur chem. Physiol. u. Pathol. **2**, 169 (1902).
[3]) Biochem. Zeitschr. **31**, 345 (1911).
[4]) H. Davidsohn, Biochem. Zeitschr. **45**, 284 (1912).
[5]) K. Koelichen, Zeitschr. f. physik. Chem. **33**, 129 (1902).
[6]) Festschrift Olof Hammarsten, Wiesbaden 1906. Abhandl. Nr. 9, S. 1—27; bezüglich des Prinzips dieser Methode vgl. auch S. 256: Verwendung der Katalyse zur H-Ionenbestimmung beim Magensaft.

II. Methodik der Beeinflussung des Reaktionsablaufs (Katalyse).

1. Verwendung katalytischer Zusätze zur Reaktionsbeschleunigung bei chemisch-analytischen Methoden.

Auf diesem Gebiet steht die medizinische Forschung trotz einiger erfolgreicher Ansätze noch ganz in den ersten Anfängen.

Am ausgeprägtesten findet sich die Katalysatorbenutzung bei den klinischen Nachweismethoden des Zuckers. Bei fast allen Nachweisreagentien für Zucker sind ein oder mehrere Katalysatoren wirksam, um die chemische Reaktionsfähigkeit des Zuckers soweit zu erhöhen, daß in prompter Weise durch Reduktion der Farbumschlag des Zusatzstoffes erfolgt[1]). Auch sonst sind — zumeist noch unbewußt — Katalysatoren in der analytischen Technik vielfach im Gebrauch[2]).

2. Verwendung der Katalyse zur H-Ionenbestimmung des Magensaftes.

Für eine große Zahl von Reaktionen sind die H-Ionen Katalysatoren; viele dieser Reaktionen zeigen eine strenge Proportionalität des Grades ihrer Reaktionsbeschleunigung mit dem Maß der in der Lösung vorhandenen H-Ionen. Auf Veranlassung von W. Ostwald hat F. J. Hoffmann bereits im Jahre 1889 diese Proportionalität benutzt, um durch Messung der katalytisch chemischen Invertierung von Saccharose die aktuelle H-Ionenkonzentration des Magensaftes zu bestimmen[3]). Theoretisch sehr interessant, hat diese Methode doch praktisch wegen ihrer großen Umständlichkeit keine Bedeutung erlangen können.

3. Verwendung der Katalysatorenempfindlichkeit zum Nachweis von Spuren fremdstofflicher Beimengungen.

Diese Methode ist zum Nachweis gerade minimalster Spuren einer sehr allgemeinen Anwendung fähig[4]).

Als „Katalysatorenmethode" ist sie von Weichardt[5]) zu einer klinischen Untersuchungsmethode der Luft und namentlich des Serums auf Beimengungen bestimmter Art ausgearbeitet worden.

Prinzip: Als Katalysator einer (an sich beliebigen) Reaktion wird Hämoglobin und ebenso kolloides Osmium benutzt. Man beobachtet, in welcher Weise die Katalyse sich bei Zusatz von Serum und sonstigen Lösungen beeinflußt zeigt, und findet so z. B. Unterschiede zwischen dem Serum verschiedener Individuen, die von Weichardt auf die Anwesenheit bestimmter Stoffe (z. B. Eiweißspaltprodukte) zurückgeführt werden.

---

[1]) Näheres s. H. Schade, Münch. med. Wochenschr. 1905, Nr. 23 und 26.

[2]) S. z. B. Quecksilber bei dem Kjeldahlverfahren od. vgl. Nickel, Platin, Kupfer und andere beim Reduzieren (cf. Abderhalden, Handbuch der Biochemischen Arbeitsmethoden, Bd. IV, S. 770—783; 868—874; 933—938; 961 u. ff.).

[3]) Zentralbl. f. klin. Medizin **10**, 783 (1889) u. **11**, 521 (1890).

[4]) Vgl. H. Schade, Bedeutung der Katalyse für die Medizin. Leipzig 1907, nam. S. 168.

[5]) Arch. f. Hygiene **75**, 265 (1912); Weichardt und Kelber, Münch. med. Wochenschr. 1912, Nr. 35; Weichardt, Schwenk u. Schlee, Zeitschr. f. d. ges. experim. Medizin **1**, 282 u. 472; ferner E. Stettner, ebendort **2**, 219.

Als Reaktion dient zumeist die Oxydation von Jodkalistärkekleisterlösung durch Terpentinölwasser, als Katalysator eine Osmium- oder Hämoglobinlösung. Die quantitative Verfolgung der Reaktion geschieht durch Titration mit $^1/_{1000}$ n-Thiosulfatlösung, welche die Menge des freigemachten Jods anzeigt.

Um vergleichbare Resultate zu erhalten, sind aufs genaueste die Weichardtschen Vorschriften zu beachten:

1. Jodkaliumstärkekleisterlösung: Man löst 2 g Jodkalium und 1,2 g lösliche Stärke in 1 l frisch destilliertem Wasser. Die Stärkekleisterlösung wird gesondert hergestellt, indem man 1,2 g lösliche Stärke (bezogen von C. Grübler, Leipzig) mit wenig destilliertem Wasser verreibt und den Brei in etwa 80 ccm zum Sieden gebrachtes destilliertes Wasser schüttet; hierauf wird kurz aufgekocht und dann sofort unter der Wasserleitung bis zur Handwärme gekühlt. Diese so erhaltene konzentrierte Lösung wird in einem 1000 ccm-Meßkolben gegeben und nach Zugabe von 2 g Jodkalium auf die Marke aufgefüllt. Die Lösung muß öfter frisch hergestellt werden.

2. Terpentinölwasser wird nach v. Liebermann durch Ausschütteln von eingedicktem Terpentinöl mit destilliertem Wasser hergestellt. Es wird, falls es zu stark ist, so verdünnt, daß der in der weiter unten beschriebenen Weise zu gewinnende Titer etwa 5 ccm betrug.

3. Die Katalysatorenlösung wird am besten durch Verdünnung einer Lösung von kolloidalem Osmium (bezogen von C. Grübler; Gehalt 0,0001 g im Liter) im Verhältnis 1 zu 5 Teilen Wasser erhalten oder es wird eine Hämoglobinlösung benutzt. Die vom Serum durch Waschen mit physiologischer Kochsalzlösung befreiten roten Blutkörperchen werden in destilliertem Wasser hämolysiert, der gelöste Katalysator bei niederer Temperatur getrocknet, gewogen und mit destilliertem Wasser auf verschiedene Verdünnungen gebracht.

Diese Lösungen sind zum Versuch in kleine ca. 50 ccm fassende Kölbchen einzufüllen, und zwar in der Reihenfolge, daß zuerst die Katalysatorlösung (3 ccm) und dann die auf ihr Verhalten zu prüfenden Zusatzlösungen (im Nullversuch entsprechend Wasser) hineingebracht werden. Nach ½ Stunde Einwirkungszeit werden 5 ccm der Jodkaliumstärkekleisterlösung dazugegeben. Die Einfüllung des Terpentinölwassers geschieht dann so, daß jedesmal der Stand der Uhr beim Einpipettieren des Terpentinölwassers notiert wird. Beginnt man genau nach der gleichen Zeit bei jedem der Kölbchen mit der Titration, so kann man Zeitfehler, durch die eine vermehrte Jodausscheidung bedingt werden könnte, völlig ausschalten.

Zur Titration verwendet man eine automatische Bürette, die nur 10 ccm faßt, bei der aber jeder Kubikzentimeter auf eine Strecke von etwa 5 cm verteilt ist, so daß noch die Hundertstel-Kubikzentimeter ziemlich genau abzuschätzen sind (F. und M. Lautenschläger, München). Zwei auf die angegebene Weise angestellte Paralleltitrationen differieren selten um mehr als 0,08 ccm $^1/_{1000}$ n-Thiosulfat voneinander. Die Titration geschieht 30 Minuten nach der Beendigung des Einfüllens.

Geringe Mengen von Eiweißspaltprodukten regen den Hämoglobinkatalysator an, größere lähmen ihn. Bei den meisten Proteotoxikosen, so bei der Schwangerschaft (Schmorl, Weichardt), ist nach der Jodkaliumstärkemethode eine Anregung der Katalysatorenwirkung festzustellen.

Auch die Intensität der Katalyse durch den Blutkatalysator Hämoglobin ist so unter bestimmten Kautelen vergleichend meßbar.

Autoren-Register.

Verzeichnis der physikochemisch behandelten klinischen Einzelgebiete.

<u>GPSR Compliance</u>

The European Union's (EU) General Product Safety Regulation (GPSR) is a set of rules that requires consumer products to be safe and our obligations to ensure this.

If you have any concerns about our products, you can contact us on ProductSafety@springernature.com

In case Publisher is established outside the EU, the EU authorized representative is:

Springer Nature Customer Service Center GmbH
Europaplatz 3
69115 Heidelberg, Germany

Batch number: 10682323

Printed by Printforce, the Netherlands